国外优秀食品科学与工程专业教材

食品分析
（第五版）

主编｜【美】S. Suzanne Nielsen

主译｜王永华　宋丽军　蓝东明

中国轻工业出版社

图书在版编目(CIP)数据

食品分析:第五版/(美)S. 苏珊·尼尔森(S. Suzanne Nielsen)主编;王永华,宋丽军,蓝东明主译. —北京:中国轻工业出版社,2019. 5

国外优秀食品科学与工程专业教材

ISBN 978-7-5184-2138-1

Ⅰ. ①食⋯   Ⅱ. ①S⋯ ②王⋯ ③宋⋯ ④蓝⋯   Ⅲ. ①食品分析—高等学校—教材   Ⅳ. ①TS207. 3

中国版本图书馆 CIP 数据核字(2018)第 235848 号

责任编辑:钟 雨

策划编辑:李亦兵 钟 雨   责任终审:张乃東   封面设计:锋尚设计
版式设计:砚祥志远   责任校对:吴大鹏   责任监印:张 可

出版发行:中国轻工业出版社(北京东长安街6号,邮编:100740)
印   刷:三河市国英印务有限公司
经   销:各地新华书店
版   次:2019 年 5 月第 1 版第 1 次印刷
开   本:787×1092 1/16 印张:49
字   数:1137 千字
书   号:ISBN 978-7-5184-2138-1   定价:180. 00 元
邮购电话:010 – 65241695
发行电话:010 – 85119835 传真:85113293
网   址:http://www. chlip. com. cn
Email:club@ chlip. com. cn
如发现图书残缺请与我社邮购联系调换
171485J1X101ZYW

作者名单

William R. Aimutis Intellectual Asset Management, Cargill, Inc., Wayzata, MN, USA

Huseyin Ayvaz Department of Food Engineering, Canakkale Onsekiz Mart University, Canakkale, Turkey

James N. BeMiller Department of Food Science, Purdue University, West Lafayette, IN, USA

Robert L. Bradley Jr. Department of Food Science, University of Wisconsin, Madison, WI, USA

Mirko Bunzel Department of Food Chemistry and Phytochemistry, Karlsruhe Institute of Technology, Karlsruhe, Germany

Sam K. C. Chang Department of Food Science, Nutrition, and Health Promotion, Mississippi State University, Starkville, MS, USA

Christopher R. Daubert Department of Food, Bioprocessing and Nutritional Sciences, North Carolina State University, Raleigh, NC, USA

Hulya Dogan Department of Grain Science and Industry, Kansas State University, Manhattan, KS, USA

Jinping Dong Global Food Research, Cargill Research and Development Center, Cargill, Inc., Plymouth, MN, USA

Ronald R. Eitenmiller Department of Food Science and Technology, The University of Georgia, Athens, GA, USA

Wayne C. Ellefson Nutritional Chemistry and Food Safety, Covance Laboratories, Madison, WI, USA

Yong D. Hang Department of Food Science and Technology, Cornell University, Geneva, NY, USA

G. Keith Harris Department of Food, Bioprocessing and Nutritional Sciences, North Carolina State University, Raleigh, NC, USA

Y - H. Peggy Hsieh Department of Nutrition, Food and Exercise Sciences, Florida State University, Tallahassee, FL, USA

Baraem P. Ismail Department of Food Science and Nutrition, University of Minnesota, St. Paul, MN, USA

Helen S. Joyner (**Melito**) School of Food Science, University of Idaho, Moscow, ID, USA

Jerrad F. Legako Department of Nutrition, Dietetics, and Food Sciences, Utah State University, Logan, UT, USA

Maurice R. Marshall Department of Food Science and Human Nutrition, University of Florida, Gainesville, FL, USA

Lisa J. Mauer Department of Food Science, Purdue University, West Lafayette, IN, USA

Lloyd E. Metzger Department of Dairy Science, South Dakota State University, Brookings, SD, USA

Dennis D. Miller Department of Food Science, Cornell University, Ithaca, NY, USA

Rubén O. Morawicki Department of Food Science, University of Arkansas, Fayetteville, AR, USA

Michael A. Mortenson Global Food Research, Cargill Research and Development Center, Cargill, Inc., Plymouth, MN, USA

S. Suzanne Nielsen Department of Food Science, Purdue University, West Lafayette, IN, USA

Sean F. O'Keefe Department of Food Science and Technology, Virginia Tech, Blacksburg, VA, USA

Ronald B. Pegg Department of Food Science and Technology, The University of Georgia, Athens, GA, USA

Michael H. Penner Department of Food Science and Technology, Oregon State University, Corvallis, OR, USA

Devin G. Peterson Department of Food Science and Technology, The Ohio State University, Columbus, OH, USA

Oscar A. Pike Department of Nutrition, Dietetics,

1

and Food Science, Brigham Young University, Provo, UT, USA

Joseph R. Powers School of Food Science, Washington State University, Pullman, WA, USA

Michael C. Qian Department of Food Science and Technology, Oregon State University, Corvallis, OR, USA

Qinchun Rao Department of Nutrition, Food and Exercise Sciences, Florida State University, Tallahassee, FL, USA

Gary A. Reineccius Department of Food Science and Nutrition, University of Minnesota, St. Paul, MN, USA

Bradley L. Reuhs Department of Food Science, Purdue University, West Lafayette, IN, USA

José I. Reyes – De – Corcuera Department of Food Science and Technology, The University of Georgia, Athens, GA, USA

Luis Rodriguez – Saona Department of Food Science and Technology, The Ohio State University, Columbus, OH, USA

Michael A. Rutzke School of Integrative Plant Science, Cornell University, Ithaca, NY, USA

George D. Sadler PROVE IT LLC, Geneva, IL, USA

Var L. St. Jeor Global Food Research, Cargill Research and Development Center, Cargill, Inc. , Plymouth, MN, USA

Rachel R. Schendel Department of Food Chemistry and Phytochemistry, Karlsruhe Institute of Technology, Karlsruhe, Germany

Shelly J. Schmidt Department of Food Science and Human Nutrition, University of Illinois at Urbana – Champaign, Urbana, IL, USA

Senay Simsek Department of Plant Sciences, North Dakota State University, Fargo, ND, USA

Daniel E. Smith Department of Food Science and Technology, Oregon State University, Corvallis, OR, USA

Denise M. Smith School of Food Science, Washington State University, Pullman, WA, USA

J. Scott Smith Department of Animal Sciences and Industry, Kansas State University, Manhattan, KS, USA

Bhadrirju Subramanyam Department of Grain Science and Industry, Kansas State University, Manhattan, KS, USA

Rohan A. Thakur Bruker Daltonics, Billerica, MA, USA

Leonard C. Thomas DSC Solutions, Smyrna, DE, USA

Catrin Tyl Department of Food Science and Nutrition, University of Minnesota, St. Paul, MN, USA

Robert E. Ward Department of Nutrition and Food Sciences, Utah State University, Logan, UT, USA

Randy L. Wehling Department of Food Science and Technology, University of Nebraska, Lincoln, NE, USA

Ronald E. Wrolstad Department of Food Science and Technology, Oregon State University, Corvallis, OR, USA

Vincent Yeung Department of Animal Science, California Polytechnic State University, San Luis Obispo, CA, USA

Yan Zhang Department of Cereal and Food Sciences, Department of Food Science, Nutrition, and Health Promotion, Mississippi State University, Starkville, MS, USA

译者名单

主　　译：王永华　　　　　华南理工大学
　　　　　宋丽军　　　　　塔里木大学
　　　　　蓝东明　　　　　华南理工大学
参译人员：按姓氏笔画排序
　　　　　丁　甜　　　　　浙江大学
　　　　　刁小琴　　　　　绥化学院
　　　　　马　良　　　　　西南大学
　　　　　王书军　　　　　天津科技大学
　　　　　王立峰　　　　　南京财经大学
　　　　　王向红　　　　　河北农业大学
　　　　　王彦波　　　　　浙江工商大学
　　　　　王蓉蓉　　　　　湖南农业大学
　　　　　方亚鹏　　　　　上海交通大学
　　　　　邓乾春　　　　　中国农业科学院油料作物研究所
　　　　　石嘉怿　　　　　南京财经大学
　　　　　田洪磊　　　　　陕西师范大学
　　　　　任晓锋　　　　　江苏大学
　　　　　刘　源　　　　　上海交通大学
　　　　　刘书来　　　　　浙江工业大学
　　　　　刘光明　　　　　集美大学
　　　　　刘学波　　　　　西北农林科技大学
　　　　　刘鹏展　　　　　华南理工大学
　　　　　许汉斌　　　　　天津科技大学
　　　　　关荣发　　　　　中国计量大学
　　　　　关海宁　　　　　绥化学院
　　　　　江正强　　　　　中国农业大学
　　　　　杨　楠　　　　　湖北工业大学
　　　　　杨文建　　　　　南京财经大学
　　　　　杨绍青　　　　　中国农业大学
　　　　　杨震峰　　　　　浙江万里学院
　　　　　李　森　　　　　上海理工大学
　　　　　李兆丰　　　　　江南大学
　　　　　李述刚　　　　　湖北工业大学
　　　　　李学鹏　　　　　渤海大学

肖　茜	湖南农业大学
吴　奔	上海交通大学
吴　迪	浙江大学
吴世嘉	江南大学
汪少芸	福州大学
张　丽	塔里木大学
张丹妮	上海交通大学
张宇昊	西南大学
邵兴锋	宁波大学
陆柏益	浙江大学
陈　伟	浙江万里学院
陈士国	浙江大学
范光森	北京工商大学
易华西	中国海洋大学
周　辉	湖南农业大学
周瑾茹	浙江工商大学
郑明明	中国农业科学院油料作物研究所
孟祥河	浙江工业大学
相启森	郑州轻工业学院
赵梦瑶	华东理工大学
赵黎明	华东理工大学
侯旭杰	塔里木大学
徐　鑫	扬州大学
栾惠宇	天津科技大学
桑亚新	河北农业大学
黄　凯	上海理工大学
黄桂颖	仲恺农业工程学院
曹爱玲	浙江省检验检疫科学技术研究院
梁秋芳	江苏大学
傅玲琳	浙江工商大学
曾晓房	仲恺农业工程学院
谢建华	南昌大学
詹　萍	陕西师范大学
蔡路昀	中国计量大学
管　骁	上海理工大学
潘磊庆	南京农业大学
主　校：江正强	中国农业大学

译序一

食品工业是关系国计民生的健康产业。随着我国社会和经济的发展，人民生活水平不断提高，食品的消费结构也发生了重大变化，"健康、美味、方便、实惠"的食品已成为广大消费者的追求目标。

食品分析是食品学科最重要的专业基础课之一。经过几十年的发展，食品分析的原理和技术日臻完善，并广泛应用于食品研发、质量控制及安全检验监督等领域，成为现代食品科技及产业发展的重要技术支撑。

S. Suzanne Nielsen 教授主编的 *Food Analysis*（*Fifth Edition*）是国际食品科学领域的权威著作，该书详细介绍了食品分析领域的新理论、新方法和新应用，具有很强的系统性和科学性。为了了解国际食品分析领域的最新进展，加强食品分析的教学与科研工作，中国轻工业出版社计划将本教材译成中文出版，以飨读者。

华南理工大学王永华教授邀请全国食品科技领域 35 所院校和科研机构的 70 名优秀中青年教师共同参与翻译工作，目的在于"促进全国食品领域青年才俊的学术交流"，实现团结、合作、共赢，共同为我国食品产业的发展贡献力量。

"真情妙悟铸文章"。参译人员不计名利、兢兢业业，在较短的时间内高质量地完成了翻译任务，在此对各位的辛勤付出表示衷心感谢。相信经过大家的共同努力，本书定能产生良好的学术和社会效应。

让我们共同祝愿中国食品工业再创辉煌！

中国工程院院士

2018.1.21.

译者序

食品是人类赖以生存的基本物质条件之一,食品品质的好坏直接关系着人们的身体健康。食品分析是研究各类食品组成成分的检测方法及有关理论,进而评定食品品质的一门技术性学科,是食品质量管理过程中的重要环节。

《食品分析》(第五版)是 S. Suzanne Nielsen 教授及其同仁共同完成的一部力作,在秉承以前版本特色的基础上,更加注重知识和技术的前瞻性、系统性和实用性。本书共分为 7篇,分别对食品分析相关法规标准、数据处理,食品成分的分析,食品物理化学特性分析,食品有害物分析,光谱、质谱及色谱分析法等进行了详细阐述。在翻译过程中,我们始终遵循"尊重原文、语言规范、术语统一"的原则,旨在将国际食品分析领域的新知识、新技术、新应用传递给广大读者。

本书共 7 篇 35 章。由王永华、宋丽军、蓝东明主译。具体分工如下:前言及缩略词表由张丽翻译;第 1 章由关荣发翻译;第 2 章由王立峰、刘光明翻译;第 3 章由邓乾春、徐鑫翻译;第 4 章由田洪磊、詹萍翻译;第 5 章由丁甜翻译;第 6 章由刘鹏展翻译;第 7 章由李学鹏、曾晓房翻译;第 8 章由吴迪翻译;第 9 章由刘学波、潘磊庆、相启森翻译;第 10 章由王书军、许汉斌、栾惠宇翻译;第 11 章由吴奔、张丹妮、刘源翻译;第 12 章由汪少芸翻译;第 13 章由郑明明翻译;第 14 章由关海宁、刁小琴翻译;第 15 章由赵黎明、赵梦瑶翻译;第 16 章由吴世嘉、宋丽军翻译;第 17 章由刘书来、黄桂颖翻译;第 18 章由李述刚、邵兴锋翻译;第 19 章由孟祥河、杨文建翻译;第 20 章由谢建华翻译;第 21 章由蔡路昀、陈士国、曹爱玲翻译;第 22章由杨震峰、陈伟翻译;第 23 章由陆柏益翻译;第 24 章由易华西、石嘉怿翻译;第 25 章由管骁、黄凯、李森翻译;第 26 章由范光森翻译;第 27 章由周瑾茹、傅玲琳、王彦波翻译;第 28 章由周辉、肖茜、王蓉蓉翻译;第 29 章由方亚鹏、杨楠翻译;第 30 章由桑亚新、王向红翻译;第31 章由侯旭杰翻译;第 32 章由任晓锋、梁秋芳翻译;第 33 章由张宇昊、马良翻译;第 34 章由李兆丰翻译;第 35 章由江正强、杨绍青翻译;索引由张丽、宋丽军翻译。全书由宋丽军统稿。

中国农业大学江正强教授在百忙之中对全书进行了认真审阅,在此深表谢意!

本书可作为高等学校食品科学与工程、食品质量与安全等专业的本科教学用书,也可供相关专业研究生和从事食品科学研究、食品分析及食品生产加工的科技人员参考。

鉴于译者水平局限,书中难免有遗漏和不妥之处,恳请读者批评指正。

王永华

2019 年 1 月

前　　言

本教材的目的在于帮助食品专业的学生系统掌握食品分析技术,同时对食品工业中从事食品分析的工作人员也有很高的参考价值,前四版得到了广大读者的一致好评。

第五版的重点在于分析方法的更新,与第四版的主要区别在于:①更新了一些新方法,删除了一些旧方法;②增加了三个新章节(食品中总酚及其抗氧化剂能力的测定、食品微观结构测定、食物法证调查);③修改和重新编排了部分章节;④部分章节增加了表格来对不同方法进行总结和比较;⑤增加了部分彩色图片。

正如前四版所述,本教材重点介绍分析方法的原理和应用,书中所提供的方法只是举例说明,并未对特定方法进行详细阐述。授课教师可以根据教学要求,针对特定方法向学生提供更详尽的测定流程。本教材每章节都有总结和习题,以帮助学生更有效地学习。另外,本教材按类别划分章节,但由于光谱法和色谱法在食品分析中应用广泛,本书前几章已涵盖相关内容,教师可根据教学需要,按照适当的顺序进行授课。授课教师也可以随时与我沟通,我会在网站上提供与本教材相关的实验室手册等其他材料。

从第三版开始,本书考虑了食品技术协会工作人员的能力要求。这些与食品分析有关的要求如下:①了解食品分析技术原理;②能够根据实际问题选择合适的分析方法;③具备熟练的食品分析技能。本教材能帮助指导教师满足前两个要求,并制定与前两个要求相关的学习目标。第三版中的实验手册能帮助学生满足第三个要求。

非常感谢参与本书编写的作者,他们凭借其丰富的教学和实践经验,使本书的内容更加科学易懂。感谢那些同意本书引用资料的作者以及出版商。特别感谢以下参编人员:Baraem(Pam)Ismail 对本书的内容提出了宝贵意见,并认真校对了几个章节;Ben Paxson 对图形进行了加工和处理;Telaina Minnicus 和 Mikaela Allan 进行了文字校对。此外,非常感谢 Bill Aimutis、Angela Cardinali、Wayne Ellefson、Chris Fosse 和 David Plank,他们针对本书提出来很多建设性意见和建议,并帮助联系和拜访了以下公司和研究所:如美国的 Cargill,ConAgra Foods,Covance 和 General Mills,以及意大利的 Bonassisa 实验室和食品生产科学研究所。

S. Suzanne Nielsen

目　录

第一篇　概述

第二篇　光谱与质谱分析

第三篇　色谱

第四篇 食品成分分析

第五篇　化学特性分析

第六篇 物理特性分析

第七篇　食品有害物及其成分分析

第一篇 概述

食品分析简介

S. Suzanne Nielsen

1.1 引言

无论食品工业、政府机构还是大学,在进行食品科学和工艺方面的研究时经常需要测定食品的组成和性质。消费者、食品企业以及国内外的法规均要求食品科学家监控食品组成,明确保证供应食品的质量和安全性。如 McGorrin[1] 在回顾食品分析历史时所言,"食品配送体系的基础与发展在很大程度上依赖于食品分析(不只是简单表征),并将食品分析作为新品研发、质量控制、监管执法和解决问题的工具。"所有食品都要将食品分析作为质量管理的一部分;从原料、加工到成品,都需要对各种成分进行分析(化学成分、微生物含量、物理特性、感官品质)。当然,食品分析也广泛应用于食品和食品添加剂的研究。样本性质和分析的特殊要求决定了分析方法的选择。速度、精密度、准确度、稳定性、特异性和灵敏度是选择分析方法的主要因素。而且,为了保证分析方法的有效性,必须对分析特定待测食品基质的方法进行验证。

有关具体应用,要在熟知各种技术的基础上选择合适的方法,如图 1.1 所示。例如,同样是测定薯片的盐含量,为制作营养标签或者质量控制,应用目的不同,方法的选择也不同。分析过程的成功与否取决于分析方法的合理选择、样品的制备、分析操作的认真程度,以及对分析数据的准确计算和合理解释。由几个非营利性研究机构研究和认可的分析方法,允许将不同的实验室的实验结果进行标准化比较,并对一些不标准的程序进行评价。这种法定方法在食品分析中至关重要,它可以确保食品分析符合政府机构制定的各项法规要求。本书第2章介绍了本章所涉及的有关食品分析的政府法规及国际标准的详细内容,第3章介绍了美国营养成分标签法规。

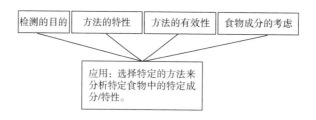

图1.1　食品分析的方法选择

1.2　食品分析原因及分析样品类型

1.2.1　概况

消费的趋势需求、国家与国际法规以及食品工业对产品质量管理的需求决定了食品成分和产品的分析需求(表1.1),也决定了样品分析的类型。

表1.1	食品分析的原因

1. 食品安全

2. 政府规章

(1)食品营养标签

(2)食品的强制性与自愿性标准

(3)食品的检验和分级

(4)食品的真实性

3. 食品质量控制

4. 食品研究与开发

1.2.2　消费趋势和需求

目前,市场上食品种类繁多,因此,消费者在购买食品时有很大的选择余地。他们需要各种质量高、安全、富有营养、性价比高且有益健康的产品。这些需求大大提高了对产品性质的要求,而后者又增加了对食品分析的要求。例如,消费者所倡导的无麸质的饮食要求致使原材料、成分和成品测试增加,他们要求该类产品在美国遵守由美国食品与药物管理局(FDA)制定的相关规定。许多消费者对饮食与健康的关系颇感兴趣,这其中包括,既能提供基本营养素又对身体有益的功能性食品。同时,社交媒体的应用使消费者的关注度今非昔比,也让食品供给的问题日益凸显。这种趋势与需求增加了食品分析的需求,也使分析技术面临着前所未有的挑战[2-3]。

1.2.3　政府法规、国际标准和政策

为了稳定市场,保证高质量食品在国内、国际市场上有效流通,各类食品企业必须重视政府法规、国际机构的政策和标准。食品科学家必须清楚这些有关食品质量安全的法规、指南、政策及其对食品分析的意义。政府有关食品成分的法规包含营养标签、产品声明、标准、检验分级和真实性几个方面。鉴于食品和原料掺假的威胁日益加深,有关真实性的问题挑战着食品工业。而另一个挑战是对食品非靶向化合物及其特性的检测,它需要强大、灵敏、快速而先进的检测技术[2]。若法律规定某一化合物含量为零,那食品行业就必须去"追赶零"。本书第2章、第3章介绍了美国政府对食品分析的相关法规,其中,第2章介绍了有关积极开发食品分析国际标准和安全实践的组织机构。

1.2.4　食品工业产品质量管理
1.2.4.1　从原料到最终产品

为竞争市场,食品公司必须生产出能符合消费者需求的产品,并遵守政府法规和公司的质量标准。无论是对于新开发的还是现有的产品或原料,行业的关键是产品的安全性,但质量管理远不止安全这一方面。从原料到成品,食品企业对产品的质量管理愈发重要。分析方法必须应用于整个食品供应链,以达到成品质量的要求(图1.2)。显而易见,食品加工商必须了解整个供应链才能管理好产品质量。

某些情况下,商品成本与分析测试所确定的成分直接相关。例如,在乳品行业,散装或罐装原料乳的乳脂含量决定了生产者的牛乳支出成本;面粉的蛋白质含量决定了其价格与用途。这些例子证明,分析测试的结果准确度是非常重要的。

传统的质量控制和质量保证概念只是广义质量管理体系的一部分。在食品企业中,负责质量管理的员工与负责产品开发、生产、工程、维护、采购、市场营销、监管、消费者事务的员工一起工作。

食品企业必须及时获取并评价各项分析信息,并将其与食品体系的其他有关信息综合起来以解决质量问题。能否做出正确的决定取决于对分析方法以及获取质量特性数据所用设备的了解。为了设计产品和加工开发中的各项试验,必须了解操作原理和用于评价实验结果的分析方法的有效性。要完成这些实验,必须严格处理所收集的分析数据,确定是否需要调整工艺或在以后测试中哪些部分需要修改。在研究实验室中的情况与此类似,同样需要有关分析技术的知识来设计实验,评价获得的数据,确定下一步要做的实验。

图1.2　食品行业质量管理

1.2.4.2 分析样品的类型

从原料、配料、加工到成品,食品的化学和物理分析是食品质量保证体系的一个重要组成部分[4-5]。同时其在调整配方和研制新产品、评价食品生产新工艺及查明不合格产品的原因中也发挥着重要作用(表1.2)。竞争对手之间的产品,例如国际零售商品牌与民族品牌的产品越来越相仿。对于表1.2所示每种分析样品,都有必要确定其是一种还是多种组成。样本的性质以及获取信息的途径决定着特定的分析方法。例如,过程控制样本采用快速方法进行分析;而对于营养标签的营养价值信息,则要采用由研究机构认可的更耗时的方法;对于重要问题,包括表1.2中的问题,可以通过分析食品加工系统中不同类型的样品来寻找答案。

表 1.2 在食品质量保证体系中分析样品的类型

样品类型	关键问题
原料	是否符合特殊加工要求?
	是否符合法规要求?
	是否安全和真实?
	由于食品原料组成的变化,是否需要调整加工参数?
	原料的质量与组成是否与前批原料相同?
	新供应商与原供应商的材料相比其质量如何?
产品处理控制	通过某一特殊的工序是否能使产品具有可接受的组成或特性?
	为获得高质量的终产品是否需要进一步改进加工步骤?
成品	是否符合法规要求?
	有什么营养价值,标签信息是否要更改?还是维持现有标签上的营养价值?
	是否符合产品的要求?(例如,"低脂肪""无麸质")
	是否能被消费者接受?
	是否有适当的货架期?
	产品如果不能被接受也不能被挽救,该如何处理?(销毁?重新加工?)
竞争对手的产品	其组成和性质是什么?
	如何利用这些信息来开发新产品?
投诉示例	消费者提出的劣质产品在组成和特性上与合格产品的区别何在?

摘自参考文献[6-7]。

1.2.4.3 对供应商日益增长的依赖

面对日益激烈的竞争压力,各食品企业通常将食品组分质量不达标的责任推给供应商。越来越多的公司依靠供应商提供安全高质的原材料和包装材料。许多公司都拥有精选供应商,他们依靠供应商进行的分析检验来确保食品成分符合成分、原材料的详细规格。这些规格与测试,会根据成分的性质考虑各种化学、物理和微生物性质。在食品工业中,这种原料、配料规格有多种形式,常用的三种形式如下。

（1）技术、产品数据表 供应商在销售人员销售配料时使用；酌情提供最大值、最小值和/或范围值及分析方法。

（2）规格 定义公司（加工者）要求（最小值，最大值和/或目标值）的公司内部文件，并将其与具体分析方法相联系；大部分数据来自技术/产品数据表；提供分析证书的要求。

（3）分析证书（COA） 包括与发给客户的特定货物预规格相关的分析测试结果；提供实际值和分析方法。

作为规格的例子，表 1.3 所示为用于制作面食和其他谷类制品的硬质小麦（高蛋白质）粗磨粉的原料信息。就本表而言，并没有给出具体数字，而是在实际文件中作为一种成分来注明。

表 1.3 **包含在技术数据表、规格和粗面粉分析证书（COA）中的信息举例**

项目	技术/产品数据表	详述	分析证书
化学			
水分含量	最大值；AACCI	最大值；AOAC/AACCI	实际值；AACCI
蛋白质	最小值；AACCI	最小值；AOAC/AACCI	实际值；AACCI
灰分	最大值；AACCI	最大值；AOAC/AACCI	实际值；AACCI
下降值	目标值，+/-；AACCI		
富集			
烟酸		最大、最小、目标值；AOAC/AACCI	
硝酸硫胺素		最大、最小、目标值；AOAC/AACCI	
核黄素		最大、最小、目标值；AOAC/AACCI	
硫酸亚铁		最大、最小、目标值；AOAC/AACCI	
叶酸		最大、最小、目标值；AOAC/AACCI	
物理			
麸皮斑点	最大值；内部	最大值；AOAC/AACCI	实际值；内部
黑斑	最大值；内部	最大值；内部	实际值；内部
颜色 L,a,b 值		最大 L 值，最小 b 值；AOAC/AACCI	实际值（Hunter）
颜色（线性 E 值）			实际值（Hunter LAB 色彩空间计算）
外来杂质	符合 FDA 法规；AACCI		
昆虫碎片		最大值；AOAC/AACCI	
啮齿动物毛发		最大值；AOAC/AACCI	
颗粒化	范围值，+/-，不能通过 40,60,80,100 目筛的百分比，能通过 100 目筛的百分比；罗泰普振筛	最小，最大，目标值，不能通过 40,60,80,100 目筛的百分比，能通过 100 目筛的百分比	实际值，不能通过 40,60,80,100 目筛的百分比，能通过 100 目筛的百分比；罗泰普振筛

续表

项目	技术/产品数据表	详述	分析证书
微生物学			
标准平板计数; 菌落总数	产品被认为不可食用并需要进一步加工,所以没有提供微生物保证	目标值;FDA BAM	
酵母		目标值;FDA BAM	
霉菌		目标值;FDA BAM	
呕吐素	符合 FDA 最高级报告	最大值;FDA BAM	
货架期	推荐储存条件下的天数		

注:实际值,最小值,最大值和/或目标值;来源/类型的方法。

AOAC,AOAC 国际;AACCI,AACC 国际;FDA BAM,FDA 细菌分析手册;内部公司方法;Hunter,Hunter 比色计;Rotap 机器测量造粒。

成分规格和 COA 对于制作特制食品非常重要。例如,使用不合适的淀粉(即规格错误),特制食品就不能按要求加工,因此也不具有所需成品的质量特性。此外,如果 COA 指出特定批量的燕麦颗粒"超出规格",则成品燕麦条将不具有预期特性,这会导致消费者的投诉增加。虽然设定原料规格是产品研发的责任,但这通常是生产和品控人员在处理与原料规格相关的问题时不得不面临的挑战。公司必须有一种能控制 COA 并对其能做出反应措施的方法,细心控制原料、材料质量会减少从加工到成品过程中所需要的检测次数。

1.2.4.4 性能分析

根据表 1.1 中的食品分析原因来管理产品质量包含以下检测内容:化学成分、特性,物理性质、感官品质和微生物质量。表 1.4 所示为对干意大利面典型的质量管理检测。每个检测指标都以特定的频率和方法完成。请注意表 1.4 中粗粒小麦在表 1.3 的 COA 信息与加工者对其内部质量检验之间关系的报告。尽管 COA 要求用官方方法进行大规模检测,但内部常规检测范围仍有限且常使用快速检测方法。由于规定的检测性质在很大程度取决于食品成分、产品性质,所以检测所有食品及其成分的感官品质(味道、气味、外观)并不意外。本书只侧重于化学成分、特性和物理性质,而不是感官品质和微生物质量的检测分析方法。

表 1.4 干意大利面的质量管理检测

检测项目/性质	名称
面粉成分的质量检测	
水分含量	快速水分检测仪
颜色(L*,a,b*确定计算线性 E 值)	比色计

续表

检测项目/性质	名称
在加工过程中进行的质量测试	
湿度	快速水分检测仪
尺寸(挤压后)	千分尺和卷尺
金属检测	金属检测(含铁、有色、不锈钢)
包装重量	天平
对最终产品进行的质量检测	
水分	快速水分检测仪
颜色(L^*,a,b^* 确定计算线性 E 值)	比色计
尺寸(直径和形状)	千分尺和卷尺
蒸煮品质	感官检测(描述性检测;咀嚼性)
标签	标签目视检查(概率抽样法)

1.3 分析步骤

1.3.1 样品的选择和制备

在分析上文提到的各种类型样品时,实验结果的准确性均取决于所测试的样品是否具有代表性,是否准确转化成适合分析的形式。这件事说来容易做起来难。有关取样和样品制备的要求详见第 5 章。

取样是样品分析的第一个步骤,分析实验室必须记录抽样数据,并储存分析数据。这些分析数据通常储存在实验室信息管理系统(LIMS)中。该系统是一个计算机数据库程序,尤其对商业分析实验室有利,它可以捕获各种特定样品的所有数据并允许客户访问,以便客户可以任意导入、查看和分析数据。通过对数据实时访问,能及时了解测试状态。程序无需手动输入数据的功能节约了时间并降低错误率,系统设置可以保证能一致的输入标准化数据并符合分析要求。

1.3.2 分析操作

分析操作随分析样品的组成或食品的特定类型而变。本书第 5 章叙述了取样和样品制备的操作过程,第 4 章介绍了数据处理的方法,其余部分主要论述实际分析操作步骤。第 6 章至第 11 章介绍了光谱学和光谱测定法,第 12 章至第 14 章介绍了色谱分析法。因为众多分析方法离不开光谱和色谱技术,所以在介绍化学成分与特征之前会先介绍以上技术。书中对各种特殊方法的描述目的在于对这些方法进行概述。有关实际指导分析操作的化学制品、试剂、仪器及实验步骤的详细说明,可参见相应的参考书和文章。本书部分章节与其他食品分析专业书籍[8-12]都指出,人们更加依靠昂贵的仪器进行食品分析,其中一些需要大量专业知识作支撑。此外,应该指出的是,许多分析方法都使用自动化设备来加快分析速度,包括自动取样器和机器人技术。

1.3.3 结果计算及解释

如果要根据待测食品组成或特性的分析结果做出决定并采取措施,则必须对得到的数据进行合理计算并能准确解释实验结果。在第 4 章介绍的数据处理(data handling)包含了重要的统计学原理。

1.4 方法选择

1.4.1 实验目的

方法的选择主要取决于测定的目的(图 1.1)。例如,用于在线加工过程中的快速测定方法与用于检测营养成分标签所标示成分的法定方法(详见 1.5)相比,前者在精确度方面的要求较低。那些具有参考性、结论性、法定的或重要的方法,常用于装备良好、人员素质高的实验室中。加工设备与原材料的质量控制测试,加工过程测试和成品测试往往依赖于二级/快速质量控制方法。这与原料规格、COA、营养标签测试的主要或官方方法相反。主要方法和次要方法都是必要的,次要方法可用来校准主要方法。速度较快的次要方法或现场方法主要用于食品加工厂的生产现场。例如,折射率法作为一个快速的次要方法用于糖类分析(第 15 章、第 19 章),其测定结果和高效液相色谱(HPLC)这类重要实验方法所得结果有一定的关系(第 13 章、第 19 章)。在试验工厂中,可采用湿度平衡器迅速测定产品的水分含量,这种湿度平衡器在使用前应该用较为费时的热风干燥炉测定法进行校准(第 15 章)。

1.4.2 方法特性

许多方法可用于测定食品样品的特征或成分。要选择或调整测定化学成分和特性的方法,必须熟悉程序和关键步骤的基本要求。表 1.5 中的方法、标准性质,可评估正使用或研发中的方法是否适当。正如 Cifuentes[2] 在食品分析的一篇综述中强调,人们一直需要开发更健全、高效、灵敏和省钱的分析方法。许多较老的"湿化学"法已演变成强大、常用的技术工具,使准确度、精确度、检测限和样品通量显著增加。

1.4.3 方法的有效性

1.4.3.1 概况

有许多因素影响通过分析测试而获得的数据的有效性。因此,必须考虑每种方法的各项特性,如专一性、精密度、准确度和灵敏度(表 1.5 和第 4 章)。同时,还必须考虑如何根据食品的特殊性质,选择分析方法,并对所得结果的变化性、可测量误差和消费者的可接受性进行比较,此外还应该考虑食品加工过程中固有的特性变化。在实际工作中,需要考虑采集的分析样品的性质、代表性以及采样数量(第5章)。必须严格按照正确的分析方法和步骤执行,只有这样才能得到精密度高、重现性好,与过去采集样品的数据具有可比性的结果。要得到有效的数据,所使用的分析仪器必须经过标准化校正,操作步骤合理,同时还要了解仪器的极限。

表 1.5 食品分析方法选择标准

特性	主要问题
内在性质	
专一性	所测定与要求测定的是否为同一性质?它是唯一被测量的产品吗?
	有干扰吗?
	采取什么措施可确保高度专一性?
精确性	什么是方法的精密度?同批内、批与批之间或天与天之间是否存在差异?
	分析过程中哪一步骤会导致最大的变化性?
准确性	新方法与旧方法或标准方法相比在准确性上的差异如何?
	回收率是多少?
	所有实验室都能复制使用么?
分析方法在实验室中的应用	
试剂	能否准确配置试剂?
	需要哪些设备?试剂是否稳定?储存时间和储存条件如何?
	该方法对试剂的微小或适度变化是否非常敏感?
仪器	是否拥有合适的仪器?
	职员操作仪器的能力如何?
费用	设备、试剂和职员的费用是多少?
对食物/样品的适用性	是破坏性还是非破坏性?
	在线还是离线检测?
	使用法定/批准方法?
	食物基质的性质?
应用	
所需时间	有多快?需要多快?
可靠性	从精确性和稳定性的角度而言其可靠性如何?
要求	是否能满足或更好地满足要求?操作简单?
人员	
安全性	是否需要专门的预防措施?
分工	谁负责进行必要的计算?

注:在生产过程中,样品不能准确地代表成品,必须了解哪些变化能而且应该存在。

1.4.3.2　标准参考物质

在确定方法的有效性时,最常用的方法就是考察对照物的分析结果。对照物通常指标准参照物(SRM)或对照试样[13]。对照样品和检测样品同时分析是质量控制的重要组成部分[14]。标准参照物可以从美国国家标准技术研究所(NIST)和美国药典(USP)中获得;在欧洲可以从欧共体参考物质与测量研究所(IRMM)获得;在其他国家或地区可以从其他特定组织获得。除了与政府相关的机构,许多组织也提供检测样品的服务,同时提供用于评价方法可靠性的对照样品。例如,美国国际谷物化学家协会(AACCI,以前被称为美国标准化学家协会,AACC)就提供检测样品方面的服务,由一个下属实验室专门测试 AACCI 提供的待测样品,对样品进行专门分析并将结果报送 AACCI。AACCI 对分析结果进行统计评价,并将下属实验室的数据与其他实验室所得的数据进行比较,以确定其下属实验室所提供数据的准确程度。AACCI 提供的对照样品,如面粉、通心粉和其他谷类样品,主要用于分析诸如水分、灰分、蛋白质、维生素、矿物质、糖类、总膳食纤维以及可溶性和不可溶性膳食纤维,也可用于测试物理性质与微生物和卫生分析。

美国油脂化学家协会(AOCS)能提供用于检测油籽、油脂、海产品、黄曲霉毒素、胆固醇、微量金属、反式脂肪酸以及其他样品的检测样品程序。多国的实验室参与该程序,根据大数据的统计来检查其工作、试剂和实验室仪器的准确性。

标准参考物质是确保数据可靠的重要工具。但是,这类材料不一定要从外部组织获得。实验室内部同样也可以制备对照样品。具体过程如下:首先认真选择合适的样品,收集大量原料,并将其混合以确保其均匀,然后按小剂量包装并合理储存这些样品。在分析待测样品时,按一定程序分析这些对照样。不论采用什么样的标准参照物,待测样品的基质都必须符合特定分析方法的要求。美国官定分析化学家协会(AOACI)已经启动了一个针对不同的原料制定不同的法定分析方法的项目。

1.4.3.3　ISO 认证

为了确保分析方法的结果有效,更多的商业、私人和政府实验室采用国际标准化组织(ISO)认证(目前为 17025)来向客户保证他们的工作质量(即数据的有效性)[4],[15]。认证可用于整个实验室或者单独的测定工作(即方法和程序)。一旦获得认证,这些实验室将每两年重新认证审核。ISO 认证包括标准操作程序、表格、记录、工作指令、文件控制和测试方法的审查。虽然 ISO 认证不涉及安全或其他业务,但确实解决了以下问题:①结果有效性;②设备;③培训;④人员设备操作;⑤试剂和化学品;⑥客户沟通。

方法认证需要对使用的控制样本或标准、以及其他的实验室进行比较。对于拥有企业实验室和多个车间的食品公司,实验室要使用检查样品(如 USP,NIST)进行能力验证,并制作对照样品以便比较结果。这样的认证可让实验室业务增加(由于可信度增强,部分客户会选择 ISO 认证的实验室而不是未通过认证的)。此外,认证倾向于在实验室内创造可持续改进的思维模式。认证的最大挑战是更新程序,平衡客户对结果的需求,检查设备,遵循所有必要程序需求之间的平衡。如果一个公司没有通过审计,应采用的方法是分析根源以及寻找纠正措施。

1.4.4 食物成分的考虑

食物组分分析包括测定各主要成分的含量:指对水分(第15章)、灰分(总矿物质)(第16章)、脂类(第17章)、蛋白质(第18章)和碳水化合物(第19章)。许多分析方法的性能受到食物基质(即其主要化学成分,特别是脂质,蛋白质和糖类)的影响。在食品分析中,分析师面临的最大挑战来自食品基质[16]。例如,测定高脂或高糖食品时存在的干扰往往比低脂或低糖食品多,在这种情况下要得到精确的分析结果,必须对样品进行消化或提取,具体实验的确定取决于食品基质。由于不同食品体系的复杂性,经常需要多种针对某些特殊食品组成的有效测定技术。实际工作中需要很多技术和方法以及有关特殊食品基质的知识。

国际上,美国官定分析化学家学会(AOACI)(以前称为官方分析化学家协会,AOAC)的权威人士建议按食品基质的种类对食品进行分类,并用一个"三角图案"表示[17-25](图1.3)。三角形的三个顶点分别表示的食品类型是100%脂肪、100%蛋白质或100%碳水化合物。按食品中脂肪、碳水化合物、蛋白质含量的高低将其分成高含量、中等含量和低含量三类。一般认为,脂肪、碳水化合物、蛋白质这三种营养成分对分析方法的操作有极为显著的影响。分别含高、中、低含量的脂肪、碳水化合物和蛋白质的食品导致九种可能的组合。复杂的食品在标准化的基础上(如脂肪、碳水化合物、蛋白质标准化至100%),根据脂肪、碳水化合物、蛋白质的含量,将其放置于三角形中。一般说来,理想的分析方法能处理九种组合中的每一种,从而不需要针对各种特殊食品,研究许多取决于基质的分析方法。例如,采用取决于基质的分析方法,一种方法可能适用于马铃薯片、巧克力这类低蛋白质含量、中等脂肪含量、中等糖类含量的食品,如脱脂乳粉[19]。然而,一种强有力的通用方法可以用于所有类型的食品。

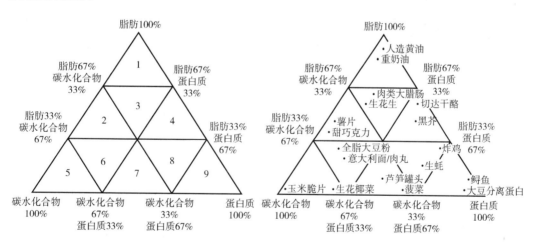

图1.3 根据蛋白质、脂肪和碳水化合物含量(不包括水分和灰分)划分的食品基质图解

摘自参考文献[20]。

注:Inside Laboratory Management,September 1997,p. 33. Copyright 1997,by AOAC International

AACCI已批准一种按这种思路创建的方法[21]。NIST也采用这种方法对SRM进行分类[23-25](详见1.4.3.2)。这些SRM在实验室能优化出可靠且具有特定基质样品的方法,并能确定这种方法对于特定基质是否有效。样品和参考物质的三角形分类使分析师能够选择适当的 SRM 用于方法开发、优化或增加常规测试的可信度。NIST 的目标是在食品矩阵三角形的九个部分对 RM 和其他参考物质进行全面开发[23]。

1.5 法定方法

选择分析方法这一工作常常因为采用法定分析方法而变得简单起来。几个非营利性研究机构编辑并出版了有关食品分析的方法,这些方法都经过认真研究并且已经标准化。通过比较不同实验室采用同一方法得到的实验结果,可以评价新方法或快速分析方法的实验结果。

1.5.1 美国官定分析化学家学会(AOACI)

AOACI 的历史可追溯到 1884 年,因其提供了符合研究需求的法定方法(即在常规实验室能达到一定的准确度和精密度的试验方法)而闻名。这些法定方法为受管制的行业、监管机构、合同研究机构、检测实验室以及学术机构而制定。AOACI 还制定标准程序,来测试商业分析方法的性能,以及实验室的分析熟练程度。

AOACI 中咨询小组、利益相关者小组、工作小组和专家评审小组建立了自愿共识的协作体系,目的在于开发符合需求的方法和服务,确保质量检测的准确性。AOACI 的法定分析方法[26]是多年来广泛采用的方法汇编。方法验证程序的细节可以在线提供,本书前面亦有所提及。经 AOACI 验证、采纳的方法以及证明该方法有效性的数据均公布于"AOACI"杂志。最近一版 AOACI 法定分析方法于 2016 年出版,但其在线版本可连续获取,新版和修订版方法一经批准即可发布。AOACI 的法定分析方法包括了适用于多种产品和材料的测定方法如表 1.6 所示。根据法规对食品的要求 FDA 经常对这些方法进行详细说明。FDA 和美国农业部(USDA)下属的食品安全检查局(FSIS)借助于这些方法,检验食品标签上的营养信息是否名副其实,并检验食品是否存在某些不良残留物以及其残留水平。

表 1.6　　　2016 年美国官定分析化学家协会(AOACI)法定分析方法目录表[26]

章	题目	章	题目
1	农用石灰材料	11	水;盐
2	化肥	12	微生物化学方法
3	植物	13	放射性
4	动物饲料	14	兽医毒理分析学
5	饲料中的药品	15	化妆品
6	消毒剂	16	外来材料:分离
7	农药制剂	17	微生物方法
8	有害物质	18	药物:第 I 部分
9	食品中金属及其他痕量成分	19	药物:第 II 部分
10	农药和工业化学残留物	20	药物:第 III 部分

续表

章	题目	章	题目
21	药物:第Ⅳ部分	37	水果及其制品
22	药物:第Ⅴ部分	38	明胶,甜点制剂和混合物
23	动物组织中的药品及饲料添加剂	39	肉及肉制品
24	法医学	40	坚果及其制品
25	发酵粉及烘烤用化学制品	41	油和脂肪
26	蒸馏液	42	蔬菜及其加工产品
27	麦芽饮料和酿造原料	43	香料及其他调味品
28	葡萄酒	44	糖与糖制品
29	非酒精饮料及其浓度	45	维生素及其他营养物
30	咖啡和茶	46	色素添加剂
31	可可豆及其产品	47	食品添加剂:直接型
32	谷物食品	48	食品添加剂:间接型
33	乳制品	49	天然毒素
34	蛋及蛋制品	50	婴幼儿配方食品及肠内产品
35	鱼及其他海产品	51	膳食补充剂
36	风味		

1.5.2 其他认可方法

AACCI 出版了一系列已获批准的实验室方法,主要适用于谷物产品(例如,烘焙质量、麸质、生面团检测、陈腐与质构)。AACCI 认可的通用分析方法[27]的程序与 AOACI 和 AOCS 所采用的过程是一致的。由 AACCI 批准的方法必须经过审查、评价和修改等过程(表1.7)现在可以在线获取。

表 1.7　　2010 年美国国际谷物化学家协会(AACCI)认可的分析方法目录表[27]

章	题目	章	题目
2	酸性	20	成分
4	酸	22	酶
6	面粉混合物	26	实验研磨
7	氨基酸	28	外来杂质
8	总灰分	30	粗脂肪
10	烘焙质量	32	纤维
11	生物技术	33	感官分析
12	二氧化碳	38	麸质
14	颜料与色素	39	红外分析

续表

章	题目	章	题目
40	无机成分	62	样品制备
42	微生物	64	取样
44	湿度	66	粗面粉,意大利面和面条的质量
45	真菌毒素	68	解决方案
46	氮	74	腐败/质构
48	氧化、漂白及熟化剂	76	淀粉
54	生面团特性实验	78	统计原理
55	物理实验	80	糖
56	物理化学实验	82	药丸
58	脂肪,油脂及起酥剂的特性	86	维生素
61	大米	89	酵母

AOCS 出版了一系列法定方法和推荐方法,主要适用于脂肪和油脂分析(如植物油、甘油、卵磷脂)[28](表1.8)。AOCS 归纳综合了各种分析方法,适用于食用脂肪和油脂、油籽和油籽蛋白、肥皂与合成洗涤剂、工业脂肪和油脂、脂肪酸、油类化学物质、甘油和卵磷脂。

表1.8　　　　　2009 年法定方法及美国油脂化学家协会(AOCS)推荐方法目录表[28]

部分	题目	部分	题目
A	植物油原料	G	皂料
B	油籽副产品	H	试剂、溶剂与仪器的特性
C	商业脂肪及油脂	J	卵磷脂
D	肥皂和合成洗涤剂	M	试验方法的评价与设计
E	甘油	S	法定标记
F	磺化和硫酸化油脂	T	检测工业油脂及其衍生物的推荐方法

由美国公众健康协会出版的《乳制品检验标准方法》[29]包括牛乳和乳制品(如酸度、脂肪、乳糖、水分/固体、掺水)的化学分析方法(表1.9)。《水和废水标准检测方法》[30]由美国公众健康协会,美国水务协会和水环境联合会共同出版。《食用化学品法典》[31],由 USP 出版,其中包括一些食品添加剂的分析方法。一些行业协会出版其具体产品的标准分析方法。FDA 向分析师提供普通实验室质量实践手册[32]、元素分析方法[33]、药物和化学残留分析方法[34]、农药分析方法[35-36]和宏观分析程序(如通过视觉、嗅觉或味觉评估)[37]。USDA 向分析师提供化学实验室指南[38],其中包含 USDA 实验室用于确保其食品安全和准确标识管理的检测方法(详见3.3)。

表 1.9　　《乳制品标准测定方法》中与第 15 章有关的物理和化学方法目录表[29]

15.010	简介	15.100	矿物质和食品添加剂检测
15.020	酸度检测	15.110	湿度与固形物检测
15.030	杂质检测	15.120	多组分检测
15.040	灰分检测	15.130	蛋白质/氮检测
15.050	氯化物(盐)检测	15.140	酸败检测
15.060	污染物检测	15.150	消毒剂检测
15.070	外来杂质检测	15.160	维生素检测
15.080	脂肪检测	15.170	功能性质检测
15.090	乳糖/半乳糖检测	15.180	引用的参考文献

1.6　总结

　　食品科学家和工艺学家能测定食品的化学组成和物理特性,并以此作为其质量管理工作的一部分。例如,食品公司的质量管理程序中的样品分析类型包括原料、加工控制、成品、竞争对手和消费者投诉。随着消费者、政府和食品行业对食品质量与安全的关注度增高,有关关键成分和关键产品特性分析的重要性逐步提高。若要根据分析结果做出正确的结论,在分析过程中必须正确执行下述三个步骤:①样品的选择与制备;②分析操作;③结果的计算与解释。分析方法的选择通常取决于分析目的与方法本身的特点(如专一性,准确度,精密度,速度,设备费用及人员培训)以及所涉及的食品基质。方法的有效性是非常重要的,为此需要采用标准参照物以确保结果的准确性。在食品企业中用于质量评估的快速分析方法,虽然其精确度不及用于评价营养标签的法定方法,但速度要快得多。被认可的食品化学分析方法通常由 AOACI,AACCI,AOCS 以及其他一些非营利性的科学组织编辑出版。这些方法技能用于比较不同实验室获得的分析结果,也能用于评价新的分析方法或快速实验方法。

1.7　思考题

　　(1)列出六项理由说明为什么需要将测定食品中某些化学性质作为质量管理程序的一部分。

　　(2)现需采用某一新方法测定食品中的化合物 X,指出在质量保证实验室中采用该新方法前需要考虑的六项因素。

　　(3)请解释术语 AOACI 以及该组织的职能,并说明什么是法定分析方法。

　　(4)在哪些出版物中能找到下述产品的标准分析方法:

　　①冰淇淋

　　②富强粉

③废水（由食品加工厂排出）
④人造奶油

致谢

The author thanks the numerous former students and others associated with quality assurance in the food industry who reviewed this chapter and contributed ideas for its revision. Special thanks go to the following for their help with specific topics：Chris Fosse（ConAgra Foods）and Ryan Lane（TreeHouse Foods），specifications for semolina；Samantha Park（TreeHouse Foods）and Yuezhen He（former student at Purdue University），quality tests for pasta；Sandy Zinn（General Mills），ISO；Ryan Ellefson（Covance），LIMS；Karen Andrews（USDA），food matrix and standard reference materials；and Julie Culp（General Mills），food analysis linked to consumer demand and government regulations.

参考文献

1. McGorrin RJ（2009）One hundred years of progress in food analysis. J. Agric. Food Chem. 57(18)：8076 – 088

2. Cifuentes A（2012）Food analysis：Present，future，and foodomics. ISRN Analytical Chemistry. Article ID 801607

3. Spence JT（2006）Challenges related to the composition of functional foods. J Food Compost Anal 19 Suppl 1：S4 – S6

4. Alli I（2016）Food quality assurance：principles and practices，2nd edn. CRC, Boca Raton, FL

5. Vasconcellos JA（2004）Quality assurances for the food industry：a practical approach. CRC, Boca Raton, FL

6. Pearson D（1973）Introduction-some basic principles of quality control, Ch. 1. In：Laboratory techniques in food analysis. Wiley, New York, pp 1 – 6

7. Pomeranz Y, Meloan CE（1994）Food analysis：theory and practice, 3rd edn. Chapman & Hall, New York

8. Cruz RMS, Khmelinskii I, Vieira M（2014）Methods in food analysis. CRC, Boca Raton, FL

9. Nollett LML（2004）Handbook of Food Analysis, 2nd edn. vol 1：physical characterization and nutrient analysis, vol 2：residues and other food component analysis. CRC, Boca Raton, FL

10. Nollett LML, Toldra F（2012）Food analysis by HPLC, 3rd edn. CRC, Boca Raton, FL

11. Ötleş S（2008）Handbook of food analysis instruments. CRC, Boca Raton, FL

12. Ötleş S（2011）Methods of analysis of food components and additives, 2nd edn. CRC, Boca Raton, FL

13. Latimer GW, Jr（1997）Check sample programs keep laboratories in sync. Inside Lab Manage 1（4）：18 – 20

14. Ambrus A（2008）Quality assurance, Ch. 5. In：Tadeo JL（ed）Analysis of pesticides in food and environmental samples. CRC, New York, p 145

15. ISO/IEC（2010）ISO/IEC 17025：2005. General requirements for the competence of testing and calibration laboratories（last review in 2010）. http://www.iso.org/iso/home/store/catalogue_tc/catalogue_detail.htm? csnumber = 39883

16. Wetzel DLB, Charalambous G（eds）（1998）Instrumental methods in food and beverage analysis. Elsevier Science, Amsterdam, The Netherlands

17. Wolf W（1993）In：Methods of analysis for nutrition labeling. AOAC International, Ch 7, pp 115 – 120, as adapted from W. Ikins, DeVires J, Wolf W, Oles P, Carpenter D, Fraley N, Ngeh-Nwainbi J. The Referee. AOAC International 17（7）, pp 1, 6 – 7

18. Wolf WR, Andrews KW（1995）A system for defining reference materials applicable to all food matrices. Fresenius J Anal Chem 352：73 – 76

19. Lovett RA（1997）U. S. food label law pushes fringes of analytical chemistry. Inside Lab Manage 1（4）：27 – 28

20. Ellis C, Hite D, van Egmond H（1997）Development of methods to test all food matrixes unrealistic, says OMB. Inside Lab Manage 1（8）：33 – 35

21. DeVries JW, Silvera KR（2001）AACC collaborative study of a method for determining vitamins A and E in foods by HPLC（AACC Method 86 – 06）. Cereal Foods World 46（5）：211 – 215

22. Sharpless KE, Greenberg RR, Schantz MM, Welch MJ, Wise SA, Ihnat M（2004）Filling the AOAC triangle with food-matrix standard reference materials.

Anal and Bioanal Chem 378:1161 – 1167

23. Wise SA, Sharpless KE, Sander LC, May WE (2004) Standard reference materials to support US regulations for nutrients and contaminants in food and dietary supplements. Accred Qual Assur 9:543 – 550

24. Sharpless KE, Lindstrom RM, Nelson BC, Phinney KW, Rimmer CA, Sander LC, Schantz MM, Spatz RO, Thomas JB, Turk GC, Wise SA, Wood LJ (2010) Preparation and characterization of standard reference material 1849 Infant/adult nutritional formula. 93(4):1262 – 1274

25. Thomas JB, Yen JH, Sharpless KE (2013) Characterization of NIST food-matrix standard reference materials for their vitamin C content. Anal Bioanal Chem 405:4539 – 4548

26. AOAC International (2016) Official methods of analysis, 20th edn., 2016 (online). AOAC International, Rockville, MD

27. AACC International (2010) Approved methods of analysis, 11th edn (online), AACC International, St. Paul, MN

28. AOCS (2013) Official methods and recommended practices, 6th edn, 3rd printing, American Oil Chemists' Society, Champaign, IL

29. Wehr HM, Frank JF (eds) (2004) Standard methods for the examination of dairy products, 17th edn. American Public Health Association, Washington, DC

30. Rice EW, Baird RB, Eaton AD, Clesceri LS (eds) (2012) Standard methods for the examination of water and wastewater, 22nd edn. American Public Health Association, Washington, DC

31. U. S. Pharmacopeia (USP) (2016) Food chemicals codex, 10th edn. United Book Press, Baltimore, MD

32. FDA (2014) CFSAN laboratory quality manual (last updated 12/10/14) http://www. fda. gov/downloads/Food/FoodScienceResearch/UCM216952. pdf

33. FDA (2016) Elemental analysis manual for food and related products (last updated 1/08/16). http://www. fda. gov/food/foodscienceresearch/laboratory-methods/ucm2006954. htm

34. FDA (2015) Drug and chemical residue methods (last updated 6/29/15) http://www. fda. gov/Food/FoodScienceResearch/LaboratoryMethods/ucm2006950. htm

35. FDA (1999) Pesticide analytical manual volume I (PAM), 3rd edn (1994, updated October, 1999). http://www. fda. gov/Food/ScienceResearch/LaboratoryMethods/PesticideAnalysisManualPAM/ucm111455. htm

36. FDA (2002) Pesticide analytical manual volume II (PAM) (updated January, 2002). http://www. fda. gov/Food/ScienceResearch/LaboratoryMethods/Pesticide AnalysisManualPAM/ucm113710. htm

37. FDA (2015) Macroanalytical Procedures Manual (last updated 6/05/15) http://www. fda. gov/Food/Food ScienceResearch/LaboratoryMethods/ucm2006953. htm

38. USDA (2016) Chemistry laboratory guidebook (last updated 6/26/15) http://www. fsis. usda. gov/wps/portal/fsis/topics/science/laboratories-and-procedures/guidebooks-and-methods/chemistry-laboratory-guidebook. Food Safety and Inspection Service, US Department of Agriculture, Washington, DC

美国食品分析法规与国际标准

S. Suzanne Nielsen

2.1 引言

对于从事食品行业的工作人员来说，了解有关食品化学分析的政府法规是很重要的。在美国联邦法律与法规的监管下，促使食品企业必须向消费者提供健康卫生、营养成分明确的食品，并最终杜绝欺诈行为。在某些情况下，这些政府机构可以规定某种食品中必须包含什么组分，具有什么风味，并用什么方法分析食品的安全系数和质量特性。本章主要讨论了有关食物组成的美国联邦法规。读者如果想进一步全面的了解美国食品的法律法规，可以参考相关文献[1-4]。本章中所提到的法规均已发表在美国联邦法规[5]（CFR）上。本章还包括有关国际组织制定食品标准与安全法规，至于有关食品营养标签的法规因为其中涉及到食品分析，所以在本章中并没有提及，我们将会在第 3 章详细讨论这个问题。

2.2 在美国联邦法规规定下的食品组分

2.2.1 美国食品与药物管理局（FDA）

FDA 是美国的政府机构之一，它隶属于美国卫生及公共服务部（DHHS），负责制定有关食品、化妆品、药品、医疗器械、生物制品、烟草和辐射食品安全的法规。FDA 在美国法律允许的范围内，对相关产业进行监督并确保消费者安全。针对食品和药品，相关立法机构已经出版了全面的联邦法案和指导方针。

2.2.1.1 立法历史

自从 1906 年第一个食品和药物法案颁布以来，各种各样有关食品的法案、修正案和规定已经逐步到位。表 2.1 对历年颁布的相关法案及其对食品分析的指导进行了总结。FDA 现在执行的是 1938 年修订的"联邦食品、药物和化妆品法"（FD&C）。下面，将挑选法案中的重点部分进行详细的描述。

|表 2.1|美国食品与药物管理局的法案、修正案和食品分析的规定||

法案、修正案或规定(年)	目的	有关食品分析
联邦食品、药品和化妆品法案(FD&C)(1938)	目的是向消费者保证食品是安全的、卫生的,在卫生条件下生产、包装并如实标示的。禁止食品掺假和误用	授权食品定义和鉴定标准,包括其中需要检测食品成分
食品添加剂修正案(1958)	旨在保护消费者的健康,要求食品添加剂在食品添加前被证明是安全的,并且在食品中仅使用安全级别。Delaney 条款(《附加条款》)禁止 FDA 设定任何一种已知致癌物质作为食品添加剂	需要测试食品添加剂(类型、数量、安全性)
色素添加剂修正案(1960)	定义色素添加剂。为已经认证的和未经认证的色素制定规范。为色素添加剂提供批准。允许列出特定用途的色素添加剂,并设置数量限制。包含 Delaney 条款(见上文)	需要测试食品添加剂(类型、数量、安全性)
当前的良好操作规范(cGMP)(1969)(21CRS 110 - 普通版;对于特定的食物有特定的操作规范)	目的是防止在市场上出现掺假食品	需要检测掺假成分(包括杂质)
危险分析关键控制点(HACCP):21 CFR 第 123 部分——海鲜;CRS 第 120 部分——果汁;9 CFR 第 417 部分——肉类和家禽[6-9]	旨在提高食品安全和质量	需要检测微生物、化学物质和物理危害
营养标签及教育法(NLEA)(1990)	在美国食品与药物管理局的管辖范围内强制规定大多数食品的营养成分。建立健康和营养主张的定义	需要测试食物成分(具体成分和含量)
膳食补充剂健康与教育法(DSHEA)(1994)	将补充剂定义为"膳食成分",规定了规范要求和标签的标准,并建立了政府机构来处理监管。改变了膳食补充剂的定义和规定,因此不再将其视为食物	在定义为食物时,取消对膳食补充剂的测试
《食品安全现代化法案》(FSMA)(2011)	旨在确保食品供应安全,将重点从应对污染转移到预防污染	需要对危险和预防控制进行测试,包括物理和化学危害、食物过敏原、卫生控制和供应链控制
食品标签:营养补充说明(2016)	更新标签上的信息,帮助消费者保持健康饮食习惯	改变营养成分测试和报告

2.2.1.2　食品的定义和标准

　　FDA 在 21 CFR 100—169 中发布了有关食品的定义和标准,包括鉴定标准、质量标准和填充标准。鉴定标准是为各种各样的食品所制定的,因为它明确地规定了食品中必须包含哪些组分,所以鉴定标准与食品分析密切相关。其中还限定了一些食品的含水量,食品中昂贵配料的最低含量和那些廉价配料的最高含量。食品的标签上有"富含"字样时,必须标明特定维生素和矿物质的种类和含量。一些在食品的标签中所需要列出的组分是可以进行选择的。例如,图2.1所示为酸奶油[21 CFR 131.160(2015)]的鉴定标准。表2.2所示为与食品分析有关的一些鉴定标准。请注意,鉴定标准通常包括鉴定化学成分的方法。

---

§131.60 酸性稀奶油

1. 说明

酸性稀奶油是经乳酸菌发酵酸化面制得的巴氏灭菌稀奶油,其乳脂肪含量不得低于18%。食品中添加的营养性甜味剂或风味物质不计算在内。不论怎样,乳脂肪的含量不能低于14.4%。酸性稀奶油的可滴定酸度不得低于0.5%(以乳酸计)。

2. 添加成分

(1)能改善产品质构、防止脱水收缩、延长货架寿命、安全且合适的物质。

(2)在发酵前作为风味物质的前体而加入的柠檬酸钠,其含量不能高于0.1%。

(3)凝乳酶。

(4)安全、合适的营养甜味剂。

(5)盐。

(6)风味物质,具有或不具有稳定和合适的颜色,如下列物质:①水果及水果汁(包括浓缩果汁和果计);②安全且合适的天然或人造食品风味物质。

3. 分析方法

参考《法定分析化学家协会的法定分析方法》第13版(1980),可到法定分析化学家协会索取复印件。

(1)乳脂肪含量——脂肪——法定最终法案,16.172。

(2)可滴定酸度——酸度——法定最终法案,16.023。

4. 术语

食品名称为酸性稀奶油或发酵性稀奶油,食品的全称应按统一规格、形式和颜色明确标注于标签上。根据本章§101.22的规定,食品名称应该与产品中所加入风味物质的特性一致。在食品中所加入足量营养甜味剂,而没有加入其他风味物质则在食品名称前加上"甜"字。

5. 标签说明

根据本章§101和§130部分的要求,加入食品中的每种组分都应在标签中予以说明。

摘自:42 FR.14360,Mar.15,1977, as amended at 47 FR 11824,Mar.19,1982;49 FR.10092,Mar,19,1984;54 FR.24893,June 12,1989;58 FR.2891,Jan.6,1993

图2.1 酸乳酪的标识标准

摘自21 CFR 131.160(2015)。

与鉴定标准相比,虽然质量标准和填充标准与食品化学分析没有太大的关系,但是从经济和质量控制方面来考量的话,它们是相当重要的。食品的质量标准由FDA来制定,对于一些罐装水果和蔬菜的颜色、嫩度、重量等设定了最低标准和规格。FDA还规定了瓶装水的质量标准,其中包括:大肠杆菌、浊度、气味、放射性-226和放射性-228的活性以及70多种化学污染物的标准[21 CFR 165.110(b)]。FDA已经制定了一些罐装水果和蔬菜,番茄制品和海鲜制品的标准,并说明了一个罐头里的产品的体积应该占罐头总体积的多少,才不会存在欺骗消费者的行为。

表 2.2   部分食品鉴定标准中化学组分的要求

21 CFR[①]的部分章节	食品	要求	第13版	第18版 AOAC 中的方法[②]	名称/说明
131.110	牛乳	非脂乳固形物≥8.25%	16.032	990.19	固体总量,烘箱法
		乳脂≥3.25%	16.059	905.02	罗氏—吉布斯法
		维生素A(如果添加)≥2000IU[③]/qt[④]			
		维生素D(如果添加)-400IU[③]/qt[④]	43.195 – 43.208	936.14	微生物实验
133.113	切达乳酪	乳脂≥50%(乳固形物质量分数)	16.255	933.05	用盐酸进行消化,罗氏—吉布斯法
		水分≤39%	16.233	926.08	真空炉
		磷酸酶≤3μg			
		酚 0.25g[⑤]	16.275 – 16.277	946.03 – 946.03C	残余的磷酸酶法
137.165	强化面粉	水分≤15%	14.002, 14.003	925.09, 925.09B	真空炉
		抗坏血酸≤200mg/kg (作为面团改良剂添加时)			
		灰分[⑥]≤(0.35 +0.05% 蛋白质)dwb[⑦]	14.006	923.03	干灰化法
		(蛋白质)	2.057	955.04C	凯氏定氮,不含硝酸盐的样品
		硫胺素 2.9mg/lb			
		核黄素 1.8mg/lb			
		尼克酸 24mg/lb			
		铁离子 20mg/lb			
		钙离子(如果添加的话)960mg/lb			
		叶酸 0.7mg/lb			
146.185	菠萝汁	可溶性固形物≥10.55°Bx[⑧]	31.009	932.14A	白利糖度计
		总酸度≤1.35g/100mL (以无水柠檬酸计)			用 NaOH[⑨] 滴定
		白利糖度/酸的比值≥12			计算[⑩]
		不溶性固体≥5%,≤30%			根据沉积物[⑪]的体积计算
163.113	可可	可可脂≤22%,≥10%		963.15	使用石油醚进行索氏抽提
164.150	花生酱	脂肪≤55%	27.006(a)	948.22	使用乙醚进行索氏抽提

① CFR Code of Federal Regulations (2015),美国联邦法规法典;
② Official Methods of Analysis of AOAC International,美国分析化学家协会 AOAC 法定分析方法;
③ IU,international units,国际单位;
④ 符合良好生产操作规范;
⑤ 采用经巴氏灭菌乳制品;
⑥ 排除任何添加的铁或盐或铁、钙的小麦胚芽所产生的灰分;
⑦ dwb,moisture – free or dry weight basis,无水或干重基础上;
⑧ 不加糖不加水,用折光仪测定在20℃下无需校正酸度,国际蔗糖单位用°Bx 表示,除非注明果汁浓度;
⑨ 详细的滴定方法在 21 CFR,145.180 (b)(2)(ix);
⑩ 根据 21 CFR 146.185(b)(2)(ii)中所述,从白利糖度和总酸度值计算;
⑪ 详细的方法在 21 CFR 146.185 (b)(2)(iv)。

2.2.1.3 监督和实施

FDA 对大多数食品都有最广泛的监管权(一般来说,除了肉、禽、蛋制品、供水外的所有均属 FDA 管辖)。但是,正如本章后面部分所述,FDA 与其他监管机构一起分担某些食品的管理职责。表 2.3 所示为 FDA 与其他联邦机构合作的食品分析相关责任范围,以确保美国食品的质量和安全性。表 2.4 所示为具体哪些联邦机构有责任确保特定种类食品的质量和安全性。

表 2.3 与食品分析相关的联邦机构责任范围

美国食品与药物管理局(FDA)	美国农业部(USDA)	美国商务部,国家海洋和大气管理局-国家海洋渔业局(NOAA-NMFS)	美国司法部,酒精和烟草税收和贸易局(TTB)	美国环保局(EPA)	美国海关与边境保护局(CBP)	美国联邦贸易委员会(FTC)
认证标准(除了肉类的大多数食物) 质量标准(罐装水果和蔬菜) 填充标准(部分食品) 营养标签(除了肉类的所有食物)(参考第3章) 一些酒精饮料和烹饪葡萄酒的标准 加强对农药使用剂量的控制(注意:EPA 规定的公差) 对于海鲜食品与 NMFS 一起确保其安全;制定和实施海产品中污染物和有害微生物的可允许含量 对于贝类,通过国家贝类卫生项目(NSSP)(食品药品监督管理局的一部分)来保障其在洲际公路运输过程中的卫生,并且确保种植区不受污水和工业废水的污染 进口食品,与美国海关服务部门 对于乳制品,与 USDA 和各州负责安全和健康的部门合作 食品添加剂(所有食品) 色素添加剂(所有食品) 检查食品加工设备符合 CGMP 和 HACCP 的规定	肉制品的认证标准等级标准(自愿,对于大多数食物)检查程序(肉、禽、蛋、谷物)选择进口食品与 CBP 合作	对于海产品的等级,标准化和检查项目(与 FDA 和 EPA 合作)	大多数含酒精饮料的标准和标签	制定农药残留公差(注:由 FDA 强制实施) 制定饮用水标准和污染物的限值 制定食品工厂处理废水的标准和指导方针	确保进口产品被合理地征税,保障消费者安全,防止经济诈骗(与 FDA 合作)	有权管理食品方面的广告和促销活动

表2.4 负责特定食品质量与安全的联邦机构

水	乳制品	肉类和肉制品	海鲜	贝类	酒精饮料	水果和蔬菜	收割后的粮食和饲料作物：农药残留	婴幼儿配方乳粉
EPA(饮用水；污水) FDA(瓶装水)	FDA USDA	USDA	商业部：NOAA - NMFS FDA EPA	FDA：NSSP	财政部：TTB(大部分产品) FDA(部分产品)	FDA	EPA（设置公差） FDA（执行公差）	FDA

FDA 在对设施和产品的定期检查,以及对样品的分析过程中一旦发现违反 FD&C 法案的行为,FDA 将会根据情节的轻重处以警告,行政管理,根据情况,拘留、中止登记、扣押、禁止或召回。FDA 不能提出刑事指控,但是可以通过向法院递交有关文书,法院可能会给予罚款或逮捕等惩罚。参考文献[1-4]详细介绍了 FDA 的实施细则。

2.2.2 美国农业部（USDA）

USDA 负责管理一些与食品标准、成分和分析相关的联邦法规。这些包括肉类产品的鉴定标准、等级标准和检查程序。一些针对新鲜和加工食品的法规是强制性的,而另一些则是非强制性的。

2.2.2.1 肉类产品的鉴定标准

USDA 下属的食品安全检查局(FSIS)已经建立了许多肉类产品的鉴定标准(9 CFR 319)规定了肉、脂肪和水的特定比例,并要求使用 AOAC 所提供的相关方法进行分析。

2.2.2.2 等级标准

USDA 对许多食品从劣到优进行了分级,等级标准就由此产生。虽然大多数等级标准不是强制性要求(某些谷物除外),但是因为产品的质量会影响其价格,所以它们被食品加工者和分销商广泛使用,作为整个销售交易的辅助手段。这些等级标准经常被作为质量控制的手段。消费者一般都熟悉牛肉、黄油和鸡蛋的等级标准,但对于零售商来说则将这些标准广泛的应用于各种食品。标准的主要使用者包括学校、医院、餐馆、监狱和国防部等机构(详见2.5)。

根据1946年的农产品贸易法及其相关法规,USDA 已经颁布了300多种食品的等级标准。等级标准不要求在标签上注明,但如果注明,产品必须符合已公布出的等级规格。US-DA 为采摘者、加工者、分销商和其他需要鉴定产品等级的人提供官方有偿服务。

关于标准的完整信息已经在 CFR 上讲过,因为这些标准是属于美国农业市场部(AMS)的管理法规,所以目前只有一些标准在 CFR 中公布。USDA 已经将所有的等级标准整理成册,使用者也可以通过互联网上查询。

根据 FDA 的规定,USDA 下属的 AMS 为农产品颁布的等级标准以及美国商务部为渔业产品颁布的等级标准不同于 FDA 或 USDA 下属的 FSIS 所制定的鉴定标准。许多种类的肉类、家禽、乳制品、水果、蔬菜和谷物,以及鸡蛋、家兔、某些蜜饯、干豆、大米和豌豆,都有等级标准。关于乳制品的等级标准的附加信息在 2.3 中介绍,下面介绍其他种类食品的等级标准实例。

加工水果和蔬菜的等级标准通常包括颜色、质构或流变性、缺陷、大小与形状、嫩度、成熟程度、风味以及各种化学特性等因素。等级标准通常给出了检测程序和分析方法。为了便于说明,表 2.5 所示为冷冻浓缩橙汁[10] 等级标准的部分内容。

表 2.5   **USDA 对冷冻浓缩橙汁的等级鉴定标准**

品质	分析方法
外观	浓缩汁
复水性	白利糖度
颜色	白利糖度/酸的比值
瑕疵	复原果汁
风味	白利糖度
	可溶性橙固体粒
	可回收油

各种谷物(如小麦、玉米、大豆、燕麦)的等级是由各种因素决定的,如每蒲式耳的测试重量、热损伤粒、碎粒和异物的百分含量。等级范围主要由水分含量决定。水稻、豆类、豌豆和小扁豆的等级标准通常由残缺、杂质和昆虫的侵染等因素决定,有时对水分含量会有特别要求。

2.2.2.3 检查程序

USDA 负责管理一些强制性的检查和鉴定程序以及一些非强制性的检查程序。已制订了专门针对各种食品的综合检查手册,协助视察员和工业人员解释和利用这些规定。根据《联邦肉类检查法》《禽类产品检查法》和《蛋类产品检查法》,USDA 下属的 FSIS 检查了州际贸易中所有肉类、家禽和蛋制品(9 CFR 200 - End)。这包括审查向美国出口肉禽制品的外国检查机构和包装工厂。进口产品在入境口岸复验。为提高肉类和家禽的安全性,对所有屠宰和加工厂而言,危险分析关键控制点(HACCP)是 FSIS 的一个重要组成部分。USDA 下属的谷物检验、包装和储存管理局(GIPSA)的职能是执行美国谷物标准法案(7 CFR 800)的强制性要求。这一法案的实施,为国家提供了一套检测谷物的系统,并规定了多种粮食的官方强制的等级标准。USDA 的另一个项目是标准化、分级,以及在各种非强制性的程序下检查水果和蔬菜。这些检查程序在很大程度上依赖于 HACCP系统。

2.2.3 美国商务部(USDC)

2.2.3.1 海产品检查处

国家海洋和大气管理局(NOAA)国家海洋渔业服务处(NMFS)隶属于美国商务部(US-DC),提供海产品检查服务项目。USDC海鲜检查项目确保了美国的海产品的安全性和质量,并通过非强制化分级、标准化和检查程序对海产品进行质量监督,如50 CFR 260所述。检查程序也依赖于HACCP系统。美国的渔业产品等级标准(50 CFR 261)旨在帮助渔业维持并提高产品质量,从而提高消费者对海产品的信心。标准的检查项目包括颜色、大小、质地、味道、气味、加工缺陷和流变性。

2.2.3.2 FDA 与环境保护署的相互协作

FDA 和环境保护署(EPA)与 NMFS 合作,确保海鲜安全。FDA 根据 FD&C 法案,负责确保在州际贸易中运送或接收的海鲜是安全、健康的,以及防止假冒伪劣产品。FDA 在制定和强制执行海产品中污染物和致病性微生物的允许限量方面有绝对权威。EPA 协助FDA 确定对人类健康有害的并最有可能在海产品中积累的化学污染物的含量范围。FDA 采取的唯一正式措施是规定多氯联二苯(PCBS)(21 CFR 109.30)的总量不超过2.0mg/kg(2 CFR 109.30)。EPA 已经确定了某些农药残留的限定标准,并且 FDA 已经建立了甲基汞的指导水平[11]。

2.2.4 美国酒精、烟草税贸易局 (USATTTB)

2.2.4.1 对于含酒精饮料的监管责任

根据1938年FD&C法案,啤酒、葡萄酒、白酒和其他含酒精的饮料都被称为"食品"。而对其质量、标准、加工和其他相关方面的控制是由联邦酒精管理法进行管理的,该法案由美国财政部的酒精和烟草税贸易局(TTB)执行。关于大多数酒精饮料的成分和标签的问题由该局管理。然而,FDA 对某些酒精饮料和烹调酒有管辖权。FDA 还有权处理卫生、废弃物及酒精饮料中杂质和有害物质等问题。

2.2.4.2 啤酒、葡萄酒、蒸馏烈性酒的标准及成分

27 CFR 1 – 30 中给出关于啤酒、葡萄酒和蒸馏饮料烈酒的定义、鉴定标准及标签要求的信息,这些鉴定标准规定了一些必要的检测指标,如酒精含量、总固体含量、酸度等。例如,用于生产酒的果汁酒通常需要标明白利糖度和总固体含量。天然红葡萄酒中最高挥发性酸度(计算乙酸和其特有的二氧化硫)不得超过0.14g/100mL(20℃),对于其他葡萄酒不得超过0.12g/100mL。酒精含量的百分比通常被用来作为酒精饮料的分类或命名的标准。例如,甜葡萄酒的酒精含量应大于14%但小于24%,而佐餐葡萄酒的酒精含量小于14%(27 CFR 4.21)。酒精含量低于0.5%的产品不允许贴上"啤酒""窖藏啤酒""淡啤酒""麦芽酒""波特""黑啤酒"或其他通常用于含有较高酒精含量麦芽饮料的标签(27 CFR 7.24)。

2.2.5 美国环境保护署(EPA)

美国环保署的监管方面与本书中的控制食品中的农药残留,饮用水安全,以及食品加工工厂排出废水的部分最为相关。

2.2.5.1 杀虫剂注册与允许量

杀虫剂是为了保护食品资源,控制有害昆虫、疾病、鼠、野草、细菌及其他虫类而采用的化学物质。但是,大多数杀虫剂如果使用不当会对人、动物和环境产生有害影响。保护食品不受杀虫剂残留影响的三项联邦法律是 FD&C 法案,联邦杀虫剂、杀菌剂和灭鼠法案(FIFRA),以及 1996 年的《食品质量保护法案》(FIFRA)。在 FD&C 法案的支持下,FIFRA 监督杀虫剂的生产、销售和使用,同时致力于研究杀虫剂的效果(表 2.6)。

表 2.6　　杀虫剂(I)、杀菌剂(F)和除草剂(H)在人类食用食品中的允许残留量

章节	食品添加剂	化学分类	食物	允许残留量[①]
180.103	克菌丹(F)	邻苯二甲酰亚胺	苹果	25
			牛肉、猪肉	0.2
			牛乳	0.1
			葡萄	25
			桃	15
			草莓	20
			向日葵、种子	0.05
180.342	毒死蜱[②](I)	有机磷酸酯	苹果	0.01
			牛肉、猪肉	0.05
			玉米油	0.25
			草莓	0.2
180.435	溴氰菊酯(I)	拟除虫菊酯类	牛肉、猪肉	0.02
			番茄	0.02
			番茄制品,浓缩的	1.0
180.292	毒莠定(H)	2-氯吡啶羧酸	牛肉、猪肉	0.02
			牛乳	0.05
			玉米油	2.5
			小麦、谷物	0.5

①百万分比(ppm)

②也被称为毒死蜱™和乐斯本™

摘自 40 CFR 180 (2016)。

《食品质量保护法案》修改了 FD&C 法案和 FIFRA,将 FD&C 法案中包括 Delaney 条款在内有关杀虫剂的条例删除。具体的做法是在定义食品添加剂时将杀虫剂除外,这项修改极大地减少了 Delaney 条款的范围和相关性。

EPA 注册批准允许使用的农药,并设置农药的允许残留量,详见32.3）。EPA 有权注册批准的农药,并为任何可在已收获的粮食或饲料作物上检测到的农药残留制定了可允许的浓度范围（详见31.3）。虽然 EPA 建立了可允许残留量水平,但 FDA 通过收集和分析食品样本（主要是农产品）来强制执行这些规定。畜禽样本由 USDA 收集和分析。农药残留超过规定的范围就被认为违反了 FD&C 法案。

40 CFR 180 中公布了农用化学制品中有关杀虫剂允许残留量的规定。40 CFR 180 具体说明了确定允许残留量和没有规定允许残留量的产品与特殊商品的分类,同时规定了对农产品进行检验的具体情况。除非另有说明,规定的允许量也适用于在收获或屠宰前农药的使用量。表2.6 所示为某些作为食品添加剂的杀虫剂及其在食品中的允许残留量。

查阅 FDA 编辑的农药分析手册[12]可了解有关农药允许残留量是否符合标准及其检验方法。检测方法的灵敏度和可靠性必须等于或高于允许量,通常用气相色谱或高效液相色谱法检查农药的残留量（详见第13章、第14章和第30章）。

2.2.5.2 饮用水标准和污染物

虽然 FDA 制定了瓶装水的鉴定标准,详细的质量标准,以及特定的现行良好的生产实践（cGMP）规定,EPA 规定了酒水的标准。EPA 负责管理1974年的《安全饮用水法》,该法案旨在为美国的饮用水供应提供安全保障,并确保国家饮用水标准的执行。EPA 已经确定了潜的污染物,并在饮用水中建立了其最大可接受的水平。EPA 负责制定标准,而各州负责执行它们,并监管公共供水系统和饮用水来源。已经建立了一级和二级饮用水规范（分别为40 CFR 141 和40 CFR 143）。人们对食品和饮料生产中使用的水的特殊标准化表示关注。

对主要饮用水中某些无机和有机化学物、浊度、某些类型的放射性和微生物设置了最高污染水平（MCL）。化学污染物分采样与分析方法通常参考下述文献为美国公共卫生协会出版的《水与废水检验标准方法》[13],EPA 出版的《水和废物的化学分析方法》[14],美国材料测试学会（ASTM）出版的《ASTM 标准年鉴》[15]。常用于水中无机污染物的分析的方法包括原子吸收（直接喷雾法或石墨炉技术）,电感耦合等离子体（详见第9章）,离子色谱法（详见第13章）,离子选择性电极（详见第21章）。

2.2.5.3 食品加工厂的废水组成

在实施《联邦水污染和控制法案》的过程中,EPA 制定了各种不同种类食品加工厂的排放标准。条例规定了现有废水排放源排放量的指导方针、新排放源的执行标准以及新旧排放源的预处理标准。点污染源的排放也必须遵守这些法规。根据点污染源的分类的各种食品加工包括乳制品加工（40 CFR 405）,谷物粉碎（40 CFR 406）,罐藏和储藏的水果、蔬菜（40 CFR 407）和储藏海产品的加工（40 CFR 408）,糖加工（40 CFR 409）,和肉类和家禽产品加工（40 CFR 432）。食品加工工厂通常规定的污水特性是生化需氧量（BOD）（详见第28章）,总溶解固体（TSS）（详见第15章）,pH（详见第22章）,如表2.7 所示,从生产天然乳酪和加工乳酪的工厂的废水排放标准。在40 CFR 136 中规定了测定废水特性的测试程序。

表 2.7　　　　　　　　　　　工厂加工处理天然和人造乳酪的废水限制

废水排放标准	废水的性质					
	公制单位①			英制单位②		
	BOD 5③	TSS④	pH⑤	BOD 5	TSS	pH⑤
生产量大于 100000lb 牛乳/d						
每天最大排放量	0.716	1.088		0.073	0.109	
连续30d 每天排放量不得超过	0.290	0.435		0.029	0.044	
生产量小于 100000lb 牛乳/d						
每天最大排放量	0.976	1.462		0.098	0.146	
连续30d 每天排放量不得超过	0.488	0.731		0.049	0.073	

① BOD 5 输入量,kg/1000kg;

② BOD 5 输入量,lb/100lb;

③ BOD 5 指接种 5d 后测得的生物耗氧量;

④ TSS(total soluble solids) 是指总可溶性固体;

⑤ pH 在 6.0 – 9.0;

1lb = 0.45kg。

摘自 40 CFR 405.62 (2016)。

2.2.6　美国海关与边境保护局(CBP)

超过 100 个国家向美国出口食品、饮料和相关可食用产品。CBP 在确保进口产品被合理地征税、保证人们消费安全、防止经济诈骗方面起着重要的作用。美国海关在发挥上述职能时得到 FDA 和 USDA 的支持。CFR 的第 19 条颁布了美国海关制定的各项主要法规。

所有进口到美国的货物,按照美国(TSUSA)统一关税表中适用项目的分类,可按征税或免税进口。美国税收系统有 400 多项官方税收计划[16]。TSUSA 对食品详细分类并给出了适用于多数国家的一般税率,同时对某些国家征收较高或较低税率。

有些食品的关税是由其化学成分决定的。例如,一些乳制品的关税部分是由脂肪含量决定的。一些糖浆的关税是由果糖含量决定的,一些巧克力产品是由糖或乳脂肪含量决定的,黄油的替代品的税率也是由其乳脂肪的含量决定的,一些葡萄酒的税率由其酒精含量(按体积百分比)决定。

2.2.7　美国联邦贸易委员会(FTC)

FTC 是最有影响力的联邦机构,在美国食品的广告和促销活动的各个方面都有权威。FTC 的主要职责是保证商业和贸易竞争的自由和公平。

2.2.7.1　行使职权

1914 年的《联邦贸易委员会法》授权 FTC 保护消费者和商业人士免受反竞争行为和不

公平或欺诈的商业和贸易行为的影响。FTC 会定期发布行业指南和贸易法规,告诉企业它们能做什么,不能做什么。这些指南和贸易法规使企业和个人的行为规章变得更加完善。FTC 不仅有指导和预防职能,而且还可以发出投诉或关闭命令,并可以对违反贸易监管规定的企业提起民事处罚。消费者保护局是 FTC 的一个部门,负责执行和制定贸易监管规则。

2.2.7.2　食品标签、食品成分及欺骗性广告

虽然由 FTC 管理 1966 年颁布的《公平包装与标签法》,但该机构在食品包装和标签上没有具体的权力。FTC 和 FDA 已就责任达成一致:FTC 负责管理食品广告方面,而 FDA 负责管理食品标签。

食品分级、鉴定与标签由多个上述联邦机构管理,这样有利于及时发现食品广告中存在的各种潜在问题。这类联邦法规和非强制性程序缩小了广告和其他形式的产品之间的差异。减少且更容易控制误导、欺骗性广告。例如,像冰淇淋、蛋黄酱和花生酱这样的食品都有鉴定标准,规定了最低的配料标准。如果没有达到这些标准,那么食品必须有一个不同的通用名称(例如,沙拉酱而不是蛋黄酱),或者被贴上"仿制"的标签。食品上的等级、鉴定和标签可以帮助消费者进行价格上和质量上的比较。另外,化学成分分析在开发和设置这些等级、标准和标签方面起着重要的作用。在 FTC 介入的许多案例中,这些化学分析的数据成为一项重要的证据。

2.3　有关牛乳的法规与推荐建议

在美国,牛乳和乳制品的安全性和质量是联邦机构(FDA 和 USDA)和州立机构共同负责。FDA 对乳制品行业的州际贸易有监管权,而 USDA 与乳制品行业的合作是自愿和以服务为导向的。每个州都有自己专门负责该州乳制品行业的监管机构。牛乳的各种规定涉及多种化学分析。

2.3.1　FDA 的职责

在《食品药品监督管理条例》《公共卫生服务法案》和《进口牛乳法案》的约束下,FDA有责任向消费者保证,美国的牛乳供应和进口乳制品是安全、健康的,经济合法的。正如 2.2.1.2 中所描述的在州际贸易中牛乳和乳制品的鉴定标准和标签标准、质量标准和填充标准。

对于 A 级牛乳和乳制品来说,每个州都与 FDA 一同确保其安全、健康和经济合法性。由 50 个州讨论通过的国会洲际贸易中牛乳运输备忘录确认了这个法规。在与各州牛乳和乳制品行业的合作中,FDA 还制定了生产和处理牛乳时关于卫生和质量方面的国家采用模型的规定。这些规定包含在《巴氏灭菌奶条例》(PMO)[17]中,各州都将其作为最低要求。

根据 PMO 确定的 A 级灭菌牛乳与乳制品,以及船运热处理乳制品的标准,分别如表 2.2、

表2.3、表2.4、表2.5、表2.6、表2.7和表2.8所示。PMO规定"所有抽样程序,包括使用内联样品批准,和实验室检测乳制品的方法应与美国公共卫生协会和AOAC公认的国际(OMA)公布的最新方法一致[18-20]。FDA监督各州程序,确保其遵守PMO,并培训该州检查人员。"

表2.8　　　　　　对于A级牛乳、乳制品及船运热处理乳制品的巴氏杀菌牛乳法定标准

标准	要求
温度	冷却至7℃或以下并维持这个温度
细菌的限值①	20000/mL
大肠杆菌②	不能超过10/mL,对于包装运输牛乳,在其运输过程中,运输罐中大肠杆菌的数量不能超过100/mL
磷酸酶	用荧光光度计和原子光谱吸收法测定液体产品和其他乳制品中的磷酸酶含量,应该低于350mU/L
药物③	对药物残留检测时无阳性反应

① 不适用于酸化或培养产品

② 不适用于船运热处理乳制品

③ 参考相关实验室技术

摘自美国卫生与公众服务部,公共卫生服务,食品及药物管理局[17]。

2.3.2　农业部的职责

根据1946年的《农业营销法案》,USDA为生产或加工的乳制品的质量提供自愿分级服务(7 CFR 58)。USDA对乳制品加工工厂的监管表明,在生产过程中保证良好的卫生操作规范的工厂所生产出的产品都是可以通过USDA的评分、抽样和认证[20]。一种产品,如脱脂牛乳,根据口味、外观和各种实验室分析来分级(表2.9)。

表2.9　　　　　　　　　　美国脱脂乳粉(喷雾干燥)的等级标准

实验室试验①	美国特级标准	美国标准级
微生物评估,每克标准平板计数法	10000	75000
乳脂含量/%	1.25	1.50
水分含量/%	4.0	5.0
烧焦粒子含量/%	15.0	22.5
溶解指数/mL	1.2	2.0
高温处理	2.0	2.5
可滴定酸(乳酸)/%	0.15	0.17

① 所有值都是允许的最大值

摘自 http://www.ams.usda.gov/sites/default/files/media/Nonfat_Dry_Milk_%28Spray_Process%29_Standard%5B1%5D.pdf

根据 FDA 的安排,USDA 协助各州建立生产级牛乳的安全和质量法规。就像之前 FDA 对牛乳的评级一样,USDA 制定了分级牛乳生产和营销过程中卫生与质量方面的法规模本,并被各州采纳[21]。

2.3.3 各州的职责

如前所述,各州已经制定了安全和质量标准,对 A 级牛乳和加工分级的牛乳,基本上与 PMO 和 USDA 推荐性的要求是一致的。每个州的卫生局或农业部门通常负责执行这些规定。各州对牛乳和乳制品制定了自己的检测标准和标签标准,这些标准通常与联邦标准相似。

2.4 有关贝类的法规与推荐建议

贝类包括新鲜或冷冻的牡蛎、蛤蜊和贻贝。它们可能传播肠道疾病,如伤寒或作为自然或化学毒素的携带者。所以保证它们生活的水域免受污染,并以卫生的方式处理和加工,显得尤为重要。

贝类的生长、处理和加工不仅需要符合 FD&C 法的一般要求,而且需要同时符合国家卫生机构在国家贝类卫生计划(NSSP)中合作的要求,NSSP 是联邦、州、行业自愿合作项目,由 FDA 管理[22]。FDA 无权监管贝类的卫生,除非贝类产品属于洲际运输产品。然而,《公共卫生服务法》授权 FDA 提出建议,并协助各州或地方部门保证贝类的卫生与安全。国家卫生人员通过国家卫生安全委员会,不断检查和调查贝类生长地区的微生物生长情况。严格监管所有被污染的地区,防止被污染的贝类流入市场。

人们主要关心贝类中积累的放射性物质、杀虫剂及环境中其他化学物质的浓度。因此,NSSP 的任务之一是确保贝类生长的区域不受污水和有毒工业废物的污染。通常采用气相色谱技术对贝类中的农药残留进行量化,而汞等重金属通常是由电感耦合等离子体 – 质谱(ICP – MS)进行量化的(详见9.6)。贝类的另一个安全问题是贝类中天然存在的色素,但这不属于卫生方面的问题。贝类中的天然毒素是由浮游生物产生的,可使用多种分析方法进行测试。严禁从有污染的水域中采收贝类,便可控制这类有毒贝类进入市场。

2.5 政府机构采购食品规范

美国联邦政府为国内和外国项目、监狱、退伍军人医院、武装部队和其他政府机构采购大宗食品。为了确保食品的安全和质量,美国联邦政府在采购食品时提高了对食品的标准或描述。这些标准或描述通常需要确保其化学成分的安全,以及特定微生物的安全性。许多这样的文件被称为商品规范(CID),这些特定食品和其内容的相关标准见表2.10。

表2.10 政府采购食品的说明书

标准类型	产品示例	示例说明
商业项目说明(CID)	金枪鱼罐头[23]	采用特定分析方法检测罐头中盐/钠、甲基汞和组胺的含量
美国联邦政府标准	通心粉和奶酪的CID[24]	采用美国食品化学家协会的分析方法(AOAC International)检测产品的脂肪及钠含量和黏度
	预煮、脱水豆类的CID[25]	采用美国食品化学家协会的分析方法(AOAC International)检测豆类中水分、脂肪、胆固醇和钠的含量
美国国防部标准	糖浆的CID[26]	检测糖浆的白利糖度、灰分含量和颜色
	速溶茶的CID[27]	检测速溶茶中的含水量、含糖量和滴定酸度
	果仁奶油的CID[28]	检测产品中的盐含量,黄曲霉毒素含量
美国日用品标准	蛋粉[29]	采用美国食品化学家协会的分析方法(AOAC International)检测蛋粉中植物油成分/特性:游离脂肪酸值、过氧化值、亚麻酸、水分、挥发性物质、碘值、罗维朋色泽(Lovibond color)
	美国乳酪[30]和马苏里拉乳酪[31]	检测乳酪中的pH、牛乳脂肪和水分含量
美国农业部标准(例如,政府肉类采购标准)	香肠产品[32]	检测香肠中的脂肪含量

2.6 国际标准和政策

由于需要在全球市场上竞争,食品公司的从业人员必须了解,食品中允许的配料及其名称,所需的标签信息以及各国在食品和食品添加剂标准的差异。例如,各国在食品中允许的着色剂和防腐剂差别很大,对营养成分的标注也不是普遍要求。为了在全球经济中开发和销售食品,食品公司必须向国际组织、特定地区和国家的组织寻求这种信息。

2.6.1 食品法典

食品法典委员会(食品法典委员会的拉丁文是"与营养有关的法典")是由联合国的两个组织,联合国粮农组织(FAO)和世界卫生组织(WHO)于1962年联合成立的,旨在制定食品以及农产品安全的国际标准[33]。食品法典出版的标准旨在保护消费者的健康,确保在食品贸易中公平的商业行为和促进国际食品贸易的发展。

"食品法典"共分13卷出版:一卷是关于基本要求(包括标签、食品添加剂、污染物、辐照食品、进出口检验和食品卫生),卷九是以商品成分为基础编制的标准和行业守则,两卷是关于食品中农药和兽药的残留量,以及卷一是关于食品分析和取样方法(表2.11)。食品法典委员会努力验证和协调各国和各地区的食品安全分析方法,帮助维护国际贸易的顺畅流通,并适当地决定食品的进出口。食品法典委员会关于食品质量国际标准的制定已经成为世界贸易中的一个高度优先的事项,旨在尽量减少"非关税"的贸易壁垒。由于经济贸易限制的减少和关税的下降,粮食及农产品的国际贸易量有所增加。

表 2.11　食品法典的内容[33]

卷	内容	卷	内容
1A	基本要求	6	果汁
1B	基本要求(食品卫生)	7	谷类、豆类(豆科植物)和衍生产品,以及植物蛋白
2A	食品的农药残留(普通检测)	8	脂肪和油脂及相关产品
2B	食品的农药残留(最大残留限量)	9	鱼类和水产品
3	食品的兽药残留	10	肉和肉制品,汤羹和清汤
4	特殊膳食食品	11	糖、可可制品和巧克力及其他制品
5A	果蔬的加工和速冻	12	牛乳和乳制品
5B	新鲜的水果和蔬菜	13	分析和取样方法

2.6.2　其他标准

其他国际、地区和国家特定组织发布了与食物组成和分析相关的标准。例如,沙特阿拉伯标准组织(SASO)出版了在中东(除了以色列)重要的标准文件(例如,标签、测试方法),欧盟委员会为欧洲经济共同体(EEC)国家制定了食品及食品添加剂的标准。在美国,食品添加剂专家委员会作为美国药典的部分执行人,为食品添加剂和化学药品的鉴别和纯度制定了标准,并出版了食品化学法典(FCC)[34]。例如,公司可以在购买特定的食品配料时指定它是"FCC 级"。美国以外的国家也采用 FCC 标准(例如,澳大利亚,加拿大)。在国际上,联合国粮农组织(FAO)与世界卫生组织(WHO)的食品添加剂专家委员会(JECFA)联合制定了食品添加剂纯度标准[35],并鼓励食品法典委员会采用 JECFA 制定的标准。由FCC 和 JECFA 制定的标准被许多其他国家用来参考以制定自己的标准。

2.7　总结

美国联邦机构制定了各种食品标准使得在美国能购买到同等品质的食品。其中,FDA 和 USDA 制定的标准中规定了这些食品的必需组成成分。USDA 和 NMFS 中的商务部制定的分级标准中规定了某些食品的属性。这种分级程序是自愿性的,而根据不同的食品,检查程序可能是自愿性的,也可能是强制性的。

虽然 FDA 对大多食品有很大的调节权威性,但是它和其他调节机构对某些食品有共同的责任。USDA 主要负责肉类和家禽,NOAA 和 NMFS 负责海产品,TTB 负责酒精性饮料。USDA 和乳品工业企业共同保证牛乳和乳制品的安全、质量及经济价值。FDA、EPA 和国家机构共同在 NSSP 中负责贝类食品的安全和卫生。EPA 和 FDA 共同担负控制食品中农药残留以及饮用水安全的责任,此外,食品加工厂的废水组成监控也在其职责范围内。CBP 在 FDA 和 USDA 的辅助下确保进口食品的安全性和经济性。FTC 和 FDA 的职责是预防广告利用食品组成成分和标签来进行虚假宣传。食品的化学成分往往是决定食品质量、等级和价格的重要因素。政府部门在采购食品时通常利用食品组成的详细信息这一特殊程序来决定。

国际组织通过制定食品标准和食品安全操作规范来保护消费者权益,确保企业公平竞争,以及促进国际贸易的进步。食品法典委员会是为保证食品安全和品质来制定相关标准的重要国际标准制定组织。此外,有些地区和国家特定组织也出版了食品组成和分析的相关标准。

2.8 思考题

(1)列举 FDA、USDA 和 EPA 三个缩写的定义,并给出两个例子,分别说明它们在食品分析方面做了哪些或者有哪些相关的规定。

(2)区分什么是"身份标准""质量标准"和"等级标准",以及它们是由哪个联邦机构建立并管理的。

(3)政府关于食物成分的规定通常采用食物分析的官方或标准方法。列出发布这些方法的三个组织的全名。

(4)对于下面列出的每种产品,确定监管的政府机构或其他有责任保障其质量的机构。列举其一般性质的监管责任,并说明其监管责任的具体分析类型。

①冷冻的鱼糕
②饮用水中的污染物
③餐后甜酒
④A 级牛乳
⑤冷冻牡蛎
⑥进口巧克力产品
⑦小麦籽粒的农药残留
⑧腌牛肉

(5)在取得你的大学文凭后,你将受雇于一家主要负责水果和蔬菜加工的美国公司。

①具体来说,每个加工产品的身份标准是否存在,你能在哪里找到? 这样的标准通常包括什么信息?
②美国政府机构为这些产品设定的标准是什么?
③某些水果和蔬菜产品的最低标准是什么?
④当你想要把产品作为质量控制工具和营销时,政府机构设置的等级标准是什么?
⑤当你对加工的水果和蔬菜的杀虫剂残留限量表示担忧时,政府机构设置的杀虫剂残留限量是什么?
⑥政府机构强制执行的杀虫剂残留限量是什么?
⑦为了给你的产品提供营养标签,你需要查找官方的分析方法,可以在哪里查找? (见第 3 章。)

⑧你想要查找适用于你的产品的有关营养标签的详细规则。你可以在哪里查找到这些规则？

⑨当你考虑在国际上销售你们的某些产品时，你可以在哪里查找到这些资源来确定这些产品是否符合国际标准和安全措施？

参考文献

1. Adams DG, Cooper RM, Hahn MJ, Kahan JS (2014) Food and drug law and regulation, 3rd edn. Food and Drug Law Institute, Washington, DC

2. Sanchez MC (2015) Food law and regulation for non-lawyers. A US perspective. Springer, New York

3. Piña W, Pines K (2014) A practical guide to FDA's food and drug law and regulation, 5th edn. Food and Drug Law Institute, Washington, DC

4. Curtis PA (2005) Guide to food laws and regulations. Wiley-Blackwell, San Francisco, CA

5. Anonymous (2016) Code of federal regulations. Titles 7, 9, 21, 27, 40, 50. US Government Printing Office, Washington, DC. Available on Internet.

6. Mortimore S, Wallace C (2013) HACCP A practical approach, 3rd edn. Spring, New York

7. Cramer MM (2006) Food plant sanitation: design, maintenance, and good manufacturing practices. CRC, Boca Raton, FL

8. Marriott NG, Gravani RB (2006) Principles of food sanitation. Springer, Berlin

9. Pierson MD, Corlett DA Jr (1992) HACCP principles and applications. Van Nostrand Reinhold, New York

10. USDA (1983) U.S. standards for grades of orange juice. 10 Jan 1983. Processed Products Branch, Fruit and Vegetable Division, Agricultural Marketing Service, US Department. of Agriculture. https://www.ams.usda.gov/sites/default/files/media/Canned_Orange_Juice_Standard%5B1%5D.pdf

11. FDA (2011) Fish and fisheries products hazards and controls guidance, 4th edn. Center for Food Safety and Applied Nutrition, Office of Food Safety, Food and Drug Administration, Washington, DC. Available on Internet.

12. FDA (1994) Pesticide analytical manual, vol 1 (PAMI) (updated Oct 1999) (Methods which detect multiple residues) and vol 2 (PAMII) (updated Jan 2002) (Methods for individual pesticide residues), 3rd edn. National Technical Information Service, Springfield, VA. Available on Internet.

13. Rice EW, Baird RB, Eaton AD, Clesceri LS (eds) (2012) Standard methods for the examination of water and wastewater, 22nd edn. American Public Health Association, Washington, DC

14. EPA (1983) Methods of chemical analysis of water and wastes. EPA-600/4-79-020, March 1979. Reprinted in 1983. EPA Environmental Monitoring and Support Laboratory, Cincinnati, OH. Available on Internet.

15. American Society for Testing Materials (ASTM) International (2009) Annual book of ASTM standards, section 11, water and environmental technology vol 11.02, water (II). ASTM International, West Conshohocken, PA. Available on Internet.

16. US International Trade Commission (USITC) (2016) Official harmonized tariff schedule of the United States. USITC. Available on Internet.

17. US Department of Health and Human Services, Public Health Service, Food and Drug Administration (2013) Grade A pasteurized milk ordinance. Available on Internet.

18. Wehr HM, Frank JF (eds) (2004) Standard methods for the examination of dairy products, 17th edn. American Public Health Association, Washington, DC. Available on Internet.

19. AOAC International (2016) Official methods of analysis, 20th edn, 2016 (On-line). AOAC International, Rockville, MD

20. USDA (2012) General specifications for dairy plants approved for USDA inspection and grading service. Dairy Program, Agricultural Marketing Service, US Department of Agriculture, Washington, DC. https://www.ams.usda.gov/sites/default/files/media/General%20Specifications%20for%20Dairy%20Plants%20Approved%20for%20USDA%20Inspection%20and%20Grading%20Service.pdf

21. USDA (2011) Milk for manufacturing purposes and its production and processing, recommended requirements. Dairy Program, Agricultural Marketing Service, US Department of Agriculture, Washington, DC. https://www.ams.usda.gov/sites/default/files/media/Milk%20for%20Manufacturing%20Purposes%20and%20its%20Production%20and%20Processing.pdf

22. FDA (1995) National shellfish sanitation program. Food and Drug Administration, Washington, DC. (last updated 06/08/2016) http://www.fda.gov/Food/GuidanceRegulation/FederalStateFoodPro-

grams/ ucm2006754. htm

23. USDA (2009) Tuna, canned or in flexible pouches. A-A-20155D. July 8, 2009. Livestock and Seed Division, Agriculture Marketing Service, US Department of Agriculture, Washington, DC. https://www. ams. usda. gov/sites/default/files/media/CID% 20Tuna,% 20 Canned% 20or% 20in% 20Flexible% 20Pouches. pdf

24. USDA (2002) Commercial item description. Macaroni and cheese mix. A-A-20308. 22 August 2002. General Services Administration, Specifications Section, Washington, DC. https://www. ams. usda. gov/sites/default/files/ media/CID% 20Macaroni% 20and% 20Cheese% 20 Mix% 2C% 20Dry. pdf

25. USDA (2002) Commercial item description. Beans, precooked, dehydrated. A-A-20337. 14 June 2002. General Services Administration, Specifications Section, Washington, DC. https://www. ams. usda. gov/ sites/default/files/media/CID% 20Beans% 2C% 20 Precooked% 2C% 20Dehydrated. pdf0. 35

26. USDA (2008) Commercial item description. Syrup. A-A-20124D. 17 April 2008. General Services Administration, Specifications Section, Washington, DC. https://www. ams. usda. gov/sites/default/ files/media/CID% 20 Syrup. pdf

27. USDA (2014) Commercial item description. Tea mixes, Instant. A-A-220183D. 13 Aug 2014. General Services Administration, Specifications Unit, Washington, DC. https://www. ams. usda. gov/sites/default/files/ media/CID% 20Tea% 2C% 20Instant. pdf

28. USDA (2011) Commercial item description. Nut butters and nut spreads. A-A-20328B. 29 Sep 2011. General Service Administration Specification Unit, Washington, DC. https://www. ams. usda. gov/sites/default/files/ media/CID% 20Nut% 20Butters% 20and% 20Nut% 20 Spreads. pdf

29. USDA (2013) Commodity specification of all-purpose egg mix. April 2013. Poultry Division, Agricultural Marketing Service, US Department of Agriculture, Washington, DC https://www. ams. usda. gov/sites/default/files/ media/Commodity% 20Specification% 20for% 20All% 20 Purpose% 20Egg% 20Mix% 2C% 20April% 202013% 20% 28PDF% 29. pdf

30. USDA (2007) USDA Commodity requirements, PCD6, Pasteurized process American Cheese for use in domestic programs. 5 Nov 2007. Kansas City Commodity Office, Commodity Credit Corporation, US Department of Agriculture, Kansas City, MO. http://www. fsa. usda. gov/Internet/FSA _ File/ pcd6. pdf

31. USDA (2007) USDA Commodity requirements, MCD4, Mozzarella cheese for use in domestic programs. 15 Oct 2007. Kansas City Commodity Office, Commodity Credit Corporation, US Department of Agriculture, Kansas City, MO. http://www. fsa. usda. gov/Internet/FSA_File/ mcd4. pdf

32. USDA (1992) Institutional meat purchase specifications for sausage products. Series 800. Nov. 1992. Livestock and Seed Division, Agricultural Marketing Service, US Department of Agriculture, Washington, DC. https:// www. ams. usda. gov/sites/default/ files/media/ LSimps800. pdf

33. FAO/WHO. Codex Alimentarius. International Food Standards. Joint FAO/WHO food standards programme. Codex Alimentarius Commission, Food and Agriculture Organization of the United Nations/ World Health Organization, Rome, Italy. http:// www. fao. org/fao-who-codexalimentarius/standards/ list-of-standards/en/

34. US Pharmacopeia (USP) (2016) Food chemicals codex, 10th edn. United Book Press, Baltimore, MD

35. JECFA (2006) Monograph 1: Combined compendium of food additive specifications. vol 4. Joint FAO/ WHO Committee on Food Additives (JECFA). Web version updated Aug 2011. FAO, Rome, Italy. http://www. fao. org/3/a-a0691e. pdf

营养标签 3

Lloyd E. Metzger
S. Suzanne Nielsen

3.1 引言

世界各国对于营养标签法规都有不同规定。本章主要阐述由美国食品与药物管理局（FDA）和美国农业部（USDA）、食品安全检验局（FSIS）制定的营养标签法规。在美国，分析食品化学组成的主要依据就是营养标签法规。在大多数国家，营养标签信息不但具有法律强制性，对于更加关注卫生和健康的消费者而言亦尤为重要。

依据 1906 联邦食品和药品法案和 1938 联邦食品、药品和化妆品法案（FD&C），FDA 要求各类食品必须具有明确的食品标签[1-2]。该标签信息包括食品的包装量、通用或常用名称以及组成。1973 年，FDA 颁布了就许可食品和特定食品应标注营养价值标签的相关法规。1990 年，营养标签和教育法案[2-3]（NLEA）修改了 1938 FD&C 法，使营养标签更加完善。此外，1997 美国食品与药物管理局现代化法案（FDAMA）[4]也修改了 FD&C 法，其中新增的条款有利于推进健康与营养素声明的申请进程。FDA 于 2016 年修订了传统食品和膳食补充剂的营养标签条例，规定了实施日期为 2018 年和 2019 年，具体取决于食品制造商的销售额。这些条例与食品分析有关，是本章的重点。

FDA 和 USDA 下属的 FSIS 共同商定了营养标签法规。FDA 的法规重点关注以下内容，其中与食品分析有关内容将在 3.2 详细描述。

（1）必须分析的营养素

（2）如何收集样本

（3）采用的分析方法

（4）如何报告数据

（5）如何使用数据计算卡路里的含量

（6）如何将数据用于食品标签上的标示

根据 FDA 的规定范围，3.3 将对 FDA 和 USDA 法规的相似之处和不同点进行讨论。

美国联邦公报和美国联邦法规(CFR)[5-8]中公布了现行营养标签法规的全部细则。在完善某一具体食品产品的营养标签过程中,要注重遵守 CFR 细则的合规性和利用互联网的最新资源。在产品开发过程中,配方的改变对营养标签的影响是非常重要的。例如,某种成分含量的微小改变决定了某种产品是否能标为低脂肪。因此,能够即时估算配方变化对于营养标签的影响程度是必备的能力。使用营养数据库和专为制作与分析营养标签设计的软件程序,可以简化营养标签的制备过程。利用计算机程序来制作营养标签不属于本章范围。然而,在本书附带的实验室手册中可以找到一个示例性的软件(TechWizard™, Owl Software)和该程序如何用于制作营养标签的说明。

3.2 美国食品与药物管理局食品标签法规

对于以下描述的每个与食品分析有关的营养标签规定,只涵盖 FDA 对标签的要求。虽然本节重点关注强制性营养标签, 但应该指出的是,FDA 也有关于生鲜水果蔬菜及鱼类的自愿营养标签导则(21 CFR 101.45)。

3.2.1 强制性营养标签
3.2.1.1 格式

FDA 在实施 1990NLEA 时要求绝大多数在售食品必须提供营养标签,由 FDA 负责监管(21 CFR 101.9)。标签上的信息一部分是必须标示的,其他信息则属于自愿。标准垂直格式的食品标签上有强制性和自愿性营养信息,如图 3.1(强制性)、图 3.2(强制性和自愿性)所示。值得注意的是,包括维生素和矿物质在内的所有营养素,除了按照相关规定以每日摄入量的百分比来标示外,还必须提供其重量。在某些特定的情况下可使用简化的营养标签格式。同时,某些食物可以免除强制性营养标签的要求。

3.2.1.2 每日摄入量和分量

每日摄入量(DV)是一个通用术语,用于描述两个独立术语:每日参考摄入量(RDI)和每日营养参考值(DRV)。RDI 的应用对象是必需维生素和矿物质(表3.1),而 DRV 应用于其他食品成分(表3.2)。DRV 值是基于 2000cal① 的能量摄取参考量来计算的。食品营养标签上各营养素的含量和每日摄入量百分比是基于其食用分量来计算的[21 CFR 101.12(b), 101.9(b)]。由于使用营养素标示(3.2.3)取决于分量和参考量,因此标签上的摄入分量和参考量是非常重要的。

3.2.1.3 四舍五入法则

关于每份食品的各种营养素标示含量的进位单位有严格规定(表3.3)[21CFR 101.9(c)]。营养分析的数据需按照四舍五入法则处理后呈现在营养标签上。例如,钠含量在

---

① 1cal = 4.184J。

5～140mg 且包含 140mg 时,进位单位为 5mg,大于 140mg 时进位单位为则为 10mg。若每份的钠含量小于 5mg,则钠含量可以标示为零。

营养成分	
每包装含 8 个份量	
每份量	2/3 杯（55g）
每份量含	
卡路里	230
	% 每日摄入量*
总脂肪　8g	10%
饱和脂肪酸　1g	5%
反式脂肪酸 0g	
胆固醇　0mg	0%
钠　160mg	7%
总碳水化合物　37g	13%
膳食纤维　4g	14%
总糖　12g	
包括 10g 添加糖	20%
蛋白质　3g	
维生素 D 2mg	10%
钙　260mg	20%
铁　8mg	45%
钾　235mg	6%

*每日摄入量(DV)百分比（%）表示一份食物中所含的某种营养素占日常饮食中常规营养建议日摄入量（2000 calories）的百分比。

图 3.1　营养标签上显示的强制性营养信息
注:1990NLEA,2016 年修订
（华盛顿哥伦比亚特区食品与药物管理局）。

营养成分	
每包装含17个份量	
每份量	3/4 杯（28g）
每份量含	
卡路里	140
	% 每日摄入量*
总脂肪　1.5g	2%
饱和脂肪酸 0g	0%
反式脂肪酸 0g	
多不饱和脂肪酸 0.5g	
单不饱和脂肪酸 0.5g	
胆固醇　0mg	0%
钠　160mg	7%
总碳水化合物　22g	8%
膳食纤维　2g	7%
可溶性膳食纤维 <1g	
不可溶性膳食纤维 1g	
总糖　12g	
包括 8g 添加糖	16%
蛋白质　9g	18%
维生素 D 2mcg（80IU）	10%
钙　130mg	10%
铁　4.5mg	25%
钙　130mg	10%
铁　4.5mg	25%
钾　115mg	2%
维生素 A 90mcg	10%
维生素 C 9mg	10%
维生素 B1 0.3mg	25%
维生素 B2 0.3mg	25%
烟酸　4mg	25%
维生素 B6　0.4 mg	25%
叶酸 200mcg DFE	50%
（120mcg 叶酸）	
维生素 B12 0.6mcg	25%
磷　100mg	8%
镁　25mg	6%
锌　3mg	25%

*每日摄入量(DV)百分比（%）表示一份食物中所含的某种营养素占日常饮食中常规营养建议日摄入量（2000 calories）的百分比。
每克含卡拉里:
脂肪 9　碳水化合物 4　蛋白质 4

图 3.2　营养标签上显示的强制性和自愿性营养信息
注:1990NLEA,2016 年修订
（华盛顿哥伦比亚特区食品与药物管理局）。

表3.1 必需维生素和矿物质的每日参考摄入量

营养素	每日参考摄入量	营养素	每日参考摄入量
维生素 A	900μg	泛酸	5mg
维生素 C	90mg	磷	1250mg
钙	1300mg	碘	150μg
铁	18mg	镁	420mg
维生素 D	205μg	锌	11mg
维生素 E	15mg	硒	55μg
维生素 K	120μg	铜	0.9mg
硫胺素	1.2mg	锰	2.3mg
核黄素	1.3mg	铬	35μg
尼克酸	16mg	钼	45μg
维生素 B_6	1.7mg	氯	2300mg
叶酸	400μg	钾	4700mg
维生素 B_{12}	2.4μg	胆碱	550mg
生物素	30μg		

注:适用于成人和4岁以上的儿童。每日参考摄入量(RDI)值也适用于婴儿、4岁以下儿童、怀孕和哺乳期妇女[7]。

表3.2 食品成分的每日需要参考量

食品成分	每日需要参考量	食品成分	每日需要参考量
脂肪	78g	纤维素	28g
饱和脂肪酸	20g	钠	2300mg
胆固醇	300mg	蛋白质	50g
总碳水化合物	275g	添加糖	50g

注:基于成人和四岁以上儿童每日2000cal的热量需要参考量[7]。

表3.3 营养标签宣称营养素的四舍五入法则

营养素/每份	增量舍入[①②]	无关紧要的数量
来自饱和脂肪的能量	<5cal 表示为零	<5cal
	≤50cal 表示进位单位为5cal	
	>50cal 表示进位单位为10cal	
总脂肪、反式脂肪、多不饱和脂肪、单不饱和脂肪、饱和脂肪	<0.5g 表示为零	<0.5g
	<5g 表示进位单位为0.5g	
	≥5g 表示进位单位为1g	

续表

营养素/每份	增量舍入[①②]	无关紧要的数量
胆固醇	<2mg 表示为零 2~5mg 表示为"少于 5mg" >5mg 表示进位单位为 5mg	<2mg
钠,钾	<5mg 表示为零 5~140mg 表示进位单位为 5mg >140mg 表示进位单位为 10mg	<5mg
总碳水化合物、总糖、添加糖、糖醇、膳食纤维、可溶性纤维、不溶性纤维、蛋白质	<0.5g 表示为零 <1g 表示"含量少于 1g"或"少于 1g" ≥1g 表示进位单位为 1g	<1g
维生素和矿物质	<2% RDI 可以表示为 ①零 ②一个星号表示"这种或这些营养素的含量少于每日摄入量 DV 值的 2%"(可用 <代替少于) ③对于维生素 D、钙、铁、钾:声明"不是_____(列出维生素或矿物质名称)来源" ≤10% RDI 表示进位单位为 2% >10%≤50% RDI 表示进位单位为 5% >50% RDI 表示进位单位为 10%	2% RDI
氟化物	<0.1mg 表示为零 ≤0.8mg 表示为 0.1 >0.8 表示为 0.2	

摘自参考文献[7]。

摘自 21 CRF 101.9(c);华盛顿美国食品与药物管理局食品安全与应用营养中心(Center for Food Safety and Applied Nutrition)食品标签指南附录 H. FDA 四舍五入法则,2015。

①营养素增量接近 1g 时,如总数位于两整数的中间值或高于中间值的(2.50~2.99g)则向上取整为(3g);若总数低于两整数的中间值(2.01~2.49g),则向下取整(2g)。

②每日摄入量(DV)的百分比,应该通过标签上宣称的每种营养素的数量或每种营养素的实际数量(即在四舍五入之前)的 DRV 值进行计算,但蛋白质的百分比应该按照[21 CFR(c)(7)(ii)]所述方法计算(详见 3.2.1.5)。

对维生素和矿物质以外营养每日摄入量(DV)的百分比进行四舍五入的原则:当百分比位于两总值的中间值或高于中间值的(2.50~2.99g),则进位表示(3%),低于两整数的中间值(2.01~2.49g)时,则舍去小数点后数字表示(2%)。[注意:钠每日摄入量(DV)的百分比和其他具有 DRV 值的营养素一样四舍五入,而不是像其他具有 RDI 的矿物质一样]。

3.2.1.4 热量

标签上的卡路里可用多种方式表达。1cal 作为衡量物质能量和用以表达人体能量需求的标准,表示将 1g 水升温 1℃所吸收的热量(1cal = 4.184J)。营养学中使用的热量单位是"卡"或"千卡"(kcal),1kcal 相当于 1000cal。本章中卡路里用来表达含热量。FDA 规定了多种计算含热量的方法,其中之一就是采用弹式量热法[21 CFR 101.9(c)(1)]。

(1)每克蛋白质、总碳水化合物和总脂肪的热量采用特定的阿特瓦特系数(atwater fac-tor)。

(2)每克蛋白质、总碳水化合物和总脂肪所提供热量的系数分别为4、4和9cal/g。

(3)每克蛋白质、总碳水化合物(少量不可消化膳食纤维和糖醇)和总脂肪的系数分别为4、4和9cal/g

[注:法规规定水溶性不可消化碳水化合物的系数为2 cal/g,糖醇热值依据21 CRF 101.9(c)(1)(i)(F)中规定,按不同糖醇种类一般为0~3.0cal/g]。

(4)FDA认可的特殊食品或原料采用特定的系数。

(5)采用弹式量热法数据时,为校正消化不完全造成的误差,每克蛋白质减去1.25cal热量。

3.2.1.5 蛋白质质量

FDA对管辖食品一般不强制要求标示产品蛋白质含量占每日摄入量的百分数,但在产品标示蛋白质或者产品是用于或可能用于婴儿或4岁以下儿童时,要求标示产品蛋白质含量占每日摄入量的百分数[21CFR 101.9(c)(7)]。对于婴儿食品,每份食品中的校正蛋白质含量以其蛋白质的实际含量(g)乘以相对蛋白质质量值来计算。而相对蛋白质质量值等于该食品的蛋白质功效比值(PER)除以酪蛋白的PER值。对于成人和1岁或1岁以上儿童的食品,其每份食品中的校正蛋白质含量等于蛋白质的实际含量(g)乘以蛋白质消化率校正后的氨基酸记分(PDCAAS)。本书第24章阐述了如何使用PER和PDCAAS两种方法来评估蛋白质质量,除非美国分析化学家协会(AOAC)章程中要求用到其他的换算系数,FDA规定采用6.25作为由测定的氮含量计算蛋白质含量的换算系数。

3.2.2 合规性
3.2.2.1 样本采集

FDA采用随机抽样方法采集样本检验营养标签的合规性。"批次"作为FDA采集样本的基础,其定义为:"尽量采集带有常规的编码或标记的同一规格、型号和款式的包装产品;如果包装物没有任何编码或标记,则采用相同生产日期的产品"。用于营养成分分析的某一批次代表性样品的采集方法:从12个不同装运箱中每个随机抽取1个小样,共计12个样品(零售单品)作为检测对象[21CFR 101.9(g)]。

3.2.2.2 分析方法

FDA指出除非是21CFR 101.9(c)中规定的特定分析方法,一般使用官方分析方法[9]中公布的AOAC国际通行分析方法。如果没有或者缺乏合适的AOAC分析方法,可使用其他可靠且适用的方法。如果根据科学知识或可靠的数据库能确定某特定产品中不含某种营养素(如海产品中的膳食纤维、蔬菜中的胆固醇),则FDA不要求分析这类营养素。

　　表3.4 以实验室报告的形式列出了营养标签成分分析常用的 AOAC 标准方法。本书其他章节也描述了营养标签每个成分的检测方法类型以及相关的方法。

表3.4　营养标签成分:常用的美国分析化学家协会官方方法和食品分析教材范围

营养素	方法名称	AOAC 官方方法号	AOAC 官方方法定位数	本书所在章节
卡路里数	美国食品药品监督管理局允许的多种方法之一:卡路里数 =(碳水化合物克数 ×4cal/g)+(蛋白质克数 ×4cal/g)+(脂肪克数 ×9cal/g)			
总碳水化合物	组成成分近似计算(100% = 总脂肪 + 蛋白质 + 总碳水化合物 + 水分 + 灰分)	近似分析		
膳食纤维	酶法测定总可溶性纤维和不溶性膳食纤维	2011.25	32.1.43	19
总糖	高效液相色谱	977.20	44.4.13	19
添加糖	无分析方法;必须根据公式计算	—	—	
蛋白质	杜马法	968.06	4.2.04	18
总脂肪	气相色谱	996.06	41.1.28A	17
饱和脂肪	气相色谱	996.06	41.1.28A	17, 23
反式脂肪酸	气相色谱	996.06	41.1.28A	17, 23
胆固醇	毛细管气相色谱仪	976.26	45.4.06	23
水分(计算总碳水化合物)	在(105 ±1)℃ 通风炉中 4h(其他方法将是正式的/更适合某些食物)	925.10	32.1.03	15
灰分(为了计算总碳水化合物)	在 585°F 马弗炉中干式灰化	923.03	32.1.05	16
钠	电感耦合等离子体—原子发射光谱	985.01	3.2.06	9
维生素 D	液相色谱—质谱法	2002.05	45.1.22A	20
钙	电感耦合等离子体—原子发射光谱	985.01	3.2.06	9
铁	电感耦合等离子体—原子发射光谱	985.01	3.2.06	9
钾	电感耦合等离子体—原子发射光谱	985.01	3.2.06	9

　　注:表中所示为 2016 年从事营养标签分析的商业实验室常用的 AOAC 官方方法。AOAC 的其他官方方法可能也适用于许多营养素,在某些情况也许更合适,这取决于食物或其中成分的特性。

　　1cal = 4.1816J

3.2.2.3　依从性水平

　　如表3.5 所示,FDA 主要监测食品中两类营养素和未命名的一类,据此判断其符合营养素含量信息的准确性。依从性法规指出,合适的样品收集和处理方法对于精确分析化学成分以确保营养标签的准确性是非常重要的。例如,某铁强化食品,如果其含铁量低于标示值的100%,则认为是不实标注;某含天然膳食纤维的食品,如果其中膳食纤维含量低于标示值的80%,则认为是不实标注;如果某食品的含热量比标示值高20%,则也认为是不实标注。只要产品符合现行生产质量管理规范(cGMP),适当超过标示值(如维生素、矿物质、蛋白质、总碳水化合物、多不饱和脂肪、单不饱和脂肪、钾)或低于标示值(如热量、糖、总脂肪、饱和脂肪、胆固醇或钠)是可以接受的。与营养标签不相符会导致警告、召回、没收产品和起诉的后果(21 CFR 1.21)。采用FDA认可的数据库[7][21 CFR 101.9(g)(8)](依据FDA指南计算得到的数据库),并在符合cGMP条件下加工产品以防止营养素损失,就生产出符合上述法规要求的食品。在某些特定情况下,依从性还包括保存膳食纤维、添加糖、维生素E和叶酸等数据的记录[7][21 CFR 101.0(g)(10)]。

表3.5　　FDA和USDA下属的FSIS共同确定的符合营养标签条例的依据

营养素类别	适用范围	规定的营养素	百分含量要求①
Ⅰ	强化食品或人造食品中添加的营养素	维生素、矿物质、蛋白质、膳食纤维	≥100%
Ⅱ	天然的营养素	维生素、矿物质、蛋白质、总碳水化合物、膳食纤维、可溶性膳食纤维、不可溶性膳食纤维、多不饱和或单不饱和脂肪酸	≥80%
*②		热量、总糖、添加糖(当只使用添加糖)、总脂肪、饱和脂肪、反式脂肪、胆固醇、钠	≤120%

摘自参考文献[7]。
①要求食品样品中营养素占标示值的百分率,否则被认为是不实标注;
*②未命名的一类。

3.2.3　营养素含量声明

FDA依据法规(21 CFR 101.13,101.54 - 101.67)定义了表征营养素水平的营养素含量声明。这些声明术语包括"不含""低""贫乏""轻""减少""较少""少量""添加""超过""增加""强化""丰富""优质来源""包含""提供""更多""高""富含""优质来源"和"潜在来源"。上述术语中,"少"(或"较少")"多""减少""添加"(或"超过""增加""强化""丰富")"清淡的"都是相对而言,而食品标签信息是相互比较的基础。原始食品(参考食品)和贴标签食品之间营养素含量百分比的差异,必须列在标签上以供比较。

使用食品标签上宣称的营养素含量,要基于推荐摄入量或每份食物中某种具体的营养素成分含量。例如,"不含"或"低"用来描述总脂肪、饱和脂肪、胆固醇和钠等相关营养物质的具体量。使用"高""优质来源""丰富"的营养标签,要求标注特定营养素占每日摄入量DV值的具体比例。在FDA允许的条件范围内,"健康"声称及其衍生词可用于食品标签,来反映不同营养物质非常特定的水平。值得注意的是FDA对营养素含量的声称不适用于婴儿配方食品和特殊医疗用途食品。

3.2.4 健康声明

FDA 已定义并允许标示营养素或食物与疾病或健康状况的关系(21 CFR 101.14)。FDA 采用了多种监管方式来确定哪些健康声明可以用于食品或膳食补充剂的标签,从而形成了多种类型的健康声明。其中一种由营养标签教育营养法案(NLEA)授权的健康声明类型,描述了食物、食物成分、营养成分或膳食补充剂和疾病之间的关系如表 3.6 所示。大多数 NLEA 授权的健康声明和其他健康声明,是基于其中的特定营养成分和对这些成分进行化学分析的结果。

表 3.6　　　　　　　营养标签教育营养法案(NLEA)授权的健康声明

声明	CFR[①]参考
钙和骨质疏松症	21 CFR 101.72
膳食脂肪和癌症	21 CFR 101.73
钠与高血压	21 CFR 101.74
膳食饱和脂肪和胆固醇与冠心病风险	21 CFR 101.75
含纤维的谷物制品、水果、蔬菜与癌症	21 CFR 101.76
含有纤维的水果、蔬菜和谷物制品,特别是可溶性纤维与冠心病风险	21 CFR 101.77
水果蔬菜与癌症	21 CFR 101.78
叶酸和神经血管缺陷	21 CFR 101.79
饮食中的糖醇和龋齿	21 CFR 101.80
某些食物的可溶性纤维与冠心病风险	21 CFR 101.81
大豆蛋白与冠心病风险	21 CFR 101.82
植物甾醇/甾烷醇酯与冠心病风险	21 CFR 101.83

①美国联邦法规。

3.3 美国农业部食品标签法规

FDA 和 USDA 下属的 FSIS 共同协商了营养标签法规。USDA 对多数肉以及肉制品(9 CFR 317.300 - 317.400)和家禽类制品(9 CFR 381.400 - 381.500)的营养标签提出了要求。法规由于 FDA 和 USDA 监管食品中存在固有差异而不同(USDA 只监管肉、家禽和蛋等产品)。这两家机构在解释和修改法规时保持一致。FDA 和 USDA 的营养标签在一些领域中存在着如下差异:①自愿宣称标签上许可范围内的营养素;②每份的量;③遵守程序;④营养素含量声明。一个具体的差别是 FSIS 不要求强制性标示反式脂肪酸,但可根据自愿宣称。其他 USDA 区别于 FDA 法规的两个不同领域总结如下所述。

关于合规性,FSIS 规定采用 USDA 化学实验指导手册[14]中的方法来分析营养素。如果 USDA 方法中没有关于这种营养素可用的分析方法,那么将使用 AOAC 国际官方分析方法[9]。如果没有可用且合适的 USDA 和 AOAC 国际官方分析方法或具体分析方法,FSIS 指定可使用由特定机构确定的其他可靠和适当的分析方法进行测定。FSIS 提供了如何收集様品来进行合规性分析的资料[9 CFR 317. 309（h），381. 409（h）]。

关于营养成分含量声明，FSIS 与 FDA 法规的不同之处见以下几个例子。

（1）FSIS 规定中没有定义"丰富"和"强化"。

（2）标注词"瘦"和"特别瘦"适用于 USDA 管辖的所有食品，但是 FDA 管辖的产品只适用于海产食品、野味制品和肉制品。

（3）标注词"__% 瘦"只适用于 USDA 管辖的食品。

本章节只是简要地总结了 USDA 营养标签法规以及与 FDA 法规的区别。读者可以在上面列举的 CFR 法规中找到关于 USDA 营养标签法规的细节。

3.4 总结

在美国（和许多其他国家）营养标签法规是分析食品中化学成分的主要原因。FDA 和 USDA 下属的 FSIS 共同协商制定了营养标签法规。为执行 1990NLEA 的法规，FDA 要求其管辖的多数食品具备营养标签，FSIS 也要求多数肉类和禽制品具有同样的营养标签。考虑到标签上涉及的营养信息旨在帮助消费者保持健康的饮食习惯，2016 年修订了有关营养标签。营养标签法规规定了营养信息标示格式，并给出了标示具体信息的规则和方法。规范包括样本收集程序、使用的分析方法和确保符合营养标签法规所需的营养素水平。营养标签上允许特定的营养素成分含量声明和健康声明。本章涉及的营养标签规定只是与食品分析密切相关的规定。有关 FDA 和 USDA 法规的所有详细信息，读者可参考 CFR 的相关章节。

3.5 思考题

（1）下表列出了某谷物制品的营养成分含量（每份实际含量），要求根据表中数据设计一张符合 FDA 要求的营养标签，并利用四舍五入法则完成下表。如果你想标示蛋白质含量在其日摄入量的百分比，你需要做什么？

	每份实际含量[①]	标签上标注的每份含量	标签上标注的% DV
热量	192		—
总脂肪	1.1g		
饱和脂肪	0g		
反式脂肪	0g		
胆固醇	0mg		
钠	267mg		
总碳水化合物	44.3g		
膳食纤维	3.8g		
总糖	20.2g		—

续表

	每份实际含量^①	标签上标注的每份含量	标签上标注的% DV
添加糖	6.6g		
蛋白质	3.7g		—
维生素 D	2μg		
钙	210mg		
铁	4.3mg		
钾	217mg		

①每份规格为一杯(55g)。

（2）FDA 和 USDA 下属的 FSIS 的营养成分标签法规非常相似。

①考虑首选的营养分析方法来阐述 FDA 和 FSIS 法规间的差异。

②二者的差别主要由他们所管辖食品的固有差异所致,试阐述其中一个关于两者营养成分声明之间的差异。

致谢

The authors thank Drs. Ann Roland and Lance Phillips of Owl Software (Columbia, MO) for their review of this chapter and helpful comments to ensure consistency with the new nutrition labeling regulations.

参考文献

1. Adams DG, Cooper RM, Hahn HJ, Kahan JS (2014) Food and drug law and regulation. 3rd edn. Food and Drug Law Institute, Washington, DC
2. Piña KR, Pines WL (2014) A practical guide to food and drug law and regulation, 5th edn. Food and Drug Law Institute, Washington, DC
3. US Congress (1990) US public law 101 – 535. Nutrition labeling and education act of 1990. Nov 1990. US Congress, Washington, DC
4. US Congress (1997) US public law 105 – 115. Food and Drug Administration modernization act of 1997. 21 Nov 1997. US Congress, Washington, DC
5. Federal Register (1993) Department of Agriculture. Food Safety and Inspection Service. Part CFR Parts 317, 320, and 381. Nutrition labeling of meat and poultry products; final rule. 6 January 1993. 58(3): 631 – 685. Part III. 9 CFR Parts 317 and 381. Nutrition labeling: use of "healthy" and similar terms on meat and poultry products labeling; proposed rule. 6 January, 1993. 58(3): 687 – 691. Superintendent of documents. US Government Printing Office, Washington, DC
6. Federal Register (1993) 21 CFR Part 1, et al. Food labeling; general provisions; nutrition labeling; label format; nutrient content claims; health claims; ingredient labeling; state and local requirements; and exemptions; final rules. 6 January, 1993. 58(3):#2066 – 2941. Superintendent of documents. US Government Printing Office, Washington, DC
7. Federal Register (2016) Food labeling: Revision of the nutrition and supplemental facts labels (5/27/2016). https://www.federalregister.gov/docu-ments/2016/05/2016/food-labeling-revision-of the-nutrition-and-supplement-facts-label
8. Code of Federal Regulations (2015) (animal and animal products). 9 CFR 317 subpart B 317. 300 – 317. 400; 9 CFR 381 subpart Y 381. 400 – 381. 500. US Government Printing Office, Washington, DC
9. AOAC International (2016) Official methods of analysis, 20th edn. (On-line). AOAC International, Rockville, MD
10. USDA (2016) Chemistry laboratory guidebook. http:// www. fsis. usda. gov/wps/portal/fsis/topics/science/laboratories-and-procedures/guidebooks-and-methods/ chemistry-laboratory-guidebook Food Safety and Inspection Service, US Department of Agriculture, Washington, DC

分析数据的评价 4

J. Scott Smith

4.1 引言

食品分析或任何类型的分析涉及到耗时相对较长的分析原理、方法和仪器操作的学习,还有各种技术手段的完善。然而诸如此类的内容对食品检测数据分析极其重要,倘若无法获取并采用相关方法对来源于各种分析检测中的数据进行有效的评价,势必会使前期在试验检测等方面的努力成为徒劳。某些数学处理方法可为提升某些特定测试过程的有效性或重现性提供可靠思路。幸而这些方法并不需要过多依赖统计学并且适用于大多数分析测定。

分析数据的收集无论是在实验室研究工作中还是食品工业中进行,都由数据本身决定。恰当的数据收集和分析有助于避免基于数据做出错误的决策。正确理解以及解释数据(例如,同样的数值在统计学上意义是否相同)对于做出良好决策至关重要。在设计实验或测试产品之前,与统计学家进行交谈有助于确保收集和分析合适的数据,从而做出更好的决策。

本章的重点主要介绍如何评价同一样品多次重复分析结果的准确度和精密度。此外,还着重介绍如何根据实验数据拟合最佳标准曲线。在阅读和学习本章时要记住,有许多计算机软件可用于各种类型的数据评价、计算或绘图。

确定正确采样方法和采样量不属于本章研究内容。对于采用常规取样和统计方法来确定适当的样本容量,读者应该参考第 5 章内容和 Garfield 等[1]的研究,关于霉菌毒素的采样详见 33.4。

4.2 测量数据的集中趋势

为了提高准确度和精密度以及评价这些参数,通常应对样品进行多次分析。一般至少检测 3 次,也可以重复更多次。但是由于不能确定哪个值最接近真实值,所以我们使用所有得到的值来确定平均值,并报告结果。平均值的符号是 $\bar{x}$,如式(4.1)所示。

$$\bar{x} = \frac{x_1 + x_2 + x_3 + \cdots + x_n}{n} = \frac{\sum x_i}{n} \tag{4.1}$$

式中 $\bar{x}$——平均值；

$x_1, x_2 \cdots\cdots$ ——每一个测量值；

n——测量次数。

例如，假设我们测量了一个生汉堡含水率，测量 4 次并得出以下结果：64.53%，64.45%，65.10%，64.78%。

$$\bar{x} = \frac{64.53 + 64.45 + 65.10 + 64.78}{4} = 64.72\% \tag{4.2}$$

生汉堡中水分百分含量的实验结果将记录为 64.72%。实验结果以平均值表示，说明此值是真实值的最佳经验估计值。平均值不能反映实验结果的准确性或真实性，也许某个测量值更接近真实值，但是由于没有能做出这种决定的方法，所以只能记录平均值。

一组数字的中点或中间数称作中位数，也可以使用它来确定集中趋势。基本上，一半的实验值小于中位数，一半则大于它。由于平均值是一个更好的经验估计值，因此，实际工作中很少使用中位数。

4.3 可靠性分析

在上述例子中，已经获得分析样品水分含量的平均值。然而，并没有迹象能够表明实验的可重复性以及我们得到的结果和真实值之间的接近程度。接下来的几节将讨论这些问题并给出一些比较简单的计算答案的方法。可以通过参考文献找到对这些领域更全面的报道[2-4]。

4.3.1 准确度和精密度

对学生来说，数据分析中最令人困惑的部分是掌握准确度和精密度的概念。生活中，这两个术语经常被交替使用，从而加剧了这种困惑。如果我们考虑分析的目的，那么这些术语的概念就会变得更清晰。重复分析一下上述例子就会发现，最初获得的数据是测试结果之和的平均值（$\bar{x}$）。接下来的问题就是了解各个实验结果之间的接近程度以及实验结果与真实值的接近程度。这两个问题都涉及准确度与精密度。现在不妨讨论一下这两个术语。

准确度是指单个测量值与真实值的接近程度。在汉堡的含水量分析中，得到的平均值是 64.72%。假设汉堡含水量的真实值是 65.05%，通过比较这两个数字，可以推测计算结果是较准确的，因为它接近真实值（下文会讨论准确度的计算）。

确定准确度时遇到的问题在于大多数情况下不能确定真实值。对于某些类型的材料，我们可以从国家标准和技术研究所购买已知样品，并根据这些样品验证测试过程。只有这样才能对试验过程的准确度做出评价。另一种方法是假设其他实验室的结果是准确的，将我们的结果与其他实验室的结果进行比较，以确定它们的一致性。

精密度是一个比较容易论述和定义的术语。这个参数用于衡量可重复性和重复测量值之间的接近程度。如果重复测定获得的结果相似，那么可以认为这次测试的精密度很好。从真正的统计学观点来看，在实际过程中分析实验变量时，精密度通常被称为误差。因此，精密度、误差和变化的概念是密切相关的。

图4.1所示为精密度和准确度的差别。想象一下用步枪向目标打靶的结果代表实验值，靶心代表真实值，子弹落点代表各个实验值。如图4.1(1)所示，这些值相隔紧密（精密度高）且离靶心很近（准确度高），或者有些情况是精密度高但准确度低[图4.1(2)]。最坏的情况如图4.1(4)所示，准确度和精密度都很低。这种情况下，测定时的误差和变化使得结果的解释变得很困难。下文将讨论实际过程中存在的各种误差。

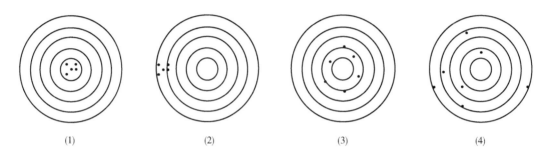

(1)   (2)   (3)   (4)

图4.1　准确度和精密度的比较

(1)准确度和精密度都高　(2)精密度高但准确度低　(3)准确度高但精密度低　(4)准确度和精密度都低

在评价数据时，如果需要重复实验（精密度的标志），往往要做多次测试以了解实验值的变化程度。观察变化或分散程度的一个简单方法是记录实验值的极差。极差仅是最大和最小观测值之间的差异。这种测量方法用处不大，因而在评价数据的过程中很少使用。

标准差（SD）也许是分析数据精密度时最好、最常用的统计学评价方法。标准差测量了实验值的分布，并成为这些值接近程度的良好指标。当评价标准差时，由于不可能分析全部样品，即使有可能，那也会既困难又耗时。因此，在计算中只能使用未知真实值的估计值。

如果有很多样品，标准差可以由希腊字母（σ）表示。根据式（4.3）计算，假设测定了所有样品（这需要无数次的实验）。

$$\sigma = \sqrt{\frac{\sum (x_i - \mu)^2}{n}} \qquad (4.3)$$

式中　σ——标准差；

　　x_i——各样本值；

　　μ——真实值；

　　n——样品总数。

由于我们不知道真实平均值，稍微简化等式以便我们用它处理实际数据。在这种情况下，将σ称为样品标准差并用SD或σ表示。根据式（4.4）确定，其中$\bar{x}$代替真实值μ而n表示样本数：

$$SD = \sqrt{\frac{\sum (x_i - \bar{x})^2}{n}} \tag{4.4}$$

如果重复测定次数少(≤30),这种情况在分析测试中是常见的。那么 n 将用 $n-1$ 代替,并用式(4.5)计算标准差。式(4.5)用于计算一组测试值的标准差

$$SD = \sqrt{\frac{\sum (x_i - \bar{x})^2}{n-1}} \tag{4.5}$$

计算公式不同,标准差可表示为 SD_n、σ_n 或 SD_{n-1}、σ_{n-1}。(不同品牌的软件和计算机对这些符号可能会有不同的称呼,所以使用时一定要注意)。表4.1所示为如何确定标准差的实例,该样品的测定结果可表示为平均水分含量64.72%,实验结果的标准差0.293。

表4.1 生汉堡含水率标准差的测定

测量组号	观测值水分含量/%	偏离平均数 $(x_i - \bar{x})$	$(x_i - \bar{x})^2$
1	64.53	−0.19	0.0361
2	64.45	−0.27	0.0729
3	65.10	+0.38	0.1444
4	64.78	+0.06	0.0036
	$\sum x_i = 258.86$		$\sum (x_i - \bar{x})^2 = 0.257$

计算出平均值和标准差后,就需要解释这些参数。理解标准差的简单方法就是计算变异系数(CV)的大小,也被称为相对标准差。仍以生汉堡水分含量的测定为例,其变异系数的计算方法如式(4.6)所示。

$$变异系数(CV\%) = \frac{SD}{\bar{x}} \times 100\% \tag{4.6}$$

$$CV\% = \frac{0.293}{64.72} \times 100\% = 0.453\% \tag{4.7}$$

变异系数说明标准差只有平均值的0.453%。在这种情况下,变异系数小,说明重复结果的精密度和重现性水平都很高。虽然不同类型的分析对CV的要求不同,但一般来说,CV低于5%可以被接受。

另外一个理解标准差的含义是考察其在统计学理论中的起源。许多的数集(在列举的实例中指样品的测量值或平均值)在自然存在条件下都符合正态分布。如果要测量无穷多的样品,那么可以得到一张类似于图4.2所示的正态分布曲线。在具有正态分布的一组

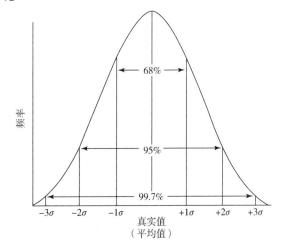

图4.2 正态分布曲线图

数据中,68%的数值处于离平均值 $\pm 1\sigma$ 的范围内,95%的数值处于离平均值 $\pm 2\sigma$ 范围内,99.7%的数值处于离平均值 $\pm 3\sigma$ 范围内。也就是说,只有不到1%的可能性,某组测量值中有一个值会落在离平均值 $\pm 3\sigma$ 的范围之外。

理解正态分布曲线的方法是认识到真实值可能存在于确定的某一置信区间内。对于大批样品,采用一个称为 Z 值的统计参数来确定围绕平均值的置信度或置信区间。一旦确定了适当的置信度,就可以从统计表格中查到 Z 值,并进行计算。表4.2所示为一些 Z 值。

表4.2　　　　　　　　　用于查找高、低置信水平的 Z 值

置信度/%	Z 值	置信度/%	Z 值
80	1.29	99	2.58
90	1.64	99.9	3.29
95	1.96		

假设概率为95%,根据式(4.8)计算生汉堡中水分含量的置信度(或区间)。由于这个计算不适用于测量 Z 值较少的情况,因此测定了25个样品而不是4个样品。

$$置信区间(CI) = \bar{x} \pm Z\,值 \times \frac{标准差(SD)}{\sqrt{n}} \tag{4.8}$$

$$CI = 64.72 \pm 1.96 \times \frac{0.2927}{\sqrt{25}}$$

$$CI(95\%) = 64.72 \pm 3.18 \times \frac{0.2927}{\sqrt{25}} \tag{4.9}$$

$$= 64.72 \pm 0.115\%$$

对只有四个水分含量的实例而言,置信区间应根据统计学中的 t 表计算。在这种情况下,需要根据自由度和适当的置信水平从表4.3查到 t 值。自由度等于样品数减去1,即 $(n-1)$。

表4.3　　　　　　　　　不同概率下的 t 值[1]

自由度 $(n-1)$	置信水平		
	95%	99%	99.9%
1	12.7	63.7	636
2	4.30	9.93	31.60
3	3.18	5.84	12.90
4	2.78	4.60	8.61
5	2.57	4.03	6.86
6	2.45	3.71	5.96
7	2.36	3.50	5.40
8	2.31	3.56	5.04
9	2.26	3.25	4.78
10	2.23	3.17	4.59

①更多 t 值表可在统计书中查找。

仍以生汉堡中水分含量测定为实例,样品数 n 为 4 个样品,自由度$(n-1)$为 3,因此置信区间的计算方法如下所示:

$$置信区间(CI) = \bar{x} \pm t\,值 \times \frac{标准差(SD)}{\sqrt{n}} \tag{4.10}$$

$$CI(95\%) = 64.72 \pm 3.18 \times \frac{0.2927}{\sqrt{4}} = 64.72 \pm 0.465\% \tag{4.11}$$

为了解释这个数字,可以说在 95% 的置信区间下,水分含量的真实值处于 64.72 ± 0.465%,或者说处于 65.185% 和 64.255% 之间。

常将 $SD/\sqrt{n}$ 作为均值的标准误差,下一步工作就是根据适当的置信水平计算置信区间。

其他快速测定精密度的方法包括测定相对偏差以及测定平均值的相对平均偏差。如果仅进行两次重复,可采用计算相对偏差的方法。假设 2% 以下是可以接受的,根据方程 (4.12) 可计算平均值的相对偏差。

$$平均值的相对偏差 = \frac{x_i - \bar{x}}{\bar{x}} \times 100\% \tag{4.12}$$

式中 x_i——单个样本值;

$\bar{x}$——平均值。

如果有多个实验数值,相对平均偏差就成为精密度的衡量标准。它的计算与相对偏差类似,只不过用平均偏差代替了单个偏差。它的计算如公式(4.13):

$$平均值的相对平均偏差 = \frac{\sum |x_i - \bar{x}|}{\dfrac{n}{\bar{x}}} \times 1000(‰) \tag{4.13}$$

由表 4.1 讨论的水分值可知,$x_i - \bar{x}$ 每项测定值分别为 -0.19,-0.27,+0.38,和 +0.06。所以计算如下所示。

$$相对平均偏差 = \frac{\dfrac{0.19 + 0.27 + 0.38 + 0.06}{4}}{64.72} \times 1000(‰) = \frac{0.225}{64.72} \times 1000(‰) = 3.47‰ \tag{4.14}$$

到目前为止,相关计算讨论都涉及评价精密度的方法。但是如果不知道真实值,我们只能计算精密度。精密度降低会很难预测样本的真实值。

但是,有时可能会已知样本的真实值,这样我们可以将测量值与其相比较。这种情况下,就能计算实验误差,并将实验误差与已知值比较,确定准确度。能够计算的另一项误差是绝对误差,其值等于实验值与真实值之差:

$$绝对误差 = E_{abs} = x - T \tag{4.15}$$

式中 x——实验测量值;

T——真实值。

绝对误差可能是正值,也可能是负值。如果实验测定值是数次重复测定的结果,那么可用平均值(0)代替 x 项。但这不是检验误差的好方法,因为该值与真实值的大小无关。更有用的误差衡量标准是相对误差:

$$相对误差 = E_{rel} = \frac{E_{abs}}{T} = \frac{x - T}{T} \tag{4.16}$$

相对误差代表了真实值的一部分,其值可能是正值,也可能是负值。

如果需要的话,将相对误差乘以100%即得到百分比相对误差。关系如式(4.17)所示,其中 x 既可以是各个测量值,也可以是数个测量值的平均值(0)。

$$E_{\text{rel}}\% = \frac{E_{\text{abs}}}{T} \times 100\% = \frac{x - T}{T} \times 100\% \tag{4.17}$$

利用生汉堡水分含量的数据,假设该样本的真实值为65.05%,测定结果的平均值为64.72%,利用式(4.17)可计算百分相对误差。

$$E_{\text{rel}}\% = \frac{\bar{x} - T}{T} \times 100\% = \frac{64.72 - 65.05}{65.05} \times 100\% = -0.507\% \tag{4.18}$$

需要注意的是保留负号指出了误差的方向,此结果说明实验测量值比真实值低0.507%。

4.3.2 误差来源[3]

根据准确度和精密度的讨论可知,分析测定中的误差(变异)是非常重要的。尽管人们尽力争取得到准确的结果,但是希望一种分析方法完全没有误差是不可能的。我们最希望的就是误差很小,并且尽可能稳定。只要知道误差,分析方法通常就符合要求。误差的来源有多种,可以分为三类:系统误差(确定误差)、随机误差(不确定误差)和总体误差或过失误差。再次强调,本节讨论的误差和变异具有相同的含义,因此这两个术语常互换使用。

系统误差或确定误差会使结果在一个方向或另一个方向始终偏离期望值。如图4.1(2)所示,结果排列得很紧密,但都一致偏离靶心。识别这种重要类型误差的来源常常困难且费时,因为它往往和一些不准确的仪器或测量装置有关。例如,一根体积标示不准确的移液管会产生一组高精密度但是不准确的结果。有时不纯的化学试剂或者分析方法本身就是产生误差的来源。一般来说可以通过适当的仪器校准、进行空白试验或采用另一种不同的分析方法来克服系统误差。

随机误差或不确定误差总是出现于每一项分析测定中。这种误差是由某特定体系的测定过程中一些人为因素造成的。这些误差随机波动,并且通常不可避免。例如,读取分析天平的数据、判断滴定终点的变化及使用移液管等,都会产生随机误差。仪器背景噪声总是在一定程度上存在,是产生随机误差的因素之一。正负误差出现的可能性是相等的。虽然这种类型的误差很难避免,但是所幸它们通常都很小。

过失误差很容易消除,因为它们非常明显。通常这种实验数据很散乱,而且结果和预期值并不接近。这种类型的误差是由于误用试剂或仪器,或者实验方法不当所致。有人称这种误差为"星期一早晨综合征"误差。所幸过失误差很容易被识别和纠正。

4.3.3 特异性

某一特定分析方法的特异性是指该方法只检测样品中某些特定组分。分析方法可以非常具体地分析特定食品成分,也可以在许多情况下分析一系列成分。通常人们希望该方法具有较宽的检测范围。例如,食物油脂(脂肪)的测定实际上是所有溶于有机溶剂的化合物的粗分析。这些化合物包括甘油酯、磷脂、胡萝卜素和游离脂肪酸。因为考察食品中的粗脂肪含量时不关心每个单独组分,就可以采用这种范围较宽的分析方法。但是,测定冰淇淋中的乳糖含量则需要特异的分析方法。因为冰淇淋中还包含其他类型的单糖,如果不采取特异的方法,乳糖含量的测量值就会偏高。

分析方法应具备特异性的标准没有严格的规定。待测样品是千变万化的,应将预期结果和测量方法综合起来考虑。但是,讨论各种分析方法时一定要关注特异性这一问题。

4.3.4　灵敏度和检测限[5]

虽然灵敏度和检测限经常互换使用,但是这两个术语概念不应混淆。它们意义不同,但密切相关。灵敏度与测量装置(设备)随化合物浓度变化的幅度有关。它表示在我们注意到仪表指针或读数装置的差异之前,未知物能做出多大的变化。我们都很熟悉立体声收音机的调台过程,知道在某一时刻,一旦调准一个电台,就可以在不干扰接收的情况下移动调谐度盘,这就是灵敏度。很多情况下,可以调整检测灵敏度以符合需要,也就是使其具有更高或更低的灵敏度。甚至可能要一个较低的灵敏度,以便于同时测定浓度变化范围很大的样品。

检测限(LOD)与灵敏度不同,是指一定置信区间(或统计显著性)下可检测的最低可能增量。每次测试都有一个较低的限度,在该点上我们不能确定某种物质是否存在。显然最好的选择就是将样品浓缩,这样就不会在接近检测限的条件下工作。但这或许不可能,因此有必要了解 LOD 以便在远离该限制的条件下工作。

根据所用仪器不同,测量 LOD 的方法有多种。如果使用诸如分光光度计、气相色谱或高效液相色谱(HPLC),那么当信噪比大于等于 3 时就达到了 LOD[5]。换句话说,当样本给出一个 3 倍于噪声检测限的值时,该仪器就处于最低检测限。噪声是任何仪器都会出现的随机信号波动。

更常用的定义检测限的方法是从统计学角度出发,该方法要考虑样本之间的差异。检测限的常见数学定义如式(4.19)[3]所示。

$$X_{\text{LD}} = X_{\text{Blk}} + (3 \times \text{SD}_{\text{Blk}}) \tag{4.19}$$

式中　　X_{LD}——最低可检测浓度;

　　　　X_{Blk}——空白值;

　　　　SD_{Blk}——空白值的标准差。

该公式中,空白值(如果讨论的是仪器的话,则为噪声)的变化程度决定了检测限的大小。高度易变的空白值会降低检测限度。

涵盖整个分析方法的另一种方法是方法检测限(MDL)。根据美国环境保护局(EPA)[6],MDL 是指"可以测量和报告的分析物浓度大于零的物质的最低浓度,其置信度为99%,并且通过分析包含分析物的给定样品基质确定"。MDL 与 LOD 的区别在于它包括整个分析方法过程和各种样品类型,从而自始至终校正变异性。MDL 基于试验矩阵内的样品值进行计算,因而是更严格的性能测试。关于如何设置 MDL 的程序,详见 EPA 环境测试条例第 136 部分(40 CFR,22 卷)附录二。

LOD 和 MDL 通常足够表征一个分析方法,但是定量限(LOQ)可以进行进一步的评估核查。该分析方法收集与 LOD 相似的数据,但取值为 $X_{Blk} + (10 \times SD_{Blk})$ 而不是 $(X_{Blk} + 3 \times SD_{Blk})$。

4.3.5 质量控制措施[1-3]

质量控制或质量保证需要对方法或过程的分析性能进行评估。为了解释如何在食品工业中运用分析数据和控制图进行统计过程控制,本节将从监测食品生产具体过程的角度简要描述质量控制(例如,产品的干燥影响着最终的水分含量)。若明确规定生产流程且已知可变性,则可以随时对收集到的分析数据进行评估。该方法提供了固定控制点,可以确定程序是否按预期执行。因为所有程序都可能发生变化或偏移,所以这可以对方法进行校正。

评价质量控制最好的方法是控制图。该方法需要连续绘制分析获得的平均观测值(如水分含量)及目标值,然后使用标准差确定95%或99%置信水平的可接受限,以及数据在什么点超出可接受值的范围。通常可接受限设置为平均值两边两个标准差,控制限则设为三个标准差。控制图和界限值可以确定该过程是否发生了超出正常变化范围的变异。如果出现这种情况,需要确定产生差异的根本原因,并采取纠正和预防措施,进一步改进过程。

Ellison 等[2] 所述的休哈特控制图和累积和控制图是两种常用的控制图。累积和控制图相关性更强,且更能突出平均值的微小变化。休哈特控制图(图 4.3)需要目标值均值的曲线图以及每个上限和下限测量值。确定上下警戒限和控制限,并将其添加到图中,警戒限表示测量结果可能超出理想限度(如上升趋势)。作用限表明测量结果可能超出可接受限,因此要对程序偏移的原因进行评估。计算和图表举例见参考文献[2-3]。

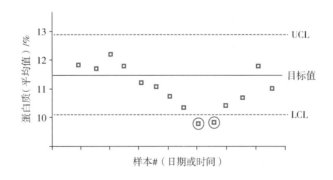

图 4.3 休哈特控制图用于蛋白质分析实例

注:上控制限(UCL)和下控制限(LCL)预先设定。超出界限的值(圈出值)表明需要采取措施进行校正或调整。

4.4 曲线拟合:回归分析[2-4]

曲线拟合是描述两个变量间关系并对其进行评价的一个常用术语。大多数学科领域都使用曲线拟合过程来评价两个变量之间的关系。因此,描述程序的大量资料表明,数据的曲线拟合和曲线分析是一个十分广阔的领域。在分析测定中,只涉及曲线分析、标准曲线或回归线等小部分内容。

标准曲线或校准曲线常用于确定未知物浓度,其基本原理是测量值与标准物浓度成比例。其过程如下:首先配制一组不同浓度梯度的已知标准物溶液,然后记录测定的分析参数(如吸光度,色谱峰面积等)。在用曲线图表示成对的 x 和 y 值时,得到一张散点图,这些点可以连成一条表示浓度与观测值关系的直线。一旦知道观测值与浓度变化的关系,那么根据标准曲线估测未知浓度就十分容易了。

在阅读 4.4.1~4.4.3 时需注意,并非所有的观测值与标准物浓度都是线性相关的。有许多呈非线性相关,如抗体的结合、毒性的评价以及指数的增长和衰减。所幸,现在可以用计算机软件分析任何一组数据。

4.4.1　线性回归[2-4]

收集到数据后,我们如何建立标准曲线呢? 首先,必须确定 x 轴和 y 轴在成对数据组中的意义。习惯上用 x 轴表示标准物的浓度,y 轴表示观测值的大小,但也存在特殊情况。将 x 轴上的数据称为独立变量,并假设其没有误差,而 y 轴上的数据称为因变量则可能会有误差。这种假设并不十分准确,事实上在配制标准溶液时,可能会引入误差,而使用现代仪器测试时,误差很小。虽然为使 y 轴数据集中而进行了讨论,但实际上,最终结论基本一致。除非存在一些异常数据,否则应该用 x 轴表示浓度,y 轴表示测量值。

图4.4 所示为用于测定不同食品中咖啡因浓度的典型标准曲线。使用连接了检测波长设定在 272nm 处的紫外检测器的高效液相色谱(HPLC)快速地对咖啡因进行分析。在272nm 处咖啡因峰面积与浓度成正比。使用 HPLC 测定未知样品(如咖啡)时,可以获得一个使用标准曲线就能求得未知样品中待测组分浓度的峰面积。

图4.4 所示为所有的数据点和一条几乎经过了大部分点的直线。同时该直线几乎经过原点,这一现象是合理的,因为当待测组分浓度为 0 时,在 272nm 处不应该产生吸收信号。但该线并非是理想的直线(事实上也不可能是),而且也没有真正经过原点。

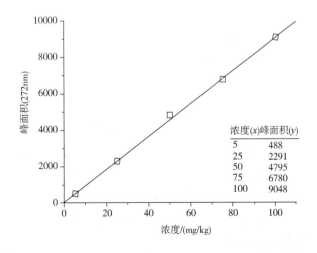

浓度(x)	峰面积(y)
5	488
25	2291
50	4795
75	6780
100	9048

图 4.4　所示为数据点和最佳拟合线的典型标准曲线图,绘图数据列于图中

在测定样品中咖啡因浓度时得到样品峰面积,如4000,据此可在标准曲线上找到相应的点,然后从该点向 x 轴(浓度)画一条垂线,根据这条垂线与 x 轴(浓度)的交点位置便可以估算出该溶液中含有的咖啡因浓度,为 $42 \sim 43$ mg/kg。

利用线性回归可以精确确定曲线的最佳拟合。直线方程式是 $y = ax + b$,式中 a 表示斜率,b 表示 y 轴截距。要确定斜率和 y 轴截距,就需要使用下列回归方程。在确定 a 和 b 后,对任何 y 值(测量值),都可以确定其浓度(x):

$$斜率 a = \frac{\sum (x_i - \bar{x})(y_i - \bar{y})}{\sum (x_i - \bar{x})^2} \tag{4.20}$$

$$y - 截距 b = \bar{y} - a\bar{x} \tag{4.21}$$

式中　x_i 和 y_i——个体值;

　　　$\bar{x}$ 和 $\bar{y}$——个体值的平均值。

现在,许多普通计算器和计算机电子表格软件都具有快速计算出回归方程的功能,因此无需在数学上对该方程进行全面的讨论。

上述公式给出了 y 关于 x 的回归曲线,并假定误差出现在 y 轴上。回归曲线描述了所有数据点间的平均关系,因此它是一条平衡线。这些方程还假设直线拟合并不一定经过原点,最初,这一论点难以获得认同。然而,由于测定过程中存在背景干扰,所以零浓度时也能观测到弱的信号。在大多数情况下,标准曲线经过不经过原点都能求得同样的结果。

用图4.4中的数据,计算未知样品中咖啡因的浓度,并且将其与图解法得到的结果进行比较。如未知样品在 272 nm 处的吸收峰面积为 4000。根据标准曲线数据和线性回归分析,求得 y 轴截距(b)为 90.727 和斜率(a)为 89.994($r^2 = 0.9989$):

$$y = ax + b \tag{4.22}$$

$$x = \frac{y - b}{a} \tag{4.23}$$

$$x_{(咖啡因浓度)} = \frac{4000 - 90.727}{89.994} = 43.4393 \text{ mg/kg} \tag{4.24}$$

因此计算值和图解估计值非常接近。使用高质量的方格纸可以为我们显示出一条非常接近计算值的线。但是,正如下文将要描述的,应用计算机软件或计算器可以获得有关这条回归线的其他信息。

4.4.2　相关系数

在观察包括线性关系在内的任何类型的交互作用时,问题总是涉及如何绘制通过数据点的直线以及数据点与直线的拟合程度。对任何一组数据,首先应该做的就是在图上绘制其位置,看看这些点是否能连成一条直线。仅靠观测这些已在图上绘制出的数据,便可以很容易对直线的线性做出判断。我们也可以从线上找出不存在线性关系的区域。图4.5所示为标准曲线的差异,图4.5(1)所示为数据间具有良好的相关性,而图4.5(2)所示为数据间相互关系较差。在这两种情况下,都可以绘制一条经过数据点的直线。虽然两张曲线图得到了同样的直线,但是后者的精度较差。

在绘制标准曲线时,还存在其他可能,如图4.6(1)所示为 x 和 y 之间具有良好的相关

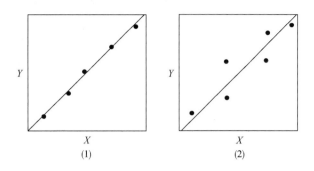

图4.5　表示变量 x 与 y 间相互关系的标准曲线

注:图4.5(1)表示变量 x 与 y 高度相关,图4.5(2)表示变量 x 与 y 间相关性较差。两条线具有相同的方程。

性,但是为负相关趋势,图4.6(2)所示为一些没有相关性的数据。

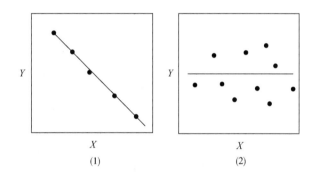

图4.6　表示变量 x 与 y 间相互关系的标准曲线

注:图4.6(1)表示变量 x 与 y 呈高度负相关,图4.6(2)表示变量 x 与 y 值间不相关。

相关系数表示数据与直线间的拟合程度。对于一条标准曲线而言,理想情况就是所有数据点完全在一条直线上。但是,这根本不符合实际情况,因为在制备标准物和测量物理值(观测值)时都可能引入误差。

相关系数和决定系数定义如下所述。基本上所有的计算机和绘图软件都可以自动计算出这些值:

$$r = \frac{\sum (x_i - \bar{x})(y_i - \bar{y})}{\sqrt{[(x_i - \bar{x})^2][(y_i - \bar{y})^2]}} \tag{4.25}$$

以图4.4所示的咖啡因标准曲线为例:$r = 0.99943$(相关系数数值要求至少有四位有效数字)。

对于标准曲线,我们希望 r 的值尽可能地接近 +1.0000 或 −1.0000,因为这个值代表绝对相关(理想直线)。一般来说,在分析工作中,r 的数值应该大于或等于0.9970(这项要求不适用于生物学研究)。

实际中经常使用决定系数(r^2),虽然它不能指出变量间相互关系的方向,但它有助于更好地认识直线。在上述例子中,r^2大于 0.99886,表明吸光度(y)变化的比例与相应浓度(x)之间能够进行线性回归,这意味着该直线变异度约为 0.144% $[\,(1.0000 - 0.9986)=0.00114 \times 100\% = 0.114\%\,]$,并且不会随着 x 和 y 的变化而变化,是由一些不可测定的变化所引起的。在正常情况下,变化程度可能会很小。

4.4.3　回归线中的误差

虽然相关系数能说明关于线性曲线拟合误差或变异的一些情况,但它不能给出全貌。无论是回归分析还是相关系数都不能表明一组特定的数据是否具有线性关系。它们只能在假定该线是线性的条件下提供对其拟合度的估计。前面说过,在观察数据与曲线(实际是一条直线)的拟合度时,绘制数据是非常关键的。一个常用的参数是 y——残差,它仅指实际观测值与计算值(来自回归线)之间的差异。先进的计算机绘图软件能真实地绘制出作为浓度函数的每个数据点的残差,然而,绘制残差通常是没有必要的,因为不符合曲线的数据常常是很明显的。不过,如果出现一点明显偏离了线,而其他点能很好的拟合的情况,则可能意味着制定的标准不合适。

减少误差量的一种方式是进行多次重复试验。例如,重新配制一系列标准溶液进行重复测定,再把这些重复的 x 与 y 值作为独立的点输入计算器或电子表格进行回归分析并系数确定。另一种方法也许更可取,那就是扩大读数的浓度。在更多数据点(浓度)上采集观测值将得到一条更好的标准曲线。但是,数据点增加到七个或八个通常是不利的。

在标准曲线和回归线上标绘置信区间或区域或限是直接了解标准曲线可靠性的另一种方式。置信区间是指应用 t – 统计量和线性拟合标准偏差在一定置信度(如 95%)下回归线的统计不确定性。在有些方面,标准曲线上的置信区间类似于本书 4.3.1 中讨论的置信区间。但是,在这种情况下,我们看到的是一条线而不是一个平均值附近的置信区间。图 4.7 所示为之前呈现的标准曲线中的咖啡因数据,但一些数字已被修改以增强置信带。置信带(虚线)由定义 y 轴值变化的上限和下限组成。上、下带在曲线中心最窄,随曲线移动到较高或较低的标准浓度而变宽。

由图 4.7 还可以看出,置信带显示了我们在一个特定浓度的峰值区域所期望的变化量。例如,在 60mg/kg 的浓度下,从 x 轴向上画线并外推到 y 轴,可以看到在这种情况下,用我们的数据观测到的置信区域(95% 置信度)的峰面积将是 4000 ~ 6000。可以看到,观测到的峰值区域的 95% 置信区间将是 4000 ~ 6000。在这种情况下,变化是很大的,不能作为标准曲线来接受,只是为了便于说明。

误差线也可用于表示 y 值在每个数据点的变化。可以采用几种误差类型或变化统计,例如标准误差、标准偏差和数据百分比(如 5%)。这些方法中的任何一种都能给出实验变异的可视化指示。

即使具有良好的标准曲线数据,如果标准曲线使用不当,也会出现问题。常见的错误就是外推时超出了构成曲线的数据点范围。图 4.8 所示为使用外推法时可能会出现的一些问题。如图 4.8 所示,在收集数据区域以外,该曲线或直线可能不呈线性。这种情况常出现在原点附近,特别是在较高浓度区域内。

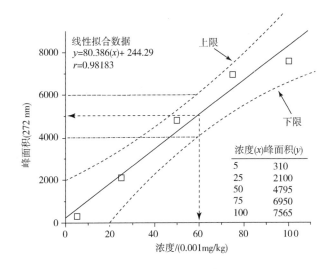

图 4.7　显示置信区域的标准曲线图

注:用于绘制图形的数据如同直线方程和相关系数一样显示在图上。

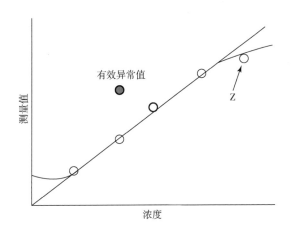

图 4.8　显示曲线在上限和下限区域内可能偏差的标准曲线图

通常,标准曲线会通过原点。但在有些情况下,例如,在接近零浓度时,标准曲线实际上会有翘尾的现象;在曲线的另一端,在更高的浓度下,达到一个稳定的水平是相当普遍的。在这个水平上,测量的参数不会随着浓度的增加变化太大。注意必须在曲线的上限处使用,以确保在曲线标准之外没有收集到未知的数据。图 4.8 的点 Z 应该仔细评估,以确定这个点是一个异常值还是该曲线真的出现了翘尾现象。在更高浓度的情况下收集几组数据应该能阐明这一点。无论如何,未知数应该只在线性的曲线区域内测量。

4.5　报告结果

在处理实验结果时,我们常常以一种表明检测灵敏度和精密度的方式来面对报告数据。一般说来,力求报告一个有意义的值,不必夸大或低估检测的灵敏度,不论是平均值、标准偏差或其他数值。4.5.1~4.5.3 讨论了我们如何评估实验值,以便在报告结果时更精确。

4.5.1 有效数字

有效数字这一术语使用相当宽泛,用来描述判断结果中应报告的数字位数。通常情况下,判断不正确,不是将有意义的数字舍弃,就是将无意义的数字保留。下面提供了精确的规则,以帮助确定报告中有效数字的位数。然而,在处理有效数字时保持一定灵活性也是很重要的。适当使用有效数字的目的在于借此表明分析方法的灵敏度和可靠性。因此,报告的值只包含有效数字。当一个数值除了最后一位数是可疑的,其余均是可靠的,那么该数值就是由有效数字构成的。例如,某个报告值64.72,该数值包含四位有效数字,其中前三位是可靠的(64.7),最后一位是不可靠的,即2在某种程度上是不确定数,可能是1或3。一般说来,不管小数点的位置如何,一个数值中所显示的数字就代表了有效数字。对于含有0的数值,假如0的每一边都与一个数字相邻,那么上述规定也是正确的。例如,64.72,6.472,0.6472和6.407均含有四位有效数字。请注意,小数点左边的零仅用于表示没有大于1的数字。我们可以把此数值记录为.6472,但在小数点前加上0更好,这样能说明这个数字没有从数值中漏掉。

对于0是否是有效数字,必须特别考虑下述情况。

(1)在小数点后的0通常是有效数字。如64.720和64.700都含有五位有效数字。

(2)小数点前没有其他数字时,小数点之前的0不是有效数字。正如前文指出的那样,0.6472只含有四位有效数字。

(3)如果小数点前没有其他数字,那么小数点后的0也不是有效数字。如0.0072小数点前没有数字,所以该数值只含有两位有效数字。又如1.0072,小数点前有数字,因此小数点后的0属于有效数字,该数值共有五位有效数字。

(4)一个整数末位的0不是有效数字(除非特别说明)。因此,整数7000只有一位有效数字。但是如果加上一个小数点和0,如7000.0,则表示此数值含有五位有效数字。

如果想消除上述规则的模糊性,可以采用一种把数值转换为指数形式的方法来帮助衡量0的有效性。数值中允许省略的0不是有效数字。例如,7000用指数形式表示为7×10^3,该值包含一位有效数字;7000.0保留0后可表示为7.0000×10^3,数值含有五位有效数字;0.007转换为指数形式是7×10^{-3},只含有一位有效数字。一般来说,进行算数运算时,结果的有效数字位数是由最少有效位数的数字来决定的。避免混淆的最简单方法是先执行完所有的计算,再将最终的结果修约成恰当的位数。例如,$36.54 \times 238 \times 1.1 = 9566.172$,由于1.1只包含两位有效数字,因此结果应写成9600(两个尾随0不是有效数字)。这种方法适用于除了小数加减运算外的大多数计算过程,最终数值有效数字的位数根据小数点后的数字决定。因此,在计算$7.45 + 8.725 = 16.175$时,7.45在小数点只有两位数字,运算结果四舍五入为16.18;同理,$433.8 - 32.66 = 401.14$,四舍五入后是401.1。

在使用上述的简单规则时需要保持谨慎,因为得出的最终答案有减少有效数字位数的倾向。例如,以测定某未知溶液中的咖啡因含量为例,测定结果为43.5mg/L[式(4.24)]。测定过程中需使用容量瓶将样品稀释50倍,使得未知溶液浓度符合现有方法检测范围。为了计算原始样本中的咖啡因浓度,我们将结果乘以50,即在未知溶液中咖啡因浓度为

$43.5 \times 50 = 2175\mu g/mL$。根据上面的规则,将这个数值四舍五入后化简成一位有效数字(因为 50 包含一位有效数字),并将其记录为 $2000\mu g/mL$。然而,这样做实际上会降低体系的灵敏度,因为用于稀释溶液的容量瓶的准确度被忽略了。A 级容量瓶的容差为 $0.05mL$,因此稀释因子的合理表示方法应是 50.0 而非 50。最终结果的有效数字增加两位后,数值变成 $2180\mu g/mL$。

由此可见,对有效数字的理解及使用需要仔细斟酌。在所有个体值或数字都经过仔细检查的情况下,上述规则在大多数情况下是可行的。

4.5.2　异常值和检验

在处理实验数据的过程中不可避免地会遇到与其他数值不匹配的异常值。对于异常值,是否可以剔除它且不用于最终报告的计算结果呢?

答案是"很少如此"操作需经过深思熟虑。如果经常通过剔除数据使试验效果看起来更好,那么实验检测结果和测试准确度将会被篡改;如果由于可识别错误而导致特定测试中异常值的产生,那么剔除该值也许是可行的,但是同样需要谨慎,因为你可能剔除了一个比其他值更接近真实值的数据。

如果准确度或精确度由始至终都很差,则说明使用的分析方法不当或者试剂错误又或者在测试过程中出现了差错。最好通过改进实验过程或改变分析方法来消除差错,而不是试图剔除数字的方法来排除异常值。

有几种检验方法可用于异常值的剔除。此外,采用更稳妥的人口均值统计学估计法可以最大限度地减少极端异常值的影响[2]。剔除异常值最简单的方法是狄克逊 Q 检验法[7-8],又称 Q 检验。Q 检验的优点是可以采用简单的计算器进行计算,适用于小样本数据。在 Q 检验中,Q 值采用如式(4.26)所示计算,并与表中数据进行比较。如果计算值大于表中数值,则需将可疑值在 90 % 的置信水平上舍弃。

$$Q - \text{value} = \frac{x_2 - x_1}{W} \tag{4.26}$$

式中　x_1——可疑值;

　　　x_2——x_1 后一位临近值;

　　　W——所有数值的极差,最大值减去最小值。

表 4.4 所示为 90% 置信水平上的剔除值的 Q 值。

表 4.4　　　　　　　　　　　　　　剔除结果的 Q 值

观察值个数	剔除值的 Q 值(90%置信水平)	观察值个数	剔除值的 Q 值(90%置信水平)
3	0.94	7	0.51
4	0.76	8	0.47
5	0.64	9	0.44
6	0.56	10	0.41

注:适用于 Dean 检验法和 Dixon 检验法[7]。

以下案例展示了 Q 检验法在生汉堡水分含量检测中的应用。进行四次重复检测后得出水分含量分别为:64.53、64.45、64.78 和 55.31。与其他结果相比,55.31 的数值过小,那么是否应该剔除呢? 在此例中,x_1 是可疑值(55.31),x_2 是按大小排序后 x_1 的邻值(64.45)。W 的范围是最大值减去最小值,即64.78 – 55.31:

$$Q - \text{value} = \frac{64.45 - 55.31}{64.78 - 55.31} = \frac{9.14}{9.47} = 0.97 \tag{4.27}$$

由表4.4可知,通过计算得到的 Q 值大于表中值0.76从而剔除该数据。因此,水分含量为55.31%的值应被舍去且不能用于均值的计算。

4.6　总结

本章重点介绍测量数据变异性,准确度等的统计方法,以及可用于评估一组数据的基本数学处理方法。例如,在评估个别样品的重复测定过程中,确定平均值,标准差和变异系数应属于第二性质。在线性标准曲线的评价过程中,最佳线性拟合总是与线性程度系数(相关系数或确定系数)一起确定。目前,多数计算机和绘图软件的计算速度都很快,对分析数据的处理帮助极大。参考是以特定方式报告分析结果,从而得到特定测试的灵敏度和置信度。包括描述灵敏度和检测限的部分与不同分析方法和监管机构政策有关。其他内容包括正确使用有效数字,明白数字的四舍五入规则,以及使用不同检验方法来排除个别严重异常的结果(异常值)。

4.7　思考题

(1)测定某一特定食品成分的方法 A 比方法 B 具有更高特异性和准确度,但方法 A 的准确度较低。试解释这意味着什么?

(2)如果采用一种新的分析方法来测定谷物产品中的含水量。如何确定新方法的准确度? 并将其与旧方法进行比较,列出计算过程中的每个方程式。

(3)已知某样品含有葡萄糖20 g/L。现利用两种分析方法进行分析。每种方法得到10个结果,结果如表所示。

两种分析方法的分析结果

方法 A	方法 B
平均值 = 19.6	平均值 = 20.2
标准偏差 = 0.055	标准偏差 = 0.134

①精确度和精确性。

a. 哪种方法精确度更好? 为什么?

b. 哪种方法精确性更好? 为什么?

②在确定标准差的公式中,$n-1$ 用的比 n 多。如果采用 n,标准差会偏大还是小?

③假设利用方法 B 获得的值与平均值相差超出 2 倍标准差则不可用。那么哪个范围内的值可用?

④上述数据表现出了特异性的哪些方面? 试述方法的"特异性"是什么意思。

(4)写出"标准差"与"变异系数","均值的标准误差"和"置信区间"的定义。

(5)比较"绝对误差"与"相对误差"这两个术语。指出哪一个更有用? 为什么?

(6)将下述操作过程中出现的误差按随机误差,系统误差或过失误差归类,并指出克服相应误差的方法。

①自动移液管移取的体积始终为 0.96mL 而不是 1.00mL。

②在某次酶活性测试过程中某一试管中没有加入底物。

(7)比较"灵敏度"和"检测限"这两个术语。

(8)标准曲线 A 的相关系数为 0.9970,标准曲线 B 的测定系数为 0.9950,问在哪种情况下的数据更合乎一条直线?

4.8 应用题

(1)下列数值包括几位有效数字:0.0025,4.50,5.607?

(2)写出下列计算式的正确答案(用适当位数的有效数字表示)。

$$\frac{2.43 \times 0.01672}{1.83215} =$$

(3)根据干燥物料的下列数据(88.62、88.74、89.20、82.20),确定平均值、标准差和变异系数。这组数据的精确度是否具有可接受性? 能否因为 82.20 这个值看上去与其他值不同而舍弃它? 如果进行重复测试,在 95% 置信区间下期望测定结果在什么样的范围内? 如果干燥物料的真实值为 89.40,相对误差是多少?

(4)比较下列两组由原子能发射光谱法测定钠的标准曲线数据,使用坐标纸或计算机软件程序来绘制标准曲线。由哪些数据绘制标准曲线更好? 注意:发射 589nm 下的吸光度与钠浓度成正比。如果某一待测样品在 589nm 发射光下的吸光度为 0.555,试计算样品中钠的含量,试比较在两个标准曲线上处理的结果。

A 组——钠的标准曲线		B 组——钠的标准曲线	
钠浓度/(μg /mL)	发射波长 589nm	钠浓度/(μg /mL)	发射波长 589nm
1.00	0.050	1.00	0.060
3.00	0.140	3.00	0.113
5.00	0.242	5.00	0.221
10.0	0.521	10.00	0.592
20.0	0.998	20.00	0.917

参考答案:

(1)2,3,4。

（2）0.0222。

（3）平均值 = 87.19，$SD_{n-1} = 3.34$：

$$CV = \frac{3.34}{87.18} \times 100\% = 3.83\%$$

因此其确密度具有可接受性：

$$Q_{计算值} = \frac{88.62 - 82.20}{89.20 - 82.20} = \frac{6.72}{7} = 0.917$$

$Q_{计算值} = 0.92$；如表 4.4 可知，$Q_{计算值} = 0.92 > Q_4 = 0.72$ 因此，82.20 为界外值，能够舍弃。

$$CI(95\%) = 87.19 \pm 3.18 \times \frac{3.34}{\sqrt{4}}$$

$$= 87.19 \pm 5.31$$

相对误差 = $E_{rel}\%$，均值为 87.19，真值为 89.40：

$$E_{rel}\% = \frac{\bar{x} - T}{T} \times 100\% = \frac{87.19 - 89.40}{89.40} \times 100\%$$

$$= -2.47\%$$

通过线性回归分析，我们得到

组 A：$y = 0.0504x - 0.0029$，$r^2 = 0.9990$

组 B：$y = 0.0473x - 0.0115$，$r^2 = 0.9708$

组 A 的 r^2 值更接近于 1.000 并且标准曲线中的数据更能拟合直线，是更好的标准曲线。

样品中钠的含量使用 A 组标准曲线进行计算：

$$0.555 = 0.0504x - 0.0029，x = 11.1\mu g/mL$$

样品中钠的含量使用 B 组标准曲线进行计算：

$$0.555 = 0.0473x - 0.0115，x = 11.5\mu g/mL$$

$$r^2 = 0.9990$$

（4）A 组标准曲线更好（A 组 $r^2 = 0.9990$；B 组 $r^2 = 0.9708$），用 A 组标准曲线计算样品中钠的含量为 $11.1\mu g/mL$；用 B 组标准曲线计算样品中钠的含量为 $11.5\mu g/mL$

致谢

The author wishes to thank Ryan Deeter for his contributions in preparation of the content on quality control measures.

参考文献

1. Garfield F M, Klestra E, and Hirsch J (2000) Quality assurance principles for analytical laboratories, AOAC International, Gaithersburg, MD. (This book covers mostly quality assurance issues, but Chap. 3 is a good chapter on sampling and on the basics of statistical applications to data.)

2. Ellison, SLR, Barwick, VJ, Farrant, TJD (2009) Practical Statistics for the Analytical Scientist: A Bench Guide, Chapter 5, 2nd ed. RSC Publishing, Cambridge, UK. (This an excellent text for beginner and advanced analytical chemists alike. It contains a fair amount of detail, sufficient for most analytical statistics, yet works through the material starting at a basic introductory level. The authors have an entire chap-

ter, Chap. 5, devoted to the various test used to evaluating and rejecting data outliers.)

3. Miller JN, Miller JC (2010) Statistics and chemometrics for analytical chemistry, 6th edn. Pearson Prentice Hall, Upper Saddle River, NJ. (This is another excellent introductory text for beginner analytical chemists at the undergraduate and graduate level. It contains a fair amount of detail, sufficient for most analytical statistics, yet works through the material starting at a basic introductory level. Chapter 1 covers the types of experimental error. The assay evaluation parameters LOD, MDL, and LOQ are thoroughly discussed. The authors also cover outlier testing including the Q-test used for rejecting data.)

4. Skoog DA, West DM, Holler JF, Crouch SR (2014) Fundamentals of analytical chemistry, 9th edn. Cengage Brain, Independence, KY. (Part I, Chaps. 5 – 8, have thorough coverage of the statistics needed by

an analytical chemist in an easy-to-read style.)

5. Shrivastava A, Gupta VB (2011) Methods for the determination of limit of detection and limit of quantitation of the analytical methods. Chron Young Sci 2 (1): 21 – 25

6. Code of Federal Regulations (2011) Environmental Protection Agency. 40 CFR, Vol. 22. Chapter I part 136 – Guidelines Establishing Test Procedures for the Analysis of Pollutants. Appendix B to Part 136-Definition and Procedure for the Determination of the Method Detection Limit-Revision 1. 11

7. Dean RB, Dixon WJ (1951) Simplified statistics for small numbers of observations. Anal Chem 23 (4): 636 – 638

8. Rorabacher DB (1991) Statistical treatment for rejection of deviant values: critical values of Dixon's "Q" parameter and related subrange ratios at the 95% confidence level. Anal Chem 63 (2):139 – 146

取样和样品制备 5

Rubén O. Morawicki

5.1 引言

在食品中,产品、原材料和配料的品质特征是可以测定的,需要对其进行监测以确保符合相关规定。有些品质特征可以利用特制传感器在线检测并实时获得结果(例如,油萃取装置中植物油颜色的检测)。然而,在大多数情况下,需在连续生产过程中定期采集小部分或从大量原料中取出一定量小部分样品检测品质特性。取样用于分析的这一小部分被称为样品;全部的产品,或在连续生产中某一特定时间段内的所有产品被称为总体;从总体中取出样品的过程称作取样。如果能做到正确取样,即可以用样品所测得的品质特征来精准地估计总体品质。

与检测总体相比,仅取出其中一部分,可以更快速、准确地对总体进行品质评估,并且节约人力财力。取样是否可靠更多地取决于样本容量而不是总体容量[1]。样本量越大,取样结果越可靠。但是,样本量受时间、成本、取样计划、样品处理、分析和数据处理等因素的限制。此外,对食品而言,由于许多分析方法本身对食品是具有破坏性的,对总体进行检测分析在实际操作中并不可行。矛盾的是,用代表性样品所测得的评估参数(详见 5.2 和 5.3)通常比对总体(普查)做相同的检测更为准确。

在实验室实际分析的样品大小和数量是任意的[2]。这种实验室样品通常经过均质或研磨等工序做准备,并且比实际采集的样品量要小得多。取样及相关问题在 5.2、5.3 和 5.4 中讨论,实验室样品制备详见 5.5 内容。

取样开始后,关于数据采集的一系列步骤都需要确定:取样、样品准备、实验室分析,数据处理和解释。每一个步骤中都有可能出现错误,从而影响最终结果的确定性或可靠性。最终结果的准确性取决于每一步的累积误差,这种误差通常被称为方差[3-4]。方差是对不确定性的估计,整个检测过程中的总方差等于与取样过程中每个步骤方差的总和,它代表了这种方法的精确度。精确度代表的是所检测数据的可重复性。相反,准确度表示的是所得数据与真实值的接近程度。提高准确度最好的方法是提升产生最大方差的步骤的可靠

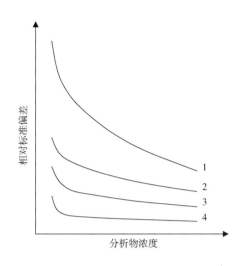

图 5.1　在非均质食物基质中典型的
相对标准偏差的误差组成

1—取样　2—均质化　3—样品准备　4—分析过程

性,而最大方差通常是在初始的采样中产生的。我们通常关注分析方法的精确度和准确度,却总是忽略取样和样品准备的正确性。然而,取样一般是在化学分析中最大的误差来源。由于涉及食物基质,取样问题在食品分析中尤其明显[5-7],如图 5.1 所示。即使在进行实际分析之前,样品均质和样品制备中的其他过程也可能使数据产生误差。

在阅读本章的每一部分时,请读者考虑将这些信息应用于食品工业取样需求的具体实例中:营养标签取样(详见本章思考题 7),农药分析(详见第 33.3),霉菌毒素检测(详见第 33.4),异物(见第 34 章),流变性质(详见第 29 章)。考虑到要根据政府规定来进行上述和其他应用的样品采集和制备,读者也可以参考由美国食品与药物管理局(FDA)和美国农业部(USDA)下属的食品安全检验局(FSIS)制定的样品收集部分(详见 3.2.2.1 和 3.3)。这里提供了有关 FDA 如何进行与食品安全现代化法案[8]相关的抽样,以及美国农业部如何为国家营养数据库收集样本的更多相关信息[9-10]。

需要注意的是,在不同的公司和不同的具体应用中,取样的专业术语与程序可能存在差异。然而,本章的内容旨在为在具体情况中遇到的取样计划和样品处理过程中的理解、改进和评价奠定基础。

5.2　取样计划的选择

5.2.1　取样计划的定义和目的

国际纯粹与应用化学联合会(IUPAC)把取样计划定义为"为从大量产品中选取部分样品所拟定的步骤,包括选择、取出、保存、运输和准备"[11]。取样计划应条理清晰,需要确定取样计划的目标、待检测的指标、取样点、取样程序、频率、样品大小、取样人员、样品保存等。取样的主要目的是获得一份符合取样计划规范中所规定容量的样品。取样计划应该根据取样目的、研究总体、统计单位、样品选择标准和分析过程来选择。根据取样目的,在整个食品生产系统中不同采样点进行取样,取样计划在不同取样点可能会有明显差异。

5.2.2　影响取样计划选择的因素

在选择取样计划时,必须考虑到会对其产生影响的每一个因素,如表 5.1 所示:①检测的目的;②样本总体的性质;③产品的性质;④检测方法的特点。一旦确定这些因素,即可制订出能够得到所需信息的取样计划。

表5.1	影响取样计划选择的因素
需考虑的因素	问题
检测的目的	是接收还是拒绝这一批次?
	是否要求这一批次的平均质量?
	是否要检测产品的变化?
样本总体的性质	这一批次样品是否量很大但均一?
	这一批次中的产品是否都是较小且容易识别的?
	样本总体中个体的分布是什么样的?
产品的性质	产品是均质的还是不均质的?
	单位容量是多少?
	如何使之前的样本总体总是符合标准?
	取样的材料成本是多少?
检测方法的特点	这次检测是关键的还是次要的?
	如果样本没有通过检测,会有人因此生病或者死亡吗?
	这种检测方法是破坏性的还是非破坏性的?
	完成这次检测的费用是多少?

摘自参考文献[2]。

5.2.2.1　检测目的

大部分取样都有一个特定的目的,并且该目的可能会决定取样计划的特点。取样的两个主要目标是评估某一指标的平均值并且确定这个平均值是否符合取样计划中的规定。在不同食品工业中,取样目的千差万别;然而,最重要的类别包括以下几种。

(1)营养标签。

(2)检测污染物和杂质。

(3)接收原材料、配料或产品(验收取样)。

(4)过程控制取样。

(5)大量新产品上架。

(6)掺假检测。

(7)微生物安全。

(8)食品配料的真实性。

5.2.2.2　样本总体和产品的性质

为了选择恰当的取样计划,必须要明确取样总体并且了解取样产品的性质。取样总体通常依据是同质总体还是非同质总体和是连续总体还是不连续总体来定义。取样总体和产品在规格上可能存在很大的差异。

理想的样本总体和产品应该是均一的并且在所有位置都相同。这样的总体是均质的。从这样的总体中取样很简单，因为样品可以从任何位置采集，并且得到的分析数据可以代表整体。然而，这种情况极为少见，即使在表面上看起来均匀的产品中，悬浮颗粒和沉积物可能使总体不均匀，例如糖浆。事实上，大部分的样本总体和产品都是不均一的。因此，取样的位置将会影响下一步得到的数据。然而，通过合适的取样计划和样品准备能够获得具有代表性的样品，或者考虑其他方法解决不均质的问题。如果样品是不均质的，一些新的问题便随之变得重要[6]：不均质的本质是什么？样品是否应该被合并或者复制？样品的不同部分是否要分别分析？样品的表面是否需要测试？

从离散的总体中取样相对简单，因为总体被分割成了许多独立的子个体（例如，罐头食品中的罐头，卡车上装着早餐谷物的盒子，传送带上的一瓶果汁）。取样计划的选择一部分取决于独立子个体的数量和大小。从连续的总体中取样较为困难，因为样品的不同部分并没有被分开（例如，传送带上的土豆片，拖车上的橘子）[6]。

从一批产品，一天的产品到仓库里的库存，样本总体的容量可能发生变化。从仓库中特定生产批次的样品所获得信息必须严格用于分析该批次样品，而不能沿用于仓库中其他批次样品。

若要利用食品分析来解决食品行业中的问题，仅仅关注样本总体和产品的性质来制订取样计划是不够的。例如，为了采集样品解决生产线上包装好的产品含水量变化的问题，对每一个加工步骤进行检测都极为重要。因此有必要了解哪里有可能存在差异，然后确定如何恰当地采集样品和数据来分析差异。

最困难的检测样本总体的事例之一，就是从食品体系中采集样品来检测一种称作霉菌毒素的真菌毒素，这会影响取样计划。真菌毒素在总体中广泛而随机地分布，并且不能假定为正态分布[2]。霉菌毒素的分布方式要求在取样时结合许多个随机选择的部分以获得霉菌毒素水平合理评估。确定霉菌毒素水平时，如果取样误差比分析误差高出许多倍，就不需要极其精确的分析方法[2]。这种情况下，制订合适的取样计划和在粒度减小之前进行充分的粉碎和混合比化学分析显得更为重要。关于真菌毒素取样的更多信息详见33.4。

5.2.2.3　检测方法的特点

检测所采集样品的程序在几个特征上有差异，这些特征有助于确定取样计划，例如成本、速度、准确度、精确度，破坏性与非破坏性。精确而又准确地进行低成本、快速、无损检测使得分析多个样品更具可行性。然而，这些特性中任意一个受到限制，都会使得检测方法成为确定取样计划更重要的因素。

5.3　取样计划的种类

5.3.1　属性取样和变量取样

取样计划可以分为属性取样和变量取样[4]。属性取样是根据抽取的样品是否具有某种特征来决定总体可否被接受，存在符合或不符合两个结果。属性取样计划以超几何、二项分布或泊松统计分布为基础。在二项分布情况下(如肉毒杆菌的存在),事件单次发生的概率与样本容量直接成正比,样本容量至少比总体容量小十倍,计算二项式概率可以被推广到整个批次。

变量取样是进行连续取样来定量评估物质的含量(例如蛋白质含量、水分含量等)或某一特性(例如颜色)的。从样品中得到的估计值与可接受值(通常由标签、管理机构或客户指定)和检测的偏差进行比较。这种取样计划通常会产生正态分布的数据,例如容器的填充百分比和食物样品的总固体含量。一般而言,变量取样所需的样本容量比属性取样更小[1],并且每个特征应尽可能单独取样。然而,当 FDA 和 USDA – FSIS 按照营养标签进行取样的时候,需要分别采集 12 个样品的组合和至少 6 个子样品并用于所有营养素的分析。

5.3.2 验收取样

验收取样的具体作用是确定一批产品或者配料的质量是否可被接受。验收取样可以由食品加工者从供应商处接收大量材料之前或者由买家检验加工者所加工产品时进行。验收取样是一个非常宽泛的主题,可以应用于任何领域,如有需要,可查阅更有针对性的相关文献。

批量验收取样计划可用于属性、变量评估或者两者的结合,可以分为以下几类。

(1)单重取样法 对于这种取样计划,接受或拒绝这一批次只取决于随机抽取的一个样品。这种方法通常被称为(n,c)方法,其中 n 表示样品量,如果不合格样品的数量大于 c,那么这一批次的产品就会被拒绝接收[2]。如果结果不确定,则抽取第二个样品,结合两个样品的结果来确定是否接收这一批产品。

(2)二重取样法 与单重取样法相同,但抽取两个样品(图5.2)。

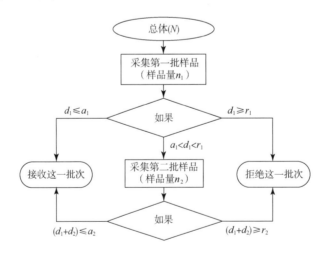

图5.2 双重取样计划有两个点来决定是否接收

注:N—样本总体的量;n_1 和 n_2—样品量;a_1 和 a_2—接收的数目;r_1 和 r_2—拒绝的数目;d_1 和 d_2—不确定的数目,下标 1 和 2 分别代表样品 1 和 2;

摘自参考文献[13]。

（3）多重取样法　这是二重取样法的延伸,抽取两个以上的样品来得到结论。

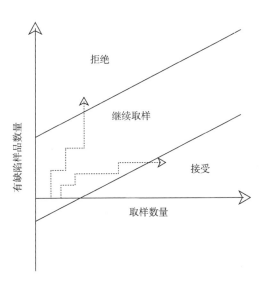

图5.3　连续取样计划

摘自参考文献[13]。

（4）连续取样法　这种方法是多重取样法的极限延伸。抽取一个样品,分析之后决定是接收或拒绝或再抽取另一份样品。因此,取样总数仅仅取决于取样过程。在图5.3中,累积观察到的不合格样品数量是相对于所取样品数量绘制的。图上绘制了拒绝线和接收线两条线,将图分成三块区域:接收、拒绝和继续取样。取一个初始样品,将结果绘制在图中。如果点落在平行线内则继续取第二个样品,重复此过程直到点落到拒绝区或者接收区[12]。关于如何构建这张图的细节不在本书的讨论范围内,详细资料可以在更专业的文献中找到。

（5）跳批取样　这种方法指的是只抽取检测提交批次的一小部分。这种方法可以节约成本,但是只有当有充足的证据证明不同批次产品质量稳定的情况下才能应用这种方法。

5.3.3　验收取样的相关风险

验收取样的相关风险有两种:生产者和消费者的风险[13]。消费者的风险指的是买到劣质产品的可能性。应要求发生这种情况的可能性很小(小于5%),但是消费者对风险的实际可接受的可能性(β)取决于买到了劣质产品所产生的后果。对健康产生危害甚至致死与产品质量略低于标准相比可接受性有所不同。很明显,前者要求发生概率很低或不发生,后者则可以更频繁地发生。生产者的风险指的是拒绝可以接收产品的可能性(α)。与消费者的风险相似,做出错误决定产生的后果决定了风险的可接受概率。生产者风险的可接受概率通常是5% ~ 10%。将在5.4针对取样计划进一步讨论。

5.4　取样程序

5.4.1　前言

不正确的取样会影响分析结果的可靠性。如表5.1所示,测得数据的使用是确定取样程序的一个主要因素。美国官方分析化学家协会的官方分析方法[14]和美国联邦法规(CFR)[15]详细阐述了特定食品取样的细节。两种具体食品的例子如下所述。

5.4.2 实例

AOAC 方法 925.08[14]描述了从袋中取面粉的方法。需要取样的袋数由该批次的总袋数的平方根决定。根据其暴露频率来选择需取样的袋子。暴露频率高的样品,取样也相应地较多。从麻袋的上部一角斜对角方向朝中心穿刺打孔取样。取样工具是一个圆筒形、尖头的抛光取样器。仪器的直径为 13mm,至少圆周的三分之一是开口。以相同的方式从另外一个角落取第二份样品。将干净、干燥和密封的容器打开,置于需取样批次旁边,取样后将样品放入容器中,迅速密封容器,待分析。每一袋都需用一个单独的容器。关于容器和取样程序的更多细节介绍如下。

CFR 标题 21 中规定了特定食品的取样程序,确保其符合标准。如果是罐装水果,21 CFR 145.3 将单位样品定义为:容器,容器中内容物的一部分,或者足以用于单个个体检测的小容器中产品的混合物[15]。此外,对特定净重的容器制定了取样方案。容器的尺寸由批次的大小决定。需要在特定数量的容器中装入样品以便于对每一批次进行取样。如果不合格品的数量超过了可接受的范围,该批次将会被拒收。例如,一个批次包含 48001 ~ 84000 个样品,每个样品重量不超过 1kg,应该抽取 48 个样品。如果 6 个或 6 个以上的样品不符合要求,这一批次将被拒绝。根据统计学上的置信区间,这种取样计划可以拒收 95% 检测到不合格样品批次,也就是说,消费者的风险是 5%。

5.4.3 手动取样与连续取样

为了获得手动样品采集人员必须尽量做到"随机取样"来避免取样计划中的人为偏差。因此必须从总体中的多个部位采集样品,以确保其能代表整个总体。对于小容器中的液体,可以在取样前摇晃容器,以确保样品具有代表性。当从大容量体积的液体(比如储存在筒仓中的液体)中进行取样时,可以通气来保证液体均匀。可以通过移液、抽取或蘸取的方式采集液体样品。但是,在火车上对谷物进行取样时,不可能进行混合处理,而是在车厢内的若干点随机取样。对于颗粒状或者粉末状的材料,手动取样通常是在总体的多个位置处插入取样器或取样管来实现。取样时可能会出现错误[10],因为圆形颗粒比有棱角的颗粒更容易进入取样装置中。同样的,吸湿材料比非吸湿材料更容易进入取样装置。研究发现水平打孔取样比垂直打孔取样获得小颗粒比例更大[16]。

连续取样是机械进行的。图 5.4 所示为一套用于从连续生产线上取液体样品自动取样装置。连续取样比手动取样更不容易出现人为偏差。

图 5.4 利用高压空气连续收集 1.5mL 样品的自动液体取样装置

注:由控制箱(左边)调节取样频率(液体采样系统公司,锡达拉皮兹,爱荷华州)

5.4.4 统计方面的注意事项
5.4.4.1 概率抽样

概率抽样方法规定从总体中抽取样品要基于偶然性。它为消除人为偏差,获得有代表性的样品提供了统计学上的良好基础[2]。样品中取到任意一项的概率是已知的,并且可以计算取样误差。研究人员可以使用几种概率抽样方法,最常用的方法会在下面几段中进行介绍。

简单随机抽样要求知道总体中的个体数量,并为每一个个体确定一个识别号码。然后使用随机选择方法,根据样本大小选择一定数量的标识号码。样本量是根据批次规模以及出现的问题对消费者和供应商的潜在影响决定的。通过使用随机数字表或计算机生成的随机数来进行个体的随机选择。对随机选择的个体(样品)进行分析,得到的结果可以认为是对总体的无偏估计。

当无法得到样品个体的完整列表但样品在时间或者空间上均匀分布时,如在生产线上,可以使用系统抽样。随机选择第一个(随机开始),然后在第 n 个(取样间隔)之后随机再取一个。

分层抽样包括将总体(大小为 n)划分为一定数量的互斥的同类小组(大小为 n_1, n_2, n_3 等),然后对每个小组应用随机或者其他抽样技术。当在整个总体中观察到有相似特征的子群体时可以使用分层抽样。一个在不同工厂生产番茄酱的公司可以作为分层抽样的例子。如果需要研究番茄汁中多聚半乳糖醛酸酶的残余活性,我们可以对生产工厂进行分层,并对每个工厂进行抽样。

整群抽样需要将总体分成子群或者集群,然后只选择一定数量的集群进行分析。整群抽样和分层抽样的主要区别在于后者是从每个单独的子群体中抽取样品,而整群抽样只抽取一些随机选择的集群。选择用于取样的集群可以被全部检测或二次取样用于分析。如果总体可以分成集群,那么这种抽样方法会比简单随机抽样更高效和经济。回到番茄汁的例子,当使用整群抽样时,我们会考虑所有的加工厂,但只会随机抽取一些达到研究目的。

复合抽样用于从袋装产品中采集样品,如面粉、种子和大宗物品。从不同的袋子或容器中取出少量等分试样,并将其组合成用于分析的简单样品(复合样品)。当需要连续生产时从一整天生产的产品中抽取代表性样品时,也可以使用复合抽样。这种情况下,可采用系统的方法在不同的时间取相同的等分试样,然后将单独的等分试样混合以获得代表性样品。复合抽样的一个典型例子是 FDA 和 FSIS 规定的营养标签取样计划。它们需要至少带有 6 个子样品的 12 个样品的组合,并分析其是否符合营养标签法规[17]。

5.4.4.2 非概率抽样

我们总是想要做到随机化。然而基于概率抽样方法进行取样并不总是可行的,甚至是不切实际的。例如,可以通过预实验得到一种假设,评估标准偏差,从而可以设计更准确的取样计划,这种情况下就不会选择概率抽样。或者说当材料太过庞大而无法采集样品时,便无法使用概率抽样。在这些情况下,非概率抽样方法可能比概率抽样方法更经济实用。

此外,在某些产品有质量问题的情况下,比如存在啮齿动物污染时,取样的目的可能是为了发现质量问题而不是从总体中抽取有代表性的样品。

非概率抽样可以以多种方式进行,但在每种情况下,包含总体任何特定部分的概率是不相等的,因为研究者会有意选择样本。如果不能使总体中的每一个元素都有相同的被选择的机会,就不可能估计取样的变化性和可能的偏差。

判断取样完全由取样者自行决定,因此高度依赖于取样人员。当它是采集样品唯一可行的方法时才使用这种方法。如果取样是由有经验的人员完成的话,可能会得到比随机取样更好的总体评估,并且结果中得到的外推法的局限性也可以理解[2]。当取样的便利性是关键因素时,可以使用便利取样。选择一批次中的第一个托盘或者最容易获取的样品,这也被称作"按块取样"或"抓取取样"。虽然这种取样计划不费力,但是取得的样品不能代表总体,因此并不推荐这种方法。当全部总体无法获得时,可能必须使用限制抽样。比如从装载的箱车中取样就是这种情况,但取出的样品不能代表总体。配额抽样是将一个批次分成代表各个类别的组,然后从每一组中采集样品。这种方法比随机抽样经济,但也并不可靠。

5.4.4.3 混合抽样

当取样计划是两种或更多基本的随机或非随机取样计划的组合时,这种取样计划称为混合抽样。

5.4.4.4 估计样本大小

样本量的确定可以基于精度分析或功效分析。精度和功效分析通过控制置信水平(Ⅰ类错误)或统计功效(Ⅱ类错误)来完成。就本节而言,将使用精度分析,并基于置信区间方法和样本总体正常假设。

样本均值的置信区间可采用式(5.1)描述:

$$\bar{x} \pm z_{\alpha/2} \frac{SD}{\sqrt{n}} \tag{5.1}$$

式中 $\bar{x}$——样本均值;

$z_{\alpha/2}$——对应于期望置信水平的 z 值;

SD——已知或预估的总体标准差;

n——样本量。

在式(5.1)中,$z_{\alpha/2} \frac{SD}{\sqrt{n}}$ 代表对于期望的置信水平可接受的最大误差(E)。因此我们可以设方程 $E = z_{\alpha/2} \frac{SD}{\sqrt{n}}$,并且求 n,如式(5.1)所示:

$$n = \left(\frac{z_{\alpha/2} SD}{E} \right)^2 \tag{5.2}$$

式(5.2)中的最大误差 E 可以用精确度(γ)表示为 $E = r \times \bar{x}$。式(5.2)可以被重新写为式(5.3)

$$n = \left(\frac{z_{\alpha/2}\mathrm{SD}}{\gamma \times \bar{x}}\right)^2 \tag{5.3}$$

现在,我们有一个计算样本量的方程,但方程取决于一个未知的参数:标准偏差。为了解决这个问题,我们可以采用几种不同的方法。一种是用非统计学方法抽取少量样本,并用所得数据来评估平均值和标准差。第二种方法是使用以前的数据或来自类似研究的数据。第三种方法是将标准偏差估算为数据值范围的 $1/6$ [13]。第四种方法是使用典型的变异系数[定义为 $100\% \times$(标准偏差/总体平均数)],假设我们有总体平均数的估计值。

如果估计样本小于30,那么需要使用斯图登特 t 分布代替正态分布,用 $n-1$ 自由度和参数 t 替换 $z_{\alpha/2}$。然而,斯图登特 t 检验分布为式(5.3)增加了额外的成本,或者引入了另一个不确定性:自由度。为了估计 t 值,我们需要从某一处开始,通过假定自由度或 t 值,然后计算样本数,用 $n-1$ 自由度重新计算 t 值,再次计算样本数量。由于95%的不确定性水平,一种保守的方法是假定 t 值为2.0,然后计算初始样本量。如果我们用预实验来估算标准偏差,那么我们可以用预实验的样本量减一来计算 t 值。

举例:我们想测试95%置信水平的一批即食食品中钠的浓度。一些初步测试显示平均含量为每盘1000mg,估计标准偏差为500。以10%的准确度确定样本大小。

数据:置信水平 $= 95\% \geqslant \alpha = 0.05 \geqslant z = 1.96; \gamma = 0.1; \bar{x} = 100; \mathrm{SD} = 500$

$$n = \left(\frac{z_{\alpha/2}\mathrm{SD}}{\gamma \times \bar{x}}\right)^2 = \left(\frac{1.96 \times 500}{0.1 \times 1000}\right)^2 = 96(\text{盘})$$

5.4.5 取样和样品储存中的问题

无论分析技术有多可靠,我们对样本总体做出评估的能力常常取决于取样技术是否合适。由于非统计学上可行便利,取样偏差可能会影响可靠性。也可能由于不了解总体分布,随后选择了不合适的取样计划而导致错误。

非统计学上的因素也可能导致数据不可靠,如储存不好导致样品降解。样品应该储存在一个可以使其免受潮湿或其他环境因素(如热、光、空气)影响的容器中。为防止水分含量的变化,样品应存放在密封的容器中。光敏样品应存放在由不透明玻璃制成的容器或铝箔包装的容器中。氧敏样品应储存在氮气或惰性气体中。为了保护化学不稳定样品,冷藏和冷冻也是必要的。但储存不稳定的乳液时要避免冻结。防腐剂(如氯化汞,重铬酸钾和氯仿)[1]可用来在储存过程中使某些食物保持稳定。为了使各种样品都得到合适的储存,一些实验室会使用用颜色编码的样品杯。

样品标签错误会导致错误的样品识别。样品应通过样品容器上的标记清楚标识,保证在储存和运输过程中标记不会被清除或损坏。例如,要在储存于冰水中的塑料袋上做标记要用不溶于水的墨水。

如果样品是官方样品或法律样品,则必须密封容器以防止被篡改,并且密封标记要容易被识别。官方样品还必须包括取样日期和取样人员的签名。这些样品的监管链也必须被明确标识。

5.5 样品制备

5.5.1 常规粉碎的注意事项

如果样品的颗粒或质量太大,无法进行分析,则必须减小其体积或粒度[1]。为了得到更少的样品量进行分析,可以把样品铺在干净的表面并分成四份。把对角的两个四分之一样品混合。如果样品量仍旧太大不能进行分析,则应重复该过程直至达到合适的量。这种方法可优化用于均一液体,将液体倒入四个容器,并且可以实现自动化操作(图5.5)。由此,样品可以被均质化,确保每个部分之间的差异可以忽略不计[2]。

AOAC 提供了制备用于分析的具体食品样品的细节,样品制备取决于食品本身的性质和所采用的分析方法。例如,对于肉类和肉制品[14],在方法983.18中有具体规定,应该避免采集的样品太小,由于这会导致在制备及后续处理过程中明显的水分损失。碎肉样品应该存放在带有气密性和水密封盖子的玻璃或类似容器中。新鲜、干燥、腌制和熏制的肉类中应该剔去骨头,并用一个切片间距不超过3 mm的食物切碎机粉碎三次。然后将样品完全混合并立即进行分析。如果无法立即进行分析,则应将样品分别冷藏或干燥,用于短期或长期储存。

减小样品大小的另一个例子是根据AOAC 方法920.175来制备用于分析的固体糖[14]。该方法规定,如果必要的话,要把糖研磨并混合均匀。原料糖要用抹刀迅速彻底地混合。用研钵和研杵将糖块砸碎,或者用玻璃或铁制擀面杖在玻璃板上粉碎。

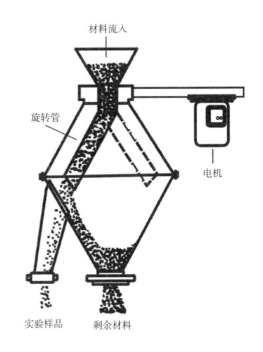

图5.5 旋转分离器

注:将大量样品(约880kg)干燥,自由流动的材料减少到实验室规格样品(约0.2kg)(Glen Mills 公司,亚利桑那州,新泽西)

5.5.2 研磨

5.5.2.1 前言

研磨对于分析前的样品制备和食品配料处理都很重要。各种不同的研磨机都可用于减小粒径以实现样品均质化[17]。为了均质潮湿的样品,可以使用碗切割机、绞肉机、组织研磨机、研钵和研杵或搅拌机。然而,研钵研杵和研磨机最适用于干燥样品。某些食品在干燥器或真空烘箱中干燥后更容易磨碎。研磨潮湿样品可能会导致显著的水分损失和化学变化。相反,研磨冷冻样品可以减少不期望的变化。研磨过程不应加热样品,而摩擦会产生热量,因此研磨机不应过载。尤其是对于热敏性样品,研磨机可以用液氮冷却,然后研磨

样品保存在 $-80℃$。如果要进行微量金属分析,应避免食品与金属表面接触[18]。

为了分解潮湿的组织,可以使用多种切片装置:肉质块茎和多叶蔬菜可使用碗切割机,而绞肉机可能更适合用于水果、根茎和肉[19]。添加砂作为研磨剂可以将潮湿食物进一步研细。搅拌器用于研磨柔软、有弹性和悬浮的样品很有效。旋转刀具($25000r/min$)可使悬浮液中的样品碎裂。在胶体磨机中,稀释的悬浮液受压通过微锯齿状或表面光滑的刀片之间的间隙,直到它们被剪切破碎。声波和超声波振动将食品样品分散在悬浮液、水溶液和加压气体溶液中。米克尔粉碎机是用声震动带有玻璃颗粒的悬浮液,同时将样品均质化和离心[19]。或者用低剪切连续组织匀浆器,不仅速度快而且可以处理大量样品。

另一种选择是低温研磨。这是用于对氧气或温度敏感的生物样品的理想方法。而这种方法适用于大部分材料。低温研磨也可以手动操作,用液氮冷冻样品后,用研钵和研杵手动研磨。在加入样品之前,研钵和研杵必须用液氮预冷。此外,还有几个品牌生产带有可以自动进行低温冷冻和研磨的集成冷却系统的专业研磨设备。

5.5.2.2 研磨设备的应用

根据作用方式的不同,研磨机可分为毛刺、锤子、叶轮、旋风、冲击、离心或辊磨机[19]。用于研磨干燥材料的方法很多,从简单的研钵和研杵到动力锤磨机。锤磨机经久耐用,能高效可靠地研磨谷物和干燥食品,而小样品可以通过球磨机细磨。将球磨机的陶瓷球填充一半,通过旋转容器中的样品进行研磨。这种撞击研磨可能需要数小时或数天才能完成。冷冻球磨机可以用来研磨冷冻食品而不需要预干燥,也可减少在研磨过程中因产热引发的不良化学反应[19]。或者可以用超离心研磨机通过打浆、冲击和剪切来研磨干燥材料。食物从进口进入研磨室,并通过转子磨碎食物。当达到所需的颗粒尺寸时,颗粒还通过离心力传送到收集盘中[19]。量较大时可以通过旋风研磨机连续研磨。

5.5.2.3 粒度测定

粒度是通过调整研磨中毛刺或刀片之间的距离或筛网尺寸或目数来控制的。目数是每英寸网格的正方形网孔的数量。干燥食品的最终粒度应该是 20 目,用于湿度、总蛋白或矿物质的测定。40 目大小的颗粒用于提取分析如脂质和碳水化合物之类。除了减小用于分析的样品粒度之外,减小用于特定食品中的许多食品配料的粒度也很重要。例如,用于制作谷物小吃棒的燕麦片需要有规定的制粒尺寸,即最多只有 15% 的燕麦片能通过美国标准筛。颗粒化程度越高(即颗粒越小),成品棒中的细粒越多,全燕麦越少。这会导致小吃棒破损的概率更高。

测量粒度的方法很多,每种方法都适用于不同的材料。测量直径小于 $50\mu m$ 的干燥材料粒度,最简单的方法是使样品通过一系列目数不断增加的垂直堆叠的筛子。随着目数的增加,网之间的孔径变小,只有越来越细的粒子才能通过后面的网孔(表 5.2)。用于盐、糖、小麦、玉米面、粗面粉和可可粉的筛子尺寸已经有了相应的规定。过筛的方法经济、快速,但不适用于乳浊液或非常细的粉末。行业标准是 W. S. Tyler®Ro‐Tap®筛分器(图 5.6)。

表 5.2		美国标准筛	
美国标准筛	筛孔直径/mm	美国标准筛	筛孔直径/mm
6	3.360	60	0.250
7	2.830	70	0.210
8	2.380	80	0.177
10	2.000	100	0.149
12	1.680	120	0.125
14	1.410	140	0.105
16	1.190	170	0.088
18	1.000	200	0.074
20	0.841	230	0.063
30	0.595	270	0.053
40	0.400	325	0.044
50	0.297	400	0.037

为了获得更小粒子($<50\mu m$)的更精确尺寸数据,可以测量与尺寸相关的指标来间接测量尺寸[21]。表面积和ζ电位(颗粒上的电荷)是常用的指标。ζ电位通过电声方法测量,颗粒在高频电场中振荡并产生振幅与ζ电位成比例的声波。光学和电子显微镜通常用于测量粒度。光学显微镜与视频输出和视频监控软件连接,以测量尺寸和形状。视觉方法的优点是可以观察到三维尺寸和详细的颗粒结构。

图 5.6　W. S. Tyler® Ro – Tap® 筛分器
（W. S. Tyler,曼托,俄亥俄州）

一种应用更广的测量粒度分布技术所应用的原理称作光散射或激光衍射。当一束相干光源如激光束指向一个粒子时,可以发生光束与粒子的四种相互作用:反射、折射、吸收和衍射。反射是照到粒子后又返回的那部分光线。折射是光穿过透明或半透明材料后,以不变的波长,不同的角度并且通常以较低的强度离开粒子。一些光可以被粒子吸收,并以荧光或热量的形式用不同的频率重新辐射出来。最后的一种相互作用是衍射,它是光与粒子边缘相互作用的结果。这种相互作用使得光线铺开或者散开,并在粒子周围产生作为次级球面波的波前。这种现象与 Young 的双缝实验类似,读者可以很简单地在谷歌搜索中找到。

在颗粒边缘产生的二次波彼此相互作用,在某些区域存在积极作用也存在某些消极作用,而产生与颗粒大小相关的干涉图案。通常,较大的粒子以较小的角度和较高的强度散射光,而较小的粒子以较宽的角度和较小的强度散射光。这些散射方式可以通过数学算法的使用与粒径相关联。

　　除了尺寸,形状和光学性质也会影响散射光的角度和强度。当光线能够穿透粒子时,折射率在粒度测定中可起作用。因此,光散射仪器会利用折射率来提高精度,特别是对于小颗粒。

　　典型的激光衍射粒子分析仪具有样品端口、用于样品传输的介质、流动池、激光束、检测器、电子器件和软件。将样品引入含有一定分散体系的端口中,以避免颗粒结块。然后湿样品由液体送到流通池,干样品由压缩空气送到流通池。当样品通过流动池时,用激光束照射样品,就会使衍射图案在通过聚光透镜之后被投射到测量衍射角度和强度的检测器上。然后,通过仪器电子学和计算机软件算法将这些信息转换成粒度分布(图5.7),结果表示为频率分布,其中 x 轴表示粒子大小, y 轴表示频率。

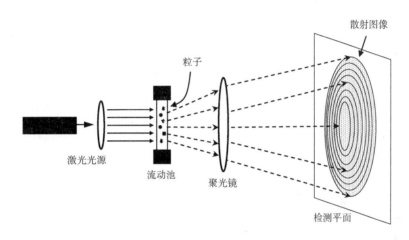

图5.7　用光散射(激光衍射)测量粒度分布的仪器的基础知识

来自岛津公司,摘自参考文献[22]。

通过光散射来测定粒度具有许多优点,例如,

(1)动力学范围宽——从几纳米到几毫米。

(2)干湿材料都适用——如液体悬浮液中的固体,干粉,液 – 液乳浊液和糊剂。

(3)快速测定——只要几秒钟。

(4)无需校准。

(5)结果利用和分析容易。

(6)精于检测大颗粒和小颗粒的混合物。

(7)ISO 标准 13320:2009 涵盖该技术。

最主要的缺点如下所述。

(1)粒子被假定为球形,如果实际粒子形状与球形偏离很大将会产生误差。

(2)粒子凝聚

(3)结果基于体积表示,这使大颗粒占有更多的权重。

(4)结果不能与其他尺寸测定方法进行比较。

对于纳米级别的粒子,广泛适用的粒子分析技术是动态光散射。这些仪器可以检测粒度,甚至溶液中大分子的分子质量。这是通过测量布朗运动引起的粒子散射光的频移来实现的。

了解用于获取粒度的仪器的原理对于理解每种方法的局限性非常重要。例如,使用分析筛和光散射两种不同的方法,从相同的样品获得的数据也不同[21]。筛子是用方孔将颗粒分开的,因此是将最小粒度的颗粒分出,与形状无关。然而,光散射技术假设粒子是球形的,并且数据是由所有尺寸的平均值得出的。粒度测量对保持样品品质很有用,但必须注意选择合适的方法检测和分析数据。

5.5.3　酶失活

食物中通常含有一些酶,可能会降解待分析的食物成分。因此,酶活性必须要消除或得到控制,并且使用的方法要取决于食物本身的性质。加热变性会使酶失活和冷冻储存(−30 ~ −20℃)。限制酶活性是常用的方法,然而有些酶的活性可以通过改变 pH 或盐析进行更有效地控制[19],氧化酶可以通过加入还原剂来控制。

5.5.4　防止脂质氧化

脂类物质在样品制备中存在特殊的问题。高脂肪食物很难被磨碎,有时需要在冷冻时磨碎。不饱和脂质对氧化降解敏感,应在氮气或真空中保存。若不干扰分析,可以用抗氧化剂稳定脂质。通过控制储存条件可以避免光照引发的不饱和脂质氧化。实际上,当脂质冷冻在完整的组织中时,比在提取物中更稳定[19]。因此,理想情况下,不饱和脂质应在分析前被提取。一般建议低温储存食物以保护大部分食品。

5.5.5　微生物的生长和污染

几乎所有的食物中都含有微生物,且微生物会改变样品的组成。同样的,除经灭菌的表面外,微生物无处不在,所以如果不仔细处理样品,就会发生样品的交叉污染。食品中本身存在微生物是一个常见的问题,而不仔细处理所引起的交叉污染在样品的微生物检测中造成的后果更为严重。冷冻,干燥和化学防腐剂都是有效的控制手段,通常会把这些方法进行结合。样品的保存方法由污染的可能性,储存条件,储存时间和要进行的分析决定[19]。

5.6　总结

在不同加工阶段都会进行食品监控,但 100% 的检测是几乎不可能甚至不可取的。为了确保获得总体中有代表性的样本进行分析,必须制定和实施取样和减少样品数量的方法。取样程序的选择取决于检测的目的、样本总体和产品的性质以及检测的方法。增加样本量通常会提高分析结果的可靠性,并且使用 t 检验可优化所需的样本量以得到可靠的数据。也可以使用多种取样技术来最小化待分析样本的数量。取样是一个至关重要的过程,因为它往往是整个分析过程中变化最大的环节。

取样计划可以分为属性取样和变量取样。属性取样是为了检测物质是否存在,而变量取样是量化连续规模。取样计划是针对属性或变量制订的,可能是单一的,也可能是双重或多重的。多重取样计划通过拒绝低质量批次样品或快速接受高质量批次样品来降低成本,而中等质量批次样品则需要进一步抽样。并不存在没有风险的取样计划。消费者的风险是可能买到劣质产品,而供应商的风险是可能拒绝了可以接收的产品。可接受风险的概率取决于负面后果的严重性。

取样计划也取决于样本总体是否均质。虽然从同质总体中取样很简单,但在实际应用中极少见。从不同质总体中取样最为常见,所以必须选择合适的取样计划来获得有代表性的样品。取样计划可以分为手动取样或连续取样。理想情况下,取样计划在统计学上应是合理的。然而,非概率抽样有时是不可避免的,即使由于取样人员的偏差导致从总体中抽取每一个样品的概率也是不相等的。概率抽样是首选,因为它确保了抽样随机,并且是一种统计学上合理的方法,可以计算取样误差和群体中每一个个体被包含在抽样样本中的概率。

每个样品必须被清楚标记,标记要在储存过程中保留,直到完成分析为止。官方和法律样品必须封存,并保证有一系列监管措施。通常只有一部分样品会用于分析,减少了样品量后必须确保用于分析的部分可以代表样品和总体。样品制备和保存应考虑可能导致样品变化的因素。可以通过控制酶活性,防止脂质氧化和抑制微生物生长、污染来保存样品。

5.7　思考题

(1)作为一位要确保实验质量的实验室主管,您工作的一部分内容是为新员工提供关于选择取样计划方面的指导。您一般要与新员工讨论哪些问题? 区分属性抽样和变量抽样,区分三种基本取样计划和选择取样计划的相关风险。

(2)你的主管要你制订和实施一个多重抽样计划。你会考虑哪些因素来制订接受和拒绝的标准? 为什么?

(3)区分概率抽样和非概率抽样。哪一种方法更好,为什么?

(4)①找出一个设备用于收集有代表性的样品进行分析。规定注意事项以确保用该设备适用于某种食品,并且可以采集到有代表性的样品。

②确定一个用于准备分析样品的设备。应该采取哪些预防措施来确保样品组分在准备过程中不会发生变化?

(5)下面列出了与收集和准备用于分析的样品相关的问题,请制定一个方案说明如何解决这些问题。

①样本偏差。

②样品分析前的储藏过程中发生了组分变化。

③研磨过程中的金属污染。

④样品分析前的储藏过程中微生物的生长。

（6）有说明规定,谷物蛋白质分析时,在通过一系列溶剂提取出蛋白质之前,将谷物样品研磨至10目。

①10目的意思是什么?

②你会质疑这个分析为什么要使用10目的筛子吗? 请给出你的答案和理由。

（7）你需要为公司所生产的谷物收集和准备样品,进行分析,以制作标准的营养标签。你的产品被认为是"低脂肪"和"高纤维"的(详见第3章有关营养声明和FDA合规程序的信息),你会用什么样的取样计划? 你会做属性抽样还是变量抽样? 在你的具体情况下抽样的相关风险是什么? 你会使用概率还是非概率抽样,你会选择哪种具体类型? 在样品采集,储存和准备过程中,你能预测到哪些具体的问题? 你将如何避免或最小化这些问题?

参考文献

1. Horwitz W (1988) Sampling and preparation of samples for chemical examination. J Assoc Off Anal Chem 71: 241 – 245

2. Puri SC, Ennis D, Mullen K (1979) Statistical quality control for food and agricultural scientists. G. K. Hall and Co. , Boston, MA

3. Harris DC (2015) Quantitative chemical analysis, 9th edn. W. H. Freeman and Co. , New York

4. Miller JC (1988) Basic statistical methods for analytical chemistry. I. Statistics of repeated measurements. A review. Analyst 113: 1351 – 1355

5. Lichon, MJ (2000) Sample preparation for food analysis, general. In: Meyers RA (ed) Encyclopedia of analytical chemistry: applications, theory and instrumentation. John Wiley, New York

6. Lichon MJ (2004) Sample preparation, ch. 44. In: Nollet LML (ed) Handbook of food analysis, 2nd edn. Vol 3. Marcel Dekker, New York, pp. 1741 – 1755

7. Mälkki Y (1986) Collaborative testing of methods for food analysis. J Assoc Off Anal Chem 69 (3): 403 – 404

8. FDA (2016) Sampling to protect the food supply (last updated 5/5/2016) http://www.fda/gov/Food/ ComplianceEnforcement/Sampling/ucm20041972. htm

9. Pehrsson PR, Haytowitz DB, Holden JM, Perry, CR, Beckler DG (2000) USDA's national food and nutrient analysis program: food sampling. J Food Comp Anal. 13:379 – 389

10. Pehrsson P, Perry C, Daniel M (2013) ARS, USDA updates food sampling strategies to keep pace with demographic shifts. Procedia Food Sci 2:52 – 59

11. IUPAC (1997) Compendium of chemical terminology, 2nd edn. (the "Gold Book"). Compiled by McNaught AD Wilkinson A. Blackwell Scientific, Oxford. XML online corrected version: http://goldbook. iupac. org (2006 –) created by Nic M, Jirat J, Kosata B; updates compiled by Jenkins A. ISBN 0 – 9678550 – 9 – 8. doi:10.1351/ goldbook

12. Weiers RM (2007) Introduction to business statistics, 6th edn. South-Western College, Cincinnati, OH

13. NIST/SEMATECH (2013) e-Handbook of statistical methods, chapter 6: process or product monitoring and control. http://www. itl. nist. gov/div898/handbook/

14. AOAC International (2016) Official methods of analysis, 20th edn. , (On-line). AOAC International, Rockville, MD

15. Anonymous (2016) Code of federal regulations. Title 21. US Government Printing Office, Washington, DC

16. Baker WL, Gehrke CW, Krause GF (1967) Mechanism of sampler bias. J Assoc Off Anal Chem 50: 407 – 413

17. Anonymous (2016) Code of federal regulations. 21 CFR 101.9 (g), 9 CFR 317.309 (h), 9 CFR 381. 409 (h). US Government Printing Office, Washington, DC

18. Pomeranz Y, Meloan CE (1994) Food analysis: theory and practice, 3rd edn. Chapman & Hall, New York

19. Cubadda F, Baldini M, Carcea M, Pasqui LA, Raggi A, Stacchini P (2001) Influence of laboratory homogenization procedures on trace element content of food samples: an ICP-MS study on soft and durum wheat. Food Addit Contam 18: 778 – 787

20. Kenkel JV (2003) Analytical chemistry for technicians, 3rd edn. CRC, Boca Raton, FL

21. Jordan JR (1999) Particle size analysis. Inside Lab Manage 3(7): 25 – 28

22. Shimadzu Corporation (2016) Particle Size Distribution Calculation Method. Lecture on Partical Analysis Hands-on Course http://www. shimadzu. com/an/ powder/ support/practice/p01/lesson22. html [Accessed on June 29, 2016]

第二篇 光谱与质谱分析

光谱法基本原理 6

Michael H. Penner

6.1 引言

光谱法涉及源于电磁辐射和物质的相互影响而导致的光谱的产生、检测和解析。有多种不同的光谱技术被用于解决各种分析问题,光谱技术根据待测样品的种类(如分子和原子光谱)、辐射—物质之间相互作用类型(如吸收、发射或衍射),以及用于分析的电磁波谱的谱区,可分成很多不同种类的分析方法。光谱法有效并且广泛适用于定量和定性分析,基于紫外光(UV)、可见光(Vis)、红外线(IR)和无线电[核磁共振(NMR)]频率区域的吸收和发射的光谱法,大量地用于许多传统的食品分析实验室中,这些测定不同类型分子或原子跃迁的方法都截然不同。这些跃迁的原理在以后的章节中再加以说明。

6.2 光

6.2.1 光的性质

光可以看成是以波形穿越空间的能量粒子,这一假想理论认为一束光所携带的能量沿着光波产生的电磁场并不是连续分布的而是以脉冲形式通过空间的,因此,光被认为具有粒子和波形的二重性。光传播的伴生现象如干涉、衍射和反射,可较容易地用电磁辐射波谱理论进行解释。然而,物质的相互影响,即吸收与发射光谱的基础,须用光的粒子性概念进行更好地解释。光不是唯一拥有波粒二重性的物质,物质的基本粒子如电子、质子和核子都被认为呈现波的特性。电磁辐射波的性质可用波的频率、波长、振幅等术语来描述。图6.1所示为平面极化电磁波的图解说明,形成波的振荡电场和磁场被各自限于单独平面时,波也被平面极化了。波的频率即波频(v)就被定义为在设定点上波每秒所产生的振荡次数。这是波的周期(p)的倒数。周期是指波的连续波峰通过一个固定点所需的时间(单位 s)。波长(λ)则指任何设定波的连续二个波峰之间的距离,波长单位的选择将取决于用于分析的电磁辐射的波区。光谱的数据有时也用波数($\bar{v}$)来表示,为波长的倒数,单位 cm^{-1},波数最常用于红外光谱。在任何给定的介质中,电磁波的传播速率(v_i,以每秒传播的距离为单位)都可以通过读出的波频(以每秒的周数为单位)以及在特定介质中的波长来计算。

$$v_i = v\lambda_i \tag{6.1}$$

式中 v_i——介质 i 中的传播速率;

      v——波频;

      λ_i——介质 i 中的波长。

电磁波的频率可通过辐射源来测定。波在通过不同介质时,其频率保持恒定不变。然而,波传播的速度会根据传播穿越的介质而产生微小的变化。根据式(6.1),波长的变化将以一定比例正比于波速的变化。波的振幅(A)表示波峰的电磁矢量的大小。一束射线的辐射能(P)和镉射强度(I)正比于形成辐射的相关波的振幅的平方。图6.1所示为电磁波包括振荡的磁场和电场,两者相互垂直,同相并且都垂直于波传播的方向。由此,不同时间的同一位置的波,或同一时间、不同位置的波都发生了变化,波的电磁分量都可看成为一系列长度正比于各自场大小的矢量。振荡电场对吸收、传播、折射等光谱现象有重大意义,然而,一个纯电场不可能没有与其相关的振荡磁场。

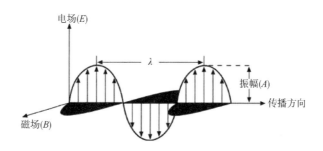

图6.1   沿 x 轴传播的平面极化电磁辐射,电场和
磁场同相,互相垂直,并与传播方向垂直

6.2.2   常用术语

电磁波的传播通常用波阵或波列来描述(图6.2)。波阵是指一系列同相的点的轨迹,对于点光源来说,通过相邻光线极大值的同心环就表示波阵。许多场合下不需要画出整个环。倘若观察点离开点光源足够远的话,波阵的曲面就显得更平,此时也可以以平面来表示。波阵通常可通过相邻光线的最小值或最大值来画出。如果用最大值来描述波阵,那么

每个波阵将根据其波长被区分开。系列波或波列是指一系列同相波阵的总称,也就是每个单独的波在空间的相同位置有一个最大振幅。一个波列也可以用一系列光线来表示。参照光的粒子性,光线通常用于表示光子的路径。一个波列就表示同相的、沿相同路径的一系列光子。

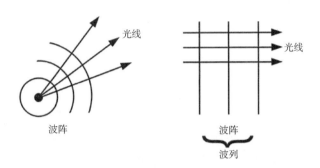

图 6.2 波阵、波列和光线

6.2.3 光的干涉

干涉是用来描述当两个或多个波列相互穿越导致在相交点产生一个瞬时波,其振幅为相交点处多个单一波振幅的代数和。描述这种波的特性的规律就被称为叠加原理。正弦波的叠加,如图 6.3 所示。

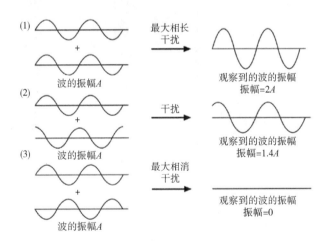

图 6.3 同相波长(1)、90°异相波长(2)及 180°异相波长(3)的干涉现象

值得注意的是,在上述图中各个点观测到的波的有效振幅都是在给定的瞬间通过弦点的各个波的结合效应。在光谱学中,振幅是对应于产生电场强度的磁场。当两波完全同相时发生最大相长干涉(即一个波的最大值与另一个波的最大值一致)。而当两波以 180°异相时(即一个波的最大值与另一个波的最小值一致)就发生最大相消干涉。干涉的概念对衍射值的解释很重要,它是定性光谱专门要研究的部分。干涉现象也被广泛用于光谱仪器的设计,这些光谱仪器通常采用如第 7 章所述的光栅单色器或干涉滤片来选择光的波长。

干涉现象用光的波相性解释较为合理。然而,光线的吸收和发射现象用光的粒子性解释更容易让人理解。其能量粒子以波相性在空间移动就被称为光子。光子的能量与光子振荡波的频率有关[式(6.2)]。

$$E = hv \tag{6.2}$$

式中　E——光子的能量;

　　　h——普朗克常数;

　　　v——振荡波的频率。

这一关系指出单色光也就是由单一频率和波长的波组成的电磁辐射的光子,具有相同的能量。因此,只要辐射光源产生的波频率能保持恒定的话,那么,光子携带的能量就不会改变。当用光的粒子性来表达一束单色光的亮度时,就是光子通量和每个光子的能量的乘积。光子通量是指单位时间内流经垂直于光束的单位面积的光子数量。因此,改变一束单色光的亮度就将改变光子通量。在光谱法中,通常不采用亮度这术语,而代之以一束光的辐射能(P)或辐射强度(I)。当涉及单位时间在设定面积上的辐射能数量时,辐射能和辐射强度常常作为同义词被使用。在国际单位中(时间:s、面积:m^2、能量:J),镉射能等于一秒钟内辐射到$1m^2$面积的检测器上辐射波的焦耳数。与光有关的特性及其相互之间的关系和电磁光谱的示意图分别,如表6.1和图6.4所示。

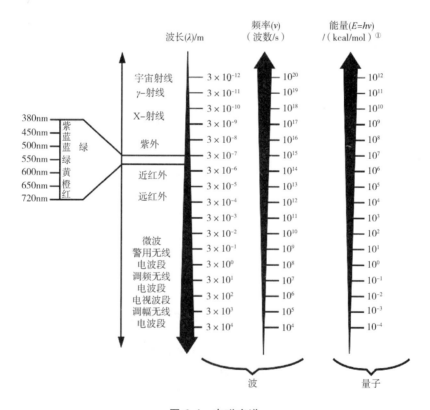

图6.4　电磁光谱

①1kcal = 4.1855 × 10^3J。

术语	相对关系	频率常用单位
表6.1	光的性质	
λ = 波长	$\lambda_i v = v_i$(在真空下,$v_i = c$)	nm(纳米,10^{-9}m)
		Å(埃,10^{-10}m)
		μm(微米,10^{-6}m)
		mμ(毫微米,10^{-9}m)
v = 频率		Hz(赫兹,1/S)
c = 光速		真空中2.9979×10^8m/s
v = 频率波数	$\bar{v} = 1/\lambda$	cm^{-1}或kK(千凯塞,1kK$=1000$cm^{-1})
P = 周期	$P = 1/v$	s(秒)
E = 能量	$E = hv$	J($1J = 1kg \cdot m^2/s^2$)
	$= hc/\lambda$	cal(卡路里,$1cal = 4.184J$)
	$= hc\bar{v}$	erg($1erg = 10^{-7}J$)
		eV($1eV = 1.6022 \times 10^{-19}J$)
h = 普朗克常量		6.6262×10^{-34}Js
P = 辐射能	单位时间辐射在单位面积上的能量	J/($m^2 \cdot s$)

6.3 物质的能级

6.3.1 物质的量子性

对物质的能量进行量化时,原子和分子的潜能或内能并不是以连续方式而是以一系列不连续的能级方式变化的。在通常条件下,原子和分子主要处于基态,也就是最低能量状态。基态原子和分子能接受能量,这时它们将被激发至其他的高能级,即激发态。原子和分子的量子性可用的能级是有限制的,不存在与其不相符合的内部能级。对任何设定的原子和分子来说,种类不同,可利用能级也不同。在允许的内部能级之间,潜在的能量间隔也是该物质的特征。因此,某种物质的一系列特有的能量间隔可以像特征指纹一样用来定性。定性所用的吸收和发射光谱就利用了这一现象,通过测定允许能级之间的跃迁值来确定待测组分的相对能量间隔。

6.3.2 电子、振动和旋转能级

原子或分子的相对潜能对应于其所处的能态与基态之间的能量差值。图6.5所示为某个有机分子的潜在能级的特征分子能级图。图中的最低能态,即图中醒目的下划线就表示基态共有三种电子能态,每一种能态都有与其相关的振动和旋转能级。每种电子能态对应一种既定的电子轨道,不同轨道的电子具有不同的潜能,当光子吸收或发射出适当的能量时,电子由于能级发生变化而改变了轨道,这就被称之为电子跃迁。然而,电子潜能的任何变化必然导致与这一电子相关的原子和分子潜能的变化。

原子与分子相似,原子的电子只存在特定的能级。因此,原子的能级图应由一系列电

子能级组成。与分子相比,原子的电子能级不含振动和旋转能级,因而不像分子那么复杂。原子能级与允许的电子层(轨道)及相关的亚层(如1s,2s,2p 等)有关。对原子的价电子和分子的键合电子来说,基态与第一激发态之间的能量差值通常在紫外和可见光相关的光子能量的范围内。

图6.5 中,每个有粗下划线的电子态是指各类振动能级。组成分子的各原子在不停的运动,并以各种形式振动。在所有场合下,与这种振动运动有关的能量被称为量子化能级。相邻两个振动能级的能量差要比相邻两个电子能级的能量差小得多。因此,通常认为在每个分子的电子能级上叠加了几个振动能级。在允许振动能级之间的能量差与红外区光相关的光子能量值相当。由于单个原子不存在这种振动运动,振动能级不会叠加在原子的潜在能级上。在这个方面,原子的能级图要比分子的能级图简单,原子的能级图只有很少几种能级。

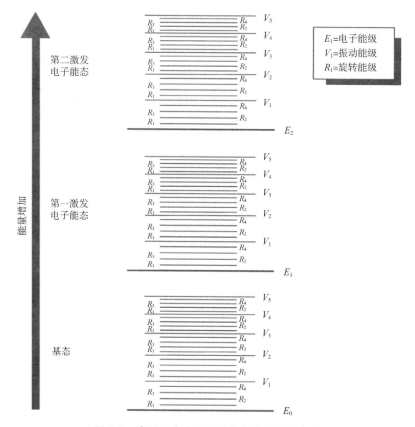

图6.5 表示三个电子能态的部分分子能级图

分子的潜能也可用围绕重力中心旋转的分子潜能来量化。这些旋转能级比相应的振动能级间距更接近,就如图6.5所示的每个电子能态中所画的细下划线。因此,通通常认为旋转能级叠加于每个允许振动能级上。旋转能级之间的能量间隔与微波辐射的光子能量相当。微波光谱法不常用于食品分析实验室。然而,这些能级差的存在将影响其他光谱法的光谱图,这将在后面讨论。与振动能级情况相似,旋转能级在原子光谱法中并不重要。

总之,原子的内能可用其电子能级进行描述,而分子的内能取决于其电子能量、振动能量和旋转能量,可用代数式表示如下:

$$E_{原子} = E_{电子} \tag{6.3}$$

$$E_{分子} = E_{振动} + E_{旋转} + E_{电子} \tag{6.4}$$

不同物质均有不同能量间隔,光谱分析人员就是利用每个相关的被量化的能量进行光谱分析的。

6.3.3 施加磁场中的核能级

核磁共振(NMR)光谱法利用了另外一种量子化的能级。对于 NMR 光谱法有重要意义的能级与前面所述的能级不同,是因为它只出现在施加的外加磁场中。观察到的能级可以把原子核的行为看作微小的磁棒。于是,当原子放在磁场中时,核磁矩将定向排列,其行为表现如同磁棒一样。食品分析工作者常用的 NMR 敏感粒子有两种许可的定向排列方式。在这两种许可的定向排列方式之间的能量差取决于原子核所受的有效磁场强度,而有效磁场强度自身又取决于外加磁场强度和该粒子周围的化学环境,外加磁场强度可由光谱分析人员确定。这样,NMR 敏感粒子的能量间隔的差异仅仅取决于核自身及周围环境。通常,在可用的外加磁场强度下,许可的核子排列方式之间的能量间隔相当于无线电频率范围内的辐射能量。

6.4 光谱法中的能级跃迁

6.4.1 辐射吸收

原子或分子的辐射吸收是电磁辐射的光子的能量传递至吸收对象的过程,当一个原子或分子吸收了光线的光子,其内能增加值相当于光子的能量。于是,在吸收过程中,该分子或原子会从低能态跃迁至激发态。在大多数情况下,基态优先被吸收,由于吸收过程被认为是定量的,也就是说,所有的光子能量都会传递至吸收对象,被吸收的光子应该具有与发生跃迁的能级间的能量差相当的能量值,因为物质的能级是量子化的,这就如前面讨论过的情况一样。因此,如果人们用光子能量对由那种能量的光子形成的辐射的相对吸收值作图,就可看到一张特征吸收光谱,其光谱形状由不同能量的光子的相对吸收率决定。化合物的吸收率是一个随波长变化的比例常数,它与吸收物的浓度在一定条件下与实验测得的吸光度有关。图 6.6 所示为一张紫外光区的吸收光谱图,吸收光谱的独立变量通常用波相性

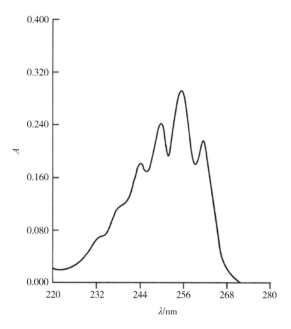

图 6.6 0.005mol/L 苯水溶液的吸收光谱图

(波长、频率和波数)表示,而不是用相关光子的能量来表示。

由不同能量的光子吸收而产生的各种分子跃迁,如图6.7所示,其跃迁是由可吸收的紫外线、可见光、红外线和微波辐射诱导而产生的,图中也包括了由于振动和旋转能级的同步变化而引起的分子由基态激发至激发电子态的多种跃迁。尽管图中没有显示,适当能量的光子的吸收也会产生电子、振动及旋转能级的同步变化。分子具有不同能级之间的同步跃迁的能力使得分子的紫外—可见吸收光谱的范围要比原子的吸收光谱中所观察到的峰宽度更大。这正符合人们认为原子能级图中缺少振动和旋转能级的预测。在振动能级之间产生的跃迁,不涉及电子跃迁,是由红外区域的光辐射诱发的。在允许的旋转能级之间产生独立跃迁则是由微波辐射的光子吸收而产生。原子和分子吸收光谱法相关的各种跃迁,包括相关的波长区域如表6.2所示。

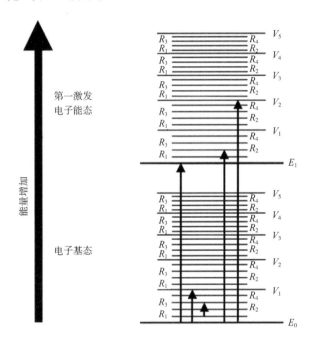

图6.7 包括电子、振动和旋转能级跃迁的部分分子能级图

表6.2   波长区域、光谱方法及相关跃迁

波长区域	波长范围	光谱法种类	常用波长范围	具有相似能量的化学体系中的跃迁类型
γ – 射线	$0.001 \sim 0.1\,nm$	发射	$0.01\,nm$	核质子/中子重排
X – 射线	$0.1 \sim 10\,nm$	吸收、发射、荧光、衍射	$0.01 \sim 10\,nm$	内层电子
紫外线	$10 \sim 380\,nm$	吸收、发射、荧光	$180 \sim 380\,nm$	原子外层电子,分子键合电子
可见光	$380 \sim 750\,nm$	吸收、发射、荧光	$380 \sim 750\,nm$	原子外层电子,分子键合电子
红外线	$0.075 \sim 1000\,\mu m$	吸收	$0.78 \sim 300\,\mu m$	分子键中原子的振动位置
微波	$0.1 \sim 100\,cm$	吸收	$0.75 - 3.75\,mm$ $3\,cm$	分子旋转位置外加磁场中未配对电子的定向排列
无线电波	$1 \sim 1000\,m$	核磁共振	$0.6 \sim 10\,m$	外加磁场中核子的排列

6.4.2　辐射的发射

　　发射本质上与吸收过程相反,即当原子和分子以光子辐射形式释放能量时,发生个跃迁至激发态的分子回到基态前,一般只能在激发态保持极短时间。有几种激发态分子散逸能量的松弛过程。最常见的松弛过程是由激发态分子与其他分子相碰撞而引发的逐级散逸其能量的过程。这样能量就转化为了动能,最终结果是作为热能被散逸出去。在正常条件下,散逸的热量不足以影响系统。在某些情况下,由吸收紫外线和可见光后激发的分子将通过发射光子来消耗多余的能量部分,发射过程以荧光还是磷光形式,取决于激发态的性质。在分子荧光光谱法中,由激发态发射的光子通常与激发过程中吸收的光子相反,其能量更低、波长更长,原因在于:在大多数情况下,只有激发态与基态之间有能量差的部分在发射过程中消耗了能量,而其他有多余能量的部分在振动松弛过程中以热能散逸了。这个过程如图 6.8 所示,激发体经过振动松弛降至该电子激发态的最低振动能级,然后通过发射光子跃迁回到基态。发射光子的能量相当于激发态的最低振动能级与降落的基态能级之间的能量差。荧光分子可降至基态的任何一个振动能级。如果荧光跃迁发生在基态的激发振动能级上,那它很快可通过振动松弛回到基态(最低能级)。还有另外的情况,激发体可能有足够的能量去启动某种光化学形式,最终导致体系潜能的降低。在所有情况下,松弛过程都是由物体内部存在的向最低允许内部能级回归的趋势产生的。控制体系的松弛过程成为缩短激发态寿命的过程。在通常条件下,松散过程如此之快以至于基态的分子数基本上没有变化。

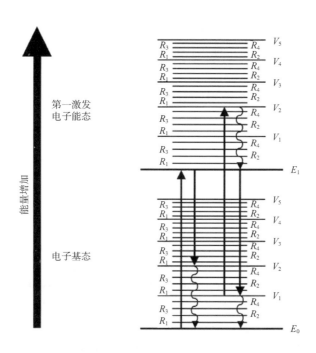

图 6.8　包括吸收、振动松弛、荧光松弛的部分分子能级图

6.5 总结

光谱学涉及电磁辐射与物质的相互作用。光化学分析作为光谱的一个分支,包括了分析实验室中很多用于食品化学成分测定的定性定量分析技术。常用的光化学分析法包括紫外线、可见光、红外线吸收光谱法、分子荧光光谱法、核磁共振光谱法。在每个方法中,分析人员试图测定由待测物质吸收或发射的辐射量。所有这些方法都利用了物质能量的量子化,以及当光子的能量等于待测物质的允许跃迁的能级差时,可以产生吸收和发射光辐射等原理。上述方法根据分析的辐射波长与待测物质的分子与原子性质而有所不同。

6.6 思考题

(1)光的什么现象可用光的波相性来解释?以你对干涉的理解来解释这些现象。

(2)光的什么现象可用光的粒子性来解释?以你对电磁辐射的量子性的理解来解释这些现象。

(3)"物质的能量是量子化的"这句话有什么含义?

(4)紫外线可见光区辐射的分子吸收后产生哪种能级之间的跃迁?

(5)红外光区辐射的分子吸收后产生哪种能级之间的跃迁?

(6)为什么核磁共振光谱法需外加磁场?

(7)分子的允许能级与原子的允许能级有什么不同?根据图6.5所示能级图回答。

(8)在荧光光谱法中,为什么发射辐射的波长要比用于激发分析物所用的辐射波长更长?

相关资料

- Atkins P, de Paulo J (2012) Elements of physical chemistry 6th ed, W. H. Freeman, New York
- Ball DW (2001) The basics of spectroscopy. Society of Photo-optical Instrumentation Engineers, Bellingham, WA
- Currell G (2000) Analytical instrumentation-performance characteristics and quality. Wiley, New York, pp 67-91
- Duckett 2 (2000) Foundations of spectroscopy. Oxford University Press, New York
- Harris DC (2015) Quantitative chemical analysis, 9th edn. WH Freeman, New York
- Harris DC, Bertolucci MD (1989) Symmetry and spectroscopy. Dover, Mineola, NY
- Harwood LM, Claridge TDW (1997) Introduction to organic spectroscopy. Oxford University Press, New York
- Ingle JD Jr, Crouch SR (1988) Spectrochemical analysis. Prentice Hall, Englewood Cliffs, NJ
- Meyers RA (ed) (2000) Encyclopedia of analytical chemistry: applications, theory, and instrumentation. 5, 2857-4332
- Milton Roy educational manual for the SPECTRONIC® 20 & 20D spectrophotometers (1989) Milton Roy Co., Rochester, NY
- Pavia DL, Lampman GM, Kriz GS Vyvyan JA (2015) Introduction to spectroscopy. 5th Edition, Cengage Learning, Independence, KY

- Robinson JW, Frame EMS, Frame GM II (2014) Undergraduate instrumental analysis. 7th edn. Marcel Dekker, New York
- Young HD, Freedman RA (2011) Sears and Zemansky's university physics, vol. 2, 13th edn. Addison-Wesley, Boston
- Skoog DA, Holler FJ, Crouch SR (2007) Principles of instrumental analysis, 6th edn. Brooks/Cole, Pacific Grove, CA

紫外、可见和荧光光谱法7

Michael H. Penner

7.1 引言

紫外－可见光谱(UV－Vis)法是食品分析中最常见的实验室分析技术之一。在这部分内容中列举了很多例子,如一般成分的定量分析(苯酚硫酸法测总碳水化合物)、微量成分的定量分析(硫色荧光法测硫胺素)、食品腐败程度的分析(硫代巴比妥酸测定脂质过氧化程度)和监视检验(酶联免疫检测)等。在这些例子中,试验所依据的分析信号是基于紫外可见光辐射的发射光谱或吸收光谱的。这个信号可能是分析物固有的性质,如色素在可见光范围内对辐射的吸收特性,也可能是分析物发生化学反应产生的,如Lowry法测定可溶性蛋白质含量。

紫外－可见光谱的电磁辐射波长范围在200～700nm。紫外光波长范围在200～350nm,可见光波长范围在350～700nm,如表7.1所示。对于人眼来说紫外光是无色的,而在可见光波长范围内,不同波长拥有各自的特征颜色,从短波长的紫色到长波长的红色。在紫外－可见光谱范围内,光谱法根据物质与光谱的相互作用类型主要分为两大类:吸收光谱法和荧光光谱法。其中每种类型又可以细分成两类:定性和定量光谱。一般而言,定量吸收光谱法是紫外－可见光谱法中最常用的方法。

表7.1	可见光光谱	
波长/nm	颜色	互补色*
<380	紫外光	
380～420	紫色	黄绿色
420～440	蓝紫色	黄色
440～470	蓝色	橘色
470～500	蓝绿色	红色
500～520	绿色	紫红色

续表

波长/nm	颜色	互补色*
520~550	黄绿色	紫色
550~580	黄色	蓝紫色
580~620	橘色	蓝色
620~680	红色	蓝绿色
680~780	紫红色	绿色
>780	近红外	

* 互补色是指溶液在连续光谱的"白"光光源下具有最大吸收时所观察到的颜色。

7.2　紫外 – 可见吸收光谱法

7.2.1　定量吸收光谱法的基础

定量吸收光谱法的目的是测定样品溶液中待测物的浓度。实验测定是基于样品溶液对穿过它的对照光束的吸收值来定量的。一般情况下,如果待测物在紫外 – 可见光谱中有吸收峰,这样分析待测物时就不需要修饰其化学结构。而在其他情况下,如果待测物没有吸收峰,在测定中需要进行一些化学修饰将其转变成具有吸收峰的物质再进行定量。无论哪种情况,待测物都会对穿过溶液的光谱的量产生影响,因此,溶液的相对透射率或吸光值才能作为测定样品溶液中待测物浓度的指标。

实际操作中,将样品溶液装入比色皿并置于特定波长的光路中,以参照样为空白,测定待测样品的透光量,通过分析样品的透光量来计算样品的浓度。吸收过程,如图 7.1 所示,穿过吸收池的入射光强度为 P_0,显著高于从吸收池穿出的透射光强度 P,光谱强度的减少是由溶液内的吸光物质捕获光子导致的,入射光和透射光的关系可用溶液的透射比(T)(透光率)或吸光度来表示,溶液的透光率可根据式(7.1)用 P/P_0 来表示,透光率也可以用百分率 $T\%$ 表示,如式(7.2)所示。

$$T = P/P_0 \tag{7.1}$$
$$T\% = (P/P_0) \times 100 \tag{7.2}$$

式中　T——透光率;

　　P_0——入射光强度;

　　P——透射光强度;

　　$T\%$——百分透光率。

T 和 $T\%$ 表示的是入射光被溶液所吸收的情况。但是,T 和 $T\%$ 与待测液的浓度并不成正比。透光率与分析人员所关注的待测物浓度之间为非线性关系,不便于使用。而吸光度(A)可以用来描述 P 和 P_0 之间关系,式(7.3)所示为吸光值与 T 之间的关系。

$$A = \log(P_0/P) = -\log T = 2 - \log T\% \tag{7.3}$$

式中　A——吸光度;

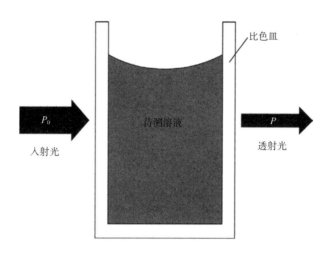

图7.1　光束穿过含有待测液的比色皿时的衰减示意图

T 和 $T\%$ ——与式(7.1)和式(7.2)相同。

在适当条件下,吸光度是一种很方便的表达式,因为它与溶液中待测物的浓度成正比。需要注意的是,根据吸光度和透光率的定义,溶液的吸光度并不是简单减去透光率就能得到。在定量光谱法中,入射光中没有透过待测物的部分不等同于溶液的吸光度(A)。溶液的吸光度与物质的浓度之间的关系可用比尔定律[式(7.4)]来表示。

$$A = abc \tag{7.4}$$

式中　A——吸光度;

$\quad\quad c$——物质的浓度;

$\quad\quad b$——光程,cm;

$\quad\quad a$——吸光系数。

因为吸光度 A 是 P_0 和 P 比值的对数值,因此没有单位。浓度 c 可用任何适当的单位来表示(mol/L、mmol/L、mg/mL 或%)。光程 b 的单位为 cm,待测组分的吸收系数 a 是一个取决于该组分分子性质的常数。吸光系数与波长有关,且随着物质所处的化学环境(pH,离子强度、溶剂等)的变化而变化。吸光系数的单位是 $(cm)^{-1}$(浓度)$^{-1}$。在一些特殊情况下,如果待测组分的浓度采用摩尔浓度,则吸光系数的单位为 $(cm)^{-1}(mol/L)^{-1}$。这种情况下,吸光系数被称为摩尔吸光系数,用符号 ε 表示。式(7.5)是用摩尔吸收系数表示的比尔定律。在这种情况下,c 的单位特指待测组分的摩尔浓度。

$$A = \varepsilon bc \tag{7.5}$$

式中　A 和 b——与式(7.4)相同;

$\quad\quad \varepsilon$——摩尔吸光系数;

$\quad\quad c$——摩尔浓度。

定量光谱法依赖于分析者准确测量溶液中的待测物所吸收的单色光。这项看似简单的工作实际操作时却很复杂,因为单色光除了被待测物吸收外,在其他过程中也有光能量散失。图7.2所示为反射和散射对入射光能量损失的影响。很显然,若要对待测组分的光吸收进行正确的定量,折射和散射的光损失应当被扣除。在实际操作中,通常引入参比池来校正这些损失。从理论上讲,参比池除了不含待测物外,其余和样品池应完全一致。参比池中通常以蒸馏水作为参比溶液,然后将参比池放到光路中测定,以测定的穿过参比池的辐射能量作为待测样的 P_0。这种方法假定除待测物对光的选择性吸收外,样品池和参比池的其他因素均相同。实验室测定实际吸光度如式(7.6)所示。

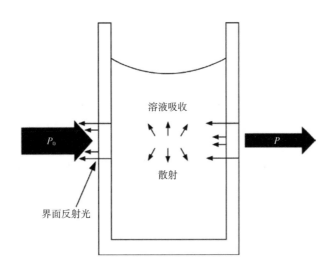

图 7.2　光束穿过装有待测液的比色皿时各衰减因素示意图

$$A = \log(P_{溶剂}/P_{待测液}) \cong \log(P_0/P) \tag{7.6}$$

式中　$P_{溶剂}$——穿过装有溶剂的参比池的透射光的辐射强度;

$P_{待测液}$——穿过装有待测液的样品池的透射光的辐射强度;

P_0 和 P——与式(7.1)相同;

A——与式(7.3)相同。

7.2.2　比尔定律的偏差

样品的测定并不能严格遵循比尔定律的。实际上,影响吸光值和浓度线性关系的很多因素不太容易被人注意到。一般来说,比尔定律只适用于稀溶液。对于大部分待测物而言,浓度上限大约为 10mmol/L,极限测量浓度还取决于分析物的化学性质。随着待测物浓度的提高,溶液中的分子间隙也会随之减小,最终达到一个临界点,使得相邻分子之间的相互作用并影响到其他分子的电荷分布。这种作用能够显著影响到待测物捕获特定波长光子的能力,进而改变待测物的吸光系数(a),而在比尔定律中吸光系数是一个恒定常数(假设光程 b 恒定),因此这种变化影响了浓度和吸光度的线性关系。其他的化学过程也会造成比尔定律的偏差,例如,分子之间的可逆的解离和聚合,以及弱酸在非缓冲溶液中的离子化。这些情况下,待测物在溶液中的主要存在形式可能随着浓度的变化而改变。如果待测物的不同存在形式(例如电离状态和非电离状态)具有不同的吸光系数(a),那么浓度和吸光值之间的线性相关性就不复存在了。

比尔定律偏差的深层来源可能是测定所用仪器的局限性。穿过样品的光是单色光才能够严格遵循比尔定律,因为在这样的条件下,吸光值表示的才是待测物与穿过待测物光谱的相互作用。如果穿过待测物的是复合光,而不同波长的光谱下物质的吸收常数不同,也就无法遵循比尔定律。当理想波长的光和一种根本不能被待测成分吸收的散射光同时直接穿过待测物直接到达检测器时,就会发生这种极端现象。这样观测到的透射率可用式(7.7)来定义。需要注意的是,在高浓度待测物中,极限吸光值应该为 $P_s \gg P$:

$$A = \log[(P_0 + P_s)/(P + P_s)] \tag{7.7}$$

式中　P_s——散射光强度;

　　　A——与式(7.3)相同;

　P_0 和 P——与式(7.1)相同。

7.2.3　操作注意事项

定量实验的目的是在最短的时间内,以最小的时间和费用来确定分析物的浓度,且具备最佳的精密度和准确度。要做到这一点,分析人员必须考虑试验中每个步骤可能出现的误差。光谱分析的潜在误差来源包括不适当的样品制备技术、测控操作、仪器噪声以及吸光度测定条件带来的误差(如极端的吸光度/透过率值读数)。

在吸光度测定的方法中不同样品准备方式有很大的不同。最简单的情况是在混匀和澄清后可直接测定含待测物的溶液。除特殊情况外,在任何分析前均需混匀,以确保样品的代表性。同时,为了避免浑浊溶液散射光引起的表观吸收,在进行吸光度读数之前澄清样品也是必不可少的。在这种最简单的情况下,溶剂就是样品的参比溶液,大多情况下溶剂是水或缓冲水溶液。在更复杂的情况下,要进行定量分析的样品可能需要在吸光度测量之前进行化学修饰。此时,在给定光谱范围内没有吸收峰的物质要被特意修饰,使其在特定光谱范围内具有相应的吸收特征,这些反应常被应用于可见光光谱范围内的比色分析,这些分析的参比溶液需要经过与样品相同的处理,因此,参比溶液校正的是修饰试剂本身而不是被修饰的待测物质引起的吸光度变化。

在选定合适的光谱范围后,选择合适的比色皿同样重要。比色皿的大小和材质不尽相同。比色皿的材质应不吸收选定波长范围内的光。为满足这个要求,在紫外光范围内的比色皿应选择石英或熔融二氧化硅材质,可见光范围内可用硅酸盐玻璃材质的比色皿,更便宜的塑料比色皿也可用于某些测定。由于比色皿大小与所需被测样品的量和比尔定律中的光程长度有关,所以比色皿大小的选择很重要。典型的比色皿底面积为 $1cm^2$,高约 4.5cm,它的光程长度是 1cm,标准吸收测量所需的最小溶液体积约为 1.5mL。市面上可以购买到光程长度 1～100mm 的比色皿。宽度约 4mm,光程长度为 1cm 的窄型比色皿也可用,这类窄型比色皿适用于样品溶液较少时的测量,如样品溶液少于 1mL。

波长的选择对于分光光度测定样品十分关键。通常应选择被测物质具有最大吸收峰并且吸光度不随波长变化而快速变化时的波长(图7.3),这个位置通常位于最大吸收峰的顶点。选择该顶点进行测量有两个优点:①最大灵敏度,即被测物浓度的每单位变化的能引起吸光度变化;②更符合比尔定律,因为在这个波长范围内,被测物的摩尔吸收率差异相对较小(图7.3)。后一点尤为重要,因为分析中使用的波长是由以仪器的波长选择器上指示的波长为中心的小的连续波长带组成的。

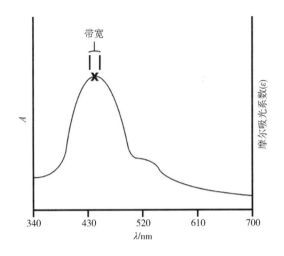

图7.3 在340~700nm 的吸收光谱图

注:此图中用于获得光谱的辐射的有效带宽约为20nm。在所指出的位置,在该波长范围内摩尔吸收率基本上没有变化。

实际的分光光度测量需要先校准仪器的0%以及100%的透光率,当光电检测器通过闭塞快门将入射辐射屏蔽时,进行0%的透射率调整,模拟无限吸收。此调整将基准电流或"暗电流"设置为适当的水平,使得读数指示零。然后,在光路打开的情况下进行100%的透射率调整,并且在光路中放置适当的参比池/参比溶液。参比池应与样品池相同(即采用相互匹配的样品池和参比池)。通常,参比溶液和被测溶液应使用相同的比色皿。在水溶体系中,参比溶液通常是蒸馏水/去离子水。当装满参比溶液的比色皿放入仪器中时,设定透光率(T)为100%,即 $T=1$。这相当于设定式(7.1)中的 P_0 等于光束离开参比溶液时的辐射功率。在整个测定过程中,必须保证0%透光率和100%透光率的设置不变,然后测量包含被测物的比色皿。经过参比溶液校正后,仪器将根据式(7.6)给出样品的读数,样品的读数应介于0%透光率和100%透光率之间,大多数现代分光光度计都允许分析人员以吸光度为单位或百分透射比进行读数测量。以吸光度为单位进行读数通常是最方便的,因为在最佳条件下,吸光度与浓度成正比。当使用模拟摆动针读数的仪器进行测量时,最好使用线性百分透射比,然后使用式(7.3)计算相应的吸光度。对于百分透射比小于20%的测量结果尤其如此。

7.2.4 标准曲线

一般情况下,标准曲线适用于定量分析。在食品分析中,通常需要用标准曲线的经验性进行测试。标准曲线可用于确定待测物浓度和吸光度之间的关系,是利用待测物的一系列已知的浓度及其对应吸光值而建立的。标准溶液与待测溶液最好由同样的试剂同时配制。待测物的浓度须在标准溶液浓度范围内。典型的标准曲线,如图7.4所示。线性标准曲线要遵循比尔定律,在某些试验中也会采用非线性标准曲线,但是线性关系通常是首选的,因为它的数据处理过程比较容易。非线性标准曲线可能是由于系统中的化学浓度变化或在实验中所用仪器固有的局限性导致的。图 7.4(2) 所示为非线性标准曲线,它反映出标曲的灵敏度(定义为待测物吸光度在单位浓度上的变化)不是一个常数。如图 7.4(2) 所示,实验的灵敏度随浓度增加而明显的降低,这也是测定的浓度范围不能超过 10mmol/L 的原因。

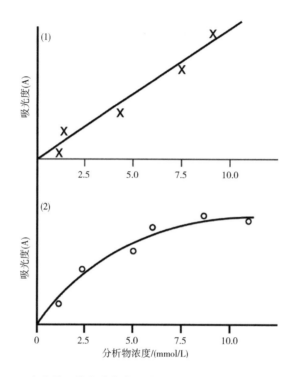

图7.4　在定量吸收光谱中典型的线性(1)和非线性(2)标准曲线

　　很多情况下,由于未知待测样品的复杂性,无法得到理想的具有代表性校准用标准品。这种情况下必须假设在待测物中干扰成分的干扰下测量的结果依然可用。这些干扰化合物包括:与待测物在同一光谱区有同样吸收峰的物质,或者能影响待测物吸光度值的物质,又或者那些能与本来用以修饰待测物的修饰试剂发生反应的化合物。这意味着如果待测物与标准品在 pH、离子强度、黏度、杂质类型等方面不同,所建立的校准曲线存有潜在错误。在这种情况下,比较可取的做法是添加已知浓度的标准物质进行校正。例如,在一系列烧瓶中添加一定体积(V_u)的未知浓度的待测物溶液(C_u),然后每个烧瓶添加一定体积(V_s)的已知浓度的标准溶液(C_s)。由此得到的一系列烧瓶将包含相同体积的未知溶液以及不同体积的标准溶液。接着,把烧瓶中的溶液都稀释到相同的体积(V_t)。每个烧瓶内的物质经过同样的处理后进行测定。如果遵循比尔定律,那么每个烧瓶测得的吸光度将会与总的分析物浓度成比例,如式(7.8)所示。

$$A = k[(V_s C_s + V_u C_u)/V_t] \tag{7.8}$$

式中　V_s——标准溶液体积;

V_u——待测浓度溶液体积；

V_t——总体积；

C_s——标准溶液浓度；

C_u——待测溶液浓度；

k——比例常数(光程×吸光系数)。

以每个瓶添加的标准溶液体积(V_s)作为自变量,对应的吸光度(A)作为因变量作图得到相关的实验结果,如图7.5所示。根据比尔定律,在式(7.9)中除V_s和A外其他所有参数均为常量。将式(7.10)中斜率和式(7.11)截距的比值代入式(7.12),即可以计算出未知浓度C_u,因为C_s和V_u是可以通过实验得到的常量。

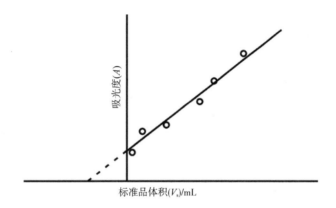

图7.5 采用标准溶液添加实验得出的待测组分浓度的标准曲线

注:图示显示的是文中讨论的结果。

$$A = kC_sV_s/V_t + V_uC_uk/V_t \qquad (7.9)$$
$$斜率 = kC_s/V_t \qquad (7.10)$$
$$截距 = V_uC_uk/V_t \qquad (7.11)$$
$$C_u = (测定的截距 / 测定的斜率) \cdot (C_s/V_u) \qquad (7.12)$$

式中 V_s,V_u,V_t,C_s,C_u和k所表示的含义与式(7.8)相同。

7.2.5 仪器误差对分光光度法测定精度的影响

所有分光光度测定法都会有一定程度的测量误差,这与吸光度/透射率测量方法本身相关,这种不可避免的误差通常被称为仪器噪声。重要的一点是,实验设计的分析方法应使误差的来源最小化,其目的是保持其误差相较于其他方面引起的误差较小(如样品制备,二次取样和试剂处理等)。通过重复测量一个样品,可以观察到仪器误差。在整个百分透射比范围(0% ~ 100%)内,由此误差导致的浓度的相对误差不是一成不变的。在中等透过率下的测量往往具有较低的相对误差,因此相对精确度要高于在非常高或非常低的透射率下的结果。相对浓度不确定度或相对误差可定义为S_c/C,其中S_c是样品标准偏差,C是测量浓度。对于在最佳范围内进行的吸光度/透光率测量,相对浓度的不确定度为0.5% ~

1.5%。简便实用的分光光度计测量吸光度的最佳范围是 0.2 ~ 0.8 个吸光度单位,或透光率为 15% ~ 65%。在更精密的仪器上,最佳吸光度读数的范围可以扩大到 1.5 或更高。为了准确起见,需要注意待测物溶液的吸光度应尽量小于 1.0。如果预计需要在吸光度读数大于 1.0 的情况下进行测定,应该重复测量该样品来获得相对高的精确度。吸光度读数如果超出仪器的最佳范围有可能被采用,但分析人员必须考虑这些极限读数的相对误差。当吸光度读数接近仪器的极限时,分析物浓度即便差别很大也无法检测出来。

7.2.6 仪器

紫外 - 可见分光光度计有很多种型号。有些仪器只能在可见光范围内操作,而有些是紫外和可见光兼容。仪器在设计、部件质量和多功能性方面可能有所不同。一个基本的分光光度计由五个必备部件组成:光源、单色器、样品/参比池、光电检测器和数据输出装置,仪器操作需要外界电源。各种部件相互关系的示意图,如图 7.6 所示。

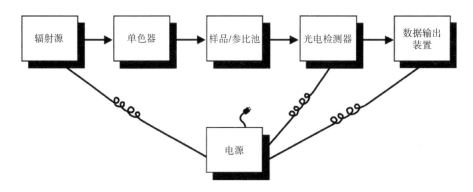

图 7.6 单光源紫外 - 可见分光光度计主要组成部件示意图

7.2.6.1 光源

分光光度计中光源部分由一个能够持续发射全波长强光的装置组成。发射光能量强度必须充分满足检测器的响应,不应随着波长的变化而改变,或随时间而漂移。可见光光度计中最常见的光源是钨灯,该灯源能发射 350 ~ 2500nm 波长范围内充足的光束,因此钨灯灯源也可用于近红外光谱。紫外光测定中最常见的光源是氘灯,能够提供 160 ~ 375nm 波长范围的连续光谱。这些灯具需采用石英玻璃罩且必须与石英比色皿配套使用,这是因为玻璃会大量吸收 350nm 以下的辐射。

7.2.6.2 单色器

在光谱测定中,用于隔离特定的、窄的以及连续波长组的组件被称为单色器。之所以命名为单色器,是因为单一波长的光常被称为单色。理论上,光源的多色辐射进入单色器后,会根据波长进行分散,并选择以单色光波长的形式从单色器中发射出去。实际上,离开单色器的光并不是单一的波长,而是由一个窄且连续的波长带组成的。图 7.7 所示为一个具有代表性的单色器。一个典型的单色器是由入射狭缝、出射狭缝凹面镜和色散元件组成的(如该例中的光栅)。多色光通过入射狭缝进入单色器,然后通过凹面镜到达终点。到达终点处的多色光会受到分散,而色散主要是一种不同波长的辐射在空间中被物理分离的现象。之后不同波长的光通过凹面镜进行反射,凹面镜沿着焦平面方向对不同波长的光进行聚焦。在焦平面上与出射狭缝对齐的发射线从单色器处发射出去。从单色器发出的辐射将由一个窄范围的波长组成,窄范围的波长可能以在仪器的波长选择控制的波长为中心。从单色器的出射狭缝出来的波长范围的大小常被称为发射的辐射带宽。对于大部分分光光度计来说,分析人员可以通过调整单色器出射狭缝(和入射狭缝)的大小,来调整发射辐射的带宽。减小出射狭缝宽度将会减小相关的带宽和发射光束的辐射功率。相反,出射缝隙进一步增大将会产生一束更大的辐射功率和更大的带宽。在一些分辨率至关重要的情况下,例如一些定性实验中,可能会建议使用较为狭窄的狭缝宽度。然而,在大多数定量实验中,可以使用相对开放的狭缝,因为在紫外－可见光范围内的吸收峰相对于光谱带宽通常是宽的。此外,测量光束较高的辐射功率可以改善与透射率测量相关联的信噪比。

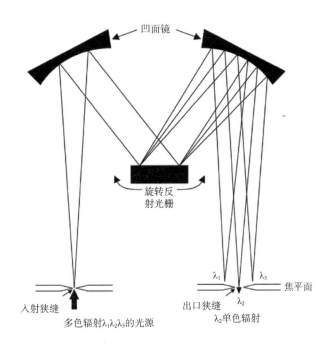

图 7.7　采用反射光栅作为色散元件的单色器的示意图
注:凹面镜用于使辐射最终成为平行光束。

　　单色器的有效带宽不仅取决于狭缝宽度,而且还取决于色散元件的质量。色散元件可根据波长,起到分散辐射的作用。反射光栅,如图 7.8 所示,是现代分光光度计中最常用的色散元件。光栅有时也称为衍射光栅,这是因为相对于光栅法线,不同波长的分离依赖于不同角度的衍射。反射光栅包含有一个蚀刻了一系列紧密间隔凹槽(每毫米有 1200～1400 个凹槽)的反射表面。凹槽本身用于分解反射表面,从而使得每个反射点作为独立的点辐射源。

如图 7.8 所示,光线 1 和光线 2 代表同相的平行单色辐射光线,并且以正常的角度 i 撞击光栅表面。该辐射的最大相长干涉被描述为以与法线成 r 的角度时产生的。在所有其他角度里,这两条光线将会部分或完全相互抵消。不同波长的辐射将显示与法线成不同角度的最大相长干涉。通过考虑光线 1 和 2 的光子行进的相对距离,且假设当与光子相关联的波完全同相时发生最大相长干涉,可以合理解释衍射角的波长依赖性。如图 7.8 所示,在反射之前,光子 2 的传播距离 CD 大于光子 1 的传播距离;反射之后,光子 1 的传播距离 AB 大于光子 2 的传播距离。因此,与光子 1 和 2 相关的波长将保持同相,且只有在传播距离的净差是其波长的整数倍时才会发生反射。需注意的是,对于不同的角度 r,距离 AB 会发生改变,因此,净距离 CD – AB 将是不同波长的整倍数。即净结果是,分量波长的每个衍射都是有它们自己独特的衍射角 r。

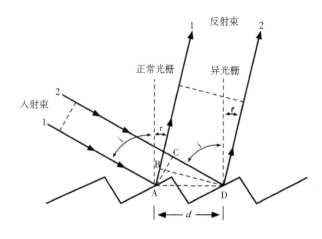

图 7.8 反射光栅的衍射示意图

注:每种辐射源的反射点是以距离为 d 的长度相分开。

7.2.6.3 探测器

在光谱测量中,通过参照物或样品池传输的光依靠检测器进行量化。检测器常被设计为被光子击中时产生电信号。一个理想的检测器会呈现出一个与光束的辐射功率成正比的信号,且具有很高的信噪比,同时对不同波长的光具有相对恒定的响应,因此它适用于广泛的辐射光谱。目前有多种类型和设计的辐射检测器正在使用。最常见的检测器是光电管、光电倍增管和光电二极管检测器。所有这些检测器的原理都是通过将与入射光子相关的能量转换成电流。光管是由一个半圆柱形的阴极覆盖着一个光电表面以及一个金属丝阳极组成的,电极在真空下放置于一个透明管中[图 7.9(1)]。当光子撞击阴极的光电发射出表面时,会激发电子发射;被释放的电子被收集在阳极上。这个过程的最终结果是产生一个可被测量的电流。从阴极发射的电子数和系统的后续电流直接与光子的数量或光束的辐射功率成正比,撞击到光电发射表面。光电倍增管具有类似的设计。然而,在光电倍增管中,每一个光子在阴极的光电发射表面上所收集到的电子的数量有一个放大的现象[图 7.9(2)]。最初从阴极表面发射的电子被一个带相对正电荷的倍增电极吸引。在倍增电极处,电子会撞击表面,导致最初的电子激发更多的电子,从而导致信号的放大。信号放大以这种方式继续下去,因为光电倍增管通常包含一系列这样的倍增电极,在每个倍增电极处都发生了电子放大。级联继续进行,直至从光电倍增管的阳极收集到从最终的倍增电极发射出的电子。每个光子收集的电子最多可达 $10^6 \sim 10^9$ 个。

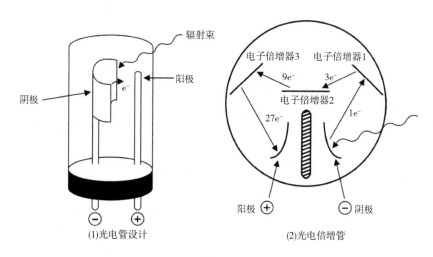

图7.9 典型的光电设计示意图(1)和典型的阴—阳电极光电倍增管(2)

光电二极管检测器目前常见于紫外 – 可见分光光度计中。这些是光感应电信号的固态器件,其中光感应电信号是光子激发电子的结果,在它们制造的半导体材料中激发电子,最常用到的是硅。使用光电二极管检测器的分光光度计可能包含一个二极管检测器或线性二极管阵列(二极管阵列分光光度计)。如果使用单个光电二极管检测器,则组件的排列通常,如图7.9所示。如果使用光电二极管阵列检测器,则来自光源的光线源通常在分散之前进入样品。随后将透过样品的光分散到二极管阵列上,在每个二极管测量所得光谱的窄带。这种设计的优势是允许同时测量多个波长,也允许几乎瞬时收集整个吸收光谱。据报道,基于二极管的检测器比光电管更灵敏,但其灵敏度却低于光电倍增管的灵敏度。

7.2.6.4 读出设备

从检测器发出的信号通常是会被放大的,然后以可用的形式显示给分析人员。信号显示的最终形式取决于系统的复杂性。在最简单的情况下,来自检测器的模拟信号通过仪表面上的指针的位置以百分比的形式传输或进行吸光度校准,从而显示在模拟仪表上。模拟读数对于大多数以常规分析为目的的检测是足够的;然而,模拟测量仪的读数较为困难,因此,所得到的数据预期比数字读出器(假定数字读数被给予足够的空间)所获得的精确度稍低。数字读出器的读数是将信号呈现为仪表面上的数字。在这些情况下,对于检测器的模拟输出与最初的数字显示之间的信号处理有明显的要求。几乎在所有情况下,信号处理器都能够根据吸光度或透光率呈现出最新的读数。许多较新的仪器,其中包括能够对数字化信号进行更广泛的数据处理的微处理器,例如,某些分光光度计的读数可能是浓度单位,前提是仪器已经通过合适的参考标准物质进行过正确的校准。

7.2.7 仪器设计

　　分光光度计的光学系统分成单光束或双光束仪器。在单光束仪器中,辐射光束只沿着一条从光源通过样品到达检测器的路径(图7.6)。当使用单光束仪器时,分析人员通常先用参考样品或空白样品建立100%T或P_0后,测量样品的透射率。由于只有一条光路通过一个单元格容纳室,所以空白和样品会按顺序被读取。在双光束仪器中,光束会被分开,使得光束的一半穿过第一个小容纳池,而另一半光束则穿过第二个小容纳池。如图7.10所示为双光束光学系统,在该系统中,光束在样品和参比池之间会被及时分开。在这种设计中,可看到光束交替地通过样品池和参比池,通过旋转扇形反射镜与交替反射和透明扇形区。在双光束设计中,允许分析者同时测量和比较样品池和参比池的相对吸光度值。且这种设计的优点是它能补偿从光源辐射输出中产生的偏差或漂移,因为样品池和参比池每秒进行多次比较。双光束设计的缺点是入射光束的辐射功率因光束分裂而减小。双光束设计的较低能量通常与较差的信噪比相关联。计算机化的单光束分光光度计现已上市,声称其具有单光束和双光束设计的优点。制造商指出,之前光和检测器的漂移和噪声问题现已经得到解决,因此没有必要同时读取参考池和样品池。使用这些仪器,能让参考和样品池被顺序读取,且数据能被存储,然后由相关联的计算机进行处理。

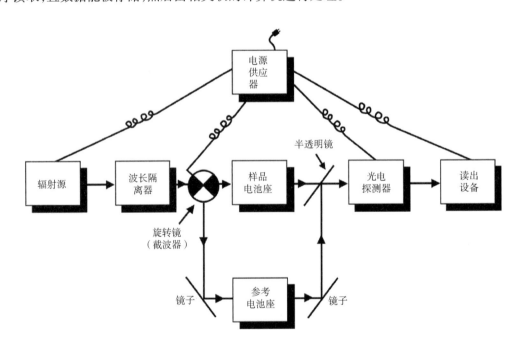

图7.10　具有代表性的双光束紫外可见分光光度计组件的布置

注:入射光束通过旋转镜以及截波器交替穿过样品池和参比池。

　　光谱®20是一种简单的单光束可见分光光度计(图7.11)。从光源发出的白光经入射狭缝进入单色器后,然后通过衍射光栅将光散射到光谱中,并且一部分所得到的光谱再通过出射狭缝离开单色器。从单色器发出的辐射穿过样品室并撞击硅光电二极管检测器,产生与入射光强度成比例的电信号。图7.11所示的透镜组在串联起来后,可以将光图像聚焦在包含出射狭缝的焦平面上。为了改变离开单色器的光谱部分,通过波长凸轮使反射光栅旋转。当没有样品/参比池在仪器中时,快门自动阻止来自单色器的光线;在这些条件下进行调零以及 T 调整。光控遮光器用于调节离开单色器的光束的辐射功率。封堵器是由一个带 V 形开口的不透明带组成的,可以物理移入或移出光路。当采用适当的参比室在仪器中使用时,封堵器可进行 $100\%T$ 调整。

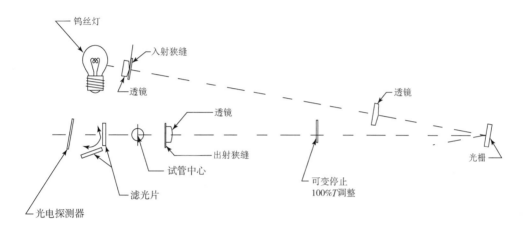

图7.11　光谱®20 分光光度计的光学系统(热光谱,罗彻斯特,NY,热电子能谱术)

7.2.8　紫外 – 可见吸收物质的特征

紫外 – 可见光的辐射吸收与原子和分子内的电子激发有关。通常,基于紫外 – 可见光谱的分析方法中不使用低于 200nm 的紫外辐射。因此,传统的处于兴奋态下的紫外 – 可见光谱是吸收分子中不饱和或非键合电子的结果。表7.2 所示为在食品成分中常见的几种官能团的紫外 – 可见光吸收特性。在所提供的最大吸收波长和相关的摩尔吸收系数来看,它们是近似的,因为官能团暴露的环境(包括邻近的组分和溶剂)是会对官能团的电子性质产生影响的。

在表7.2 中包含的信息类型,可能有助于确定一些特定应用的紫外 – 可见光谱的可行性。例如,如果考虑使用紫外 – 可见吸收光谱作为检测方法来监测从液相色谱法中洗脱出的非衍生化有机酸时,则有助于了解羧基的吸收特性。就这个特定的有机酸的问题而言,该表表明有机酸可能吸收大部分紫外 – 可见光检测器(>200nm)可达到范围之内的辐射。然而,该表还表明,由于这种波长下羧基具有低摩尔吸收系数,因此这种检测方法的灵敏度可能受到限制。这就解释了为什么用于有机酸定量分析的高效液相色谱法有时会使用调谐到 210nm 的紫外 – 可见光检测器(相关资料[3]),同时也解释了为什么有一些研究工作者旨在通过开发衍生化的方法来提高紫外 – 可见光用于定量有机酸(相关资料[11])。

表7.2 的数据也说明了共轭体系对电子跃迁的影响。由于共轭系统内电子能量间隔的相关减小(即在地面和激发态之间的较低能量差),增加的共轭导致在较长波长处具有最大

的吸光值。之所以选择表中所列的芳族化合物,是因为它们与蛋白质定量相关:苯/苯丙氨酸,苯酚/酪氨酸和吲哚/色氨酸(详见18.5.1)。该表表明,典型的蛋白质大约在278nm(色氨酸的吲哚侧链的高摩尔吸收系数)处具有最大吸收,并且在220nm附近具有另一个峰。后一个峰对应的是蛋白质主链上的酰胺/肽键,是因为我们可以从简单的数据推导出来,包括在表中的酰胺(如乙酰胺)。

表 7.2 在 200nm 以上具有最大值吸收峰的代表性官能团

发色团	示例	λ_{max}①	ε_{max}②	资源材料
非共轭体系				
R—CHO	乙醛	290	17	[4]
R_2—CO	丙酮	279	15	[4]
R—COOH	醋酸	208	32	[4]
R—CONH$_2$	乙酰胺	220	63	[24]
R—SH	巯基	210	1200	[19]
共轭体系				
R_2C=CR_2	乙烯	<200	—	[24]
R—CH=CH—CH=CH—R	1,3-丁二烯	217	21000	[24]
R—CH=CH—CH=CH—CH=CH—R	1,3,5-己三烯	258	35000	[24]
11 个共轭双键	β-胡萝卜素	465	125000	[13]
R_2C=CH—CH=O	丙烯醛(2-丙烯醛)	210	11500	[24]
		315	14	[24]
HOOC—COOH	草酸	250	63	[24]
芳香族化合物③				
C_6H_6	苯	256	200	[24]
C_6H_5OH	苯酚	270	1450	[24]
C_8H_7N	吲哚	278	2500	NIST 数据库④

① λ_{max}:表示大于200nm 处时具有最大吸光度的波长(nm);

② ε_{max}:表示摩尔吸收系数,单位为 mol/L;

③芳族化合物的光谱通常在较低波长处含有较高强度的吸收带(如苯酚具有210nm 的最大值吸收值,并有约6200mol/L 的摩尔吸收率值,摘自参考文献[1]);表中仅包括对应于较长波长的吸收最大值;

④ NIST 标准参考数据库69:NIST 化学 WebBook。

(所呈现的值是从在线呈现的吲哚的紫外-可见光谱中估计的:http://webbook.nist.gov/cgi/cbook.cgi? Name = indole&Units = SI&cUV = on。此网站包含食品科学家可能感兴趣的许多化合物的紫外-可见光的数据。)

7.3 荧光光谱

荧光光谱通常比相应的吸收光谱更灵敏一至三个数量级。在荧光光谱学中,被测量的信号是从分析物发射的电磁辐射,当它从激发的电子能级跃迁到其对应的基态时。分析物最初是通过吸收紫外或可见范围内的辐射而被激活到更高的能量水平的。激活和失活的过程在荧光检测过程中都是同时发生。对于每个独特的分子系统,样品激发将会有一个最佳的辐射波长,而另一个更长的波长则会监测荧光发射。激发和发射的各个波长将取决于所研究系统的化学性质。

用于荧光光谱学的仪器是与用于紫外分光光度计吸收光谱相应的仪器具有基本相同的组成部件。然而,对于这两种类型的光谱学系统而言,它们在光学的分配上有一定的差别(比较图7.6和图7.12)。在荧光计和分光荧光计中,需要两个波长选择器,一个用于激发光束,另一个用于发射光束。在一些简单的荧光计中,两个波长选择器都是滤光片,可使得激发和发射波长固定。在一些更复杂的荧光分光光度计中,激发和发射波长是通过光栅单色器来选择的。荧光仪器的光子探测器通常被布置成使得撞击探测器的发射辐射正在行进状态,且相对于激发光束的轴线成90°的角度。该探测器的放置使得由于发射的源辐射和从样本散射的辐射而造成的信号干扰降到最小。它通过样品池时,从荧光样品发射的荧光束(P_F)的辐射功率与源光束的辐射功率的变化成比例[式(7.13)]。

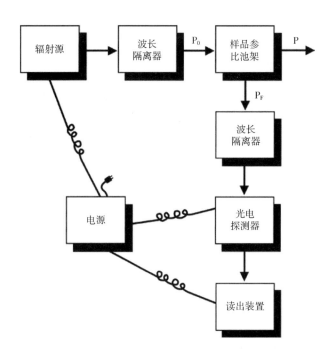

图7.12　描述了一种具有代表性的荧光计或分光荧光计的源、激发和发射波长选择器、样品池、光电探测器和读出装置的结构示意图

用另一种方式表示,荧光光束的辐射能量将与样品吸收的光子数量成正比:

$$P_F = \varphi(P_0 - P) \tag{7.13}$$

式中　P_F——从荧光细胞发射的光束的辐射功率;

　　　φ——比例常数;

P_0 和 P——与式(7.1)相同。

式(7.13)中使用的常数被称为量子效率(φ),对于任何给定的系统都是特定的。量子效率等于发射的光子总数与吸收的光子总数之比。结合式(7.3)和式(7.5)允许用分析物浓度和 P_0 来定义 P,如式(7.14)所示。

$$P = P_0 10^{-\varepsilon bc} \tag{7.14}$$

式中 P_0 和 P 与式(7.1)中的量子效率一样;

  ε,b 和 c 与式(7.5)中的一样。

将式(7.14)代入式(7.13)给出了一个表达式,将荧光光束的辐射功率与分析物浓度和 P_0 相关联,如式(7.15)所示。在低分析物浓度下,$\varepsilon bc < 0.01$,式(7.15)可以简化为式(7.16)(相关资料[20]了解更多信息)。深入一步术语分解可以得到新的式(7.17),其中 k 包含除 P_0 和 c 之外的所有术语。

$$p_F = \varphi P_0(1 - 10^{-\varepsilon bc}) \tag{7.15}$$
$$p_F = \varphi P_0 2.303\varepsilon bc \tag{7.16}$$
$$p_F = kP_0 c \tag{7.17}$$

式中 k——比例常数;

  P_F——与式(7.13)相同;

  c——与式(7.5)相同。

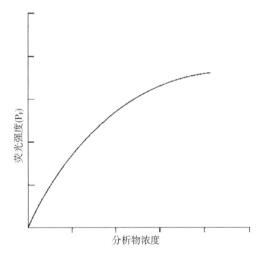

图 7.13 荧光分析物的溶液浓度与溶液的荧光强度之间的关系

注:在相对较低的分析物浓度下存在一个线性关系,随着分析物浓度的增加,最终会呈非线性关系。

式(7.17)特别有用,因为它强调了两个重要的点,这些点对于推导方程时所假定的条件是有效的,特别是分析物浓度保持相对较低的假设。首先,假设其他参数保持不变,荧光信号将直接与分析物浓度成比例。这是非常有用的,因为信号和分析物浓度之间的线性关系简化了数据处理和分析故障排除。其次,荧光分析的灵敏度与入射光束的功率 P_0 成正比,这意味着荧光分析的灵敏度可以通过调节源输出来改变。

如果分析的浓度增加到相对较高的值,则式(7.16)和式(7.17)最终会无效。因此,每一个试验的线性浓度范围都应该通过实验来确定。图7.13所示为荧光测定的代表性校准曲线。在相对较高的分析浓度下,该曲线的非线性部分是由单位浓度的荧光率降低而产生的。任何给定样本的荧光产量也取决于其环境。温度、溶剂、杂质和 pH 可能是影响因素。因此,在荧光分析的实验设计中,必须考虑这些环境因素,这在准各适当的定量工作参考标准方面可能特别重要。

7.4　总　结

　　紫外吸收、可见吸收及荧光光谱广泛应用于食品分析(详见表8.2,这些类型的光谱的比较,包括它们的应用,该表也可以与其他类型的光谱进行比较)。这些技术可用于定性或定量测量。定性测量是基于每个分析物具有独特性的前提将决定其吸收/发射光谱的一组能量间隔,因此,定性分析通常基于分析物的吸收或发射光谱的分析。相反,定量测定通常基于在一个波长下测量分析物溶液的吸光度或荧光。定量吸收分析是以测试溶液的吸光度为溶液的分析物浓度的函数为前提的。

　　在最佳条件下,溶液的吸光度与其分析物浓度之间有直接的线性关系。描述这种线性关系的公式被称为比尔定律。比尔定律的适用性在任何给定的分析中都应该通过校准曲线进行实验验证。校准曲线应该在相同的时间和条件下建立用于测量测试溶液。测试溶液的分析物浓度应该根据建立的校准曲线进行估算。

　　分子荧光方法基于对激发分析物分子放射辐射的测量,因为它们释放到降低能量水平。由于光子吸收,分析物升高到激发态。在测定过程中同时发生光子吸收和荧光发射的过程。定量荧光测定通常比相应的吸收测定法灵敏1~3个数量级。与吸收分析一样,在最佳条件下,荧光强度与未知溶液中分析物浓度呈直接线性关系。大多数分子不具有荧光特性,因此不能通过荧光法进行检测。

　　用于吸收和荧光方法的仪器具有相似的组件,包括辐射源、波长选择器、样品保持单元、辐射探测器和读出装置。

7.5　思考题

　　(1)为什么在进行定量紫外－可见光谱分析时,常见的是使用吸光度值而不是透射率值?

　　(2)对于特定的测定,吸光度与浓度的关系曲线不是线性的,解释这个可能的原因。

　　(3)应该使用什么标准来选择适当的波长进行吸光度测量,为什么这个选择如此重要?

　　(4)在一个特殊的试验中,一个样本的分光光度计的吸光度读数为2.033,另一个样本为0.032。你会相信这些读数结果吗?为什么?

　　(5)解释紫外线和可见光范围内电磁辐射的区别。如何区别使用紫外范围光谱进行定量和使用可见光范围光谱进行定量?

　　(6)当分析仪"设置"特定测定的波长时,分光光度计内实际发生了什么?

　　(7)考虑到典型的分光光度计,减少单色器出射狭缝宽度对入射到样品的光的影响是什么?

　　(8)描述光管与光电倍增管的异同。一个比另一个的优点是什么?

　　(9)假设你的实验室使用的是旧的单束分光光度计,现在必须用新的分光光度计代替。你从销售文献中获得对单束和双光束仪器资料,描述单光束和双光束分光光度计的基本区别是什么？它们各自的优缺点是什么？

（10）解释紫外可见光谱和荧光光谱仪器和原理方面的相似和不同之处。使用荧光光谱的优点是什么？

7.6 应用题

（1）特定的食用色素在510nm处的摩尔吸光系数为 $3.8 \times 10^3 \ cm^{-1} \ mol/L^{-1}$。

①在510nm的1cm比色皿中，$2 \times 10^{-4} mol/L$溶液的吸光度是多少？

②①中溶液的透光率百分比是多少？

（2）①在1cm光程比色杯中测量含有发色团X的溶液在400nm处的透光率百分比，发现其为50%。这个溶液的吸收度是多少？

②如果问题2①中测量的溶液中X的浓度是0.5mmol/L，发色团X的摩尔吸光系数是多少？

③如果在使用光程长度为1的样品池时，要求保持吸光度在0.2~0.8，可以测定的发色团X的浓度范围是多少？

（3）如果溶液在路径长度为0.2cm的玻璃试管中的吸光度为0.846，在用于吸收测量的条件下，化合物Y的吸收率为 $54.2cm^{-1}(mg/mL)^{-1}$。那么化合物Y在未知溶液中的浓度是多少？

（4）①考虑到图7.14所示的吸收光谱化合物Z在295nm和348nm处的摩尔吸光系数是多少（使用紫外分光光度计和样品池中化合物Z的浓度为1mmol/L，路径长度为1cm）。

②假设您决定定量测量不同溶液中化合物Z的量。根据上述频谱，你将使用哪种波长进行测量？给出两个理由说明为什么这是最佳波长。

答案

（1）① =0.76，② =17.4

这个问题需要了解把吸光度和透光率之间的关系以及与比尔定律综合起来的能力。

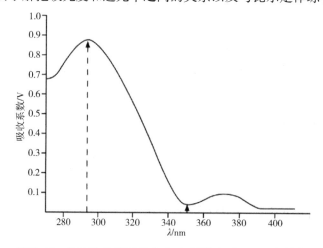

图7.14 化合物Z的吸收光谱，与问题4a和4b一起使用

给定:摩尔吸光系数 $= 3.8 \times 10^3 \ cm^{-1} mol/L^{-1}$

①使用比尔定律:$A = \varepsilon bc$ [见式(7.5)]

式中:

$e = 3.8 \times 10^3 cm^{-1} mol/L^{-1}$

$b = 1 \ cm$

$c = 2 \times 10^{-4} mol/L$

插入比尔定律给得出了答案:吸光度 $= 0.76$

②使用吸光度定义:$A = -\log T$ [详见式(7.3)]

其中:

$$T = P/P_0$$

重新调整式(7.3):

$$-A = \log T$$
$$10^{-A} = T$$
$$A = 0.76 [从问题(1)中获得]$$
$$10^{-0.76} = 0.1737 = T$$
$$T\% = 100 \times T$$

[结合本文的式(7.1)和式(7.2)]

答案: $T\% = 17.4$

(1)① $= 301$,② $= 602 \ cm^{-1} mol/L^{-1}$,③ $= 0.33 \times 10^{-3} mol/L \sim 1.33 \times 10^{-3} mol/L$

这个问题再次需要把吸光度和透光率之间的关系以及比尔定律结合运用。在工作中必须小心谨慎浓度单位。

① $T = 0.5$

使用 $A = -\log T = -\log 0.5 = 301$

答案: 301

②给定①部分的解是 $0.5 mmol/L$(相当于 $5 \times 10^{-4} mol/L$)

重新调整比尔定律:$\varepsilon = A/(bc)$

$$\varepsilon = 301/[(1cm) \times (5 \times 10^{-4} mol/L)]$$

答案: $\varepsilon = 602 \ cm^{-1} mol/L^{-1}$

③为了回答这个问题,找到吸光度为 0.200(下限)的浓度和吸光度为 0.800(上限)的浓度。在这两种情况下,使用比尔定律来确定适当的浓度:

其中:

$$c = A/eb$$

最低浓度 $= 0.2/[(602 cm^{-1} mol/L^{-1})(1 \ cm)] = 3.3 \times 10^{-4} mol/L$(即 $0.33 mmol/L$)

最高浓度 $= 0.8/[(602 cm^{-1} mol/L^{-1})(1 \ cm)] = 1.3 \times 10^{-3} mol/L$(即 $1.33 mmol/L$)

(2) $0.078 mg/mL$

这个问题说明浓度不需要用摩尔浓度表示,且在比尔定律时,必须考虑到比色皿光程长度。在目前的问题中,分析物浓度是在 mg/mL 中给出的;因此,吸收率必须是类似的单位:

应用: $c = A/\varepsilon b$

其中:

$A = 0.846$

$\varepsilon = 54.2\,\mathrm{cm}^{-1}(\mathrm{mg/mL})^{-1}$

$b = 0.2\ \mathrm{cm}$

答案: 0.078mg/mL

(3)(1)①在 295nm 处为 860,在 348nm 处为 60;②=295nm;最佳灵敏度,更可能遵守比尔定律。

这个问题提出了一种常见的情况,即人们希望使用吸收光谱进行定量测量,但不确定测量所选择的波长。此外,不同波长的分析物的吸收率是未知的。获得必要信息的相对简单的方法是确定已知浓度的分析物的吸收光谱。

(2)提供的光谱上的箭头表示光谱上对应于 295nm 和 348nm 的点。该问题指出,吸收光谱是使用分析物的 1mmol/L 溶液(即 1×10^{-3} mol/L 溶液)获得的,并且比色皿的光程是 1cm。因此,通过在所讨论的两个波长处测定分析物的吸光度,然后将适当的数据填入比尔定律来确定问题的答案。从所提供的光谱吸光度读数,要得到确切的结果有点困难但是我们可以估计 1mmol/L 溶液的吸光度在 295nm 为 0.86,在 348nm 为 0.06。

使用 $\varepsilon = A/bc$

答案:

在 295nm 处 $\varepsilon = 0.86/[(1\mathrm{cm})(0.001\mathrm{mol/L})] = 860\ \mathrm{cm}^{-1}\mathrm{mol/L}^{-1}$

在 348nm 处 $\varepsilon = 0.06/[(1\mathrm{cm})(0.001\mathrm{mol/L})] = 60\ \mathrm{cm}^{-1}\mathrm{mol/L}^{-1}$

一般而言,分析人员力求为其分析获得最大灵敏度,其中灵敏度是指分析物浓度(分析信号在此情况下为吸光度)的分析信号每单位变化的变化。从吸收光谱获得的不同波长处的分析物的吸光度值和/或不同波长处的分析物的相对吸收率值提供了在不同波长处的测定的相对灵敏度的良好近似(它是近似,因为我们还没有确定在不同的波长下测量的可变性/精度)。从给定的光谱可以看出吸光度"峰"在 ~298 和 ~370nm 处。在这些吸收峰处,相对于相邻波长的测定的灵敏度预计是最大的。在 295nm 处的峰值明显高于在 370nm 处的峰值,因此该测定的灵敏度预期在 295nm 处显着更高。因此,这将是用于测定的最佳波长。选择 295nm 的第二个原因是因为它看起来处于"峰值"的中间,因此,由于仪器/操作者的限制,波长的小的变化预计不会明显地改变吸收率值。因此,该测定更可能遵循比尔定律。

在某些情况下,分析人员可以选择不使用与整体最大吸光度相对应的波长。例如,如果已知的干扰化合物在 295nm 处吸收,那么分析人员可以选择在 370nm 处进行吸收测量。

参考文献

Skoog DA, Holler FJ, Crouch SR (2007) Principles of instrumental analysis, 6th edn. Brooks/Cole, Pacific Grove, CA

相关资料

- Brown CW (2009) Ultraviolet, visible, near-infrared spectrophotometers. In: Cazes J (ed) Ewing's analytical instrumentation handbook, 3rd edn. Marcel Dekker, New York
- Currell G (2000) Analytical instrumentation-performance characteristics and quality. Wiley, New York, pp 67–91
- DeBolt S, Cook DR, Ford CM (2006) L-Tartaric acid synthesis from vitamin C in higher plants. Proc Natl Acad Sci 103: 5608–5613
- Feinstein K (1995) Guide to spectroscopic identification of organic compounds. CRC, Boca Raton, FL
- Hargis LG (1988) Analytical chemistry-principleses and techniques. Prentice-Hall, Englewood Cliffs, NJ
- Harris DC (2015) Quantitative chemical analysis, 9th edn. W. H. Freeman, New York
- Harris DC, Bertolucci MD (1989) Symmetry and spectroscopy. Dover, Mineola, NY
- Ingle JD Jr, Crouch SR (1988) Spectrochemical analysis. Prentice-Hall, Englewood Cliffs, NJ
- Lakowicz JR (2011) Principles of fluorescence spectroscopy, 3rd edn. Springer, New York
- Milton Roy educational manual for the SPECTRONIC ® 20 & 20D spectrophotometers (1989) Milton Roy Co., Rochester, NY
- Miwa H (2000) High-performance liquid chromatography determination of mono-, poly-and hydroxycarboxylic acids in foods and beverages as their 2-nitrophenylhydrazides J Chromatogr A 881: 365–385
- Owen T (2000) Fundamentals of UV-Visible spectroscopy, Agilent Technologies. https:// www. agilent. com/ cs/ library/primers/Public/59801397_020660. pdf
- Pavia DL, Lampman GM, Kriz GS Jr (1979) Introduction to spectroscopy: a guide for students of organic chemistry. W. B. Saunders, New York
- Pavia DL, Lampman GM, Kriz GS Vyvyan JA (2015) Introduction to spectroscopy. 5th Edition, Cengage Learning, Independence, KY
- Perkampus H-H (1994) UV-Vis spectroscopy and its applications. Springer, Berlin, Germany
- Robinson JW, Frame EMS, Frame GM II (2014) Undergraduate instrumental analysis, 7th edn. CRC Press, Inc., Boca Raton, FL
- Robinson JW, Frame EMS, Frame GM II (2014) Undergraduate instrumental analysis, 7th edn. CRC Press, Inc., Boca Raton, FL
- Royal Society of Chemistry (2016) Learning Chemistry- Spectra School. http://www. rsc. org/learn-chemistry/collections/ spectroscopy/
- Shriner RL, Fuson RC, Curtin DY, Morrill TC (1980) The systematic identification of organic compounds -a laboratory manual. 6th edn. Wiley, New York
- Smith BC (2003) Quantitative spectroscopy: theory and practice, Academic Press, Amsterdam
- Thomas MJK, Ando DJ (1996) Ultraviolet and visible spectroscopy, 2nd edn. Wiley, New York
- Valeur B, Berberan-Santos MN (2013) Molecular fluorescence: principles and applications, 2nd edn., Wiley-VCH, New York
- Yadav LDS (2005) Organic spectroscopy. Kluwer Academic, Boston, MA

红外与拉曼光谱 8

Luis Rodriguez – Saona

Huseyin Ayvaz

Randy L. Wehling

8.1 引言

红外(IR)光谱是一个通过测量食物或其他固体、液体或气体对不同频率红外辐射吸收的技术。红外光谱于 1800 年被赫谢尔(Herschel)发现。当他用一个棱镜从白光中获得光谱,然后将温度计放在光谱红光区边缘外时,他注意到温度计指示的温度升高了,这是第一次观察到红外辐射现象。到 20 世纪 40 年代,红外光谱已经成为化学家鉴别有机化合物中功能基团的重要工具。20 世纪 70 年代,可以用于定量快速测定谷物和其他食物中水分、蛋白质和脂肪的商业化近红外(NIR)反射光谱仪被开发出来。当前,红外光谱被广泛应用于食品工业中原料和成品的定性和定量分析。

本章描述了中红外、近红外和拉曼光谱技术,包括分子吸收红外辐射的原理、商业化红外光谱的组成和配置、红外光谱的采集方法以及这些技术在食品分析中的定性和定量应用。红外显微光谱和拉曼显微光谱技术将在 32.3.2 和 32.3.3 中介绍。

8.2 红外光谱原理

8.2.1 电磁波中的红外区域

红外辐射是波长(λ)比可见光长,但比微波短的电磁能。一般来说,波长 $0.8 \sim 100 \mu m$ 属于红外光谱,并可细分为近红外光谱($0.8 \sim 2.5 \mu m$;$12500 \sim 4000 cm^{-1}$)、中红外光谱($2.5 \sim 15.4 \mu m$;$4000 \sim 650 cm^{-1}$)和远红外光谱($15.4 \sim 100 \mu m$;$650 \sim 100 cm^{-1}$)。近红外和中红外区域的光谱对食品的定量和定性分析最有用。

红外辐射也可以用它的频率来测量,这一点非常有用,因为频率通过以式(8.1)所示与辐射能量直接相关。

$$E = hv \tag{8.1}$$

式中　E——系统能量；

　　　h——普朗克常数；

　　　v——频率，Hz。

频率通常表示为波数（v/cm^{-1}）。波数的计算公式如下：

$$\bar{v} = 1/\lambda_1 = 10^4/\lambda_2 \tag{8.2}$$

式中　λ_1——波长，cm；

　　　λ_2——波长，μm。

8.2.2　分子振动

当一个分子振动时伴随着其电荷分布和偶极矩的改变，则该分子可以吸收红外辐射。尽管在一个多原子分子中存在多种可能的振动，在偶极矩发生变化的最重要的振动是伸缩（对称和不对称）和弯曲（剪式、摇动、扭曲、摆动）振动。图8.1所示为水分子中上述振动的例子。应当注意，伸缩振动比剪切振动要在更高的频率下振动。而且，不对称伸缩振动比对称伸缩更有可能导致偶极矩的变化以及与其相对应的红外辐射吸收。

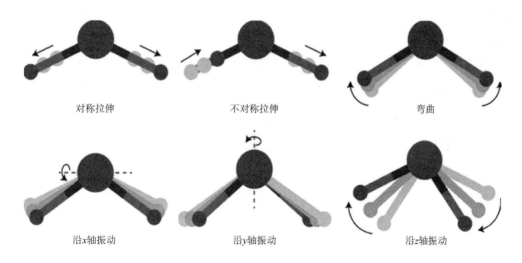

对称拉伸　　　　　　　不对称拉伸　　　　　　　弯曲

沿x轴振动　　　　　　沿y轴振动　　　　　　沿z轴振动

图8.1　水分子的振动模式

注：来自圣凯文学院化学课程[67]。

8.2.3　影响振动频率的因素

红外辐射吸收的基本要求是分子或官能团的振动过程必须有偶极矩的净变化。

分子振动可以被看作是一个拥有以下方程给出的任何分子振动能级的谐振子[图8.2（1）]：

$$E = (v + 1/2)(h/2\pi) \sqrt{k/\frac{m_1 m_2}{m_1 + m_2}} \tag{8.3}$$

式中　　v——振动量子数(包括 0 的正整数);

　　　　h——普朗克常量;

　　　　k——化学键的力常数;

m_1 和 m_2——振动中单个原子的质量。

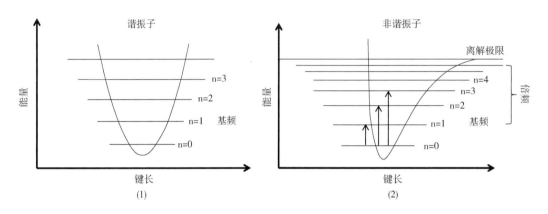

图 8.2　谐振子(1)和非谐振子(2)模型之间势能曲线的差异图

　　需要注意,振动能以及振动频率与键的强度成正比,与分子系统的质量成反比。因此,不同化学基团会以不同的频率振动。振动的分子官能团可以吸收辐射能从最低($v=0$)振动状态移动到第一个激发态($v=1$)状态,而使之发生的辐射频率与最初的化学键振动频率相同。这个频率被称为基频吸收。谐波振子可以很好地解释基频振动中的化学键拉伸振动。然而,分子也可以吸收辐射到更高的($v=2$ 或 3)激发态,这样被吸收的辐射频率是基频频率的两到三倍。这些吸收被称为倍频,并且这些吸收的强度比基频要低得多,因为这些转变不太受欢迎。安谐振子模型[图 8.2(2)]解释了电子云的斥力和吸引力以及在更高的能级中容纳键的解离。总的来说,基频振动不受非简谐振动的影响,但倍频振动会收到非简谐振动的影响,因此在评估这些高频振动的时候必须考虑简谐振动。当两个或多个不同的振动相互作用就会产生合频峰,也就是这些基频频率的总和。谐振子的模型及其对非简谐振动的修正解释了许多特征频率的来源,这些频率可以被归属为一个分子中特定的原子组合。总的结论是分子内的每个官能团都吸收不同波长的红外辐射,而不是作为连续的整体来吸收。

8.3　中红外光谱

　　中红外光谱是用来测量样品在 $2.5 \sim 15\mu m$($4000 \sim 650cm^{-1}$)区域光谱的吸收能力。基频吸收主要是在这个光谱区域被观察到的。中红外光谱对有机化合物的研究非常有用,因为其吸收带与特定功能基团的振动模式有关。该波段及其强度的定位与键的能量、环境和它在矩阵中的浓度有关,因而中红外光谱对定性和定量方面应用都很适用。

8.3.1 仪器

8.3.1.1 概述

用于中红外分析的光谱仪有两种类型：分散型和傅立叶变换（FT）光谱仪。分散型光谱仪于 20 世纪 40 年代提出，其使用棱镜或光栅作为色散原件。分散型光谱仪拥有类似于紫外 – 可见光谱仪的组件，包括一个辐射源、一个单色仪、一个样品架以及一个连接到放大器系统的检测器来实现光谱采集。在这些组件中，过滤器、光栅或棱镜被用来将红外辐射分解成单个波长。在红外光谱的研究中，傅立叶变换红外光谱仪（FTIR）提出是一个主要的进步。由于光谱的质量得到了极大的提高，以及缩短了获得数据所需的时间，傅立叶变换红外光谱仪基本取代了分散型光谱仪。

8.3.1.2 傅立叶变换仪器

在食品分析中，与中红外分散型光谱仪相比，傅立叶变换红外光谱仪拥有更快的速度、更高的灵敏度、更好的波长分辨率和波长精度（详细的优点可以参照参考文献[3 – 4]）。在傅立叶变换（FT）光谱仪中，辐射不是经过色散而是所有波长的光同时到达检测器，并通过数学处理将结果转换成红外光谱。傅立叶变换红外光谱仪使用干涉仪，而不是单色仪。迈克逊（Michelson）干涉仪最常用，它运行的机制很简单（图 8.3）。来自样本的红外辐射被分束器分成两束，每一半的光束会被反射到镜面上（固定或移动镜面）。然后光束被反射回来，并在分束器上重新组合，产生对样品（或参考物）和检测器的干涉。移动镜面的移动导致了两个分裂光束之间的光路长度发生变化，从而产生了相长干涉、相消干涉和中间干涉（相长涉占主导地位）。由此产生的图称为干涉图，也就是检测器所测量的强度，并作为移动镜面位置的函数。当样品在检测器前面与重新组合的光束相互作用时，分子就会吸收它们的特征频率，从而使到达检测器的辐射发生改变（图 8.4）。数据采集后，"傅立叶变换"数学转换将时域（强度对时间）的干涉图转换为频率域的红外光谱（强度对频率）。通过计算机可以快速完成数学转换。

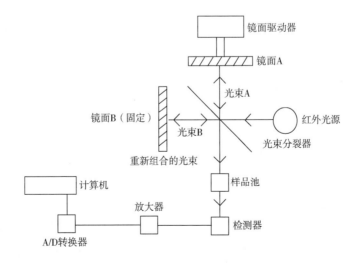

图 8.3　常用于红外光谱仪的干涉仪和相关电子元件的框图

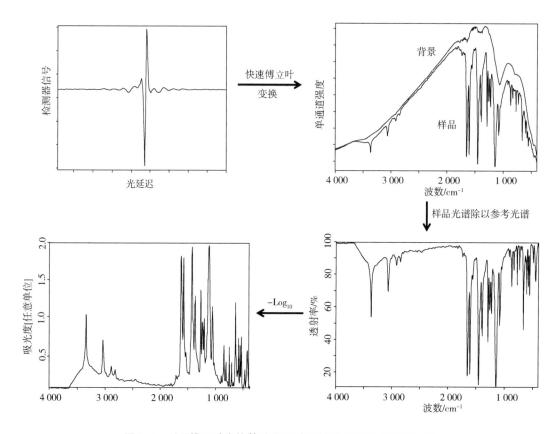

图8.4　利用傅立叶变换算法将干涉图转换成红外光谱的过程

中红外光谱仪通常采用的辐射源是加热到1000~1800℃的惰性固体。三种最常用的辐射源是能斯特灯(nernst glower)(由稀土氧化物构成),格罗棒(globar)(由碳化硅建造)以及一个缠绕着镍铬铁合金线圈(nichrome coil)的陶瓷心子(ceramic core)。后者当电流通过时会发光。它们都产生连续的辐射,但是有不同的辐射能量分布。

对于包括热电偶在内的检测器,当不同程度辐射撞击检测器后,引起的输出电压随温度变化而变化。对于高莱(golay)检测器,辐射通过击中密封管中的氙气,使气体变暖,并在管道内造成压力变化。然而,大多数现代仪器要么使用热电检测器,如氘代硫酸三甘肽(DTGS)晶体,要么使用固态半导体检测器。不同强度的辐射撞击到DTGS检测器引起检测器温度发生变化,从而导致DTGS的介电常数改变,继而电容变化量被测量到。半导体检测器,如由汞—镉—碲化镉(MCT)合金制成的半导体检测器,具有根据检测器表面的辐射量而变化的导电率。MCT检测器比其他检测器能够对更小的辐射强度变化作出更快的反应,但是其通常需要进行低温冷却。DTGS和MCT检测器是傅立叶变换红外光谱仪器中最常用的检测器。

8.3.2　样本光谱处理技术

透射模式是指当红外光谱穿过两个红外透明窗口之间的样本时对其红外光谱进行测量。液体的红外关光谱测量通常采用透射模式。因为中红外光谱的吸收系数高,所以通常使用光程只有0.01~0.1mm的样品池。由于石英和玻璃在中红外区域吸收光谱,因此样品池由不吸收红外的吸收材料制成,如卤化物或硫化物盐。卤化物盐是溶于水的,在选择其作为样品池测量液体样品时必须小心。样品池也可以用更耐用和更不可溶性的材料制成,比如锌硒,但是比卤化物的样品池要贵得多。在多个样品测量之间对样品池进行清洗时需要格外小心,测量液体的样品池必须没有气泡。

固体样品的透射光谱可以通过将少量样品与溴化钾(KBr)进行完全研磨来获得。具体是将混合物在高压下压成小圆片,并让红外光束穿过小圆片。这种技术的局限性包括溴化钾难以处理和易吸水,以及制作一个好的溴化钾压片颗粒是非常复杂性和耗时的。另一种方法是使研细后的固体样品分散在石蜡矿油中以形成石蜡糊。

气体样品的透射光谱可以利用一个装有红外透明窗口并且密封的 $2 \sim 10cm$ 的玻璃样品池获得。痕量分析可采用多光程的样品池,通过多次反射穿过单元格的红外束来获得长达数米的光程。红外光谱仪也可与气相色谱仪相结合,从色谱柱中获取化合物的光谱信息。

衰减全反射(ATR)是一种在红外光谱中广泛应用的光谱采集技术。其几乎不需要样品制备,从而消除了样品池路径长度变化,从而可以获取一致性高的光谱。ATR 可以用于由于太厚而无法获取透射光谱的固体样品,如花生酱和黏性液体等。ATR 的工作原理是基于红外光的衰减效应,如图 8.5 所示。当红外光照射到锌硒(ZnSe)、碘化钠(kr - 5)、锗(Ge)、硅(Si)、钻石等具有高折射率属性的内部反射单元(晶体)和低折射率材料(食品样品)表面之间的界面时,在与反射面相互作用的过程中,形成了一种称为"衰减波"的辐射。其主要在高折射率材料中,并有少数穿透到样品中。样品材料通过选择性吸收,使反射辐射的强度在样品吸收辐射的波长上降低,最终测量得到晶体中衰减的辐射,以作为样品的特征光谱用于后续分析。

(1)

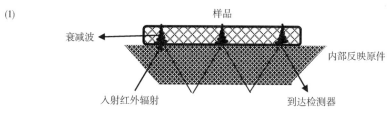

三重反射的衰减全反射晶体

(2)
ATR晶体选择准则

材料	光谱范围 /cm⁻¹	硬度/ (kg/mm)	pH范围	折射率	45° 穿透系数
钻石	50 000~2 500	9 000	1~14	2.4	1.66
锗	5 000~550	780	1~14	4.0	0.65
硅	8 333~33	1 150	1~12	3.4	0.81
溴化铊	17 900~250	40	5~8	2.4	0.85
硒化锌	20 000~500	130	5~9	2.4	1.66
AMTIR(Ge-As-Se混合材料)	11 000~725	170	1~9	2.5	1.46

图8.5 **(1)衰减全反射附件中的三重反射,并在样品中反射逐渐消失的反射现象**

(2)普通 ATR 晶体的特性

由于 ATR 中辐射不是通过样品的,因此样品不需要足够薄来允许入射光的传播。由于辐射的穿透深度仅限于几微米,所以无论在表面的样品数量如何,不需要稀释样品就可以采集到相同的光谱。

由于样品需要与 ATR 晶体紧密接触以获得优质的 ATR 光谱,因此样品的物理状态是一个重要的因素。液体和牙膏通常比固体样品可以获得更好的 ATR 光谱。采用压力夹紧系统使样品变形,可以增加 ATR 晶体和样品之间的接触程度。

8.3.3 中红外光谱的应用

8.3.3.1 有机官能团的吸收波段

红外光谱通过检测红外光谱导致化学分子中官能团的相互作用而产生可预测的振动,来提供样品中存在的化学物质的"指纹"特征。中红外区域的光谱已被较好地解析并归属于食物主要成分的官能团光谱波段。光谱波段定位的作用是归属官能团的表征,而其强度与官能团的浓度有关,从而即允许定性又允许定量应用。

光谱通常通过在 x 轴上绘制波数并在 y 轴上绘制的透射率和吸光度的百分比来表示。图 8.6 所示为部分食物的中红外光谱以及与表 8.1 中富含脂肪、蛋白质和淀粉的食品的官能团相关联的主要吸收波段。

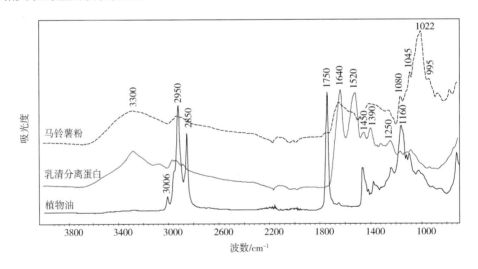

图 8.6 三重反射衰减全反射测量的玉米油、乳清分离蛋白和马铃薯粉的中红外光谱

表 8.1 主要食品成分的中红外吸收频率和近红外吸收频率

食品成分	红外区域	频率/cm^{-1}	归属
脂肪	中红外	3006	顺烯基
		3000~2800	长链脂肪酸的 C—H 不对称和对称伸缩振动
		1740	脂肪酸脂的 C＝O 伸缩振动
		1711	脂肪酸的 C＝O 伸缩振动
		1475~1435	烷基支链的—CH$_3$ 非对称弯曲变形振动

续表

食品成分	红外区域	频率/cm^{-1}	归属
		1465	＝C—H 的顺式弯曲
		1350～1395	—CH$_3$ 的 C—H 对称弯曲
		1350～1150	C—H 弯曲
		1240 和 1163	—C—O 和—CH$_2$—的伸缩弯曲
		1150～1000	—C＝O 伸缩
		966	反式 C＝C 双键平面外弯曲
		914	顺式—C＝C—H 平面外弯曲
	近红外	8700～8100(1150～1235nm)	C—H 伸缩二级倍频
		8563(1168nm)	顺式双键
		7209(1387nm)	C—H 伸缩和 C—H 弯曲振动的合频
		5807(1722nm),5681(1760nm)	C—H 伸缩一级倍频
		4705(2125nm)	孤立 C＝C 双键的 C—H 振动
		4336(2306nm),4269(2342nm)	C—H 和 C—O 伸缩振动的合频
水分	中红外	3500	O—H 伸缩振动
		1650	O—H 弯曲振动
	近红外	6900(1450nm)	自由 O—H 伸缩振动的一级倍频
		5150(1940nm)	O—H 振动合频
		1640	酰胺 I 带
蛋白质	中红外	3300	酰胺 A 带
		1540	酰胺 II 带
		1330～1230	酰胺 III 带
	近红外	5000～4550	氨基化合物
		4855(2016nm)	酰胺 A 带和酰胺 II 带的合频
		4580(2180nm)	酰胺 A 带和酰胺 III 带的合频
碳水化合物	中红外	1745	酯类,果胶
		1630～1605	羧化物,果胶
		在 1617 和 1420 之间转变	果胶酸链的金属配位
		1460～1340	C—C—H 和 C—O—H 的变形振动
		1250～950	环外或者环内的 C—C 和 C—O 键
		1150	吡喃环的表征
		1110	CO 环,C—4—O,C—6—O
		1080	C—1—H 的典型弯曲振动
		1060	C—1—OH(果糖残基)
		1030	典型的 C—4—OH 振动

续表

食品成分	红外区域	频率/cm^{-1}	归属
		1050 ~ 1020	淀粉回生,增加的结晶度
		995	糖苷键
		950 ~ 750	糖类的 α 和 β 异构区域
	近红外	69405(1440nm)	O—H 伸缩振动一级倍频,晶体结构
		5924(1688nm)	C—H 伸缩振动一级倍频
		5882(1700nm)	纤维素或木质素甲基的 C—H 伸缩振动
		4662(2100nm)	碳水化合物 C—O 伸缩/OH 弯曲合频
		4280(2336nm)	纤维素和淀粉
		4386(2280nm) ~ 4292(2330nm)	C—H 伸缩和 CH_2 变形振动合频
芳香族化合物	中红外	3100 ~ 3000	芳香族—CH 伸缩振动
		1600	—C＝C—伸缩振动
醇类	中红外	3600 ~ 3200	—OH 伸缩振动
		1500 ~ 1300	—OH 弯曲振动
		1220 ~ 1000	C—O 伸缩振动
	近红外	6850(1460nm) ~ 6240(1600nm)	—OH 一级倍频
		6800(1470nm) 和 7100(1280nm)	结合氢键的典型一级倍频波段
		4550(1800nm) ~ 5550(2200nm)	OH 拉伸和 OH 弯曲振动
醚类	中红外	1220 ~ 1000	C—O 非对称伸缩振动

特征的光谱曲线可以用来识别未知物质中的特定官能团。将中红外光谱与一组标准光谱进行比较,确定最接近的匹配,就可以完成对化学化合物的鉴定。光谱库可以从多个渠道获得,但可能最丰富的标准来自萨达特标准光谱(Sadtler Standard Spectra,Bio – rad 公司 Sadtler 分部,费城,PA),它包含了超过22.5 万条的红外光谱。利用算法将未知光谱与参考数据库中的光谱进行比较,通过计算命中质量指数(HQI)来获得光谱的相似程度。可以计算未知化合物的多个 HQI 值,然后软件会对搜索报告进行排序并显示最佳匹配。光谱噪声会影响 HQI 值并导致识别错误。因此,必须通过视觉比较来确认匹配的结果。光谱搜索主要适用于纯物质,而不是食物或其他商品。

8.3.3.2 应用

中红外光谱测量遵循比尔定律,但由于红外光源的强度低、红外检测器的灵敏度低、以及中红外吸收带相对狭窄,其偏差可能大于紫外 – 可见光谱。这项技术的第一个也是最广泛的用途之一是牛乳红外分析仪,它有能力每小时检测数百个样品,同时测定牛乳中的脂肪、蛋白质和乳糖含量。酯羰基化合物的脂质吸收在 $5.73\mu m$(1742cm^{-1}),酰胺组蛋白吸收在 6.47μm(1545cm⁻¹),乳糖的羟基吸收在 9.61μm(1045cm⁻¹)。自动化红外光谱检测仪先将牛乳的脂肪小球均质化,从而使样品的光谱散射最小化,然后将牛乳注入红外光线穿过的流动样品池中。仪器通过已知浓度的样本进行校准,以确定比尔定律图的斜率和截距。红外牛乳分析仪已被用于官方检测。这些仪器具体的操作规程见参考文献[5-6]。

中红外光谱还被用于很多其他领域的食品分析。中红外光谱在食物分析中的应用举例详见参考文献[7-9]。由于红外光谱的复杂性,多变量统计分析技术(化学计量学)常用于从红外光谱中提取信息,实现对食品中多种成分的分类和定量分析。使用化学计量技术进行光谱建模将在8.5.3中进行更详细的介绍。

8.4 近红外线光谱

近红外线测量(NIR)光谱(0.7~2.5μm,相当于700~2500nm)较中红外光谱更广泛地被用于食品定量分析。多种商业化近红外仪器被用于食品成分分析。近红外光谱技术的一个主要优势是具有利用漫反射技术直接测量固体食品成分的能力。

8.4.1 原理

8.4.1.1 漫反射测量原理

当辐射照射固体或颗粒材料时,部分辐射会从样品表面反射回来。这种类似镜面的反射被称为镜面反射,但不能够提供关于样品的有用信息。大部分镜面反射的辐射都直接返回能量源。另一部分辐射将穿透样品表面,并在离开样品前被一些样品内的微粒反射,这被称为漫反射,并且这些基于漫反射的辐射可以从180°范围内的随机角度离开样品表面。每次辐射与样品粒子相互作用时,样品的化学成分可以吸收一部分辐射。因此,基于漫反射的辐射包含了样品的化学成分信息,并可以通过在特定波长的能量吸收来表达。

样品颗粒大小和形状会影响穿透和离开样品表面的辐射。因此,最好通过样品研磨仪将固体或颗粒材料研磨成精细大小均匀的颗粒或者在建立模型时通过数学算法修正来减少上述影响[10]。

8.4.1.2 近红外区吸收谱带

近红外光谱的吸收波段主要以倍频和合频为主。因此,近红外光谱的吸收强度较弱。然而,这实际上又是一个优势,因为由氢原子连接碳、氮、氧组成的基团吸收波段强度足够在近红外光谱范围被观察到。而这些都是水、蛋白质、脂类、碳水化合物等食物中主要成分的常见基团。表8.1列出了与一些重要食物成分相关的吸收波段。

近红外光谱区域的吸收峰通常宽且频繁重叠,从而产生的光谱相当复杂。然而,这些宽波段对于定量分析来说特别有用。图8.7所示为小麦、干蛋白、乳酪的近红外光谱图,其中与—OH基团相关的强吸收带是含有30%~40%水分的乳酪光谱中的主要特征,即使在水分较低的小麦和干蛋白样品中也仍然显著。小麦样品中蛋白质(2060nm和2180nm)产生的波段被以2100nm为中心的淀粉强吸收峰所遮盖。脂质中—CH基团产生的相对尖锐的吸收峰在 2310nm、2350nm 和 1730nm 处,如在乳酪光谱中可明显观察到。

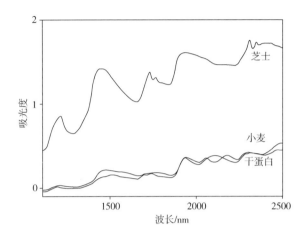

图 8.7　乳酪、小麦和干蛋白的近红外光谱图[以 log(1/R)与波长的关系作图]

8.4.2　仪器

图 8.8 显示了两台商业近红外光谱仪。大多数近红外仪器的光源是一种带有石英外壳的钨丝卤素灯,类似于投影灯。这些灯在可见光和近红外光谱区域都能释放出大量的辐射。近红外光谱仪器最常用的是半导体检测器,在 700 ~ 1100nm 为硅检测器,在1100 ~ 2500nm 为硫化物。对于需要快速响应光强的情况,如在线监测,可以使用砷化铟(InGaAs)检测器。许多 InGaAs 检测器的最大波长为 1700nm,然而商用 InGaAs 检测器的波长范围可以扩大到更长的波长。大多数商业近红外光谱仪器使用的是单色器,而不是干涉仪,然而有些商业仪器现在已在使用傅立叶变换技术。基于单色仪的仪器可能是扫描式的。在这种扫描方式中,光栅被用来分散不同波长的辐射,并且在任何给定的时间内,通过旋转光栅使单一波长(或更合适地来讲是窄波段的波长)撞击到样品上。使用这种方式需要几秒钟的时间来收集整个近红外区域的光谱。一些快速扫描仪器则是将整个近红外区域的光照射到样本上。反射或透射光被定向到一个固定的光栅上,该光栅将光按照不同光波分散开,并将其聚焦到一个可以同时测量所有波长的多通道阵列检测器上。这些仪器可以在 1s 以内获得样品的光谱。

对于一些特别的应用,近红外光谱仪可以采用光学干涉滤光片来获取样本 6 ~ 20 个波长的光谱。滤光片用来获得已经被知道与样品成分相关的吸收波长。仪器在光束中一次插入一个滤光片从而将单个波长的辐射照射到样品上。

反射或透射模式都可在近红外光谱检测中应用,其选择主要取决于样品的类型。反射模式主要用于固体或粒状样品,适用于获取只需要测量包含了样品信息的漫反射辐射。在许多仪器中将检测器放置在与入射光线呈 45°角的位置,使得镜面反射的辐射不会被测量到[图 8.9(1)]。也有仪器使用积分球。积分球是一个镀金的金属球体,里面装有检测器图[8.9(2)]。球体收集来自样品不同角度的漫反射辐射,并将其聚焦到检测器上。镜面反

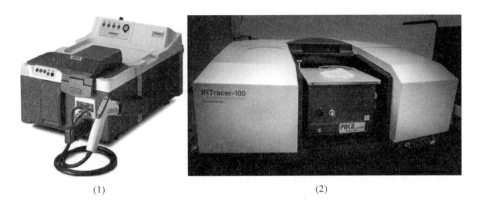

(1) (2)

图 8.8　（1）Thermo Scientific Antaris Ⅱ 光谱仪　（2）配备有一个 PIKE 技术的
近红外积分球配件的 Shimadzu IRTracer-100 光谱仪

注:照片由 Thermo Fisher 科学仪器和 Shimadzu 科学仪器提供。

射光谱从与入射光进入并撞击样本的端口中逸出球体。

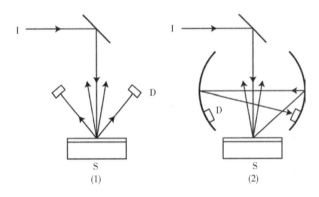

图 8.9　测量固体食品样品漫反射的典型仪器结构

注:单色仪获得的辐射(I)由镜面直接照射到样本上(S)。漫反射辐射被放置与入射光束(1)45°角处的检测器
(D)直接测量或者由积分球收集和聚焦到检测器(2)上。镜面反射辐射不会在这两种情况下被测量到。

　　样品准备通常是将食物紧密地包裹在样品池的石英玻璃上,从而得到一个光滑均匀的
表面产生反射。石英在近红外区域不吸收光谱。在每一个波长上,样品的反射光谱强度与
一个不吸收光谱的参考物进行对比,如陶瓷或氟碳材料的反射强度。反射系数(R)由式
(8.4)计算。

$$R = I/I_0 \tag{8.4}$$

式中　I——给定波长的样本反射辐射强度;

　　　I_0——相同波长的参考物的反射辐射强度。

　　反射光谱常用 $\log(1/R)$ 来表示。该表达类似于透射光谱中的吸光度。反射光谱有时
也被表示为邻近波长反射值的差值或者导数,如式(8.5)、式(8.6)所示。

$$(\log R_{\lambda_2} - \log R_{\lambda_1}) \tag{8.5}$$

或者　　　　　　　　　　$$(2\log R_{\lambda_2} - \log R_{\lambda_1} - \log R_{\lambda_3}) \tag{8.6}$$

导数值表示的是光谱斜率的变化,其中 λ_1、λ_2 和 λ_3 是通常以 5~20nm 为间隔的相邻

波长,较大的数字代表较长的波长。

近红外光谱的透射检测是液体样品常用的方法。将液体放置在一个石英试管中来检测其在感兴趣的波长的吸光度。透射检测也可以在固体样品中进行,但一般只在700~1100nm。在这个波长区域,吸收波段是非常微弱的高合频,允许辐射穿透几毫米的固体样本。透射测量可以将所需的样品制备程度降到最低。由于红外光穿过整个样品,因此减少了对平滑均匀样品表面的需求。

近红外光谱可以通过与单色仪或干涉仪有一定距离的光纤电缆传输,从而实现仪器远程的反射或透射测量。这对于在加工厂环境中进行测量是非常有用的。商业探头可以直接插入到粒状材料中或者插入一个装有液体的管道中。

和中红外成像一样,近红外成像设备现在也已经商业化。这些仪器使用阵列检测器,使食品样品的数字图像可以在不同波长获得或者在图像的一个像素中获得光谱。这种技术被称为高光谱成像。它具有评估样本异质性的潜力或在完整的食品样品中识别小的特征或污染物。

8.4.3 红外光谱的定量方法

红外光谱仪可以检测食品和农产品中的各种成分。由于近红外吸收波段的重叠特性,通常需要对两个或多个波长的光谱进行采集来可靠地定量检测食品成分。多变量统计技术(化学计量学)被用于把收集到的光谱数据与食物中感兴趣的成分浓度联系起来[11-13]。最简单的统计算法是多重线性回归(MLR),它通过式(8.7)来预测食品成分的含量:

$$物质含量(\%) = z + a\log(1/R_{\lambda_1}) + b\log(1/R_{\lambda_2}) + c\log(1/R_{\lambda_3}) + \cdots \quad (8.7)$$

其中每一项都代表不同波长的光谱乘以相应的系数。每个系数和截距(z)都是由多元回归分析计算得到的。

吸光度或求导的反射数据也可以用来代替$\log(1/R)$来表达光谱。在某些情况下,利用求导的反射数据可以获得改进的结果,特别是那些可能没有均匀颗粒大小的样品。其他的数学算法也可以用于反射数据的计算来校正非均匀粒子的影响[10]。

为建立红外光谱检测模型来实现光谱仪器的定量测量,需要获取一批能够代表被测对象或者覆盖感兴趣物质含量范围的样品。然后用传统的分析方法测量这些样本的物质含量(例如,使用凯氏定氮或杜马斯法测量蛋白质含量,详见18.2.1和18.2.2),然后获取每个样品的红外光谱。通过计算机运行MLR算法来确定最能预测感兴趣成分浓度的波长组合和每个波长的系数,如式(8.7)所示。在MLR等化学计量学技术中,波长是根据统计与测量成分的相关度来选择的。然而,我们必须检测波长选择结果,以确保从光谱角度所选择的波长是有意义的。每个建模也应该使用另外的独立样本集进行验证。然后,如果建模结果得到满意的验证结果,则可以用于常规分析应用。

当使用MLR时,有时很难包含足够的波长来充分定义光谱和成分含量之间的关系。增加太多的波长可能使得建模"过拟合",导致模型不适用于那些不属于建模集样本集的样本。过拟合可能是因为多个单波长响应值之间是高度相互相关造成的。使用多元建模方法如偏最小二乘(PLS)回归和主成分回归(PCR)可以克服这个问题以获得更可靠的检测结果。PLS 和 PCR 通常被称为"数据压缩"技术,因为它们从整个波长范围内获取光谱变化信息,并且用较少数量的、相互间不相关的变量来表达大部分的光谱变化信息。然后这些变量被用于建立一个回归方程。与 MLR 相比,由于 PLS 和 PCR 可以使用来自整个光谱的信息,并且减少了结果"过度拟合"的风险,因此通常可以提供更好的结果。由于这点优势,这两种算法现在被广泛用于中红外和近红外仪器建立模型的最广泛。对这些技术更详细的介绍,感兴趣的读者可以参考相关文献[11-16]。

8.4.4 红外光谱的定性分析

红外光谱还可以用来将一个样本分成两个或两个以上的类别,而不仅是提供定量的检测。分类技术,如主成分分析(PCA)、簇类独立软模式法(SIMCA)或判别分析可以用来比较未知样本的红外光谱和来自不同组样本的光谱。然后,这个未知的样本可以被分类为与它的光谱最相似的类别。该方法以前常被用于化学和制药工业中的原材料标识,现今则越来越被广泛用于食品领域,包括小麦分类为硬红春小麦或硬红冬小麦[17]、识别来自不同来源的橙汁样品[18-19],橄榄油来源的鉴定[20]以及牛肉鉴别[23-25]。对这些分类技术更详细的介绍,感兴趣的读者可以参考相关文献[11],[26]。

8.4.5 食品分析中的近红外光谱

已有文献对近红外光谱在食品分析的理论和应用进行了讨论[27-30]。近红外光谱技术被广泛应用于谷物、粮食制品和油籽加工行业。美国国际谷物化学家协会(AACC International)已认定基于近红外技术的磨粉或全谷物样品的检测可以用于大麦、燕麦、黑麦、小麦、小麦面粉中的蛋白质含量以及大豆中的水分、蛋白质和油的检测[31]。这些被批准的方法的介绍还包括了用于这些检测的仪器,包括在方法 39~30 中有制造商名单和联系信息,以及用于样品准备和光谱建模的适用技术。现在美国和加拿大官方的粮食检验机构都使用近红外仪器来测量谷物和油籽中的蛋白质、水分和油。

近红外光谱可以检测许多以谷物为基础的食物成分,如蛋白质和膳食纤维[32-34]。现代仪器及建模技术允许各种各样的产品,如饼干、格兰诺拉燕麦棒和即食食品用同样的建模思路进行分析。

近红外光谱也可用于许多其他的商品和食品产品。该技术已成功应用于检测红肉和加工肉制品的成分和质量[35-37]、家禽[38]和鱼[39]。近红外光谱分析也可用于分析乳制品和非乳制品衍生品,包括测量黄油和人造黄油的湿度,乳酪中的水分、脂肪和蛋白质[41-42],牛乳和乳清粉中的乳糖、蛋白质和水分含量[43]。近红外光谱技术还可用于检测水果、蔬菜和果汁中的总糖和可溶性固体含量[44-46],商业化检测玉米甜味剂中的糖含量[47],并可用于巧克力中蔗糖和乳糖的定量检测[48]。

近红外光谱也拥有测量食物中影响其最终使用效果的特定化学成分的潜力,用于监测加工或储存过程中发生的变化,以及直接预测与其化学成分有关的商品加工特性。例如测定大米淀粉中的直链淀粉含量,这是稻米品质的重要决定因素[49-50]、检测植物油中的过氧化值[51],监测煎炸油的降解[52]以及预测玉米加工质量[53-54]。

这些只是近红外光谱应用的几个例子。如果一种物质能在近红外区域被吸收,并且存在于十分之几或更大的含量水平,它就有可能被这种技术所检测。近红外光谱的主要优点是,当光谱模型建立好后就可以快速同步检测样品中的多个成分(从30s到2min)。为了测量多个成分,仪器储存了每个成分的建模方程。通过获取建模需要的所有波长的光谱,并输入到公式中就可以预测感兴趣的成分。检测过程不需要对样品称重,也不需要使用危险的试剂,也不会产生化学废料。它还适用于在线测量[55]。近红外光谱的缺点包括一般需要大量的样本进行建模导致使用仪器的初始成本高,并且需要为每一种测量的产品建立特定的模型。此外,仪器所产生的结果不可能比建模所用参考值的准确度好,因此对建模样本的感兴趣成分进行仔细的检测非常重要。

8.5 拉曼光谱

8.5.1 原理

拉曼光谱是一种振动光谱技术,是红外光谱技术的补充[56]。当一个光子与一个分子碰撞时,产生的碰撞会导致光子被散射。样本中的分子可以被激发,当它们与入射光相互作用时,就会达到一个不稳定的虚拟能量状态,如图8.10所示。然而,这种分子跃迁到高能态是一个短暂的过程,大部分分子会回到最初的低能量水平,导致散射的光子与入射光的有相同的能量,这被称作弹性散射或瑞利散射。然而,少部分分子会随着分子振动和旋转能量的变化而放松到更高的振动状态,从而导致散射辐射的波长发生变化。对于拉曼散射来说,一个分子必须经历分子电子云的极化变化,但不需要在偶极矩发生变化。因此,拉曼光谱可以观察到不能通过红外光谱检测到的对称振动。拉曼光谱是对红外光谱的补充,因为一些振动只是对拉曼光谱活跃。此外,有些振动只是对红外光谱是活跃的,有些则两者都是。

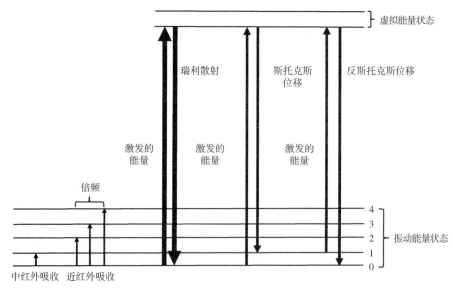

图8.10 红外、近红外,拉曼和瑞利散射的能量级图

摘自参考文献[57]。

在拉曼散射中,散射的光子(在 10^7 个光子中大约有 1 个)将会跃迁到更长的波长(更低的频率),这种频率的变化被称为斯托克斯线或斯托克斯位移。如果最终的能量状态低于初始状态,散射的光子将会跃迁到较短的波长(更高的频率),这被称为反斯托克斯线或反斯托克斯位移[57]。斯托克斯线的强度高于反斯托克斯线,因此斯托克斯线通常被作为拉曼光谱[58]。

典型的拉曼光谱包括在 y 轴上的散射强度(光子/s),而不是增加在 x 轴上的波长(nm)或拉曼位移(cm^{-1})。在拉曼光谱中,每一个波段都对应分子中一种化学键和/或官能团的振动,图 8.11 所示为某种药物的典型拉曼光谱。类似于红外光谱,拉曼光谱可以获得分子指纹谱,并通过使用之前在 8.5.3 中描述的化学计量学工具可以进行定性和定量分析,因为拉曼波段的强度与分析对象的浓度成比例[57]。

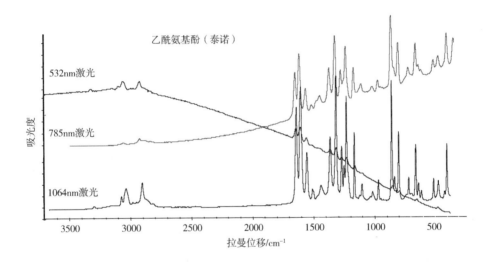

图 8.11　不同的激光源产生的乙酰氨基酚(泰诺)的拉曼光谱

拉曼光谱成为一种具有吸引力的技术是因为①它很少需要或不需要样品制备;②水和醇是弱拉曼散射体,不需要特殊的配件或样品制备就可以测量水样;③拉曼光谱可以通过玻璃、石英和塑料等常见透明容器进行测量,从而不需要打开容器来分析样品。对拉曼光谱在食品领域应用来说,样本荧光是一个限制因素。一般来说,拉曼散射强度与 $1/\lambda^4$ 成正比,所以较短的激发波长可以提供一个更强的拉曼信号,但是短激发波长更容易产生荧光。

8.5.2　仪器

拉曼光谱仪主要基于分散型和傅立叶变换技术图 8.12。每种技术都有其独特的优点,并且每种技术都适合于特定的应用。

拉曼分散型系统由激光源、样品、散射元件(衍射光栅)、检测器和计算机组成。典型的拉曼光谱采集过程中,激光源提供聚焦在样品上的单色光束。散射光通过一个排斥瑞利散射光线的凹槽过滤器来显著提升检测灵敏度。拉曼散射光进入单色仪,在那里它们

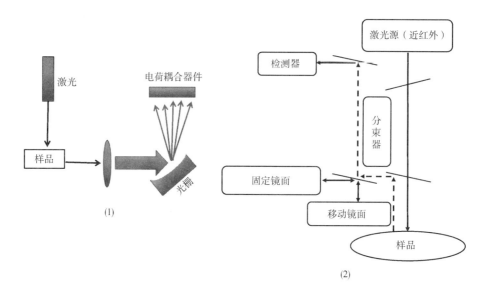

图8.12　(1)分散型拉曼和(2)傅立叶变换拉曼光谱仪基本结构图

改编自参考文献[68]。

被按照不同波长分开,然后检测器记录每个波长的拉曼信号强度。激光通常被用作辐射源,因为拉曼信号的强度与入射光的强度成正比。利用激光作为辐射源来产生拉曼散射,是拉曼仪器中一个重要的进步[59]。检测器通常是光电二极管阵列(PDA)或电荷耦合元件(CCD)相机。CCD检测器对光线极其敏感,其包含了数以千计的图片元素(像素),在不到一秒的时间内就能获得整个光谱,允许使用极低的激光功率来防止样品被热或光化学破坏。

傅立叶变换拉曼光谱仪通常使用1030μm或1064μm的近红外激光器。使用激发波长在近红外区域的激光可以几乎完全消除荧光。然而,拉曼散射强度则会减弱。傅立叶变化拉曼使用的是敏感的单元素近红外检测器,如InGaAs或液态氮冷却锗(Ge)检测器。干涉仪将拉曼信号转换为干涉图以使检测器可以同时获取整个光谱。对干涉图进行傅立叶变换计算可以将结果转换成传统的拉曼光谱。除了去除荧光干扰外,由于使用内置的氦氖激光器进行干涉仪内部校准,使傅立叶变换拉曼光谱可以获取更高精度的波数。

8.5.3　表面增强拉曼散射(SERS)

正如前面提到的,传统拉曼光谱的缺点之一是拉曼信号弱。表面增强拉曼散射(SERS)是克服该问题的最流行的技术之一。金属表面上的纳米结构(通常是金或银)可以在$10^4 \sim 10^{11}$的数量级上极大地增强样本分子的拉曼信号,实现在ppb或单分子水平上的检测[60-61]。图8.13中比较了传统拉曼和SERS的简单机理。信号增强幅度的变化取决于粒子的形态[粗糙表面可以提供比平坦(平滑)的金属表面更多的增强][62]。

由于金属表面和吸附分子之间的电荷转移作用,金属表面产生了增强的电磁场和化学增强,从而产生SERS现象。当入射光的波长接近表面等离子体共振(在小金属结构中传导

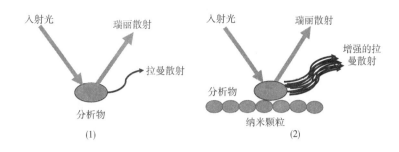

图8.13 比较(1)传统拉曼和(2)SERS拉曼机制

摘自参考文献[63]。

电子的集体激发)时,吸附或靠近表面的分子会经历一个异常大的电磁场。此外,金属表面和分子间的电荷转移复合物的电子跃迁也会引起共振。由SERS可以获得巨大的信号增强使其成为生物化学、生物医学和药物领域的一个非常有前景的分析工具。在食品应用领域,SERS已被作为当前微生物检测的替代工具用于食品安全中的食源性病原体检测,为实现现场食品检测提供了便携式病原体传感器的可能性[60]。其他SERS的应用包括检测食品污染物(农药和抗生素残留)和掺假(三聚氰胺,非法食品染料和霉菌毒素)[60],[63]。

8.6 手持和便携技术

振动光谱技术非常适合用于研发便携式或手持仪器。它们的简单、快速、选择性高以及可以在没有样品制备的情况下进行操作,使它们非常适用于在实验室外被用于在具有挑战性的环境中进行过程监测。一个光谱仪可以用来验证整块材料的身份、检查污染、控制过程,确认最终的产品规格。现场检测仪器必须可以忍受恶劣的环境,保持可靠性和准确性,易于操作,可以电池供电,重量轻,具有人机工程学设计和直观的用户界面。样品采集的配件必须是鲁棒的,只需要少量或者不需要样品制备,并且能够快速分析(图8.14)。

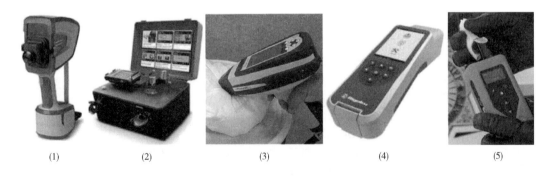

图8.14 可用于商业用途的便携式/手持振动光谱仪

(1)安捷伦4500手持式红外光谱仪;(2)安捷伦4500便携式红外光谱仪;(3)microPhazir热电手持近红外光谱仪;(4)基于Rigaku分析设备的Progeny™1064纳米手持拉曼分析仪;(5)DeltaNu ReporteR手持拉曼光谱仪。

便携式中红外光谱仪(与近红外光谱仪相比)的优点是更高的基频信号,低含量的检测水平和独特的指纹识别能力。然而,如果样品中含有水,它强烈的中红外吸收峰会淹没图谱中有用的信息。近红外光谱可以不需任何样品制备来进行分析。最常用的固体采样模式是漫反射,而透反射(透射和反射的组合)和透射适用于液体分析。虽然近红外信号比中红外波段低 10~1000 倍,但较低的吸收率使近红外光束可以更深地穿透样品,从而进行更有代表性的分析。便携式拉曼光谱仪仪器的优点包括很少或无需样品制备、非接触和非破坏性的检测能力,以及拉曼光谱对水的反应相对较弱。近红外和拉曼分析允许通过玻璃和塑料薄膜进行测量。

便携式和手持振动光谱仪对于包括食品、药品、石化产品和执法等各种应用而言,是具有吸引力的指纹识别技术[64]。Ellis 等[65]总结了各种商业化光谱技术实现快速现场食品欺诈分析的适性。Dos Santos 等[66]对便携式近红外光谱仪在农业食品工业中的应用进行了综述。

8.7 总结

红外光谱能够测量近红外(λ 为 0.8~2250μm)或中红外(λ 为 2.5~15μm)区域的辐射吸收。当分子改变其振动能级时,红外辐射被吸收。表 8.2 所示为各种光谱技术最重要的特征。中红外光谱对定性分析特别有用,例如鉴别物质中存在的特定官能团。不同官能团吸收不同频率的辐射,因此从样品的光谱中可以识别出不同的官能团。定量分析也可以通过红外光谱进行,其中牛乳品质检测是一个重要的应用领域。近红外光谱通过直接对固体食物进行透射或漫反射测量而被广泛应用于定量应用。通过使用多元统计技术,红外仪器可以根据特定波长吸收的红外辐射量来测定食品样品中不同成分的含量。中红外光谱、近红外光谱和拉曼光谱分析的时间比传统的湿化学或色谱技术要少得多。

表 8.2　　　　对食物分析中常见的光谱方法进行比较

光谱类型	原理	仪器部件	应用
紫外-可见(UV-Vis)	紫外-可见光谱是自钨或紫外灯照射下分子在特定波长吸收的辐射能。通过测量由光源发出的能量和到达检测器的能量之间的差值来获得紫外-可见光谱。紫外-可见光谱的吸收与分子浓度成正比	紫外或可见光源,单色仪,样品,检测器,读出器	可定量获得分子(通过自身或化学反应的结果)吸收紫外线或可见区域内的辐射能量
荧光	荧光光谱是基于分子特定波长发射的辐射能。通过吸收紫外或可见光源的辐射,分子从基态被激活,达到激发态的电子能级。当分子从一个激发态的电子能级回到相应的基态时,测量它释放出的辐射可以获得荧光光谱。荧光光谱发射的能量与分子浓度成正比	紫外或可见光源,单色仪,样品,检测器,读出器	可定量获得分子(通过自身或化学反应的结果)吸收紫外线或可见区域内的辐射能量

续表

光谱类型	原理	仪器部件	应用
中红外（MIR）	中红外光谱是分子在中红外光源照射下在特定波长（2.5～15μm；4000～670cm^{-1}）吸收的辐射能。基态的分子吸收中红外辐射并跃迁到第一个激发态（基频振动）。当辐射的频率与分子或官能团的振动频率相匹配时，辐射会引起振动和旋转的变化，以及分子偶极矩的净变化。中红外光谱通过中红外源的发射能量和到达检测器的能量之间的差值测量来获得。中红外光谱吸收与分析物的浓度成比例	分散型系统：中红外光源，光栅，狭缝，样品，检测器，读出器 傅立叶变换系统：中红外光源，干涉仪（氦:氖对准激光，分束器，可移动镜面,固定镜面），样本，检测器，读出器	样品定性和定量分析
近红外（NIR）	近红外光谱是分子在近红外光源照射下在特定波长（0.8～250μm；12500～4000cm^{-1}）吸收的辐射能。分子吸收近红外光源能量并跃迁到更高的激发态（$v=2$、3 或更高），从而产生 C—H、O—H 和 N—H 基团的倍频和合频振动。产生近红外光谱需要在偶极矩有净变化，则振动原子有大的机械非简谐振动。近红外光谱通过测量由近红外源发射的能量和到达检测器的能量之间的差值来获得。近红外光谱的吸收与分子浓度成比例	分散型系统：近红外光源，光栅，狭缝，样本，检测器，读出器 傅立叶变换系统：近红外光源，干涉仪（氦:氖对准激光，分束器，可移动镜面,固定镜面），样本，检测器，读出器	样品定性和定量分析
拉曼	拉曼光谱是基于单色激光的非弹性散射过程，通过与振动分子的相互作用，产生分子电子云的极化变化。散射的光子跃迁到比入射光更高的（反斯托克斯位移）或更低的（斯托克斯位移）频率上，从而提供了样品的振动模式信息。拉曼散射光通过检测器测量。拉曼光谱波段强度与分子浓度成正比	分散型系统：紫外或可见激光，样品，色散单元（衍射光栅），检测器，读出器 傅立叶变换系统：近红外激光，干涉仪（氦:氖对准激光，分束器，可移动镜面,固定镜面），样本，检测器，读出器	样品定性和定量分析
原子吸收（火焰）	火焰原子吸收是原子对空心阴极灯（HCL）在特定波长能量的吸收。火焰将分子转化为原子。来自 HCL 的能量将原子从基态激活到激发态。火焰原子吸收光谱的吸收与原子浓度成正比	HCL，试样插入火焰，单色仪，检测器，读出器	矿物质元素定量检测
原子发射光谱（等离子体）	原子发射光谱是原子在特定波长能量的发射。等离子体将分子转化为原子。等离子体将原子从基态激活到激发态。等离子体发射光谱的发射与原子的浓度成正比	样品插入等离子体、单色仪（或中阶梯光栅）、检测器、读出器	矿物质元素定量检测

8.8 思考题

（1）请描述影响分子官能团振动频率，进而影响其吸收辐射频率的因素。另外，请解释分子基频吸收和倍频吸收是如何相关的。

（2）请描述傅立叶变换中红外光谱仪的基本组成部分及其功能，并比较傅立叶变换和色散红外光谱仪运行的原理。傅立叶变换红外光谱仪与色散红外光谱仪比有什么优势？

（3）请描述中红外光谱和拉曼光谱分析之间的相似和差异。

（4）三种抗氧化剂，2,6 - 二叔丁基 - 4 - 甲基苯酚（BHT），叔丁基羟基茴香醚（BHA）和丙基酸丙酯，谁估计在 $1700 \sim 1750 cm^{-1}$ 光谱区域会有一个强的红外线吸收带？如果你对它们的结构不确定的话，可以在参考书中查阅这些化合物。

（5）请描述光谱辐射从固体或颗粒物质反射的两种方式。哪一种反射的辐射对于用近红外光谱定量测量固体样品是有用的？近红外反射光谱仪的设计该如何选择反射的辐射所需的部件？

（6）请描述一种测量小麦面粉蛋白含量的近红外反射光谱仪所涉及的检测步骤。为什么通常需要在超过一个波长的情况下进行测量？

参考文献

1. Herschel W (1800) Investigation of the powers of the prismatic colours to heat and illuminate objects; with remarks, that prove the different refrangibility of radiant heat. to which is added, an inquiry into the method of viewing the sun advantageously, with telescopes of large apertures and high magnifying powers. Philos Trans R Soc London Ser A 90:255 - 283

2. Coates J (2000) Interpretation of Infrared Spectra, A Practical Approach. In: Meyers RA (Ed.) Encyclopedia of Analytical Chemistry, Vol. 12, Wiley, Chichester, UK, pp. 10815

3. Subramanian A, Rodriguez-Saona LE (2009) Fourier transform infrared (FTIR) spectroscopy. In: Da-Wen Sun (Ed.) Infrared Spectroscopy for Food Quality Analysis and Control. Elsevier, London, UK, pp. 146

4. Griffiths PR, de Haseth JA (2007) Other Components of FT-IR Spectrometers, Ch. 6. In: Fourier Transform Infrared Spectrometry. 2nd edn. John Wiley & Sons Inc. Hoboken, NJ.

5. AOAC International (2016) Official methods of analysis, 20th edn., Method 972. 12. AOAC International, Rockville, MD

6. Lahner BS (1996) Evaluation of Aegys MI 600 Fourier transform infrared milk analyzer for analysis of fat, protein, lactose, and solids nonfat: a compilation of eight independent studies. J AOAC Int 79:388

7. Rodriguez-Saona LE, Allendorf ME (2011) Use of FT-IR for rapid authentication and detection of adulteration of food. Annu Rev Food Sci Technol 2:467

8. Nunes C (2014) Vibrational spectroscopy and chemometrics to assess authenticity, adulteration and intrinsic quality parameters of edible oils and fats. Food Res Intl 60:255

9. Cozzolino D (2015) The role of vibrational spectroscopy as a tool to assess economically motivated fraud and counterfeit issues in agricultural products and foods. Anal. Methods 7:9390

10. Martens H, Naes T (2001) Multivariate calibration by data compression, Ch. 4. In: Williams PC, Norris KH (eds) Near infrared technology in the agricultural and food industries, 2nd edn. American Association of Cereal Chemists, St. Paul, MN, p 75

11. Roggo Y, Chalus P, Maurer L, Lema-Martinez C, Edmond A, Jent N (2007) A review of near infrared spectroscopy and chemometrics in pharmaceutical technologies. J Pharm Biomed Anal 44:683

12. Lavine BK, Workman J (2013) Chemometrics. Anal Chem 85:705

13. Martens H (2015) Quantitative Big Data: where chemometrics can contribute. J Chemom 29: 563

14. Wold S, Sjötröm M, Eriksson L (2001) PLS-regression: a basic tool of chemometrics. Chemom Intell Lab Syst 58:109

15. Mevik BH, Wehrens R (2007) The pls package:

principal component and partial least squares regression in R. J Stat Softw 18:1

16. Bjorsvik HR, Martens H (2008) Data analysis: calibration of NIR instruments by PLS regression, Ch. 8. In: Burns DA, Ciurczak EW (eds) Handbook of near-infrared analysis, 3rd edn. CRC Press, Boca Raton, FL

17. Delwiche SR, ChenYR, Hruschka WR (1995) Differentiation of hard red wheat by near-infrared analysis of bulk samples. Cereal Chem 72:243

18. Evans DG, Scotter CN, Day LZ, Hall MN (1993) Determination of the authenticity of orange juice by discriminant analysis of near infrared spectra. A study of pretreatment and transformation of spectral data. J Near Infrared Spectrosc 1:33

19. Goodner KL, Manthey JA (2005) Differentiating orange juices using Fourier transform infrared spectroscopy (FTIR). P Fl St Hortic Soc 118:410

20. Bertran E, Blanco M, Coello J, Iturriaga H, Maspoch S, Montoliu I (2000) Near infrared spectrometry and pattern recognition as screening methods for the authentication of virgin olive oils of very close geographical origins. J Near Infrared Spectrosc 8:45

21. Gurdeniz G, Ozen B (2009) Detection of adulteration of extra-virgin olive oil by chemometric analysis of midinfrared spectral data. Food Chem 116:519

22. Rohman A, Man YBC, Yusof FM (2014) The use of FTIR spectroscopy and chemometrics for rapid authentication of extra virgin olive oil. J Am Oil Chem Soc 91:207

23. Alomar D, Gallo C, Castaneda M, Fuchslocher R (2003) Chemical and discriminant analysis of bovine meat by near infrared reflectance spectroscopy (NIRS). Meat Sci 63:441

24. Al-Jowder O, Defernez M, Kemsley EK, Wilson, RH (1999) Mid-infrared spectroscopy and chemometrics for the authentication of meat products. J Agric Food Chem 47:3210

25. Meza-Máquez OG, Gallardo-Veláquez T, Osorio-Revilla G (2010) Application of mid-infrared spectroscopy with multivariate analysis and soft independent modeling of class analogies (SIMCA) for the detection of adulterants in minced beef. Meat Sci 86:511

26. Lavine BK (2000) Clustering and classification of analytical data. Robert A. Meyers (Ed). In "ncyclopedia of Analytical Chemistry". John Wiley & Sons Ltd, Chichester.

27. Osborne BG, Fearn T, Hindle PH (1993) Practical NIR spectroscopy with application in food and beverage analysis. Longman, Essex, UK.

28. Williams PC, Norris KH (eds) (2001) Near-infrared technology in the agricultural and food industries, 2nd edn. American Association of Cereal Chemists, St.

Paul, MN.

29. Ozaki Y, McClure WF, Christy AA (2006) Near-infrared spectroscopy in food science and technology. Wiley, Hoboken, NJ.

30. Woodcock T, Downey G, O'onnel CP (2008) Review: better quality food and beverages: the role of near infrared spectroscopy. J Near Infrared Spectrosc 16:1

31. AACC International (2010) Approved methods of analysis, 11th edn. (On-line). The American Association of Cereal Chemists, St. Paul, MN

32. Kays SE, Windham WR, Barton FE (1998) Prediction of total dietary fiber by near-infrared reflectance spectroscopy in high-fat and high-sugar-containing cereal products. J Agric and Food Chem 46:854.

33. Kays SE, Barton FE (2002) Near-infrared analysis of soluble and insoluble dietary fiber fractions of cereal food products. J Agric Food Chem 50:3024.

34. Kays WE, Barton FE, Windham WR (2000) Predicting protein content by near infrared reflectance spectroscopy in diverse cereal food products. J Near Infrared Spectrosc 8:35

35. Oh EK, Grossklaus D (1995) Measurement of the components in meat patties by near infrared reflectance spectroscopy. Meat Sci 41:157

36. Geesink GH, Schreutelkamp FH, Frankhuizen R, Vedder HW, Faber NM, Kranen RW, Gerritzen MA (2003) Prediction of pork quality attributes from near infrared reflectance spectra. Meat Sci 65:661

37. Naganathan GK, Grimes LM, Subbiah J, Calkins CR, Samal A, Meyer G (2008) Visible/near-infrared hyperspectral imaging for beef tenderness prediction. Comput Electron Agric 64:225

38. Windham WR, Lawrence KC, Feldner PW (2003) Prediction of fat content in poultry meat by near-infrared transmission analysis. J Appl Poultr Res 12:69

39. Solberg C, Fredriksen G (2001) Analysis of fat and dry matter in capelin by near infrared transmission spectroscopy. J Near Infrared Spectrosc 9:221

40. Isakkson T, Næbo G, Rukke EO (2001) In-line determination of moisture in margarine, using near infrared diffuse transmittance. J Near Infrared Spectrosc 9:11

41. Pierce MM, Wehling RL (1994) Comparison of sample handling and data treatment methods for determining moisture and fat in Cheddar cheese by near-infrared spectroscopy. J Agric Food Chem 42:2830.

42. Rodriguez-Otero JL, Hermida M, Cepeda A (1995) Determination of fat, protein, and total solids in cheese by near infrared reflectance spectroscopy. J AOAC Int 78:802

43. Wu D, He Y, Feng S (2008) Short-wave near-infrared spectroscopy analysis of major compounds in milk

powder and wavelength assignment. Anal Chim Acta 610:232

44. Tarkosova J, Copikova J (2000) Determination of carbohydrate content in bananas during ripening and storage by near infrared spectroscopy. J Near Infrared Spectrosc 8:21

45. Segtman VH, Isakkson T (2000) Evaluating near infrared techniques for quantitative analysis of carbohydrates in fruit juice model systems. J Near Infrared Spectrosc 8:109

46. Camps C, Christen D (2009) Non-destructive assessment of apricot fruit quality by portable visible-near infrared spectroscopy. LWT-Food Sci Technol 42:1125

47. Psotka J, Shadow W (1994) NIR analysis in the wet corn refining industry-A technology review of methods in use. Int Sugar J 96:358

48. Tarkosova J, Copikova J (2000) Fourier transform near infrared spectroscopy applied to analysis of chocolate. J Near Infrared Spectrosc 8:251

49. Villareal CP, De la Cruz NM, Juliano BO (1994) Rice amylose analysis by near-infrared transmittance spectroscopy. Cereal Chem 71:292

50. Delwiche SR, Bean MM, Miller RE, Webb BD, Williams PC (1995) Apparent amylose content of milled rice by near-infrared reflectance spectrophotometry. Cereal Chem 72:182

51. Yildiz G, Wehling RL, Cuppett SL (2001) Method for determining oxidation of vegetable oils by near-infrared spectroscopy. J Am Oil Chem′ Soc 78:495

52. Ng CL, Wehling RL, Cuppett SL (2007) Method for determining frying oil degradation by near-infrared spectroscopy. J Agric Food Chem 55:593

53. Wehling RL, Jackson DS, Hooper DG, Ghaedian AR (1993) Prediction of wet-milling starch yield from corn by near-infrared spectroscopy. Cereal Chem 70:720.

54. Paulsen MR, Singh M (2004) Calibration of a near-infrared transmission grain analyzer for extractable starch in maize. Biosyst Eng 89:79

55. Psotka J (2001) Challenges of making accurate online near-infrared measurements. Cereal Foods World 46:568

56. An introduction to Raman for the infrared spectroscopist. Inphotonics Technical Note No. 11, Norwood, MA (www. inphotonics. com/technote11. pdf)

57. Boyaci IH, Temiz HT, Geniş HE, Soykut EA, Yazgan NN, Güven B, Uysal RS, Bozkurt AG, İlaslan K, Torun O, Şker FCD (2015) Dispersive and FT-Raman spectroscopic methods in food analysis. RSC Adv. 5:56606

58. Schrader B (Ed.) (2008) Infrared and Raman spectroscopy: methods and applications. John Wiley & Sons.

59. Li YS, Church JS (2014) Raman spectroscopy in the analysis of food and pharmaceutical nanomaterials. J Food Drug Anal 22:29

60. Craig AP, Franca AS, Irudayaraj J (2013) Surface-enhanced Raman spectroscopy applied to food safety. Annu Rev Food Sci Technol 4:369

61. Doering WE, Nie S (2002) Single-molecule and single-nanoparticle SERS: examining the roles of surface active sites and chemical enhancement. J Phys Chem B, 106:311

62. Vlckova B, Pavel I, Sladkova M, Siskova K, Slouf M (2007) Single molecule SERS: perspectives of analytical applications. J Mol Struct, 834:42

63. Zheng J, He L (2014) Surface-Enhanced Raman Spectroscopy for the Chemical Analysis of Food. Compr Rev Food Scie Food Saf 13:317

64. Volodina VA, Marina DV, Sachkovc VA, Gorokhova EB, Rinnertd H, Vergnatd M (2014) Applying an Improved Phonon Confinement Model to the Analysis of Raman Spectra of Germanium Nanocrystals. J Experiment Theoret Phys 118:65

65. Ellis DI, Muhamadali H, Haughey SA, Elliott CT, Goodacre, R (2015) Point-and-shoot: rapid quantitative detection methods for on-site food fraud analysis-moving out of the laboratory and into the food supply chain. Anal. Methods. 7:9401

66. dos Santos CAT, Lopo M, Pácoa RN, Lopes JA (2013) A review on the applications of portable near-infrared spectrometers in the agro-food industry. Appl Spectrosc 67:215

67. SKCchemistry, (2016) Infrared spectroscopy. Available from: https://skcchemistry. wikispaces. com/Infra + red + Spectroscopy. Accessed April 11, 2016

68. Das RS, Agrawal YK (2011) Raman spectroscopy: recent advancements, techniques and applications. Vib Spectrosc 57:163

原子吸收光谱、原子发射光谱及电感耦合等离子体质谱

Vincent Yeung

Dennis D. Miller

Michael A. Rutzke

9.1 引言

开发准确测量食品和其他生物样品中矿物质元素浓度方法有悠久的历史。要准确测量一个食品基质中元素的主要挑战在于,食品中含有更高浓度的其他组分(如碳水化合物,蛋白质和脂肪),以及可能具有干扰作用的其他矿物质元素。表9.1所示为食品中的矿物质元素[1-2]。美国农业部(USDA)营养数据库[1]中食品中钙、铁、钠、钾的数据是相当完整的,但某些食品群中的微量元素和有毒重金属元素的数据还不完善。

正如其名,原子吸收光谱(AAS)通过良好分离的中性原子量化电磁辐射的吸收,而原子发射光谱(AES)是测定激发态原子辐射的发射。即使存在其他成分,原子吸收光谱和原子发射光谱仍然可以准确测定矿质元素,因为每个单一元素的原子吸收和发射光谱是独特的。电感耦合等离子体(ICP)技术的应用,起初发展于20世纪60年代[3-4],其作为发射光谱的激发源,进一步扩展了快速测定单个样品中多种元素的能力。理论上,元素周期表中的所有元素都能通过AAS和AES来测定。实际上,原子光谱主要用于测定矿物元素。表8.2比较了常用于食品分析中的不同光谱方法,其中包括原子吸收光谱和原子发射光谱。

最近,电感耦合等离子体(ICP)与质谱(MS)组成电感耦合 - 等离子体质谱联用仪器(ICP - MS),能够以极低的检测线测定矿物质元素。而且质谱具有能够分离和量化多个同位素的附加优势。总而言之,尽管测定钙、氯、氟、磷的传统方法仍在使用,但这些仪器方法在很大程度上已经取代了传统的用于食品矿物质分析的化学方法(详见第21章)。

本章介绍了分析原子光谱学的基本原理,并概述了用于原子吸收和发射的仪器。同时本章中还讨论了电感耦合等离子体质谱(ICP - MS)。读者如想了解详细内容可参考文献[5 - 8]。

表 9.1　　　　根据营养本质、潜在毒性风险、及纳入美国农业部营养数据库标准参考分类的食品中元素

必需营养素①	有毒物质	USDA 元素数据库②
钠(Na)	铅(Pb)	钙(Ca)
钾(K)	汞(Hg)	铁(Fe)
氯(Cl)	镉(Cd)	镁(Mg)
钙(Ca)	镍(Ni)	磷(P)
铬(Cr)	砷(As)	钾(K)
铜(Cu)	铊(Ti)	钠(Na)
氟(F)		锌(Zn)
碘(I)		铜(Cu)
铁(Fe)		锰(Mn)
镁(Mg)		硒(Se)
锰(Mn)		氟(F)
钼(Mo)		
磷(P)		
硒(Se)		
锌(Zn)		
砷(As)		
硼(B)		
镍(Ni)		
硅(Si)		
钒(V)		

注:来自于美国农业部(USDA)、农业研究局(ARS)[1]及医学研究会(IOM)[2]。

①若饮食中缺少某些元素会引起生理机能的改变,那么这些营养素被认为是必需的。有证据表明微量的砷、硼、镍、硅和钒可能在某些物种的某些生理过程中存在有益作用,但现有数据有限且常常互相之间矛盾。IOM 建立了这些矿质元素的膳食参考摄入量(DRIs)[2]。

②由于数据有限,USDA 营养数据库参考标准的许多食品中没有包含铜、锰、硒、氟。

9.2　基本原理

9.2.1　原子跃迁能量

当基态原子从辐射源吸收能量时会产生原子吸收光谱,当处于激发态的中性原子回到基态或低能状态时放出的能量会产生原子发射光谱。正如第 6 章所述,因为原子中允许的电子能级是固定且不同的,这导致原子吸收或发射离散波长的辐射。换而言之,每个元素都有一组特有的允许的电子跃迁,因此具有独特的光谱。即使存在其他元素,也能够进行准确的鉴定和量化。图 9.1 所示为钠的吸收和发射光谱。对于吸收,跃迁主要涉及基态电

子的激发,所以跃迁次数相对较少。另一方面,发射光谱发生在各种激发态电子降至包括基态的低能级过程中,但又不仅仅限于基态。因此,同一元素的放射光谱比吸收光谱的谱线更多,如图9.1所示。当原子从基态跃迁或者回到基态时就称为共振跃迁,所得到的谱线称为共振线。

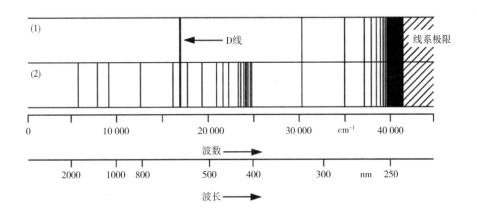

图9.1　钠的吸收及发射光谱

(1)吸收光谱　(2)发射光谱

摘自参考文献[26],经 VCH 出版公司授权。

9.2.2　原子化过程

原子光谱要求待测元素的原子以原子状态(而不是以化合物形式与其他元素结合)存在,且他们相互之间在一定空间内分散良好。实际上食品中所有的元素都以化合物或结合物形式存在,因此在原子吸收或发射测定前必须被转成中性原子(如原子化)。原子化通常是将含有被分析物(待测物质)的溶液分散在火焰或等离子体高温雾化来实现。溶剂迅速被蒸发,留下分析物的固体粒子,其蒸发并分解成可吸收辐射(原子吸收)或被激发,并随后可发射辐射(原子发射)的原子。过程图如图9.2所示。表9.2所示为原子化样品的三种常用方法及各自的原子化温度范围。

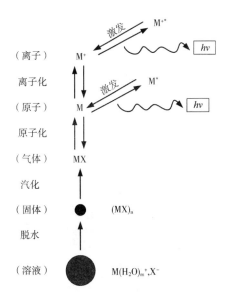

图9.2　火焰或等离子体中元素原子化的示意图

摘自参考文献[6],经 PerkinElmer 公司授权。

注:图中底部大圆表示以化合物的形式存在的含元素 M 溶液的溶液。

表9.2	待测组分的原子化方法及温度范围	
原子化能源	原子化温度/K	分析方法
火焰	2000 ~ 3400	AAS、AES
电热	1500 ~ 3300	AAS(石墨炉)
电感耦合氩等离子体	6000 ~ 7000	ICP – OES、ICP – MS

9.3 原子吸收光谱

原子吸收光谱是一种气态自由原子吸收紫外或可见光的分析方法。这是一种相对简单的方法,是食品分析中应用很多年的最广泛的一种。在很大程度它已经被功能更为强大的电感耦合等离子体的光谱所取代。原子吸收光谱(AAS)中两种常用的原子化方式是火焰原子化和电热(石墨炉)原子化。

9.3.1 火焰原子吸收光谱的原理

图9.3所示为火焰原子吸收光谱仪的原理图。在火焰原子吸收光谱中,喷雾燃烧系统将样品溶液转化为原子蒸气。值得注意的是样品在进入火焰原子吸收光谱分析之前必须是溶液状态(通常是水溶液)。样品溶液被雾化(分散成微小的液滴),与燃料和氧化剂混合,并在由燃料氧化产生的火焰中燃烧。当样品溶液经去溶剂化、汽化、雾化和电离处理时,在火焰温度最高处产生原子和离子(图9.2)。同一元素的原子和离子会吸收不同波长的辐射,产生不同的光谱。因此有必要选择一个能达到最大原子化和最小电离的火焰温度。因为原子吸收光谱仪测定的是原子吸收而不是离子吸收。

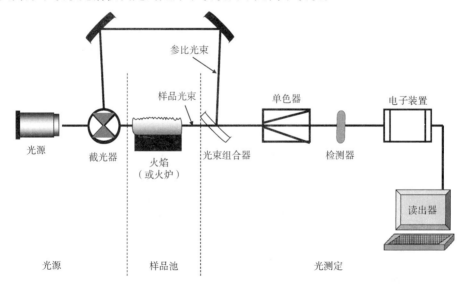

图9.3 双束原子吸收光谱仪的示意图

改编自参考文献[5]

由于待测物对入射辐射的原子吸收，一旦样品在火焰中原子化，可通过测定火焰光束的衰减值来定量测定。某一元素的测定是根据该元素特有的性质而进行的，辐射源理想上发射只有分析物元素能够吸收的精确离散波长的辐射。这可以通过使用待测元素为阴极的灯来实现。如此，从灯泡发射的光就是该元素的发射光谱。目标谱线通过使光束通过单色仪而分离，使只有非常窄光（谱）带才能到达检测器。通常情况下，只选择最强的一个谱线。例如，钠元素单色器设置以通过波长为 589.0nm 的光。这个过程的原理可通过图 9.4 来说明。注意，离开火焰的光强度要低于光源发出的强度，这是因为火焰中的样品原子吸收了部分光。同时，由于火焰的高温造成谱线扩展，光源发出的光谱要窄于吸收光谱中的相应谱线宽度。

样品吸收的光量可由比尔定律，如式（9.1）所示。

$$A = \log\left(\frac{I_0}{I}\right) = abc \qquad (9.1)$$

式中　　A——吸光度；

I_0——射入火焰的光强；

I——射出火焰的光强；

a——摩尔吸收系数；

b——透过火焰的光程；

c——火焰中原子的浓度。

显然，吸光度正比于火焰中的原子浓度。

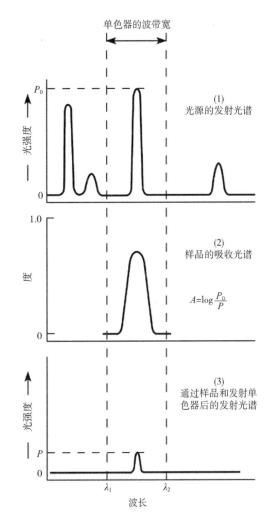

图 9.4　样品在原子吸收测量过程中光吸收的示意图

（1）光源光谱；（2）光穿过样品时，被目标元素部分吸收；吸光度正比于火焰中元素的浓度；（3）由于样品的吸收，离开样品的光的辐射功率降低。

摘自参考文献[8]。

9.3.2　电热原子吸收光谱（石墨炉 AAS）的原理

电热（石墨炉）原子吸收光谱除了原子化过程，其他都与火焰原子吸收光谱类似。在电热原子吸收光谱法中，样品在石墨管（通常称为石墨炉）内分阶段地被电加热以实现原子化。放一个样品管在仪器光路上能够测定加热的样品表面正上方的吸光度。电热原子吸收仪优点是用量少且检测限更低。缺点是增加了石墨炉的费用，样品容许量很低，基质干扰更严重，并且精度更低。

9.3.3 原子吸收光谱仪器

原子吸收光谱仪,通常是双光束设计(详见7.2.7),由以下部分组成(图9.3):

(1)光源 空心阴极灯(HCL)或无极放电灯(EDL)。

(2)原子化器 通常是雾化-燃烧系统或石墨炉。

(3)单色器 通常是一个紫外-可见(UV-Vis)分光单色器。

(4)检测器 光电倍增管(PMT)或固态检测器(SSD)。

(5)读取设备 模拟或数字读数。

(光源和雾化器将进一步在下面的段落中讨论。关于单色器、检测器、读取设备的介绍分别详见7.2.6.2、7.2.6.3和7.2.6.4)

9.3.3.1 光源

空心阴极灯由一个内充有氩气或氖气的中空管、一个钨制的阳极和一个由待测元素的金属制成的阴极组成,如图9.5所示。当在电极之间施加电压时,灯发出阴极金属的特征谱线。例如,如果阴极由铁制成,就发射铁的谱线。当光通过含有原子化样品的火焰时,只有铁原子(而不是其他元素的原子)吸收这种辐射,因为来自空心阴极灯的发射波长特定为铁原子的。当然,这意味着对于每个不同的待测元素都必须使用不同的灯(有一些由不止一种元素制成的阴极的多元素灯)。市面上有约60种金属元素制成的空心阴极灯,这说明能通过原子吸收光谱测定的金属元素可达到60种。

图9.5 空心阴极灯(HCL)示意图

改编自参考文献[5]。

无极放电灯(EDL)不包含电极,而是包含充满惰性气体和目标元素的中空玻璃容器。放电是由高频发生器线圈产生而不是电流的[9]。无极放电灯(EDLs)适用于挥发性元素,如砷、汞和镉。

到达单色器的光有三个来源:①空心阴极灯发出衰减光束(特定发射);②火焰中样品激发态原子(包括分析物和非分析物原子)的发射光(非特异性发射);③由燃料燃烧产生火焰产生的发射光(非特异性发射)。仪器通过在火焰和探测器之间放置一个斩光器来消除到达检测器的非特异性发射。单色器不是特定于分析物元素的光的波长分散,并隔离特定的线。因此,到达检测器的光是来自衰减的空心阴极灯光束和由火焰中激发的待测物原子发射光之和。由于我们只关心火焰中被待测物原子吸收的空心阴极灯的光量,因此有必要对火焰中激发待测物原子的发射进行校正。这是通过在空心阴极管和火焰之间放置一个垂直于光路的光束斩光器的方式来实现的(图9.3)。斩波器是一个带镂空扇形的圆盘。圆盘以恒定的速度旋转,这样,空心阴极灯发射光到达探测器的光按有规律的时间间隔直接通过或者被阻挡,例如交替进行。相反,火焰中到达检测器的激发态待测物原子的发射光是连续的。仪器电子设备过滤掉交替信号中的连续发射信号,所以只有来自衰减的空心阴极管光束的信号被记录在读出装置中。

9.3.3.2　原子化器

火焰和石墨炉原子化器是原子吸收光谱(AAS)中使用的常见的两种类型。在应用中,会使用汞冷蒸气技术和少量元素的氢化物生成技术来提高灵敏度。

火焰原子化器(flame atomizer)由一个雾化器和一个燃烧器组成。雾化器将样品通过毛细管吸入氧化剂和燃料流过的雾化室中使样品溶液转变成雾滴或悬浮颗粒。室内包含挡板用于截留较大的液滴,留下非常细小的雾滴。大约只有总样品1%的样品被氧化剂和燃料混合气流带入火焰中,而较大的液滴落到混合室的底部以废液形式被回收。燃烧器头部有一个能产生5~10cm长的火焰的细长狭缝,这就提供了可提高检测灵敏度的长光程。

火焰特征可以通过调整氧化剂/燃料比率,以及选择不同氧化剂和燃料来调控。空气－乙炔和氧化亚氮－乙炔是最常用的氧化剂－燃料混合物,对于某些特别元素会使用其他氧化剂和燃料。主要有三种类型的火焰。

(1)化学计量火焰　这种火焰是由化学计量精确配比的氧化剂和燃料产生的,燃料燃烧完全,而且氧化剂被完全消耗掉。它的特点是火焰边缘呈黄色。

(2)氧化性火焰　这种火焰是由贫燃混合物(氧气过量)产生的。这是温度最高的火焰,外观呈清晰的蓝色。

(3)还原性火焰　这种火焰是由富含燃料的混合物(与氧气相比,燃料过量)产生的。这种火焰温度相对较低,外观呈黄色。分析人员应该遵循制造商的指导或者参考文献来正确确定每种元素的火焰类型。火焰原子化器具有稳定和易于使用的优点。然而,由于大部分样品不能到达火焰,且样品在火焰中的滞留时间很短,因此灵敏度相对较低。

石墨炉是一个与外加电能相连的典型的圆柱形石墨管。样品用微量注射器通过管上的小孔注入管中(样品体积通常为0.5~100 μL)。在操作时,系统用惰性气体充溢以防止石墨管燃烧,并排除样品室中的空气。石墨管被分阶段加热:首先将样品溶剂蒸发,然后灰化样品,最后温度迅速升高至2000~3000K[①],使样品迅速雾化和原子化。

冷蒸气技术仅适用于汞。这是因为汞在常温下是唯一可以以气态自由原子的形式存在的矿物质元素。样品中的汞化合物首先被氯化亚锡还原为单体汞。然后惰性气体将单体汞在带进吸收池,而不需要进一步雾化。氢化物生成技术限用于测定能够形成挥发性氢化物的元素,包括砷、铅、锡、铋、锑、碲、锗和硒。含有这些元素的样品与硼氢化钠反应产生挥发性氢化物,将其送入吸收池并加热分解。用这两种技术的吸光度测量步骤与火焰原子化法相同,但由于样品损失非常少,所以灵敏度大大提高[5]。

---

① 　1K = － 272.15℃。

9.3.4 原子吸收分析的一般步骤

尽管所有原子吸收光谱仪的基本设计都是相似的,但是不同仪器的操作步骤不同。对于任何给定的方法,需要在使用仪器之前仔细阅读制造商提供的标准操作程序。大多数说明手册还提供了分析每个特定元素的相关信息(波长和狭缝宽度要求、干扰和校正、火焰特性和线性范围等)。

9.3.4.1 安全须知

常规实验室安全协议和程序以及仪器制造商推荐的安全预防措施必须小心遵守,以避免人身伤害或代价昂贵的事故。火焰原子吸收法中最常用的燃料来源是空气 – 乙炔和氧化亚氮 – 乙炔的混合物。乙炔是一种具有爆炸性危险的气体,操作前必须有适当的通风。排气口应位于燃烧器正上方,以避免未燃烧的燃料或任何潜在危险的有毒烟雾积聚。火焰原子吸收光谱仪在运行时绝对不能无人看管。

9.3.4.2 校准

如图9.6所示,当浓度超过一定水平时,吸光度 – 浓度的曲线将偏离由比尔定律预测的线性范围。因此,适当使用纯的标准品构建校准曲线对于精确定量测量至关重要。如果制造商未提供线性范围的数值,则应通过测定一系列浓度梯度的标准品,并绘制吸光度与浓度的关系图来确定元素的线性范围。测定未知样品浓度时,应当调整其浓度使测得的吸光度始终处于校准曲线的线性范围内。

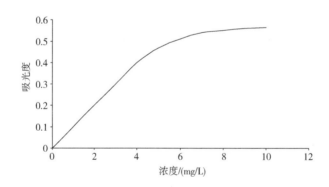

图9.6 吸光度与浓度的关系图(超出一定浓度呈现非线性)

制造商的指导手册可能会提供每个元素的特征浓度值。例如,铂金埃尔默公司(Perkin – Elmer)的原子吸收分光光度计的使用说明书指出,5.0mg/L铁水溶液"将给出大约0.2个吸光度单位的读数"。如果测量的吸光度读数偏离该值,则应适当调整实验条件(如火焰特性、灯的准直等)。

9.3.5 原子吸收光谱中的干扰

原子吸收光谱常遇到两种干扰:光谱的和非光谱的。光谱干扰是由于其他元素或分子物质在与样品的光谱区域重叠的波长处存在吸收辐射。非光谱干扰是由于样品基体和影响原子化器中性原子的原子化效率和/或电离的条件引起的。

9.3.5.1 光谱干扰

除了需要测定的元素外,样品中的其他元素可以在所使用的波段的波长处被吸收。但这种干扰是很少见的,因为空心阴极灯的发射光很窄,所以在大多数情况下只有待测元素能够吸收到。但有个例外情况,即在测定锌时会发生铁的干扰。锌的发射谱线在213.856nm处,铁的发射谱线在213.859nm处,二者会发生重叠。为解决这个问题,在测定锌元素时,可以通过选择替代的发射光或将单色器的狭缝宽度调得更窄些。

碱土金属氧化物和氢氧化物分子的存在也可能导致一些特定的光谱干扰。氧化钙和氢氧化镁的光谱会分别出现在钠和铬的原子吸收测量的背景吸收中[10]。这些干扰很弱,但在应对复杂样本基质时必须考虑到这些干扰。

9.3.5.2 非光谱干扰

如上所述,原子吸收光谱测定只有通过与一系列已知浓度的标准进行比较时,才可能得出未知样品的定量结果。当样品基质中存在的其他组分影响样品溶液的物理性质,如黏度、表面张力和蒸气压时,可能会发生传质干扰,导致样品溶液和标准品在火焰原子化过程中的吸入、雾化或传质速率不同。传质干扰通常可以使用相同溶剂并使样品溶液和标准溶液的物理性质尽可能接近来克服,也可以使用7.2.4所述的标准添加方案。对石墨炉仪器而言,传质干扰是少见的,但基质干扰是一个普遍而严重的问题。

样品溶液的基质组成也可能影响待测物的横向迁移,导致溶质蒸发干扰。例如,在火焰吸收和发射中观察到碱土金属被铝和磷水平升高所抑制[11],同时铝也抑制了钙的回收[12]。在原子化过程中,元素形成不会分解的热稳定化合物时,会发生化学干扰。难熔金属如钛和钼,可能与氧结合形成稳定的氧化物,此类金属元素通常需要更高温度的火焰来解离。而且,样品基质中的磷酸盐与钙反应会形成在火焰中难以分解的焦磷酸钙。要解决此问题,可以将比钙结合磷酸盐更强的释放剂(如镧)添加到样品溶液和标准品中,来释放钙以进行原子化[12]。

离子化干扰是由火焰中待测组分原子的离子化引起的,从而降低了原子吸收测量的中性原子浓度(切记同一元素的原子和离子会吸收不同波长的光并产生不同的光谱)。电离随着火焰温度的升高而增加,通常在温度较低的空气—乙炔火焰中不会出现该问题。但在温度较高的一氧化二氮—乙炔火焰中,特别是具有7.5eV或更低的电离电位的元素(如碱金属),可能出现上述问题。原子的离子化呈平衡状态,如式(9.2)所示。

$$M \rightleftharpoons M^+ + e^- \tag{9.2}$$

离子化干扰可以通过将样品溶液和标准品与另一种容易被电离的元素(EIE)(例如钾或铯,被称为电离抑制剂)混合,在火焰中产生自由电子池来抵消,可使上述平衡左移并抑制待测物原子的电离。

9.4 原子发射光谱

与原子吸收光谱相比较,原子发射光谱中测量的辐射源是样本中的激发原子,而不是来自空心阴极灯(HCL)的辐射。图9.7所示为原子发射光谱仪的简化示意图。首先将足够的能量作用于样品,激发原子至较高能级;然后当来自激发原子的电子回到基态或低能态时,测量单个元素波长特征的发射。在火焰或等离子体中激发态原子与基态原子的数量之比由共振线麦克斯韦－波尔兹曼方程计算。当原子或分子之间发生热冲击或者碰撞,一部分原子被激发时,可使用该公式。

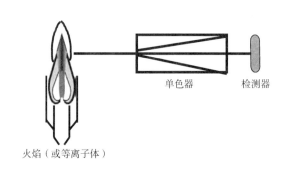

图9.7 原子发射光谱仪的简图

改编自参考文献[6]。

激发的能量可以通过热(通常来自火焰)、光(来自激光)、电(电弧或火花)或无线电波(电感耦合等离子体)等方式来产生。注意,原子发射光谱通常也被称为发射光谱学(OES),尤其与电感耦合等离子体结合使用时。在本章中,我们会使用电感耦合等离子体发射光谱(ICP－OES)取代电感耦合等离子体原子发射光谱(ICP－AES),实际上两种光谱是可互换的。

火焰发射光谱和电感耦合等离子体发射光谱(ICP－OES)是用于食品分析的两种最常见的原子发射光谱形式,如图9.7所示。

9.4.1 火焰发射光谱原理

火焰发射光谱仪采用雾化燃烧器系统来原子化和激发待测元素的原子。带有激发原子的火焰用作辐射源,因此不需要外部源(带有束流斩波器的空心阴极灯)。火焰发射光谱仪与原子吸收光谱仪基本相同。许多现代原子吸收光谱仪也可以用作火焰发射光谱仪。

在一些仪器中,会采用干涉滤光片取代通常在吸收/发射光谱仪中更通用的单色器来分离感兴趣的光谱区域。火焰光度计是配备干涉滤光片的经济型发射光谱仪,专为分析生物样品中的碱金属和碱土金属而设计。仪器中使用低火焰温度,使只有易激发的元素如钠、钾和钙会发生发射。这样可以产生更简单的光谱并减少样本基质中存在的其他元素的干扰。

9.4.2 电感耦合等离子体发射光谱原理

电感耦合等离子体发射光谱(ICP－OES)与火焰发射光谱的区别在于,前者使用氩等离子体作为激发源。等离子体是指包含高浓度阳离子和电子的气态混合物。氩等离子体中的温度可高达10000K,待测物激发温度通常在6000～7000K。氩等离子体的极高温度和惰性环境对于样品中待测原子的原子化、离子化和激发是很理想的。因为氧气含量低会减少氧化物的产生,有时候这种现象在火焰发射光谱法中会产生问题。样品的近乎完全电子化可将化学干扰降至最小。等离子体中相对均匀的温度(相对于火焰中非均匀的温度)和相对较长的停留时间在较宽的浓度范围(高达 6 个数量级)内提供了良好的线性响应。

9.4.3 电感耦合等离子体发射光谱仪器

电感耦合等离子体发射光谱仪一般包含下述组成部分(图9.8)。

(1)氩等离子体火焰。

(2)单色仪、多色仪或中阶梯光栅光学系统。

(3)检测器 单个或多个光电倍增管(PMT)或固态阵列检测器(SSD)。

(4)计算机 数据收集和处理。

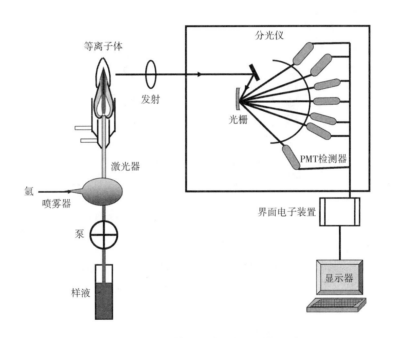

图9.8 电感耦合等离子体发射光谱仪示意图

9.4.3.1 氩等离子体火焰

(1)氩等离子体火焰特性 等离子体火焰(图9.9)由三个位于铜线圈中心的同轴石英管组成,称为负载线圈。操作时,氩气流过外管,无线电频能量(RF)加到负载线圈,产生以射频发生器频率振荡的磁场(通常为 27MHz 或 40MHz)。等离子体开始用电火花电离氩原子形成氩离子和电子。振荡的磁场与氩离子和电子耦合,迫使它们在环形路径中流动。这种加热不涉及类似火焰原子吸收光谱通过燃烧燃料产生热和原子化样品的方式(氩气是一种惰性气体,不会发生燃烧)。相反,如同微波炉中将微波能量转移到水中一样,电感耦合等离子体发射光谱是将射频能量传递到自由电子和氩离子来完成加热的。这些高能量的电子不断与氩原子碰撞,产生了更多的电子和氩离子,导致温度迅速升高到10000K左右。该过程持续进行,直到约1%的氩原子离子化。此时只要射频场功率恒定,等离子体会一直保持自我稳定状态。使用由磁场产生的电动力将能量传递给系统的方式即电感耦合,因此称为电感耦合等离子体。

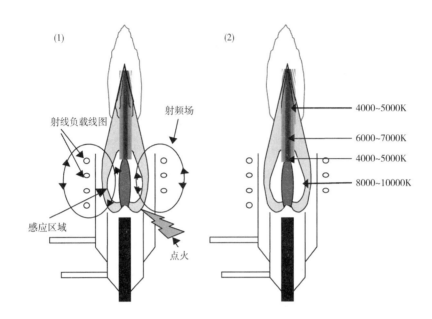

图9.9　电感耦合等离子体

(1)等离子体形成和维持的过程;(2)等离子体温度分布

(2)样品引入和待测物激发　在射频负载线圈的基座处,样品被雾化并由另一束氩气流携带作为气溶胶引入等离子体环内的内管中。样品溶剂化、汽化、原子化、电离和激发的过程如图9.2所示。待测物原子和离子在等离子体中被激发的确切机制现在还不完全清楚。然而,人们普遍认为,激发主要取决于等离子体中电子的数量和温度[14]。据推测,当电子在磁场中加速时,它们可获得足够的动能使碰撞时能够激发待测物的原子和离子[14]。这种机制的例外情况包括镁、铜和一小部分其他元素原子的激发,这些元素被认为是当一个氩正离子(Ar^+)从待测物原子(M,金属原子基态的一般缩写)中获取一个电子形成M^{+*}(激发态金属离子)和Ar^0。这个基质称为"电荷转移"[15—16]。

(3)径向和轴向观测　电感耦合等离子体(ICP)炬的发射可以从径向或轴向来观测。在径向视图中,光学元件是垂直于火炬排列的[图9.10(1)]。在轴向视图中,从火炬中心向下可以看到光[图9.10(2)]。轴向观测提供了较低的检测线,但更容易受到基质干扰。现代电感耦合等离子体发射光谱(ICP – OES)仪器制造商大多将径向和轴向配置组合为单个"双视"单元,为终端用户提供更大的灵活性。

9.4.3.2　检测器及光学系统

老式的电感耦合等离子体发射光谱仪(ICP – OES)将每个待测物元素的发射线聚焦在

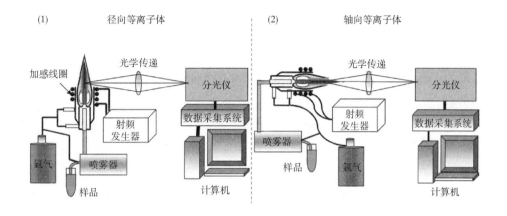

图9.10　电感耦合等离子体仪器主要组成及典型布局径向(1)和轴向(2)观测

以半圆(罗兰圆)排列的单独的光电倍增管(PMTs)上(图9.8)。基于光电倍增管(PMTs)的仪器体积相对较大和笨重,虽然有些仪器目前仍在使用,但它们大部分已被配备有分级光栅光学系统和固态阵列探测器的现代仪器所替代,这些仪器能够在很宽的波段范围内测量连续发射光谱(图9.11)。

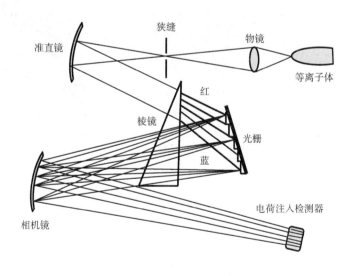

图9.11　一个分级光栅光谱仪的简化样例

注:分级光栅光谱仪将两个光散射原件串联在一起。棱镜首先将光在 x 方向上分散且没有重叠,随后在光栅将光在 y 方向上分散,在检测器上产生二维光谱。

分级光栅光学系统采用两个串联分光元件,一个棱镜和一个衍射光栅。棱镜首先将来自等离子炬(Torch)的辐射分散,且没有任何波长重叠(在 x 轴方向上)。然后辐射击中低密度的格栅(约53格/mm)。这进一步将辐射在垂直于由棱镜散射的辐射方向(在 y 轴方向上)上分开,产生波长范围为166~840nm的二维光谱。当通过分级光栅光学系统的辐射被聚焦到固态阵列检测器上时,电子与入射光的强度成比例释放,并被捕获在硅基光敏元件中,被称为用于信号处理的像素。电感耦合等离子体发射光谱(ICP－OES)通常使用三种类型的固态阵列检测器中的某一种:电荷耦合元件(CCD)、互补金属氧化物半导体(CMOS)或电荷注入器件(CID)。这些探测器的描述超出了本章的范围。感兴趣的读者可以在参考文献中提供的不同类型的固态阵列探测器之间比较[17－18]。

电感耦合等离子体发射光谱仪(ICP－OES)的最新发展是使用最佳罗兰圈光栅(OR-CA)设计,来进一步扩展在 130～800nm 波长范围内的测量。这样可以测量氯气在 134nm 发射出的光谱线,此光谱线不在分级光栅系统可探测的范围内。在 ORCA 系统中,探测器以半圆形排列(图 9.12)。全息光栅用于分离来自等离子炬(Torch)的光的波长。ORCA 系统比分级光栅系统具有更少的光散射元件(光栅和棱镜)。这减少了系统中的光损失,从而提高了灵敏度。同时它也具有更均匀的分辨率和更高的稳定性。

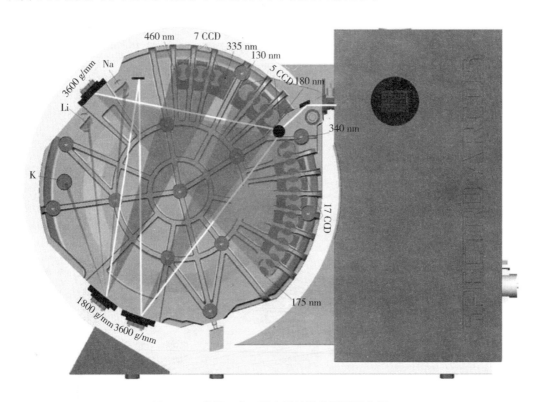

图 9.12　使用三个凹面光栅的最佳罗兰圈光栅

注:每个凹面光栅具有与罗兰圆相同的曲率,并且将根据其波长分散光。分散的光将被聚焦到沿罗兰圆直径放置的检测器上。该系统使用电荷耦合器件检测器代替光电倍增管,且几乎可以检测元素周期表上的所有元素。

9.4.4　电感耦合等离子体发射光谱分析的一般程序

与原子吸收光谱仪的情况一样,原子发射光谱仪的操作程序在仪器之间有所不同。电感耦合等离子体发射光谱仪(ICP－OES)几乎一直要与计算机相连。软件中包含制定仪器操作方法。计算机可以由操作员编程,或者某些情况下中使用默认条件。一旦方法确定,操作可高度自动化。

9.4.5　电感耦合等离子体发射光谱中的干扰

　　一般来说,电感耦合等离子体发射光谱(ICP – OES)分析的干扰要少于原子吸收光谱,但干扰确实存在,且必须考虑到这些问题。光谱干扰是最常见的,含有高浓度某些离子的样品可能会导致在某些波长下背景的发射增加(偏移)。这将导致测量中的正误差,被称为背景偏移干扰(图9.13)。这种干扰校正相对简单。在待测物发射线上和下的波长处进行另外两次辐射测量,然后从待测物的辐射量中减去这两次辐射量的平均值。(注意,在图9.13的例子中,铝的背景偏移幅度一直在增加,这就是为什么有必要在铝发射线上和下进行测量,如果背景偏移不变,那么只需要在待测物发射线的波长附近进行一次测量来校正。)或者,可以在没有背景偏移的区域选择另一个发射线。

　　另一个问题是更大的光谱干扰,称为光谱重叠干扰(图9.14)。当仪器的分辨率不足以防止一种元素与另一种元素的发射线之间重叠时,这种干扰便会发生。例如,测定含有高浓度钙样品中的硫,钙的发射线与硫的发射线在180.731nm处重叠。这将导致测得的硫浓度明显增加。要克服这个问题,或者选择不同的硫发射线,或者通过计算元素间的校正(IEC)因子。在上述例子中,这将需要首先测量一个不同波长下钙的发射,以确定其在样品中的浓度。然后制备相同浓度的纯钙标准溶液,并测定假设无硫存在的纯钙标准溶液中的表观硫浓度。最后,分析样品中的硫,并且减去钙对硫信号的贡献,从而准确估计真实的硫浓度。

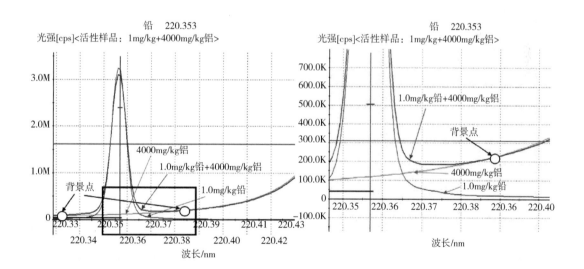

图9.13　铝对铅的背景偏移干扰图

注:这两张图显示,铝将在220.35nm附近增加背景信号。这可以通过在主峰顶部的两侧放置背景减除点来校正。右边的图时背景移位干扰区域的放大图。

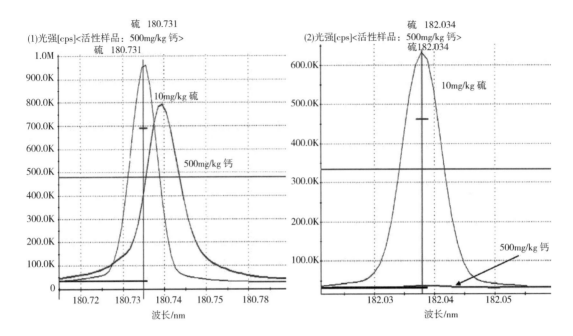

图 9.14　钙对硫的光谱重叠干扰

注:(1)硫和钙的重叠光谱表明,仪器的分辨率不足以分辨 180.731nm 处硫和 180.34nm 处钙的发射。(2)如果要分析样品中的硫,最好使用没有光谱重叠的硫在 182.034nm 的发射线。

9.5　原子发射光谱法和原子吸收光谱法的应用

9.5.1　用途

原子吸收光谱法(AAS)和原子发射光谱法(AES)广泛用于食品中矿物质元素的定量分析。从理论上讲,上述原子光谱法可以分析所有食品中的矿物质元素。在绝大多数情况下,在样品分析前需要对食品样品进行灰化处理以破坏其中含有的有机物,并把所得灰分溶解于适当的溶剂中(一般是水或稀酸溶液)(详细的灰化方法参见第 16 章相关内容)。正确的灰化处理是确保实验结果准确度的关键。干法灰化可造成某些元素的挥发,湿法消解过程中元素挥发问题较少,但在测定硼元素时采用干法灰化可以提高回收率。由于湿法消解过程中所使用的一些消解试剂可能含有一定量的待测组分,因此必须在消解时做空白试验。在分析某些液体样品时不需要进行灰化处理,但需要采取适当的措施防止干扰。例如,植物油样品可以先用丙酮、乙醇等有机溶剂溶解,然后直接吸取样品并放入火焰原子吸收光谱仪中。牛乳样品需用三氯乙酸处理以沉淀蛋白,所得上清液可直接用于分析。这种方法的缺点是样品在处理过程中被稀释,待测组分可能被沉淀蛋白所截留或吸附。在待测组分浓度很低时,上述问题可能更加突出。一种替代方法是采用石墨炉进行原子化。例如,可以把部分油样直接注入石墨炉进行原子化处理。具体方法的选择取决于所使用的仪器、费用、精密度、灵敏度及操作人员的熟练程度等因素。

9.5.2　实验条件

9.5.2.1　试剂

因为食品中许多矿质元素的含量在痕量级水平,所以必须使用高纯度的化学试剂和水来制备样品和配制标准溶液。试剂必须是优级纯试剂,水必须通过蒸馏、去离子或这两种方法结合纯化。在分析过程中必须做试剂空白检测。

9.5.2.2　标样

原子光谱法的定量分析结果取决于样品的测定及与适当标样的对比。标样必须包含以液体形式存在的已知浓度的待测金属元素,并且标样最好与样品在组成和物理特性方面保持一致。由于火焰温度、吸液速度等诸多因素影响测定结果,必须经常测定标样,特别是在样品测定前后。标样可以通过商业渠道购买,也可以由分析人员自行制备。标样的制备必须非常认真仔细,因为标样的准确度决定了样品检测结果的准确度。评价分析过程准确性的最好方法就是分析一个组分已知并与基质相似的参考物质,可向美国国家标准技术研究所(NIST)购买标准参考物质[19]。

9.5.2.3　实验器具

用于样品制备和储存的各种实验器具都必须清洁干净并不含有相关的元素。由于玻璃器具极易吸附金属离子,实验过程中最好使用塑料容器。所有实验器具必须先用清洗剂进行反复洗涤,再用蒸馏水或去离子水冲洗干净,然后浸泡在酸液中(常用 1mol/L 的 HCl 溶液),最后用蒸馏水或去离子水将其冲洗干净。

9.6　电感耦合等离子体质谱

如上所述,原子吸收光谱法和原子发射光谱法主要利用激发状态下每种元素的特征吸收或发射谱线对样品中的矿物质元素进行定量分析。另一种分析策略就是直接测定样品中矿物质元素的原子(即离子),这可以通过电感耦合等离子体质谱仪(ICP - MS)进行测定,该装置主要由电感耦合等离子体(ICP)和质谱仪(mass spectrometer)组成(图9.15)。这种方法的检测限能够达到万亿分之一(ppt),能够检测多种元素并能够对一种元素的同位素混合物中某特定同位素进行定量分析。由于特定元素的不同同位素的原子发射和原子吸收光谱是一样的,因此不能采用原子发射和原子吸收光谱进行同位素分析。

9.6.1　电感耦合等离子体质谱(ICP - MS)的原理

对质谱原理和不同类型质谱仪的介绍详见第 11 章。采用 ICP - MS 分析矿物质元素时,样品经前处理后采用与 ICP - OES 类似的方法引入 ICP,但不同之处在于 ICP - OES 拥有一个光学系统和装置来分离、检测特定波长的激发情况,而 ICP - MS 则利用特定质荷比(m/z)并通过采用质谱仪分离、检测样品中的元素离子。如图9.15 所示,在大气压高温 ICP 和高真空质谱仪之间包括两个漏斗形水冷却锥(一个采样锥和一个截取锥)和离子透镜(包括提取透镜和 Omega 透镜),离子透镜主要用于将待测离子引入四极杆并去除 ICP 放电过程中产生的电子、质子、光子及其他中性物质。

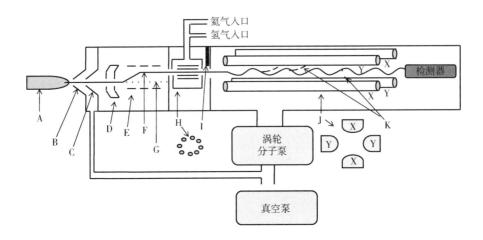

图 9.15　电感耦合等离子体质谱简图

A—等离子体　B—采样锥　C—截取锥　D—提取透镜　E—Omega 透镜和聚焦透镜　F—离子束　G—从离子束中分离光子和中性粒子　H—碰撞/反应池(CRC)或八极杆反应系统(ORS);以及八极杆横截面　I—真空闸阀维持质谱真空　J—四极杆;以及四级双曲钼杆横截面　K—排除质荷比不合适的离子

等离子体离子源(A)形成离子、电子、光子和中性粒子,离子流顺次通过由水冷却的采样锥(B)和截取锥(C),去除氩气和一些中性粒子。其余粒子通过提取透镜(D),排除电子并使正离子加速通过,到达离轴离子 Omega 透镜(E)后导致离子束(F)弯曲。但光子和中性粒子(G)的飞行路径不受影响,从而与离子束分离(更多关于质谱的详细介绍见第 11章)。

9.6.2　电感耦合等离子体质谱(ICP - MS)的干扰问题

ICP - MS 中的干扰问题主要是由于一些样品具有相同的质荷比(m/z),从而导致检测信号重叠。例如,铁有 4 种天然稳定的同位素,分别为^{54}Fe、^{56}Fe、^{57}Fe 和^{58}Fe,对应天然丰度分别为 5.8%、91.75%、2.1% 和 0.28%。而镍共有 5 种稳定的同位素,包括^{58}Ni、^{60}Ni、^{61}Ni、^{62}Ni 和^{64}Ni,对应天然丰度分别为 68.04%、26.22%、1.14%、3.63% 和 0.93%。由于^{58}Fe 和^{58}Ni 的质荷比(m/z)均为 58,从而导致检测信号发生重叠。在此情况下,只能选择^{56}Fe 用于测定样品中的铁元素,选择^{60}Ni 用于测定样品中的镍元素[最好检测天然丰度最高的同位素,因为更高丰度的同位素使检测结果的精密度相对较高;样品中某一同位素的含量 = 样品中该元素的含量 × 该同位素的天然丰度(%)]。由于绝大多数元素都至少含有一种同位素,因此上述方法可用于元素的定性和定量分析。

当某一特定元素的离子带有双重正电荷时,可能发生双电荷离子干扰。当离子所带正电荷大于 +1 时,一般不会发生双电荷离子干扰,但^{138}Ba 是个例外,因为^{138}Ba 可失去一个或两个电子而分别形成带一个正电荷的离子(m/z = 138)和带两个正电荷的离子(m/z =

69）。样品中含有的带两个正电荷的 ^{138}Ba 就会与 ^{69}Ga 发生干扰。多原子离子干扰是另一种可能的干扰，主要是由于在等离子体中氩离子会与用于溶解样品的各种酸（如 H、N、O、Cl 等）结合形成分子，从而产生干扰。一些常见的多原子离子干扰，如表 9.3 所示。现代 ICP – MS 设备一般配备碰撞反应池（CRC），通过 CRC 装置可引入 H_2、He、NH_3 或 CH_4 等气体，从而有效降低分析过程中存在的双电荷离子干扰和多原子离子干扰，该技术是基于待测组分与干扰物之间物理大小、动能之间的差异。

表 9.3　　　　电感耦合等离子体 – 质谱法（ICP – MS）中的多原子离子干扰

多原子离子干扰种类	质荷比/(m/z)	受干扰元素/同位素
$^{38}Ar^1H^+$	39	$^{39}K^+$
$^{35}Cl^{16}O^+$	51	$^{51}V^+$
$^{40}Ar^{12}C^+$	52	$^{52}Cr^+$
$^{38}Ar^{16}O^1H^+$	55	$^{55}Mn^+$
$^{40}Ar^{16}O^+$	56	$^{56}Fe^+$
$^{40}Ar^{35}Cl^+$	75	$^{75}As^+$
$^{40}Ar^{40}Ar^+$	80	$^{80}Se^+$

改编自参考文献[7]。

另一种降低多原子离子干扰的方法是采用高分辨率 ICP – MS，能够通过双聚焦扇形场质谱仪分离等离子体产生离子[20]。例如，研究表明，高分辨率 ICP – MS 能够区分 Fe（相对分子质量 55.935）和 ArO（相对分子质量 55.935）[21, 22]。在上述实例中离子被依次检测，与大部分 ICP – MS 系统中采用的依次检测模式相同。此外，还有一种 ICP – MS 装置能够同时检测从锂到铀的所有元素[23]，该装置采用了马 – 赫型双聚焦扇形场质谱仪，从而有效地降低离子束的能带宽度，并能通过静电能量分析仪得到高分辨率检测结果。离子束通过一个磁场进行质量分离，然后聚焦于一个焦平面上，并同时通过一个平板检测器检测整个质谱信号。这是检测瞬态信号中同位素比例的理想设备。

9.7　AAS、ICP – OES 和 ICP – MS 的比较

原子吸收光谱法（AAS）、电感耦合等离子体发射光谱法（ICP – OES）与电感耦合等离子体质谱法（ICP – MS）的优缺点比较，如表 9.4 所示。火焰原子吸收光谱法在矿物质分析中具有很长的应用历史，该方法成本较低，操作简单，是一种理想的分析给定样品中单一元素的试验方法。但该方法的缺点是灵敏度相对较低、线性工作范围较窄、使用危险性燃气且不适用于多元素分析。电热原子吸收光谱法的检测限有所提高，但增加了石墨炉的操作成本，有时削弱了 AAS 方法的成本优势。事实上，高端石墨炉原子吸收光谱仪的成本有时会超过入门级 ICP – OES 系统[24]。

表9.4 原子吸收光谱法(AAS)、电感耦合等离子体发射光谱法(ICP – OES)和电感耦合等离子体质谱法(ICP – MS)优缺点比较

	火焰原子吸收光谱法	石墨炉原子吸收光谱法	ICP – OES	ICP – MS
检测限①	检测限很好,许多元素可以检测到 ppb/($\mu g/L$)水平	较火焰原子吸收光谱法更好,较 ICP – OES 检测某些元素更好	较火焰原子吸收光谱法更好	检测限最好
元素分析能力	单种	单种	多种	多种
大概分析范围	3 个数量级	2 个数量级	6 个数量级(采用双视图模式可达到更高分析范围)	9 个数量级
费用	低	中等偏低	中等	高
使用爆炸性燃料气体	是(使用过程中需要监测)	否	否	否
使用方便性	需要掌握一些技巧,使用相对简单	需要掌握一些技巧	电脑界面设定好后自动检测,使用简单	相较其他方法,需要更多专业知识
适用情况	用于特定样品检测有限的元素	用于分析有限的元素,但是比火焰原子吸收光谱法有更好的检测限	用于大量样品检测多种元素	用于大量样品检测多种超痕量元素
同位素分析	不适用	不适用	不适用	有可能用于同位素分析,因为同种元素的同位素有不同的质荷比

①表9.5 所示为每种方法检测不同元素的检测限。

ICP – OES 装置能够在一次加样的情况下测定样品中多种元素浓度。与 AAS 相比,当要分析样品中多种元素时(多达 70 种),ICP – OES 具有显著的检测速度优势和高通量优势。与 AAS 相比,ICP 离子源矩管(torch)的高温造成 ICP – OES 能够消除一些谱外干扰物质(如化学干扰物)造成的影响。与 AAS 相比,ICP – OES 的另一个优点是检测范围较宽。ICP – OES 法的分析范围涵盖 4 ~ 6 个数量级(如检测范围 $1\mu g/L \sim 1g/L$,而不需要重新校准设备),而 AAS 法的检测范围只有 3 个数量级(如 $1\mu g/L \sim 1mg/L$)。由于 ICP – OES 具有以上优点,其广泛被商业化实验室用于大量样本中多种元素的检测分析。ICP – OES 常用于标准营养标签的制定。

除保留了 ICP – OES 的优点以外,通过串联质谱仪使 ICP – MS 具有检测限更低、能够测定多种元素、检测范围更加广泛(9 个数量级,如 $1ng/L \sim 1g/L$)及能够分析不同产地食品中同位素信息等优点[25]。在实验室检测痕量或超痕量镉等重金属时应该优先采用 ICP – MS 法。ICP – MS 的主要缺点是操作成本太高,其操作成本约比 ICP – OES 高 2 ~ 4 倍。

表9.5 所示为上述技术在检测食品过程中常见元素的检测限。需要注意的是样品基质、仪器稳定性等因素都会影响检测的结果及检测限。2～3倍的检测限差异是没有意义的,但需要注意数量级差异。

表9.5 　　　　　　　　　　各种检测设备检测元素的近似检测限　　　　　　　　 单位:μg/L

元素	火焰原子吸收光谱法	石墨炉原子吸收光谱法	ICP – OES	ICP – MS
Al	45	0.1	1	0.0004
As	150	0.05	1	0.0004
Ca	1.5	0.01	0.05	0.0003
Cd	0.8	0.002	0.1	0.00007
Cu	1.5	0.014	0.4	0.0002
Fe	5	0.06	0.1	0.0005
K	3	0.005	1	0.001
Hg	300	0.6	1	0.001
Mg	0.15	0.004	0.04	0.0001
Mn	1.5	0.005	0.1	0.0001
Na	0.3	0.005	0.5	0.0003
Ni	6	0.07	0.5	0.0002
P	75,000	130	4	0.04
Pb	15	0.05	1	0.00004
Se	100	0.05	2	0.0003
Tl	15	0.1	2	0.00001
Zn	1.5	0.02	0.2	0.0007

改编自参考文献[24]。

注:检测限是指在溶液中能检测到某种元素的最低浓度。

9.8 总结

与传统的湿化学法相比,AAS法、AES法和ICP – MS法能够快速、准确地对复杂基质中的痕量元素进行检测分析。对于绝大多数检测分析,样品前处理主要包括采用干法或湿法灰化来破坏有机物,并将所得灰分溶解在稀酸等溶剂中。样品溶液经雾化进入火焰原子化器或ICP炬管(或注入石墨炉)并接触高温(火焰原子化器和石墨炉的温度为2000～3000K,等离子体的温度为6000～7000K)。样品需依次进行去溶剂化、汽化、原子化和离子化处理,这使样品中的原子以气态存在,能够被很好地分离,在被火焰原子化后大部分仍然保持着中性,然而等离子化后一些元素失去了电子而带正电荷。最后通过原子光谱或者质谱来定量分析元素的浓度。

原子光谱法取决于气态原子发生能级跃迁时气态原子的吸收或发射光谱。由于原子中电子跃迁能级是固定且特异的,因此原子能够吸收和发射不连续波长的光。换言之,每种元素具有特异的原子跃迁能量,因而具有特异的光谱。在原子吸收光谱中,元素特异性的空心阴极灯所产生的不连续波长的光,只能被样品中特异元素吸收。因而,吸收光的总量与样品中特异原子的浓度直接相关。因此,即使有其他元素存在,通过检测原子化样品中特定波长的吸收,检测器就能分析出相应特定元素的浓度。在发射光谱中,光学方法包括通过火焰或者等离子体化来激发元素中的电子跃迁到更高能级,然后检测电子回归到基态或者更低能级时发射的光强度。发射光谱设备通过分离激发态原子发射的光,进而定量检测发射光的强度。

与原子光谱仪不同,ICP – MS 能够直接测定元素离子,这就需要通过等离子体将原子进行离子化处理。元素离子经质谱仪依据质荷比(m/z)进行分离和检测。由于绝大多数元素存在至少一种质子数独特的同位素,因此 ICP – MS 技术进行元素分析时具有很高的灵敏度和专一性。

原子光谱是一种广泛应用于食品中元素测定的方法。这项技术在过去 60 年取得了显著的进步,并对食品分析产生了深刻的影响。目前,商业化仪器已经应用于食品中营养型矿物质元素和非营养型矿物质元素的检测分析。分析人员应综合考虑操作成本、易用性、分析工作范围、检测限、多元素分析能力、同位素信息等因素确定所使用的仪器类型。

9.9 思考题

(1)原子吸收光谱法(AAS)和原子发射光谱法(AES)设备均依赖于待测元素的原子能量跃迁。在本章中能量跃迁的含义是什么? 为什么能量跃迁能够用于对样品中特定元素的检测和定量分析? 在原子吸收光谱仪和原子发射光谱仪中产生能量跃迁所需的能量分别由什么装置提供?

(2)简述 AAS 和 AES 分析过程中原子化的操作流程。

(3)你的上司计划为你们分析实验室购买一台 AAS 设备(因其价格相对便宜),而你认为应该购买一台 ICP – OES 设备(因其功能全面、样品处理量大)。为了说服上司购买ICP – OES 设备,你需要详细解释这两台设备的检测能力和操作程序,需要注意你的上司是一个已经离开实验室工作近 20 年的食品科学家。

①用上司容易理解的语言讲解 ICP – OES 设备的操作原理并描述你拟购买的设备(最好画一个设备草图)。

②描述 AAS 设备与你推荐 ICP – OES 设备在设备构成和操作原理方面的差异。

③试着举一个实例,证明从长远考虑 ICP – OES 的操作成本相对较低。

④采用 ICP – OES 或 AAS 进行检测分析时,除了透明液体以外的其他类型食品样品的

常用样品前处理方法是什么？

（4）假设你所在的实验室采用 AAS 和 ICP－OES 分析矿物质元素,你被安排培训一个新来的实验技术员。请简要描述下列名词的目的。

①AAS 分析中的 HCl。

②ICP－OES 分析中的等离子体。

③ICP－OES 系统中的中阶梯光栅系统。

④AAS 和 ICP－OES 系统中的雾化器。

（5）假设采用原子吸收法检测 Na 时,在样品中没有添加 KCl 或 LiCl。那么上述操作会造成样品中 Na 含量会偏高还是偏低？请解释为何添加 KCl 或 LiCl 能够保证检测结果的准确性。

（6）总结在原子吸收分析样品的前处理过程中造成实验结果误差的五个原因。

（7）假设你正在采用 AAS 法分析牛乳样品中的铁元素,但空白样品中含量很高。造成上述结果的原因是什么？如何改进？

（8）ICP－OES 法对 Ca 检测限低于火焰原子吸收光谱法。如何得到检测限？检测限的含义是什么？

（9）采用 ICP－MS 分析样品中矿物质元素时,仪器自动通过特定质荷比(m/z)对离子含量进行定量分析。假设你计划测定小麦粉中的 K 和 Ca 元素。K 和 Ca 的质荷比分别是多少？为什么？（注意考虑这两种元素的天然稳定存在的同位素和 Ar,并选择没有干扰的同位素）。为什么要考虑 Ar、K 和 Ca 同位素的质量？

9.10　应用题

（1）你的公司生产和销售强化通用面粉。你购买包含铁粉、核黄素、烟酸、维生素 B_1 和叶酸元素的预混料,在磨面粉过程中加入混合。为了达到强化面粉的标准（详见第 2 章）,你规定供应商的预混料需要符合在面粉中添加一定量铁离子,其浓度应达到 20mg/磅面粉。然而,你有理由怀疑预混料中的铁元素浓度太低了,所以你决定使用你公司的新型原子吸收光谱仪分析强化面粉。你按照以下方案检测铁离子浓度。

①称 10.00g 面粉,准备三个重复样品（每个重复样品需要独立检验）。

②将面粉转移至 800mL 规格的凯氏烧瓶。

③加入 20mL 去离子水,5mL 浓 H_2SO_4,25mL 浓 HNO_3。

④在凯氏燃烧器上加热直到白色 SO_3 烟气形式。

⑤冷却,加入 25mL 去离子水,定量过滤至 100mL 容量瓶,稀释定容至刻度线。

⑥制备铁离子标准品,浓度分别为 2、4、6、8、10mg/L。

⑦在原子吸收光谱仪安装一个铁离子空心阴极灯,打开仪器并根据操作手册调试设备。

⑧检测标准品和灰化的样品,并记录吸光度。

计算重复样品中铁离子浓度   单位:mg Fe/lb 面粉

样品	铁离子标准品和面粉样品吸光度		
	铁离子浓度/(mg/L)	吸光度	校正吸光度
空白试剂	–	0.01	–
标准品 1	2.0	0.22	0.21
标准品 2	4.0	0.40	0.39
标准品 3	6.0	0.63	0.62
标准品 4	8.0	0.79	0.78
标准品 5	10.0	1.03	1.02
面粉样品 1	?	0.28	0.27
面粉样品 2	?	0.29	0.28
面粉样品 3	?	0.26	0.25

注:1lb = 0.45kg

(2)简述采用电感耦合等离子体选择性发射光谱法(ICP – OES)检测婴儿配方食品中钙(Ca)、钾(K)、钠(Na)元素浓度的操作步骤。注:婴儿配方食品中 Ca、K、Na 的浓度大约分别为700mg/L、730mg/L 和 300mg/L。

答案:

(1)根据以下步骤分析面粉样品中铁离子浓度。

①将标准品的数据输入 Excel 软件中。采用散点图方式绘制标准曲线,并用线性回归分析得到一个趋势线,包括趋势线公式和 R^2 值。结果如下方标准曲线图所示。

②用公式计算出每个样品在容量瓶溶液中的铁离子浓度。面粉样品1、2、3 的计算结果分别为 2.68mg/L、2.79mg/L 和 2.48mg/L。平均值为 2.65mg/L,标准差为 0.16。

③然后计算面粉中铁离子浓度。由于之前你将凯氏烧瓶中的面粉样品溶液转移定容至 100mL 容量瓶中,因此面粉样品中的所有铁离子均保留在容量瓶中。平均浓度为 2.65mg/L,体积为 0.1L,因此,10g 面粉中铁离子总量为 0.265mg。为了将铁离子浓度转换为 mg/lb,乘以 454/10:0.265mg/10g×454g/lb = 12mg Fe/lb 面粉。

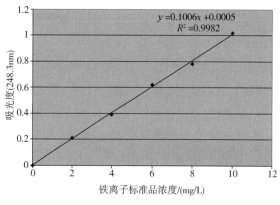

铁离子标准曲线

④你的怀疑被证实是正确的,你的供应商提供的预混料中缺乏足够量的铁离子。你需要尽快更正这个问题,因为你的面粉不符合美国食品和药物管理局(FDA)对于强化面粉的标准规定,你可能会受到 FDA 的法律诉讼。

(2)查阅美国公职分析化学家协会(AOAC)方法 984.27(详见第 1 章对 AOAC 国际组织的介绍),将采用以下方法进行检测。

①剧烈摇晃使样品充分溶解。

②将 15.0mL 配方食品转移至 100mL 凯氏烧瓶中(将溶解样品的试剂作为空白对照,检测两次)。

③样品中加入 30mL HNO_3:$HClO_4$(2:1)。

④将样品放置过夜。

⑤加热样品直到完全灰化(严格按照 AOAC 步骤操作,混合物具有潜在爆炸性)。

⑥将样品定量转移到 50mL 容量瓶中,稀释至刻度线。

⑦校准设备,分别选择 317.9nm、766.5nm、589.0nm 来检测 Ca、K、Na。准备校准标准品,分别包含 200μg/mL Ca、200μg/mL K、100μg/mL Na。

⑧电感耦合等离子体选择性发射光谱仪(ICP-OES)的电脑将计算出样品中各种元素的浓度。通过以下公式计算出配方食品中各元素浓度。

$$配方食品中各元素浓度 = ICP 检测元素浓度 \times (50mL/15mL)$$

参考文献

1. 1. U. S. Department of Agriculture, Agricultural Research Service (2016) USDA Nutrient Database for Standard Reference, Release 28. Nutrient Data Laboratory Home Page, http://ndb. nal. usda. gov

2. Institute of Medicine (IOM) (2001) Dietary Reference Intakes for Vitamin A, Vitamin K, Arsenic, Boron, Chromium, Copper, Iodine, Iron, Manganese, Molybdenum, Nickel, Silicon, Vanadium, and Zinc. National Academy Press, Washington, D. C.

3. Greenfield S, Jones IL, Berry CT (1964) High-pressure plasma as spectroscopic emission sources. Analyst 89:713-720

4. Wendt RH, Fassel VA (1965) Induction-coupled plasma spectrometric excitation source. Anal Chem 37:920-922

5. Beaty RD, Kerber JD (1993) Concepts, instrumentation and techniques in atomic absorption spectrophotometry, 2nd edn. The Perkin-Elmer Corporation, Norwalk, CT

6. Boss CB, Fredeen KJ (2004) Concepts, instrumentation and techniques in inductively coupled plasma atomic emission spectrometry, 3rd edn. The Perkin-Elmer Corporation, Norwalk, CT

7. Thomas R (2013) Practical guide to ICP-MS: a tutorial for beginners, 3rd edn. CRC, Taylor and Francis Group, Boca Raton, FL

8. Skoog DA, Holler FJ, Crouch SR (2007) Principles of instrumental analysis, 6th edn. Thompson Brooks/Cole, Belmont, CA

9. Ganeev A, Gavare Z, Khutorshikov VI, Hhutorshikov SV, Revalde G, Skudra A, Smirnova GM, Stankov NR (2003) High-frequency electrodeless discharge lamps for atomic absorption spectrometry. Spectrochimica Acta Part B 58:879-889

10. Koirtyohann SR, Pickett EE (1966) Spectral interferences in atomic absorption spectrometry. Anal Chem 38:585-587

11. West AC, Fassel VA, Kniseley RN (1973) Lateral diffusion interferences in flame atomic absorption and emission spectrometry. Anal Chem 45:1586-1594

12. Dockery CR; Blew MJ; Goode SR (2008) Visualizing the Solute Vaporization Interference in Flame Atomic Absorption Spectroscopy. J Chem Educ 85:854-858

13. Hou X, Jones BT (2000) Inductively coupled plasma-optical emission spectrometry. In: Meyers RA (ed) Encyclopedia of Analytical Chemistry. John Wiley and Sons Ltd, Chichester, England

14. Hieftje GM, Rayson GD, Olesik JW (1985) A steady-state approach to excitation mechanisms in the ICP. Spectrochem Acta 40:167-176

15. Hasegawa T, Umemoto M, Haraguchi H, Hsiech C,

Montaser A (1992) Fundamental properties of inductively coupled plasma. In: Montaser A, Golightly DW (eds) Inductively Coupled Plasmas in Analytical Atomic Spectroscopy. VCH Publishers, New York

16. Lazar AC, Farnsworth PB (1999) Matrix effect studies in the inductively coupled plasma with monodisperse droplets. Part 1: The influence of matrix on the vertical analyte emission profile. Appl Spectrosc 53: 457 – 464

17. Litwiller D (2005) CMOS vs. CCD: Maturing Technologies, Maturing Markets-The factors determining which type of imager delivers better cost performance are becoming more refined. Photonic Spectra 39:54 – 61

18. Sweedler JV, Jalkian RD, Pomeroy RS, Denton MB (1989) A comparison of CCD and CID detection for atomic emission spectroscopy. Spectrochimica Acta Part B 44:683 – 692

19. National Institute of Standards and Technology (2016) http://www. nist. gov/srm/index. cfm. Accessed March, 2016

20. Jakubowski N, Moens L, Vanhaecke F (1998) Sector field mass spectrometers in ICP-MS. Spectrochimica Acta Part B 53:1739 – 1763

21. Thermo Scientific Application Note 30003 (2007) Determination of trace elements in clinical samples by high resolution ICP-MS. Thermo Fisher Scientific Inc., Waltham, MA

22. Thermo Scientific Application Note 30073 (2007) Determination of ultratrace elements in liquid crystal by high resolution ICP-MS. Thermo Fisher Scientific Inc., Waltham, MA

23. SPECTRO Analytical Instruments Inc. (2016). http:// www. spectro. com/products/icp-ms-spectrometers/spectro-ms. Accessed March, 2016

24. Anonymous (2016) Atomic spectroscopy: guide to selecting the appropriate technique and system. Perkin Elmer Inc. http://www. perkinelmer. com/PDFs/ Downloads/ BRO_WorldLeaderAAICPMSICPMS. pdf. Accessed March, 2016

25. Luykx DM, Van Ruth SM (2008) An overview of analytical methods for determining the geographical origin of food products. Food Chem 107:897 – 911

26. Welz, B. 1985. Atomic Absorption Spectrometry. VCH Weinheim, Germany

核磁共振

Bradley L. Reuhs

Senay Simsek

10.1　引言

核磁共振 NMR 波谱学是一个具有广泛应用的强大分析技术。它可以用于进行复杂的结构研究、方法或工艺研发，或者对于结构信息重要的样品进行简单的定量分析，NMR 是一种无损技术，它可以从毫克、甚至微克级的样品中获得高质量的数据。虽然其他波谱技术可以确定样品中官能团的性质，只有 NMR 可以提供确定分子完整结构所必需的数据。在过去的三十年中，NMR 技术在食品分析中的应用逐渐增加。除了仪器的改进和成本的降低之外，学生和技术人员现在都可以常规地使用复杂而专业的 NMR 技术。由于所有的基本参数都包含在数据/工作站软件所列出的默认实验文件中，因此可以通过单击按钮/图标来设置这些实验，并且能在短时间内得到实验结果。

NMR 可以通过配置来分析液态样品和固态样品。实际上，这两种方式可以配合使用，以追踪特定系统内指定分子的运动。例如，随着果实的成熟，许多成分会从植物细胞周围的固体基质中释放到成熟果实的汁液中。这个过程的发展可以通过成熟期间液体和固体的分析进行跟踪。随着成熟过程的进行，一些 NMR 信号在固体 NMR 分析中减弱而在液体 NMR 分析中得以加强。

NMR 仪器在食品中的其他应用包括食品成分(如纤维素)的结构分析，进而可以将其结构性质和流变特征相关联。常规的 NMR 分析可以用于确定产品的质量以及测定成分的纯度。相关的技术，如核磁共振弛豫时间(NMR relaxometry)，可以用来评估加工操作。例如，弛豫时间可以用于追踪粉末状成分在水中的溶解，以此优化加工参数。磁共振成像(MRI)是一种无损技术，可以用于对加工和储存过程中的产品质量和变化进行成像。例如，使用 MRI 对冷冻过程进行成像，从而达到延长保质期的目的。当 NMR 与流变学分析相结合时，可以测量加工系统中汁和酱的流动状态。

本章将介绍 NMR 波谱学的基本原理和应用，以及对弛豫时间、MRI 的简要说明，还包括将 NMR 作为快速水分和脂肪分析系统的部分在设备开发方面的最新进展。在食品分析中的具体应用也会有所强调。

10.2 NMR 波谱学原理

10.2.1 磁场

NMR 与绝大多数其他波谱学的区别在于它的研究对象是原子核,所测量的能量处于射频范围内。许多原子核都具有角动量,这意味着它们具有一个特征自旋量子数(I),可以使用 NMR 进行分析。NMR 最常用的原子核是自旋量子数 $I = 1/2$ 的质子(H)、碳同位素^{13}C、^{19}F 和^{31}P。本章不考虑具有其他自旋量子数的原子核,且理论讨论的重点在质子上。这些原子核带电,而且旋转的电荷会产生一个磁场。简单来说,原子核像是与施加的外部磁场相互作用的小磁体。

当原子核被放置在一个高场强的外部磁场(B_0)中,核的自旋将与该场对齐(图 10.1)。由于量子力学的约束(自旋的原子核量子数 I 对外加磁场会有 $2I + 1$ 种可能的取向),$I = 1/2$ 的自旋原子核有两种取向:一个是与外加的磁场方向相同(平行或自旋为 $+1/2$),一个是与外加磁场的方向相反(反平行或自旋为 $-1/2$)。与磁场方向相同时,能量稍低,数量稍多,在 $+1/2$ 自旋状态下的原子核过量,产生了在 NMR 实验期间被利用和测量的净磁场。原子核不是绕着中心轴附近自旋,而是类似于回旋运动(图 10.1)。自旋的带电粒子在外部磁场中的运动类似于在重力场中旋转回转仪的运动。这种运动称为进动或旋进,并且有特定的旋进轨道和频率,即拉莫尔频率,与原子核的磁性特征有关。局部磁场的大小和方向描述了系统的磁矩或磁偶极子。由于原子核的旋进和低能态过剩,有一个平行于外加场的净矢量(图 10.1)。

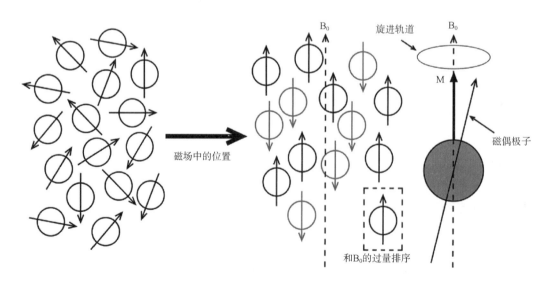

图 10.1 在高场强的外部磁场中原子核的示意图

注:然而,一旦放置在外加磁场中,NMR 磁体和原子核将与外部磁场 B_0 方向相同(平行)或与其相反(反平行)。与 B_0 平行排列的原子核轻微过量。虽然磁偶极子跟随旋进轨道移动,但是净磁化(M)的方向与 B_0 相同。

同一元素的所有原子核,例如 H,在磁场中的拉莫尔频率几乎都相同。具体的频率则取决于外部磁场强度,在这个磁场中 H 的拉莫尔频率决定了 NMR 仪器的型号。例如,一个质子在场强为 11.7T 的磁场中具有 500MHz 的拉莫尔频率,所以该仪器被称为"500MHz NMR 波谱仪"。磁场强度不仅决定了原子核的拉莫尔频率,同时决定了平行取向的过量原子核的程度。平行取向的过量原子核随着外加磁场强度的增加而增加,这反过来又影响了在较高磁场仪器中的 NMR 仪器的信号强度。这也就是研究人员始终为 NMR 波谱仪寻找强度更强的磁体的一个原因(最近 NMR 仪器的磁场强度已经超过 23T 或者是它的拉莫尔频率超过 1000MHz)。磁场强度影响仪器的信噪比,进而影响了仪器的灵敏度、分辨率以及从 NMR 实验中获得的信息。

如今功能强大的 NMR 仪器的发展取决于低温或超导磁体的生产进展,其电磁线圈保持在液氦温度(约 3K)下。除了提高灵敏度,超导磁体还具有其他优点:由于低温,只要充电,超导磁体可以在不用输入额外能量的情况下保持磁场很多年。主要的缺点是需要周期性的添加液氮和液氦,而后者的使用相当昂贵,尤其是与高场强仪器相关的大型磁体。

10.2.2　射频脉冲和弛豫

早期的 NMR 仪器依赖于电磁铁和一个简单的射频(RF)发射器,并且通过对仪器频率范围的扫描进行实验分析。收集到的波谱中包含频率信息,因此,它被称为频域 NMR。尽管它也使 NMR 波谱得到了发展,但不足以促进现代 NMR 实验的进步。NMR 技术的主要发展之一就是射频脉冲(RF pulse),其中,在拉莫尔的中心载波频率或研究的原子核共振频率的周围,短 RF 能量脉冲会激发大范围的频率。该脉冲同时激发了样品中的所有质子,并且在施加脉冲后的短时间内收集了所有质子的 NMR 数据。通过脉冲激发的一系列射频类似于当铃锤敲击铃铛激发的一系列音频,铃铛的大小和构造决定了发射范围。在 NMR 中,载波频率、发射器功率以及射频脉冲的持续时间决定了脉冲的频率范围。

一旦将样品放置于磁体中,质子将与施加的外部磁场(B_0)方向平行或相反,同时平行取向的质子过量。平行取向的原子核的净磁化强度与系统的 xyz 图示表示中的 z 轴方向一致[图 10.2(1)]。当施加 RF 能量脉冲到系统之后,原子核连续旋进并且单个的原子核吸收能量跃迁到更高的能态,由发送器线圈发射的脉冲垂直于 z 轴(B_1),且使净磁化矢量远离 z 轴并朝向 xy 平面倾斜[图 10.2(2)]。

尽管定义脉冲的参数包括发射器功率和脉冲持续时间,但是在 NMR 实验中使用的具体脉冲通常是通过净磁化倾斜程度来描述的。最常见的脉冲是 90°脉冲,它将净磁化精确地倾斜到接收器线圈所在的 xy 平面上,由此使得到的信号最大化。许多 NMR 实验使用一系列称为脉冲序列的脉冲来调控磁化。复杂的脉冲序列对于复杂分子结构分析所需的二维核磁共振(2D NMR)实验(详见 10.2.5)是必不可少的。

一旦净磁化通过 90°脉冲倾斜进入 xy 平面,磁化开始衰减回到 z 轴。这个过程被称为核磁共振弛豫(NMR relaxation),包含自旋–晶格(T_1)和自旋–自旋(T_2)两种弛豫。T_1 弛豫与激发态原子核的磁场和总样品"晶格"内其他核磁场的相互作用有关。T_2 弛豫涉及相邻原子核之间的相互作用,会导致激发态原子核的能量状态减弱和相位相干性的丢失。弛

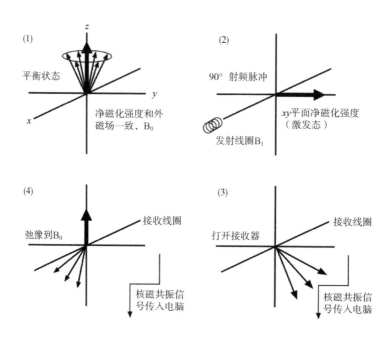

图10.2 (1)在 **RF** 能量脉冲之前,由所有分量矢量组成的净磁化(**M**)处于平衡状态,与外部磁场 B_0 方向对齐。(2)覆盖样品中所有相关原子核的共振频率并且垂直于 z 轴(B_1)的 **90°RF** 脉冲,使得原子核跃迁到更高的能量状态,并且使净磁化旋转到 xy 平面。(3)一旦进入 xy 平面,净磁矢量就分成每个特有原子核子群的分矢量。当它们在 xy 平面上振荡时,可以发射出 **RF** 信号。它可以在通过接收器线圈后由 **NMR** 仪器检测到。接收器线圈垂直于外部磁场 B_0 和发射器线圈。(4)随着分量矢量在 xy 平面上继续振荡并且发射 **RF** 信号,原子核开始弛豫回平衡状态。核磁共振仪器可以设定使用增加的脉冲多次重复这个过程,然后将收集的数据相加在一起以提高信噪比和分辨率。

豫的机制很复杂,但是弛豫过程可以用于一些特定的 NMR 实验,除了其他方面的原因,利用的是不同状态下的样品(液体和固体)弛豫速率不同这样的事实(这对用于食品加工和成分分析的仪器和实验非常重要)。

10.2.3 化学位移和屏蔽

样品中的 H 的总量决定了系统在外部磁场 B_0 中的净磁化强度。然而,独特质子群(即分子中特定化学结构的所有质子)的精确频率还取决于核的当时环境,主要是取决于核周围的电子云密度,它决定了原子核的电子环境。由于电子产生了一个对抗外加磁场的次级感应磁场,保护了原子核不受外加磁场的影响,这种现象被称为"屏蔽"效应。由此产生的频率差异相对于拉莫尔频率非常小,通常为百万分之一(ppm)。但是其已经足够大,可以在 NMR 实验中清楚地被检测和辨别出来。由于电子环境的不同而产生的频率差异导致了原子核的化学位移。随着 NMR 数据的处理,这些差异会产生一系列共振信号,每个都会在一维核磁共振(1D NMR)波谱图的 x 轴上代表一个不同的质子。那些具有相对密集的电子云的质子被认为产生了屏蔽效应,因为电子云与外磁场产生了相反作用,同时共振信号出现在波谱图的右侧或高场强侧,化学位移较低。随着去屏蔽效应的增加,共振信号向波谱图的左侧或低场强侧进一步移动,化学位移逐渐升高(图10.3)。

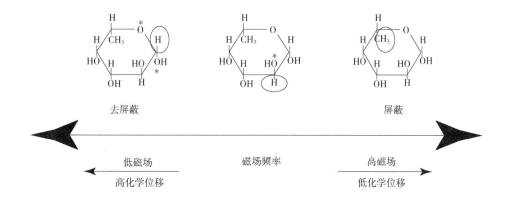

去屏蔽　　　　　　　　　　　　　　　　　　　　　　　　屏蔽

低磁场　　　　　　　磁场频率　　　　　　　高磁场

高化学位移　　　　　　　　　　　　　　　　低化学位移

图10.3　屏蔽效应与化学位移的示意图

注:在分子中不与电负性基团接近的质子,如岩藻糖中的甲基质子(右上图),一种常见的6-脱氧糖,将被其周围的电子屏蔽掉。它将在 NMR 谱图的高场侧具有低的化学位移。靠近一个氧原子(用 * 表示)的质子,如糖中的环质子(上中图),将被中间屏蔽,并产生向核磁共振谱图的中间靠近的化学位移。接近两个氧原子的质子,例如,糖中的端基质子(左上图),将被相对去除屏蔽,并且在 NMR 谱图低场强侧具有高的化学位移。

对于一个特定质子群(即样品中处于相同分子环境的所有质子)的化学位移最重要的决定因素之一就是与电负性的基团或原子的接近程度,例如 O(图10.3)。例如,在分子范围内不靠近任何电负性基团或原子的质子具有强烈的屏蔽效应,共振信号出现在 NMR 谱图的最右端,例如6-脱氧糖的甲基基团中的质子(图10.3)。相反,典型糖分子的 C_1 上的质子(端基质子)接近两个 O 原子,一个是—OH 基团中的 O 原子(或者是与聚合物,例如淀粉中的下一个糖分子连接的 O 原子),另一个是形成糖的半缩醛环结构的一部分的 O 原子。因此,可以在质子的波谱图的左侧发现与高度去屏蔽的端基质子相关的共振信号。靠近一个 O 原子的质子,如典型糖分子中的环质子,将被部分屏蔽,与这些质子相关的共振信号将位于该光谱的中心区域。

10.2.4　1D NMR 实验

对于溶液 ^1H – NMR 波谱法,将样品溶解在用于 NMR 分析的氘代溶剂中,例如 D_2O(其中 D = 氘或 ^2H;这是为了避免 NMR 信号与溶剂质子过载),并移液到 NMR 管中,然后将其盖住并放入磁体中。在外部磁场 B_0 中平行取向的核的净磁化强度与 z 轴对齐,此时是平衡状态。来自 x 轴发射器的90°脉冲,以 H 的拉莫尔频率为中心,将净磁矢量倾斜到 xy 平面。代表每个特有质子群的分量矢量将以其特定的 NMR 频率振荡,将净矢量分离成许多分量磁矢量,从而在位于 y 轴的接收器线圈中引起无线电信号(NMR 信号)[图10.2(3)]。同时,矢量的大小将在 xy 平面上减小(弛豫),并返回到 z 轴上。整个过程被称为一次扫描。

这些行为的结果是样品中所有质子的组合信号,随时间迅速下降,产生自由感应衰减(FID)[图10.4(1)],其中包含样品中每个特有的核群体的所有频率和强度信息(以及不被考虑的相位)。傅立叶变换是一个将变量的一个函数转换成另一个函数的数学运算,然后

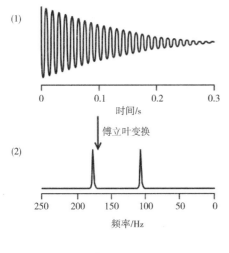

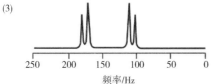

图10.4 时域自由感应衰减与频域 NMR 谱图转化示意图

注:当90°射频脉冲在 xy 平面上将磁化强度转移到更高的能量状态后,接收器开启,收集振荡原子核发射的射频信号;当磁化松弛回到平衡状态时,发射的 RF 信号在短时间内快速衰减(图10.2)。(1)结果是 NMR 数据,其中包含所分析的核的所有频率和强度信息,并且随着信号衰减而减小;这个数据被称为"自由感应衰减"(FID),它代表从 NMR 实验获得的时域信息。(2)一旦通过傅立叶变换处理了 FID,就获得了 NMR 谱。它代表了 NMR 的频域信息。由于特有的质子群可以在 x 轴上发现共振"峰",在这种情况下,可以观察到两个共振峰。(3)如果两个质子通过分子键耦合,则它们各自具有将共振峰分裂成两个不同峰的作用。并且可以以 Hz 表示的分裂程度表明耦合效应的强度。

会被应用于将时域 FID 转换为频域 NMR 谱(xy 曲线)中[图10.4(2)]。每个特有的质子群的频率信息显示在 NMR 谱的 x 轴上。信号强度与 y 轴有关,然而,由于它没有单位,所以没有标记,而且每个共振的线宽差使得在 ^{1}H – NMR 分析中 y 值的定量不精确。比较在 1D NMR 谱中的信号强度和特定质子的相对丰度的最佳方法是比较共振的积分值。

实际上,NMR 波谱仪的建立是为了使脉冲可以多次施加,通常是以 16 次扫描为增量。对于高浓度的样品,通常每个实验扫描 16 次或 32 次,而对于更稀释的样品,通常使用 256 或 512 次扫描经。每次扫描之后,新数据将添加到已收集的数据中。对大量扫描得出的数据进行处理,结果是信噪比和分辨率的显著提高。

10.2.5 耦合和二维核磁共振

另一个重要的概念是"耦合"。耦合是原子核附近局部磁场中共价键电子影响产生的结果。通过核间的键,两个相邻的核会影响彼此的化学位移,导致从每个特有的原子核群中得到的共振信号分裂成两个不同的共振信号[图 10.4(3)]。耦合强度受到原子核相互靠近以及介入键的几何形状的影响。例如,具有反式关系(彼此"交叉")的碳主链上的质子比具有顺式关系(在彼此"同一侧")具有更强的耦合。因此,使用耦合的数据可以得出关于特定分子几何形状的信息。

耦合的一个更重要的影响是复杂的 2D NMR 实验已经可以利用耦合现象,获得分子完整结构测定所必需的数据。2D NMR 实验本质上是一系列的一维实验,其中脉冲序列包括多个脉冲和可变参数,例如,两个脉冲之间的延迟时间。计算机收集所有的波谱,并将它们绘制成二维图,其中"交叉峰"表示邻近核的耦合相关性。

10.3 NMR 波谱仪

经典的研究型 NMR 波谱仪由一个功能强大的低温磁铁(样品放置在其中),一套用于传输和收集无线电信号的电子元件以及一个数据站/工作站组成(图 10.5)。现代仪器使用超导磁体,通过液氦(沸点为 4.2K)夹套冷却到非常低的温度。这个夹套反过来被一个液氮外壳包围,比液氦更便宜,更容易操作。超导磁体的核心是由超导合金,例如铌钛或铌锡,制成的细线圈的绕组。线圈(即磁体)和冷却剂包含在被称为低温恒温器的绝热杜瓦瓶中,该低温恒温器在液体夹套周围包含一个真空室。

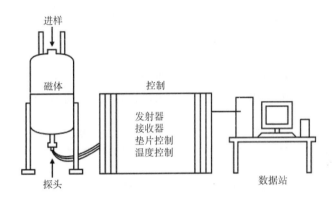

图 10.5 核磁共振波谱仪的示意图

注:仪器由超导低温磁体(NMR 磁体),电子控制台和能够控制仪器的所有功能的数据站/工作站组成。

一旦磁体通过添加冷却剂冷却到工作温度,并由外部电源供电,磁体将保持其电荷和磁场多年。NMR 仪器维护的一个最重要的方面是冷却剂的常规填充或填满。经典的研究仪器需要每周填充液氮,每月添加液氦。如果不能保持冷却剂的水平将会造成磁体的淬火,其中冷却剂会剧烈沸腾,磁体失去电荷。如果发生这种情况,至少需要对磁体进行再充填和充电,可能还需要昂贵的维修费用。

沿着磁体的中心但在杜瓦瓶外(即在室温下)是一个管状空间,即磁体孔。称为探头的多功能装置从底部放置在磁体孔内。在探头内部,恰好就在主电磁线圈内部,是从 NMR 仪器硬件接收功率的小的次级磁线圈。这些小线圈由操作人员操作,对磁场进行微调,以优化磁场;因此,它们被称为垫片(在建造中,垫片是放置在两层建筑材料之间以获得更好的贴合性的小片木材或金属,例如当调平门框时)。探头还包含发射和接收 RF 能量的线圈。因此,探头是核磁共振实验硬件中的核心部件。最后,样品的插入点在孔的顶部,以及整个系统的顶部。位于支架中的样品管通过孔被逐渐减小的强制气流向下降,直到缓缓地停留在探头的顶部;在那里样品与磁场和探头硬件恰好对齐。对于没有经验的操作者来说,最常见的错误之一就是在没有气流流动的情况下,将样品架和样品放入磁体孔中,导致样品架和样品的快速下降破坏 NMR 管和探头。

电子控制台通过多根电缆连接到磁体探针,它包括发射器,接收器和其他控制 NMR 仪器的系统,例如样品温度控制单元。发射机包括能够产生可以观察到的每个原子核合适脉冲的系统。例如,一个 500 MHz 的 NMR 波谱仪需要一个 500 MHz 的发射器用于[1]H NMR 分析,另一个 125 MHz 发射器用于[13]C - NMR 分析。控制台还装有接收器电子器件,用来处理来自探头接收线圈,控制匀场电磁铁的电子器件和探头温度控制系统 NMR 信号。所有这些都由计算机数据站/工作站和一些核磁共振特定的外围设备进行管理。

　　与大型且昂贵的研究仪器相反的是台式时域 NMR 系统(TD NMR),也称为低分辨率核磁共振。它们不提供频率或结构性的信息,但可以应用于各种类型的含量分析。它们的尺寸与台式离心机相似,使用普通磁铁,不需要冷却液或大型杜瓦瓶。这些仪器相对便宜且使用简单,可以用于许多食品分析方面,例如脂肪含量测定。

10.4　应用

　　表 10.1 所示为 NMR 及相关技术在食品分析中的应用。下面的讨论描述了在食品研究中的常规应用和一些特定的应用。有关各种技术的详细信息,如表 10.1 所示。

表 10.1　　　　　　　　　　NMR 波谱分析及相关技术在食品中的最新应用

核磁共振方法	食品	分析	参考文献
MRI	全麦面包	阿拉伯木聚糖和面筋之间的水分迁移	[1]
[1]H MRI	鳄梨	碰伤的无损评估	[2]
[1]H MRI	蜂蜜	真伪筛查	[3]
HR[1]H NMR	猪肉	脂肪酸链组成的定量	[4]
qHNMR	加工食品	苯甲酸的量化	[5]
质子和自旋 - 自旋弛豫	大米淀粉、马铃薯淀粉	水分含量对淀粉凝胶化作用的影响	[6]
2D NMR	绿咖啡豆提取物	有机化合物的分析	[7]
^{1}H NMR, TOCSY, HSQC 和 HMBC	榛子	榛子品种的代谢概况	[8]
DOSY - NMR	饮料	蔗糖的量化	[9]
[1]H、1H - DPFGSE 和 F2 - DPFGSE band - selective HSQC	橄榄油	乙醛的检测	[10]
^{13}C qNMR	葡萄酒	果糖异构体浓度的原位测定	[11]
固体[13]C NMR	浓缩牛乳蛋白	蛋白质分子结构和动力学的变化	[12]
UF iSQC NMR	黏性流体食品	糖含量、质量检验和掺假测定	[13]
TD - NMR	蛋黄酱和色拉酱调料	穿过包装袋的脂肪测定	[14]
TD - NMR	饼干面团	纤维素对质子流动性的影响	[15]
TD - NMR	牛肉	肉的质量参数	[16]
TD - NMR(SMART Trac[TM])	奶油干酪中的有机凝胶	脂肪含量	[17]

续表

核磁共振方法	食品	分析	参考文献
HR – MAS – NMR	番茄	代谢分析、组织分化和果实成熟	[18]
[1]H HR – MAS	鱼	新鲜度和质量的快速评估	[19]
CP – MAS – NMR	麦麸	水合作用、增塑作用和二硫键	[20]
CP – MAS – NMR	淀粉	物化性质	[20]

注:NMR——核磁共振波谱;MRI——核磁共振成像;CP – MAS – NMR——交叉极化魔角旋转核磁共振;HR – MAS——高分辨率魔角旋转;DOSY – NMR——弥散序列核磁共振;qHNMR——定量质子核磁共振;TD – NMR——时域核磁共振;DPFGSE——双脉冲场梯度自旋回波;UF iSQC NMR——超快分子间单量子相干核磁共振。

10.4.1 NMR 技术及常规应用

10.4.1.1 液体

液体 NMR 用于相对纯的样品,其容易溶解在 NMR 分析所用的许多氘代溶剂中的任何一种。常见的样品包括碳水化合物、蛋白质、脂质、酚类和许多其他种类的有机化合物。10.2.4 描述的实验是一个典型的一维液体[1]H – NMR 波谱分析的例子。结果是一个沿 x 轴绘制响应的 1D NMR 谱图(唯一的绘制轴,因此,称为 1D)。这是 NMR 波谱学最简单的应用,但它可以提供很多信息。例如,目前植物和酵母来源的 β – 葡聚糖是一个重要的研究课题,因为它们有许多与健康有关的益处,而且往往被作为许多食品加工中的废物丢弃。当各种食品加工机,尤其是在谷物、烘焙和酿造工业,以经济的方式从废物中提取出这些有价值的副产物时,NMR 是一种最好的用于 β – 葡聚糖纯度和特性分析的工具。图 10.6 所示为来自谷类(燕麦)加工废物中的 1→3 和 1→4 混合连接的 β – 葡聚糖的

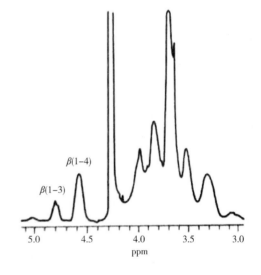

图 10.6　燕麦加工废物的 1,3 –1,4 混合连接的β – 葡聚糖的 1 H – NMR 谱

注:样品的纯度和 1,3 – 1,4 键的比例可以从波谱中确定。

1D NMR 波谱图。从这个谱图中,可以确定 β – 葡聚糖的纯度与 1→3 和 1→4 的相对比值。

如果需要更多的结构信息,有许多强大的 2D NMR 和 3D NMR 可用于分析有机分子中每个[1]H 和[13]C 原子的化学位移的归属。一旦归属,其他实验能够通过分子键和空间位置来确定这些原子核的相对距离。因此,2D NMR 可以应用于任何需要结构信息的样品,如与健康相关的纤维素或新型甜味剂。如果公司或研究人员希望申请专利,这些信息可能至关重要。

NMR波谱也是一种用于配料成分分析以达到品质保证的重要分析工具。在这些分析中,与高质量对照产品的波谱相比,波谱的结构归属就就不如波谱的一致性那样更为重要。这种应用适用于许多类型的成分,因为NMR溶剂可用于具有一系列溶解性质的化合物。

10.4.1.2 固体

固体NMR的原理与10.2中讨论的原理相似;然而,由于样品不能在溶液中自由地旋转,所以固体分析有一个"方向性"(directional)的特点(各向异性的或方向依赖的相互作用)。固体的各向异性特性导致了非常宽泛的信号,产生的波谱缺乏需要从溶液中才能得到的结构信息。克服这个问题的一种方法是魔角自旋(MAS),当样品架相对于外部磁场B_0在一个特定的魔角度自旋时,由于各向异性增加的线宽被抵消,产生更窄的线。MAS通常与交叉极化增强相结合(CP-MAS),在这个过程中,磁化作用从更容易被检测到的原子核转移到不易被检测到的原子核(如$^1H \sim ^{13}C$)。

固体NMR分析可应用于许多类型的样品,如粉末和新鲜蔬菜组织。固体^{13}C-CPMAS-NMR技术可以用来监测完整食品样品固体部分的化学组成和物理化学性质。这已被应用于不同蘑菇品种的组成研究,并且固体^{13}C-CPMAS-NMR波谱显示了不同品种之间碳水化合物与蛋白质共振频率的显著性差异。此外,高分辨率^1H-MAS-NMR技术使食品研究人员能够区分来自意大利南部的硬质小麦面粉,其组成的差异取决于原产地区。在帕尔玛芝士的研究中,使用类似的手段将组成与来源联系起来。

10.4.1.3 核磁共振成像

核磁共振成像(MRI)是独特的,因为样品可以以天然形式放置在磁体中,且可以产生样品的2D或3D图像。MRI会涉及一些变化,随时空变化的场强和脉冲中心频率,以及相对于外部磁场(B_0)在不同几何位置上的磁场梯度的应用。最终结果是有着不同的相位和频率值的样品质子的空间"编码"。在来自样品的不同空间"切片"的多个自由感应衰减(FID)的多维傅立叶变换之后,会产生含有研究的组织或其他材料状态信息的样品图像。

样品可以是内科病人、小型受试动物、病态植物茎、成熟果实、甚至是在各种加工步骤或最终形式下的复杂食品。例如,可以在包装中随时分析包装产品的水分移动或损失。MRI分析不会影响产品。MRI在食品工业中有许多潜在的应用。例如,它可用于冷冻食品生产中的冷冻过程成像,目的是延长保质期。MRI也可用于分析酱和汁的组成和特性,查找产品中的空隙,或检查肉中的脂肪分布或乳液中的水/脂分布。它还可以提供关于填料或涂层厚度的详细信息;通过热传导(如烹饪)引起的产品中的结构变化(包括水的损失);或在加工过程中与食物的水合作用有关的变化。当与流变学分析相结合时,可以监测加工系统中的酱和汁的流动情况。

克莱门汀小柑橘果实的MRI图像,如图10.7所示。一个图像显示对果实的内果皮区域的冻害。另一张图片显示了多余种子的存在。这些问题往往不能通过对水果进行简单的视觉检查来发现。

随着时间的推移,购买和维护大口径MRI仪器的成本会下降,就像NMR波谱一样,随着小口径仪器的普及,小型食品公司和食品科学部门也能获得这一重要工具。这些仪器在未来十年甚至可能会在一些中等研究和开发实验室普及。

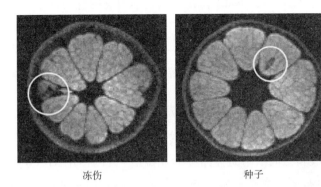

冻伤　　　　　　　种子

图10.7　切片厚度为18mm的克莱门汀柑橘果实的MRI图像

注:左侧的图像上显示的是冻结损坏,右侧图像中显示的是废弃的种子(图片由以色列Netanya的Aspect AI Ltd.的Michael McCarthy提供)

10.4.1.4　弛豫时间

在塑料工业中,小分子与大聚合物混合使系统更加流动。这些小分子被称为增塑剂,在食品加工中,天然增塑剂是水。可用作增塑剂的水量是食品质量的一个非常重要的因素。增塑剂量的增加或减少会影响玻璃化转变过程,进而影响最终产品的质量。水在食物中存在几种状态,水分子与食物成分的相互作用可以通过NMR弛豫的测量来研究。这包括水质子的自旋-晶格(T_1)和自旋-自旋(T_2)弛豫时间(详见10.2.2)。弛豫时间与水质子周围环境的磁相互作用有关,有效弛豫时间与水分子和固定或缓慢运动的大分子之间的关联程度有关。通常,随着大分子含量的增加,水质子的弛豫时间也增加。

10.4.1.5　TD NMR含量分析

NMR波谱学最近的发展是与AOAC方法2008.06(肉中的水分和脂肪)相一致的仪器方法,该方法使用FAST Trac NMR系统(CEM公司),将快速干燥(微波炉)与低分辨率(时域)NMR结合在一台台式仪器上,用于湿度和脂肪分析。CEM公司(Matthew,NC)制造了两种仪器,它们一种是将微波和NMR结合测定水分/固体和脂肪含量(SMART TracII™用于湿物质,HYBRID Trac™用于所有产品)和另一种仅使用NMR来测量干物质的水分/固体和脂肪含量(FAST Trac™)。这些相对便宜的系统操作简单,易于维护。它们为食品的质量控制提供快速、可重复的信息,提供专用食品的水分和脂肪含量的信息(例如,FAST Trac™的巧克力和薯片)。

10.4.2　特定食品的应用实例

高分辨NMR波谱已被用于分析复杂系统,如食品样品、生物流体和生物组织,因为它提供了在单个实验中食品模型多种化合物的信息。NMR 波谱分析是无损的,并具有样品制备简单和分析速度快的优点。获得 NMR 波谱所需的时间短(几分钟),加之自动化使得能够以最少的人力分析许多样品。NMR 在食品工业中的应用有两种基本类型的分析:①鉴别不同的共振,而后获得具体的化合物;②使用化学统计学分析,在没有对特定共振进行归属情况下比较波谱图。

10.4.2.1 油/脂肪

(1)脂肪酸谱 脂肪、油及其衍生物的物理和化学性质主要受其脂肪酸组成的影响。尽管通常使用气相色谱法(GC)测定脂肪酸谱(详见 17.2.7 和 23.6.2),但常见的不饱和脂肪酸(如油酸、亚油酸和在油或脂肪样品中的亚麻酸)可以使用 $^1H - NMR$ 谱中选择信号的积分来定量。尽管 GC 提供完整的脂肪酸谱的准确信息,但它缺乏甘油链上脂肪酸的分布信息,而这对于加工中成分的功能性质是重要的,例如结晶点或在烘焙产品中它如何使面团塑化。例如,恰当的脂肪类型对于高质量的馅饼皮或牛角面包是至关重要的。甘油链上的脂肪酸分布可以通过 $^{13}C - NMR$ 分析获得。在波谱的羰基区域有两组共振:第一组是由于甘油部分第 1 和第 3 位上的脂肪酸,第二组是由于第 2 位上的脂肪酸。

(2)植物油的鉴定 虽然不同的油或脂肪可能由于特殊原因而混合,但是低价值油掺假在高价值油中是重要的经济和商业问题。首要的问题是橄榄油,因为其不仅贵而且营养价值高。因此,来源于主要橄榄油生产的地中海国家如希腊、意大利和西班牙等的许多研究都涉及鉴定用于掺假橄榄油的低价值油,如榛子油。掺假问题很复杂,因为低价值油通常具有类似于橄榄油的脂肪酸分布。用于分析潜在掺假橄榄油的方法有 $^{13}C - NMR$ 和 $^1H - NMR$ 波谱法。例如,NMR 与用榛子油或葵花籽油稀释的橄榄油的 NMR 谱图上的特定共振的多变量统计分析结合使用。这些方法也可以用来确定油的种类和产地。

(3)氧化的监测 植物油的氧化是一个重要的质量问题,并可能导致油的进一步恶化。具有双烯丙基亚甲基的高度不饱和脂肪酸特别容易氧化。初级和次级氧化产物,如氢过氧化物和醛,很容易地通过 $^1H - NMR$ 检测。$^1H - NMR$ 对于这种分析特别有用,因为样品不需要经过任何可能引起降解的额外处理,例如衍生化。

(4)固体脂肪含量(SFC) 虽然本章讨论的大多数分析都依赖于高分辨率的核磁共振,但台式低分辨率脉冲核磁共振可用于测定样品的 SFC(另见 23.43.11)。例如,可以测定不同温度下油或脂肪中固体三酰甘油的含量。该方法基于固体和液体之间弛豫时间的差异,并且在延迟之后,仅液体脂肪的 NMR 信号会被测量。基于此,固体含量就可以估量出来。脂肪混合物的结晶机理也可以通过 SFC 的测量进行研究。

10.4.2.2 水

玻璃化转变是食品的重要属性,并且依赖于水分的玻璃化温度(T_g)影响食品的加工和储存。T_g 可以用 NMR 状态图确定,该状态图是一条在不同水分含量下 NMR 弛豫时间与玻璃化温度关系的曲线。这个信息是重要的,因为在产品的生产和销售过程中,在任何时候高于 T_g 的加工和储存温度都会导致更快速的品质劣变。自旋 - 自旋弛豫时间(T_2)通常用作质子迁移的指标,其在指定产品的 T_g 以上和以下是不同的。虽然差示扫描量热仪(DSC)(详见 33.3.2)最常用于简单的 T_g 分析,但生成 NMR 状态图的能力提高了 NMR 在许多应用上的价值。

10.4.2.3 成分分析

果汁中的掺假不容易通过口味或颜色来检测。例如,橙汁可以与相对便宜的葡萄柚汁混合,但含有葡萄柚汁的市售橙汁产品对某些特殊疾病的消费者会造成严重的健康威胁。葡萄柚汁有许多香豆素类的黄酮和其他 CYP450 型强抑制剂,其对许多处方药物的代谢产生负面影响。因此,这种掺假的检测和防范尤为重要。基于 NMR 的化学计量学方法,使用独立成分分析,主成分分析的一个变量,来解决这类问题。已知 ^1H NMR 光谱中的选定区域含有区别类黄酮糖苷的信号,可以在相对较短的时间内进行精确分析。果汁制备的另一个常见问题是鲜榨果汁和果肉洗涤产生的果汁之间的区别,后者可以将其加入鲜榨橙汁以降低生产成本。^1H NMR 与主成分分析相结合,可以轻松而准确地区分鲜榨橙汁和洗涤果肉橙汁。

NMR 还用于监测啤酒批次间质量和生产场所的差异。大型跨国啤酒厂在很多不同的地区生产啤酒,并要求在详细的分子水平上进行质量控制。NMR 可与主成分分析结合使用,根据乳酸、丙酮酸、葡聚糖、腺苷、肌苷、尿苷、酪氨酸和 2 - 苯乙醇的含量来区分不同产地的啤酒。对这些化合物进行定量可以使生产者鉴别出生产场所,因为这些化合物差异较大(因此质量控制很难)。

其他生产商使用 NMR 方法来提高软饮料、果汁和植物油生产的质量控制。也使用类似的方法来监测从不同地区收集的功能性食品和营养食品(具有正面药效的食品提取物)的质量。

10.5　总结

核磁共振技术为复杂分子的结构解析、新鲜组织的三维成像、质量保证的简单成分分析等多种应用提供了强大的研究手段。NMR 与大多数其他形式的光谱学不同,因为原子核是分析对象,激发步骤使用射频电磁能。质子(H)和 ^{13}C 同位素是最常被研究的原子核,其中每一个都具有特征电荷和自旋,并且产生一个小的局部磁场。NMR 分析需要一个外部磁场,这使得原子核的局部磁场以平行或反平行的方向排列。平行取向(在与 B_0 对齐的 z 轴中)存在稍微过量,并且是在 NMR 实验期间检测到的该群体的净磁矢量。射频能量脉冲将这个净磁矢量移动到 xy 平面,在那里检测到重新发射的无线电信号(NMR 信号)。该信号迅速衰减,其包含样品中所有原子核的强度和频率信息,并将所得到的 FID 通过傅立叶变换转换成 NMR 谱图,NMR 谱图基于频率显示沿 x 轴分布的各种共振。

核磁共振仪由一个位于中心孔内的带有发射器和接收器天线的低温线圈、一个带有发射器和接收器硬件的电子控制台和一个控制仪器所有功能的数据/工作站。除了具有固体和液体应用的 NMR 光谱仪之外,还有其他相关仪器,例如 MRI,它们基于相同的原理,但产生不同的信息。

NMR 在食品科学领域的常见应用包括结构研究（研究食品成分的化学结构与有利健康或功能之间的关系）、加工对食品特性和质量影响的研究、食品成分甚至新鲜蔬菜组织的组成研究、食品成像和 SFC 或成分纯度的测定。

10.6　思考题

（1）解释了与 NMR 谱相关的基本原理，包括磁体的功能和原子核自旋的概念。

（2）描述了净磁化强度与 RF 脉冲（90°）和随后的 NMR 信号的相互作用。

（3）解释了屏蔽和化学位移的概念。

（4）描述了 FID 和 NMR 谱，包括时域、频域和数据转换的概念。

（5）列出了 NMR 波谱仪的组成部分及其功能。

（6）哪些样品可以通过①液体 NMR 和②固体 NMR 来分析？

（7）用 MRI 获得什么样的最终数据？列出了 MRI 的两个应用。

（8）食物分析中弛豫时间的主要用途是什么？

（9）列出了核磁共振在普通食品中的应用，并举例说明。

参考文献

1. 1. Li J, Kang J, Wang L, Li Z, Wang R, Chen ZX, Hou GG (2012) Effect of water migration between arabinoxylans and gluten on baking quality of whole wheat bread detected by magnetic resonance imaging (MRI). J Agric Food Chem 60(26):6507 – 6514

2. Mazhar M, Joyce D, Cowin G, Brereton I, Hofman P, Collins R, Gupta M (2015) Non-destructive [1]H-MRI assessment of flesh bruising in avocado (Persea americana M.) cv. Hass. Postharvest Biol Tech 100:33 – 40

3. Spiteri M, Jamin E, Thomas F, Rebours A, Lees M, Rogers KM, Rutledge DN (2015) Fast and global authenticity screening of honey using ^{1}H-NMR profiling. Food Chem 189:60 – 66

4. Siciliano C, Belsito E, De Marco R, Di Gioia ML, Leggio A, Liguori A (2013) Quantitative determination of fatty acid chain composition in pork meat products by high resolution 1 H NMR spectroscopy. Food Chem 136(2):546 – 554

5. Ohtsuki T, Sato K, Sugimoto N, Akiyama H, Kawamura Y (2012) Absolute quantification for benzoic acid in processed foods using quantitative proton nuclear magnetic resonance spectroscopy. Talanta 99:342 – 348

6. Bosmans GM, Pareyt B, Delcour JA (2016) Non-additive response of blends of rice and potato starch during heating at intermediate water contents: A differential scanning calorimetry and proton nuclear magnetic resonance study. Food Chem 192:586 – 595

7. Wei F, Furihata K, Hu F, Miyakawa T, Tanokura M (2010) Complex mixture analysis of organic compounds in green coffee bean extract by two – dimensional NMR spectroscopy. Magnetic Resonance in Chemistry 48(11):857 – 865

8. Sciubba F, Di Cocco ME, Gianferri R, Impellizzeri D, Mannina L, De Salvador FR, Venditti A, Delfini M (2014) Metabolic profile of different Italian cultivars of hazelnut (Corylus avellana) by nuclear magnetic resonance spectroscopy. Natural Product Research. 28 (14):1075 – 1081

9. Cao R, Nonaka A, Komura F, Matsui T (2015) Application of diffusion ordered-1 H-nuclear magnetic resonance spectroscopy to quantify sucrose in beverages. Food Chem 171:8 – 12

10. Dugo G, Rotondo A, Mallamace D, Cicero N, Salvo A, Rotondo E, Corsaro C (2015) Enhanced detection of aldehydes in Extra-Virgin Olive Oil by means of band selective NMR spectroscopy. Physica A: Statistical Mechanics and its Applications 420:258 – 264

11. Colombo C, Aupic C, Lewis AR, Pinto BM (2015) In situ determination of fructose isomer concentrations in wine using ^{13}C quantitative nuclear magnetic resonance spectroscopy. J Agric Food Chem 63 (38): 8551 – 9

12. Haque E, Bhandari BR, Gidley MJ, Deeth HC, Whittaker AK (2015) Change in molecular structure and dynamics of protein in milk protein concentrate powder upon ageing by solid-state carbon NMR. Food Hydrocolloids 44:66 – 70

13. Cai H-H, Chen H, Lin Y-L, Feng J-H, Cui X-H, Chen Z (2015) Feasibility of ultrafast intermolecular single-quantum coherence spectroscopy in analysis of viscous liquid foods. Food Anal Methods 8 (7): 1682 – 90

14. Pereira FMV, Pflanzer SB, Gomig T, Gomes CL, de Felicio PE, Colnago LA (2013) Fast determination of beef quality parameters with time-domain nuclear magnetic resonance spectroscopy and chemometrics. Talanta 108:88 – 91

15. Serial M, Canalis MB, Carpinella M, Valentinuzzi M, León A, Ribotta P, Acosta RH (2016) Influence of the incorporation of fibers in biscuit dough on proton mobility characterized by time domain NMR. Food Chem 192:950 – 957

16. Pereira FMV, Rebellato AP, Pallone JAL, Colnago LA (2015) Through-package fat determination in commercial samples of mayonnaise and salad dressing using timedomain nuclear magnetic resonance spectroscopy and chemometrics. Food Control 48:62 – 6

17. Bemer HL, Limbaugh M, Cramer ED, Harper WJ, Maleky F (2016) Vegetable organogels incorporation in cream cheese products. Food Res Intl 85:67 – 75

18. Pérez EMS, Iglesias MJ, Ortiz FL, Pérez IS, Galera MM (2010) Study of the suitability of HRMAS NMR for metabolic profiling of tomatoes: Application to tissue differentiation and fruit ripening. Food Chem 122 (3):877 – 87

19. Heude C, Lemasson E, Elbayed K, Piotto M (2015) Rapid assessment of fish freshness and quality by ^{1}H HR-MAS NMR spectroscopy. Food Anal Methods 8 (4):907 – 15

20. Bertocchi F, Paci M (2008) Applications of high-resolution solid-state NMR spectroscopy in food science. J Agric Food Chem 56(20):9317 – 27

相关资料

- Berger S, Braun S (2004) 200 and more NMR experiments: a practical course. Wiley. VCH, Weinheim, Germany
- Farhat IA, Belton PS, Webb GA (2007) Magnetic resonance in food science: from molecules to man. The Royal Society of Chemistry, Cambridge, England
- Günther H (1995) NMR spectroscopy, 2nd edn. Wiley, New York
- Hills B (1998) Magnetic resonance imaging in food science. Wiley, New York
- Jacobsen NE (2007) NMR spectroscopy explained: simplified theory, applications and examples for organic chemistry and structural biology. Wiley, New York
- McMurry JE (2007) Organic chemistry, 7th edn. Brooks- Cole, Salt Lake City, UT
- Skoog DA, Holler FJ, Crouch SR (2007) Principles of instrumental analysis, 6th edn. Brooks-Cole, Salt Lake City, UT
- Webb GA, Belton PS, Gill AM, Delgadillo I (eds) (2001) Magnetic resonance in food science: a view to the future. The Royal Society of Chemistry, Cambridge, England

11 质谱法

J. Scott Smith

Rohan A. THakur

11.1 引言

　　过去十年来,质谱技术已成为分子鉴别、表征、验证和定量过程中不可或缺的方法,不论是对于小分子(如咖啡因,194u)还是复杂的生物大分子(如免疫球蛋白,144000u)。作为一种分析手段,质谱的广泛应用得益于两项重要的技术革新。其一,串联质谱技术的发展实现了气相色谱(GC)(详见第 14 章)或液相色谱(LC)(详见第 13 章)与质谱的串联使用。这种色谱与质谱相结合的方式不仅显著降低了定量分析的检测极限,同时其高特异性也提高了定量分析的可信度。其次,开发研制的混合型台式质谱仪具有高分辨率、精确分析质量和液相色谱 – 质谱联用分析流程。串联的混合型质谱技术拥有稳定的高灵敏度和精确度,通过严密的统计分析以达到定量分析的目的,同时显著减少样品前处理时间和工作量。这些优点使质谱成为分析复杂生物的必备技术,例如食品中农药残留的检测、环境污染物的跟踪分析、天然产物的表征或食源性致病菌的快速鉴定。

　　质谱技术的强大之处在于它能在分子上施加电荷使其转化成离子,这一过程称为离子化。生成的离子通过射频(RF)和静电场相结合的质量分析器,按照各自的质荷比大小(m/z)分开,最后通过高灵敏度的检测器进行检测。来自检测器的结果信号被数字化转换后,由软件加工处理,最终以质谱图的形式呈现。质谱图通过揭示分子质量和结构组成,从而发实现分子的鉴定。此外,离子进入检测器前,串联质谱技术还会通过产生离子碎片来获得分子的结构信息。

　　最常见的质谱技术是气相色谱 – 质谱联用技术(GC – MS),始用于在 20 世纪 60 年代末期,接着,快速发展的液相色谱 – 质谱联用技术(LC – MS)使液体离子化成为可能,并于 20 世纪 80 年代开始引发关注,随后发展的基质辅助激光解吸电离(MALDI)或基质辅助激光解吸电离(MALDI)飞行时间(TOF)技术于 1988 年实现了固态晶体的离子化。

11.2　仪器：质谱仪

11.2.1　概述

　　由于已有很多与质谱相关的仪器缩略词出现,所以本章列出首字母缩略词一览表表 11.1,其中许多缩略词是第一次出现,总结了质谱仪的部件和仪器型号。这张表也介绍了质谱仪的三个基本功能。①通过多种技术,实现分子在离子源处的离子化。②在质量分析器处,带电离子和它的碎片通过它们的质荷比(m/z)分开。③分离的带电离子通过检测器(如电子倍增管,光电倍增管)进行检测。质谱仪的部件组成,如图 11.1 所示。

　　进样过程分为静态进样和动态进样,后者与 GC 或 LC 仪器的接口有关。由于所有的质谱仪都在高真空度条件下工作,所以无论样品状态处于何种状态(气态、液态或固态),所有离子都以气体形式进入质谱仪中,这个过程在质谱仪的接口处实现。常见的质谱仪接口问题将在 GC – MS 和 LC – MS 部分进行详细讨论。

　　图 11.2 描述了包含四极质量分析器的一种典型的 GC – MS 仪器内部构造。离子源和检测器之间的所有区域通过不同的真空泵达到真空状态。从离子源开始的每一个连续区域的真空度依次降低,质量分析器和检测器所在区域的真空度最大,$10^{-6} \sim 10^{-8}$torr①。保持真空度有两个极重要的原因。①为了避免带电离子进入检测器前,与其他气态分子发生反应。②为了离子透镜的正确工作,质量分析器电极和离子检测器需要在高电压状态下。真空度性能的好坏决定了质谱仪灵敏度和分辨率的高低。

表 11.1	质谱仪各组件与型号	
	类型	应用
进样		
静态方法	直接注入	气体或挥发性液体
	直插式探针	固体
动态方法	气相色谱(GC)	气体或挥发性液体
	液相色谱(LC)	无挥发性固体或液体
离子源	电子碰撞电离(EI)	主要用于 GC – MS,对于挥发性化合物
	电喷雾电离(ESI)	大部分常用于 LC – MS,一般用于极性和弱极性的化合物
	大气压化学电离(APCI)	主要用于 LC – MS,一般用于低极性和某些挥发性物质
	大气压光电离(APPI)	与 APCI 用途类似,但在信噪比和检出限方面具有优势

---

　　①　1torr = 133.322Pa。

续表

类型		应用
基质辅助激光解吸电离(MALDI)		一种"温和电离",适用于生物聚合物和其他脆弱的分子
化学电离(CI)		一种"温和电离",适用于生物聚合物和其他脆弱的分子
四极质量分析器/过滤器(Q)		用于许多型号的仪器;小型台式仪器
离子阱(IT)		用于 LC－MS,MS/MS
飞行时间(TOF)		用于分析生物聚合物和大分子
基于傅立叶变换的质量分析器(傅立叶离子回旋共振(FT－ICR);FS 轨道阱(FS－orbitrap)		支持易使用的台式 LC－MS
扇形场		要求超高分辨率的专门应用,如二噁英分析
同位素比值质谱		在地球化学和营养科学中有用,极端特异性
加速器质谱仪		在地球化学和营养科学中有用,极端特异性
混合型质谱:常见的质量分析器组合	四极飞行时间(如 Q－TOF,triple TOF)	大部分用于 LC－MS,也支持 MS/MS 台式仪器
	三重四极杆(如 TQ,串联质谱)	一般用于 LC－MS,也支持 MS/MS 台式仪器
	离子阱(如 IT－FTMS,IT－orbitrap,Q－trap)	大部分用于 LC/MS,也支持 MS/MS,有非常高的质量精确性
常用的质谱仪器	四极质谱仪(单个的四极或 TQ)	定量定性分析
	离子阱质谱(ITMS)	定性分析,对多级质谱(MSⁿ)具有优势
	飞行时间(TOF)/四极飞行时间(Q－TOF)	高分辨率,能满足精确的质量需求
	傅立叶变换质谱(FTMS)	高分辨率,能满足精确的质量需求

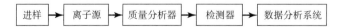

进样 → 离子源 → 质量分析器 → 检测器 → 数据分析系统

图 11.1 质谱仪的主要组件

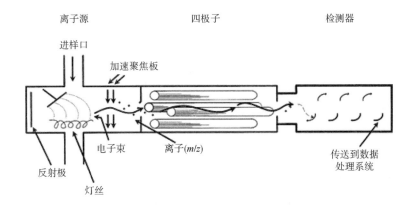

图 11.2 典型质谱仪示意图

注:上方和下方的样品导入口(接口)可直接接入 GC。

11.2.2 进样

11.2.2.1 静态方法

质谱操作的第一步是将样品加入离子源室。对纯的化合物或样品提取物来说,一般为气体或挥发性液体,可直接进样到离子源室,而不需专用设备或器件,这类似于气相色谱中的样品进样,这种把样品直接导入离子源室的静态法被称为直接进样法。对于具有一定挥发性的固体样品来说,往往采用直接插入探针法:样品置于不锈钢杆或探针末端的小杯内,将探针通过样品加入口插入离子源中,然后加热离子源直至固体挥发。这种方法与直接进样一样,通过在固体材料汽化从而得到相对应的质谱,它们都适用于纯样,受限于组成较复杂的混合物的分析。

实时直接分析是静态进样技术的一个例子,亚稳态的氦离子(19.8eV 能量)用于引发分析物的电离,通过彭宁离子化过程(非常像电子碰撞电离)产生自由基阳离子(M^+)。加热氦气和氮气的混合物用来启动亚稳态的电离过程,这必不可少会产生丰富的等离子体环境,其中亚稳态的氦气会与环境中的水反应,产生质子化的水分子团簇,最终导致电荷转移到分析物上。Hajslova 等[3]已详述了该过程用于食品质量与安全分析方面。

11.2.2.2 动态方法

对于混合物,采用动态方法将样品逐一分离,然后进入质谱仪检测。一般是将 GC 或 HPLC 与 MS 通过一个接口串联起来使用(详见 11.4 和 11.5),该接口去除过量的 GC 载气或 HPLC 溶剂,否则会损坏质谱仪的真空泵。

11.2.3 离子化

许多方法都可用于离子化,这取决于色谱接口的类型和化合物的性质(表 11.1)。以下简要介绍离子源的主要类型。

11.2.3.1 电子碰撞电离(EI)

在 GC - MS 技术中,一旦化合物从 GC 进入离子源,它就暴露在由铼或钨金属组成的灯丝发出的电子束中。当直流电通过灯丝(通常是 70eV)时,灯丝加热并放出电子,穿过离子室朝正电极移动。当电子通过电离室时,电子遇样品分子形成电离分子。一旦电离,分子就含有很高的内能,它们可以进一步分裂成更小的分子碎片。这个过程称为电子碰撞电离(EI),尽管发射的电子很少会击中分子。

11.2.3.2 电喷雾电离(ESI)

电喷雾电离当下多用于 LC - MS 技术,它能在常压下起作用并具有高灵敏度。通常,极性化合物适于 ESI 分析,产生离子的类型取决于初始电荷。也就是说,带正电的化合物产生正离子,而带负电荷的化合物,如含有游离羧酸官能团的化合物,则会产生负离子。

如图 11.3 所示的 ESI 源包括含有熔融石英毛细样品管的喷嘴(用于传递 LC 流出物),同轴安装在金属毛细管的可变电位,可用于对抗反电极,通常是样品进入 MS 的入口。高速度的压缩氮气同轴引入,以便在 LC 流出物离开金属毛细管的尖端时帮助雾化。氮气流(快速移动)和 LC 喷射(慢速移动)之间的相对速度差在 ESI 尖端产生高电荷液滴的精细喷雾。在纳米流速($<1\mu L/min$)下,电场的力量足以打碎 LC 流出物成细滴而不使用雾化气体,这个过程称为纳米喷雾。传统的 HPLC 流速($1 \sim 1000\mu L/min$)下,大量液体需要使用雾化氮气来降低初始液滴的尺寸,产生所需的微滴,其主要受主要电场的影响。

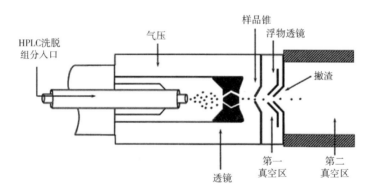

图 11.3 电喷雾液相色谱 - 质谱联用界面示意图

在这一点上,由于快速减小的微滴体积内"类似"电荷的积累所产生的排斥力,造成试图保持微滴球形结构的表面张力的不平衡。正电荷被抽出,但不能逃离液体的表面,形成所谓的泰勒锥(taylor cone)。液滴的直径进一步减小导致泰勒锥伸展到临界点,在该点电荷逸出液体表面并在称为库仑爆炸的过程中作为气相离子发射。

ESI 过程的许多优点之一是它能够产生多个带电离子,并且能够耐受传统 HPLC 流速。由于这种多重充电现象,蛋白质和其他大分子聚合物(如 $2000 \sim 70000u$)可以很容易地在质荷比(m/z)为 2000 的质量极限的 LC - MS 系统上分析。功能强大的软件可以处理超过 + 50 个电荷的状态,从而获得更大分子质量蛋白质的分子离子信息。ESI 过程的一个限制是离子抑制/增强或基质效应现象,其通常引起基质成分存在下分析物信号强度的响应变化。矩阵因子校正用于计算离子抑制/增强效应,包括使用稳定标记的内标物或用于定量分析的基质辅助校准曲线。

11.2.3.3 大气压化学电离(APCI)

APCI 接口,像 ESI 在大气压下工作一样,通常用于低极性化合物和一些挥发性化合物。它比 ESI 条件更苛刻,是一种气相电离技术。因此,分析物的气相化学和溶剂蒸气在 APCI 过程中起着重要作用。

APCI 接口示意图,如图 11.4 所示。带有 LC 流出物的熔融石英毛细管在碳化硅(陶瓷)蒸发器管的一半处凸出,蒸发管保持在 $400 \sim 500℃$,并用于蒸发 LC 流出物。对位于汽化器出口附近的电晕针施加高电压。高电压产生了电晕放电,从流动相和氮气雾化气体中形成了试剂离子。这些离子与样品分子(M)发生反应并将其转化为离子。在水、氮气和高电压电晕放电的情况下,发生的常见级联反应如下所示。

$$e^- + N_2 \longrightarrow N_2^{+\cdot} + 2e^- \tag{11.1}$$

$$N_2^{+\cdot} + H_2O \longrightarrow N_2 + H_2O^{+\cdot} \tag{11.2}$$

$$H_2O^{+\cdot} + H_2O \longrightarrow H_3O^+ + OH^{\cdot} \tag{11.3}$$

$$M + H_3O^+ \longrightarrow (M+H)^+ + H_2O \tag{11.4}$$

APCI 接口是一个强大的接口,可以处理高达 $2mL/min$ 的高流速。它不受缓冲强度或成分的微小变化的影响,通常用于分析小于 2000u 的分子。它不会促进形成多电荷,因此不能用于分析大型生物分子/聚合物。就基体效应而言,APCI 通常表现为"离子增强"而不是"离子抑制。"这是由于基质组分改进了等离子体产生过程,从而提高了电离过程的效率。因此,在基质成分中有了分析物信号响应的增加,需要通过适当使用稳定标记的内标或基质辅助的校准曲线进行基质因子校正以进行定量分析。

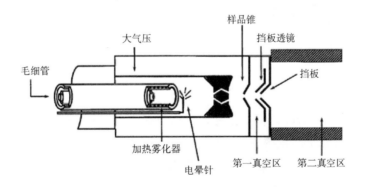

图 11.4 大气压化学电离液相 - 质谱联用接口示意图

11.2.3.4 大气压光电离(APPI)

APPI 是一种改良 APCI 接口的电离技术。APCI 接口采用氪或氙光源产生一束光子,而不像 APCI 那样产生电晕放电产生等离子体。具有低于光源波长的电离电势的化合物将被电离。由于大多数 HPLC 溶剂在普通光源产生的波长条件下不发生电离,因此 APPI 在信噪比和检测限方面有所提高。

11.2.3.5　基质辅助激光解吸电离(MALDI)

在 MALDI 中,样品溶解在基质中并使用紫外激光对其进行电离。基质在电离中起着重要的作用,既作为激光能量的吸收体,使其汽化,也作为质子的供体和受体使电荷转移到分析物上(图 11.5)。由于样品不发生直接电离,MALDI 被认为是一种柔和的电离技术,可用于电离大型生物聚合物和其他相对脆弱分子,如核酸、碳水化合物等[2]。MALDI 中常用的基质通常是具有紫外吸收特性的弱有机酸[如 2,5 - 二羟基苯甲酸(DHB)、芥子酸、龙胆酸(二羟基廿二酸 - 2,5 - 二羟基苯甲酸)或 α - 氰基 - 4 - 羟基肉桂酸(CHCA)]。灵敏度通常取决于基质与样品的化学键的配对,特别是对于原本不挥发或不溶于大多数水溶剂的样品。

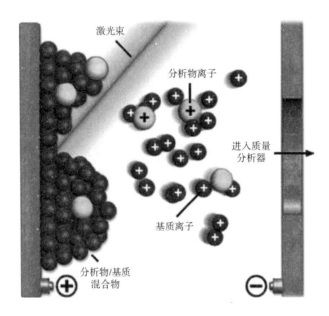

图 11.5　MALDI 解吸和电离用于飞行时间仪器流程图

典型应用于 MALDI 的激光器是钕钇(Y)铝石榴石(Nd - YAG)氮激光器,在真空中以 337nm 或 355nm(光子能量为 3.7 ~ 3.5eV)操作,并且以 1 ~ 10kHz 的重复频率脉冲化。激光束大小在 5 ~ 100μm 减弱,这使得数百个激光通过单个样本点进行光栅扫描。虽然电离机制尚未完全了解,但大致分为两步过程。第一步是基质吸收来自激光器的紫外能量,因而电离成(M + H)⁺;第二部是电荷转移至样品(S + H)⁺,使得带电样品聚焦到质量分析器中。基于大气压下 MALDI 离子源,红外激光器也有所应用,但相对来说不常用。

11.2.3.6　基质电离效应

所有类型的电离都有一个关键的共性问题是基质效应现象。这发生在包含样品清洗后的分子电离抑制或增强时，共洗脱基质中的内源性干扰。这种效应对灵敏度有直接的影响，对于相同水平（如 1ng/mL），化合物离子强度的响应会受到重叠基质干扰，如盐、脂肪酸、磷脂类等。对于高灵敏度的定量 MS 分析，基质效应的研究在定量之前是必不可少的。例如，如果基质是菠菜提取物和玉米提取物，那么每个基质都必须分不饿研究其基质效应。将已知标准的农药加入干净的基质（未接触农药的菠菜或玉米）中，并将其峰值强度与纯溶剂中相同水平对比。纯标准品和基质加标样品间的峰值强度的差异将决定最终分析样品时的基质效应。尽管所有电离模式都易受基质效应的影响，但 ESI 似乎最易于发生离子抑制；而 APCI 等技术更容易发生离子增强，其中与纯标准相比，峰值强度在基质存在时增加。

11.2.3.7　从离子源到质量分析器的转变

如上述章节所述，电离过程的最终结果是使各种大小不等的分子带上了正电荷和负电荷。当离子源背部的反射屏极带正电，它会排斥靠近四极质量分析器的正电荷片段，因此，我们只看到阳性片段，尽管阴极片段有时也会被分析出来。当带正电荷的碎片离开离子源时，它们会穿过加速板和聚焦板的孔，这些极板用于增加带电分子的能量，并使离子束聚焦，使得最大量的离子束能到达质量分析器中。

11.2.4　质量分析器

11.2.4.1　概述

质量分析器的核心是质谱仪。它的基本任务是将带电荷的分子或碎片根据它们的质荷比（m/z）进行分离，它决定了质量范围、精密度、分辨率和灵敏度。表 11.1 所示为质量分析器的基本类型，包括了几种基本的质量分析器常见的组合（称为混合 MS），常见类型的质谱仪及其典型应用。以下各小节所描述的仅是食品分析中最常用的四种质量分析器。

11.2.4.2　四极质量分析器（Q）

"四极质量分析器"中的"四"来自拉丁语的"*quadrupole*"，"极"来形容使用的四个金属杆形成的阵列（图 11.2）。这四个杆用来产生两个相等但反相的电势：一个是交流电（AC）的外施电压频率下降到射频范围（RF）内；另一个是直流电（DC）。电势差可以在两个相反的杆之间产生振荡电场，从而使它们具有相等但相反的电荷。

例如，当一个正电荷离子进入四极场时，它会立即被吸引到一个保持在负电位的杆上，如果该棒的电位在离子撞击之前发生变化，它将被偏转（也就是改变方向）。因此，每一个进入四极区域的稳定离子（即具有稳定飞行路径的离子）会在通往检测器的路上描绘出正弦波型图案。通过调整杆上的电势，可以选择指定的离子、质量范围或仅一个离子稳定并检测到。不稳定的离子撞击四根杆中的一根，将它们从振荡场中释放出来，然后由真空泵抽走。四极质量分析器通常称为质量过滤器，因为从原理上说，这种装置可以过滤离子，从而得到稳定的离子。

11.2.4.3　离子阱(IT)质量分析器

离子阱本质上是多维四极杆质量分析器,它能储存离子(阱),然后根据它们的质荷比选择性排出。一旦离子被捕获,就能使用多级 MS(MS^n),可以提高质量分辨率和灵敏度。离子阱和四极质量分析器的主要区别是,在离子阱中,不稳定的离子被排出,稳定的离子被捕获、检测;而在四极质量分析器中,有稳定飞行路径的离子到达检测器,不稳定的离子与杆相撞并被真空泵抽走。

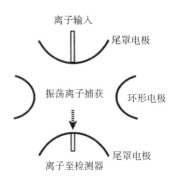

图 11.6　离子阱质量分析器示意图

图 11.6 所示为三维离子阱质量分析器的截面图。它由夹在穿孔入口、端帽电极和穿孔出口、端盖电极上的环形电极组成。将交流电压和变幅施加到环形电极上,在质量分析器腔中产生三维四极场。

在离子源中形成的离子被电子化后注入离子阱中,在离子阱中受到随时间变化的射频场的影响。离子被捕获在质量分析器空腔内,并施加射频电压驱动一个 8 向端盖的离子运动。这样,对于一个被捕获的离子,它必须在轴向和径向两个方向上都有稳定的轨迹。为了检测离子,要改变施加在环形电极的频率,使离子轨迹不稳定。氦气(He)被连续注入离子阱腔中,主要用作润湿气体。离子阱技术的最新发现是二维离子阱,这种离子阱能通过在四极类似组装中传播离子云,从而大大增加了离子俘获体积,即离子阱体积[1]。

11.2.4.4　飞行时间质量分析器(TOF)

飞行时间质量分析器根据在已知距离行驶时到达探测器所需的时间将离子分离(图11.7)。离子以相同的动能从离子源处脉冲产生,这导致不同质荷比(m/z)的离子获得不同的速度(较轻的离子行进得更快,而较重离子行进较慢)。速度上的差异转化为到达探测器的时间差,由此形成了质谱结果。理论上,由于飞行时间仪器没有质量范围的上限,这使它们在分析生物聚合物和大分子时更有效,并且由于它们传输所有的质荷比(m/z)离子(全扫描模式)而达到快速循环。使用反射极(离子镜)能迅速通过增加离子漂移路径长度,在 V 或 W 模式下跳跃而不会大幅增加仪器的占用,来增加飞行时间仪器的分辨率。

11.2.4.5　基于傅立叶变换质谱(FTMS)

基于傅立叶变换的质谱仪将由离子运动(谐波振荡或回旋运动)产生的图像电流解卷积成质谱图。傅立叶变换离子回旋共振质量分析器捕获磁场(彭宁阱)中的离子,而傅立叶变换轨道阱质量分析器则捕获电场中的离子。这两种分析仪类型相对前面内容列出过的质量分析器是独特的,因为离子自身不是通过撞击检测器被检测到,而是作为所施加的电子(轨道阱)或磁场(ICR)的函数来测量频率(回旋运动)。2005 年,将轨道阱高分辨率

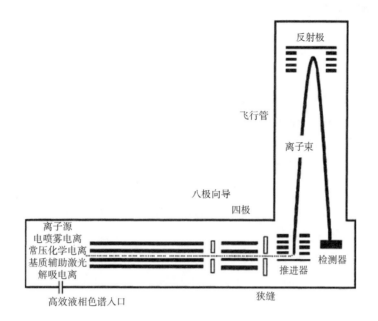

图 11.7 单级飞行时间仪器示意图

(400k 分辨率@ 质荷比为 200)通过静电场和台式质谱仪相结合,得到了一个操作更简的 LC – MS(图 11.8),并被商业化推出。而传统的傅立叶变换质谱仪虽然能提供更高分辨率 (7M 200m/z),但需要液态氦冷却超导磁体,其体积庞大,价格昂贵,且需要专门的操作人员,这限制了它们的广泛应用。结果是元素的质量测量精确度为允许的百万分之一。尤其

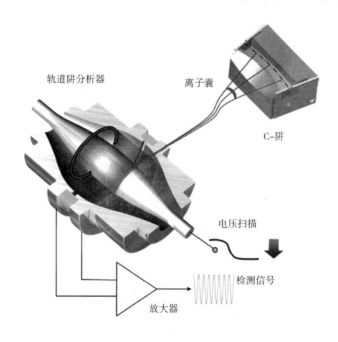

图 11.8 轨道阱分析器的示意图

注:传统 GC 或 LC – MS 中,电离后的离子被 C 阱捕获,被送去分析器检测,信号传递到质谱仪。

是这种类型的质量分析器能提供很高的分辨率,从而能确定精细的同位素结构。

11.3 质谱解析

如上所述,质谱图是一种能反映当分子发生多种形式的电离时产生的各种质量碎片(m/z)强度的图(或表)。在典型的 GC – MS 中,通过加热灯丝(用于分子电离)产生电子束,通常保持在恒定的 70eV 电势,因为这样能产生几乎不含碎片的离子,但这将导致损失较高分子质量的离子。使用 70eV 电离的另一个优点是,该条件下导出的质谱图重复性很好,可以忽略由于仪器的制造和型号不同而产生的仪器误差。这使得计算机辅助的质谱图能匹配到相应的数据库从而有助于未知化合物的鉴定。事实上,大多数质谱现在都有质谱图数据库和所需的配套软件。

典型的质谱图只包括阳性片段,即通常只含有一个单位的正电荷。这样,质荷比除以 1 就是该片段的分子质量,数值上等于该片段的质量。但目前为止,质荷比都没有专用名,只用符号缩写"m/z"表示(旧书中使用 m/e)。

丁烷的质谱图如图 11.9 所示。相对丰度在 y 轴上绘制,m/z 绘制在 x 轴上。条形图上的每一行表示一个 m/z 片段的丰度并对应唯一一个具体化合物。质谱图总是包含所谓的基峰或基离子。这是具有最高丰度或强度的片段(m/z)。当计算机处理信号检测器时,最高强度的质荷比(m/z)定为 100%,而其他所有质荷比(m/z)离子的丰度相对于基峰会进行调整。基峰总是以 100% 的相对丰度表示。丁烷在 m/z 为 43 时具有基峰。

另一个重要的片段是前体离子(通常称为分子离子或母体离子),用符号 $M^{+\cdot}$ 表示。这个峰的质量数最高,表示带正电的完整分子,分子质量等于 m/z。更严格的电离技术,如 EI(图 11.9),通过剥离电子产生 m/z 为 58 的离子(自由基阳离子)。由于单个电子的质量可被认为是微不足道的,所以由 EI 型电离产生的分子离子就表示该化合物的分子质量。所有其他的分子片段都来源于这个带电的物质,所以很容易看出为什么它被称为前体(分子)离子。它并不是一直存在的,因为前体离子在穿过质量分析器之前有可能发生分解。然而,质谱仍然可以得到结果,这只是在确定未知物质的分子质量时才成为问题。质谱的其

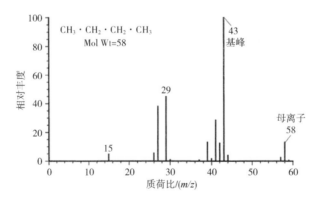

图 11.9 丁烷经电子轰击离子化而得到的质谱图

他部分是大片段的逐步分裂产生的称为产物离子(子离子)的较小片段的结果。对于烷烃如丁烷来说,这个过程相对简单,可以识别许多碎片。

如前所述,EI 电离的初始步骤是当电子从近距离通过时,从分子中提取电子。式(11.5)为产生正电荷离子的初始反应。

$$M + e(来自电子束) \Rightarrow \begin{array}{l} M^{+\cdot}(分子离子) \\ + \\ 2e(一个电子来自电子束,另一个来自分子离子\ M) \end{array} \tag{11.5}$$

M 代表未电离的分子与电子束反应形成的自由基阳离子。阳离子的质荷比数值上等于分子质量。前体(分子)离子继而形成了单分子碎片。(注意:该离子通常写作 M^+,用点表示该处的自由电子。不管怎样,该分子失去了一个电子仍然保留了所有的质子,这样净电荷必须为正)。丁烷在形成主要的产物离子(子离子)片段时的反应如下所示。

$$CH_3—CH_2—CH_2—CH_3 + e \Rightarrow CH_2—CH_2—CH_2—CH_3^{+\cdot}(m/z = 58) + 2e \tag{11.6}$$

$$CH_3—CH_2—CH_2—CH_3^{+\cdot} \Rightarrow CH_3—CH_2—CH_2—CH_2^+(m/z = 57) + {}^\cdot H \tag{11.7}$$

$$CH_3—CH_2—CH_2—CH_3^{+\cdot} \Rightarrow CH_3—CH_2—CH_2^+(m/z = 43) + {}^\cdot CH_3 \tag{11.8}$$

$$CH_3—CH_2—CH_2—CH_3^{+\cdot} \Rightarrow CH_3—CH_2^{+\cdot}(m/z = 29) + {}^\cdot CH_3—CH_3 \tag{11.9}$$

$$CH_3—CH_2 \Rightarrow CH_3^{+\cdot}(m/z = 15) + {}^\cdot CH_2 \tag{11.10}$$

丁烷的许多片段是由于亚甲基的直接裂解产生的。对于烷烃而言,你总是能从质谱仪中观察到由亚甲基($—CH_2$)或甲基($—CH_3$)基团连续丢失所产生的碎片。

仔细观察图 11.9 发现,质荷比(m/z)为 58 时,有一个峰比分子离子峰大 1 个单位,这个峰是用符号 M + 1 表示,这是由于天然存在的同位素。碳最丰富的同位素是 ^{12}C,但也有少量的 ^{13}C(1.11%)存在。任何含有 ^{13}C 的同位素或氘同位素的离子都将比原离子大 1 个单位的质荷比(m/z),虽然相对丰度很低。

图 11.10 所示为甲醇的质谱裂解模式的另一个例子。同样,裂解模式很简单,前体离子是甲醇离子($CH_3—OH^{+\cdot}$),它的质谱峰为 $32 m/z$,即它的分子质量。其他片段,包括基峰 $31 m/z$ 处的 $CH_2—OH^+$,$29 m/z$ 的 CHO^+ 和 $15 m/z$ 的 CH_3^+。

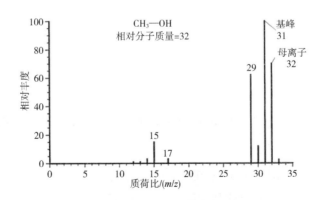

图 11.10　甲醇经电子轰击离子化而得到的质谱图

化学电离(CI)的电离方法(表 11.1)被归类为温和电离,因为只有少数碎片产生。在这种技术中,气体被电离,如甲烷(CH_4)会直接电离成分子,CI 最重要的用途是确定分子离子的质量,因为通常 CI 得到的碎片比 EI 要大 $1m/z$ 单位。因此,丁烷的 CI 质谱图中准分子离子(母离子)在 $59m/z$(M + H)。许多 LC – MS 接口使用 CI 或 ESI 方法,所以很常见到(M + H)$^+$ 前体离子。可以看到式(11.6),式(11.7),式(11.8),式(11.9)和式(11.10),在裂解过程中反应是很复杂的。很多反应的详细信息在 McLafferty 和 Turecek 的书中有记录。

11.4　气相色谱 – 质谱联用

虽然样品可以直接引入质谱仪离子源,但许多应用需要在分析前进行色谱分离。GC – MS 的迅速发展,使得两种方法在解决常规分离问题的结合成为可能(详见第 14 章)。与 GC 联用的 MS 可以识别或确认峰,如果存在未知信号,可以使用计算机辅助搜索含有已知质谱图的谱库进行识别。GC – MS 的另一个重要功能是确定洗脱出的各色谱峰的纯度。一个峰中洗脱的物质只含有一种化合物,还是一些混合物同时洗脱下来而有相同的保留时间?

在大多数情况下,毛细管气相谱柱通过加热的毛细管传输线直接连接到质谱仪离子源上。传输线要保持足够的热,避免从 GC 柱中洗脱挥发性成分进入低压质谱仪离子源时发生冷凝。样品通过 GC 柱进入接口,然后由质谱进行分析。计算机用于存储和处理质谱传输出的数据。

下面举例说明了几种长链脂肪酸甲酯的分离方法(图 11.11)。长链脂肪酸必须将羧基转化或甲基闭环使其具有挥发性。甲酯化棕榈酸(16:0)、油酸(18:1)、亚油酸(18:2)、亚麻酸(18:3)、硬脂酸(18:0)和花生酸(20:0)被注入能够分离所有天然存在的脂肪酸的色谱柱中,然而,当已知样品中有六种不同的甲基酯时,GC 只检测到四个峰。很显然,其中一个或两个峰中含有甲基酯混合物,这是由于 GC 色谱柱分辨率差造成的。

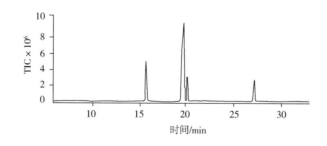

图 11.11　分离六种脂肪酸的甲酯物的总离子流(TIC)气相色谱图
注:检测器采用直接毛细管接口的电子轰击离子化

出峰的纯度取决于 GC – MS 技术和短时间间隔(1s 或更短)获取的质谱。如果峰中仅含一种物质,那么峰的质谱图应该是相同的。此外,质谱图可以与存储在计算机中的数据库进行比对。

脂肪酸甲酯的总离子流(TIC)色谱图如图 11.11 所示。在 15.5 ~ 28min 有四个峰从色谱柱上洗脱。15.5min 洗脱出的第一个峰质谱图不变,表明只有一个化合物被洗脱。通过比对计算机中的质谱数据库,识别出了棕榈酸甲酯的出峰,如图 11.12 所示。

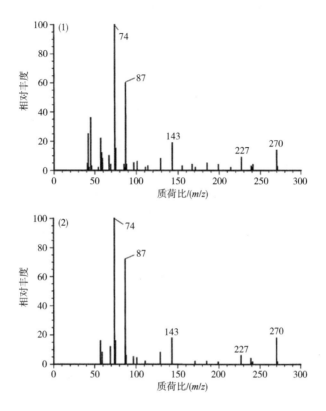

图 11.12　(1)图 11.11 中的总离子流色谱图上 15.5min 的质谱图
(2)计算机化质谱数据库中的软脂酸甲酯的质谱图

　　尽管 GC - MS 扫描出的很多小片段在质谱数据库中不存在,但是大部分的片段是匹配的。这是一种常见的背景噪声,通常不会出现问题。色谱图其余部分的数据表明,20min 和 27min 的峰仅含有一个组分。计算机匹配识别峰值在 20min 为硬脂酸甲酯,峰值在 27min 为花生酸甲酯。但是,峰值位于 19.5min 显示有几个不同的质谱峰,说明含有杂质或共洗脱的化合物。

　　图 11.13 所示为在图 11.1 中大约 19min 的区域被放大,箭头表示有不同质量谱的位

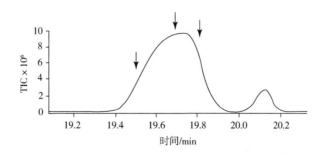

图 11.13　在图 11.11 中所示的总离子流色谱图在 19.2 ~ 20.2min 区域的放大图
注:箭头表示此处得到质谱。

置。计算机在 19.5min 处确定了该物质为亚油酸甲酯,在 19.7min 处确定该物质为油酸甲酯,并且在 19.8min 是亚麻酸甲酯。因此,如我们最初怀疑的那样,几个甲基酯的气相色谱峰在 GC 柱上重叠了。这个例子说明了 GC—MS 在定量和定性上有巨大优势。

11.5 液相色谱 – 质谱联用

对于 LC – MS 接口,必须满足所有和 GC – MS 相同的条件。必须有一种方法除去多余的溶剂,同时将一部分液体流出物转化为气相,使其适于质谱分析。此外,大多数用 HPLC 分析的化合物要么是挥发性的,要么是热不稳定的,使液—气相变得更具挑战性,特别是在保持化合物完整性的同时。

LC – MS 是如何工作的? 现代 LC – MS 电离接口在常压、高电荷的电场条件下,通过去溶剂化过程将液体(LC 洗脱液)转换为气相离子(由 MS 取样)。用于蒸发溶剂(热和电)的能量几乎完全用于去溶剂化过程,并且不会促使 LC 洗脱液中存在的任何不稳定物质的降解(通常是热)。对于近几年来发展起来的多种不同型号的 LC – MS 电离接口,基于大气压电离接口 ESI(详见 11.2.3.2)和 APCI(详见 11.2.3.3)的发展,使 LC – MS 成为常规检测技术。最近,APPI(详见 11.2.3.4)已发展为 APCI 的补充完善技术。

11.6 串联质谱

串联质谱(MS/MS,MS")在 GC – MS 和 LC – MS 中均有应用,尤其是在 LC – MS 中,因为它在定性、验证、定量上具有超高灵敏度。有两种基本的串联质谱仪类型,一种是通常在束型仪器(三重四极杆,TQ)上观察到的碰撞诱导解离(CID)的结果,另一种是碰撞活化解离(CAD)或 MS",在离子阱质谱(质谱观察时间型仪器)。其他解离模式,如电子转移裂解(ETD),红外多光子解离(IRMPD),电子捕获解离(ECD)等用于分析难以裂解的化合物。

使用 LC 的三重四极杆串联质谱(TQ)(图 11.14),选择性反应监测(SRM)操作或多反应监测(MRM)扫描模式中可以达到高于使用紫外(UV)或二极管阵列检测器 100 ~ 1000 倍的灵敏度,使其成为高灵敏度定量 LC – MS 分析所不可缺少的。利用 CID 机制,Q_1 过滤的前体分子,与氩气或氮气发生剧烈碰撞,在碰撞池(Q_2)中缓冲,并通过第三个四极杆(Q_3)传递特定产物。这种模式提供了对定量分析至关重要的最高灵敏度,过去二十年已成为生物定量分析的主要手段。SRM/MRM 模式的高灵敏度取决于两个因素。①通过消除噪声显著改善信噪比。②TQ 操作几乎为 100%,允许 7 次或更多扫描以确保获得更多的顶端洗脱峰产物,准确确定峰面积。此外,另一优点是数据分析的简单性和 MRM 模式的高特异性。尽管三重四级杆最早是在 20 世纪 90 年代初引入的,但它仍保持了仪器的高灵敏度,是常规 LC – MS 定量分析的首选仪器。

多级质谱或 N 级质谱串联离子阱用于分子结构分析和鉴别。可以通过拼凑各种片段确定细微的变化,从而产生了 MS/MS 过程不同的阶段。四极质谱仪和离子阱的 N 级质谱串联模式的差异区别于离子碎片化的方式。在三重四极杆质谱仪或四极飞行时间串联质谱仪的 CID 过程中,选择 Q_1 的前体离子,在充满氩气或氮气的 Q_2 中发生碰撞,使其产生的碎片处于一个高能状态。相比之下,CAD 过程发生在能量更加温和的离子阱中,逐渐增加的电压使处于其中的离子增加了内能并与氦缓冲气体发生碰撞,直到脆弱的化学键断裂。一旦这种情况发生,它的质荷比就会发生改变,产物离子不再随着能量上升而增加,但仍然被困住。此过程允许在高灵敏度下进行多个 MS/MS 分析步骤,将最丰富的片段(通常)分离并重新被捕获,并重复 CAD 过程。在大多数情况下,CAD 可以用 MS^4 实现,但也有用 MS^{10} 完成的。这种 MS^n 分析方法使得将完整的结构与其关键片段拼合起来并确定或验证变化,变得更加容易。因为离子阱质谱串联质谱仪后,有一个显著的优势是在四极杆质谱运行的 Q_3 区域,能使用 MS/MS 全扫描。离子阱质谱的多级串联优势是高灵敏度的扫描模式,尤其是当连接到超高液效相色谱(UHPLC)(详见 13.2.3.1)。

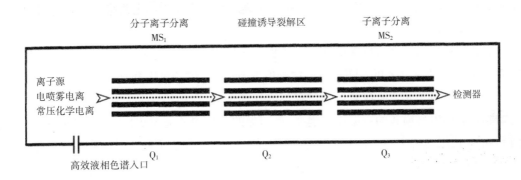

图 11.14 三重四极质谱仪示意图(MS/MS)

注:Q_1 和 Q_2 用于分离离子,Q_3 是碰撞诱导解离区(CID)。一旦化合物被离子化,它们就可以在没有 CID 激活下通过,或者分子离子可以通过 CID 在 Q_2 区域进一步碎裂,产生产物离子(片段)。

11.7 高分辨率质谱

轨道阱和四极飞行时间质谱仪的广泛采用,使得高分辨率和精确定量的应用成为一种发展趋势。质谱仪中的分辨率用全宽度半最大值(FWHM)来定义,它是质谱峰的半宽峰高,即质荷比(m/z)。单位质量分辨率(标称质量工具如四极和离子阱),FWHM 大约是 0.6u,所以 m/z 为 300,分辨率为 500(300 ÷ 0.6)。例如,Ortrap 或 Q – TOF 可以提供 0.01u 的 FWHM,所以当 m/z 为 300 时,它提供的分辨率为 30000(300 ÷ 0.01)。一个傅立叶变换质谱仪(FTMS)可以提供 0.0001u 的 FWHM,使其分辨率达到 3000000。高分辨率分析在一定信噪比下同位素结构分析、确定元素组成及高精度的质量测定方面具有显著的优势。

准确的质量在质谱中是很重要的,因为能获知元素组成和鉴别未知化合物。有了精确的质量和 MS/MS 碎片高分辨率数据库,鉴别"已知"和"未知"化合物(数据库中存在的,但分析器中未知的)的不确定性大大减少了,这对于筛选定性分析类型是非常宝贵的。对于质量精度低于 5mg/kg 的元素组成的测定可直接通过复杂的软件演算法得到。

下面列出的化合物咖啡因($C_8H_{10}N_4O_2$)说明精确质量值:

相对分子质量:194(每种元素最丰富的同位素的整数相对分子质量之和),碳为12,氢为1,氮为14,氧为16。

单一同位素相对分子质量:194.0804(每种组成元素最丰富的同位素相对分子质量之和,碳为12.0000,氢为1.007825,氮为14.003074,氧为15.994915)。

平均相对分子质量:194.1906(平均相对分子原子质量或同位素相关丰度的元素组成之和,如氧为15.994915,但考虑到氧同位素氧17和氧18,故其平均相对分子质量是15.999405)。

用百万分之一的精确度测量精确质量,并将质量误差除以理论质量计算出来。在上面的例子中,假设高分辨率MS的测量质量为194.0811。鉴于194.0804理论的单一同位素质量,结果质量误差为0.0007(194.0811 – 194.0804),这将导致结果产生的精确度为3.6mg/kg([194.0804/0.0007]×10^6),质量精确度小于5mg/kg,元素组成测定通过复杂的软件算法变得简单。

高分辨率质谱结合数据库的使用性的提升更增强了未知化合物的测定,这一过程被称之为非目标或"侦察"分析。随着质量精确度的发展,一些未知化合物可通过LC – MS数据库进行比对鉴定。元素组成可以通过观察碎片离子确定,被进一步验证。目前已有一些化合物和它们的电离模式的数据库被建立,最明显的一个例子是METLIN代谢物数据库,它是由Scripps代谢组学中心进行ESI和Q – TOF的离子光谱研究而建立的。咖啡因(相对分子质量为194.080376)质谱图中显示其包含7种主要离子,远远超过了积极识别的程度。另一个数据库是ChemSpider。不幸的是,该数据库仅囊括有限数量的分子,这是由于当时的质谱取决于电离界面/方法(如ESI、IT、TOF)而不是EI GC – MS数据库。但是随着越来越多的科学家对数据库进行扩充与发展,这些数据库的局限性也得到了改善。Milman[5]和Lehotay等[6]讨论了MS库、分子的筛选及非目标鉴定。

11.8 应用

随着亚洲向美国和欧洲食品出口量的逐年增加,MS技术在食品科学领域的应用已经确立并得到了迅速发展。GC – MS已使用多年,LC – MS/MS也已成为对化合物如氯霉素、硝基呋喃类、磺胺类、四环素类、三聚氰胺、丙烯酰胺的成分分析不可缺少的仪器。它还能检测食品如蜂蜜、鱼、虾、牛乳(详见第33章)中含孔雀石绿的情况。有一些机构如美国食品和药物监督管理局(FDA)、食品安全与应用营养中心(CFSAN)、欧洲的食品安全局(EFSA)、加拿大卫生部(Health Canada)、日本食品安全委员会(Japan Food Safety Commission)等均使用MS为基础的技术实施禁用药品的监管标准,以保障消费者的食品安全供应。

下面仅以LC – MS的在食品分析中的若干应用实例以阐述其实用性。重要的是现在有各种各样的方法可用来分析不同类型的样品。

由于世界各地消费含咖啡因的饮料的盛行,对这种小型生物活性化合物的分析多年来一直是人们关注的问题。20年前的HPLC方法被公布后,结果显示,咖啡因与其他生物碱、可可碱和茶碱一样,可用紫外检测器检测。HPLC – UV分析是可接受的,LC – MS的使用可验证并提高在各种复杂的食品系统中的识别。

图 11.15 表示使用 ESI 接口与 MS/MS[7] 相结合的反相 HPLC 分离咖啡因的情况。用乙酸—乙腈作 HPLC 的流动相分离出一种水溶性的咖啡提取物。为了达到比较目的,除了 UV 检测,还使用和 HPLC 相同的色谱柱进行分离。图 11.15(1)所示为 HPLC 色谱图,显示了 TIC——一种总离子检测器,然后洗脱,并匹配 HPLC – UV 色谱(未显示)。图 11.15(2)所示为选定离子 m/z 为 180.7 ~ 181.7 的轨迹,和它们质子化的分子离子 $(M+H)^+$ 一致,和可可碱以及茶碱都在 181.2(这两种化合物均为同分异构体,质量相同,为 180.2)。图 11.15(3)所示为选定离子 m/z 为 194.2 ~ 196.2 的轨迹,和咖啡因质子化的分子离子相一致为 195.2。MS/MS 咖啡因和可可碱如图 11.15(4)和(5)所示,显示的是咖啡因与可可碱质了化分了离子碎片,几种离子的质荷比(m/z)。

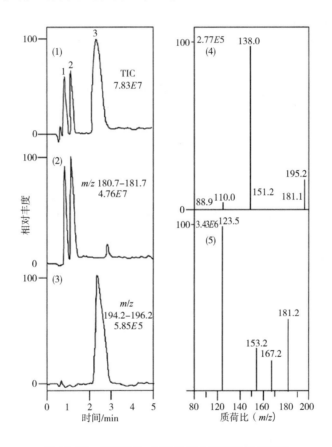

图 11.15　反相 LC – MS 分离水溶性咖啡提取物

注:(1)提取物的总离子流峰 1 ~ 峰 3 依次为可可碱、茶碱、咖啡因;(2)选择的离子轨迹,m/z 为 80.7 ~ 181.7;(3)选择的离子轨迹,m/z 为 194.2 ~ 196.2;(4)咖啡因的 MS/MS 电离;(5)可可碱的 MS/MS 电离。

摘自参考文献[7],经 Elsevier 许可使用。

2007—2008 年的三聚氰胺食品污染问题是另一个使用 LC – MS 和 MS/MS 在检测和后续作为官方检测方法很好的例子。三聚氰胺是一种六元环状氮化合物,环上的碳原子上连接有三个胺,占氮的 67%(图 11.16)。由于蛋白氮的共通检测方式(详见 18.2),该化合物作为一种便宜的掺杂物加入到小麦面筋和乳粉中,可人为提高食品中蛋白氮的含量。由于胺基的极性,它不易挥发,因此不能用 GC 分析,除非是其合成的衍生物,因此 LC – MS 是首选的方法。利用 HPLC 分离和 ESI – MS/MS 检测三聚氰胺的方法早已被提出。ESI 产生了一个强质子化的分子离子 m/z 为 127.1 和一个 MS/MS 前体离子 m/z 为 127.1,子离子 m/z 为 85.1。FDA 建议的分析方法之一

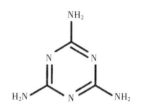

图 11.16　三聚氰胺的化学结构式

是对所有这些离子进行监测,因为这些离子都具有很好的特异性和敏感性。

　　具有生物活性的食品成分的检测涵盖面积在近十年来大幅增长,部分是因为 LC – MS 的实用性。许多生物活性化合物在水果、蔬菜、香料是极性的,不易挥发。这样,没有 HPLC 串联 MS,鉴别和评价是非常困难的。使用 LC – MS 的一个很好的例子是,多酚类黄酮——儿茶素的测定。这些存在于儿茶、绿茶、可可和巧克力中的抗氧化剂似乎对人有益,能增强心血管健康。

　　图 11.17 所示为使用 HPLC 分离绿茶的儿茶素并用 ESI – MS 检测[8]结果。图的底部

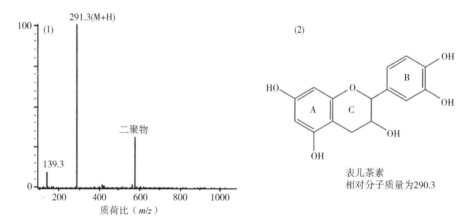

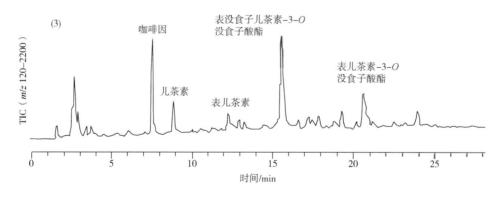

图 11.17　绿茶叶的提取物 LC – ESI – MS　（1）儿茶素的 ESI 质谱图
（2）儿茶素的化学结构式　（3）TIC 扫描 m/z120～2200

摘自参考文献[8],经美国化学学会许可使用。

是 HPLC 分离儿茶素的色谱图。ESI – MS 检测器检测到所有离子的 m/z 在 120 ~ 2200（TIC 模式下）。左上方的面板显示在大约 12.1min 可以得到儿茶素洗脱峰。以 ESI 为代表，虽然 291.3 m/z 的分子离子（M + H）占主导地位，但碎片很少。进一步的碎片化（MS/MS）的儿茶素含有两个质子化片段：m/z 为 273.3（从碳环上损失了羟基）和 m/z 为 139.3（A 环的氧化和裂解）。有了这些数据，就有可能阐明同分异构体和可能的降解途径。

轨道阱的高分辨率分析技术已经被广泛应用于食品分析，在进行质量分析前，LC，GC 和超临界流体色谱（SFC）可作为连接前端分离技术。Rajski 等[9]在水果和蔬菜中使用三种不同的分辨率设置的轨道阱（$R = 17.5K, 35K, 70K$）进行了一个大型的多残留筛选研究（250 余种农药）。研究表明，使用 ± 0.2min 的保留时间窗口，$R = 70000$，质量公差为 5mg/kg，在 10μg/kg 下的假阳性结果小于 5%。Ishibashi[10]等用 SFC 耦合到轨道阱，同时分析 373 种农药[10μg/kg 水平，日本临时最大残留限量（MRL）]，在 QuEChERS 菠菜提取物使用 R 为 70000 和 5ppm 的质量公差。结果显示，SFC 分离具有高通量的优势，45min 内对 72 个样品进行分析，其化合物分子质量范围在 m/z 99 ~ 900。

最近，一种可与 GC 功能相配版本的轨道阱即将面市，使高分辨率 GC – MS 分析成为可能，最大分辨率 R 超过 50000。对比之下，与目前可用的 GC – TOF 仪器与目前可用的 GC – TOF 仪器[主要侧重于分辨率约为 5000（高于四极杆仪器）的 MS 采集速度]相比，气相色谱与轨道阱的结合真正做到了在 MS 和 MS/MS 模式的高分辨率精确质量分析。与高分辨率（60000 200 m/z）相结合，GC 的卓越色谱分离能力使得在 10ηg/g 水平，即使是最复杂的基质中也能够对 132 种农药进行明确分析，接近灵敏度性能（IDL 10ηg/g）的常规 GC – 三重四极杆。这些基于轨道阱的技术目前广泛用于农药残留的筛选和对禁用物质的高度敏感的定量分析。

FTMS 提供了同位素精细结构的超高分辨率的质谱图，如不同的等重元素的分辨率，可以得到元素组成分析。本质上讲，同位素精细结构是一种小分子的指纹，因为特定分子指纹中的 m/z 和强度会精确反映分子中的原子组成。由于 FTMS 提供的分辨率 $R > 1000000$（百万），这样就可以进行（A + 1）和（A + 2）离子信号的同位素文库离子信号分析。利用其所拥有的性能优势，在芦笋中发现了具有生物活性的含硫化合物，据说具有血管紧张素转化酶（ACE）的抑制作用[12]。这一化合物鉴定为阿斯巴甜（无紫外发色团），检测到 m/z 为 307.0893（通过高分辨率 MS/MS 证实），在 R 为 1000000 采集测定得到元素组成为 $C_{10}H_{18}N_4O_3S_2$。这样的发现只能通过 FTMS 得到，这也说明实现同位素精细结构分析是可能的。

最近，有学者发现了 MALDI – TOF 技术在食品微生物学中的关键应用，它能根据蛋白质特征可快速鉴定细菌和真菌。在该技术中，将细菌或真菌从培养板直接转移到 MALDI 靶板上进行喷雾处理，然后直接用 MALDI – TOF 分析。由此产生的微生物蛋白质组指纹图谱代表可与数据库中已知的鉴定过的图谱相匹配，如果有阳性反应，细菌或真菌就能被快速鉴定出来。Wieme 等[13]用 MALDI – TOF 从 4200 个质谱目录中选出了 273 种醋酸菌和乳酸菌，包括了 52 个能使啤酒腐败的品种，然后利用该数据库进行酿造业的常规质量控制。MALDI – TOF 已用于快速鉴别牛乳中超过 120 株金黄色葡萄球菌（*S. aureus*），它是一种会产生中毒性休克综合征毒素的病原体,能引起致命性食物中毒。这种食源性致病菌通常会导致亚临床和临床上乳牛乳腺炎[14]。

11.9 总结

质谱是一种强有力的分析技术,它能以定性和定量的方法解决食品分析化学家面临的最复杂的问题。仔细检查时,它的原理相当简单,基本要求:①把样品注入离子室产生离子;②通过磁铁、四极杆、漂移管和电场将形成的离子分离;③检测前体离子的 m/z;④如果需要,选择性的获得更多碎片的 m/z 信息;⑤把数据输入到计算机用软件评估。

由于质谱在定性和定量的种种优势,它们通常会和 GC 或 HPLC 串联起来,并发现越来越多的静态样品进样技术。GC 的接口是通用的,易于使用,但 GC - MS 分析时极大的样品制备量使其操作繁琐。LC - MS 分析技术采用的愈发广泛是由于越发简单的样品制备步骤、不同类化合物更宽的电离范围、更快的分析速度以及常规的高灵敏度,从而获得准确的质量,也催生了 UHPLC 的到来。如表 11.2 所示。

表 11.2　　　　　　　　　　　缩略词表

缩写	英文全称	中文全称
AMS	accelerator mass spectrometer	加速器质谱仪
APCI	atmospheric pressure chemical ionization	常压化学电离
API	atmospheric pressure ionization	常压电离
APPI	atmospheric pressure photoionization	常压光电离
CAD	collision - activated dissociation	碰撞活化电离
CI	chemical ionization	化学电离
CID	collision - induced dissociation	碰撞诱导裂解
DART	direct analysis in real time	实时在线分析
ECD	electron capture dissociation	电子捕获电离
EI	electron impact ionization	电子轰击电离
ES	electrospray	电喷雾
ESI	electrospray ionization	电喷雾电离
ETD	electron transfer dissociation	电子转移电离
FT	fourier transform	傅立叶变换
FT - ICR	fourier transform - based ion cyclotrons	基于傅立叶变换离子回旋加速器
FTMS	fourier transform mass spectrometry	傅立叶变换质谱
GC	gas chromatography	气相色谱
GC - MS	gas chromatography - mass spectrometry	气相色谱串联质谱
HRMS	high - resolution mass spectrometry	高分辨率串联质谱
ICP - MS	inductively coupled plasma - mass spectrometry	电感耦合等离子体质谱法
IMS	ion mobility mass spectrometry	离子淌度质谱

续表

缩写	英文全称	中文全称
IT	ion trap	离子阱
ITMS	ion trap mass spectrometry	离子阱质谱
LC	liquid chromatography	液相色谱
LC – MS	liquid chromatography – mass spectrometry	液相色谱串联质谱
m/z	mass – to – charge ratio	质荷比
MALDI	matrix – assisted laser desorption ionization	基质辅助激光解吸电离
MALDI – TOF	matrix – assisted laser desorption ionization time of flight	基质辅助激光解吸电离飞行时间
MRM	multiple reaction monitoring	多级反应监测
MS	mass spectrometry	质谱
MS/MS	tandem mass spectrometry	串联质谱
MS^n	multiple stages of MS(tandem mass spectrometry)	多级质谱
OT	orbitrap	轨道阱
Q	quadrupoles mass filters	四极质量过滤器
Q – TOF	quadrupole time of flight	四极飞行时间
SFC	supercritical fluid chromatography	超临界流体色谱
SRM	selected reaction monitoring	选择反应监测
TIC	total ion current	总离子流
TOF	time of flight	飞行时间
TQ	triple quadrupole	三重四极杆
TWIM	traveling wave	行波
UHPLC	ultrahigh – performance liquid chromatography	超高效液相色谱

11.10 思考题

（1）质谱的基本组件有哪些？

（2）质谱提供的数据的单一性是什么？这在食品分析中什么用？

（3）什么是 EI？什么是 CI？

（4）什么是质谱图基峰？什么是前体离子峰？

（5）相对分子质量和同位素质量的区别是什么？

（6）乙醇的 EI 质谱图中的主要离子（碎片）是什么？

（7）在 ES 和 APCI 接口的电离是怎样发生？主要区别是什么？什么是离子抑制？

（8）MALDI 主要是做什么？它和 ESI 的区别是什么？

（9）四极杆、离子阱、飞行时间和傅立叶变换质谱的主要区别是什么？每一种方法的优点是什么？基于傅立叶变换质谱分析的独特之处是什么？

（10）基于 MALDI – TOF 的微生物鉴定的工作原理是什么？

（11）用于定量分析的质谱类型是什么？

（12）CAD 和 CID 的区别是什么？

参考文献

1. Silveira JA, Ridgeway ME, Park MA (2014) High Resolution Trapped Ion Mobility Spectrometery of Peptides. Anal. Chem. 86(12):5624 – 5627

2. Chughtai, K, Heeren, RMA (2010) Mass spectrometric imaging for biomedical tissue analysis. Chem. Rev. 110(5):3237 – 3277

3. Hajslova J, Cajka T, Vaclavik L (2011) Challenging applications offered by direct analysis in real time (DART) in food-quality and safety analysis. Trends Anal. Chem. 30(2):204 – 218

4. Balogh, MP (2004) Debating resolution and mass accuracy. LC-GC Europe 17(3):152 – 159

5. Milman BL, (2015) General principles of identification by mass spectrometry. Trends Anal. Chem. 69:24 – 33

6. Lehotay SJ, Sapozhnikova Y, Hans G. J. Mol, HGJ (2015) Current issues involving screening and identification of chemical contaminants in foods by mass spectrometry. Trends Anal. Chem. 69:62 – 75

7. Huck CW, Guggenbichler W, Bonn GK (2005) Analysis of caffeine, theobromine and theophylline in coffee by near infrared spectroscopy (NIRS) compared to high-performance liquid chromatography (HPLC) coupled to mass spectrometry. Analytica Chimica Acta 538 (1 – 2):195 – 203

8. Shen D, Wu Q, Wang M, Yang Y, Lavoie EJ, Simon JE (2006) Determination of the predominant catechins in Acacia catechu by liquid chromatography/electrospray ionization-mass spectrometry. J Agric Food Chem 54(9):3219 – 3224

9. Rajski L, Gomez-Ramos MDM, Fernandez-Alba, AR (2014) Large pesticide multiresidue screening method by liquid chromatography-Orbitrap mass spectrometry in full scan mode applied to fruit and vegetables. J. Chromatogr. A 1360:119 – 127

10. Ishibashi M, Izumi Y, Sakai M, Ando T, Fukusaki E, Bamba T. (2015) High-throughput simultaneous analysis of pesticides by supercritical fluid chromatography coupled with high-resolution mass spectrometry. J. Agric. Food Chem. 63(18):4457 – 4463

11. Peterson AC, Hauschild J-P, Quarmby ST, Krumwiede D, Lange O, Lemke RAS, Grosse-Coosmann F, Horning S, Donohue TJ, Westphall MS, Coon JJ, Griep-Raming J (2014) Development of a GC/Quadrupole-Orbitrap Mass Spectrometer, Part I: Design and Characterization. Anal. Chem. 86:10036 – 10043

12. Nakabayashi R, Yang Z, Nishizawa T, Mori T, Saito K (2015) Top-down Targeted Metabolomics Reveals a Sulfur-Containing Metabolite with Inhibitory Activity against Angiotensin-Converting Enzyme in Asparagus officinalis. J. Nat. Prod. 78(5):1179 – 1183

13. Wieme AD, Spitaels F, Vandamme P, Landschoot AV, (2014) Application of matrix-assisted laser desorption/ionization time-of-flight mass spectrometry as a monitoring tool for in-house brewer's yeast contamination: a proof of concept. J. Inst. Brewing. 120 (4):438 – 443

14. El Behiry A, Zahran RN, Tarabees R, Marzouk E, Al-Dubaib M. Phenotypical and Genotypical Assessment Techniques for Identification of Some Contagious Mastitis Pathogens. Int J. Med Health Biomed Bioeng Pharm Eng. 8(5):236 – 242

相关资料

- Balogh, MP (2009) The mass spectrometer primer. Waters, Milford, MA. A very good introduction to modern mass spectrometry including newer developments in LC-MS technologies.

- Barker J (1999) Mass spectrometry: Analytical Chemistry by Open Learning, 2nd edn. Wiley, New York. One of the best introductory texts on mass spectrometry in its second edition. The author starts at a very basic level and slowly works through all aspects of MS, including ionization, fragmentation patterns, GC-MS, and LC-MS.

- Ho C-T, Lin J-K, Shahidi F (eds) (2009) Tea and tea products. CRC, Boca Raton, FL. A good review of current literature on the chemistry and health-promoting properties of tea. Includes several chapters that discuss analytical methods for analyzing bioactive compounds and flavonoids in teas.

- Lee TA (1998) A beginner's guide to mass spectral interpretation. Wiley, New York. A good basic introduction to Mass Spectrometry with many practical examples.

• McLafferty FW, Turecek F (1993) Interpretation of mass spectra, 4th edn. University Science Books, Sausalito, CA. The fourth edition of an essential classic book on how molecules fragment in the ion source.

Contains many examples of different types of molecules.

• Niessen WMA (2006) Liquid chromatography-mass spectrometry. 3rd edn. Taylor and Francis, New York. A thorough, though somewhat dated, review of LC-MS methods and interfaces for a variety of types of biological compounds

第三篇 色谱

色谱分离的基本原理 12

Baraem P. Ismail

12.1 引言

色谱分析的方法的诞生影响了各个领域的分析方法,也因此影响了科学的发展。色谱分析的材料、设备和技术具有多样性,这使其不同于其他的分离方法。色谱分析因其材料、设备和技术的多样性而与其他的分离方法有所区分。读者可以查阅参考文献[1 – 29]以了解一般和特殊色谱的分析。本章将重点介绍色谱分析的原理,主要是液相色谱(LC)。将在第 14 章中讨论关于气相色谱(GC)的详细原理和应用;将在第 13 章中,从广泛使用和具体应用的角度出发,对高效液相色谱(HPLC)进行讨论。为初步了解色谱分析法,首先介绍样品萃取的基本原理。

12.2 萃取

最简单的萃取是将溶质从一种液相转移到另一种液相。多种形式的萃取对于食品分析是不可或缺的,无论是用于初步样品的净化和浓度目标成分,还是用于实际分析。萃取可以分为分批萃取、连续萃取和逆流萃取。(不同萃取步骤将在其他章节具体讨论:在第 14章、第 17 章和第 33 章讨论具体传统溶剂萃取方法;在第 33 章讨论加速溶剂萃取法;在第 14 章和第 33 章讨论固相萃取;在第 33 章讨论固相微萃取和微波辅助固相萃取)。

12.2.1 分批萃取

分批萃取是指的是溶质通过摇晃而从一种溶剂中被萃取到另一互不相溶的溶剂中。溶质自身能够分布在两相中,在达到平衡时的分配系数(K)是一个常数。

$$K = \frac{溶质在相1中的浓度}{溶质在相2中的浓度} \tag{12.1}$$

在振荡过后,两相发生分离,将含有所需成分的从一相分离,可以使用例如分液漏斗的器皿。由于乳状液的形成,使用分批萃取的方法通常难以得到洁净的分离相。另外,简单的分批萃取的溶质分布是不完全的。

12.2.2 连续萃取

连续萃取需要使用特殊的设备,但是效率高于分批萃取。例如,使用索氏提取器(详见17.2.5),利用有机溶剂从固体样品中提取脂肪。溶剂不断循环使得总是新鲜的溶剂进行固体样品的萃取。同样也已经设计出了其他几种设备以应用于液体和固体样品的连续萃取,并且在不同的提取器中使用相对密度大于或小于水的溶剂进行萃取。

12.2.3 逆流萃取

逆流萃取涉及一系列的萃取步骤。逆流萃取依据溶质在不同溶剂内的分散系数的不同,通过溶质一系列互不相溶的两相之间溶质的分散,以分离两种或多种溶质。液-液分配色谱法(详见12.4.2),又称逆流色谱,与逆流萃取的原理相同。多年前,逆流萃取采用克雷格装置进行,该装置包括一系列玻璃管组成,装置中较轻的相(流动相)从一根管流向另一根,而较重的相(固定相)则留在管中[5]。液-液萃取同时发生在设备的所有管中,通常由机电驱动。每个完全平衡的管相当于一个色谱柱的理论塔板[详见12.5.1.2(1)]。各种物质的分配系数差异越大,分离效果越好。分离分配系数相近的物质时,需要大量的分离管,这种类型的逆流提取过程非常繁琐。现代的液-液分配色谱法(详见12.4.2)更为高效和方便。

12.3 色谱

12.3.1 发展历史

现代色谱起源于19世纪末和20世纪初,是由美国著名地质学家和采矿工程师David T. Day和俄罗斯植物学家Mikhail Tsvet在各自的工作中发明的。Day发明了通过漂白土(fuller's earth)分离原油的方法,Tsvet使用填充固体碳酸钙的色谱柱将叶色分离成彩色条带。因为Tsve对于色谱法的过程有较好的认识和正确的阐释,并且将这一现象命名为色谱,所以他被认为是色谱法的发明人。

在色谱法被遗忘多年后,Martin和Synge开发的柱分配色谱法以及纸层析法的发明使得色谱法在20世纪40年代再次开始发展。GC在1952年首次公开亮相。到20世纪60年代末,由于其对石油工业的重要性,GC已经发展成为一种先进的仪器技术,这是第一个商业化的仪器色谱。自20世纪60年代中期的早期应用以来,得益于气相色谱理论和设备的进步,高效液相色谱将液相色谱扩展成同样成熟和实用的方法。1962年首次提出了超临界流体色谱(SFC),并且在食品分析中越来越受关注[7]。包括自动化系统在内的高效色谱技术不断被应用于食品配料和产品的表征和质量控制上[4],[7-13]。

12.3.2　一般术语

色谱法是基于样品(溶质)在流动相与固定相之间分配以达到分离目的的各种分离技术的总称。色谱法可以被看作是流动相和固定相之间的一系列平衡。溶质与这两相之间的相互作用通过分配系数(K)或平衡常数(D)(固定相中溶质浓度与流动相中溶质浓度之比)来描述。流动相可以是气体(气相色谱)或液体(液相色谱)或者是超临界流体(超临界流体色谱)。固定相可以是液体或固体。色谱可根据应用的各种技术(图12.1)或根据分离涉及的物理化学原理进行细分。表12.1所示为一些基于不同的流动相-固定相组合开发的色谱分析步骤或方法。由于溶质分子与流动相或固定相之间结合特性的差异,这些方法才能够分离不同的分子。

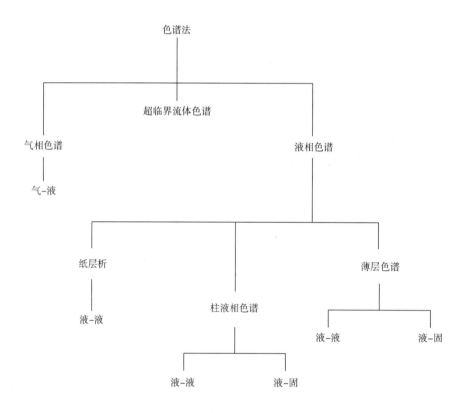

图12.1　根据所应用技术的不同对色谱种类进行细分

表 12.1　　　　　　　　　　不同色谱方法的特点

方法	流动相	固定相	分离依据
气 – 液色谱	气体	液体	分子大小/极性
气 – 固色谱	气体	固体	分子大小/极性
超临界流体色谱	超临界流体	固体	分子大小/极性
反相色谱	极性液体	非极性液体或固体	分子大小/极性
正相色谱	较低极性液体	较高极性液体或固体	分子大小/极性
离子交换色谱	极性液体 – 离子化固体	离子化固体	分子电荷大小
分子排阻凝胶色谱	液体	固体	分子大小
疏水作用色谱	极性液体	非极性液体或固体	分子大小/极性
吸附色谱	水	结合位点	特殊结构

摘自参考文献[1]。经 Elsevier Science – NL Sara Burgerhartstraat 251055 KV Amsterdam, The Netherlands 许可使用。

12.3.3　气相色谱

气相色谱是一种柱色谱技术,其中流动相是气体,固定相主要是在填充柱或毛细管柱的惰性固体载体上的固定液。气相色谱用于分离混合物中的热稳定挥发性组分。气相色谱法,特别是气 – 液色谱,涉及蒸发样品并将其注射进入柱子。在受控的温度梯度下,样品通过惰性的气态流动相流过柱子。然后基于挥发物的沸点、分子大小和极性等性质进行分离。分离的物理化学原理将在 12.4 中介绍。而气相色谱的具体分离理论和应用,以及气相色谱的检测和设备都将在第 14 章具体讨论。

12.3.4　液相色谱

在食品分析中应用了几种液相色谱技术,即平面色谱(纸层析和薄层色谱法)和柱液相色谱,所有这些都涉及液体流动相和固体或液体固定相。但是,在每种情况下固定相的物理形式是完全不同的。溶质的分离基于它们与固定相和流动相之间不同的物理化学作用,这将在 12.4 讨论。

12.3.4.1　平面色谱法

(1)纸层析法　纸层析法发明于 1944 年,如今它主要用作教学工具。在纸层析法中,固定相(水)和流动相(有机溶剂)都是液体(分配色谱法,详见 12.4.2),其中纸(通常是纤维素)作为液体固定相的支持介质。载体也可以用非极性有机溶剂浸渍并用水或其他极性溶剂(反相纸层析法)显影。将溶解的样品点样或划线在离纸条或方块边缘约 1.5cm 处,然后使其干燥。将干燥的纸条悬挂在封闭的层析缸中,缸内充满饱和的展开剂(流动相),此时开始纸层析法分离。靠近样品的端部与溶剂接触,然后溶剂通过毛细管作用向上或向下移动(其方向取决于溶剂展开是向上还是向下),在此过程中分离样品组分。当溶剂前沿已经到达纸的另一端时,将纸条从层析缸中移出,并且通过适当的方法检测分离的区域。

在分离复杂样品混合物时,常采用双向层析分离技术。将样品点在方形纸的一个角上,使用一种溶剂将纸向一个方向展开。然后干燥色谱图,旋转90°,并使用不同极性的第二种溶剂再次展开。另一种提高分离度的方法是使用离子交换纸张(详见12.4.4),即层析纸经离子交换树脂浸泡处理,或者层析纸上的纤维素羟基基团已被衍生化(用酸或碱),这两种层析纸都可以直接购买。

在平面色谱中,混合物的组分可以通过其R_f进行定性测定,如式(12.2)所示

$$R_f = \frac{目标成分移动的距离}{溶剂移动的距离} \tag{12.2}$$

然而,对于给定的溶质/吸附剂/溶剂,R_f值并不总是恒定的,其具体数值取决于许多因素,如固定相的质量、层厚度、湿度、显影距离和温度。

(2)薄层色谱 薄层色谱法(TLC)始于1938年,因其更加快速、灵敏和更高的可重复性从而取代了纸层析法。TLC中的分离度高于纸层析法,因为TLC板上的颗粒比纸纤维更小且更规则。很容易通过改变TLC的条件以实现分离,并放大到柱色谱上(由于薄层色谱使用的吸附剂不同及需要TLC层析缸种气相平衡等条件,薄层色谱与柱色谱方法并不总之可以替换使用的)。薄层色谱与纸层析相比有几个明显的优势,在某些情况下,与柱层析相比也有很多优势:样品通量高,分离复杂的混合物,成本低,同时分析多个样品和标准品,样品制备工作量少,能够将板储存以供后续的定性和定量研究。TLC的进展导致了高效薄层色谱法(HPTLC)的发展,因其使用涂覆有更小、更均匀颗粒的平板进行的TLC。这使得在更短的时间有更好的分离效果。

薄层色谱,更多是高效薄层色谱,运用于环境、临床、司法、制药、食品、香料和化妆品等诸多领域。在食品工业中,薄层色谱法被应用于质量控制。例如,玉米和花生分别在加工成玉米粉和花生酱之前,先检测黄曲霉毒素和霉菌毒素。参考文献[14,17-18]讨论了TLC在分析多种化合物(包括脂质、碳水化合物、维生素、氨基酸、天然色素和糖替代品)中的应用。

①TLC的基本方法。TLC是在惰性载体上涂布一层吸附剂或固定相(约250μm厚)。载体通常是玻璃板(一般是20cm×20cm),也可使用塑料片和铝箔。有商业化的不同厚度,不同吸附剂(包括化学改性的二氧化硅)的预涂板可以购买。四种常用的TLC吸附剂是硅胶、氧化铝、硅藻土和纤维素。用于TLC的改性二氧化硅可能含有极性或非极性基团,因此可以进行正相和反相(详见12.4.2.1)薄层分离。

如果要进行吸附TLC色谱,需要首先通过特定的时间和温度来干燥、使吸附剂活化。同纸层析一样,将样品(在载体溶剂中)在距板一端大约1.5cm处进行点样或划线。将样品中的溶剂蒸发后,将TLC板置于封闭的层析缸中展开,溶剂通过毛细管作用向上迁移(上行展开),并分离样品组分。从层析缸中取出TLC板并蒸发溶剂后,目测(如果条带是可见的)或通过其他方法检测条带。在色谱之前或之后进行特定的化学反应(衍生化)常用于此目的。例如,与硫酸反应产生碳化的黑色区域(破坏性化学方法)和使用碘蒸气形成有色复合物(非破坏性方法,因为有色复合物通常不是永久稳定的)。常见的物理检测方法包括测量吸收或发射的电磁辐射,例如,用2,7-二氯荧光素染色时测量荧光,以及放射性标记的化

合物测量 β 辐射。也可以使用能够选择性地反应生成有色产物的试剂。生物学方法或生化抑制试验可用于检测毒理活性物质[17]。例如通过胆碱酯酶活性的抑制可测量有机磷农药。

薄层色谱的测量方法可以通过以下方法进行[17]：通过使用密度计在原位置（直接在层上）测量[18]。刮去板上的区域，从吸附剂中洗脱化合物，然后分析所得溶液（例如，使用液体闪烁记数法）。

②影响薄层分离的因素。在平面和柱液相色谱中，要分离的化合物的性质决定了使用何种类型的固定相。分离机制可以为吸附、分配、离子交换、尺寸排阻或由多种机制共同作用（详见 12.4）。表 12.2 所示为常见薄层色谱吸附剂的一些典型应用中涉及的分离机制。

用于 TLC 分离的选择依据是特定的化学特性和溶剂强度（溶剂和吸附剂之间相互作用的量度；详见 12.4.1）。在简单的吸附 TLC 中，溶剂强度越高，溶质的 R_f 值越大，通常在 0.3~0.7。已经开发出用在不同吸附剂上分离各种类别化合物的流动相（详见参考文献 [19] 及表 7.1）。

除了吸附剂和溶剂之外，进行平面色谱时还必须考虑其他几个因素。其中包括使用的层析缸的类型，气相条件（饱和与不饱和），展开模式（上升、下降、水平、放射状等）和展开距离。更多详细内容可查阅参考文献[14-18]。

12.3.4.2 柱液相色谱

一般来说，柱式液相色谱对混合物中溶质具有更高的分离度，并且与平面色谱相比能够进行精确的分析。溶质的分离是通过固定相的封闭管的差异迁移而发生的，并且在分离过程中可以监测分析物。在柱分离液相色谱中，流动相是液体，固定相是由惰性固体支撑的固体或者液体。低压柱液相色谱（在大气压下或在大气压附近进行），如图 12.2 所示。

在选择适合于分离的固定相和流动相之后，分析人员必须首先根据供应商的操作要求准备固定相（树脂、凝胶或填充材料）以供使用，例如，固定相通常必须在流动相中被水合或预固定。然后将所制备的固定相填充到柱子（通常为玻璃）中，其长度和直径由上样量、使用的分离模式以及需要的分离度决定。较长和较窄的柱通常会提高分辨率和分离度（详见 12.5.1）。吸附柱是干燥包装或湿包装；其他类型的柱子是湿包装的。通常湿法的柱填充步骤包括制备吸附剂与溶剂的混合物，并将其倒入柱中至所需的床高度。制备均一的柱是一项需要通过练习掌握的技术。如果填充溶剂与最初的洗脱溶剂不同，则必须用起始流动相彻底清洗柱子（2~3 个柱体积）。

将待分离的样品溶解在最小体积的流动相中，通过样品注射端口注入，并通过流动相携带到柱上。低压色谱仅依靠重力流或高精度蠕动泵来维持流动相（洗脱液或洗脱溶剂）通过色谱柱的流量。如果洗脱液通过蠕动泵进入柱子（图 12.2），那么流速由泵的速度决定。根据色谱柱的尺寸调节流量，使其不超过泵所承受的最大压力。

将流动相通过柱子的过程称为洗脱，从柱子出口端出来的部分称为洗脱液（或流出液）。洗脱可以是恒量洗脱（恒定的流动相组合物）或梯度洗脱（改变流动相，例如，增加溶剂强度或 pH）。梯度洗脱提高了分离度并缩短了分析时间（详见 12.5.1）。随着洗脱的进行,基于与固定相的相互作用的强度,样品的组分被固定相选择性地阻滞,并因此在不同的时间被洗脱。

柱洗脱液可以通过检测器导入管中,通过部分收集器按时间间隔更换收集管。检测结果以电信号的形式记录(色谱图),而后整合信号进行定性或定量分析(详见 12.5.2 和 12.5.3)。部分收集器设定为以指定的时间间隔收集洗脱液或是流出一定体积之后开始收集。通过色谱分离和收集的样品组分可以根据需要进一步进行分析。

表 12.2 薄层色谱的吸附剂和分离模式

吸附剂	色谱分离机制	典型应用
硅胶	吸附	类固醇,氨基酸,酒精,碳氢化合物,脂质,黄曲霉毒素,胆汁酸,维生素,生物碱
反相硅胶	反相	脂肪酸,维生素,类固醇,激素,类胡萝卜素
纤维素,硅藻土	分隔作用	碳水化合物,糖,醇,氨基酸,羧酸,脂肪酸
氧化铝	吸附	胺,醇,类固醇,脂质,黄曲霉毒素,胆汁酸,维生素,生物碱
PEI 纤维素[①]	离子交换	核酸,核苷酸,核苷,嘌呤,嘧啶
硅酸镁	吸附	类固醇,杀虫剂,脂质,生物碱

摘自参考文献[19],经 Wiley,New York 许可。

①PEI 纤维素是指用聚乙烯亚胺(PEI)衍生的纤维素。

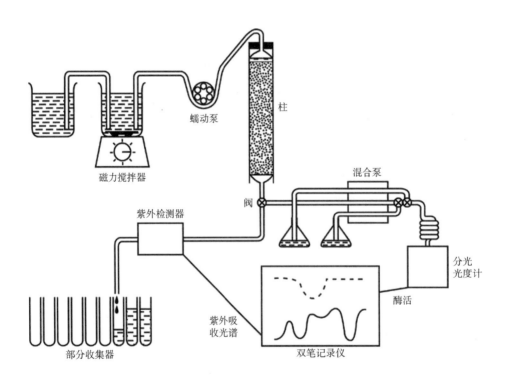

图 12.2 低压柱液相色谱系统

注:在该图中,柱流出物分别流向两个检测器,以便监测酶活性(在右侧)和 UV 吸收(在左侧)。可以使用双笔记录器同时记录两个记录

摘自参考文献[28]。

12.3.5　超临界流体色谱(SFC)

超临界流体色谱是在流动相在超过临界压力(P_c)和临界温度(T_c)的条件下进行的。超临界流体(或压缩气体)既不是液体也不是通常的气体。P_c和T_c的结合被称作临界点。超临界流体可以由常规气体通过升高压力或通过升高温度从常规液体形成。二氧化碳经常用作SFC的流动相;然而二氧化碳不是极性和高分子质量化合物的良好溶剂。可以将少量极性有机溶剂如甲醇加入到非极性超临界流体中以提高溶质的溶解度,改善峰形和选择性。已经用于食品的其他超临界流体包括一氧化二氮、三氟甲烷、六氟化硫、戊烷和氨。

超临界流体作为流动相时,其色谱行为介于液相和气相之间。与液相色谱相比,超临界流体的高扩散性和低黏度意味着分析时间的减少和分辨率的提高。分析时间短的另一个好处就是减少了溶剂消耗。SFC通过压力和温度的变化以及流动相组成和固定相的变化提供了广泛的选择性(详见12.5.2)。与HPLC(详见第13章)相比,SFC更适合分离具有更宽范围极性的化合物。另外,SFC可以分离非挥发性、热不稳定的化合物,这些化合物在不进行衍生化的情况下不能被GC分析。实际上,如今SFC主要应用于分析非挥发性物质。

SFC中可使用填充柱或毛细管柱。填充柱材料与用于HPLC的相似,通常使用小颗粒、多孔、高表面积的水合二氧化硅(无论是裸露的还是键合的二氧化硅)作为柱填充材料(详见12.4.2.3和第13章)。毛细管柱通常用含有不同官能团的聚硅氧烷(—Si—O—Si—)膜涂覆,然后交联形成不能被流动相洗掉的聚合物固定相。含有不同官能团如甲基、苯基、吡啶或氰基的聚硅氧烷可用于改变该固定相的极性。

HPLC和GC的仪器发展促进了SFC的发展。它们的仪器之间一个主要区别在于,反压调节装置用于控制SFC系统的出口压力(如果没有此装置,流体就会膨胀为低压的、低密度气体)。用于GC和HPLC的检测器也可用于SFC,包括与质谱联用(MS)(详见第11章)。

各种化合物的分析都可以用到SFC。SFC越来越多地被应用于脂肪、油脂和其他脂质等化合物的分析。例如,通过SFC - MS表征了非热量脂肪替代品,Olestra®。其他研究人员已经使用SFC来检测农药残留,研究来自葱属植物的热不稳定化合物,分离柑橘种的香精油以及表征从微波包装材料中提取的化合物[20]。Bernal[11]等使用填充柱和毛细管SFC来分析食品和天然产品,即脂质及其衍生物、类胡萝卜素、脂溶性维生素、多酚、碳水化合物和食品掺杂物,如苏丹染料。

12.4　色谱分离的理化性质

不论采用何种具体技术,用于分离目的化合物的色谱分离方法均涉及到一些物理化学原理。以下描述的机制主要适用于液相色谱,气相色谱的机制会在第14章详细介绍。虽然分别描述这些现象更为方便,但是必须强调的是,在给定的分离方法中可能涉及多于一种的机制。例如,分配色谱在许多情况下也涉及吸附。表12.3所示为不同的分离模式和相关的固定相、流动相以及相互作用的类型。

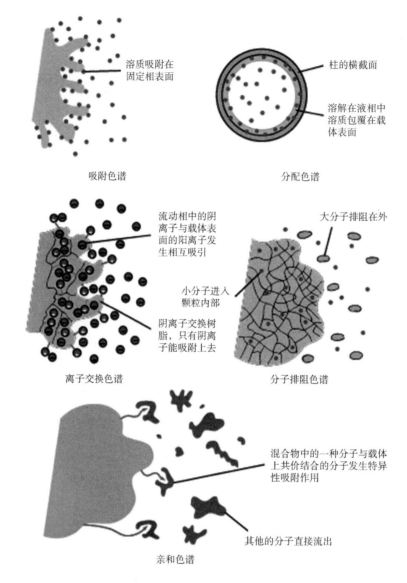

图 12.3 色谱的物化原理

摘自参考文献[2]。

表 12.3			不同色谱分离模式的总结		
分离模式	固定相	流动相	增加流动相强度	化合物首先洗脱/最后洗脱	溶质和固定相之间的相互作用类型
正相（吸附色谱或分配色谱）	极性吸附剂（例如，二氧化硅，氧化铝，水）	非极性溶剂（例如甲醇水溶液，乙腈）	降低有机溶剂的浓度（即增加极性，使流动相更加接近固定相）	极性最小/极性最大	多数为氢键

续表

分离模式	固定相	流动相	增加流动相强度	化合物首先洗脱/最后洗脱	溶质和固定相之间的相互作用类型
反相(吸附色谱或分配色谱)	非极性吸附剂(例如,键合的二氧化硅,C_8 或 C_{18})	极性溶剂(例如,水)	增加有机溶剂的浓度(即极性降低,使流动相更加接近固定相)	极性最大/极性最小	氢键;范德华力,疏水性相互作用
疏水相互作用	非极性吸附剂(例如,丁基琼脂糖凝胶和苯基琼脂糖凝胶)	盐溶液/缓冲液(例如,1mol/L 硫酸铵溶液;磷酸盐缓冲液)	降低盐浓度(导致溶质与吸附剂的相互作用降低)	界面疏水性最小界面疏水性最强	疏水相互作用
阳离子交换	带负电荷的官能团(例如,RSO_3^-,RCO_2^-)	特定 pH 和离子强度的缓冲液	提高 pH(在弱阳离子交换剂的情况下)或增加盐浓度(例如,增加 pH 将导致去质子化,即溶质的正电荷损失,因此不再与固定相的官能团相互作用,并且增加盐浓度将提供替换固体相的官能团上的反离子)	正电密度最小/正电密度最大	静电作用
阴离子交换	带正电的官能团(例如,$RNR_3'^+$,$R-NHR_2'^+$)	特定 pH 和离子强度的缓冲液	降低 pH(在弱阴离子交换剂的情况下)或增加盐浓度(例如,降低 pH 将导致质子化,即溶质的负电荷损失,因此它不再与固定相的官能团相互作用,并且增加盐浓度将提供替换固体相的官能团上的反离子)	正电密度最大/正电密度最小	静电作用
亲和作用	与惰性表面结合的高度特异性配体(例如,抗体,酶抑制剂,凝集素)	缓冲液	改变 pH 或离子强度,或加入类似于固定相的结合配体的配体	与配体的亲和力最弱/与配体的亲和力最强	氢键;范德华力,疏水相互作用,静电作用
尺寸排阻	多孔惰性材料(例如,Sephadex)	水或缓冲液	不适用	大分子质量/小分子质量	无

12.4.1 吸附(液–固)色谱

吸附色谱是色谱最古老的形式,1903 年由 Tsvet 在实验室中发明并引出现代色谱。在吸附色谱中,固定相是细小分散的固体(具有最大的表面积)。固定相(吸附剂)可选择与待分离物质具有不同相互作用的物质。在色谱吸附中其主要作用的分子间作用力为范德华力、静电力、氢键和疏水相互作用。

吸附色谱中特定物质与固定相发生相互反应的位点各不相同。最活跃的位点含有较大的亲和力,往往首先发生结合,从而使得与其他的溶质结合较不稳定。分离结果完全取决于与浓度相关的吸附反应。其吸附系数不是常数(与分配系数相反)。样品量超过固定相的吸附容量将导致相对较差的分离结果(详见12.5.1)。

传统的吸附色谱主要使用二氧化硅(微酸性)、氧化铝(微碱性)或活性炭(非极性)。二氧化硅和氧化铝都是极性吸附剂,具有表面羟基,其路易斯酸类型的相互作用决定了它们的吸附特性。化合物从这些吸附性的固定相上洗脱下来的顺序可根据它们的相对极性来预测(表12.4)。功能基团极性最强的化合物在极性吸附剂上的保留最强,因此最后才被洗脱下来,而非极性的溶质在极性吸附剂上较少保留,最先被洗脱下来。

表 12.4 化合物极性分类

氟化烃
饱和碳水化合物
烯烃
芳香族
卤化物
醚
含氮化合物
醚 ≈ 酮 ≈ 醛
醇 ≈ 胺
酰胺
羧酸

摘自参考文献[5]。

注:按照极性增加的次序排列。

解释液–固色谱机制的一个模型是溶质和溶剂分子对吸附剂活性位点的相互竞争,因此,当流动相的相对吸附量增加时,溶质的吸附量就下降了。溶剂的洗脱速率取决于它们在特定的吸附剂(如二氧化硅)上的吸附强度。这样的溶剂强度(或者极性)分级法称为洗脱顺序。表12.5所示为氧化铝的洗脱顺序(硅胶的排列顺序与其相似)。洗脱顺序为色谱工作者提供调节溶质和固定相相互作用的方法。当吸附剂确定后,溶剂可从适合此吸附剂的洗脱系列中选择,可增加流动相的极性(通常可加入极性更强的溶剂),直至目标化合物被洗脱下来。

吸附色谱主要是按照功能基团的类型和数目来分离芳香族或脂肪族非极性化合物的,如脂类。现已通过柱吸附色谱对植物中不稳定的脂溶性叶绿素和类胡萝卜素进行了深入的研究。吸附色谱也用于脂溶性维生素的分析,另外还经常用于在其他分析前样品的除杂。例如,含有硅胶固定相吸附的一次性装置已经用于豆油中的脂类、柑橘类水果中的类胡萝卜素和谷物中的维生素 E 等食品成分的分析。吸附色谱法也被用于分析各种化合物的特殊形式。以下几节中描述的几种色谱分离技术是专门的吸附色谱法。

表 12.5 氧化铝的洗脱顺序

溶剂	溶剂	溶剂
正戊烷	乙醚	乙腈
异辛烷	氯仿	异丙醇
环己烷	二氯甲烷	乙醇
四氯化碳	四氢呋喃	甲醇
二甲苯	丙酮	乙酸
甲苯	乙酸乙酯	
苯	苯胺	

摘自参考文献[5]。

注:按照极性增加的次序排列。

12.4.2 （液－液）分配色谱

12.4.2.1 简介

1941 年,Martin 和 Synge 采用氯仿和水反向流动的 40 管逆流萃取装置,对羊毛中的氨基酸组分进行研究。使用颗粒细小的惰性材料作载体,固定住一种液相(固定相)。与此同时,当另一种液相(流动相)流过时,两相间发生紧密的接触,从而极大地提高了萃取效率。溶质按照分配系数的大小在两相间被分配,因此被命名为分配色谱。

分配色谱系统通过改变两液相的性质,通常是通过溶剂的组合或者是缓冲液的 pH 来操控,两液相中极性较大的液体常常固定在惰性载体上,而极性较小的溶剂则用来洗脱样品组分(正向色谱)。与此相反,使用非极性固定相和极性流动相即为反相色谱(详见12.4.2.3)。

正相分配色谱可分离极性的亲水性物质,如氨基酸、碳水化合物和水溶性植物色素,反相系统可解决亲油性的化合物,如脂类和脂溶性色素的分离问题。液－液分配色谱对碳水化合物的分离没有价值。而细颗粒的纤维素柱色谱已经广泛用于糖类及其衍生物的色谱制备中。

12.4.2.2 涂渍载体

分配色谱中固定相最简单的形式是将液体涂渍在固体介质上。固定相载体应惰性强,并具有大的表面积,以涂渍尽可能多的液体。现已应用的固定相载体有二氧化硅、淀粉、纤维素粉末和玻璃珠等。作为固定相,它们都具有保持水性薄膜的能力。因此,在用于吸附色谱的原料时,必须通过干燥去除水分而得到活化,这一点非常重要应加以注意。与此相反,此类原料中某些物质如硅胶,如果浸在水中或在所需的固定相中失去吸附活性,则可以用于分配色谱。液－液色谱系统的缺点之一是液体固定相经常流失。这个问题如下节所述,通过把固定相化学键合至载体上而得到克服。

12.4.2.3　键合载体

液体固定相可以通过化学反应共价连接到固定相上。这些键合相在 HPLC 中应用广泛,并且有多种的极性和非极性固定相可供使用。需要注意的是,除了分配以外的机制可能涉及使用键合载体的分离。具有非极性键合固定相(例如,与 C_8 或 C_{18} 键合的二氧化硅)和极性溶剂(例如,水－乙腈)的反相 HPLC(详见第 13 章)被广泛使用。键合相 HPLC 色谱柱极大地促进了食品和饲料中维生素的分析[21]。此外,键合相 HPLC 被广泛用于多酚如酚酸(例如,对香豆酸、咖啡酸、阿魏酸和芥子酸)和类黄酮(例如,黄酮醇、黄酮、异黄酮、花青素、儿茶素和原花青素)。

12.4.3　疏水作用色谱

疏水作用色谱法(HIC)近年来已经在制备和半分析规模的纯化化合物方面得到了普及。在疏水作用色谱中生物分子在高盐浓度下被吸附到弱疏水表面。吸附分子的洗脱是通过随时间降低流动相中的盐浓度得以实现的。该技术利用了化合物表面上的疏水位点。因此,疏水作用色谱通常用于提供高分辨率的食品蛋白质、酶和抗体的纯化。高盐浓度允许具有高表面电荷的生物分子通过屏蔽电荷的作用而吸附到疏水配体上。因为与疏水性配体的相互作用很弱,因此蛋白质的盐沉淀不会引起变性。

疏水作用色谱中的固定相由亲水性载体结合到疏水性配体上。可以使用几种聚合物材料作为载体,包括纤维素、琼脂糖、壳聚糖、聚甲基丙烯酸酯或二氧化硅。这些载体必须是亲水性的,以免造成额外的疏水性以及因此引起蛋白质变性的强相互作用。通常使用的聚合物具有高度交联,以提供刚性和大的表面积。化学结合到载体聚合物上的大多数常用配体是直链烷烃。所使用的烷烃链的大小取决于待分离的生物分子的表面疏水性,对于疏水性更大的生物分子,链的长度更长。有时也使用苯基和其他芳香族基团。然而,通常使用具有中等疏水性的配体来避免强相互作用。丁基琼脂糖和苯基琼脂糖是最常用的固定相。

疏水作用色谱中使用不同的盐,这取决于它们对蛋白质沉淀的影响。最常用的盐是硫酸铵。盐的浓度也是蛋白质沉淀的一个决定性因素。通常使用 1mol/L 硫酸铵进行初步筛选。样品的盐溶液或缓冲液需要与流动相一致。然而,这需要小心加载样品以避免蛋白质在达到色谱柱之前沉淀。通常在加载样品之前进行流洗步骤以清除杂质。根据样品的特性,可以通过逐渐降低盐浓度来进行洗脱,这可能会使样品中不同的蛋白质得到分离。随着时间的推移,盐浓度的变化需要对最佳分离度和最短分析时间进行优化。在盐洗之后直接转换成水洗来洗脱所有结合的蛋白质。这取决于所需的分离和纯化水平。如果化合物在将盐浓度降至零之后也无法洗脱下来,则应尝试其他疏水作用色谱配体。柱子多次使用后需要清洗和再生。通常使用 0.1～1mol/L 的 NaOH 来防止柱子结垢,有时使用洗涤剂以及酒精清洗剂。

流动相的 pH 也会影响色谱柱的保留和洗脱。然而,常常使用 pH 为 7 的缓冲液。添加剂,如水溶性醇和洗涤剂,有时用来帮助更快地洗脱蛋白。这些添加剂的疏水部分将与蛋白质竞争与配体的结合,引起蛋白质的解吸。最后,温度可能在疏水作用色谱中起作用。随着温度的升高,疏水性相互作用增加,从而更好地保留在柱子上;而降低温度有助于洗脱。在运行过程中控制温度可以提高分辨率并缩短分析时间(详见 2.5.1)。有关疏水作用色谱及其应用的更多详细信息,详见参考文献[22]。

12.4.4 离子交换色谱

离子交换分离可分为三种类型:非离子型化合物与离子型化合物、阴离子与阳离子、带相似电荷类型的混合物。在前两种情况下,一种物质与离子交换介质结合,而另一种物质则不能。分批处理方法适用于这两种分离过程。而第三种类型的分离则需要用到色谱技术。

离子交换色谱可看作吸附色谱的一种类型,其中溶质和固定相之间的相互作用主要依靠静电作用。固定相(离子交换介质)含有固定带负电或带正电的官能团[图 12.4(1)]。可交换的反离子保持电荷中性。样品离子(或大分子上的带电位点)可以与反离子交换,并与带电功能基团进行相互作用。离子平衡的建立如图 12.4(2)所示。固定相的功能基团决定了交换离子是阳离子还是阴离子。阳离子交换介质含有共价结合的负电荷功能基团,而阴离子交换介质则含有可结合的正电荷功能基团。这些酸性或碱性残基的化学性质决定了固定相的离子化受流动相 pH 影响的程度。

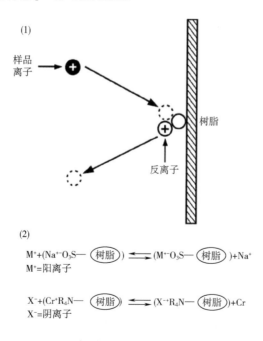

图 12.4 离子交换色谱的基础

(1)离子交换过程示意图;(2)阳离子和阴离子交换平衡

摘自参考文献[5]。

  "强"阳离子交换剂的强酸性磺酸基团（RSO_3^-）在 pH > 2 时被完全离子化。"强"阴离子交换剂上的强碱性季胺基团（RNR_3^+）在 pH < 10 时被完全离子化。由于在较宽的 pH 范围内都保持最大的负电荷或正电荷，这些固定相的结合能力或交换能力基本上不受流动相 pH 的影响，可保持平衡。

  "弱"阳离子交换剂含有弱酸性的羧酸官能团（RCO_2^-）；因此，它们之间的交换能力在 pH 为 4 和 pH 为 10 之间会有明显的变化。弱碱性阴离子交换剂具有在中碱性溶液中去质子化的伯胺、仲胺或叔胺残基（$R—NHR_2^{'+}$），从而失去其正电荷以及结合阴离子的能力。因此，洗脱结合弱离子交换介质的溶质的一种方式是改变流动相 pH。分离具有非常相似的电荷密度的化合物时，与强离子交换剂相比，在弱离子交换剂的情况下改变 pH 会有更好的分离效果和选择性。尽管强离子交换剂通常用于初始筛选和优化分离，但在利用 pH 梯度的情况下，通常使用弱离子交换剂来分离具有相似吸附系数的化合物。但是，改变 pH 可能会在分离蛋白质时带来问题。在色谱分离过程中必须避免蛋白质的等电点；否则它们会从溶液中沉淀析出。从强离子交换剂或弱离子交换剂洗脱结合溶质的第二种方法是增加流动相的离子强度（例如，使用 NaCl），以降低静电相互作用。

  离子交换的色谱分离是根据离子交换树脂对离子（或电荷种类）亲和力的不同而实现分离的。影响交换剂对特定离子选择性的因素包括：离子价、半径、浓度、交换剂的性质（包括其可置换的反离子）以及流动相的组成和 pH。作为一种有效的离子交换剂，其材料必须既是离子性的又是高渗透性的。因此，合成的离子交换剂是交联的聚电解质，并且它们可能是无机的（例如，铝硅酸盐），或者更通常地是有机化合物。两种常用的基于有机化合物的合成离子交换剂是聚苯乙烯和多糖。

  聚苯乙烯是由二乙烯苯（DVB）与苯乙烯交联而成，并经衍生化而得到阴离子或阳离子交换树脂（图 12.5）。聚合物树脂在不同程度的交联（表示为混合物中 DVB 的质量百分数）下可以形成在一定范围的粒径。交联的程度决定了树脂的硬度和孔径，从而决定了它的最佳用途。交联度较低的树脂可使溶质较快地达到平衡，但颗粒会在水中易溶胀，从而造成树脂地电荷密度下降和对不同离子的选择性（相对亲和力）下降。交联程度越高的树脂表现出较小的溶胀、较高的交换容量和选择性，但是平衡时间较长。而原有的小孔径，高电荷密度和固有的疏水性离子交换树脂的应用范围则局限于小分子物质的分离（相对分子质量 < 500）。

  基于多糖（例如，纤维素、葡聚糖或琼脂糖）的离子交换剂已被证明对于分离和纯化诸如蛋白质和核酸的大分子非常有用。这些称为凝胶的材料比聚苯乙烯树脂柔软得多，可把强的或者弱的酸性或者碱性基团衍生在多聚糖主链的 OH 基团上（图 12.6）。它们具有比老式的合成树脂更大的孔径和更低的电荷密度。

  离子交换色谱的食品相关应用包括氨基酸、糖、生物碱和蛋白质的分离。蛋白质水解产物中氨基酸的分离最初是通过离子交换色谱进行的；这个过程的自动化促进了商业化的氨基酸自动分析仪的产生（详见第 24 章）。许多药物、脂肪酸、水果中的酸类及可离子化的化合物都可用离子交换色谱进行分离。有关离子色谱的原理和应用详见参考文献 [23]。

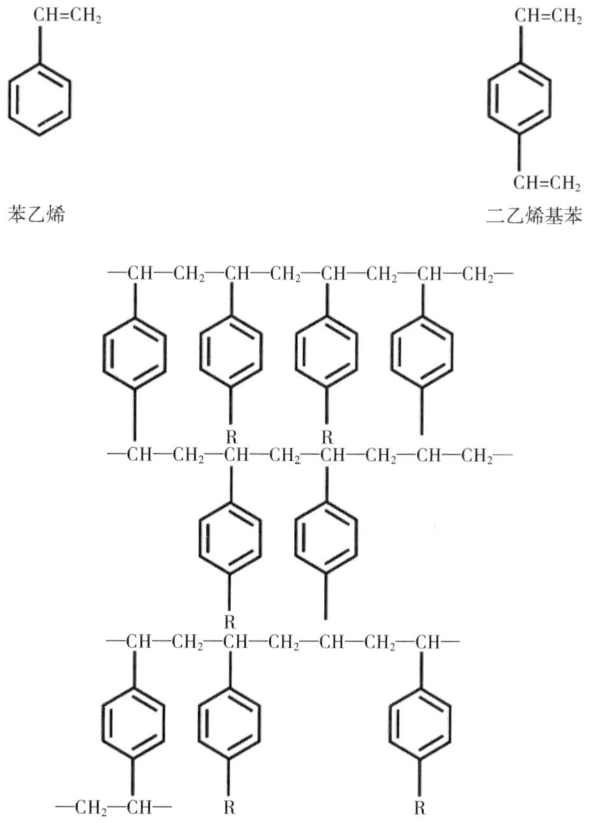

交联的苯乙烯-二乙烯基苯共聚物
R=H,聚苯乙烯
R=CH$_2$N$^+$(CH$_3$)$_3$Cl$^-$，阴离子交换剂
R=SO$_3$H$^+$，阳离子交换剂

图 12.5　基于聚苯乙烯离子交换树脂的化学结构

12.4.5　亲和色谱

亲和色谱也是吸附色谱的另一种特殊形式,其分离是基于溶质分子和固定在色谱固定相上配体之间特异的可逆相互作用(相互作用类型详见 12.4.1)。亲和层析包括固定的生物配体作为固定相。这些配体可以是抗体,酶抑制剂,凝集素或选择性、可逆地结合样品中互补分析物的其他分子。尽管配体与要分离的物质通常都是生物活性大分子,但其亲和色谱的定义也涵盖其他系统,例如,含有顺式二元醇的基团在苯基硼酸固定相上的分离。

亲和色谱的原理如图 12.7 所示。配体与待分离分子之间具有较强的、专一的亲和结合力,而被固定在合适的载体上。当样品通过色谱柱时,与结合配体互补的待测物被吸附,而其他样品成分被直接洗脱下来。随后将通过改变流动相组成来洗脱结合的待测物,如下所述。用初始流动相重新平衡后,固定相可以被重复使用。亲和色谱的理想载体应该是一种多孔、稳定的、具有大的表面积的材料,并对任何物质都没有吸附作用。因此,通常使用琼脂糖、纤维素、葡聚糖、聚丙烯酰胺的聚合物以及多孔玻璃作为载体。

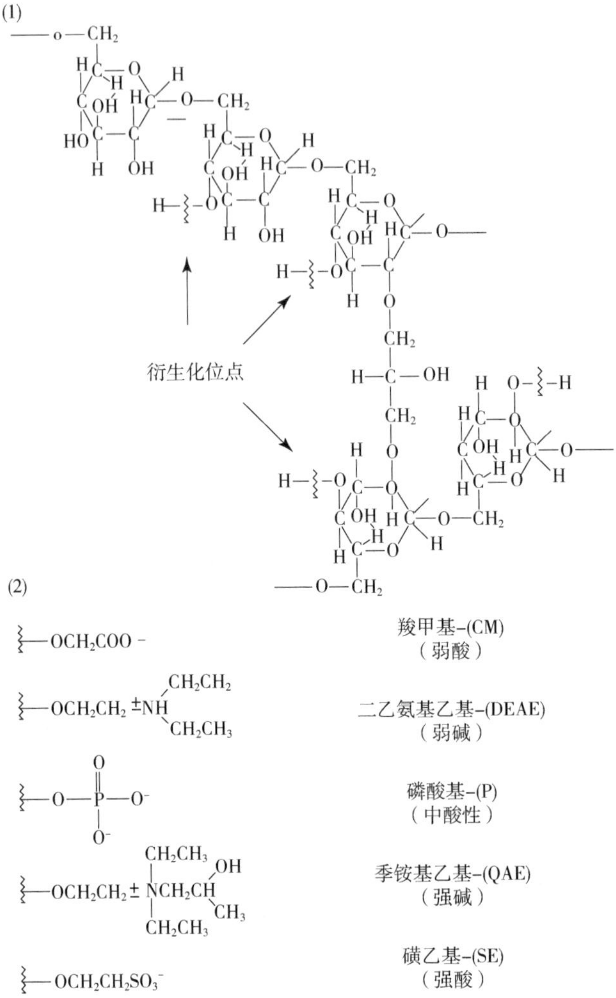

衍生化位点

羧甲基-(CM)
（弱酸）

二乙氨基乙基-(DEAE)
（弱碱）

磷酸基-(P)
（中酸性）

季铵基乙基-(QAE)
（强碱）

磺乙基-(SE)
（强酸）

图 12.6 基于聚苯乙烯离子交换树脂的化学结构图

（1）交联葡聚糖的基质（"Sephadex"，Pharmacia Biotech Inc，Piscataway NJ）；（2）可用于赋予基质离子交换性质的官能团

　　亲和配体通常通过共价键连接到固定相载体或基质上，其最佳反应条件往往是经实际经验摸索得到的。固定化一般由两个步骤组成：活化和耦合。在活化步骤中，试剂与载体上的官能团（例如，羟基部分）反应以产生活化的介质。除去过量的试剂后，配体会与活化的基质耦合（也可直接购买预活化固定相，这样使得亲和色谱的使用率大大增加）。尽管配体上的其他功能团也能使用，但耦合反应最多的基团还是自由氨基。当苯基硼酸等小分子被固定时，可使用"间隔手臂"（含至少 4~6 个亚甲基基团），使配体与固定相表面保持一定距离，以便于其能够到达分析物的结合位置并与之结合。

　　用于亲和色谱的配体可以是特定的或普通的（例如，基团为特殊的）。特定的配体如抗体只能结合一种特定的溶质。普通配体，如核苷酸类似物和凝集素，可以与某些类型的溶质结合。例如，凝集素伴刀豆球蛋白 A 可结合于所有含有末端葡糖基和甘露糖残基的分子。然后根据所用的洗脱技术，结合的溶质可以被整体或单个洗脱下来。表 12.6 列出了一

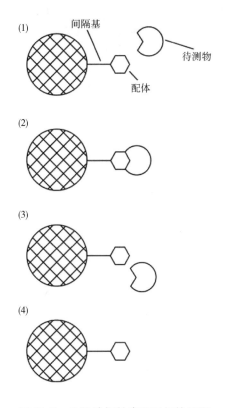

图 12.7　生物选择性亲和层析的原理

注:(1)载体支持固定化配基使待测物被分离　(2)待测物与配体的接触和连接;(3)待测物由于洗脱剂的引入被洗脱,从配体上分离复杂的待测物;(4)配体的再生,为下一步分离做好准备。

摘自参考文献[8]。

些较常见的普通配体。虽然可供选择的种类不多,但总的来说,这些配体都具有较强的分离能力。

表 12.6　　　　　　　　　　　一般亲和色谱配体与分离的种类

配体	分离种类
Cibacron Blue F3G – A 染料和 AMP,NADH 和 NADPH 的衍生物	与核苷酸结合位点结合的脱氢酶
刀豆球蛋白 A、扁豆凝集素、小麦胚芽凝集素	多糖、糖蛋白、糖脂和含某些构型糖残基的膜蛋白
大豆胰蛋白酶抑制剂、各种氨基酸的甲基酯、D – 氨基酸	各种蛋白酶
苯基硼酸	糖基化的血红蛋白、糖、核酸和其他含 Cis – dio 的物质
蛋白 A	具有结合到 Fc 区域的许多免疫球蛋白类
DNA、RNA、核苷、核苷酸	核酸酶、聚合酶和核酸

摘自参考文献[26],经 Walters 许可。版权归 1985 年美国化学学会所有。

亲和色谱的洗脱方法可以分为非特异性和(生物)特异性两种。非特异性洗脱涉及通过改变流动相 pH、离子强度、介电常数或温度来破坏配体分析物的结合。如果需要另外的洗脱选择性,例如在固定普通配体的情况下,可以使用生物性的特殊洗脱方法。即在含有可与载体结合的配体的流动相中加入相同或者不同类型的自由配体,这类自由配体可与结合的溶质竞争结合位置。例如,结合在刀豆蛋白A(凝集素)色谱柱上的糖蛋白可以通过使用含有过量凝集素的缓冲液洗脱。一般而言,洗脱液中的配体与待分离的溶质的亲和力应该比固定化的配体更强。

除了蛋白质纯化之外,亲和层析可用于分离超分子结构的物质,如细胞、细胞器和病毒;浓缩蛋白质稀溶液;研究结合机制;并确定平衡常数。特别是亲和色谱已经成功地用于分离和纯化酶及糖蛋白。在分离糖蛋白中,作为吸附剂的碳水化合物衍生物可用于分离特定的凝集素,例如伴刀豆球蛋白A、扁豆或小麦胚芽凝集素。凝集素能够耦合到琼脂糖上,形成刀豆球蛋白A-琼脂糖或扁豆凝集素—琼脂糖,以用于纯化特定的糖蛋白、糖脂或多糖。亲和色谱的其他应用包括食品或农作物中霉菌毒素[24]和农药残留或代谢物[25]的纯化和定量。有关亲和色谱的更多细节见参考文献[26-27]。

12.4.6　尺寸排阻色谱

尺寸排阻色谱(SEC),也被称为分子排阻色谱、凝胶渗透色谱(GPC)和凝胶过滤色谱(GFC),是最易理解和操作的色谱模式。它在生物科学中被广泛用于解析大分子,如蛋白质和碳水化合物,也被用于合成聚合物的分离和表征。遗憾的是由生命科学和高分子化学各自独立形成的命名法是不一致的。

在理想的尺寸排阻色谱系统中,分子只根据其大小被分离;溶质和固定相之间不发生相互作用。如果溶质与载体间发生相互作用,那么这种分离模式被称为非理想的SEC。SEC中的固定相由孔径大小相当的柱填充材料组成。溶质太大而不能进入孔径中,会随着流动相在孔径之间的间隙(固定相颗粒之间)中流动。因此,尺寸排阻色谱中分子质量大的最先被洗脱出来。柱中流动相的体积(称为柱空隙体积 V_0),其值可采用分子质量非常大的物质,如相对分子质量为 2×10^6 的蓝葡聚糖(全排阻)来测定。

随着溶质尺寸的减小,接近填充固定相的孔径的分子开始扩散到填料颗粒中,并因此减慢流动速率。低分子质量的溶质(例如,氨基乙酰酪氨酸)可以完全自由进入所有可用的孔体积,在称为 V_t (柱的总渗透体积)的体积中洗脱出来。 V_t 等于柱空隙体积 V_0 加上吸附剂孔内的液体体积(内孔体积) V_i ($V_t = V_0 + V_i$)。这些关系如图12.8所示。理想条件下,溶质在空隙体积和柱子的总渗透体积之间洗脱。由于该洗脱体积是有限的,因此在一般情况下只有溶质组分数相对较少时(一般为10个)才能完全被SEC色谱所分离。

分子在尺寸排阻色谱中的行为可以用几种不同的方式进行表征。如图12.9所示,每种溶质表现出一定的洗脱体积 V_e 。但是, V_e 取决于色谱柱的大小、色谱柱的填充方式以及吸附剂孔径。分配系数 K_{av} 用于定义与这些变量无关的溶质行为。

$$K_{av} = \frac{V_e - V_0}{V_t - V_0} \tag{12.3}$$

式中　K_{av}——有效分配系数;

　　　V_e——溶质洗脱体积;

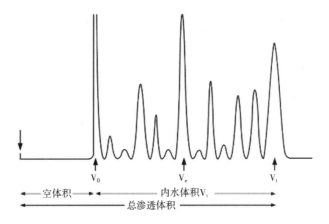

图 12.8 尺寸排阻色谱洗脱示意图

经 Elsevier Science – NL Sara Burgerhartstraat 25,1055 KV Amsterdam, The Netherlands 允许,摘自参考文献[8]

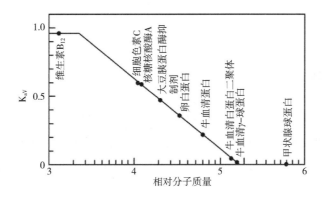

图 12.9 球蛋白在 Sephadex G – 150 色谱柱上分离时, K_{av} 与 log(相对分子质量)的关系图

经 Pharmacia Biotech, Inc., Piscataway, NJ 许可转载

V_0——柱空隙体积;

V_t——柱总渗透体积。

尺寸排阻色谱柱上的溶质通过实验数据计算得到的 K_{av} 值可以确定该分子所占据的孔隙的比例。对于分子质量较大、不经过孔隙的物质,如蓝色葡聚糖或 DNA,此时 $V_e = V_0$ 且 $K_{av} = 0$。对于完全进入固定相孔径内部的小分子,如甘氨酰酪氨酸, $V_e = V_t$ 且 $K_{av} = 1$。

对于每种尺寸排阻包装材料,如果溶质系列具有相似的分子形状和密度,则由 K_{av} 对其分子质量的对数值作图可得到一条 S 形曲线(图 12.9)。对于蛋白质而言,其 K_{av} 与溶液中蛋白质的平均半径(即斯托克斯半径)具有更好的相关性,曲线中间的线性范围即为其分离范围。在此范围内,与之相近的分子质量的溶质能得到最佳的分离。溶质的洗脱行为与分子质量(或大小)之间的这种相关性形成了表征大分子如蛋白质和多糖的方法基础。用一系列已知分子质量(或斯托克斯半径)的溶质来校正 SEC 色谱柱,以获得与图 12.9 所示相似的标准曲线。然后测定未知物的 K_{av},并通过标准曲线内插法来确定其分子质量或分子大小。

尺寸排阻色谱包装材料可分为两种:半刚性的疏水性介质和软性的亲水性凝胶。半刚性的通常由聚苯乙烯衍生而来,与有机流动相(GPC)或非水性(SEC)一起用于分离聚合物,如橡胶和塑料。软凝胶(以多糖为基础的填料)以交联葡聚糖 Sephadex 为代表[图12.6(1)]。这些材料使用的孔径范围较大,可用于相对分子质量范围在 $1 \times 10^7 \sim 2.5 \times 10^7$ 的水溶性物质的分离。在选择 SEC 柱填料时,必须考虑实验的目的和待分离的分子大小。如果实验的目的是族组分分离(分离分子大小相差较大的分子),则需要选择能够使较大分子(例如,蛋白质)在柱的空隙体积中洗脱,而小分子保留在总体积中的填充材料。当 SEC 被用于分离不同大小的大分子时,所有组分的分子大小必须落在凝胶的分离范围内。

如前面所述,SEC 可直接用于分离混合物、纯化或间接获得相关溶质的分子质量大小等信息。除了分子质量的估算之外,SEC 还用于确定天然和合成聚合物(例如,葡聚糖和明胶制剂)的相对分子质量。生物高分子混合物的分离可能是 SEC 应用最广泛的领域,因为所用的洗脱条件温和,因而很少会引起变性或降解。通常,SEC 在纯化过程中被用作多维色谱方法中的早期色谱分离步骤。这也是一种快速地、高效地让大分子如蛋白质透析脱盐的方法。

12.5 色谱峰分析

选择使用色谱技术(详见12.3)和利用色谱机制(详见12.4)时,分析者就必须确保在合理的时间内从混合物中充分分离有效成分。在实现分离并获得色谱峰后,可进行定性和定量分析。分离和解析的基本原则将在随后的章节中讨论。理解这些原则,使分析者能够优化分离并进行定性和定量分析。

12.5.1 分离和分离度

本节将讨论主要与 LC 有关的分离和分离度;涉及气相色谱的分离和分离度的优化将在第 14 章讨论。

12.5.1.1 分离方法的设计

目前有许多方法来完成特定化合物的色谱分离。在大多数情况下,分析者将遵循标准的实验室程序或已公布的方法。对于之前没有进行过分析的样本,分析者首先评估样本的已知信息,并确定分离的目标。需要解析的数量、分离度、定性或定量检测,样品的分子质量(或分子质量范围)大小、极性和离子特性,这些信息将引导分析者完成色谱分离机制(分离模式)的选择。图 12.10 表明不止一种可行的选择。例如,小分子离子化合物可以通过离子交换色谱,反相离子色谱(详见13.3.2.1)或反向 LC 来分离。在这种情况下,分析者可能基于便利性、经验和个人偏好进行选择。

选择了样品分离模式后,必须选择合适的固定相、洗脱条件和检测方法。试验的实验条件可以基于文献检索的结果、分析者先前对类似样品的经验或来自色谱专家的

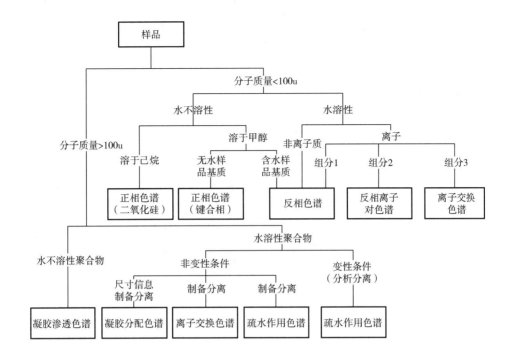

图 12.10　根据样品分子质量和溶解度选择色谱分离模式示意图

摘自参考文献[29]

建议。

通过除 SEC 以外,所有分离模式实现样品组分的分离均可以使用等度洗脱或梯度洗脱。等度洗脱是最简单的技术,其中溶剂组成和流速在整个运行过程中保持恒定。梯度洗脱在 LC 分析期间可重复地改变流动相组成或流速(流速编程)。当样品组分在极性和/或电荷密度等固有特性上有很大差异时,使用梯度洗脱,因此在合适的时间内,等度流动相不会洗脱所有组分。改变可以是连续的或逐步的。

增加离子强度或改变 pH,在离子交换色谱中是十分重要的(详见 12.4.4),而极性升高或降低分别在正相色谱或反相色谱中十分重要(详见 12.4.2)。逐渐(连续地)或逐步地增加流动相的"强度"(详见 12.4.1)能够缩短分析时间。

展开方法最初开始于等度流动相,可能是中等溶剂浓度;然而,使用梯度洗脱来进行初始分离可以确保在合理的时间段内实现一定程度的分离,并且柱子上没有残余物。来自初始运行的数据可确定是否需要等度或梯度洗脱,并且估计最佳的等度流动相组成或梯度范围。

一旦实现了初步分离,分析者可以继续优化分离度(分离难以分离的分析物)。优化过程通常涉及改变流动相的以下参数:①有机溶剂的性质和百分比(和有机溶剂的类型);②pH;③离子强度;④添加剂的性质和浓度(例如,作为离子对试剂);⑤流速;⑥温度。在梯度洗脱的情况下,梯度陡度(斜率,即变化率)是另一个待优化的变量。但是,分析者必须了解色谱分离的原理,这将在下一节讨论。

12.5.1.2 色谱分离

（1）简介 色谱的主要目的是在样品通过色谱柱时将样品组分分离成单独的条带或峰。一张色谱图峰由几个参数定义，包括保留时间，如图 12.11 所示，峰宽和峰高，如图 12.12 所示。从 LC 柱洗脱化合物所需的流动相的体积称为保留体积 V_R。相对应的时间是保留时间 t_R。保留时间和峰宽的变化极大地影响色谱分离。

色谱柱尺寸、负载、温度、流动相流速、系统死体积和检测器几何效率的差异，可能导致保留时间的差异。

通过扣除流动相或非滞留组分（t_m 或 t_o）通过柱子到检测器所需的时间，得到一个调整保留时间 t'_R（或体积），如图 12.11 所示。调整保留时间（或体积）校正系统死体积不同造成的差异，并表示样品吸附在固定相上的时间。

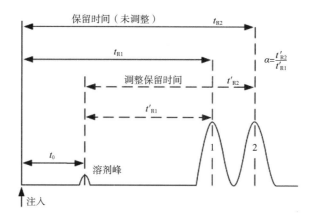

图 12.11　色谱保留值测量

摘自参考文献[5]。

两个峰的分离度与分离因子 α 有关。α 值（图 12.11）取决于温度、流速、固定相和使用的流动相。分离度定义如下：

$$R_s = \frac{2\Delta t}{w_2 + w_1} \tag{12.4}$$

式中　R_s——分离度；

　　　　Δt——峰 1 和 2 的保留时间之差；

　　　　w_2——峰 2 的峰基宽；

　　　　w_1——峰 1 的峰基宽。

图 12.12 所示为峰基宽 1 和计算分离度 2 所需的数据（保留值和峰值或带宽必须以相同的单位表示，即时间或体积）。

色谱分离度是柱效、选择性和容量因子的函数。在数学上，其关系表示如下：

$$R_s = \underbrace{\frac{1}{4}\sqrt{N}}_{a} \underbrace{\left(\frac{\alpha - 1}{\alpha}\right)}_{b} \underbrace{\left(\frac{k'}{k' + 1}\right)}_{c} \tag{12.5}$$

式中　a——柱效因子；

b——柱选择性因子;

c——容量因子。

这些因子以及对其有影响的因素将在下面的章节中讨论。

(2)柱效　如果要提高分离度,色谱分析者应该首先检查色谱柱效。高效的色谱柱可以防止溶液在色谱柱上扩散,从而得到较窄的色谱峰。柱效可以通过下式(12.6)计算:

$$N = \left(\frac{t_R}{\sigma}\right)^2 = 16\left(\frac{t_R}{W}\right)^2 = 5.5\left(\frac{t_R}{W_{1/2}}\right)^2 \tag{12.6}$$

式中　N——理论塔板数;

t_R——保留时间;

σ——高斯峰的标准偏差;

W——基线处的峰宽$(W = 4\sigma)$;

$w_{1/2}$——半高峰宽。

t_R,W 和 $W_{1/2}$ 的测量如图 12.12 所示。(可以用保留体积来代替 t_R;同时峰宽也以体积单位来测量)。虽然有些峰形实际上并不是高斯形,但是通常的做法是把它们看作高斯峰。在峰分离不完全或稍微不对称的情况下,半峰宽比基线峰宽更精确。

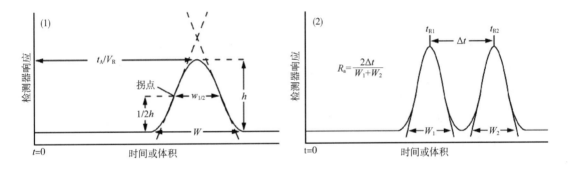

图 12.12　峰宽的测量及其对分离度的影响

注:(1)理想的高斯色谱图,说明 W_1 和 $W_{1/2}$ 的测量　(2)两峰的分离度是其相对保留时间和峰宽的函数。

摘自参考文献[5]。

由式(12.6)计算出的 N 值被称为理论塔板数,其概念借鉴于蒸馏理论,由助于把色谱分离过程看作为在固定相和流动相之间产生的类似于逆流层析分配的一系列平衡结果。一个柱子由 N 块小片段(理论塔板)组成,每个小片段发生一次平衡。采用近似处理时,N 与保留时间无关,因此是柱子性能的有效量度。检测色谱柱性能的一种方法是在恒定条件下定期对标准化合物进行色谱分析,并在比较后获得 N 值。需要注意的是,通常混合物中不同溶质的塔板数不同。不同的溶质具有不同的分配系数,因此在流动相和固定相之间具有不同的平衡系列。由于色谱柱变质引起的峰变宽将导致特定溶质的 N 减少。峰变宽是溶质达到流动相和固定相之间的平衡时间延长的结果(导致它们遍布在柱子上更广阔的区域)。

理论塔板数通常与塔长成正比。色谱柱越长,理论塔板数越多,因此分离度越好。由

于色谱柱有多种长度可供选择,所以对柱效的测量独立于柱长。可以表示为:

$$HETP = \frac{L}{N}$$
(12.7)

式中　HETP——理论塔板的高度;

L——列长;

N——理论塔板数。

所谓 HETP,相当于理论塔板的高度,简称塔板高度(H)。如果柱子由不连续的片段组成,则 HETP 就是每个虚构片段的高度。塔板高度小(塔板数大)表示柱的分离效率高(柱内溶质扩散最小,导致尖峰)。相反,在一个变质的柱子中,由于平衡时间延长(柱上溶质的扩散,导致峰变宽),塔板数量减少可导致分离效果差。

实际上,柱子没有被分成不连续的片段,平衡不是瞬间完成的。塔板理论可被用来简化平衡概念。溶质在色谱柱上的流动要考虑固定相和流动相之间溶质自身平衡的有限速率。因此,峰形取决于洗脱速率并受溶质扩散的影响。任何引起溶质峰形扩散的因素都会增加 HETP,降低柱效。Van Deemter 方程表示了影响塔板高度的各种因素。

$$HETP = A + \frac{B}{u} + Cu$$
(12.8)

式中　HETP——理论塔板的高度;

A,B,C——常数;

u——流动相速率。

常数 A,B 和 C 对于给定柱子,流动相和温度是不变的。A 表示涡流扩散或多个流路。涡流扩散指的是流动相在柱子的固定相颗粒之间存在着不同的极其微小的流动通路(类似于小溪中的岩石周围的涡流)。样品分子可能沿不同的路径,这取决于它们所遵循的流动。结果,溶质分子从柱子内最初的窄带扩展到更宽的区域。色谱填料的粒径越大,溶质可通过的路径越多。通过好的柱填充技术和使用粒度分布窄的小直径粒子,涡流扩散可以被最小化。

Van Deemter 方程的 B(有时称为纵向扩散)是由溶质从高浓度区域(色谱峰的中心)向低浓度区域(色谱峰的前缘或后缘)扩散造成的。在 LC 中,该项对 HETP 的影响很小,除非在很低流速下进行。流速慢时,溶质在柱上运行的时间越长,因此扩散程度越大。

C 项(传质)是由于溶质在移动相和固定相之间平衡所需要的一定时间产生的。传质实际上是将溶质分配到固定相的,这不是瞬间发生的,而是取决于溶质的分配和扩散系数的。如果固定相由多孔颗粒组成(详见 13.2.3.2 和图 13.3),则进入孔隙的样品分子停止会随溶剂流动,并仅通过扩散移动。随后,该溶质分子可能扩散返回至流动相的流液中,或者可能与固定相相互作用。在任何一种情况下,孔内的溶质分子相对于孔外的溶质分子速率减慢,并且可造成区带扩散。C 对 HETP 的影响可以通过使用小直径的多孔颗粒或薄膜色谱填料来减少[详见 13.2.3.2(2)]。而且,使用内径较小的柱子会降低 C 值,因为色谱填料较少,平衡时间将会减少。

按照 Van Deemter 方程,流动相流速 u 对板高有两个完全不同的影响——增加流速增加平衡点(Cu),降低溶质粒子的纵向扩散(B/u)。Van Deemter(图 12.13)可用于确定塔板高度最小和柱效最高的流动相流速。如果仍需足够的分离度,可以使用高于最佳值的流速来减少分析时间。然而,在非常高的流速下,接近平衡的时间会更短,这将导致更短的保留时间和紧密相连溶质的共洗脱。

除流速外,温度也会影响纵向扩散和传质。增加温度引起溶质在流动相和固定相之间和在柱内的流动增强,由此导致更快的洗脱和更窄的峰形。

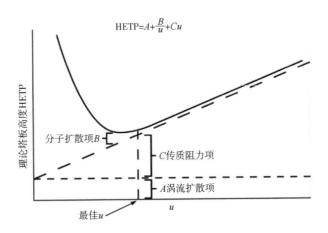

$$HETP = A + \frac{B}{u} + Cu$$

图 12.13　Van Deemter 色谱柱效率(HETP)与流动比率(最佳 u 已给出)

(3)色谱柱选择性　色谱分离度取决于色谱柱的选择性和柱效。色谱柱选择性是指两个峰之间的距离或相对分离程度,如式(12.9)所示。

$$\alpha = \frac{t_{R2} - t_0}{t_{R1} - t_0} = \frac{t'_{R2}}{t'_{R1}} = \frac{K_2}{K_1} \tag{12.9}$$

式中　　　　　α——分离因子;

　　　　t_{R1} 和 t_{R2}——分别为组分1和2的保留时间;

　　　　t_0(或 t_m)——未滞留组分的保留时间(溶剂前沿);

　　　　t'_{R1} 和 t'_{R2}——分别为组分1和2的调整保留时间;

　　　　K_1 和 K_2——组分1和2的分配系数。

保留时间(或体积)的测量如图 12.11 所示。时间 t_0 可以通过色谱分离条件下未保留的溶质(即溶剂前沿)来测量。当该参数以体积单位 V_0 或 V_m' 表示时,称为系统的死体积。选择性是固定相和/或流动相的函数。例如,离子交换色谱的选择性受基质上离子基团的性质以及数量的影响,但也可能受流动相的 pH 和离子强度的影响。改变流动相的 pH 或离子强度将影响溶质与色谱柱相互作用的程度。选择性可以是静态的,如等度洗脱(最初流动相的选择影响选择性)或者是动态的,如梯度洗脱(选择性随时间变化)。由于分离度与选择性直接相关,但与效率呈二次方关系,所以对于给定的分离,良好的选择性可能比高效率更重要(图 12.14)。因此,N 需要增加四倍才能使 Rs 增加一倍,如式(12.5)所示。

(4)柱容量　容量因子(保留因子)k' 是色谱种类(溶质)在固定相上相对于流动相中花费的时间量的量度。容量因子与色谱保留时间(可以用体积或时间单位表示)之间的关系,如式(12.10)所示。

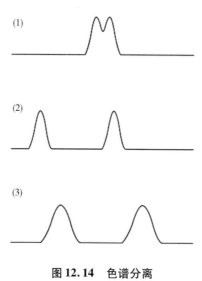

图 12.14　色谱分离

(1)分离度差　(2)由于高柱效分离度好　(3)由于柱的选择性好分离度好

摘自参考文献[5]。

$$k' = \frac{KV_s}{V_m} = \frac{V_R - V_m}{V_m} = \frac{t_R - t_0}{t_0} \tag{12.10}$$

式中　k'——容量因子；

$\quad\quad K$——溶质的分配系数；

$\quad\quad V_s$——柱子固定相的体积；

$\quad\quad V_m$——流动相体积；

$\quad\quad V_R$——溶质的保留体积；

$\quad\quad t_R$——溶质的保留时间；

$\quad\quad t_0$——未滞留组分的保留时间(溶剂前沿)。

k'值小表示保留时间短,组分将在靠近溶剂前沿处洗脱,导致较差的分离效果。过度使用或滥用色谱柱可能会导致某些官能团的损失,从而导致较小的 k' 值。k' 较大可以提高分离效率,但也可能导致区带增宽和分析时间延长。在实际应用上,k' 值通常为 1 ~ 15(在 R_s 的等式中,k' 实际上是分离的两个分量的 k_1' 和 k_2' 的平均值)。

12.5.2　定性分析

一旦分离和分离度得到优化,就可以对检测到的化合物进行鉴定(第 13 章和第 14 章中概述了各种检测方法)。将 V_R 或 t_R 与在相同条件下进行色谱分析的标准品进行比较通常可以确定未知化合物。当需要比较从两个不同体系或略有不同的色谱柱得到的色谱图时,最好比较调整后的保留时间 t'_R(详见 12.5.1.2)。通常不同的体系和柱子进行比较是不可能的。使用相同的体系,不同的化合物可能有相同的保留时间。换言之,即使未知物和标准物的保留时间相同,这两种化合物也可能不完全相同。因此,需要其他技术来确认峰值。如下所述:

（1）用已知化合物将未知样品加标,并比较原始样品和加标样品的色谱图,以查看哪个峰增加。应该只有所需峰的高度增加,保留时间、峰宽或形状没有变化。

（2）二极管阵列检测器可以提供指定峰的吸收光谱(详见 13.2.6 和 13.2.4.1)。尽管相同的光谱不能证明同一性,但光谱差异证实样品和标准峰是不同的化合物。

（3）在没有光谱扫描的情况下,其他检测器(例如,吸收或荧光)可以用比例来计算。样品和标准品的色谱图在两个不同波长下进行检测。如果样品和标准是相同的,这些波长的峰面积的比例应该是相同的。

（4）可以收集需要的峰并使用不同的分离模式进行附加的色谱分离。

（5）收集感兴趣的峰并通过另一种分析方法鉴定(例如质谱法,可以给出具有特定化合物特征的质谱,详见第 11 章)。

12.5.3　定量分析

假定已经达到良好的色谱分离度和样品组分的鉴定,就可以测量峰面积并将其与已知浓度的标准品进行比较。现在所有的色谱系统都使用数据分析软件,即使没有从其他色谱峰中完全分离,也可以识别每个色谱峰的开始、最大和结束。这些值被用于确定保留时间,峰高和峰面积。在每次运行结束时,会生成一份报告,列出这些数据和运行后的结果,例如相对峰面积,面积占总面积的百分比以及相对保留时间。如果系统已经标准化,则可以使用来自外部或内部标准的数据来计算分析物浓度(下面讨论)。在低压制备色谱中,有时对收集的部分进行色谱分析,可确定洗脱的样品。色谱后分析的实例包括 BCA(二喹啉甲酸)蛋白测定(详见 18.4.2.3)和碳水化合物的苯酚—硫酸测定(详见 19.3)。在获得分光光度计上的吸光度读数之后,结果绘制为以分数为 x 轴和以吸光度为 y 轴的图像,用来确定哪些组分含有蛋白质和/或碳水化合物。

确定峰面积后,必须将这些数据与已知浓度的适当标准品进行比较,以确定样品浓度。比较可以采用标样的外标或内标法进行。常用的是比较未知样品与单独注射的标准品(即外插)的峰面积。标样溶液应在所要求的浓度范围内(最好从浓缩液中稀释)进行色谱分析,并将峰面积对浓度作图以获得标准曲线。然后对相同体积的样品进行色谱分析,得到样品峰面积,通过标准曲线确定样品浓度[图 12.15(1)]。这种绝对校准方法需要精确的分析技术,探测器灵敏度必须每天保持恒定,这样标准曲线才能保证有效。

使用内标可以减少样品制备过程中产生的损失,仪器噪声(固有仪器误差)和操作人员技术(包括样品注射量)造成的误差。换句话说,内标在添加到样品后将受到相同的因素次序的影响,这些因素可能会引起目标化合物和标准品实际含量的变化。在这一技术中,与样品中目标化合物相比,内标化合物必须:①与目标化合物在化学/结构上相关,②在不同的时间洗脱,③不是天然存在于样品中。基本上,可以通过比较该组分的峰面积与内标的峰面积来确定样品中每种组分的含量。但是,必须考虑不同化学结构的化合物之间检测器响应的变化。一种方法是先制备一组含有不同浓度的目标化合物的标准溶液。这些解决方案中的每一个都包含已知和恒定的内标。对这些标准溶液进行色谱分析,测量峰面积。计算峰面积(目标化合物/内标)的比例,并对浓度作图,得到校准曲线,如图 12.15(2)所示。必须为每个要量化的样品成分绘制一个单独的响应曲线。接下来,将已知量的内标添加到未知样品中,并对样品进行色谱分析。计算峰面积比(目标化合物/内标)并使用适当的标准曲线计算每个相关组分的浓度。使用内标的优点是无需精确测量进样量,检测器响应也不必保持恒定,因为任何变化都不会改变比率。

　　每次分析都应该包括标准,因为每天检测器的响应可能会有所不同。分析物回收率应定期检查。这涉及向样品中添加已知量的标准品(通常在提取之前)以及确定在随后的分析过程中回收了多少。在常规分析中,一种可取的做法是将对照或检测样品作为已知成分的材料。该材料与未知样品平行分析。当对照中的分析物浓度超出一个可接受的范围时,同一时期分析的其他样品的数据应被视为可疑数据。国家标准与技术研究院(原国家标准局)以这种方式分析食品样品和其他物质。

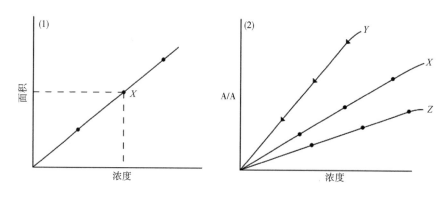

图 12.15　定量组分的校准曲线

(1)外标法　(2)内标法

摘自参考文献[5]。

12.6　总结

　　色谱法是基于流动相和固定相之间的溶质分离的分离方法。流动相可以是液体、气体或超临界流体。固定相可以是固定的液体或固体,呈平面或柱状。基于分析物的物理化学特性和仪器的可用性,选择色谱来分离,鉴定和定量分析。色谱类型包括吸附、分配、疏水相互作用、离子交换、亲和以及尺寸排阻色谱。进行分离时需要考虑的因素包括流动相变量(极性、离子强度、pH、温度和/或流速),色谱柱效率,选择性和容量。检测后,色谱图通过保留时间和峰面积数据提供定性和定量信息。

　　对于 HPLC 和 GC 技术的介绍,读者可以参考本文中的第 13 章和第 14 章,或参考由 D. C. Harris 编辑的《定量化学分析》第 5 版[2]。R. M. Smith 的书[3]包括了色谱的基本概念,TLC,LC 和 HPLC 的章节以及 GC 的讨论。参考文献[14 – 16]包含了大量关于 TLC 的信息,参考文献[8]和[9]涵盖了 SFC。E. Heftmann 编著的权威著作《色谱分析》(2004 年及以前版本)[1],包括色谱基本原理(A 部分)和应用(B 部分)。应用部分章节包括氨基酸,蛋白质,脂质,碳水化合物和酚类化合物的色谱分析。此外,《分析化学》(*Analytical Chemistry*)期刊单双年份分别出版理论或应用综述,介绍了色谱各个分支的新进展,以及在特定领域(如食品)的应用。还引用了最近的书籍和一般综述文献,以及在指定审查期内发表的研究性论文。

12.7　思考题

(1)解释反流提取的原理,以及它如何发展成分配色谱。

(2)每种色谱都有不同的两相,请按简要说明以区分术语。

①吸附与分配色谱

	吸附	分离
固定相性质		
流动相的质		
样品如何与相接触		

②正向与反向色谱

	正相色谱	反相色谱
固定相的性质		
流动相的性质		
最后用什么洗脱		

③阳离子与阴离子交换剂

	阳离子交换剂	阴离子交换剂
色谱柱电荷		
化合键		

④内标与外标

	标准品性质	如何处理样品与标准间关系	在标准曲线如何标准
内标			
外标			

⑤薄层色谱与液相色谱

	薄层色谱	液相色谱
固定相的性质和位置		

续表

	薄层色谱	液相色谱
流动相的性质和位置		
样品如何应用于分离溶质的鉴定		

⑥区分等式 HETP = L/N 中的 HETP、N 和 L。

(3)说明 TLC 与纸色谱法相比的优点。

(4)说明与平面色谱相比,柱液相色谱的优点。

(5)解释 SFC 与 LC 和 GC 的区别,包括 SFC 的优点。

(6)在分配色谱中,键合载体对涂层载体的优点是什么?

(7)你正在使用含有极性非离子官能团的固定相进行 LC。这是什么类型的色谱分析,你能做些什么来增加分析物的保留时间?

(8)蛋白质混合物在 pH 为 8.0 的缓冲条件下加入阴离子交换柱。在进行一些分析测的基础上,目标蛋白被吸附到色谱柱上:

①阴离子交换固定相具有正电荷还是负电荷?

②吸附在固定相上的目的蛋白的总电荷是多少?

③目的蛋白质(吸附到色谱柱)的等电点高于还是低于 pH 为 8.0?

④从阴离子交换柱上洗脱目的蛋白质的两种最常用的方法?解释每种方法的工作原理(详见第 24 章)。

(9)你会使用聚苯乙烯或多糖为基础的固定相来分离蛋白质吗?解释你的答案。

(10)解释亲和色谱的原理,为什么使用间隔臂?溶质如何被洗脱?

(11)解释你将如何使用 SEC 来估计蛋白质分子的分子质量。包括必须收集哪些信息以及如何使用。

(12)什么是梯度洗脱,为什么比等度洗脱更有优势?

(13)含有化合物 A、B 和 C 的样品通过使用填充有基于二氧化硅的 C18 色谱柱进行 LC 分析。使用乙醇和 H_2O 的 1∶5 溶液作为流动相。获得以下色谱图:

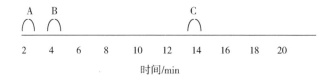

假设化合物的分离是基于它们的极性:

①这是正相还是反相色谱?并解释。

②哪种化合物极性最大?

③如何改变流动相,使化合物 C 快速洗脱,而不改变化合物 A 和 B 的相对位置?解释这样做的原因。

④如果你在低溶剂强度下保持等度洗脱模式,可能会发生什么情况?

（14）使用 Van Deemter 方程，HETP 和 N 解释为什么以下变化可以增加柱色谱分离的效率：

①改变流动相的流速

②增加柱子的长度

③减少色谱柱的内径

④减小填充材料的粒径

（15）说明导致两峰分离不良的因素和条件。

（16）色谱数据如何用来量化样品成分？

（17）你为什么选择使用内标而不是外标？描述你将如何选择使用的内标。

（18）描述如何使用内标，请回答以下问题：

①你会对标准具体做些什么？

②如何实际测量和绘制？

③如何使用绘图？

参考文献

1. Heftmann E (ed) (2004) Chromatography, 6th edn. Fundamentals and applications of chromatography and related differential migration methods. Part A: fundamentals and techniques. Part B: applications. J Chromatog Library Ser vols 69A and 69B. Elsevier, Amsterdam

2. Harris DC (2016) Quantitative chemical analysis, 9th edn. W. H. Freeman, New York

3. Smith RM (1988) Gas and liquid chromatography in analytical chemistry, Wiley, Chichester, England

4. Fanali S, Haddad PR, Poole C, Schoenmakers P, Lloyd DK (2013) Liquid chromatography: fundamentals and instrumentation. Elsevier, Amsterdam.

5. Johnson EL, Stevenson R (1978) Basic liquid chromatography. Varian Associates, Palo Alto, CA

6. Craig LC (1943) Identification of small amounts of organic compounds by distribution studies. Application to Atabrine. J Biol Chem 150: 33 – 45

7. Bernal J, Martín M, Toribio L (2013) Supercritical fluid chromatography in food analysis. J Chromatogr A 1313: 24 – 36

8. Lesellier E, West C (2015) The many faces of packed column supercritical fluid chromatography-A critical review. J Chromatogr A, 1382: 2 – 46

9. Caude M, Thiébaut D (1999) Practical supercritical fluid chromatography and extraction. Harwood Academic, Amsterdam

10. Radke W (2014) Polymer separations by liquid interaction chromatography: Principles-prospects-limitations. J Chromatogr A, 1335: 62 – 79

11. Bernal J, Ares A, Pól J, Wiedmer S (2011) Hydro-philic interaction liquid chromatography in food analysis. J Chromatogr A 1218: 7438 – 7452

12. Núñez O, Gallart-Ayala H, Martins C, Lucci P (2015) Fast Liquid Chromatography-Mass Spectrometry Methods in Food Analysis. Imperial College Press, London

13. Cordero C, Kiefl J, Schieberle P (2015) Comprehensive two-dimensional gas chromatography and food sensory properties: potential and challenges. Anal Bioanal Chem, 407: 169 – 191

14. Fried B, Sherma J (1999) Thin-layer chromatography, 4th edn. Marcel Dekker, New York

15. Hahn-Deinstrop E (2007) Applied thin-layer chromatography: best practice and avoidance of mistakes, 2nd edn. Wiley-VCH, Weinheim, Germany

16. Wall PE (2005) Thin-layer chromatography: a modern practical approach. The Royal Society of Chemistry, Cambridge, UK

17. Fuchs B, Süß R, Teuber K, Eibisch M, Schiller J (2011) Lipid analysis by thin-layer chromatography-A review of the current state. J Chromatogr A 1218: 2754 – 2774

18. Morlock G, Meyer S, Zimmermann B, Roussel J (2014) High-performance thin-layer chromatography analysis of steviol glycosides in Stevia formulations and sugar-free food products, and benchmarking with (ultra) high-performance liquid chromatography. J Chromatogr A 1350: 102 – 111

19. Touchstone JC (1992) Practice of thin layer chromatography. Wiley, New York

20. Chester TL, Pinkston JD, Raynie DE (1996) Super-

critical fluid chromatography and extraction (fundamental review). Anal Chem 68: 487R – 514R

21. Snyder LR, Kirkland JJ (eds) (1979) Introduction to modern liquid chromatography, 2nd ed. Wiley, New York

22. Tomaz CT, Queiroz JA (2013) Hydrophobic interaction chromatography, In Liquid chromatography: fundamentals and instrumentation, Eds. Fanali S, Haddad PR, Poole, Schoenmakers P, Lloyd DK. Elsevier, Amsterdam, p122 – 141.

23. Weiss J (2004) Handbook of ion chromatography, 3rd edn. Wiley-VCH Verlag GmbH & Co. KGaA, Weinheim

24. Wacoo AP, Wendiro D, Vuzi, PC, Hawumba JF (2014) Methods for detection of aflatoxins in agricultural food crops. Applied Chem 2014, 1 – 15.

25. Rollag JG, Beck-Westermeyer M, Hage DS (1996) Analysis of pesticide degradation products by tandem high-performance immunoaffinity chromatography and reversed-phase liquid chromatography. Anal Chem 68, 3631 – 3637.

26. Walters RR (1985) Report on affinity chromatography. Anal Chem 57: 1099A – 1113A

27. Zachariou M (2008) Affinity chromatography: methods and protocols. Humana, Totowa, NJ

28. Scopes RK (1994) Protein purification: principles and practice, 3rd edn. Springer-Verlag, New York

29. Lough WJ, Wainer IW (eds) (1995) High performance liquid chromatography: fundamental principles and practice. Blackie Academic & Professional, Glasgow, Scotland

高效液相色谱 **13**

Bradley L. Reuhs

13.1　引言

　　高效液相色谱(HPLC)起源于 20 世纪 60 年代,是经典色谱柱液相色谱的分支,经过对色谱柱和仪器部件如泵、进样阀和检测器进行改进而发展起来的。起初 HPLC 被称作高压液相色谱,反映了早期由高压操作代替原先低压操作。但到了 20 世纪 70 年代后期,高效液相色谱成了更为流行的名词,即强调了高效的分离性能。实际上,新型的色谱柱和填充材料在中等压力等温和的条件下,性能依旧较高(尽管比常压洗脱的压力还要高)。HPLC 可用于分析任何可溶于流动相的化合物。尽管 HPLC 最常用于化合物分离分析,但也可用于产物的制备。HPLC 跟传统的低压柱液相色谱相比具有许多优点:速度快(许多分离分析可以在 30min 或更短时间内完成)、分离度灵敏(固定相多样)、更高的分辨率、更高的灵敏度(可以与各种探测器联用)、样品回收方便(耗费淋洗液体积少)。

　　HPLC 在食品分析中的应用始于 20 世纪 60 年代后期,随着分离糖类色谱柱的发展,其应用也在不断增多。在 20 世纪 70 年代中期,由于糖价上涨,软饮料制造商用高果糖玉米糖浆取代糖,利用高效液相色谱(HPLC)分析糖较经济实惠。另一方面用来检测甜味剂含量来保证产品的质量。HPLC 也应用于其他食品领域,包括水果和蔬菜中的农药残留分析、有机酸、脂质、氨基酸、毒素(如花生中的毒素)和维生素等物质检测[1]。现在 HPLC 更广泛地应用于食品相关的分析领域。

　　近年来,在现代药物开发和分析市场的推动下,微型和纳米级 HPLC 技术发展迅速。检测器和质谱(MS)联用系统的改进,对 HPLC 在食品和药物行业的应用产生了重大影响。

13.2　HPLC 系统的组成

　　HPLC 系统组成的主要示意图如图 13.1 所示。本系统的主要组成部分——泵、进样器、色谱柱、检测器和数据工作站将在下面进行简要讨论。流动相(洗脱液)储存器和馏分收集器也是该系统的重要组成部分,而后者主要应用于已分离组分的进一步分析。而像连接管道,管路适配器以及构造这些组件的材料也会影响系统的性能和使用寿命。在参考文献[1],[5-9]和Bidlingmeyer的书中有对HPLC设备的详细讨论,其中参考文献[1]特别适合初学者,而参考文献[7]的内容更适用于在工业环境中需要快速掌握色谱的人员。Gertz和Snyder等分别编著的两本书对认识和处理HPLC仪器故障问题起重要的指导作用[11]。此外,在《液相-气相色谱仪》《美国实验室》《化学和工程新闻》等类似的期刊上也可以找到有关HPLC设备、硬件和故障排除等方面的信息。与此同时生产厂商也会提供HPLC仪器和色谱柱/固定相材料方面的实用资料。

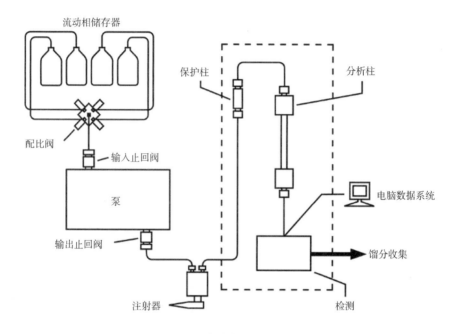

图13.1　高效液相色谱示意图

注:虚线框中的柱子和检测器可以恒温调节,以便在升温条件下操作

13.2.1　泵

　　HPLC泵可控制流动相在准确又精密的条件下流过系统,流速一般为0.4~1mL/min。目前HPLC(>90%)的泵大多数是往复活塞式泵,最高效的是带球式止回阀的双活塞泵。往复式泵的缺点是容易产生脉动流,需要脉冲阻尼器来抑制脉动。机械脉冲阻尼器或阻尼器可随着压力变化而改变其体积(例如,可变形的金属部件或填充有可压缩液体的管道)。

　　梯度洗脱系统通过混合两种或更多种的流动相来改变流动相组成。梯度洗脱系统可分为低压混合和高压混合,前者通过流动相组分在进入高压泵之前混合,后者用两个或多个独立的可编程泵进行混合。对于低压梯度系统,通过计算机控制比例阀,以及使用泵入口处的混合室,可实现流动相流量的精确控制。梯度洗脱对于样品中所有组分的高效洗脱和最优化分离非常重要,它通常应用于除尺寸排阻色谱外的所有HPLC模式。

大多数商业化的 HPLC、泵系统和连接管道是由 ANSI 316 不锈钢材料制成的,可承受系统产生的高压并耐受氧化剂、酸、碱和有机溶剂的腐蚀(不过无机酸和卤离子会侵蚀不锈钢)。在其他系统中,与洗脱液接触的所有组件都由稳定性高的惰性聚合物制成,甚至采用耐极端 pH 和高盐浓度的蓝宝石活塞。该系统可用于除了使用有机溶剂作为流动相的正相以外的所有操作,聚合物泵系统的发展也使得离子交换 HPLC 得到了更广泛的应用。

所有 HPLC 泵的运动部件如单向阀和活塞等,对泵入液体中的灰尘和颗粒物都非常敏感。因此,建议流动相在使用前先经 $0.45\,\mu m$ 或 $0.22\,\mu m$ 孔径的滤膜进行微滤。同时也需采用真空或氦气鼓泡对 HPLC 洗脱液进行脱气,以防止因气泡混在泵或检测器中而引起其他问题。

13.2.2　进样装置

进样装置的作用是将样品注入动态的流动相,从而引入柱子。现在几乎所有 HPLC 系统都使用进样阀装置,将样品与系统的高压隔离开。将进样阀拨到载样位置[图 13.2(1)],在常压下样液经注射进入固定体积的外回路环中。同时,洗脱液在高压下直接从泵流向色谱柱中。当阀门旋转到注射位置时[图 13.2(2)],环路成为洗脱液流的一部分,样品被带到柱子里。这种进样装置稳定性好且精准度高。

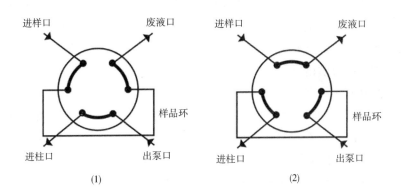

图 13.2　阀式进样装置

(1)阀能将样品环与泵的洗脱液隔离或(2)处于进样位置

摘自参考文献[10]。

通过更改回路环可以进不同体积的样品。虽然常见的进样体积为 $10\sim100\,\mu L$,但通过使用特殊的组件时,可以加大(例如,$1\sim10mL$)或减小(例如 $\leqslant2\,\mu L$)样品的进样体积。环阀设计的一个重要优点是完全适用于自动化操作。因此,自动化进样装置或自动进样器可以存储并自动进大量样品。将样品放入统一规格的小瓶中,用隔膜密封,置于(可以是冷却的)托盘中。计算机控制的进样器针穿透隔垫将样品瓶中溶液吸出,并通过机械系统将其引入柱上。自动进样器可以减少常规 HPLC 分析的烦琐操作,并提高检测精度。但是,由于样品在自动进样器上可能要放置 $12\sim24h$,装置是否能适应样品稳定性是必须考虑的因素。

13.2.3 色谱柱

13.2.3.1 和 13.2.3.2 介绍了 HPLC 的常规色谱柱组件和填料,13.2.3.3 将介绍超高效液相色谱中这些部件与操作压力的关系。

13.2.3.1 柱组件

HPLC 柱通常由不锈钢管制成,其两端可分别连接系统进样装置和检测器(图 13.1)。柱子也可用玻璃、熔融石英、钛和聚醚醚酮(PEEK)树脂制成;面对离子交换 HPLC 系统所必需的高 pH、高盐浓度,PEEK 柱是必不可少的。从 5cm × 50cm(或更大)的制备色谱柱到壁涂的毛细管色谱柱,多种类型和尺寸的色谱柱都可以购买到。

(1)预柱　在 HPLC 分析柱之前的辅助柱被称为预柱。用来保护分析柱的短柱(≤5cm)称为保护柱,通常用于保护分析柱不受强吸附样品组分的污染。保护柱(或柱组件)通过一小段毛细管(或组件接口)安装在进样器和分析柱之间。保护柱既可以填充与分析柱相同的键合相填充材料,也可以用于分析柱相同微粒(≤10μm)的填充材料。微粒保护柱通常作为预装的一次性组件购买使用,成本比替换分析柱要低得多。在超过结合能力之前,应对保护柱(或柱)进行重新填装或更换,避免污染昂贵的分析柱。

(2)分析柱　最常用的 HPLC 分析柱长 10cm、15cm 或 25cm,内径 4.6mm 或 5mm[7]。短(3cm)的柱子,填充≤3μm 颗粒的短柱(3cm)在快速分析中的应用越来越普遍,例如,应用于方法的研究和工艺监测。近年来,内径更小(< 0.5 ~ 2.0mm)的色谱柱,包括毛细管涂层柱的使用越来越多。其优点是可以减少流动相和固定相的使用量,减少峰扩散,增加分离度以及能使 HPLC 与质谱仪(MS)联用[12]。

这种小体积柱有多种名称。Dorsey 等[13]把内径为 0.5 ~ 2.0mm 的柱称为微径柱,而内径 <0.5mm 的填充柱或开管柱称为微型柱或毛细管柱(毛细管柱是窄孔开管柱内表面涂覆有固定相薄层)。填充柱,微径柱或微柱通常含有粒径非常小的填充材料(≤2μm)。

一般来说,微型柱要得到较好的分离性能,系统死体积必须非常小,这使得柱外因素造成的峰扩散不至于破坏色谱柱的分离度。专门为这类柱设计的进样装置可以从产品供应商处获得(详见 13.2.3.3)。

13.2.3.2 HPLC 柱填料

种类丰富的柱填充材料的发展为 HPLC 成功的广泛应用打下了坚实的基础。

(1)柱填料的一般要求　在大多数色谱模式中,柱填充材料同时起到了载体基质和固定相的作用。HPLC 填料要求具有良好的化学稳定性、足够的机械强度以承受使用过程中产生的高压、颗粒直径范围窄、使用性能优良[11]。符合上述标准的两种材料是多孔硅和合成有机树脂[详见 13.2.3.2(2)和 13.2.3.2(3)]。

(2)硅胶柱填料　多孔二氧化硅可充分满足上述要求,可制备各种规格粒径和孔径的填充料。颗粒大小和孔径对 HPLC 分离性能都很重要:小颗粒可减少溶质在固定相和流动相之间的传质,这就容易达到平衡并获得较高的柱效,即单位柱长的理论塔板数较高[详见12.5.2.2(2)]。然而,小颗粒也意味着在相同流量下流动相将面临更大流动阻力和更高的柱压。直径为 $3\mu m$、$5\mu m$ 或 $10\mu m$ 的球形颗粒已用于分析柱。多孔硅胶一半以上的体积为缝隙或小孔[8]。使用最小孔径的颗粒将得到最大的表面积和样品容量(在柱上可分离的样品量)。对于低分子质量(<500u)的溶质,使用孔径为 5 ~ 10nm,表面积为 $200 \sim 400 m^2/g$ 的填料。对于日益增多的大分子分离,如蛋白质和多糖,有必要使用大孔径材料(孔径 ≥ 30nm),以便让溶质可进入其内表面。

键合相[图 13.3(1)]是通过硅胶颗粒表面的硅胶基团与碳氢化合物共价结合而得到的。硅胶通常与烃基氯硅烷反应:

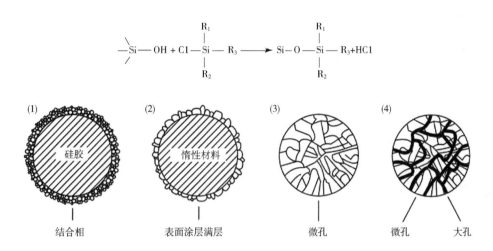

图 13.3 用于 HPLC 的几种填料

(1)键合相硅胶;(2)薄壳型填充材料;(3)微孔型聚合物树脂;(4)大孔型聚合物树脂。

摘自参考文献[19]。

取代基 R_1 和 R_2 可以是卤代或甲基基团。R_3 的性质则决定了键合相是正相、反相还是离子交换的色谱机制。硅胶和硅胶键合相柱填料的主要缺点是硅胶骨架会缓慢地溶解在水性溶液中,尤其在 pH < 2 和 pH > 8 时更为严重。

薄壳型填充材料[图 13.3(2)]是惰性的,通常在无孔的微颗粒核上沉积或涂渍一层薄膜制成。功能基团,如离子交换位点,仅存在于其表面。核心材料可以是无机的,如二氧化硅;或有机材料,如苯乙烯 - 二乙烯基苯聚合物或胶乳等。坚硬的芯体结构保证了良好的物理强度,薄薄一层的固定相提供了快速的传质和良好的柱效。

(3)多孔聚合物填料 合成的有机树脂具有良好的化学稳定性,并可通过化学修饰改变其与溶质相互作用的性质。目前主要有两大类高分子聚合物填料。

微孔或凝胶型树脂[图 13.3(3)]由交联共聚物组成,只有当凝胶处于涨泡状态时,才出现明显的孔隙,并可通过交联度测定。这些凝胶类的填充料随流动相的变化而产生膨胀和收缩,交联度小于 8% 的微孔型高分子聚合物的硬度不适用于 HPLC。

大孔树脂是高度交联的(如 ≥50%),由微孔型凝胶珠聚合在一起形成形状更大的颗粒[图 13.3(4)]。永久性的大孔,直径在 10 ~ 400nm 或者更大孔径和大的表面积(≥$100m^2/g$),这使得微珠之间有较大的孔隙[14]。坚硬的大孔型填料(苯乙烯 - 二苯基苯)在 HPLC 中的应用越来越多。它们在 pH 1~14 都非常稳定,并有各种大小规格的颗粒和孔径可供使用。这些树脂既可以不加修饰就用于反相色谱上,也可以通过功能化修饰以后用于其他色谱上。

13.2.3.3 超高效液相色谱

UHPLC(Ultra-HPLC)和 UPLC 基于相同的技术。"UPLC"一词在 2004 年被 Waters 公司注册为商标,由于使用直径≤2μm 的多孔颗粒作为色谱柱的填充材料,其操作压力比常规 HPLC 高得多。当供应商以相似的技术进入市场时,除了 Waters 公司以外,其他制造商使用的更通用的术语是"UHPLC"。UHPLC 和 UPLC 仪器均使用填充材料≤2μm 的微孔或微柱,使用的压力远高于常规 HPLC(HPLC 最高可达 5800psi[①];UHPLC/UPLC 最高可达 8700~15000psi[①],具体取决于制造商)。UHPLC/UPLC 的流速一般低于常规 HPLC,但这取决于色谱柱的尺寸。小粒径的填充材料加上高的操作压力,降低了样品分子在柱上的分散(即扩散)[15]。与 HPLC 相比,使用 UPLC/UHPLC,可使分离效率得到提高、整体分离时间缩短、溶剂消耗量减少。UPLC 和 UHPLC 仪器的分辨率和分离速度非常适合与 MS 的联用分析。UPLC/UHPLC 是 AOAC 新批准的检测各种维生素(即维生素 A、维生素 B6、维生素 B12、维生素 C、维生素 D 和叶酸)的主要设备。除了维生素外,UPLC/UHPLC 在本书中也有介绍,因为它适用于蛋白质(详见24.2.3.1),酚类化合物(详见25.2.3.1)和抗生素残基的分离(详见33.5.2.2)。

13.2.4 检测器

检测器是把 HPLC 柱洗脱液中组分浓度的变化转换成电信号的装置,溶质的光化学、电化学或其他性质可通过各种仪器进行测定,当然各个方法都有其优缺点。具体选择哪种方法取决于溶质的类型和浓度、检测器的灵敏度、线性范围与溶剂的相容性以及所用的洗脱模式。另外,还需考虑经济因素,即初始购买费用和操作费用。大多数 HPLC 检测器的共同特点是存在一个流动池,淋洗液流经检测器系统然后进行分析,这些流动池通常很精细,容易被污染或损坏,所以在处理时必须小心。

使用最广泛的 HPLC 检测器主要是紫外可见光(UV-Vis)和荧光、示差折光、电化学分析检测器(关于 UV-Vis 和荧光分光光度计的详细讨论详见第 7 章)。其他许多方法,如光散射或光度计也能用于对 HPLC 洗脱液中分析组分的检测。而且可以组合使用一种以上的 HPLC 检测器,以提高对多种类型的分析组分的特异性响应和灵敏度。在一个与食品相关的应用中,由二极管阵列与荧光、电化学检测器组合成的多检测器 HPLC 系统可监测多种不同类型的美拉德反应产物。

13.2.4.1 紫外-可见光检测器

许多 HPLC 分析检测器都是采用紫外可见光检测器,它可检测含发色基团的化合物对辐射的吸收。目前主要有三种类型的紫外-可见光检测器:固定波长型、可变波长型和二极管阵列式光度计[8]。从它们的名字就可知道单一固定波长型的设计最简单,使用滤光片

① 1psi = 6894.76Pa。

从作为光源的汞灯中分离单一波长发射光,如254nm,这种类型的检测器操作简单、价格低廉,但应用非常有限。

目前HPLC采用最流行的检测器是可变波长检测器,氘灯和钨灯分别作为发射紫外和可见光的光源,由一个类似三棱镜称为单色器的部件偏转光线进行波长选择,并让限定波长范围的光线通过单色器上的一个缝隙。转动单色器就可改变操作波长。

二极管阵列检测器可以比单波长检测提供更多的有关样品组分的信息。这种仪器所有的光源都来自氘灯,并发射至位于硅片上阵列的发光二极管而形成光谱。这些信息经微型计算机处理,每0.1s就可把从200～700nm所有吸收光谱都记录下来,由检测器附带的内置计算机处理大量数据,从而确认混合物中的组分。虽然二极管阵列检测器的价格比可变波长检测器昂贵,但其对研究分离方法的改进,以及常规分析工作中需了解更多组分峰信息而言都非常有利。

13.2.4.2　荧光检测器

一些有机化合物在紫外可见光照射下,吸收了某种波长的光之后发射出比原来所吸收的波长更长(低能量)的一种光,这就是荧光,而对这种发射光的测定就需要另一种有用的检测方法——荧光检测法。荧光检测法兼具选择性和高灵敏性,检测相同的化合物时,可提供比吸光光度法低1000倍的检测限。尽管只有相对较少的化合物自身具备荧光性,但分析组分常常可转化成具有荧光性的衍生物(详见13.2.4.7)。作为痕量分析的理想之选,荧光检测法已被用于食品和营养强化剂中各种维生素的测定,还可用来监测谷物产品中的黄曲霉毒素,以及检测废水中的多环芳香族碳氢化合物。

13.2.4.3　示差折光检测器

示差折光检测器(RI)是通过检测溶解在流动相中分析组分所引起的折光系数的变化来测量分析组分的浓度的,这几乎是一种通用型检测方法。但由于测定的是整个洗脱液,示差折光检测器的灵敏度要低于其他特异性方法。其另一个缺点是不能采用梯度洗脱方式,因为洗脱液组分的任何变化都可改变其折光系数,由此可引起基线信号的改变。示差折光检测器广泛用于不含紫外吸收发色基团的分析组分的检测,如用于具有相对高浓度的碳水化合物和脂类样品的分析。

13.2.4.4　电化学检测器

用于HPLC检测的两个电分析方法是基于分析组分的氧化－还原反应性质和洗脱液的电导率的变化。安培检测器测定的是分析组分发生氧化或还原反应所产生的电流变化,此变化由流动池电极二端加电位引起的。这个方法具有较高的选择性(不发生反应的化合物没有响应)和灵敏度。电化学检测的一个主要应用是在常规临床中测定血液和组织中含量极低的儿茶酚胺。三脉冲安培检测器克服了电极中毒问题(氧化产物聚集在电极表面),可用于碳水化合物的分析[详见13.3.4.2(2)]。脉冲电化学检测法对风味较强的醇类,特别是萜烯类化合物的定量分析具有很高的灵敏度。

当分析组分被离子化并能携带电荷时,可通过测定两个电极之间洗脱液电导率的变化来检测。电导检测法主要用于检测从弱离子交换柱上洗脱下来的无机阴离子、阳离子和有机酸。它的主要应用是作为离子交换色谱的检测器[详见 13.3.3.2(1)]。Swedesh 对电化学检测器进行了详尽全面的综述[7]。

13.2.4.5　其他 HPLC 检测器

遗憾的是,目前还没有真正具有高灵敏度的通用型 HPLC 检测器。因此,研究者做出了许多努力去尝试发现新的能改善仪器性能的原理。近年令人关注的发明是质量或蒸发检测器,也就是大家所知的光散射检测器。流动相被喷入热空气流中,蒸发掉挥发性的溶剂,只留下雾状的非挥发性分析组分,这些液滴或颗粒因为发出散射光而被检测到[7]。HPLC 光散射检测器已经用于小麦面粉中脂类化合物的分析。此外,光散射检测器对于排阻色谱分离检测聚合物是非常有效的。激光应用的改进也促使了低角度激光散射(LALLS)和多角度激光散射(MALLS)检测器的发展。利用这些检测器,不需要蒸发流动相,激光束被导向流动池,然后散射的激光与细胞被设置成特定角度由光电检测器监测。在多角度激光散射检测器中有许多不同的光电探测器从不同的角度不断收集和分析散射光,根据这些数据,计算机可以确定洗脱样品的分子质量。

辐射检测器广泛用于经放射标志的药物动力学和代谢的研究。放射性原子核的衰变导致闪烁器激励,闪烁器通过发射失去能量。光子由光电倍增管计数,其每秒产生的光子数目与经放射标记的分析组分的浓度成正比[8]。

化学发光氮检测器(CLND)能够在不使用化学衍生处理的情况下检测含氮化合物,如氨基酸(详见 13.2.4.7)。这种特异性氮检测系统已被用于咖啡和软饮料中咖啡因的定量测定及红辣椒中辣椒素的分析[2]。

13.2.4.6　联用分析技术

为了获得更多的有关分析组分的信息,HPLC 的洗脱液可进入除上述检测器之外的第二种分析仪器进行分析,如红外仪(IR),核磁共振仪(NMR)或质谱仪(MS)(分别参见第 8、10 和 11 章或参考文献[5]),这种方法称之为联用技术。然而由于许多实际存在的问题,HPLC 与质谱的联用技术进展缓慢。例如,在 HPLC 和 MS(LC - MS)联用时,液体流动相会影响真空环境,不利于质谱的检测。这个问题已经通过成熟接口装置的使用解决了,溶剂会先行挥发,只有分析组分被转移到光谱仪上。Harris[5]详细介绍了两种常用的接口技术。使用微流量或低流量的毛细管 HPLC 柱也有利于两种仪器的直接联用[12]。随着液相色谱 - 质谱系统不断被改进,其应用范围正在扩大到几乎每一类相对分子质量低的化合物中,包括生物活性物质和污染物。

除了上面描述的联用技术之外,液相色谱还可以与自身联用,以创建二维液相色谱(2D - LC),就像两个气相色谱柱可以联用创建一个多维气相色谱一样(详见 15.3.5.9)。对于上述两种联用,在两个不同的分离阶段分开注入样品,第一个柱子的洗脱液被注入第二个柱子,可能第一列上尚未完全分辨的条带会在第二列上被完全分开,因为两列通常具有不同的分离机制。检测器可以在第二列之后使用,并可以在两个液相色谱柱之后使用不同的检测器[17]。

13.2.4.7 化学反应

通过化学衍生化法把分析物转化成具有不同光谱特征或氧化还原特性的衍生物,能够提高检测的灵敏度或特异性。把合适的试剂在进样前加至样品中,即为柱前衍生化方法;在洗脱后进入检测器前进行反应,即为柱后衍生化方法。氨基酸自动分析仪通常采用茚三酮进行柱后衍生化反应来分析氨基酸,其结果可靠且重复性好。运用荧光检测通过使用邻苯二甲醛或类似试剂进行氨基酸柱前衍生化也可以高度灵敏地测定氨基酸(详见24.3.1.2)。另外,可以在分析组分通过检测器之后收集级分,运用各种手段分析每个等级分,如化学、比色分析法,二辛可宁酸蛋白浓度检测法(详见18.4.2.3)或总碳水化合物测定法(详见19.3)。通过检测结果,可以在各种峰中得到关于洗脱组分的重要信息。

13.2.5 数据站系统

检测器提供的是与 HPLC 柱洗脱组分相关的电信号。这是 HPLC 仪器显示色谱图中的组分峰,并对其进行定量的最后一环工作。数据站和软件包在现代 HPLC 系统中几乎无处不在,并且为样品的定量分析提供了强大的工具。随着 HPLC 分析技术的发展,HPLC 检测器的数据可以被数字化并保存到计算机硬盘。可以通过积分峰值来处理(注释)数据,并做出图表和表格打印出来以供进一步评估。重要的是,在分析之前可以设置软件程序,程序几乎能够执行所有功能,不需要操作员进一步的输入。例如,可以根据内标物的分析计算农药残留的保留时间,其结果和分析在完成时会自动与软件存储的标准数据库进行比较,以确定可能的分析组分。然后,软件将分配和集成峰值,并构建一份完整的报告,在远程计算机(例如办公室)中打开文件也会显示该报告。目前的数据站更加全面:软件包括运行HPLC 所需的所有参数,还包括启动和停止,自动进样器注入的样品,以及通过控制配比泵系统开发梯度。数据站可以在没有操作员的情况下对数百个样本进行完整操作,并且可以通过互联网将分析文件、报告发送到任何有网络连接的计算机上。

13.3 HPLC 的应用

基于物理化学的基本原理,所有的液相色谱分离模式包括吸附、分配、疏水作用色谱、离子交换色谱、亲和色谱和排阻色谱,已在第 12 章中进行了描述,在此不重复介绍。HPLC所用的分离模式的种类要多于经典液相色谱[18]。例如,HPLC 在食品分析中的应用见表13.1。这要归功于起源于经典液 - 液分配色谱的键合相在 HPLC 上的成功应用(详见12.4.2)。事实上,反相 HPLC 是现代柱色谱中应用最广泛的一种分离模式。

13.3.1 正相色谱
13.3.1.1 固定相和流动相

在正相 HPLC 中,固定相是极性吸附剂,例如裸露的硅胶或用化学键合法接上羟基、硝基、氰基或氨基等极性基团。在硅胶上接上极性基团,这些键合相极性适中,表面更均匀,分离得到的峰形更好。这种模式(正相HPLC)的流动相是由非极性的溶剂组成,如正己烷。为了增加溶剂的洗脱强度和选择性,可加入一些极性更大的改性剂,如二氯甲烷;溶剂的强度是用来评价溶剂影响样品迁移速率的一种方法。强度小的溶剂可使保留时间增加(增大 k'),而强度大的溶剂会减少保留时间(减小 k')。

13.3.1.2 正相 HPLC 的应用

尽管现在多用反相色谱分析脂溶性维生素,但在以前,通常用正相HPLC来分析脂溶性维生素,如表13.1所示。现在正相色谱通常用来分析从自然界的植物中提取的具有生物活性的多酚类物质,如葡萄和可可。正相色谱也可以分析极性的维生素,例如维生素A、维生素D、维生素E和维生素K(详见第20章),和对人体健康有益的天然类胡萝卜素色素。高亲水性的组分,例如碳水化合物(详见19.4.2.1)也能使用键合氨基的HPLC柱在正相色谱模式下分离。其他的应用还包括分析抗氧剂,例如,2,6-二叔丁基-4-甲基苯酚(BHT)、叔丁基羟基茴香醚(BHA)、三丁基对苯二酚(TBHQ)和维生素E化合物和生育酚(TCP)[3]。为了对食品添加剂的安全性进行评估,目前对这类化合物的分析需求逐渐增大。

表13.1　　　　　　　　HPLC 在各种食物组分分析中的应用

被分析物	分离方式	检测方法	章	节
单糖和寡糖	离子交换、正相或反相	电化学、示差折光、柱后分析	19	19.4.2.1
维生素	正相或反相	荧光、电化学、紫外	20	20.4.1
氨基酸	离子交换、反相	柱后或柱前衍生化	24	24.3.1
蛋白质	离子交换、反相、亲和、疏水作用	紫外	24	24.2.3
酚类物质	反相	紫外	25	25.2.3.1
杀虫剂	正相或反相	紫外、荧光、质谱	33	33.3.3.2.3 18.3.3.3.2
真菌毒素	反相、免疫亲和	紫外、荧光	33	33.4.3.2.1
抗生素	反相	紫外	33	33.5.2.2
各种食物污染物(如丙烯酰胺、三聚氰胺)	反相、离子交换	紫外、质谱	33	33.8
亚硫酸盐类	离子交换	紫外、电化学	33	33.8.2

13.3.2 反相色谱

13.3.2.1 固定相和流动相

超过70%的HPLC的分离是在使用非极性固定相和极性流动相的反相色谱上进行的。尽管有一些含短链烃基(如 C_8 和 C_4)和苯基的固定相,具有 C_{18} 烷基链 [—$(CH_2)_{17}CH_3$] 的十八烷基键合相是最常用的反相填充材料。许多以硅基为基质的反相色谱柱都可以直接购买,键合到硅胶上的有机基团种类、碳链长度和游离硅羟基比例等都可能导致色谱的差异。

反相 HPLC 使用极性的流动相,通常是水和甲醇、乙腈或四氢呋喃的混合物。溶质由于和非极性固定相之间的疏水相互作用而被保留,其洗脱顺序是按照疏水性递增进行的(极性的减小),增加流动相中的极性(水)组分可引起溶质保留时间延长(更大的 k')(详见12.5.2.4),而增加流动相中的有机溶剂含量可降低保留时间(更小的 k')。各种添加剂可使流动相具有更多的作用。例如,尽管没有离子对试剂,离子型化合物也能被分离,但是用离子对试剂可使反相色谱上的离子型组分的分离变得更为简便。这类试剂大多是离子型表面活性剂,如辛基磺酸能中和溶质电荷,使其具有更强的亲脂性。这个类型的色谱被称为离子对反相色谱。

一个对反相色谱的改进促进了疏水作用色谱(HIC)的产生,利用合适的固定相和洗脱条件能够最大程度的降低或消除蛋白质的变性。

13.3.2.2 反相 HPLC 的应用

反相 HPLC 已经成为分析植物蛋白、谷物蛋白常用的色谱模式,以往最难分离和定性的蛋白质现在可以采用这种方法进行常规分析。水溶性和脂溶性的维生素(详见第 20 章)能够用反相 HPLC 分析[2-5]。用荧光探测器,研究者就可以对食品和生物活性样品中含量极低的不同形式的维生素 B_6(维生素)进行定量分析。图 13.4 所示为反相离子对高效液相色谱对从米糠提取物中几种维生素 B_6 的分析[16]。

离子对反相色谱可用于解决碳水化合物在 C_{18} 键合固定相上分离的问题[10],也可用于软饮料中的一些组分(如咖啡因、阿斯巴甜等)的快速分离。配有 RI、UV、光散射和 LC-MS 等各种检测器的反相 HPLC 已经应用于脂质的分析[2-5],[11]。抗氧化剂如 BHA 和 BHT 在从干燥的食物中提取后,经过反相 HPLC 分离,可用 UV 和荧光同时进行检测[2-3]。酚类风味化合物(例如,香草醛)和色素(例如,叶绿素、类胡萝卜素、花青素)也可用反相 HPLC 分析[2-5],[11]。图 13.5 为胡萝卜提取物中类胡萝卜素的特征色谱图。离子对反相色谱也可用于人工合成的食物色素的分离(例如,FD&C Red No. 40 和 FD&C Blue No. 1)[4]。

具有抗糖尿病和抗氧化活性的绿原酸,也能够用反相 HPLC 分析,还可用于含有 β-胡萝卜素和其他的有益成分如白薯的营养品质评价。史高维尔辣度指标用辣椒素含量来表示,也可以用 HPLC 检测,这与现代食品工业密切相关,因为辣的食品在全世界都很受欢迎。

13.3.3 疏水作用色谱

使用特殊的固定相,疏水作用色谱(HIC)为许多化合物的分离提供了可能,包括采用不太苛刻的条件分离许多未变性的蛋白质。这项技术是由于样品分子的表面或附近有疏水基团,在高盐(但是不使蛋白质变性)条件下蛋白质可以与疏水性色谱柱相互作用从而保留下来。然后,样品被含有低浓度盐的流动相洗出。这种方法可用于活性蛋白质如酶的收集,能够满足实验室进一步研究的需要[19]。

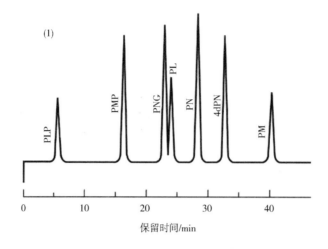

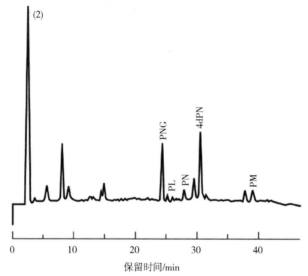

图 13.4　采用配备荧光检测器的反相 HPLC 分析维生素 B₆ 化合物(1)标样(2)米糠提取物

PL—吡哆醛　PLP—吡哆醛磷酸酯　PM—吡哆胺　PMP—吡哆胺磷酸盐　PN—吡哆醇　PNG—吡哆醇 β - D - 葡糖苷

摘自参考文献[17]。

13.3.4　离子交换色谱

13.3.4.1　固定相和流动相

离子交换 HPLC 的填充材料通常是功能化的有机树脂,例如磺酸类的或胺类聚合物(苯乙烯 - 二乙烯基苯)(详见 12.1.3)大孔的树脂,由于其更大的刚性和永久性的多孔结构更适合于 HPLC 柱。特别是在 CarboPac™(Dionex)系列填料中,薄膜型填料也可使用,功能化的微球包裹在无孔的乳胶树脂微球上。在离子交换 HPLC 中流动相通常是缓冲溶液,溶质的保留值通过改变流动相的离子强度或 pH 来控制,梯度洗脱(逐渐增加离子强度)是常用

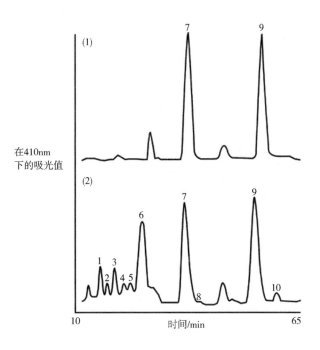

图13.5　采用5μm C30固定相的反相HPLC分析新鲜和罐装的胡萝卜中α-胡萝卜素（AC）和β-胡萝卜素（BC）同分异构体，[其中(1)是新鲜的(2)是罐头萝卜]

1—13-顺-AC　2—未鉴定的顺-AC　3—13-顺-AC　4—15-顺-BC　5—未鉴定的顺-AC　6—13-顺-BC
7—全反-AC　8—9-顺-AC　9—全反-BC　10—9-顺-BC

的方法。

13.3.4.2　离子交换HPLC的应用

离子交换HPLC能应用于简单无机离子的检测、碳水化合物和氨基酸的分析到蛋白质的制备和纯化。

（1）离子色谱　离子色谱法是采用相对低容量的固定相,带有电导检测器的简单高效离子交换色谱。所有的离子都能传导电流,因此,电导率的测定是检测离子类组分的首选方法。然而,因为流动相也含有离子,背景电导率是相当高的。解决这个问题的一个办法是采用离子交换容量非常低的填充材料,这就可以使用更低浓度的洗脱液。在非抑制或单柱离子色谱法中,检测器直接连接在柱子出口处。当样品组分从柱上洗脱下来后,可把洗脱液的电导率变化调至最大。使用抑制离子交换色谱可选择性去除洗脱液[11]。抑制离子交换色谱可使用更高浓度的流动相并进行梯度洗脱。离子色谱能检测无机阴离子、阳离子、过渡金属、有机酸、胺类、酚类、表面活性剂和糖类。离子色谱在食物分析中的一些应用的例子包括牛乳中的有机和无机离子、咖啡提取物和葡萄中的有机酸、婴儿乳粉中的胆碱及食品中痕量金属、磷酸盐和亚硫酸盐的检测。图13.6所示为离子色谱法同时检测咖啡中的有机酸和无机阴离子。

（2）碳水化合物和蛋白质的离子交换色谱法　阳离子和阴离子交换固定相都可用于碳

咖啡中的阴离子

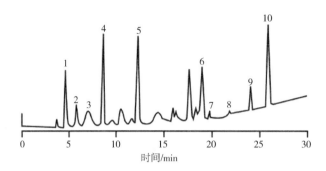

图 13.6　离子色谱法分析咖啡中的有机酸和无机阴离子

1—乙酸盐；2—羟基乙酸盐；3—奎尼酸；4—甲酸盐；5—氯离子；6—酒石酸盐；7—草酸盐；8—延胡索酸盐；9—磷酸盐；10—柠檬酸盐

注：使用氢氧化钠梯度和抑制电导率检测法可在 Ion Pac AS5A 柱（Dionex）上分离 10 种离子

水化合物的 HPLC 分离。采用阴离子交换色谱分离碳水化合物的优点是可以通过改变洗脱液的组成来改变保留时间和选择性。采用高 pH（≥12）阴离子交换 HPLC 和脉冲电流检测器（PAD）技术对碳水化合物的分析极有帮助。薄壳型的柱填料［详见 13.2.3.2（2）］是表面涂渍一层强阴离子交换的无孔型乳胶珠，具有交换快速、高效和抗强碱性的特点。该方法可广泛应用于常规检测到基础研究。一个常见的应用是检测玉米糖浆和其他的淀粉酶解物中低聚糖的分布，如图 13.7 所示。

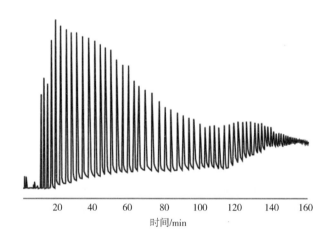

图 13.7　离子交换法分析异淀粉酶处理的蜡状玉米淀粉

注：酶可将支链淀粉酶去分支，色谱图显示出支链长度分布来自于四个有不同长度支链的糖。离子交换 HPLC（Dionex™）配备一个脉冲电流检测器。

采用高分子离子交换剂分离氨基酸已经有 40 多年的历史（详见 24.3.1.2），离子交换 HPLC 是分离蛋白质最有效的方法。最近也有人认为其对多肽也有很好的分离效果。

13.3.5 排阻色谱

排阻色谱法（SEC）依靠溶质的分子大小来分离组分，较大的分子首先被洗出。由于如 12.4.4 所解释的那样，这种色谱模式实际有效地分离体积有限，其峰容量相对较小。因此，对性能方面要求较高的高效的液相色谱是不能真正适用的。排阻色谱法的主要优势在于其使用小颗粒填料能够快速对产品进行分析。即在相对较短的时间内样品能够被分析或分离和收集，时间仅需不到 60min，与此相比，传统的低压排阻色谱柱分离时间可长达 24h。第二个优点是样品浓度较高，相对的进样体积较小，因此消耗的洗脱液较少。

13.3.5.1 柱填充料和流动相

排阻色谱的填充材料或柱子是根据与待分离组分的分子质量范围相匹配的原则来确定的，微粒预装柱的孔径范围相当大，适用于水溶性样品和流动相的亲水性填充料是表面改性的硅胶或甲基丙烯酸酯树脂（苯乙烯－二乙烯苯），聚合树脂适合于人工合成的高分子非水排阻色谱。

排阻色谱流动相的选择取决于样品的溶解度、柱相容性和溶质—固定相之间相互作用这几个因素。否则其分离效果有限，水性缓冲液用于生物大分子，如蛋白质和核酸，这样既能保持生物活性，又可防止发生相互间的吸附作用。在用排阻色谱分离大分子样品时，在流动相中加入四氢呋喃和二甲基甲酰胺，可起到确保样品溶解的作用。

13.3.5.2 高效排阻色谱的应用

亲水性高分子排阻色谱填料可用于平均分子质量的测定和分子质量分布的测定如直链淀粉、支链淀粉和其他可溶性胶如黄原胶、普鲁兰（pullulan）、瓜尔胶和水溶性的纤维素衍射物的测定。如果采用低角度激光散射（LALLS）或多角度激光散射（MALLS）作为检测手段，则高效排阻色谱可直接测定分子质量分布[7]。参考文献[7]中详细讨论了将亲水性排阻 HPLC 应用于两种重要的商业多糖（黄原胶和羧甲基纤维素）的分析。

排阻色谱法分析可用于解析不同的食品组成。采用排阻色谱法分析热破碎和冷破碎制备的番茄细胞壁果胶，如图 13.8 所示，发现不同处理方法制备的细胞壁果胶的降解没有差异。排阻 HPLC 一步法可快速测定以蛋白质为基础特征的大豆作物的种类。从五种不同种类的大豆全脂粉中提取的蛋白质可分成六个普通的组分峰，而其种类可以通过第五个峰占峰总面积的百分比来确定。最近，凝胶渗透液相色谱法已经用于油和脂肪中聚合三酰甘油的测定[7]。

13.3.6 亲和色谱

亲和色谱法是根据待纯化分子能够与另一种分子形成可逆的特异性相互作用而建立的，而后者又可利用固定在色谱固定相表面的原理来进行分离。尽管几乎所有的原料都能

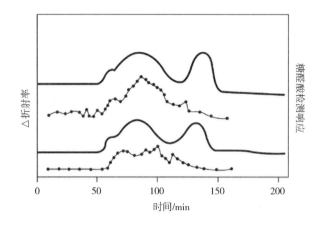

图 13.8 排阻色谱法分析冷和热破碎制备的番茄细胞壁果胶

注:实线是示差折光检测器的响应。虚线是柱后分析的结果。果胶糖等部分组分采用比色化学分析。

固定在适当活化的固定相上,但主要的配体还是蛋白质、凝集素[详见 24.2.3.2(2)]、核酸和染料(详见 12.4.5)。亲和色谱可用于纯化许多糖蛋白。使用固定化的叶酸盐可结合蛋白质,可进一步有效地纯化经 HPLC 初步分离的食品和生物活性原料中的叶酸盐,见参考文献[21]。

13.4 总结

高效液相色谱是多功能性的色谱分析技术。基本的 HPLC 系统由泵、进样装置、柱子、检测器和数据处理系统组成。其中泵把流动相输送至整个系统。进样装置使样品通过流动相加至柱子上。HPLC 柱由内部填充分离材料的不锈钢材制成。在分析柱之前可以使用各种辅助柱,特别是保护柱。HPLC 中常用的检测器包括紫外 - 可见吸收、荧光、红外、电化学和蒸发光散射检测器,还有联用分析系统,如质谱等。检测器灵敏度或特异性可通过对分析组分的化学衍生化反应得到加强。电脑控制的数据站系统可以进行数据的收集和处理,并且能够控制仪器的自动化运行。种类繁多的柱填充材料为 HPLC 的广泛应用提供了基础,主要分为以硅胶(多孔硅胶、键合相、薄壳型填充料)和高分子为基质(微孔、大孔或薄膜/无孔)的柱填充材料。在 HPLC 中以硅胶为基质的键合相已经成功扩大至正相色谱和反相色谱分离模式中。采用离子交换、排阻和亲和色谱也可以达到较好的分离效果。HPLC 广泛用于小分子和离子的分析,如糖、维生素和氨基酸,并且应用在大分子的分离和纯化中,如蛋白质和多糖。

13.5 思考题

(1)与传统的低压柱色谱相比,HPLC 的优点有哪些?

(2)什么是保护柱? 为什么要用保护柱?

(3)指出 HPLC 填充材料的三个要求,描述并区别多孔硅胶,键合相,薄壳型和高分子填充材料,指出每种类型的优点和缺点?

(4)HPLC 测器的基本功能是什么(无论类型)? HPLC 检测器的选择要考虑哪些因素? 描述三个不同类型的检测器,并解释每类检测器的工作原理?

(5)如果需要使用含极性非离子功能团作为 HPLC 的固定相,这是什么类型的色谱? 怎样延长分析物的保留时间?

(6)为什么 HPLC 普遍使用外标法(不像 GC 一般使用内标法)?

(7)离子色谱是最近在食品分析中得到广泛应用的一种色谱技术。请描述离子色谱, 给出至少两个应用的离子。

(8)描述离子色谱和排阻色谱的各一个应用实例。

致谢

Dr. Baraem Ismail is acknowledged for her preparation of Table 13.1.

参考文献

1. Bidlingmeyer BA (1993) Practical HPLC methodology and applications. Wiley, New York
2. Matissek R, Wittkowski R (eds) (1993) High performance liquid chromatography in food control and research. Behr's Verlag, Hamburg, Germany
3. Nollet LML, Toldra F (eds) (2012) Food analysis by HPLC, 3rd edn. Marcel Dekker, New York
4. Macrae R (ed) (1988) HPLC in food analysis, 2nd edn. Academic, New York, NY
5. Harris DC (2015) Quantitative chemical analysis, 9th edn. W. H. Freeman and Co., New York
6. Hanai T (2004) HPLC: a practical guide. The Royal Society of Chemistry, Cambridge
7. Swadesh J (ed) (2000) HPLC: practical and industrial applications, 2nd edn. CRC, Boca Raton, FL
8. Lough WJ, Wainer IW (eds) (2008) High performance liquid chromatography: fundamental principles and practice. Springer, New York
9. LaCourse WR (2000) Column liquid chromatography: equipment and instrumentation (fundamental review). Anal Chem 72: 37R–51R
10. Gertz C (1990) HPLC tips and tricks. LDC Analytical, Riviera Beach, FL
11. Snyder LR, Kirkland JJ, Glajch JL (2012) Practical HPLC Method Development. John Wiley & Sons, Hoboken, New Jersey
12. Ishii D (ed) (1988) Introduction to microscale high-performance liquid chromatography. VCH Publishers, New York
13. Dorsey JG, Cooper WT, Siles BA, Foley JP, Barth HG (1996) Liquid chromatography: theory and methodology (fundamental review). Anal Chem 68: 515R–568R
14. Waters Corporation (2014) Beginners Guide to UPLC: Ultra-Performance Liquid Chromatography (Waters Series) 1st edn. Milford MA
15. Unger KK (1990) Packings and stationary phases in chromatographic techniques. Marcel Dekker, New York
16. Gregory JF, Sartain DB (1991) Improved chromatographic determination of free and glycosylated forms of vitamin B_6 in foods. J Agric Food Chem 39:899–905
17. Stoll DR, Wang X, Carr PW (2008) Comparison of the practical resolving power of one-and two-dimensional high-performance liquid chromatography analysis of metabolomics samples. Anal Chem 80(1):268–278
18. Synder LR, Glajch JL, Kirkland JJ (1997) Practical HPLC method development, 2nd edn. Wiley, New York
19. Tomaz CT, Queiroz JA (2013) Hydrophobic interaction chromatography, in liquid chromatography: fundamentals and instrumentation, Eds. Fanali S, Haddad PR, Poole, Schoenmakers P, Lloyd DK. Elsevier, Amsterdam, p 122–141
20. Lessin WJ, Catignani GL, Schwartz SJ (1997) Quantification of cis-trans isomers of provitamin A carotenoids in fresh and processed fruits and vegetables. J Agric Food Chem 45:3728–3732
21. Pfeiffer C, Rogers LM, Gregory JF (1997) Determination of folate in cereal-grain food products using trienzyme extraction and combined affinity and reversephase liquid chromatography. J Agric Food Chem 45: 407–413

气相色谱法

Michael C. Qian
Devin G. Peterson
Gary A. Reineccius

14.1 引言

第一篇关于气相色谱（GC）的论文发表于 1952 年[1]，而直至 1956 年第一台商业化气相色谱仪才问世。James 和 Martin[1]通过 GC 分离脂肪酸，收集柱洗脱液，并配合滴定法对每一种脂肪酸都进行了定量滴定。由于 GC 起步较早，优势显著，因此现在认为该技术已达到了非常成熟的水平，分离效果接近其理论极限。

采用 GC 分析的物质种类非常广泛，已经应用于脂肪酸、甘油三酯、胆固醇和其他甾醇类、气体、溶剂、水、乙醇、单糖和低聚糖、氨基酸和多肽、维生素、杀虫剂、除草剂、食品添加剂、抗氧化剂、亚硝胺、多氯联苯（PCBs）、药物、风味化合物和其他许多物质的分析测定中。事实上，尽管 GC 能够分析上述各类物质，但并不意味着 GC 就是最好的测定方法，往往还有其他更好的方法可供选择。GC 特别适用于分析具有热稳定性的挥发性化合物，对于不符合这些要求的物质（例如，糖、低聚糖、氨基酸、多肽和维生素）更适合采用高效液相色谱（HPLC）或超临界流体色谱（SFC）之类的技术进行分析测定。但是，也有关于将这些物质衍生化后采用气相色谱法进行分析的研究报道。

本章将讨论用于 GC 分析的样品制备、气相色谱仪、柱和色谱理论。一些文献对气相色谱基础理论[2-4]及在食品领域中的特殊应用已经进行了介绍[5-6]，为了解更多的内容，关于在食品领域的应用应该多加商讨。

14.2 气相色谱（GC）的样品制备

14.2.1 概述

食品未经样品制备不能直接进样进行分析，否则汽化室的高温将导致非挥发性物质降解,并产生一些由降解的挥发性产物引起的假峰。另外,也经常需要将要分析的物质从食品中分离出来,并进行浓缩,使其浓度达到 GC 的检测限。因此,一般情况下,进行 GC 分析之前需要对某种类型的样品进行预处理、组分分离及浓缩。

样品预处理通常包括研磨、均质或其他减小颗粒的制备方法。有关文献中用相当大的篇幅报道食品在储藏和制备过程中可能会发生的变化。许多食品都含有的活性酶系可能会改变食品的组分,这一点在风味研究领域更为突出[7-9]。酶体系通过高温短时热处理钝化,样品在冷冻条件下保藏,对样品进行干制或者用乙醇进行均质处理,在样品的制备和保存中都是必要的。

样品在制备过程中,可能会有微生物的增长或化学反应的发生。样品发生化学反应后,产生的产物可能会在 GC 分析中出现假峰,因此,样品必须放置在一定的条件下使其不发生化学变化,而微生物通常会被化学制品(如氟化钠),加热、干制或冷冻处理所抑制。

14.2.2　食品中溶质的分离

14.2.2.1　概述

根据要分析样品成分的具体情况,各分离方法可能会非常复杂。例如,如果要分析食品中与甘油三酯结合的脂肪酸,首先需要从食品中抽提(如采用溶剂萃取)脂类化合物(游离脂肪酸,甘油单、双、及三酯、固醇,脂溶性维生素等),然后将甘油三酯组分分离出来(如采用硅胶吸附色谱),再把游离脂肪酸从分离出的甘油三酯上水解下来,接着再形成酯以改善其气相色谱分离的特性,后两步详见 17.3.6.2 和 23.6.2,可以通过转移酯化法(如三氟化硼的甲醇溶液)在一次反应中完成。因此,对 GC 分析来说,样品制备时,可能要使用涉及多种类型的色谱分析方法。

食品中挥发物的分析(如包装或环境中的污染物,乙醇、风味及异味)应属于较简单的分析,这些物质的 GC 分析可通过顶空分析(静态或动态)、溶剂萃取、蒸馏、制备色谱(如固相吸附、硅胶柱色谱)或这几种方法的组合来进行分离。表 14.1 中的各种分离方法在14.2.2中进行详细阐述。样品的分离方法取决于食品本身以及要分析组分的性质,主要考虑的是将待分离化合物从非挥发性的食品成分中(如碳水化合物、蛋白质、维生素)或可能会干扰色谱分析的物质中(如脂类)分离出来。一些可运用于分析的色谱方法在本书有关色谱基础的章节(详见第 12 章)中进行了讨论。本节对适合气相色谱分析的挥发性物质的分离方法加以阐述。

应该强调的是,所采用的分离方法对获得的最终测定结果非常关键。选择不恰当的方法或技术可能会使气相色谱分析结果完全无效。有研究已经报道了分离技术对气相色谱分析芳香化合物的影响[10]。在 Marsili[11] 及 Mussinan 和 Morello[12] 编著的书中也分别对采用的不同分离方法所致的偏差进行了讨论。这些书主要讲述了芳香化合物的分析,这些挥发性物质的分离技术同样适用于食品中其他挥发性物质的分析。

表 14.1   气相色谱分析中溶质的分离方法

一般类型	具体方法	描述	优点/应用	缺点/缺陷
顶空萃取	直接顶空进样	密闭容器中的食品上面的顶空蒸气直接进入到气相色谱中	适用于极低沸点化合物的快速分析	灵敏度低
	动态顶空采样(吹扫—捕集)	用干净的惰性气体从样品中吹扫挥发物,通过吸附剂或低温捕集阱保留,然后将挥发性物质热解吸或用有机溶剂解吸出来进行气相色谱分析	收集的挥发物不用考虑其极性或沸点。有吸附捕集阱,无需进一步提取,系统自动化程度高	用低温捕集阱,通常需要用有机溶剂进一步提取和蒸发浓缩。采用吸附捕集阱,会得到不同的吸附物且吸附能力有限
蒸馏方法	水蒸气蒸馏法(在常压或真空)	在常压或真空下使用蒸汽加热与样品中的挥发物共沸腾	方便有效	对得到的水溶液需要进行溶剂萃取
	同时蒸馏萃取法(SDE)	样品蒸汽和溶剂蒸气混合浓缩。从浓缩气体中用溶剂萃取有机挥发物	一步分离和浓缩,节省时间。与常规蒸汽蒸馏浓缩比较,溶剂使用量少	因高温而产生副反应
溶剂萃取	简单分批萃取	用典型的有机溶剂通过分液漏斗萃取目标物	对多次萃取有效且需要不时摇动	需要从提取样品中除去不挥发物
	连续提取	用有机溶剂或配有二氧化碳的设备连续生产	比分批萃取更有效	需要从提取样品中除去不挥发物,设备复杂
	溶剂辅助风味蒸发(SAFE)	含有萃取溶剂的样品缓慢加入到溶剂辅助风味蒸馏装置。挥发物和溶剂被蒸馏并在冷阱中收集	效率高,操作温度低由热产生的副反应少	需要特殊装置和高真空系统
固相萃取(SPE)			与传统的液-液萃取相比,所需的溶剂、玻璃器皿和时间较少,精密度和准确度更高,进一步分析溶剂蒸发少,易于自动化	
	简单的固相萃取(SPE)	液体样品通过有色谱固定相的过滤片的柱子。与溶剂具有亲和性的物质保留在固相上。随后用与水或极性较弱的溶剂冲洗柱子后,再用强极性洗脱液洗脱目标物		

续表

一般类型	具体方法	描述	优点/应用	缺点/缺陷
	固相微萃取（SPME）	固定相被涂在纤细的石英纤维丝上。纤维丝浸入样品或顶空气体中一段时间,取出插入不锈钢管内通过 GC 的隔板。挥发物受热从纤维丝上解析	操作简单,无溶剂污染。可用的纤维种类多,极性宽泛的目标位和挥发物均可分析	重复性差,批次间的纤维有差异,纤维丝寿命短,选择性高,存在样品易饱和及竞争吸附。受样品中其他挥发性物质的影响较大
	固相动态萃取（SPDE）	类似于固相微萃取,但聚合物包裹在一个用来抽取食品顶空的针头中。挥发物被吸附到固相中,当针注射到 GC 时被释放	与固相微萃取相似,但几乎不存在目标物的饱和及竞争性问题	无商业设备
	搅拌吸附萃取（SBSE）	磁力搅拌棒被密封在一个涂有吸收膜的玻璃中。棒在样品中旋转并吸收目标物,然后被转移到热脱附装置中并传递到气相色谱柱中	比固相微萃取具有更高的灵敏度和准确度。自动化程度高。能提取较少的挥发性物质	固相有限,仪器价格昂贵,运行成本高,不适用固体样品(可以用顶空 – 搅拌吸附萃取)
直接进样		将 2～3μL 的样品直接注入 GC 色谱柱中	该法在样品和色谱柱允许的情况下,简单易行	不挥发物进行热降解,柱易受损,样品中有水会降低分离效果,色谱柱和进样口会被非挥发性物污染

14.2.2.2　顶空法

从食品中分离挥发性化合物最简单的方法之一就是把处于密闭容器中的食品上面的顶空蒸气直接进行进样分析。顶空进样有静态和动态两种方法。

静态(直接)顶空进样技术只有当需要快速分析且主要组分满足分析所需条件时才会被大量使用。静态顶空进样时,将食品放置在一个用惰性隔膜密闭的容器中,待平衡后,采用气密性注射器从样品顶空取样,然后直接注入气相色谱仪中。应用该法的例子有作为评价氧化指标的己醛的分析[13-14]和评价非酶褐变的 2 – 甲基丙醛、2 – 甲基丁醛和 3 – 甲基丁醛等的分析[15]。该法也用于包装材料残留溶剂的测定。但是,该法不能满足痕量分析所需的灵敏度。受仪器的限制,顶空进样的体积一般限于 5mL 或更少。因此,只有当挥发组分在顶空中的浓度大于 10^{-7} g/L 才能进行检测[用氢火焰离子化检测器(FID)]。此外,静态顶空只适用于低沸点化合物的分析。

动态顶空进样技术(即吹扫捕集法)近年来得到广泛应用(图 14.1)。在动态顶空法中,采用惰性气流(如纯净的氮气或氦气)通过样品,将样品中的挥发性物质带出。该法先让大体积的顶空蒸气通过冷捕集器或吸附捕集器。冷捕集器(如果设计合理、操作正确)，可收集顶空蒸气中所有的组分，而不管其化合物的极性和沸点。水是食品中典型的最丰富的挥发性成分，因此，这些馏出物必须用有机溶剂萃取、干燥浓缩后方可分析。这些附加的操作步骤增加了分析时间，可能会造成样品的污染和损失。最近，浓缩顶空蒸气更常用的一种手段是使用吸附捕集器。吸附捕集器本身不吸附水，(捕集器的材料通常对水几乎没有亲和性)但具有分离挥发性组分的能力，而且自动化程度高。用于顶空捕集器常用的吸附剂有苯基对苯醚、木炭或人工合成的多孔高分子物(porapaks® 和 Chromosorbs®)。这些高分子物质具有良好的热稳定性和合理的容量。吸附的挥发物再通过合适的溶剂或热脱附从捕集器中释放。吸附捕集器通常放置在一个密闭的系统内，经多通阀的自动化系统操作进行上样和解吸。自动化的密闭系统方式提供了研究所必需的具有重现性的 GC 保留时间和定量精密度。吸附剂的主要缺点是不同组分的吸附亲和力不同且容量有限。因此，所用的清洗－捕集器引起的误差可能会导致 GC 图谱几乎不能真实地反映食品成分。

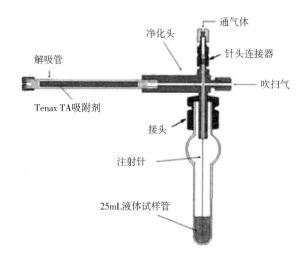

图 14.1 吹扫捕集器

14.2.2.3 蒸馏法

蒸馏法分离食品中的挥发性化合物并用于气相色谱分析非常有效。产品中的水分或外来的蒸汽被加热后，从食品中共蒸出挥发物组分。最常用的蒸馏方法有常压蒸馏和真空蒸馏。常压蒸馏法是从植物油如酒花油中分离精油的常用方法。对于大多数的食品分析而言，这意味着得到的是浓度非常低的水溶液，需要用有机溶剂萃取馏出组分并进行浓缩才能达到可以分析的浓度。目前最常用的蒸馏法是同时蒸馏和萃取(SDE)法，该法是在原来的 Nickerson－Likens 法的基础上加以改进的，设备如图 14.2 所示。在该装置中，样品在一边的一个烧瓶中加热煮沸，另一个烧瓶中装有抽提溶剂，两个烧瓶中分别产生的蒸汽和溶剂的蒸汽互相混合并冷凝，溶剂从冷凝蒸汽中萃取有机挥发物。溶剂和萃取后的馏出物再返回至它们各自的烧瓶中,然后再从食品中萃取挥发物。挥发性物质经分离、浓缩萃取完成,该操作不仅节省了大量时间,而且由于溶剂可连续循环使用,有机溶剂的用量也大大减少。该法的缺点是蒸馏过程中的高温可能会导致脂质氧化,出现美拉德褐变或斯特勒克反应,这些反应均会引入误差。同时,蒸馏和萃取可在真空条件下进行,但不易控制。此外,一些食物的香气成分如呋喃酮,可通过 SDE 法制备,其回收率较低[16]。蒸馏法虽然方便高效,但其所使用的萃取溶剂、消泡剂、被污染了的水蒸气、高温引起的化学变化以及被污染的实验室空气都可能会渗透到系统中,这些均会污染分离的挥发组分。

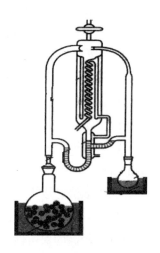

图 14.2 同时蒸馏萃取装置

14.2.2.4 溶剂萃取

溶剂萃取法是从食品中提取挥发物的常用方法。萃取的效果主要取决于选择的溶剂类型和待萃取的溶质的溶解度。典型的溶剂萃取方法涉及有机溶剂的使用(除了糖、氨基酸或一些其他的水溶性组分)。

溶剂萃取可以在较复杂的仪器上进行,如超临界 CO_2 萃取,或者也可以很简单地在分液漏斗上分批进行处理。对于复杂的提取物,进行多次萃取并在萃取过程中摇晃萃取物,能够达到很好的萃取效果[17]。连续萃取仪(液－液)虽然更有效,但需要更昂贵的成本和复杂精密的仪器。

图 14.3 溶剂辅助风味蒸发装置

采用有机溶剂的萃取方法仅限于从无脂食品(如葡萄酒、面包、水果和浆果、蔬菜和酒精类饮料)中分离挥发物,或者必须使用其他方法从分离的挥发物中萃取出脂肪、蜡质物质或其他非挥发性物质,否则这些物质将干扰后面的浓缩过程及 GC 分析。

非挥发性物质可采用减压蒸馏、分子蒸馏或溶剂辅助风味蒸发法除去。溶剂辅助风味蒸发设备(SAFE)紧凑且用途广(图 14.3),能快速、可靠地从复杂基质中分离出挥发物[18]。溶剂辅助风味蒸发过程中,溶于提取溶剂的样品被缓慢加入左上处于低温、高真空条件下的烧瓶中,挥发物和溶剂瞬间蒸发并在右边装有液氮的冷捕集器中冷凝,在另一烧瓶中留下非挥发物。溶剂辅助风味蒸发设备的优点是分离效率高,能够分离萃取溶剂中的挥发物,甚至直接分离食品或饮料中的挥发成分,缺点是不能完全分离高沸点的化合物。

14.2.2.5 固相萃取

上述所谈到的萃取法涉及两个互不相溶相的使用(水和有机溶剂),然而,现在固相萃取(SPE)法是一种更新型的替代这类萃取的方法,正迅速发展起来[19-20]。在此技术中,液体样品(大多为水溶性基质)通过一根装有色谱填充料的柱子(2~10mL),或内含色谱填充床的过滤片(直径25~90mm),色谱填充料(即涂有硅胶的固定相)则由一些不同的材料组成(如离子交换树脂或不同的反相或正相高效液相色谱柱填充料)。

当样品通过柱组件或过滤片时,对色谱相有亲和力的溶质将保留在固相上,而那些只有很少或根本没有亲和力的溶质将直接通过,然后清洗固相,先用水或极性弱的有机溶剂(如正戊烷),再用极性强的有机溶剂清洗(如二氯甲烷),强洗脱剂用来洗脱柱子中所有待分离的溶质。

固相萃取法已成为一种流行的样品提取和纯化方法。市场上可以买到各种类型的固相萃取柱。分析食品组分最常用的固相萃取柱有 C_{18} 柱、氨基柱和硅胶柱。C_{18} 柱对非极性化合物具有较高的保留性,而高交联苯乙烯–二乙烯苯(DVB)共聚物能萃取各种不同的非极性和极性化合物。新一代的聚合物(Oasis HLB、二乙烯基苯和 N–乙烯基吡咯烷酮聚合物)甚至可以萃取亲脂性、亲水性、酸性和碱性化合物,完成功能组分的分离[21]。

总体来说,固相萃取法与传统的液–液萃取法相比,具有明显的优势:①所需溶剂更少;②速度更快;③需要的玻璃制品更少(成本更低、污染更少);④具有更高的精密度和准确度;⑤气相色谱分析前只需要最少量的溶剂蒸发;⑥更易于自动化。然而,固相萃取法需要繁琐的实验过程才能实现对溶质的最佳分离和回收。

最新的固相萃取法形式被称为固相微萃取法(SPME)。这种方法最初是从环境工作发展起来的[22-23]。在这个经改进的方法中,固相结合在微小的熔融硅胶纤维丝上(大约为10μL 注射器针头的大小,如图14.4所示)。纤维丝可以浸入样品或置于样品的顶空位置,

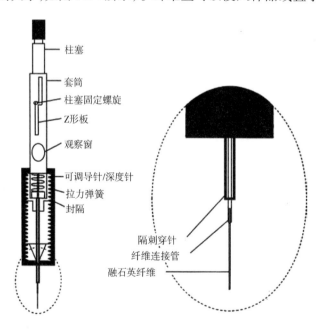

柱塞
套筒
柱塞固定螺旋
Z形板
观察窗
可调导针/深度针
拉力弹簧
封隔

隔刺穿针
纤维连接管
融石英纤维

图 14.4　固相微萃取装置示意图[21]

注:由加拿大滑铁卢大学化学系 Janusz Pawliszyn 博士提供。

在满足了载样所需的时间后,除去样品,将纤维丝放入金属保护套中,并使其穿透气相色谱的进样隔膜,被吸附的挥发物在高温下从纤维丝上被解吸下来(图14.5)。

提取过程　　　　　　　　　　　　　　　　解吸过程

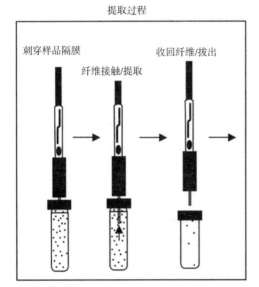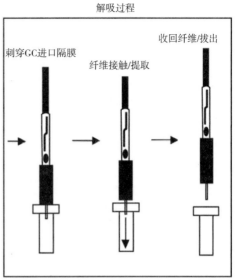

图14.5　固相微萃取装置使用步骤示意图

经美国 Supelco 公司允许转载。

商业上可获得不同纤维丝的固定相,能分析较宽极性范围的化合物或挥发物。聚二甲基硅氧烷(PDMS)是一种非极性固定相涂层,可用于萃取非极性化合物。极性分析物可以用极性固定相萃取(例如,聚丙烯酸酯和聚乙二醇涂层)。二乙烯基苯(DVB)涂层适用于许多挥发性化合物。涂层具有不同的膜厚,挥发性物质常用较厚的膜纤维($100\mu m$),而较大分子则用较薄的膜纤维($7\mu m$ 和 $30\mu m$)。多相纤维(如 Carboxen®/PDMS 和 Carboxen®/DVB/PDMS)也用于萃取极性和非极性化合物。Carboxen®/PDMS 纤维适于高挥发性的化合物,特别是挥发性的硫化合物[24]。$2cm \sim 50/30\mu m$ Carboxen®/DVB/PDMS 纤维常用于食品体系中挥发性和半挥发性风味化合物的分析。

SPME 已被广泛用于环境、生物、食品样品中挥发性和半挥发性有机化合物的萃取[25-29],该技术的主要优点是操作简单、无溶剂污染或处理、可自动进样、精度高、样品处理量大。然而,使用不同的纤维,可对化合物的萃取表现出不同的选择性。此外,固相微萃取具有有限的吸附能力,纤维很容易被饱和。因此,样品中的其他挥发性化合物会竞争活性部位并引起竞争性吸附。该法的缺点是重复性差,批次间的纤维有差异,对溶剂敏感,纤维的寿命短,以及难以定量。

固相动态萃取(SPDE)是另一种挥发性物质的萃取技术。SPDE 与 SPME 不同的是在专用进样针内壁上涂有一层固定相吸附剂。用气密性注射器抽吸食品的顶空,挥发性物质会被固相所吸收。这个过程可以被多次重复,通过拉杆反复推拉达到最大的富集。然后,进样针被注入到 GC 中,挥发物被脱附后进行分析。SPDE 有不同的固定相,且容积大约是

4.5μL,而 SPME 固定相的容积只有 0.6μL,因此,SPDE 关于饱和竞争性分析的问题较少。

搅拌棒吸附萃取(SBSE)是挥发性物质萃取的一个相对较新的技术。在 SBSE(图 14.6),内封磁性搅拌棒的玻璃管上涂覆一层厚厚的高分子聚合物,如聚二甲基硅氧烷(PDMS)。该棒在样品溶液中旋转吸收分析物,随后,搅拌棒放入气相进样量的热脱附单元中(TDU)。在 TDU 中,分析物被热脱附并且传递到气相色谱柱(图 14.7)。与 SPME 的萃取方式相同,搅拌棒也可以悬挂在顶空,进行挥发性物质的萃取。

图 14.6 搅拌棒吸附萃取装置
注:由美国 Gerstel 公司提供。

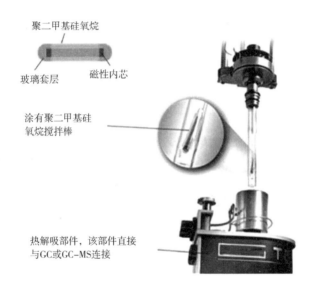

聚二甲基硅氧烷

玻璃套层   磁性内芯

涂有聚二甲基硅
氧烷搅拌棒

热解吸部件,该部件直接
与GC或GC-MS连接

图 14.7 吸附萃取搅拌棒设计图
注:由 Gerstel 公司 Linthicum 经理提供。

SBSE 的萃取体积比 SPME 的大 50 ~ 250 倍。PDMS 涂层在 SPME 中体积大约是 0.5μL,而在 SBSE 中为 24 ~ 126μL。由于吸附相体积的增加,SBSE 与 SPME 相比,具有更高的灵敏度和最小的竞争效应和饱和效应[30-31]。涂层为 PDMS 的 SBSE 对于非极性和中等极性化合物具有高的灵敏度(ng/kg ~ pg/kg)和灵活性,能够高效、省时地从复杂基质中萃取出痕量挥发性化合物[31]。甚至包含脂肪(<3%)或乙醇(<10%)的食品样品使用该技术也能被有效地萃取。

对不同基质痕量物进行分析时,SBSE 被认为在灵敏度和精度方面均优于 SPME。PDMS 固定相涂层稳定,不吸水、乙醇或色素,适于酒精饮料中风味的萃取[32-33]。基于 PDMS 涂层的 SBSE 已经被成功应用于环境、食品及生物领域痕量物的分析中[34-37]。然而,PDMS 固定相涂层对极性化合物没有选择性。

除了 PDMS 非极性固定相外,聚丙烯酸酯(PA)和乙二醇硅胶(EG - silicon)涂层搅拌棒也已商业化。这些涂层,特别是乙二醇硅胶由于自身的极性,比 PDMS 能更有效地萃取极性化合物。而且,由于有机硅材料的特性,乙二醇硅胶还可以有效地萃取非极性化合物。新的涂层固定相搅拌棒已被应用于包括食品和葡萄酒在内的不同分析领域[38]。

14.2.2.6　直接注射

理论上可采用将食品直接进样进行色谱分离来分析某些食品。假定样品一次可进样 $2 \sim 3 \mu L$,而 GC 的检测限为 $0.1 ng(0.1 ng/2\mu L)$,那就能检测到样品中浓度大于 $50 \mu g/kg$ 的挥发物。直接进样带来的问题是:①食品中非挥发性物的热降解;②食品样品中的水分引起分离效率降低;③非挥发性物质对柱和汽化室造成污染。尽管有上述不足,但直接进样还是普遍用于测定植物油的氧化反应[39-40],相对进样量较大的油样($50 \sim 100 \mu L$)能直接进入装有玻璃丝的 GC 汽化室中。由于植物油具有一定的热稳定性且不含有水,因此,直接进样法特别适合于油类的分析。

还有很多分离食品中挥发性物质的方法,有些是上面所介绍方法的简单变通,有些是挥发性物质特有的。参考文献中有几篇文献[11-12,41]对这些方法提供了更为详细的论述。

14.2.3　样品衍生化

用 GC 测定的化合物在使用的分离条件下必须具有热稳定性。因此,对某些化合物[如农药、芳香族化合物、多氯联苯(PCBs)和挥发性污染物],分析工作者可以通过上述的直接进样法把食品中的目标组分非常方便地分离出来。而对于那些热不稳定,挥发性太低(如糖和氨基酸),或因极性太强(如酚或酸)而分离较差的化合物,在 GC 分析前必须进行衍生化(详见第 19 章和第 23 章)。表 14.2 所示为一些用于制备 GC 分析的挥发性衍生物的试剂。最常用的衍生化方法有:①乙醇、胆固醇和碳水化合物的甲硅烷基化;②脂肪酸的酯化反应;③醛和酮形成的肟及衍生化。这些试剂的使用条件通常由供应商确定,或者可以在文献中找到[42]。衍生化可在萃取液、固相萃取柱 SPME 纤维或 SBSE 中进行,自动萃取、衍生及气相色谱分析。

表 14.2	GC 分析中食品挥发性物质衍生化试剂	
试剂	化学基团	食品成分
硅烷化试剂	羟基、氨基羧酸	糖、甾醇、氨基酸
三甲基氯硅烷/六甲基二硅烷		
BSA[N,O - 双(三甲基硅烷基)乙酰胺]		
BSTFA[双(三甲基硅烷基)三氟乙酰胺]		
TBDMCS(特丁基二甲基氯硅烷咪唑)		
TMSI(三甲基硅烷咪唑)		
酯化试剂	羧酸	脂肪酸、胺类、氨基酸、甘油三酯、蜡酯、磷脂、胆甾醇酯

续表

试剂	化学基团	食品成分
甲醇盐酸		
甲醇钠盐		
N,N – 二甲基甲酰胺二甲基缩醛		
三氟化硼甲醇		
其他试剂		
醋酸酐/吡啶	醇和酚	酚类、芳香族羟基、醇
N – 三氟乙酰胺/N – 七氟丁酸酐	羟基和胺类	同上
烷基硼酸	相邻原子上的极性基团	
烷氧基胺	含羟基和羰基的化合物	甾酮类,前列腺素

14.3 气相色谱仪器和色谱柱

GC 的主要部件有气源、汽化室、柱温箱、柱子、检测器、电子控制和记录仪/数据处理系统(图 14.8)。GC 分析用的装置和操作参数都必须准确完整地记录下来,有关必须记录的信息见表 14.3。

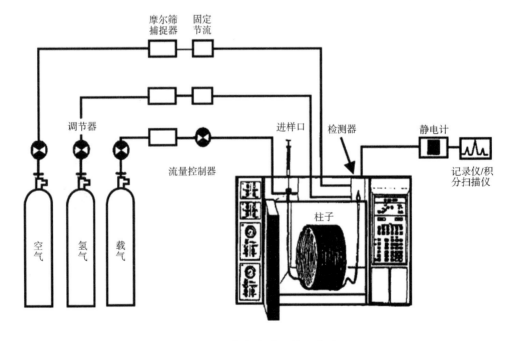

图 14.8　气相色谱系统示意图

注:本图由安捷伦科技有限公司提供,圣克拉拉,CA。

表 14.3　　　　　　　GC 分离记录的气相色谱硬件和操作条件

参数	类型
样品	名称和进样体积
进样	进样类型[如分流或不分流及进样条件(进样口流量)]
毛细管柱	固定相、长度、直径、薄膜厚度和制造商
填充柱	载体、网眼尺寸、涂层、填充量(%)
温度	进样口、检测器、柱温箱及编程信息
载气	流量(速度)和类型
检测器	类型

14.3.1　载气供应系统

气相色谱至少需要提供一种载气,而检测器也可能需要多种载气,(如氢火焰离子检测器需要氢气和空气)。所用的载气必须是高纯气体,所有的调节阀、气体流路和连接装置都必须保持良好状态。减压阀必须能连续稳定地供气。调节阀的隔膜应该选用不锈钢材料而不是高分子材料,因为后者可能会产生挥发物而导致在分析过程中产生杂峰。所有气体流路(管路)必须保证干净,不含任何残留的拉丝油。氮气、氦气和氢气是典型的载气(即流动相),能将待分析物运送到气相色谱柱中。气体管路中应配备在线捕集器(水气捕集器、氧气捕集器和碳氢化合物捕集器)以去除进入气体中的水分和杂质。这些捕集器必须定期更换以保证其有效性。

14.3.2　汽化室

14.3.2.1　仪器

汽化室是使样品进入色谱系统蒸发,有时可能还要稀释和分流的地方。液体样品是以用于 GC 分析的进样体积计算的,进样通常由注射器(人工或自动)来完成。汽化室配有一块软隔膜以保持气密性,同时还可以让注射器针头穿透并进样。

样品可使用手动进样注射技术或自动进样装置进行进样。在 GC 分析中,手动进样通常是造成精度低的一个最主要的因素。手动进样通常选择 $10\mu L$ 的进样器,因为它们比微量注射器更耐用,样品较为常用的注射体积为 $1\sim3\mu L$。这些注射器在针头和针筒中可残留大约 $0.6\mu L$ 的样液(除了针筒刻度体积外),因此,样品进入 GC 的实际体积取决于这 $0.6\mu L$(包括在进样体积中)所占的比例,以及分析工作者能够从针筒刻度准确地判断样品体积的能力。因此,即使是同一分析人员的进样体积也会有所不同,而不同分析人员之间的差异会更大。这种进样差异和样品量小的注射导致内标法相对于外标法使用更为广泛(详见12.5.3)。

14.3.2.2　样品进样技术

样品必须在汽化室中蒸发,以便通过色谱柱得到分离。这个蒸发过程可以瞬间发生汽化在标准汽化室,也可以缓慢地进行在程序升温汽化室或柱头进样装置中。具体条件的选择取决于分析物的热稳定性。由于样品的不同以及对仪器要求的不同,因此,有几种不同的汽化室可供选择。

(1)分流进样　由于毛细管柱容量有限,只能减少进样体积,来得到有效的色谱分离。注射装置可能具有附加的分流进样功能,这样就只有一定比例的分析物进入柱内,(即分离进样)(图 14.9,分流排气阀打开)。汽化室的操作温度比最高柱温(通常为 250℃)高20℃。样品可以用载气稀释并分流[1∶50～1∶100,分流比 =(柱体积流速)/(柱体积流速 + 分流流速)],因此,只有一小部分的分析物(更确切地说,气流的一部分)流经柱子,大多数(49/50 或 99/100)的分析物排出进样器。高分流比通常会出现一个尖锐的窄峰。

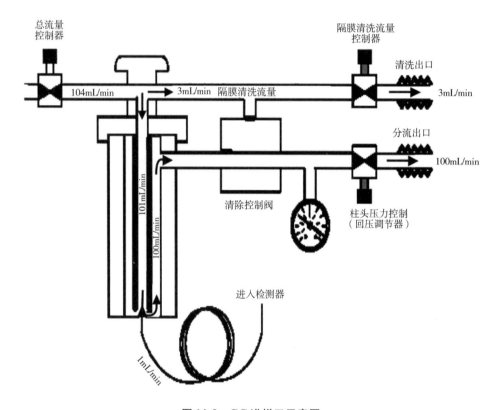

图 14.9　GC 进样口示意图

注:安捷伦科技有限公司提供,圣克拉拉,CA。

(2)不分流进样　为了提高分析的灵敏度,可以采用不分流进样模式。在不分流进样中,关闭分流调压阀,所有的分析物都流经柱子,如图 14.9 所示。与分流进样相似,汽化室的操作温度比最高的柱温高 20℃。不分流进样要求起始柱温要比样品溶剂的沸点低 10～20℃。溶剂必须在柱中再冷凝,从而使较早洗脱的化合物也能得到较满意的色谱分离图(称为溶剂效应)。

(3)程序升温汽化室　程序升温汽化室(PTV),样品先被导入环境温度中,再升温至某一所需温度。由于样品没有被导入到汽化室中,因此,该技术适用于热敏性物质的分析。

此外,当样品大体积进样时,该技术结合分流和不分流进样模式(溶剂释放)能够增加其灵敏度。例如,10μL 液体样品进样口温度低,使用高分流比模式可让溶剂蒸发,然后进样口切换到不分流模式,然后对进样口加热,样品汽化并将其传送到色谱柱中。

(4)柱上注射进样 柱上注射进样是一种直接将样品导入气相色谱柱中的技术,柱温即为炉温。然后随着炉温的升高,样品在炉内慢慢挥发,开始时的炉温需要低于溶剂的沸点。这种技术适用于热不稳定物质的分析。

(5)热解吸进样 通过热解吸技术,挥发性物质能够被直接引入气相色谱柱,直接从样品中被分离出来。样品在热解吸装置中被加热,挥发物可通过分流或不分流引入进样器中。为了获得尖峰,在进样器或柱中使用液氮或二氧化碳进行低温聚焦。另一种方法是,挥发物能被保留在如 Tenax 捕集阱的吸附剂中,然后将捕集阱中热解吸出来的样品输送到色谱中的分离柱进行测定。样品萃取可以按照 14.2.2.5 所描述的 SPME 或 SBSE 技术,然后热解吸进入色谱柱中进行分析。该技术已经应用于分析水果[36],[43]和葡萄酒中具有挥发性的香气化合物[44]。

14.3.3 色谱柱温室

色谱柱温室控制着柱子的温度。在 GC 中,这一点对分析物与固定相之间的相互作用,及利用沸点分离化合物都非常有用。因此,进样通常可在较低的柱室温度下进行,然后程序升温到某一温度。当分析采用恒温色谱进行时,程序升温分析较为常见。虽然更高的温度会加快样品的洗脱速度,然而分离效果较差。

色谱柱室的程序升温速度能从最小的 0.1℃/min 增加到 GC 所能提供的最大升温速度。最普遍的升温速率为 2 ~ 10℃/min。

毛细管柱(详见 14.3.4.2)也可以用基于低热质量(LTM)技术的绝缘电热丝直接加热。柱上安装有温度传感器。柱子、电热丝和传感器都盘绕在一起,用氧化铝箔包裹。柱子能被快速均匀地加热,提高分离效率。由于该系统没有太多的空隙体积和其他绝缘材料,因此很快就会冷却。整个加热和冷却时间比传统标准的 GC 炉短得多,是快速 GC 分析的理想选择。该组件几乎可以在任何标准的毛细管气相色谱柱中使用。

14.3.4 柱子和固定相

GC 柱可以是填充柱也可以是毛细管柱。早期的色谱都采用填充柱,但毛细管柱在分离效果方面优于填充柱(详见 14.4.2),使得填充柱现在很少有出售。有人把毛细管 GC 称为 HRGC(高分辨率气相色谱),目前,GC 对大多数人来说,就意味着毛细管色谱。

14.3.4.1 填充柱

填充柱通常采用不锈钢或玻璃制造,外径为 1.6 ~ 12.7mm,长度为 0.5 ~ 5.0m(常用的为 2 ~ 3m)。里面填充有小颗粒材料,这些材料是由"液体"涂渍在惰性固相载体而制成的。固相载体大多数是经纯化或化学修饰(如硅烷化处理)的硅藻土(海藻的骨架),然后用筛分成一定的目数(60/80,80/100 或 100/120)。

液相载荷量通常以固相载体重量的1%～10%应用于固相载体上。可供涂渍的液体大约有200种,最常见的是硅酮类液相(甲基、苯基、或氰基取代基)和聚乙二醇(酯类)。

液相种类及涂渍量由所进行的分析确定。液相的选择最典型的是按照与被分离的分析物的极性相似的原则来进行的。涂渍量会影响分析时间(保留时间与涂渍量成正比)、分离度(在一定限度内,随涂渍量的增加而改善)和固定液流失程度。涂渍的固定液在某种程度上会挥发,而且在高温下会从柱子中流失(这个取决于液相本身的性能),这在程序升温中会导致(因从柱子中流失引起)基线噪声增加。

14.3.4.2　毛细管柱

毛细管柱为中空熔融石英管(杂质 < 100mg/kg),管长5～100m。柱壁薄,约为25μm,易弯曲。柱外壁涂有高聚物材料,以增加强度并减少破损。柱内径一般为0.1mm(微径柱),0.2～0.32mm(普通毛细管柱)或0.53mm(大口径柱)。

大口径柱(0.53mm)最初是为了取代填充柱,不需改动仪器的硬件。现在,最常用的毛细管柱内径规格是0.32mm和0.25mm。小直径柱(内径0.10mm和0.18mm)用来进行快速气相色谱分析。最普遍的柱长为15m、30m和60m,但特殊的柱长也会超过100m。柱长较长,相应所用的分析时间也越长。虽然较长的柱子能够提供更好的分辨率,但由于毛细管气相色谱柱本身具有的高分离能力,这使得该优势显得并不明显。

目前已有200多种不同的固定液用于GC中。当GC从填充柱发展为毛细管柱后,由于柱效取代了固定相的选择性(即使固定相不满足分离的要求,高柱效也能得到较好的分离),现在只有较少的固定相在使用。目前,我们发现在日常应用中,只有不到12个的固定液还在使用(表14.3)。最耐用和有效的固定相是以多聚硅氧烷基团(—Si—O—Si—)为基质的固定液。

固定相的选择依靠直觉、化学知识、咨询色谱柱生产商以及查阅文献资料。具体选择也有一般规律可循,如选择极性固定相分离极性和非极性化合物,或者用苯基柱固定相来分离芳香族化合物。然而,即使固定相不是最佳的条件,毛细管柱的高效性也可以使其得到较好的分离。例如,5%苯基取代的甲基硅酮固定相应用于毛细管柱,能分离极性化合物与非极性化合物(表14.4)。

表 14.4　　　　　　　　　　　　常见的固定相

组成	极性	应用[①]	麦克雷诺常数相似的固定相[②]	限制温度[③]
100% 二甲基聚硅氧烷(树胶)	非极性	酚类、烃类、胺类、硫化合物、农药、多氯联苯	OV－1 SE－30	－60～325℃
100% 二甲基聚硅氧烷(液体)	非极性	氨基酸衍生物、香精油	OV－101 SP－2100	0～280℃
5% 二苯基、95% 二甲基聚硅氧烷	非极性	脂肪酸甲酯、生物碱、药物、卤代化合物	SE－52 OV－23 SE－54	－60～325℃

续表

组成	极性	应用①	麦克雷诺常数相似的固定相②	限制温度③
14%氰丙基苯基-甲基聚硅氧烷	中极性	药物、类固醇、农药	OV-1701	-200~280℃
50%苯基、50%甲基聚硅氧烷	中极性	药物、类固醇、农药,乙二醇	OV-17	60~240℃
50%氰丙基、50%苯基甲基聚硅氧烷	中极性	脂肪酸甲酯、多羟糖醇乙酸酯	OV-225	60~240℃
50%三氟丙基聚甲基硅氧烷	中极性	卤代化合物、芳香族化合物	OV-210	45~240℃
酸改性的交联聚乙二醇	极性	酸、醇、醛、酯、腈、酮	OV-351 SP-1000	60~240℃
聚乙二醇	极性	游离酸、醇、酯、香精油、乙二醇、溶剂	聚乙二醇20M	60~220℃

①应用范围是色谱柱供应商提供的选择特定色谱柱的信息;
②基于分离特性,根据麦克雷诺常数组合固定相;
③固定相有上下温度限制,下限是根据相变(液体到固体)温度确定,上限是根据固定相的挥发温度确定。

　　固定液用化学键合的方法键合到玻璃毛细管的内壁上并在内部发生交联得到0.1~5μm的膜,膜的厚度直接影响分离效果。较厚的膜会使化合物在固定相中的保留时间较长,这样分离物就与固定相有较长时间的相互作用,从而实现分离。较厚的液膜色谱柱一般用来分离挥发性化合物。例如,经硝基对苯二甲酸改性的聚乙二醇(FFAP)毛细管色谱柱,液膜厚为1μm就可以有效地保留和分离硫化氢和高挥发性的硫化合物[24]。然而,较厚的液膜会由于固定相的流失,出现较高的基线。通常用0.25μm的薄膜柱来分离高分子质量化合物,分析物在固定相中停留的时间少。薄膜柱在高温下也有较少的流失,所以经常被应用于气相色谱-质谱分析中。

　　大多数化合物可以用弱极性5%二苯基(95%)二甲基聚硅氧烷柱分离(例如,DB-5,Agilent-5,RTX-5)。这种类型的色谱柱温度耐受范围宽(-60~325℃)并且非常稳定。然而,分离像乙醇和游离脂肪酸这样的极性化合物时,就必须用诸如聚乙烯乙二醇(WAX)或FFAP这样的极性色谱柱。WAX色谱柱有较好的分离能力,但温度耐受范围窄(40~240℃),温度低会使其变成固体(失去分离能力),而温度高又会使其大量流失。该柱对氧气也很敏感,如果氧气没有从载气中除去,柱效会很快下降。氰基柱(SP-2560,CP-SiL88)适于反式脂肪酸酯的分离,人们还开发了其他特定的色谱柱以提高特定的分辨率。离子液体气相色谱柱[45-46]有很好的热稳定性,能用来分析极性化合物,它已被用于脂肪酸甲酯的分离[47]。然而,它们在食品体系中的应用仍然有限。离子液体柱由于与酸有强烈的相互作用(辛酸和癸酸),不能轻易取代WAX柱,因此对这些化合物有较差色谱分析。β-环糊精柱可用于精油和其他挥发性化合物手性异构体的分离[48]。

14.3.4.3 气－固色谱

气－固色谱是色谱中一个非常特殊的领域,其分离过程不需要使用液相,分析物与多孔性材料进行相互作用。这种材料已经应用于填充柱或毛细管柱。对于毛细管柱,多孔材料通过化学法或物理法(通过沉积)被涂覆在毛细管内壁上,该柱被称为多孔层毛细管色谱柱(PLOT)。最常用的多孔材料是三氧化二铝、活性炭、分子筛和高分子聚合物 Poropak® 或 Chromosorb®(基于乙烯基苯的高分子聚合物的商品名称)。该法通常用于水或其他挥发性物质的分离,如包装食品顶空气体成分(N_2、O_2、CO_2、CO)和果实成熟和储藏过程中乙烯的释放。

14.3.5 检测器

有许多检测器可用于 GC 分析,每种检测器在灵敏度(如电子捕获器)或选择性(如原子放射检测器)等方面都各有其优点。最常用的检测器有氢火焰离子化检测器(FID),热导检测器(TCD)、电子捕获检测器(ECD)、火焰光度检测器(FPD)、脉冲火焰光度检测器(PF-PD),光电离检测器(PID),质谱(MS)(详见第 11 章)。这些检测器的工作原理及其在食品分析中的应用将在下面讨论。这些检测器的特性在表 14.5 中做了简单的总结。

有关传统的气相色谱检测器在下面进行了详细地阐述,这里还提到了气相色谱嗅觉技术(GC－O)。在连有嗅觉检测器的气相色谱系统中,柱流出物被分离,一部分流出物进入一个嗅探口,剩下的部分进入气相色谱检测器。嗅探口通常是圆锥形的,由玻璃制成,操作者可用鼻子来识别从柱子中流出的香气活性成分(详见 35.5.2.1)。

表 14.5 气相色谱常用检测器的特性

特性	热导检测器	氢火焰离子化检测器	电子捕获检测器	火焰光度检测器	光离子化检测器
特异性	非选择性。检测几乎所有物质,包括水,称为"通用检测器"	大多数有机物	卤代化合物和含硝基或共轭双键的化合物	含硫或磷的化合物(由过滤器决定)	取决于灯的电离能量相对于被分析物的键能
检测限	400pg,相对较差,随化合物的热性质变化	对大多数有机物为 $10 \sim 100$pg。很好	$0.05 \sim 1$pg,非常好	含硫化合物 2pg 和含磷化合物 0.9pg。非常好	$1 \sim 10$pg 取决于化合物和灯的能量。非常好
线性范围	10^4,差,响应容易变成非线性	$10^6 \sim 10^7$,非常好	10^4,差	磷 10^4,硫 10^3	10^7,非常好

14.3.5.1 热导检测器(TCD)

(1)工作原理 当载气经过电阻丝(钨丝)时,以一定的速度冷却电阻丝,其冷却速度取决于载气的流速和成分。电阻丝的温度决定了其电阻值。当化合物随载气洗脱下来时,载气对电阻丝的冷却速度会减少,从而导致电阻丝的温度增加及电阻值上升,并被 GC 的电子仪表所监控。老型号的 TCD 检测器采用两种检测器和两根匹配的柱子,一个系统作为参比,另一个作为分析系统。新设计的型号仅有一个检测器(和柱子),使用一个载气切换阀让载气和柱流出物交替通过检测器(图 14.10)。因此,信号的产生就取决于从分析柱中流出的洗脱气体与作为参照的载气对检测器的冷却程度的差异。

由于载气与分析物热导性的差异决定了响应值的大小,因此载气的选择非常重要。氢气是最好的选择,它易燃,应用最为常见。

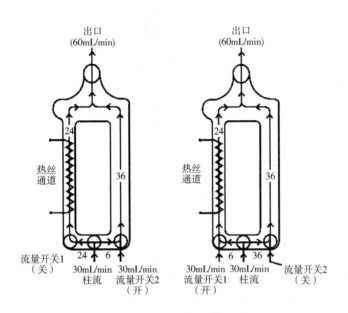

图 14.10 热导检测器示意图
注:由安捷伦科技有限公司提供,圣克拉拉,CA。

(2)应用 热导检测器最有价值的特性是它具有通用响应性和对样品的非破坏性。因此,在食品分析中那些其他检测器不能产生足够响应的分析物可用该检测器进行检测(如水、永久性气体、CO),同时,还可用于那些希望能回收分离物以作进一步分析(如收集柱流出物用于红外、核磁共振(NMR)或感官分析)的样品的检测。但因其相对不灵敏,以及分析工作者通常为了使检测器有特异性,需要去除那些对色谱图有干扰的化合物,因此没有得到广泛应用。该检测器对于分析包装食品、果实成熟和货架期间的气体成分组成(CO_2、CO、O_2、N_2)非常有用。

14.3.5.2 氢火焰离子化检测器(FID)

(1)工作原理 当化合物从色谱柱流出后,在氢火焰中燃烧(图 14.11),电场(通常为300V)加在氢火焰上。氢火焰将携带电流通过电场,电场强度与有机化合物在氢火焰中燃烧后产生的有机离子量成正比,通过的电流被放大并记录下来。FID 对有机物的响应非常灵敏。它对 H_2O、NO_2、CO_2 和 H_2S 几乎没有响应,对许多其他化合物也只有很有限的响应。但对含 C—C 和 C—H 键的化合物的响应最大。FID 检测器可以联一个甲烷转化炉,它能够在镍催化下将 CO 和 CO_2 转化成甲烷,再用 FID 检测甲烷。另一种方法是先将所有化合物氧化为 CO_2,然后在 FID 检测前将其还原为甲烷。这种方法提高了许多含碳化合物的灵敏度和检出能力。此外,由于所有化合物都被转化为甲烷,对 FID 具有相同的响应,因此检测器不使用标准物就可以进行化合物的分析。

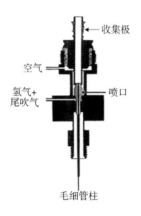

收集极

空气

氢气+
尾吹气

喷口

毛细管柱

图 14.11 毛细管柱氢火焰离子化检测器示意图

注:由安捷伦科技有限公司提供,圣克拉拉,CA。

(2)应用 氢火焰检测器对食品分析工作者经常使用的有机化合物有非常好的响应。该检测器灵敏度高、可信度高、响应线性范围宽(对定量分析十分必要),大多数食品研究室都采用这种检测器。因此,除了需要特殊的检测器或要求样品不能被破坏外(因为 FID 需要柱流出物在氢火焰中燃烧),FID 可用于其他所有的食品分析。例如,风味研究、脂肪酸分析、碳水化合物分析、甾醇类、食物中的污染物和抗氧化剂的研究。

14.3.5.3 电子捕获检测器(ECD)

(1)工作原理 电子捕获检测器内置有放射性箔条,当其衰变时,可以发射电子(图 14.12)。电子被收集至阳极,其基准电流被电子仪表所监控。当分析物从 GC 柱中流出后,通过放射性箔条和阳极,化合物就会捕获电子,降低基流,从而产生一个可检测到的响应。卤素化合物或亲电化合物(二酮)在检测器上有最大的响应。该检测器的缺点是非常容易饱和,因此只有非常有限的线性响应范围。

(2)应用 在食品应用方面,ECD 已广泛应用于检测多氯联苯(PCBs)和农药残留(详见第 33 章),该检测器的特异性和灵敏度使其在这方面表现得非常理想。由于 EDC 对邻二酮非常敏感,因此该检测器也被用来分析啤酒中的双乙酰和其他邻二酮。

14.3.5.4 火焰光度检测器(FPD)和脉冲火焰光度检测器(PFPD)

(1)工作原理 火焰光度检测器(FPD)是通过燃烧分析柱中流出的分析物,并使用滤光片和光度计测定从火焰中发射出的特定波长的光强度来完成检测的(图 14.13)。就强度和特异性而言,光的波长适合对硫(S)和磷(P)做检测。因此,该检测器对这两种元素检测

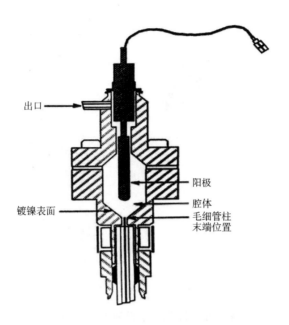

图 14.12　电子捕获检测器示意图

注:由安捷伦科技有限公司提供,圣克拉拉,CA。

时,可得到增强倍数非常大的信号(含 S 或 P 的有机分子比不含 S 或 P 的有机分子响应值要高数千倍)。FPD 对硫为非线性响应,因此定量时一定要仔细。

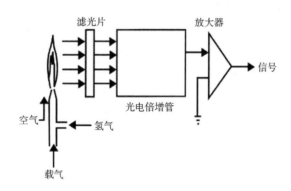

图 14.13　火焰光度检测器示意图

注:由安捷伦科技有限公司提供,圣克拉拉,CA。

　　PFPD 与 FPD 非常相似,与传统的火焰光度检测器(FPD)不同的是,PFPD 不能承受火焰的连续燃烧,火焰脉冲包含点火、延烧和火焰熄灭,操作频率为 2 ~ 4 脉冲/s(图 14.14)。特定的元素有自己的发射谱:碳氢化合物的发射发生在富氢火焰延烧至燃烧室以后,而硫化物的发射则在燃烧后相对较晚的时间开始。因此,定时的"门延迟"能选择性地只允许硫的发射进行积分,得到洁净的色谱图,同时极大地提高了灵敏度。对比其他所有的检测方法,PFPD 对含硫化合物的最低检测限较小[49]。

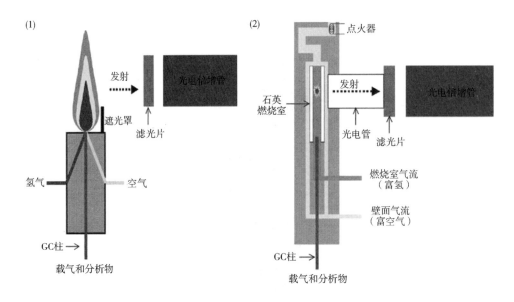

图14.14   火焰光度检测器(1)和脉冲火焰光度检测器对比图(2)

注:瓦里安有限公司提供,Palo Alto,CA。

(2)应用   FPD 和 PFPD 在食品应用中主要用于测定有机磷农药和挥发性含硫化合物,含硫化合物的检测主要与食品的风味研究有关。

14.3.5.5   光离子化检测器(PID)

(1)工作原理   光离子化检测器采用紫外(UV)照射(通常为10.2eV),使柱中流出的分析物离子化(图14.15)。离子被极化电极加速向离子收集电极迁移,产生的微电流信号被 GC 电位计放大,以提供可检测的信号。

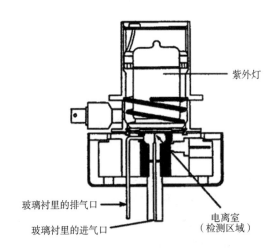

图14.15   光离子化检测器示意图

注:由安捷伦科技有限公司提供,圣克拉拉,CA。

该检测器具有灵敏度高和非破坏性等优点,能在可选择性响应的模式下进行操作。选择性来自能够控制的离子的能量,从而决定被离子化并被检测的化合物的类型。

(2)应用 PID 主要应用于灵敏度高且非破坏性检测器的分析,最常应用于风味研究,分析工作者希望通过闻 GC 流出物的风味,从单个 GC 色谱峰中确定其风味特征。尽管这种检测器可能有更广泛的用途,但 FID 的广泛可用性(同样对大多数的应用都有效)已经满足了大部分的分析需要。

14.3.5.6 电解电导检测器(ELCD)

(1)工作原理 化合物进入电解电导检测器后与镍反应管中的反应试剂混合(氧化或还原反应的发生取决于分析物)产生各种离子,这些产物与去离子溶剂混合,去除流出物中的干扰离子,然后在电解电导池中测定离子化分析组分的转化产物。该检测器可用于含硫化合物、含氮化合物或卤素分子的检测。例如,在测定氮的模式下操作时,分析物与氢气混合,在 850℃ 镍催化下进行氢化,酸性氢化产物通过 $Sr(OH)_2$ 捕集后从流出物中去除,而分析物中的 NH_3 经过电导池并得到检测[50]。

(2)应用 该检测器可应用于许多需要对元素有特异性响应的分析中,例如,农药、除草剂、亚硝胺、和风味化合物的分析。ELCD 具有很高的选择性,其高灵敏的检测限为:含氯化合物可达 $0.1 \sim 1pg$,含硫化合物可达 $2pg$,含氮化合物可达 $4pg$。

14.3.5.7 热离子检测器(NPD)

(1)工作原理 热离子检测器(又称氮磷离子检测器)是一种经改进的火焰离子化检测器。当碳氢化合物经过低温的氢焰等离子区时,采用非挥发性陶瓷珠来抑制它们的电离。陶瓷珠主要由碱金属铷组成并被加热到 $300 \sim 350℃$ 而制成。该检测器常用于选择性检测含氮或含磷化合物,不能检测无机氮或氨。

(2)应用 该检测器主要用于测定特定种类的风味化合物、亚硝胺和农药。

14.3.5.8 GC 色谱联用技术

GC 色谱联用技术是指 GC 与其他主要分析技术的结合。例如,GC – AED(气相色谱 – 原子发射光谱联用仪),GC – FTIP(气相色谱 – 傅立叶变换红外光谱联用仪)和 GC – MS(气相色谱 – 质谱联用仪)。当所有这些技术都建立起各自的分析方法,并与像 GC 这样的技术联用后,就成为强有力的分析工具。GC 提供分离手段,而联用技术提供了检测器。GC – MS 长期以来被认为是鉴定挥发性化合物最有价值的工具(详见第 11 章)。然而,MS 在此是作为 GC 的一个特殊的检测器,有选择性地对相应目标分析物产生的离子碎片进行聚焦。分析工作者在这种情况下,即使没有得到良好的气相色谱分离度也能对组分进行检测并定量。在 GC – FTIR 中也同样如此(详见第 9 章),FTIR 也是作为 GC 的检测器使用。

在 GC – AED 技术中,GC 柱的流出物进入微波产生的氦等离子体,分析物中的原子被激发而发射出具有它们自己特征波长的光。这样就得到了一种高灵敏度和特异性的元素检测器。

14.3.5.9 多维气相色谱技术

多维气相色谱法(MDGC)大大增加了气相色谱的分离能力[51]。将极性相反的两根柱子简单联接起来,就能实现分离能力的全面提高[52]。然而,这种气相色谱柱的串联操作实际上并不代表多维性,而像是使用的混合固定相柱[51]。真正的 MDGC 涉及一个被称为正交分离的过程,样品首先被一根色谱柱分离,然后馏出物再被另一根柱进一步分离。MDGC 技术通常被分为两类:①传统或"中心切割"多维气相色谱技术;②全二维气相色谱技术(GC×GC)。

(1)传统二维气相色谱 传统的二维气相色谱是通过使用成对的毛细管柱来实现的,从第一维色谱柱(预分离柱)分离后的小部分馏分或中心切割部分,被引到第二维色谱柱(分析柱)。传统二维气相色谱与制备气相色谱操作几乎相同,其中一根色谱柱是用来从一种复杂芳香化合物中获得一小部分的分离物,然后再注入到另一个固定相极性相反的色谱柱中,进一步分离。唯一不同的是,MDGC 的两个柱子是直接连接的,因此不需要手动收集预分离柱的馏出物。

MDGC 系统中第二维色谱柱中只注入一小部分样品,与此同时,大量的样品被引入第一维色谱柱中,因此分析分离物时不必担心色谱带变宽的问题[53]。因此,痕量化合物也容易被富集,从而能更成功地进行检测和鉴定。

MDGC 技术对于研究风味化合物的对映体尤其有用。感兴趣的组分能被中心切割并转移到有对映选择性固定相的分析柱中,更好地分离目标手性化合物。

(2)全二维气相色谱 全二维气相色谱是迄今为止开发的最强大的二维气相色谱技术(图 14.16)。不像传统的 MDGC,只有特定的馏出物从预分离柱转移到分析柱中,而全多维气相色谱或全二维气相色谱技术是从第一维色谱柱中的所有馏出物通过调制器聚焦后转移到第二维色谱柱中,获得完整的二维数据。调制器能把第一维柱中产生的连续的但是独立的窄的区带转移到第二维柱中,进行最后的分离。全二维气相色谱要求从第一维柱中馏出的单一组分通常在 5s 内在第二维柱子完成分离并产生完整的数据[51],[55]。两个时间轴上的数据组合起来,为每一个峰创建一组坐标,这样得到的色谱图实际上是一个二维平面而不是一条直线。峰值面积可以通过对两个维度的积分求和得到。

全二维气相色谱中,两根色谱柱相互独立,因此,总的峰容量是两根色谱柱容量的乘积。由于第二根色谱柱的分离速度快,因此为了恰当的检测,要求必须足够的快采集数据。为了获得大量的图谱信息,飞行时间质谱(TOF-MS)和快速扫描四极质谱(QMS)都被用作全二维气相色谱的有效检测方法[56-57]。

全二维气相色谱已被应于食品和饮料领域[58-60]。尽管该仪器昂贵,但在过去的几年里,随着分析方法的逐渐成熟以及设备的商业化,全二维气相色谱在挥发性成分分析上的使用成倍增加。总之,无论是应用传统二维气相色谱还是应用全二维气相色谱,均可通过使用最先进的仪器,对复杂的芳香族化合物进行高级分离。

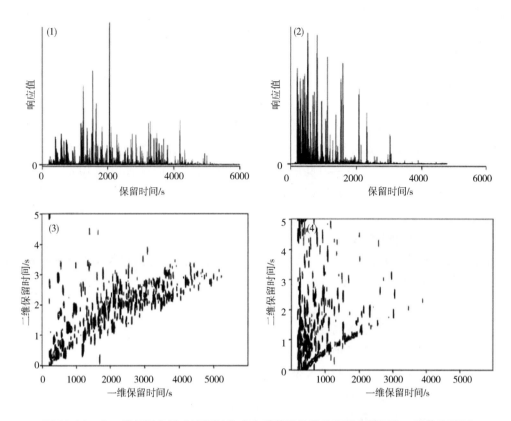

图 14.16　全二维气相色谱分离阿拉比卡咖啡萃取物的总离子色谱图和二维等高线图

注:(1)和(3)使用的是极性与非极性柱子组合,(2)和(4)使用的是非极性与极性柱子组合。

摘自参考文献[54]。

14.4　色谱理论

14.4.1　概述

　　GC 可能有多种类型(或原理)的色谱分离应用。色谱分离原理和色谱理论在第 12 章 12.4 节已经进行了讨论。例如,排阻色谱用于分离如 N_2、O_2 和 H_2 之类的永久气体。排阻色谱还可用于在环糊精柱上分离手性化合物,对映体结构比其他结构更能契合环糊精的孔穴,以分离。吸附色谱采用多孔高分子柱(例如,Tenax 固定相)分离极易挥发的极性化合物(如乙醇、水和醛类化合物)。分配色谱常用于气相色谱分离。目前,有 200 多种液体固定相用于气相色谱,幸运的是绝大多数的分离只要采用其中一小部分就可完成,而其大多数的固定相都已经不采用了。GC 不仅依靠吸附、分配或排阻色谱来分离,同时也依靠溶质的沸点作为额外的分辨能力。因此,分离可根据溶质几种不同的性质来完成。这样就使得 GC 具有与大多数其他类型的色谱(如 HPLC、纸色谱或薄层色谱)不同的分离能力。

　　下面将简单地讨论色谱的有关理论,目的是通过此理论优化 GC 的分离效率,使 GC 具有速度快、成本低、精度和准确度高的特点。如果了解 GC 中影响分离的各种因素,就能够优化分离过程,提高分离效率。

14.4.2　分离效率

　　良好的分离都具有较窄的峰形,在对化合物进行定性分析时,最理想的是达到基线分离,但不是必须的,而且这个结果并不是总能达到的。通过色谱柱时峰展宽程度越大,分离度和柱效率就越差。如 12.5.2.2 所述,评价展宽的方法是塔板理论高度(HETP)。该参数是用柱塔板数 N 和柱长 L 计算得到的。一根良好的填充柱长大约为 5000 个塔板,而一根良好的毛细管色谱柱长为 3000 ~ 4000 塔板/m,总塔板数视不同柱长应有 100000 ~ 500000 个塔板。一根好的柱子,其 HETP 应在 0.1 ~ 1mm。

14.4.2.1　载气速率和柱参数

　　有几种因素影响柱效(峰展宽)。如第 12 章所述,其相互关系如 Van Deemter 方程式(14.1)所述(其 HETP 值越小越好)。

$$HETP = Au^{1/3} + B/u + Cu \tag{14.1}$$

式中　　HETP——理论塔板高度;

　　　　A——涡流扩散项;

　　　　B——因扩散引起的区带展宽;

　　　　u——流动相的流速;

　　　　C——传质阻力。

图 14.17　多通道导致的涡流扩散

　　A 是涡流扩散项,这是因为载气在柱中存在不同路径或多通道效应而引起分析物的扩散(图 14.17)。在毛细管色谱中,与填充柱相比,A 项相对较小,但是随着毛细管柱直径的增大,流动状况就会发生恶化,区带扩散就会产生。柱效最高的毛细管柱直径很小(0.1mm)。当直径变大至大径柱时,其柱效迅速下降(图 14.18)。大径柱仅比填充柱的柱效稍高一些。当采用更细的径柱时,其柱容量迅速下降,微径柱很容易超载(可能每个分析样品的柱容在 1 ~ 5ng),这样得到的色谱分离效果也差。因此,柱直径一般选择 0.2 ~ 0.32mm,以同时满足柱效和容量的要求。

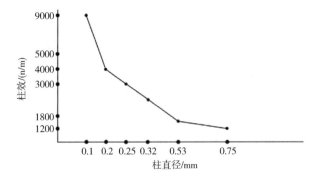

图 14.18　柱直径对柱效的影响(由安捷伦科技有限公司提供,圣克拉拉,CA)

B 是由于扩散引起的区带展宽,溶质将从高浓度向低浓度扩散。u 是流动相的速度。因此,非常缓慢的流速将导致严重的区带展宽,而较快的流速可减少此项的影响。u 受载气的影响。大分子质量的载气(如氮气)比小分子质量的载气(如氦气或氢气)黏度更大,因而以氮气为载气的峰宽增加也比以氢气或氦气为载气的峰宽小。这就造成了以氮气为载气拥有最低的 HETP,因此理论上是最佳的载气选择。然而,考虑到将在 14.4.2.2 中讲到的其他因素,氮气是非常糟糕的载气选择。

C 是传质阻力。如果流速(u)太快,两相间的平衡没有建立,分离效果会较差。这一点可通过下面的方法想象得到:如果溶质的其中一个分子溶解在固定相中,而另一个并没有溶解,那么没有溶解的分子就会继续沿着柱长方向移动,而另一个仍然保留在固定相中。这就导致了溶质在柱中区带展宽。影响传质阻力的另一个因素是固定相液膜的厚度,厚的液膜可以提供更大的柱容量(处理样品的能力更大),然而是以牺牲区带展宽(分离效率)为代价的,这是因为厚的液膜给溶质进出固定相带来了更多不同的扩散性。因此,固定相液膜厚度应综合考虑最大分离效率和样品容量两个方面(样品过多,柱超载,破坏分离能力)。毛细管柱固定相液膜厚度在大多数应用中均采用 $0.25 \sim 1 \mu m$。

如果用 Van Deemter 方程作图,在第 12 章中有过讨论(图 12.13),我们可以看到一个最优流速,因为 B 和 C 的影响结果成反比。但应该注意的是,GC 往往并不在此载气流速下操作来得到最大的柱效(最低的 HETP),因为分析时间与载气流速成正比,如果在最佳流速以上操作,仍然可得到足够的分离度,并可大大缩短分析时间,这时就应采用超过最佳流速的速度。

14.4.2.2　载气种类

载气的选择可显著影响 HETP 和载气流速的相互关系(图 14.16)。如 14.4.2.1 所述,氮气是最有效的载气(HETP 最低),但其最低 HETP 的流速很低。这种低的流速导致了较长的分析时间。如图 14.19 所示,当氮气的最佳流速为 10cm/s 时,HETP 为 0.25,当氦气的

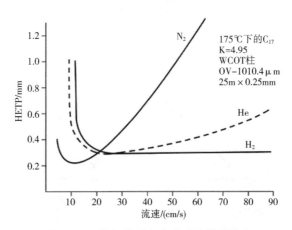

图 14.19　载气类型和流速对柱效的影响

注:由安捷伦科技有限公司提供,圣克拉拉,CA。

最佳流速为 40cm/s 时,HETP 仅为 0.35。相对于氮气而言,分析速度提高了四倍,而分辨率只有轻微下降。甚至可以将流速提高到 60cm/s 或 70cm/s 以缩短分析时间。如图 14.19 所示,相比较氮气,氢气是更佳的载气(流速和 HETP 的关系更加平稳)。然而,氢气的易燃性使人们有些顾虑,并且有文献报道一些化合物会在气相色谱系统中发生还原反应化,因此当氢气用作载气时应做好预防措施。

14.4.2.3 小结

要使一个重要的目标分析物在最短的时间内得到最佳分离,下面几个因素都应该考虑。

(1)柱径　由于分离效率主要取决于柱直径,因此一般应使用小口径柱,尽管小口径柱会限制柱容量,但可以通过增加液膜厚度来补偿。虽然增加液膜厚度也会降低柱效,但比增加柱径的影响小得多。

(2)柱温　应使用较低的柱温,如果要洗脱分离的化合物,就需要较高的柱温,且分离度足够时,可使用更短的柱子。

(3)柱长度　采用尽可能短的柱子(分析时间直接与柱子长成正比,而分离度只与柱长的平方根成正比)。

(4)载气类型　如果检测器允许,尽可能使用氢气作为载气。有些检测器则需要特殊的载气。

(5)流速　在可提供足够分离度的最大载气流速下进行 GC 分析。

图 14.20 所示为在选择分析柱和气相色谱条件时,必须折中考虑两者相互的影响。因此,不能只考虑其中一个因素,而在没有对其他因素进行折中的情况下,对给定的分离条件进行优化。例如,优化色谱分离度(小口径的毛细管柱,薄的固定液膜,长的柱子,较慢的或最佳的载气流速)将以牺牲柱容量(大口径柱和厚的固定液膜)和速度(薄的固定液膜,高的载气流速和短柱)为代价。柱容量是以牺牲分离度和速度为代价。因此,选择柱子和操作参数时,必须考虑分析工作的需要和选择因素间的相互折中。

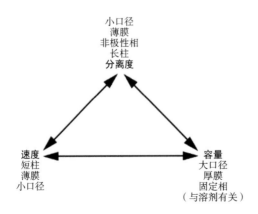

图 14.20　柱容量、效率、分离度和分析速度的相互关系

14.5 GC 的应用

GC 在食品中的应用将在第 19 章、第 23 章和第 33 章中进行详细介绍,下面举一些其他例子来阐明色谱分离和色谱条件。

14.5.1 包装材料中的残留挥发物的测定

包装材料中残留挥发物不管是从健康角度(如它们是有毒的)还是从质量角度(在食品中产生异味)来说都是一个问题。当包装工业从玻璃发展到高分子材料时,这方面的问题就越来越多。GC 最广泛地用于这些材料中残留挥发物的测定[61]。

图 14.21 所示为聚苯乙烯(PS)包装材料中苯乙烯和乙苯迁移到食品(以酸乳为例)中的气相色谱分析图。峰 6 和峰 9 分别代表乙苯和苯乙烯。样品采用顶空固相微萃取,结合快速气相色谱分析鉴定目标挥发性有机化合物[62],萃取头为二乙烯基苯、碳分子筛、聚二甲基硅氧烷。

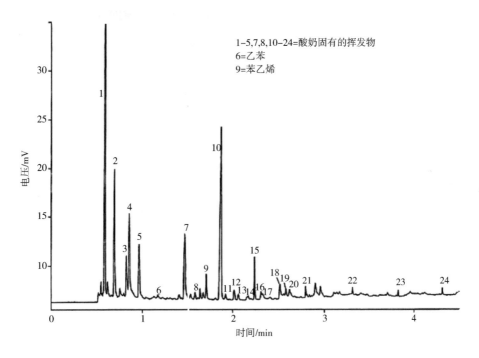

图 14.21　固相微萃取 - 快速气相色谱法测定酸乳包装的单体材料

摘自参考文献[62]。

14.5.2 多维气相色谱 - 质谱联用在标准物生成中的应用

挥发性物质的分析是一项具有挑战性的分析任务,需要从复杂基质中分离多种化学物质的混合物,且浓度及其微小。标准参考物是定性和定量分析目标风味化合物的必要条件,并通过随后的感官分析进一步明确风味的重要性。然而,并不是所有的化合物在没有定制合成的情况下很容易从商业上获得,定制合成通常是一项昂贵而耗时的任务。此外,由于食品等级协议,合成程序会使人的评价复杂化。二维气相色谱 - 质谱联用技术为开发风味或食品分析所需的标准提供了一种可供选择的方法。例如,风味化合物 2 - 乙酰基吡咯啉(2AP)是一种重要的且在食品中普遍存在的风味物质,含量甚微(μg/kg 或更少),被描述为有一种像饼干或爆米花一样的气味特征,且没有定制合成不能获得。图 14.22 所示为二维气相色谱 - 质谱联用技术从已知植物来源的香兰叶(*Pandanus amaryllifolius*)化合物中分离纯化 2AP。

提取分析步骤如下:利用二维气相色谱 - 质谱联用系统配有一个收集器对香兰叶的乙醚提取物进行纯化,得到高纯度的化合物标准品。该分析系统由下述部件构成:安捷伦 GC6890N,安捷伦 MS5973N 配有两个切换阀,两个柱加热器(MACH),一个安捷伦 7683 自动进样器和 Gerstel 馏分收集器(PFC)。一根 RTX - 5S 毛细管柱(30m × 0.25mm × 0.25μm)作为主柱,一根 DB - Wax 毛细管柱(30m × 0.25mm × 0.25μm)作为次柱。通过阀的切换进行中心切割和 2AP 的分离,其程序如下:阀 1 在 6.29min 开启,直接将切割出的气体导入到第二维柱中,7.10min 关闭;然后,阀 2 在 15.4min 开启,直接将气体导入低温冷阱中(- 70℃),收集 2AP,在 15.75min 关闭。

图 14.22 中,最上面是香兰叶乙醚提取物第一维色谱柱的分离图,中间是从第一维柱中

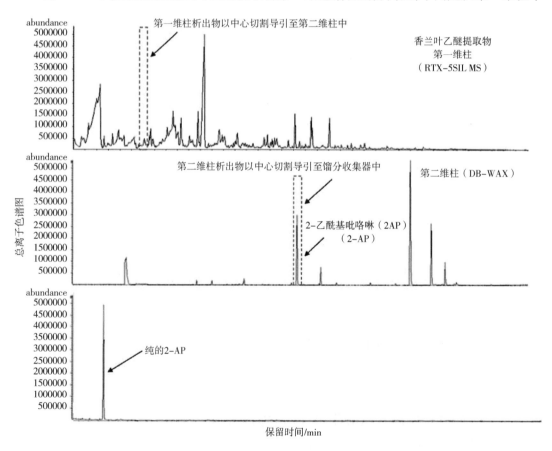

图 14.22　多维气相色谱 - 质谱联用在标准化合物生成中的应用

注:香兰叶提取物中风味物质 2 - 乙酰基吡咯啉(2 - AP)的分离。

馏出的包含2AP的"中心切割"部分,进入第二维柱的分离图,最下面是从第二维柱中馏出的包含2AP的"中心切割"部分被引入馏分收集器,再通过 GC – MS/TOF 分析得纯的2AP色谱图。

14.6 总结

GC 在食品工业和科研上都得到了广泛的应用,它特别适合于挥发性、热稳定性的化合物的分离。该法具有极强的分离能力,并有高灵敏度和选择性的检测器供使用。

样品制备涉及食物中溶质的分离,可采用顶空分析、蒸馏、制备色谱(包括固相萃取),或萃取(液 – 液)等方法。有些溶质可直接分析,而其余的在分析之前必须进行衍生化。

气相色谱包括载气的供应和调节系统(压力与流速控制)、汽化室、柱和柱温控制系统、检测器、电子仪表和数据记录处理系统。分析工作者要非常了解 GC 的各要素:载体和检测器所用气体;汽化室温度,分流、不分流进样,程序升温,或柱上进样方式,柱的选择和优化(分离过程中的气体流速和温度),以及检测器的种类(TCD、FID、NPD、ECD、FPD 和 PID),了解这些 GC 要素的特性和基本色谱理论对合理选择分离度、柱容量、速度和灵敏度都十分必要。

与大多数其他色谱技术不同,GC 在分离度和灵敏度两个方面都已经达到了理论极限。因此,该法除了在硬件或与之相关联的计算机软件上有微小的革新外,将不会再有显著变化。新的发展和应用将更多地涉及包括二维气相色谱在内的多维气相色谱。

GC 作为分离技术,已与作为检测技术的 AED、FTIP 和 MS 相结合,使得 GC 成为更有利的工具,这样的联用技术很可能会继续得到改进和发展,尤其是二维气相色谱 – 飞行时间质谱联用技术。

14.7 思考题

(1)分别叙述下列 GC 分析前,从食品中分离溶质的三种方法在应用和操作中的注意事项:

①顶空法;

②蒸馏法;

③溶剂萃取法。

(2)什么是固相萃取?为什么它比传统的液 – 液萃取更具有优势?

(3)为什么糖和脂肪酸在进行 GC 分析前必须进行衍生化,而农药和芳香族化合物却不需要?

(4)为什么 GC 进样口的温度要比柱室温度高?

(5)当你正在进行填充柱色谱分离时,发现每次从开始到结束,基线准向上漂移,请解释造成这种现象的可能原因?

(6)GC 最基本的检测器有 TCD、FID、ECD、FPD 和 PID,说出每种检测器工作原理的不

同? 另外,请指出哪一种(或几种)检测器符合下面给出的有关要求:

①灵敏度最低;

②灵敏度最高;

③特异性最小;

④线性范围最大;

⑤样品的非破坏性;

⑥常用于农药的分析;

⑦常用于挥发性含硫化合物的分析。

(7)GC 采用什么类型的色谱分离化合物?

(8)解释为何在气相色谱中需要权衡效率和容量? 另外,请举一个牺牲容量以获得更高效率的例子。

(9)你计划用 GC 分离食品样品中的 A、B 和 C 化合物,你打算用内标法定量。回答下列问题,描述怎样使用内标法达到你的目的(详见 12.5.3):

①你怎样选择内标物?

②相对 A、B 和 C 化合物及食品样品而言,你如何使用内标物? 请具体回答。

③你要测量什么值?

④怎样获得标准曲线?

⑤为什么 GC 通常使用内标物?

(10)假如你实验室的工作伙伴只熟悉使用 HPLC 进行食品分析,而对 GC 不熟悉。当你考虑典型的色谱系统时(特别是 GC 和 HPLC 系统的各要素和条件),通过与 HPLC 对比,想把 GC 介绍给你的伙伴,在此之后,一般来说适合 GC 分析与 HPLC 分析的食品类型的不同之处,再列举几个分别适合 GC 和 HPLC 分析的食品成分的例子(也可参见第 13 章)。

参考文献

1. ames AT, Martin AJP (1952) Gas-liquid chromatography: the separation and microestimation of volatile fatty acids from formic acid to dodecanoic acid. Biochem J 50:679

2. Niessen WMA (2001) Current practice of gas chromatography-mass spectrometry. Marcel Dekker, New York

3. Rood D (1999) A practical guide to the care, maintenance, and troubleshooting of capillary gas chromatographic systems, 3rd edn. Weinheim, New York

4. Schomburg G (1990) Gas chromatography: a practical course. Weinheim: New York.

5. Gordon MH (1990) Principles and applications of gas chromatography in food analysis. E. Horwood, New York

6. O'Keeffe M (2000) Residue analysis in food: principles and applications. Harwood Academic, Amsterdam

7. Drawert F, Heimann W, Enberger R, Tressl R (1965) Enzymatische verandrung des naturlichen apfelaromass bei der aurfarbeitung. Naturwissenschaften 52:304

8. Fleming HP, Fore SP, Goldblatt LA (1968) The formation of carbonyl compounds in cucumbers. J Food Sci 33:572

9. Kazeniak SJ, Hall RM (1970) Flavor chemistry of tomato volatiles. J Food Sci 35:519

10. Leahy MM, Reineccius GA (1984) Comparison of methods for the analysis of volatile compounds from aqueous model systems. In: Schreier P (ed) Analysis of volatiles: New methods and their application. De-Gruyter, Berlin

11. Marsili R (1997) Techniques for analyzing food aroma. Marcel Dekker, New York

12. Mussinan CJ, Morello MJ (1998) Flavor analysis. American Chemical Society, Washington DC

13. Sapers GM, Panasiuk O, Talley FB (1973) Flavor quality and stability of potato flakes: Effects of raw

material and processing. J Food Sci 38:586

14. Seo EW, Joel DL (1980) Pentane production as an index of rancidity in freeze-dried pork. J Food Sci 45: 26

15. Buttery RG, Teranishi R (1963) Measurement of fat oxidation and browning aldehydes in food vapors by direct injection gas-liquid chromatography. J Agric Food Chem 11:504

16. Engel W, Bahr W, Schieberle P (1999) Solvent assisted flavor evaporation-a new and versatile technique for the careful and direct isolation of aroma compounds from complex food matrices. Z Lebensm Unters Forsch209:237 − 241

17. Reineccius GA, Keeney PA, Weiseberger W (1972) Factors affecting the concentration of pyrazines in cocoa beans. J Agric Food Chem 20:202

18. Engel W, Bahr W, Schieberle P (1999) Solvent assisted flavour evaporation − a new and versatile technique for the careful and direct isolation of aroma compounds from complex food matrices. Eur Food Res Tech 209:237 − 241

19. Majors RE (1986) Sample preparation for HPLC and GC using solid-phase extraction. LC − GC 4:972

20. Markel C, Hagen DF, Bunnelle VA (1991) New technologies in solid-phase extraction. LC − GC 9:332

21. Li KM, Rivory LP, Clarke SJ (2006) Solid-phase extraction (SPE) techniques for sample preparation in clinical and pharmaceutical analysis: a brief overview. Curr Pharma Anal 2: 95 − 102

22. Pawliszyn J (1997) Solid phase microextraction: theory and practice. VCH Publishers, New York

23. Zhang Z, Yang ML, Pawliszyn J (1994) Solid phasemicroextraction: a solvent-free alternative for sample preparation. Anal Chem 66:844A − 857

24. Fang Y, Qian MC (2005) Sensitive quantification of sulfur compounds in wine by headspace solid-phase microextraction technique. J Chromatogr A 1080: 177 − 185

25. Verhoeven H, Beuerle T, Schwab W (1997) Solid-phase microextraction: artifact formation and its avoidance. J Chromatogr 46:63 − 66

26. Song J, Fan L, Beaudry RM (1998) Application of solid phase microextraction and gas chromatography/time-offlight mass spectrometry for rapid analysis of flavor volatiles in tomato and strawberry fruits. J Agric Food Chem 46:3721 − 3726

27. Jetti RR, Yang EN, Kurnianta A, Finn C, Qian MC (2007) Quantification of selected aroma-active compounds in strawberries by headspace solid-phase microextraction gas chromatography and correlation with sensory descriptive analysis. J Food Sci 72: S487 − S496

28. Kataoka H, Lord HL, Pawliszyn J (2000) Application of solid-phase microextraction in food analysis. J Chromatogr A 880:35 − 62

29. Vas G, Vekey K (2004) Solid-phase microextraction: A powerful sample preparation tool prior to mass spectrometric analysis. J Mass Spectrom 39:233 − 254

30. Pfanncoch E, Whitecavage J (2002) Stir bar sorptive extraction capacity and competition effects. Gerstel Global, Baltimore, MD, pp 1 − 8

31. David F, Tienpont B, Sandra P (2003) Stir-bar sorptive extraction of trace organic compounds from aqueous matrices. LC-GC Europe 16:410

32. Ou C, Du X, Shellie K, Ross C, Qian MC (2010) Volatile compounds and sensory attributes of wine from cv. Merlot (Vitis vinifera l.) grown under differential levels of M. C. Qian et al. 253 water deficit with or without a kaolin-based, foliar reflectant particle film. J Agric and Food Chem 58:12890 − 12898

33. Song J, Smart RE, Dambergs RG, Sparrow AM, Wells RB, Wang H, Qian MC (2014) Pinot noir wine composition from different vine vigour zones classified by remote imaging technology. Food Chem 153:52 − 59

34. David F, Sandra P (2007) Stir bar sorptive extraction for trace analysis. J Chromatogr A 1152:54 − 69

35. Kreck M, Scharrer A, Bilke S, Mosandl A (2001) Stir bar sorptive extraction (SBSE)-enantio-mdgc-ms - a rapid method for the enantioselective analysis of chiral flavour compounds in strawberries. Eur Food Res Technol 213:389 − 394

36. Malowicki SMM, Martin R, Qian MC (2008) Volatile composition in raspberry cultivars grown in the pacific northwest determined by stir bar sorptive extraction-gas chromatography-mass spectrometry. J Agric Food Chem 56:4128 − 4133

37. Malowicki SMM, Martin R, Qian MC (2008) Comparison of sugar, acids, and volatile composition in raspberry bushy dwarf virus-resistant transgenic raspberries and the wild type 'meeker' (Rubus idaeus l.). J Agric Food Chem 56:6648 − 6655

38. Zhou Q, Qian Y, Qian MC (2015) Analysis of volatile phenols in alcoholic beverage by ethylene glycol-polydimethylsiloxane based stir bar sorptive extraction and gas chromatography − mass spectrometry. J Chromatogr A 1390:22 − 27

39. Dupuy HP, Fore SP, Goldblatt LA (1971) Elution and analysis of volatiles in vegetable oils by gas chromatography. J Amer Oil Chem Soc 48:876

40. Legendre MG, Fisher GS, Fuller WH, Dupuy HP, Rayner ET (1979) Novel technique for the analysis of volatiles in aqueous and nonaqueous systems. J Amer Oil Chem Soc 56:552

41. Widmer HM (1990) Recent developments in instru-

mental analysis. In Flavor science and technology, Bessiere Y, Thomas AF, Eds. John Wiley & Sons: Chichester, England, 1990; p 181.

42. Blau K, King GS (1993) Handbook of derivatives for chromatography, Vol 2. Wiley, New York.

43. Du X, Qian M (2008) Quantification of 2,5-dimethyl-4-hydroxy-3(2h)-furanone using solid-phase extraction and direct microvial insert thermal desorption gas chromatography-mass spectrometry. J Chromatogr. A 1208:197 – 201

44. Fang Y, Qian MC (2006) Quantification of selected aroma-active compounds in pinot noir wines from different grape maturities. J Agric Food Chem 54: 8567 – 8573

45. Armstrong DW, He L, Liu Y-S (1999) Examination of ionic liquids and their interaction with molecules, when used as stationary phases in gas chromatography. Anal Chem 71:3873 – 3876

46. Berthod A, Ruiz-Angel M, Carda-Broch S (2008) Ionic liquids in separation techniques. J Chromatogr A 1184:6 – 18

47. Delmonte P, Kia A-RF, Kramer JK, Mossoba MM, Sidisky L, Rader JI (2011) Separation characteristics of fatty acid methyl esters using slb-il111, a new ionic liquid coated capillary gas chromatographic column. J ChromatogrA 1218:545 – 554

48. Bicchi C, Manzin V, D'Amato A, Rubiolo P (1995) Cyclodextrin derivatives in gc separation of enantiomers of essential oil, aroma and flavour compounds. Flavour and Fragrance J 10:127 – 137

49. Amirav A, Jing H (1995) Pulsed flame photometer detector for gas chromatography. Anal Chem 67: 3305 – 3318

50. Buffington R, Wilson MK (1987) Detectors for gas chromatography. Hewlett-Packard Corp., Avondale, PA

51. Shellie R, Marriott P (2003) Opportunities for ultra-high resolution analysis of essential oils using comprehensive two-dimensional gas chromatography: a review. Flavour Fragrance J 18:179 – 191

52. Merritt C (1971) Application in flavor research. In: Zlatkis A, Pretorius V, (Eds) Preparative gas chromatography, Wiley-Interscience, New York, 1971; pp 235 – 276

53. Kempfert KD (1989) Evaluation of apparent sensitivity enhancement in gc/ftir using multidimensional gc techniques. J Chromatogr Sci 27:63 – 70

54. Ryan D, Shellie R, Tranchida P, Cassilli A, Mondello L, Marriott P (2004) Analysis of roasted coffee bean volatiles by using comprehensive two-dimensional gas chromatography-time-of-flight mass spectrometry. JChromatographyA 1054:57 – 65

55. Phillips JB, Xu J (1995) Comprehensive multi-dimensional gas chromatography (review). J Chromatogr A 703:327 – 334

56. Shellie R, Mondello L, Marriott P, Dugo G (2002) Characterisation of lavender essential oils by using gas chromatography-mass spectrometry with correlation of linear retention indices and comparison with comprehensive two-dimensional gas chromatography. J Chromatogr 970:225 – 234

57. Adahchour M, Brandt M, Baier H-U, Vreuls RJJ, Batenburg AM, Brinkman UAT (2005) Comprehensive two-dimensional gas chromatography coupled to a rapid-scanning quadrupole mass spectrometer: Principles and applications. J Chromatogr A 1067:245 – 254

58. Campo E, Cacho J, Ferreira V (2007) Solid phase extraction, multidimensional gas chromatography mass spectrometry determination of four novel aroma powerful ethyl esters. J Chromatogr A 1140:180 – 188

59. Campo E, Ferreira V, Lopez R, Escudero A, Cacho J (2006) Identification of three novel compounds in wine by means of a laboratory-constructed multidimensional gas chromatographic system. J Chromatogr A 1122:202 – 208

60. Adahchour M, Wiewel J, Verdel R, Vreuls RJJ, Brinkman UAT (2005) Improved determination of flavour compounds in butter by solid-phase (micro) extraction and comprehensive two-dimensional gas chromatography. J Chromatogr A 1086:99 – 106

61. Hodges K (1991) Sensory-directed analytical concentration techniques for aroma-flavor characterization and quantification. In: Risch SJ, Hotchkiss JH (Eds), Food packaging interactions ii, American Chemical Society, Washington, DC. p 174

62. Verzera A, Condurso C, Romeo V, Tripodi G, Ziino M. (2010). Solid-phase microextraction coupled to fast gas chromatography for the determination of migrants from polystyrene – packaging materials into yoghurt. FoodAnal Methods 3(2):80 – 84

第四篇　食品成分分析

水分和总固形物分析 **15**

Lisa J. Mauer

Robert L. Bradley Jr

15.1　引言

　　水分测定是食品分析中最重要的分析之一。由于水分子很小且在食品生产、储存和使用环境中无处不在,且难以从食物中完全去除,食物与环境之间的水分交换会导致水分测定结果偏低或偏高,从而使得水分测定成为最难以获得准确和精确数据的分析之一。本章的第一部分介绍了水分含量分析的各种方法,包括原理、步骤、应用、注意事项和优缺点。本章后半部分也对水分活度的测量进行了介绍。与水分总量的测量结果相似,它是影响食品稳定性和品质的要素。测定食物中的水分含量和水分活度可以提供完整的水分分析数据。在了解各种方法之后,可以应用合适的水分分析方法对各种各样的食品进行检测。

15.1.1　水分分析的重要性

　　对一种食品进行的最基本和最重要的分析之一就是含水量的测量,称为食品的水分或水分含量[1-4]。在这方面,"水"和"水分"通常可以互换使用。除去水分后残留的干物质通常称为总固形物。这种分析对于食品生产商具有重要的经济价值,某些法规中规定了某些食品中必须或可以存在的水分限量。表15.1为常见食品及食品原料的水分含量。

　　除了量化食物中的水分含量之外,通过确定水分活度来记录食物中水的能量状态也很重要[5]。水分活度比水分含量更重要,因为它影响微生物的生长、食物的物理特性以及其中的化学和酶反应。此外,水分活度(而非水分含量)的差异会促使不同食物成分(如壳和馅料之间)或食物与环境之间的水分迁移。水分子将从高水分活度区域移动到低水分活度区域,直到达到平衡。

表 15.1   在食品工业中水分含量的重要性

水分含量的重要性	食物
储藏和稳定性	脱水蔬菜、土豆和水果
	乳粉和婴儿配方乳粉
	蛋粉、咖啡粉和茶粉
	调味料和草药
	脆炸或烤炸薯片和饼干
	棉花糖
质量因素	果酱和果冻,抑制糖结晶
	糖浆
	精制谷物:一般为 4%～8% 水分,吸潮膨胀为 7%～8% 水分
便于包装和运输(常需减少水分)	浓缩牛乳和果汁
	液态蔗糖(67% 固形物)和液态玉米甜味剂(80% 固形物)
	脱水产品(如果水分含量过高就会结块或变黏,并且难以包装)
满足组成标准和特性标准	切达芝士水分必须≤39%
	通心粉水分必须≤15%
	菠萝汁必须含有可溶性固体物≥10.5°白利糖度(指定条件)
	葡萄糖浆必须含有总固形物≥70%
	在加工肉类中,含水量通常是特定的
准确计算营养价值	
统一表达其他分析结果	

15.1.2   食物中的水分

食物中水的含量、物理状态和位置会影响食品最适分析方法类型、脱水难易程度和速率、分析平衡及样品处理所需的时间。

15.1.2.1   水分子结构

水分子由两个氢原子与一个氧原子共价结合,形成四面体结构(图 15.1)[6]。在氧原子上有少量负电荷,在氢原子上有少量正电荷。因此,水分子小且极性高,其具有两个氢键供体位点(氢原子),及两个氢键受体位点(氧原子上的两个非键合电子对)。氢键是相对较弱的相互作用力,寿命短(ps)。随着水分子的不断移动,特别是当温度或湿度发生波动时,氢键容易断裂和重组[7-8]。因此,在样品处理期间水分子可以在样品中迁移或逸出到外部环境中,这对准确量化样品中水分的含量或活度提出了挑战。

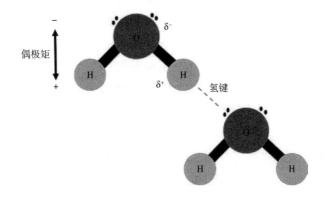

图 15.1 水分子和氢键图解

15.1.2.2 水的物理状态和特性

温度、压力及分子间氢键导致了水以不同的物理状态存在:固体(冰晶)、液体(水)和气体(水蒸气,湿气)。确定食物的总水分含量以及食物中的水分活度可能需要综合分析这三种状态下的水。通常,加热汽化多用于直接水分测定法,即基于样品中蒸发前后的质量差来实现。还可以通过水的其他性质间接测定水分含量,包括介电常数、密度和冰点。表15.2所示为水的性质。

表 15.2	水的性质
性质	数值
摩尔质量	18.0153g
熔点(1atm)	0.000℃
沸点(1atm)	100.000℃
汽化焓(1atm)	40.647kJ/mol
玻璃化温度(1atm)	136K
临界温度	373.99℃
密度(20℃)	$0.99821g/cm^3$
蒸汽压(20℃)	2.3388kPa
热容(20℃)	4.1818J/gK
热导率(20℃)	0.5984W/mK
热扩散系数(20℃)	$1.4 \times 10^{-7}m^2/s$
介电常数(20℃)	80.20
水分活度(20℃)	1.000
水分活度(-20℃)	0.82

注:$1atm = 1.01325 \times 10^5 Pa$。

摘自参考文献[5-6]和[38]。

15.1.2.3 水和食品原料之间的相互作用

尽管水不与食物成分形成共价键,但仍很难从食物中除去。了解水分子与食品成分的相互作用以及食品中水分的分布有助于水分测定。水分子上的氢键供体和受体位点通过氢键、偶极间相互作用、离子键和范德华力与食物成分相互作用[6]。水分子倾向于在离子和带电基团以及其他氢键供体和受体基团周围聚集[如羟基(—OH),羰基(═O)和氨基(—NH$_2$)][9]。为了去除食物中的水,必须施加足够的能量来克服这些分子间的相互作用。水与固体的相互作用也有不同的机制,包括表面相互作用(吸附)、凝结(毛细管凝结和潮解)和内化水(吸附和结晶水合形成)[10]。水也可以被物理包埋在食物基质中,例如,在凝胶结构或致密的脱水或油炸产品中,内化水分比表面水分更难被去除。几乎不可能去除食物中的全部水分,特别是内化水分,因为传热和传质速率以及食物原料的性质使水分完全流出过程变得复杂。

15.1.3 样品采集和处理

第5章给出了取样、样品预处理、储存以及样品制备的通用步骤。这些步骤可能是所有分析中最容易出现误差的来源之一。在水分含量测定中,必须采取预防措施,尽量减少在这些步骤中发生的水分损失或吸收。因此,样品暴露在空气中的时间应尽可能短,减少样品在碾碎过程中的摩擦及热量产生,装样品的容器尽量少留空间,以避免样品和容器环境之间可能发生的水分转移。因为水分易向温度低的部分迁移,所以在测定过程中控制温度波动至关重要。为了控制这些潜在的误差,应将样品从容器中全部取出并迅速重新混合,取部分样品进行测定[11-12]。

为了说明称量在分析样品中的重要性,Bradley 和 Vanderwarn[13]使用切碎的干酪(取2~3g置于5.5cm铝盒中)置于分析天平上,可观察到其水分损失具有线性规律,且损失率与相对湿度(RH)有关。在50%的相对湿度下,干酪只需要5s就减少了0.01%的水分;这个时间在70%相对湿度下增加了一倍,即在10s内减少了0.01%。虽然人们可能会期望损失率呈曲线分布,但在5min的研究间隔内,水分损失实际上呈一元线性分布。水分活度低于环境相对湿度的样品(如许多粉末和酥脆的油炸产品)可能会在处理过程中吸收水分,导致水分含量过高。这些例子说明了在样品称重、前干燥或其他分析过程中严格控制取样条件的必要性。

15.2 水分/水分含量

15.2.1 概述

食品的含水量变化很大,如表15.3所示[3]。在绝大多数食品中,水分是一个重要的组成部分,在检测前预估水分含量有助于选择合适的测量方法。使用规定步骤的官方方法可以确定样品中的含水量[14-16]。但是,对于一种产品可能存在几种官方方法。例如,确定某乳酪中的含水量,AOAC 国际法具有多种官方方法,其中包括:926.08,真空烘箱;948.12,强力通风烘箱;977.11,微波炉;和969.19,精馏[14]。通常情况下,AOAC 国际法中所列的第一种方法都优于其他后续方法。

一般将不同类型的含水量测定法分为直接法和间接法。水分含量的直接测量方法通常利用干燥、蒸馏、萃取等方式去除水分。间接方法是利用食品中与水的存在形式有关的食品性质,例如电容、相对密度、密度、折射率、冰点和电磁吸收等,确定该食品的水分含量。

15.2.2 烘箱干燥法

烘箱干燥法是将样品在特定条件下加热,通过重量损失来计算样品的含水量。测定的含水量取决于所使用的烘箱类型、箱内状况、干燥时间以及干燥温度。多种烘箱干燥法已通过 AOAC 认证,可以用来确定各种食品中的水分含量。此类方法操作简单,可以同时分析大量样品。所需样品时间为 1 ~ 24h。

表 15.3	部分食物的水分含量
食物种类	近似含水量(湿基质量)/%
谷物,面包和通心粉	
小麦面粉(全谷物)	10.3
白面包(加料,小麦粉)	13.4
玉米片谷物	3.5
椒盐薄脆饼干	4.0
通心粉(干,加料)	9.9
乳制品	
牛乳(部分脱脂,液体,2%)	89.3
酸乳(原味,低脂肪)	85.1
酪农乳酪(低脂或2%乳脂)	80.7
切达乳酪	36.8
香草冰淇淋	61.0
脂肪和油脂	
氢化人造黄油	15.7
黄油(含盐)	15.9
大豆油(沙拉或烹饪用)	0
水果和蔬菜	
西瓜(未加工)	91.5
加州脐橙(未加工)	86.3
苹果(未加工,带皮)	85.6
葡萄(未加工,带皮)	81.3
葡萄干	15.3
黄瓜(未加工,带皮)	95.2
微波土豆(皮肉熟透)	72.4

续表

食物种类	近似含水量(湿基质量)/%
绿豆角(未加工)	90.3
肉类,家禽和鱼类	
牛肉(生,95% 瘦肉)	73.3
肉鸡和童子鸡(带皮生肉)	68.6
鱼翅(比目鱼类,生)	79.1
蛋(整蛋,生,新鲜)	75.8
坚果	
核桃(干,黑色)	4.6
花生(加盐,干制)	1.6
花生酱(滑润,含盐)	1.8
甜味剂	
糖(颗粒状)	0
糖(棕色)	1.3
蜂蜜(过滤或提取)	17.1

摘自 USDA(2016)营养数据库的参考标准的修订版,第 28 版。营养数据实验室主页,http://ndb. nal. usda. gov[3]。

15.2.2.1 基本信息

(1)水分的去除 水在较高温度下蒸发更快。所有烘箱干燥法的基础是水的沸点为 100℃,当然这仅考虑海平面以上的纯水。根据拉乌尔定律,如果 1mol 溶质溶解在 1.0L 的水中,则沸点将提高 0.512℃。随着溶质不断被浓缩,沸点则在整个干燥过程中持续升高。

脱水一般通过两个阶段完成。液体产品(例如,果汁、牛乳)通常先在蒸汽浴中预干燥,再放回烘箱中干燥;面包和谷物类的产品通常先风干、研磨后再进行烘干。由空气和烘箱中的水分损失计算样品中的水分含量。样品的颗粒大小、粒径分布、样品量、吸湿性和比表面积等均会影响干燥过程中脱水的速度和效率。

(2)食物中其他成分的分解 分析过程中,样品中的水分损失是随时间和温度变化的函数。当时间过长或温度过高时,食品中其他成分的分解就会发生。因此,大多数用于食物水分含量测定的方法需要在一定时间和温度内寻找一个平衡点以控制样品的分解。水分分析存在的一个主要问题就是在这个物理过程中必须分离所有的水分且不分解任何可能释放水的成分。例如,碳水化合物在高温下分解并释放水,形成脱水烃化合物。这种分解产生的水导致所测定的水分含量过高,但其结果并不准确。某些化学反应(例如蔗糖水解)会导致样品中的水分被利用,这将使其测出的水分含量偏低。风味化合物中的挥发性成分,例如乙酸、丙酸、丁酸以及醇、酯和醛的损失也可能导致测量误差。虽然一般认为烘箱干燥法中的前后质量差是完全由水分损失造成的,但诸如不饱和脂肪酸和其他化合物的氧化,也可能导致差值的增加。

Nelson 和 Hulett[17]发现生物产品中的水分在365℃仍然存在,这个温度恰好接近水的临界温度。他们的数据表明,样品在高温下完全分解的产物有 CO、CO_2、CH_4 和 H_2O。而这些产物都不是只在某一个特定温度下才释放,而是在所有的温度下都会以不同的速率进行释放。

为了阐明水分释放与烘干温度之间的关系,下图描绘了温度与含水量之间的关系曲线(图15.2)。图中明显的转折表示样品分解时的温度。这些曲线在184℃之前均保持连续。通常,蛋白质分解温度略低于淀粉和纤维素所需的温度。假定在所讨论的温度下没有吸附水存在,延长每条曲线的光滑部分至250℃,则得到样品中真实的含水量。

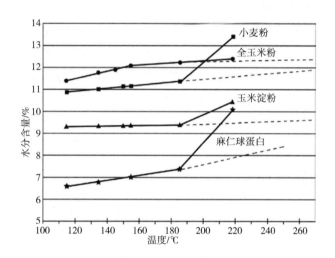

图15.2　几种食物在同一烘箱中不同温度下的含水量

注:虚线将数据外推至250℃,即真实的含水量

摘自参考文献[17]。

(3)温度控制　干燥主要是控制特定的干燥温度和时间,因此这两个条件必须精确。此外,鉴于不同类型的烘箱会产生温度差。因此在使用多个烘箱收集数据前,应该先确定不同烘箱之间的温差范围。

考虑三种不同烘箱,它们分别是:空气对流烘箱(大气压下)、强力通风烘箱、真空烘箱。其中空气对流烘箱的温度波动最大。因为没有风扇的协助,热空气的循环比较缓慢,而烘箱内的称量皿会进一步阻碍空气的循环。当箱门关闭后,温度上升的速率会逐渐降低,并且还会受到样品载量、位置及环境温度的影响,10℃的温差在对流烘箱里很常见。鉴于预期结果的精密度和准确度,选择烘箱时,必须对箱内温差有所考虑。因此,对流烘箱不适用于精密及准确的测量。

强制对流烘箱在所有类型烘箱中,内部温差最小,通常小于1℃。箱内空气通过风扇进行循环,使空气在整个腔体内流动。强制对流通风烘箱具有水平方向空气运动的均匀效果。因此,无论烘箱的架子是否装满潮湿的烘盘,或者只装了一部分,对流的最终结果会保持稳定。[13]

真空烘箱具有两个有助于箱内温度扩散的特点,其中一个是烘箱门上的玻璃窗。尽管从教学的角度来看,玻璃窗有利于观察一些样品的干燥过程,但玻璃是极易散热的,不利于保持箱内温度稳定。第二个特点是空气流入烘箱的方式,如果进气口和排气口位于对称位置,则空气几乎直线穿过箱体。在较新型号的烘箱内,进气和排气管安装在箱体的顶部和底部。这种类型的真空箱中,空气从前面向上运动,再返回至出口排放。其作用是最大程度上减少冷点,使烘箱内空气中的水分完全被蒸发。

(4)烘箱干燥法中所用称量皿的种类 用于含水量测定的称量皿形状各异,主要分为有、无盖子两类。AOAC 法中使用称量皿的直径约 5.5cm,并配有一个嵌入盖。其他称量皿的盖子位于称量皿的外边缘,通过滑动进行关合。虽然这些称量皿可以重复使用,但是用于清洁的劳动力成本十分昂贵。

样品在加热过程中会产生飞溅,称量皿盖可以有效防止这一损失。如果盖子是金属的,在干燥过程中必须滑到一边,以使水分蒸发。但是盖子的滑动也会形成局部飞溅,导致产品损失。在检查大多数烘箱内部时,会发现异味或烧尽的灰分沉淀,如果没有及时发现这个情况,将会产生错误的结果和较大的标准偏差。

在条件允许的情况下可以考虑使用一次性称量皿,搭配玻璃纤维称量皿盖。这些称量皿盖直径为 5.5cm,特别适用于一次性铝箔皿,而且这种材质既可以防止样品飞溅又能保证表面透气,但如果换作滤纸片,它会被脂肪污染而且不能有效透气。

在考虑到这些细节的基础上,利用各类材质的称量皿对乳酪进行干燥实验。实验结果表明,脂肪的确会从普通盖子的称量皿中溅出,而玻璃纤维是用作称量皿盖的最佳材质。

(5)称量皿的处理与准备 要特别注意称量皿在使用前的处理与准备。在处理任何称量皿时应使用钳子或佩戴手套,因为指纹的油脂也有重量。所有的称量皿必须经过烘箱处理,以备使用,这是一个非常重要的因素,除非技术人员证明某种特殊类型的称量不需要进行干燥处理,否则不能省略这一步。一次性铝箔称量皿在使用前必须在真空烘箱中干燥3h。在真空或强力通风烘箱中于100℃下干燥 3h 和 15h 后,直到重量的变化小于天平灵敏度或在 0.0001g 以内,即停止干燥。干燥后的称量皿应保存在干燥器内,玻璃纤维盖在使用前应干燥 1h。

(6)样品表面硬化的控制(掺砂技术) 一些食物在干燥过程中往往会形成硬皮或结块,这会得到不稳定或错误的结果。为了控制这个问题,分析人员采用了掺砂技术,即将干净干燥的海砂和一根较短的玻璃棒预先称重之后放入称量皿中。随后,进行样品称重并将海砂和样品用玻璃棒搅拌均匀。后续遵循标准化步骤进行,否则样品会被干燥至恒重,水分流失过度。使用海砂有双重目的:一是防止表面硬皮形成;二是使样品分散,减少水分蒸发受到的阻碍。使用海砂的质量由样本的多少决定,一般 3g 样品中加入 20~30g 海砂,可使待测样品足够分散。一些其他的热稳定惰性材料拥有和海砂类似的优点,比如硅藻土,它可以用于测定水果等黏性较大物质中的含水量,应用范围有点与海砂相似。

诸如海砂和硅藻土之类的惰性基质在起到分散食品样品作用的同时,也可使食品中水分的滞留时间减少。然而,分析人员必须确定所使用的惰性基质不会因为分解或水分损失而使测定结果不准确。因此在任何一种方法使用之前,海砂或其他惰性基质必须进行质量损失测试。将约25g 海砂加入称量皿中,在 100℃下加热 2h 至恒重且精确至 0.1mg。加入

5mL水,使用玻璃棒将其与基质混合均匀。在100℃下加热称量皿、惰性基质、盖子和玻璃棒至少4小时,之后重新称重。对于理想的基质,两次称量之间的差异必须小于0.5mg。

(7)计算　食品中水分(wwb和dwb)和总固形物含量用烘箱干燥法测定,计算结果如下:

$$湿基含水量\%(wwb) = \frac{样品湿重 - 样品干重}{样品湿重} \times 100\% = \frac{样品中水的含量}{样品湿重} \times 100\% \quad (15.1)$$

$$干基含水量\%(dwb) = \frac{样品中水的含量}{样品干重} \times 100\% \quad (15.2)$$

$$总固形物含量\%(wt/wt) = \frac{样品干重}{样品湿重} \times 100\% = 100\% - 相对含水量\%(wwb) \quad (15.3)$$

15.2.2.2　强力通风烘箱干燥法

使用强力通风烘箱时,将样品迅速称量放至预先干燥的称量皿中,盖上盖子放入烘箱。如没有标准方法可参考,则可根据不同食品种类参考(表15.4)的干燥时间,一般干燥时间为0.75~24h。一些液体样品可以预先在100℃的蒸汽浴中干燥以减少液体的飞溅。经这样的处理后,干燥时间可缩短到0.75~3h。利用强力通风烘箱经预干燥处理或未经预干燥处理都可以测定液体乳的固形物含量(AOAC检测方法990.19,990.20)。

另一种选择合适干燥时间的方法是反复称重,直到相隔30min的两次连续称量的差异达到指定的误差范围,比如5g样品中只有0.1~0.2mg的差异。使用这种方法必须注意样品的变化,例如褐变就表明水分正在以错误的形式丧失。在强力通风烘箱中,高温下还可能使脂质发生氧化导致样品重量的增加。碳水化合物含量高的样品不应在强力通风烘箱中干燥,而应在真空烘箱中以不高于70℃的温度干燥。

表15.4　　　　　　　　　　不同食品在强力通风烘箱内的干燥温度和时间

产品	蒸汽浴干燥	烘箱温度/(℃±2℃)	干燥时间/h
酪乳(液态)	X[①]	100	3
奶酪(自然型)		100	16.5±0.5
巧克力和可可		100	3
家常干酪		100	3
奶油(液态和结晶)	X	100	3
蛋清蛋白(液态)	X	130	0.75
蛋清蛋白(干燥的)	X	100	0.75
冰淇淋和冷冻甜点	X	100	3.5
牛乳	X	100	3
全脂,低脂,脱脂牛乳		100	3
浓缩脱脂牛乳		100	3
坚果:杏仁,花生,核桃		130	3
果干		70	6
烘焙咖啡		70	16

摘自参考文献[6]和[15]。

①样品放入烘箱前必须经蒸汽浴预先干燥。

15.2.2.3 真空烘箱干燥法

利用真空烘箱在低压条件下(25~100mmHg)对物料进行干燥,会使水分蒸发速率加快,可在3~6h内使水分更完全去除且保障物料不被分解。

真空烘箱除了要控制温度和真空度之外,还需要对空气进行干燥与净化,以确保规范操作。在原先的方法中,利用真空瓶使其部分充满浓硫酸作为干燥剂,并控制每秒有一两个气泡通过酸液。现行方法则使用含有指示剂的硫酸钙测定空气捕集器中的水的饱和度(如 DrieRite™)。在空气捕集器和真空烘箱之间安装一个尺寸适当的转子流量计来控制进入烘箱的气流(100~120mL/min)。

以下内容是使用真空烘箱的关键点。

(1)使用的温度取决于产品,例如某些食物的使用温度为95~102℃,水果和其他高糖产品的温度较低(60~70℃)。有些样品即使在较低的温度下,仍会发生降解。

(2)如果被测定的产品中有浓度较高的挥发性物质,则应考虑使用校正因子来弥补挥发量。

(3)操作者应该记住:在真空条件下,热量传导不良,因此称量皿必须直接放置在金属架上以传导热量。

(4)蒸发是一个吸热过程;因此应该注意冷却现象。由于冷却对蒸发的影响,当将几个样品同时放入这种类型的烘箱中,可注意到箱内的温度有所下降。但不要试图通过提高温度来补偿冷却效果,否则在干燥后期样品会产生过热现象。

(5)干燥时间和以下性质存在函数关系,它们分别是总水分含量、样品的性质、每单位重量样品的表面积、是否使用海砂作为分散剂以及是否含有较强持水能力和容易分解的糖类物质等。一般通过实验确定干燥时间,可得到良好的重现性。

15.2.2.4 微波分析仪

测定食品中水分含量的传统方法是使用标准的烘箱干燥法来完成的。虽然准确,但需要花费较长时间来干燥样品。微波水分分析,通常被称为微波干燥,被认为是第一个精确而快速测定水分的技术。在食品工业中,部分食品在加工过程中即在包装之前可利用此法快速调整食品中的水分含量。例如,在加工干酪时,可在原料倒入容器,搅拌之前调整成分。在生产过程中相应的调整有助于食品生产商降低生产成本,使产品符合法规要求,并确保产品的一致性。这样的控制手段可以在几个月内高效地赚回购买微波分析仪的费用。

在 AOAC 法中规定了特定的微波水分/固形物分析仪(CEM Corporation, Matthews, NC)或等同仪器,用于加工番茄产品的总固形物分析(AOAC 方法 985.26)以及肉类和家禽产品的水分含量分析(AOAC 方法 985.14)。

使用 CEM 公司的微波水分/固形物分析仪的一般程序是,通过设置微处理控制器到总输出功率的某个百分比位置来调控微波输出功率。微波输出功率设置取决于样品类型和微波水分分析仪制造商的建议。内部天平有两个样品衬垫,尽快将样品放置在其中一个上,然后将样品衬垫放在天平上得净重。干燥操作的时间由操作员设定,启动"开始"按钮,由微处理器控制干燥程序,并在控制器窗口中显示水分百分比。一些新型微波水分分析仪具有温度控制功能,可精确控制干燥过程,无需为特殊样品进行时间和功率设置。这些新型仪器拥有更小的内腔,使得微波能量能够直接聚焦在样品上。

使用微波分析仪进行水分测定时有一些注意事项:

(1)样品必须是均匀的且尺寸一致,以便在规定的条件下完全干燥。

(2)样品必须位于中心位置且均匀分布,这样不会被局部烧焦,一些部分也不会加热不足。

(3)为了防止样品质量测定前发生脱水或是吸湿反应,应该缩短样品放置的时间。样品衬垫的因素也应该考虑到,其材质有几种不同的类型,包括玻璃纤维和石英纤维。为获得最佳效果,样品衬垫不应吸收微波能量,以避免导致样品燃烧。同样它们也应该不易被磨损,因为磨损会导致自身重量减轻,并影响分析。另外,样品衬垫应该具有良好的吸湿性。

另一种拥有真空系统的微波烘箱已被用于一些食品工厂。这种真空微波烘箱可以一次容纳三份样品或三种不同类型的样品。据报道,样品在这种微波炉中加热10min可以得到在100℃的真空烘箱中加热5h相似的效果。真空微波烘箱不像传统微波分析仪那样被广泛使用,但其在某些产业中已被广泛应用。

微波干燥是一种快速(4~8min)、准确测定许多食物中含水量的方法,该方法对于常规测定是足够精确的。此方法的快速准确优势使其可忽略仅能测试单个样本的局限性[19]。

15.2.2.5　红外干燥

红外干燥是将热量从表面渗透到被干燥的样品内部。与传统烘箱采用热传导和对流方式相比,这种从样品中蒸发水分的热渗透可以将所需的干燥时间缩短到10~25min。通常用于加热样品的红外灯丝温度为2000~2500K,加热过程中必须控制红外源与样品的距离以及样品的厚度,分析人员必须注意样品在烘干过程中不会燃烧或表面硬化。红外烘箱可配备强力通风装置来去除潮湿的空气,另外还可设置可直接读取含水量的分析天平。AOAC法目前没有批准红外水分分析法,但由于其快速的分析速度使得这种技术适用于在线定性分析。

15.2.2.6　快速水分分析技术

食品工业中还使用许多基于热解重量的快速水分/固形物分析仪,除了前面介绍的红外线和微波干燥技术之外,还有不同加热类型的小型仪器。加热元件主要有两种类型:卤素加热器(例如,卤素水分析仪,Mettler Toledo,Columbus,OH)和陶瓷加热器(例如,微量水分测定仪,Arizona Instrument LLC,Chandler,AZ)。这些高能分析仪可检测水分含量0.005%~100%,质量150mg~54g的样品,虽然较小的样品能加快干燥时间,但使用足够的样本也是重要的。将测试样品放置在铝盘或滤纸上,再打开加热控制程序(加热范围为25℃~200℃)将测试样品升高至恒定温度。当样品失去水分后,仪器可自动称重并计算水分或固形物的百分比,过程中不将样品移出烘箱,可确保称量误差最小化,在几分钟内就可以得到准确的结果。这些分析仪可用于生产和实验室检测,其结果可与标准方法相媲美。

15.2.2.7 热重分析仪

在热重分析仪(TGA)中,可在一个可控的环境中以可控的速率加热样品并且连续测定其质量。将样品(通常 10 ~ 50mg)装入称量皿中,然后将其放入装有热源和精密天平的 TGA 仪器中。通过释放吸附的化合物(如水),或者发生化学反应、分解反应等,样品在加热过程中会减重。为了准确确定含水量,用惰性气体(如氮气)吹扫样品室,使得样品在分析仪中仅受温度的影响,并避免由氧化引起的质量变化。TGA 仪器中的热源比许多其他水分测定技术所涉及的温度范围更广,可以从低于环境温度到大于 1500℃,这不仅能够评估水分相关指标(含水量、脱水温度、水合物的化学计量和脱水动力学),而且能够在更高的温度下测量裂解、分解和灰分的重量百分比。有关 TGA 的更多详细信息,请参阅热分析章节(详见第 30 章)。为了使用 TGA,检测开始前以每分钟 20℃ 的加热速率将低于但接近于 100℃ 的样品加热至高于 100℃。在现行食品含水量的测定方法中,扫描范围通常为室温到 200℃,并且由 100℃ 以上的质量损失来确定含水量。在此过程中,质量损失速率的衍生图将产生峰值,显示失水的起点、中点和终点温度,精密天平和在线检测传感器可以精确并准确地测定含水量。然而,在水分蒸发温度以下样品的分解或挥发是该方法的误差来源。

15.2.3 蒸馏法

15.2.3.1 概述

蒸馏法是另一个测定样品中含水量的直接方法。蒸馏法利用食品样品中的水分与不混溶于水的高沸点溶剂共蒸馏,收集馏分以测量水的体积。目前常用的有两种蒸馏方法:直接和回流蒸馏。例如,在与沸点高于水的互不相溶溶剂的直接蒸馏中,样品在矿物油或闪点高于水沸点的液体中加热。而其他与水互不相溶的液体可使用沸点稍高于水的其他不混溶溶剂(例如,甲苯、二甲苯和苯),其中最广泛使用的方法是与甲苯进行回流蒸馏。

蒸馏法最初是作为质量控制的快速方法,它并不适用于常规检测。AOAC 批准其用于调味品(AOAC 方法 986.21)、干酪(AOAC 方法 969.19)和动物饲料(AOAC 方法 925.04)的含水量测定。它也可以为坚果、油、肥皂和蜡类样品的检测提供良好的准确性和精确度。

蒸馏法可减少食物在高温下的热分解,虽然使用沸点较低的溶剂可以使不利的化学反应最小化,但仍不能使其完全消除,且会增加蒸馏时间。水分含量可在蒸馏过程中被直接测量(而不是通过重量损失),但是从接收管中读取的含水量可能没有利用直接测量重量法获得的结果准确。

15.2.3.2 互不相溶溶剂回流蒸馏

回流蒸馏使用与水不互溶的比水密度低的溶剂(例如沸点为 110.6℃ 的甲苯或沸点为 137 ~ 140℃ 的二甲苯)或比水密度更高的溶剂(例如,四氯乙烯,沸点 121℃),使用后者的优点是样品干燥后可在其中漂浮,不会被烧焦,另外,这种溶剂不会有失火的危险。

比德韦尔 - 斯特林水分捕集器,如图 15.3 所示,通常用于比水密度低的溶剂的回流,使用这种捕集器的蒸馏过程有时需要使用刷子去除玻璃器皿中黏附的水滴,从而减少误差。

如果观察到蒸馏过程中的三个潜在误差来源,应该及时予以消除。

(1)水与有机溶剂形成乳浊液。可通过在蒸馏完成之后,或在读数前再次用冷却装置来控制。

(2)不清洁的仪器使水滴吸附在冷凝管壁上。每次必须彻底清洁玻璃器皿,并且使用试管刷去除水滴。

(3)蒸馏出水分的同时使样品分解。如果发生此问题并造成分析误差时,可停止使用该方法并用其他方式替代。

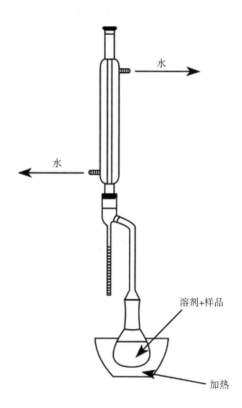

图15.3　食物中水分含量测定的回流蒸馏仪

这种装置的关键是比德韦尔－斯特林水分捕集器,仅适用于比水密度低的溶剂。

15.2.4　化学方法:卡尔·费休滴定法

卡尔·费休滴定法是水分含量的直接测量方法,特别适用于加热或真空条件下测量结果不稳定的食品。这是测定许多低水分食物中含水量的方法,例如,干果和蔬菜(AOAC方法967.19EG)、糖果、巧克力(AOAC方法977.10)、烘焙咖啡、油脂(AOAC方法984.20),或者任何含糖或蛋白质含量高的低水分食物。该方法速度快、准确,不需要加热。这种方法是基于本森在1853年描述的基本反应[20],涉及水存在时SO_2还原碘:

$$2H_2O + SO_2 + I_2 \longrightarrow H_2SO_4 + 2HI \tag{15.4}$$

修改后包含甲醇和吡啶在四组分系统中溶解碘和SO_2:

$$C_5H_5N \cdot I_2 + C_5H_5N \cdot SO_2 + C_5H_5N + H_2O \longrightarrow 2C_5H_5N \cdot HI + C_5H_5N \cdot SO_3 \qquad (15.5)$$

$$C_5H_5N \cdot SO_3 + CH_3OH \longrightarrow C_5H_5N(H)SO_4 \cdot CH_3 \qquad (15.6)$$

这些反应表明,对于每 mol 水,需要使用 1mol 碘,1mol SO_2,3mol 吡啶和 1mol 甲醇。通常使用含有这些组分的甲醇溶液,其比例为碘:SO_2:吡啶 $= 1:3:10$,通常样品中 3.5mg 水会消耗 1mL 试剂,标准化试剂的步骤如下所述。

在容量滴定过程中(图 15.4 是手动滴定装置;图 15.5 是自动滴定装置的一个例子),将碘和 SO_2 以适当的形式添加到密封室内,保护其免受大气水分的影响,可以直观地确定过量的 I_2 不能与水反应,终点的颜色是深红棕色。一些仪器系统通过包含电位计(即电导法)来改进,以电子方式确定终点,增加了灵敏度和准确度。自动化的容量滴定,单位(用非常高浓度的 0.01% 水)使用泵机械添加滴定剂,并使用电导法测定终点(通过施加电流并测量电位检测过量的碘)。

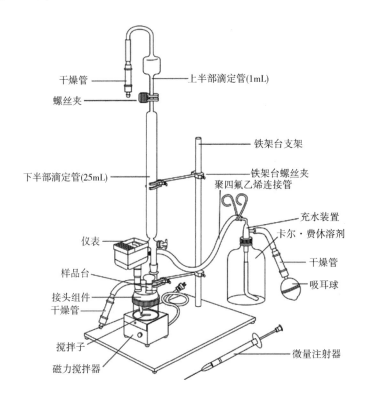

图 15.4　手动卡尔·费休容量滴定装置

注:由 Courtesy of Lab Industries, Inc. Berke ley, CA 提供。

上述滴定方法适用于含水量大于 0.03% 的样品。第二种滴定方式称为库仑滴定法,适用于含水量极低(从 0.03% 降至 0.0001%)的产品,在这种方法中,利用电解产生碘($2I \longrightarrow I_2 + 2e^-$)来滴定水。滴定水所需的碘量由产生碘所需的电流决定,就像体积滴定一样,自动库仑滴定装置可以在市场上买到。

在卡尔·费休容量滴定法中,如果样品中的水分可直接接触,卡尔·费休试剂(KFR)可直接作为滴定剂加入,但是,如果固体样品中的水分不能和试剂接触,则可用合适的溶剂

图 15.5 自动卡尔·费休滴定仪

注:由 Courtesy of Mettler Toledo, Columbus, OH 提供。

(例如,甲醇)从食物中提取水分(粒径直接影响提取效率),然后用 KFR 滴定甲醇提取物。

该试剂的缺点是吡啶具有有害气味。因此,研究人员尝试了能够溶解碘和二氧化硫的其他胺类,发现了一些脂肪胺和其他几种杂环化合物。基于这些胺,研究人员已经制备了单组分试剂(溶剂和滴定剂组分)和双组分试剂(溶剂和滴定剂组分分离)。单组分试剂更便于使用,而双组分试剂具有更高的储存稳定性。

必须先确定食物样品中 KFR 效价(KFReq),才能确定其中的含水量。KFReq 值代表与 1mL KFR 反应的水量。因 KFReq 值会随着时间而改变,所以在每次使用之前必须进行标准化。

KFReq 可以用纯水、标准甲醇水溶液或二水合酒石酸钠水溶液确立。由于测量所需量比较小,会带来一定的不准确性,因此一般不使用纯水。标准甲醇水溶液由生产商预先混合,一般是含有 1mg/mL 水的溶液。由于甲醇水溶液可吸收大气中的水分,这个标准在储存期内会改变。二水合酒石酸钠($Na_2C_4H_4O_6 \cdot 2H_2O$)是确定 KFReq 的主要标准。该化合物非常稳定,在实验室所有条件下都含有 15.66% 的水,可以作为使用的材料。

使用二水合酒石酸钠计算 KFReq 的公式如下:

$$\text{KFReq}(\text{mg H}_2\text{O/mL}) = \frac{36\text{g H}_2\text{O/mol Na}_2\text{C}_4\text{H}_4\text{O}_6 \cdot 2\text{H}_2\text{O} \times S \times 1000}{230.08\text{g/mol} \times A} \tag{15.7}$$

式中　KFReq——卡尔·费休试剂水(水分)效价;

　　　S——二水合酒石酸钠的质量,g;

A——滴定二水合酒石酸钠所需 KFR 的体积,mL。

一旦知道 KFReq,样品的含水量就可以由式(15.8)确定。

$$H_2O\% = \frac{KFReq \times Ks}{S} \times 100 \tag{15.8}$$

式中　KFReq——卡尔·费休试剂水(水分)效价;

　　　　Ks——用于滴定样品的 KFR 的量,mL;

　　　　S——样品质量,mg。

卡尔·费休滴定法的主要难点和误差来源如下:

(1)水分提取不完全　因此在制备谷物和一些食物时,需要着重考虑磨碎的颗粒度。

(2)大气湿度　实验中外部空气不允许进入反应室。

(3)器皿壁上附着的水分　实验中使用的所有玻璃器皿和用具都要进行仔细干燥。

(4)某些食物成分的干扰　例如,抗坏血酸被 KFR 氧化成脱氢抗坏血酸,会使得水分含量偏高;羰基化合物与甲醇反应形成乙缩醛并释放水分,会使水分含量偏高(这种反应也可能导致终点褪色)。不饱和脂肪酸会与碘发生反应,因此水分含量测定值会偏高。

15.2.5　物理方法

大多数物理方法都是间接测量水分含量,不需要将水从样品中分离出来进行分析。这些技术可以是快速无损的,因此在食品生产和质量控制中被广泛使用。然而,它们必须根据直接采集的数据进行校准,以量化样品中的水量。

15.2.5.1　介电法

介电法通过水的电特性测量样品中的水含量。使电流通过样品,根据其电容或电阻的变化来确定食物中的水分含量。这些仪器需要先根据标准方法测定已知水分含量的样品来进行校准。样品密度、重量、体积之间的关系和样品温度是控制介电方法可靠性和可重复性的重要因素。这些技术对于控制需要进行连续测量的过程非常有用。但这些方法仅限于湿度不超过 30% ~35% 的食品。

介电型仪表的含水量测定是基于水的介电常数(20℃时为 80.37)高于大多数溶剂的介电常数而进行的。介电常数为电容指数的测量值。举一个例子,介电方法广泛用于谷物,这是因为水的介电常数为 80.37,而谷物中的淀粉和蛋白质的介电常数为 10。通过在标准金属冷凝器上测定样品的这种性质,可以获得表盘读数,并根据以前构建的特定谷物颗粒的标准曲线确定谷物湿度的百分比。

15.2.5.2　液体相对密度测定法

液体相对密度测定法是测量相对密度或密度的方法,可以用几种不同的原理和仪器来完成。尽管在一些分析中液体相对密度测定法被认为是比较陈旧的方法,但只要正确运用该技术,它仍然能够被广泛应用且精确度很高。通常使用各种类型的相对密度计或相对密度瓶测量重力,进行食品中水分(或固体)含量的常规测试。这些食品包括饮料、盐水和糖溶液等。特定重力测量最适用于分析仅由一种溶质组成的水溶液。

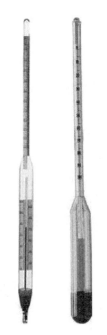

图 15.6　液体相对密度计
注:美国伊利诺斯州 Vernon Hills
的 Cole－Parmer 仪器公司。

（1）相对密度计　测量相对密度的一种方法是基于阿基米德原理,该原理指出浸入静止流体中的物体受到一个浮力,其大小等于该物体所排开的流体重量。要得到液体的每单位体积的重量,可以通过测量标准重量的物体排出的体积来确定。液体相对密度计的主轴端部是标准重量,它自身的重量等于排开的液体重量(图 15.6)。例如,在低密度的液体中,相对密度计会下沉得比较深,而在高密度的液体中,相对密度计将会下沉得比较浅。液体相对密度计的适用范围比较广泛。相对密度计的主轴经过校准,可直接读取 15.5℃或 20℃的相对密度。相对密度计不像相对密度瓶那么精确,但是分析速度比较快。通过使用在特定范围内校准的相对密度计,可以提高特定重力测量的准确性。

根据待测量的流体进行修改后的精密相对密度计可以得到初步而准确的结果。

①纽约卫生局曾使用检乳计检测牛乳的密度。Quevenne 检乳计在 1.015～1.040 相对密度的条件下,读数范围为 15～40 乳制单位。在 60℉[①]以上的温度,每增加 1℉,读数增加 0.1 个乳制单位,在 60℉以下则每减少 1℉减去 0.1 个乳制单位。

②鲍米相对密度计最初用来测定盐溶液的密度(最初是 10%的盐),但它已经得到了更广泛的应用。从鲍米等级获得的值中,可以将液体相对密度转换为水的相对密度。例如,它可以用来确定牛乳在真空锅中凝结的相对密度。

③Brix 相对密度计是一种糖水计,用于糖水如果汁和糖浆的测定,通常直接读取蔗糖在 20℃时的百分比。在 60℉时,滚珠糖度计逐渐显示糖的重量百分比。术语 Brix 和 Balling 解释为纯蔗糖的重量百分比。

④酒精计用来估计有酒精含量的饮料。这样的液体相对密度计经过 0.1°或 0.2°校准以确定蒸馏酒中酒精的百分比(AOAC 方法 957.03)。

⑤Twaddell 密度计只适用于比水重的液体。

（2）相对密度瓶　测量相对密度的另一种方法是比较标准玻璃器皿中液体和水的体积重量即相对密度瓶法(图 15.7),与水相比可以得知待测液体的密度。在一些教材和参考书中,20/20 是一种在特定温度条件下测定的相对密度,即测量重量时,两种流体的温度都是 20℃。使用洁净干燥的 20℃的相对密度瓶,用分析天平测定空相对

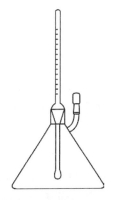

图 15.7　相对密度瓶

---

①　注:1℉＝33.8℃。

密度瓶的质量,加入20℃的蒸馏水至满,插入温度计密封开口,然后将最后一滴水倒掉,戴上过流管的帽子。擦干相对密度瓶,如果有任何溢出,则应重新称重。样品的密度计算如下:

$$样品密度 = \frac{装满样品的相对密度瓶重量 - 空的相对密度瓶的重量}{装满水的相对密度瓶重量 - 空的相对密度瓶的重量} \tag{15.9}$$

该方法用于测定酒精饮料中酒精含量(例如蒸馏酒,AOAC方法930.17),糖浆中的固体(AOAC方法932.14B)和牛乳中的固体(AOAC方法925.22)含量。

15.2.5.3 折射测量

含糖液体产品和浓缩乳中的水分测定可以使用鲍姆相对密度计(固体)、白利糖度计(含糖量)、重量分析仪或折射计来确定。如果正确操作并且没有明显的固体结晶,使用折射计是十分快速和准确的(AOAC方法932.14C,固体糖浆)。在测定水果和水果产品中可溶性固体方面,折射计是有十分有用的(AOAC方法932.12;976.20;983.17)。

油、糖浆或其他液体的折射率(RI)是一个可用于描述食物性质的无量纲常数。尽管一些折光仪仪设计用于提供折射率的结果,但是其他设备特别是手持式、快速使用的设备配备有经过校准的刻度,以读取固体的百分比、糖的百分比等,这取决于产品的设计。这些设备提供转换数值和调整温度差异的表格。折射计不仅用于实验室工作台或手持式装置,还可以在液体加工生产线上安装折射计,以监测白利度如碳酸软饮料、橙汁中的溶解固体和牛乳中固体的百分比[21]。

当光束从一种介质传递到另一种介质时,由于两者的密度不同,光束会产生弯曲或折射。在任何给定的温度和压力下,光束的弯曲是介质、入射角和折射角的正弦函数,因此是恒定的(图15.8)。RI(η)是折射角正弦的比率:

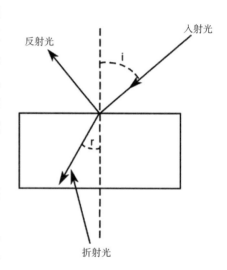

图15.8　光的折射和反射概念

$$\eta = \frac{正弦入射角度}{正弦折射光线角度} \tag{15.10}$$

所有化合物都具有折射率。因此,可以将这种测量值与文献值进行比较来定性鉴定未知化合物。RI随化合物浓度、温度和光波波长而变化。仪器将特定波长的光束通过玻璃棱镜传送到液体(样品)中来进行读数。台式或手持式装置使用阿米奇棱镜来获得钠光谱的 D 线或589nm白光。只要给出标准流体的折射率,它们就以 $\eta20D = 1.3000 \sim 1.7000$ 出现。希腊字母 η 是 RI 的符号;20 是指以℃为单位的温度;D 是光谱的波长,即钠谱的 D 线。

因为有温度控制,台式仪器比手持式仪器更精确。前者要求棱镜和样品接触的部分有水循环。实验室普遍使用数字技术和 Abbe 折射仪。使用后要小心清洗棱镜表面,接触面应该用透镜纸擦拭干净,然后依次用蒸馏水和乙醇冲洗。仪器在不用时应该关闭棱镜室,盖上遮盖布,以防止脆弱的棱镜表面受到灰尘和其他碎片的刮伤,从而影响它的灵敏度和精确度。

溶液的折射率(RI)会随浓度增加,这一现象已被用于分析糖浆、水果产品和番茄产品等碳水化合物类食物的总可溶性固体。由于这种应用,这些折射计以白利糖度(°Brix,每 g 蔗糖/100g 样品)进行校准,白利糖度相当于基于 wt/wt 的蔗糖百分比。即使仅在纯蔗糖溶液的测定数值才是准确的,折射率也广泛应用于食物中近似糖浓度的测定。

图 15.9 Rhino Brix 手持式折光仪,R^2 迷你数字手持式折光仪和 Mark III阿贝折光仪

注:由 Reichert 分析仪器提供,其位于纽约州迪普市,纽约。

15.2.5.4 红外光谱分析

红外光谱(详见第 8 章)在加工前、加工过程中以及加工后[22]的食品成分监测方面已经得到了重要应用[22]。它在食品领域具有广泛的应用,并已在实验室和线上被证明是成功可行的。类似于在紫外 - 可见光谱中使用紫外线(UV)或可见光(Vis)一样,红外光谱法是将样品暴露于红外线辐射(近红外线 700 ~ 2400nm 或中红外线 2500 ~ 25000nm),吸收特定的波长,并通过计算经过样品前后红外辐射的强度来测定样品的红外线光谱。吸光度峰值与存在的官能团的类型和数量有关。但是每个样品用红外光谱分析前都必须进行校正,且分析样品必须均匀分布。

对于水,近红外(NIR)波段(1400 ~ 1450nm;1920 ~ 1950nm)是水分子的—OH 延伸的特征,并且可以用于确定食物的水分含量。近红外光谱已经应用于多种食品的水分含量分析,是干制蔬菜中水分含量测定的官方方法(AOAC 方法 967.19)。

在文中第 8 章提到使用中红外牛乳分析仪测定牛乳中的脂肪、蛋白质、乳糖和总固体的含量(AOAC 方法 972.16)。该仪器必须使用至少 8 个通过标准方法分析脂肪(F)、蛋白质(P)、乳糖(L)和总固形物(TS)的牛乳样品进行校准。然后,针对校准中使用的所有样本计算平均差值 a:

$$a = \sum (TS - F - P - L)/n \qquad (15.11)$$

式中　a——不能用脂肪(F),蛋白质(P),乳糖(L)方法测定的固体;

　　　　n——样本数量;

　　　　F——脂肪百分比;

　　　　P——蛋白质百分比;

　　　　L——乳糖百分比;

　　　　TS——总固体百分比。

然后可以通过使用式(15.10)从任何红外牛乳分析仪结果中确定总固体含量。

$$TS = a + F + P + L \qquad (15.12)$$

式中　a——从数学上导出的标准值。

较新的仪器在其计算机软件中具有自动确定该值的算法。水分含量虽然没有直接测量,但可以通过从 100 中减去总固体含量来计算。

15.2.5.5　微波吸收

可以通过吸收波长为 $0.001 \sim 1m$,频率为 $0.3 \sim 300GHz$ 的电磁波来测定各种食品的含水量。该方法基于水和干物质之间介电常数或介电常数值的差异。大多数干物质的介电常数远低于水的介电常数,样品中水量的微小变化会导致可测量的介电常数的变化。当微波能量通过放置在微波发射器和接收器之间的样品($<40mm$ 厚)时,在 $2.450GHz$(微波中使用最广泛的频率)时其吸收量与水分含量成线性相关[23]。根据实验室标准进行校准后,使用微波吸收的方法可在约 2s 内完成水分含量的测定。能量的吸收和衰减可能受到某些食品成分的尺寸、表面积、温度和介电性能的影响;然而,这项技术是快速、无损的,并可以应用于一些非均质的、粉状的、多层的及冷冻的食品中[4,24]。

15.2.5.6　冰点分析法

当食品加水后,许多物理常数都会被改变。溶液的某些性质取决于溶液中以离子或分子存在的溶质颗粒的数量。溶液的这些性质分别是蒸汽压、冰点、沸点和渗透压。通过测定这些性质就能知道溶液中溶质的百分含量。然而,对牛乳而言最常用的测定方法是测定其冰点的变化,这对原料乳和巴氏杀菌乳而言都具有重要的经济意义。牛乳的冰点是其最恒定的物理属性。虽然被称为物理常数,但冰点会在狭窄的范围内发生变化,绝大多数来自个体乳牛的样本其冰点在 $-0.503 \sim -0.541℃$,平均值接近 $-0.521℃$。除非牛乳被有意或无意地加水或其来自于严重干旱的地区,否则散装牛乳的冰点范围将会更窄。

采用 AOAC 方法 961.07 将水添加到牛乳中,使用冰点测定器来测定其冰点,正常牛乳的冰点为 -0.527℃。美国食品和药物管理局不认可冰点在 -0.507℃ 以上的所有牛乳。因牛乳和水的冰点之间的差异很小,并且冰点可以用于计算加入的水量,所以该方法必须尽可能精确。此方法使用的热敏电阻器感知的温度变化可以达到 0.001℃。一般的技术是使溶液过冷,然后通过振动促使其产生结晶。随着水的冻结,温度会迅速上升到冰点或共晶温度。在纯净水的情况下,其温度保持不变,直到所有的水被冻结。对于牛乳而言,当温度不再进一步升高时记录其温度值。自动化仪器所需的时间是每个预冷的样品 1~2min。

15.2.6　水分含量测定方法的比较

15.2.6.1　原则

以上几节介绍了不同水分含量分析方法的特点,现将 15.2.2、15.2.3、15.2.4 和 15.2.5 的内容在表 15.5 中进行了总结。水分含量的直接测定方法通常是从样品中去除水分,并通过质量、容量分析或滴定法以确定水分含量。烘箱干燥方法则是从样品中去除水分,然后通过测定剩余的固体重量以计算水分含量的(因此也可计算总固体含量)。在干燥过程中,非水分挥发物可能会损失,但是其损失量相比水分损失量通常可以忽略不计。蒸馏过程也涉及到从固体中分离出水分,其水分可直接按体积来定量。卡尔·费休滴定法基于所存在水分的化学反应,通过滴定剂的使用量来反映。水分含量的间接测定法与水存在于食物样品的特性有关。间接测定法中介电方法是基于水的电特性来测定样品中的水分的。液体相对密度测定法基于相对密度与水分含量之间的关系。折射率法基于样品中的水分对光的折射影响。食品中水的近红外光谱分析基于测定水中分子振动在特征波长处的吸收来确定水分含量。微波吸收法是基于水的介电性质。冰点是牛乳的一种物理性质,其随溶质浓度的变化而发生改变。

表 15.5				水分分析方法的比较			
方法	原理	实际测量值	水是如何被去除/反应/识别的?	注意事项/要控制的事情	优点	缺点	典型应用
强力通风烘箱	样品置于烘箱中加热以蒸发水分。减轻的重量等于水分含量	重量变化	在 100℃ 沸腾时,热量会使水分蒸发	控制时间,温度。控制样品的粒度。必须预先干燥一些样品,以避免其飞溅	易于同时处理多个样品	需要很长时间才能得到结果。高温会导致挥发物的损失、脂质氧化、美拉德褐变、蔗糖水解,因此不适合某些类型的食物	此方法是许多种类样品分析的官方方法。其不适用于快速的质量控制结果。不适用于易挥发、脂质氧化、美拉德褐变或蔗糖水解的样品

续表

方法	原理	实际测量值	水是如何被去除/反应/识别的?	注意事项/要控制的事情	优点	缺点	典型应用
真空烘箱	在减压条件下置样品于烘箱中加热,因此水在较低的温度下蒸发。减轻的重量等于水分含量	重量变化	在减压条件下加热样品,水分在70℃蒸发	控制时间和温度。慢慢开启并释放真空	易于同时处理多个样品。在较低温度下蒸发水分减少了高糖产品的问题	需要很长时间才能得到结果(虽然通常比使用强力通风烘箱花费的时间少)。此方法比强力通风烘箱更昂贵	此方法是许多类型的产品的官方方法。其不适用于快速的质量控制。不适用于粉状产品,因为当真空被启动并释放时它们可能会被吹走
微波烘箱	用微波能加热样品以蒸发水分。减轻的重量等于水分含量	重量变化	来自微波能的热量会导致水分蒸发	控制功率和时间以防止样品分解。均匀分布样品。检查分析天平的校准	快速	比列出的其他干燥方法更昂贵。一次只能测定一个样品	此方法适用于快速的质量控制,尤其适用于液体产品,因为垫子的使用避免了液体飞溅
红外烘箱	红外线灯提供穿透样品的热量以蒸发水分。减轻的重量等于水分含量	重量变化	来自红外灯的热量会蒸发水分	控制时间和温度。均匀分布样品	快速	昂贵。一次只能测定一个样品	此方法适用于快速的质量控制,但不适用于高湿度的产品(容易飞溅)
快速水分分析仪	样品用加热元件加热以蒸发水分。减轻的重量等于水分含量	重量变化	在100℃沸腾时,热量会蒸发水分	控制时间和温度。均匀分布样品。定期校准分析天平	快速	昂贵。一次只能测定一个样品	此方法适用于快速的质量控制,但不适用于高湿度的产品(容易飞溅)
回流蒸馏(与甲苯)	当样品被加热到甲苯(不混溶液体)的沸点时,甲苯和水被共蒸馏。将收集蒸馏出来的水分浓缩、收集,并测量水的体积	蒸馏和冷凝后收集的样品中水的体积	用甲苯共蒸馏样品中的水,收集水并测量体积	必须打破形成的所有乳状液才能读取水的体积。需要非常干净无水的玻璃器皿。小心使用溶剂(火灾危险;有毒)	一些食品的热分解比烘箱干燥更少。溶剂可以保护样品免受挥发的损失并最大限度地减少氧化。水是直接测量的	一次只能测定一个样品。溶剂可能是易燃和有毒的。读取接收管中的水量可能不如重量法准确	AOAC香料方法

续表

方法	原理	实际测量值	水是如何被去除/反应/识别的？	注意事项/要控制的事情	优点	缺点	典型应用
卡尔·费休	在用卡尔·费休试剂水滴定样品时，样品中的水与二氧化硫反应导致了碘的还原。当过量的碘不能与水反应时，测定滴定的终点。滴定剂体积用于计算湿度百分数	卡尔·费休试剂滴定量	样品中的水与碘和二氧化硫反应导致了碘的还原	控制样品的颗粒大小和室内湿度。防止玻璃器皿中出现水分。必须标准化 KRF。如果食品中某些成分干扰（如抗坏血酸，羰基化合物，不饱和脂肪酸），选择其他方法	没有热量，所以没有热分解；速度快。测定低水分食品时比其他方法更准确	一次只能测定一个样品。如果使用自动化测量则十分昂贵	通常测量低水分食品（如干果和蔬菜、糖果、巧克力、烘焙咖啡、油和脂肪以及许多糖或蛋白质含量高的低水分食品）。如果加热或真空时不稳定，就选择其他方法
液体密度测定法	阿基米德的原则。将样品的相对密度与相同温度下的水的相对密度进行比较	液体密度计取代了体积，直接从液体密度计读取密度；测量固含量	基于溶液的固体含量来确定相对于纯水的密度	控制温度；需要清洁液体密度计	快速、简单、便宜	应用有限，只测量固体含量	通常用作快速测量饮料、盐水和糖溶液中固体含量；最适用于只有一种溶质在水介质中的溶液
折射测量	基于光冲击产品表面时的光折射（即折射，测量折射率）。如果化合物的性质，样品的温度和光的波长是恒定的，则可以使用折射率来确定想确定的化合物浓度	折射率；测量固体含量。通常用白利糖度（g蔗糖/100g样品）进行校准	基于溶液的固体含量来确定折射率	控制温度，需要清洁接触面	快速，简单，便宜	应用有限；只测量固体含量	通常用作快速测量饮料和牛乳的固体含量，水果和水果制品以及番茄制品的可溶性固体含量

续表

方法	原理	实际测量值	水是如何被去除/反应/识别的?	注意事项/要控制的事情	优点	缺点	典型应用
红外光谱分析仪测量	测量水分子的—OH基团在特征波长下红外辐射的吸收。水的浓度由反射或透射的能量决定,其与吸收的能量成反比	从样品反射的近红外光量	水的官能团的分子振动决定了红外辐射的吸收,这与所测量的反射光成反比	每种产品和每种分析物测量前都必须校准仪器。控制样品的颗粒大小。防止样品玻璃容器划伤;注意:获得的结果只是一个有价值的预测	快速,简单。可以用来估计食品各个成分的含量	昂贵;一次只能测定一个样品;获得的数值只是估计值/预测值;不同类型的样品和不同的分析物都必须校准仪器	食品中广泛应用,在实验室,临近工作线和工作线上。近红外光谱分析仪广泛用于谷物/谷物工业中的水分、蛋白质和脂肪测量。近红外光谱分析仪广泛应用于乳品工业中测量牛乳中的总固体、脂肪、蛋白质和乳糖

表 15.6　　　常见的食品工业含水量和水分活度分析使用

技术		适用地方:生产,质量控制	产品开发	基础研究
含水量测定的直接方法	强力通风烘箱干燥	X[①]	X	X
	真空烘箱干燥	X	X	X
	微波分析仪	X	X	
	红外干燥	X	X	
	快速水分分析技术	X	X	
	热重分析仪		X	X
	冻干		X	X
	化学干燥		X	X
	卡尔·费休滴定	X	X	X
间接方法	电介质电容	X		
	液体密度计	X		
	密度瓶	X		
	折光仪	X	X	X
	近红外光谱仪(吸光度或反射率)	X	X	X
	冰点测定仪			

续表

技术		适用地方:生产,质量控制	产品开发	基础研究
	微波吸收		X	X
	电导率	X	X	X
		X	X	
水分活度测量	露点分析仪	X	X	X
	电(电容或电解质)湿度计	X	X	X
	冰点降低			X
	可调谐二极管激光传感器		X	X

①X 表示常用方法。

15.2.6.2　样品的性质

虽然许多食品能够耐受高温烘箱干燥,但有些食品含有挥发性物质,在高温下会挥发。一些食品的成分在高温下会发生化学反应从而产生、利用水以及其他化合物,这些反应会影响水分含量的计算。在低温下进行真空烘箱干燥能够解决这些问题。然而,要想减少某些食品的挥发和分解,使用蒸馏技术是必须的。对于含水量非常低或脂肪和糖含量较高的食品,往往选择卡尔·费休滴定法。相对密度瓶、相对密度计和折射仪测定时需要限定成分配比的液体样品。

15.2.6.3　预期目的

为了进行质量控制,需要对水分含量数据进行快速分析,但不需要高精确度。在烘箱干燥方法中,微波干燥、红外干燥和快速水分分析技术是最快的。一些强力通风烘箱干燥只需要不到 1h,但大多数强力通风烘箱和真空烘箱需要更长的时间。电介导、液体相对密度计、折射率和微波吸收方法非常快速,但是通常需要和较少的经验方法关联。烘箱干燥法是各种食品干燥的官方方法。回流蒸馏是应用于巧克力、干蔬菜、乳粉和油脂的 AOAC 方法。这种官方方法往往用于监管和营养标签。对水分含量测定的食品工业使用情况的总结在表 15.6 中,其中包括了各种公司用于生产,产品开发和基础研究应用的最常用技术。

15.3　水分活度

15.3.1　概述

单纯的含水量并不能评估食品稳定性,因为含水量相同的食品有着不同的腐败变质现象[6]。食品的水分活度(A_w)与其物理特性以及食品中微生物生长、化学和酶反应有着密切的关系,可以用于食品稳定性的评估。

如表 15.7 所示,不同的食品的水分活度(A_w)变化很大。水分活度用 A_w 表示,A 为大写,w 为下标。水的活度系数实际上用来描述它的能量状态。一般而言,含水量较高的食品 A_w 较高,但含水量与 A_w 并不成线性关系。水分活度是食物中水的热力学性质,被定义为同温同压下,食品中水的逸度(或逃逸倾向)与纯水的逸度之比[4],[6],[25]。

表 15.7 食品的水分活度(25℃)及饱和溶液中的食品添加剂和盐分

食品		饱和溶液			
		食品添加剂		控制 A_w 的盐类	
种类	A_w	种类	A_w	种类	A_w
马铃薯片	0.07	**单一组分**		氯化锂	0.11
硬糖	0.12	苹果酸	0.58	CH_3CO_2K	0.23
脆饼干	0.13~0.20	果糖	0.62	氯化镁	0.33
无糖硬糖	0.25	山梨醇	0.67	碳酸钾	0.43
脆饼干	0.25	葡萄糖	0.74	硝酸镁	0.53
耐嚼饼干	0.55	柠檬酸	0.78	氯化钴	0.65
蜂蜜	0.56	木胶醇	0.79	氯化钠	0.75
牛肉干	0.61	蔗糖	0.85	氯化钾	0.84
软糖	0.66	乳糖	0.97	硫酸镁	0.97
果葡糖浆	0.75	麦芽糖	0.97		
炼乳	0.84	**成分混合**			
酱油	0.87	氯化钠 + 果糖	0.45		
加盐奶油	0.90	果糖 + 柠檬酸	0.50		
面包	0.94	氯化钠 + 蔗糖	0.65		
黄油	0.97	氯化钠 + 葡萄糖	0.71		
果汁、牛乳、水果、蔬菜	0.98~0.99				

注:使用 AquaLab 4TE 水分活度仪(Decagon Devices,Pullman,WA)进行测定。

由于逸度不能直接被测量,A_w 通常定义为同温同压下食品所含水的蒸气压(p)与水的蒸气压(p_0)的比值,如式(15.13)所示。

$$A_w = p/p_0 \qquad (15.13)$$

这一过程与大气相对湿度(RH)的测定类似。A_w 与平衡相对湿度(ERH)之间的关系可以表示为 A_w = ERH/100。A_w 的值在 0(无水)和 1(纯水)之间,是无量纲数。

已有的测定食品 A_w 法定方法比测定食品含水量的方法要少[4,14]。如 AOAC978.18 方法可以用于测定罐装蔬菜 A_w:在酸化食品的相关管理条例中,A_w = 0.85 被认定为抑制病原体生长的重要截点。21CFR114[26] 定义低酸性食品为平衡 pH >4.6、A_w >0.85 的食品,酸化食品为平衡 pH≤4.6 及 A_w >0.85 的食物。A_w <0.85 的食品则并未被 21CFR108,113 或者 114 所覆盖[26]。需要特别指出的是,降低 A_w 并非杀菌的关键步骤。

15.3.2 水分活度的重要性

A_w 影响食品品质及其安全性,因此测定 A_w 能够为食品研发和生产提供重要帮助。A_w

影响着微生物生长的各个方面。每种微生物都有一个生长 A_w 阈值,当低于这一阈值时,微生物就会停止生长(但不一定失活)[27]。了解特定的食品中的腐败性或致病性微生物十分重要,它们的 A_w 生长阈值可以为降低食品 A_w 提供参考依据。由于 A_w 和微生物生长之间的直接相关性,很多食品安全条例把 A_w 参考指南纳入其中(21CFR110,113,和 114[26];ANSI/NSF 标准 75[28];ISO21807:2004(E)[29];AOAC978.18 方法[14])。此外,A_w 也可以作为HACCP(危害分析与关键点控制)中的一个关键控制点。

食品稳定性图可以用来表示 A_w、微生物生长、化学和生化反应速率以及食品物理性质之间的相互关系[30]。图 15.10 是一个无定形食品的常见例子,不同食品的反应速率和特性会因不同的 A_w 而有所不同。食品 A_w 除了可以对微生物的生长有影响外,对于货架期内食品质地和品质也有影响。当超过特定的 A_w 值时,大多数产品均会发生有害的物理或化学变化。例如脆炸产品薯片在相对湿度比其 A_w 高的环境中暴露时,环境中的水分就会迁移至薯片中并提高其 A_w 值。当 A_w 超过关键阈值时,薯片就会变软。同样地,如果一种食品含有 A_w 值不同的成分(如乳酪、薄脆饼干,披萨酱,糕点馅料等),水分就会从高 A_w 的部分迁移到低 A_w 的部分,直到 A_w 达到平衡,而这会导致一些区域的硬化和其他区域的软化。如果这些变化对于产品品质有影响的话,将不同成分的 A_w 调整为相同(如果可能的话),或者在包装时,用物理分离隔离这些区域是一个较好的方法,能够有效地延长产品的货架期。当

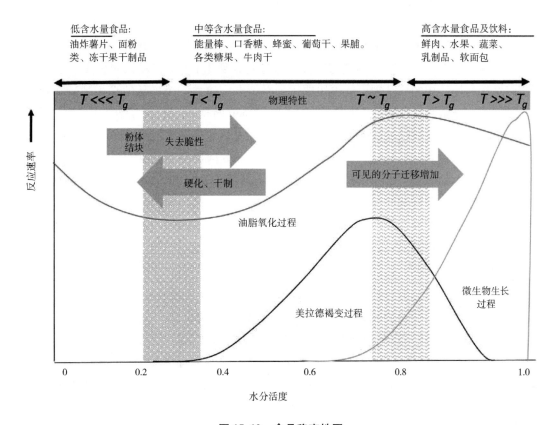

图 15.10　食品稳定性图

改编自参考文献[30],并使用表 15.7 中的数据进行覆盖

A_w高于临界值时会导致某些产品粉末结块或者出现糖或盐的再结晶,无定形固体食品由玻璃态转变为橡胶类似物,以及食品中可溶性成分结晶的潮解。

15.3.3 水分活度的测量

15.3.3.1 原则

虽然目前已经有了A_w的非直接测定方法,但因为$A_w = p/p_0$,所以对蒸汽压进行测量也是必需的。大多数A_w的测定技术是将具有代表性的食品样品密封在一个容器中并使其A_w达到平衡,也就是水从样品中迁移出来到达容器顶端空间(或者相反),直到食品的A_w和顶端空间的湿度保持平衡为止(图15.11)。这些测定方法均需要使用足够的样品,以确保平衡过程中水分的迁移不会导致样品干燥,但样品的数量也不能过多以至于影响传感器。一般建议食品样品占容器的一半。高密度、干燥的产品可以增加样品数量,含水量高的产品或液体可以酌情减少样品量(AOAC方法978.18建议罐装蔬菜灌装 >1/20样品容器体积)。

图15.11　露点水活度测定仪

注:Courtesy of Decagon Devices, Pullman, WA。

不同的食品样品和不同的分析方法所要求达到顶端空间平衡的时间是不同的。释水缓慢的样品(稠密、干燥、脱水、高脂肪、高黏度)可能需要几个小时来精确测量A_w,而含水量高或以水作为连续相的样品则可能更快地达到平衡点。建立一个样品的平衡判断准则,可在一段时间分点监测A_w,例如分别在15、30、60、120min时检测(AOAC方法9978.18),每隔60min可延长一次,直到连续读数变化小于$0.01A_w$(或其他特定产品的特定平衡准则)。很多用于露点分析的食品(不包括缓慢释水样品)在5min内即可达到平衡(部分食品样品需要24h才能达到平衡),就电子湿度计而言,食品样品则需要在30~90min内达到平衡。

温度能够影响平衡和A_w。水分含量不变,温度升高往往会导致许多食品的A_w读数变大。这是因为温度越高,水分子运动越快。因此,在提及A_w值的时候还需要说明温度。此外,样品和容器或设备间会因为温度的不同而发生水凝结,这对于测定是不利的,可使测定的A_w值出现误差。例如,样品和露点间1℃的差异将会导致露点设备测定A_w值存在0.06的误差[4,32]。尽管特定产品的测定温度可能不同(尤其是冷藏或冷冻产品),但大多数样品的A_w值是在25℃(AOAC方法978.18规定)或20℃下测定的。

在A_w的测定中使用经过校准的传感器是非常重要的。因此,遵守仪器制造商的清洁、校准和维护A_w仪器指南是必要的。校准通常采用已知A_w的标准盐溶液(表15.7)。测定目标样品和传感器的A_w标准曲线或偏移量调整需要至少三个计量点(ISO21807)或至少5种盐(AOAC方法978.18)。一旦仪器经过校准,已知温度并且顶端空间达到平衡后,就可以对平衡水蒸气压力顶端空间进行分析来确定A_w值。现在已经有各种各样的传感器和方法可以直接或间接地用于测定顶端空间的平衡水蒸气压力。但本节只说明了食品工业中最常用的传感器或方法(表 15.6 和表 15.8)。例如,露点法、电湿度传感器(包括电容和电解质传感器)、压力直接测量法、吸附剂质量 – 等压法、可调二极管激光传感器、热电偶测温仪和冰点的测定[5,33]。

表 15.8 A_w 测量方法的比较

方法	仪器	A_w 范围	精确度	可重复性	分辨率	内部温度控制	读数时间	挥发性干预
露点	AquaLab 4(Decagon Devices)	0.030 ~ 1.000	0.003	0.001	0.0001	15 ~ 50℃	2 ~ 5min	是
基于电解质的电阻电解	LabMaster – A_w (Novasina)	0.030 ~ 1.000	0.003	0.001	0.001	0 ~ 50℃	10 ~ 15min	是①
电容	HygroLab C1 (Rotronic)	0.000 ~ 1.000	0.008	0.001	0.001	无	4 ~ 6min	最小的②
电容	A_w Therm (Rotronic)	0.005 ~ 1.000	0.005	0.001	0.001	10 ~ 60℃	4 ~ 6min	最小的②
可调二极管激光发生器	TDL (Decagon Devices)	0.030 ~ 1.000	0.005	0.001	0.0001	15 ~ 50℃	2 ~ 5min	无

①对于 LabMaster – A_w,过滤器可以用来阻挡中低挥发性物质,或者使用酒精处理后仍具有复原力的 CM – 3 传感器。

②在长期暴露于挥发性物质的情况下,HygroLab C1 和 A_w Therm 仪器的传感器会受到影响。但多数情况下,4 ~ 6min A_w 值的单次测定不影响分析。

摘自参考文献[4]。

15.3.3.2 冷镜式露点仪

冷镜式露点仪,如 Decagon Devices AquaLab,如图 15.12 所示,食品样品在温控型密封腔中达到平衡。密封腔含有在顶部空间循环空气的风扇、测量样品温度的红外温度计、温控反射镜和一个监测反射镜上冷凝的传感器等装置[5]。反射镜的温度由监测镜子反射光的光电检测器和热电半导体制冷器控制。样品的 A_w 即顶部空间达到平衡时的相对湿度(A_w = ERH/100)。持续冷却温度器直到出现冷凝从顶空复位信号。当冷凝发生时,样品和镜子的温度被记录下来。用样品温度确定水的蒸汽压(p_0),用露点温度确定顶部空间水的蒸汽压(p)。样本的 A_w 通过 $A_w = p/p_0$ 来获得。使用露点技术测定时,凝结在镜子上的挥发

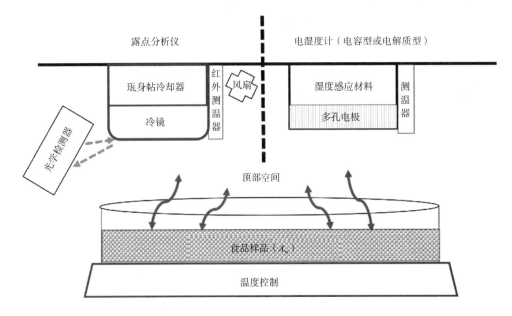

图 15.12 A_w 测量室的示意图

注:食品工业最常用的两种技术:露点和电容/电解质传感器。

性物质(如乙醇,乙酸,或丙二醇)可能会干扰 A_w 的精确性。

15.3.3.3 电湿度计

电湿度计可分为电容和电解质传感器。以瑞士 Novasina 和 Rotronic 公司的仪器为例,食品样品在一个小室中达到平衡后,使用电位计和传感器(如电湿度传感器)测量顶部空间相对湿度(RH)和温度[31]。一些型号有内部温控功能,而另一些型号则需要一个恒温箱或水夹套来进行温度控制。固定化传感器可以用于测定盐溶液的导电性,吸湿性聚合物的水分吸收或水分解吸能力(传感器成分是专有的),这些值与顶部空间相对湿度相对应。导电率变化可以反映顶部空间相对湿度的变化,并可以通过 A_w = ERH/100 计算获得 A_w。但是值得注意的是,挥发性物质可能会影响电子测湿仪测定,因此可调二极管激光技术是一个更好的选择,它可以准确地确定含有醇、乙酸或丙二醇的食品样品 A_w。

15.4 水分吸附等温线

15.4.1 概述

水分吸附等温线是食品样品的含水量和 A_w 在恒温恒压下的平衡关系散点图。食品样品的吸湿性或保水能力则指的是设定 A_w 值下的含水量。吸湿性取决于水和食品样品之间的亲和力、温度、相对湿度、表面积和水 – 固体之间的相互作用。建立水分吸附装置的一个关键点是确保样品在处于设定的 A_w 值时达到平衡。不同的样品具有不同的水分吸收和水分解吸动力学。在缺乏平衡的情况下,含水量和 A_w 的散点图只能被称为吸收谱,而不是等温线。

一般来说,随着 A_w 的增加,水含量也会增加,但这种关系是非线性的。食品中不同的固形物和不同的食物种类有不同的水分吸附等温线,共有六种主要类型(Ⅰ~Ⅳ)[35]。就食物而言,Ⅱ型(S形)和Ⅲ(_/形)是最常见的。不同等温线中的拐点和斜率能够提供有用的信息,如食品样品吸湿性、重新调配的潜力或干燥改变 A_w 时,拐点和斜率能反映食品样品对不同的环境、混合配方和稳定性(微生物、物理、化学)所发生的变化。水分吸附等温线中的拐点通常发生在相变时,例如从液体到固体的转变,水合物的形成或潮解。再结晶通常伴随着水分从基质中排出和相应的重量损失。当涉及共制剂和多组分食品时,针对不同的食物组分绘制等温线是一个较好的做法。值得注意的是,当不同成分的 A_w 相等时,水分是不迁移的。如果不同的食物组分之间最初存在 A_w 的差异,水分会迁移直到 A_w 达到平衡。

目前已有数种方法和仪器可以用于绘制水分吸附等温线(或剖面图),但没有政府条例或 AOAC 来规定相关的技术和参数。下面介绍了两种常用的水分吸附等温线测定方法。

15.4.2 等压干燥法

在干燥法实施的过程中,在设定的温度下,样品在相对湿度可控的干燥器中达到平衡,另外在接近平衡状态时,它们的水分含量既不是已知起始量的质量变化值,也不是由上述的任何测水分含量方法决定的。除了 RH0%(利用硫酸钙或五氧化二磷实现,后者更有效[36])外,干燥器中的相对湿度通常由饱和盐溶液(表 15.7)控制。当待测食品样品发生水分迁移的时候,必须有足够的饱和盐溶液和顶部空间来保持恒定的相对湿度。一般建议样品容器中盐溶液不少于 10% 容器容积,盐水表面积和样品表面积之比大于 10:1,顶部空间和样品体积之比为 20:1。是否真空则视情况而定。一份产品样品的水分吸附等温线需要通过六至九个不同的相对湿度室来生成[37]。干燥器理想的温度变化值最好小于 1℃。可以将干燥器放置在温控的培养箱中来实现温度控制。样品测定应当重复三次,并在不同时间放置和分析,称量准确度 ±0.0001g,直到达到如连续三天质量变化小于 0.01% 的平衡准则。样品到达平衡所需的时间根据样品类型和相对湿度条件而变化,通常从 10~21d。干燥器方法需要耗费大量的时间和人力成本。而当样品从干燥剂中移出进行称重时,还可能会出现相对湿度的波动,在平衡过程中也可能出现化学变化或微生物生长。饱和盐溶液产生的相对湿度是有限的,因此必须用模型(如 GAB 和 BET 模型)来计算测量数据点上的吸附量[37]。然而,利用干燥器方法产生水分吸附等温线技术相对简单并且能够同时对多个样品进行测定,这是该方法一个较好的优势。

15.4.3 自动重量水分吸附平衡

自动化的水分吸附平衡法可以使用静态动态蒸汽吸收(DVS)仪来实施,样品暴露在恒温下的具有一系列等梯度相对湿度值的环境中,样品的质量与时间的关系则使用函数来表示。图 15.13 中提供了使用该技术收集数据的一个示例。样品的初始含水量必须是已知的,也可以在分析之前干燥样品。用于自动化生成水分吸附等温线(或剖面图)的参数,包括平衡判据(重量在不同时间内的变化,例如,0.001% 或 0.01%),梯度时间(在下一个编程相对湿度步骤开始之前,在达到平衡准则的情况下,不同相对湿度需要耗费的时间),相对湿度梯度的设置方法(1% RH,5% RH,10% RH 等),这些参数均对曲线生成有着重要的影响(图 15.14)。

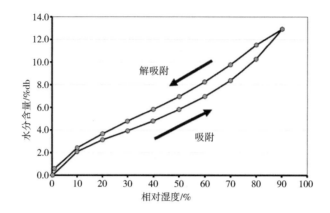

图 15.13　非晶粉末的湿度吸附等温线(Ⅱ型)

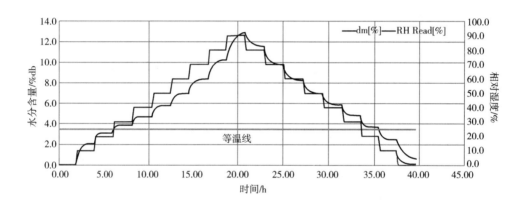

图 15.14　在 DVS 仪表上收集的非晶粉的吸湿性数据(德国普鲁密公司)
注:用于生成图 15.13 所示的湿度吸附等温线。

当一个动态蒸汽吸收仪器进行到一个既定的相对湿度步骤时,应将空气通入样品室,样品吸附(或解吸)水的同时,监测样品的质量。如图 15.14 所示,通常吸附初期比后期速度更快。如果样品与周围的环境相对湿度达到真正的平衡,就不会发生水分吸收,任何时间尺度上食品样品的质量变化均为 0.00% 。然而,因为某些食物的不稳定性质以及需要在几天而不是几个月的时间内收集食物的数据,所以在较短时间内,如 1~5h,低于 0.01% 的质量变化是常见的平衡准则。但需要认识到,步骤时间越短,样品与周围环境相对湿度不平衡的可能性越大,这将导致最终获得是吸附曲线而不是等温线。

控制测试参数对于水分吸附等温线的重现性是十分重要的。与干燥器方法相比,DVS 方法的优点包括精确的相对湿度控制和质量测定,样品量小(5mg~1.5g),相对湿度变化小以及单个样品产生水分吸附等温线所需时间短。DVS 方法的缺点则有设备成本较高,相对湿度上限为95%（或较高温度下相对湿度较低）以及同时可测定样品的数量较少[尽管现在有一种方法可以同时分析多达23个样品（SPS，ProUmid GmbH&Co.，Germany），但许多DVS仪器一次只能分析一个样品]。

在DDI模式下运行的AquaLab蒸汽吸附分析仪（Decagon Devices，Pullman，WA）则是DVS法的改进。DDI模式下，将少量饱和（100% RH）或干燥（0% RH）的空气引入样品室，密封样品室，通过电容相对湿度传感器连续监测相对湿度直至相对湿度达到恒定（平均时长为5~6min），并且记录样品的质量和水活度（基于冷镜露点技术）。尽管不能将相对湿度改变量或两次测量之间的时间间隔编程到DDI技术中，但是DDI吸收曲线具有非常高的分辨率，可以收集大量数据点，并比静态DVS水分吸附等温线的绘制时间更短。

15.4.4 水分活度、含水量和 Tg 关系的相图

除了进行常规的水分分析来实现质量控制外，食品工业正在越来越多地采用基本的材料科学方法来设计食品和工艺并控制食品质量。因此除了食物与水分吸附等温线关系，还需研究水分含量与玻璃化转变温度（T_g）之间关系，以及水活度与玻璃化转变温度（T_g）之间关系。有关 T_g 度量的更多详细信息在第31章中叙述。

15.5 总结

食品的水分含量和 A_w 对于食品加工者和消费者都是重要的指标。水分含量分析看似简单，但通常难以获得准确且精确的结果。直接法测定水分含量是从固体样品中分离出水分，然后通过进行定量分析重量或体积来实现。间接法不需要进行水分的分离，而是基于样品的理化性质与水分含量的变化关系。很多测定方法的关键都在于如何去除或者定量分析样品中所有的水。食物分解或食物中其他成分则有可能进一步影响测定方法的稳定性。这些影响因素都必须被控制以保证结果的准确性和精确性。因此取样和样品处理都格外重要，须谨慎对待。水分测定方法的选择通常取决于食品样品的水分含量，各种食品组分的性质（如易挥发性、热敏性），仪器设备、效率、准确度、精确度的要求和用途（如监管、厂内质量控制）。

15.6 思考题

（1）在确定某种食品水分含量测定方法时需要考虑的五个因素。

（2）为什么测定水分含量需要标准化的方法？

（3）相对于强制对流烘箱，使用真空烘箱测定水分含量有什么潜在优势？

（4）在以下每种情况下，被测食品的水分含量是否可能被高估或低估？回答并解释。

①强制对流烘箱。

  • 粒径太大

- 存在高浓度的挥发性风味化合物
- 脂肪氧化
- 样品吸湿性高
- 碳水化合物的改性(如美拉德反应)
- 蔗糖水解
- 表面硬化
- 飞溅
- 干燥器中含有 DrieRite™ 或 P_2O_5 干燥剂(~0% RH)且没有正确密封

②甲苯蒸馏。

- 样品中水和溶剂间形成的乳浊液没有分离
- 冷凝器中残留水滴

③卡尔·费休法。

- 称重时环境非常潮湿
- 玻璃器皿不干燥
- 样品研磨得非常粗糙
- 食物中富含维生素 C
- 食品中富含不饱和脂肪酸

(5)对液体食品的水分进行测定过程中需要往称重后的样品中加入 $1 \sim 2mL$ 去离子水。为什么要在待测物中加水?

(6)实验室已经收到一台基于近红外原理的新仪器用于水分测定。简述如何确定这台新仪器是否符合实验要求和公司标准。

(7)技术人员通过卡尔·费休法测定食品的水分含量。方程中用来计算食品样品中水分的"卡尔·费休试剂水相当量"是什么,为什么它是必要的,如何确定?

(8)如果你的实验室具有测量水分含量的各种设备。按照不同要求测定以下列出的每种食品的水分含量并完成以下问题①您将使用的方法的名称,②该方法的原理(非步骤),③使用该方法的理由(与使用热风烘箱相比),④为了获得更准确的结果,请列举以下两个水分测定实例中应注意的问题:

①冰淇淋混合(液体)——品控方法。

②牛乳巧克力——法定方法。

③香料——法定方法。

④罐装桃子的糖浆——品控方法。

⑤燕麦粉——品控方法。

(9)在乳酪加工制造中,产品允许的最高水分含量为40%。目前的产品平均水分含量为38%,标准偏差为0.7。则可将平均水分含量提高到39.5%。如果可以将标准偏差降低到0.25,这将每年节省340万美元。这个目标可以通过在烹调步骤之前快速测定干酪混合物的水分含量来实现。乳酪混合物按批生产,你有10min调整每批次的水分含量:

①描述所使用的快速水分测定方法。包括选择该方法的理由。

②如何确保此方法的准确性和精确性(标准偏差低于0.25)?

(10)在牛乳干燥厂中,作为生产过程的一部分,需要快速测定炼乳的水分含量。

①你会使用哪种快速的备选方法,以及使用什么方法来校准次要方法? 另外,如何确保辅助方法的准确性和精确性?

②选择的备选方法检测结果一直偏高(约1%)。试阐述可能的原因及如何纠正?

(11)12h 内在 10 个不同的大桶(每个大桶 100 块)中生产出切达干酪 1000 块(40lb/块①)。但在制作乳酪时烹饪温度太低,这可能会使乳酪的水分含量超出法定要求。用什么取样计划和测定方法能够在 48h 内可以确定乳酪的水分含量。

(12)基于以下影响,比较水分含量和 A_w 的测定方法。(环境、食物质地、水分迁移,微生物生长,维生素稳定性,脂质氧化和美拉德反应)

(13)列举三个可能导致低估食品样品中 A_w 的因素以及三个可能导致高估食物样品中 A_w 的因素。

(14)需要创建以下几种食品的水分吸附等温线。可以使用什么方法? 采取什么措施确保创建的是水分吸附等温线而不是吸湿曲线。

①薯片。

②中等水分含量的能量棒(燕麦、巧克力片、黏合糖浆)。

③橡皮糖。

④切达干酪。

15.7　应用题

(1)分析浓缩液样本,确定浓度是否符合要求。现通过相对密度法测得固体含量为 26.54%,而公司标准为 28.63%。如果原料体积为 1000gal,固体含量为 8.67%,重量为 8.5lb/gal②,则需要除去多少水?

(2)实验室收到几瓶豌豆样品,需要测定其水分含量。样品容器内部有可见的冷凝水。怎么测定豌豆的水分含量?

(3)已知:干燥坩埚的重量为 1.0376g,坩埚和液体的重量为 4.6274g,坩埚和干燥的样品重量为 1.7321g。请问,样品的水分含量是多少? 固体百分比是多少?

答案

(1)原料重量信息是多余的。将液体样品从 8.67% 固体含量浓缩到 26.54%,体积减少 326.7gal[(8.67%/26.54%)×1000gal]。为获得 28.63% 固体含量,需要进一步减少体积 302.8gal[(8.67%/28.63%)×1000gal]。可得体积差异是 23.9gal(326.7 - 302.8gal),即必须去除的水体积,只有达到该条件才可符合公司的标准。

①　1lb = 0.453592kg。

②　gal:加仑。1gal = 3.78541L。

(2)这个问题涉及食品加工业中的实际应用问题:什么时候可以测定样本,什么时候不可以。显然,豌豆已经失去了水分,这部分水分应计入豌豆水分含量。使用碾磨机或搅拌机碾碎豌豆。如果豌豆装在梅森罐或螺口瓶中,无需单独取出豌豆,直接将豌豆和冷凝水混合碾碎即可。如果豌豆已经被单独取出,那么将豌豆放回原来的容器中,与残余冷凝水混合均匀。取样测定水分。应在结果报告表上注明豌豆样品抵达时容器壁上有自由水分。

(3)利用15.2.2.1.7中的方程15.2,15.3和15.4来获得结果。减去坩埚的重量后,获得3.5898g的原始样品重量和0.6945g得的干燥后样品重量。相减可得已去除水的重量为2.8953g。进一步可得固体含量为$(0.6945g/3.5898g) \times 100 = 19.35\%$和水分含量为$(2.8953g/3.5898g) \times 100 = 80.65\%$。

参考文献

1. Pomeranz Y, Meloan C (1994) Food analysis: theory and practice, 3rd edn. Chapman & Hall, New York.

2. Josyln MA (1970) Methods in food analysis, 2nd edn. Academic, New York.

3. US Department of Agriculture, Agricultural Research Service (2016). USDA National Nutrient Database for Standard References, Release 28. Nutrient Data Laboratory Home Page. http://ndb. nal. usda. gov.

4. Fontana Jr AJ, Campbell CS (2004) Water activity (Chapter 3). In: Nollet L (ed.) Handbook of Food Analysis, 2nd edn. Marcel Dekker, Inc., New York p. 39 – 54.

5. Fontana Jr AJ (2007) Measurement of water activity, moisture sorption isotherms, and moisture content of foods (Chapter 7). In: Barbosa-Canovas BV, Fontana AJ, Schmidt SJ, Labuza TP (eds). Water activity in foods: Fundamentals and applications. Blackwell Publishing, Ames, IA, p. 155 – 71.

6. Reid DS, Fennema OR (2007) Water and ice (Chapter 2). In: Damodaran S, Parkin K, Fennema OR (eds). Fennema's food chemistry, 4th edn. CRC, Boca Raton, FL.

7. Arunan EDG, Klein RA, Sadlej J, Scheiner S, Alkorta I, Clary DC, Crabtree RH, Dannenbery JJ, Hobza P, Kjaergaard HG, Legon AC, Mennucci B, Nesbitt DJ (2011) Definition of the hydrogen bond (IUPAC recommendations 2011). Pure Applied Chemistry 83(8): 1637 – 41.

8. Martiniano H, Galamba, N (2013) Insights on hydrogenbond lifetimes in liquid and supercooled water. J Physical Chem B. 117:16188 – 95.

9. Schmidt S (2004) Water and solids mobility in foods. Adv Food and Nutr Res. 48:1 – 101.

10. Zografi G (1988) States of water associated with solids. Drug Development And Industrial Pharmacy. 14 (14):1905 – 26.

11. Emmons DB, Bradley RL Jr, Sauvé J P, Campbell C, Lacroix C, Jimenez-Marquez SA (2001) Variations of moisture measurements in cheese. J AOAC Int. 84: 593 – 604.

12. Emmons DB, Bradley RL Jr, Campbell C, Sauve JP (2001) Movement of moisture in refrigeration cheese samples transferred to room temperature. J AOAC. 84:620 – 622.

13. Bradley RL Jr, Vanderwarn MA (2001) Determination of moisture in cheese and cheese products. J AOAC Int. 84:570 – 592.

14. AOAC International (2016) Official methods of analysis, 20th edn. (online). AOAC International, Rockville, MD.

15. Wehr HM, Frank JF (eds) (2004) Standard methods for the examination of dairy products, 17th edn. American Public Health Association, Washington, DC.

16. AACC International (2010) Approved methods of analysis, 11th edn. AACC International, St. Paul, MN.

17. Nelson OA, Hulett GA (1920) The moisture content of cereals. J Ind Eng Chem. 12:40 – 45.

18. International Dairy Federation (1982) Provisional Standard 4A. Cheese and processed cheese: determination of the total solids content. International Dairy Federation, Brussels, Belgium.

19. Bouraoui M, Richard P, Fichtali J (1993) A review of moisture content determination in foods using microwave oven drying. Food Res Inst Int. 26:49 – 57.

20. Mitchell J Jr, Smith DM (1948) Aquametry. Wiley, New York.

21. Giese J (1993) In-line sensors for food processing. Food Technol 47(5):87 – 95.

22. Wilson RH, Kemsley EK. On-line process monitoring using infrared techniques. . Food processing automation II proceedings of the American society of agricultural engineers, ASAE Publication 02 – 92. St. Joseph, MI: American Society of Agricultural Engineers;

1992.

23. Pande A. Handbook of moisture determination and control. New York: Marcel Dekker; 1974.

24. Anonymous. Kett Microwave Moisture Meters Santiago, CA: Kett; 2009 [cited 2016]. Available from: www. kett. com.

25. Reid DS. Water activity: Fundamentals and relationships. In: Barbosa-Canovas BV, Fontana AJ, Schmidt SJ, Labuza TP (eds). Water activity in foods. Ames, IA: Blackwell Publishing; 2007. p. 15 – 28.

26. Anonymous. Code of Federal Regulations. Title 21 Parts 108, 113, 114. Washington DC: US Government Printing Office; 2015.

27. Scott WJ. Water relations of food spoilage microorganisms. Advances in Food Research, 1957; 7:83 – 127.

28. International N. Non-potentially hazardous foods. . Ann Arbor, MI: 2000 Nov. 10. Report No. : ANSI/NSF 75 – 2000.

29. Anonymous. International Standard ISO 21807: Microbiology of food and animal feeding stuffs – Determination of water activity. Switzerland: International Organization for Standardization; 2004.

30. Labuza TP, Tannenbaum, SR, Karel, M. Water content and stability of low moisture and intermediate moisture foods. Journal of Food Technology. 1970; 24:543 – 50.

31. Scott VN, Clabero RS, Troller JA. Chapter 64. Measurement of water activity (aw), acidity, and brix. In: Downes FP, Ito K, (eds). Compendium of Methods for the Microbiological Examination of Foods, 4th Edn: AmericanPublic Health Association; 2001. P. 649 – 657.

32. Decagon Devices. AquaLab water activity meter operator's manual, Version 4. Pullman, WA: Decagon Devices; 2009.

33. Rodel W. Water activity and its measurement in food (Chapter 16). In: Kress-Rogers E, Brimelow CJB (eds). Instrumentation and Sensors for the Food Industry. Cambridge: Woodhead; 2001. p. 453 – 83.

34. Airaksinen S, Karjalainen M, Shevchenko A, Westermarck S, Leppanen E, Rantanen J, et al. Role of water in the physical stability of solid dosage formulations. J Pharm Sci. 2005:2147 – 65.

35. Sing KSW, Everett DH, Haul RAW, Moscou L, Pierotti RA, Rouquerol J, et al. Reporting physisorption data for gas/solid systems with special reference to the determination of surface area and porosity. Pure and AppliedChemistry. 1985; 57(4):603 – 19.

36. Trussel F, Diehl H. Efficiency of chemical desiccants. Analytical Chemistry. 1963; 35:674 – 7.

37. Bell LN, Labuza TP. Moisture Sorption: Practical Aspects of Isotherm Measurement and Use. 2nd Edn. St. Paul, MN: American Association of Cereal Chemists; 2000.

38. CRC Handbook of Chemistry and Physics, 96th ed. CRC Press: Boca Raton, FL, 2015.

灰分分析

G. Keith Harris
Maurice R. Marshall

16.1 引言

　　灰化是进行食品普通矿物元素或特殊矿物质元素分析的首要环节。灰分是指食品中有机物被灼烧或被完全氧化后剩余的无机残留物。为了确保获得可靠的分析结果,有必要熟悉各种测定灰分方法的特点,了解所用仪器设备的种类及其基本知识。目前主要有两种常用的灰化方法:干法灰化和湿法灰化。干法灰化主要用于直接组分分析和特殊矿物质元素分析,该法需要的高温(通常 $500 \sim 600℃$)可通过常规或微波加热实现。湿法灰化(氧化)常用于采用干法灰化时易挥发和损失的特殊矿物质元素组分分析的预处理。湿法灰化与干法灰化相较而言可采用更低温度,其依靠强酸和氧化剂对有机样品进行灰化。微波系统可以用于辅助干法灰化和湿法灰化。尽管样品量可能会成为限制因素,微波辅助在两种方法中仍可以加速灰化。在灰化之前,大多数的干样品不需要制备(如完整的谷粒、谷类食品,干燥蔬菜),而新鲜蔬菜或其他高水分食品则必须干燥。高脂样品(如肉类)先干燥、脱脂,以防加热过程中产生烟雾。灰化分析是一种相对密度分析,灰化后的终重与初始样品重进行比较测定。食品的灰分含量可以按干基或湿基来计算。有关测量食品灰分含量的一般或特定信息,请参阅参考文献[1-14]。

16.1.1 定义

　　干法灰化是指样品在 $500 \sim 600℃$ 的马弗炉中,水分和挥发物被汽化,有机物在有氧条件下被灼烧成二氧化碳和氮的氧化物。通过这种方式,样品中的有机成分被移除。剩下的矿物质转化为氧化物、硫酸盐、磷酸盐、氯化物和硅酸盐。一些元素如 Fe、Se、Pb 和 Hg 等可部分挥发,因此,如样品灰化后要用于特殊元素分析,必须选择其他方法。

　　湿法灰化是一种使用强酸、氧化剂或两者的混合物和去除有机物质的方法。所使用的酸或氧化剂必须能溶解残余的矿物质。通常使用盐酸、硫酸、硝酸和高氯酸。采用高氯酸时需要使用特制的通风橱,因其可能会留下爆炸性的过氧化物而引发爆炸。由于湿法灰化在密封容器中及更低温度下进行,矿物质不会由于挥发而损失。因此较干法灰化而言更适合于特殊元素分析的样品预处理。

16.1.2　灰分分析在食品分析中的重要性

灰分含量代表食物中的总矿物质含量。灰分含量的测定十分重要,因为它是直接用于营养评估分析的一部分。无论是基本营养素还是高毒的重金属元素分析,灰化都是样品预处理的首要步骤。由于部分食品富含特殊矿物质元素,从营养学、毒理学和食品质量的角度看,灰分含量都非常重要。例如,牛乳和牛肉被认为是钙和铁的丰富来源。灰分含量通常是全麦和全谷物成分规格的一部分。含砷土壤中生长的水稻能有效地对其富集。富含脂质的食品中高含量的过渡金属可能会加速酸败并限制保质期。植物性食品的矿物质含量通常比动物性食品的矿物质含量更易波动。

16.1.3　食品中的灰分含量

食品的灰分含量范围为0% ~ 12%,但新鲜食品的灰分含量很少超过5%。表16.1所示为多种食品类别的平均灰分含量。

表 16.1	食品的灰分含量
食品种类	灰分含量(按湿基计算)/%
谷物、面包和面制品	
大米(棕色,长粒,生)	1.5
玉米片(整粒、黄色)	1.1
玉米粥(听装、白色)	0.9
白米(长粒,常用,生,强化)	0.6
小麦粉(全麦)	1.6
通心粉(干燥,浓缩)	0.9
黑麦面包	2.5
乳制品	
牛乳(低脂,液体,2%)	0.7
高温灭菌牛奶(听装,添加维生素 A)	1.6
黄油(含盐)	2.1
奶油(半液态)	0.7
大豆人造黄油(硬状,普通)	2.0
普通低脂酸奶	1.1
水果和蔬菜	
苹果(带皮,未经加工)	0.2

续表

食品种类	灰分含量(按湿基计算)/%
香蕉(未经加工)	0.8
樱桃(甜,未经加工)	0.5
葡萄干	1.9
土豆(带皮,未经加工)	1.6
西红柿(红色,成熟,未经加工)	0.5
肉、家禽和鱼类	
鲜鸡蛋(整个,未经加工,新鲜)	0.9
鱼片(去骨,涂面包屑油炸)	2.5
猪肉(新鲜,腿心,全部,未经加工)	0.9
汉堡(单层小馅饼,普通)	1.9
鸡肉(烤或炸,胸脯肉,未经加工)	1.0
牛肉(颈肉,烤前腿,未经加工)	1.1

注:摘自美国农业部农业研究服务局(2016)美国农业部标准参考国家营养数据库。第 28 版营养素数据实验室主页,http://ndb.nal.usda.gov。

16.2 测定方法

下面将介绍关于各种灰分测定方法的原理、材料、仪器,操作步骤和应用。有关测定方法的详细说明,可参考引用的方法。

16.2.1 样品的制备

灰化不需要过大的样本量,通常 2 ~ 10g 样品就足以完成灰分分析。一些较新的仪器允许样品最大进样量低至 250mg。因此,必须确保所获样品的均一性和代表性。可采用均质化研磨方法,其不会明显改变近似分析的灰分值。相反的,如果使用灰化作为特定矿物质元素分析的预处理,来自环境或研磨设备的矿物污染是潜在的问题,因此需要使用空白样品来对比分析。对于铁元素,尤其如此,因大多数研磨机和绞碎机都是钢结构的;此外,玻璃仪器的反复使用也是杂质的来源之一。可以通过将坩埚或玻璃器皿用酸浸泡浴以去除表面的矿物污染物,并用去离子水反复冲洗。坩埚本身也可以在马弗炉中进行"预灰化"来去除有机污染物。

16.2.1.1 植物样品

植物样品在研磨和灰化之前,通常用常规的方法进行干燥以去除水分。由于样品经常用于多种测定(如蛋白质、纤维、脂类),因此需要将烘箱温度保持在低于 100℃以防止非矿物质分析物被破坏或改变。新鲜的茎和叶组织使用两个干燥步骤(即先在较低的55℃下,然后再在一个较高的温度下),以防止人为产生木质素和其他副产物。水分含量小于15%的植物样品可不经预干燥,直接进行灰化。如果是进行灰分或特定矿物成分分析,则可使用配有温度梯度设置的马弗炉来完成低温干燥,然后在同一坩埚中进行灰化。

16.2.1.2 含肪和糖类样品

由于高脂肪含量和高水分含量(膨胀、溅出)或高糖含量(起泡)可导致样品的损失,在灰化之前,动物制品,糖浆和调味品需要预处理。根据应用情况,可以使用坩埚盖或使用密闭的坩埚来容纳样品。可以通过蒸汽浴或红外灯照射使样品浓缩干燥。对于在加热时容易形成气泡的样品,其间添加1滴或2滴橄榄油(不含灰分)消泡。

某些样品(如乳酪、海鲜、调味品),在灰化时会冒烟和燃烧。在正常的灰化操作之前,可先稍稍打开马弗炉炉门,进行炭化至燃烧停止,然后再关闭炉门,完成灰化。样品可在干燥和脂肪提取后进行灰化。大多数情况下,样品在干燥和提取脂肪的过程中矿物质的损失很小。此外,脂肪提取的样品,在易燃提取溶剂(如己烷、乙醚等)完全蒸发前,严禁明火加热,以避免溶剂着火或爆炸。

16.2.2 干法灰化
16.2.2.1 原理和设备

干法灰化是指样品在马弗炉的高温(525℃或更高温度)下灼烧灰化。有多种型号的马弗炉可供使用,包括208V或240V的大容量设备到110V的小型台式设备。

马弗炉连同干燥器应放置在耐热房间内,并确保这种大型熔炉配备有单刀双掷开关。加热线圈通常都是裸露的,因此用金属钳进出样品时应格外小心。

坩埚的选择取决于其特定的用途,所以在灰化过程中,坩埚的选择是关键,主要考虑其化学稳定性和高温耐受能力。在高温条件下,石英坩埚耐酸和卤素,但不耐碱。Vycor牌石英坩埚耐900℃高温,Pyrex Gooch牌坩埚限定温度为500℃。但如果在500~525℃的低温条件下进行灰化,由于碳酸盐的分解减少和易挥发性盐的损失的降低,会导致灰分含量稍稍偏高。瓷坩埚在性质上与石英坩埚相似,但温差变化过大时容易破裂,但因其价格相对便宜,是通常被选择的类型。钢坩埚对酸和碱都可耐受,且价格低廉,但因其由铁、铬和镍组成的,是杂质的可能来源。铂坩埚非常纯净,可能是最好的坩埚,但对常规用途的大量的样品而言,过于昂贵。石英纤维坩埚是一次性的,不易碎且能耐受1000℃高温。它们具有多孔结构,允许空气流通,可加速样品燃烧。这显著减少了灰化时间,使其成为固体和黏性液体的理想坩埚。而且石英纤维能在几秒钟内冷却,降低了爆炸的风险。

为了便于识别,所有的坩埚都应做标记。用一般记号笔在坩埚上所做的标记会在灰化过程中消失。实验室现都采用用钢针蘸上墨水在坩埚上刻上标记的方法,也可选用金刚到琢刻,然后用0.5M的$FeCl_3$(20% HCl)溶液做标记。此外,将铁钉溶解在浓HCl中可形成一种作为良好标记的褐色黏性物质。坩埚在使用前,应灼烧并清洗干净。

干法灰化的优点在于其是一种安全方法,且成本廉价,仅需少量样品,无需添加任何试剂或扣除空白,一旦开始灼烧,只需稍加注意即可[2]。通常可同时处理大量样品,灰化后的灰分可用于测定大多数的微量元素以及酸溶性灰分和水溶性灰分及水不溶性灰分的分析。缺点是耗时长(12~18h 或过夜),需要昂贵的设备,会有挥发性元素(包括 As、B、Cd、Cr、Cu、Fe、Pb、Hg、Ni、P、V、Zn 等)的损失,以及矿物质组分与坩埚之间的相互作用。

16.2.2.2　操作步骤

根据不同的食品样品,AOAC 国际有不同的干灰方法(如 AOAC 法 900.02A 或 B,920.117,923.03)。

总的操作步骤如下:

(1)称取 5~10g 的样品,放入一个已恒重的坩埚中(若使用坩埚盖,确保其重量被考虑和计算),如果样品含水量高则预先干燥。

(2)把坩埚放在冷马弗炉中。如果马弗炉是热的,需要使用坩埚钳、手套和防护性护目镜。

(3)在 550℃灼烧 12~18h 或放置过夜。

(4)关闭马弗炉,使温度降至 250℃以下或更低,慢慢小心打开炉门,以避免可能的空气流动而造成灰分损失。

(5)使用坩埚钳将坩埚迅速转移入干燥器中。盖好坩埚盖,合上干燥器,冷却后,称重。

注:热坩埚会加热干燥器内的空气。在放入热样品时,为了让空气排出,干燥器的盖子应搁起。在冷却过程中干燥器内可能形成真空状态。在冷却完成后,应将干燥器的盖子向一边逐渐滑移,以防止空气突然涌入。可以通过使用磨光玻璃盖子或安装一个橡皮塞子让真空慢慢缓解。

按下列式(16.1)所示计算灰分含量。

$$灰分含量(按干基计算)\% = \frac{WAA - TWOC}{OSW \times DMC} \times 100\% \tag{16.1}$$

式中　WAA——灰化后质量;

$TWOC$——空坩埚质量;

OSW——原样品质量;

DMC——干态物质系数 = 固态含量/100%。

使用干态物质系数可以直接将湿重的灰分值转化为干重灰分值。例如,玉米片含有 87% 的干态物质,则干态物质系数为 0.87。如果灰分按样品计算或按湿基计算(包括水分),那么从分母中除去干态物质系数。如果水分已测定,则分母变成:干态样品质量——空坩埚质量。

16.2.2.3　应用特例

除了前文所列操作外,AOAC 还推荐了一些其他的方法。如果样品经初步灼烧后,仍有炭化物,可加入数滴 H_2O 或 HNO_3,然后再重新灰化,若仍有炭化物(如高糖样品),则可按以下方法操作:

（1）使灰分悬浮在水中。

（2）由于残留物为半悬浮物，用无灰滤纸过滤。

（3）滤液蒸发。

（4）滤液和滤纸一起放入马弗炉中再次灰化。

其他有助于灰化和加速灰化的方法有：

（1）高脂肪样品应先除脂或在灰化前先碳化。

（2）甘油，酒精和氢气可加速灰化。

（3）含胶体样品可覆上玻璃棉，以防溅出。

（4）富含盐的食品可将水不溶性组分和富盐水提取液分别灰化。为防止溅出，应使用坩埚盖。

（5）使用醋酸镁 - 乙醇溶液可加速谷物类样品的灰化，但必须同时做空白实验。

16.2.3　湿法灰化

16.2.3.1　原理、试剂和应用

湿法灰化又称湿法氧化或湿法分解。它主要用于矿物质分析和有毒元素分析的样品预处理。在一些矿物质元素（如 Fe、Cu、Zn、P）的样品预处理分析时，实验室通常只采用湿法灰化，因为干法灰化可能会因为挥发而造成元素的损失。

湿法灰化的优点：样品中的矿物质元素溶解在溶液里，氧化温度较低，挥发物质损失小。氧化时间短。湿式灰化的缺点：需要操作人员经常看管，必须加入氧化剂，每次都只能消化少量样品。操作必须在昂贵且特制的高氯酸通风橱内进行，因在普通通风橱内工作可能会导致通风系统中产生爆炸性的过氧化物。

遗憾的是在湿法灰化中，使用单一的酸不能完全和快速地氧化有机物，所以湿法灰化经常使用多种酸的组合。最常使用的酸是硝酸、硫酸和过氧化氢、高氯酸。不同类型的样品推荐使用不同的酸组合。尽管 AOAC 法（如 AOAC 法 975.03）采用高氯酸湿法灰化法，许多实验室分析依然避免在湿法灰化中使用高氯酸，而是用硝酸和硫酸、过氧化氢或盐酸结合来替代。这是因为高氯酸可以形成过氧化氢而引发爆炸，这是非常危险的。高氯酸仍在使用的原因是它能更好地从耐氧化基质中提取某些矿物质，如骨骼。在使用高氯酸时，必须使用易冲洗的、不含塑料或以甘油为基质的填塞物的高氯酸通风橱。有关具体的预防措施见 AOAC 测定方法中"特殊化学危险品的操作"。当使用高氯酸高对含脂肪样品进行湿法灰化时，必须格外小心谨慎。虽然高氯酸对原子吸收分光光度测定没有影响，但它确实干扰了传统的铁比色法测定。

16.2.3.2　操作步骤

以下是用硝酸和硫酸进行湿法氧化的操作步骤（在通风橱中进行）：

（1）准确称取 1g 干燥研碎样品于 125mL 的格氏烧瓶中（预先酸洗并干燥）。

（2）用 3mL 硫酸和 5mL 硝酸做空白组。

（3）在样品烧杯中加入 3mL 硫酸和 5mL 硝酸（每组样本都做空白）。

（4）在200℃温度下用电炉加热样品，可以观察到棕黄色的烟产生（沸腾）。

（5）当棕黄色的烟停止时，可以看到硫酸分解而产生的白色烟雾，这时样品将变黑。移去烧杯，不要让烧瓶冷却至室温。

（6）慢慢加入3~5mL硝酸。

（7）再将烧瓶放回电炉上加热使硝酸沸腾，当硝酸完全挥发，溶液变为浅黄色时，进行下一步操作，如果溶液依然是黑色，再滴加3~5mL硝酸加热。重复此过程直到溶液变为浅黄色。

（8）将溶液冷却至室温，然后定量地转移至适当大小的容量瓶中。

（9）当做特殊矿物质元素分析时，用超纯水稀释样品并混合均匀。

在AOAC方法985.35"婴幼儿配方乳粉、肠产品和宠物食品中的矿物质元素分析"中给出了干法和湿法灰化的组合程序。

16.2.4　微波灰化

与传统的在马弗炉中干法灰化和在热板上加热烧瓶或烧杯的湿法灰化不同，干法灰化和湿法灰化也都可以使用微波设备。CEM公司（Matthews，NC）已经开发了一系列可用于干法灰化和湿法灰化的设备，包括被称为"微波辅助化学"的其他微波消化系列产品。传统的湿法灰化方法需要消耗数小时的时间，而使用了微波设备之后大大缩短样品灰化时间，降低至几分钟或几十分钟，使实验室能显著增加分析的样品量（目前CEM模型分析量为每小时5~24个样品）。由于这些优点，微波灰化在食品公司的分析和质量控制实验室中被广泛应用，在湿法灰化过程中应用尤其广泛。

16.2.4.1　微波湿法灰化

微波湿法灰化（酸消化）可以在敞开或密闭的微波系统中安全地进行。系统的选择取决于样品的数量和消化样品所需的温度。由于封闭的容器可以耐受更高的压强（有些容器可以耐受1500 psi），酸可能被加热到超过它们的沸点的温度。这使得一些难消化的物质能够完全被分解。一些要求使用强酸如硫酸或高氯酸消化的样品在这种条件下可以使用硝酸。密闭容器尤其适用于高温高压的反应。在容器中，硝酸的温度可以达到240℃，因此通常选用硝酸作为消化剂，但是根据样品以及以后的分析，盐酸、氢氟酸和硫酸也会被选用。带有使用Teflon®聚四氟乙烯和TFM™石英制成的内衬的密闭微波消化系统（图16.1），一次可以处理多达40个样品。这个系统的进样时间、温度和压强都受程序控制。此外，一些仪器允许使用者调节反应动力，并提供即时修正软件，在反应已经进行时仍然可以修改方法参数。

通常在封闭的微波系统中，样品与适当量的酸一起放置在容器中。容器是密闭的，它放置在一个温度和压力传感器与指挥器相连接的转盘上。转盘置于微波谐振腔内，传感器与装置相连。选择好时间、温度、压强和功率参数，灰化就开始了，消化通常需要不到30min。因为升高反应体系的温度会使得压强增大，所以在打开容器前必须先让容器冷却。并且因为能同时分析几种样品，所以产量比传统方法更高（注意一些密闭容器微波消化系统也可以用于酸浓度测定、溶剂的提取、蛋白质水解以及辅助材料的化学合成）。

　　开放式容器微波系统（图 16.2）一般用于较大样本量（高于 10g）以及在消化中会产生大量气体的样品分析。根据它在一个连续或者同步操作中的参数,开放的容器系统能一次分析 6 种样品。操作使用塑料、石英和玻璃容器并添加了回流冷却器。根据程序参数,酸（试剂）被自动添加。在开放的容器系统中,可以使用硫酸、硝酸、盐酸、氢氟酸以及过氧化氢。这些装置不需要使用通风橱,因为它含有一个蒸汽收集器,能中和有害气体。

图 16.1　封闭式微波消化系统
注:由 CEM 公司提供,马修斯,北卡罗来纳州。

图 16.2　敞开式微波消化系统
注:由 CEM 公司提供,马修斯,北卡罗来纳州。

　　通常,在一个开放的容器微波系统中,样品放置在微波系统的容器中,然后选择时间、温度和试剂添加量参数。当反应体系被启动,自动注入酸,蒸汽收集器中和了反应产生的气体。样品反应的速度明显大于在传统电热炉上的反应速度,且重现性更好（注意一些开放的容器系统也可用于干燥和酸浓度的测定）。

16.2.4.2　微波干法灰化

　　传统的马弗炉干法灰化通常需要耗费数小时,而微波马弗炉（图 16.3）只需要几分钟时间,节省了 97% 的时间。微波马弗炉的温度可高达到 1200℃。这些系统能够使多种方法程序化,还能够自动升温和冷却。此外,它们还配备有排气系统,能够促进空气循环以缩短灰化时间。一些系统中还有清洗系统,来中和产生的气体。任何可用于传统马弗炉中的坩埚同样可用于微波炉,包括瓷坩埚、铂坩埚、石英坩埚以及石英纤维坩埚。石英纤维能在几秒钟内冷却而且不会破裂。一些系统一次能进样 15 个坩埚（25mL 规格）操作。

图 16.3　微波马弗炉
注:由 CEM 公司提供,马修斯,北卡罗来纳州。

通常,在微波干灰化中,先称重干燥的坩埚,加入样品后再次称重。然后将坩埚置于微波炉中,并设置好时间和温度等参数。设计好方法后,操作将程序化,系统开始工作,操作将会自动完成。灰化完成后,用坩埚钳小心取出坩埚并称重。如果有要求,样品可以做进一步分析。干法灰化样品时,一些测定需要加入酸来消化以进行下一步测试。

对照实验显示[14],使用这种微波系统(CEM 公司 Matthews NC)干法灰化约 40min 的效果相当于在传统马弗炉中灰化 4h,而对于植物样品(除铜的测定外),已证明用微波系统灰化 20min 就足够了,而要得到同样结果在马弗炉中则需要 40min。其他的对照实验,如干燥的蛋黄用微波灰化需要 20min 完成,而在传统的马弗炉则需要 4h;在传统马弗炉中灰化乳糖需要 16h,但在微波炉中只需要 35min。尽管微波炉一次能够灰化的样品数量有限,但是它在等量的时间内能比传统马弗炉灰化更多的样品,而且,这种微波系统不需要通风橱。

16.2.5 其他灰分的测定

以下是一些特殊的灰化方法及其应用。

(1)水溶性灰分和水不可溶性灰分的测定(AOAC 900.02) 干灰化样品后,溶于沸水,经过滤,并将可溶性灰分和不可溶性灰分重新灰化。该法主要应用于水果或蜜饯。若水溶性灰分偏低,则表明水果和蜜饯品中加入了添加物。

(2)酸不溶性灰分 干灰化样品后,将灰分溶于 10% 盐酸,煮沸,过滤,再分析未溶的杂质。这种灰分测定是对水果类、蔬菜类、小麦和大米外壳表面上的杂质进行分析的一种有效方法。这些杂质一般是硅酸盐和酸不溶性盐(除氢溴酸外)。

(3)灰分的碱度(AOAC 900.02,940.26) 干灰化后,将样品溶于 10mL 0.1mol/L 的盐酸中,然后加入沸水。在用 0.1mol/L 氢氧化钠溶液进行滴定,以甲基橙作指示剂。滴定所用氢氧化钠的体积作为灰分的碱度。水果类和蔬菜类的灰分为碱性,而肉类和一些谷物的灰分是酸性的。

(4)硫酸处理灰分(AOAC 900.02,900.77) 该法主要应用于糖类、糖浆剂和着色剂中。加硫酸浸润样品,并置于电热炉上加热至硫酸挥发除尽,再置于马弗炉灰化。重复该过程,最后重量表示为 % 硫酸盐灰分。

16.3 方法的比较

本章所述四种主要灰化方法的总结和比较见表 16.2。干法灰化需要用到马弗炉,这比使用加热板的湿法灰化要昂贵许多。湿法灰化需要用到通风橱(若使用高氯酸,则需要特制通风橱)、腐蚀性试剂并需要操作人员长时间留意观察。湿法灰化几乎不引起挥发,而干法灰化则会导致挥发性元素的损失。样品预处理后,所要分析的元素将决定采用何种灰化方法。一些微量的、易挥发元素的测定要求使用特殊的设备或采用特定操作。有关元素分析的特殊样品预处理方法参见第 9 章和第 21 章。

表 16.2　　　　　　　　　　　　　　　　灰分分析方法总结

方法	原理	误差来源	优点	缺点	应用
干法灰化	通过高温灼烧(500~600℃)将有机物破坏,使有机物脱水、炭化、分解、氧化,剩余的无机物通过重量分析进行定量	微量元素污染(来自用于清洁坩埚的研磨机或水);灰分干燥过程中的样品损失;元素的挥发;燃烧不完全	可以同时分析多个样品;对技术水平要求低;节省时间;不需要空白实验	速度慢(需要12~18h);有挥发损失;灰分难溶解	灰分含量粗分析;也可用于某种特定矿物质元素分析的预处理
湿法灰化	法灰化法是加入强氧化剂(如浓硝酸、高氯酸、高锰酸钾等),使样品中的有机物氧化,剩余即为无机物	微量元素污染;采用空白实验消除酸和氧化剂中的有机物;飞溅可能导致样品损失	比干法灰化时间短(约2h);矿质元素存在于溶液中,挥发损失小	比干法灰化效率低;使用强酸和氧化剂,危险系数高;样品易飞溅而损失	矿物质元素分析前样品灰化预处理
微波干法灰化	通过微波将样品加热到极高温度,将有机物破坏,剩余的无机物通过重量分析进行定量	微量元素污染(来自用于清洁坩埚的研磨机或水);灰分干燥过程中的样品损失;元素的挥发;燃烧不完全	比干法灰化时间更短(约30min)	成本高;比常规干法灰化效率低。有些灰分会挥发损失;灰分很难溶解	总灰分测定或质量控制过程中灰分测定的预处理
微波湿法灰化	在微波和酸(或强氧化剂)作用下,使样品中的有机物氧化,剩余即为无机物	微量元素污染;采用空白实验消除酸和氧化剂中的有机物	比常规湿法灰化时间短(约30min);矿质元素存在于溶液中,挥发损失小	成本高;单次运行处理的样品比标准湿法或干法灰化法处理的样品少	通过快速或官方方法测定矿质元素前样品的灰化预处理

　　干法灰化和湿法灰化都可以使用微波系统来辅助完成,那需要相对较高的设备费用,而且不需要通风橱。以原子吸收和质谱等技术为基础的新方法可直接对新鲜样品进行分析,最终可能取代干法和湿法两种传统灰化方法用于元素和矿物质分析。但是由于这些新方法较传统方法更为昂贵且新颖,短期内并不能取代它们。

16.4　总结

　　本章主要介绍了两种主要类型的灰化方法:干法灰化和湿法灰化(氧化),它们既可以采用传统的灰化方法,也可以使用微波系统。具体操作方法的选择取决于样品灰化后所测得的指标,而且受到时间、经济以及样品数量的影响。传统的干法灰化是以在马弗炉中的高温条件下氧化为基础。除了在干法灰化过程中可能会损失的特定元素,残留物还可用作一些特殊元素的进一步分析。湿法灰化(氧化)同时溶解矿物质并氧化所有有机物,常用作原子吸收、电感耦合等离子体质谱技术分析特定元素的样品预处理。与干法灰化相比湿法灰化能保留易挥发元素,但却需要更多的灰化时间,且一次只能处理相对较少的样品,同时需要使用高度苛性的氧化剂。微波灰化(干法或湿法)比传统方法更快,除需要专用的通风橱外,只需要很少的附加设备或空间。将来,灰化可能被能直接测定新鲜样品中的矿物质元素类型和含量的方法所替代。但是,目前灰化仍然是近似分析的基本组成部分,并且是特定矿物质元素分析的关键预处理步骤。

16.5   思考题

(1)确定在灰分分析的样品准备中四种可能的误差来源,并描述克服每种错误的方法。

(2)利用传统干法灰化法测定产品中灰分总量。由于的湿法氧化的时间比干法短,考虑换成湿法氧化。

①你是否会考虑时间的问题,为什么?

②如不考虑时间问题,你为何仍使用干法灰化? 能改成使用湿法灰化吗?

(3)你实验室的实验员使用传统干法灰化测定酪乳的灰分,称取5g液态酪乳加入一称重的铂坩埚中,使用不锈钢坩埚钳将其放入马弗炉中,在800℃高温下灰化48h,坩埚从马弗炉中取出,放在架台上敞开式冷却后称重。上述方法有几处错误? 这些错误可能导致什么结果? 在开始操作之前,你应该告诉实验员哪些注意事项以免出现误差?

(4)你如何指导实验员在干法灰化某些样品时可能出现的下列问题?

①当要求测定磷的含量时,灰化时防止磷的挥发。

②在一般干法灰化过程中,高糖产品产生不完全燃烧(如出现黑色灰分而不是白色或灰白色灰分)。

③一般操作过程太长,需要加快速度,但又不想使用标准的湿法灰化。

④在干法灰化后形成的待测化合物可能会与灰化所用的瓷坩埚发生反应。

⑤要测定一些食品中铁的含量,但干法灰化不能获得可溶性的铁。

(5)比较微波灰化(干法和湿法)消化器与传统干、湿灰化装置的优缺点。

16.6   应用题

(1)称取含有11.5%水分的粮食5.2146g,将其置于坩埚(28.5053g)中,灰化后总质量为28.5939g,计算样品中灰分的百分含量①以湿重计②以干重计。

(2)23.5000g蔬菜中含有0.0940g酸不溶性灰分,酸不溶性灰分的百分含量是多少?

(3)已知谷物的平均灰分含量为2.5%,若得到100mg以上的灰分,需称取多少克谷物样品进行灰化?

(4)在灰分分析中要使得变异系数(CV)小于5%,现得到下列灰分含量的数据:2.15%,2.12%,2.07%,这些值是否可行? 变异系数(CV)是多少?

(5)以下是对汉堡灰分含量测定的数据:样品重2.034g;干燥后重1.0781g;乙醚抽提后重0.4679g;灰化后重0.0233g。求灰分的含量①以湿重计,②以除去脂肪后的干重计。

答案

(1)①1.70% ,②1.92%

坩埚 + 灰分	28.5939g
坩埚	28.5053g
灰分	0.0886g

①按湿重计算灰分①:

$$\frac{0.0886g\ 灰分}{5.2146g\ 样品}\times100\% = 1.70\%\ 或\ 1.7\%$$

②按干重计算灰分②:

$$\frac{0.0886g\ 灰分}{5.2146g\ 样品\times(\frac{100\%-11.5\%}{100\%}干物质系数)}\times100\% = 1.92\%$$

或者

$$5.214g\ 样品\times\frac{11.5g\ 水分}{100g\ 样品} = 0.5997g\ 水分$$

$$5.214g\ 样品 - 0.5997g\ 水分 = 4.6149g\ 样品干重$$

$$\frac{0.0886g\ 灰分}{4.6149g\ 样品干重}\times100\% = 1.92\%$$

(2)0.4%

计算不溶性灰分百分含量:

$$\frac{0.09040g\ 酸不溶性灰分}{23.5g\ 样品}\times100\% = 0.4\%$$

(3)4g

100mg = 0.1g 灰分

2.5% = 2.5g 灰分/100g 样品

$$\frac{2.5g\ 灰分}{100g\ 样品} = \frac{0.1g\ 灰分}{x}$$

$$2.5x = 10$$

$$x = 4g\ 样品$$

(4)是,1.9%。

计算平均值:

$$\frac{2.15\% + 2.12\% + 2.07\%}{3} = 2.11\%$$

利用 Excel 计算平均值和标准偏差:

1	2.15%
2	2.12%
3	2.07%
	平均值 =2.11%
	标准偏差 =0.0404

$$变异系数(\text{CV}) = \frac{\text{SD}}{\overline{\text{X}}} \times 100\%$$

$$\text{CV} = \frac{0.0404}{2.11} \times 100\% = 1.91\%$$

变异系数是否在5%置信区间内？是的。

(5)①1.1%,②1.64%

样品失重,2.034g

样品干重,1.0781g

提取后的质量,0.4679g

灰分质量,0.0233g

①按湿重计:

$$\frac{0.0233\text{g 灰分}}{2.034\text{g 样品}} \times 100\% = 1.15\%$$

②按不含脂肪的湿重计:

$$2.034\text{g 湿重} - 1.0781\text{g 固体} = 0.9559\text{g 水分}(47\%\text{水分含量})$$

$$1.0781\text{g 固体干重} - 0.4679\text{g 提取后的固体} = 0.6102\text{g 脂肪}$$

$$2.034\text{g 样品湿重} - 0.6102\text{g 脂肪} = 1.4238\text{g 样品湿重}(\text{不含脂肪})$$

$$\frac{0.0233\text{g 灰分}}{1.4238\text{g 不含脂肪的样品湿重}} \times 100\% = 1.64\%\text{灰分,不含脂肪}$$

(3)按不含脂肪的干重计:

$$\frac{0.0233\text{g 灰分}}{0.4679\text{g 不含脂肪的样品干重}} \times 100\% = 4.98\%\text{灰分,不含脂肪}$$

致谢

The author of this chapter wishes to acknowledge the contributions of Dr. Leniel H. Harbers (Emeritus Professor, Kansas State University) for previous editions of this chapter. Also acknowledged in the preparation of this chapter is the assistance of Dr. John Budin (Silliker Laboratories, Chicago Heights, IL) as well as Michelle Horn, Ruth Watkins, and Anthony Danisi (CEM Corporation, Matthews, NC).

参考文献

1. Analytical Methods Committee (1960) Methods for the destruction of organic matter. Analyst 85: 643 – 656. This report gives a number of methods for wet and dry combustion and their applications, advantages, disadvantages, and hazards.

2. Akinyele, IO, Shokunbi, OS (2015) Comparative analysis of dry and wet digestion methods for the determination of trace and heavy metals in food. Food Chem 173: 682 – 684.

3. AOAC International (2016) Official methods of analysis, 20th edn. (On-line). AOAC International, Rockville, MD. This reference contains the official methods for many specific food ingredients. It may be difficult for the beginning student to follow.

4. Aurand LW, Woods AE, Wells MR (1987) Food composition and analysis. Van Nostrand Reinhold, New York. The chapters that deal with ash are divided by foodstuffs. General dry ashing procedures are discussed under each major heading.

5. Bakkali K, Martos NR, Souhail B, Ballesteros E (2009) Characterization of trace metals in vegetables by graphite furnace atomic absorption spectrometry after

closed vessel microwave digestion. Food Chem 116 (2): 590 - 594.

6. Kuboyama, K, Sasaki, N, Nakagome, Y, Kataoka, M (2005) Wet Digestion. Anal Chem 360: 184 - 191.

7. Mesko MF, De Moraes DP, Barin JS, Dressler VL, Knappet G (2006) Digestion of biological materials using the microwave-assisted sample combustion technique, Microchem J 82: 183 - 188.

8. Neggers YH, Lane RH (1995) Minerals, ch. 8. In: Jeon IJ, Ikins WG (eds) Analyzing food for nutrition labeling and hazardous contaminants. Marcel Dekker, New York. This chapter compares wet and dry ashing, and summarizes the following in tables: losses of specific elements during dry ashing; acids used in wet oxidation related to applications; AOAC methods for specific elements related to food applications.

9. Palma M N N, Rocha G C, Valaderes Filho SC, Detman E (2015) Evaluation of Acid Digestion Procedures to Estimate Mineral Contents in Materials from Animal Trials. Asian-Australas J Anim Sci 11: 1624 - 1628.

10. Pomeranz Y, Meloan C (1994) Food analysis: theory and practice, 3rd edn. Chapman & Hall, New York.

Chapter 35 on ash and minerals gives an excellent narrative on ashing methods and is easy reading for a student in food chemistry. A good reference list of specific mineral losses is given at the end of the chapter. No stepwise procedures are given, however.

11. Smith GF (1953) The wet ashing of organic matter employing hot concentrated perchloric acid. The liquid fire reaction. Anal Chim Acta 8: 397 - 421. This reference gives an in-depth review of wet ashing with perchloric acid. Tables on reaction times with foodstuffs and color reactions are informative and easy for the food scientist to understand.

12. Wehr HM, Frank JF (eds) (2004) Standard methods for the examination of dairy products, 17th edn. American Public Health Association, Washington, DC. This text gives detailed analytical procedures for ashing dairyproducts.

13. Wooster HA (1956) Nutritional data, 3rd edn. H. J. Heinz, Pittsburgh, PA.

14. Zhang H, Dotson P (1994) Use of microwave muffle furnace for dry ashing plant tissue samples. Commun Soil Sci Plant Anal 25 (9/10): 1321 - 1327.

脂类分析

Wayne C. Ellefson

17.1 引言

17.1.1 定义

脂类、蛋白质和碳水化合物是食品的主要组分。脂类通常是指可溶于醚类、氯仿或其他有机溶剂,但难溶于水的物质。然而,目前对于脂类还没有明确、清晰的科学定义,主要是因为脂类中某些分子的水溶性在可变的范围内波动[1]。某些脂类(如甘油三酯)是疏水的。其他脂类(像甘油二酯和单甘油酯),其结构中既有亲水部分也有疏水部分,并可溶于极性溶剂中[2]。短链脂肪酸(C1 ~ C4)则完全溶于水且不溶于非极性溶剂[1]。

如上所述,目前最被广泛接受的脂类的定义是基于溶解度的不同。大多数物质的定义是基于共有的结构特征,但"脂类"的定义是基于溶解度特性,这是脂类特有的[2]。脂类是一系列有相似性质和相似组成的物质[3]。甘油三酯是众多脂类化合物中最具有代表性的油脂。脂类、脂肪和油经常互换使用。

"脂类"一词通常是指符合上述定义的食品分子的统称。脂肪通常指在室温下呈固态的脂类,而油则通常指在室温下呈液态的脂类。虽然目前没有准确的科学定义,但美国食品和药物监督管理局(FDA)已经为脂类设定了用于营养标签的定义。FDA 将总脂肪定义为含有 C4 ~ C24 脂肪酸的甘油三酯的总和。该定义为解决营养标签纠纷提供了依据。

17.1.2 分类

脂类的一般分类有助于区分食品中不同脂类[3]:

(1)简单脂类 由脂肪酸与醇反应生成的酯类(如脂肪、蜡);

(2)复合脂质 除了脂肪酸和醇,还含有其他基团酯类化合物(如磷脂、脑苷脂和鞘脂);

(3)衍生脂质 中性脂或复合脂类的衍生物(例如脂肪酸、长链醇、甾醇、脂溶性维生素和烃类)。

17.1.3 食品中脂肪含量

食品中可能含有上述提及的部分或全部种类的脂类。牛乳中脂肪含量给出了在食品体系中脂类的多样性与复杂性,其极性和浓度均有差异(表17.1)。

食品中含有多种脂类,但其中甘油三酯和磷脂是最重要的。在室温下呈液态甘油三酯被称为油,例如大豆油和橄榄油,并且通常来源于自植物。在室温下呈固态的甘油三酯被称为脂肪,例如猪油和牛油,通常来源于动物。无论甘油三酯在环境温度下通常是固体还是液体,都可以用脂肪这一术语来表示。表17.2所示为不同食品中脂肪含量。

表 17.1 牛乳中的脂肪含量

脂肪的种类	占总脂的比例/%
甘油三酯	97 ~ 99
甘油二酯	0.28 ~ 0.59
单甘油酯	0.016 ~ 0.038
磷脂	0.2 ~ 1.0
甾醇	0.25 ~ 0.40
角鲨烯	痕量
游离脂肪酸	0.10 ~ 0.44
蜡	痕量
维生素 A	$(7 \sim 8.5 \mu g/g)$
类胡萝卜素	$(8 \sim 10 \mu g/g)$
维生素 D	痕量
维生素 E	$(2 \sim 5 \mu g/g)$
维生素 K	痕量

摘自参考文献[4]和[5]。经 Patton 和 John wiley & Sons 公司授权使用。

表 17.2 不同食品中的脂肪含量

食品名称	脂肪百分含量/% 湿重
谷物,面包和面食	
大米(白色长粒普通,未经加工的,营养强化的)	0.7
高粱	3.3
软白小麦	2.0
黑麦	2.5
新鲜小麦胚芽	9.7
黑麦面包	3.3
破碎的小麦面包	3.9
干通心粉营养强化的	1.5

续表

食品名称	脂肪百分含量/% 湿重
乳制品	
低脂液态牛乳(2%)	2.0
脱脂液态牛乳	0.2
切达干酪	33.1
酸乳(原味全脂牛乳制)	3.2
油脂	
猪油,起酥油,油	100.0
黄油(含盐)	81.1
人造黄油(普通的,硬,大豆油)	80.5
沙拉酱	
意大利产品(普通的)	28.3
千岛产品(普通的)	35.1
法国产品(普通的)	44.8
蛋黄酱(大豆油制,含盐)	79.4
水果和蔬菜	
带皮鲜苹果	0.2
橘子	0.1
黑莓	0.5
鳄梨	14.7
芦笋	0.1
利马豆	0.9
黄色甜玉米	1.2
豆类	
大豆	19.9
黑豆	1.4
畜禽肉和鱼	
牛肉(可分瘦肉和肥肉的腹部肉)	5.0
鸡肉(可用于烤或炸的鸡脯肉)	1.2
猪肉,新鲜,里脊,整个,生的	12.6
培根,猪肉,腌制,生的	45.0
大西洋和太平洋比目鱼	2.3
大西洋鳕鱼	0.7

续表

食品名称	脂肪百分含量/% 湿重
坚果	
生椰子肉	33.5
干杏仁（烤制）	52.8
干核桃（黑色）	56.6
新鲜全鸡蛋	15.0

摘自美国农业部国家营养数据库 http://ndb.nal.usda.gov。

17.1.4　分析的重要性

食品中脂类准确的定性定量分析对养成分标签至关重要，可用于辨别食品是否符合标准要求，并确保产品符合生产规范。不准确的分析将会造成生产成本提高，并导致产品品质与功能的下降。

17.1.5　小结

根据定义，脂类溶于有机溶剂但不溶于水。因此，水不溶性是脂类与食品中其他组分（蛋白质、水和碳水化合物）实现分离的基本特性。糖脂可溶于酒精，但在正己烷中溶解度很低。而甘油三酯可溶于正己烷和石油醚等非极性溶剂。不同脂类的疏水性差异很大，因此选择一种通用的溶剂来萃取食品中的所有脂类是不可能的。食品中某些脂类存在于脂蛋白和脂多糖中，因此，欲提取其中的脂类则需破坏脂类与蛋白质和碳水化合物之间的共价键，释放出的脂类才能被有机溶剂萃取。

17.2　溶剂萃取法

17.2.1　概述

为了达到常规的质量控制目的，食品总脂含量通常采用简单的有机溶剂萃取法，或先对食品进行碱（详见 17.2.6.1）或酸（详见 17.2.6.2）水解的预处理，再在 Mojonnier 脂肪抽提瓶中进行溶剂萃取。多组分食品通常选择酸水解法。根据美国 FDA 法规关于总脂肪测定的要求，溶剂萃取法可作为营养标签中气相色谱法测定脂肪酸含量的第一步（详见第 3 章）。

溶剂直接萃取法的准确性主要取决于脂类在所用溶剂中的溶解度以及从其他高分子化合物中分离脂类的能力。采用某一种溶剂萃取所测定的食品中脂类含量与用其他不同极性溶剂测定的脂类含量有很大差异。除了溶剂萃取法，脂肪含量的测定方法还包括非溶剂湿法萃取法和基于食品中脂类物理化学性质的仪器萃取法。

本章中所引用的很多方法均为 AOAC 国际标准方法。为了获取详细的步骤说明，可参阅这些方法及其引用的原始资料。目前脂类含量的测定方法很多，本章将重点介绍一些常用的主要方法。

17.2.2 样品制备

食品中脂类分析的有效性取决于分析前合适的采样和保存(详见第5章)。理想的样品应尽可能接近所取材料的所有固有特性。在检测范围内样品的性质与总体物料的性质是一致的[7],这才被认为是满意的。

脂类分析的样品制备取决于食品类型和食品中脂类的种类和性质[8]。液态乳中脂类的萃取方法通常不同于固态的大豆。为了有效地分析食品中的脂类,有必要了解脂类物质的结构、化学性质以及主要脂类化合物的分类及组成。因此,没有一种标准方法可用于萃取不同食品中所有脂类。为了获得最佳的分析结果,样品制备应在含氮气惰性气体和低温下进行,以尽量减少化学反应(如脂质氧化)的发生。

为了有利于脂质提取,一个或多个预处理操作在脂质分析中是很常见的:①除去水分,②减小粒度,③或通过碱水解(详见17.2.6.1)或酸水解(详见第17.2.6.2)等技术将脂类从蛋白质或碳水化合物中分离出来。前两种预处理如下所述。

17.2.2.1 样品预干燥

乙醚不能有效地萃取食品湿物料中的脂类,这是由于所用溶剂的疏水性或吸湿性,导致其难于渗入高水分食品组织中。乙醚易吸湿,吸水后呈饱和状态而不能有效地萃取脂类。样品不能再高温下干燥,这是由于某些脂类会与蛋白质、碳水化合物结合,且结合的脂类不易被有机溶剂萃取。低温下真空厢式干燥或冷冻干燥可增加样品的表面积,有利于脂类萃取。预干燥使得样品更易粉碎二易于萃取脂类,破坏油 - 水乳化体系使脂类更易于溶解在有机溶剂中,并有助于脂类游离于食品组织[7]

17.2.2.2 减小粒度

干燥食品中脂肪萃取效率取决于其粒度大小,因此充分的破碎非常重要。测定油料中脂肪含量的经典方法涉及在低温下反复破碎后用选定的溶剂从磨碎的种子萃取脂肪,该方法可最大程度地减少脂质氧化。为了更好地萃取脂类,可将样品和溶剂在高速混合装置(如混合器)中进行混合。由于大豆的孔隙度有限,且对脱水剂非常敏感度,因此从完整的大豆中萃取脂类非常困难。大豆经机械破碎预处理后易于脂类提取。成品中脂类萃取仍是一个挑战,这取决于基于其组成(例如,由坚果、焦糖、蛋白质、格兰诺拉麦片和大豆油制造的能量棒)。这类产品宜经液氮冷冻后再破碎处理。

17.2.3 溶剂的选择

脂类萃取的理想溶剂应具有较高的脂类溶解能力,且对蛋白质、氨基酸和碳水化合物的溶解能力很低或不溶解。它们应易蒸发,无残留,沸点低,液态和气态下均不易燃且无毒。理想的溶剂应易于渗入样品颗粒中,为避免分馏应以单一组分形式存在,且价格便宜,不吸湿[6-7]。很难找到满足所有要求的理想的脂肪类萃取剂。乙醚和石油醚是最常用的溶剂,戊烷和己烷也常用于提取大豆油。

乙醚的沸点为34.6℃,是较好的脂类萃取溶剂,其性能优于石油醚。乙醚价格昂贵,具有更大的爆炸风险和火灾隐患,易吸湿且易形成过氧化物[6]。石油醚是石油的低沸点馏分,主要由戊烷和己烷组成。其沸点为 35~38℃,疏水性优于乙醚。石油醚适是疏水性脂类萃取较佳选择,比乙醚便宜、吸湿性小,且不易燃。石油醚萃取脂类的详细介绍见美国AOAC 方法 945.16[8]。

两种或三种溶剂的组合也常用于脂肪萃取。这些溶剂应先经纯化,且不含过氧化物,并必须使用合适的溶剂–溶质比以最佳萃取效果[7]。

17.2.4 连续溶剂萃取法:Goldfish 法
17.2.4.1 原理与特点
连续溶剂萃取,是指萃取溶剂从长颈烧瓶连续流过置于陶瓷套管中的样品进行萃取。其脂肪含量通过样品失重或所得脂肪的重量来计算。

连续萃取法比半连续萃取法更快快速、高效。然而该方法可能会引起沟流,导致萃取不完全。Goldfish 法是连续脂类萃取法的一种[6,7]。该方法存在很大的火灾隐患,很多实验室已停止使用,为了与半连续和非连续萃取法进行比较,在此仅做简单介绍(详见 17.2.5和 17.2.6)。

17.2.4.2 操作步骤
样品称重后放入套管中。在 Goldfish 装置(图 17.1)中用沸腾的乙醚从样品中萃取脂肪。脂肪含量的计算公式如下:

$$脂肪含量\%(以干基计) = (样品中的脂肪克数/干样品克数) \times 100 \qquad (17.1)$$

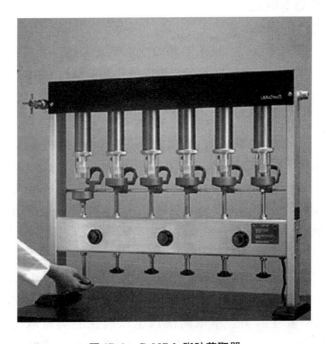

图 17.1 Goldfish 脂肪萃取器

17.2.5　半连续溶剂萃取法:索氏提取法

索氏提取法(美国 AOAC 法 920.39C 谷物中脂肪测定,美国 AOAC 法 960.39 肉类脂肪测定)是半连续溶剂萃取法的一种。

17.2.5.1　原理与特点

对于半连续溶剂萃取,溶剂在萃取室中停留 5～10min 以完全浸润样品,然后虹吸至沸腾的烧瓶中。脂肪含量通过样品失重或脂肪提取量来得到。该方法利用了样品的浸润作用,不会引起沟流。但该方法所需时间比连续法长。目前已有应用索氏提取法的快速自动萃取器。(例如,ANKOM 公司 Ankom XT15 和 FOSS 公司 Soxtec^{TM})。

17.2.5.2　操作步骤

对于索氏提取法或 Goldfish 萃取法,若样品含水量超过 10%,需将样品在 95～100℃,≤100mmHg 下真空干燥约 5h 至恒重(美国 AOAC 方法 934.01)。对于不同食品样品的分析,无论含水量如何,预先干燥后其萃取效率会更高。

样品称重后放入套管中,将套管放入索氏提取器中(图 17.2),用合适的溶剂进行萃取。由于此过程需加热,使用乙醚比其他溶剂会更危险。现在许多实验室使用石油醚或己烷。通常情况下提取时间为 16h,但某些产品可缩短其提取时间。对提取物进行蒸发,并测定脂肪重量。脂肪含量计算公式如下:

$$脂肪含量\%(以干重计) = (样品中的脂肪克数/干样品克数) \times 100 \tag{17.2}$$

17.2.6　非连续溶剂萃取法

17.2.6.1　碱水解法(Mojonnier 法)

(1)原理及特点　Mojonnier 法、碱水解和碱性水解三词通常可在该方法中互换使用。本节采用碱水解这一术语。先用氨沉淀蛋白质以使脂肪游离出来,在 Mojonnier 脂肪抽提瓶中用乙醚和石油醚的混合物萃取脂肪,将萃取的脂肪干燥至恒重,以脂肪重量的百分比表示脂肪含量。

碱水解法无需要去除样品中的水分,因此对固体和液体样品均适用。碱水解法是一种为乳制品开发并主要应用于乳制品水解的方法。若采用石油醚纯化提取的脂肪,该方法在原理和操作上与 Roese - Gottlieb 法(美国 AOAC 方法 905.02)非常相似。根据美国营养标签规定,Mojonnier 脂肪萃取瓶(图 17.3)不仅可用于碱水解法中,还可用于基于气相色谱分析脂肪酸组成的脂肪含量测定中脂肪萃取前的酸水解、碱水解或其复合水解。

(2)操作步骤　按照美国 AOAC 989.05 方法,用适宜的温度加热以确保牛乳样品混合均匀,称取一定量的样品于 Mojonnier 脂肪萃取瓶中。加入氨水沉淀乳蛋白,并加入乙醇以防止凝胶形成。然后先用乙醚来萃取大部分脂类,之后加入石油醚以去除乙醚中的水分并萃取非极性脂类。萃取两次以上以确保脂类萃取完全。将乙醚层从 Mojonnier脂肪萃取瓶中转移至已称重的 Mojonnier 脂肪盘中。蒸发除去溶剂,脂肪含量的测定如下:

脂肪含量% $=100 \times [($脂肪盘与脂肪总重量 $-$ 脂肪盘重量$) -$ 空白组平均残留$]/$样品质量

(17.3)

每天均需准备一对试剂空白对照组。空白对照组测定时采用 10mL 蒸馏水代替牛乳样品,其检测结果应小于 0.002g。

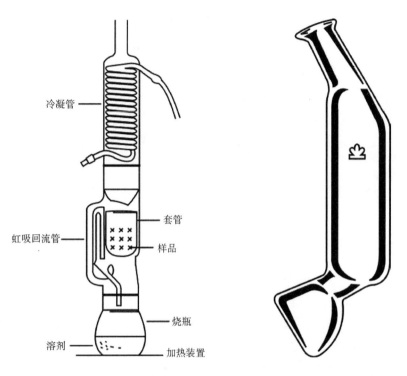

图 17.2　索氏提取器　　　　　图 17.3　Mojonnier 脂肪提取瓶

17.2.6.2　酸水解法

(1)原理与特点　乳制品、面包、面粉和动物制品等食品中大部分脂类与蛋白质和碳水化合物结合,非极性溶剂直接萃取效率非常低。要萃取这些食品中的脂类需采用酸水解法,这包括相当多的食品成品。表 17.3 所示为样品不用酸水解法所产生的误差。酸水解可以破坏以共价键和离子键结合的脂类,使之更易被萃取。美国 AOAC 许多脂肪测定方法中都采用盐酸进行酸水解,再用混合的石油醚和乙醚进行萃取[8],在溶剂萃取前,通过加入乙醇和固体六偏磷酸钠可将脂类与其他分组分离开[6-7]。例如,酸水解法处理两个鸡蛋需 10mL 盐酸,并在 65℃ 水浴锅中加热 10 ~ 25min 或直至溶液澄清[6]。

表 17.3　　　　　　　　　　酸水解对食品中脂肪萃取的影响

	脂肪百分比	
	酸水解	未酸水解
干蛋	42.39	36.74
酵母	6.35	3.74

续表

	脂肪百分比	
	酸水解	未酸水解
面粉	1.73	1.20
面条	3.77~4.84	2.1~3.91
粗粒小麦粉	1.86~1.93	1.1~1.37

(2)操作步骤 按照美国 AOAC 922.06 方法,将面粉样品称重加入至 Mojonnier 脂肪萃取瓶中,用盐酸进行消解。先用乙醚萃取大部分脂类,再加入石油醚以去除乙醚中水分并萃取非极性脂类,萃取两次以上,以确保脂类萃取完全。然后将乙醚层从 Mojonnier 脂肪萃取瓶转移至已称重的莫乔尼尔型 Mojonnier 脂肪盘中。蒸发除去溶剂,脂肪含量的测定如下:

$$脂肪含量\% = 100 \times [(脂肪盘与脂肪总重量 - 脂肪碟重量) - 空白组平均残留]/样品质量$$

(17.4)

17.2.6.3　氯仿 - 甲醇法

(1)原理与特点 氯仿和甲醇混合溶液已被普遍用于脂类提取。"Folch 萃取法"[9] 适用于小样品,而"Bligh Dyer 萃取法"[10] 适用于含水量高的大样品,两者均利用混合溶剂回收食品脂类。这些方法已经过验证,且操作步骤由 Christie[11] 等人进行了修改。Bligh Dyer 萃取法[10] 是对 Folch 萃取法[9] 的改进,这是为了在低脂肪样品中能更有效地使用溶剂。Christie 对前面方法的修改[11] 是用 0.88% 氯化钾水溶液代替水来分层的。

在改进的 Folch 法和 Bligh Dyer 法萃取过程中,将食品样品在氯仿 - 甲醇溶液中混合匀浆,并将匀浆混合物过滤至收集管中。在含有提取脂肪的氯仿 - 甲醇混合溶液中加入 0.88% 氯化钾水溶液。此时溶液分成两相:水相(上层)和含有脂类氯仿层(下层)。通过分液漏斗或离心可实现相分离。氯仿蒸发后脂肪可按重量进行定量。

甲醇 - 氯仿萃取过程非常迅速,适用于低脂肪含量的样品,且可获得供后续脂肪酸组成分析的脂类。该方法已经被应用于原料,而非食品成品。为了得到一致的结果,必须严格遵守操作步骤,也包括氯仿与甲醇的比例。需要注意的是,氯仿和甲醇的毒性很强,萃取过程必须在通风良好的区域进行。

(2)操作步骤 按照美国 AOAC 983.23 方法,食品样品先用甲醇萃取、再加入氯仿继续萃取,最多再进行两次萃取,加入氯化钾以便分层。蒸发去除溶剂后,脂肪含量按式(17.5)计算。

$$脂肪含量\% = 100 \times [(脂肪碟与脂肪总重量 - 脂肪碟重量) - 空白组平均残留]/样品质量$$

(17.5)

17.2.7　用于营养标签中总脂肪测定的气相色谱法

17.2.7.1　原理

加入内标和抗氧化剂后,样品经酸和/或碱水解处理,然后用乙醚萃取脂肪。脂肪酸转化为脂肪酸甲酯(FAMEs),经气相色谱(GC)分离,并根据内标定量,其总和等于总脂肪含量(美国 AOAC 996.06 方法)。

　　饱和脂肪和单不饱和脂肪按各脂肪酸总和进行计算。单不饱和脂肪只包括顺式结构。反式脂肪含量可采用这种方法并与 AOCS Ce 1h‑05 方法[12]和 Golay 等[13]建立的方法相结合进行定量测定。

17.2.7.2　操作步骤

　　气相色谱法(GC)测定总脂肪的步骤总结如下所述。

　　(1)在样品中加入焦性没食子酸;

　　(2)在样品中加入内标(十一碳酸甘油三酯,$C_{11:0}$);

　　(3)将样品进行酸和/或碱水解;

　　(4)用乙醚和/或石油醚萃取样品中的脂肪;

　　(5)用三氟化硼甲醇溶液把脂肪酸甲基化为脂肪酸甲酯(FAMEs)。

　　(6)使用 GC 毛细管色谱柱分离 FAMEs,采用检测器对色谱峰进行定量,并与内标比较(图17.4)。

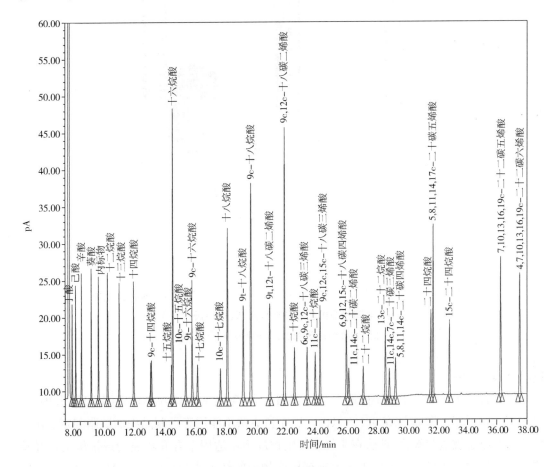

图17.4　脂肪酸色谱图

(7)总脂肪含量为以甘油三酯当量表示的各个脂肪酸总和。

17.3 非溶剂湿法萃取法

17.3.1 巴布科克法

17.3.1.1 原理

在巴布科克法方法中,将浓硫酸添加到含有已知量牛乳的巴布科克提脂瓶中,如图17.5所示。浓硫酸消化蛋白质,产生热量,释放脂肪。离心和加入热水分离脂肪,用于在测试瓶的刻度部分中定量。虽然检测过程中检测的是脂肪的体积,但结果用脂肪质量百分比表示。

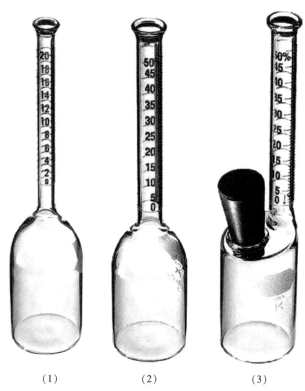

　　　　(1)　　　　　　　　(2)　　　　　　　　(3)

图17.5 用于牛乳检测的巴布科克提脂瓶(1),用于奶油检测的巴布科克提脂瓶(2)
和用于乳酪检测的巴布科克提脂瓶(佩利氏瓶)(3)

注:由新泽西州瓦恩兰氏的 Kimble Glass 公司提供。

17.3.1.2 应用

巴布科克法是测定牛乳中脂肪含量的常用方法(美国 AOAC 方法 989.04 和 989.10)耗时约45min,重复测试应该在0.1%以内。巴布科克法不能用于乳制品中的磷脂测定。由于巧克力和糖会被硫酸炭化,该法在未经改良的情况下不适用于含有巧克力或加糖的产品检测。改良后的巴布科克法可用于测定香精提取物中的精油成分(美国 AOAC 方法 932.11)

和海产品中的脂肪含量（美国 AOAC 方法 964.12）。

17.3.2　格伯法

17.3.2.1　原理

　　虽然格伯法和巴布科克法的原理相似,但格伯法使用的是浓硫酸、异戊醇和格伯测脂瓶(图 17.6)(美国 AOAC 方法 2000.18)。浓硫酸消化蛋白质和碳水化合物,释放脂肪,并通过产生热量使脂肪保持液态。

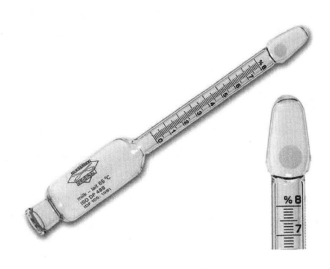

图 17.6　格伯测脂瓶

17.3.2.2　应用

　　相比巴布科克法,格伯法更简单,更快速,在各种乳制品中的应用更广泛[14]。异戊醇通常可防止常规巴布科克法中发生的炭化现象。另外,格伯法在欧洲也比在美国更受欢迎。

17.4　仪器法

　　与先前描述的提取方法相比,仪器法提供许多有吸引力的特征。一般而言,它们是快速的,一些是无损的,并且所需的样品制备量和化学品消耗量都很少。当必须每天对许多样品进行分析时,这些方法可以节省大量的人力。然而,设备可能是昂贵的。另外,对于特定不同组分的检测,一些方法需要建立校准曲线。尽管存在这些缺点,以下几种仪器法在质量控制,以及研究和产品开发应用中被广泛使用。以下内容对其中几种仪器法进行了描述。

17.4.1　红外光谱法

　　红外(IR)光谱法基于脂肪在 5.73 μm 波长处对红外光能量的吸收。在 5.73 μm 处的能量吸收越多,样品的脂肪含量越高(关于红外光谱的讨论详见第 8 章)[15]。在这种方法中使用了近红外(NIR)或中红外(Mid – IR)分光光度计。例如,美国 AOAC 方法 2007.04(肉和肉制品中的脂肪、水分和蛋白质;指定使用福斯 Food Scan™NIR 分光光度计)基于将 NIR 光谱数据与通过常规方法分析获得的值相关联,然后预测待测样品中的脂肪、水分和蛋白质的浓度。Mid – IR 光谱用于红外牛乳分析仪以确定乳脂的含量(美国 AOAC 方法 972.16)。近红外光谱已被用于测量实验室中的肉类、谷物和油籽等商品的脂肪含量,并可用于在线测量。NIR 光谱法已经应用于食品加工厂的近线批量监测。NIR 光谱法是一种分析技术,可提供化学测量的预测。NIR 模型的开发和验证为湿法化学测量法提供了等效的结果。这种方法需要一个综合数据库的成分值来创建模型,以及不断地进行验证。

17.4.2　X – 射线吸收法

　　X – 射线吸收法是一种快速分析方法,已经在肉类中应用于脂类的分析[16]。该方法可用于肉类脂肪的在线分析。肉和肉制品中脂肪含量的测定是基于瘦肉的 X 射线吸收值高于脂肪的特点。通过使用标准溶剂萃取法测定的脂肪含量与 X 射线吸收值之间关系的标准曲线,该方法已被用于快速测定肉和肉制品中的脂肪[7]。例如,通常用于快速测定肉制品脂肪百分比含量的 MeatMaster TM Ⅱ脂肪分析仪器(福斯,明尼苏达州伊甸园)就是基于 X 射线吸收原理的方法之一。

17.4.3　核磁共振分析法

　　核磁共振仪(NMR)可用于无损检测食物材料中的脂类含量。它是用于测定脂类溶解曲线以检测固体脂肪含量的最流行的方法之一(详见第 23 章),而且更经济实惠的仪器在测量总脂肪含量方面正变得越来越流行。总脂肪含量可以使用低分辨率脉冲 NMR(美国 AOAC 方法 2008.06)进行检测。(NMR 的原理和应用详见第 10 章)。核磁共振分析法是一个非常快速和准确的方法,虽然核磁共振(仪)的原理相对复杂,但核磁共振(仪)的使用可以非常简单,特别是由于高度的自动化(技术)和计算机控制。例如,CEM Smart Trac Ⅱ等系统可快速测量总脂肪和水分。

17.4.4　加速溶剂萃取法

　　加速溶剂萃取(ASE)法的开发是用于取代许多样品的索氏萃取和其他萃取技术。自动化(技术)和快速萃取时间是该方法的关键优势。加速溶剂萃取(图 17.7)通过增加温度和压力加快溶剂萃取的进程。过程中,分析物溶解度更高,其在热溶剂中溶解得更快。在高压环境下,将加压溶剂加热到高于其沸点,以从样品中提取脂肪。通过使用热的加压液体溶剂,加速了溶剂萃取,减少了溶剂的使用量和萃取所需的时间。大多数提取可以在不到 20min 内完成,溶剂使用量少于 20mL。

图 17.7　加速溶剂萃取仪

注：由马萨诸塞州沃尔瑟姆市的赛默飞世尔科技有限公司提供。

17.4.5　超临界流体萃取法

脂肪提取可以使用超临界 CO_2 作为溶剂的超临界流体萃取（SFE）仪器进行。将样品称重到萃取池中，将萃取室加热和加压至设定值，然后将超临界流体泵入萃取池，以便从样品基质中萃取目标分析物（图 17.8）。由于该技术可避免使用和处理有机溶剂造成的成本和环境污染问题，故正在得到更多的使用。当加压的二氧化碳被加热到一定的临界温度以上时，它变成一种超临界流体，它具有一些气体和液体的某些特性。事实上，它像气体一样，可以很容易地穿透样品和提取脂类，同时，它也像流体一样有助于溶解脂类（特别是在更高的压力下）。溶剂的压力和温度降低导致 CO_2 变成气体，留下脂类部分。通过称量从原始样品中提取的脂类可用来确定食物的脂类百分比含量[17]。

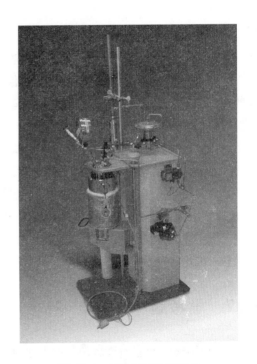

图 17.8　超临界流体萃取仪

注：由伊利诺伊州莫林市的 PARR 仪器公司提供。

17.5 方法比较

表17.4和表17.5中对各种脂肪测定方法作了总结和比较。索氏提取法(传统方式或自动方式)作为需要干燥(或非常低的水分含量)样品的脂肪测定法可用于许多食品商品。莫乔尼尔法通常适用于样品是潮湿或液体食物的脂肪含量测定。酸性氢化－裂解或碱性水解广泛用于许多成品食品中。红外光谱和核磁共振等仪器法非常简单,重现性好,快速,正在被不断普及。仪器法在脂肪测定的应用中通常需要仪器分析信号与通过标准溶剂萃取方法来获得脂肪含量之间的标准曲线。然而,快速的仪器法可以用作特定食物的脂肪测定的质量控制。索氏提取法和莫乔尼尔法的主要用途包括:在气相色谱法分析之前提取脂肪、配方产品的质量控制、检测产品研发过程中的脂肪含量、当脂肪含量<0.5g/份(因此可以提出营养成分的要求)以及在纤维分析之前的样品脱脂。与美国AOAC方法996.06中的脂肪含量的气相色谱分析法相比,这些方法更快,更便宜,但测出脂肪含量更高(使用这些方法进行产品研发时必须意识到)。

17.6 总结

脂类常常是由其溶解度特性而不是由一些共同的结构特征来定义的。食物中的脂类可以分为简单,复合或衍生的脂类。尽管食品的脂类含量差异很大,但是基于营养价值、功能特性和监管的需要,定量是重要的。要准确和精密地分析食物的脂肪含量,必须全面了解食物中脂类的一般组成,脂类和食物的理化性质以及脂肪测定的原理。测定不同食物中的脂肪没有单一的标准方法。任何脂肪分析的有效性取决于样品在分析前的适当采样和保存。在分析之前预干燥样品,减小粒度和酸解也是必要的。通常通过有机溶剂提取的方法见半连续法(例如索氏提取法)和非连续法(例如莫乔尼尔法),或通过用于营养标记的气相色谱分析法分析来确定食物的总脂类含量。非溶剂湿法萃取法,例如,巴布科克法和格伯法,通常用于特定类型的食品。NMR,IR,ASE,SFE和X射线吸收等仪器法也可用于测定脂肪含量。这些方法是快速的,可能有助于质量控制,但可能需要进一步改进,以便与标准溶剂萃取法建立一致的相关性。

17.7 思考题

(1)使用连续和非连续溶剂萃取方法时,溶剂选择需要考虑什么重要因素?

(2)需要从食物样本中提取脂肪时,您可以选择乙醚或石油醚作为溶剂,您可以选择索氏提取器或金鱼装置。你会选择什么样的溶剂和萃取组合,以及选择的所有理由是什么?

(3)详细说明使用溶剂萃取法(例如索氏提取法)准备食物样本以准确测定脂肪所需的程序。解释为什么这些程序可能是必要的。

(4)当使用标准索氏提取法对新的超级能量食品(含有高碳水化合物和蛋白质)进行脂

肪分析时,脂肪含量远远低于预期值。可能是什么原因导致测定的脂肪含量偏低,以及您将如何修改索氏提取法的标准程序来纠正这个问题?

(5)在莫乔尼尔法中使用以下化学品的目的是什么?

①氢氧化铵　②乙醇　③乙醚　④石油醚

(6)气相色谱法的关键应用是什么,该法具体量化了什么?

(7)巴布科克法中使用以下程序的目的是什么?

①加入硫酸　②离心和加入热水

(8)下列哪些方法是脂类含量的体积测定法,哪种方法是重量测定法:巴布科克法、索氏提取法、莫乔尼尔法、格伯法?

17.8　应用题

(1)通过索氏提取法测定半干食品的脂肪含量。首先真空干燥含水量为25%的半干食品,然后使用索氏提取法测定干燥后的食品脂肪含量。干燥后的食物的脂肪含量为13.5%。计算原来的半干食品的脂肪含量。

(2)通过莫乔尼尔法测定10g商业冰淇淋的脂肪含量。第二次和第三次提取后的脂肪重量分别为1.21g和1.24g。在第三次提取中提取了多少脂肪量,占总数的百分比是多少?

表 17.4 　　　　　　　　　　脂肪分析方法的综述

方法	原理	优点	缺点	应用
索氏提取法	用有机溶剂半连续萃取脂肪,通过样品的重量损失或去除的脂肪重量来检测脂肪含量	以溶剂浸提的方式,低温萃取样品脂肪。过程中,溶剂能完全穿透样品萃取所有的脂肪	需要手动萃取脂肪,而且的萃取时间较长	谷物、生肉
脂肪自动测定仪法	与传统的索氏提取法原理一致,脂肪萃取过程自动化	减少人工操作,提高萃取速度	设备成本较高	同上
莫乔尼尔法	用混合有机溶剂非连续萃取脂肪,把脂肪萃取物干燥到恒重	比索氏提取法快	需要手动萃取脂肪	谷物、生肉和一些非蛋白质饮料
莫乔尼尔碱水解法	先用氨水沉淀蛋白质,再用混合有机溶剂非连续萃取脂肪,把脂肪萃取物干燥到恒重	测定乳脂最好的传统方法	需要手动检测。可检测的样品范围较小	牛乳和牛乳衍生的产品
莫乔尼尔酸水解法	先用酸消化有机物质(脱脂),再用混合有机溶剂非连续萃取脂肪,把脂肪萃取物干燥到恒重	广泛应用于多种食品中	需要手动萃取脂肪	除了生大豆,基本适用于大多数食品

续表

方法	原理	优点	缺点	应用
氯仿 - 甲醇法	用氯仿和甲醇的混合液提取脂肪。加入氯化钾导致混合溶液分成两相,脂肪在氯仿相中。把氯仿蒸发后得到的脂肪按重量定量	广泛应用于多种食品中	氯仿和甲醇都是剧毒试剂。检测结果为所有脂溶性物质。需要手动萃取脂肪以及处理提取过程中形成的乳液	大多数食品
气相色谱法	加入内标和防止氧化的试剂后,酸和/或者碱水解样品,然后用乙醚提取样品中的脂肪。把脂肪分解成脂肪酸再衍生化为脂肪酸甲酯。通过计算气相色谱分离的脂肪酸甲酯的总和得到样品的脂肪含量	按照美国食品和药物管理局(FDA)的定义,只检测的脂肪含量(不含其他脂溶性化合物)	耗时,昂贵,需要分离许多化合物	营养标签的官方方法
巴布科克法	加入浓硫酸消化样品中的蛋白质,产生热量,释放脂肪,然后离心,直接测定脂肪含量	只需要约45min	需要手动检测。浓硫酸炭化高糖食品,导致读取脂肪含量困难	常用于牛乳等乳制品
格伯法	类似于巴布科克法,但使用浓硫酸和异戊醇两种溶剂	与巴布科克法相比,该法更简单、更快,异戊醇可防止糖的炭化	需要手动检测	常用于牛乳等乳制品,特别是高糖制品
红外光谱法	基于脂肪在 5.73μm 吸收红外能量,NIR 提供了脂肪检测的预测。近红外模型的研发和验证,提供了与经典脂肪检测方法等效的结果	快速	仅提供脂肪含量的估计值,仪器必须根据官方方法进行校准	中红外光谱常用于红外牛乳分析仪。NIR 常用来检测肉类,谷类和油籽的脂肪含量
相对密度法	用溶剂全氯乙烯从样品中提取脂肪。样品溶剂提取物的相对密度与脂肪含量成正相关	同上	结果是基于使用官方方法创建的相关性图表的估计值	肉
核磁共振法	当放置在静态磁场中时,某些原子核将吸收并重新发射窄频带上的脉冲无线电频率(RF)能量。对于给定的核同位素,NMR 效应发生的频率取决于磁体的磁场强度,该现象是由核的核磁偶极子与其所经历的磁场之间的相互作用引起的。在静态的 0.47T 磁场内用 RF 能量检测脂肪含量,记录所得到的 NMR 信号并分析样品中存在的脂肪的总质子活性[8]	快速。非常低的人力成本。对于高通量脂肪含量测定实验室具有巨大的潜力	仪器昂贵。而且适用范围尚未完全呈现	应用于许多食物的潜在手段

续表

方法	原理	优点	缺点	应用
加速溶剂萃取法	在高压下,将加压溶剂加热至远高于其沸点用于从样品中提取脂肪	非常快速	仪器成本高。有些情况下可能需要一些工作来匹配经典方法的检测结果	用来代替索氏提取法,以及其他脂肪相关的测定的方法
超临界流体萃取法	将萃取池里的样品加热并加压至设定值,然后用超临界流体泵送到萃取池萃取样品中的脂肪	同上	同上	同上

表 17.5   **脂肪分析经典方法的比较**

方法	相似		差异
索氏提取法与金鱼法	用于相同的应用如表 17.4 所示;	索氏提取法:	金鱼法:
	使用有机溶剂萃取按损失或增加重量测定的脂肪含量;	半连续浸泡效应;样品保持低温;	连续的方法;没有浸泡效果;
	提取脂肪(重量)都需要数小时才能完成,样品必须干燥或湿度较低;	溶剂能完全穿透样品萃取所有的脂肪;	样品被加热;
	使用相同类型的纤维素"顶针"来用于固定提取的样品	可能会更慢(需要 4 ~ 16h,取决于滴速)	溶剂可能不完全穿透样品萃取脂肪;提取 4h(所以可能会更快)
巴布科克法与莫乔尼尔法	可用于液体或固体样品;	巴布科克法:	莫乔尼尔法:
	研发的初衷是用于乳制品	不使用溶剂(使用硫酸);只用于乳制品;测定脂肪体积	使用多种溶剂;用于任何食品;测量脂肪重量
莫乔尼尔法与索氏提取法	相同的应用;	莫乔尼尔法:	索氏提取法:
	都是重力法	使用多种溶剂;用于固体或液体样品;非连续的方法	使用单一溶剂;仅固体样品(干燥或低湿);半连续方法
巴布科克法与格伯法	同样的应用(乳制品);	巴布科克法:	格伯法:
	测定体积法	只使用硫酸;	使用硫酸加异戊醇;

续表

方法	相似		差异
莫乔尼尔法与气相色谱法	气相色谱法通常使用莫乔尼尔法进行初始脂肪提取	使用硫酸释放脂肪； 使高糖乳制品炭化； 比较慢，更复杂 莫乔尼尔法： 是气相色谱法的一部分； 测定脂肪的重量； 用于汇总表中的应用	可以在高糖乳制品上使用； 更简单，更快捷 气相色谱法： 需要酸和/或碱水解； 计算经莫乔尼尔法提取并衍生化的脂肪酸甲酯的总和； 用于营养标签

答案

（1）如果半干食品的样品重量为10g,含水量为25%,则原始食品的干重为7.5g(10g×75% =7.5g)。如果干燥食品的脂肪含量为13.5%,则7.5g的干燥样品具有1.0125g脂肪量(7.5g 干食物×13.5%脂肪量 =1.0125g脂肪量)。10g半干食品含有与7.5g干燥样品相同量的脂肪,即1.0125g脂肪量。因此,半干食品的脂肪含量是10.125%(1.0125g脂肪量/10g半干食品量)。

（2）$[(1.24 -1.21g)/10g] \times 100\% =0.3\%$

致谢

The author of this chapter wishes to acknowledge Dr. David Min (deceased) who was the key author on this Fat Analysis chapter for the first to fourth editions of this textbook.

参考文献

1. O'Keefe SF (1998) Nomenclature and classification of lipids, chap 1. In: Akoh CC, Min DB (eds) Food lipids: chemistry, nutrition and biotechnology. Marcel Dekker, New York, pp 1 – 36.

2. Belitz HD, Grosch W (1987) Food chemistry. Springer, Berlin.

3. Nawar WW (1996) Lipids chap. 5. In: Fennema OR (ed) Food chemistry, 3rd edn. Marcel Dekker, New York, pp 225 – 319.

4. Patton S, Jensen RG (1976) Biomedical aspects of lactation. Pergamon, Oxford, p 78.

5. Jenness R, Patton S (1959) Principles of dairy chemistry. Wiley, New York.

6. Joslyn MA (1970) Methods in food analysis, 2nd edn. Academic, New York.

7. Pomeranz Y, Meloan CF (1994) Food analysis: theory and practice, 3rd edn. Van Nostrand Reinhold, New York.

8. Official Methods of Analysis, current on line edition. AOAC International, Gaithersburg, MD (2016).

9. Folch J, Lees M, Stanley GHS (1957) A simple method for the isolation and purification of total lipids from animal tissues. J Biol Chem 226: 297 – 509.

10. Bligh EG, Dyer WJ (1959) A rapid method of total lipid extraction and purification. Can J Physiol 37: 911 – 917.

11. Christie WW (1982) Lipid analysis. Isolation, separation, identification, and structural analysis of lipids. 2nd edn. Pergamon, Oxford.

12. AOCS (2009) Official methods and recommended practices, 6th edn. American Oil Chemists' Society, Champaign, IL.

13. Golay P-A, Dionisi F, Hug B, Giuffrida F, Destaillats F (2006) Direct quantification of fatty acids in dairy powders, with special emphasis on *trans* fatty acid content. Food Chem 106: 115 – 1120.

14. Wehr HM, Frank JF (eds) (2004) Standard methods for the examination of dairy products, 17th edn. American Public Health Association, Washington, DC.

15. Cronin DA, McKenzie K (1990) A rapid method for the determination of fat in foodstuffs by infrared spectrometry. Food Chem 35: 39 – 49.

16. Brienne JP, Denoyelle C., Baussart H, Daudin JD (2001) Assessment of meat fat content using dual energy X-ray absorption. Meat Sci 57:235 – 244.

17. LaCroix DE, Wold, WR, Myer LJD, Calabraro R (2003) Determination of total fat in milk- and soy-based infant formula powder by supercritical fluid extraction: PVM 2:2002. J AOAC Int 86:86 – 95.

蛋白质分析

Sam K. C. Chang，Yan Zhang

18.1 引言

18.1.1 分类和注意事项

所有细胞中均含有丰富的蛋白质,除储存蛋白质之外,几乎所有蛋白质都对生物体功能和细胞结构具有重要作用。食物中的蛋白质非常复杂。蛋白质分子质量不等,范围分布于 $5000 \sim 10^6$ u。蛋白质主要由氢、碳、氮、氧和硫四种元素组成。构成蛋白质的氨基酸主要是二十种 α – 氨基酸;其中的氨基酸残基通过肽键连接。氮是蛋白质中最具代表性的元素。但是,由于构成蛋白质的氨基酸组成不同,各种食物蛋白质中的氮含量为 13.4% ~ 19.1%[1]。通常,含有大量碱性氨基酸的蛋白质的氮含量更高。

蛋白质可以依据其组成、结构、生物功能或溶解性进行分类。例如,简单的蛋白质只含有氨基酸,可以发生水解反应,但结合蛋白质除此之外还含有非氨基酸组分。蛋白质具有特定的构象,但这些构象在变性剂,如热、酸、碱、8mol/L 尿素、6mol/L 盐酸胍,有机溶剂和化工洗涤剂的作用下会发生改变。同时也会导致蛋白质溶解度及功能特性的改变。由于某些食物成分具有相似的物理化学性质,导致蛋白质的分析相对复杂。非蛋白氮可能来自游离氨基酸、短肽、核酸、磷脂、氨基糖、卟啉以及某些维生素、生物碱、尿酸、尿素和铵离子。因此,食物中有机氮的总量主要来自蛋白质的氮和非蛋白氮有机物中含有的少量氮元素。从方法学而言,脂质和碳水化合物等其他食品主要组分可能会对蛋白质的分析产生干扰。

目前已经开发了许多种测定蛋白质含量的方法,这些方法的基本原理包括氮的测定、肽键、芳香族氨基酸的染料吸附能力,蛋白质的紫外吸收性以及光散射性。除了灵敏度、准确度、精密度和分析成本等因素外,在测量时应该考虑根据实际应用选择合适的方法。

18.1.2 蛋白质分析的重要性

蛋白质分析的重要性:

(1)营养标签。

（2）定价　某些商品的成本取决于由氮含量法测定的蛋白质含量（例如，谷类、乳制品，例如乳酪）。

（3）功能性质研究　每种食物中的蛋白质都具有其特有的功能性质。例如，小麦粉中的麦醇溶蛋白和麦谷蛋白用于制作面包，牛乳中的酪蛋白在乳酪制作中起凝固作用，以及鸡蛋蛋白的发泡性。

（4）生物活性测定　一些蛋白质包括酶或酶抑制剂都与食品科学和营养有关。例如，嫩肉类的蛋白水解酶，水果成熟过程中的果胶以及豆科植物种子中的胰蛋白酶抑制剂都是蛋白质。为了便于比较，酶活性往往表现在具体活性上，即酶活性的单位是每毫克蛋白质。

蛋白质分析可用于判定：

（1）总蛋白质含量

（2）混合物中特定蛋白质的含量

（3）蛋白质分离和纯化过程中的蛋白质含量

（4）非蛋白氮

（5）氨基酸组成（详见 24.3.1）

（6）蛋白质的营养价值（详见 24.3.2）

18.1.3　食品中的含量

蛋白质在食物中的含量非常广泛。动物蛋白和豆类蛋白都是优质的蛋白质资源。部分食物中的蛋白质含量，如表 18.1[2] 所示。

18.1.4　方法介绍

从原理、一般操作步骤及应用范围等方面介绍了不同的蛋白质测定方法。表 18.2 所示为所述方法，包括他们的应用细节和 AOAO 编号、优缺点[3]。本章中引用的方法的详细操作步骤可参见相应参考文献。本章节中所提到的分析方法在最近几部关于食品蛋白质的书籍中有更详细的介绍[4-6]。对凯氏定氮法，杜马斯（氮燃烧）法，红外光谱法和阴离子染料结合法的描述均参照 AOAC 国际的官方分析方法[3]，通常用于营养标签及质量控制。其他方法常用于实验室中有关蛋白质的研究。

表 18.1　　部分食品的蛋白质含量

食品种类	蛋白质含量（以湿基计）/%
谷物和面食	
大米（褐色、长粒、未加工）	7.9
大米（白色、长粒、普通型、未加工、营养强化）	7.1
小麦粉（全麦）	13.7
玉米粉（全粒加工、黄色）	6.9
意大利面（干面、强化面）	13
玉米淀粉	0.3

续表

食品种类	蛋白质含量(以湿基计)/%
乳制品	
牛乳(低脂、液体、2%脂肪含量)	3.2
牛乳(脱脂、乳粉、普通型、添加维生素 A)	36.2
干酪(切达干酪)	24.9
酸乳(原味、低脂)	5.3
水果和蔬菜	
苹果(未加工、带皮)	0.3
芦笋(未加工)	2.2
草莓(未加工)	0.7
莴苣(未加工)	0.9
土豆(整颗、肉和皮)	2.0
豆类	
黄豆(成熟的种子、未加工)	36.5
豆(芸豆、所有品种、成熟的种子、未加工)	23.6
豆腐(未加工、老豆腐)	15.8
豆腐(未加工、普通)	8.1
肉、家禽、鱼	
牛肉(颈肉、烤前腿)	21.4
牛肉(腌制、牛肉干)	31.1
鸡(烤鸡或炸鸡、鸡胸肉、未加工)	23.1
火腿(切片、普通的)	16.6
鸡蛋(未加工、全蛋、鲜蛋)	12.6
有鳍鱼(鳕鱼、太平洋鳕鱼、未加工)	17.9
有鳍鱼(金枪鱼、白鲑鱼、灌装油浸、鱼干)	26.5

注:以上数据来自美国农业部和美国农业研究局。

18.2 基于氮含量的检测方法

18.2.1 凯氏定氮法

18.2.1.1 原理

在凯氏定氮法中,在有催化剂的条件下,用浓硫酸消化样品将有机氮都转变成无机铵盐,然后在碱性条件下将铵盐转化为氨,随水蒸气蒸馏出来并用过量的硼酸液吸收。再以标准酸滴定形成硼酸盐阴离子,可计算出样品中的氮量。分析结果代表食物的粗蛋白质含量,因为氮元素也可能是来自非蛋白质的含氮化合物(凯氏定氮法可检测任何氨和硫酸铵中的氮)。

18.2.1.2　历史背景

凯氏定氮法由 Johann Kjeldahl 于 1883 年提出,经过长期的改进演变为目前的凯氏定氮法并用于分析有机氮方法。Bradstreet 写了一本很好的关于总结凯氏定氮法测有机氮的书[7]。虽然原来的凯氏定氮法已经过了一些重要的改进,但原来的方法和目前的程序(具体细节如下所示)都包括以下基本步骤:①消化②中和和蒸馏③滴定。

18.2.1.3　操作步骤和相关反应

操作步骤和相关反应,如表 18.2 所示。

(1)样品制备　充分研磨样品并过 20 目筛,以确保样品粒径均一,此外无特殊要求。

(2)消化　准确称取样品放入凯氏(Kjeldahl)烧瓶中。加入酸和催化剂,消化至所有有机物完全分解,溶液呈澄清透明。在此过程中氮与硫酸反应生成不挥发的硫酸铵。

$$蛋白质 \xrightarrow[加热]{硫酸,催化剂} (NH_4)_2 \tag{18.1}$$

在消化过程中,蛋白质中的氮被释放出来形成铵离子;硫酸与之结合形成硫酸铵;样品中的有机物被硫酸氧化为二氧化碳和水。

(3)中和与蒸馏　将消化液用水稀释,加入硫代硫酸钠碱溶液以中和剩余的硫酸。加热使形成的氨蒸发至含有亚甲蓝和甲基红指示剂的硼酸溶液中(AOAC 方法 991.20)。

$$(NH_4)_2SO_4 + 2NaOH \rightarrow 2NH_3 + Na_2SO_4 + 2H_2O \tag{18.2}$$

$$NH_3 + H_3BO_3 \rightarrow NH_4 + H_2BO_3^- \tag{18.3}$$

(4)滴定　使用标准盐酸滴定硼酸离子(与氮含量成正比)。

$$H_2BO_3^- + H^+ \rightarrow H_3BO_3 \tag{18.4}$$

(5)计算

$$滴定使用的盐酸摩尔量 = 氨基的摩尔量 = 样品中氮的摩尔量 \tag{18.5}$$

需设置一个空白对照,以便从样品的氮含量中出去试剂中的氮含量。

$$氮含量\% = N_{HCl} \times \frac{校正的酸体积}{样品质量 g \times 1000} \times \frac{14g\,氮}{mol} \times \frac{100}{1000} \tag{18.6}$$

式中　　N_{HCl}——盐酸的当量浓度(单位为摩尔/1000mL);

校正的酸体积——(样品所需的酸体积,mL) - (空白样所需的酸体积,mL);

14——氮的相对分子质量。

采用换算系数将氮含量转化为粗蛋白含量。大多数蛋白质氮含量为 16%,所以换算系数为 6.25(100/16 = 6.25)

$$氮含量/0.16 = 蛋白质含量$$

$$或氮含量 \times 6.25 = 蛋白质含量 \tag{18.7}$$

表 18.2　各种蛋白质分析方法比较

实验方法	化学原理	原理	优点	缺点	应用
凯氏定氮	氮(总有机)	采用该法测定氮含量,包括消化、中和、蒸馏,和滴定等步骤。由氮含量来计算蛋白质含量	成本低(非自动化系统)。被接受和广泛使用已经有一个多世纪了	测量的是总有机氮,而不仅是蛋白质中的氮,此方法耗时,且常使用腐蚀性试剂。与其他方法比较,精密度较低	适用于所有食物。但由于杜马斯自动化系统的实用性,该法目前已较少被使用
杜马斯法	氮(总有机氮和无机氮)	样品在高温下燃烧,释放的氮气由气相色谱测定,检测器为热导检测器。由氮含量来计算蛋白质含量	无需危险化学品,可在几分钟内完成测定,自动化设备可在无人看管的状态下进行多样品分析	设备品贵,测定的氮含量包括有机氮和无机氮,不仅是蛋白质氮	适用于所有食物。现在被泛使用,与凯氏定氮相比,可用于官方分析和质量控制
红外光谱法	肽键	蛋白质分子中存在的肽键在特定的中红外和近红外波段有特征吸收	经过简单地培训,即可快速的估算蛋白质含量	设备昂贵,只能估算蛋白质含量,仪器必须采用官方方法进行校准	广泛适用于食品(粮食,谷物,肉,乳制品)。可用于氮快速检测及质量控制
阴离子染料结合法	碱性氨基酸残基(组氨酸,精氨酸和赖氨酸)和蛋白质分子氨基端	特定的氨基酸残基与磺酸阴离子染料反应形成不溶性复合物。采用光度法测定未结合的可溶性染料,其吸光值与蛋白质浓度具有相关性	快速(15min 或更少);较为准确;没有腐蚀性试剂。不会测定非蛋白质氮,比凯氏定氮法更精确。可用来估算有效赖氨酸	该法没有比色法灵敏。由于蛋白质碱性氨基酸含量不同,染料结合能力不同,因此需要绘制食品的校准曲线。由于染料与 N-末端氨基酸结合,水解蛋白质组与 N-末端氨基酸结合,不适合一些非蛋白质组分也会结合染料或蛋白质,从而导致错误结果	自动化体系可用于质量控制,特别是用于氮基于氨基酸含量方法的结果检验(检验掺假)

续表

实验方法	化学原理	原理	优点	缺点	应用
二喹啉甲酸(BCA)法	肽键和特定的氨基酸(半胱氨酸、胱氨酸、色氨酸和酪氨酸)	肽键在碱性条件下与铜离子络合。铜离子被二喹啉甲酸试剂螯合并形成有色产物,采用光谱法测量其吸光值	灵敏度高,微量 BCA 法灵敏度更高($0.5\sim10\mu g$)。非离子型洗涤剂和缓冲盐不会反应,中等浓度的变性剂也不会干扰反应	形成的颜色随着时间变化并不是稳定的。任何可以将二价铜离子还原为一价铜离子的化合物都可以产生颜色。还原糖和高浓度的硫酸铵会干扰而且不同的蛋白质会形成颜色差异	广泛应用于蛋白质的分离纯化。很大程度上取代了其他定量性的光度研究方法
在 $\lambda=280nm$ 处的吸光值	酪氨酸和色氨酸	含有芳香氨基酸,色氨酸和酪氨酸的蛋白质可吸收波长 280nm 的光。吸光值能用于估算蛋白含量	快速,较敏感(需要 $100\mu g$ 蛋白质)。硫酸铵和其他缓冲盐不会产生干扰。非破坏性(所以样本在测定蛋白质之后依然可用)	核酸能吸收波长 280nm 的光。蛋白质中芳香族氨基酸在不同食物中有差异。因此,结果是定性的。要求样品相对纯净,无色透明	最好用在纯化后的蛋白质体系中(如柱后检测蛋白质)
在 $\lambda=220nm$ 处的吸光值	肽键	肽键导致蛋白质可吸收波长 220nm 的光。吸光值可用于计算蛋白含量	快速。非破坏性(所以样品在蛋白测定之后可留做他用)	除肽键外,很多物质都吸收 220nm 波长的光。因此要求样品相对纯净,无色透明	最好用在纯化后的水解蛋白质体系(如水解蛋白质的柱后检测)
双缩脲试剂	肽键	碱性条件下肽键结合铜离子并产生颜色,用光谱法进行定量	比凯氏法价格更便宜,速度更快,操作更简单。不检测非多肽或非蛋白物质。干扰比较少		

不同食物的换算系数如表 18.3 所示[1],[8]。

表 18.3   **不同食品的换算系数**

食物	蛋白质中的氮含量/%	系数	食物	蛋白质中的氮含量/%	系数
蛋或肉	16.0	6.25	燕麦	18.66	5.36
牛奶	15.7	6.38	大豆	18.12	5.52
小麦	18.76	5.33	大米	19.34	5.17
玉米	17.70	5.65			

18.2.1.4 应用

凯氏定氮法是美国分析化学家协会（AOAC）制定的测定粗蛋白含量的官方方法,且一直以来是用来评价其他众多蛋白方法测量的基础方法。凯氏定氮法目前仍然在某些方面有应用,但是在很多国家,凯氏定氮法只有相对有限的使用,原因是自动氮燃烧系统（杜马斯法）具有更大的优势和适用性。（详见 18.2.2）（方法的优缺点见表 18.2）。

18.2.2 杜马斯（氮燃烧）法

18.2.2.1 原理

燃烧法是在 1831 年由化学家 Jean-Baptiste Dumas 发明。自此以后,该法经过改进并通过自动化来提高其准确度。伴随着纯氧气流,样品在高温下（700～1000℃）燃烧。样品中的所有碳元素都在闪速燃烧中转化为二氧化碳。含有氮元素的成分可产生氮气和氮氧化物。而氮氧化物在高温（600℃）铜还原柱中被还原成氮气。以纯氦气为载气将释放的总氮（包括无机组分,如硝酸盐和亚硝酸盐）携带至配有热导检测器（TCD）的气相色谱中并测定氮含量。超高纯度乙酰苯胺和 EDTA（乙二胺四乙酸）可能会被用来作为校准氮分析仪的标准品。通过蛋白换算系数可将氮含量换算成蛋白质含量。

18.2.2.2 操作步骤

称取样品（100～500mg）于锡箔纸中并放入自动设备的燃烧管。释放的氮气使用内置的气相色谱测量。图 18.1 为杜马斯氮分析仪的元件流程图。

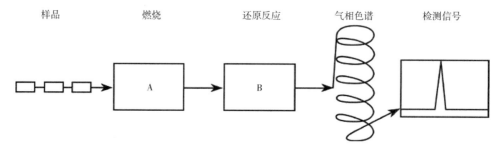

图 18.1 杜马斯氮分析仪的普通组成部件

注:（A）焚化炉   （B）还原反应铜单元用来把二氧化氮转化为氮,气相色谱（GC）柱,还有探测头。

18.2.2.3　应用

燃烧法是一种更快速安全的凯氏定氮法的替代方法[10]，而且适合于所有类型的食物。作为一种 AOAC 方法，杜马斯法广泛应用于官方检测中，但由于其快速的特点也使其在质量控制方面有所应用。食品工业依据样品大小和蛋白质含量的差异而采用不同的检测单元或系统。稀溶液样品可用冻干法来浓缩，比如废蒸汽样品。

18.3　红外光谱法

18.3.1　原理

红外光谱可测量食物或其他物质中分子对光辐射（近红外区或中红外区）的吸收程度。食物中不同的官能团吸收不同频率的光辐射。对蛋白质和多肽来说，可以用肽键不同的中红外（6.47μm）和近红外（3300~3500nm，2080~2220nm，1560~1670nm）谱带特征来估算食物的蛋白质含量。用特定波长的红外光照射某特定组分，通过测量样品反射或透射的能量（此能量与被吸收的能量成反比）来预估该组分的浓度。

18.3.2　操作步骤

有关仪器描述，样品处理，校准及定量方法学的具体细节见第 8 章。

18.3.3　应用

中红外光谱一般在牛乳红外分析仪中用来测牛乳蛋白质含量。而近红外可以应用于多种不同的食品（如粮食、谷物、肉及乳制品）[3],[12-13]，尤其是作为一种检测非标准牛乳的快速方法。

18.4　比色法

蛋白质与特定试剂在特定条件下反应可以产生有颜色的物质，可用分光光度计测定其吸光值。此类方法中蛋白质含量是以标准蛋白质（如牛血清白蛋白）为基础表达的，所以该方法并不是一种绝对值测量方法。由于蛋白质成分的差异使得该法应用相对有限。但比色法具有所需样品量小，灵敏度高的优点。

18.4.1　染料结合法
18.4.1.1　阴离子染料结合法

（1）原理　当含有蛋白质的样品与过量的阴离子染料在缓冲液中混合后，蛋白质可与染料结合形成不可溶的化合物。在反应平衡后，离心或过滤除去不溶性物质，然后测定未结合染料的含量。

蛋白质 + 过量染料→蛋白质 – 染料不溶性复合物 + 未结合的染料　　　　(18.8)

阴离子磺酸染料(包括酸性橙 12,橙黄 G,还有氨基黑 10B)结合碱性氨基酸残基中的阳离子基团(组氨酸的咪唑基,精氨酸的胍基和赖氨酸的 ε – 氨基),同时也会与蛋白质游离氨基末端结合[14]。未结合染料的量与样品的蛋白质含量成反比[14]。

(2)操作步骤

①将样品研磨均匀并过 60 目筛,然后加入到已知浓度的过量染料溶液中。

②将混合溶液剧烈震荡,使染料结合反应达到平衡,然后过滤或离心除去不溶性物质。

③测量滤液或上清液中未结合染料的吸光值。利用染料标准曲线来计算染料浓度。

④利用未结合染料浓度与不同蛋白质含量的食物总氮含量(由凯氏定氮法测得)可绘制出线性标准曲线。

⑤同一种食物类型的待测样品的蛋白质含量可以利用标准曲线计算得出,或者是用最小二乘法计算得到的回归方程来计算。

(3)应用　阴离子染料结合法被用来测定牛乳[15 - 16],小麦粉[17 - 18],豆制品[18 - 19]以及肉类[20]的蛋白质含量。因为染料不会结合已改变的和无效的赖氨酸,所以阴离子染料结合法还可以用来估测谷物产品在加工过程中有效赖氨酸含量的变化。赖氨酸在谷物产品中是限制氨基酸,所以有效赖氨酸的含量代表谷物产品的蛋白质营养价值[21]。CEM 公司(马修斯,北卡罗来纳州)基于阴离子染料结合法开发了一种自动化的 Sprint™ 快速蛋白质分析仪。该设备在一个整合并自动化了所有步骤(样品称量,均质,预设染料添加量,过滤,吸光值测量及蛋白质计算)。此染料结合法已经在美国分析化学家协会方法 2011. 04 中被批准用来检测未加工和加工的肉类。该分析仪在牛乳、奶油、大豆和豆浆的蛋白质分析方面与凯氏定氮法结果高度一致。此外,该方法是安全的(专利染料 iTag 是无害的),容易操作且效率高。因为不同类型的样品基质和蛋白质对 Sprint 快速蛋白质分析仪有不同的响应,所以该自动分析法需要用其他测定方法为每一种类型的食品蛋白质进行校准。

18.4.1.2　考马斯亮蓝 G – 250 法(Bradford Dye-Binding Method)

(1)原理　当考马斯亮蓝 G – 250 与蛋白质结合时,染料颜色从微红色变成青蓝色,而染料的最大吸收波长也从 465nm 移至 595nm。吸光值在 595nm 的变化程度是与样品中的蛋白质浓度成比例的[24]。和其他染料结合法一样,考马斯亮蓝法同样是依赖蛋白质的两性性质。当蛋白质溶液酸化到低于目标蛋白质等电点的 pH 时,加入的染料会与之发生静电结合。染料分子与蛋白质内多肽骨架附近带正电的残基之间的疏水相互作用可提高结合效率[4]。在考马斯亮蓝方法中,与未结合染料相比,与蛋白质结合的染料在光谱吸光上有所变化。

(2)操作步骤

①将考马斯亮蓝 G – 250 溶于 95% 乙醇,并用 85% 的磷酸酸化。

②别将含有蛋白质的样品(1 ~ 100μg/mL)和标准蛋白 BSA 溶液与考马斯亮蓝试剂混合。

③在波长 595nm 处测量扣除空白后的吸光值。

④根据 BSA 标准曲线估算样品中的蛋白质浓度。

（3）应用 考马斯亮蓝法已成功应用于测定麦芽汁、啤酒产品[25]和马铃薯块茎[26]的蛋白质含量。改进方法后还可用来测定微量蛋白质含量[27]。由于该法比 Lowry 法更快速、灵敏、不易受到干扰,所以考马斯亮蓝法被广泛应用于分离纯化过程中低浓度蛋白质和酶的分析。几种改进的考马斯亮蓝法(如由 G-biosciences 公司和 Geno Technology 公司开发的 CB™和 cb-x™)提高了该法与蛋白质分离过程中常用缓冲液和其他条件的兼容性。其他基于染料的蛋白质分析方法(如赛默飞世尔公司开发的 RED 660™蛋白分析方法)也陆续被开发出来,这些方法具有更优的线性范围、颜色稳定性及抗干扰性。

18.4.2 基于铜离子的检测方法

以铜离子反应为基础来测定蛋白质含量的双缩脲法问世以来,学者已对其进行了各种改进。随后改进的 Lowry 法和二喹啉甲酸(BCA)法都是部分基于双缩脲法的。

18.4.2.1 双缩脲法

（1）原理 在碱性条件下,铜离子可与肽键结合产生紫色复合物(物质中至少含有两个肽键,如寡肽,多肽和所有蛋白质)(图 18.2)。该紫色复合物的紫外吸收峰在波长 540nm 处,其吸光值与样品中的蛋白质含量成正比[28]。

（2）操作步骤

①将 A5 – mL 双缩脲试剂与 1mL 蛋白质溶液(浓度范围为 1 ~ 10mg/mL)混合。该试剂包含硫酸铜、氢氧化钠和用于稳定碱性溶液中的铜离子的酒石酸钾钠。

②当此混合物在室温下反应 15min 或 30min 后,在 540nm 波长下测吸光值,并做空白对照。

③若混合物不是澄清透明的,则需要在测定吸光值前进行过滤或离心。

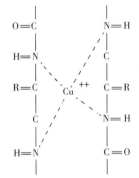

图 18.2 肽键与铜离子络合反应

④用牛血清白蛋白(BSA)绘制浓度和吸光值的标准曲线。

（3）应用 双缩脲反应用于测定谷物蛋白[29-30]、肉蛋白[20]、大豆蛋白[19]等,还可用于检测动物饲料样品中的蛋白质含量。该方法也可用来测定某种分离蛋白的蛋白质含量,但该法已在较大程度上被更灵敏的方法比如改进的 Lowry 法和第 18.4.2 中提及的 BCA 法所取代。

18.4.2.2 Lowry 法

（1）原理 Lowry 法[32-33]结合了双缩脲反应和蛋白质中酪氨酸和色氨酸还原福林酚试剂(磷钼酸 – 磷钨酸)的反应(图 18.3)。生成的青蓝色物质可在 750nm 波长处(对低浓度蛋白具有较高的灵敏度)或 500nm 波长处(对高浓度蛋白的灵敏度较低)测定其吸光值。

Miller[34]和 Hartree[35]用一种稳定的试剂替代两种不稳定的试剂后,改善了产物颜色与蛋白质浓度的线性关系。

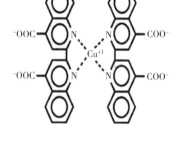

(1)　　　　　　　　　　　　　(2)

图 18.3　酪氨酸(1)和色氨酸(2)侧链

(2)操作步骤　以下步骤是基于 Hartree[35]改进的方法:

①需将待测蛋白质稀释至适当的浓度范围(20~100μg)。

②在室温下冷却后,加入酒石酸钾钠盐 - Na_2CO_3 溶液在室温下反应 10min。

③冷却后加入 $CuSO_4$ 酒石酸钾钠盐 - Na_2CO_3 溶液,在室温下孵育 10min。

④加入新制备的 Folin 试剂,混匀后于 50℃下反应 10min。

⑤在 650nm 处测定吸光值。

⑥用牛血清蛋白(BSA)绘制标准曲线以计算蛋白质浓度。

(3)应用　Lowry 法因其操作简单、灵敏度高已被广泛应用于蛋白质生物化学。但目前人们还无法将其广泛用于食品体系中蛋白质含量的测定,因为该方法需要先将蛋白质从食品体系中提取出来。

18.4.2.3　二喹啉甲酸(BCA)法

(1)原理　在碱性条件下,蛋白质和肽(至少要是二肽)会将二价铜离子还原为一价铜离子,这与双缩脲反应的原理类似。生成的一价铜离子会与青绿色的二喹啉甲酸(BCA)反应生成略带紫色的复合物(两分子的 BCA 可螯合成一个铜离子),如图 18.4 所示。该复合物在 562nm 波长下的吸光值与蛋白质浓度成正比,线性范围 0.001~2mg/mL。肽键和四种氨基酸(半胱氨酸、胱氨酸、色氨酸和酪氨酸)均有助于 BCA 的颜色形成。

图 18.4　碱性条件下蛋白质侧链与 Cu^{2+} 反应形成络合物结构式

注:络合物与 BCA 反应形成紫色复合物,在波长562nm 处测量其吸光值。(皮尔斯生物科学技术院图书馆)(Figure courtesy of Pierce Biotechnology Technical Library),(Thermo Fisher Scientific,Inc.,Rockford,IL)。

(2)操作步骤

①将含有 BCA 钠盐、Na_2CO_3、NaOH 和 $CuSO_4$ 的 BCA 试剂与蛋白质溶液混合,pH = 11.25。

②在 37℃下温育 30min,或室温下温育 2h,或 60℃下温育 30min。温度的选择取决于

所期望的灵敏度。温度越高,颜色反应越强。

③检测波长为562nm,并设置空白对照。

④使用牛血清白蛋白绘制标准曲线。

(3)应用　BCA 法由于其与含有 5% 洗涤剂的样品之间良好的相容性(由于改进的 Lowry 法和考马斯亮蓝法),使得其广泛应用于蛋白质分离和纯化过程中蛋白浓度的测定。虽然大多数的染料结合法都比此法迅速,但 BCA 法较少受到蛋白质组分差异的影响,因此具有更好的一致性。

18.5　蛋白质和肽类的紫外吸收分析方法

18.5.1　蛋白质在280nm处的紫外吸收

18.5.1.1　原理

由于蛋白质中的色氨酸和酪氨酸的存在,使得蛋白质对 280nm 处的紫外线有较强的吸收。由于每种食物中蛋白质的色氨酸和酪氨酸含量是相对固定的,所以依据比尔定律 (Beer's law),可利用蛋白质在 280nm 处的吸光值来估算蛋白质浓度。由于每种蛋白质都有特定的芳香族氨基酸组成,因此,必须确定每种蛋白质消光系数(E280)或摩尔吸收率 (Em)以估算蛋白质含量。

18.5.1.2　操作步骤

①将蛋白质溶解于缓冲液或碱性溶液中。

②测定蛋白质溶液在 280nm 处的吸光值,并作空白对照实验。

③根据下列公式计算蛋白质浓度。

$$A = abc \tag{18.9}$$

式中　A——吸光值;

a——吸收率;

b——比色皿的光程;

c——待测溶液浓度。

18.5.1.3　应用

此法已被用于测定牛乳[37]和肉制品[38]中的蛋白质含量,但并未在食品体系中被广泛应用。该法更适合于纯化后的蛋白质,或是用碱溶液或变性剂(如 8mol/L 的尿素)提取得到的蛋白质。虽然蛋白质中的肽键在 190～220nm 处的吸收强于280nm 处,但蛋白质中的肽键在近紫外线区却比在280nm 更难被检测到。

18.5.2　在190～220nm下测定多肽的含量

由于肽键在 190～220nm 处存在最大吸收,所以可在该范围下测定不含或含有少量酪氨酸或色氨酸残基的肽段。考虑到酪氨酸和色氨酸对吸收[39]的贡献度,可计算出远紫外区的消光系数。在该紫外光范围内也可对蛋白质进行测定。例如,超微量分光光度计(NanoDropt™ 2000/2000c)可在205nm处对蛋白质和多肽进行定量分析,消光系数为31。

18.6 非蛋白氮(NPN)的测定

18.6.1 原理

利用三氯乙酸(TCA)沉淀蛋白质,将蛋白质从含有非蛋白氮(NPN)的样品中分离出去。

18.6.2 步骤

①向样品溶液中加入适量的 TCA,使 TCA 的终浓度达到10%左右,或先配置10%的 TCA 溶液,往溶液中加入样品粉末。

②将反应混合物充分搅拌混合后,静置5min。

③用沃特曼一号(Whatman NO.1)滤纸对混合物进行过滤,或在30000g下离心,将蛋白质沉淀与含非蛋白氮的上清液分开。

④采用凯氏定氮法测定滤液的氮含量。

⑤通过换算系数将非蛋白氮转化为蛋白质当量。

18.6.3 应用

非蛋白氮的检测是用来检查含氮量丰富的化合物,如尿素、氨和三聚氰胺的经济掺假。如牛奶的非蛋白氮可以通过 AOAC 方法 991.21 和 991.22 测得。其结果与操作过程中的标准化条件有关,而不是绝对的。

18.7 测定方法比较

(1)样品制备 凯氏定氮法、杜马斯法、红外光谱法均需对样品进行前处理。一般来说,样品颗粒尺寸不大于20目即可满足这些方法的要求。一些新型近红外光谱设备可直接对全谷物和未经研磨的粗糙状样品进行测量。本章描述的其他检测方法均需将样品研磨成细小颗粒以便从复杂的食物体系中提取蛋白质。

(2)原理 杜马斯和凯氏定氮法可直接测量食品种的氮含量。但凯氏定氮法只能测定有机氮和氨态氮,而杜马斯法则是测量样品的总氮含量,包括无机组分(因此,杜马斯法更适合于含有硝酸盐或亚硝酸盐的样品)。其他的检测方法均是依据蛋白质的各种特性进行检测。例如,双缩脲法是对蛋白质中的肽键进行检测,而 Lowry 法和 BCA 法则是对肽键和特定氨基酸的复合物进行测定。红外光谱法则是利用蛋白质中特定的肽键被红外光辐射时所吸收的能量来间接计算蛋白质含量。

（3）灵敏度 凯氏定氮法,杜马斯法和双缩脲法的灵敏度不如 Bradford 法、Lowry 法、BCA 法、紫外分光光度法。

（4）速度 在仪器经过适当校准之后,光谱法可能是上述方法中速度最快的。当采用包括分光光度法等大多数方法测定时,首先必须在与显色剂混合前将蛋白质从干扰性不溶物质中分离出去,或者在混合后除去显色蛋白－试剂复合物中的不溶物质。然而,比色法比凯氏定氮法的速度更快捷。

（5）应用 尽管凯氏定氮法和杜马斯法都可以用来测量所有食物中的氮含量,但近年来,杜马斯法在很大程度上已经取代了凯氏定氮法成为食品营养标签的测定方法（因为杜马斯法更快,检测限更低且更安全）。然而,凯氏定氮法更适用于高脂肪样品/产品中蛋白质含量的测定,因为在杜马斯方法的焚烧阶段,脂肪可能会引起仪器的火灾。凯氏定氮法法或氮燃烧法用作最新的测定食品中纤维含量的 AOAC 官方分析方法（详见 19.5）中蛋白质校正的指定方法。三聚氰胺是一种有毒的氮掺杂物。当采用凯氏定氮法或杜马斯法测定总氮含量时,总氮含量会包括三聚氰胺的氮。近红外法、CEM-Sprint 染料结合法和杜马斯法可很好的用于植物食品加工中的质量控制。

18.8 注意事项

（1）为特定的样品特性选择特定的检测方法,须考虑方法的灵敏度、准确度、重现性和食品原料的理化性质。仔细分析检测结果以保证其真实性和有效性。

（2）食物加工方法,如加热,可能会降低蛋白质的可提取性,从而导致涉及蛋白质提取步骤的分析方法测定的蛋白质含量比实际蛋白质含量偏低。

（3）除杜马斯法、凯氏定氮法和紫外分光光度法测定纯化的蛋白质,其他方法都需要标准蛋白质或参考蛋白质,或用凯氏定氮法校准。在使用标准蛋白质的方法中,假设样品中的蛋白质与标准蛋白质具有相似的结构和理化特性。因此标准蛋白质的选择对特定食物中蛋白质含量的测定是非常重要的。

（4）几乎所有的食物中都含有非蛋白氮（NPN）。为了准确测定蛋白氮,样品通常需要在碱性条件下进行提取,然后用三氯乙酸（TCA）或磺基水杨酸沉淀。酸浓度会影响着蛋白质沉淀的得率。因此,NPN 含量可能会因使用的试剂种类和浓度的不同而变化采用酸、酒精或其他有机溶剂沉淀蛋白质时可用加热的手段进行辅助。测定 NPN 时,除酸沉淀法外,还有一些较少的经验方法,如透析、超滤和柱层析法等,可将蛋白质与小分子的非蛋白物质分离。

（5）在评价食品蛋白质营养价值时,包括蛋白质可消化性和蛋白质效价比（PER）,会用到凯氏定氮法或者杜马斯法测定粗蛋白质含量,换算系数为 6.25。但是当食品中含有大量NPN 时则会造成测得的蛋白质效价比偏低。当食品中含有较高的非蛋白氮时,尤其是这些非蛋白氮不含有较多的氨基酸或短肽时,将会导致该食品的蛋白质效价比低于那些蛋白结构和组分与之相似而非蛋白氮含量相对较低的食品。

18.9   总结

一些基于蛋白质和氨基酸独特特征的分析方法可用于测定食品中蛋白质含量。凯氏定氮法和杜马斯法是经典的氮含量测定方法。红外光谱法是基于肽键对特定波长的红外辐射的特征吸收。双缩脲法、福林酚法和 BCA 法则是基于铜与肽键之间的相互作用来测定蛋白质含量。福林酚法、BCA 法、染料结合法及紫外分光光度法主要是利用氨基酸的相关特性进行检测。BCA 法还利用了蛋白质在碱性条件下的还原能力。这些众多的检测方法之间存在着检测速度和灵敏度的差异。

当然,除了所讨论的这些常用方法之外还有其他方法可用于蛋白质的定量。然而,由于食品体系的复杂性,目前常用的方法在蛋白质分析方面或许会遇到不同程度的问题。快速的检测方法更适用于质量控制,而比较灵敏的方法则更适用于微量蛋白质的分析与测定。间接比色法通常对蛋白质标准品的选择具有较高的要求或者需要使用官方方法进行校准。

18.10   思考题

(1)选择测定蛋白质含量的方法时需要考虑哪些因素?

(2)凯氏定氮法测定蛋白质包括三个主要步骤。按操作顺序列出这三大步骤并描述实验现象。解释为什么盐酸的 毫升数可用于间接测定样品的蛋白质含量。

(3)为什么凯氏定氮法中,不同食品的氮与蛋白质之间的换算系数不尽相同? 换算系数 6.25 是如何得到的?

(4)区分阴离子染料氨基黑结合法和 Bradford 法测定蛋白质含量的原理,哪种方法用到染料考马斯亮蓝 G-250。

(5)采用阴离子染料结合法测定蛋白质含量时,蛋白质含量高的样品的吸光值高于还是低于蛋白质含量低的样品? 请解释。

(6)为下列情况选择最合适的蛋白质测定方法并阐述其基本原理(例如,该方法究竟测定的是什么物质的含量?)

①营养标签;

②从层析柱洗脱的蛋白;定量或半定量方法;

③从层析柱洗脱的蛋白;比色定量法;

④谷物蛋白质快速的质量控制方法。

(7)美国食品与药物管理局(FDA)发现美国宠物的死亡与宠物食品中三聚氰胺(结构如下图所示)存在一定的关联。FDA 称有证据显示从我国进口的用于生产宠物食品的小麦面筋蛋白(谷朊粉)含有三聚氰胺。三聚氰胺是富含氮元素的化学物质,被用于生产塑料,有时也将其用作肥料。

①众所周知,每种原料在进口时都要进行检测和分析,请解释小麦面筋蛋白中的三聚氰胺如何逃脱检测。

②如何结合各种蛋白质分析方法来检测小麦面筋蛋白掺假(并不止限于检测三聚氰胺)？并解释原因。

18.11 应用题

(1)采用凯氏定氮法重复分析脱水的预煮菜豆中的粗蛋白含量。数据记录如下:水分含量=8.00%;样品1的质量=1.015g;样品2的质量=1.025g;盐酸浓度=0.1142mol/L;样品1消耗的盐酸体积=22.0mL;样品2消耗的盐酸体积=22.5mL;用于试剂空白的盐酸体积=0.2mL。计算菜豆中粗蛋白含量(湿基和干基),假设菜豆蛋白质的氮元素含量为17.5%。

(2)采用BCA法测定20mL从层析柱中收集的蛋白馏分中的蛋白质含量。以牛血清白蛋白为标准蛋白重复测定不同浓度下的平均吸光值如下表所示。1mL样品的平均吸光值为0.44,计算该馏分的蛋白质浓度(mg/mL)和总蛋白质含量。

牛血清白蛋白/(mg/mL)	平均吸光值($\lambda = 562nm$)	牛血清白蛋白/(mg/mL)	平均吸光值($\lambda = 562nm$)
0.2	0.25	0.8	0.95
0.4	0.53	1.0	1.15
0.6	0.74		

(3)采用凯氏定氮法测定土耳其法兰克福香肠中的粗蛋白质含量。数据如下所示:

样品质量=0.5172g;盐酸浓度=0.1027mol/L;消耗盐酸体积=8.8mL;空白消耗盐酸体积=0.2mL。计算湿基状态的粗蛋白含量。假设肉蛋白中的氨基酸含氮量为16%,计算换算系数(或直接查阅该换算系数)。

$$氮含量\% = \frac{(V_{HCl样品} - V_{HCl空白}) \times c_{HCl} \times 1.4007}{样品质量}$$

$$氮含量\% \times 换算系数 = 蛋白质含量\%$$

$$\frac{100}{氮含量\%} = 换算系数$$

(4)为什么杜马斯法和凯氏定氮法很难准确测定复杂食品(如香肠披萨)的蛋白质含量?

(5)采用杜马斯法测定蛋白质含量时要求样品中氮含量应介于10~50mg。请以火鸡腿肉为例,使用美国农业部营养数据库计算采用杜马斯法测定蛋白质含量时所需样品质量。

(6)采用凯氏定氮法测定小麦饼干中的蛋白质含量,若使滴定该样品时消耗的 0.1mol/L 的盐酸溶液体积不低于 7mL,请估算所需的样品量,列出计算过程。一份饼干重 29g,其中蛋白质含量为 2g。

(7)现有一份配制好的牛血清白蛋白储备溶液,如果使用该溶液来绘制用于双缩脲法测蛋白的标准曲线,需采用紫外光谱法测定该溶液中蛋白质浓度为 20mg/mL。牛血清白蛋白在波长 280nm 处的 $E^{1\%}$ 为 6.3。如果该溶液的浓度是 20mg/mL,请计算该溶液稀释 10 倍后,0.3 溶液加入 2.7mL 水稀释,采用光程为 0.5cm,体积为 3mL 的比色皿,在波长为 280nm 处的吸光值是多少?

(8)比色法测蛋白。采用双缩脲法测定某未知溶液中的蛋白质含量。储备溶液蛋白质浓度为 20mg/mL,使用该储备溶液绘制标准曲线,如下表所示(所用比色皿光程为 1cm):

标准曲线	1	2	3	4	5	6
水的体积/mL	1.0	0.8	0.6	0.4	0.2	0
标准蛋白体积/mL	0.0	0.2	0.4	0.6	0.8	1.0
双缩脲试剂体积/mL	4.0	4.0	4.0	4.0	4.0	4.0
吸光值(λ =540nm)	0.0	0.174	0.343	0.519	0.691	0.823

按如下配方配置未知溶液,备用:

样品	试管 1	试管 2	样品	试管 1	试管 2
水的体积/mL	0.8	0.2	双缩脲试剂体积/mL	4.0	4.0
未知溶液体积/mL	0.2	0.8	吸光值(λ =540nm)	0.451	0.857

①请解释为什么双缩脲法的检测波长为 540nm?

②计算用于绘制标准曲线的每管样品的蛋白质浓度(mg/管)。

③绘制标准曲线(mg/管),并做适当标注。

④分析哪个稀释倍数(管 1 还是管 2)更适合测定该未知溶液的蛋白质浓度,并解释原因。

⑤计算未知溶液的蛋白质浓度,结果以 mg 蛋白质/mL 表示。

答案

(1)蛋白质含量 =19.75%(湿基);21.47%(干基)。

计算步骤:

$$氮含量\% = c_{HCl} \times \frac{校正盐酸体积}{样品质量(g)} \times \frac{14g\ N}{mol} \times 100 \qquad (18.6)$$

式中　　c_{HCl}——盐酸浓度;

校正盐酸体积——样品消耗盐酸体积 - 空白消耗盐酸体积;

　　14——氮的相对分子质量;

样品 1 的校正盐酸体积 $= 22.0\text{mL} - 0.2\text{mL} = 21.8\text{mL}$；

样品 2 的校正盐酸体积 $= 22.5\text{mL} - 0.2\text{mL} = 22.3\text{mL}$。

$$样品 1 的氮含量（\%）= \frac{0.1142\text{ M}}{1000\text{mL}} \times \frac{21.8\text{mL}}{1.015\text{g}} \times \frac{14\text{g N}}{\text{mol}} \times 100\% = 3.433\%$$

$$样品 2 的氮含量（\%）= \frac{0.1142\text{ M}}{1000\text{mL}} \times \frac{22.3\text{mL}}{1.025\text{g}} \times \frac{14\text{g N}}{\text{mol}} \times 100\% = 3.478\%$$

$$蛋白质换算系数 = 100\% / 17.5\% \text{ N} = 5.71$$

$$样品 1 的粗蛋白含量 = 3.433\% \times 5.71 = 19.6\%$$

$$样品 2 的粗蛋白含量 = 3.478\% \times 5.71 = 19.9\%$$

$$测量平均值 = (19.6\% + 19.9\%) / 2 = 19.75\% = \sim 19.8\%（湿基）$$

测量干基状态下的蛋白质含量：样品含水量 8%，干物质 92%，换言之 1g 样品中含有 0.92g 的干物质。由此得到干基状态下的蛋白质含量 $= 19.75\% / 0.92\text{g} = 21.47\% = \sim 21.5\%$（干基）。

（2）蛋白质含量 $= 0.68\text{mg/mL}$；总蛋白含量 $= 6.96\text{mg}$。

计算步骤：首先利用不同牛血清白蛋白浓度及其对应的 562nm 处的吸光值绘制标准曲线，得到回归方程 $y = 1.11x + 0.058$。随后利用已知的吸光值 0.44 代入上述方程，算得蛋白质浓度为 0.344mg/mL。$0.344\text{mg/mL} \times$ 样品体积（20mL）$= 6.88\text{mg}$，即收集馏分中总蛋白含量为 6.88mg。

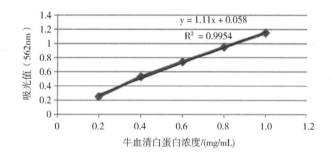

（3）$100 / 16\% = 6.25$

$$氮含量\% = \frac{(8.8 - 0.2\text{mL}) \times 0.1027\text{ N} \times 1.4007}{0.5172} = 2.39\% \text{ N}$$

$$蛋白质含量\% = 2.39\% \text{ N} \times 6.25 = 14.95\%$$

（4）因为复杂食品含有多种氨基酸组成不同的蛋白质，使得它们氮含量不同。下面列举几种常见食材的换算系数：肉：6.25；乳制品：6.38；小麦粉：5.7

（5）火鸡腿肉蛋白质含量 $= 19.27\text{g} / 100\text{g}$

估算步骤：

$$氮含量\% = 19.27\% / 6.25 = 3.05\%$$

$$\frac{3.08\text{g}}{100\text{g}} = \frac{0.010\text{g}}{x}$$

$$x = 0.3247\text{g}$$

$$5x = 5 \times 0.3247\text{g} = 1.6234\text{g}$$

$$样品质量 = 0.32g - 1.62g$$

（6）蛋白质含量% $= 2g/29g \times 100\% = 6.9\%$

小麦粉的换算系数为5.7；所以，氮含量% $= 6.9\%/5.7 = 1.2\%$

$$1.2\% = \frac{7mL \times 0.1mol/L \times 1.4007}{样品质量}$$

$$样品质量 = 0.82g$$

（7）稀释10倍后的牛血清白蛋白浓度 $= 2mg/mL = 0.002g/g = 0.2\%$

$$A = a \times b \times c = 6.3 \times 0.5 \times 0.2 = 0.63$$

（8）①因为双缩脲试剂与样品形成的复合物在540nm处的吸光值最高。

②管1:0mg/管；管2:4mg/管；管3:8mg/管；管4:12mg/管；管5:16mg/管；管6:20mg/管。

③标准曲线见第二题答案。

④用管1的稀释倍数，因为该稀释倍数下其吸光值在标准曲线的线性范围内。

⑤根据标准曲线及未知溶液的吸光值计算蛋白质浓度约为10mg/管，10mg/0.2mL = 50mg/mL。

致谢

The authors thank Dr. Denise Smith of the Washington State University for her contribution of several valuable practice problems and answers to this chapter. We also thank Dr. S. Suzanne Nielsen for her valuable suggestions for improvement of this chapter.

参考文献

1. Jones DB (1931) Factors for converting percentages of nitrogen in foods and feeds into percentages of proteins. US Dept. Agric. Circular No. 183, August. USDA, Washington, DC

2. US Department of Agriculture, Agricultural Research Service (2016). USDA National Nutrient Database for Standard References, Release 28. Nutrient Data Laboratory Home Page. http://ndb. nal. usda. gov

3. AOAC International (2016) Official methods of analysis, 20th edn. (On-line). AOAC International, Rockville, MD

4. Yada RY, Jackman RL, Smith JL, Marangoni AG (1996) Analysis: quantitation and physical characterization, (Chapter 7). In: Nakai S, Modler HW (eds) Food proteins. Properties and characterization. VCH, New York, pp 333 – 403

5. Kolakowski E (2001) Protein determination and analysis in food system, (Chapter 4). In: Sikorski ZE (ed) Chemical and functional properties of food protein. Technomic Publishing, Lancaster, PA pp 57 – 112

6. Owusu-Apenten RK (2002) Food protein analysis. Quantitative effects on processing. Marcel Dekker, New York

7. Bradstreet RB (1965) The Kjeldahl method for organic nitrogen. Academic, New York

8. Mossé J (1990) Nitrogen to protein conversion factor for ten cereals and six legumes or oilseeds. A reappraisal of its definition and determination. Variation according to species and to seed protein content. J Agric Food Chem 38:18 – 24

9. Wilson PR (1990) A new instrument concept for nitrogen/protein analysis. A challenge to the Kjeldahl method. Aspects Appl Biol 25:443 – 446

10. Wiles PG, Gray I, Kissling RC (1998) Routine analysis of proteins by Kjeldahl and Dumas methods: review and interlaboratory study using dairy products. J AOAC Int 81:620 – 632

11. O'Sullivan A, O'Connor B, Kelly A, McGrath MJ (1999) The use of chemical and infrared methods for analysis of milk and dairy products. Int J Dairy Technol 52:139 – 148

12. Luinge HJ, Hop E, Lutz ETG, van Hemert JA, de Jong EAM (1993) Determination of the fat, protein and lactose content of milk using Fourier transform infrared spectrometry. Anal Chim Acta 284:419 – 433

13. Krishnan PG, Park WJ, Kephart KD, Reeves DL, Yarrow GL (1994) Measurement of protein and oil content of oat cultivars using near-infrared reflectance. Cereal Foods World 39(2):105 – 108

14. Fraenkel-Conrat H, Cooper M (1944) The use of dye for the determination of acid and basic groups in proteins. J Biol Chem 154:239 – 246

15. Udy DC(1956) A rapid method for estimating total protein in milk. Nature 178:314 – 315

16. Tarassuk NP, Abe N, Moats WA (1966) The dye binding of milk proteins. Technical bulletin no. 1369. USDA Agricultural Research Service in cooperation with California Agricultural Experiment Station. Washington, DC

17. Udy DC (1954) Dye-binding capacities of wheat flour protein fractions. Cereal Chem 31:389 – 395

18. AACC International (2010) Approved Methods of American Association of Cereal Chemists International. 11th edn. (On-line), American Association of Cereal Chemists, St. Paul, MN

19. Pomeranz Y(1965) Evaluation of factors affecting the determination of nitrogen in soya products by the biuret and orange-G dye-binding methods. J Food Sci 30:307 – 311

20. Torten J, Whitaker JR (1964) Evaluation of the biuret and dye-binding methods for protein determination in meats. J Food Sci 29:168 – 174

21. Hurrel RF, Lerman P, Carpenter KJ (1979) Reactive lysine in foodstuffs as measured by a rapid dye-binding procedure. J Food Sci 44:1221 – 1227

22. Amamcharla JK, Metzger LE (2010) Evaluation of a rapid protein analyzer for determination of protein in milk and cream. J Dairy Sci 93:3846 – 3857

23. Ou YQ, Chang SKC(2011) Comparison of a rapid dye-binding method with the Kjeldahl and NIR methods for determining protein content in soybean and soymilk. Annual Meeting of the Institute of Food Technologists. June 11 – 14, 2011. New Orleans, LA

24. Bradford M(1976) A rapid and sensitive method for the quantitation of microgram quantities of protein utilizing the principle of protein-dye binding. Anal Biochem 72: 248 – 254

25. Lewis MJ, Krumland SC, Muhleman DJ (1980) Dye-binding method for measurement of protein in wort and beer. J Am Soc Brew Chem 38:37 – 41

26. Snyder J, Desborou S(1978) Rapid estimation of potato tuber total protein content with Coomassie Brilliant Blue G-250. Theor Appl Genet 52:135 – 139

27. Bearden Jr JC (1978) Quantitation of submicrogram quantities of protein by an improved protein-dye binding assay. Biochim Biophys Acta 533:525 – 529

28. Robinson HW, Hodgen CG(1940) The biuret reaction in the determination of serum protein. 1. A study of the conditions necessary for the production of the stable color which bears a quantitative relationship to the protein concentration. J Biol Chem 135:707 – 725

29. Jennings AC(1961) Determination of the nitrogen content of cereal grain by colorimetric methods. Cereal Chem 38:467 – 479

30. Pinckney AJ (1961) The biuret test as applied to the estimation of wheat protein. Cereal Chem 38:501 – 506

31. AOAC (1965) Official methods of analysis, 10th edn. Association of Official Analytical Chemists, Washington, DC

32. Lowry OH, Rosebrough NJ, Farr AL, Randall RJ (1951) Protein measurement with the Folin phenol reagent. J Biol Chem 193:265 – 275

33. Peterson GL(1979) Review of the Folin phenol protein quantitation method of Lowry, Rosebrough, Farr, and Randall. Anal Biochem 100:201 – 220

34. Miller GL(1959) Protein determination for large numbers of samples. Anal Chem 31:964

35. Hartree EF(1972) Determination of protein: a modification of the Lowry method that gives a linear photometric response. Anal Biochem 48:422 – 427

36. Smith PK, Krohn Rl, Hermanson GT, Mallia AK, Gartner FH, Provensano MD, Fujimoto EK, Goeke NM, Olson BJ, Klenk DC(1985) Measurement of protein using bicinchoninicacid. Anal Biochem 150:76 – 85

37. Nakai S, Wilson HK, Herreid EO (1964) Spectrophotometric determination of protein in milk. J Dairy Sci 47: 356 – 358

38. Gabor E(1979) Determination of the protein content of certain meat products by ultraviolet absorption spectrophotometry. Acta Alimentaria 8(2):157 – 167

39. Scopes RK(1974) Measurement of protein by spectrophotometry at 205 nm. Anal Biochem 59:277 – 282

40. Regenstein JM, Regenstein CE(1984) Protein functionality for food scientists. In "Food Protein Chemistry." Chapter 27. Academic Press Inc. p. 274 – 334

碳水化合物分析 19

James N. BeMiller

19.1 引言

　　碳水化合物作为食物中的主要能量来源是十分重要的,其赋予食物重要的质构特性,同时作为膳食纤维有益于机体健康。分析各种类型的碳水化合物的食物和成分是有益的(分析不仅考虑到不同的结构类型,还包括不同的生理作用,例如,可消化的/不可消化的,可代谢的/不可代谢的,正常热量的/减少热量的/不含热量的,益生元/非益生元)。然而,类型的定义不总是商定的,分析方法也并不总能精确地表达定义,这就导致了关于应该测量什么和如何测量的争议。本章主要按结构类型分析碳水化合物。

　　可消化的碳水化合物转化为单糖被吸收,并为人体提供代谢能量和饱腹感。非消化性多糖(淀粉以外的多糖)包含了大部分的膳食纤维(详见19.6)。碳水化合物还赋予食物许多其他特性,包括体积、形状、黏度、乳液和泡沫的稳定性、持水能力、冻融稳定性、褐变(包括风味和香味的产生)以及一系列理想的质构(从酥脆质地到光滑柔软的凝胶质地),这些特性可以降低水分活度,因而实现抑制微生物生长。碳水化合物的基本结构,化学和术语参见参考文献[1-2]。

　　在表19.1的结构类别中概括了食物中主要的碳水化合物。可消化的碳水化合物除动物源的乳糖外,几乎全部是植物来源的。在单糖(有时称为简单糖)中,D-葡萄糖和D-果糖是主要成分。单糖是人体唯一可以从小肠吸收的碳水化合物。较高级的糖(如低聚糖和多糖)必须先被消化水解成单糖才能被吸收和利用。注:美国粮食、农业组织(FAO)和世界卫生组织组织(WHO)[3]推荐按分子大小将碳水化合物分为:糖(聚合度1~2)、寡糖(聚合度3~9)和多糖(聚合度大于9)。但是碳水化合物学名根据国际命名规则认为低聚糖是由2~10(或2~20)个糖单元组成的碳水化合物。多糖通常含有30~60000或更多的单糖单元。人们只能直接消化蔗糖、乳糖、麦芽糊精(麦芽低聚糖)和淀粉等,它们都能被小肠中的酶消化。

表 19.1 食物中一些主要的碳水化合物

碳水化合物	来源	组成
单糖①		
D-葡萄糖(右旋)	天然存在于蜂蜜、水果和果汁中,以及作为葡萄糖浆和高果糖浆中的组分,蔗糖水解转化过程中也会产生	
D-果糖	天然存在于蜂蜜、水果和果汁中,作为高果糖浆中的组分,也可在蔗糖水解转化过程中产生	
糖醇①		
山梨醇(D-葡萄糖醇)	添加于食品中,主要作为保湿剂	
二糖①		
蔗糖	广泛存在于果蔬组织和果汁中,也作为食品和饮品的组成成分	D-葡萄糖、D-果糖
乳糖	存在于牛乳及其乳制品中	D-葡萄糖、D-半乳糖
麦芽糖	存在于麦芽,在各类葡萄糖浆和麦芽糊精中且含量不等	D-葡萄糖
低聚糖①		
低聚麦芽糖	存在于麦芽糊精和各类葡萄糖浆中且含量不等	D-葡萄糖
棉子糖	少量存在于豆类中	D-葡萄糖、D-果糖、D-半乳糖
水苏糖	少量存在于豆类中	D-葡萄糖、D-果糖、D-半乳糖
多糖		
淀粉②	广泛存在于谷物和块茎中,常作为加工食品的添加剂	D-葡萄糖
食品胶/亲水胶体③	作为食品添加剂	④
海藻酸铵		
羧甲基纤维素		
角叉菜胶		
结冷胶		
瓜尔豆胶		
阿拉伯树胶		
羟丙甲纤维素		
菊粉		
魔芋葡甘聚糖		
刺槐豆胶		

续表

碳水化合物	来源	组成
	甲基纤维素	
	果胶	
	还原胶	
细胞壁多糖③	自然存在	
	果胶	
	纤维素	
	半纤维素	
	β-葡聚糖	

①分析方法见 19.4.2;
②分析方法见 19.5.1;
③分析方法见 19.5.2;
④有关成分、特点、用法,参见参考文献[12]。

　　自然界中至少90%的碳水化合物是以多糖的形式存在的。如上所述,淀粉聚合物是人类唯一能消化的多糖,并可作为热量和碳的来源。其他多糖都是非消化性的,非消化性的多糖又分为可溶性和不可溶性两类,这些物质与木质素和其他非消化吸收物质一起构成膳食纤维(详见19.6.1)。作为膳食纤维,它们能够调节机体正常的肠道功能,降低人体餐后血糖,并且有可能降低血胆固醇。由于其所展现的功能特性,非消化多糖通常被添加到加工食品中。非消化低聚糖充当益生元被越来越多地作为功能食品和功能因子的成分被使用。可添加膳食纤维的食品种类,尤其是添加的量是有限的,因为添加量超过一定水平通常会改变食品的特性。事实上,如前所述,它们通常作为食物成分被使用,因为它们能够在较低的用量水平即赋予食品重要的功能特性,但不是生理作用。

　　从许多方面来讲,碳水化合物分析都是重要的。通过定性和定量分析可以确定食物、饮料及其成分的组成。定性分析可以确保成分标签能提供精确的成分信息。定量分析确保添加的组分能在成分标签中按正确的顺序列出。定量分析也确保一些宣称添加了消费者感兴趣的特定组分的食品收费适当,并且能量可计算。表19.2所示为本章描述的一些方法,这些方法常用于营养标签,质量保证或食品配料和/或产品的研究。通过分析来进行食品、饮料和原料的鉴伪,食品溯源变得越来越重要。定性和定量分析都可以用于鉴伪(即检测食品的组分和产品是否掺假),并用于食品质量保证。

表19.2　　　　　　　　　　碳水化合物的分析方法总结

测定	方法描述	方法措施	优/缺点
用于营养成分标记的总碳水化合物	碳水化合物(g)为总重减去水分(g)、蛋白质(g)、脂肪(g)、灰分(g)后的值	由不同成分计算得到总碳水化合物的质量	不是碳水化合物的实际测量,取决于其他组成成分的精确测定。美国法规要求不能用该方法计算热量,因为膳食纤维中的碳水化合物如纤维素几乎不提供热量

续表

测定	方法描述	方法措施	优/缺点
总碳水化合物[①]	分光光度法、苯酚硫酸法	测量除糖醇以外的所有碳水化合物	溶液必须澄清,碳水化合物必须是可溶的。所以这种方法不能用于测量所有碳水化合物,需要用具有相同的碳水化合物混合物并且分配系数相同的样品制成的标准曲线
总还原糖[①]	分光光度法、苯酚硫酸法	用于测定糖醇以外的所有碳水化合物	如果碳水化合物没有完全溶解则需要进行提取。由于果糖会发生一些反应,所以溶液必须澄清
葡萄糖/右旋葡萄糖[①]	(1)基于葡萄糖氧化酶/过氧化物酶/染料试剂的酶比色法[②] (2)高效液相色谱法	两种方法都能准确测定糖混合物中的葡萄糖含量	需要提取;酶法可以自发进行
果糖[①]	高效液相色谱法	测定糖混合物中的果糖含量	需要提取
蔗糖[①]	(1)基于葡萄糖氧化酶/过氧化物酶/染料试剂的酶比色法[②] (2)高效液相色谱法	两种方法都能准确测定糖混合物中的蔗糖含量	需要提取;酶法可以自发进行但溶液必须澄清
乳糖[①]	(1)基于葡萄糖氧化酶/过氧化物酶/染料试剂的酶分析(分光光度法)[②] (2)高效液相色谱法(半乳糖氧化酶测定法)[②]	两种方法都能准确测定糖混合物中的乳糖含量,除此之外,酶法还可以测定游离的半乳糖或者其他含半乳糖的物质	需要提取;酶法可以自发进行
浓缩糖浆[①]	(1)用液体比重计测定相对密度 (2)折光仪测定折光率	溶液中固体的浓度	溶液必须澄清,必须是单一的纯物质
淀粉[①]	(1)用淀粉混合酶水解淀粉为葡萄糖再用酶法测定其含量 (2)用糖化酶水解淀粉为葡萄糖再用葡萄糖氧化酶测定其含量[②]	淀粉(包括改性淀粉)	不能测量抗性淀粉[③]。样品不含葡萄糖,如果含有葡萄糖需对其进行校正。淀粉酶必须纯化以除去任何干扰活性的杂质
果胶[①]	分光光度法 间羟基二苯基硫酸法	糖醛酸	可能需要提取,需要制作标准曲线,其他的凝胶类物质包括糖醛酸会产生干扰

续表

测定	方法描述	方法措施	优/缺点
膳食纤维	相对密度法(减去脂肪、可消化淀粉、总膳食纤维蛋白质、灰分后的残留物的重量)		不包括低分子质量的可溶性纤维,无法测定一些有特殊生理功效的膳食纤维,可溶性和不可溶性的膳食纤维都能通过特定的方法被检测到

①为了确保研究质量,不提供营养标签;

②YSLLife Science 公司的仪器分析方法使用电极来检测过氧化氢;

③Megazyme 公司的产品里面包括对抗性淀粉的测定。

这里介绍了最常用的碳水化合物测定方法。然而,由于产品本质和其他组分的差别,常常必须针对特定的食品制定特定的方法。因方法批准跟不上方法开发的步伐,所以虽然存在批准的方法,在某些情况下,其他方法仍会涌现。长期使用的方法虽然不像新方法那样提供尽可能多的精确信息,但在某些情况下对产品标准化依旧有用。

一般来说,低分子质量的碳水化合物分析一直是延续以往的方法:颜色定性测定,还原糖的颜色测定法就是把二价铜还原成一价铜(斐林试剂)的还原糖定量实验,以后又发展了定性纸色谱法、定量纸色谱法、糖的衍生物气相色谱法(GC)、定性和定量薄层色谱法、酶法和高效液相色谱法(HPLC)。一些较老的方法仍在使用,但分析食品中单糖和双糖的多种官方方法已被 AOAC 所认可[4]。核磁共振法(NMR)、傅立叶变换红外(FTIR)光谱法(详见19.7.3 和第 8 章)、近红外(NIR)光谱法(详见19.7.4 和第 8 章)、免疫分析法(第27 章)、荧光光谱法(第 7 章)、毛细管电泳法(详见19.4.2.4)和质谱法(MS)(详见19.7.2 和第 11 章)也已经推出,但这些方法在碳水化合物分析中的应用还不普遍。食品中碳水化合物的分析见相关文献[5]。

根据美国食品与药物管理局(FDA)的营养标签规定[6][21CFR 101.9(c)(6)(i)-(iv)],以下是有关碳水化合物的详细资料(所有与食物相关的声明均由 FDA 定义)。

①食物中总碳水化合物的含量必须通过食物总重减去粗蛋白质、总脂肪、水分和灰分含量后计算得到(总碳水化合物的量由其差异决定)(注意,这个计算并不是碳水化合物含量的实际测定结果,它的精确性取决于其他组分测定的精确度,但这种方法是美国的营养标签规定所要求。无论考虑食物中的不可溶性膳食成分与否,能量含量都可以计算得出来。详见3.2.1.6)。

②标签上必须注明食品中膳食纤维(表 19.5 中给出的 FDA 定义)的含量,其成分为可溶性纤维还是不溶性纤维相关标注是非强制的。

③用于标签目的的总糖定义为所有游离单糖和二糖(如葡萄糖、果糖、乳糖和蔗糖)的总和。

④在 2016 年更新的法规中,营养标签要求标明添加糖,其 FDA 定义如下:"添加糖既可

以是食品加工过程中添加的,也可以是直接包装的糖类,也包括食糖(包括游离糖,单糖和双糖)、糖浆和蜂蜜中的糖,以及浓缩水果汁或蔬菜汁中的糖类(其含糖量超过了相同体积百分之百原水果或蔬菜汁的水平,除……一些例外可以不标注)。FDA 声明随后陈述了不包括在"添加糖"之列的例外情况。

⑤营养标签上的有关糖醇的声明是自愿的,然而当食品中自然存在糖醇时,如果标签做了宣称或声明含糖醇或总糖,或者添加了食糖时则是必须标明的。FDA 对糖醇的定义为"糖类酮基或醛基被羟基取代的糖类衍生物的总和,它在食品中的用途也被列出(如甘露醇、木糖醇)",并给出了糖醇的适用范围,糖醇是公认安全的(如山梨醇)。如果食物中仅存在一种糖醇(如木糖醇),要给出具体的糖醇名称来代替"糖醇"。

表 19.3 给出了部分食品的总碳水化合物、糖和总膳食纤维(TDF)含量。

表 19.3　　　　　　　所选食物的总碳水化合物、糖及总膳食纤维含量

食物名称	大致的总碳水化合物百分比(湿重)	糖/%	总膳食纤维/%
谷物、面包和意大利面面条			
面包圈	53	未报道	2.3
无糖面包	49	5.7	2.7
干通心粉	75	未报道	4.3
熟制通心粉	27	1.1	4.3
即食谷物			
麦片	73	4.4	9.4
玉米片	84	9.5	3.3
乳制品			
巧克力软质冰淇淋	22	21	0.7
淡巧克力冰淇淋	23	20	0
低脂牛乳(2%)	4.8	5.1	0
市售巧克力乳	1.0	9.5	0.8
低脂纯酸乳(12g 蛋白/8oz)①	7.0	7.0	0
果蔬类			
带皮新鲜苹果	14	10	2.4
去皮新鲜苹果	13	10	1.3
糖渍苹果酱罐头	20	未报道	12
生西蓝花	6.6	1.7	2.6
熟西蓝花	8.8	3.5	3.0
生胡萝卜	9.6	4.7	2.8
熟胡萝卜	8.2	3.5	3.0
新鲜葡萄	18	16	0.9

续表

食物名称	大致的总碳水化合物 百分比(湿重)	糖/%	总膳食纤维/%
带皮生土豆	18	1.0	2.1
番茄酱	4.1	2.9	0.8
肉禽鱼类			
博洛尼亚牛肉	4.3	2.1	0
烤/炸无骨去皮鸡胸肉	0	0	0
熟鸡胸肉	18	0	未报道
速冻炸鱼条	22	1.7	1.5
其他类			
常见啤酒	3.6	0	0
低度啤酒	1.6	0.1	0
常规可乐类碳酸饮料	10	9.9	0
0卡碳酸饮料	0.1	0	0
奶油蘑菇汤	6.8	0.4	0.7
蜂蜜	82	81	0.2
沙拉酱	5.9	4.7	0
低脂沙拉酱	21	3.8	1.1
脱脂沙拉酱	27	5.6	0.1

①1oz = 28.349g。

数据来自美国农业部农业研究服务部(2016)美国国家营养数据库标准参考第29版。营养数据实验室主页,http://ndb.nal.usda.gov。

19.2 样品制备

19.2.1 概述

虽然样品制备方法随被测定的碳水化合物种类(因为碳水化合物溶解度变化范围广)、食物来源、成分及食品的特异性而异,但也存在一定的普遍性(图19.1)。

对于大多数食品来说,样品制备的第一步就是干燥,该方法通常也用来测定水分含量。干燥通常是将已称重的原料(除饮料外的其他含水食品)置于真空烘箱中,在55℃和1mmHg的真空下干燥至恒重。然后将原料磨成细粉,用索氏提取器提取脂类(氯仿:甲醇 = 19:1 V/V)(详见第17章)。(注意:氯仿-甲醇在54℃下以0.642:0.356的摩尔比或在蒸汽中的体积比为3.5:1会形成共沸物)。为保障水溶性碳水化合物提取完全,应预先脱脂和其他脂溶性物质。

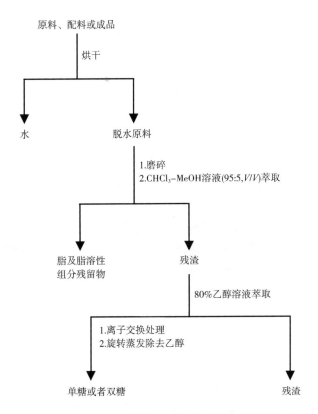

图 19.1　单糖和双糖的样品制备和提取方法的示意图

有时,也有采用其他的样品制备方案的。例如,根据 AOAC 法测定预加工即食早餐麦片糖类含量时,常采用石油醚(己烷)提取脂肪而不是上述方法,使用 50% 乙醇提取糖类(AOAC 法 982.14)来代替下述方法。

19.2.2　测定单糖和低聚糖时的提取与除杂

食品原料、产品以及配料都是非常复杂的、各种各样的生物材料。因此,其中的组分非常可能干扰单糖和低聚糖的测定,尤其采用分光光度法测定时更是如此。干扰可能来自于在测定波长下有吸收的化学试剂,也可能来源于不可溶的胶体物质,不溶性胶体造成的光散射会被误测为吸光度。此外,糖的醛基或酮基能与其他组分,特别是蛋白质的氨基反应。该反应(非酶促褐变)会产生有色物质同时破坏糖类化合物。因此,即使采用色谱方法分析如高效液相色谱法(详见 19.4.2.1),分析前单糖和低聚糖也必须与食品其他成分进行预分离。

因此,测定样品中的单糖(葡萄糖、果糖),双糖(蔗糖、乳糖、麦芽糖),三糖(棉子糖),四糖(水苏糖)或其他低聚糖(如麦芽糊精)时,需要将干燥的脱脂样品(详见 19.2.1)用80% 乙醇在加热条件下提取,同时需要加入一些碳酸钙以中和酸性物质(AOAC 法 922.02,925.05)(图 19.1),一些相对分子质量较高的低聚糖 – 低聚麦芽糖或低聚果糖(FOS)也会被提取出来。大多数碳水化合物(尤其是低分子质量的碳水化合物)可溶于 80% 热乙醇中,然而食物(除水外)的大部分组分以高聚物的形式存在,几乎所有的多糖和蛋白质都不溶于

80%热乙醇,因此这种萃取法相当专一,并且可以通过批量处理完成,标准方法是回流1h,冷却并过滤(由于乙醇水溶液会形成95%乙醇共沸物,所以不能再使用索氏抽提装置),萃取至少进行两次,进行检查以确保成分能够被抽提完全。如果食品原料或产品酸度太高的话,例如低pH的水果,按照常规办法可能需要添加一些碳酸钙来中和其酸度,以防止蔗糖在酸性环境下不稳定而水解。

80%乙醇萃取液中会含有碳水化合物以外的组分,特别是灰分、色素、有机酸,此外还可能含有游离氨基酸和低分子质量的多肽。由于单糖和低聚糖是中性的,而杂质带电荷,因此可以通过离子交换技术将其去除。因还原糖可被氢氧化物(OH^-)形式的强碱性阴离子交换树脂吸附并异构化,所以可采用碳酸盐(CO_3^{2-})或碳酸氢盐(HCO_3^-)形式的弱阴离子交换树脂。[还原糖是那些含有游离羰基(醛式或酮基)的单糖和低聚糖,因此可以充当还原剂(详见19.4.11)]。由于蔗糖和蔗糖相关的低聚糖对酸催化水解非常敏感,因此阴离子交换树脂应在阳离子交换树脂之前使用,但由于阴离子交换树脂以碳酸盐或碳酸氢盐形式存在,而阳离子交换树脂(H^+型)不能用于同一根色谱柱,否则会产生CO_2。同样,不推荐混合床柱也是这个原因。AOAC法931.02中采用乙醇萃取净化的大致方法为:将50mL乙醇萃取液置于一个250mL的锥形瓶中,加入3g阴离子交换树脂(OH^-形式)和2g阳离子交换树脂(H^+形式),并在间或搅动状态下放置2 h。

乙醇水溶液通常采用旋转蒸发器(图19.2)在45~50℃的减压条件下脱除。将残余物溶解在已知量的水中,除特殊需求,通常无需再过滤。一些方法采用过疏水柱(如 Sep-Pak C18 预柱,Waters Associates,Milford,MA)作为最终净化步骤以去除所有残留的脂肪、蛋白质或色素。然而,如果在脂质和脂溶性成分在萃取前已被脱除,则无需过柱。

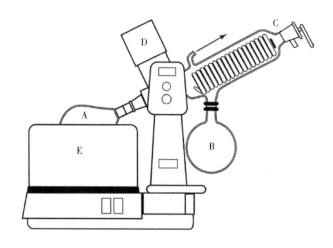

图19.2 旋转式蒸发器图解

注:将待浓缩的溶液置于圆底烧瓶(A)中并将其放入可控制温度的水浴(E)中。该装置通过吸水器或真空泵抽提,在箭头处接入管口。旋转烧瓶A(通常较为缓慢)。因为压力减小,随着烧瓶A的旋转、较大的表面积和温度的升高,溶液从烧瓶A内壁上的溶液薄层中蒸发相对较快。C是冷凝器,D是电机,冷凝物收集于烧瓶B,冷凝器顶部的旋塞阀用于解除真空状态。

19.3　总碳水化合物的测定：苯酚－硫酸法

19.3.1　原理与特点

碳水化合物可被强酸和/或高温破坏。在此条件下，碳水化合物发生了一系列的复杂反应，由一个简单的脱水反应开始，如式（19.1）所示：

$$\tag{19.1}$$

酸性条件下持续加热，碳水化合物会生成多种呋喃化合物。呋喃化合物可与多种酚类化合物（如苯酚、间苯二酚、5－甲基间苯二酚、α－萘酚和萘酚、间苯二酚）以及各种芳香族胺（苯胺和烟碱）反应，生成有色化合物[1]，最常用的方法是酚类化合物、缩合反应[8]。这种广泛使用的方法具有简单、快速、灵敏、准确的特点，且这些试剂价格便宜、易获得并且稳定。实际上所有的单糖、低聚糖和多糖都可以用苯酚－硫酸法测定。（低聚糖和多糖能够反应，是因为在加热条件下可被强酸水解成单糖）。然而，无论是山梨糖醇还是任何其他糖醇（糖醇、多元醇、聚羟基醇）都无此反应。苯酚－硫酸法测定产生的颜色稳定，结果可重复性好，在适当的条件下精确度可达 ±2%。

硫酸苯酚法的成色反应不是严格遵循化学当量的，发色程度一定程度上与颜糖的结构有关。因此必须使用标准曲线法（详见第4章和第6章）。理想情况下，标准曲线要用与被测样品单糖组成、比率相同的糖类混合物来制作。如果这样不可能做到（例如，如果无法得到待测样品糖的纯品或者未知组分中有不止一种糖存在，不论是以未知比例的单糖形式还是作为低聚糖、多糖或其混合物的组成单元形式存在），则使用 D－葡萄糖制备标准曲线。在这种情况下，准确度取决于 D－葡萄糖标准曲线及与使用待测样品糖组成一致的标品制作的标准曲线是否一致。采用标准曲线法的分析时，待测样品的浓度需在标准曲线的浓度范围内，且用于构建标准曲线的样品浓度需处于该方法的灵敏度的范围内。

19.3.2　方法概述

（1）用移液枪将澄清的碳水化合物水溶液定量转移到小试管中。

（2）加入苯酚水溶液，混合。

（3）迅速加入浓硫酸，并充分振荡混合。硫酸加入水中会产生大量的热，反应后得到橙黄色的产物。

（4）在 490nm 处测量吸光度。

（5）减去空白样品（仅样品和试剂）的平均吸光度，通过标准曲线测定糖的含量。

19.4　单糖与低聚糖

19.4.1　总还原糖

19.4.1.1　比色法

（1）机制　氧化反应失去电子,还原反应得到电子。还原糖带有醛基(醛糖),通过将电子传递给氧化剂可起到还原剂的作用,而氧化剂通过接收电子被还原。醛基氧化生成羧基,如式(19.2)所示。

$$R—\overset{\overset{O}{\|}}{C}—H \ +2Cu(OH)_2 +NaOH \longrightarrow \ R—\overset{\overset{O}{\|}}{C}—O^- \ Na^+ \ +Cu_2O +3H_2O \qquad (19.2)$$

测定总还原糖最常用方法是 somogyi – nelson 比色法[9],也可称为纳尔逊 – 索模吉法。这种方法和其他还原糖测定方法(如 19.4.1.2 所述)可以与酶法(如 19.4.2.3 所述)结合,用于测定低聚糖和多糖。在酶法中,使用专一性水解酶将低聚糖或多糖转化为单糖或一些相同的低聚糖单元,然后再用还原糖法测定。纳尔逊 – 索模吉法的基本原理是基于还原糖能将 Cu(Ⅱ)离子还原成 Cu(Ⅰ)离子。该反应在含有酒石酸盐或柠檬酸盐离子的碱性溶液中进行,确保铜离子以溶液形式存在。然后 Cu(Ⅰ)离子还原产生钼酸铵,钼酸铵[(NH_4)_6Mo_7O_{24}]和砷酸盐(NA_2HAsO_7)在硫酸中反应可制得络合物。砷钼酸盐络合物还原后产生较强的、稳定的蓝色,然后用分光光度法测定。发色强度与糖的种类结构有关。所以该方法必须使用与待测样品具有相同糖组成的混合标样制备的标准曲线(详见第 4 章和第 6 章)或 D – 葡萄糖的标准曲线。

（2）步骤概要

①用移液管将硫酸铜和碱性缓冲溶液定量加入到还原糖溶液(根据章节 19.2 所述的样品制备程序制备)和空白水溶液中。

②所得溶液在沸水浴中加热。

③将酸性钼酸铵和砷酸钠的溶液混合。

④经过混合后,稀释并混匀,在 520nm 处测吸光度。

⑤吸光度值减去空白,根据标准曲线计算 D – 葡萄糖当量数,换算得到样品的含糖量。

19.4.1.2　其他方法

另一种可以替代索 – 尼氏法的方法叫做兰 – 艾农法(AOAC Method 945.66),其原理也是 Cu^{2+} 在碱性溶液中被还原生成砖红色氧化亚铜(Cu^+)沉淀。兰 – 艾农法操作如下:用滴管将溶液滴入沸腾的斐林中,加热条件下还原糖将溶液中的 Cu^{2+} 还原生成砖红色氧化亚铜(Cu^+)沉淀,当还原糖过量时指示剂从原来的蓝色变为无色,指示滴定终点。反应结束时消耗的溶液体积用于计算样品中所含的还原糖的量。由于该反应严格按化学当量反应且不同还原糖的反应程度不一,使用该方法时必须制作标准曲线(详见第 4 章)。因酮基不能直接被氧化成羧基,所以酮糖不是还原糖。然而在碱性条件下,酮糖可以异构化成醛糖,因此也可以作为还原糖进行测定。由于转化率达不到100%,酮糖的转化率略低,因此如果样品中存在酮糖,应使用包含 D - 果糖的混合标样制作标准曲线。

二硝基水杨酸比色法测量的是食品中天然存在的还原糖或者酶水解产生的还原糖,但是该方法并不常用。在此反应中,3,5 - 二硝基水杨酸被还原生成红色的单胺衍生物。

19.4.2 单糖与寡糖的具体分析

测定特定的单糖和低聚糖通常采用色谱法,且最常用的是高效液相色谱法。该方法简单,除了还原糖外还可以测定糖醇。气相色谱法由于需要对糖进行衍生化,因此更费时。在气相色谱中,糖则以还原形式(糖醇)测定。

19.4.2.1 高效液相色谱(HPLC)

(1)概述 高效液相色谱法(如第13章所述)是食品中单糖及低聚糖的分析方法之一,也可用于分析水解后的多糖(如19.5.2.2所述)。HPLC既可以对碳水化合物组分进行定性鉴定又可以通过峰面积积分进行定量分析。HPLC具有快速、样品浓度范围广、准确度、精密度高等优点。HPLC法进样前样品需微滤处理,单糖、低聚糖的复杂混合物都适用。HPLC的基本原理、重要参数(固定相、流动相和检测器)将在13章中有详细介绍,本章仅讨论一些与碳水化合物分析有关的细节。HPLC在食品及碳水化合物中应用的相关综述很多,最近的一些综述可参见文献[11 - 20]。针对具体某种食品配料或产品的具体分析可参阅文献。HPLC的样品前处理参见参考文献[17],[19],柱填料和检测器种类繁多,但本章只讨论最常使用的。相关信息也可查阅其他文献。

(2)阴离子交换高效液相色谱 高效液相色谱分离碳水化合物常使用阴离子交换柱。碳水化合物有弱酸性,其pKa为12~14。在高pH的溶液中,一些碳水化合物的羟基带负电荷,从而可被阴离子交换树脂分离。糖分离专用树脂已开发成功,一般的洗脱顺序为糖醇、单糖、双糖和低聚糖。

(3)脉冲电化学检测 脉冲电化学检测器从前被称为脉冲伏安检测器,以碳水化合物中羟基和醛基的氧化为基础,是离子交换色谱常用的检测器[11 - 19],[21 - 25]。脉冲电化学检测需要较高的pH环境,才能既可以梯度洗脱也可分级洗脱。脉冲电化学检测所用的溶剂简单且价格便宜,通常使用添加或不添加醋酸钠的氢氧化钠溶液。也可以用水作为溶剂,但在柱后需要加入氢氧化钠溶液。还原性单糖和非还原性单糖,脉冲电化学检测器都适用,而且检测限低,单糖的检测限为1.5ng,二糖、三糖、四糖检测限5ng。脉冲电化学检测器响应随着糖的种类不同而异,且连续变化,因此测样品同时必须测定标品,并且每天计算响应因子。

食品中复杂低聚糖的检测常采用阴离子高效液相色谱耦合脉冲电化学检测器检测。这种方法的优点是可以实现不同种类碳水化合物基线分离(图19.3),也可达到通源性低聚糖的各组分分离[21],[26]。此外,新型的蒸发光散射检测器使用也越来越普遍[27]。

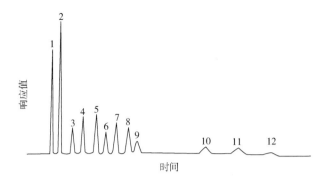

图 19.3　常见单糖,二糖,糖醇,棉子三糖的高效液相色谱图(采用阳离子交换色谱级脉冲安培检测器)

1—甘油　2—赤藓糖醇　3—L-鼠李糖　4—D-山梨醇　5—甘露醇　6—L-阿拉伯糖　7—D-葡萄糖　8—D-半乳糖　9—乳糖　10—蔗糖　11—棉子糖　12—麦芽糖

(4)其他高效液相色谱方法　用于碳水化合物分析的其他高效液相色谱法中,正相色谱法应用也相当广泛。其固定相是极性的,通过梯度增加的流动相极性可实现洗脱分离。与一种或多种试剂衍生化结合氨基的硅胶也常用作固定相。氨基衍生化后的硅胶固定相就是氨基键合固定相,一般以乙腈-水作洗脱剂。正相色谱法的洗脱顺序依次是单糖、糖醇、双糖和低聚糖[28]。氨基键合硅胶柱已成功应用于食品中低分子质量的碳水化合物含量的分析[29]。

19.4.2.2　气相色谱

(1)概述　与 HPLC 一样,气相色谱法也可以对碳水化合物同时进行定性、定量分析[17],[30]。在气相色谱分析过程中,糖类必须转化成挥发性衍生物,最常用的衍生物是糖醇乙酸酯[31-32]。图 19.4 中介绍了 D-半乳糖衍生化反应过程。氢火焰离子检测器是检测过乙酰化碳水化合物衍生物最常使用的检测器,然而近年来质谱检测器的使用日益增加。质谱检测器降低了检测限,二级质谱联用则可使检测限进一步降低[33]。气相色谱-燃烧-同位素比值质谱法联用技术已用于确定食品及食品原料的来源与掺假[34]。

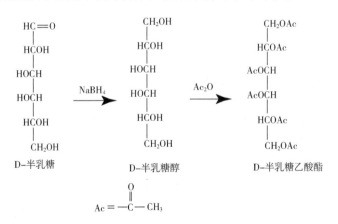

图 19.4　气相色谱中 D-半乳糖的衍生化

气相色谱检测碳水化合物时最关键的问题是两个预处理步骤:醛基还原为伯醇羟基及还原糖(糖醇)转化为挥发性过乙酸酯。为确保实验的成功,两者的转化率都必须达到100%。气相色谱的基本原理和重要参数(固定相、程序升温和检测器)在14章中已讨论过。

(2)中性糖分析方法简介[31]

①醛(酮)糖的还原。在40℃下,80%乙醇提取物中或多糖水解来源的中性糖可被过量的硼氢化钠(钾)氨水溶液还原,使其溶解在稀氢氧化铵溶液中。反应结束后,加入冰醋酸破坏过量的硼氢化物,酸性溶液蒸发浓缩至干燥。该法潜在的问题是:如果样品中存在果糖,不论是来自菊糖水解,还是作为添加剂来自高果糖浆、转化糖、蜂蜜,都将被还原为 D – 葡萄糖和 D – 甘露醇的混合物(见图 19.5)。

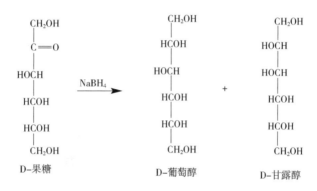

图 19.5　D – 果糖还原为糖醇混合物

②醛糖醇的乙酰化。将乙酸酐和催化剂加入糖醇的干燥混合物中,在室温下静置10min 后,加入水和二氯甲烷进行混合,然后用水洗涤二氯甲烷层再蒸发至干燥,最后将糖醇过乙酸酯的残余物溶于极性有机溶剂(常用丙酮)中进行色谱分析。

③糖醇过乙酸酯的气相色谱。肌醇作为内标加入样品同时进行乙酰化,糖醇过乙酸酯可通过等温色谱来分离,通过其相对于肌醇六乙酸酯的保留时间来进行鉴定。因此同时测定糖类的糖醇过乙酸酯标品是必须的,过乙酸酯可通过肌醇六乙酸盐作为内标确定洗脱时间和相对响应值。

19.4.2.3　酶法

(1)概述　酶法(详见第 26 章)通常对被测碳水化合物有很高的特异性,被分析样品纯度不需要很高,检测限非常低,不需要昂贵的设备,而且易于自动化[35 - 36]。然而,这些方法是基于比色分析,待测溶液要澄清,所以萃取和提纯是必需的[详见 19.4.2.3(2)]。酶法测定淀粉使用的是组合酶依次水解,只要水解用酶是纯化的产品,则该方法可专一性水解淀粉(详见 19.5.1.1)。

如表 19.4 所示为碳水化合物其他酶分析方法。然而,这些方法对于被测样品并非总是具有专一性。一些酶法分析试剂盒已开发成功并商品化,包括专一性酶酶、所需其他试剂、缓冲盐以及详细的使用说明。由于酶浓度、底物浓度、其他所需试剂浓度、pH 和温度都会影响反应速率和结果,因此操作说明必须严格遵守。一个好的方法描述会指出来自其他物质的干扰和方法的局限性。

(2)样品制备 采用用酶法和其他方法测定碳水化合物测定前,有时会建议先用 Carrez 法对样品进行处理,以破坏乳状液、沉淀蛋白质,吸附色素。Carrez 处理包括添加亚铁氰化钾($K_4[Fe(CN)_6]$ 六氰合铁化钾)溶液,然后依次添加硫酸锌($ZnSO_4$)溶液、氢氧化钠溶液,所得上清液过滤,滤液可直接用于酶法分析。Carrez 溶液商业上可获得。

表 19.4　　　　　　　　　　　碳水化合物的酶分析方法

碳水化合物	参考文献	试剂盒
单糖		
戊糖		
L - 阿拉伯糖	[35 - 36]	
D - 木糖	[35 - 36]	
己糖		
D - 果糖	[35 - 36]	×
D - 半乳糖	[35 - 36]	×
D - 半乳糖醛酸	[35]	
D - 葡萄糖		
使用葡萄糖氧化酶	[36],详见 19.4.2.3(3)	×
使用葡萄糖脱氢酶	[35 - 36]	
使用己糖激酶	[35 - 36]	×
D - 甘露糖	[35 - 36]	
单糖衍生物		
D - 葡糖酸盐/D - 葡萄糖酸 - δ - 内酯	[35 - 36]	×
D - 葡萄糖/山梨醇	[35 - 36]	×
D - 甘露醇	[35 - 36]	
木糖醇	[35 - 36]	×
低聚糖		
乳糖	[35 - 36]	×
麦芽糖	[35 - 36]	×
蔗糖	[35 - 36]	×
棉子糖、水苏糖、毛蕊草糖	[35 - 36]	×
多糖		
直链淀粉、支链淀粉(含量、比例)		×
纤维素	[35 - 36]	

续表

碳水化合物	参考文献	试剂盒
半乳甘露聚糖(瓜尔豆、古可豆胶)	[35]	
β-葡聚糖(混合连接)	[35]	×
糖原	[35-36]	
半纤维素	[35-36]	
异果寡糖	[35-36]	×
果胶/聚D-半乳糖醛酸	[35-36]	
淀粉	[35-36],详见19.5.1.1	×

×表示可使用如 R – Biopharm、Megazyme 和 Sigma – Aldrich 公司的试剂盒。

（3）D-葡萄糖的酶法测定　葡萄糖氧化酶定量氧化 D-葡萄糖生成 D-葡糖酸-1,5-内酯(葡糖酸-δ-内酯),和过氧化氢(图 19.6)。要测定 D-葡萄糖含量,需加入过氧化物酶和无色母体染料(可被氧化成有色化合物)。在过氧化物酶催化的反应中,无色染料被氧化成有色化合物,该显色物质可用分光光度法测定。商业试剂盒使用的染料各不相同。这种使用双酶和可氧化的无色化合物的组合的方法就是著名的葡萄糖氧化酶/过氧化物酶/染料(GOPOD)法。

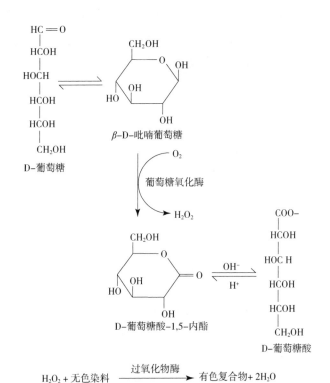

图 19.6　酶催化反应测定 D-葡萄糖

YSL Life Science 公司生产的商业仪器利用固定在两个膜之间的葡萄糖氧化酶和一个

电极来测量释放的过氧化氢,该方法检测时间不足 60s。更换固定化酶种类,仪器可定量测定 D – 半乳糖(半乳糖氧化酶),蔗糖(转化酶和葡萄糖氧化酶),乳糖(使用半乳糖氧化酶)和淀粉(使用葡糖淀粉酶、淀粉葡糖苷酶和葡萄糖氧化酶)。

另外还有一种试剂盒类型的酶联分析方法,但不常用。其原理是在己糖激酶存在下,D – 葡萄糖与 ATP 下反应生成葡萄糖 6 – 磷酸(G6P) + ADP。反应混合物中还含有葡萄糖 6 – 磷酸脱氢酶(G6PDH)和 $NADP^+$。G6PDH 催化 G6P 氧化成 D – 葡萄糖酸 6 – 磷酸同时将 $NADP^+$ 还原成 NADPH,因此形成的 NADPH 的量与存在的 D – 葡萄糖的量相当。通过测量 340nm 处 NADPH 的吸光度($NADP^+$ 不吸收的波长)确定形成 NADPH 的量。

19.4.2.4 毛细管电泳

毛细管区带电泳(详见 24.2.5.3)已被用于分离和测量碳水化合物,但是由于碳水化合物缺乏发色团,因此需要柱前衍生化处理及使用紫外检测器或荧光检测器[11],[16],[38 – 43]。

19.5 多糖

19.5.1 淀粉(Starch)

淀粉是食品中含量仅次于水的组分,存在于植物的各个部分(叶、茎、根、块茎和种子等)。在全球各地,商业淀粉被广泛用作食品添加剂,其来源包括玉米、糯玉米、高直链淀粉玉米、小麦、大米、马铃薯、木薯、黄豌豆、西米和竹芋等。此外,淀粉是小麦、黑麦、大麦、燕麦、大米、玉米、绿豆、豌豆粉以及某些块根植物(如马铃薯、甘薯和山药)的主要成分。

总淀粉(Total Starch)

(1)原理—步骤 测定总淀粉含量的唯一可靠方法是通过特异性淀粉酶将淀粉完全转化成 D – 葡萄糖,并确定 D – 葡萄糖含量进行定量分析(详见 4.2.3.3)。由淀粉酶解过程可知,如图 19.7 所示,α – 淀粉酶作用于 1,4 – α – D – 吡喃葡萄糖的非支链片段,主要形成由 3 ~ 6 个单糖分子组成的麦芽低聚糖。脱支酶(同时使用支链淀粉酶和异淀粉酶)作用于淀粉分子的分支点和由淀粉分子衍生的麦芽低聚糖的 1,6 – 糖苷键,从而产生短的线性糖分子。葡糖淀粉酶(又称,淀粉葡糖苷酶)在淀粉寡糖和多糖链的非还原末端起作用,每次产生一个 D – 葡萄糖,同时也催化 1,4 和 1,6 – α – D – 吡喃葡萄糖基键的水解。测定过程中,在确定样品含水量之后,将葡萄糖和蛋白质及脂质含量低的淀粉(如马铃薯淀粉)用作标准品。

(2)潜在问题 淀粉水解酶必须为纯化酶,以消除任何会水解产生 D – 葡萄糖的酶(如纤维素酶、转化酶、蔗糖酶和

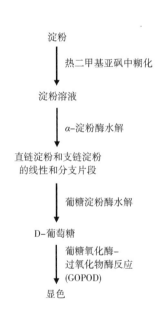

图 19.7 总淀粉测定流程

β-葡聚糖酶等)以及过氧化氢酶的影响。前者污染会使测定结果升高,而后者则使测定结果降低。然而即使使用纯化的淀粉酶,也可能遇到问题,该方法对于高直链淀粉或经烹饪而部分产生的抗性淀粉可能水解不彻底。抗性淀粉(RS)是由在小肠中难被消化的淀粉和淀粉降解产物组成[44]。通常认为有四种淀粉在小肠中对消化具有抗性,或消化缓慢以致其基本完整地通过小肠,即不水解为 D-葡萄糖。

①即使已糊化完全,但因包裹于食物基质中而无法接触淀粉酶的淀粉(RS_1)。

②因未烹饪而无法被酶解的淀粉(RS_2),即未糊化。

③回生淀粉(RS_3),即颗粒糊化后已经重结晶的淀粉聚合物,或冷的熟马铃薯和其他淀粉食品如面食,都含有回生淀粉。

④改性淀粉(RS_4),即通过分子结构的改变,使淀粉不易消化。

以上方法中,样品中的抗性淀粉只能部分地转化为 D-葡萄糖,而大部分都被视作膳食纤维进行分析(详见 19.6)。抗性淀粉的测定方法已有综述报道[45]。

美国分析化学家协会(AOAC)和美国国际谷物化学家协会(AACCI)提出一种总淀粉的测定方法(AOAC 方法 969.39,AACCI 方法 76-13.01)克服了以上问题,具体如下所述。

将淀粉分散在二甲基亚砜(DMSO)中,用热稳定的 α-淀粉酶处理溶液,使淀粉解聚和溶解,并转化为 D-葡萄糖(图 19.7)。随后在葡糖淀粉酶(Glucoamylase,又称淀粉葡糖苷酶)的作用下使经 α-淀粉酶产生的糖片段完全转化为 D-葡萄糖,并用葡萄糖氧化酶-过氧化物酶法(GOPOD)试剂测定 D-葡萄糖含量[详见 19.4.2.3(3)]。本方法并不能反映淀粉的植物来源是天然淀粉还是改性淀粉,淀粉的植物来源可以通过在样品烹饪前进行显微观察来确定(详见 32.2.2.4)。

19.5.2 非淀粉类多糖(水胶体/食品胶)

19.5.2.1 概述

淀粉(Starch)或淀粉质(Starches)天然存在于水果或蔬菜组织中,而除了用作食品原料之外,也可制成分离淀粉或作为面粉组分。除一些特例外,非淀粉类多糖多用作食品添加剂,这些多糖常与蛋白质明胶组成一类称为水胶体或食用胶的成分,其来源一般是陆生植物、海藻和微生物,并通过纤维素衍生化获得,用途广泛。对于此类多糖的定量分析,可向供应商和食品加工商提供水胶体产品的纯度信息,以确保加工商的标签声明的准确性,并确认水胶体未出现在不被允许添加的标准化产品中。此外,非淀粉类多糖分析可确定燕麦、大麦面粉以及谷物早餐中 β-葡聚糖含量,以提供食品标签的膳食纤维含量信息,或确定小麦面粉中阿拉伯木聚糖含量,便于设定面包烘焙的加工参数。

由于多糖具有不同的化学结构、溶解度和分子质量,对于归类为水胶体的多糖,其含量测定存在问题。与蛋白质和核酸不同,除极少数情况外,来自同一株植物或微生物的单一多糖分子,其结构都不尽相同,而其分子结构也会因植物或微生物的生长来源和生存条件的差异而有所不同。有些多糖呈中性,而有些则带负电;除了含有糖基团外,一些非淀粉类多糖还具有天然的或经化学修饰而得的醚、酯和/或环状缩醛基团;有些溶于热水,有些溶于室温或较冷的水中,有些则冷热皆可,还有一部分需要酸、碱或含有金属离子螯合剂的水溶液才能将其从植物组织中提取出来。所有的多糖制品都是由不同分子质量的多糖分子混合而成的,所以尽管食品和饮料中的组分分子具有相同的结构和分子质量,如 D - 葡萄糖、D - 果糖、麦芽糖和蔗糖,然而这些糖制品的每个分子可能不同于该样品中所有其他糖分子的结构和/或分子质量。这种结构多样性使食品中多糖类型和含量的测定变得复杂[46]。因此,没有一种方法可以定性或定量地测定所有的水胶体。其他潜在的问题是:水胶体在食品中的添加量很少,通常以 0.01% ~ 1% 计算,并且水胶体的共混物通常用于扩展食品的功能性。

目前,水胶体的测定方法首先将其从样品中提取出来,对提取物进行脱蛋白处理,并通过添加乙醇、丙酮或 2 - 丙醇(异丙醇)等有机溶剂沉淀水胶体,但是低分子质量(低黏度级)水胶体可能不会沉淀。由于水胶体的混合物经常用于食品中,因此可能需要分级,如分级制备和分级沉淀,但往往会导致样品的损失。通常,分级的多糖需通过鉴定和定量酸催化水解后所得的糖组分来进行表征。然而,多糖水解得到糖组分的水解速率不同,且该组分被高温酸溶液以不同的速率破坏,所以对于多糖制品的确切单糖组成可能难以确定,甚至无法实现。如果存在已知的特定水胶体,那么对特异性的多糖水解酶(如果可用的话)的测定是可实现的。已有报道对食品中水胶体测定的相关分析策略和问题进行了评估和阐述[46-47]。

19.5.2.2　水胶体含量测定

大多数用于分析食品中食用胶的方案都是针对特定类型的食品而建立的,因为制定一个通用的测定方案很困难,甚至不可能。图 19.8 展示了一种分离和纯化非淀粉水溶性多糖的一般方案[48]。以下括号中的字母代表图 19.8 中的字母。

①当样品中存在脂肪、油、蜡和蛋白质时,通常难以定量地提取多糖,因此首先去除脂溶性物质。在此之前,样品须充分干燥,建议冷冻干燥,如干燥样品含有块状物,须将其粉碎。将已知重量的干燥样品置于索氏抽提器中,用 19:1(V/V)的氯仿 - 甲醇除去脂溶性物质,也可使用正己烷(详见 19.2.1)。在通风橱中风干除去溶剂,将样品置于干燥器中,然后抽空。

②可溶性糖、其他低分子质量化合物和灰分在此处可使用 80% 的热乙醇去除(详见 19.2.2)。

③通过酶催化水解去除蛋白质。该步骤[48]使用木瓜蛋白酶水解蛋白,但推荐使用细菌碱性蛋白酶来防止碳水化合物酶的污染,因为基本上所有的商业酶制剂,尤其是来自细菌或真菌的酶制剂,除了蛋白水解活性之外,还具有碳水化合物酶活性,而所有的碳水化合物酶在酸性环境中活力最强。在此过程中,通过将样品分散在含有氯化钠的乙酸钠缓冲液中并加热混合物,可使蛋白质变性从而更易被消化。

④向冷却的溶液中加入氯化钠来沉淀可溶性多糖,在加入 4 体积的无水乙醇,将混合物离心。

⑤将沉淀悬浮在乙酸盐缓冲液中,向该悬液中加入在相同缓冲液中制备的葡糖淀粉酶溶液,并孵育悬液。同淀粉测定方法相同,必须使用高度纯化的酶来降低其他多糖的水解。

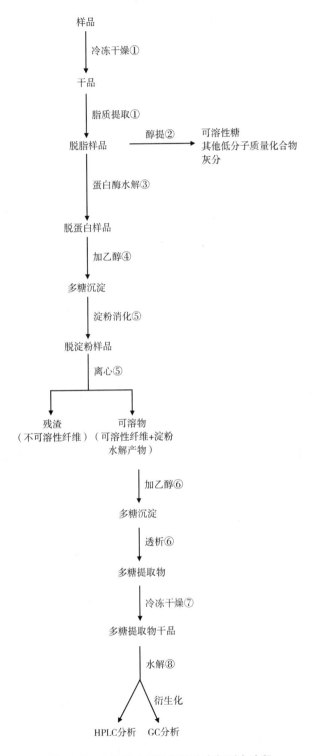

图 19.8　非淀粉水溶性多糖分离与测定流程

（如果在步骤 f 的上清液中没有检测出葡萄糖，表明没有淀粉存在，在随后对相同产物的分析中可省略此步骤）除去淀粉多糖后离心分离不溶性膳食纤维（详见 19.6）。

⑥向冷却的溶液中加入氯化钠和 4 倍体积无水乙醇使多糖再沉淀，并离心。水溶性多

糖(常视为)的沉淀物(颗粒)是可溶性膳食纤维(SDF)(详见19.6)。

⑦将沉淀物悬浮在去离子水中,转移到透析管,使用叠氮化钠溶液进行透析(用于防止微生物生长),并不断更换叠氮化钠。最后,用去离子水进行透析以除去叠氮化钠,从渗析管中回收渗余物并冷冻干燥。

⑧通过鉴定水解产生的单糖组成实现对样品多糖的表征。将多糖物质添加到聚四氟乙烯旋盖小瓶中,加入三氟乙酸溶液(通常是2 mol/L),将小瓶密封并加热(通常在121℃,1~2h)[49],冷却后,使用空气或氮气流将内容物在罩内蒸发至干燥。用高效液相色谱(HPLC)(详见19.4.2.1)或气相色谱(GC)(详见19.4.2.2)测定单糖组成。如果使用GC,则添加肌醇作为内标。可以通过单糖分析对样品多糖进行定性和定量分析。例如,瓜尔胶(瓜尔豆胶的多糖组分)以近似摩尔比1.00:0.56产生D-甘露糖和D-半乳糖。

上述的酸催化水解步骤中会不定量地产生糖醛酸。糖醛酸的存在可以通过间羟基二苯基(3-苯基苯酚)来指示[50-52],其原理和苯酚-硫酸法相同(详见19.3),如脱水产物与酚类化合物缩合能产生有色化合物,可通过分光光度法定量测定。如果存在的话,特定的糖醛酸可以通过特定的GC程序来识别。

19.5.2.3 果胶(Pectin)

(1)果胶的性质　果胶是一种重要的食品胶体,但其官方的测定方法并未建立。在已经公布的几种测定方法中,基本都涉及到了果浆、果冻中所得的沉淀(通过加入乙醇),而该沉淀是唯一存在多糖的成分。

果胶的定义其实也有些模棱两可,在水果或蔬菜中可称为"果胶"的是复杂的多糖混合物,其结构取决于原料来源,包括特定水果或蔬菜的发育阶段,如成熟程度。一般地,大部分天然材料中的果糖可以被描述为被L-吡喃鼠李糖单元(1,2)中断的α-D-吡喃半乳糖醛糖的主链(其中一些通常为甲酯形式)。许多鼠李糖单元具有与其连接的多糖链(阿拉伯聚糖、半乳聚糖或阿拉伯半乳聚糖),其他糖类如D-芹菜糖也存在该结构。在商业果胶的生产中,大部分中性糖被除去,因此商业果胶主要是具有不同程度酯化或酰胺化的聚-α-D-半乳糖醛酸甲酯。在发育及成熟期间或加工期间的酶作用,可以使天然果胶部分地脱酯化和/或解聚,而这些酶催化反应对于果汁、番茄汁、番茄酱及苹果酱等产品的稳定性起着决定性作用,同时果胶对酱汁质地的呈现亦有贡献。

(2)果胶含量测定　人们对于植物组织中果胶的提取与沉淀的工艺条件已探索多年,且研究仍在继续,其目的不在于分析测定本身,而在于果胶的商业价值。现阶段已研究并优化了几种不同的萃取剂、萃取条件、沉淀剂以及沉淀条件,所得的产品特性随着原料来源以及分离条件的不同而有所差异。以水果为例,成熟度不同,所得果胶特性就不同。果胶的主要成分是D-半乳糖醛酸,通常至少占果胶含量的80%,其始终存在于果胶中但不仅仅存在于果胶中。糖醛酸的糖苷键很难被水解,所以涉及酸催化水解的方法通常不适用。因此,在分离粗果胶之后,通常使用间羟基联苯法[50-52]测定果胶。有关果胶测定方法的综述,详见参考文献[53-54],其中一个涉及甲醇分解后进行反相HPL测定的方法已被报道[55],其他水胶体对果胶测定的干扰也已被探究[56]。

19.6 膳食纤维

19.6.1 定义

由于需要对食品标签进行膳食纤维含量的标注,设立官方的膳食纤维分析方法就显得尤为必要。在建立测定方法前,首先要对膳食纤维的定义达成共识,随后选择一个能衡量定义中所包含内容的方法,然而,国内和国际组织都没有就膳食纤维的定义达成一致共识[57]。阻碍共识达成的一大障碍是,膳食纤维不仅需要化学定义来设计检测方法,而且由于它具有积极的生理效应,因此对其生理活性的测量同样重要,但这种测量效果在不同的样品来源之间是不同的。表 19.5 所示为四个膳食纤维的官方定义,其中 AACCI 是第一个制定膳食纤维官方定义的组织[58-59]。根据 AACCI 和其他国家的定义,膳食纤维基本上是食品成分或产品中不易消化组分的总和。在人类小肠中出,淀粉以外的多糖都不能被消化吸收,所以除抗性淀粉外的所有多糖都被涵盖在这个定义当中。低聚糖中,只有蔗糖、乳糖和来自淀粉(麦芽糖糊精)的寡糖能被消化。类碳水化合物被定义为基于碳水化合物所形成的不能被消化吸收且不是天然植物成分的食品原料。蜡(软木脂和蜡状质)同样包含在膳食纤维相关的物质中。该定义还涵盖了一些已知的与摄入膳食纤维有关的健康益处。自从 AACCI 膳食纤维定义发布以来,世界各地的政府和非政府组织都采用了改良版本,如美国医学研究所[60]、美国食品和药品管理局以及美国食品法典委员会[61](表 19.5)。一些其他监管机构、委员会和组织所采用的定义详见参考文献[62]。

表 19.5	膳食纤维的定义
机构	定义
美国国际谷物化学家协会	膳食纤维是植物或类碳水化合物物质的可食部分,在人体小肠中不被消化吸收,在大肠中完全或部分发酵。膳食纤维包括多糖、低聚糖、木质素和相关的植物性成分。膳食纤维有益于生理机能,如通便、降低血液胆固醇、降血糖等[58-59]
美国医学研究所	膳食纤维由不易消化的碳水化合物和木质素组成,是植物固有且完整的成分。功能性纤维是分离得到的,且不易消化的碳水化合物,对人体的生理功能有益。总纤维是膳食纤维和功能性纤维的总和[60]
美国食品法典委员会	膳食纤维是指由 10 个或更多个单体单元组成的碳水化合物多聚体,其不被人类小肠中的内源性酶水解,有以下几类:天然存在于食物中的可食性碳水化合物多聚体;通过物理、化学或酶作用等方式从食物原料中获得的碳水化合物多聚体;合成型碳水化合物多聚体[61](本定义包含注脚)
美国食品与药物管理局	膳食纤维定义为不易消化的可溶性和不溶性碳水化合物(含有 3 个或 3 个以上的单体单元)以及植物中固有且完整的木质素;由美国食品与药物管理局分离或合成的非消化性碳水化合物(具有 3 个或 3 个以上的单体单元),具有生理功效,对人体健康有益[6]

制定所有人都接受的膳食纤维定义很难,因为不同来源的膳食纤维具有不同的成分组成,一般由不易消化吸收的碳水化合物以及对人体具有不同生理学影响的其他物质混合而成。人们普遍认为,膳食纤维是由寡糖、多糖、木质素以及其他不被人体胃或小肠消化酶作用的物质组成的,但这只是膳食纤维中很小的一部分,而大部分膳食纤维是组成植物细胞壁的物质(纤维素、半纤维素和木质素),其主要由多糖分子构成。因为只有熟淀粉中的直链淀粉和支链淀粉分子是可消化的,所有其他多糖都是膳食纤维的组分,其中一部分是不溶性膳食纤维的组分,一部分则组成可溶性膳食纤维。表19.6所示为可溶性和不溶性膳食纤维的主要成分。总膳食纤维(TDF)是不溶性和可溶性膳食纤维的总和。

表 19.6   **膳食纤维的成分**

不溶性膳食纤维纤维素

纤维素,包括微晶纤维素和粉状纤维素

木质素

不溶性半纤维素、包埋在木质纤维素中的可溶性半纤维素

抗性淀粉

可溶性膳食纤维

未包埋在木质纤维素中的可溶性半纤维素

天然果胶

水胶体

不易消化的低聚糖,如菊粉

19.6.2 测定方法

19.6.2.1 概述

不溶性膳食纤维测定的意义不仅仅是检测本身,还有对食品的热量的计算。根据营养标签的制定原则,计算食品热量时,先从总碳水化合物含量中减去不溶性膳食纤维含量,再计算蛋白质、脂肪和剩余的碳水化合物中所含有的热量值(分别约为4、9和4cal/g[①])(详见第3章)。然而,该方案忽略了一点,可溶性膳食纤维和不溶性膳食纤维一样,除了在结肠中经发酵而提供少量能量外(主要是短链脂肪酸),基本上也不产生热量。

在膳食纤维测定过程中,最棘手的测定样品是淀粉。在所有膳食纤维的测定方法中,对于淀粉可消化部分的去除至关重要,一旦有残余,测定结果将偏高。每种测定方法中都有一步加热工艺(如 $95 \sim 100℃$,35min),可使淀粉颗粒糊化并易于水解,一般使用热稳定 α – 淀粉酶和葡糖淀粉酶[详见 19.5.1.1(1)]。

抗性淀粉颗粒和/或分子[详见 19.5.1.1(2)]结构基本保持完整,同属于膳食纤维,但是一些不易消化的淀粉制品可能不能视作膳食纤维而进行测定。不易消化的低聚糖被视作膳食纤维进行测定时是存在问题的,如菊糖衍生物(果聚糖)、不易消化的人造麦芽糊精和被部分水解的瓜尔胶[63],因为其存在于无法被78%乙醇沉淀的可溶部分中。这类低聚糖可使用 AOAC 方法 2009.01(AACCI 方法 32 – 45.01)和 AOAC 方法 2011.25(AACCI 方法 32 –

---

①   1cal = 4.1855J。

50.01）。此外，对于果聚糖的测定方法已经有报道[64]。

测定膳食纤维时，必须从样品中去除所有可消化的物质，只留下不易消化的组分，或对剩余的可消化部分进行修正。脂质很容易从样品中用有机溶剂去除（详见 19.2），一般不会引起分析问题。在溶解步骤中，未去除的蛋白质和盐类/矿物质应分别进行凯氏定氮法测定（详见第 18 章）和灰分测定（详见第 16 章）。图 19.9 所示为一种将非淀粉水溶性多糖与其他组分分离以进行定量和/或定性分析的方法。步骤（e）中过滤所得的产物即不溶性膳食纤维，而上清液中经乙醇沉淀［步骤（f）］而得产物为可溶性膳食纤维。

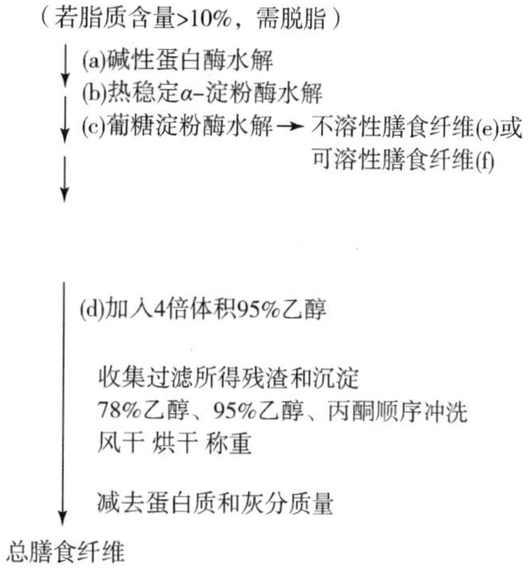

（若脂质含量>10%，需脱脂）
↓ (a)碱性蛋白酶水解
↓ (b)热稳定α-淀粉酶水解
↓ (c)葡糖淀粉酶水解 → 不溶性膳食纤维(e)或
 可溶性膳食纤维(f)
↓

↓ (d)加入4倍体积95%乙醇

收集过滤所得残渣和沉淀
78%乙醇、95%乙醇、丙酮顺序冲洗
风干 烘干 称重

↓ 减去蛋白质和灰分质量

总膳食纤维

**图 19.9　AOAC 991.43 膳食纤维测定方法
（AACCI 32 – 09.01 测定方法）**

19.6.2.2　样品制备

当样品脂肪含量低于 10%（脂质含量低于 10%）、干燥且磨细时，膳食纤维测量结果最准确，如有必要，可将样品研磨通过 0.3 ~ 0.5mm 筛网。如果样品脂质含量超过 10%，可在超声波水浴中用 25 份（V/W）石油醚或己烷抽提除脂，然后将混合物离心，倾去有机溶剂，重复抽提步骤几次后将样品风干，除去有机溶剂。如需测量脂质和水分含量，可将其放置在 70℃ 真空烘箱中干燥过夜，测定质量损失，在计算膳食纤维百分比含量时进行校正。如果样品中含有大量的可溶性糖（单糖、二糖和三糖），则样品应该用 80% 乙醇在室温下超声波水浴中提取三次，每次 15min，弃去上清，将残留物在 40℃ 下干燥。样品的性质千差万别，其膳食纤维的测定方法也不同。AOAC 官方测定方法[4] 和 AACCI 的认证方法[65]，如表 19.7 所示。从表 19.7 中可知，特定类型的样品需根据特定类型的分析方法来测定其膳食纤维含量，其中一些方法可通过试剂盒来测定。

19.6.2.3　酶 – 重量法

膳食纤维通常以称重方式测定，当碳水化合物、脂质和蛋白质被化学试剂溶解或酶水解除去后，经过滤收集未溶解的和/或未被消化的物质，从而回收膳食纤维，干燥并称重。

（1）总膳食纤维、可溶性和不溶性膳食纤维　AOAC 方法 991.43（AACCI 方法 32 – 07.01）明确了谷类产品、水果、蔬菜、加工食品和加工食品成分中总膳食纤维、不溶性和可溶性膳食纤维的测定方法，其包含了测定膳食纤维常用方法的特点。

①原理。用热稳定性 α – 淀粉酶、蛋白酶和葡糖淀粉酶相继处理样品，从而除去淀粉和蛋白质，同时回收不溶性残余物并洗涤，得到不溶性膳食纤维（IDF）；向溶液中加入乙醇沉淀可溶性多糖，即可溶性膳食纤维（SDF）。为了获得总膳食纤维（TDF），在葡糖淀粉酶消化后加入酒精，将 IDF 和 SDF 组分一起收集、干燥、称重并灰化。

②分析概要　图 19.9 给出该方法的一般测定流程,以下步骤与图中相应字母对应。

(a)向脂质含量低的样品中加入含有碱性蛋白酶的缓冲液。

(b)蛋白质消化后,调 pH 至酸性,加入热稳定性 α – 淀粉酶,将混合物在 95 ~ 100℃ 加热,使淀粉糊化后被酶解。将混合物冷却至 60℃,加入碱性蛋白酶,60℃下分解蛋白质。

(c)加入葡糖淀粉酶,60℃下彻底水解淀粉。

接下来的几个步骤区别在于是否要测定总膳食纤维、不溶性或可溶性膳食纤维。

(d)若测定总膳食纤维,先加入 4 倍体积的 95% 乙醇(使乙醇浓度为 78%),准备含有硅藻土(硅质助滤剂)的多孔玻璃坩埚,润洗,称重,对样品进行真空过滤。坩埚中的残留物依次用 78% 乙醇、95% 乙醇和丙酮梯度脱水,风干(除去所有的丙酮),103℃烘干并称重。由于植物细胞壁能结合部分蛋白质和盐/矿物质,蛋白质(详见第 18 章凯氏定氮法)和灰分(见第 15 章马弗炉法)需单独测定,并校正膳食纤维值。如果需要分别测定膳食纤维样品中的抗性淀粉,可以根据 AOAC 方法 2002.02(AACCI 方法 32 – 40.01)进行测定。

(e)若测定不溶性膳食纤维,步骤(c)获得的混合物首先经含有硅藻土的多孔玻璃坩埚(提前润洗、称重)真空过滤,所得残留物用水洗涤,依次用 78% 乙醇、95% 乙醇和丙酮梯度脱水,将坩埚风干(除去所有的丙酮),103℃烘干并称重。

(f)若测定可溶性膳食纤维,将 4 倍体积 95% 乙醇(使乙醇浓度为 78%)加入到步骤(e)滤液中,60℃沉淀可溶性膳食纤维。沉淀通过含有硅藻土的多孔玻璃坩埚(提前润洗、称重)进行真空过滤,并依次用 78% 乙醇、95% 乙醇和丙酮梯度脱水,将坩埚风干(除去所有的丙酮),103℃烘干并称重。

不论测定哪一种类型的膳食纤维,都需要进行空白对照实验。表 19.7 可用于计算膳食纤维的百分比,通过所示公式可计算出干基样品的膳食纤维含量。表 19.8 所示为使用这种方法测定的常见食品膳食纤维含量。

表 19.7　　　　　　　　　　　　膳食纤维含量计算表[①]

	样品		空白	
	不溶性 膳食纤维	可溶性 膳食纤维	不溶性 膳食纤维	可溶性 膳食纤维
样品/mg	m_1	m_2		
坩埚 + 硅藻土/mg				
坩埚 + 硅藻土 + 残留物/mg				
残留物/mg	R_1	R_2	R_1	R_2	R_1	R_2	R_1	R_2
蛋白质 P/mg				
坩埚 + 硅藻土 + 灰分/mg				
灰分 A/mg				
空白 B[②]/mg				
膳食纤维含量[③]/%				

[①]根据 *The Journal of AOAC International*,1988,71:1019 内容改编,版权归 AOACI 所有。

[②]空白(mg) = $(R_1 + R_2)/2 - P - A$。

[③]膳食纤维含量(%) = $[(R_1 + R_2)/2 - P - A - B]/[(m_1 + m_2)/2] \times 100\%$。

表 19.8　常见食品中总膳食纤维、可溶性及不溶性膳食纤维含量(AOAC 方法 991.43)

食品	可溶性膳食纤维[①]	不溶性膳食纤维[①]	总膳食纤维[①]
大麦	5.02	7.05	12.25
高纤维谷物	2.78	30.52	33.73
燕麦麸皮	7.17	9.73	16.92
大豆麸皮	6.90	60.53	67.14
杏	0.53	0.59	1.12
西梅	5.07	4.17	9.29
葡萄干	0.73	2.37	3.13
胡萝卜	1.10	2.81	3.93
绿豆	1.02	2.01	2.89
香菜	0.64	2.37	2.66

[①]每 100 克食物中膳食纤维含量(按鲜重计)

数据来自官方的分析方法(第 20 版)。

注意:在上述总膳食纤维和可溶性膳食纤维的测定过程中,78% 乙醇处理时,总有部分可溶性膳食纤维因未沉淀而损失,包括大部分菊粉、葡聚糖、抗性麦芽糊精、部分水解的瓜尔胶、所有果糖、阿拉伯木糖、木糖以及低聚半乳糖。AOAC 方法 2009.01(AACCI 方法 32 - 45.01)包含了 AOAC 方法 2002.02(AACCI 方法 32 - 40.01)中的去离子化和高效液相色谱分析两个步骤,从而定量分析滤液中这些较低分子质量的耐消化物质,从而测定所有的可溶性膳食纤维,以解决上述问题。

(2)食品法典定义的膳食纤维组分　食品法典定义了膳食纤维的组分,AOAC 方法 2011.25(AACCI 方法 32 - 50.01)综合了以往各种测定方法,能测定出该定义中的膳食纤维各组分含量(图 19.10)。

注意:沉淀的可溶性膳食纤维(SDFP)是可溶于水的膳食纤维,但不溶于 78% 乙醇,它包括大部分的水胶体、葡聚糖、麦芽糖糊精、菊粉和部分水解的瓜尔胶。溶解的可溶性膳食纤维(SDFS)是既溶于水又溶于 78% 乙醇的膳食纤维,它包括各种低聚糖,如低分子质量的低聚果糖和低聚半乳糖。

19.7　物理方法

19.7.1　溶液中糖浓度测定

溶液中碳水化合物的浓度可以通过测量溶液的相对密度、折光率(详见第 6 章)或旋光度来确定。相对密度是在特定温度下物质的密度与参考物质(通常为水)的密度比。目前测定相对密度最常用的方法是液体相对密度计法(白利糖度°Brix 校准),以蔗糖浓度或波美模量(°Bé)计(AOAC 方法 932.14),然后将其数值转换为物质在纯溶液中的浓度值。作

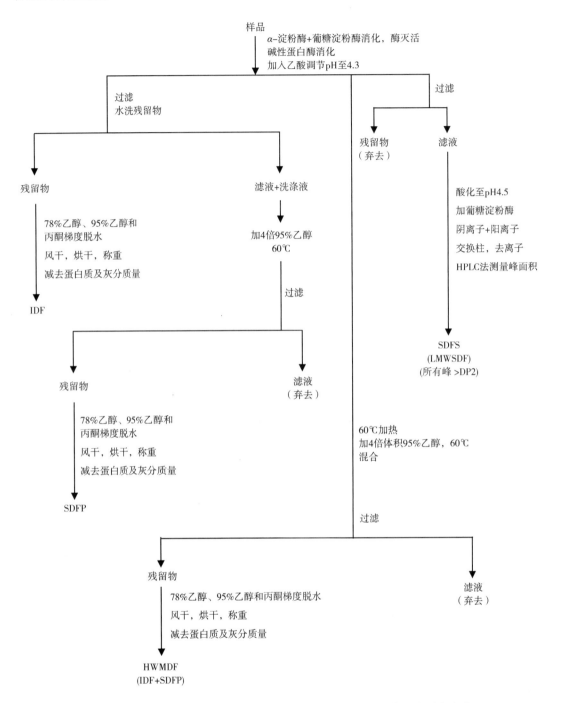

图 19.10　AOAC 方法 2011.25(AACCI 方法 32 – 50.01)膳食纤维测定步骤

为糖浓度的测定方法,相对密度测量法仅对于纯蔗糖或其他单一纯物质溶液可行,但可对照相对密度值表(见第 6 章)得到一般样品浓度的近似值。

当光线从一种介质传递到另一种介质时,它会改变方向,发生弯曲或折射。入射角正弦值与折射角正弦值之比称为折射率(RI)。RI 随化合物的性质、浓度、温度和所用光的波长而变化。若保持化合物性质、温度和波长条件一定,可通过测量 RI 来确定溶液中化合物的浓度(第 6 章)。测定 RI 时,溶液须澄清,同相对密度一样,使用 RI 来确定样品浓度是,只对纯蔗糖或其他单一纯物质的溶液可行,同样,也可通过相对密度值表得到一般样品的近似浓度。此外,可直接使用蔗糖浓度单位的折射计读取样品值。

大多数含有手性碳原子的化合物具有光学活性,其偏振光的偏振面可以发生旋转,旋光计可用于测量溶液中化合物的比旋光度。碳水化合物具有手性碳原子,因此具有光学活性。碳水化合物可以使偏振光的平面旋转一个角度,该角度取决于化合物的性质、温度、光的波长和化合物的浓度。如所有因素保持恒定,且溶液不含有其他光学活性物,则可以通过测定比旋光度来确定溶液浓度。测定比旋光度可用于测量蔗糖浓度(AOAC 方法 896.02,925.46,930.37)。通过旋光法测定蔗糖浓度时,溶液需澄清,测定仪器需显示国际糖单位。测定蔗糖水解成 D – 葡萄糖和 D – 果糖之前和之后的比旋光度值(称为转化过程),可以用于测定糖制品中蔗糖的含量(AOAC 方法 925.47,925.48,926.13,926.14)。

19.7.2　质谱

质谱(MS)有许多不同的变化及用途(第 11 章),对于碳水化合物而言,质谱技术多用于糖结构分析。MS 已被用于碳水化合物的测定,但并不用做常规方式。基质辅助激光解吸飞行时间(MALDI – TOF)技术可用于分析低聚糖同系物(图 19.11)。

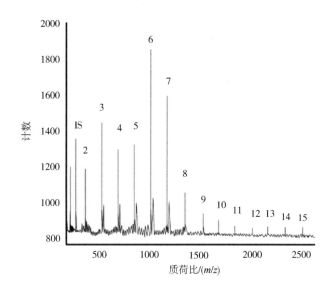

图 19.11　淀粉水解产生的麦芽低聚糖组分的 MALDI – TOF 质谱图

通过比较阴离子交换 HPLC(详见 19.4.2.1)(当今最常用的碳水化合物分析技术)、毛细管电泳(详见 19.4.2.4)和 MALDI – TOF MS 对于麦芽寡糖的分析结果发现,最后一种技术的分析结果最好[27]。

19.7.3　傅立叶变换红外光谱

傅立叶变换红外(FTIR)光谱技术(详见 8.3.1.2)具有简便、快捷的特点,其检测限比大多数其他方法高。一些水胶体的红外光谱文库已建成,如 κ -、γ - 和 λ - 卡拉胶[66-70]、果胶[66],[68],[71]、半乳甘露聚糖[66],[68]和纤维素衍生物[72]。

19.7.4 近红外光谱

近红外(NIR)光谱技术(详见8.4)已用于测定膳食纤维[73]和糖[74]含量,并能鉴定纤维素衍生物[72]。

19.8 总结

对于低分子质量碳水化合物的测定,传统比色法、各种还原糖法和物理测量法已经在很大程度上被色谱法所取代。传统化学方法的弊端为:不同的糖样品对应不同的测定结果,当样品为糖混合物时,测定结果会受到影响;传统物理方法的限制在于:其样品必须为纯物质。然而,传统方法仍然会被用于简化、质量控制和产品标准化分析。色谱方法(HPLC 和 GC)将混合物分离成糖组分,通过保留时间确定每种组分,并测定组分含量。HPLC 广泛用于鉴定和测量单糖和寡糖。酶解法具有特异性和灵敏性,但除了在样品为淀粉的情况外,很少用于测定单一组分。

多糖是众多食品的重要组成部分,但一直没有一个标准化的测定方法对其进行分析。一般地,测定前需提取多糖组成,但在制备、回收和分离过程中会导致多糖成分的损失,从而引起误差。为了减少误差,一般将样品水解成单糖组分,通过对单糖组分的鉴定进行多糖分析。淀粉的分析是个例外,可用特定的酶(淀粉酶)将其消化成葡萄糖后进行测定。

不溶性膳食纤维、可溶性膳食纤维和总膳食纤维主要由非淀粉多糖组成。测定总膳食纤维及其组分的方法重点在于使用淀粉酶去除可消化淀粉,并用蛋白酶去除可消化蛋白质,留下不易消化的残余物进行分析。

19.9 思考题

(1)请从三个方面说明碳水化合物分析的重要性。

(2)"一般成分"是指分析水分、灰分、脂肪、蛋白质和碳水化合物。请确定营养标签上实际需要标明哪几项"一般成分"指标。另外,请解释为什么在制定营养标签时,对一些非必须的营养组分进行定量是重要的。

(3)请从化学角度区分单糖、寡糖和多糖,并解释如何在提取过程中使用溶解度特征以从多糖中分离单糖和寡糖。

(4)请讨论为什么用80%乙醇(终浓度)来提取单糖和寡糖,而不是用水,并说明原理?

(5)使用苯酚 - 硫酸法测定总碳水化合物的原理是什么? 为什么要计算标准曲线? 为什么要设立空白对照? 这个方法有什么局限性?

(6)请表述还原糖的定义,并指出以下糖类是还原糖还是非还原糖:D - 葡萄糖、D - 果糖(请说明分类依据)、山梨糖醇、蔗糖、麦芽糖、棉籽糖、麦芽三糖、纤维素、支链淀粉和 κ -

卡拉胶。

（7）请阐述使用 Somogy-Nelson 法或类似方法测定总还原糖的原理。

（8）Somogyi-Nelson 法和 Lane-Eynon 法均可用于测量还原糖,请解释两种方法的测定原理和流程方面的异同。

（9）请描述 AE-HPLC 法分离碳水化合物的原理。

（10）请描述 GC 制备糖的一般流程,并说明此方法成功的关键点。

（11）为什么 HPLC 在很大程度上可以取代 GC 来分析碳水化合物?

（12）酶法的优点是什么,又存在有什么问题?

（13）请描述酶法测定淀粉含量的原理。这种方法的优点是什么,又存在怎样的问题?

（14）抗性淀粉的生理学定义和化学性质是什么? 什么类型的食物富含抗性淀粉?

（15）简要描述以下情况的解决方法:

①在使用热的乙醇溶液提取果实糖组分时,如何防止蔗糖水解?

②为了进行碳水化合物的酶测定,如何从溶液中除去蛋白质?

③如何测量总碳水化合物?

④如何测量总还原糖?

⑤如何用酶法测葡萄糖?

⑥如何同时测量单个游离糖的浓度?

（16）请描述图 19.6 中每个步骤的原理。每一步的原因是什么?

（17）请描述纤维素、水溶性树胶和淀粉的分离和测定原理。

（18）以果胶为例,请解释为什么定量分析水胶体很困难。

（19）什么是膳食纤维的一般定义? 为什么膳食纤维的定义很重要? 膳食纤维的定义如何影响其分析方法的建立?

（20）列出用于分析膳食纤维而设立的膳食纤维组分类别。

（21）列出膳食纤维的成分。

（22）解释膳食纤维的测量如何与计算食物的热量含量有关。

（23）解释 AOAC 方法 991.43 中,用于测定高纤维零食中膳食纤维含量的每一步骤的目的:①加热样品并用 α - 淀粉酶处理;②用葡糖淀粉酶处理样品;③用蛋白酶处理样品;④用葡糖淀粉酶和蛋白酶处理后向样品中加入 4 倍体积的 95% 乙醇;⑤过滤并洗涤残余物,干燥,称重,最终产物在马弗炉中加热至 525℃,并分析样品中的蛋白质。

（24）AOAC 方法 994.13 和 AOAC 方法 2011.26 之间有什么区别?

（25）通过①相对密度测定,②折射率测量和③旋光性测定三种方法来测定糖(蔗糖)浓度,其各自的原理和局限性是什么?

19.10 应用题

①根据 AOAC 方法 991.43(AACCI 方法 32 - 07.01)分析早餐谷物的总纤维含量,数据如下。请计算总膳食纤维在去除抗性淀粉前后,其百分含量分别是多少?

类别	质量/mg	类别	质量/mg
样品	1,002.8	灰分	21.1
残留物	151.9	空白	6.1
蛋白质	13.1	抗性淀粉	35.9

②通过 AOAC 方法 991.43(AACCI 方法 32 – 07.01)分析高纤维饼干的膳食纤维含量时,获得以下数据。请计算总膳食纤维、不溶性和可溶性纤维含量?

	样品/mg			
	不溶性膳食纤维		可溶性膳食纤维	
样品	1,002.1	1,005.3		
坩埚 + 硅藻土	31,637.2	32,173.9	32,377.5	33,216.4
坩埚 + 硅藻土 + 残留物	31,723.5	32,271.2	32,421.6	33,255.3
蛋白质	6.5		3.9	
坩埚 + 硅藻土 + 灰分		32,195.2		33,231.0

	空白/mg			
	不溶性膳食纤维		可溶性膳食纤维	
坩埚 + 硅藻土	31,563.6	32,198.7	33,019.6	31,981.2
坩埚 + 硅藻土 + 残留物	31,578.2	32,213.2	33,033.4	33,995.6
蛋白质	3.2		3.3	
坩埚 + 硅藻土 + 灰分		32,206.8		31,989.1

参考答案

(1)(151.9 – 13.1 – 21.1 – 6.0)/1002.8 × 100 = 11%

(151.9 – 13.1 – 21.1 – 6.0 – 35.9)/1002.8 × 100 = 7.5%

(2)不溶性膳食纤维

空白残余物 = 31,578.2 – 31,563.6 = 14.6mg

= 32,231.2 – 32.198.7 = 14.5mg   平均值 = 14.6mg

空白灰分 = 32,206.8 – 32,198.7 = 8.1mg

第一份样品残余物 = 31,723.5 – 31,637.2 = 86.3mg

灰分 = 32,195.2 – 32,173.9 = 21.3mg

膳食纤维 = 86.3 – 14.6 – (6.5 – 3.2) – (21.3 – 8.1) = 55.2mg

膳食纤维含量 = 55.2 / 1,002.1 × 100 = 5.5%

第二份样品残余物 = 32,271.2 – 32,173.9 = 97.3mg

膳食纤维 = 97.3 – 14.5 – 3.3 – 13.2 = 66.3mg

膳食纤维含量 = 66.3 / 1,005.3 × 100 = 6.6%

平均值 = (5.5% + 6.6%) = 6.1%

可溶性膳食纤维

空白残余物 $= 33,033.4 - 33,019.6 = 13.8\text{mg}$

$\qquad = 33,995.6 - 31,981.2 = 14.4\text{mg} \qquad$ 平均值 $= 14.1\text{mg}$

空白灰分 $= 31,989.1 - 31,981.2 = 7.9\text{mg}$

第一份样品残余物 $= 32,421.6 - 32,377.5 = 44.1\text{mg}$

灰分 $= 33,231.0 - 33,216.4 = 14.6\text{mg}$

膳食纤维 $= 44.1 - 14.1 - (3.9 - 3.3) - (14.6 - 7.9) = 22.7\text{mg}$

膳食纤维含量 $= 22.7 / 1,002.1 \times 100 = 2.3\%$

第二份样品残余物 $= 33,255.3 - 33,216.4 = 38.9\text{mg}$

膳食纤维 $= 38.9 - 14.1 - (3.9 - 3.3) - (14.6 - 7.9) = 17.5\text{mg}$

膳食纤维含量 $= 17.5 / 1,005.3 \times 100 = 1.7\%$

平均值 $= (2.3\% + 1.7\%) / 2 = 2.0\%$

总膳食纤维 $= 6.1\% + 2.0\% = 8.1\%$

参考文献

1. BeMiller JN (2007) Carbohydrate Chemistry for Food Scientists, 2nd edn. AACC International, St. Paul, MN

2. BeMiller JN, Huber K (2017) Carbohydrates (Chap 4). In: Damodaran S, Parkin KL, Fennema OR (eds), Food Chemistry, 5th edn. Marcel Dekker, New York

3. FAO/WHO expert consultation on carbohydrates in human nutrition. 14. 18 April 1997, Rome

4. AOAC International (Online) Official Methods of Analysis. AOAC International, Gaithersburg, MD

5. Peris-Tortajada M (2004) Carbohydrates and starch (Chap 13). In: Nollet LML (ed) Handbook of Food Analysis, 2nd edn. Marcel Dekker, New York

6. Anon. (2016) Code of Federal Regulations, Title 21, Part 101.9. Food Nutrition Labeling of Food. U.S. Government Printing Office, Washington, DC

7. USDA (2016) USDA Nutrient Database for Standard Reference. Release 28, 2016. http://ndb.nal.usda.gov

8. Dubois M, Gilles KA, Hamilton JK, Rebers PA, Smith F (1956) Colorimetric method for determination of sugars and related substances. Analytical Chemistry 28:350

9. Wood TM (1994) Enzymic conversion of cellulose into D-glucose. Methods in Carbohydrate Chemistry 10:219.

10. Miller G, Blum R, Glennon WEG, Burton A. (1960.) Measurement of carboxymethylcellulase activity. Analytical Biochemistry 1:127

11. El Rassi Z (ed) (1995) Carbohydrate analysis. Journal of Chromatography Library vol 58

12. Andersen R, Sφrensen A (2000) Separation and determination of alditols and sugars by high-pH anion-exchange chromatography with pulsed amperometric detection. Journal of Chromatography A 897:195

13. Hanko VP, Rohrer JS (2000) Determination of carbohydrates, sugar alcohols, and glycols in cell cultures and fermentation broths using high-performance anion-exchange chromatography with pulsed amperometric detection. Analytical Biochemistry 283:192

14. Cataldi TRI, Campa C, DeBenedetto GE (2000) Carbohydrate analysis by high-performance anion-exchange chromatography with pulsed amperometric detection: The potential is still growing. Fresenius' Journal of Analytical Chemistry 368:7391

15. Zhang Y, Lee YC (2002) High-performance anion-exchange chromatography of carbohydrates on pellicular resin columns. Journal of Chromatography Library 66:207

16. Soga T (2002) Analysis of carbohydrates in food and beverages by HPLC and CE. Journal of Chromatography Library 66:483

17. Montero CM, Dodero MCR, Sánchez DAG, Barroso CG (2004) Analysis of low molecular weight carbohydrates in foods and beverages: A review. Chromatographia 59:15

18. Corradini C, Cavazza A, Bignardi C (2012) High-performance anion-exchange chromatography coupled with pulsed electrochemical detection as a powerful tool to evaluate carbohydrates of food interest: principles and applications. International Journal of Carbohydrate Chemistry 487564

19. Peris-Tortajada M (2012) HPLC determination of carbohydrates in foods (Chap 7) In: Nollet LM, Toldra F (eds) Food analysis by HPLC, 3rd edn. CRC Press, Boca Raton

20. Yan X(2014)High-performance liquid chromatography for carbohydrate analysis (Chap 3) In: Zuo Y (ed) High-performance liquid chromatography(HPLC). Nova Science Publishers,Hauppauge,NY

21. Ammeraal RN, Delgado GA, Tenbarge FL, Friedman RB(1991)High-performance anion-exchange chromatography with pulsed amperometric detection of linear and branched glucose oligosaccharides. Carbohydrate Research 215:179

22. Marioli JM(2001)Electrochemical detection of carbohydrates in HPLC. Current Topics in Electrochemistry 8:43

23. LaCourse WR. (2002)Pulsed electrochemical detection of carbohydrates at noble metal electrodes following liquid chromatographic and electrophoretic separation. Journal of Chromatography Library 66:905

24. Baldwin RP(2002)Electrochemical detection of carbohydrates at constant potential after HPLC and CE separations. Journal of Chromatography Library 66:947

25. LaCourse WR(2009)Advances in pulsed electrochemical detection for carbohydrates. Advances in Chromatography 47:247

26. Kazmaier T, Roth S, Zapp J, Harding M, Kuhn R (1998)Quantitative analysis of malto-oligosaccharides by MALDI-TOF mass spectrometry, capillary electrophoresis and anion exchange chromatography. Fresenius'Journal of Analytical Chemistry 361:473

27. Dvorácková E,Šňoblová M,Hrdlička P(2014)Carbohydrate analysis:from sample preparation to HPLC on different stationary phases coupled with evaporative light-scattering detection. Journal of Separation Science 37:323

28. Churms SC(1995)High performance hydrophilic interaction chromatography of carbohydrates with polar sorbents(Chap 3). In:reference 11

29. Ball GFM(1990)The application of HPLC to the determination of low molecular weight sugar and polyhydric alcohols in foods:a review. Food Chem 35:117

30. Hernandez-Hernandez O,Moreno FJ,Sanz ML(2012)Analysis of dietary sugars in beverages by gas chromatography. Food and Nutritional Components in Focus 3:208

31. Ruiz-Matute AI, Hernandez-Hernandez O, Rodriguez-Sanchez S,Sanz ML,Martinez-Castro I(2011)Derivatization of carbohydrates for GC and GC-MS analyses. Journal of Chromatography B:Analytical Technologies in the Biomedical and Life Sciences 879:1226

32. Fox A,Morgan SL,Gilbert J(1989)Preparation of alditol acetates and their analysis by gas chromatography(GC)and mass spectrometry(MS)(Chap 5). In:Biermann CJ,McGinnis GD(ed)Analysis of carbohydrates by GLC and MS. CRC Press,Boca Raton

33. Fox A(2002)A current perspective on analysis of sugar monomers using GC-MS and GC-MS/MS. Journal of Chromatography Library 66:829

34. van Leeuwen KA, Prenzler PD, Ryan D, Camin F (2014)Gas chromatography-combustion-isotope ratio mass spectrometry for traceability and authenticity in foods and beverages. Comprehensive Reviews in Food Science and Food Safety 13:814

35. BeMiller JN (ed) (1994) Methods in carbohydrate chemistry, vol 10 Enzymic Methods. John Wiley, New York

36. Bergmeyer HU(ed)(1984)Methods of Enzymatic Analysis,vol 6 Metabolites 1: Carbohydrates, 3rd edn. Verlag Chemie,Weinheim,Germany

37. Cabálkova,J. ,Žídková,J. ,Přibyla,L. ,and Chmelík, J. (2004)Determination of carbohydrates in juices by capillary electrophoresis,high-performance liquid chromatography,and matrix-assisted laser desorption/ionization-time of flight-mass spectrometry. *Electrophoresis* 25:487

38. Thibault P,Honda S(eds)(2003)Capillary Electrophoresis of carbohydrates,Methods in Molecular Biology,vol 213

39. Cortacero-Ramírez S,Segura-Carretero A,Cruces-Blanco C, Hernáinz-Bermúdez de Castro M, Fernandez-Gutiérrez A(2004)Analysis of carbohydrates in beverages by capillary electrophoresis with precolumn derivatization and UV detection. Food Chemistry 87:471

40. Ramírez SC,Carretero S,Blanco CC,de Castro MHB, Gutiérrez AF(2005)Indirect determination of carbohydrates in wort samples and dietetic products by capillary electrophoresis. Journal of the Science of Food and Agriculture 85:517

41. Ma S,Lau W,Keck RG,Briggs JB,Jones AJS,Moorhouse K,Nashabeh W(2005)Capillary electrophoresis of carbohydrates derivatized with fluorophoric compounds. Methods in Molecular Biology 308:397

42. Momenbeik F, Johns C, Breadmore MC, Hilder EF, Macka M, Haddad PR (2006) Sensitive determination of carbohydrates labelled with p-nitroaniline by capillary electrophoresis with photometric detection using a 406 nm light-emitting diode. Electrophoresis 27:4039

43. Volpi N(ed)(2011)Capillary electrophoresis of carbohydrates. From monosaccharides to complex polysaccharides. Humana Press,New York.

44. Asp N-G, Björck I (1992) Resistant starch. Trends in Food Science and Technology 3:111

45. Perera A,Meda V,Tyler RT(2010)Resistant starch:a review of analytical protocols for determining resistant starch and of factors affecting the resistant starch content of foods. Food Research International 43:1959

46. BeMiller JN(2016)Gums/hydrocolloids:analytical aspects(Chap 6). In:Eliasson A-C(ed)Carbohydrates in Food,3rd edn. CRC Press,Boca Raton

47. Baird JK(1993) Analysis of gums in foods(Chap 23). In: Whistler RL, BeMiller JN(eds) Industrial Gums, 3rd edn. Academic, San Diego

48. Harris P, Morrison A, Dacombe C (1995) A practical approach to polysaccharide analysis (Chap 18). In: Stephen AM(ed) Food polysaccharides and their applications. Marcel Dekker, New York

49. Biermann CJ (1989) Hydrolysis and other cleavage of glycosidic linkages(Chap 3). In: Biermann CJ, McGinnis GD (ed) Analysis of carbohydrates by GLC and MS. CRC Press, Boca Raton

50. Fillisetti-Cozzi TMCC, Carpita NC(1991) Measurement of uronic acid without interference from neutral sugars. Analytical Biochemistry 197:157

51. Ibarz A, Pagán A, Tribaldo F, Pagán J(2006) Improvement in the measurement of spectrophotometric data in the m-hydroxydiphenyl pectin determination methods. Food Control 17:890

52. Yapo BM (2012) On the colorimetric-sulfuric acid analysis of uronic acids in food materials: potential sources of discrepancies in data and how to circumvent them. Food Analytical Methods 5:195

53. Baker RA(1997) Reassessment of some fruit and vegetable pectin levels. Journal of Food Science 62:225

54. Walter RH (1991). Analytical and graphical methods for pectin (Chap 10). In: Walter RH (ed) Chemistry and technology of pectin. Academic Press, San Diego

55. Quemener C, Marot C, Mouillet L, Da Riz V, Diris J (2000) Ouantitative analysis of hydrocolloids in food systems by methanolysis coupled to reverse HPLC. Part 2. Pectins, alginates, and xanthan. Food Hydrocolloids 14:19

56. Kyriakidis NB, Psoma E (2001) Hydrocolloid interferences in the determination of pectin by the carbazole method. Journal of AOAC International 84:1947

57. Gordon DT(2007) Dietary fiber definitions at risk. Cereal Foods World 52:112

58. McCleary BV, Prosky L(eds) (2001) Advanced dietary fibre technology, Blackwell Science, London

59. Anon. (2001) The definition of dietary fiber. Cereal Foods World 46:112

60. Institute of Medicine, Food and Nutrition Board(2005) Dietary Reference Intakes: energy, carbohydrates, fiber, fat, fatty acids, cholesterol, protein and amino acids. National Academies Press, Washington, DC

61. Codex Alimentarius Commission, Food and Agriculture Organization, World Health Organization(2009) Report of the 30th session of the Codex Committee on Nutrition and Foods for Special Dietary Uses. http://www.codexalimentarius. net/download/report710/al132_26e. pdf

62. Jones JM (2014) CODEX-aligned dietary fiber definitions help to bridge the "Fiber gap". Nutrition Journal 13:34

63. Juneja LR, Sakanaka S, Chu D-C (2001) Physiological and technological functions of partially hydrolysed guar gum(modified galactomannans). (Chap 30). In: McCleary BV, Prosky L (eds), Advanced dietary fibre technology. Blackwell Science, Oxford, UK

64. Austin S, Bhandari S, Cho F, Christiansen S, Cruijsen H, De GR, Deborde J-L, Ellingson D, Gill B, Haselberger P, et al. (2015) Fructans in infant formula and adult/pediatric nutritional formula. Journal of AOAC International 98:1038

65. AACC International(online) Approved Methods. AACC International, St. Paul, MN

66. Copikova J, Syntsya A, Cerna M, Kaasova J, Novotna M (2001) Application of FT-IR spectroscopy in detection of food hydrocolloids in confectionery jellies and food supplements. Czech Journal of Food Science 19:51

67. Chopin T, Whalen E(1993) A new and rapid method of carrageenan identification by FT IR diffuse reflectance spectroscopy directly on dried, ground algal material. Carbohydrate Research 246:51

68. Cerna M, Barros AS, Nunes A, Rocha SM, Delgadillo I, Copikova J, Coimbra MA (2003) Use of FT-IR spectroscopy as a tool for the analysis of polysaccharide food additives. Carbohydrate Polymers 51:383

69. Tojo E, Prado J(2003) Chemical composition of carrageenan blends determined by IR spectroscopy combined with a PLS multivariate calibration method. Carbohydrate Research 338:1309

70. Prado-Fernandez J, Rodriguez-Vazquez JA, Tojo E, Andrade JM (2003) Quantitation of k-, ι-, and λ-carrageenans by mid-infrared spectroscopy and PLS regression. Analytica Chimica Acta 480:23

71. Monsoor MA, Kalapathy U, Proctor A (2001) Determination of polygalacturonic acid content in pectin extracts by diffuse reflectance Fourier transform infrared spectroscopy. Food Chemistry 74:233

72. Langkilde FW, Svantesson A (1995) Identification of celluloses with Fourier-transform (FT) mid-infrared, FT-Raman and near-infrared spectrometry. Journal of Pharmaceutical and Biomedical Analysis 13:409

73. Kays SE, Barton FE II(2002) Near-infrared analysis of soluble and insoluble dietary fiber fractions of cereal food products. Journal of Agricultural and Food Chemistry 50:3024

74. Mehrübeoglu M, Coté GL(1997) Determination of total reducing sugars in potato samples using near-infrared spectroscopy. Cereal Foods World 42:409

维生素的分析

Ronald B. Pegg，Ronald R. Eitenmiller

20.1 引言

20.1.1 定义和重要性

维生素是人体和其他依赖有机物作为营养物质的生物体用来维持机体正常新陈代谢所需的微量的、相对低分子质量的化合物。通常情况下,大多数维生素不能在人体内合成,必须从食品和补充剂中获得。维生素摄入不足会导致维生素缺乏症,例如,坏血病和癞皮病分别是由于抗坏血酸和烟酸缺乏所引起的。

20.1.2 分析的重要性

食品和其他生物样品中的维生素分析,在确定动物和人体的营养需求量方面发挥了关键的作用。此外,需要准确的食品成分信息来计算营养素的膳食摄入量,以在全世界范围内评价膳食的充足性并改善人类营养。从消费者和工业生产的角度来说,也需要可靠的分析方法来确保食品标签的准确性。本章对用于食品中维生素含量的分析技术进行了一个较为全面的概述。

20.1.3 维生素的计量单位

当药物和食品中的维生素用 mg 或 μg 表示时,就很容易理解量的多少。维生素同样也可以用国际单位(IU)、美国药典单位(USP)和每日摄入百分比(Daily Value,% DV)表示。IU 是基于所测量的生物活性或效应的一种物质量的测量单位。对于维生素的每日摄入百分比的详细介绍请参考本书第 3 章。当对食品或补充剂进行分析时,需要对维生素的含量进行分析,例如,出于标签标识和质量控制的目的,能够在不同的基础上报告这些结果就变得尤为重要。

20.1.4 提取方法

除了一些生物学喂养研究之外,大多数的维生素分析必须在分析前将维生素从生物基质中提取出来。提取通常情况下包括以下一种或几种处理方法:加热法、酸提、碱提、溶剂提取和酶法提取等。一般情况下,每种维生素的提取方法是不同的。在提取时需要注意保持维生素的稳定性。在某些情况下,有些方法可用于多种维生素的联合提取,例如,硫胺素和核黄素以及某些脂溶性维生素[1-2,12]。典型的提取方法如下所述。

①抗坏血酸。用偏磷酸/乙酸冷提取。

②维生素 B_1 和维生素 B_2。酸和酶作用下煮沸或加压提取。

③烟酸。在酸性(非谷物产品)或碱性(谷物产品)条件下加压处理。

④叶酸。采用 α - 淀粉酶、蛋白酶和 γ - 谷酰基水解酶(结合酶)提取。

⑤维生素 A、维生素 E、维生素 D。有机溶剂萃取、皂化、有机溶剂再萃取。对于不稳定的维生素,一般加入抗氧化剂以抑制其氧化。

对于脂溶性维生素,用疏水性有机溶剂初提取以除去食物中所有的脂溶性化合物,包括所有的三酰甘油。随后皂化步骤(通常在室温下过夜或在 70℃下回流,使用抗氧化剂以抑制样品氧化)产生的游离脂肪酸来自于不溶于有机溶剂的三酰甘油(因为它们以脂肪酸盐的形式存在,典型的是作为钾盐存在),但是脂溶性维生素仍然可溶。然后将这些维生素用疏水性有机溶剂再提取并且根据需要浓缩。

20.1.5 分析方法概述

维生素的分析方法可分为以下分类。

①涉及人体和动物的生物分析方法。

②利用原生生物、细菌和酵母的微生物分析方法。

③分光光度法、荧光分析法、色谱法、酶法、免疫和放射性测量等化学分析方法。

不考虑其准确性和精确性,以操作的简易程度而言,上述三种方法以相反的顺序排列。因此,在日常测定中,生物分析方法只限于在没有其他更好的方法的情况下才使用。

在选择一个特定维生素分析的方法过程中,不仅要考虑包括准确度和精密度在内的各种因素,而且必须考虑经济因素和样品处理的可操作性,除此之外还必须考虑某些针对特定食品基质测定方法的适用性。有一点非常重要,由监管机构制定的许多官方维生素分析方法仅局限于某些特定食品基质的应用范围内,如浓缩维生素、牛乳或谷类。因此,如果没有对方法进行改进,就不能将其应用于其他食品基质中。

由于某些维生素对诸如光、氧气、pH 和热等不利条件的敏感性,因此无论采用何种分析方法,都需要采取适当的预防措施来防止整个分析过程中维生素被破坏。在整个生物分析方法的整个喂养阶段都要对受试材料采用这样的预防措施。微生物分析方法和化学分析方法的提取及分析过程中也同样必须采用预防措施。

与任何分析方法一样,正确的取样操作和二次取样操作以及均质样品的制备方法是维生素分析的关键因素,关于这个问题的指导准则在本书的第 5 章中已阐述。

本章介绍了各种维生素分析方法的原理和操作过程。所选用的维生素分析方法的计算方法是采用实践问题进行分析描述的。其中的许多方法是引用了 AOAC[2] 的法定方法[2],英国标准协会[3-10]或美国药典[11]的法定方法。关于具体操作步骤的详细说明,请参考这些方法和其他原始资料。表 20.1 所示为常用的规则和其他方法。

表 20.1　　　　　　　　　　常用的维生素分析方法

维生素	方法名称	应用	方法
脂溶性维生素			
维生素 A(和前体)			
视黄醇	AOAC[①] 992.04	牛乳和婴幼儿配方乳粉中的维生素 A	HPLC[②] 340nm
视黄醇	AOAC 2001.13	食物中的维生素 A	HPLC 328/313nm
全反式视黄醇	AOAC 2011.07	婴幼儿配方乳粉和成人营养品中的维生素 A	UHPLC[③] 326nm
全反式视黄醇	EN 1283 – 1[3]	所有食品	HPLC 325nm 或
13 – 顺式视黄醇			荧光法[④] $E_x \lambda = 325$nm $E_m \lambda = 475$nm
β – 胡萝卜素	AOAC 2005.07	补充剂和原材料中的 β – 胡萝卜素	HPLC 445/444nm
β – 胡萝卜素	EN 1283 – 2[3]	所有食品	HPLC 450nm
维生素 D			
维生素 D_3 　维生素 D_2	AOAC 936.14	食品中的维生素 D	生物分析方法
维生素 D_3 　维生素 D_2	AOAC 995.05	婴幼儿配方乳粉及肠内产品	HPLC 265nm
维生素 D_3 　维生素 D_2	AOAC 2002.05	精选食品中的维生素 D	HPLC 265nm
维生素 D_3 　维生素 D_2	AOAC 2011.11	婴幼儿配方乳粉及成人、儿童营养配方	UHPLC – MS/MS[⑤]
维生素 D_3 　维生素 D_2	AOAC 2012.11	同时测定婴幼儿配方乳粉和成人、儿童营养配方中的维生素 D_2 和 D_3	ESI[⑥] LC – MS/MS
维生素 D_3 　维生素 D_2	EN 1282172[5]	食品中的维生素 D	HPLC 265nm
维生素 E			
全消旋 α – 生育酚	AOAC 2012.10	同时测定婴幼儿配方乳粉和成人营养品中维生素 E 和 A	NP – HPLC[⑦] 荧光法 $E_x \lambda = 280$nm $E_m \lambda = 310$nm
α – 生育酚	AOAC 2012.09	婴幼儿配方乳粉和成人、儿童营养配方中的维生素 A 和维生素 E	HPLC 荧光法 $E_x \lambda = 295$nm $E_m \lambda = 330$nm
R,R,R – 生育酚	EN 12822[6]	食品中的维生素 E	HPLC 荧光法 $E_x \lambda = 295$nm $E_m \lambda = 330$nm

416

续表

维生素	方法名称	应用	方法
维生素 K			
2 - 甲基 - 3 - 叶绿基 - 1,4 - 萘酯(维生素 K)	AOAC 999.15	牛乳和婴幼儿配方乳粉中的维生素 K_1	HPLC 柱后还原荧光法 $E_x \lambda = 243nm$ $E_m \lambda = 430nm$
叶绿醌(K_1)	AOAC 2015.09	婴幼儿和成人营养品中的叶绿醌(K_1)	NP - HPLC 柱后还原荧光法 $E_x \lambda = 245nm$ $E_m \lambda = 440nm$
2 - 甲基 - 3 - 叶绿基 - 1,4 - 萘醌(维生素 K_1)	EN 14148[7]	食品中的维生素 K_1	HPLC 柱后还原荧光法 $E_x \lambda = 243nm$ $E_m \lambda = 430nm$
水溶性维生素			
抗坏血酸（维生素 C)			
抗坏血酸	AOAC 967.21	果汁和维生素制剂中的维生素 C	2,6 - 二氯靛酚滴定法
抗坏血酸	AOAC 967.22	维生素制剂中的维生素 C	荧光法 $E_x \lambda = 350nm$ $E_m \lambda = 430nm$
抗坏血酸	AOAC 2012.21	婴幼儿和成人营养品中的维生素 C	HPLC 254nm
抗坏血酸	AOAC 2012.22	婴幼儿和成人营养品中的维生素 C	UHPLC 254nm
抗坏血酸	EN 14130[8]	食品中的维生素 C	HPLC 265nm
硫胺素（维生素 B_1)			
硫胺素	AOAC 942.23	食品中的维生素 B_1	硫色素反应荧光法 $E_x \lambda = 365nm$ $E_m \lambda = 435nm$
硫胺素	AOAC 2015.14	婴幼儿配方及相关营养品中的总维生素 B_1、维生素 B_2 和维生素 B_6	酶消化法和 UHPLC - MS/MS HPLC
硫胺素	EN 14122[9]	食品中的维生素 B_1	硫色素反应荧光法 $E_x \lambda = 366nm$ $E_m \lambda = 420nm$
核黄素（维生素 B_2)			
核黄素	AOAC 970.65	食品和维生素制剂中的维生素 B_2	荧光法 $E_x \lambda = 440nm$ $E_m \lambda = 565nm$
核黄素	AOAC 2015.14	婴幼儿配方食品中的总维生素 B_1、维生素 B_2 和维生素 B_6	酶消化法和 UHPLC - MS/MS

续表

维生素	方法名称	应用	方法
核黄素	EN 14152[10]	食品中的维生素 B_2	HPLC
			荧光法
			$E_x \lambda = 468nm$
			$E_m \lambda = 520nm$
烟酸			
烟酸烟酰胺	AOAC 944.13	维生素制剂中的烟酸烟酰胺	微生物分析方法
烟酸烟酰胺	AOAC 985.34	准备喂食的婴幼儿配方食品中的烟酸烟酰胺	微生物分析方法
维生素 B_6			
吡哆醇	AOAC 2004.07	婴幼儿配方食品中的总维生素 B_6	HPLC
吡哆醛			荧光法
吡哆胺			$E_x \lambda = 468nm$
			$E_m \lambda = 520nm$
吡哆醇	AOAC 2015.14	婴儿配方及相关营养品中的总维生素 B_1 维生素 B_2 和维生素 B_6	酶消化法和 UHPLC – MS/MS
吡哆醛			
吡哆胺			
叶酸,叶酸盐			
总叶酸	AOAC 2004.05	谷物和谷物制品中的总量——三酶复合处理过程	微生物分析方法
总叶酸	AOAC 2011.06	婴幼儿配方乳粉和成人营养品的总叶酸	三烯乳酶提取和HPLC – MS/MS
叶酸	AOAC 2013.13	婴幼儿配方乳粉和成人营养品中的叶酸	三烯乳酶提取和HPLC – MS/MS
5 – 甲基 – 四氢叶酸			
维生素 B_{12}			
钴胺素	AOAC 986.23	以牛乳为基础的婴幼儿配方乳粉中的维生素 B_{12}(维生素 B_{12})	微生物分析方法
钴胺素	AOAC 2011.10	婴幼儿配方乳粉和成人营养品中的维生素 B_{12}	HPLC 550nm
钴胺素	AOAC 2014.02	婴幼儿配方乳粉和成人营养品中的维生素 B_{12}	UHPLC 361nm
生物素			
生物素	USP29/NF24,膳食补充剂官方专著[11]	膳食补充剂中的生物素	HPLC 200nm 或微生物分析方法
泛酸			

续表

维生素	方法名称	应用	方法
泛酸钙	AOAC 992.07	以牛乳为基础的婴幼儿配方乳粉中的泛酸	微生物分析方法
泛酸钙	AOAC 2012.16	婴幼儿配方乳粉和成人营养品中的泛酸（维生素 B_5）	UHPLC – MS/MS

①AOAC 方法[2]。

②HPLC,高效液相色谱(在一些简单的方法中称为液相色谱)。

③UHPLC,超高效液相色谱。

④荧光测试给予激发(E_x)和发射(E_m)波长。

⑤MS/MS,串联质谱。

⑥ESI,电喷雾电离。

⑦NP,正常期。

以下内容是对生物分析方法、微生物分析方法和化学分析方法相关内容的简要概述,以举例说明而非全面介绍的形式对每种分析方法进行了描述。

20.2　生物分析方法

除维生素的生物可利用度研究之外,目前的生物分析方法仅用于维生素 B_{12} 和维生素 D 的分析,甚至在这两种物质的分析检测中,生物分析方法的使用也非常有限。对于维生素 D,生物分析方法的参考标准方法(AOAC 方法 936.14)(指定用于牛乳、维生素制剂和饲料浓缩物)被称为基于骨钙化的线性测试。老鼠首先喂食一种使其维生素 D 耗尽的饮食,然后其他组老鼠喂食已知(标准曲线)维生素 D 和未知含量(样本)的样品,然后处死大鼠,对特定的骨骼部分染色以显示骨钙化的程度。

20.3　微生物分析方法

20.3.1　原理

在满足微生物其他营养需求的情况下,可观察到它们的生长与某些特定维生素有关。因此,在微生物分析方法中,将某些微生物在含维生素的样品提取物中的生长速率与该微生物在含有已知量的该维生素存在环境下的生长速率进行比较。以细菌、酵母和原生动物作受试体,其生长可以用浊度、产酸量、重量测定或呼吸作用来测定。对于细菌和酵母作受试体,浊度分析是最常用的方法。如果采用浊度法测定,必须要求有清澈的样品、标准提取物和可供对照的混浊的样品等。对于培养时间,浊度测定法是一个比较省时的方法。这些方法中所用的微生物都是由美国标准菌种保藏中心 ATCC™(10801 University Blvd., Manassas,VA 20110)编号的,并可从 ATCC™处获得。

20.3.2 应用

微生物分析仅限于对水溶性维生素的分析测定。此法对于每种维生素的测定都具有灵敏性和专一性的特点。这些方法比较耗时,而且需要严格遵守其分析步骤才能保证结果的准确性。所有微生物的检测可以使用微量滴定板(96 孔)代替试管。使用微孔板可以节省介质和玻璃器皿,同时也可节省人力。

20.3.3 烟酸(Niacin)

微生物分析举例:烟酸和烟酰胺的微生物分析(AOAC 方法 944.13,45.2.04)[2],[13]。植物乳杆菌(*Lactobacillus plantarum*)ATCC™8014 作为受试维生素生物体。储备培养需要通过将细菌冻干的培养物接种到细菌乳酸杆菌(*Bacto Lactobacilli*)的琼脂上进行制备和培养,然后在样品和标准接种之前在 37℃ 条件下孵育 24h 进行活化。在接种的培养物生长不良的情况下,建议进行第二次转接。将最终的接种物添加到烟酸测定培养基的管中,其中含有加入的已知量的 USP 烟酸参考标准(对于标准曲线)和未知量的烟酸(食物样品提取物)。试管在 37℃ 条件孵育 16~24h。测量特定波长处的透射率百分比以确定由浊度指示的微生物生长情况。使用乳杆菌属物种(*Lactobacilli* sp.)作为测试生物体时可以使用酸度测量法代替浊度,但受试体的培养时间需延长至 72h。

20.4 化学分析方法

20.4.1 高效液相色谱法(HPLC)
20.4.1.1 概述

由于化学分析方法相对简单、准确和精密,在检测方法中,化学分析方法尤其是使用高效液相色谱(HPLC)、超高效液相色谱(UHPLC)的色谱方法是首选(详见第 13 章)。现今在一些正规的和非正规的检测方法中,许多维生素(例如,维生素 A、维生素 D、维生素 E、维生素 K、维生素 C 以及各种 B 族维生素)通常采用高效液相色谱法来检测。液相色谱与质谱联用(LC-MS)(详见第 11 章)法为维生素的分析增添了一个新的视角。通常,LC-MS 或电喷雾电离(ESI)LC-MS/MS 方法可用于脂溶性和水溶性维生素的检测。通过 MS 检测,可以提高检测的灵敏度,以及对维生素的准确鉴别和表征。LC-MS 分析已经成为精确、有成本效益的维生素分析方法。例如,LC-MS 通常用于检测具有不同基质产品的维生素 D 的含量(即将结果与标准的 LC 分析结果进行比较,例如,国际 AOAC 分析方法 2012.11 中,同时检测婴幼儿配方乳粉和成人、儿童营养配方乳粉中的维生素 D₂ 和维生素 D₃ 含量)和 LC-MS/MS 法检测叶酸的含量(AOAC 分析方法 2013.13 中,通过 UHPLC-MS/MS 分析和微生物分析方法检测婴幼儿配方乳粉和成人、儿童营养配方乳粉中的叶酸含量)。高效液相色谱法通常用作维生素 A(例如,AOAC 分析方法 992.04,50.1.02)、维生素 E(例如,AOAC 分析方法 992.03,50.1.04)和维生素 D(例如,AOAC 分析方法 2002.05,45.1.22A)

的官方分析方法和维生素 C 的质量控制方法。尽管高效液相色谱法和超高效液相色谱法的成本比较高,但它适用于大多数维生素的分析,并且在某些情况下,适用于多种维生素和(或)同效维生素(即维生素的异构体)的同步分析。用于分析水溶性维生素的同步检测可以提高检测效率,节约时间和材料。而与单一维生素分析方法相比,同步分析检测要同时保证检测的灵敏度、准确度和精密度。一般而言,用于高浓度产品(包括药物、补充剂和维生素预混料)中的水溶性维生素的多组分同步分析方法的开发相对容易。虽然高效液相色谱法在各种生物基质中的广泛应用已经得到证实,在某些情况下不需要修改或只需要少部分的修改即可达到分析的目的。但是必须明确的是包括高效液相色谱法在内的所有色谱技术都是分离方法而不是鉴定方法。因此,在将现有高效液相色谱法应用于新的生物基质的过程中,建立明确的峰的识别和纯化的方法是适应和发展分析检测方法的关键步骤。

20.4.1.2　维生素 A

维生素 A 对紫外线(UV)、空气(和一些助氧化剂之类的物质)、高温和湿度敏感。因此,必须采取措施避免这些因素导致维生素 A 发生不利变化,包括①使用低光化的玻璃器皿、充氮和(或)真空保护;②避免高温;③在柔和的人造光下工作;④在皂化之前加入连苯三酚作为抗氧化剂。高效液相色谱法被认为是能够精确测定出食物中维生素 A 活性的唯一可接受的方法。例如,检测牛乳和婴幼儿配方乳粉(AOAC 分析方法 992.04,50.1.02)[2]中的维生素 A(即视黄醇异构体)的高效液相色谱法中,检测样品在氢氧化钾的乙醇溶液中皂化,有机溶剂萃取提取维生素 A(视黄醇),然后浓缩。通过高效液相色谱法在二氧化硅柱(即正相)上检测维生素 A 的异构体——全反式视黄醇和 13 - 顺式视黄醇。维生素 A 也可以使用反相高效液相色谱柱进行分析。

20.4.1.3　维生素 D

维生素 D 主要通过以紫外 - 可见光为检测器(AOAC 分析方法 2002.05 的一些版本)的高效液相色谱进行分析,必要时可以通过 HPLC - MS 对分析进行验证。防止维生素 D 氧化的措施参照上文中维生素 A 的方法。对于以紫外 - 可见光为检测器的高效液相色谱分析,将内标(维生素 D_2)加入到样品中进行碱性水解,然后在氢氧化钾的乙醇溶液中皂化。该样品用庚烷萃取后将庚烷有机相蒸干,复溶后经半制备液相的正相 HPLC 柱洗脱,收集馏分,浓缩,并用乙腈 - 甲醇稀释。将这些样品用反相高效液相色谱法紫外检测器定量分析维生素 D_2。另一独立的样品作为空白,进行平行测试以确定样品中没有内源性 D_2。

20.4.1.4　维生素 E(生育酚或生育三烯酚)

维生素 E 在食品中存在八种不同的化合物,他们都是 6 - 羟基苯并二氢吡喃。维生素 E 族是由 α - 、β - 、γ - 和 δ - 生育酚组成,其构型取决于三个异戊二烯单元的饱和侧链和相应的不饱和生育三烯酚(分别为 α - 、β - 、γ - 和 δ - 型)。和维生素 A、维生素 D 一样,维生素 E 在样品制备过程中必须防止其氧化并且通常由 HPLC 方法分析检测。一般会将正相或反相高效液相色谱柱与荧光检测器连接: $E_x\lambda = 290\,nm$, $E_m\lambda = 330\,nm$(E_x,激发; E_m,发射)(荧光光谱详见7.3)。图 20.1 所示为一个色谱图的示例,通过线性回归从峰面积的外标来定量维生素 E。

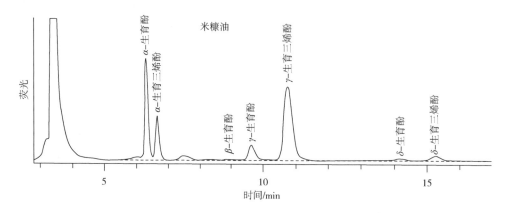

图 20.1　米糠油中生育酚和生育三烯酚的色谱图

20.4.2　其他化学方法

20.4.2.1　维生素 C

维生素(L - 抗坏血酸和L - 脱氢抗坏血酸)极易被氧化变质,当高 pH、铁离子和铜离子存在情况下氧化作用增强。基于这个原因,整个分析过程需要在低 pH 下进行,必要时还可以加入螯合剂。抗坏血酸的轻度氧化导致了脱氢抗坏血酸的形成,脱氢抗坏血酸也具有生物活性,并且通过 β - 巯基乙醇和二硫苏糖醇等还原剂的作用可重新还原为抗坏血酸。下面介绍两种 AOAC 官方的维生素 C 的检测方法,但也可以通过 HPLC 和紫外检测(AOAC 方法 2012.21)和紫外线检测(AOAC 方法 2012.22)对婴幼儿配方乳粉和成人、儿童营养配方乳粉中的维生素 C 进行分析。

(1)二氯酚靛酚(DCIP)滴定法　该方法被指定为维生素制剂和果汁(即果实)的一种 AOAC 官方检测方法(AOAC 方法 967.21,45.1.14)[2],此外该方法有时被用作其他食物分析的辅助方法,因为在食品应用上它比微量荧光法[详见 20.4.2.1(2)]更快速。在 DCIP 方法中,通过氧化还原指示剂染料 DCIP 将 L - 抗坏血酸氧化为 L - 脱氢抗坏血酸。在滴定终点,过量的未还原染料在酸性溶液中呈粉红色(见图 20.2 和图 20.3),对于红色或深棕色等有色样品,肉眼无法观测到粉红色的终点。因此,在这种情况下,终点的确定需要通过分光光度计在波长 545nm 处观察透光率的变化来判断。

(2)微量荧光法　维生素 C 的 AOAC 微量荧光测定法(AOAC 分析方法 967.22,45.1.15)被指定为用于维生素制剂,除此之外在待测样品中不存在异抗坏血酸的情况下,半自动化的 AOAC 荧光检测方法(AOAC 方法 984.26,45.1.16)适用于所有食物产品的检测[2],[15]。微量荧光检测法可以用于抗坏血酸和脱氢抗坏血酸的检测。所有的抗坏血酸氧化成脱氢

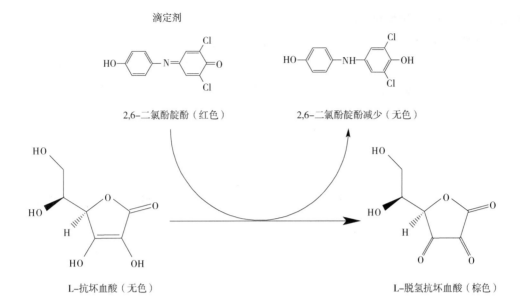

滴定剂

2,6–二氯酚靛酚（红色）　　　　　　　　2,6–二氯酚靛酚减少（无色）

L–抗坏血酸（无色）　　　　　　　　　　　L–脱氢抗坏血酸（棕色）

图 20.2　L–抗坏血酸与指示剂染料 2,6–二氯酚靛酚之间的化学反应

2,6–二氯酚靛酚(DCIP)滴定法检测维生素C步骤

样品制备

对在偏磷酸乙酸溶液中均质化后的测试样品进行称重和提取（即15g偏磷酸和40mL冰乙酸溶在500mL去离子水中）。过滤（和/或离心）样品提取物，并适当稀释至终浓度为每100mL里含10~100mg抗坏血酸。

标准制备

称取50mg美国药典单位L–抗坏血酸作为参考标准品，在偏磷酸–酸溶液中稀释至50mL。

滴定

每个标准液（即确定靛酚溶液中1mL试剂中抗坏血酸的毫克数相同），测试样品和空白用靛酚试剂（通过将50mg2,6–二氯酚靛酚钠盐和42mg的碳酸氢钠溶于200mL去离子水中来制备），进行3次重复，滴定至滴定终点变为一种浅的且独特的粉红色≥5s。

图 20.3　用 2,6–二氯酚靛酚滴定法检测维生素 C, AOAC 方法 967.21, 45.1.14[2]

改编自参考文献[15]。

抗坏血酸(使用硼酸–乙酸钠溶液)后与邻苯二胺反应生成带有荧光的喹喔啉化合物。样品中的荧光量(与标准品相比,用空白校正)用于定量维生素 C 的量。

20.4.2.2　硫胺素(维生素 B₁)硫色素荧光法

虽然硫胺素可以通过 HPLC 进行定量分析,但硫胺素的测定长期以来仍然采用其官方测定方法硫色素荧光法(AOAC 方法 942.23)[2]。用稀酸进行样品的提取,硫胺素磷酸酯的酶促水解和色谱净化(即纯化)后,硫胺素被氧化成具有荧光的脱氢硫胺素。该方法基于检测溶液中脱氢硫胺素与氧化硫胺素的标准溶液相比的荧光测定。

20.4.2.3　核黄素(维生素 B₂)荧光法

同其他 B 族维生素一样,核黄素可通过 HPLC 检测,此外,核黄素具有天然荧光的特性,因此也可基于其荧光特征采用荧光法测定。在样品提取、纯化和清除外界干扰物质影响的情况下,采用核黄素标准品作对照,用荧光测定法(AOAC 方法 970.65,45.1.08)[2]来测定核黄素。

20.5　方法的比较

上述每种方法均有各自的优缺点。在选择一种或多种特定的维生素分析方法的过程中,需要考虑许多影响因素,部分影响因素如下所示。

①方法的准确度和精密性。
②需要有关生物利用率的信息。
③对时间和仪器设备的要求。
④对分析检测人员的要求。
⑤待分析的生物基质的类型。
⑥待分析的样品的数目。
⑦对规则的要求——是否必须采用法定的 AOAC 国际方法。

目前,微生物分析方法仅限于水溶性维生素(烟酸、维生素 B₁₂和泛酸)。该方法虽然有些费时,但其中大部分分析法可用于分析相对较宽范围的未经化学改性的生物基质。此外,与化学分析方法相比,微生物分析方法很少需要样品制备;随着 HPLC 和 UHPLC 等法定方法的发展,预计微生物分析方法的使用会随着时间而减少。

在选择分析方法时,首先至少应该采用法定的测定方法,这些方法已经通过实验室研究验证,并且由诸如 AOAC[2]、英国标准学会[3-10]、美国药典委员会[10]或美国 AACC[16]等组织出版。此外,分析人员必须认识到这些方法仅局限于某些特定的生物基质。

20.6　总结

本章概述了维生素测定中使用的最多的三种分析方法——生物分析方法、微生物分析方法和化学分析方法,重点介绍了化学分析法。通常,这些方法可用于多种维生素与食品基质的分析。但其分析操作必须适合待分析物及生物基质,其中包括样品的制备、提取和定量测量。考察方法的准确性和精密度是评估所选择的方法的适用性。在使用诸如 HPLC 的色谱分析方法时,对方法的有效性的验证尤为重要,因为这些方法着重于化合物的分离,而不是鉴别。因此,包括化合物的定性鉴定以及化合物的纯度都同样是非常重要且十分必须的。

20.7　思考题

（1）对于某一种特定的维生素,在选择分析方法时需要考虑哪些影响因素?

（2）大多数维生素的定量方法中,维生素都必须要从食品中提取。通常使用哪些方法提取维生素? 对于脂溶性维生素和水溶性维生素,分别给出一个适当的提取方法。

（3）根据 2018 美国食品营养标签法规（如 3.2.1.1 所述）的要求,哪种维生素必须标识,它的法定检测方法?

（4）解释为什么可使用微生物定量分析食品中某一种特定维生素是可行的,并描述一种这样的测定方法。

（5）有两种 AOAC 方法常用于食品中维生素 C 含量的测定,辨别这两种方法,并比较它们的原理。

（6）采用 2,6 - 二氯靛酚法测定加热果汁中维生素 C 含量的结果是偏低还是偏高并阐明原因。

（7）简述 HPLC 法分析维生素的优缺点?

致谢

本章作者 W. O. Landen,Jr,即本书第二版至第四版合著者。

参考文献

1. Eitenmiller RR, Ye L, Landen WO Jr (2008) Vitamin analysis for the health and food sciences, 2nd edn. , p. 135. Taylor & Francis Group, CRC, Boca Raton, FL

2. AOAC International (2016) Official methods of analysis,20th edn. , AOAC International, Gaithersburg, MD

3. British Standards Institution AW/275 (2014) Foodstuffs. Determination of vitamin A by high performance liquid chromatography. Part 1: Measurement of all-*E*-retinol and 13-*Z*-retinol, BS EN 12823 - 1:2014

4. British Standards Institution AW/275 (2000) Foodstuffs. Determination of vitamin A by high performance liquid chromatography. Part 2: Measurement of *β*-carotene, BS EN 12823 - 2:2000

5. British Standards Institution AW/275 (2009) Foodstuffs. Determination of vitamin D by high performance liquid chromatography. Measurement of cholecalciferol (D_3) and ergocalciferol(D_2), BS EN 12821:2009

6. British Standards Institution AW/275 (2014) Foodstuffs. Determination of vitamin E by high performance liquid chromatography. Measurement of α -, β -, γ - and δ - tocopherol, BS EN 12822:2014

7. British Standards Institution AW/275 (2003) Foodstuffs. Determination of vitamin K1 by HPLC, BS EN 14148:2003

8. British Standards Institution AW/275 (2014) Foodstuffs. Determination of vitamin B_1 by high performance liquid chromatography, BS EN 14122:2014

9. British Standards Institution AW/275 (2014) Foodstuffs. Determination of vitamin B_2 by high performance liquid chromatography, BS EN 14152:2014

10. British Standards Institution AW/275 (2014) Foodstuffs. Determination of vitamin B_6 by high performance chromatography, BS EN 14164:2014

11. United States Pharmacopeial Convention (2016) US Pharmacopoeia National Formulary, USP39 - NF34, Nutritional Supplements, Official Monographs, United States Pharmacopoeial Convention, Rockville, MD

12. Blake CJ (2007) Analytical procedures for water-soluble vitamins in foods and dietary supplements: a review. Anal Bioanal Chem 389:63 - 76

13. Eitenmiller RR, Ye L Landen WO Jr (2008) Niacin. In: Vitamin analysis for the health and food sciences, Secondedition. CRC Press, Boca Raton, Florida pp 361 -400

14. Lee J, Ye L, Landen WO Jr, Eitenmiller RR(2000) Optimization of an extraction procedure for the quantification of Vitamin E in tomato and broccoli using response surface methodology. J Food Compos Anal 13: 45 - 57

15. Pelletier O (1985) Vitamin C (L-ascorbic and dehydro-L-ascorbic acid). In: Augustin J, Klein BP, Becker DA, Venugopal PB (eds) Methods of vitamin assay, 4th edn. Wiley, New York, pp 335 – 336

16. AACC International (2010) Approved methods of a-nalysis, 11th edn. (On-line), AACC International, St. Paul, MN

矿物质的传统分析方法 **21**

Robert E. Ward
Jerrad F. Legako

21.1 引言

    本章介绍了矿物质元素分析的传统方法,主要包括滴定法、比色法、离子选择性电极法以及使用仪器测量盐含量。其他传统的矿物分析方法还有重量滴定法(即不溶性矿物质被沉淀、洗涤、干燥、称重)和氧化还原反应(即矿物质元素是氧化还原反应的一部分,而产物是量化的)。因后两种方法目前在食品工业中并不常用,所以本章不再介绍。尽管现代仪器方法不断发展,如离子色谱法(详见第 13 章)、原子吸收光谱法和电感耦合等离子体光学发射光谱法(详见第 9 章)等,但传统方法在食品工业中仍被广泛应用。传统方法分析所需要的化学品和仪器在常规分析实验室都可以获得,并且大多数实验室技术员都已经掌握。此外,传统方法通常是形成快速分析套件的基础(如 AquaChek® 测定钙含量,Quantab® 测定盐含量),以及形成用于测定盐含量的台式自动分析仪的基础。在这些情况下,理解这些分析方法的原理是必要的。有关传统方法的其他示例,见参考文献[1-6]。有关特定食品的分析要求,请参阅 AOAC 国际分析的官方方法[5]和其他相关官方方法[6]。

21.1.1 饮食中矿物质的重要性

    成年人要求每天摄入的膳食常量矿物质(钙、磷、钠、钾、镁、氯和硫),需要超过 100mg[7-9]。另外 10 种矿物质(铁、碘、锌、铜、铬、锰、钼、氟化物、硒和硅)每天仅需要毫克或微克量,被称为微量矿物质。目前正在研究但尚未能证实的,包括钒、锡、镍、砷和硼在内的超痕量矿物质对人体的生物化学作用。应当避免在饮食中使用对人体有害的重金属(铅、汞、镉和砷)。像氟和硒这样的基本矿物质在适当的饮食水平上的确具有有益的生化功能,但食用过量也会对人体造成危害。

    1990 年,营养标签和教育法案(NLEA)强制规定了钠、铁和钙含量,主要是因为它们在控制高血压、预防贫血和防止骨质疏松症发展方面扮演着重要的角色(详见图 3.1)。钾对健康也有许多益处(详见第 3 章),因此最新的美国食品标签法规将钾的添加列入标签。表 21.1 所示为一些食物中矿物质的含量。按规定若矿物质在营养成分中占有一定的比例,就必须将其列入,所以生产者制定的营养成分标签上可能也包含其他矿物质的含量(详见 3.2.3)。

表 21.1   部分挑选食品的矿物质含量

食物类别	湿重/(mg/g)			
	钙	铁	钠	钾
谷物、面包和面食				
未加工的棕色长粒大米	9	1	5	250
强化的未加工的普通长粒白色大米	28	4	5	115
小麦面粉,全麦	34	4	2	363
未强化的白色多用途小麦面粉	15	1	2	107
强化干燥的面食	21	3	6	223
乳制品				
含维生素 D 全脂牛乳(含 3.25% 脂肪)	113	<1	43	132
含盐的黄油	24	<1	643	24
低脂乳酪、(由脱脂凝乳制成的)白软干酪(2% 脂肪)	111	<1	308	125
水果和蔬菜				
带皮生的苹果	8	<1	1	107
生的香蕉	5	<1	1	358
无核葡萄	50	2	11	749
生的带皮土豆	30	3	10	413
成熟的红色生西红柿	10	<1	5	237
肉类,家禽和鱼类				
生的新鲜的全鸡蛋	56	2	142	138
糊状的或裹上面包屑后油炸的鱼片	14	<1	561	251
未加工的新鲜的整个猪肉腿(火腿)	6	1	55	369
未加工的牛肉,块状,炖前肘肉	16	2	62	290
博洛尼亚香肠,鸡肉,猪肉,牛肉	92	1	1120	313

注:来自美国农业部农业研究服务局(2016)标准参考国家营养数据库,第 28 版。营养数据实验室,主页 https://ndb. nal. usda. gov/

21.1.2　食品加工中的矿物质

矿物质对食品的营养和功能都很重要,因此,需要了解和控制它们的水平。有些天然食品含有高含量的矿物质。例如,一杯 227g 的牛乳中大约含有 300mg 的钙。牛乳是钙的一个很好的来源。然而,由于酸的作用,酪蛋白结合的钙被释放进入乳清,会导致酸乳干酪的钙含量很低。类似地,在去除谷物麸质层过程时,会失去谷粒中大部分的磷、锌、锰、铬和铜,因而精细面粉中所要求的铁含量水平要达到麦粒去掉麦麸前天然存在的铁含量水平。

一些食物强化配方允许添加的矿物质超过预期的自然水平。钙、铁和锌等矿物质,以前被认为在饮食中的含量应该加以限制,但预制谷物早餐通常加强这些矿物质的含量。在美国,加碘盐的强化几乎消除了甲状腺肿大的发生。在其他情况下,矿物质可以作为功能物质添加到食物中。如盐是调味剂,可以改变离子强度,进而影响蛋白质及其他食物成分的溶解性,也可以作为防腐剂。这大大增加了加工肉类、腌菜和加工乳酪等产品的钠含量。磷作为磷酸盐添加可以增加肉类的持水力,并改变加工乳酪的质地。添加钙可以促进蛋白质和果胶的凝胶化。水果和蔬菜的质地可以受到加工过程中使用水的"硬度"或"软度"的影响。

水用于洗涤、冲洗、漂白、冷却,并作为配方中的一种成分,是食品加工中不可缺少的一部分,因此水的品质是食品加工工业中的一个主要考虑因素。食品加工中不仅使用水的微生物安全程度十分重要,水的矿物质含量也同样重要,但这点却容易被消费者忽视,若水中矿物质含量过多会导致饮料的浑浊。

美国的水质标准由环境保护署根据"安全饮用水法案"(详见2.2.5.2)确定,当地供水商必须确保水中受管制物质,如重金属,低于最大污染水平。通过检测确保总微生物、大肠菌群、无机污染物、消毒副产物(如氯)和放射性污染物的水平低于最大污染水平。此外,食品加工者应测量其他水质参数,如pH、浊度、硬度、重金属、铁、硝酸盐和挥发物。

水硬度是水中溶解的钙盐和镁盐的量度,通常用mg/L表示。水的硬度用以下标度确定:0~60mg/L是软水,60~120mg/L是中硬水,120~180mg/L是硬水,大于180mg/L是高硬水。使用硬水可能会多方面地影响加工。例如,钙盐和镁盐可能会随着时间的推移从硬水中沉淀出来,并在管道和其他表面形成水垢。另外,硬水会降低肥皂和消毒剂的功效。如果食品生产设备的水源含有过量的矿物质,可以使用离子交换树脂将其软化。表21.2所示为用于改善食品生产水质的其他处理方式。

表21.2 常用水处理及其使用原理

品质参数	处理方式						
	过滤	膜过滤	离子交换	氯化/臭氧	紫外辐射	调整pH	活性炭
硬粒	X	X					
盐,包括硬度		X	X				
pH校正							
其他化学污染物	X	X	X				X
如有机残留物							
细菌		X		X	X		
病毒		X		X	X		
原生动物		X		X	X		
藻花(毒素)							X

注:X表示该处理方式能够改变对应的品质参数[14]。

21.2 基本注意事项

21.2.1 性质的分析

了解分离和测量加工过程中物质的基本结构,矿物质分析是一种有效的模型。通常使用特定的方法从食物基质中分离出矿物质,如络合滴定法(详见21.3.1)或沉淀滴定法(详见21.3.2)。在这些特定分离的情况下,根据基本化学计量关系,进行非特异性测量,如测定滴定剂体积,然后将其转换为矿物质含量。在其他情况下,矿物质的分离涉及非特异性的过程,如灰化或酸提取。这些非特异性分离需要通过比色法(详见21.3.3)、离子选择性电极(ISE)(详见21.3.4)、原子吸收光谱法(AAS)(详见第9章)或电感耦合等离子体发射光谱(ICP‐OES)(详见第9章)所提供的具体测量方法。

因为分析的目的是测定矿物质含量,所以除含量之外的其他测量措施都被认为是替代措施。通过基本的化学计量和物理化学关系,或通过经验关系,应将替代措施得到的相关数据转换成矿物质量。经验关系是那些需要通过实验建立起来的关联,因为他们没有遵循任何已经建立起来的物理化学关系。替代测量的一个例子是利用色原矿复合物的波长特异性吸光度(详见23.3.3)。根据色素‐矿物质复合物的摩尔吸收率和化学计量学确定的基本关系将吸光度转换成矿物质含量。然而,此方法通常需要使用一系列标准(即标准曲线)经验性地研究吸光度与浓度的关系。

21.2.2 样品制备

传统矿物质分析方法通常要求制备的样品具有代表性和良好的混合性,以便于后续分析。矿物质分析的一个主要问题是样品制备过程中会受到污染。粉碎(如研磨或切碎)和使用金属仪器混合可使样品中的矿物质含量显著增加,因此应尽可能地使用非矿物仪器或由非样品矿物质制作的仪器。例如,分析肉类样品中的铁含量,标准做法是用铝研磨机进行样品粉碎。在样品制备和分析中使用的玻璃器皿必须经过酸洗和三次超纯水漂洗,后者可能需要在实验室安装一个超纯水系统,以进一步净化蒸馏水来满足使用。

溶剂,包括水,含有大量的矿物质。因此,所有涉及矿物质分析的程序都需要使用分析纯试剂。在某些情况下,超纯试剂的成本可能会非常高。此时,可使用空白试剂,即使用的试剂与样品中使用的试剂用量相同,但不含任何分析物质。空白试剂代表试剂中的矿物质受污染的总和,然后从样本值中减去此空白值来更准确地量化矿物质含量。

近红外光谱法(详见8.4)可以在不破坏食品中碳水化合物、脂肪、蛋白质和维生素碳基质的情况下估算矿物质含量。然而,传统方法一般要求以某种方式将矿物质从有机基质中分离出来。第16章描述了用于测定食品灰分以确定食品中特定矿物质成分的各种方法。在水样中,矿物质无需进一步处理就可以被确定。

21.2.3　干扰因素

诸如 pH、样品基质、温度以及其他分析条件和试剂等因素会对分析方法测定矿物质含量的结果造成干扰。为准确分析,必须消除或抑制特定的干扰物质。两种比较常见的方法是采用选择性沉淀或离子交换树脂,分离样品中的矿物质或除去干扰矿物质。碳酸盐会干扰几种传统矿物质分析方法,因此所用的水可能需要煮沸以除去碳酸盐。

如果怀疑有其他干扰因素,常见的做法是使用在背景矩阵中溶解的样品矿物质来绘制标准曲线,它包含在食品样品中已知的干扰因素。例如,如果要对食品样品进行钙含量分析,就应使用已知钠、钾、镁和磷含量的背景矩阵溶液来配制标准曲线,以衡量钙标准。用这种方法得到的标准曲线,在分析食品样品时得到的结果更具代表性。另一种方法是通过将一系列样品的矿物质峰值添加到食品样品中制得标准曲线。每一个添加到样品中的峰值即集中标准的极小部分,因其体积极小,所以除了被测量矿物质外,不会改变样品的基本成分。在相同的情况下对标准和样例进行测量。如果在分析程序之前加入峰值,那么可能会造成矿物质的不完全提取、样品中矿物质降解及其他损失,进而影响标准曲线。

21.3　方法

21.3.1　EDTA 络合滴定法

21.3.1.1　背景信息

EDTA 能与众多矿物质离子形成 1:1 稳定的复合物。EDTA 络合滴定法广泛应用于矿物质分析。矿物质—EDTA 复合体的稳定性一般随离子化合价的增加而增加,但由于相似化合价离子配位化学性的不同,复合物稳定性也会有明显的不同。使用矿物质螯合剂来检测终点,它们的配位常数比 EDTA 低(如与 EDTA 相比,指示剂对矿物质离子的亲和力较低)。且矿物质离子处于自由或复合状态下,它们会产生不同的颜色。钙镁铬黑 T(EBT)指示剂与钙或镁复合时,呈现粉红色,但在没有金属离子的情况下是蓝色的。用 EDTA 络合滴定法,钙石或 EBT 作为指示剂,当颜色从粉红色变成蓝色时,表示到达终点。

pH 在几个方面会影响 EDTA 络合滴定,因此必须控制 pH 以达到最佳的效果。络合平衡依赖于 pH,随着 pH 的降低,EDTA 的螯合位点就会被保护,从而降低其有效浓度。pH 至少达到 10 或者添加更多的钙或镁,以形成稳定的 EDTA 复合体。此外,终点的清晰度也会随 pH 的增加而增加。然而,pH 达到 12 时而镁和钙就会发生沉淀,所以滴定的 pH 应该不超过 11,以确保它们的溶解度。考虑到这些因素,钙和镁的 EDTA 络合滴定时,应在 pH 为 10 ±0.1 的情况下并使用氨缓冲溶液[10]。

21.3.1.2　操作方法:EDTA 滴定法测定水的硬度

应用 EDTA 滴定法测定钙和镁的总含量,从而测算水的硬度。在钙镁指示剂的存在下,并以碳酸钙(mg/L)的等价物表示(水和废水检测标准方法,方法 2340,硬度)[10]。钙 - 钙镁试剂复合结构不稳定,单独钙离子存在时不能用钙镁试剂滴定。然而,如果缓冲溶液含有少量的中性镁盐和足够的 EDTA 来结合所有的镁，则钙镁试剂就成为一个有效的钙滴定指示剂。在将样品混合到缓冲溶液中，样品中的钙将取代镁与 EDTA 的结合。自由镁与钙镁结合形成镁钙复合物会一直存在，直到样品中所有的钙都被 EDTA 滴定。过量的 EDTA 会除去钙镁试剂中的镁，产生蓝色指示终点。

21.3.1.3 应用

EDTA 络合滴定法的主要应用是测试钙和镁作为水硬度的指示剂[10]。然而，EDTA 络合滴定法适用于测定果蔬（AOAC 968.31）[5]和其他含钙而不含镁或磷的食物灰分中的钙。

本章中描述的几种矿物质分析方法已被应用于可实时测试样品的便携式测试条。例如，使用带钙镁试剂和 EDTA 的测试条（例如，AquaChek、环境测试系统公司、哈希公司、埃尔克哈特、美国印第安纳州），可简单快速测定水的硬度。这些条带被浸入水中，钙将取代镁与 EDTA 结合，释放的镁与钙镁试剂结合，使测试条改变颜色。将颜色与参考标准进行比较以估计钙的浓度，即可得出钙和镁造成的总硬度。

21.3.2 沉淀滴定

21.3.2.1 原理

当滴定反应的产物至少有一个是不溶性沉淀时，被称为沉淀滴定法，限制此种方法的有效性和准确性的主要因素是完全滴定所需的时间过长，不能在特定的位置产生单一的产物，缺乏反应终点的指示剂。尽管如此，至少有两种沉淀滴定法在当前的食品行业被广泛使用：莫尔滴定和沃尔哈德滴定。

用于氯化物测定的莫尔法是一种直接或正向滴定的方法，在铬酸钾存在的条件下，氯化钠溶液中的氯化物用硝酸银滴定（图 21.1）。箭头在该图中表示滴定剂的添加。最初，硝酸银与氯化物反应，溶液呈现白色浑浊。当氯化物完全反应时，过量的银与铬酸盐反应形成橘红色固体，即铬酸银。由硝酸银滴定剂的体积和摩尔浓度可以计算氯离子的量，也可以计算氯化钠的量：

$$Ag^+ + Cl^- \rightarrow AgCl（直到所有的 Cl^- 被络合） \tag{21.1}$$

$$2Ag^+ + CrO_4^{2-} \rightarrow Ag_2CrO_4（只有在所有的 Cl^- 被络合之后显示橘红色） \tag{21.2}$$

沃尔哈德滴定法是一种间接或反向滴定方法，过量的硝酸银标准溶液添加到含氯化物的样品溶液中，如图 21.1 的顶部箭头所示，过量的银（底部箭头）再用钾或硫氰酸铵标准溶液进行反向滴定，以三价铁离子为指示剂。用于滴定的硫氰酸盐溶液的体积与过量的银成正比。银的总摩尔数等于样品中氯的总摩尔数和滴定剂中硫氰酸盐的摩尔数之和。

$$Ag^+ + Cl^- \rightarrow AgCl（直到所有的 Cl^- 被络合） \tag{21.3}$$

$$Ag^+ + SCN^- \rightarrow AgSCN（以定量没有与氯化物络合的 Ag^+） \tag{21.4}$$

$$SCN^- + Fe^{3+} \rightarrow [FeSCN]^{2+}（当存在没有和 Ag^+ 络合的 SCN^- 时显示红色） \tag{21.5}$$

莫尔滴定法：

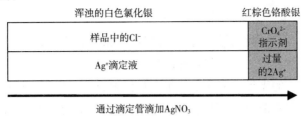

沃尔哈德滴定：

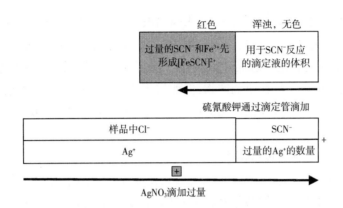

图 21.1 莫尔法（正向）与沃尔哈德法（反向）氯化物滴定法的比较

21.3.2.2 操作方法

（1）莫尔滴定 食物中的盐可以通过用银离子滴定氯离子来估计。例如，要测量黄油中的盐含量（AOAC 方法 960.29），将黄油在沸水中溶化，以铬酸钾作为指示剂，用硝酸银标准溶液进行滴定。在这个反应中，只有当氯离子全部被络合时，才会出现橙色终点，过量的银离子形成了有色的铬酸银。因此这个反应的终点是第一次出现橘红色。当准备试剂时，必须使用煮沸的水以避免水中的碳酸盐干扰。

（2）沃尔哈德滴定 用沃尔哈德法（AOAC 935.43）可以测量乳酪中氯化物的含量，过量的硝酸银添加到在硝酸中煮沸的干酪样品中，经过冷却和过滤，过量的银用硫氰酸钾滴定，以铁铝为指示剂。一旦氯通过滴定确定，氯的质量乘以 1.648 就可得到盐的质量（根据 Cl 和 NaCl 的分子质量）。与莫尔滴定方法相同，水必须煮沸，以尽量减少碳酸盐造成的错误干扰。

21.3.2.3 应用

沉淀滴定法适用于氯含量高的任何食物。因为加工的乳酪和肉中添加了盐，所以应该考虑使用这种方法来检测这些产品中的氯含量，盐的含量可以通过计算估计。第二个例子是传统的矿物质分析方法已经被改进为试纸条形式（AOAC 方法 971.19 中使用的 Quantab® 氯化物滴定法）。此方法是根据莫尔滴定法原理改进的。这种测试条的应用使得食品中盐的定量非常便捷，在食品中 0.3% ~10% NaCl 范围内，其可精确到 ±10%。

21.3.3 比色法

21.3.3.1 原理

发色团是一种与参与的化合物反应形成有色产物的化学物质。发色团可以选择性地与各种矿物质反应。每种发色团都与对应的矿物质反应产生可溶性有色物质，这种可溶性物质可以通过特定波长的光吸收来定量。第7章详细介绍的比尔定律已经给出了浓度和吸光度的关系。尽管在有些情况下可以根据矿物质发色团络合物的摩尔吸光系数来直接计算浓度，但一般情况下，样品中的一种特定矿物质的浓度通过标准曲线确定，标准曲线可以通过分析得到。

样品通常必须灰化或用一些其他方式来隔离或释放有机化合物中的矿物质，以阻止它们与色原体反应。其中的矿物质先溶解于干灰，再处理防止其沉淀。可溶性矿物质可能需要被处理（例如，还原或氧化）以确保所有矿物质处于与发色原反应的状态[2]。理想状态下，发色团迅速反应产生一种稳定的产物，但如果不能，需要在特定的时间读取吸光度。所有的食品矿物质分析都一样，在采样和分析过程中必须要注意避免污染。

21.3.3.2 操作步骤：牛乳中磷的测定

根据改进的 Murphy – Riley 方法可以用分光光度计对食品中的总磷含量进行测定[11]。在这个分析中，食品中的磷与钼酸铵在低 pH 下形成磷钼酸，随后被抗坏血酸还原成蓝色，添加酒石酸锑钾以促进反应。蓝色的磷钼酸盐络合物在 880nm 红外波长处具有最大的吸收峰。但是络合物在 700nm 的可见光波长处就可以吸收足够的辐射使其能被大多数分光光度计检测。实验的一个要求是磷必须是可溶的，因此固体食品样品必须首先被灰化。进行操作时，灰化的样品先溶解在强酸中然后与 Murphy – Riley 试剂混合，生成有色的产物。标准曲线由已知磷浓度的样品获得，回归方程用于确定样品中磷的浓度。

21.3.3.3 应用

比色法用于检测和量化食物中含有的各种矿物质，经常可以替代原子吸收光谱和其他矿物质检测方法。比色方法是非常具有针对性的，通常可以在有其他矿物质存在的条件下进行，因此可以避免过多的分离过程。这个测定方法十分强大，经常不受基质效应的影响，而基质效应也可以影响其他矿物质分析方法的效果。

21.3.4 离子选择性电极（ISE）

21.3.4.1 背景信息

许多电极已经被开发用于测量各种阳离子和阴离子，如溴、钙、氯、氟、钾、钠和硫[12-13]。第 22 章中的 pH 电极是离子选择性电极（Ion – Selective Electrodes）的具体实例。虽然 pH 电极传感器是专门用于氢离子的，也有特定用于单个矿物质离子的其他传感器。对于任何离子选择性电极，一个离子选择性传感器充当"电桥"，在两个参比电极之间产生一个不变的且可再生的电势。以这种方式，传感器里的电势保持恒定，电势在传感器表面的产生遵循能斯特（Nernst）方程（详见 22.3.2.2），这取决于接触每个表面的溶液中的样品离子活

off

434

度。离子浓度通常取代离子活度,这在低浓度和受控的离子强度环境下是合理的近似值。事实上,这是在电极和仪器能力所限定的范围内观察到的(图21.2)。

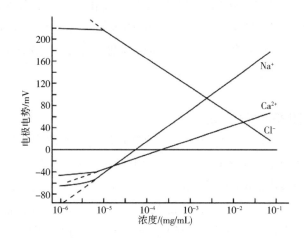

图21.2 食品中一些重要离子的离子选择电极标准曲线

注:经 Phoenix Electrode 公司授权。

21.3.4.2 原理

采用离子选择性电极测量某种矿物质的原理与测量 pH 相同,都遵循能斯特方程。但在感测电极上的玻璃成分是根据待测元素而特殊设计的。当传感和参比电极(通常为组合电极)被浸没在样品溶液中时,通过将其与参比电极进行比较来测量感测电极产生的电势。在两个电极之间产生的电压与待测元素的离子活性有关(以 mV 计)。离子活度与离子浓度有关,活度系数取决于样品离子强度。在一定条件下,电压(mV)与待测元素浓度的对数($\log c$)呈线性关系。

21.3.4.3 常用方法

在 ISE 分析中,通常以 pH 计(以毫伏为计量单位)对样品离子进行测定。分析过程中,应首先选择电极,然后设计抽样和分析的方案,这些过程都必须考虑 ISE 的性能,供应商目录上有关于特殊的 ISE 性能的详细信息。在食品分析中,典型的 ISE 可以在 $1 \sim 10^{-6} mol/L$,如图21.2所示的范围内进行操作,但在低浓度时,电极的响应可能会是明显的非线性关系。

因 ISE 的响应离子活性,所以样品和校准标样中的活度系数保持恒定非常重要。活度系数(γ)可以将离子活度(A)和离子浓度(c)联系起来($A = \gamma c$)。因为活度系数是离子强度的函数,因此通常用离子强度调节(ISA)缓冲液将样品和标准液调节至相同的离子强度。ISA 缓冲液也可以用于调节 pH,当 H^+ 和 OH^- 的活度能够影响电子专属性传感器或者它与分析物相互作用时,这种调节则是必须的。当金属中含有不能溶解的氢氧化物时,必须通过调节 pH 来防止其沉淀。根据 ISE 的选择性,使用选择性沉淀或络合的方式将样品中的干扰离子除去。

因为温度对标准电位和电极梯度有一定影响,所以操作过程中应保持电极及所有样品和标准溶液等恒温,电化学分析计算中,该操作国际上通常在能自动调节温度至25℃的控温室内进行。其次,在测量过程中应小心地搅拌,以达到快速平衡,并将传感器表面的浓度梯度降到最低。最后,要适当延长测定时间以使传感器在显示读数时保持稳定。在实际操作过程中,ISE可能不会完全稳定,所以选择何时读数的时机很重要,可以在变化率低于某个预定值或电极浸入溶液中保持某一固定时间后读数。另外,许多ISE在样品离子浓度升高时反应速度会比离子浓度降低时反应速率快。

21.3.4.4 电极的校准和浓度的测定

在ISE中,离子的浓度可通过标准曲线法或终点滴定法来测定。标准曲线法是常用的方法,因为该方法能快速地测定大量样品。将指示电极和参比电极放入一系列已知浓度的溶液中,将这些标准溶液中的电极电位(mV)记录下来,并在半对数图纸上对标样浓度的对数作图,如图21.2所示。通过测得待测样品的电极电位,就可从标准曲线上算出待测样品的浓度。必须注意到,在最低浓度下曲线的非线性区域,干扰离子的总离子强度和浓度是决定待测离子浓度最低检测限的重要因素。

通过在滴定过程中测量电势的变化,ISE可用于判定电位滴定的等当点。ISE可对待测样品(S滴定)或滴定剂(T滴定)产生响应,其中T滴定的应用更广泛。在T滴定中,因为滴定剂与样品反应,所以随着滴定剂的加入就会引起电极电势的微小变化,而如果所有的待测离子都与滴定剂反应,那么电极电势就会有很大的增长,滴定的等当点,如图21.3所示。

例如,前文所述的莫尔氯化物测定中等当点的判定。在电位滴定氯化银(Mohr)过程中,ISE可以特定地针对Ag^+或Cl^-离子进行等当点判定。对于Ag^+,则在等当点检测到滴定剂活性的大幅度增加时,如图21.3所示,产生T型滴定曲线。考虑到滴定剂与样品离子之间的化学计量关系,以达到等当点时消耗的滴定剂体积计算样品浓度。

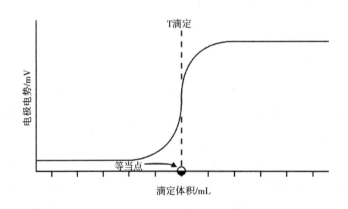

图 21.3　一种典型的 T 滴定

摘自参考文献[2]。

21.3.4.5 应用

离子选择性电极应用广泛,如肉制品中的盐和硝酸盐含量、黄油和乳酪中的盐含量、牛乳中的钙含量、低钠冰淇淋中的钠含量,软饮料中的二氧化碳含量,酒中的钾、钠含量以及蔬菜罐头中的硝酸盐含量等的检测。AOAC(926.25)中规定的用于测定食品中钠含量(小于100mg/100g)的标准方法就是 ISE 法,该方法使用的材料包括:钠复合 ISE 电极、pH 计、磁力搅拌器和坐标纸。其他还包括氯化物和盐的测量,如蔬菜罐头氯化钠的检测(AOAC:971.27)、海鲜中盐的检测(AOAC:976.18)及以乳为基料的婴儿配方乳粉的检测(AOAC:986.26)等。

21.4　盐分的台式快速分析仪检测

食品中盐分的快速检测并不局限于本章上述的几种传统方法。但是,对于食品科学专业的学生来说,掌握这些方法并将其原理与前面介绍的传统方法进行比较是十分必要的。

食品中的盐浓度可以通过水分测定法或折光法测定(详见15.2.5.2和15.2.5.3)。盐度计是一种用于快速测定含盐(氯化钠)溶液重量百分比浓度或折射率的仪器。盐度折射仪分为手动和自动两种类型,使用典型的折光仪进行类似于糖浓度或波尔浓度的测量。与较便宜的手动设备相比,自动设备的优势在于其可以根据温度的变化校正盐溶液的折射率。

一些新型自动滴定设备可以在一分钟内测定样品中的盐含量,滴定液剂量和滴定终点都由仪器控制,相对于手动滴定,新型自动滴定设备增加了滴定的精度,降低了在确定滴定剂量和终点颜色变化时的主观误差。这些仪器的基本原理仍然是基于沉淀法,如用银离子沉淀氯离子,但也有一些新的特点。例如,某些仪器使用自动化硝酸银离子选择电极进行滴定终点的判定。这种设备的生产商主要有英国哥伦布(Mettler-Toledo),美国文索基特(Hanna Instruments)和瑞士黑里绍(Metrohm)等。第二种类型的自动氯化物滴定仪不依赖于硝酸银滴定剂,而是基于电量分析原理,样品中产生的银离子与溶液中的氯离子络合。该方法通过 ISE 监测溶液的电位,当电位剧烈变化时表示反应完成,如图21.3所示,电流用于产生银离子,银离子进一步转化为氯化物,最后换算为盐浓度。其优点在于不需要硝酸银滴定剂,因此不需要标准化步骤。这种设备的生产商主要有美国马什菲尔德(Nelson-Jameson),英国剑桥(Sherwood Scientifc)和日本东京(DKKTOA)等。

第三种测定盐浓度的方法是基于电导率的原理,如澳大利亚 Arrow Scientifc 生产的 Di-Cromat 盐分分析仪。由于溶液的电导率与其离子浓度成正比,当溶液中的盐离解成负离子和正离子时,溶液离子浓度增加,从而引起电导率增加。基于电导率的盐分析仪具有分析速度快,温度自动校正等优势。

21.5　方法的比较

在食品标签、加工甚至实际的营养评价过程中,重点往往集中在一些可以用传统方法分析的矿物质上。矿物质分析的传统方法是多种多样的,其他经典分析方法,本章不做一一列举。选择矿物质分析方法时,必须综合考虑方法的精确度、灵敏度、检测限、特异性及干扰因素等。各种方法的性能可以参照 AOAC 官方方法。其他需要考虑的因素包括经济成本、设备可用性、时间成本及样品数量等。

一般情况下,对于具备熟练操作人员的小型实验室,传统分析方法具有快速、精确、成本低的优势。如需分析大量样本的特殊元素,考虑到时间成本,最好采用原子吸收或原子发射分光光度计测定。

联合石墨炉或电感耦合等离子体质谱仪的原子吸收法具有十亿分之一的灵敏度,这是传统方法无法达到的。但其设备昂贵,超出了大部分实验室的承受能力,且在矿物质元素检测过程中,多数情况下不需要达到这么高的精度。实验人员可以根据测试精度要求,选择将样品送至认证实验室或选择传统方法进行测定。

21.6　总结

矿物质含量对食品的营养价值、潜在毒性,质构及其加工过程等有重要影响,所以食品中矿物质的含量极其重要。传统的分析方法包括滴定法和比色法,本章以及对这些方法的原理进行了阐述。同时,本章还讨论了 ISE 法在矿物质分析中的应用以及常见台式盐分析仪的基本情况。表 21.3 所示为本章所涉及的许多方法,并与 AAS 和 ICP - OES 进行了比较(详见第 9 章)。

表 21.3　　　　　　　　　　　　矿物质分析方法摘要

方法	原理	优点	缺点	应用	AOAC 方法编号
EDTA 滴定法	在 pH = 10 时,乙二胺四乙酸二钠(简称 EDTA)和水中的钙离子生成稳定络合物,指示剂铬黑 T 也与钙镁离子生成葡萄酒红色络合物,其稳定性不如 EDTA 与钙镁离子所生成的络合物,当用 EDTA 滴定接近终点时,EDTA 自铬黑 T 的葡萄酒红色络合物夺取钙镁离子而使铬黑 T 指示剂游离,溶液由酒红色变为蓝色,即为终点	速度快、成本低	抗干扰性差,滴定终点判断存在主观误差	测定水的硬度,测定果蔬灰分中的钙	AOAC 968.31,罐装蔬菜中钙的测定
莫尔滴定法	正向滴定。氯化物(在 NaCl 中)在铬酸钾存在下用硝酸银滴定。银与氯化物反应,当全部氯化物反应时,过量的银与铬酸盐反应形成橙色固体铬酸银。使用硝酸银的体积和摩尔浓度来计算与 NaCl 量有关的氯化物的量	无需昂贵设备,操作简单,样品无需灰化,速度快,试剂需求量少,价格便宜(除非是自动化设备)	滴定终点判断存在主观误差(手动滴定时)	测定各种食品的盐含量	AOAC 960.29,乳制品和黄油中盐的测定

续表

方法	原理	优点	缺点	应用	AOAC 方法编号
沃尔哈德滴定法	反向滴定。将过量的硝酸银标准溶液加入含氯溶液中。用硝酸钾或硫氰酸铵的标准溶液反向滴定过量的硝酸银,以三价铁离子作为指示剂。所用的硫氰酸盐溶液的体积与过量的银成正比。总银的摩尔数等于样品中氯化物的摩尔数与滴定剂中硫氰酸根的摩尔数之和	无需昂贵设备,操作简单,样品无需灰化,速度快,测定速度快,价格便宜	滴定终点判断存在主观误差,需要的试剂和时间比莫尔滴定法复杂	测定各种食品的盐含量	AOAC 935.43 乳酪中氯化物(总量)的测定;AOAC 915.01,植物中氯化物的测定
比色法	试剂中的色原体与待测矿物质反应形成可溶性有色化合物,其可以通过吸收特定波长的光来定量。根据比尔定律,根据吸光度对浓度的标准曲线确定待测矿物质的浓度	适用性好,特异性强,杂质元素干扰小,精确度接近 AAS 或 ICP – OES,但价格便宜得多	对操作人员的熟练程度要求高	用于分析单个元素的低成本方法	AOAC 944.02,小麦中铁的测定
离子选择性电极法(ISE)	原理基于能斯特方程,但是通过改变感应电极中玻璃的组成,从而使电极对待测矿物质敏感。感应电极和参比电极(通常作为组合电极)浸入待测元素的溶液中,通过与具有固定电位的参比电极比较来测量感测电极表面的电势。感应电极和参比电极之间的电压与离子活度有关,以 mV 为单位。离子活度与离子浓度有关,活性系数决定于离子强度,元素的浓度使用 mV 对浓度对数做标准曲线确定	可以直接测定多种阴离子和阳离子,不需昂贵的设备(只需 pH 计),操作简单,样品无需灰化,分析不依赖于浊度、颜色或黏度	检出限不佳,电极响应速度慢,感应电极和参比电极必须与待测元素配套,电极寿命短	食品质量控制,特别是针对 Na 或 K	AOAC 976.25,特殊膳食食品中钠的测定
原子吸收光谱法(AAS)	火焰的热能将分子转换为原子,在外界能量(特定波长的空心阴极灯)作用,元素的原子从基态到激发态,能量吸收与元素浓度呈线性相关	可以同时测定多种元素,对钠的敏感性高于莫尔滴定法和沃尔哈德滴定法	设备昂贵,对操作人员要求高,样品需要预先灰化,不同元素需要不同的空心阴极灯,载气易燃易爆,抗干扰性低于 ICP – OES,在较大浓度范围内线性较差	对给定的食品或生物样品中的单元素分析	AOAC 975.03,植物和宠物食品中金属元素的测定;AOAC: 985.35,婴儿配方乳粉,宠物食品中矿物质的测定

续表

方法	原理	优点	缺点	应用	AOAC方法编号
电感耦合等离子体发射光谱法(ICP－OES)	来自等离子体的能量将分子转换成原子和离子,进一步将原子从基态提升到激发态。测量激发原子返回到较低能量状态时的能量(特定波长)的发射,辐射能量与特定元素的浓度成正比	可以同时测量许多元素,对钠的敏感性远远高于莫尔滴定法和沃尔哈德滴定法,几乎没有干扰,在很大的浓度范围内呈良好的线性	设备昂贵,对操作人员要求高,样品需要预先灰化	大量样本中有多个元素同时分析,食品营养标签	AOAC 984.27,婴儿配方乳粉中的钙、铜、铁、镁、锰、磷、钾、钠和锌的测定;AOAC 985.01,植物和宠物食品中的金属和其他元素的测定

本章图解说明了食品工业中矿物质测定的传统方法的详细步骤,这些方法只需要一些常见的化学品和实验设备,而不需要昂贵的设备。所以这类方法适用于具有熟练技术的人员、且待测样品数量较少的小型实验室,但传统的分析流程需要更多的仪器和人力。

传统分析方法通常需要在分析之前将矿物质从食品有机介质中分离出来,所以需要预先灰化,样品制备和分析过程必须包括必要的步骤以防止挥发性元素的污染或损失,并消除各种潜在的干扰。这些步骤报告使用空白试剂、使用内标以及制作标准曲线等。

经典的矿物质测定方法通常使用试剂盒以便进行快速测定,例如,水硬度测试试剂盒和盐浓度测定试剂盒。在这些经典分析方法基本原理的基础上,将继续发展、优化用于食品和饮料中矿物质含量测定的新型快速分析方法。掌握各种分析方法的原理,将有助于食品检测人员合理的选择分析方法,能够更好地处理在分析过程中遇到的各种问题。

21.7 思考题

(1)在一些特殊矿物质的分析过程中,样品处理时应注意的主要问题是什么? 如何解决这些问题?

(2)在用络合滴定法测定水的硬度过程中,如果氨缓冲液的pH为11.5而不是10,你认为测定结果会偏高还是偏低? 为什么?

(3)在反滴定过程中,滴定超过终点时将导致被测元素的含量增加还是减少? 为什么?

(4)描述如何在背景矩阵,尖峰和试剂空白中使用标准试剂? 并解释其原因。

(5)解释使用ISE测定食品中无机元素浓度的原理;列举测定过程中影响测定准确度的因素。

(6)假如你已决定购买ISE对工厂生产的食品中的钠含量进行测定,列举出此方法相对于Mohr / Volhard传统方法的优点。并列出您预期可能出现的问题和缺点。

(7)在选择食品矿物质分析的特定方法时,应考虑哪些因素?

21.8　应用题

（1）如果用重量分析法测得食品样品中 AgCl 为 0.750g，那么样品中的氯化物有多少？

（2）10g 样品干燥，灰化，然后用 Mohr 滴定法测定其盐（NaCl）的含量。干燥后的样品为 2g，灰化后的样品为 0.5g，灰化后的全部灰分用标准 AgNO₃ 溶液滴定，到达终点时消耗 AgNO₃ 溶液 6.5mL，用重铬酸钾作指示剂，溶液显红色时为终点，AgNO₃ 溶液用 300mg 干燥后的 KCl 标定，消耗体积为 40.90mL，计算样品中盐的百分含量（以 NaCl 计，wt/wt）。

（3）25g 样品干燥，灰化后，用 Volhard 滴定法分析盐（NaCl）含量。干燥后样品为 5g，灰化后样品为 1g，灰化后的样品中加入 30mL 0.1mol/L 的 AgNO₃ 溶液，过滤出沉淀，滤液添加少量硫酸铁铵，然后用 3mL 0.1mol/L KSCN 滴定至红色终点。

①样品中水分的百分含量是多少？（以 H₂O 计，wt/wt）

②样品中灰分的百分含量是多少？（以样品干基计，wt/wt）

③原始样品的盐的百分含量是多少？（以 NaCl 计，wt/wt），（相对分子质量：Na = 23，Cl = 35.5）。

（4）食品样品中的化合物 X 用比色法进行分析，用比尔定律计算下列条件下的待测样品中化合物 X 的含量，用 mg/100g 样品表示。

①4g 样品被灰化。

②灰化后的样品用 1mL 酸溶解，定容至 250mL。

③取 50mL 样液加入 0.75mL 进行反应。

④样品在 595nm 波长下测得吸光度是 0.543。

⑤反应的吸收常数为 1574L/（g·cm）。

⑥分光光度计比色杯内径为 1.0cm。

（5）比色分析

①用比色法测定液态食品中化合物 A 的浓度，样液体积固定为 5mL，包括稀释的标准溶液和水，要求用 0、0.25、0.50、0.75、1.0mg 化合物 A 色标准溶液做标准曲线，化合物 A 标准储备液浓度为 5g/L。

②测得吸光值如下：

样品/mg	吸光值（500nm）	样品/mg	吸光值（500nm）
0	0	0.75	0.60
0.25	0.20	1.0	0.80
0.50	0.40		

在做图纸上画出标准曲线，求出直线的斜率。

③5mL 样品稀释至 500mL，取该溶液 3mL，500nm 波长下测得吸光度为 0.50，利用标准曲线计算样品中化合物 A 的浓度。

（6）在 100mL 铜的样品中加入了 1mL 0.1mol/L 的 Cu（NO₃）₂后，溶液电势改变了

6mV,请问样品的初始浓度是多少?

答案

（1）

$$\frac{x\text{gCl}}{0.750\text{g AgCl}} = \frac{35.45\text{g/mol}}{143.3\text{g/mol}}$$

$$x = 0.186\text{g Cl}$$

（2）

$$N\ \text{AgNO}_3 = \frac{0.300\text{g KCl}}{\text{mL AgNO}_3 \times 74.555\text{g KCl/mol}}$$

$$0.0984N = \frac{0.300\text{g}}{40.9\text{mL} \times 74.555}$$

$$\text{盐浓度}\% = \left(\frac{0.0065\text{L} \times 0.0984N\ \text{AgNO}_3 \times 58.5\text{g/mol}}{10\text{g}}\right) = 0.37\%$$

（3）

① $\dfrac{25\text{g 湿样} - 5\text{g 干样}}{25\text{g 湿样}} \times 100\% = 80\%$

② $\dfrac{1\text{g 灰分}}{5\text{g 干样}} \times 100\% = 20\%$

③添加的 Ag 摩尔数 = 样品中 Cl 的摩尔数 + 添加的 SCN 的摩尔数

$$\text{Ag 摩尔数} = \frac{0.1\text{mol}}{\text{L}} \times 0.03\text{L} = 0.003\text{mol}$$

$$\text{SCN 摩尔数} = \frac{0.1\text{mol}}{\text{L}} \times 0.003\text{L} = 0.0003\text{mol}$$

$$0.003\text{mol Ag} = x\text{mol Cl} + 0.0003\text{mol SCN}$$

$$\text{Cl 的摩尔数} = 0.0027\text{mol}$$

$$(0.0027\text{mol Cl}) \times 58.8\frac{\text{g}}{\text{mol}}\text{NaCl} = 0.1580\text{g NaCl}$$

$$\frac{0.158\text{g NaCl}}{25\text{g 湿样}} = \frac{0.00632\text{g NaCl}}{1\text{g 湿样}} \times 100 = 0.63\%\ \text{NaCl(质量分数)}$$

（4）

$$A = abc$$

$$0.543 = (1.574\text{L/g} \cdot \text{cm}) \times (1\text{cm})c$$

$$c = 3.4498 \times 10^{-4}\text{g/L} = 3.4498 \times 10^{-4}\text{mg/mL}$$

$$\frac{3.4498 \times 10^{-4}\text{mg}}{\text{mL}} \times 50\text{mL} = 1.725 \times 10^{-2}\text{mg}$$

$$\frac{1.725 \times 10^{-2}\text{mg}}{0.75\text{mL}} \times \frac{250\text{mL}}{4\text{g}} = 1.437\frac{\text{mg}}{\text{g}} = 143.7\text{mg/100g}$$

（5）

①储备液最低稀释量为 1mL：

$$\frac{0.25\text{mg}}{0.5\text{mL}} = \frac{1\text{mL}}{x\text{mL}} \times \frac{5\text{mg}}{1\text{mL}}$$

$$x = 10\text{mL}$$

因此,将 1mL 储备液加入 10mL 容量瓶中,用超纯水定容以得到 0.25mg/0.5mL 的稀释

储备液,根据下表制作标准曲线:

mg A/5mL	稀释储备液/mL	H_2O/mL	mg A/5mL	稀释储备液/mL	H_2O/mL
0	0	5.0	0.75	1.5	3.5
0.25	0.5	4.5	1.00	2.0	3.0
0.50	1.0	4.0			

②

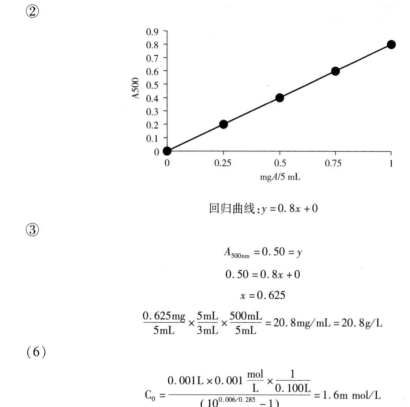

回归曲线: $y = 0.8x + 0$

③

$$A_{500nm} = 0.50 = y$$

$$0.50 = 0.8x + 0$$

$$x = 0.625$$

$$\frac{0.625\text{mg}}{5\text{mL}} \times \frac{5\text{mL}}{3\text{mL}} \times \frac{500\text{mL}}{5\text{mL}} = 20.8\text{mg/mL} = 20.8\text{g/L}$$

(6)

$$C_0 = \frac{0.001\text{L} \times 0.001\frac{\text{mol}}{\text{L}} \times \frac{1}{0.100\text{L}}}{(10^{0.006/0.285} - 1)} = 1.6\text{m mol/L}$$

致谢

The author of this chapter wishes to acknowledge Dr. Charles E. Carpenter, who was an author of this chapter for the third and fourth editions of this textbook.

参考文献

1. Schwendt G (1997) The essential guide to analytical chemistry, Wiley, New York

2. Kirk RS, Sawyer R (1991) Pearson's composition and analysis of foods, 9th edn. Longman Scientific and Technical, Essex, England

3. Skoog DA, West DM, Holler JF, Crouch SR (2000) Analytical chemistry: an introduction, 7th edn. , Brooks/Cole, Pacific Grove, CA

4. Harris DC (1999) Quantitative chemical analysis, 5th edn. W. H. Freeman and Co. , New York

5. AOAC International (2016) Official methods of analysis, 20th edn. , (On-line). AOAC International, Rockville, MD

6. Sullivan DM, Carpenter DE (eds) (1993) Methods of analysis for nutritional labeling. AOAC International, Arlington, VA

7. Food and Nutrition Board, Institute of Medicine (1997) Dietary reference intakes for calcium, phosphorus, magnesium, vitamin D, and fluoride. National Academy

食品分析(第五版)

Press, Washington, DC

8. Food and Nutrition Board, Institute of Medicine (2000) Dietary reference intakes for vitamin C, vitamin E, selenium, and carotenoids. National Academy Press, Washington, DC

9. Food and Nutrition Board, Institute of Medicine (2002) Dietary reference intakes for vitamin A, vitamin K, arsenic, boron, chromium, copper, iodine, iron, manganese, molybdenum, nickel, silicon, vanadium, and zinc. National Academy Press, Washington, DC

10. Eaton AD, Clesceri LS, Rice EW, Greenburg AE (eds) (2005) Standard methods for the examination of water and wastewater, 21st edn. Method 2340, hardness. American Public Health Association, American Water Works Association, Water Environment Federation, Washington, DC, pp 2 – 37 to 2 – 39

11. Murphy J, Riley JP (1962) A modified single solution method for the determination of phosphate in natural waters. Anal Chim Acta 27:31 – 36

12. Covington AK (ed) (1980) Ion selective electrode methodology, CRC, Boca Raton, FL

13. Wang J (2006) Analytical electrochemistry, 3rd edn. Wiley, New York

14. European Hygienic Engineering and Design Group (2005). Safe and hygienic water treatment in food factories. Trends in Food Sci Tech 16:568 – 573

第五篇　化学特性分析

pH和可滴定酸度测定

22

Catrin Tyl
George D. Sadler

22.1　引言

在食品分析中有两种相关的酸度概念:pH 和可滴定酸度。每一个定量分析方法都有其特殊的方式提供评价食品品质的见解。

可滴定酸度是通过用标准碱滴定所有的酸度来定量测定食品中的总酸浓度的(也叫总酸度)。因此,可滴定酸度比 pH 更能反映酸对食品风味的影响。然而,总酸度并不能提供食品的所有相关信息。例如,微生物在一些食品中的生长能力更多依赖于水合氢离子浓度 H_3O^+,而不是可滴定酸度。在水溶液中,这些水合氢离子是由水与从酸中解离的氢离子 (H^+)组成的。对游离 H_3O^+ 浓度的定量引出了第二个重要的酸度概念,即 pH(又称有效酸度,详见 22.3)。pH 被定义为氢离子浓度的负对数(以 10 为底),酸度值为1 ~ 14。在食品中,它不仅是酸的种类和浓度的函数,而且也是相应电离的酸的浓度函数(它们的共轭碱)。如果以相似的量存在,则该系统可以被描述为缓冲体系。

有关测定总体和特定食品 pH 和可滴定酸度的信息,详见参考文献[1 – 16]。有关精选食品的 pH 和可滴定酸度,详见参考文献[10]。

22.2　中和反应的计算和转换

22.2.1　浓度单位

本章将介绍可滴定酸度的计算和测定 pH 的原理和应用。定量测定食品组分时,必须制备精确浓度的标准溶液并稀释至工作浓度。

食品分析中使用的常用术语概括如下。摩尔浓度(mol/L)和当量浓度(N)是食品分析中最常用的国际单位(SI),浓度也可以用百分比表示。

摩尔浓度(mol/L)是代表每升溶液中溶质摩尔数的浓度单位。当量浓度(N)是代表每升溶液中溶解溶质的克当量(Eq)的浓度单位。在酸性和碱性溶液中,当量浓度常用来表示每升溶液在中和反应中被置换 H^+ 或 OH^- 的浓度。对于氧化还原试剂,当反应完成时,当量浓度表示每升溶液在反应中置换的电子浓度。下列是摩尔质量与当量浓度的一些例子:

中和反应:

$$1mol/L\ H_2SO_4 = 2N\ H_2SO_4 \qquad 每摩尔酸相当于\ 2\ 当量\ H^+$$

$$1mol/L\ NaOH = 2N\ NaOH \qquad 每摩尔碱相当于\ 1\ 当量\ OH^-$$

$$1mol/L\ CH_3COOH = 1N\ 乙酸 \qquad 每摩尔酸相当于\ 1\ 当量\ H^+$$

$$1mol/L\ H_2C_4H_4O_5 = 2N\ 苹果酸 \qquad 每摩尔酸相当于\ 2\ 当量\ H^+$$

氧化还原反应:

$$HSO_3^- + I_2 + H_2O \rightleftharpoons SO_4^{2-} + 2I^- + 3H^+$$

$$1mol/L\ I_2 = 2N\ 碘 \qquad 每摩尔碘相当于\ 2\ 当量碘离子$$

$$1mol/L\ HSO_3^- = 2N\ 重亚硫酸盐 \qquad 每摩尔亚硫酸盐相当于\ 2\ 当量重亚硫酸盐$$

在食品分析中许多分析测定使用当量这个概念去测定未知浓度。这样的分析测定方法使用化学计量法或者是反应生成某一特定产物的原子的整数比。最为熟悉的是中和反应,在此反应中,氢离子被交换出来,并可以根据标准碱用化学计量法来计算定量。使用中和反应进行食品分析的例子包括凯氏定氮法测定氮含量[详见 18.2.1.3(4)],通过测定苏打水中的苯甲酸含量,从而得到可滴定酸度的含量。当量概念也可以用于氧化还原反应中,对发生电子转移的未知分析物的定量测定。当量可以定义为物质的相对分子质量除以反应中的质子数。例如,H_2SO_4 的相对分子质量为98.08。每摩尔硫酸相当于 2 当量 H^+,因此,1g 当量硫酸为49.04g。

在食品分析中一些重要酸的相对分子质量和当量,如表 22.1 所示。在处理当量浓度和毫升数时,经常使用毫克当量(mEq)概念,毫克当量是克当量除以 1000。

表 22.1   食品中常见的酸的相对分子质量和当量

酸	化学分子式	相对分子质量	每摩尔当量	当量
柠檬酸(无水)	$H_3C_6H_5O_7$	192.12	3	64.04
柠檬酸(含水)	$H_3C_6H_5O_7 \cdot H_2O$	210.14	3	70.05
醋酸	$HC_2H_3O_2$	60.06	1	60.05
乳酸	$HC_3H_5O_3$	90.08	1	90.08
苹果酸	$H_2C_4H_4O_5$	134.09	2	67.05
草酸	$H_2C_2O_4$	90.04	2	45.02
酒石酸	$H_2C_4H_4O_6$	150.09	2	75.05
抗坏血酸	$H_2C_6H_6O_6$	176.12	2	88.06

续表

酸	化学分子式	相对分子质量	每摩尔当量	当量
盐酸	HCl	36.47	1	36.47
硫酸	H_2SO_4	98.08	2	49.04
磷酸	H_3PO_4	98.00	3	32.67
邻苯二甲酸氢钾	$KHC_8H_4O_4$	204.22	1	204.22

百分浓度是指每 100mL 或 100g 样品中的溶质或者分析物的含量。不像物质的量浓度、当量浓度和当量,百分浓度不要求深刻理解反应的化学计量。百分含量可用来表达溶液体积或者固体重量的百分数,可以用体积分数(V)或者质量分数(W)表示。因此,特有的主要成分通常会有说明。例如,10%(W/V),10%(V/V)和 10%(W/W)虽然数值相同,但是表示不同的浓度,因为这两种组分的相对密度是不一样的。当百分率小于 1% 时,可以用百万分之一(ppm),十亿分之一(ppb),甚至用万亿分之一(ppt)表示。溶质或分析物的百分率是指溶质的质量(体积)与样品的质量(体积)之比乘以 100,同样 ppm 就是指溶质质量与样品的质量之比乘以 1000000。

22.2.2　中和和稀释相关方程式

在一般情况下,一些规则有助于判断平衡反应。在完全中和反应中,一种中和反应物的当量等于另一种反应物的当量。用数学公式表达如下:

$$X 的体积 \times X 的当量数 = \gamma 的体积 \times \gamma 的当量数 \tag{22.1}$$

式(22.1)也可以用来解决溶液的稀释问题,即 X 代表原液,γ 代表工作液。当式(22.1)用于解决稀释问题时,所有浓度值的单位都可以用当量浓度来替换,每个数值后面应标明单位,可以通过单位的互相抵消来快速检查计算是否正确。

22.3　pH

22.3.1　酸碱平衡

Bronsted – Lowry 中和理论基于酸和碱以下定义。

酸:酸是提供质子的分子或离子,在食品体系中氢离子是唯一重要的质子供体。

碱:碱是能接受质子的分子或离子。

中和反应是酸和碱作用生成盐的反应,例如,

$$HCl + NaOH \Longleftrightarrow NaCl + H_2O \tag{22.2}$$

在水溶液中,酸形成的水合质子被称为水合氢离子(H_3O^+),碱形成的水合质子被称为水合氢氧根离子(OH^-):

$$H_3O^+ + OH^- \Longleftrightarrow 2H_2O \tag{22.3}$$

在任何温度下,H_3O^+ 和 OH^- 的体积摩尔浓度(mol/L)的乘积是一个常数(注意:摩尔

浓度通常由括号中单位表示),称为水的离子积常数 K_W:

$$[H_3O^+][OH^-] = K_W \tag{22.4}$$

K_W 随温度变化而变化。例如,

在25℃时,$K_W = 1.04 \times 10^{-14}$,而100℃时,$K_W = 58.2 \times 10^{-14}$

上述 K_W 的概念涉及的是纯水中的 H_3O^+ 和 OH^- 浓度,实验发现在25℃时 H_3O^+ 和 OH^- 浓度都约为 1.0×10^{-7} mol/L。因为纯水的 H_3O^+ 和 OH^- 浓度相同,所以被认为是中性的。假设在25℃时,纯水中加入一滴酸,H_3O^+ 浓度升高,OH^- 浓度下降,但 K_W 不变(1.0×10^{-14})。相反地,如果在纯水中加入一滴酸,H_3O^+ 浓度下降,OH^- 浓度升高,但 K_W 仍为 1.0×10^{-14}。

从上述问题中,如何测定 pH 呢?为了回答这个问题,必须观察各种食品中 H_3O^+ 和 OH^- 浓度,如表22.2所示。因为大量复杂的数据使计算变得十分麻烦,所以瑞典化学家 S. L. P. Sorensen 在1909年提出了 pH 法。

表 22.2   **25℃时部分食品的 H_3O^+ 和 OH^- 浓度**

食品	$[H_3O^+]$/(mol/L)	$[OH^-]$/(mol/L)	K_W
可乐	2.24×10^{-3}	4.66×10^{-12}	1×10^{-14}
葡萄汁	5.62×10^{-4}	1.78×10^{-11}	1×10^{-14}
七喜	3.55×10^{-4}	2.82×10^{-11}	1×10^{-14}
Schlitz 啤酒	7.95×10^{-5}	1.26×10^{-10}	1×10^{-14}
纯水	1.00×10^{-7}	10.00×10^{-7}	1×10^{-14}
自来水	4.78×10^{-9}	2.09×10^{-6}	1×10^{-14}
氧化镁乳剂	7.94×10^{-11}	1.26×10^{-4}	1×10^{-14}

摘自参考文献[14]。

pH 被定义为氢离子浓度的倒数的对数值,也等于氢离子浓度的负对数。

$$pH = -\log[H^+] \tag{22.5}$$

因此,H_3O^+ 摩尔浓度为 1.0×10^{-6},就可以简单的表示为 pH = 6,$[OH^-]$ 用 pOH 表示,pH 为6就等同于 pOH 为8,如表22.3所示。

计算 pH 为4.30的啤酒的 $[H^+]$:

第一步:把数字代入 pH 等式

$$pH = -\log[H^+]$$

$$4.30 = -\log[H^+]$$

$$-4.30 = \log[H^+]$$

$$-4.30 = 0.70 - 5 = \log[H^+]$$

第二步:计算 -4.30 的反对数:

$$[H^+] = 5 \times 10^{-5} \text{mol/L}$$

表 22.3		在 25℃时 pH 对应的[H$^+$],pOH 对应的[OH$^-$]	
[H$^+$]/(mol/L)	pH	[OH$^-$]/(mol/L)	pOH
1×10^0	0	1×10^{-14}	14
10^{-1}	1	10^{-13}	13
10^{-2}	2	10^{-12}	12
10^{-3}	3	10^{-11}	11
10^{-4}	4	10^{-10}	10
10^{-5}	5	10^{-9}	9
10^{-6}	6	10^{-8}	8
10^{-7}	7	10^{-7}	7
10^{-8}	8	10^{-6}	6
10^{-9}	9	10^{-5}	5
10^{-10}	10	10^{-4}	4
10^{-11}	11	10^{-3}	3
10^{-12}	12	10^{-2}	2
10^{-13}	13	10^{-1}	1
10^{-14}	14	10^0	0

摘自参考文献[14],经允许使用。

注:[H$^+$][OH$^-$]总是等于 1×10^{-14}。

虽然从数值角度来看,使用 pH 法比较简单,但它在很多学生的头脑里是个模糊的概念。必须牢记的是,pH 是一个对数值,1 个 pH 单位的变化实际上是[H$_3$O$^+$]改变了 10 倍。

理解 pH 和可滴定酸度是不同的这点很重要。强酸如盐酸、硫酸和硝酸在 pH 为 1 时几乎完全解离。食物酸分子(柠檬酸、苹果酸、乙酸、酒石酸等)只有小部分在溶液中分解。这一点可以通过比较 0.1mol/L 盐酸和乙酸溶液的 pH 来说明。

$$HCl \Longrightarrow H^+ + Cl^- \tag{22.6}$$

$$CH_3COOH \Longrightarrow H^+ + CH_3COO^- \tag{22.7}$$

HCl 在水溶液中完全解离,在 25℃时的 pH 值为 1.02。而 CH$_3$COOH 在 25℃时大约只有 1% 被电离,其 pH 仅为 2.89。pH 部分解离的计算方法和意义详见 22.4.2.1。

22.3.2　pH 计

22.3.2.1　相对离子活度

在使用 pH 电极时,必须考虑相对离子活度与浓度的概念。活度是表示化学反应性的一个量度,而浓度是溶液中离子的所有形式(游离和结合)的量度。因离子之间及离子与溶剂之间会发生反应,所有离子的有效浓度或活度通常低于实际浓度,只有在无限稀释时,活度才趋向于浓度。活度和浓度之间的关系用式(22.8)表示:

$$A = \gamma C \tag{22.8}$$

式中　A——活度,Bq;

　　　γ——活度系数;

　　　C——浓度,mol/L。

活度系数是表示离子离解能力的函数。离解能力是表示溶液中所有离子浓度的函数。活度对 pH 为 1 以下的水合氢离子或 pH 为 13 以上的水合氢氧根离子是极其重要的。虽然这种极端 pH 在食品科学中并不常见,但离子离解能力可能很强,因此需要使用不同的计算方法,详见参考文献[1]。

22.3.2.2 基本原理

pH 计(一种测量微电压波动的装置)是一种用电位法来测定 pH 的装置,这种电位法(电化学法的零电流伏安法)的基本原理是将两个电极插入一种被测溶液中形成原电池,电压的大小与溶液的离子浓度有关。由于电流的存在可以改变电极周围的离子浓度或者产生不可逆的反应,电压的变化可通过微小电流(10^{-12}A 甚至更小)的变化测量出来。

pH 系统最主要的四个部分为:①参比电极;②指示电极(对 pH 敏感);③在高阻状态下能够测量微小的电压变化的电压计或放大器;④被测样品(图 22.1)。为了方便起见,最新的 pH 电极将参比电极和指示电极结合在一起(详见 22.3.2.5)。

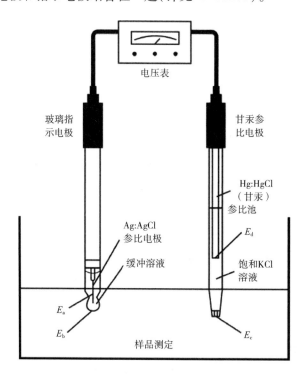

图 22.1 电位计测量 pH 的检测电路

E_a——Ag:AgCl 电极和内部液体间的接触电势,只与温度有关,而与测量溶液的 pH 无关。

E_b——位于 pH 敏感玻璃薄膜上的电势,不仅随着溶液的 pH 变化,而且随着温度的变化而变化。另外,玻璃电极的膜电势是不均匀的,它受玻璃膜的组成和形状的影响,会随着电极的使用年限而变化。

E_c——饱和 KCl 溶液与测试样品之间的扩散电势,基本与被测溶液无关。

E_d——甘汞电极与 KCl 盐桥之间的接触电势,只与温度有关,而与被测液无关。

摘自参考文献[4],经允许使用。

如图 22.1 所示,该装置由两个设计精细的电极组成,以便产生一个恒定的、重现性良好的电动势。因此,在没有其他离子的情况下,两个电极之间的电势差是固定的并且容易计算的。然而,溶液中的 H_3O^+ 通过离子选择玻璃膜在指示电极上会产生一个新的电动势,两个电极间的电位差与 H_3O^+ 浓度负对数成正比,所有单个电势之和所产生的新电动势被称为电极电势,并且最终转化成 pH 的读数。

氢离子浓度(更准确地说是离子活度)是由两个电极之间的电位差决定的,能斯特方程指出了两者之间的关系:

$$E = E_0 + 2.303 \frac{RT}{zF} \lg A \tag{22.9}$$

式中 E——测量电极电势;

E_0——标准电极电势,在标准的温度、离子浓度和电极组成的条件下,系统中各个单独电势的和为常数,V;

R——普通气体常数,8.313J/(mol·K);

F——法拉第常数,96490C/mol;

T——绝对温度,K;

z——电离离子数,mol;

A——被测离子活度,Bq。

对于一元离子(例如氢离子)在 25℃时,2.303RT/F 的值为 0.0591,即

$$2.303 \times 8.313 \times 298/96490 = 0.0591 \tag{22.10}$$

因此,电极系统产生的电位差是 pH 的线性函数,所以每改变一个 pH 单位,电极电势就改变 59mV(0.059V),在电中性时(pH = 7),电极电势是 0mV。当 pH = 6 时,电极电势是 60mV;当 pH = 4 时,电极电势是 180mV;而相反,当 pH = 8 时,电极电势是 −60mV,(图 22.2)。

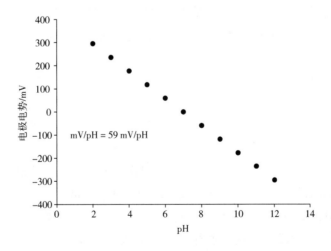

图 22.2   一元酸 25℃下电极电势和 pH 的关系

必须强调上述电压与 pH 的关系只在 25℃的条件下成立,随着温度的改变 pH 读数会发生变化与式(22.3)一致。例如,在 0℃,电极电势是 54mV;在 100℃时电极电势是 70mV。

现代 pH 计内置灵敏度旋钮(温度补偿),用来校正温度对 pH 的影响。

22.3.2.3 参比电极

在 pH 系统中,参比电极需要完整的电路,这个半电池是 pH 计中最复杂的部分,pH 测量中遇到的问题常常与参比电极有关。

饱和甘汞电极(图 22.1)是常见的参比电极,它基于以下的可逆反应:

$$Hg_2Cl_2 \Longrightarrow 2\ Hg + 2Cl^- \tag{22.11}$$

25℃时,饱和 KCl 盐桥的 $E_0 = 0.2444V$,对于一个标准氢电池,这个反应的能斯特方程式如下:

$$E = E_0 - 0.059/2 \log[Cl^-]^2 \tag{22.12}$$

因此,从上式可知,甘汞电极的电位取决于氯离子的浓度,此电势可通过在电极中使用的饱和 KCl 溶液来调控。

甘汞参比电极有三个主要部分:①插在混合甘汞(Hg_2Cl_2)中的一些铂丝;②一种填充溶液(饱和 KCl 溶液);③可使填充液缓慢渗透至被测溶液的液络部。液络部是由陶瓷或纤维制成,容易堵塞,造成电极响应变得缓慢,不稳定且不准确。

银 - 氯化银电极是一种应用较少的参比电极。甘汞电极在高温(80℃)或强碱性样品(pH >9)中不稳定,在这种情况下可使用银 - 氯化银电极,该电极的重现性非常好。其反应如下所示。

$$AgCl(s) \Longrightarrow Ag(s) + Cl^- \tag{22.13}$$

该电极里面的金属元素是镀银的铂丝,表面的银在盐酸中生产氯化银,填充 4mol/L KCl 的饱和 AgCl 溶液混合物制成,以防止金属电极内表面的 AgCl 被溶解。因为液络部通常用多孔的陶瓷制成,同时 AgCl 的溶解性相对较差,所以此电极比甘汞电极更容易被堵塞。另外一种复合电极,其独立的内部结构是由 Ag/AgCl 电极电解质和陶瓷结合装置组成的,而外部则包含了另一电极电解质和连接装置,从而使样品不会直接接触电极内部。

22.3.2.4 指示电极

现在常用于 pH 测量的指示电极是玻璃电极。与参比电极类似,此指示电极(图 22.1)也可分为三个基本组成部分:①由与汞桥相联的银 - 氯化银电极作为电位计主体;②由 0.01mol/L HCl、0.09mol/L KCl 和醋酸盐组成的缓冲溶液,以保持恒定的 pH(或 E_a);③电极前端的 pH 感应玻璃膜用于测量随 pH 变化而变化的电位(E_a)。用玻璃电极作为测定的 pH 的指示电极,其测得的电位与 pH 成正比。$E = E_0 - 0.059pH$。

常见的玻璃电极适用的 pH 为 1 ~ 9。这种电极特别是在钠离子存在条件下,对高 pH 较敏感,为此仪器制造商已经开发了适用于所有 pH 范围(pH 0 ~ 14)的现代玻璃电极,并且该玻璃电极的测量误差很小,在 25℃下 pH 的误差 <0.01。

22.3.2.5 复合电极

如今许多食品分析实验室都使用复合电极,即将 pH 电极和参比电极组合成单个对温度敏感的电极,复合电极的大小及外形多种多样,应有尽有,从非常小的微型电极到平面型的电极,从全玻璃的到塑料的电极,从裸露的到带保护的以防止玻璃破损的电极。微型电极常被用于测定非常小的体系的 pH,如细胞或显微镜片上的溶液;平面型的电极能用于测定半固体和高黏度的物质,如肉类、乳酪、琼脂板和体积低于 $10\mu L$ 的体系的 pH。

22.3.2.6　pH 计的使用指南

pH 计的正确操作和保养非常重要,应当遵从生产厂家的使用指导。为了达到最高精密度,pH 计可用两种标准溶液校正(双点校正),选择两种 pH 间隔为 3 的缓冲剂,使待测样品的 pH 处于此两个 pH 之间。实验室广泛使用的三种标准缓冲溶液为:pH 4.03、pH 6.86 和 pH 9.18(25℃),它们分别被制成粉红、黄、蓝色溶液。

当 pH 电极进行单点校正操作时,应遵从有关校正点的指导。用蒸馏水清洗电极并吸干,插入第二种缓冲液(例如,pH 4.03)中进行二次校正,此时,用 pH 计的斜率控制钮调节 pH 读数至第二种缓冲溶液的正确 pH,如有必要,重复这两步,直到读出的第二种缓冲溶液的 pH 的误差精确到 0.1 单位 pH。如果不能做到这点,说明仪器的工作状态不正常,需要检查电极,尤其要注意参比电极。保存电极应符合厂家的要求,若如上所述,电极就可以随时使用并且能延长使用寿命。至于参比电极,使用前需做预备工作,电极中保护液的液面应至少低于饱和 KCl 溶液 2cm 以上,这样可以防止保护液分散到电极中,如图 22.3 所示。

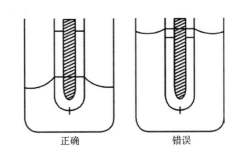

正确　　　错误

图 22.3　甘汞电极在溶液中的正确和错误的位置
摘自参考文献[14]。

22.4　可滴定酸度

22.4.1　概述和原则

由酸碱滴定得到的食品的可滴定酸度是用来衡量总酸度的。这部分酸通常是有机酸(例如柠檬酸、乳酸、苹果酸和酒石酸),而有时添加在食品中的磷酸是一种无机酸。有机酸在食品中主要影响食品的风味、颜色、微生物稳定性,以及食品的质量。水果中的有机酸,结合其糖含量,常被用来判断水果是否成熟(详见 22.4.6)。虽然有机酸是天然存在于食物中的,但也可以由发酵或在食品调配加工过程中形成。

为了确定可滴定酸度,一个已知体积(或者质量)的食品样品被标准碱滴定,到达一个 pH 或者磷酸的滴定终点。标准碱的用量、空白标准碱用量和样品的体积(或者质量)可共同计算出滴定酸度,主要表示为有机酸含量。

22.4.2　基本原理

酸碱滴定的终点可以用 pH 来判断,它可用 pH 计直接测得,但更为普遍的是使用指示

食品分析(第五版)

剂,在一些情况下,滴定中 pH 的变化会导致一些小问题的产生,酸理论的背景知识有助于充分理解滴定原理并解决可能发生的问题。

22.4.2.1　缓冲体系

尽管 pH 能设定在 1 ~ 14 的范围内,而实际上 pH 计很难测得 pH 为 1 以下的值,这是由于氢离子在高浓度酸存在的条件下解离不完全造成的。在 0.1mol/L 时,强酸被认为完全解离。因此强酸滴定强碱会出现完全解离。在滴定过程中,pH 等于剩余酸的氢离子浓度(图 22.4)

所有食品的有机酸为弱酸,最多只能从分子中解离出 3% 的氢离子,在滴定中随着游离氢离子的减少,新的氢离子从其他未解离的分子中解离出来,这种趋势减缓了溶液 pH 的突变,溶液减缓 pH 变化的性质称为缓冲作用,在滴定弱酸时 pH 滴定曲线比滴定强酸更为复杂。这种关系可用 Henderson – Hasselbalch 方程式来预测,

$$pH = pK_a + \log \frac{[A-]}{[HA]} \tag{22.14}$$

[HA]表示未解离酸浓度。[A⁻]表示其盐浓度,被看做共轭碱。共轭碱等于共轭酸 $[H^3O^+]$ 的浓度。pK_a 表示在未解离酸与共轭碱处于等量时的 pH,方程式表明当 $pH = pK_a$ 时将出现最大缓冲能力。图 22.5 所示为用 0.1mol/L NaOH 滴定 0.1mol/L 醋酸时的 pH 变化。

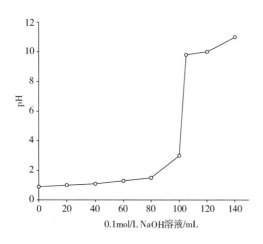 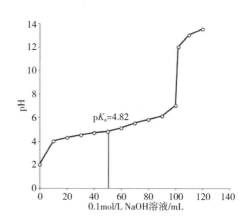

图 22.4　强酸强碱中和滴定中用 **pH** 表示经碱部分中和后剩余酸的浓度　　**图 22.5**　强碱滴定一元弱酸,缓冲区就在 **pK_a(4.82)** 附近,其任意点 **pH** 可用 **Henderson – Hasselbalch** 方程表示

二元和三元酸分别有两个和三个缓冲区。图 22.6 为柠檬酸的 pH 滴定曲线。如果多元酸存在三个或更多的 pKa,那么 Henderson – Hasselbalch 方程能预测每一步解离的平衡。然而,在两个区间的过度区域,由于存在从非解离状态转化生成的质子和共轭碱而变得复杂,而且 Henderson – Hasselbalch 方程在两个 pK_a 之间的等电点附近也不成立。但在等电点处的 pH 易于计算,即 pH 等于 $(pK_{a_1} + pK_{a_2})/2$,表 22.4 所示为在食品分析中部分重要酸的 pK_a。

使用 Henderson – Hasselbalch 方程精确的预测 pH,要求所有组分构成理想溶液。溶液中所有活性组分在无限稀释的情况下近似于理想溶液。然而,真实的溶液可能表现得并不理想。对于此种溶液,Henderson – Hasselbalch 方程只能提供较好的 pH 预测,为了掌握更多缓冲溶液的细节和解决实际问题,Henderson – Hasselbalch 方程被用来计算缓冲溶液 pH。

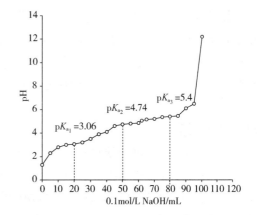

图 22.6　强碱滴定多元弱酸

使用 Henderson – Hasselbalch 方程精确预测 pH 的前提是溶液中所有成分形成理想溶液。当所有活性成分被无限稀释时,该溶液可近似看作理想溶液。但是实际溶液不可能表现的像理想溶液一样。对于实际溶液来说,Henderson – Hasselbalch 方程只能为溶液的 pH 提供一个较好的预测值。想要了解更多缓冲溶液的细节或是使用 Henderson – Hasselbalch 方程配制缓冲溶液和在实际操作过程中预测 pH 的问题。

缓冲区域存在于每个解离常数附近。如果酸度系数被分成三段以上,Henderson – Hasselbalch 方程能够预测每个酸度系数的 pH。但是每个酸度系数之间,复杂的混合物转化使计算其 pH 几乎不可能。

表 22.4　食品分析中重要酸的酸度系数

酸	pK_{a_1}	pK_{a_2}	pK_{a_3}
草酸	1.19	4.21	—
磷酸	2.12	7.21	12.30
酒石酸	3.02	4.54	—
苹果酸	3.40	5.05	—
柠檬酸	3.06	4.74	5.40
乳酸	3.86	—	—
抗坏血酸	4.10	11.79	—
醋酸	4.76	—	—
邻苯二甲酸氢钾	5.40	—	—
碳酸	6.10	10.25	—

注:食品分析实验手册第 2 章表 2.2 列出了与此处不同的值。查看这一章节可以了解更多影响解离常数的因素。

22.4.2.2　电位滴定

在滴定化学计量点时,酸克当量数恰好与碱克当量数相等,所有的酸都被中和。当接近化学计量点时,Henderson – Hasselbalch 等式中的分母 [HA] 接近无穷小,[A⁻]/[HA] 的商呈指数增长。随后,溶液 pH 快速上升,最终接近滴定剂的 pH。确切的化学计量点是 pH 曲线发生突跃范围的中间值。使用 pH 计确定滴定终点,称为电位滴定法。通过电位滴定测量化学计量点的优势是能得到精确的化学计量点。由于滴定终点 pH 变化(这种快速变化不是指最终 pH 自身)非常迅速,pH 计无法得到真实而精确的终点 pH。为了确定化学计量点,必须仔细记录 pH 随滴定值的变化。这一缺点和某些 pH 计探头物理因素的限制以及某些电极缓慢的响应速度在某种程度上使电位滴定显得有些麻烦。

22.4.2.3 指示剂

在常规测定中,可简便地使用指示剂指示近似终点。这个近似点会略高于化学计量点。使用指示剂时,指示终点或终点颜色的变化替代了化学计量点。需要强调的是,使用指示剂法得到的结果是近似值,并且取决于所用的指示剂类别。酚酞是食品分析中最常用的指示剂,它在 pH 为 8.0~9.6 时由透明变为红色,通常在 pH 为 8.2 时显著变色。这个值被定义为酚酞指示终点。

表 22.4 所示的 pH 表明食品中天然的有机酸在酚酞变色范围内没有缓冲作用。但是,磷酸(软饮料中的酸味剂)和碳酸(水中的二氧化碳)在这个 pH 处有缓冲作用。因此,对于这些酸来说从真实的化学计量点到实际的滴定终点还需要较大的过量滴定,滴定至不真实的终点得到的是偏高的测定结果。滴定这些酸时,通常首选电位分析。先煮沸去除样品中二氧化碳的干扰,然后用酚酞滴定作为指示剂滴定剩余的酸。

深色样品会出现滴定终点难以确定的问题。当有色溶液干扰颜色观察时,通常选用电位分析法。对于常规分析,pH 与滴定标准液曲线不会绘制得像图 22.5 和图 22.6 那样。样品只能滴定至 pH 为 8.2(酚酞的反应终点)。即使在电位滴定法中,由于只能对应于酚酞的终点,因此实际测得的是反应终点,而不是化学计量点。

对于电势滴定终点来说,pH 为 7 比 pH 为 8.2 更适合作为分析终点。因为 pH=7.0 在整个 pH 的范围中标志着真正的中性。但是当所有酸都被中和时,共轭碱仍会残留在溶液中,这导致化学计量点的 pH 通常会略微高于 7。如果选择 pH=7 作为有色溶液的终点,而在无色溶液的终点选择 pH 为 8.2 时,就会容易混淆。

稀酸溶液(如蔬菜提取汁)需要用稀标准碱溶解,以进行精确滴定。但是从化学计量点滴定至 pH 8.2 可能需要大量稀释碱液。在低浓度的酸溶液中,经常选择溴麝香草酚蓝作为指示剂。在 pH 6.0~7.6,溴麝香草酚蓝会由黄色变为蓝色,其滴定终点为溶液变为亮绿色,终点的判别比用酚酞指示剂更易受其他因素的影响。

指示剂溶液的浓度很少超过 0.1g/mL。所有的指示剂不是弱酸就是弱碱,在其变色区间具有一定的缓冲功能。如果指示剂的量添加太多,会在分析时破坏样品的酸碱体系从而干扰滴定。所以指示剂溶液应尽量用能够表现出颜色变化的最小用量。一般会在滴定溶液中滴加 2~3 滴指示剂,并且指示剂的浓度越低,滴定终点越灵敏。

22.4.3 试剂的制备

22.4.3.1 标准碱溶液

氢氧化钠是在滴定酸度的过程中最常使用的碱。从某些方面来说,氢氧化钠不适合作为标准碱。试剂级别的 NaOH 易吸水潮解,且经常含有 Na_2CO_3 杂质。因此,其工作液的当量浓度通常不精确,必须用另一已知当量的酸进行校正。然而 NaOH 价格便宜,易获得以及长久以来的使用传统使它仍是最常使用的标准碱液。工作液通常用 50%(W/V)NaOH 水溶液来配制。碳酸钠在碱液中几乎不溶,并且储存 10d 以上会逐渐沉淀。

NaOH 会与水和空气中的 CO_2 反应生成 Na_2CO_3,降低溶液碱度并在滴定终点形成碳酸缓冲区影响滴定的反应终点。水能够和二氧化碳单独反应产生氢离子,反应方程式如下所示。

$$H_2O + CO_2 \leftrightarrow H_2CO_3（碳酸）\tag{22.15}$$

$$H_2CO_3 \leftrightarrow H^+ + HCO_3^-（碳酸氢根）\tag{22.16}$$

$$HCO_3^- \leftrightarrow H^+ + CO_3^{-2}\tag{22.17}$$

因此,制备原液前应去除水中的 CO_2。可使用不含 CO_2 的气体净化 24h 去除 CO_2 后的纯水或是临用前煮沸蒸馏 20min 再冷却至室温的水。在冷却和长期储藏过程中,空气(含 CO_2)会进入储藏容器。通常使用苏打石灰水(20% NaOH,65% CaO,15% H_2O)或者烧碱石棉防止空气中的 CO_2 重新进入。空气通过这些吸附器也能作为纯净气体,在去除水中的 CO_2 时使用。

50% 碱储备液浓度大约为 18mol/L。用无 CO_2 水稀释碱储备液可得到工作液。现今并没有碱溶液的理想容器,玻璃和塑料容器都被使用,但都有各自的缺点。如果使用玻璃容器,必须用橡胶或厚塑料塞,尽量避免使用玻璃塞。因为碱液放置过久会溶解玻璃,导致容器与塞子的接触面永久黏合,同时与玻璃的反应会降低碱液的浓度。这些不利因素对碱式滴定管也有同样的影响,NaOH 溶液表面张力很小,这导致其很容易在滴定管旋塞处泄漏。在滴定期间,滴定管旋塞处泄漏会使酸值滴定偏高。如果滴定管中的工作溶液长期不用,旋塞阀处溶液易挥发形成局部 pH 的升高,最终可能导致旋塞与滴定管管身的黏合。如果长期不使用,应该清空并洗净滴定管,重新使用时应填满新配制的工作液。

碱液长期储存在塑料容器中需要注意 CO_2 能自由渗透进大多数普通的塑料。尽管有这个缺点,塑料容器仍可作为长期储存碱液的容器。无论使用塑料瓶或是玻璃瓶储存碱液,都应该每周进行一次标定,以修正碱液因与玻璃或与 CO_2 反应而降低的碱浓度。

22.4.3.2 标准酸

NaOH 本身的杂质和吸水性使得其不适合作为初始基准物。所以,NaOH 溶液必须经过标准酸的标定。邻苯二甲酸氢钾(KHP)常作为标定 NaOH 的基准物。

KHP 的游离氢($pK_a = 5.4$)在 pH 为 8.2 处几乎没有缓冲作用。现今能够制备纯度很高的 KHP,并且 KHP 几乎不吸湿,化学性质稳定,能在 120℃ 下干燥不挥发且不分解,另外 KHP 的高分子质量也易于精确称取。

在使用前,KHP 必须在 120℃ 下干燥 2h,然后立刻放入干燥器内冷却至室温。精确称量 KHP 水溶液用来标定未知浓度的碱液。CO_2 在酸性溶液中相对不溶,因此,滴定时搅拌酸性样品对滴定的精度影响不大。

22.4.4　样品分析

现存许多方法测定不同种类食品的可滴定酸。但是对于大多数样品来说都可采用常规方法测定其可滴定酸,并且很多不同方法有着相同的步骤。一般为一定量样品(10mL)用标准碱液(0.1mol/L NaOH)滴定,用酚酞做指示剂。当样品因有颜色导致不能使用指示剂辨别滴定终点时,可用电位滴定确定滴定终点。

典型的电位滴定装置和指示剂滴定的装置,如图22.7所示。当使用指示剂滴定时,通常使用锥形瓶。一般而言,用手震荡足以混匀样品,个别情况可能会用到磁力搅拌。用手混匀时,应该用右手不断漩涡震荡锥形瓶。滴定管上的旋塞放置在右边,左手的四根手指放在旋塞阀的后边,拇指放在阀的前面。滴定速度要慢而均匀,当快要接近滴定终点时,逐滴加入滴定液直至滴定到终点后溶液在5~10s内不褪色为止。

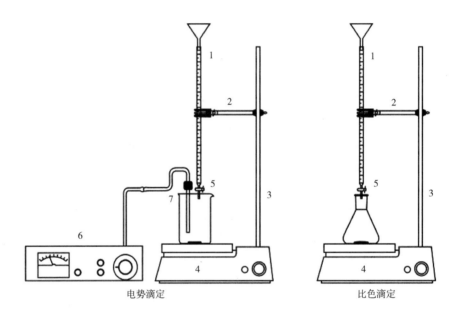

电势滴定　　　　　　　　比色滴定

图22.7　可滴定酸度装置仪

1—滴定管　2—滴定管夹　3—滴定管支架　4—磁力搅拌平台　5—旋塞　6—pH计　7—组合pH探针

当样品需要用电位滴定分析时,因为pH电极宽度的原因通常用烧杯代替锥形瓶。烧杯中样品需要用磁力搅拌棒混匀,且相比于锥形瓶烧杯中的样品更易溅出而造成损失。其操作与指示剂滴定法完全相同。

当滴定高浓度、含胶质或微粒的样品时,会遇到一些问题。这些物质会通过包裹样品材料形成致密的小颗粒,阻止酸在样品中迅速扩散,而扩散速度的减慢会导致滴定终点褪色。对于高浓度样品,可以用去CO_2水稀释样品后进行滴定,最后换算成初始浓度。淀粉和其他一些弱胶质通常用去CO_2水稀释,充分混合后,滴定方法与高浓度样品一致。然而,对一些果胶和食品胶体而言,需要剧烈搅拌混合打散其胶体结构,混合过程中偶尔会产生很多泡沫,可用除泡剂或真空脱气来除泡。

样品处理后,样品中的微粒会引起pH的变化,达到全部溶液的酸平衡通常需要几个月的时间。因此,在滴定前应该通过搅拌机将含有颗粒的样品完全液体化。

但粉碎时易混入大量空气,对测定结果的准确性带来影响。当样品混入空气时,可采用称重法测定等分样品。

22.4.5 可滴定酸度的计算

在普通化学中,酸的强度经常在当量浓度(每升溶液中溶质的当量)中被提到,可用式(22.1)计算。由于食品中的酸通常用占样品质量分数表示。因此,可滴定酸度的计算公式如下:

$$\% 酸度(wt/wt) = \frac{N \times V \times Eq\ wt}{W \times 100} \times 100\% \tag{22.18}$$

式中　N——滴定液的当量浓度;通常是 NaOH,mEq/mL;

V——滴定液消耗的体积,mL;

Eq. wt. ——主要酸的当量质量,mg/mEq;

W——样品的质量,g;

1000——毫克对克的换算系数,mg/g($1/10 = 100/1000$)。

注意滴定液的当量浓度以毫当量(mEq)每 mL 表示,是典型的微量当量浓度报告方式。这个数值与 Eq/L 升相同。还要注意,使用 g 报告样品质量比 mg 更容易,所以样本质量需乘以换算系数 1000mg/g 以抵消单位。

对于果汁常规的酸滴定,样品相同质量的克数可以用 mL 代替,如式(22.18)和式(22.19)所示。根据果汁中可溶性固形物含量的不同,酸值会高出 1% ~ 6%。这都是正常的:

$$酸度\%(wt/vol) = \frac{N \times V_1 \times Eq\ wt}{V_2 \times 1000} \times 100\% \tag{22.19}$$

或者

$$酸度\%(wt/vol) = \frac{N \times V_1 \times Eq\ wt}{V_2 \times 10} \tag{22.20}$$

式中　N——滴定液的当量浓度;通常是 NaOH,mEq/mL;

V_1——滴定液消耗的体积,mL;

Eq. wt. ——主要酸的当量质量,mg/mEq;

V_2——样品的体积,mL;

1000——毫克对克的换算系数,mg/g($1/10 = 100/1000$)。

例如,滴定 15mL 果汁样品需要消耗 17.5mL 浓度为 0.085mol/L 的 NaOH,总滴定酸用柠檬酸(相对分子质量 = 192;当量 = 64)表示,是 0.635%,wt/vol,柠檬酸:

$$\% 酸度(wt/vol) = \frac{0.085 \times 17.5 \times 64}{15 \times 10} = 0.635\% \tag{22.21}$$

注意,无水柠檬酸(对于含水柠檬酸)的当量质量,通常用于滴定的结果计算。

22.4.6 食品中的酸度

大多数食品具有与其生命本身一样复杂的化学性质。例如,它们含有三羧酸循环的各种中间产物(及它们的衍生物)、脂肪酸、氨基酸,从理论上讲所有这些物质对可滴定酸酸度都有影响。常规滴定不能区别单个酸的含量,因此,酸度滴定通常是以占优势的酸为准来表示大多数食品的可滴定酸度的。在某些条件下,如果存在两种高浓度酸,占优势的酸会随着水果的生长期而改变。在葡萄中,苹果酸常在成熟前占主导地位,而在成熟后占优势的是酒石酸。在梨中我们也可以观察到苹果酸和柠檬酸类似的现象。幸运的是,普通食品酸的当量是比较相似的。因此,可滴定酸度的百分比基本上不受酸的混合优势或错误选择的影响。

在食品中酸的浓度范围很广。酸浓度可能低于检测限也可能是食物中的显味物质。食品的风味和质量不仅仅由酸度决定,酸度可用糖来降低,因此,糖度/酸度比率(通常称糖酸比)通常比单独用糖[即在介质中糖的百分比(W/W);详见15.2.5.3]或酸作质量指标更好。随着果实的成熟其酸度降低而糖度增加,因此,糖酸比可作为果实成熟的指标,同时糖酸比也会受气候变化、品种和园艺操作的影响。表22.5所示为许多水果成熟时酸和糖的一般含量。柠檬酸和苹果酸是水果和大多数蔬菜中最普遍存在的酸。然而,叶菜中也可能含有一定量的草酸,乳酸是乳制品中最重要的酸,乳制品的酸度滴定常用于监测乳酪和酸乳生产过程中乳酸发酵进程[16]。

样品中的酸对可溶性固体的折光率有影响。当食品以浆状固体销售时,糖度需要根据酸含量加以校正。对于柠檬酸来说,每增加1%的可滴定酸度需增加0.20°Brix的糖度。

表 22.5 　　　　　　　　　　　　　一些水果中重要的酸度和糖度

水果	主要的酸	酸度/%	糖度/°Brix
苹果	苹果酸	0.27 ~ 1.02	9.12 ~ 13.5
香蕉	苹果酸/柠檬酸(3:1)	0.25	16.5 ~ 19.5
樱桃	苹果酸	0.47 ~ 1.86	13.4 ~ 18.0
蔓越莓	柠檬酸	0.9 ~ 1.36	12.9 ~ 14.2
	苹果酸	0.70 ~ 0.98	—
葡萄柚	柠檬酸	0.64 ~ 2.10	7 ~ 10
葡萄	酒石酸/苹果酸(3:2)	0.84 ~ 1.16	13.3 ~ 14.4
柠檬	柠檬酸	4.2 ~ 8.33	7.1 ~ 11.9
酸橙	柠檬酸	4.9 ~ 8.3	8.3 ~ 14.1
橙	柠檬酸	0.68 ~ 1.20	9 ~ 14
桃	柠檬酸	1 ~ 2	11.8 ~ 12.3
梨	苹果酸/柠檬酸	0.34 ~ 0.45	11 ~ 12.3
菠萝	柠檬酸	0.78 ~ 0.84	12.3 ~ 16.8
树莓	柠檬酸	1.57 ~ 2.23	9 ~ 11.1
草莓	柠檬酸	0.95 ~ 1.18	8 ~ 10.1
番茄	柠檬酸	0.2 ~ 0.6	4

22.4.7　挥发酸

发酵生产醋酸时,有时需要知道有多少酸度来自于醋酸,而又有多少来自于产品中其他一些天然存在的酸。可以先进行第一次滴定以确定总酸度。然后煮沸去除醋酸,将溶液冷却。再滴定非挥发性酸,总酸度与非挥发性酸之差为挥发性酸度。有时类似的实验还可应用于酿酒工业中测定除去溶解的 CO_2 后的非挥发性酸度。去除 CO_2 后可在低温(40℃)和轻微搅拌的条件下测定非挥发性酸度。

22.4.8　其他方法

高效液相色谱(HPLC)法(详见第 13 章)和电化学法都可用来测定食品中的酸度。这两种方法可以鉴定特定的酸。HPLC 法用折光、紫外吸收或酸的某些电化学检测器检测。抗坏血酸有强电化学信号,在 265nm 处有强吸收,其他有机酸的吸收波长都在 200nm 以上。

许多酸能用电化学方法如伏安法和极谱法测定。在理想情况下,电化学方法的灵敏度和专一性是独特的。但杂质的存在常阻碍了电化学方法的可行性。

不同于滴定法,色谱法和电化学法不能区分酸和它的共轭碱。而这两种物质不可避免地共存着,作为食品内在缓冲体系的一部分。这使得仪器测定法比滴定法测定的数值高出 50%。因此,糖酸比只建立在滴定法测定酸度的基础上。

采用离子敏感场效应晶体管(ISFET)设计的新的 pH 探头可用于测量氢离子浓度。这些 pH 计可能使用标准甘汞或 Ag/AgCl 参比电极。而硅基参比电极的开发已经取得了成功。IS-FET 电极的响应时间比传统电极快,此外,紧凑的芯片技术使微型探头的研发成为可能。IS-FET 探头不需要流体介质,可直接测量凝胶、肉类、乳酪和其他密集食品的 pH。但 ISFET 探针的成本较高,且参比电极漂移的趋势使其不能取代传统的 pH 电极进行常规分析。

22.5　总结

有机酸对食品的风味和质量有显著的影响。不同于强酸可以完全电离,有机酸只有部分电离。食品的某些性质只受电离的酸而不是总酸的影响,同时其他一些性质又取决于总酸。仅用化学法测定溶液中电离的氢离子含量是不可行的,一旦氢离子为化学反应所消耗,原来未电离的酸分子就再次电离。指示剂的变色仅取决于氢离子的浓度,它们只能确定达到的 pH,而不能定量测定游离氢离子的浓度。最好的方法是测定氢离子环境对系统性质的次级效应,如指示剂的颜色或介质的电化学电位。pH 计可测量电极电位的变化,这种变化是通过游离氢离子传至指示电极上的半透玻璃膜而产生的。在指示电极与参比电极之间的毫伏电位差可用能斯特方程转化为 pH。指示剂通常用来指示滴定终点,而当样品有颜色不能采用指示剂时,或在一些较为重要的研究中,则可用 pH 计指示终点。

氢离子浓度可根据 pH 的定义即 pH 为氢离子浓度的负对数而推算出来。任何 pH 缓冲溶液都可根据 Henderson – Hasselbalch 公式配制得到。但这些公式的预测都是近似的,除非酸的活度系数和共轭碱的影响都被考虑进去。

可滴定酸度可通过测定食品中的总酸含量方便地得到。但在大多数情况下,由于食品中经常含有许多种酸,通过滴定只能测定食品中的酸含量,而不能区分各种酸。由于 pH 是一个可滴定酸和共轭碱的函数,因而滴定酸度不是一个较好的 pH 表示方法。而仪器法,如用 HPLC 和电化学法测定酸度时,通常将其共轭碱作为单独的化合物进行测定,因此得到的酸含量往往高于滴定法。由于糖的存在会强烈影响到酸测定,因此可滴定酸度往往比由 pH 反映出的游离氢离子的浓度更好地预测酸度。

22.6　思考题

(1)请说出 pH 计中采用电位分析和能斯特方程计算 H^+ 浓度的原理?

(2)请说出饱和甘汞电极和银 - 氯化银电极之间的差异;描述玻璃电极和复合电极的结构。

(3)当你度完假期回来,问你的实验室技术员关于在你离开之前你给他或她的苹果汁样品的 pH,这个技术员忘记测定了,于是他就用放在仪器旁的标准缓冲液校准 pH 计,然后从冰箱(4℃)取出被储存了 2 个星期未经消毒的苹果汁样品,并立即读取样品的 pH。请解释为什么在这种情况下测定的 pH 的不准确及错误的原因。

(4)下列各种食品中,哪些能用可滴定酸度来解释酸的浓度?

①橙汁

②酸乳

③苹果汁

④葡萄汁

(5)什么是"糖/酸比",为什么它经常作为某些食品风味的指示值,而不是单独使用糖度或酸度?

(6)建议用什么方法判断滴定法滴定番茄汁酸度的终点? 为什么?

(7)滴定法使用酚酞作指示剂测定一个煮沸和未煮沸的澄清碳酸饮料。哪一个样品有较高的滴定酸度? 为什么? 你认为其中一个样品的终点会消失吗? 为什么?

(8)为什么测定滴定酸度过程中要使用烧碱石棉塞阀,怎样使用?

(9)为什么易挥发性酸度的测定可作为醋酸发酵产品的质量指标? 如何测定?

(10)作为标定标准 NaOH 溶液的基准物,为什么①KHP 是好的选择,而②HCl,HNO_3 或 H_2SO_4 是不好的选择?

(11)测得样品中含有 1.5% 醋酸时是否也可用含有 1.5% 的柠檬酸表述? 并说出可以或不可以的理由。

(12)指导老师正在评阅学生测定葡萄汁可滴定酸度的实验室报告。其中一位学生的答案是可滴定酸度为 7.6% 柠檬酸。根据上文请说出这个答案错误的两个理由。并给出更合理的回答。

22.7　应用题

(1)你正在滴定两份样品和两份空白,要求每份样品需使用 1mol/L NaOH 溶液 4mL。

实验室有 10% 的 NaOH 溶液和饱和的 NaOH 溶液。请选择一种制备所需 NaOH 溶液的方法并加以叙述。

(2) 你正在滴定五份样品，每份需要 6mol/L HCl 溶液 15mL。如何用试剂级 HCl 溶液制备你所需的溶液？

(3) 0.057mol/L HCl 溶液的 pH 是多少？

(4) 醋中有 1.77×10^{-3} mol/L 的 $[H^+]$，其 pH 是多少？醋中主要的酸是什么？它的结构是什么？

(5) 橙汁中有 2.09×10^{-4} mol/L 的 $[H^+]$，它的 pH 是多少？在橙汁中主要的酸是什么，它的结构是什么？

(6) 香草酸乳的 pH 是 3.59，它的 $[H^+]$ 是多少？香草酸乳中主要的酸是什么，它的结构是什么？

(7) 苹果果冻的 pH 是 3.30，它的 $[H^+]$ 是多少？苹果果冻中主要的酸是什么，它的结构是什么？

(8) 如何用 18mol/L 的 NaOH 储备液配制成 1L 0.1mol/L 的 NaOH 溶液？

(9) 用粗溶液为 18mol/L 的储备液稀释成 0.1mol/L 的碱溶液，用基准的邻苯二甲酸氢钾标定为 0.088mol/L，则原储备液的真实浓度是多少？

(10) 用 25mL 0.1mol/L NaOH 溶液滴定 20mL 果汁样品，如果是苹果汁、橙汁、葡萄汁，那么它们的百分酸度分别是多少？

(11) 实验室要分析大量的橙汁样品，每一个样品 10mL，确定每 5mL 的滴定剂等于 1% 的柠檬酸，该用多少当量浓度的碱？

(12) 实验室要分析苹果汁，希望每 mL 滴定剂等于 1% 的苹果酸，样品取整数 10mL，该用多少当量浓度的碱？

(13) 使用表 22.2，计算可乐的 pH。

答案：

(1) 四份滴定液每份需要 4mL，滴定总共需要 1mol/L 的 NaOH 16mL。为了简单起见，可以制备 20mL 的 1mol/L NaOH。使用式(22.1)来求解储备溶液体积，例如，对于 10% 的 NaOH：

$$10g\ NaOH/100mL = 100g\ NaOH/L = 2.5mol/L\ NaOH$$
$$(20mL)(1mol/L\ NaOH) = (xmL)(2.5mol/L)$$

xmL = 8mL，即将 8mL 10% NaOH 用蒸馏水稀释到 20mL。

如果使用饱和 NaOH 溶液，将 8.7mL 饱和 NaOH 稀释到 100mL 为 1.0mol/L，则 1.87mL 或 2mL 饱和 NaOH 用蒸馏水稀释到 20mL 即为 1mol/L NaOH。

(2) 总共(5 个样品)(2 个重复)(15mL) = 150mL 的 6mol/L HCl：

$$(150mL)(6mol/L\ HCl) = (xmL)(12mol/L\ HCl)$$

xmL = 75mL，即将 75mL 浓 HCl 稀释到 150mL。

(3) 盐酸是强酸，可完全电离，因此，

$$[HCl] = [H^+]$$

$$[H^+] = 0.057 mol/L = 5.7 \times 10^{-2} mol/L$$

$$pH = -\log[5.7 \times 10^{-2}] = 1.24$$

(4)2.75;醋酸。

(5)3.68;柠檬酸。

(6)1.1×10^{-4}mol/L;乳酸。

(7)5.0×10^{-4}mol/L;苹果酸。

(8)使用式(22.1)计算储备液体积,得

$$储备液体积(mL) = \frac{稀释液的浓度\ mol/L \times 稀释液的体积(mL)}{储备液的浓度\ mol/L} = \frac{0.1mol/L \times 1000ml}{18mol/L} = 5.55mL$$

因此,可将 5.55mL 储备液用除去 CO_2 的蒸馏水定容至 1L 容量瓶中。因为 NaOH 不是第一标准,所以此溶液的浓度是一个近似值,必须使用标准试剂 KHP 或其他一些标准试剂作为基准,对上述溶液进行标定而得其真实浓度。重新计算储备液的真实浓度有时是非常有用的。甚至在最佳储存条件下,随着存放时间的推移,溶液的浓度也会下降,但是重新计算储备液浓度将会获得更接近目标浓度的值。

(9)这是一个简单的比率:

$$\frac{0.088}{0.100} \times 18 = 5.55mol/L$$

(10)表 22.5 所示为在苹果、橙和葡萄中的主要成分分别为苹果酸、柠檬酸和酒石酸。表 22.3 所示为这些酸的当量分别为苹果酸(67.05)、柠檬酸(64.04)和酒石酸(75.05)。N, v_1 和 v_2 已知,使用式(22.20),这些果汁的百分酸度是:

$$苹果酸(\%) = \frac{0.1 \times 25 \times 67.05}{20 \times 10} = 0.84\%$$

$$柠檬酸(\%) = \frac{0.1 \times 25 \times 64.04}{20 \times 10} = 0.80\%$$

$$酒石酸(\%) = \frac{0.1 \times 25 \times 75.05}{20 \times 10} = 0.94\%$$

(11)质量控制实验室经常要分析大量的样品的特定酸。如果酸的浓度可以直接从滴

定管读取,就能加快速度提高准确度。这可以通过调节碱的当量浓度来达到此目的。

$$酸度(\%) = \frac{N \times V \times Eq\ wt}{V_2 \times 10} \qquad (22.8)$$

$$N = \frac{酸度(\%) \times V_2 \times 10}{V_1 \times Eq\ wt}$$

酸度(%)、V_1、V_2分别是1%、5mL 和 10mL。柠檬酸的当量是64.04,如表22.2所示,因此,

$$N = \frac{1 \times 10 \times 10}{5 \times 64.04} = 0.3123$$

实际上,佛罗里达州柑橘产业中普遍使用的标准碱溶液为0.3123N。

(12)这个解答与第(11)题类似。酸度(%)是0.1%,V_1是1mL,V_2是10mL,当量为67.05。因此,

$$N = \frac{1 \times 10 \times 10}{1 \times 67.05} = 0.1491$$

(13)将[H⁺]代入方程22.5:

$$pH = -\log[H^+]$$
$$pH = -\log[2.24 \times 10^{-3}]$$

现在有不同的方法来获得正确的答案:

①将浓度输入计算器,取负对数。

②使用 Excel 等计算机程序。Excel 中对应的公式为"$-\log10(2.24 \times 10^{-3})$",虽然学生可能对计算器更熟悉,但从长远来看,在计算机上保存结果可能是有益的。例如,如果需要重复执行类似于缓冲液的计算,则在这种情况下,可以使用相同的方程式,并且只需要改变某些数字。

③把2.24×10^{-3}分成两部分,分别取对数,

$$\log 2.24 = 0.350$$
$$\log 10^{-3} = -3$$

两个 log 计算的值相加等同于未相加之前 log 中的两个值相乘

$$0.350 + (-3) = -2.65$$

将该值放入方程22.1。

这三种方法的 pH 都应该是2.65。

致谢

The author of this chapter wishes to acknowledge Dr. Patricia A Murphy, who was an author of this chapter for the second to fourth editions of this textbook.

参考文献

1. Albert A. , Serjeant EP(1984). The determination of i-onization constants. A laboratory manual, 3rd edition. Chapman and Hall, New York
2. AOAC International(2012) Official methods of analysis,
19th edn. (Online). AOAC International, Rockville, MD
3. Beckman Instruments(1995) The Beckman handbook of applied electrochemistry. Bulletin No. BR-7739B. Fullerton, CA

4. Bergveld, P (2003) Thirty years of ISFETOLOGY, What happened in the past 30 years and what may happen in the next 30 years. Sensors and Actuators B 88 1 – 20.

5. Dicker DH (1969) The laboratory pH meter. American Laboratory, February

6. Efiok BJS, Eduok EE (2000) Basic calculations for chemical & biological analysis, 2nd edn. AOAC International, Gaithersburg, MD

7. Thermo Scientific (2009) Thermo Scientific pH electrode handbook, http://iris. fishersci. ca/LitRepo. nsf/0/ 11C A00B22D99CF698525757600709- B39/ $file/Thermo%20 Scientific%20pH%20El-ectrode% 20Handbook%202009. pdf

8. Gardner WH (1996) Food acidulants. Allied Chemical Co. , New York

9. Harris DC, Lucy CA (2016) Quantitative chemical analysis, 9th edn. W. H. Freeman & Co, New York

10. Joslyn MA (1970) pH and buffer capacity, ch. 12, and acidimetry, ch. 13. In: Methods in food analysis: Physical, chemical, and instrumental methods of analysis, Academic, New York

11. Kenkel J (2014) Analytical chemistry for technicians. 4th edn. CRC Press, Boca Raton, FL

12. Mohan C (1997) Buffers. Calbiochem-Novabiochem International, La Jolla, CA

13. Nelson PE, Tressler DK (1980) Fruit and vegetable juice process technology, 3rd edn. AVI, Westport, CT

14. Pecsok RL, Chapman K, Ponder WH (1971) Modern chemical technology, vol 3, revised edn. American Chemical Society, Washington, DC

15. Skogg DA, West DM, Holler JF, Crouch SR (2000) Analytical chemistry: an introduction, 7th edn. Brooks/ Cole, Pacific Grove, CA

16. Wehr HM, Frank JF (eds) (2004) Standard method for examination of dairy products, 17th edn. American Public Health Association, Washington, DC

脂类特性分析

Oscar A. Pike
Sean O'Keefe

23.1　引言

　　分析食用脂类、油脂特性的方法可分为两类:一类用于分析散装油脂,另一类用于分析食物原料和其脂类萃取物。在测定食物原料时,必须在分析前先进行脂类的萃取。如果有足量的脂类可供使用,那么就可采用分析散装油脂的方法对其进行分析。

　　本章所阐述的分析方法可分为四部分。首先介绍的是散装油脂的经典分析方法,其中许多方法都涉及"湿化学法"。然后分两部分讨论测定脂质氧化的方法。在这些方法中,有些可直接使用未经处理的食物原料,而大部分要求从食物原料中先萃取出脂类。最后介绍了分析脂类组分的方法,其中包括脂肪酸、甘油三酯和胆固醇。

　　现已有许多可用于脂类、油脂特性测定的分析方法[1-13]。本章包括了那些已定为用于食品营养标签和作为大学生食品分析教程的分析方法。许多传统的"湿化学法"已被仪器分析法所增补或替代,如气相色谱法(GC)、高效液相色谱法(HPLC)、核磁共振(NMR)和傅立叶变换红外光谱法(FTIR)。但是,通过学习理解传统方法中的基本概念,有助于进一步掌握仪器分析方法。

　　许多被引用的方法属于美国国际分析化学家协会(AOAC)、美国油脂化学家协会(AOCS)或者国际理论(化学)与应用化学联合会(IUPAC)的法定方法,对其原理、一般步骤和应用方法均有阐述,引用的具体方法如表23.1所示。

表23.1　　　　　所选的 AOCS[2],AOAC[1] 和 IUPAC[3] 方法之间的关系

方法	AOCS	AOAC	IUPAC
散装油脂			
折射率	Cc 7~25	921.08	2.102
熔点			
毛细管熔点	Cc 1~25	920.157	
滑移熔点	Cc 3~25		

续表

方法	AOCS	AOAC	IUPAC
	Cc 3b – 92		
DSC 熔融特性	Cj 1 – 94		
滴点(Dropping point)	Cc 18 – 80		
Wiley 熔点	Cc 2 – 38[①]	920.156	
烟点、闪点和燃点	Cc 9a – 48		
	Cc 9b – 55		
冷冻实验	Cc 11 – 53	929.08	
浊点	Cc 6 – 25		
色泽			
拉维邦德法	Cc 13e – 92		
	Cc 13j – 97		
分光光度法	Cc 13c – 50		2.103
碘值	Cd 1 – 25[①]	920.159	2.205
	Cd 1c – 85		
	Cd 1d – 87		
	Cd 1d – 92	993.20	
	Cd 1e – 01		
皂化值	Cd 3 – 25	920.160	2.202
	Cd 3c – 91		
	Cd 3a – 94		
游离脂肪酸(FFAs)	Ca 5a – 40	940.28	
	Ca 5d – 01		
酸值	Cd 3d – 63	969.17	2.201
固体脂肪指数(SFI)	Cd 10 – 57[①]		2.141
固体脂肪含量(SFC)	Cd 16b – 93		2.150
稠度,针入度法	Cc 16 – 60		
延展性	Cj 4 – 00		
煎炸用油中的极性组分	Cd 20 – 91	982.27	2.507
脂质氧化——现状			
过氧化值	Cd 8 – 53[①]	965.33	2.501
	Cd 8b – 90		
p – 茴香胺值	Cd 18 – 90		2.504
己醛值(挥发性有机化合物)	Cg 4 – 94		
硫代巴比妥酸(TBA)试验	Cd 19 – 90		2.531

续表

方法	AOCS	AOAC	IUPAC
共轭二烯和三烯	Ti 1a – 64	957.13	2.206
	Ch 5 – 91		
脂质氧化——氧化稳定性			
烤箱储存试验	Cg 5 – 97		
油脂氧化稳定性指数(OSI)	Cd 12b – 92		
活性氧法(AOM)	Cd 12 – 57①		2.506
氧弹法			
脂类组分			
脂肪酸组成(包括饱和/不饱和,顺式/反式)	Ce 1 – 62	963.22	2.302
	Ce 1a – 13		
	Ce 1h – 05	996.06	
	Ce 1i – 07		
	Ce 1j – 07		
	Ce 1e – 91①		
	Ce 1f – 96		
脂肪酸甲酯(FAMEs)	Ce 2 – 66	969.33	2.301
	Ce 2b – 11		
	Ce 2c – 11		
反式异构体脂肪酸(红外测定)	Cd 14 – 95		2.207
	Cd 14d – 99		
	Cd 14e – 09		
	Cd 14f – 14		
甘油一酯和甘油二酯(Mono 和 diacylglycerols)	Cd 11 – 57	966.18	
	Cd 11b – 91		
	Cd 11d – 96		
甘油三酯		986.19	
	Ce 5b – 89		
	Ce 5c – 93		
胆固醇(包括其他固醇)		976.26	2.403

注:AOCS(美国油脂化学家协会)、AOAC(美国国际分析化学家协会)、IUPAC[国际理论(化学)与应用化学联合会]。

①尽管这些方法已不再使用,由于在以前被普遍应用,所以依然有参考价值。

23.1.1 定义和分类

如第17章中所述,脂类是溶于有机溶剂,微溶于水的系列化合物。第17章中还概述了对脂类的一般分类,目前食物原料中的脂类主要有以下类型:①脂肪酸,甘油脂肪酸酯,包括甘油一酯、甘油二酯和甘油三酯;②磷脂;③固醇(包括胆固醇);④蜡和⑤脂溶性色素,脂溶性维生素。常用的术语,如单甘油酯、二甘油酯和三甘油酯分别与专业用语甘油一酯、甘油二酯和甘油三酯是同义的。

与脂类相比,油脂通常指商品油、粗炼油或精制油等产品,它们是从动物产品、植物种子和含有脂类的其他植物中萃取出来的。脂肪通常是指在室温下为固体的脂类,而油则是指在室温下为液体的脂类。但是,这三个名词:脂类、油和脂肪经常可以互换使用。

FDA将营养标签中的脂肪含量定义为以甘油三酯形式存在的总脂肪酸含量,而不是过去所用的萃取和称重得到的脂肪含量(详见17.3.6.1)。

"脂肪总量"或者"总脂肪":总脂肪(g)定义为总脂类脂肪酸含量,以甘油三酯的形式存在,该脂肪酸是由一个烷基链和一个羧基末端组成的脂肪类羧酸。总脂肪含量低于5g以0.5g为进位单位;高于5g以1g为进位单位。如果含量少于0.5g,则总脂肪标识为0。[21 CFR 101.9(c)(2)]

这个定义所包含的脂肪酸可能源自甘油三酯、偏甘油酯、磷脂、糖脂、甾醇酯或游离脂肪酸,但是浓度表示为甘油三酯的克数。对于营养标签而言,总脂肪含量由脂肪酸甲酯(FAMEs)气相色谱法(GC)测定,而不是通过萃取和称重测定的总脂肪。虽然这需要更加复杂和昂贵的仪器,但是这种分析为食物的脂肪含量提供了更好的估计。

对于营养标签而言,饱和脂肪定义为不含双键脂肪酸的脂肪含量(以g计算)。饱和脂肪含量低于5g以0.5g为进位单位;高于5g以1g为进位单位。每份食物若饱和脂肪含量低于0.5g,则饱和脂肪标识为0。所有的多不饱和脂肪(PUFA)都定义为以顺,顺-亚甲基间隔的多不饱和脂肪酸,单位表示要求与饱和脂肪相同。而所有的单不饱和脂肪(除非另有规定)则定义为顺式单不饱和脂肪酸。称为顺式的脂肪酸都不能包含有反式同分异构体的脂肪酸。在美国,反式脂肪酸必须在营养标签中标出。营养标签的定义要求反式脂肪酸是不共轭的。食物中的大多数反式脂肪酸都是单不饱和脂肪酸,这样,在顺式和反式以及共轭的顺-反式脂肪酸,例如,共轭亚油酸(CLA)中,对单不饱和脂肪酸和反式脂肪酸的分析方法就要加以区分了。虽然反刍动物脂类中有大量9顺11反式同分异构体,但是仍可检测出一些共轭亚油酸(CLA)异构体[4]。共轭亚油酸(CLA)异构体具有减少癌症和其他疾病风险的作用。

"反式脂肪"或"反式":反式脂肪(g),定义为所有含有反式构型中的一个或多个孤立的(即非共轭)双键不饱和脂肪酸的总量。如果没有关于脂肪、脂肪酸或者胆固醇含量的要求,那么含有少于0.5g总脂肪含量的食物,则不需要反式脂肪酸含量信息的标签声明。[21 CFR 101.9(c)(2)(ii)]

因为上述标签要求使得食物中存在的反式脂肪大大减少,同时也因为FDA决定不再将饮食中主要反式脂肪的来源,部分氢化植物油(PHO)一般认为安全(GRAS)。但是,一些食物仍然含有少量的反式脂肪,因为它天然存在于各种动物产品和可食用油中。

23.1.2 分析的重要性

由于食用脂肪对健康的影响及食品标签的要求迫使食品科学家不但要能够检测出食品原料中的总脂肪含量,而且需要对其进行表征[4-10]。考虑到健康因素,就要求对胆固醇、植物甾醇、少量反式脂肪、$n-3/\omega-3$、饱和、单不饱和和多不饱和脂肪酸的含量进行测定。而脂类稳定性的测定则不但与产品的保存期限有关而且与其安全性有关,因为脂类的有些氧化产物,例如,丙醛、胆固醇氧化物有毒性。另一个有趣的领域是用于深度煎炸过程中油脂的分析[11]。总极性物质(total polarmaterials)和酸值通常被用作深度煎炸油的质量标准。此外,不能被生物利用的脂类(例如,Olestra® 之类的蔗糖聚酯)以及热量低于 38J/g 正常值的脂类(如短链和中链的甘油三酯,如 Salatrim® 和 Caprenin®)构成的食物配料被研究开发,更突出地表明了表征食品中脂类特性的必要性。

23.1.3　食物中脂类含量和典型分析值

商品中富含大量油脂,包括黄油、干酪、仿乳制品(如人造奶油、涂抹品、起酥油、煎炸用油、烹饪油和色拉油)、乳化调味料(如蛋黄酱、花生酱、蜜饯)和肉制品(如肉、家禽和鱼)[12-13]。食物中的总脂肪含量(详见第 17 章,表 17.2)和脂肪酸组成[14]信息已经总结。目前人们正在研究如何测定食物中饱和脂肪、不饱和脂肪、反式异构体、胆固醇、胆固醇氧化物、植物甾醇及其他特征参数的含量。

因为它们的用途是作为食物配料,因此了解并掌握散装油脂的物理和化学特性非常重要。对散装油脂(如大豆油、玉米油、椰子油)的定义和分类,以及本章中所提到的许多检测值都可在 Firestone[14]、Merck 指数[15]以及"脂肪和油"[16]中找到。表 23.2 所示为一些普通油脂商品的典型分析值。不过必须记住散装油脂的分析值会因为其来源、组成以及酸败变质的难易程度不同而发生显著的变化。虽然食品有时可能只含有少量的脂类(如 <1%),但同样会因为氧化和酸败而缩短其货架期。

表 23.2		脂肪和油的部分典型分析值		
脂肪/油的来源	折射率(40℃)	熔点/℃	碘值	皂化值
黄油(牛)	1.453 ~ 1.457		25 ~ 42	210 ~ 254
可可脂	1.456 ~ 1.458	30 ~ 35	32 ~ 40	190 ~ 200
椰子油	1.448 ~ 1.450	21 ~ 26	5 ~ 13	242 ~ 265
玉米	1.465 ~ 1.468	− 18 ~ − 10	107 ~ 135	156 ~ 196
棉籽	1.458 ~ 1.466	− 2	96 ~ 121	189 ~ 199
猪油			45 ~ 168	192 ~ 203
鲱鱼			150 ~ 200	192 ~ 199
橄榄		− 3 ~ 0	75 ~ 94	184 ~ 196
棕榈(油棕)	1.453 ~ 1.460	27 ~ 42.5	45 ~ 56	190 ~ 209
棕榈仁(油棕)	1.448 ~ 1.453	34 ~ 30	14 ~ 24	230 ~ 257
花生	1.460 ~ 1.465	− 5 ~ − 2	73 ~ 107	184 ~ 196
油菜籽	1.465 ~ 1.467		110 ~ 126	182 ~ 193
红花籽	1.467 ~ 1.470	− 5	136 ~ 151	186 ~ 203
大豆	1.466 ~ 1.470		118 ~ 139	188 ~ 195
向日葵	1.467 ~ 1.469		115 ~ 145	186 ~ 196
牛脂	1.450 ~ 1.458	45 ~ 48	33 ~ 50	190 ~ 202

摘自参考文献[14]。

23.2　一般考虑因素

在第 17 章中已经介绍了多种脂肪萃取溶剂和萃取方法。根据脂类的特性,可采用混合溶剂,如己烷 – 异丙醇(体积比 3∶2)或氯仿 – 甲醇(体积比 2∶1)来萃取食品原料中的油脂,然后通过旋转蒸发器或在氮气流的保护下采用旋转蒸发除去溶剂。在萃取物和检测过程中,可在溶剂中加入抗氧化剂[如 10 ~ 100mg/L 2,6 – 二叔丁基 – 4 – 甲基苯酚(BHT)]或采用其他防备措施以防止脂质氧化,例如,用氮气吹洗容器,避免其暴露于光和热的条件下[17]。

采用固相萃取法(SPE)可加快待测样品的预处理,它是将脂类提取物通过商品预装吸附柱(如硅胶),根据极性分离污染物或各种组分[详见 14.2.2.5 和 33.2.2.3(2)]。脂类萃取物因组成复杂(其中包括磷脂、棉子酚、类胡萝卜素、叶绿素、固醇、生育酚、维生素 A 和金属元素)而成为目前有关脂肪特性分析的难点。

散装油脂,如大豆油,一般需要经历以下精制过程:脱胶、碱法或物理精炼[脱除游离脂肪酸(FFAs)]、脱色和脱臭。根据生产产品的具体要求可能还需进一步分馏、纯化、酯化和氢化处理。在本章中讨论的分析方法都可用于油脂精制过程的监控。

脂类在加工及储藏过程中发生的变化包括水解(脂解)、氧化、聚合物的热降解(如在深度油炸过程中),这些变化将在下面的内容中进行讨论。

23.3　测定散装油脂含量的方法

测定油脂特性的方法有许多。有些方法(例如,滴定法)只限于测定食用油(而不是皂化和工业用油)。另一些方法则要求使用特殊仪器,而不是采用常规的方法或使用过时的方法进行测定[例如,挥发性酸法(Reiehert – Meissl,Polenske 和 Kirschner 值)已被气相色谱测定脂肪酸组分的方法所代替]。杂质(包括水分、精炼植物油中的不皂化物和不溶性杂质)的测定方法则不在本章讨论范围内。油脂的感官评定有确定的方法(见 AOCS Cg 1 – 83 和 Cg 2 – 83),这部分内容超出了本章的范围。

23.3.1　待测样品的制备

待测样品制备时要确保待测样品澄清或没有沉淀物。当按要求进行制备待测样品时(如测定碘值时),必须先干燥待测样品后再进行检测(AOAC 981.11)。因为待测样品暴露于光、热或空气中可促进其氧化,所以待测样品在储藏过程中应避免这些因素的影响,这样则可延迟其酸败变质。如果待测样品在室温下是固体或半固体状态,那么在取样前必须将其熔化并且混合均匀。有专门针对散装油脂的取样方法(AOCS C 1 – 47)。

23.3.2　折射率
23.3.2.1　原理
油脂的折射率(RI)定义为光在空气中(真空条件下)与在油中传播的速度之比。当一束光线倾斜地照射在两种物质的交界面,如空气和油,光线会发生折射现象,此现象遵循斯涅尔定律,如式(23.1)所示。

$$n_1\sin\theta_1 = n_2\sin\theta_2 \qquad (23.1)$$

式中　θ_1——入射角度数;

　　　n_1——物质 1 的折射率;

　　　θ_2——折射角度数;

　　　n_2——物质 2 的折射率。

如图 23.1 和式(23.1)所示,如果入射角和反射角,以及两种物质中的任一物质的折射率已知,那么另一种物质的折射率便可被求出。实际上,θ_1 和 n_1 是常量,所以就可以通过测量 θ_2 来求 n_2。

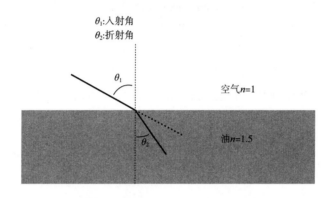

图 23.1　光在空气 - 油界面的折射图

因为光的频率影响其折射角度(紫光比红光折射更多),所以白光在通过两种不同折射率的材料时会分散或分裂(这个原理解释了钻石和彩虹的颜色分离现象)。此外,折射仪经常使用单色光(或接近单色光,来自钠双线中的 D 线的 589.0nm 和 589.6nm 波长的光或发光二极管发出的 589.3nm 的光),以避免不同波长的可见光折射引起的误差。

23.3.2.2　操作步骤

液体油样品在20℃下,而固体脂肪样品根据其熔点选择较高的规定温度,用折射仪进行检测。

23.3.2.3　应用

RI 与脂类的饱和度有关:RI 的减少与碘值(总不饱和度的测定)的下降成线性关系。它还可用于检测纯度、鉴别物质,因为每种物质都有其特定的 RI。但是,RI 会受到游离脂肪酸(FFA)含量、油脂氧化加热等因素的影响。各种脂类的 RI 如表 23.2 所示。一些饱和脂类(如椰子油,$n = 1.448 \sim 1.450$)与一些不饱和脂类(如鲱鱼油,$n = 1.472$)相比,有不同的 RI。

23.3.3 熔点

23.3.3.1 原理

熔点的测定有多种方式,与固体脂肪的不同残余量有关。毛细管熔点即完全熔点(complete melting point)或液体澄清点,是指在一端封闭的毛细管内,脂肪被加热至完全成为液体时的温度。滑移熔点的测定类似于毛细管法,即测定加热条件下脂肪在开口的毛细管中移动时的温度。滴点,又称降落熔点或梅特勒滴点,是测定待测样品流过专用炉上加热的样品杯中2.8nm 孔时的温度。Wiley 熔点测定的是悬浮在相似密度的酒精 – 水的混合物中,3.2nm × 9.5nm 的片状脂肪变球状时的温度。

23.3.3.2 应用

美国测定熔点所用的主要方法是测定滴点,其整个分析过程已经可以自动化,因此劳动强度不大。毛细管法较少用于油脂熔点的测定(与之相反,常用于纯化合物的测定),因为油脂的各种组分较复杂,使其没有一个明显的熔点值。滑移熔点在欧洲被广泛应用,尽管在此之前,Wiley 熔点是美国的首选方法,但现在已不再是 AOCS 的法定方法。Wiley 熔点的缺点是脂肪由片状变球状只是主观的判断。滑移熔点的不足则在于待测样品需要进行 16h 的稳定。

23.3.4 烟点、闪点和燃点

23.3.4.1 原理

烟点是指在指定条件下检测待测样品开始发烟时的温度。闪点是指在待测样品表面的任意一点产生火花时的温度,即待测样品燃烧迅速产生足够的挥发性气体以提供产生火花的条件。燃点是指待测样品发生燃烧时的温度,即待测样品产生挥发性气体(靠待测样品分解得到)的速度足以维持持续燃烧时的温度。

23.3.4.2 操作步骤

将装满油或熔化的脂肪的烧杯在光照良好的容器中加热,烟点是指开始有淡淡的蓝色烟雾持续产生时的温度。继续加热,每隔 5℃ 测定待测样品产生火焰的温度,即可得到闪点和燃点。对于闪点低于 149℃ 的油脂,要用密闭的烧杯。

23.3.4.3 应用

这些检测方法针对的是油脂中的挥发性有机物质,特别是游离脂肪酸(FFAs)(图 23.2)和残留的萃取溶剂。煎炸用油和精炼油的烟点应该分别高于 200℃ 和 300℃。

23.3.5 冷冻试验

23.3.5.1 原理

冷冻试验是测定油抗结晶的能力,没有晶体和混浊出现则说明测定油具有相应的防冻能力。

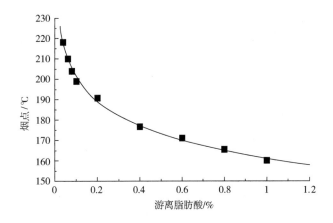

图 23.2 游离脂肪酸含量对橄榄油烟点的影响图

23.3.5.2 操作步骤

油在冰浴(0℃)中放置 5.5 h,观察其结晶情况。

23.3.5.3 应用

冷冻试验实际就是油的防冻测定,确保其能在冷藏温度仍保持清晰透明。防冻是将油放在寒冷温度下,然后将结晶物质从整体中分离出来的过程,这样油在低温下就不会浑浊。这对确保油在沙拉酱等产品中保持透明有作用,因为这类产品开封后需要在冷藏温度下保存。

23.3.6 浊点

23.3.6.1 原理

浊点是液体脂肪因结晶形成而开始出现浑浊时的温度。

23.3.6.2 操作步骤

将待测样品先加热到 130℃,然后再将其搅拌冷却。开始出现结晶时的温度可由浸在油脂中的温度计观察到,必须注意一旦形成结晶后就不能清楚地观察读数了。

23.3.7 色泽

用来测定油脂色泽的两种方法分别是拉维邦德(Lovibond 法)和分光光度法。

23.3.7.1 操作步骤

在拉维邦德法中,将待测样品放入一标准尺寸的玻璃管中,与红色、黄色、蓝色和中间色的标准系列管进行目视比较。待测样品的测定结果以相关标准色的标号表示。此外也可使用自动色度计进行测定。

在分光光度法中,将待测样品加热至 25～30℃,置于一比色杯中,然后分别在波长为460nm、550nm、620nm 和 670nm 下测定其吸光度值。光度测定的色泽指数可通过式(23.2)

食品分析(第五版)

（AOCS 方法 Cc13c – 50）进行计算：

$$光度测定的色泽指数 = 1.29(A_{460nm}) + 69.7(A_{550nm}) + 41.2(A_{620nm}) - 56.4(A_{670nm}) \quad (23.2)$$

23.3.7.2 应用

拉维邦德法一般是用来评价油脂色泽的一种方法。不同来源的油脂其色泽也各不相同。如果精炼油的色泽比期望值暗，那就表示精炼方法不正确或操作过程中没有遵守正常规程[16]。尽管棉籽油、大豆油、花生油色泽的测定方法是特定的，但分光光度法也可应用于其他种类油脂的测定。

23.3.8 碘值

23.3.8.1 原理

碘值是用来测定油脂的不饱和程度，如碳 – 碳双键的数量与油脂总量的关系。碘值定义为每100g待测样品所消耗的碘的克数。油脂不饱和度越高，消耗的碘量就越多，因此碘值越高。

通常采用 AOCS 推荐方法 Cd 1c – 85 来测定反映脂肪酸组成的计算碘值（详见23.6.1）。这种计算碘值测定方法并不是一种快捷的方法，但能通过一次分析（脂肪酸组成）得到两种结果（甘油三酯的碘值和游离脂肪酸的碘值）。

23.3.8.2 操作步骤

将一定数量的油脂溶解在溶剂中，在避光的条件下，与一定量的碘或其他卤素（如 ICl 或 IBr）反应。卤素的加入使双键发生反应[式(23.3)]。碘化钾的加入使过量的氯化碘还原成游离碘[式(23.4)]。被释放的碘用含淀粉指示剂[式(23.5)]的硫代硫酸钠标准溶液滴定。碘值可以用式(23.6)计算。

$$ICl(过量) + R - CH = CH - R \rightarrow R - CHI - CHCl - R + ICl(剩余) \quad (23.3)$$

$$ICl + 2KI \rightarrow KCl + KI + I_2 \quad (23.4)$$

$$I_2 + 淀粉(蓝色) + 2Na_2S_2O_3 \rightarrow 2NaI + 淀粉(无色) + Na_2S_4O_6 \quad (23.5)$$

$$碘值(IV) = \frac{(V_B - V_S) \times N \times 126.9}{W \times 1000} \times 100\% \quad (23.6)$$

式中   碘值——每100g样品吸收的碘的质量,g；

V_B——空白滴定体积,mL；

V_S——样品滴定体积,mL；

N——硫代硫酸钠溶液的当量浓度,mol/L；

126.9——碘的相对分子质量,g/mol；

W——样品质量,g；

1000——转换单位,mL/L。

甘油三酯的计算碘值可通过分析脂肪酸组成进而按式(23.7)计算得到。相似的公式可用于计算游离脂肪酸(FFAs)的碘值。

碘值(甘油三酯) = (十六碳烯酸% × 0.950) + (油酸% × 0.860) + (亚油酸% × 1.732)

$$+ (亚麻酸\% × 2.616) + (二十碳烯酸\% × 0.785) + (二十二碳烯酸\% × 0.723) \quad (23.7)$$

23.3.8.3 应用

碘值被用于油脂特性的表征,并因为氧化过程中油脂不饱和度会下降,碘值也可以作为精炼油氢化过程中脂质氧化的指示。低碘值原料油或不皂化物含量超过 0.5% 的原料油(如鱼油)的计算碘值通常也较低。Wijs 碘法使用 ICl,汉诺斯(Hanus)法使用 IBr。Wijs 碘法适用于高不饱和度油的测定,因为双键反应更快。

23.3.9 皂化值

23.3.9.1 原理

皂化是通过强碱与脂肪作用将其分解或降解成甘油或脂肪酸的过程[见式(23.8)],如下所示。

$$(23.8)$$

甘油三酯   甘油   脂肪酸钾盐

皂化值(或皂化数)定义为皂化一定数量的油脂所需强碱的总量,具体表达为皂化油脂待测样品所需的氢氧化钾的毫克数。皂化值是甘油三酯平均相对分子质量的指数,甘油三酯的平均相对分子质量除以 3 可得到其脂肪酸相对分子质量的近似值。皂化值越小,脂肪酸链就越长。

在常规测定中,可采用 AOCS 推荐方法 Cd 3a – 94 由脂肪酸的组成(详见 23.6.2)来测定计算皂化值。

23.3.9.2 操作步骤

在待测样品中加入过的氢氧化钾乙醇溶液,并将溶液加热至脂肪皂化[式(23.8)]。未反应的氢氧化钾用含有酚酞指示剂的标准盐酸反滴定,其皂化值按式计算。

$$皂化值 = \frac{[(V_B - V_S) × N × 56.1]}{W} \quad (23.9)$$

式中 皂化值——皂化每克样品所需 KOH 的质量,mg;

     V_B——空白滴定所消耗的盐酸的体积,mL;

     V_S——待测样品滴定所消耗的盐酸的体积,mL;

     N——盐酸浓度,mmol/mL;

    56.1——氢氧化钾的相对分子质量,mg/mmol;

     W——样品质量,g。

利用式(23.10),可以由脂肪酸组成得到计算皂化值。待测样品中每一种脂肪酸的相对分子质量分数都是通过其相对分子质量与其在待测样品中的百分含量的乘积来确定的,平均相对分子质量是待测样品中所有的脂肪酸相对分子质量分数的总和。

$$计算皂化值 = \frac{3 \times 56.1 \times 1000}{M \times 3 + 92.09 - 3 \times 18} \tag{23.10}$$

式中　计算皂化值——皂化每克样品所需 KOH 的毫克数,mg;

　　　　　3——每个甘油三酯的脂肪酸数量;

　　　　　M——平均相对分子质量;

　　　　56.1——氢氧化钾的相对分子质量,g/mol;

　　　　1000——单位换算,mg/g;

　　　　92.9——甘油的相对分子质量,g/mol;

　　　　18——水的相对分子质量,g/mol。

23.3.9.3　应用

皂化值用于测定油脂的平均脂肪酸链长度。计算皂化值不适用于含有较高含量不皂化物、游离脂肪酸(>0.1%)、甘油一酯和甘油二酯(>0.1%)的油脂。

23.3.10　游离脂肪酸(FFAs)和酸值

23.3.10.1　原理

脂肪的酸值的测定通常可反映出甘油三酯水解释放的脂肪酸的总量[见式(23.11)]。

甘油三酯　　　　　　　甘油　　　　　脂肪酸

游离脂肪酸(FFA)是以某一脂肪酸质量的百分比(如油酸的百分比)来表示的。酸值(AV)是指中和1g油脂中存在的游离脂肪酸所需消耗的氢氧化钾的毫克数。酸值(AV)经常被用作煎炸油的质量指标,限量为2mg(KOH)/g。除了游离脂肪酸外,含磷的酸性基团和氨基酸对酸值也有一定的影响。在除了脂肪酸以外不含其他酸的待测样品中,FFA 含量和酸值之间可以利用转换因子进行互相转换[见式(23.12)]。月桂酸和棕榈酸的转换因子分别是 2.81 和 2.19。

$$FFA 含量(\%)(以油酸计) \times 1.99 = 酸值 \tag{23.12}$$

食用油脂的酸值有时可被表示为中和每100g油脂中的脂肪酸所需要的氢氧化钠(一定浓度)的毫升数[8]。

23.3.10.2　操作步骤

在液体脂肪待测样品中先加入95%的中性乙醇和酚酞指示剂,然后用氢氧化钠溶液滴

478

定待测样品,其 FFA 的百分含量可通过式(23.13)计算:

$$FFA \text{含量}(\%)(\text{以油酸计}) = \frac{V \times N \times 282}{W \times 1000} \times 100\% \tag{23.13}$$

式中　FFA——游离脂肪酸百分比,g/100g,以油酸计;

　　　　V——NaOH 滴定体积,mL;

　　　　N——NaOH 滴定浓度,mol/L;

　　　　282——油酸的相对分子质量,g/mol;

　　　　W——样品质量,g;

　　　　1000——单位换算,mL/L。

23.3.10.3　应用

在粗脂肪中,FFA 或酸值都可用于评估去除脂肪酸的精炼过程中油的损耗情况。对于精炼油来说,高的酸值则意味着精炼油的质量差,或者在储藏和使用过程中发生了脂肪的分解。然而,如果脂肪具有较高含量的游离脂肪酸,这也许是由于添加了一些酸性添加剂(如作为金属螯合剂而加入柠檬酸),因为任何酸都能参与上述反应[16]。如果油脂释放的脂肪酸具有挥发性,那么 FFA 值或酸值就可以作为测定油脂降解酸败程度的一种手段。

23.3.11　固体脂肪含量(SFC)

23.3.11.1　原理

脂肪中固体的含量,叫作固体脂肪含量(SFC),可使用连续波或脉冲 NMR 方法进行测定。第 10 章阐述了 NMR 法如何测定脂肪和其他食物中固体含量。至于待测样品之间的比较必须采用在相同温度下得到的 SFC 测定值。需要注意的是,使用的标准温度各国之间有所不同。

起初,脂肪中的固体含量是用固体脂肪指数(SFI)来表示的。SFI 是采用膨胀测定法测定脂肪在温度变化中的体积变化值而得到的。因为固体脂肪熔化时其体积发生膨胀,根据体积随温度变化作图可得到一条固体曲线和一条液体曲线,熔化曲线则处于两者之间。SFI 值是固体脂肪在上下两条线之间被分割的体积值之比,用百分比表示[16]。尽管该设备比较昂贵,但由于 SFC 测定的是脂肪的实际含量(不是估计值),而且很少发生错误,另外还比较节约时间,所以比 SFI 法优越。

23.3.11.2　应用

在塑性脂肪(例如,人造奶油和起酥油)中的固体脂肪含量主要取决于脂肪的种类、来源和测定温度。脂肪的固液比以及固体脂肪熔化的速度都会对其功能特性产生影响,例如食物的口感。SFI 的使用示例如图 23.3 所示,由高油酸和低饱和脂肪酸组成的黄油具有更低的固体脂肪,且更加柔软。因为它在 10 ~ 35℃温度范围内会发生熔化,并且它在冷藏温度下更容易涂抹。

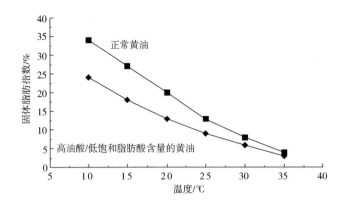

图 23.3　普通黄油与高油酸/低饱和脂肪酸含量的黄油的 SFI 曲线图

23.3.12　稠度和延展性

塑性脂肪(例如,起酥油、人造奶油和黄油)的结构特性可通过稠度和延展性实验来测定。所描述的测稠度方法已经应用了几十年,而测延展性方法利用了现代组织分析仪器,是近代新兴的分析方法。针入度法是通过测定在一定时间内圆锥形重物穿透脂肪的距离来测定其稠度的。延展性实验可通过用 Texture Technologies TA – XT2 质构仪®(或者类似仪器)检测压缩样品所需的压力来描述参数。第 29 章介绍了描述食物流变学特性的一般方法,其中许多方法也可用于油脂。

针入度法适用于测塑性脂肪和固体脂肪乳化液的稠度。与 SFC 一样,稠度主要取决于脂肪的种类、来源以及测量温度。延展性方法适用于含脂质的固体悬浮液、乳状液和能在分析温度下保持形状的糊状物,包括像花生酱和蛋黄酱类产品。

23.3.13　煎炸用油中的极性组分

检测深度煎炸油脂质量的方法要依据它所发生的物理和化学变化,包括下列各参数的增加:黏度、起泡性、游离脂肪酸含量(FFAs)、饱和度、羟基和羧基的形成以及皂化值。煎炸脂类的标准测试包括测定其极性物质、共轭二烯酸、聚合物和游离脂肪酸(FFAs)的含量。除此以外,还有许多快速的测定方法在深度煎炸油脂的日常质量控制中非常有用[11]。

23.3.13.1　原理

煎炸油脂的变质可以通过测定包括甘油一酯、甘油二酯、游离脂肪酸(FFAs)和在食物原料加热过程中产生的氧化物等极性组分进行监测。非极性组分主要是仍未发生改变的甘油三酯。待测样品中的极性组分可以通过使用色谱分离技术从非极性组分中分离出来。

23.3.13.2　操作步骤

极性组分的测定是先将油脂待测样品溶解在石油醚 – 乙醚(87∶13)中,然后将溶液通过硅胶柱。极性组分被硅胶柱吸附,非极性组分被洗脱,蒸发溶剂后,称重残渣,然后根据其差值就可得出极性组分的总量。分析结果可以通过洗脱极性组分或者使用薄层色谱法(TLC)将极性和非极性组分分离进行验证。

23.3.13.3　应用

目前建议将极性组分含量达到27%作为煎炸油应被丢弃的指标。该测定方法的缺点是其分析时间长达3.5h[11]。酸值经常被作为煎炸油变质的替代指标,但介电常数因其测定步骤快,而越来越被广泛地使用。

23.4　脂质氧化——现状测定

23.4.1　概述

酸败是指由脂解(水解酸败)或者脂质氧化(氧化酸败)引起的不良气味和味道。脂解是指脂肪酸从甘油酯上水解下来,由于其具有挥发性,短链脂肪酸的水解常产生不良气味。食物中比 C12(月桂酸)短的脂肪酸会在食物中产生不良气味。游离的 C12 产生的气味与肥皂味相似,但没有香气。比 C12 长的游离脂肪酸(FFAs)不会对味道或气味造成严重的损害。

油脂中的脂质氧化(又称自然氧化),通过连续自由基反应进行。根据游离脂肪酸组成、生成的过氧化物、现有的抗氧化物的种类和数量及其他因素,油脂可通过多种反应进行降解,产生许多不同的组分。传统的解释为起始或初级产物为氢过氧化物,其经分裂后形成包括醛、酮、有机酸和烃类等各种次级产物[18](图 23.4)。但是,最近的研究[9-10]表明环氧衍生物、二聚物和多聚物等次级产物可以与氢过氧化物同时产生。

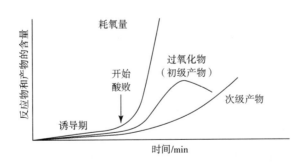

图 23.4　传统的脂质氧化反应物与产物的含量随时间的变化图

注:最近的研究表明可能发生的反应比图中所示的更复杂,次级产物可能与氢过氧化物同时产生。

改编自参考文献[18]。

目前已经建立了许多方法用于测定脂质氧化反应期间形成或降解的各种不同化合物。在降解的初期,脂质氧化的有效测定包括依据过氧化值得到的耗氧量、共轭二烯和氢过氧化物。但是,共轭二烯和氢过氧化物降解物在后期的测定阶段或孤立样品中都未得到有效的测量。脂质氧化状态还可通过 p-茴香胺值、挥发性有机化合物测定(VOCs)(如己醛值)

和硫代巴比妥酸反应物质(TBARS)检测等分析方法测定。其中有些方法针对一些具体生物组织的分析已经作了修改(主要是为适应待测样品量)[19]。其他监测脂质氧化的方法(在用途上有所不同)包括碘值、酸值、Kreis 检测和环氧乙烷检测等分析方法,以及共轭二烯和共轭三烯、总羰基化合物和挥发性羰基化合物、极性化合物以及气态烃的测定[6],[13]。由于反应系统是动态的,因此推荐采用两种或两种以上测定方法以便更全面地了解脂质氧化反应。此外,自由基不仅可以氧化脂质,而且可能同时氧化其他分子,如蛋白质、核酸、多糖、维生素和色素。Schaich 等[10]建议除了监测脂质氧化、蛋白质氧化和色素漂白等方法外,还应进行其他测定。

用上述方法对脂质氧化进行定量一般来说已经足够了。但在某些情况下,需要"显示"食物或原料配料中的脂质分子和脂质氧化物所处的位置,荧光显微镜法采用脂质特异性染色可解决这个问题(详见32.2.2.3)。例如,染料尼罗蓝(含活性成分尼罗红)与含有脂类的待测样品结合后,人们可在荧光显微镜下对其进行观察[20-22],脂类显示出很强的黄色荧光,且荧光强度随脂类性质及脂质氧化程度的不同而发生变化。分析实例包括谷类产品中氧化的脂质的定位测定、显示脂质与乳化剂发生的相互作用以及乳酪、糖霜和巧克力中脂类的定位测定。

23.4.2 待测样品的制备

大多数的测定方法要求在分析之前进行脂类萃取(详见23.2),然而,也有一些方法因食品原料不同而有所改变(如一些 TBARS 试验)。

23.4.3 过氧化值

23.4.3.1 原理

过氧化值(Peroxide Value)是指每千克待测样品中含有的过氧化物的毫克当量数(mEq)。这种滴定分析法是假设在实验条件下反应的物质是脂质氧化的过氧化物或者是类似产物。

23.4.3.2 操作步骤

将油脂溶解于冰醋酸 – 异辛烷(3:2)溶液,再加入过量的碘化钾与过氧化物反应,并释放出碘[式(23.14)],然后采用淀粉作为指示剂,用标准溶液 $Na_2S_2O_3$ 滴定[式(23.15)]。过氧化值用式(23.16)计算。

$$ROOH + K^+I^- \xrightarrow[\text{加热}]{H^+} ROH + K^+OH^- (过量) + I_2 \tag{23.14}$$

$$I_2 + 淀粉(蓝色) + 2Na_2S_2O_3 \rightarrow 2NaI + 淀粉(无色) + Na_2S_4O_6 \tag{23.15}$$

$$过氧化值 = \frac{(S-B) \times N}{W} \times 1000 \tag{23.16}$$

式中　过氧化值——每千克样品过氧化物的含量,mmol,mEq;

　　　　S——滴定待测样品所用的体积,mL;

B——滴定空白所用的体积,mL;

N——$Na_2S_2O_3$ 的当量浓度,mmol/mL;

1000——单位换算,g/kg;

W——样品质量,g。

23.4.3.3　应用

过氧化值测定的只是氧化反应中的瞬时产物(即过氧化物和氢过氧化物在形成后马上就会破坏并生成别的产物)。然而,对于给定待测样品测量出的过氧化值,会随储藏时间先上升后下降,如图 23.4 所示,并且在过氧化值下降阶段,产品经常会有油脂腐败气味(使用感官分析)出现。这些用于食物原料的测定方法的缺点是必须要含有 5g 以上的油脂待测样品,因此在低脂食品中很难获得足够的量。该方法是经验性方法,并且任何变动都可能会改变测定结果的值。尽管有种种缺点,过氧化值仍是最常用的测定脂质氧化的方法之一。

高品质、新鲜的脱臭油的过氧化值为 0。过氧化值 >20 的油脂为品质极差的油脂,通常含有显著的臭味。对于大豆油,过氧化值为 1 ~ 5、5 ~ 10、>10,分别对应为低度、中度和高度氧化(AOCS Cg 3 –91)。

23.4.4　p – 茴香胺值和全氧化值(Totox Value)

23.4.4.1　原理

p – 茴香胺值评价油脂中次级氧化产物——α – 和 β – 不饱和醛(主要是 2 – 烯醛和 2,4 – 二烯醛)的含量。醛基化合物与对甲氧基苯胺反应产生颜色后,用分光光度法测定。全氧化值是用来表示待测样品总体氧化状态的,借助过氧化值和 p – 茴香胺值可得[式(23.17)]。

$$T 值 = p – 茴香胺值 + 2 × 过氧化值 \tag{23.17}$$

23.4.4.2　操作步骤

精确称取 1g 的待测样品油,用溶剂(异辛烷)与茴香胺混合液稀释至 100mL,溶液在 350nm 的吸光度的 100 倍被定义为 p – 茴香胺值。

23.4.4.3　应用

因为在脂质氧化过程中,过氧化值法测得的氢过氧化物的分析值是先升后降的,而 p – 茴香胺值测得的乙醛的分析值(氢过氧化物的酸败产物)则是不断增加的,所以全氧化值在此过程中通常是不断增加的。新鲜的大豆油 p – 茴香胺值 <2.0,全氧化值 <4.0(AOCS Cg 3 –91)。虽然 p – 茴香胺值和全氧化值法在美国不太常用,但在欧洲已被广泛采用[16]。

23.4.5　挥发性有机化合物(己醛值测定)

23.4.5.1　原理

油脂中的挥发性有机化合物(VOCs)与油脂的风味、品质和氧化稳定性有关。这些物质主要是脂质氧化的次级产物,这些氧化产物是造成被氧化的油脂产生不良风味的原因

(AOCS Cg 3 – 91)。根据样品的脂肪酸组成和储藏条件,这些物质的组成会有所不同。检测到的常见物质包括丙醛、戊醛、己醛和 2,4 – 癸二烯醛。静态(平衡)顶空分析法通常用于这类检测。该法需要从置有待测样品的密闭容器的顶空获得一定体积的气体来进行色谱分析(详见 14.2.2.2)。由于挥发成分集中吸附于固相微萃取纤维上,因此采用固相微萃取技术(SPME)可以提高挥发性有机化合物静态顶空分析法的灵敏度(详见 14.2.2.5)。

23.4.5.2 操作步骤

AOCS Cg 4 – 94 中给出了静态顶空进样的一般气相色谱参数设定,另外有研究文献介绍了一些可用于各种待测样品的现行方法。较典型的方法是将少量待测样品置于带有一个密封盖的容器中,加入内标物,如 4 – 庚酮[23]。将该容器密封并加热一定时间,使容器顶空中挥发成分的浓度增加[24]。用气体注射器吸取容器顶空气体,然后注射到带火焰离子化检测器或质谱检测器的气相色谱仪器中进行分析测定。对于既要加热又要确保定量进样分析的样品,自动顶空进样器非常有用。最后根据色谱峰面积计算出醛类物质如己醛、戊醛和其他待研究挥发成分的量(详见第 12 章和第 14 章)。

23.4.5.3 应用

醛类物质的形成,如己醛和戊醛,可能与脂质氧化的感官评价有密切联系,因为它们是一些食品主要的不良风味物质。在测定醛类物质同时,脂质氧化生成的其他挥发性物质也被定量测定,从而可增加对不同食品脂质氧化特性的了解。该测定方法的一大优点是不需要先进行脂类萃取(即能分析完整的食物原料)。然而,尽管有着各种固相微萃取纤维(吸附挥发性物质材料)可使用,但特定的萃取纤维可能无法将所有挥发性物质都吸附。

23.4.6 硫代巴比妥酸(TBA)试验法

23.4.6.1 原理

硫代巴比妥酸反应物(TBARS)试验法,也被称为 TBA 试验,用于测定脂质氧化的主要次级产物——丙二醛。丙二醛(或者含有不饱和羰基的丙二醛型产物)与 TBA 反应产生的有色化合物可通过分光光度法进行测定。因为该反应不是丙二醛所特有的反应,所以有时报道中就把该反应产物说成 TBA 反应物(TBARS)。虽然待测食品样品可能直接与 TBA 反应,但在实际测定中常采用蒸馏法尽量先去除干扰物质,然后将馏分与 TBA 反应。近年来该测定法已经得到了许多改进。

23.4.6.2 操作步骤

与直接测定油脂的方法不同(表 23.1),此处概述的一种常用测定方法[25 - 26]要求在测定 TBARS 前先将待测食品样品进行蒸馏。具体操作步骤为:将一定量的待测样品与蒸馏水混合,调节待测样品溶液 pH 至 1.2,移入蒸馏瓶中,然后加一定量的 BHT、消泡剂和沸石,快速煮沸,收集前 50mL 馏分。将馏分与 TBA 试剂混合,并在沸水中水浴 35min 后,在 530nm 处测定吸光度。最后利用标准曲线将吸光度值转换为每千克待测样品含丙二醛(或

TBARS）的毫克数。

23.4.6.3 应用

TBA 试验法与酸败食品感官评价的相关性优于过氧化值测定法，但与过氧化值测定法一样，其测定的只是氧化的中间产物（即丙二醛及其他羰基化合物能与其他化合物迅速发生反应）。另一个替代上述分光光度法的测定方法是通过高效液相色谱法分析馏分中丙二醛的实际含量。

尽管 TBA 试验法是一种常见方法，但其只适用于测定含有至少有三个双键的不饱和脂肪酸的食物，因此在很多食物体系下，该法无法使用[10]。

23.4.7 共轭二烯和三烯
23.4.7.1 原理

脂类中的双键在氧化作用下会从非共轭状态变成共轭状态。脂质氧化形成的脂肪酸共轭二烯氢过氧化物在约 232nm 处吸收紫外光，共轭三烯在约 270nm 处有吸收紫外光。脂质氧化形成的共轭产物与反刍动物瘤胃内不完全氢化产生的共轭亚油酸异构体不同。

23.4.7.2 操作步骤

称取均匀的脂类样品置于容量瓶中，用适当的溶剂（如异辛烷、环己烷）定容。配制 1% 样液（如 0.25g 样品定容到 25mL），然后经稀释或浓缩确保得到 0.1 ~ 0.8 的吸光度。稀释后的溶液必须完全澄清。最后以纯溶剂作为空白，用紫外（UV）分光光度计测定吸光度。

测定共轭二烯含量的常见方法是对脂肪酸进行色谱分析（详见第 14 章）。

23.4.7.3 应用

共轭二烯和三烯的分析方法在监测氧化初级阶段时非常有用，而在氧化晚期，吸光度变化量的大小与氧化程度没有确定关系。因此可以根据紫外吸收对橄榄油进行分级。

23.5 脂质氧化——评估氧化稳定性

23.5.1 概述

由于脂类和含脂类的食物原料的自身性质（如不饱和性和天然抗氧化性）以及外部因素（如添加抗氧化剂，加工和储藏条件）不同，它们腐败变质的难易程度各不相同。脂质抗氧化能力就是所谓的脂质氧化稳定性。由于在实际储藏环境下（通常是室温），实际货架寿命期间的脂质氧化稳定性测定需长达数月甚至数年的时间，因此现已建立了加速测定法测定散装油、脂肪和各种食物原料的氧化稳定性。加速测定法是人为地给待测样品提供热量、氧气、金属催化剂、光照或酶等条件以加速脂质氧化。加速测定法的主要问题是，该法假设在人为提高温度或其他人工条件下发生的反应与产品在实际储藏温度条件下发生的反应相同（而事实上有时会有所不同）。另一个问题是要保证测定所用的仪器洁净，不含金属污染物以及以前残留的氧化产物。因此,如果脂质氧化是影响产品货架寿命的主要因素,那么在实际条件下测得的货架期应与脂质氧化稳定性的加速测定法的结果相一致。

诱导期是能检测出酸败物质前的时间期限或脂质开始加速氧化前的时间期限。诱导期可通过测定次级产物的最大值,或通过切线法作图来确定(图23.5)。诱导期的测定可用于比较含不同成分的待测样品的氧化稳定性,或不同储藏条件下待测样品的氧化稳定性,以及测定各种抗氧化剂延缓脂质氧化,延长油、脂肪及其他食品原料货架期的效果。一般实验流程方法已经建立(如AOCS Cg 7 – 05所示)。与测定抗氧化剂效果相比,抗氧化能力主要反映的是食物及其成分抵抗人体内氧化反应的能力(详见第25章)。

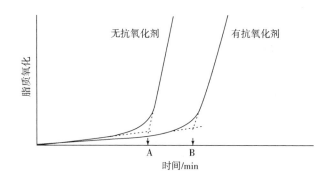

图23.5 脂质氧化随时间变化图

注:变化图表明了抗氧化剂对诱导期的影响,A点时间是无抗氧化剂的诱导期,B点时间是加了抗氧化剂的诱导期。

23.5.2 烤箱储存试验

烤箱储存试验是一种常用的测定脂质氧化稳定性的加速测定法。以前此方法被称为Schaal烤箱试验,其原理并不十分清楚。现在它是AOCS的推荐方法(AOCS Cg 5 – 97)。操作方法如下所述。将一定量的油或脂肪置于鼓风烤箱中,温度设定高于室温,但是低于80℃,推荐使用60℃。由于在这个温度范围内反应的氧化机制与在室温下的相同,因此这样的温度是理想的加速储藏温度。试验必须在暗处进行,样品油的初始品质必须良好,而且所有样品的表面积与体积比要保持一致。

测定诱导期和氧化稳定性可采用烤箱储存试验结合一些测定酸败物质的方法,如感官评价法和过氧化值测定法。对于脂类的氧化程度需要用多种方法共同测定,推荐采用一种方法测定脂质氧化的初级产物(如过氧化值,共轭二烯),其他方法测定次级产物(如VOCs、p – 茴香胺值、TBARS、感官评价)相结合的方式进行测定。在60℃左右时氧化稳定性测定获得的实验值与实际货架寿命的测定值很相近[8]。

23.5.3 油脂氧化稳定性指数

23.5.3.1 原理

油脂氧化稳定性指数(OSI)是可测定油脂的诱导期。具体方法是将已净化的空气通过

486

较高温度下(通常是110℃或130℃)的待测油或脂肪样品,然后将酸性挥发物(主要是甲酸)通入去离子水收集器中,连续测定水的电导率,最终所得的数据和图23.5所示接近。结果应注明测定所采用的空气流速和温度以及得到的诱导期时间。可用于该法的两种自动化仪器分别是Rancimat®测定仪(Metrohm USA公司)和氧化稳定性测定仪(Ultra Scientific公司)。而人们更为熟悉的活性氧(AOM)测定过程非常费力,该方法除了诱导期是通过不连续测定过氧化值或对腐败气味进行感官评价外,其他都类似于OSI法。

23.5.3.2　应用

上述方法最初是设计用于测定抗氧化剂效果的方法。OSI比烤箱储存箱试验快,但试验结果后者与实际货架寿命更接近。由于高温造成样品中产生了一些在常温或急剧升温条件下不会产生的物质[8],[27-28],因此根据OSI所得结果推算实际产品的货架寿命比较困难。

一些有关油脂特性的表格通常都详细列上其AOM值,以便于对AOM值熟悉的研究工作者进行对比。OSI值可以转换为AOM值。

为了能适用于所有待测油脂样品的测定,OSI还被开发应用于低水分的休闲食品的测定(如土豆片和玉米饼)。但该方法在测定过程中,含有一定量水分的待测样品连续暴露在流通的空气中,造成样品脱水,而水分活度会影响氧化速率,进而会导致所测定的结果不准确。

23.5.4　氧弹法

23.5.4.1　原理

脂质氧化时会摄取周围环境中的氧(图23.4),因此可通过测定密闭容器中的油脂从氧化开始到容器中氧气急剧减少所需的时间来衡量脂质氧化的稳定性。

23.5.4.2　操作步骤

氧弹法装置由一个可测压力的厚壁容器组成。待测样品置于该厚壁容器中,并通入氧气至0.69MPa压力,将容器置于沸水浴中,然后通过测定发生压力急剧下降的时间来确定其诱导期。压力急剧下降是待测样品快速吸收、消耗氧气引起的。

23.5.4.3　应用

氧弹法测定结果对应的食品酸败保质期比OSI值得更准确。与OSI相比,该法另一个优点是可直接采用食物原料进行测定,不必再进行油脂萃取[16]。

23.6　脂类组分分析方法

23.6.1　概述

食品或散装油脂中存在的脂类物质可通过测定各组分来分析其特性,其中包括脂肪酸、甘油一酯、甘油二酯、甘油三酯、磷脂、固醇(包括胆固醇和植物甾醇)、脂溶性色素和维生素。另一种方法是按照营养标签对脂类组分的分类要求进行分类测定,具体分为总脂肪含量、饱和脂肪含量、单不饱和脂肪、多不饱和脂肪和反式脂肪酸异构体。此外,食物中可能还含有不同于普通脂类的低热量型脂类物质,例如,蔗糖聚酯(如 Olestra®)、中链脂肪酸甘油三酯和短链脂肪酸甘油三酯(如 Salatrim®,Caprenin®)。上述组分大多数可以通过对其脂肪酸组分分析进行测定。从脂肪酸的组成可计算得到总脂肪含量、饱和脂肪含量、碘值、皂化值等相关参数。

相对而言,食品中如含有 Olestra®,则对其总脂肪含量和饱和脂肪含量的测定就有特殊的规定。AOAC 方法(PVM 4:1995)概述了在脂类萃取时用脂肪酶进行水解,产生脂肪酸和未反应的 Olestra® 的过程。将脂肪酸转化成钙皂,Olestra® 经萃取后废弃,然后将沉淀的钙皂再转化回脂肪酸,最后通过毛细管柱气相色谱法(Capillary GC)进行分析[29]。其他测定方法还有使用高效液相色谱串联蒸发光散射检测器(ELSD)进行色谱分离的[30]。Olestra® 和大多数脂类不会显著地吸收紫外光或可见光,因此常见的紫外可见光高效液相色谱检测器(UV – VIS HPLC Detectors)无法正常分析这些组分。因此,折光率检测器(RID)、火焰离子化检测器(TFID)、蒸发光散射检测器(ELSD)可应用于绝大多数脂类组分的分析。

气相色谱法(GC)(详见第 14 章)是分析脂类的理想方法,能用于分析总脂肪酸的组成、脂类中脂肪酸的分布和结合位置及固醇组成、研究脂类的稳定性和氧化性、分析热或辐射对脂类的损害、检测掺杂物质和抗氧化剂等[10]。GC 还可具体分析脂类的各种组分[5]。GC 与质谱(MS)联用(详见第 13 章)是鉴别化合物的强有力的工具。高效液相色谱法(详见第 13 章)也可用于脂类分析,特别是不容易挥发的成分,如氢过氧化物和甘油三酯[28]。薄层色谱法(TLC)(详见第 12 章)则早已被广泛应用于脂类的测定中。虽然采用 GC 或 HPLC 有时结果更准确或分辨率更高,但因为 TLC 费用低廉且简便,所以一直被沿用至今。

23.6.2 脂肪酸组成和脂肪酸甲酯(FAMEs)

食品中的脂肪酸组成通过确定其存在的脂肪酸的种类及数量而测定,通常采用先萃取脂类再经毛细管柱气相色谱的方法(详见 17.2.7)。

23.6.2.1 原理

在 GC 分析前,为了增加脂类的挥发性,甘油三酯通常会被转化为脂肪酸甲酯(FAMEs)。酰基脂质在氢氧化钠和甲醇作用下很容易发生转变。氢氧化钠和甲醇反应产生的甲氧基钠使酰基脂质在快速生成 FAMEs 的同时,不会与游离的脂肪酸发生反应。酸性试剂如 HCL 或三氟化硼(BF₃)甲醇溶液能与游离的脂肪酸快速反应但与酰基脂质反应较慢。AOCS Ce 1b – 89(这是与 AOAC 991.39 联合的一种方法)通过两步实现甲基化:先用0.5mol/L 的氢氧化钠溶液,再用过量的三氟化硼甲醇溶液进行反应。这一流程能让游离的脂肪酸、酰基脂质以及磷脂快速实现甲基化。加入氢氧化钠溶液并不为了发生皂化反应(即酰基基团的水解反应),而是为了直接发生甲基转移作用。

$$甘油三酯 \xrightarrow[先 NaOH 再 BF_3]{CH_3OH} 脂肪酸甲酯 \qquad (23.18)$$

23.6.2.2 操作步骤

首先从食品中萃取出脂类,可将待测样品与正己烷 - 异丙醇(体积比3∶2)等溶剂混合后一起均质,然后蒸馏去除溶剂。脂类萃取物与氢氧化钠、甲醇及内标物异辛烷混合后在100℃下加热 5min,待溶液冷却后,加入过量的三氟化硼甲醇溶液,继续在 100℃下加热 30min。待反应充分进行后,生成 FAMEs。反应完毕后,加入饱和的氯化钠水溶液和异辛烷,充分混合,取上层异辛烷溶液,用无水硫酸钠干燥后,稀释至 5% ~ 10% 的浓度,最后放入 GC 仪器中进行分析测定。

表 23.1 所示为一些用 GC 测定脂肪酸组成的过程和条件。AOCS Ce 1b - 89 特用于鱼油,AOCS Ce 1f - 96 特用于反式脂肪酸异构体的测定。

23.6.2.3 应用

确定一个产品的脂肪酸组成,需要从健康角度和食品标签要求两个方面来计算其所含的脂肪酸,具体包括:饱和脂肪酸的百分含量;不饱和脂肪酸的百分含量;单不饱和脂肪酸的百分含量;多不饱和脂肪酸的百分含量;共轭亚油酸的百分含量(CLAs);反式脂肪酸异构体的百分含量等。百分率方式视为脂肪酸含量计算的标准方式,即在色谱图中所有脂肪酸甲酯的峰面积总和为总面积,各类脂肪酸百分含量为相对应的脂肪酸甲酯的峰面积占总面积的比例。因为混合物中脂肪酸的重量与由火焰离子化检测器(FID)显示的色谱图上的面积几乎相对应,所以上述计算方式是合理的,但也并非绝对正确。因为火焰离子化检测器响应程度会因脂肪酸甲酯的不饱和程度的不同而变化,因此需要理论修正因子去修正上述算式[31]。不同链长及不饱和程度的各类脂肪酸甲酯的分离色谱图,如图 17.4 所示。脂肪酸甲酯经 SP2560 分离柱得到的分离色谱图具有典型的使用高极性分离柱得到的色谱图的特点[32]。

脂肪酸甲酯在气相色谱分离柱中的分离取决于固定相的极性。在非极性固定相[如含 100% 二甲基聚硅氧烷的(DB - 1,HP - 1,CPSil5CB)或者含 95% 二甲基,5% 二苯基聚硅氧烷的(DB5,HP5,CPSil8CB)]分离柱中,脂肪酸甲酯根据其沸点进行分离。相应的洗脱顺序为:18∶3n - 3 > 18∶3n - 6 > 18∶1n - 9 > 18∶0 > 20∶0。在中等极性固定相[如含 50% 氰丙基苯基聚硅氧烷(DB225,HP225,CPSil43CB)]分离柱中,因为固定相中 π 电子云的作用,洗脱顺序会发生变化。相应的洗脱顺序为:18∶0 > 18∶1n - 9 > 18∶2n - 6 > 18∶3n - 3 > 20∶0(依次洗脱出)。当固定相的极性进一步增大,如含 100% 氰丙基聚甲基硅氧烷(SP2560,CPSil88)分离柱,在双键的强烈作用下,会呈现新的洗脱顺序:18∶0 > 18∶1n - 9 > 18∶2n -

$6 > 20:0 > 18:3n - 3$。随着固定相极性的增大,双键对保留时间的影响会增强。另外,反式脂肪酸与固定相之间的作用因其空间排列比顺式脂肪酸弱,所以反式脂肪酸会比相应顺式异构体更早被洗脱出来。如图 8.5 所示:在高极性含 100% 氰丙基聚甲基硅氧烷的分离柱中,反式 $18:1\Delta9$(反式油酸酯)比顺式 $18:1\Delta9$(油酸)更早被洗脱出,反式 $18:2\Delta9\Delta12$(反式亚油酸酯)比顺式亚油酸(顺式 $18:2\Delta9\Delta12$)更早被洗脱出来。因为 $18:3n - 3$(亚麻酸)双键位置在相应脂肪酸甲酯中离甲基侧近,双键与固定相间的相互作用更强,由此导致了更长的保留时间,因此从图 8.5 中可见 $18:3n - 6$(次亚麻酸)比 $18:3n - 3$(亚麻酸)更早被洗脱出来。

各类食物中脂肪酸的复杂性会影响气相色谱分析的使用细节。分析植物油中形成的脂肪酸甲酯相当简单,并且在使用中等极性固定相分离柱情况下,分析完成时间不超过 20min。在大多数植物油中脂肪酸的碳原子数目为 C14 ~ C24。椰子和棕榈仁油除此之外还有 C8 ~ C12 的短链脂肪酸。乳制品脂类中含有丁酸(C4)和其他短链脂肪酸,而花生油中转化得到的二十六碳脂肪酸甲酯含量约占总脂肪酸甲酯的 0.4% ~ 0.5%。鱼油中含有更宽泛的碳原子数目的脂肪酸,但很多鱼油没有可使用的脂肪酸商业分析标准,因此对于其转化来的脂肪酸甲酯的分离和鉴定需要更加注意。

食物中的反式脂肪酸主要来源于三个方面:反刍动物体内生物氢化作用产生的;液态油转变为塑性脂肪过程中由不完全氢化产生的;油精炼脱臭工艺中高温暴露产生的。这三个过程形成的反式脂肪酸有所不同,因此要实现对其准确分析需格外注意。

通过选择极性最大的固定相分离柱可以实现反式脂肪酸甲酯的分离。目前,Supelco 公司生产的 SP2560 分离柱和 Chrompark 公司生产的 CPSil88 分离柱在绝大多数反式脂肪酸的分析中被使用[32]。这些分离柱的固定相以 100% 的氰丙基聚甲基硅氧烷为基础。但即使优化分析温度且选择合适的分离柱,一般分析来自部分氢化的植物油中的反式脂肪酸异构体时,分辨率仍不高,需要使用傅立叶变换红外(FTIR)检测器(Fourier)(详见 8.3.1.2)或进行质谱分析(详见第 11 章)。

23.6.3 红外光谱(IR Spectroscopy)分析反式脂肪酸异构体

绝大部分从植物原料中提取的天然油脂一般只含有非共轭的顺式双键,而从动物中提取的油脂可能含有少量的反式双键。由于反式同分异构体的热动力学更稳定,油脂在经历氧化作用或加工工艺如萃取、加热和氢化等过程后,会生成额外的反式双键。含有反式脂肪酸的食用脂类对人体健康的影响正在进一步被研究。

通常用气相色谱法分析反式脂肪酸异构体,如 AOCS Ce 1f - 96(详见 23.6.2)。而在这一节中将介绍红外光谱在反式脂肪酸异构体分析中的应用。

23.6.3.1 原理

通过红外光谱中 966cm^{-1} 处的吸收峰,可测定脂类中的反式脂肪酸的含量。

23.6.3.2 操作步骤

AOCS Cd14 - 95 需要先将液体待测样品转化为脂肪酸甲酯,然后溶解于适当的溶剂中。

可选用平面(二硫化碳)或四面体(四氯化碳)对称的溶剂,这类溶剂在红外光区没有强烈的吸收。反式脂肪酸在 $1050 \sim 900 cm^{-1}$ 处有吸收光谱,所以可用红外光谱仪来测定(详见第8章)。反式油酸甲酯可作为外标物,用于测定反式双键的含量。而 AOCS Cd 14d – 96 则采用衰减全反射 – 傅立叶红外光谱(ATR – FTIR)来测定反式脂肪酸的总含量(详见8.3.1.2和8.3.2)。

23.6.3.3 应用

上述测定方法只能测定非共轭的反式同分异构体,这对待测样品经氧化后从非共轭化合物转变成共轭化合物而言具有特别重要的意义。同样,AOCS Cd 14 – 95 仅限于测定反式同分异构体含量不少于5%的待测样品,AOCS Cd 14d – 96 限定样品中反式脂肪酸含量不少于0.8%。对于反式双键含量少于0.8%的样品,推荐使用毛细管柱气相色谱法(AOCS Ce 1f – 96)分析。

23.6.4 甘油一酯、甘油二酯和甘油三酯

甘油一酯、甘油二酯和甘油三酯可以用多种方法进行分析(表23.1)。传统方法用滴定测定,而新的方法则利用色谱分析技术进行测定,包括 HPLC 和 GC。用气相色谱法分析完整的甘油三酯需要短且非极性的分离柱和高温条件。在23.6.6中介绍了 TLC 在分离脂类组分包括甘油一酯、甘油二酯和甘油三酯中的应用。

23.6.5 胆固醇和植物甾醇

对于各种基质中的胆固醇和植物甾醇有许多定量分析的方法,借助于研究资料,我们可以获得当前普遍使用的分析方法。这些方法比较简单,并且还可用于分析某些特定食物原料。

23.6.5.1 原理

首先对食物中萃取的脂类进行皂化,皂化过程是一种水解反应,其中酰基脂质经水解后转化为水溶性的脂肪酸盐,而其他组分(又称不皂化或非皂化物质)水解后溶解度没有发生变化,仍然溶解于有机溶剂中。食物被分离出胆固醇(在非皂化的组分中),然后经衍生化生成三甲基硅(TMS)醚或乙酸酯类。衍生增加了胆固醇的挥发性并且减少了色谱分析中峰拖尾问题的发生。最后使用毛细管柱气相色谱法对其进行定量分析。

23.6.5.2 操作步骤

AOAC 976.26 概述了胆固醇测定中具有代表性的分析步骤:先从食物中萃取脂类物质,然后皂化,非皂化组分被分离提取。这一步骤具体包括:通过无水硫酸钠过滤得到氯仿有机层,并用水浴在氮气流的保护下蒸发至干,加入一定量的氢氧化钾、乙醇溶液,加热回流,再加入等量的苯和 1mol/L 氢氧化钾溶液,然后振荡。除去水相层,并用 0.5mol/L 的氢氧化钾溶液再重复一次。经过数次水洗后,取苯有机层,用无水硫酸钠干燥,再用旋转蒸发

器蒸发至干。将残留物溶于二甲基甲酰胺中,用六甲基二硅烷(HMDS)和三甲基氯硅烷(TMCS)进行衍生化后,加入水(与过量的衍生试剂反应并使其失活)和溶于正庚烷的内标物。离心分离后,取正庚烷层部分液体注射到装有非极性分离柱的气相色谱仪器中进行分析测定。HMDS 和 TMCS 试剂会与水快速反应而失活,因此衍生化反应条件是必须保证无水。

23.6.5.3 应用

因许多测定胆固醇的分光光度法缺乏特异性,所以推荐使用气相色谱法定量测定胆固醇的含量。在过去,待测样品如禽、蛋和虾,因为测定方法依靠的是缺乏特异性的比色法,所以这类样品的胆固醇含量常被过高评估。而现在可采用的分析方法有 GC、HPLC 和酶分析法。例如,针对冷冻食品[33]和肉制品[34]建立的胆固醇测定法,省略了脂类的萃取过程,直接皂化待测样品。与以前使用的 AOAC 法中的分离方法相比,上述方法速度更快,而且避免了有毒溶剂的使用。

胆固醇的氧化产物、植物甾醇的定量测定可以使用测定胆固醇的气相色谱分析一般流程。很多固醇类的分析方法能从文献中查询,其中绝大多数方法都是通过形成三甲基硅(TMS)醚来增加含羟基固醇类的挥发性和提高色谱分辨率(减少峰拖尾)的。

23.6.6 薄层色谱法(TLC)分离脂类组分

23.6.6.1 操作步骤

薄层色谱法(TLC)使用硅胶 G 作为吸附剂,己烷 – 乙醚 – 甲酸(体积比 80:20:2)作为展开剂(图 23.6),将 2′,7′ – 二氯荧光素的甲醇溶液喷洒在薄板上,在黑色背景下,用紫外光照射后,脂类中的各种组分会呈现相应黄色谱带[5]。

23.6.6.2 应用

该操作步骤可以快速分析脂类萃取液中存在的各种脂类组分。如果要进行小规模某些脂类组分样品的制备,可以在 TLC 薄板上刮下某些区带,以便用 GC 或其他方法进一步分析。通过改变参数,TLC 可以用于分离各种脂类。薄板通过硝酸银溶液浸渍后,可以根据双键数目对不同脂肪酸甲酯进行分离。含有 6 个双键的脂肪酸甲酯因为银离子而大部分保留在薄板上,而不含双键的脂肪酸甲酯只有少量被保留下来。正因如此,这种方法对于复杂混合物中脂肪酸甲酯的鉴定很有用(将相应区带刮下,溶于适当溶剂,然后用 GC 分析)。

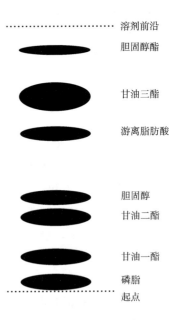

图 23.6 薄层色谱法(TLC)在硅胶 G 上分离脂类组分的示意图

摘自参考文献[5]。

23.7　总结

脂类特性在食品工业的许多方面都十分重要。其中包括配料技术、产品开发、质量控制、产品货架寿命、产品规范等各个方面。脂类与人体健康息息相关,胆固醇或植物甾醇的组成,反式、饱和以及 $n-3/\omega3$ 脂肪酸的含量更为消费者所关注。

本章介绍的相关测定方法有助于了解油脂的特性以及脂类在食物原料中的性质。一些比较常见的测定试验总结,如表 23.3 所示。这些方法可用来测定脂类的某些性质,如熔点、烟点、闪点、燃点、色泽、不饱和度、脂肪酸碳链的平均长度和极性组分的含量。而通过过氧化值、TBA 值和己醛值的测定可了解脂类的氧化状况,OSI 值可用来预测脂类对氧化的敏感性和抗氧化剂的效果。脂类组分包括脂肪酸、甘油脂肪酸酯、磷脂和胆固醇等,这些组分常采用色谱技术(如 GC 和 TLC)来分析。

表 23.3　　　　测定油、脂肪及食物原料中脂类特性的常见实验总结表

实验	表征	实际测定
碘值	不饱和程度	双键吸收碘的量
皂化值	甘油三酯平均分子质量	皂化油或脂肪所需碱的量
游离脂肪酸	从甘油脂肪酸酯中水解而来的脂肪酸(水解性酸败)	中和游离酸所需氢氧化钾的量
固体脂肪含量	脂肪中固体和液体的组成	通过连续波或脉冲 NMR 方法测定固体脂肪含量
共轭二烯和三烯	氧化酸败(当前状态)	双键由于脂质氧化的早期作用从非共轭状态转变为共轭状态
过氧化值(PV)	氧化酸败(当前状态)	由于脂质氧化的早期作用而产生的过氧化物的量
全氧化值	氧化酸败(当前状态)	由于脂质氧化的早、晚期作用而产生的过氧化值和 $p-$ 茴香胺值
挥发性有机化合物	氧化酸败(当前状态)	作为脂质氧化的次级产物的挥发性物质(如己醛、戊醛、戊烷)
硫代巴比妥酸反应物(TBARS)	氧化酸败(当前状态)	作为脂质氧化的次级产物的丙二醛及类似化合物
烤箱储存试验	氧化稳定性(预测)	通过测定过氧化值或感官评价来确定在提高的温度下形成的诱导期
油脂氧化稳定性指数	氧化稳定性(预测)	通过电导率测定酸性挥发物质来确定在空气和较高温度下形成的诱导期
脂肪酸甲酯(FAMEs)	油和脂肪中脂肪酸的组成以及计算总脂肪含量(营养标签)	在萃取脂类和转化甘油脂肪酸酯后通过色谱分析分离和定量各种脂肪酸
反式脂肪酸	反式脂肪含量(营养标签)	在萃取脂类和转化甘油脂肪酸酯后通过色谱分析分离和定量含有反式双键的脂肪酸
胆固醇	胆固醇含量(营养标签)	在萃取脂类和皂化后通过色谱分析测定胆固醇

本章讨论的方法仅是用于分析脂类特性众多方法中的一小部分,其他方法或具体内容详见参考文献。时间、经费、仪器设备的可用性、要求达到的精确度和分析目的都会影响测定油脂及含脂类食品特性的分析方法的选择。

23.8 思考题

(1)如果你要比较油或脂肪的下列几种化学性质,请写出测定下列每种性质时所用分析方法的全称。

①不饱和度。

②脂质氧化稳定性。

③脂质氧化程度。

④脂肪酸平均分子质量。

⑤各温度下固体脂肪(solid fat)含量。

⑥水解酸败。

(2)分析一个油样得到下列结果,请问每个结果表征了待测样品的什么性质? 简单介绍每种方法的原理。

①高皂化值。

②低碘值。

③高 TBA 值。

④高游离脂肪酸含量。

⑤高油脂氧化稳定性指数。

(3)固体脂肪含量的定义是什么? 并解释其测定的用途。

(4)过氧化值,TBA 值和己醛值都可用于了解脂类待测样品的特性。

①脂类待测样品的这些测定结果可以说明什么?

②这三种实验方法分别测定的是哪种化学性质?

(5)什么方法可以有效地测定油中添加的各种抗氧化剂的效果?

(6)如果你要为公司写一份关于从供应商处购买的用于深度煎炸的食用油说明,请你列出说明中需要做的测试(不需要列出具体试验值),并请说出从每个测试中可得到的有用信息。

(7)营养标签及教育法规于 1990 年颁布,2016 年经修改后明确要求(如第 3 章所述):在食品的营养标签上必须标明脂类组分,除总脂肪含量(如第 17 章所述)外,还必须提供饱和脂肪、反式脂肪和胆固醇的含量。

①对于像传统薯片之类的产品,请介绍一种分析方法测定其脂类的各种组分。

②与传统薯片的分析方法比较,测定用 Olestra® 生产的薯片的总脂肪含量与饱和脂肪含量的分析方法有什么不同?

(8)你开发了一种添加了鱼油的新品种黄油,其中含有较多不饱和脂肪酸。在产品上市之前,你需要确定产品的货架期,可以选择哪些测定方法? 为什么?

(9)你在一家生产花生酱的公司里从事品质控制工作。你了解到在 7 月和 8 月中一些批次的花生酱没有被妥善保存,你担心产品中可能发生脂质氧化。一共有 50 个批次的产品没有被妥善保存。

①你会选择哪种方法来检测脂质氧化？为什么？

②你将如何处理这些花生酱?

23.9　应用题

(1)取 5.00g 油样,用过量氢氧化钾皂化,未反应的氢氧化钾用 0.500mol/L 标准盐酸溶液进行滴定,空白样与待测样品间的滴定体积差值是 25.8mL,计算油样的皂化值。

(2)将某一食用油待测样品(5.00g)与过量的碘化钾反应,测定其过氧化值。游离的碘用 0.10mol/L 标准硫代硫酸钠滴定,滴定体积为 0.60mL(经空白校正后),计算油的过氧化值。

(3)分析某一未知油样的皂化值。取 4.0g 油样,用 0.5mol/L 标准盐酸溶液进行滴定。空白样品与待测样品间的滴定体积差值是 43mL。请问该未知油样中脂肪酸的平均分子质量是多少?

(4)通过 GC 分析油中转化的脂肪酸甲酯,鉴定出的脂肪酸甲酯的峰面积如下表所列:

16:0	2853369	$18:2n-6$	14344172
18:0	1182738	$18:3n-3$	2148207
$18:1n-9$	38999438		

将脂肪酸组成以百分率(%)方式列出并且初步确定油的类型。

答案:

(1)145

$$皂化值 = \frac{25.8mL \times 0.500mmol/mL \times 56.1mg/mmol}{5.00g} = 145$$

(2)12

$$过氧化值 = \frac{0.60mL \times 0.10mmol/mL \times 1000}{5.0g} = 12mmol/kg$$

(3)172

$$皂化值 = \frac{43mL \times 0.500mol/L \times 56.1mg/mmol}{4.0g} = 302$$

$$302 = \frac{3 \times 56.1g/mol \times 1000mg/g}{M \times 3 + 92.09g/mol - 3 \times 18g/mol}$$

$$M = 172g/mol$$

(4)

总峰面积 = 58416924

16:0 的面积百分比 = $100 \times 2853369/58416924 = 4.9\%$

16:0	4.9%	$18:2n-6$	22.7%
18:0	2.0%	$18:3n-3$	3.7%
$18:1n-9$	66.8%		

基于脂肪酸的组成,该油可能是菜籽油。

参考文献

1. AOAC International(2016) Official methods of analysis of AOAC International,20th edn. (On-line). AOAC International,Rockville,MD

2. AOCS(2013) Official methods and recommended practices of the AOCS,6th edn. American Oil Chemists' Society,Champaign,IL

3. IUPAC (1987) Standard methods for analysis of oils, fats, and derivatives, and supplements 7th edn. International Union of Pure and Applied Chemistry, Commission on Oils, Fats and Derivatives, Paquot C and Hautfenne A (eds). Blackwell Scientific,Oxford

4. Christie WW (1982) Lipid analysis. Isolation, separation, identification, and structural analysis of lipids,2nd edn. Pergamon,Oxford

5. Christie WW (1989) Gas chromatography and lipids. A practical guide. The Oily Press,Ayr,Scotland

6. Gray JI (1978) Measurement of lipid oxidation: a review. J Am Oil Chem Soc 55:539 – 546

7. Melton SL(1983) Methodology for following lipid oxidation in muscle foods. Food Technol 37 (7): 105 – 111,116

8. Pomeranz Y, Meloan CE (1994) Food analysis: theory and practice,3rd edn. Chapman & Hall,New York

9. Schaick, K(2013) "Challenges in Analyzing Lipid Oxidation," Ch. 2. In: Lipid oxidation: Challenges in food systems. Logan A, Nienaber U, Pan X (eds.) AOCS Press,Urbana,IL,pp 55 – 128.

10. Schaich KM, Shahidi F, Zhong Y, and Eskin NAM. (2013) "Lipid Oxidation," Ch 11. In: Biochemistry of Food,3rd ed., Eskin NAM, ed., Elsevier: London, pp. 419 – 478.

11. White PJ (1991) Methods for measuring changes in deepfat frying oils. Food Technol 45(2):75 – 80

12. Hui YH (ed) (1996) Bailey's industrial oil and fat products,5th edn. Wiley,New York

13. McClements DJ, Decker EA (2008) Lipids ch. 4. In: Damodaran S, Parkin KL, Fennema OR (eds) Fennema's Food Chemistry,4th edn. CRC Press, Boca Raton,FL

14. Firestone,D(2013) Physical and chemical characteristics of oils,fats,and waxes,3rd ed., AOCS Press,Urbana,IL

15. Anon. (2016) The Merck Index Online. Royal Society of Chemistry,London. https://www.rsc.org/merck-index

16. Stauffer CE (1996) Fats and oils. Eagan press handbook series. American Association of Cereal Chemists, St. Paul,MN

17. Khanal RC, Dhiman TR (2004) Biosynthesis of conjugated linoleic acid(CLA): a review. Pak J Nutr 3:72 – 81

18. Labuza TP(1971) Kinetics of lipid oxidation in foods. CRC Crit Rev Food Technol 2:355 – 405

19. Buege JA, Aust SD(1978) Microsomal lipid peroxidation. Methods Enzymol 52:302 – 310

20. Fulcher RG, Irving DW, de Franciso A(1989) Fluorescence microscopy: applications in food analysis. ch. 3. In: Munck L (ed.) Fluorescence analysis in foods. Longman Scientific& Technical,copublished in the U. S. with Wiley,New York,pp 59 – 109

21. Green FJ (1990) The Sigma-Aldrich handbook of stains,dyes and indicators. Aldrich Chemical,Milwaukee,WI

22. Smart MG,Fulcher RG,Pechak DG(1995) Recent developments in the microstructural characterization of foods,ch. 11. In: Gaonkar AD (ed) Characterization of food: emergingmethods. Elsevier Science,New York,pp 233 – 275

23. Fritsch CW,Gale JA(1977) Hexanal as a measure of rancidity in low fat foods. J Am Oil Chem Soc 54:225

24. Dupey HP, Fore SP(1970) Determination of residual solvent in oilseed meals and flours: volatilization procedure. J Am Oil Chem Soc 47:231 – 233

25. Tarladgis BG, Watts BM, Younathan, MT, Dugan LR (1960) A distillation method for the quantitative determination of malonaldehyde in rancid foods. J Am Oil Chem Soc 37:1

26. Rhee KS, Watts BM (1966) Evaluation of lipid oxidation in plant tissues. J Food Sci 31:664 – 668

27. Frankel EN(1993) In search of better methods to evaluate natural antioxidants and oxidative stability in food lipids. Trends Food Sci Technol 4:220 – 225

28. Perkins EG (1991) Analyses of fats, oils, and lipoproteins. American Oil Chemists' Society,Champaign,IL

29. Schul D, Tallmadge D, Burress D, Ewald D, Berger B, Henry D(1998) Determination of fat in olestra-containing

savory snack products by capillary gas chromatography. J AOAC Int 81:848 – 868

30. Tallmadge DH, Lin PY (1993) Liquid chromatographic method for determining the percent of olestra in lipid samples. J AOAC Int 76:1396 – 1400

31. Ackman RG, Sipos JC (1964) Application of specific response factors in the gas chromatographic analysis of methyl esters of fatty acids with flame ionization detectors. J Am Oil Chem Soc 41:377 – 378

32. Ratnayake WMN, Hansen SL, Kennedy MP (2006) Evaluation of the CP-Sil88 and SP-2560 GC columns used in the recently approved AOCS Official Method Ce 1h-05: determination of *cis*-, trans-, saturated, monounsaturated, and polyunsaturated fatty acids in vegetable or non-ruminant animal oils and fats by capillary GLC method. J Am Oil Chem Soc 83:475 – 488

33. Al-Hasani SM, Shabany H, Hlavac J (1990) Rapid determination of cholesterol in selected frozen foods. J Assoc Off Anal Chem 73:817 – 820

34. Adams ML, Sullivan DM, Smith RL, Richter EF (1986) Evaluation of direct saponification method for determination of cholesterol in meats. J Assoc Off Anal Chem 69:844 – 846

蛋白质分离和表征24

Denise M. Smith

24.1 引言

当前已有多种蛋白质分离技术得以应用。本章一方面介绍了用于食品或食品配料生产的蛋白质分离技术，另一方面介绍了用于实验室研究的纯化食品中蛋白质的分离技术。虽然不是本章的重点，但值得注意的是有许多方法已经用于快速纯化重组蛋白。总体来说，蛋白质的分离技术是基于蛋白质的溶解度、分子大小、分子电荷、吸附特性、与其他分子的生物亲和作用等生化特性而进行的。这些特性也可以用于从复杂的混合物中纯化蛋白质。

食品蛋白质的特性包括生化、营养和功能特性等多个方面。本章介绍了多种氨基酸分析方法和蛋白质营养品质的分析方法；同时介绍了蛋白质主要的功能特性，包括溶解性、乳化特性和起泡特性、凝胶特性和面团形成等多方面。本章中使用的术语都列在了本章末的缩写词表中。

24.2 蛋白质分离方法

24.2.1 概述

通常，纯化食品中一种蛋白质需要应用多种分离技术按步骤进行。一般来说，分离步骤越多，得到的蛋白质纯度越高，但通常对应的得率越低。当不需要制备高纯度的物质时，可以仅使用单一的分离步骤来分离制备食物中蛋白质等成分。在实验室研究中通常使用三步或更多的步骤来分离纯化蛋白质。例如，一种很常见的蛋白质的纯化方法包括硫酸铵沉淀、疏水作用色谱、离子交换色谱及凝胶过滤四个步骤。

在开始分离蛋白质前需了解其生化特性、包括分子质量、等电点(pI)、溶解特性、变性温度、金属离子结合特性及特异性配体亲和作用等，选择可以利用的特性和相应的分离方法，这样可以使整个分离过程更容易。通常在第一步应选择能够适用于大量原料的分离方法,通常是利用蛋白质溶解度不同而进行的分离方法。整个分离纯化过程中的每个步骤应使用不同的分离模式。以下介绍了一些最常用的纯化方法,包括沉淀法、离子交换色谱法、疏水作用色谱法、亲和层析法和尺寸排阻色谱法。本章所介绍的分离方法的概览见表24.1,更多分离纯化方法的具体内容详见参考文献[1-3]。

24.2.2　分级沉淀分离

24.2.2.1　原理

分级沉淀分离是利用蛋白质在溶液中溶解度的差异而进行的分离方法。分级沉淀是将目标蛋白质与混合物中的其他蛋白质及杂质分离的最简单的方法之一。蛋白质是由氨基酸聚合而成的聚合物,因此,溶解度特性由分子中氨基酸的类型和电荷决定。可以通过改变缓冲液的 pH、离子强度、介电常数或温度来选择性地沉淀或溶解蛋白质。该分离技术在处理大量原料时,具有相对较快并且通常不受食品中其他成分影响的优点。沉淀分离技术最常用于蛋白质的初级纯化。

24.2.2.2　过程

(1)盐析　蛋白质在中性盐溶液中具有独特的溶解性。低浓度的中性盐溶液通常会增加蛋白质的溶解性,即盐溶;随着离子强度的增加,蛋白质则从溶液中析出,即盐析。利用这种性质能够使蛋白质从复杂的混合物中沉淀并分离出来。由于硫酸铵$[(NH_4)_2SO_4]$溶解度很大,因此它是最常用的中性盐,同时 NaCl 或 KCl 也可用于盐析沉淀蛋白质。通常采用两步来达到最大的分离效率。第一步,加入$(NH_4)_2SO_4$的浓度恰好低于沉淀目标蛋白所需的浓度。当溶液离心分离时,少量可溶性蛋白质沉淀,而目标蛋白质保留在溶液中。第二步是加入$(NH_4)_2SO_4$浓度刚好高于沉淀目标蛋白质所需要的浓度。当溶液离心时,目标蛋白质沉淀,而更多的可溶性蛋白质保留在上清液中。这种方法的一个缺点是大量的中性盐会污染所沉淀的目标蛋白质,必须在目标蛋白质再溶解于缓冲液之前除去。目前在许多生物化学书籍和网站(网页浏览器中输入"硫酸铵计算器")中可以找到相应的表格和配比,以确定所需的特定浓度$(NH4)_2SO_4$合适的量。

表 24.1		蛋白质分离方法概览
方法	分离的基础	原理
硫酸铵沉淀	沉淀	使用中性盐,如硫酸铵,随着离子强度增加,蛋白质从溶液中沉淀出来
等电点沉淀	沉淀	蛋白质在 pI 上没有净电荷,因此可从溶液中聚集并沉淀
溶剂分级	沉淀	水溶性的有机溶剂降低了水相的介电常数,并降低了大多数蛋白质的溶解度,因此蛋白质从溶液中沉淀出来
蛋白质变性	沉淀	将蛋白质加热至高温或调节 pH 至极限使其从溶液中沉淀

续表

方法	分离的基础	原理
离子交换色谱	吸附(基于电荷)	溶液中带电的蛋白质分子通过静电相互作用与固体基质上的带电基团发生可逆地吸附。被结合在填充柱固定相中的蛋白质由梯度改变离子强度或 pH 的洗脱液依次洗脱下来
亲和层析	吸附(基于特定的生化特性)	蛋白质被吸附到色谱基质上,该色谱基质含有与固体支持物共价结合的配体;配体可以与目标蛋白发生可逆的,特异的和独特的亲和结合作用。可以通过改变洗脱缓冲液中的 pH、温度或盐与配体的浓度来洗脱与配体结合的蛋白
透析	分子大小	半透膜允许小分子通过,但较大的分子被截留。膜的孔径是截留分子质量
膜工艺(例如,微滤、超滤、纳滤、反渗透)	分子大小	在具有特定截留分子质量的半透膜上的溶液中加压。使得小分子通过,大分子被保留
尺寸排阻色谱法	分子大小	溶液中的蛋白质通过填充有不同孔径的颗粒的色谱柱。大于颗粒孔径的分子被排出并快速通过柱子。较小的分子进入填充颗粒的孔隙,所以从柱子上洗脱得更慢,洗脱速度取决于它们的分子大小
SDS – PAGE(十二烷基钠硫酸盐 – 聚丙烯酰胺凝胶电泳)	分子大小	蛋白质结合 SDS 变成负电荷;在恒定电压下,因为所有分子都带有强负电荷,所以它们在聚丙烯酰胺凝胶上迁移速率仅取决于它们的分子大小
IEF(等电聚焦)	电荷	因使用两性电解质,凝胶基质形成了 pH 梯度。蛋白质在电场中基于它们的电荷而分离。在恒定的电压下,蛋白质迁移至 pH 等于其等电点 pI 的梯度位置。蛋白质分子大小则不是影响分离的因素

(2)等电点沉淀　等电点(pI)是蛋白质在溶液中净电荷为零时的 pH。蛋白质的 pI 由其可电离的酸性氨基酸和碱性氨基酸的数量比例所决定。蛋白质通常在 pI 处由于没有分子间的静电引力作用而发生聚集并沉淀。不同的蛋白质有不同的等电点,因此可以通过调节溶液的 pH 而使蛋白质逐个分离出来。当将溶液的 pH 调节至某种蛋白质的 pI 时,该蛋白质就沉淀下来,其他蛋白质则仍保留在溶液中。而该沉淀的蛋白质又可在另一种不同 pH 的溶液中重新溶解。

(3)溶剂分级　在特定 pH 和离子强度的条件下,蛋白质溶解度是溶液介电常数的函数。因此,可以基于蛋白质在有机溶剂 – 水混合溶液系统中的溶解度差异来进行分离。添加水溶性有机溶剂,如乙醇或丙酮,降低了水溶液的介电常数,并降低了大多数蛋白质的溶解度。有机溶剂减少带电氨基酸的电离,导致蛋白质聚集并沉淀。沉淀蛋白质的有机溶剂的最佳浓度为 5% ~60%。溶剂沉淀法通常在 0℃ 或更低温度下进行,以防止当有机溶剂与水混合时温度升高而引起的蛋白质变性。

(4)杂蛋白质变性沉淀　当溶液温度升高到一定值或将溶液中 pH 调节至强酸性或强

碱性,许多蛋白质会因为变性而从溶液中沉淀出来。这种技术可以用于分离那些在高温或极端 pH 条件下稳定的蛋白质,因为溶液中许多其他杂质蛋白质会在这些极端条件下发生沉淀,目标蛋白质仍保留在溶液中,从而得以分离。

24.2.2.3 应用

上述所有分离技术都是用来分离蛋白质的常用技术。表 24.2 所示为肌肉蛋白混合物在 $(NH_4)_2SO_4$ 和丙酮溶液中不同的溶解度,及在 55℃时的稳定性。这三种技术可以结合在一起以制备高纯度的肌肉蛋白质。

表 24.2   不同溶解度差异技术分离水溶性肌肉蛋白质的条件

| 酶 | 沉淀范围 | | 稳定性[1]（pH 5.5,55℃） |
	$(NH_4)_2SO_4/$ %（饱和度）（pH5.5,10℃）	丙酮/%（体积分数）（pH 6.5,5℃）	
磷酸	30～40	18～30	U
丙酮酸激酶	55～65	25～40	S
醛缩酶	45～55	30～40	S
脱氢酶	50～60	25～35	S
烯醇化酶	60～75	35～45	U
肌酸激酶	60～80	35～45	U
磷酸激酶	60～75	45～60	S
肌红蛋白	70～90	45～60	U

①U = 在高温下不稳定;S = 在高温下稳定

摘自参考文献[4],经 Wisconsin 大学出版社的许可,Briskey,E. J.,R. G. Cassens 和 B. B. Marsh 主编的《食用肉的生理和生物化学》。版权 1970。

浓缩蛋白产品是商业化生产中应用溶解度差异来分离蛋白质的最佳例子之一。大豆浓缩蛋白就是利用几种方法从脱脂大豆饼粕或大豆粉中制备得到。可以使用 60%～80%的乙醇溶液、或调节 pH 至 4.5(这是大多数大豆蛋白质的 pI)进行等电点沉淀,或通过用湿热使杂质蛋白质变性,从而使大豆蛋白从大豆饼粕或大豆粉其他可溶的组分中沉淀分离出来。单独使用这三种方法的某一种可生产含量超过 65%的大豆蛋白产品,结合上述两种或三种方法按步骤分离,可生产含量超过 90%的大豆分离蛋白。

24.2.3 液相色谱分离

24.2.3.1 原理

蛋白质的纯化除分级沉淀方法外,通常包括一种或多种液相色谱法。色谱分离是基于蛋白质混合物在溶液中(流动相)和固定相的不同亲和力。色谱分离通常在色谱柱中进行,利用常压(通过重力流动)或在加压下使用离心或用高效液相色谱(HPLC)(详见第 13 章)。

超高效液相色谱法(UPLC)(详见 13.2.3.3)、快速蛋白质液相色谱法(FPLC)和快速液相色谱法是 HPLC 方法的衍生,主要区别在于分离系统中压力和固定相的不同。离子交换色谱、疏水相互作用色谱和亲和层析通常用于蛋白质的纯化,本节将作简要概述。

24.2.3.2 过程

(1)离子交换色谱 离子交换色谱是基于溶液中带电荷分子、离子与固体相载体中的离子基团之间进行可逆吸附而得到分离的方法(详见 12.4.4)。离子交换色谱法是蛋白质分离技术最常见的分离方法,平均可达到 8 倍的纯化倍数。固体相载体中结合有带正电荷基团的称为阴离子交换树脂,因为它可结合溶液中的带负电荷的离子或分子。固定相树脂中结合有带负电荷基团的称为阳离子交换树脂,因为它可结合溶液中带正电的离子或分子。蛋白质纯化中最常用的交换树脂是结合有二乙基氨基 – 乙基活性基团的阴离子交换树脂,其次是结合有羧甲基和磷酸基活性基团的阳离子交换树脂。

调节缓冲条件(离子强度和 pH)使得目标蛋白质与树脂的亲和力最大,则目标蛋白质就会首先被吸附到离子交树脂上,而其他带有不同电荷的杂质蛋白质则会在通过离子交换柱时未被吸附。通过梯度改变洗脱溶液的离子强度或 pH,可逆吸附在树脂上的目标蛋白质则选择性地从柱中被洗脱下来。这是因为随着洗脱缓冲液的组成变化,蛋白质的电荷也发生改变,从而导致与离子交换树脂上的离子基团的亲和力下降。离子交换色谱法用于蛋白质纯化可选择在常压或加压柱中进行。此外,可以在分批提取中利用离子交换树脂纯化蛋白质。

(2)亲和层析 亲和层析是吸附色谱的一种,蛋白质的分离是在固定相载体上有共价结合配体的色谱系统中进行(详见 12.4.5)。配体是与蛋白质受体位点具有可逆的、特异性的亲和结合力的物质(分子或金属)(表 24.3)。配体可以是生物特异性物质,如酶抑制剂、酶底物、辅酶或抗体。其他类型的配体包括某些染料和金属离子。因此,基于蛋白质与固定在固定相载体上的配体之间的亲和力或特异性结合作用,蛋白质可从复杂的混合物中分离出来。

表 24.3　　　　　亲和层析中用于分离蛋白质的常见生物亲和作用

靶标蛋白	配体
酶	底物、抑制剂、辅助因子
抗体	抗原
糖蛋白	凝集素、多糖
激素	激素受体
表面含有组氨酸、半胱氨酸或色氨酸的蛋白质	金属离子

调节分离系统的缓冲条件(pH、离子强度、温度和蛋白质浓度),使得目标蛋白质通过色谱柱时与配体亲和结合力最大,而其他杂质蛋白质则没有与配体结合而先被洗脱出来。通过改变洗脱液中的 pH、温度、盐溶液或配体的浓度,来降低蛋白质与配体之间的亲和力,从

而使其从柱子上解吸或洗脱下来。

常利用金属离子亲和层析,然后再通过尺寸排阻色谱来纯化重组蛋白。重组蛋白可改性含有聚合组氨酸残基(6~10 个分子的组氨酸)。含有聚合组氨酸基团标记的重组蛋白质将亲和到含有的二价金属离子(例如,镍)配体的亲和柱上。当杂质蛋白在柱中先被洗脱下来之后,再用咪唑基配体(组氨酸含有咪唑基)梯度洗脱出含有标记的目标蛋白质。

亲和层析是一种非常有效的技术,也是一种常用的蛋白纯化步骤。尽管有纯化倍数高达 1000 倍的报道,但亲和层析平均纯化倍数大约为 100 倍。通常尺寸排阻色谱、离子交换色谱通常的纯化倍数小于 12 倍,因此亲和层析比这些方法更有效。许多亲和层析用的配体和相应的缓冲液可成套购买。用于各种配体共价键合的预活化的固体载体也是可购买的。

(3)疏水作用色谱　蛋白质纯化方案中经常使用的另一种类型的色谱法是疏水作用色谱法(详见 12.4.3、13.3.3)。在该分离技术中,利用蛋白质与疏水性固定相的可逆相互作用而进行分离。在高离子强度下疏水相互作用增加,因此通常在经硫酸铵沉淀后或离子交换色谱中已用盐梯度洗脱的蛋白质再采用这种类型的色谱进行分离纯化。结合在固定相上的目标蛋白质通过等梯度或梯度降低流动相中离子强度被依次洗脱下来。

24.2.3.3　应用

在 24.3.1 介绍到,离子交换色谱常用于实验室中蛋白质的分离及氨基酸的分离和定量。在甜乳清中常通过离子交换色谱法去除乳糖、矿物质和脂肪从而分离蛋白质。乳清蛋白(蛋白质含量在 90% 以上)和其他几种蛋白质组分,如 α-乳白蛋白,乳过氧化物酶和乳铁蛋白,都是用利用阳离子交换色谱从甜乳清中纯化得到的[5]。因为乳清蛋白质的易溶解和易消化特性,其已被广泛用作多种营养棒及饮料中的添加物。

亲和层析通常用于在科研实验室中进行蛋白质的纯化,并可被化学品供应商用于蛋白质的商业化生产。该技术可用于纯化一些高附加值的生物活性肽和蛋白质营养补充剂,但是由于高成本,这项技术通常不用于商业化生产食品配料中的蛋白质。利用凝集素配体与糖具有高的亲和力,利用亲和层析从复杂的混合物中纯化糖蛋白。凝集素(例如,刀豆球蛋白 A)是一类糖结合性蛋白质,可作为配体结合到固定相上,在亲和层析柱中与被分离糖蛋白的碳水化合物部分发生亲和作用。当糖蛋白亲和结合到色谱柱固定相后,就可以使用含有过量凝集素的缓冲液将其解吸而洗脱下来,这是因为糖蛋白优先与洗脱液中游离凝集素结合从而被洗脱下来。

24.2.4　按分子大小分离

24.2.4.1　原理

蛋白质分子质量范围约 10000~1000000u 或以上;因此,蛋白质的相对分子质量大小是蛋白质分离的一个重要参数。但实际在分离过程中是基于蛋白质的斯托克斯(Stokes)半径而不是分子质量。Stokes 半径是蛋白质在溶液中的平均半径并由蛋白质构象决定。例如,球状蛋白质的实际半径可能与其 Stokes 半径非常相似,而与球状蛋白具有相同分子质量的纤维状或棒状的蛋白质的 Stokes 半径可能要大得多。因此,这种分离方法的一个局限性是具有相同分子质量的两种不同类型蛋白会有不同的分离效果。

24.2.4.2 过程

(1)透析 透析是通过使用允许小分子通过而较大分子无法通过的半透膜来分离溶液中分子的方法。进行透析时,将蛋白质溶液装入一端已被系住或夹紧的透析袋中,将袋的另一端密封,然后将袋放入大量的水或缓冲液中(通常比透析袋内样品的体积大 500 ~ 1000 倍),并进行缓慢搅拌。最终低分子质量的溶质从袋中扩散出去,同时缓冲溶液扩散至袋中。尽管透析操作简单;但是由于透析通常需要至少 12h,而且还需更换一次或多次缓冲液,所以这是一个相对缓慢的方法。由于透析袋内溶液和透析袋外缓冲液之间渗透压强度的差异,在透析过程中,袋内的蛋白质溶液经常被稀释。透析可用于改变缓冲液组成或 pH,并在纯化步骤中去除低分子质量的盐和其他杂质,或者用于调节蛋白质最终制备物中缓冲液组成。

(2)膜分离 微滤、超滤、纳滤和反渗透都是使用半透膜在一定压力下,根据溶质大小而进行分离的过程。这些方法与透析类似,但是它们速度更快,适用于小规模或大规模的分离。大于膜截留分子质量的被截留并成为滞留物的一部分,而较小的分子则通过膜并成为滤液的一部分。

这些膜分离过程的区别主要在于使用的膜的孔隙率和操作压力等方面的不同。对于微滤、超滤、纳滤和反渗透来说,所使用膜的孔隙率(膜孔径)依次减小,压力依次增大。图 24.1 所示为分离牛乳中不同组分时所对应使用的每种不同膜的孔径的大致尺寸。

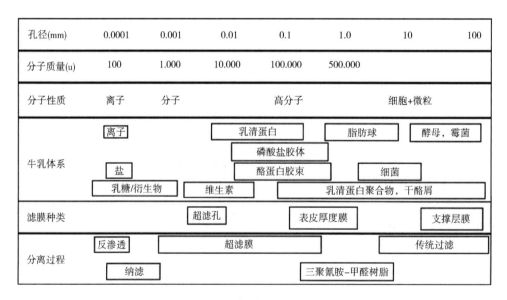

图 24.1 用于分离牛乳不同组分及微生物所对应各种膜分离技术中孔径范围
RO—反渗透 NF—纳滤 UF—超滤 MF—微滤
改编自参考文献[6],经国际乳业联合会许可。

超滤常用于在实验室中进行蛋白质研究,可以直接购买到各种不同的超滤装置。图 24.2 所示为一种搅拌式超滤装置。搅拌池中的蛋白质溶液在大气压的作用下透过半透膜时,比池中半透膜截留分子质量大的蛋白质浓缩液就被截留在池中。一次性的离心过滤装置可用于小体积样品分离,膜截留的分子质量范围为 3000 ~ 100000u。小于膜孔径的溶剂和分子透过膜从而使截留的蛋白质得以纯化。

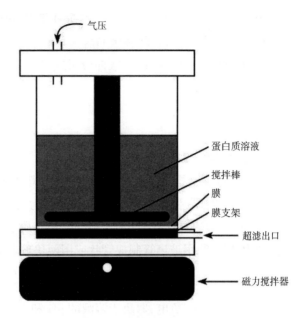

气压

蛋白质溶液

搅拌棒

膜

膜支架

超滤出口

磁力搅拌器

图 24.2　细胞超滤装置的示意图

(3)尺寸排阻色谱法　尺寸排阻色谱法(又称凝胶过滤或凝胶渗透色谱法)是基于分子大小来分离蛋白质的柱色谱技术(详见 12.4.6)。该技术也可用于缓冲液交换、脱盐和去除低分子质量杂质。蛋白质溶液流过填充有多孔球状固定相的填充柱,这些固定相填料通常是琼脂糖或葡聚糖制成的交联聚合物。可以购买到用于有效分离不同大小蛋白质的不同孔径的填料。比固定相填料孔径大的分子被排阻,快速通过柱子,在最短的时间内从柱子上洗脱下来,小分子就进入固定相颗粒的孔内被滞留,因此在填充柱中移动非常缓慢,中等大小的分子部分与固定相发生部分相互作用并在中间的时间段内被洗脱。结果,不同分子按照其大小递减的顺序从柱子上洗脱下来。

蛋白质分子质量可以通过对被测蛋白质和几种已知分子质量的蛋白质进行色谱分析来进行计算。可直接购买几种已知分子质量的蛋白质标样制作标准曲线。以每一种标准蛋白质的洗脱体积(V_e)对应它的分子质量对数作图得得到一条直线。分子排阻色谱技术通常可以测定分子量的误差在 ±10% 以内。然而,如果被测蛋白的 Stokes 半径和标样蛋白差别很大,就会出现较大误差。

24.2.4.3　应用

微滤可用于去除颗粒杂质和微生物,并已应用于废水处理、去除牛乳和啤酒中的细菌。超滤和纳滤用于浓缩蛋白质溶液、除盐、缓冲液交换或根据分子大小进行蛋白质分级。超滤用于浓缩牛乳进行干酪制造,并可制造乳清蛋白产品,而纳米过滤已被用于去除盐乳清中的一价离子。超滤可用于在喷雾干燥前将全蛋液和液体蛋白浓缩。反渗透法通常用来净化水以及去除水盐、金属离子、单糖和其他与分子质量在 2000u 以下的小分子杂质。各种膜分离系统可以组合使用,例如,依次使用超滤和反渗透浓缩,用于浓缩分离乳清蛋白和去除盐和乳糖。

透析和尺寸排阻色谱法主要用在分析实验室中的进行的蛋白质分离过程。透析可在纯化过程中或在蛋白质样品电泳前,将缓冲液的 pH 和离子强度调到最适值。透析在 $(NH_4)_2SO_4$ 沉淀蛋白质后,去除多余的盐和其他小分子,并在新的缓冲液中溶解蛋白质。可采用尺寸排阻色谱法去除盐、改变缓冲液组成、分离蛋白质并估计蛋白质分子质量。

24.2.5 电泳分离

24.2.5.1 聚丙烯酰胺凝胶电泳

(1)原理 电泳是指溶液中带电分子在电泳场中的迁移。蛋白质电泳最常见的类型是区带电泳,在水溶性缓冲液中,蛋白质在一种称为凝胶的多聚固相基质发生迁移形成区带而得到分离的。蛋白质区带电泳最常用的固相基质是聚丙烯酰胺凝胶,其他基质有淀粉和琼脂糖。凝胶基质能用玻璃管制成管状或用两块玻璃平板制成板状。

$$迁移率 = \frac{(施加的电压)(分子净电荷)}{分子间摩擦力} \tag{24.1}$$

蛋白质带正电或带负电,取决于溶液的 pH 和它们的等电点(pI)。如果溶液 pH 高于其 pI,则蛋白质带负电荷,而如果溶液 pH 低于其 pI,蛋白质带正电荷。电荷和施加电压的大小将决定蛋白质在电场中迁移的速度。电压越高,蛋白质上的电荷越强,电场内的迁移越大。分子大小和形状决定了蛋白质的 Stokes 半径,同样也决定了在凝胶基质上的迁移距离。由于 Stokes 半径的增加,蛋白质的迁移率则会随着分子摩擦的增加而降低,因此,较小的蛋白质在凝胶基质上往往迁移得更快。同样,凝胶基质孔径的减小将会降低迁移率。

在非变性电泳中,蛋白质基于其本身所带的电荷数、分子大小和分子形状来分离。分离蛋白质使用的另一种形式的电泳是变性电泳。变性电泳是在聚丙烯酰胺凝胶电泳(PAGE)中结合阴离子去垢剂而进行的电泳,且只根据分子大小来分离蛋白质亚基。蛋白质首先在含有 SDS 和还原剂的缓冲液中溶解并解离成亚基,还原剂(如巯基乙醇或二硫苏糖醇)将蛋白质亚基内或亚基分子之间的二硫键还原。不同的蛋白质结合 SDS 后都成为带负电荷分子,因而最终分离只与蛋白质的分子大小有关。

(2)过程 电泳分离的装置需由一个电源、包含聚丙烯酰胺凝胶的电泳仪和两个缓冲液槽组成。一种典型的平板凝胶电泳装置如图 24.3 所示。电源提供恒定电流、电压和功率来产生电场。电极缓冲液维持 pH 以保证蛋白质合适的电荷,并通过聚丙烯酰胺凝胶传导电流。常用的缓冲体系包括:分离胶中 pH 8.8 的三羟甲基氨基甲烷缓冲液和 pH 4.3 的阳离子乙酸盐缓冲液。

聚丙烯酰胺凝胶是由丙烯酰胺、少量(通常5%或更少)交联剂 N, N' – 亚甲基双丙烯酰胺,在催化剂四甲基乙二胺(TEMED)、自由基和过硫酸铵等条件下聚合而形成的。凝胶可以实验室制备或购买预制胶。

非连续的凝胶基质通常用来改善复杂混合物中的蛋白质分辨率。非连续凝胶由具有大孔径(通常为3% ~4% 的丙烯酰胺)的浓缩凝胶和较小孔径的分离凝胶组成。浓缩胶顾名思义,是在蛋白质进入分离胶之前将蛋白质压缩或浓缩成非常窄的区带。在 pH 6.8 时,电压梯度在电极缓冲液中的氯化物(高负电荷)和甘氨酸离子(低负电荷)之间形成,并在这

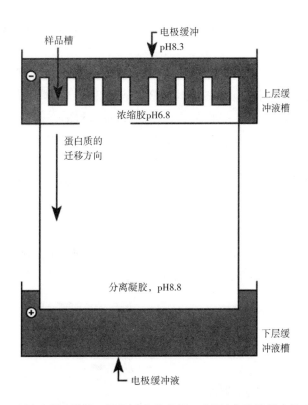

样品槽　　　　电极缓冲 pH8.3

－

上层缓冲液槽

浓缩胶pH6.8

蛋白质的
迁移方向

分离凝胶，pH8.8

＋

下层缓冲液槽

电极缓冲液

图24.3　非连续缓冲体系中的平板凝胶电泳装置示意图（非连续缓冲体系中包括具有不同 pH 的浓缩胶、分离胶及电极缓冲液）

些离子之间将蛋白质压缩成的窄带。迁移到具有不同 pH 的分离凝胶后会破坏这个电压梯度，并使蛋白质分离成不连续的带。

根据目标蛋白质的分子质量来选择分离胶的孔径，孔径的大小可通过调节溶液中丙烯酰胺的浓度来改变。蛋白质通常在含有 4%～15% 丙烯酰胺的分离胶上分离。可以使用含15% 的丙烯酰胺的凝胶来分离分子质量低于 50000u 的蛋白质；大于 500000u 的蛋白质通常在浓度低于 7% 的丙烯酰胺凝胶上分离。梯度凝胶用来分离具有大分子质量范围的蛋白质混合物，通常这种梯度是凝胶板中丙烯酰胺浓度从其顶部到底部逐渐增加的。

进行电泳分离前，将溶解在适当 pH 的缓冲液中的蛋白质样品加至浓缩胶的顶部并加入溴酚蓝示踪染料。这种染料是先于蛋白质迁移的一种小分子，用来指示分离过程。电泳结束后，凝胶中分离的蛋白条带一般使用非特异性蛋白质染色剂如考马斯亮蓝染色剂、银染色剂或荧光凝胶染色剂进行染色。特定的酶染色剂或抗体可用于检测特定的蛋白质或酶。

每种蛋白质谱带的电泳或相对迁移率（R_m）的计算如下：

$$R_m = \frac{蛋白从分离凝胶开始迁移的距离}{从分离胶开始示踪指示剂的迁移距离} \qquad (24.2)$$

（3）应用　电泳技术可用于蛋白质的纯化过程，也可用于分析蛋白质的生化特性。电泳也可以用来确定蛋白质提取物的纯度。已经有工业化电泳设备用于大量蛋白质的纯化。少量的蛋白质可以用电洗脱技术从电泳的凝胶上洗脱和收集。或者，蛋白质可以从电泳的凝胶转移到膜上,然后再在电印迹或免疫印迹的过程中用特异性抗体对靶蛋白进行印染。蛋白质印迹技术详见第27章。

电泳技术也常用来确定食品中蛋白质组成。例如,大豆蛋白浓缩物和乳清蛋白浓缩物中的蛋白质组成差异可通过不同分离技术来检测。图24.4左侧的是利用非变性PAGE分离未加热和加热的乳清蛋白提取物中的蛋白质组成的电泳图。

利用SDS-PAGE可用来确定蛋白质的亚基组成,并估计亚基的分子质量。虽然具有强电荷的蛋白质或糖蛋白可能会引起的较大的误差,但是这种分子质量的估计误差通常都是可以控制在±5%以内。通过比较蛋白质亚基的R_m和已知分子质量的蛋白质标准物的R_m来确定分子质量(如图24.5)。商业上有一些适用于不同分子质量范围内的蛋白质标准品进行选择。将蛋白质标准品的分子质量对数与其对应的R_m值作图可得标准曲线。由该标准曲线,未知蛋白的分子质量根据其R_m值确定。在图24.4的右侧是未加热和加热的乳清蛋白用SDS-PAGE分离后蛋白质组成的电泳图。

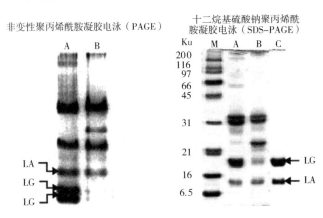

非变性聚丙烯酰胺凝胶电泳(PAGE)　　十二烷基硫酸钠聚丙烯酰胺凝胶电泳(SDS-PAGE)

图24.4　生牛乳和加热牛乳中乳清蛋白的电泳图

注:左图为非变性聚丙烯酰胺凝胶电泳(PAGE)。泳道A=生牛乳;泳道B=加热的牛乳。右图为十二烷基硫酸钠聚丙烯酰胺凝胶电泳(SDS-PAGE)。泳道M=分子质量标记物;泳道A=生牛乳;泳道B=加热的牛乳;泳道C=β-乳球蛋白(LG)标准和α-乳清蛋白(LA)标准。将10μg蛋白质装载到每条泳道上。注意加热后LG的两种异构体减少

摘自参考文献[7]

24.2.5.2　等电聚焦电泳

(1)原理　　等电聚焦(又称电聚焦)是电泳的一种改进方法,电场中的凝胶基质中使用两性电解质产生了pH梯度,根据电荷来分离蛋白质。在该pH梯度的凝胶基质上,蛋白质聚焦或迁移到pH等于其本身等电点的位置,此时,蛋白质没有净电荷。分辨率是所有蛋白质分离技术中最高的,能用来分离pI相差不到0.02 pH单位的蛋白质。

(2)过程　　使用两性电解质形成pH梯度,所谓两性电解质是指一些即带有正电荷基团又带有负电基团的小型聚合物(分子质量小于1000u)。两性电解质的混合物是由数千种能显出一定pH范围的聚合物组成。两性电解质的混合物在窄pH范围(例如,1~2个pH单位)或宽范围(例如,4~6个pH单位)都可供使用,具体的选择取决于待分离蛋白质的性质。

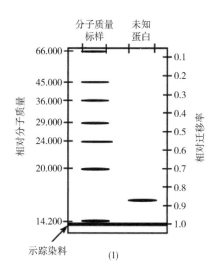 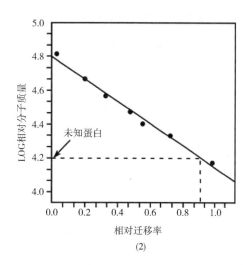

图 24.5 使用 SDS－PAGE 确定蛋白质的分子质量

(1)已知分子质量标准蛋白和未知蛋白的分离;(2)估计蛋白质分子质量的标准曲线

制备凝胶时在聚合之前将两性电解质加入到凝胶溶液中。一旦凝胶形成并有电流,两性电解质的混合物就会发生不同迁移而产生线性 pH 梯度。带负电荷的两性电解质向阳极迁移,而带正电荷的两性电解质向阴极迁移。蛋白质在这个 pH 梯度内的迁移取决于它们的电荷,直到它们迁移到没有净电荷的 pH 位置(即它们的等电点 pI)。

(3)应用 等电聚焦可以用来确定蛋白等电点,利用与已知等电点的系列标准标记蛋白进行比较来进行。该技术是一种确定蛋白质制剂纯度的很好方法。等电聚焦也可以用于检测由于蛋白质翻译后的修饰(例如,糖基化或磷酸化)引起的蛋白质组成的变化。许多植物和动物蛋白质的遗传变异体可使用等电聚焦来显现。采用等电聚焦方法,根据蛋白质谱带可以区分亲缘关系密切的动物和鱼的种类。美国食品和药物管理局出版了《监管鱼类百科全书》[8],其中包含大约 1700 种鱼类和贝类物种的等电聚焦的谱图。本指南帮助识别这些物种的种类,从而检测产品掺假和经济欺诈。

利用等电聚焦与 SDS－PAGE 结合的二维电泳用来分离非常复杂的蛋白质混合物是十分有效的。这种技术被称为双向电泳。蛋白质首先在胶条中进行等电聚焦分离。然后将这些含有待分离的蛋白质的胶条置于 SDS－PAGE 平板上进行分离。这种分离首先根据蛋白质的电荷来分离蛋白质,然后基于大小和形状来分离。采用这种技术可分离含有 1000 种以上蛋白质的复杂混合物。该方法可用于验证杂交种子的遗传纯度以及在人类和动物各种生物过程和疾病状态下评价蛋白质的上下游调控。已用二维电泳凝胶进行测定从生、熟的猪肉及鹅肉中提取的肌肉蛋白质的差异[9]。

24.2.5.3 毛细管电泳

(1)原理 毛细管电泳是一种集传统平板凝胶电泳和液相色谱法一体的混合技术。基于毛细管和常规电泳技术类似的原理来分离蛋白质。蛋白质在电场中依据它们的电荷或分子大小进行分离。毛细管电泳和传统电泳(前面已描述)之间的主要区别在于使用毛细管代替了聚丙烯酰胺凝胶管或板。当待分离的蛋白在毛细管内迁移时,可以使用最初用于色谱分析的检测器进行检测。

(2)过程 毛细管电泳系统的示意图如图24.6所示。毛细管电泳装置由毛细管柱、电源、检测器和两个缓冲液槽组成。只需在进样端的缓冲液槽中加入样品溶液,就可使样品加入到毛细管的进样端,通过在毛细管上施加较低压力或电压,直到毛细管内达到所需样品的上样体积。毛细管由熔融石英制成,通常内径在 $10 \sim 100 \mu m$,柱长在 $100cm$ 以内。由于毛细管这样的窄柱散热效率非常高,所以采用高电场($5 \sim 30kV/cm$),从而使分析时间缩短至 $10 \sim 30min$。

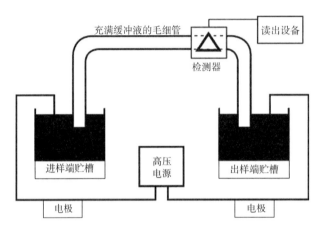

图 24.6 毛细管电泳系统示意图

在毛细管电泳中使用常规电泳中的染色剂对蛋白质进行染色是不能显见的。取而代之的是,类似于液相色谱,在毛细管柱中,当被分离的蛋白质迁移经过检测器时检测这些蛋白质峰。尽管荧光和电导率检测器均可使用,但紫外线可见检测器(UV - Visible)是最普遍使用的。从毛细管电泳获得的数据与高效液相色谱或气相色谱的典型色谱图(详见第13和第14章)相似。当使用荧光检测器时,可以用荧光衍生物标记蛋白质以提高检测的灵敏度。

毛细管电泳有三种方法用于蛋白质的分离。毛细管区带电泳或自由溶液电泳是最常用的毛细管电泳类型,除了蛋白质是在注满所需 pH 缓冲液的毛细管中进行分离,这种电泳非常像非变性的 PAGE。在狭窄直径毛细管内可以阻止扩散作用,因而消除了对凝胶基质的需要。在毛细管区带电泳中,电渗流也会影响毛细管内蛋白质的分离。熔凝石英毛细管壁[含有硅醇基(SiO—)]所带负电会吸引缓冲液中带正电的离子(阳离子),从而在毛细管内壁和缓冲液之间的界面处形成双离子层。当施加电场时,双离子层的阳离子被吸向阴极,并沿相同方向"拉"其他分子(与电荷无关)。因此,在自由溶液毛细管电泳中阳离子、阴离子和未带电分子可以在一次运行中得到分离。可以通过调整缓冲液的 pH 或离子强度来改变毛细管壁上的电荷从而控制电渗流的影响,并改变蛋白质迁移的速率。

SDS 毛细管凝胶电泳技术可用于按大小分离蛋白质并确定分子质量。在该技术中,蛋白质在 SDS 和还原剂的存在下变性和解离,然后在填充了特定孔径的聚丙烯酰胺凝胶的毛细管中进行分级。或者,将具有筛分作用的线性聚合物,例如,甲基纤维素,葡聚糖或聚乙二醇,加到毛细管内缓冲液中,这种方式称为毛细管无胶筛分电泳技术。这些聚合物起到聚丙烯酰胺凝胶中的孔的作用,减缓较大蛋白质的迁移,并根据它们分子大小进行分离。

蛋白质也可以基于它们的等电点不同而进行分离,这种技术称为毛细管等电聚焦电泳。两性电解质[详见24.2.5.2(2)]用于在毛细管内形成pH梯度。不需要加入凝胶基质。在该技术中,通过在毛细管内壁涂覆缓冲剂以防止表面电荷引起的不良影响,从而最大程度减少电渗流对电泳的影响。

(3)应用 毛细管电泳仍主要用于实验室分析,尽管用于常规的质量控制的用途正在增加。毛细管区带电泳适用于多种应用,包括牛乳、谷物、大豆和肌肉蛋白质的分级[10]。图24.7所示为用毛细管区带电泳分离三种哺乳动物酪蛋白的结果。微芯片电泳技术是近年来发展起来的一种微型毛细管电泳技术[12]。微芯片上的电泳分离只需几分钟即可完成。这项技术已被用于鉴定15个不同的小麦品种,其原理是基于分析小麦主要蛋白质——谷蛋白的亚基组成不同[13],所得结果与使用SDS-PAGE获得的一致,但是每次分析的测定时间不到1min。

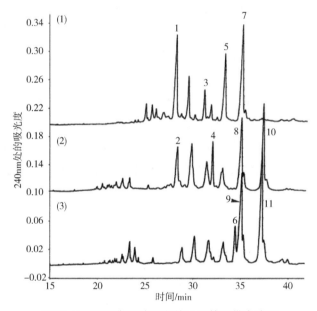

图24.7 不同来源酪蛋白的毛细管区带电泳图

(1)牛 (2)绵羊 (3)山羊

从毛细管柱中洗脱的峰通过紫外吸收检测依次被鉴定为1—牛 $\alpha S1$-酪蛋白 2—绵羊 $\alpha S1$-酪蛋白 3—牛 κ-酪蛋白 4—绵羊 κ-酪蛋白 5—牛 β-酪蛋白 A_1 6—山羊 κ-酪蛋白 7—牛 β-酪蛋白 A_2 8—绵羊 β_2-酪蛋白 9—山羊 β_2-酪蛋白 10—绵羊 β_1-酪蛋白 11—山羊 β_1-酪蛋白

摘自参考文献[11]。

24.3 蛋白质性质的分析步骤

24.3.1 氨基酸分析

24.3.1.1 原理

氨基酸分析用于定量测定相对较纯的蛋白质的氨基酸组成。氨基酸分析分为三个步骤。首先,蛋白质样品被水解成氨基酸。然后,利用色谱技术分离氨基酸。最后,分离的氨基酸被检测和量化。迄今为止,尽管一些 AOAC 方法[15]可用于描述特定食物中的蛋白质水解程序,但是美国还没有公布用于氨基酸分析的标准方法[14]。目前许多新方法正在开发中。基于柱前或柱后衍生法的用于检测的离子交换色谱和反相液相色谱正在被广泛使用,下面将进行详细介绍。

24.3.1.2 方法

在最常用的方法中,蛋白质样品在 110℃的持续沸腾的 6mol/L 的盐酸中水解 24h 以释放氨基酸,然后进行色谱分析。一些氨基酸的准确定量是非常困难的,因为它们可能在水解过程中被破坏或转化为其他反应产物。因此,必须通过特殊的水解过程来避免这些情况的发生。目前研究者正在研究如果缩短水解时间,使这个过程自动进行,并优化水解结束后所有氨基酸的回收。

色氨酸在酸水解过程中会被完全破坏。甲硫氨酸、半胱氨酸、苏氨酸和丝氨酸在水解过程中会逐渐被破坏。因此,水解的时间会影响实验结果。天冬酰胺和谷氨酰胺会分别定量地转化为天冬氨酸和谷氨酸,不能测量。相比于其他氨基酸来说,异亮氨酸和缬氨酸在 6mol/L 的盐酸中的水解速度会更缓慢,而酪氨酸可能被氧化。

通常,苏氨酸和丝氨酸的损失可以通过氨基酸分析过程中样品水解的三个时间段(即 24h、48h 和 72h)来估计。假设一级动力学,氨基酸破坏的补偿可以通过计算到起始瞬间来进行,缬氨酸和异亮氨酸通常是从 72h 后的水解产物中估算的,半胱氨酸和胱氨酸可以通过在过甲酸中水解而转化成更稳定的化合物磺基丙氨酸,然后在 6mol/L 的盐酸中水解并进行色谱分离。色氨酸可以在碱性水解之后进行色谱分离或者使用氨基酸分析以外的方法进行分析。

在 20 世纪 50 年代开发的方法中,氨基酸通过阳离子交换色谱分离,使用逐渐增加 pH 和离子强度的三种缓冲液逐步洗脱。这种方法现在仍然普遍使用,包括梯度洗脱方案的应用。在柱后衍生过程中,从柱上洗脱下来的氨基酸被衍生化,并通过与茚三酮反应生成有色物质,再用分光光度法定量分析。该方法在 20 世纪 70 年代后期实现自动化,随着可承受高压的新型离子交换树脂的开发运用,20 世纪 80 年代,该方法在高效液相色谱仪中开始使用。从柱中洗脱的氨基酸也可以用邻苯二甲醛(OPA)衍生得到,然后用荧光检测器测量。(茚三酮法和 OPA 法不仅可用于氨基酸分析,还可用于监测蛋白质的水解和测定蛋白酶活性)。

其他方法是在 20 世纪 80 年代发明的,首先是使用氨基酸的柱前衍生化,随后是反相高效液相色谱法。在用异硫氰酸苯酯、OPA、6 - 氨基喹啉基 - N - 羟基 - 琥珀酰亚氨基氨基甲酸酯(AQC)或其他化合物进行色谱分离之前,用反相高效液相色谱法分离水解的氨基酸,并通过紫外或荧光光谱进行定量。使用柱前衍生化的方法可能更灵敏,并且可以检测约质量为 0.5 ~ 1.5μmol 的氨基酸,且色谱运行通常需要 30min 甚至更少。峰值中每个氨基酸的量可以通过加入已知量的内标物来确定。内标物通常是在食品中不常见的氨基酸,如己氨酸。试验结果通常以摩尔百分比表示,通过将每种氨基酸的质量(由色谱图确定)除以其分子质量,再将所有氨基酸的值相加,除以总摩尔数,并将结果乘以 100 来计算。

目前研究者正在开发新的氨基酸分析方法,包括使用液相色谱与质谱联用的方法[14],但这些方法尚未广泛使用。

24.3.1.3 应用

氨基酸分析用于确定蛋白质的氨基酸组成,确定必需氨基酸的量以评估蛋白质质量,基于氨基酸谱确定蛋白质,检测不常见的氨基酸,推算合成或重组蛋白质结构。氨基酸分析能够用来估计蛋白质分子,也可以满足 FDA 对蛋白质的营养标签规定。联合国粮食及农业组织[16]建议使用氨基酸分析代替凯氏定氮法(氮测定法)。另外,氨基酸分析经常用于分析动物食品、婴儿乳粉和特殊人群膳食的蛋白质质量,以确保有足够的必需氨基酸。图 24.8所示为 10min 内在反相柱上从酪蛋白水解产物中分离氨基酸的色谱图。

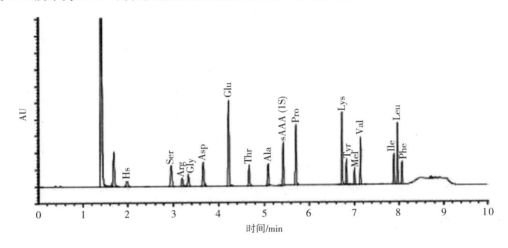

图 24.8 使用 AQC 柱进行衍生的酪蛋白水解产物的氨基酸的高效液相色谱分析图

检测系统为 2996 光电二极管阵列,在 260 纳米处使用 C18 柱(1002.1mm 内径,1.7μm),设置流速为 0.7mL/min,柱温为 55℃,注射量为 1μL。

24.3.2 蛋白质的营养价值
24.3.2.1 概述

蛋白质的营养品质由它的氨基酸组成和易消化性决定。抗营养因子会影响蛋白质的营养品质。但是,含有耐热的抗营养成分(如胰酶抑制剂)的食物一般先要经过烹饪,从而使阻碍蛋白质消化的抑制剂失活。一些食物含有耐热的抗营养因子(如单宁),会降低蛋白质的营养价值。

许多蛋白质品质评估方法与食品中必需氨基酸含量相关。必需氨基酸是指不能在人体内合成只能由食物中摄取的氨基酸。尽管由于个体间的年龄和健康程度的差异而存在很多特殊情况,可以被归为必需氨基酸的有:组氨酸、异亮氨酸、亮氨酸、色氨酸、蛋氨酸、苯丙氨酸、苏氨酸、赖氨酸和缬氨酸。人类在不同年龄段所需的氨基酸摄入量已经确定(表24.4)。人类食物的第一限制性氨基酸被定义为与参考蛋白质或人类需求相比以最低量存

食品分析(第五版)

在的必需氨基酸。

表 24.4 婴儿、学龄前儿童、青少年和成年人(男性和女性)的氨基酸需求量

	年龄	组氨酸	异亮氨酸	亮氨酸	赖氨酸	硫氨基酸	芳香族氨基酸	苏氨酸	色氨酸	缬氨酸
		氨基酸的需求量[mg/(g·d)]								
0.5	婴幼儿	22	36	73	64	31	59	34	9.5	49
1~2	学龄前儿童	15	27	54	45	22	40	23	6.4	36
11~14	青少年	12	22	44	35	17	30	18	4.8	29
>18	成人	10	20	39	30	15	25	15	4.0	26
		评分模式[mg/g 蛋白质需求]								
0.5	婴幼儿	20	32	66	57	28	52	31	8.5	43
1~2	学龄前儿童	18	31	63	52	26	46	27	7.4	42
11~14	青少年	16	30	60	48	23	41	25	6.5	40
>18	成人	15	30	59	45	21	38	23	6.0	39

食品科学家对蛋白质营养品质的关注包括满足营养标签的要求,配制高蛋白品质的产品,以及测试食品加工对蛋白质消化率的影响。在过去的五六十年间,开发有效的方法来测量人类食品的蛋白质质量一直是广泛研究工作的重点[19]。蛋白质营养品质测定可以在生物体内测定(体内试验)、化学或生物化学测定(体外试验)以及一些简单的计算。由于体内试验的需要耗费时间和大量费用,基于氨基酸含量的体外测定和计算经常用于估计蛋白质质量。本章的这一部分涵盖了营养标签所要求的测试和计算,并提到了其他几种专门应用于蛋白质质量的测定方法。表 24.5 所示为测量蛋白质营养品质的方法。

表 24.5 用于测定蛋白质营养质量的方法综述

方法	测量内容	应用
蛋白质消化率校正氨基酸评分(PD-CAAS)	一种氨基酸的氨基酸含量与学龄前儿童的要求相比较,并以大鼠喂养实验为基础	除了婴儿食品之外的所有营养标签(以每日的百分比表示 g 蛋白)
蛋白质效率比(PER)	每 g 蛋白质消耗的老鼠体重增加	婴儿食品营养标签(以 g 蛋白表达为每日价值%)
体外消化的 pH 变化	蛋白质在标准条件下的酶解变化	蛋白质消化率的快速检测
DNFB(1-氟-2,3-二硝基苯)可用赖氨酸的方法	赖氨酸的数量没有与其他食物成分发生反应,因此成为不可缺少的氨基酸	测定食品加工过程中热处理对赖氨酸的影响
氨基酸评分(AAS)	氨基酸的氨基酸含量,与学龄前儿童的要求相比较	PDCAAS 分析的一部分
必需氨基酸指数(EAAI)	氨基酸的氨基酸含量,每 9 种必需氨基酸的含量,与它们在参考蛋白质中的含量相比较	快速测定食品配方中各种蛋白质的最佳含量

24.3.2.2 蛋白质消化率——校正氨基酸评分法

（1）原理 蛋白质消化率—校正氨基酸评分法（PDCAAS）借助以下两方面的信息来评估蛋白质质量①待测蛋白质的第一限制性氨基酸含量与标准参考蛋白质这种氨基酸含量的比较;②通过活体实验来测定这种蛋白质被小鼠消化的程度。对于营养标签,PDCAAS 必须按照 21 CFR 101.9[20] 中描述的方法确定。

$$\frac{蛋白质摄入量 \times PDCAAS}{50g\ 蛋白质} \times 100$$

（2）方法

①测定食品中的氨基酸组分。

②用学龄前儿童的需求量作为参考,以第一限制性氨基酸来计算按计算分数。

$$氨基酸评分 = \frac{1g\ 待测蛋白质中的氨基酸质量（mg）}{1g\ 参考蛋白质中的氨基酸质量（mg）} \tag{24.3}$$

③用添加 10% 的待测蛋白质或者不加蛋白质的标准食物喂养雄性断奶小鼠,按照以下过程求得真实蛋白消化率（AOAC 方法 991.29）[15]。真实消化率的计算基于氮的摄取和食物的摄取,并由排泄物中代谢的损失量来校正。如果可以得到相关数据,可以使用已公布的待测蛋白的真实消化率值。

④
$$PDCAAS = 限制氨基酸的氨基酸分 \times 真实消化率（\%） \tag{24.4}$$

⑤日营养指数（50g 指蛋白质日摄入量）:

$$日营养指数/\% = \frac{蛋白质摄入量 \times PDCAAS}{50g\ 蛋白质} \times 100 \tag{24.5}$$

（3）应用 营养标签和教育法（NLEA）要求除了婴儿食用的食品（详见 3.2.1.7）外,营养标签上每日使用的百分比值必须使用 PDCAAS 方法确定。由于 PDCAAS 方法费时且花费较多,营养标签上的蛋白质通常仅表示为总量,而不是每日摄入量的百分比。但是,如果食品标签包含有关蛋白质的任何声明,则营养标签必须包括每日摄入量百分比形式的蛋白质质量说明[20]。

与测量大鼠生长的蛋白质效率比（PER）方法相比,PDCAAS 方法通常被认为更好地估计人类的蛋白质质量[19]。大鼠的生长与成年人的生长不同,但与婴儿类似。因此,PER 法主要用于估计婴儿食品的蛋白质质量。大鼠蛋白质的实际消化被认为与人类相当相似,所以 PDCAAS 方法的蛋白质消化率部分利用大鼠测定的真实可消化性。PDCAAS 方法包括有关氨基酸组成和蛋白质消化率两方面的信息,因为这些都是蛋白质营养品质的决定因素。然而,PDCAAS 方法也有很多局限性,它关于氨基酸评分部分仅包括关于第一限制性氨基酸的信息,而不包括其他必需氨基酸的信息。两种蛋白质缺少同一种氨基酸时两者的氨基酸分数没有差别,但当一种蛋白质只有一种限制性氨基酸而其他蛋白质有很多限制性氨基酸时氨基酸分数就不同了。

联合国粮食及农业组织（FAO）正在讨论是否改放弃使用 PDCAAS 方法[18]。目前已经推荐使用新的蛋白质质量指标,即可消化不可缺少的氨基酸评分（DIAAS）来代替 PDCAAS 作为用于监管膳食蛋白质质量评估的选择方法。DIAAS 被定义为:

$$DIAAS（\%） = \frac{1g\ 膳食蛋白质中可消化的必需氨基酸（mg）}{1g\ 参考蛋白中相同膳食的必需氨基酸（mg）} \times 100$$

这种方法将每种必需氨基酸作为单独的营养素来处理,而不是像 PDCAAS 方法中那样仅使用第一限制性氨基酸。FAO 还建议将氨基酸分析方法的标准化,但 DIAAS 方法在美国还没有被 FDA 批准用于营养标签。

24.3.2.3 蛋白质功效比

(1)原理 PER 方法(AOAC 方法 960.48)[15]通过测量大鼠体重的增加量来评估蛋白质的营养质量。

(2)方法

①测定待测含蛋白质样品中的氮含量并计算出蛋白质含量。

②配制标准化的待测蛋白质饲料和酪蛋白对照饲料,各含有 10% 的蛋白质。

③饲养若干组雄性刚断奶小鼠上述饲料和水任意量,持续 28d。

④记录每只动物初始重量,并至少每 7d 测定记录一次重量,28d 后再测一次重量。

⑤记录每只动物 28d 中摄入的食物量。

⑥用每个食物组别动物在 28d 中平均重量的增加量和平均总蛋白摄入量来计算 PER:

$$PER = \frac{动物增加的体重量(g)}{总蛋白摄入量(g)} \tag{24.6}$$

⑦酪蛋白设定为 2.5,校正 PER(将待测蛋白质的质量与参考的酪蛋白相比)。

$$调整或校正 PER = \frac{受试蛋白质 PER}{参考酪蛋白 PER} \tag{24.7}$$

(3)应用 美国食品和药物管理局(FDA)要求在确定蛋白质占婴儿食品营养标签每日价值百分比时使用 PER 方法[20](21 CFR 101)(详见 3.2.1.7)。PER 方法在应用方面有一定局限性,因为虽然小鼠的必需氨基酸需求与婴儿的必需氨基酸需求类似,但在其他年龄段却不同。PER 方法很耗费时间的,而且不能衡量蛋白质对体重增长的作用(在 PER 为 0 的情况下,蛋白质没有使体重增长)。

24.3.2.4 其他测定蛋白质质量的方法

(1)必需氨基酸指数 必需氨基酸指数(EAAI)基于待测蛋白之中必需氨基酸与标准蛋白质(或人体需求)相比来评估蛋白质营养品质。EAAI 是评估和优化食品配方中氨基酸含量的一种快速方法。与仅考虑第一限制性氨基酸的 PDCAAS 方法的氨基酸评分组分不同,EAAI 方法涵盖了所有必需氨基酸的信息。然而,EAAI 不包括蛋白质消化率的任何评估,而消化性质很可能会受到加工方法的影响。测试蛋白质的必需氨基酸含量(通过氨基酸分析或从文献值确定)与参考蛋白质(例如,酪蛋白或人体需求值)相比如下(可以使用甲硫氨酸加胱氨酸、苯丙氨酸加酪氨酸,因为它们可以互相替代为必需氨基酸):

$$必需氨基酸指数 = \sqrt[9]{\frac{1g 受试蛋白质中赖氨酸质量(mg) \times 相同方法计算出其他 8 种必需氨基酸的值}{1g 参考蛋白质中赖氨酸质量(mg)}}$$

$$\tag{24.8}$$

(2)体外蛋白消化 pH 转换法是一种体外蛋白质消化率测定法,用于通过测量在标准化条件下与商业消化酶反应时蛋白质水解的程度来评估蛋白质的消化率。消化方法使用胰蛋白酶,胰凝乳蛋白酶,肽酶和细菌蛋白酶来模拟人体蛋白质的消化。当蛋白酶打开肽键,释放羧基和释放氢离子时,蛋白质溶液的 pH 下降。消化期结束时的 pH 用于计算蛋白质的消化率。

pH 偏移法是蛋白质效率比计算法(C – PER)(AOAC 方法 982.30)[15]中的酶消化率部分,其将必需氨基酸组成的计算与基于体外消化率测定。C – PER 分析旨在用于食品和食品成分的常规质量控制筛选以估计 PER,它将使用大鼠生物测定法来测定。

体外消化率测定可以提供一种快速和低价的方法来确定和比较食品的蛋白质消化率。该测定可用于确定加工条件对具有相同配方的食品的蛋白质可消化性的影响。

24.3.2.5 赖氨酸可利用率

如果经过热处理加工的产品的营养品质低于预期的氨基酸组成,应该评估产品中赖氨酸的有效性。必需氨基酸赖氨酸的游离 ε – 氨基在加工和储存过程中会与许多食物成分发生反应,从而形成生物不可用的复合物,使营养品质下降。赖氨酸很容易与美拉德褐变反应中的还原糖、氧化聚苯乙烯和氧化脂质复合,这种反应在加热和碱性条件下加速。通常在碱处理的蛋白质中发现的赖氨酸和丙氨酸降低了蛋白质的可消化性,赖氨酸作为必需氨基酸的可用性。测量可用赖氨酸最常用的方法是使用试剂 1 – 氟 – 2,3 – 二硝基苯(DNFB,又称 FDNB)的分光光度法。AOAC 方法 975.44[15]中有详细说明,它可以用来测定加工方法对食品中赖氨酸可利用度的降低程度。

24.3.3 蛋白质功能特性评估

蛋白质功能被定义为蛋白质分子的物理和化学特性,这些蛋白质分子在加工、储存和消费过程中会影响食品的品质。可以根据蛋白质的功能特性来优化其在食品中的应用。食品中最重要的三种蛋白质功能特性包括溶解性、乳化性和起泡性。下面将着重介绍测定这三个功能特性的几种方法。蛋白质的另外两种功能特性,胶凝性质和促进面团形成的性质都与黏度密切相关。需要指出的是没有一个测定方法可以测定所有性质,所以对方法的细致选择非常重要。

24.3.3.1 溶解性

(1)原则 蛋白质功能性最普遍被检测的性质之一是溶解性。蛋白质为了在应用与食品体系中保持良好的功能性质就必须可溶。蛋白质的许多其他重要功能特性受蛋白质溶解度的影响,例如,稠度(黏度效应)、发泡性、乳化性、持水性和凝胶性质等。

溶解性取决于构成蛋白质的疏水性和亲水性氨基酸的平衡,尤其是分子表面上的那些氨基酸。蛋白质的溶解性也取决于蛋白质和溶剂之间的热力学相互作用。蛋白质溶解性受溶剂极性、pH、离子强度、离子组成以及与其他成分(如脂质或碳水化合物)的相互作用的影响。常见的食品加工手段,如加热、冷冻、干燥和剪切都可能影响蛋白质在食品体系中的溶解性。内源性蛋白酶的蛋白质水解作用也可能改变蛋白质的溶解性。

(2)步骤 很多测定蛋白质溶解性的标准方法是由美国油脂化学家协会[21]和美国谷

物化学家协会[22]公布的。其他的蛋白质溶解性同义的名称包括蛋白质分散性指数和氮溶解度指数。

在标准的溶解性测定方法中，将蛋白质分散于水或缓冲液中，并在特定的 pH 下进行分离，然后使用特定的条件进行离心分离。在此条件下不可溶的蛋白质会沉降下来，而可溶性蛋白质保留在上清液中。因为这些参数对结果有很大的影响，所以必须谨慎地控制缓冲液和检测条件。测量上清液中的总蛋白质和蛋白质，通常通过凯氏定氮法或比色法，如 Bradford 测定法或喹啉酸（BCA）测定法（详见 18.4.1.2 和 18.4.2.3）。可溶性蛋白分数即上清液（可溶性蛋白质）中的蛋白质质量除以总蛋白质质量的比值乘以 100。

24.3.3.2 乳化性

（1）原理　食品乳液包括人造黄油、奶油、牛乳、婴儿配方乳、蛋黄酱、加工乳酪、沙拉酱、冰淇淋以及一些高度认可的肉制品，如大红肠。乳状液是两种或更多种不能互溶的液体的混合物，其中一种液体作为液滴分散在另一种液体中。油和水是在食品乳液中发现的两种最常见的不混溶液体，尽但很多其他食品组分也会经常出现。小液滴被称为不连续相或分散相，而环绕在液滴周围的液体是连续相。输入能量可以均质乳状液，通过混合或摇动的形式将一种不混溶的液体分散到另一种中。

蛋白质可以作为乳化剂来降低界面张力从而促进乳液的形成，并提高乳液的稳定性。蛋白质在乳液形成过程中迁移到液滴表面，在表面形成保护层或膜，从而减少两个不混溶相之间的相互作用。乳状液本质上是不稳定的。乳状液的质量取决于许多因素，包括液滴的大小及分布，两相之间的密度差异，两相的黏度，界面处分子之间的静电力和空间相互作用以及吸附的厚度和黏度蛋白质层。更多的信息可以在专门讨论乳化的著作中找到[23]。

（2）步骤　食品乳状液通常是含有多种成分的高度复杂的系统，因此科学家通常选择最重要的成分来简化乳状液体系来研究它的性质。对于蛋白质的乳状液，这种模型体系可能只含有水、缓冲液、油或者蛋白质。pH、盐浓度、温度、油的类型和数量、蛋白质浓度、能量输入以及乳液形成过程中的温度对最终乳液的性质有很大的影响。在建立程序之前必须确定好这些参数。

乳状液中分散相的液滴大小对其质量有很大的影响。液滴大小可以影响乳状液的外观、稳定性和流变学性质，从而改善食品的质量。大小更均匀的小液滴表明乳液更好。液滴大小可以通过比浊法、显微镜观测法、激光衍射法和电脉冲计数来确定[23]。

一种高效的乳化剂可以防止储存过程中乳状液的分解和分离。乳状液可以长时间（几个月至几年）稳定。乳状液的稳定性可以通过在一定的速度和时间下离心或搅动乳液来测定乳状液分层或油分层的量来检测。这是一个相当快速的测试，但是在常规的储存条件下可能不足以表现出被破坏的程度。另一种方法包括测量分散相的粒度分布随时间的变化[24]，可以通过激光衍射或 LUMiSizer® 进行。

许多其他更加复杂的技术也可用于测量食品乳液的性质，包括界面性质的测量、分散相体积分数的测量、乳化流变学的表征以及液滴电荷的研究[23]。

24.3.3.3 起泡性

（1）原则 泡沫是气泡在液体或半固体连续相中的粗粒分散系。像乳状液一样，在形成泡沫过程中需要能量输入，并且具有不稳定性。搅拌、摇晃和鼓泡（注气）是泡沫成形的三种常用方法。连续相中的蛋白质或其它大分子在泡沫形成过程中降低两相之间的表面张力，并增强气泡稳定性。蛋糕、面包、棉花糖、鲜奶油、调和蛋白、冰淇淋、苏打水、摩丝和啤酒中都有泡沫。

（2）方法 泡沫体积和泡沫稳定性是用于评估泡沫的两个重要参数。泡沫体积取决于蛋白质在泡沫形成期间降低水相和气泡之间的表面张力的能力。记录在标准化发泡过程中产生的泡沫体积，并可与在相同条件下制造的其他泡沫体进行比较。泡沫通常在搅拌机中形成，然后转移到刻度缸中进行测量。另一种常见的方法是测量泡沫溢出或泡沫膨胀（在冰淇淋制造中尤为重要）。可以间接测定掺入泡沫中的空气量。溢出百分比可以计算如下：

$$溢出百分比/\% = \frac{100mL\,液体的质量 - 100mL\,泡沫的质量}{100mL\,泡沫的质量} \times 100 \tag{24.9}$$

泡沫稳定性取决于在气体微滴周围形成的蛋白质的性质。随着泡沫破裂和液体被释放，稳定的泡沫通常需要较长的时间才能瓦解。泡沫稳定性通常用半衰期表示，样品在标准条件下搅拌一段时间，在最简单的方法就是将泡沫放在量筒上方的漏斗中，记录排出泡沫原重量或体积一半的泡沫所用的时间。半衰期越长，泡沫越稳定。

泡沫体积和稳定性受到输入能量、pH、温度、热处理以及泡沫中的离子、糖、脂质、蛋白质的类型和浓度的影响。因此在设计方案测定泡沫性质时，除了测定的指标，其他所有的变量都要标准化固定。其他用于测定泡沫的分子性质的指标包括①测定界面性质如表面压力和膜厚度；②表征膜的黏弹性；③表征气泡的大小和分布。

24.3.3.4 溶解性、乳化性和起泡性测定方法的应用

蛋白质在食品体系中表现出不同的功能特性。许多食物的质量取决于加工过程中蛋白质功能性质的成功应用。了解蛋白质在给定条件下的溶解度以优化食品中该蛋白质的使用。例如，蛋白质在大多数饮料中必须是可溶的，以达到最佳功能。轻微的配方修改可能会改变产品的 pH 和蛋白质溶解度。

许多蛋白质一旦变性就变得不溶于水，功能性质变差。因此，溶解度经常被用作加工过程中蛋白质变性的指标。一般来说，蛋白质必须是可溶的，在起泡和乳化过程中移动到表面，影响溶解度的工艺或成分的任何变化也可能改变该蛋白质的起泡和乳化特性。冷冻、加热、剪切和其他过程可以影响食品系统中蛋白质的功能特性。因此，如果加工过程发生改变，必须重新评估蛋白质的溶解度、乳液和起泡性。

食品产品开发人员通常需要了解食品成分以排除对乳化或起泡特性和后续产品质量的影响。原材料的变化会导致蛋白质功能和最终产品质量的不同。蛋白质功能测试可以用来比较不同制造商的两种成分，或者验证从制造商那里购买的每批蛋白质成分的品质。例如，不同的商业乳清和大豆蛋白浓缩物的溶解度可能会有所不同，导致其他功能性反应

和最终产品质量的差异。另外,如果一个产品开发者试图在制剂中取代大豆蛋白的蛋白质,重要的是要知道每种成分的功能属性如何受环境条件如 pH 或盐浓度的影响。最好能掌握在一定的储存条件下乳液或泡沫的稳定性。例如,乳化稳定性测试通常用于评估婴儿配方食品和饮料的长期稳定性。

24.3.3.5 凝胶化与面团的形成

蛋白质的另外两个功能特性是凝胶化和面团形成,这两个特性都与黏度密切相关,在此予以简述。

(1)胶凝性 蛋白质凝胶通过在适当的条件下经过热处理、酶处理或二价阳离子作用形成蛋白质凝胶。大多数食品蛋白质凝胶是通过加热蛋白质溶液制备的,一部分可以通过限制酶水解蛋白质(例如,酪蛋白胶束上的凝乳酶作用形成干酪凝乳)来制备,并且通过添加一些二价阳离子 Ca^{2+} 或 Mg^{2+}(例如,大豆蛋白制作豆腐)。蛋白质从蛋白质胶凝中的"可溶性"状态转变为交联的"凝胶状"状态。形成的连续的交联网络结构可以包括共价(即二硫键)和非共价相互作用(如氢键、疏水相互作用、静电相互作用)。通过加热蛋白质溶液制成的一些蛋白质凝胶网络是热可逆的(例如,通过加热冷却明胶形成的明胶凝胶,重新加热时恢复到液体),而一些蛋白质凝胶是热不可逆的。蛋白质凝胶的稳定性受多种因素影响,如蛋白质的性质的浓度、温度、加热和冷却速率、pH、离子强度和其他食物成分的存在。因此,必须对这些变量进行标准化和控制,以测量和比较蛋白质的凝胶特性。用于测量食品流变学特性的技术,如压缩、延伸和扭转分析,也可用来确定蛋白质凝胶的性质,详见第 29 章。另外,为了测量特定蛋白质的凝胶特性,已经开发了许多实验测试,例如,设计用于测量明胶凝胶强度的 Bloom 测试和测量鱼糜凝胶弹性的折叠测试。

(2)面团形成 小麦蛋白的独特之处在于能形成适用于制作面包和其他烘焙产品的具有黏弹性的面团。小麦中的主要储能蛋白面筋蛋白是由麦醇溶蛋白和麦谷蛋白混合而成的。这些蛋白质独特的氨基酸组成使得可以形成黏弹性面团,在酵母发酵过程中可以把二氧化碳气体包埋其中。通常通过测量面团强度,黏度和延伸性来测试小麦品种的面包制品质量。

面团强度通常利用面粉调混性自动记录仪、粉质仪或快速黏度测定仪(RVA)在标准条件下测定而得。面粉调混性自动记录仪用来测定面粉的混合性质,因此面团须具有适当的稠度,这是制作焙烤产品的基本要求。粉质仪是通过扭矩机测定面粉的吸水率和面团的混合性质。RVA 是利用黏度计快速测定淀粉的糊化,包含加热和冷却过程、剪切力的变化,测定淀粉、谷物及其他食品的黏度性质。

24.4 总结

目前,有许多用于分离和表征蛋白质的技术方法。分离技术是利用蛋白质分子在溶解度、大小、电荷和吸附特性方面的差异。离子交换色谱是根据分子所带电荷分离蛋白质。亲和层析利用配体,如酶抑制剂、辅酶、抗体特异性地将蛋白质结合在固定相上。蛋白质可以根据其大小,利用透析(dialysis)、超滤、尺寸排阻色谱法进行分离。电泳可以根据蛋白质的大小和电荷,分离复杂混合物中的蛋白质。十二烷基硫酸钠聚丙烯酰胺凝胶电泳(SDS-PAGE)也可以用来判断蛋白质的分子质量和亚基组成。等电聚焦电泳可以确定蛋白质的等电点。毛细管电泳是在普通电泳的基础上进行改造得到的,蛋白质可以在毛细管中分离。色谱技术用于氨基酸的分析,判断蛋白质中氨基酸的组成。蛋白质的营养价值是由氨基酸的组成以及蛋白质的消化率所决定的。目前认为,使用消化率修正的氨基酸评分(PD-CAAS)比蛋白质功效比值(PER)认可度更高。蛋白质的功能特性用于表征蛋白质,从而实现其在食品中的特殊应用。蛋白质常见的功能性质实验包括测定溶解度、乳化性、起泡性和凝胶性。单一实验的测定不能应用于整个食品体系中。

本章涉及缩略词见表 24.6。

表 24.6 缩略词

$(NH_4)_2SO_4$	硫酸铵	PAGE	聚丙烯酰胺凝胶电泳
AOAC	国际分析化学家协会	PDCAAS	消化率修正的氨基酸评分法
AQC	6-氨基喹啉基-N-羟基琥珀酰亚胺基甲酸酯	PER	蛋白质功效比值
C-PER	蛋白质效率比计算方法	pI	等电点
DIAAS	可消化必需氨基酸评分	R_m	相对迁移率
EAAI	必需氨基酸指数	SDS	十二烷基硫酸钠
FAO	联合国粮食与农业组织	TEMED	四甲基乙二胺
FPLC	快速蛋白液相色谱法	UPLC	超高效液相色谱
HPLC	高效液相色谱法	UV	紫外线
NFDM	脱脂乳粉	V_e	洗脱体积
OPA	O-苯二醛		

24.5 思考题

(1)有一个具有以下特征的蛋白质体系:

蛋白质	硫酸铵溶液中溶解度/%	乙醇溶液中溶解度/%	等电点	变性温度/℃
1	10~20	5~10	4.6	80
2	70~80	10~20	6.4	40
3	60~75	10~20	4.6	40
4	50~70	5~10	6.4	70

试述你如何将 4 号蛋白质从其他蛋白质中分离出来。

(2)对照比较利用 SDS-PAGE 和等电聚焦电泳分离蛋白质的原理和步骤。解释的内容包括如何以及为什么要用这种方法分离蛋白质? 你可以通过上述两者方法各的到蛋白质的那些信息?

(3)解释毛细管电泳与 SDS - PAGE 的不同之处。

(4)简述下面描述中感兴趣的蛋白质的特征(注:每题描述的是不同的蛋白质)。

① 当使用截留分子质量为 3000u 的管进行透析时,在保留物中(即不在滤液中)发现感兴趣的蛋白质。

②当使用截留分子质量为 10000u 的膜进行超滤时,在滤液中发现感兴趣的蛋白质(即不在保留物中)。

③当使用阴离子交换柱和 pH 为 8.0 的缓冲溶液对蛋白质进行离子交换色谱,感兴趣的蛋白质结合在柱上。

④当感兴趣的蛋白质进行等电聚焦电泳时,蛋白质在凝胶的 pH 梯度中迁移到大约 pH 7.2 的位置。

⑤当感兴趣的蛋白质在含有和不含有巯基乙醇条件下进行 SDS - PAGE 时,蛋白质分别在分子质量在 42000、45000 和 48000u 处出现三条带。

⑥当含有多种蛋白质的溶液加热到 60℃ 时,在溶液离心后的沉淀物中发现感兴趣的蛋白质。

(5)要求你将大豆蛋白送到有氨基酸分析仪(离子交换色谱的检测实验室,以便能够得到其氨基酸的组成)。解释①如何将样品进行前处理;②当他们从离子交换柱中洗脱后,如何将氨基酸进行定量。试述步骤。(注:你想要定量所有的氨基酸)

(6)在氨基酸分析中,蛋白质样品被水解成单个的氨基酸,并将其应用于阳离子交换柱。通过逐渐的增加流动相的 pH 对氨基酸进行洗脱。

① 叙述离子交换色谱的原理。

②阴离子与阳离子交换剂的区别。

③解释为什么改变 pH 能够在不同的时间将不同的氨基酸从柱中洗脱出来。

(7)简述下述实验步骤的不同:

①氨基酸评分和必需氨基酸指数

②PDCAAS 和氨基酸评分

(8)你要帮助开发一种利用谷物和大豆制造高蛋白点心的新工艺。你想确定多种工艺(焙烤和干燥)条件下点心的蛋白质的质量。考虑到被检测样品的数量,负担不起昂贵的体内实验,并且不能花费几天的时间获得实验结果。

①你将使用什么方法比较在不同加工条件下点心蛋白质的质量? 要包括对所涉及原理的解释。

②你假设一定的时间和温度相结合,导致了过度加工产品,从(7)①的测试结果表明,这些样品营养质量较低。你推测一下,点心中什么氨基酸最容易受到温度的不利影响?

③你可以利用什么实验判断过度加工已经使氨基酸不具备营养价值? 如何实施这些实验?

(9)定义"蛋白质的功能性质"以及列出三项在食品中重要的功能成分。

(10)试述用于测定的功能性实验

①蛋白质的溶解度

②乳状液的稳定性

③发泡体积

(11)你需要将复原脱脂乳粉(NFDM)用于酸奶配方,你经历了不同批次的 NFDM 所需的水合时间存在的许多变量。作为品控经理,你需要开展一个实验,测量每批 NFDM 在使用前的溶解度和水合特性(希望避免将来再水合的问题)。

①你如何测定溶解度?你开展的实验采取什么样的预防措施?

②假定你开展实验采取下述步骤:用 200g 温度为 60℃ 的水溶解 20g NFDM,搅拌混合 2min,转移 50mL 到离心管中,在 10000g 条件下离心 5min,测定离心后上清液的蛋白质含量。如果上清液中含有 2.95% 的蛋白质,并且一开始 NFDM 含有 36.4% 蛋白质,蛋白质溶解度的百分数为多少?

(12)你在一家液体乳生产商工作,销售用于蒸咖啡产品的液体乳。在此类产品中,需要液体乳产生大量稳定的泡沫。你已经定期的收到的抱怨:所提供的液体乳不能产生足够的泡沫。因此,你需要设计品质控制的方法,在运送前测定每批乳的发泡性。简述你将进行的试验。

24.6　应用题

(1)使用下述表格中提供的数据:

①计算脱脂大豆粉的 EAAI。

②确定大豆粉的氨基酸评分。

③计算 PDCAAS,脱脂大豆粉的真实消化率为 87%。

氨基酸	大豆/(mg/g 蛋白质)	参考模式/(mg/g 蛋白质)
组氨酸	26	18
异亮氨酸	46	31
亮氨酸	78	63
赖氨酸	64	52
甲硫氨酸/胱氨酸	26	26
赖氨酸/酪氨酸	88	46
苏氨酸	39	27
色氨酸	14	7.4
缬氨酸	46	42

(2)你在一家制造蛋白白补充剂的公司工作,并销售给健身者。你需要筛选可能用于新蛋白补剂的几种蛋白质。你有三个需要评价的样品(A、B 和 C)。下图为三个样品的氨基酸的以及参考标准(学前儿童所需氨基酸的参考标准)。

氨基酸	参考标准	样品 A	样品 B	样品 C
组氨酸	18	26	35	24
异亮氨酸	31	50	55	35
亮氨酸	63	65	46	32
赖氨酸	52	80	92	80
甲硫氨酸/胱氨酸	26	70	48	50
赖氨酸/酪氨酸	46	70	90	85
苏氨酸	27	51	40	39
色氨酸	7.4	16	22	25
组氨酸	42	60	64	42

①计算每种补剂的 PDCAAS。（假设样品 A、B、C 的真实消化率分别为 87%、93%、64%）

②如果样品 A 花费 1.25 美元/lb，样品 B 花费 3.25 美元/lb，样品 C 花费 1.15 美元/lb，你将使用哪种样品？

答案

（1）①必需氨基酸指数（EAAI）

$$= \sqrt[9]{\begin{array}{c}(26/18)(46/31)(78/63)(64/52)(26/26)(88/46)\\(39/27)(14/7.4)(46/42)\end{array}}$$

$$= \sqrt[9]{\begin{array}{c}(1.44)(1.48)(1.24)(1.23)(1.00)(1.91)(1.44)\\(1.89)(1.10)\end{array}}$$

$$= \sqrt[9]{18.5866}$$

$$= 1.38$$

②氨基酸评分 = 26/26 = 1.00；最低比率代表限制氨基酸，甲硫氨酸/胱氨酸。

③PDCAAS = 氨基酸评分 × 真实消化率 = 1.00 × 0.87 = 0.87

（2）①所有三种样品的第一限制氨基酸是亮氨酸。（通过测定每个氨基酸与参考标准的比值来确定）

PDCAAS = 第一限制氨基酸评分 × 真实消化率：

样品 A = (65/63) × 0.87 = 0.9

样品 B = (46/63) × 0.93 = 0.68

样品 C = (32/63) × 0.64 = 0.33

②每个样品的成本与蛋白质质量比如下：

样品 A = ($1.25/0.9) = $1.39

样品 B = ($3.25/0.68) = $4.78

样品 C = ($1.15/0.33) = $3.48

样品 A 每美元能够提供最高数量的可用蛋白质，表明使用样品 A 最好。

参考文献

1. Coligan JE, Dunn BM, Speicher DW, Wingfield PT (eds) (2015) Current Protocols in Protein Science. Wiley, New York

2. Burgess RR, Deutscher MP (eds) (2009) Guide to Protein Purification. Vol. 436. Methods in Enzymology, 2nd edn, Academic Press, San Diego, CA.

3. Janson JC (ed) (2011) Protein Purification. Principles, High Resolution Methods, and Applications. 3rd edn. Methods of Biochemical Analysis. Vol 54 Wiley, Hoboken NJ

4. Scopes RK (1970) Characterization and study of sarcoplasmic proteins. Ch. 22. In: Briskey EJ, Cassens RG, Marsh BB (eds) Physiology and Biochemistry of Muscle as a Food, vol 2. , University of Wisconsin Press, Madison, WI, pp 471 – 492

5. Doultani S, Turhan KN, Etzel MR (2004) Fractionation of proteins from whey using cation exchange chromatography. Process Biochem 39:1737 – 1743

6. Jelen P (1991) Pressure-driven membrane processes: principles and definitions. In new applications of membrane processes. Document No. 9201. pp 6 – 41, International Dairy Federation, Brussels, Belgium

7. Chen WL, Hwang MT, Liau CY, Ho JC, Hong KC, Mao SJ. (2005) β – Lactoglobulin is a thermal marker in processed milk as studied by electrophoresis and circular dichroic spectra. J Dairy Sci 88:1618 – 1630

8. FDA (2015) Regulatory Fish Encyclopedia (updated 2015 May 12 2015; cited 2015 July 1. Silver Spring, MD. Available from: http://www. fda. gov/Food/FoodScienceResearch/RFE/) .

9. Montowska M, Pospiech E. 2013. Species-specific expression of various proteins in meat tissue: Proteomic analysis of raw and cooked meat and meat products made from beef, pork and selected poultry species. Food Chem 136:1461 – 1469

10. Dolnik V (2008) Capillary electrophoresis of proteins 2005 – 2007. Electrophoresis 29:143 – 156

11. Molina E, Marin-Alvarez PJ, Ramos M. (1999) Analysis of cows', ewes', and goats'milk mixtures by capillary electrophoresis: quantification by multivariate regression analysis. Int Dairy J 9:99 – 105

12. Breadmore MC (2012) Capillary and microchip electrophoresis: Challenging the common conceptions. J Chromatog A 1221:42 – 55

13. Marchett-Deschmann M, Lehner A, Peterseil V, Sovegjarto F, Hochegger R, Allmaier G (2011) Fast wheat variety classification by capillary gel electrophoresis-on-a-chip after single-step one-grain high molecular weight glutenin extraction. Anal Bioanal Chem 400: 2403 – 2414

14. Otter DE (2012) Standardised methods for amino acid analysis of food. British J Nutr 108:S230-S237

15. AOAC International (1990) Official methods of analysis, 15th edn. AOAC International, Gaithersburg, MD (Note: more recent editions available, however this edition is cited in the 21 CFR 101. 9 Food Labeling)

16. Food and Agriculture Organization (2003) Food energy Methods of analysis and conversion factors: report of a technical workshop. FAO Food and Nutrition Paper 77. Rome, Italy

17. Boogers I, Plugge W, Stokkermans YQ, Duchateau ALL (2008) Ultra-performance liquid chromatographic analysis of amino acids in protein hydrolysates using an automatedpre-column derivatisation method. J Chromatog A 1189 (1 – 2): 406 – 409 http://dx. doi. org/10. 1016/j. chroma. 2007. 11. 052

18. Food and Agriculture Organization (2013) Dietary protein quality evaluation in human nutrition. FAO Expert Consultation, Food and Nutrition Paper 92. Rome, Italy

19. Boye J, Wijesinha-Bettoni R, Burlingame B (2012) Protein quality evaluation twenty years after the introduction of the protein digestibility corrected amino acid score method. Br J Nutr 108:S183 – S211

20. Federal Register (2015) Title 21 code of federal regulations part 101. Food labeling; Superintendent of documents. US Government Printing Office, Washington, DC

21. AOCS (2013) Official methods and recommended practices of the AOCS, 6th edn. , 3rd printing. American Oil Chemists Society, Champaign, IL

22. AACC International (2009) Approved methods of analysis, 11th edn. AACC International, St. Paul, MN online

23. McClements DJ (2015) Food emulsions: Principles, Practices, and Techniques. 3rd edn. CRC Press, Boca Raton, Florida

24. Wrolstad RE, Acree TE, Decker EA, Penner MH, Reid DS, Schwartz SJ, Shoemaker CF, Smith D, Sporns P, (eds) (2005) Handbook of food analytical chemistry vol 1. Wiley, Hoboken, NJ

食品及其组分中（总）酚类物质与抗氧化能力的测定 25

Mirko Bunzel，Rachel R. Schendel

25.1 引言

酚类物质指的是几千种芳香植物的代谢物，结构上至少有一个羟基连接在苯环上。植物中酚类化合物的重要性与结构性成分成正比，尤其在对保持植物细胞壁的稳定和对外伤、感染的反应上[1]。除此之外，许多非结构性成分也已从植物以及植物性食品中鉴定出来，它们对植物抵抗生物与非生物性胁迫、构成色素等方面都具有重要意义。很长时间以来，人们就发现食品中酚类物质，如生育酚和没食子酸盐，可以增强脂类的氧化稳定性。此外，酚类物质还可以用作食品的着色剂（如花青素），并且有助于形成食品的风味（如香草醛）。最近，有研究提示酚类物质有潜在的健康助益作用，一些特殊的酚类化合物对某些特定的疾病具有防护作用，如冠心病和某些癌症[2]。但是，酚类物质的健康保护作用并不具有普遍性，因为许多酚类化合物被发现是有毒性的。更重要的是，许多特定组分的健康助益效果仅仅是通过体外实验得出的。

目前，酚类物质通常被分为两大类（图25.1），一类是单酚，其仅含有一个酚环，如水杨酸和（单体）羟基肉桂酸；一类是多酚，其至少含有两个酚环单元，如黄酮、芪类或木酚素。例如可水解和不可水解的鞣酸就是食品组分提取物中含有两个以上酚环的多酚物质。除了这些分子质量相对较小的酚类物质外，植物源食品中还含有分子质量较高的酚类化合物，如木质素和软木脂酚类。除了植物中天然形成的酚类物质外，食物加工过程中也会产生新的或者经过修饰的酚类物质。以美拉德反应为例，在反应过程中会产生酚类物质并且天然的酚类物质会变为类黑精的一部分。咖啡色类黑精就是最典型的例子（包含修饰的绿原酸）[3]。

本章中涉及的分析检测内容主要包括以下4个方面：①总酚的测定；②基于氢原子转移途径的抗氧化能力检测；③基于单电子转移途径的抗氧化能力检测；④脂肪加速氧化检测。较之于本书其他章节内容，本章对检测方法的介绍会更加详细，因为这部分内容属于食品科学的前沿领域，尚未有标准的检测方法，本章中所介绍的检测方法也或多或少存在一定的缺陷，因此需要详细讨论。

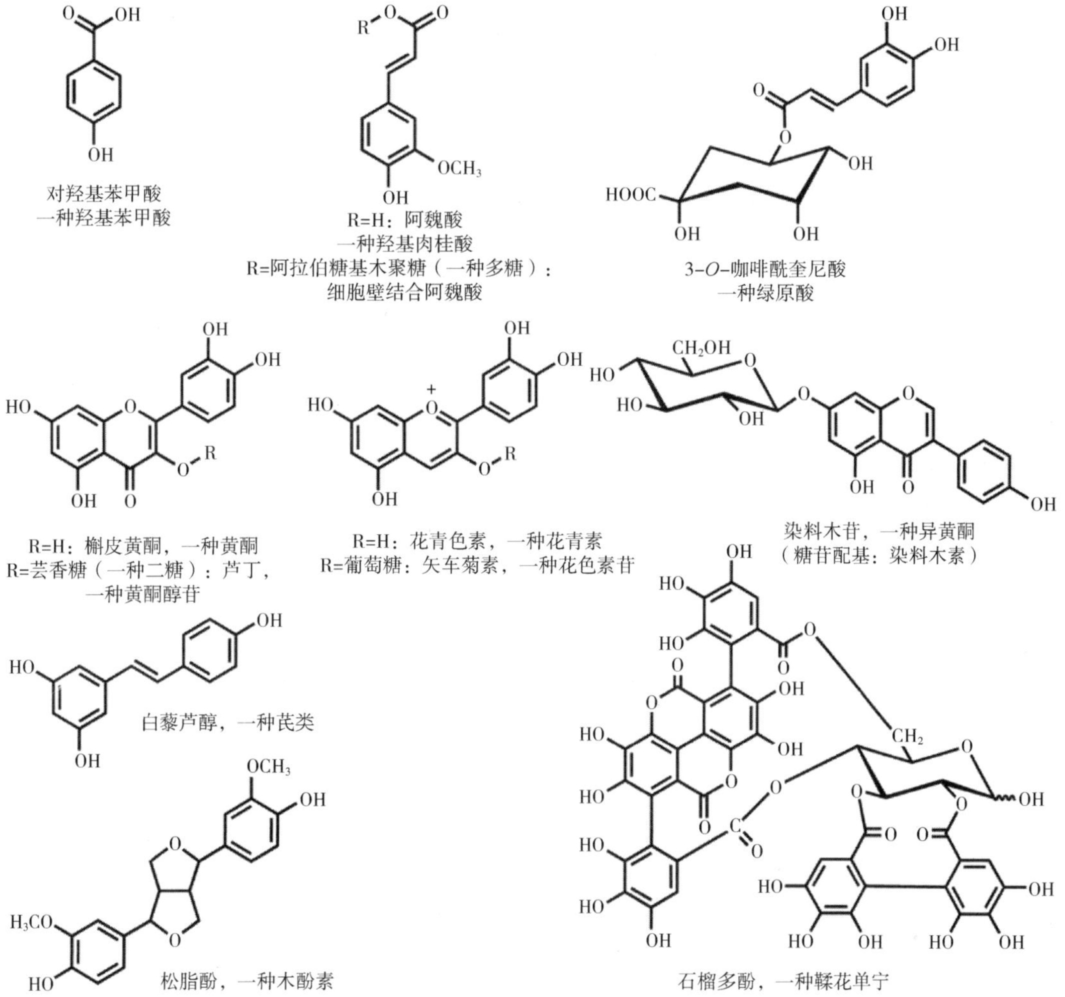

图 25.1 食品中的各种酚类物质

25.2 总酚的测定

在酚类物质测定过程中,因其存在形式的多样性,免不了非酚类化合物如碳水化合物和有机酸等的干扰,所以很难仅仅用一种方法来测定所有的酚类物质。另外,许多用于总量参数的检测是非选择性的,对于总酚的检测也是如此,因此,必须对结果进行严格的评估,而不应以声称食品和食品组分的具体总酚含量为目的。选择提取方法是总酚测定的关键,因为它决定了哪些酚类化合物是体现在检测结果中的。另外,由于总酚检测方法的选择性较差,可以使用特异性的提取程序来排除在测定中已经被确定的基质化合物。

25.2.1 样品制备

透明饮料,如白葡萄酒或透明苹果汁,通常不需要任何前处理,可根据酚类化合物的浓度确定是可直接用于测定还是需要稀释后测定。新鲜的水果、蔬菜、谷物或者经过加工的食物可研磨后直接提取,或者先冻干、研磨后再提取。研磨后直接提取需要事先掌握食品的含水量,以便在提取步骤中有效地调节有机相与水相的比例,但该环节在实际过程中经常被忽略掉。尽管冷冻干燥是最温和的一种干燥方法,但是在这个过程中仍然会有少量的酚类化合物会因为降解而损失。植物组织中存在多酚氧化酶,氧化作用可能会使酚类物质造成损失,因此新鲜水果或蔬菜在粉碎之后需要快速进行后续处理。

对于大多数酚类化合物而言,它们主要存在于细胞液泡中,在细胞壁和细胞膜破裂后很容易用不同的溶剂进行提取。而与植物中聚合物结合的酚类化合物则需要通过水解反应将其释放后再进行提取[4]。

25.2.1.1 提取方法

酚类化合物及其可溶性复合物,如糖衍生物,可以用水、有机溶剂或者水与有机溶剂的混合物进行提取[5]。提取温度根据食品的性质和所提取酚类化合物的稳定性可从室温到90℃不等。在某些情况下,使用极性较小的有机溶剂如乙酸乙酯,可以提取极性较小的酚类化合物,排除极性较强的酚类化合物(特别是酚苷和其他一些极性复合物)。常用的极性提取溶剂包括甲醇、乙醇和丙酮等,通常以80:20、50:50的体积比与水混合。80%的乙醇或甲醇水溶液效果较好,不仅可以溶解大量的酚类化合物,还可以沉淀出许多聚合物,如多糖和蛋白质。此外,酸化处理提取溶液可有助于稳定某些酚类化合物,如花青素。

25.2.1.2 水解处理

根据检测目的,除了检测可溶性的酚类物质,不溶性的酚类物质检测同样是有意义的。酚类化合物中常见的连接键有糖苷键和酯键,尤其在谷物中(也存在于其他植物性食物中),酚酸是通过酯键相连的。不溶性酚类物质需要通过碱水解反应进行释放(例如,2mol/L NaOH处理16h),而碱性条件可能会造成部分酚酸的降解,如羟基肉桂酸。为了减少水解后的氧化降解,可应用氮气吹洗NaOH溶液,并且加盖的水解管的顶部空间也应该用氮气吹洗。通常对水解产物进行的酸化处理,使释放的酚酸质子化,便于用极性较小的有机溶剂如乙酸乙酯或乙醚进行提取。

25.2.2 比色法检测总酚含量
25.2.2.1 原理及特点

比色法测定总酚含量主要是基于酚类化合物可以被氧化的特点。过去常用的氧化剂主要是高锰酸钾和铁离子(铁离子现在依然用于植物性食物的抗氧化能力检测),而现在更常用的是Folin-Denis试剂[6-7]和Folin-Ciocalteu试剂[8],这两种试剂最初是为了测定酪氨酸和芳香族非酚氨基酸——色氨酸而开发的。这两种试剂均含有由磷钼酸和磷钨酸等杂多酸形成的复杂聚合离子。在碱性条件下生成的酚盐可以被黄色的磷钼酸-磷钨酸盐氧化,而磷钼酸-磷钨酸盐被还原后颜色由黄色变为蓝色("钼-钨蓝"),因此可在较宽的波长范围内进行分光光度法检测,常用的波长为750nm或760nm。由于酚类化合物仅在碱性条件下才会被氧化,而氧化剂与形成的"钼-钨蓝"有时在碱性条件下不稳定,因此在试剂的添加顺序、试剂添加和检测之间的时间间隔方面,目前有多种不同的实验操作方法。在使用最初发明的 Folin – Denis 试剂时,实验可能会出现沉淀,而 Folin – Ciocalteu 试剂通过添加硫酸锂克服这个问题。另外,研究发现 Folin – Ciocalteu 试剂相对于 Folin – Denis 试剂灵敏度更高[9]。比色法中摩尔吸收系数主要与使用的试剂和检测的酚类化合物相关。例如,邻苯二酚比单酚化合物或者甲二酚有更强的吸收(多数情况下几乎是两倍),这也说明了这种方法是存在经验性的。样品形成的颜色可对比标准化合物的形成颜色,标准物首选没食子酸、(+) – 儿茶素,或者更为传统的单宁酸(图 25.2),检测结果以这些标准物为当量表示。

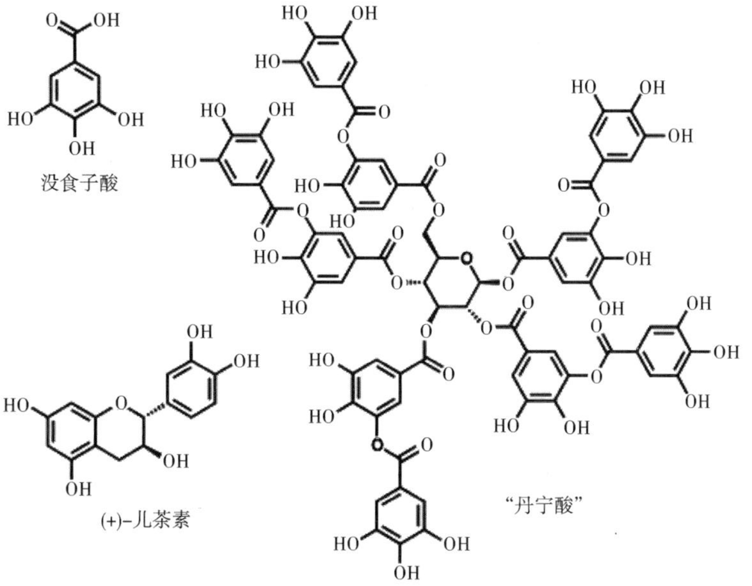

图 25.2 **Folin 法测定总酚中作为标准物的酚类化合物,单宁酸通常是不同种类但结构相近的化合物的混合物**

Folin 试剂测定总酚的主要缺点是其选择性较差。有研究表明,除了酚类物质,其他的一些还原性物质也可以还原 Folin 试剂,这些还原性物质会被误认为酚类化合物。据报道,除抗坏血酸和其他一些维生素外,许多化合物如硫醇类(半胱氨酸和谷胱甘肽)、核酸碱基和一些氧化还原的活泼金属等,都会对检测有干扰[10]。此外,还原性糖也会在反应中表现出活性。由于这些非酚类还原性化合物的影响,Folin 试剂检测方法通常被用来测定样品的抗氧化性或还原性,而不推荐用于总酚的测定。

25.2.2.2 Folin – Ciocalteu 法检测步骤

(1)将透明的样品溶液加入有去离子水的容量瓶中并定量。

(2)将商品化的 Folin – Ciocalteu 试剂加入样品中,混合均匀。

(3)混匀后 1 ~ 8min 内加入 20% 的碳酸钠溶液并调整体积(此时的混合溶液 pH 可达到 10)[11]。

(4)放置 2h 后(蓝色相对稳定),于 1cm 比色皿中检测 760nm 波长下的吸光度值。

(5)样品的吸光度平均值需要扣除不含酚类的空白样值(黄色应该褪色成无色)。

(6)根据标准曲线计算样品的总酚含量。

(7)总酚的测定结果通常以没食子酸或者(+)-槲皮素作为标准物质,如 mg 没食子酸当量/L 样品(如样品是白葡萄酒)。

25.2.3 色谱法检测酚类

色谱法被广泛应用于特定酚类化合物的定量检测和食品中酚类的定性检测中。然而色谱法并不适用于总酚含量的测定,除非样品中所有的酚类化合物都是已知的,并且可以用作标准物,但这种情况是不现实的。因此,色谱法的选择是由所测酚类化合物所决定的。理论上所有可提取的酚类物质是可以由液相色谱进行检测的,但对于少量的挥发性酚类化合物,采用气相色谱(GC)是无需衍生化即可检测的。

25.2.3.1 高效液相色谱

大多数酚类化合物检测都采用高效液相色谱(HPLC)或者超高效液相色谱(UPLC)两种检测法(详见13.2.3.3)。样品参照25.2.1.1 和25.2.1.2 的多酚化合物提取方法进行提取后,经过合适的滤膜过滤或离心,可直接注入液相色谱系统进行检测,或者对提取物通过液-液萃取或者固相提取(SPE,详见14.2.2.5)纯化后再注入液相色谱系统进行检测。用 C18 柱等反向 SPE 柱检测样品时,需要经过处理后才可以上样。不期望的组分可以用水或者水与少量有机改性剂的混合液进行洗脱,分析物则用含有大量有机改性剂(如甲醇)的溶液进行洗脱。回收率取决于被测酚类化合物自身和检测流程的精确度。SPE 柱的性能,洗脱溶剂的选择和洗脱的体积都是重要的参数,只有优化这些参数才能获得较高的回收率。如果用固相萃取法从天然酚类化合物中分离酚酸,溶剂的 pH 也是需要进行优化的条件[12]。

分离酚类化合物常用反向柱(详见13.3.2),食品中酚类物质分析首选 C18 和苯基-乙基固定相类色谱柱。在一定梯度系统下,使用苯基-乙基柱会对芳香族化合物具有更好的选择性,这主要是由固定相和酚类分析物之间的 π-π 相互作用而引起的(涉及 π 电子系统的非共价吸引相互作用,通常在两个芳环之间形成,也被称为 π-π 堆积)。检测中,流动相大多为水和各类有机改性剂,其中最常用的是甲醇和乙腈。为了能够更好地分离出所需要的酚类化合物,可根据需要向洗脱液中加入少量酸,如三氟乙酸或甲酸。例如,若要分离出酚酸则需要在洗脱液中加入酸。若洗脱液中没有加酸,羧基会部分去质子化从而导致峰变宽,而加酸可以保证羧基的质子化,从而出现窄且对称的峰。使用质谱(MS)检测时(详见第11章),应避免使用三氟乙酸,因为在使用电喷雾电离(ESI)时,三氟乙酸会抑制电离作用,可用甲酸替代三氟乙酸进行 pH 调节[13]。

由于苯环的存在,所有酚类化合物具有紫外吸收性质,因此紫外检测成为首选的检测方法[14]。由于 π 电子的共轭作用,酚类化合物的紫外最大吸收峰有很大的区别。例如,具有扩展的 π 电子共轭作用(侧链上连接着丙烯酸)的阿魏酸最大紫外吸收峰在325nm 处,而3-(3-羟基-4-甲氧基苯基)丙酸的最大吸收峰在275nm 处(图25.3)。如今分析实验室中常用的是光电二极管阵列检测器(检测范围可从紫外到可见光,详见7.2.6.3),各种酚类化合物可在其最大紫外吸收波长下同时被检测出。若仅有单波长紫外检测器时,可用280nm或者更常规的254nm(汞灯的主要发射波长)检测总酚类化合物。因为酚类化合物容易被氧化,所以用电化学检测器进行检测也是一种选择,但该方法并没有得到广泛使用。根据被测酚类化合物的性质,也可以使用选择性和灵敏度更高的荧光检测方法(详见7.3)。此外,随着先进的质谱检测器成本的降低,质谱和串联质谱技术(详见第11章)在科学研究和分析检测实验室中的使用频率越来越高,越来越常规化。

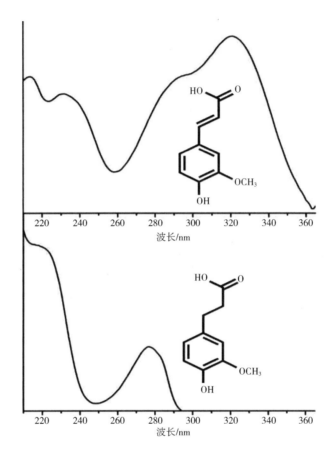

图25.3 阿魏酸(上)和3-(3-羟基-4-甲氧苯基)丙酸(下)的紫外扫描图谱和化学结构式

25.2.3.2 气相色谱

因为许多酚类化合物在分解前不具有挥发性,所以在使用气相色谱时需要对酚类物质进行预衍生化处理(详见14.2.3)。利用衍生化试剂,如 N,O - 双(三甲基硅烷基)三氟乙酰胺(BSTFA),四甲基硅烷基(TMS)替代化合物中活泼的氢进行甲硅烷基化是酚类化合物检测时的一种常规衍生化方法。反应在非质子溶剂中进行,吡啶为催化剂,BSTFA可与酚类化合物中的羟基和羧基进行反应,分别形成TMS酯和酯类化合物(图25.4)。

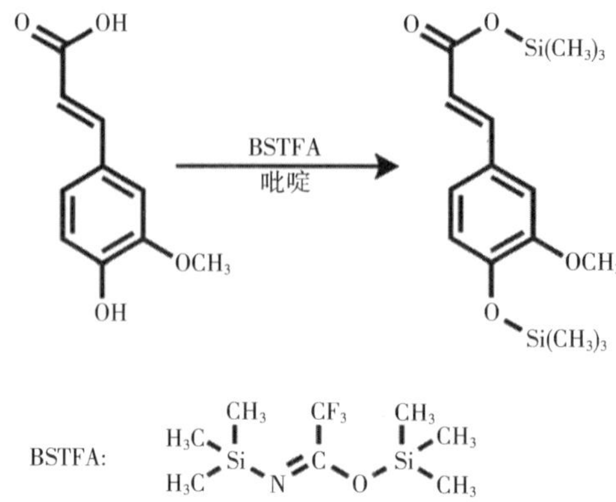

图25.4 以 BSTFA 作为衍生化试剂对阿魏酸进行甲硅烷基化,与羧基反应生成三甲基甲硅烷基酯,与羟基反应生成三甲基甲硅烷基醚

无论有无催化剂,甲硅烷基化可以直接用甲硅烷基化试剂进行反应[15]。当需要甲硅烷基化的羟基存在空间位阻时,可以用非质子溶剂和(或)催化剂来进行改善。虽然衍生化能够充分改善单酚类化合物的挥发性使其能够进行气相色谱分离,但较大的酚类分子,特别是与糖类结合时,仍然不适用于气相色谱分析。对于单酚类物质如羟基苯甲酸和羟基肉桂酸的 TMS 衍生物,采用非极性固定相(100% 甲基取代的聚硅氧烷或5% 二苯基 – 95% 二甲基聚硅氧烷)的气相色谱可以很好地将其进行分离。至于检测方法可以用非特异性火焰离子检测器(FID)检测或者特异性质谱检测。质谱检测中,是能给出比 FID 检测更灵敏的结果还是提供更多化合物的结构信息取决于采用选择性离子检测模式还是扫描模式(反映总离子色谱检测结果)(详见第11章),而这些选择有助于确定检测峰的纯度。

25.3 抗氧化能力检测

25.3.1 抗氧化能力检测的原理和局限性

一般情况下,检测某种化合物或者植物提取物的抗氧化能力是为了选取合适的抗氧化剂来防止食品中脂肪劣变。涉及脂肪氧化变质的机制有多种,包括光氧化作用、脂肪氧化酶作用和天然氧化作用等,因此多种化合物如自由基清除剂、金属离子螯合剂、酶抑制剂和单线态氧猝灭剂等都可以用于防止食物中脂肪氧化变质。近年来抗氧化的研究主要是集中在人体内的生理过程而非食物本身[2]。由于氧化作用被认为是造成动脉粥样硬化、糖尿病和癌症等疾病的关键因素,因此,许多酚类化合物(大多是未知的)、食品和植物提取物的体外抗氧化能力检测是用来寻找可预防此类疾病的抗氧化物质。但是,仅仅通过简单的体外抗氧化检测是不够的,体外抗氧化实验饱受争议,因为体外实验无法模拟体内的复杂环境。相对于食品而言,抗氧化物质对于人体健康和疾病的作用会更加复杂,排除其他因素的影响,许多植物化学物质的有效性不是因为其自身的抗氧化能力,而是由于它们会引起第二阶段的反应,包括诱导一些酶类,如抗氧化酶和解毒酶等[16-17]。正因为需要考虑这些因素,美国农业部营养数据实验室(NDL)已从其官网中移除了关于"选定食物的氧自由基吸收能力(ORAC)数据"的内容,并且宣称"目前没有证据表明富含多酚的食物的健康助益作用是由抗氧化能力引起的"。食品在体外实验中所测得的抗氧化能力的数据并不能用来推测其在人体内的作用,并且在临床试验中,对膳食中抗氧化物作用的检测也产生了复杂的结果[18]。

如果我们需要采用下面所介绍的方法来对各食物成分或者提取物的抗氧化能力进行检测,我们应明确实验的目的是什么,并且考虑该实验方法能否得出合理的结果。因为我们需要的是科学严谨的结果分析,而不仅是为了获得数字结果。尤为重要的一点是,选用的实验方法是否可以有效地模拟复杂的食品或生物体系[19]。食品体系是乳液状(油相与水相混合食品而言非常重要)还是油状是实验中的一个关键因素。检测时,若被检测的食品是乳液状而检测系统只用了水(检测亲水性抗氧化物)或者有机溶剂(检测亲脂性抗氧化剂),那么得到的结果是不准确的,因为其被检测的抗氧化物是在乳液内还是在水油界面之间是很难通过检测系统反映出来的。如果检测体系能够模拟乳液,则需要考虑所用的被氧化底物是否可以代表食品中被氧化的化合物。例如,在许多的检测系统中都采用游离的脂肪酸,因为其可形成胶束相,会明显区别于乳化的甘油三酯。除上述因素外,还需要考虑检测系统中所使用的自由基引发剂或者自由基。

过去所使用的一些抗氧化能力的检测方法衍生出了很多版本[20-21]。虽然现在很多检测方法都在进行标准化,但标准化并不适用于所有的检测方法。即便某一方法能够标准化,在实际使用时也会有不同的操作指南。为了最大限度地将自由基清除能力的检测方法进行区分,可将这些方法分为两大类,一类是基于氢原子转移(HAT)途径的检测方法,另一类是基于单电子转移(SET)途径的检测方法[22]。HAT 分析的是抗氧化剂或者抗氧化剂混合物通过提供氢来清除自由基的能力。SET 分析的是抗氧化剂通过转移一个电子减少自由基和其他化合物(如氧化还原活性的金属离子)的能力。上述两类方法也可以理解为:接受电子使自由基能转化为阴离子,接受质子使自由基可以转化为稳定的化合物。

25.3.2 氢原子转移(HAT)检测法

25.3.2.1 氧自由基吸收能力(ORAC)检测法

(1)检测原理 ORAC 检测法使用偶氮化合物(具有官能团 R—N═N—R 的化合物)作为自由基生成剂并通过荧光探针的消失来监测氧化反应的进程。在温和的加热温度下(37℃),偶氮化合物(2,2′-偶氮二异丁基脒二盐酸盐,AAPH,图 25.5)就会分解,释放出一分子氮气和两分子的碳原子中心自由基(图 25.6)。若是在有氧条件下,生成的碳原子中心自由基会被迅速氧化,形成氢过氧自由基,该自由基会进攻荧光探针(通常用荧光黄,见图 25.5)。在含有 HAT 作用类型的抗氧化化合物存在的条件下,直到抗氧化剂完全被消耗掉,荧光黄才会减少。荧光探针的消耗可以用荧光光度计测定,并以荧光强度和时间做曲线分析。待测样品荧光衰减曲线下的面积(TAUC Sample),减去空白对照曲线下的面积(TAUC Blank),即表示待测样品的抗氧化能力。通常以 Trolox(一种维生素 E 类似物,见图

25.5)为标准抗氧化物,在相同条件下测定 Trolox 的相应积分面积,将待测样品所测面积与 Trolox 所测面积相比较,转换为 Trolox 当量来表示待测样品的抗氧化能力。在实际使用中, ORAC 检测法会依据待测样品的性质(亲脂性还是亲水性)进行相应的调整。

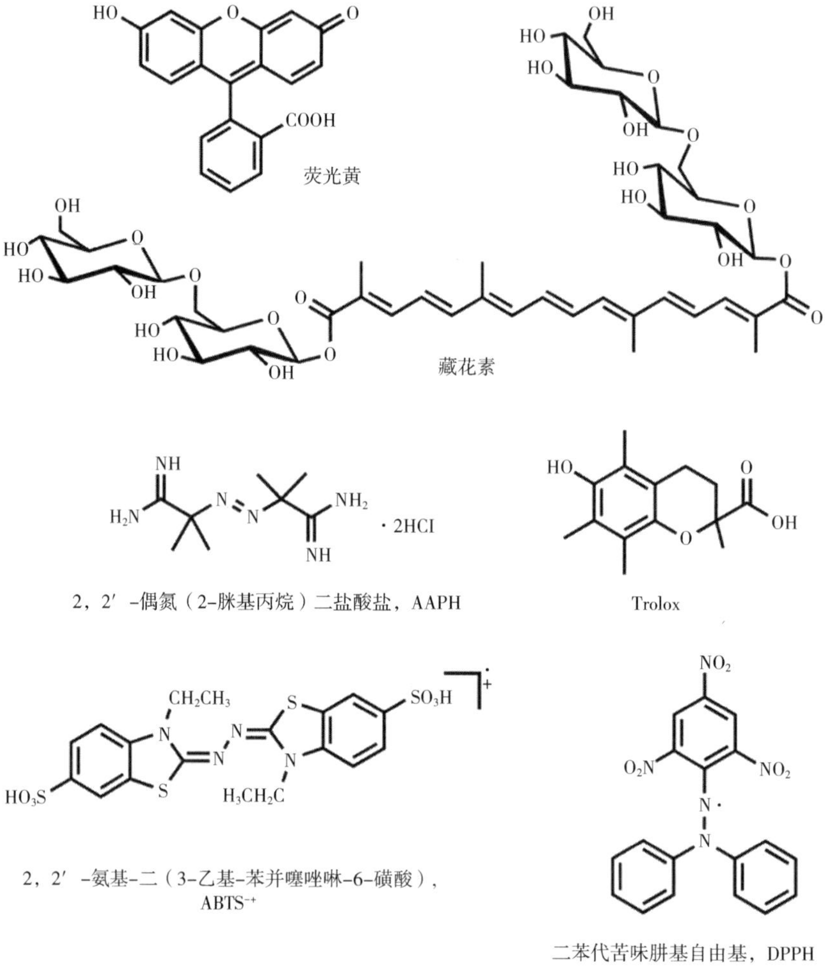

图 25.5　抗氧化能力检测中所涉及的物质结构式

注:探针(荧光黄,藏花素),自由基(DPPH,ABTS·+),自由基产生剂(偶氮化合物 AAPH)和水溶性维生素 E 类似物 Trolox。

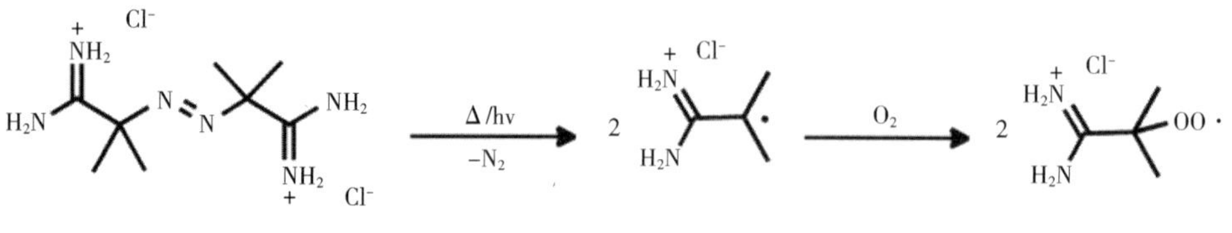

图 25.6　2,2′-偶氮二(2-脒基丙烷)二盐酸盐(AAPH)生成自由基反应原理

(2)检测步骤　最早的 ORAC 检测步骤是基于 Prior[23] 和 Wu 等[24] 所报道的方法,后来 Schaich 等[25] 对 ORAC 检测法面临的技术挑战也进行了详细的讨论。但这里所要讨论的

ORAC 检测法主要是指 AOAC 2012.23 方法规定的总抗氧化能力检测方法[26]。

①样品提取。固体样品需要依次进行冻干、研磨和萃取(丙酮与水混合,1:1,V/V)处理,才可以用于亲水性的 ORAC 分析。提取物用 0.075mol/L 的磷酸盐缓冲液(pH 7.4)进行定量,并在亲水性的 ORAC 检测法条件下进行测定。液体样品先离心,所得上清液用 0.075mol/L 的磷酸盐缓冲液(pH 7.4)进行稀释,并在亲水性的 ORAC 检测法条件下进行测定。虽然标准方法中给出了亲脂性抗氧化成分的萃取液组成(正己烷与乙酸乙酯混合,3:1,V/V),但没有对样品的制备做详细说明。

②标准液的制备与标准曲线。对于亲水性的 ORAC 法,Trolox 标准曲线测定中所用的缓冲液为 0.075mol/L 的磷酸盐缓冲液(pH 为 7.4)。而用亲脂性的 ORAC 法分析时,用含 1.4% 随机甲基化 β - 环糊精(RMCD)的 0.075mol/L 磷酸盐缓冲液(pH 7.4)溶解 Trolox,并测定标准曲线。荧光黄溶液和 AAPH 溶液均以 0.075mol/L 的磷酸盐缓冲液(pH 7.4)配制,并且需要现用现配。

③亲水性的 ORAC 检测法。荧光酶标仪的设定程序为:激发波长 485nm,发射波长为 530nm,温度为 37℃。所有的试剂在使用前需要充氧[25]。将适当稀释的亲水性样品提取物、Trolox 标准液和空白样(磷酸缓冲液)吸入样品槽后,加入荧光黄溶液,混合均匀后再加入 AAPH 溶液,再次混匀,反应计时开始后,每隔 1min 记录一次荧光强度,整个过程持续 35min。

④亲脂性的 ORAC 检测法。除样品检测时用含有 7% RMCD 的丙酮和水(50:50,V/V)缓冲液进行稀释外,其他检测方法和亲水性的 ORAC 法相同。

(3)结果分析 曲线下面积(AUC)的计算方法如下:

$$\mathrm{AUC} = (f_1/f_0 + \cdots + f_i/f_0 + \cdots + f_{34}/f_0 + 0.5 \times (f_{35}/f_0)) \tag{25.1}$$

式中 f_0——刚加入所有溶液时的荧光强度;

f_i——第 $i$min 的荧光强度。

每个样品或标准物的净 AUC 值都是由检测的样品或标准物 AUC 值减去空白样的 AUC 值所得的。以校准点的净 AUC 值和标准物 Trolox 的浓度,做线性或者二次标准曲线方程。ORAC 值以 Trolox 当量(μmol)表示,并换算为样品干重。

(4)优势与不足 与使用稳定自由基化合物的抗氧化能力测定方法相比,ORAC 法中使用了可控的过氧自由基产生源,这使得该方法对现实中食品体系内脂肪与抗氧化剂相互作用的模拟效果更好。但这种方法使用起来相对有一定的难度,有许多因素需要考虑在内。首先,反应的温度需要严格控制在 37℃,这样才可以使过氧自由基不断重生,保障实验的连续进行。其次,不同样品检测中溶解氧的浓度需要统一。另外,荧光黄、AAPH 和样品的浓度需要进行优化[25]。若反应进行缓慢(时间 >1h 则会造成荧光损失),则需要提高 AAPH 的浓度。但荧光黄浓度过高,芳香环的 π - π 相互作用和酚类间的氢键作用会导致荧光猝灭。若对一溶液进行稀释,其荧光强度保持不变甚至升高,就说明可能发生了荧光猝灭。除此之外,一系列的样品稀释液也要进行检测,以确定非自由基样品与荧光黄之间的相互作用和样品组分对荧光性的可能抑制作用(参照 Schaich 等的方法[25])。

25.3.2.2 藏红花素漂白检测法

(1)检测原理 与ORAC法相似,藏红花素漂白检测法同样用过氧自由基来测定HAT能力。藏红花素是从藏红花中提取出的一种水溶性的类胡萝卜素,它在紫外 – 可见光区域内的最强吸收区间为440~443nm。藏红花素一旦被自由基氧化,它的颜色就会逐渐褪去(称之为"漂白"),因此可以用此方法作为检测的探针。

(2)检测步骤 藏红花素漂白检测法的研究没有ORAC法研究使用得广泛,文献中也没有相关的标准化方法报道。早期的报道中用光分解氢过氧化氢物生成烷氧自由基[27],而现在的研究则通过加热偶氮化合物(如AAPH)来生成过氧自由基。该方法没有推荐特别的样品制备方法,样品的制备与提取流程可参照25.2.1。对于亲水性的抗氧化物,检测反应通常在37℃的磷酸钠缓冲液或者磷酸盐缓冲液(pH 7.0或7.4)中进行。藏红花素储备液由甲醇配制,样品在37℃孵育,当自由基产生剂(偶氮化合物)加入到反应液中后,在440nm、443nm或者450nm下实时监测吸光度的下降情况。为了将藏花素漂白检测法用于测定亲脂性抗氧化物,可以将亲脂性的偶氮化合物加入有机溶剂中[如二甲基甲酰胺(DMF)或者甲苯与DMF的混合液,1:4,V/V)]作为自由基的引发剂[28]。

(3)结果分析 抗氧化化合物阻止藏花素褪色的能力可以用Trolox、α – 生育酚当量[28]、"藏红花素漂白的抑制百分数"[29]、IC_{50}(藏红花素漂白的半数阻止计量)[30]和相对速率常数等多种形式来表示[27]。

(4)优势与不足 藏红花素漂白检测法的优点包括较好的灵敏度和重现性[30]。与ORAC检测法一样,在藏红花素漂白检测法中,温度需要严格控制,以确保样品之间的过氧自由基生成的一致性。另外,许多食物组分(如类胡萝卜素等)在该方法的检测波长下会有吸收。但是目前该方法的最大不足在于标准化的缺乏,分析方法的可接受性差和结果的表示形式不佳。

25.3.3 单电子转移(SET)检测法
25.3.3.1 Trolox当量抗氧化能力测定法(TEAC)

(1)检测原理 TEAC法也可以称为ABTS(2,2′ – 联氮基 – 双 – 3 – 乙基苯并噻唑啉 – 6 – 磺酸)法,该方法使用的是较为稳定的含氮ABTS·+阳离子自由基。ABTS·+阳离子自由基有着较为明显的颜色,而ABTS无色,因此可以在紫外 – 可见光范围内检测吸光值变化来测定自由基的变化。该方法最早使用铁肌红蛋白与双氧水反应生成羟基自由基,再与ABTS反应生成ABTS·+。若抗氧化化合物在ABTS·+生成前加入,那么自由基生成的抑制程度就体现了抗氧化化合物的抗氧化能力。然而,这种试剂的添加顺序也会带来一些问题,因为抗氧化剂也可能会与羟基自由基、铁肌红蛋白和ABTS·+反应,从而导致抗氧化能力被错误估计[20,25]。因此,现在在使用TEAC/ABTS·+法时,先生成高浓度的ABTS·+,再加入抗氧化剂并监测ABTS·+的减少情况[31]。

(2)检测步骤

①ABTS·+的生成。新的ABTS·+储备液需在周内配制。用去离子水配制ABTS溶液,加入过硫酸钾,混合均匀后于室温下静置12~16h,直到有较深的蓝绿色产生为止。每次检

测前,将等份的 ABTS·⁺ 储备液稀释于水中,直到其在734nm 处的吸光值达到1.0才可以使用。

②样品检测。将 ABTS·⁺ 工作液吸入比色皿中,再加入抗氧化物溶液或者样品提取物(详见25.2.1)进行反应。在734nm 处检测吸光值,并在加入抗氧化物溶剂后于设定的时间点进行记录(通常以6min作为时间点)。以溶解样品的溶剂代替样品溶液,测定不含抗氧化剂条件下 ABTS·⁺ 工作液的吸光值变化情况。为了检测亲脂性较强的抗氧化物,可用乙醇代替水,并在相应条件下进行检测。

③Trolox 标准物的检测。用与待检样品相同的溶剂配制 Trolox 储备液,并对其进行稀释,等间距设置浓度(即校准点的间距相同),绘制5点标准曲线。各标准点的测定方法和样品检测方法一致。

(3)结果计算 根据校准点 Trolox 浓度及其对应的吸光度测量值,用绘图软件绘制标准曲线,并计算线性标准曲线方程。根据标准曲线方程,计算样品吸光度变化所对应的 Trolox 浓度值。

(4)优势与不足 尽管通过 TEAC/ABTS·⁺ 方法测定的结果并不完全适用于食品或生物系统,但该方法为快速、简单的进行样品抗氧化活性的初步筛选和样品随时间变化的监测提供了可能[25],[32]。由于含氮 ABTS·⁺ 自由基分子较大,TEAC/ABTS·⁺ 法主要受自由基分子空间因素的影响。若抗氧化剂是通过 SET 途径起到作用或者不含大的环结构则反应迅速,若抗氧化剂结构复杂或者通过 HAT 途径起到作用则反应缓慢。因此,TEAC/ABTS·⁺ 法检测时的反应激烈程度与现实中食品或生物体系中自由基淬灭能力不一定相关。另外,因为有效的 HAT 反应性的抗氧化剂只是在本系统中反应缓慢,所以在限定时间内测定吸光值变化的常规检测方法可能会导致许多提取物的抗氧化能力被低估。

25.3.3.2 二苯代苦味肼基自由基(DPPH)检测法

(1)检测原理 50年前,Blois 首次提出了"生物材料抗氧化测定法",即 DPPH 检测法[33]。该方法是 AOAC 2012.04 检测方法的基础,可用于食品及饮料抗氧化活性的检测[26]。DPPH 是一种稳定的有机氮类自由基(图25.5),其溶液为深蓝紫色,在517nm 处有强烈吸收。通过电子转移和氢原子转移可实现抗氧化化合物对自由基的清除,可以使该溶液颜色脱色,在517nm 处吸光度下降。由 SET 途径引起的 DPPH 自由基淬灭反应较为迅速,而主要由 HAT 途径发挥淬灭作用的抗氧化化合物也能表现出一定的活性。然而该测定方法中常用的氢键类溶剂如甲醇或乙醇会妨碍 HAT 途径,从而使其更适于 SET 活性的抗氧化物的检测[34-35]。

(2)检测步骤 在这里描述的 AOAC 2012.04 方法,在不进行样品分离提取的情况下直接将 DPPH 标准液加入到固体样品中,可以提高提取效果。而许多文献中提到的方法,是先对固体样品进行提取,且最好是在甲醇中进行。DPPH 试剂用甲醇与水的混合物(50∶50,V/V)进行制备,避光保存,且最好现用现配。DPPH 试剂可直接加入到冻干的粉末样品中(可用玉米淀粉适当稀释)或均质的液体样品中(可用去离子水适当稀释)。将 Trolox 储备液(同样由甲醇与水的混合液配制,50∶50,V/V)和 DPPH 溶液按一定比例混合,等间距设置

Trolox 浓度,由 4 点校准标准曲线。将样品置于 35℃的振荡摇床上保温 4 h,并进行过滤,然后在 517nm 下测定吸光值,以蒸馏水为该实验空白对照。

(3)结果分析　样品提取物猝灭 DPPH 自由基的量的单位可以表示为:μmol Trolox 当量/100g 样品。

(4)优势与不足　DPPH 检测法操作简单,可用作 SET 活性的抗氧化化合物的初步筛查和定性鉴定工具。但该方法存在几个主要的缺点。大分子的含氮基 DPPH 自由基对于食品和生物体系的模拟效果不佳。对几个小时后(或者如其他方法所说,反应达到平台期后)被样品清除的 DPPH 自由基总量的测定和对样品总抗氧化能力的测定忽视了食品体系中自由基的存在寿命(几秒或更短)[36]。即使将 DPPH 法中反应的速度作为评价抗氧化剂能力强弱的依据也是无效的,由于空间位阻效应,反应速度很大程度上取决于抗氧化剂分子与大分子的 DPPH 自由基的易接近程度[34]。另外,抗氧化剂的总抗氧化能力和反应速度均受氧化剂的浓度影响,化学计量比值(消耗的 DPPH 摩尔数/抗氧化剂的摩尔数)随着抗氧化剂的浓度升高而降低[34]。混合抗氧化剂的效果会表现出一定的抑制,这不仅仅是靠空间干扰就可以解释的[25],这意味着该检测方法的结果和不同浓度下多组分样品(如植物提取物)的活性强弱是完全不相关的。最后需要指出的是,该方法对主要基于 HAT 作用途径的抗氧化剂不适用。基于以上这些限制因素,该检测方法不适用于单个或多个混合抗氧化物的抗氧化能力的定量评价。

25.3.3.3　铁离子还原抗氧化能力(FRAP)测定法

(1)检测原理　与在 SET 和 HAT 的混合机制下进行检测的 TEAC/ABTS·+ 法和 DPPH 法不同,FRAP 检测法只检测 SET 活性的化合物。该检测方法主要是对一种有颜色的铁盐(Fe^{3+} 与 2,4,6 - 三吡啶 - s - 三嗪相结合,也就是 Fe^{3+} - TPTZ)进行检测,该物质在 593nm 处有吸收。Fe^{3+} - TPTZ 的氧化还原电势(0.7 V)与 ABTS·+ 的(0.68 V)相近,所以,若检测的化合物在 TEAC/ABTS·+ 法中表现出活性则在 FRAP 法中也能进行反应。但 FRAP 法必须在酸性条件下(pH 为 3.6)进行以保证铁的溶解,而这也将导致氧化还原电势的升高,所以通常 FRAP 法测定的值会低于 TEAC/ABTS·+ 法的检测值[20]。

(2)检测步骤和结果分析　样品检测前,用醋酸缓冲液(pH 为 3.6)、TPTZ 和 $FeCl_3 \cdot 6H_2O$ 配制新鲜的 Fe^{3+} - TPTZ 反应液。样品(提取步骤详见 25.2.1)通常溶于水溶液中,将配制的 FRAP 反应液与样品混合,测量在设定的时间内(一般 4min 或 8min)样品在 593nm 处的吸光值相对于空白样的增量。检测结果以 Fe^{2+} 为当量表示,标准曲线由等间隔浓度的 $FeSO_4 \cdot 7H_2O$ 溶液进行 5 点校准[37]。

(3)优势与不足　由于本检测方法基于 SET 原理,因此可以用来筛选具有 SET 功能的抗氧化物,并且该检测方法简单易行。但 FRAP 的作用机制(还原 Fe^{3+} 的能力)几乎与很多氧化物的自由基清除机制(HAT)无关。

25.3.4　基于脂肪氧化的检测方法

25.3.2 和 25.3.3 中所提到的检测方法通常是为高通量的样品检测而设计的,并且这些方法都存在检测系统过于简化的局限。除以上方法外,单个化合物、抗氧剂混合物或者植物提取物对更复杂体系中氧化稳定性的影响,或者对现实中食品的氧化变质防护效果,都能够用脂肪加速氧化测定法进行检测。这些检测体系在本书23.5有详细的介绍。例如,Rancimat®不需要对脂肪进行提取,可以直接对食品体系进行检测(如饼干、坚果和微波爆米花等)。若食品中有较高的水分或蛋白质含量,如沙拉酱或香肠,则需要事先提取脂肪。如23.5.1所述,由于使用加速氧化的试验条件限制,采用完整的食品体系会与储存期间所发生的情况类似。如果需要从乳液状的食品(如沙拉酱)中提取脂质成分,那么抗氧化剂在相间和界面处的分配情况则无法预测。

25.4　总结

酚类化合物和抗氧化剂对防止脂肪氧化变质,维持食品的稳定有一定的功能,因此对这些物质的研究是非常意义的。此外,许多疾病,如糖尿病和一些癌症,都与氧化应激相关,食品或其他一些植物中的酚类化合物对预防这些疾病也有一定的效果。所以对食品体系中酚类化合物的检测,评价食物组分、提取物和食品原料的抗氧化效果是有必要的。检测食品中总酚含量的方法如Folin-Ciocalteu测定法是非特异性的,并且就食品的总成分来说,这些检测不一定能够反映出酚类的含量。因此,这里建议尽可能地采用HPLC/UPLC或GC的方法来研究各酚类化合物。根据不同的应用原理,过去提出了许多的抗氧化能力检测方法,但这些检测方法的不同之处,更多地表现在详细的检测步骤上,如探针、自由基引发剂和溶剂等。在这些方法中,多数方法的设计主要是用于高通量测定,它们可对许多化合物或提取物进行筛选,但这些方法过于简单化,并不能反映出生物体系中脂肪和其他有机化合物发生氧化变质的复杂情况。因此,这里不建议使用这些检测方法来筛选对人体有益的化合物。如果选用检测的方法是用来筛选提高食品保质期的物质,则应该对这些方法进行严格的评估,以确保它们是否适合用作食品体系抗氧化降解的模型。检测方法中所体现出的抗氧化剂延缓脂肪氧化和改善货架期的效果需要在实际的食品和储存条件下进行验证。

25.5　思考题

(1)Folin-Ciocalteu检测法常用于检测食品中的总酚含量,为什么抗坏血酸和谷胱甘肽等化合物在该检测法中表现出正响应?

(2)简述在酚类化合物的分析中需要和不需要预先水解处理的食品样品的提取方法并举例说明不同的提取步骤中哪些酚类化合物是在或者不在分析检测中的。

(3)为什么在反向高效液相检测酚酸的过程中需要对流动相pH进行调整?

(4)为什么在气相色谱分析酚类化合物时要预先衍生化? 对于大多数酚类化合物而言最适衍生化步骤是什么?

(5)为什么美国农业部营养数据实验站从网站上移除了被选食品的ORAC数据?

(6)为什么许多抗氧化能力检测方法不能模拟乳液状的食品?

（7）HAT 和 SET 抗氧化能力测定有什么区别？

（8）ORAC 法是如何检测亲水性和亲脂性抗氧化剂的？

（9）由稳定的 DPPH 自由基结构引起的 DPPH 检测法的主要缺陷有哪些？

（10）加入样品的前后顺序对于 ABTS·+ 自由基形成有什么区别？

致谢

The authors wish to thank Baraem Ismail, Andrew Neilson, and Jairam Vanamala for reviewing the chapter and providing helpful comments.

参考文献

1. Ralph J, Bunzel M, Marita JM, Hatfield RD, Lu F, Kim H, Schatz PF, Grabber JH, Steinhart H(2004) Peroxidase-dependent cross-linking reactions of p-hydroxycinnamates in plant cell walls. Phytochem Rev 3(1):79 – 96

2. Halliwell B(2007) Dietary polyphenols: Good, bad or indifferent for your health. Cardiovasc Res 73(2):341 – 347

3. Gniechwitz D, Reichardt N, Ralph J, Blaut M, Steinhart H, Bunzel M(2008) Isolation and characterisation of a coffee melanoidin fraction. J Sci Food Agric 88(12):2153 – 2160

4. Barberousse H, Roiseux O, Robert C, Paquot M, Deroanne C, Blecker C(2008) Analytical methodologies for quantification of ferulic acid and its oligomers. J Sci Food Agric 88(9):1494 – 1511

5. Naczk M, Shahidi F(2004) Extraction and analysis of phenolics in food. J Chromatogr A 1054(1 – 2):95 – 11

6. Folin O, Denis W(1912) On phosphotungstic-phosphomolybdic compounds as color reagents. J Biol Chem 12:239 – 243

7. Folin O, Denis W(1912) Tyrosine in proteins as determined by a new colorimetric method. J Biol Chem 12:245 – 251

8. Folin O, Ciocalteu V(1927) On tyrosine and tryptophane determinations in proteins. J Biol Chem 73:627 – 650

9. Singleton VL, Rossi Jr. JA(1965) Colorimetry of total phenolics with phosphomolybdic-phosphotungstic acid reagents. Am J Enol Vitic 65(3):144 – 158

10. Everette JD, Bryant QM, Green AM, Abbey YA, Wangila GW, Walker RB(2010) Thorough study of reactivity of various compound classes toward the Folin-Ciocalteu reagent. J Agric Food Chem 58(14):8139 – 8144

11. Singleton VL, Orthofer R, Lamuela-Raventón RM(1999) Analysis of total phenols and other oxidation substrates and antioxidants by means of Folin-Ciocalteu reagent. Methods Enzymol 299:152 – 178

12. Robbins JR(2003) Phenolic acids in foods: An overview of analytical methodology. J Agric Food Chem 51(10):2866 – 2887

13. Jilek ML, Bunzel M(2013) Dehydrotriferulic and dehydrodiferulic acid profiles of cereal and pseudocereal flours. Cereal Chem 90(5):507 – 514

14. Dobberstein D, Bunzel M(2010) Separation and detection of cell wall-bound ferulic acid dehydrodimers and dehydrotrimers in cereals and other plant materials by reversed phase high-performance liquid chromatography with ultraviolet detection. J Agric Food Chem 58(16):8927 – 8935

15. Bunzel M, Ralph J, Marita JM, Hatfield RD, Steinhart H(2001) Diferulates as structural components in soluble and insoluble cereal dietary fibre. J Sci Food Agric 81(7):653 – 660

16. Stevenson DE, Hurst RD(2007) Polyphenolic phytochemicals-just antioxidants or much more? Cell Mol Life Sci 64(22):2900 – 2916

17. Dinkova-Kostova AT(2002) Protection against cancer by plant phenylpropenoids: Induction of mammalian anticarcinogenic enzymes. Mini Rev Med Chem 2(6):595 – 610

18. USDA(2010) Oxygen radical absorbance capacity (ORAC)of selected foods, Release 2 [updated 01/2/2016]. Agricultural Research Service, US Department of Agriculuture. Available from: http://www. ars. usda. gov/Services/docs. htm? docid = 15866.

19. Frankel EN, Meyer AS(2000) The problems of using one-dimensional methods to evaluate multifunctional food and biological antioxidants. J Sci Food Agric 80(13):1925 – 1941

20. Prior RL, Wu X, Schaich K(2005) Standardized methods for the determination of antioxidant capacity and phenolics in foods and dietary supplements. J Agric Food Chem 53(10):4290 – 4302

21. Moon J-K, Shibamoto T(2009) Antioxidant assays for plant and food components. J Agric Food Chem 57(5):1655 – 1666

22. Huang D, Ou B, Prior RL(2005) The chemistry behind

antioxidant capacity assays. J Agric Food Chem 53
(6):1841 – 1856

23. Prior RL,Hoang H,Gu L,Wu X,Bacchiocca M,How-
ard L,Hampsch-Woodill M,Huang D,Ou B,Jacob R
(2003) Assays for hydrophilic and lipophilic antioxi-
dant capacity (oxygen radical absorbance capacity
(ORACFL)) of plasma and other biological and food
samples. J Agric Food Chem 51(11):3273 – 3279

24. Wu X,Beecher GR,Holden JM,Haytowitz DB,Geb-
hardt SE,Prior RL(2004) Lipophilic and hydrophilic
antioxidant capacities of common foods in the United
States. J Agric Food Chem 52(12):4026 – 4037

25. Schaich KM,Tian X,Xie J(2015) Hurdles and pitfalls
in measuring antioxidant efficacy:A critical evaluation
of ABTS,DPPH,and ORAC assays. J Funct Foods 14:
111 – 125

26. AOAC International(2016) Official methods of analy-
sis,20th edn. ,2016 (online). AOAC International,
Rockville,MD

27. Bors W, Michel C, Saran M (1984) Inhibition of the
bleaching of the carotenoid crocin a rapid test for
quantifying antioxidant activity. Biochim Biophys Acta,
Lipids Lipid Metab 796(3):312 – 319

28. Tubaro F,Micossi E,Ursini F The antioxidant capacity of
complex mixtures by kinetic analysis of crocin bleaching
inhibition. J Am Oil Chem Soc 73(2):173 – 179

29. Ordoudi SA,Tsimidou MZ(2006) Crocin bleaching as-
say step by step:observations and suggestions for an al-
ternative validated protocol. J Agric Food Chem 54
(5):1663 – 1671

30. Lussignoli S,Fraccaroli M,Andrioli G,Brocco G,Bellavite
P(1999) A microplate-based colorimetric assay of the total
peroxyl radical trapping capability of human plasma. Anal
Biochem 269(1):38 – 44

31. Re R, Pellegrini N, Proteggente A, Pannala A, Yang
M,Rice-Evans C(1999) Antioxidant activity applying
an improved ABTS radical cation decolorization assay.
Free Radical Biol Med 26:1231 – 1237

32. Tian X,Schaich KM(2013) Effects of molecular structure
on kinetics and dynamics of the Trolox equivalent antioxi-
dant capacity assay with ABTS$^{+\bullet}$. J Agric Food Chem 61
(23):5511 – 5519

33. Blois MS(1958) Antioxidant determinations by the use of
a stable free radical. Nature 181:1199 – 1200

34. Xie J,Schaich KM(2014) Re-evaluation of the 2,2-di-
phenyl-1-picrylhydrazyl free radical (DPPH) assay for
antioxidant activity. J Agric Food Chem 62(19):4251 –
4260

35. Foti MC,Daquino C,Geraci C(2004) Electron-transfer
reaction of cinnamic acids and their methyl esters with
the DPPH · radical in alcoholic solutions. J Org Chem
69(7):2309 – 2314

36. Pryor WA (1986) Oxy-radicals and related species:
their formation, lifetimes, and reactions. Annu Rev
Physiol 48(1):657 – 667

37. Benzie IFF,Strain JJ(1996) The ferric reducing ability
of plasma(FRAP) as a measure of "ntioxidant power":
the FRAP assay. Anal Biochem 239(1):70 – 76

酶在食品分析中的应用 26

Jose I. Reyes-De-Corcuera
Joseph R. Powers

26.1 引言

　　酶是蛋白质类催化剂,在温和的生理条件下,具有极强的专一性和反应活性。酶分析是借助于外源酶测定生物体系中的某些化合物或是通过测定生物体系中内源酶活性,来表征食品等生物体系状态的。酶分析是一种相对温和的分析方法,可以用于测定一些无法使用其他方法测定的相对不稳定的化合物。另外,由于酶反应的专一性,其在测定复杂体系物质的成分中也具有独特优势,无需采用复杂繁琐的色谱分离技术即可测定复杂体系中的成分,经济、高效。

　　在食品科学与技术中,酶分析有多方面的用途。在一些食品加工过程中,酶活性常被作为衡量加工处理是否充分的一个有用的指标。酶的热稳定性已被广泛应用于衡量食品加工的热处理,如在蔬菜产品加工过程中,利用过氧化物酶活性判断烫漂工序是否达标。类似的,利用乳过氧化物酶评价乳产品巴氏杀菌工序的杀菌效果。在食品加工过程中,食品技术人员也用酶活性分析来评价食品加工用酶制剂的使用效果。如在果汁澄清过程中应用的果胶酶和纤维素酶混合酶制剂的活性。此外,我们还应该了解到残余酶活性会影响到产品在储存过程中的风味和色泽。例如,在蔬菜加工过程中,如果蔬菜未经充分的烫漂处理,那么残余的内源性脂肪氧化酶会引起冷冻蔬菜在存储过程中出现异味;在面制品或水果加工过程中,残余的多酚氧化酶则会引起小麦面粉和面条以及果汁和果浆等产品发生褐变。

　　食品科学家也可以使用合适的商品酶制剂来测定食品中底物的成分。如在含有多种单糖组分的复杂食品混合体系中,我们可以利用一种合适的商品酶制剂测定该食品中的葡萄糖含量。商品酶制剂活性也可以用来测定食品中酶抑制剂的含量。有机磷杀虫剂是乙酰胆碱酯酶的有效抑制剂,因此,通过测定食品萃取物中乙酰胆碱酯酶的活性就可以测定出该食品中有机磷杀虫剂的浓度食品的。此外,还可以测定与食品质量息息相关的一些酶的活性,可以通过这些酶的活性分析食品的质量情况。例如,来源于患有乳腺炎的牛的牛乳中,过氧化氢酶的活性明显增加;另外,过氧化氢酶活性还与牛乳中细菌总数具有很好的线性关系,能够反映牛乳被微生物污染的情况。在食品质量分析中,另一个有关酶分析的用途是通过监测食品蛋白质样品中添加的蛋白酶的活性来评估该食品中蛋白质营养价值的(如第 24 章所述)。酶也可以用来测定食品储藏过程中的降解产物,如测定鱼类在储藏过程中三甲胺的含量。在食品分析中,酶也可以作为一种工具。如在纤维素含量测定中涉及的淀粉酶和蛋白酶的应用(详见第 19 章)、在维生素分析中硫胺素磷酸酯的酶水解。

食品科学家必须认识到,酶本身所处的具体体系环境对其活性影响很大,如在高温或是其他轻微偏离其最适反应条件的环境都可能会造成酶的降解或失活。因此,必须仔细的保存和使用酶制剂,通常是通过冷藏或冷冻保存。为了更好的将酶分析应用到食品领域中,我们有必要了解和掌握酶学的一些基本原理。本章在对酶学原理进行简单阐述后,将列举一些在食品体系中应用酶分析的实例。

26.2 酶的食品分析应用基本原理

26.2.1 酶反应动力学

26.2.1.1 概述

酶是一种蛋白质类生物催化剂。我们知道,催化剂能提高热力学可能的化学反应的速率(速度)。酶作为催化剂不会改变化学反应的平衡常数,其本身在反应中也不会被消耗。由于酶能够改变反应的速率(速度),因此在食品相关分析中为了更加有效地使用酶这个工具,食品科学家就必须了解酶反应动力学(速率)的相关知识。为了测定酶催化反应的速率,通常在特定的条件下(pH、温度、离子强度等)将酶与底物混合,然后测定反应中产物的生成量或是底物的消耗量。图 26.1(1)概况了一些化学反应动力学的基本原理。鉴于食品分析专业的学生在生物化学和食品化学课程中已经学习了有关酶反应动力学的内容,如酶催化反应速率方程式的推导等细节性的内容就不在这里进行赘述了[1]。

根据中间复合物学说,反应体系最初的状态,称为"预稳态"(Pre – Steady – State Period),在这个"预稳态"阶段通常是瞬间(毫秒级)的,随后形成酶 – 底物复合物,如图 26.1、式(26.4)所示,这一过程非常短暂,通常是无法在实验过程中观察到的。反应曲线中,"预稳态"阶段后曲线的线性部分的斜率为反应的初始速率(V_0)。继"预稳态"之后为"稳定态",在这一状态时酶 – 底物复合物的浓度接近常数并保持恒定。为了测定反应的初始速率必须建立正确的反应曲线,这一曲线主要通过测定适当时间间隔一系列点数据或进行连续试验分析来建立。

酶催化反应的速率取决于酶浓度和底物浓度。当酶浓度恒定时,底物浓度增加将导致酶催化反应速率增加[图 26.1(2)]。随着底物浓度继续增加,酶催化反应速率增加变缓,当底物浓度的增加到非常大时,酶催化反应速率不再随底物浓度的增加而增加。在底物浓度非常大这一特殊分析条件下测定的酶催化反应速率称为最大反应速率(V_{max})。将反应速率为最大反应速率(V_{max})一半时的底物浓度定义为米氏常数(K_M)。米氏常数(K_M)反映了酶与特定底物间的相对亲和力。K_M越小表示该酶与底物的亲和力越大。K_M和V_{max}会受环

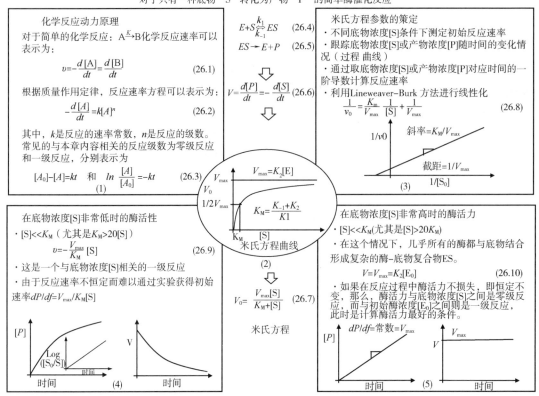

图 26.1　化学反应和酶反应动力学原理

境条件如 pH、温度、离子强度及溶剂属性(有机或无机溶剂,尽管大多数酶反应发生在水相环境中,有些反应则发生在有机介质中,如脂类)等因素的影响,如表 26.1 所示。

表 26.1　　　　　　　　　　　影响酶催化反应速率的因素

因素	米氏常数 (K_M)	最大反应速率 (V_{max})	因素	米氏常数 (K_M)	最大反应速率 (V_{max})
酶的来源	是	是	温度	是	是
底物种类	是	是	pH	是	是
酶浓度	否	是	抑制剂	是	是(有时)
底物浓度	否	否			

26.2.1.2　米氏(Michaelis – Menten)方程

米氏方程是一条双曲线[图 26.1,式(26.7)],它描述了酶催化反应过程中初速率与底物浓度之间的关系[图 26.1(2)]。

26.2.1.3　简单酶催化反应的表观级数

当底物浓度很低时,酶催化反应速率会随着底物浓度的增加而增加,如图 26.1(2)所示。也就是说,假设有效酶浓度[E]恒定不变,在底物浓度很低这段曲线区域内[[S]≪K_M,如图26.1(4)所示],酶催化反应速率对底物浓度遵循一级反应,如图26.1,式(26.9)所示。这意味着在这一反应区域内,反应速率与底物浓度成正比例关系。随着底物浓度的继续增加,反应速率不再呈现线性增加趋势,表现为混合级反应(Mixed Order)。图26.1(2)中曲线部分所展现的就是此时的反应。当底物浓度进一步增加,反应速率慢慢接近于最大反应速率(V_{max})。在斜率几乎为零的这个线性区域内,反应速率与底物浓度无关。然而,值得注意的是,当底物浓度相当高时([S]≫K_M),如图26.1(5)所示,反应速率则与酶浓度成正比例关系,如图26.1,式(26.10)所示。因此,在底物浓度[S]≫K_M这段曲线部分,反应速率相对于底物浓度(与底物浓度无关)为零级反应(Zero Order),而相对于酶浓度来讲则是一级反应。

实际上,如果我们对反应体系中有效酶活力的浓度感兴趣,那么如果可能,应该在反应速率为最大反应速率(V_{max})时的底物浓度下进行测定。在这样的底物浓度下,酶浓度是反应速率的限制因素。在实际应用中,除非有特殊情况,最大反应速率(V_{max})常被用来衡量酶活性,并且采用随时间的浓度变化率表示。酶活性的单位表达方式有多种形式,比如以单位时间内每一单位质量的样品吸光度的变化来表示等。

反之,如果对用测定反应初始率来测定底物浓度感兴趣,那么就必须在底物浓度低于K_M的情况下测定,从而使反应速率与底物浓度成正比。了解酶的米氏常数(K_M)和最大反应速率(V_{max})是必要的,在实际酶应用之前,要求至少立即通过试验测定酶的最大反应速率(V_{max}),因为酶会随着时间而逐渐失去酶活性。

26.2.1.4 米氏常数(K_M)和最大反应速率(V_{max})的测定

设计一个合适的实验是测定米氏常数(K_M)和最大反应速率(V_{max})的前提。实验设计时无外乎考虑到以下情况:反应速率与底物浓度为零级反应,而与酶浓度为一级反应;或者是在已知K_m的情况下,反应速率与底物浓度成正比例关系。测定米氏常数(K_M)最常用的方法是米氏方程倒数处理的Linweaver – Burk作图法,如图26.1和式(26.8)所示,[Linveaver – Burk曲线,如图26.1(3)所示]。以$1/V_0$对$1/[S]$作图可得一条直线,其中$1/V_0$为纵坐标(纵轴),$1/[S]$为横坐标(横轴),其中直线的斜率为K_M/V_{max},纵轴截距为$1/V_{max}$。通过该线性回归方程可以得到K_M和V_{max}。事实上,酶的催化反应往往比这里介绍的要复杂。例如,通常需要两种底物同时或依次与氧化酶结合后才能发生催化反应。类似于这种情型反应的催化机制和速率方程不属于本章的内容,在此不做详细阐述。其实,在现实的酶应用中,常常假设反应是符合简单的米氏动力学规律的。

26.2.2 影响酶反应速率的因素

酶催化反应的速率常常受到多种因素的影响,这些影响因素包括酶浓度、底物浓度、温度、pH、离子强度以及抑制剂或激活剂等。

26.2.2.1 酶浓度

在酶催化反应中,如果底物浓度足够大,足以使酶饱和,则酶催化反应的速率与酶浓度成正比[线性关系,如图26.1,式(26.10)所示]。因此,如果可能酶活性的测定应该是在底物浓度远大于K_M情况下进行。在这种情况下,反应速率对底物浓度是零级反应,而对酶浓度是一级反应。在整个反应进行期间,底物浓度始终处于饱和状态是非常重要的,只有这样在取样反应期间测定的产物生成量或是底物消失量才会呈线性变化。我们通过测定不同时间内反应体系中产物浓度或底物浓度,绘制两者之间变化的关系曲线图,其中曲线图中的线性部分的斜率就是酶活性,如图26.2中实线所表示的即是酶活性。实际上,在酶浓度比较大时,随着反应的进行,底物浓度不断降低,到了反应后期底物浓度相对不足,就会导致产物浓度或底物浓度与时间变化曲线偏离线性关系,如图26.2虚线所示。当进行大量样品分析时,常常在一个固定时间点取样检测单一的等份样品。这种测定酶活性的方法存在一定的风险性,除非取样测定的样品点正好处于产物浓度或底物浓度对时间曲线的线性部分才能得到理想的结果,如图26.2所示。为了避开这个风险,通常在设计试验时,遵循在测定反应初速率的这段时间内,采用将5%～10%以下的底物转化为产物的酶浓度来进行试验。

有时会因为底物非常昂贵、底物相对难溶解或是K_M较大(如$K_M > 100\text{mmol/L}$)等原因而无法保证测定酶活性时底物浓度达到$[S] \gg K_M$。在这些情况下,可以通过初始反应速率来衡量反应速率,也就是尽可能在接近原点位置测定底物或产物浓度的变化。图26.2中所示的实线斜率,即曲线初始部分切线的斜率,这个切线斜率就近似于应初始速率。也就是说,即使在底物浓度远小于K_M时,也能够预测酶浓度。当底物浓度远小于K_M时,米氏方程分母中的底物项可以忽略不计,此时反应速率可表示为$V = (V_{max}[S])/K_m$,这时反应速率与

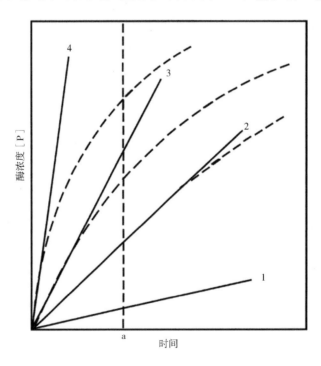

图26.2 酶浓度对酶解反应历程的影响

底物浓度成一级反应,如图26.1(4)所示。在这种情况下,产物浓度与时间之间的变化曲线是非线性的,如图26.1(4),左边曲线所示。通过数据转换,([S_0]/[S])的对数与时间之间则呈现线性关系,如图26.1(4),左边图内嵌部分所示。这个线性的对数图中直线的斜率与酶浓度有直接相关性。当一系列这些对数曲线的斜率进一步作为酶浓度的函数绘图时,两者存在一个直线关系。如果可能,可以通过连续的或者在相同时间间隔内等量取样进行测定,反应允许进行到大于总反应的10%。

图26.2中,虚线表示酶浓度从1增加到4时测得的实验值,而实线则是由实验值的起始斜率外推得到。如果在a这个时间点收集实验数据,则实测酶浓度值与通过起始速率推测酶浓度值之间有很大差异。

26.2.2.2 底物浓度

在酶浓度保持不变的酶反应中,底物浓度与酶反应速率关系,如图26.1(2)所示。如前所述,当底物浓度$[S] \ll K_M$时,反应速率对底物浓度来讲是一级反应,如图26.1(4)所示。当底物浓度$[S] \gg K_M$时,反应速率对底物浓度为零级反应,而对酶浓度$[E]$则是一级反应,如图26.1(5)所示。而当底物浓度处于一级反应和零级反应区域之间时,反应速率对底物浓度则为混合级反应(Mixed Order)。无论怎样,如果已经测得反应的初始速率,那么初始速率V_0与初始酶浓度E_0应为线性关系。然而,实际上在大多数研究室中,因为几乎不可能做到瞬间将底物和酶混合并精准测定产物或底物浓度,所以精准测定初始速率是非常困难的。因此,初始速率的实验测定结果一般低于实际值。

26.2.2.3 环境因素

下面的内容主要讲述各种环境因素是如何影响K_M和V_{max}的。总体来说,K_M会受温度、pH和体系中抑制剂的影响,而V_{max}则会受到酶浓度、温度、pH和体系中某些抑制剂的影响。尽管这已经超出了本篇的范畴,但是食品分析研究人员也必须意识到像温度一样,压力也会影响酶反应的K_M和V_{max}。另外,值得注意的是有一些酶的稳定性则在400MPa的高压下反而会增加[2]。

(1)温度对酶活性的影响　温度可以从几个方面影响表观酶活性。最显著的是温度可影响酶的稳定性和酶催化反应速率。在酶反应中温度也会通过影响其他一些因素而影响到酶反应速率,如当底物或产物为气体的酶反应中,温度会影响到气体底物或产物的溶解度,以及温度对体系pH的影响等,都会间接影响到酶催化反应。后者一个典型的例子是关于通用的Tris缓冲溶液[三(羟甲基)氨基甲烷],当温度每改变1℃,其解离常数(pK_a)就会有0.031的浮动。

从图26.3可以看出,温度既影响酶的稳定性又影响酶的活性。当温度较低时,酶是稳定的;然而,当温度较高时,酶的变性占据主导,酶活性显著降底,就会出现图26.3中曲线2中斜率为负的部分。

$$活性酶 \xrightarrow{酶失活速率常数} 失活酶或 E\ 活性 \xrightarrow{酶失活速率常数} E\ 失活 \tag{26.11}$$

图 26.3 中曲线 1 展示的是温度对酶催化反应速率的影响。随着温度的升高,理论上速率应会呈指数增加。如曲线 1 所示,温度每升高 10℃ ,反应速率大约会增加一倍。图 26.3 中曲线 2 所呈现的是温度升高引起底物向产物转化的速率(曲线 1)以及酶变性的速率(曲线 3)对整个酶催化反应的综合结果。曲线 2 中的最高点就是酶的最适反应温度。对于任何一种酶来说,最适反应温度都不是一成不变的。根据底物种类、pH、盐强度、底物浓度和反应时间的不同而具有不同的最适反应温度。正是由于这个原因,研究者应当充分描述探究温度对表观酶活力影响的体系。酶的最适反应温度都是在酶变性的温度范围区间内。因此,如果在最适温度条件下测定酶反应速率,即使在底物浓度过量的条件下,也会因为酶变性引起酶有效浓度不断降低的现象,从而常常导致酶反应体系中底物或产物浓度变化与反应时间之间不是线性关系。因此,出于分析的目的,一般都是在低于最适反应温度条件下进行酶活性的分析。

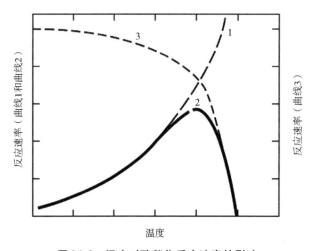

图 26.3 温度对酶催化反应速率的影响

注:曲线 1—温度对底物转化成产物的影响;曲线 2—温度对表观反应速率的净影响,其最适反应温度是
曲线 2 中的最大值处;曲线 3—温度对酶变性速率的影响(右侧的 y 轴数值对应曲线 3)。

图 26.3 中曲线 1 中的数据可以依据阿仑尼乌斯方程(Arrhenius Equation)拟合为:

$$k = A \, e^{-E_a/RT} \tag{26.12}$$

该方程也可以写为:

$$\log k = \log A - \frac{E_a}{2.3RT} \tag{26.13}$$

式中　k——在某些温度$[T(K)]$下对应的速率常数;

　　E_a——活化能,反应物分子转化为产物所必需的最小能量;

　　R——气体常数;

　　A——频率因子(前指数因子)。

酶的失活速率常数 k_{inact} 也符合阿仑尼乌斯方程。通过阿仑尼乌斯曲线左侧部分(高温)的正斜率,如图 26.4 所示,可以计算出酶变性的活化能(E_a)。值得注意的是,温度的微小变化会对酶变性速率产生很大的影响。通过图 26.4 中阿仑尼乌斯曲线右侧部分的斜率可以计算出酶催化底物转化为产物的活化能（E_a）。如果在测定 V_{max}（$[S] \gg K_M$）的条件下进行实验测定,那么此时所观察到的就是反应催化阶段（k_2）的活化能。

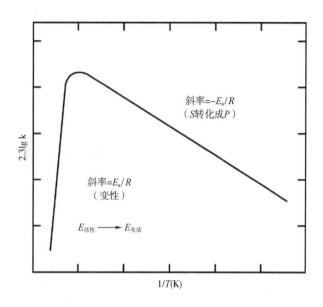

图 26.4　温度对酶催化反应速率常数的影响

注:按照公式 $k = A e^{-E_a/RT}$,由 $2.3 \lg k$ 对 $1/T(K)$ 作图得到。

（2）pH 对酶活性的影响　酶催化反应的表观速率受其介质 pH 的影响很大。酶催化反应都有一个最适的 pH 并且通常酶活性与 pH 两者之间呈现为钟形曲线关系（图 26.5）。pH 对酶活性的影响是其对酶的稳定性、底物向产物转化的速率或改变底物电离状态等影响的综合表现形式。

pH 可能会影响底物与酶的结合以及酶活性中心位点处的氨基酸残基上的羧基或是氨基等催化基团的解离,从而影响底物向产物转化的速率。pH 也会影响酶的三级或四级结构的稳定性,进而影响到酶反应的速率,特别是在极端的酸性或碱性 pH 条件下,这种影响更大。对于相同的酶来说,使酶达到最稳定性的 pH 不一定与使酶活性达到最大时的 pH 一致。如胰蛋白酶和胰凝乳蛋白酶两个蛋白水解酶都在 pH 为 3 时稳定,然而两者却都在 pH 为 7~8 时,酶活性最大。

曲线最大值处所对应的 pH 为该酶的最适 pH,该值会因温度、底物种类和酶来源的不同而变化。

为了确定酶反应的最适 pH,需要将反应混合物置于不同 pH 的缓冲液体系中,测定不同 pH 条件下的酶活性。而 pH 对酶稳定性的影响则是将等分的酶样品置于不同 pH 缓冲体系中并保持特定的时间（如保持 1h）,然后将这些酶样品的 pH 调整为酶的最适 pH,并在最适 pH 条件下测定每个样品中的酶活性,从而得到 pH 对酶稳定的影响。这些研究有助于建立处理酶的具体条件和在食品体系中控制酶活性的方法。应当注意的是,酶的 pH 稳定

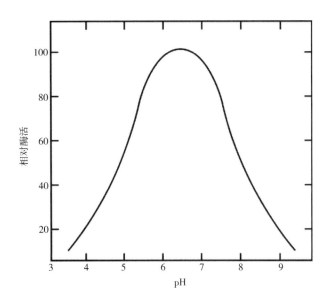

图 26.5 典型的酶催化反应速率—pH 曲线

性和最适反应 pH 并不是酶的特征常数,也就是说,它们可能会随酶的特殊来源、所使用的特定底物、实验的温度以及缓冲体系种类而变化。在使用酶进行分析时,酶反应无需一定在最适 pH 下进行,或者是在使酶最稳定的 pH 条件下进行(尽管酶在实验期间应当是稳定的),但是在反应过程中保持固定的 pH(如使用缓冲体系)并在所有比较的研究中使用相同的 pH 是非常重要的。

26.2.2.4 激活剂和抑制剂

(1)激活剂 有些酶除含有蛋白质部分外,还含有一些能够激活酶活性的小分子。一些酶只有存在特定的无机离子时才具有酶活性,而另外一些酶则会因为在反应体系中存在一些小分子物质而使酶活性增强。这些小分子可能对于维持蛋白质的构象起着非常重要的作用,它们或形成酶活性位点中的必要组成成分,或是构成酶作用底物的一部分。

在某些情况下,激活剂和酶形成几乎不可逆的结合体,这些酶中的非蛋白部分被称为辅基。形成的酶 - 激活剂复合物的量等于混合体系中存在的激活剂的量。在这种情况下,可以通过简单的测量酶活性获得酶浓度,从而估算出激活剂的浓度。

在绝大多数情况下,酶激活剂复合物的解离常数是在酶浓度范围内的。可以从酶中解离的非蛋白质部分称为辅酶。当这类激活剂添加到酶溶液中时,两者之间的结合则表现为类似于米氏方程的曲线,使未知含量的激活剂的测定变得困难。但可以使用标准激活剂样品建立一个类似于 Lineweaver - Burk 曲线的双倒数曲线,并从这个曲线中估算出未知浓度的激活剂的含量。

一个涉及激活剂的与食品相关的酶反应是测定磷酸吡哆醛的含量,磷酸吡哆醛是维生素 B₆ 的一种在形式。该反应通过将转氨基反应与苹果酸脱氢酶偶联来测定无辅酶的酵母氨基转称酶的再活化激活能力进行的。在这个反应体系中苹果酸脱氢酶、NADH、α - 酮戊二酸、天门冬氨酸以及氨基转移酶的含量过量,而仅有吡哆醛 - 5 - 5 磷酸酯的含量是限制反应速率的因素时就可以通过这个偶联反应测定其含量。

$$\alpha - 酮戊二酸 + 天门冬氨酸 \xrightleftharpoons{氨基转移酶} 谷氨酸 + 草酰乙酸 \tag{26.14}$$

$$草酰乙酸 + NADH + H^+ \xrightleftharpoons{苹果酸脱氢酶} 苹果酸 + NAD^+ \tag{26.15}$$

另外一个有关必须激活剂的例子是吡啶辅酶 NAD^+。NAD^+ 是乙醇脱氢酶将乙醇氧化成乙醛必不可少的辅酶。

$$乙醇 + NAD^+ \xrightleftharpoons{乙醇脱氢酶} 乙醛 + NADH + H^+ \tag{26.16}$$

在反应中，NAD^+ 被还原为 NADH，可以被认为是乙醇脱氢酶的第二个底物。另一个酶激活剂的例子是氯离子对 $\alpha -$ 淀粉酶的激活作用。在这个例子中，在不存在氯离子情况下 $\alpha -$ 淀粉酶会有一些酶活力，当氯离子的浓度增加至饱和浓度时，$\alpha -$ 淀粉酶活性增加了大约四倍。其他阴离子，包括 F^-、Br^- 和 I^- 也会激活 $\alpha -$ 淀粉酶。因此，采用 $\alpha -$ 淀粉酶的激活作用作为测定氯化物浓度的方法时，反应混合物中不能存在以上有干扰作用的阴离子。

(2)抑制剂　在酶催化反应体系中降低酶活性的一类化合物称为酶的抑制剂。根据与酶的作用方式是否可逆，抑制剂可以分为不可逆抑制剂和可逆抑制剂两大类。酶的抑制剂包括无机离子，如通过与酶分子上的巯基基团作用而使酶失活的 Pb^{2+} 和 Hg^{2+} 等离子，底物的类似物，及能与酶发生特异结合的天然蛋白质类物质(如大豆中的蛋白酶抑制剂)。

①不可逆抑制剂(Irreversible Inhibitors)。当抑制剂酶复合物的解离常数非常小时，酶活性的降低与抑制剂添加量成正比例关系。酶和抑制剂的不可逆结合反应的速率可能会很慢，为了保证酶 - 抑制剂反应完全，有必要确定添加抑制剂对酶活性降低的作用时间。例如，许多豆科植物中发现的淀粉酶抑制剂必须在特定条件下与淀粉酶一起进行预反应，然后才能通过测定残余酶的活力准确估计抑制剂的含量[3]。因不可逆抑制剂使具备完整活性的酶量减少，所以会导致 V_{max} 降低。

②可逆抑制剂(Reversible Inhibitors)。大多数酶和抑制剂的复合物存在解离常数，在反应混合物中既有游离的酶存在，又有游离的抑制剂存在。已知的几种可逆抑制剂类型有：竞争性抑制剂、非竞争性抑制剂和反竞争性抑制剂。

竞争性抑制剂(Competitive Inhibitors)通常在结构上与底物类似，能够与底物竞争结合酶的活性位点，并且一次只有一个底物或抑制剂分子可与酶结合。通过向不同底物浓度的反应体系中添加固定量的抑制剂，然后利用 Lineweaver - Burk 方法对获得的数据进行作图，比较抑制剂组与无添加抑制剂对照组，通过分析从而定性判断这种抑制剂是否为竞争性抑制剂。如果抑制剂是竞争性的，在加入抑制剂的图像中，直线斜率和在 x 轴的截距会发生变化，而 y 轴截距($1/V_{max}$)不变。无抑制剂存在条件下的初始速率(v_0)与有抑制剂存在条件下的初始速率(v_i)之比为：

$$\frac{v_0}{v_i} = \frac{[I]K_M}{K_i(K_M + [S])} \tag{26.17}$$

式中　K_i——酶 - 抑制剂复合物的解离常数；

$[I]$——竞争性抑制剂的浓度。

因此，v_0/v_i 与抑制剂浓度两者之间呈线性关系。通过两者关系曲线可以得出竞争性抑制剂的浓度[2]。一种众所周知的抗营养因子多肽——大豆胰蛋白酶抑制剂是一种可逆竞争抑制剂。胰蛋白酶是人或其他动物可解合成的一类用于消化蛋白质的蛋白酶。大豆产品在加工过程中一般通过加热来灭活大豆胰蛋白酶抑制剂。大豆胰蛋白酶抑制剂活性是基于反应体系中存在和不存在该抑制剂的条件下测定的胰蛋白酶活性的比率来计算的。其中,通过测定253nm处吸光度的变化可得到以下反应的速率,进而测得胰蛋白酶活性:

$$N-苯甲酰基-L-精氨酸乙酯+水 \xrightarrow{\text{胰蛋白酶}} N-苯甲酰基-L-精氨酸+乙醇 \qquad (26.18)$$

非竞争性抑制剂(Noncompetitive Inhibitor)不与底物竞争酶的结合位点,而是与酶的活性位点以外的基团进行结合。非竞争性抑制剂可以通过其对不同底物浓度体系中酶催化反应速率的影响来确定,获得的有关数据采用 Lineweaver-Burk 方法绘制作图。与无抑制剂体系相比,非竞争性抑制剂则会影响直线的斜率和在 y 轴上的截距,而对 x 轴截距 $1/K_M$ 没有影响。与竞争性抑制剂类似,可以绘制 v_0/v_i 与抑制剂浓度之间的标准曲线,从而确定非竞争性抑制剂的浓度[2]。

反竞争性抑制剂(Uncompetitive Inhibitors)仅与酶—底物复合物结合。通过在不同底物浓度下的反应体系中添加固定量的抑制剂,采用 Lineweaver-Burk 方法将数据绘制作图,从而判断该抑制剂是否为反竞争性抑制剂。与无抑制剂体系相比,反竞争性抑制剂则影响 Lineweaver-Burk 图在 x 轴和 y 轴上的截距,但斜率不会受到影响(即两种状态下为平行线)。可以绘制 v_0/v_i 与抑制剂浓度之间的标准曲线,从而测定反竞争性抑制剂的浓度[2]。

26.2.3　酶测定方法

26.2.3.1　概述

对于实际的酶分析,熟悉酶反应的测定方法是有必要的。与底物或产物浓度相关联的任何一种物理或化学特性都可以用来反映酶反应的情况。有多种方法可以用于测定酶反应底物或产物的浓度,包括吸光光度法、荧光分析法、压力测定法、滴定法、同位素测定法、色谱分析法、质谱法和黏度法等。吡啶辅酶 NAD(H) 和 NADP(H) 是一个很好的采用分光光度法测定酶反应的例子,在酶催化的氧化还原反应体系中,在 340nm 处有着显著的吸光度变化(图 26.6)。当这些辅酶是偶联反应中的产物或底物时,许多酶活性测定方法正是基于其导致在 340nm 处吸光度的增加或减少而进行的。

许多酶分析法都是基于在 340nm 处由 NAD(H) 和 NADP(H) 产生吸光度的增加或减少来测定的。

α-淀粉酶活性的测定是一个可以采用几种方法测定酶活性的例子[4]。α-淀粉酶是一种内切酶,能够切割淀粉中的 α-1,4 糖苷键。内切酶作用于聚合物底物内部分子连接键。可以采用多种方法测定该反应,包括测定反应体系中黏度的降低,水解后还原基团的增加,淀粉-碘反应形成络合物减少而带来的颜色降低以及旋光测定法等。然而,采用单一方法是很难区分 α-淀粉酶和 β-淀粉酶的活性的。β-淀粉酶是一类以麦芽糖为单位的从淀粉非还原末端降解的一类酶。虽然 α-淀粉酶可以显著降低淀粉黏度或是减少淀粉与碘发生的颜色反应,但是高浓度的 β-淀粉酶也能够引起上述两个现象的发生。为了确

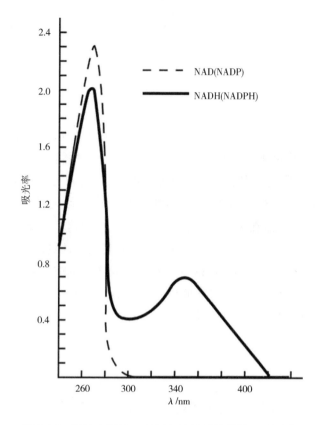

图 26.6　NAD(H) 和 NADP(H) 的吸收曲线;λ 为波长

定测定的到底是 α - 淀粉酶还是 β - 淀粉酶的活性,分析人员必须通过测定还原基团的变化情况作为分析比较的基础。由于 α - 淀粉酶是一种内切酶,聚合物底物中间的几个键的降解就会引起黏度的显著降低,而由于 β - 淀粉酶是一种外切酶,因此在水解相等数量的键时,其黏度变化相比 α - 淀粉酶作用效果小。

在建立一种酶测定方法时,对于特定的酶催化反应首先应该写出一个完整的平衡方程。使用可用的设备从可轻易测定的物理化学性质的角度检测产物和底物,就会产生实验室中研究酶反应测定方法的明确选择。

如果有几种可选择的方法,那么应该选择能够持续监测反应、灵敏度最高或是对于酶催化反应具有专一性的方法。对于多次重复的常规分析,带有吸光度和荧光探测器,可自动注射和震荡的温控 96 孔微板酶标仪的应用变得非常广泛。这类设备特别适合应用于通过不同酶或/和底物浓度来测定酶反应动力学的分析,该类设备也广泛应用于分子生物学分析,如酶联免疫吸附分析(详见 27.3.2)和检测细菌、过敏原和转基因生物等的聚合酶链式反应(详见 33.6.2)。

26.2.3.2　偶联反应

酶可以通过偶联反应应用于分析。偶联反应涉及使用两种或多种酶的反应,可以很容易地测定底物或产物浓度。在应用偶联反应时,需要一个指示反应和一个测定反应。如:

食品分析(第五版)

$$S_1 \xrightarrow{E_1} P_1 \qquad (26.19)$$

测定反应

$$P_1 \xrightarrow{E_2} P_2 \qquad (26.20)$$

指示反应

指示酶(E_2)的作用是产生易于测量且作为酶 E_1 的产物 P_1 含量的一种指示剂 P_2;或者,可以通过相同的反应链测定酶 E_1 的底物 S_1 的量。当应用偶联反应测定酶活性时(例如前面的 E_1),快速的,不限速(测定反应一定总是最慢的)且决定反应速率的指示反应是非常重要的。因此,对于一个有效的分析,E_2 活性应当比 E_1 活性大得多。如果偶联酶的最适 pH 相差很大,偶联反应可能在关于体系的 pH 方面存在问题。可能需要先使第一个反应(如上述 E_1 催化的测定反应,方程 26.19)进行一段时间,然后通过加热使 E_1 变性而终止反应,接下来调节 pH 为指示反应酶的最适 pH,然后加入指示反应所需酶(E_2)(式 26.20)进行反应直至完成。如果将终点法用于偶联体系,对 pH 相容性要求就不像测定反应速率时那么严格,因为可以通过延长反应时间使反应链进行完全。

26.3 酶应用

如前所述,在使用酶分析之前需要了解一些信息。一般来说,米氏常数(K_M)、反应时间历程、酶底物特异性、酶的最适 pH 和 pH 稳定性、温度对酶催化反应及酶稳定性的影响等都是非常亟须的。大多数情况,这些信息可以从文献中获得。然而,一些预试验可能是有必要的,特别是测定反应速率的试验,为了建立反应中产物形成或底物消耗与时间之间的相关性就需要掌握反应时间历程。另外,还应该进行酶反应速率与酶浓度呈线性关系的实验,如图 26.2 所示。

26.3.1 底物分析

以下不是酶分析法测定食物组分方法的广泛概述,而是分析案例类型的代表。表 26.2 所示为本节中涉及的底物分析。读者可以参考一些由酶制剂生产商出版的手册如 Whitaker 撰写的综述文章[5],Boehringer – Manheim 手册[6],以及由 Bergmeyer 编写的系列书籍[7] 中,获得更全面的酶法应用于食品的指南。

表 26.2 底物分析案例的汇总

研究的底物	酶	测定的化合物	测定的性质	应用/注释
谷氨酸	谷氨酸脱氢酶(GluDH)和乳酸脱氢酶(LDH)	NADH	A_{340nm} 在反应终点的降低	含有味精(MSG)的相关产品。偶联反应 + 再生体系:所有的谷氨酸被转化成 α - 酮戊二酸,并且在 LDH 作用下所有的 NADH 与丙酮酸反应消耗掉。加热使 LDH 酶失活,然后加入 NADH 和 GluDH

554

续表

研究的底物	酶	测定的化合物	测定的性质	应用/注释
谷氨酸	谷氨酸脱氢酶(GluDH)和硫辛酰胺脱氢酶	三苯基甲酯	A_{492nm} 在反应终点的增加	偶联反应。GluDH 产生的 NADH 与氯化碘硝基四唑反应
亚硫酸盐	亚硫酸盐氧化酶(SO)和 NADH 过氧化物酶(POD)	NADH	A_{340nm} 在反应终点的降低	测定红酒中亚硫酸盐。偶联反应
葡萄糖	葡萄糖氧化酶(GOx)和 POD	氧化的邻二苯胺	A_{420nm} 在反应终点的增加	用于监测酵母发酵中葡萄糖浓度。偶联反应
	己糖激酶(HK)和葡萄糖-6-磷酸脱氢酶(G6PDH)	NADH	A_{340nm} 在反应终点的增加	
D-苹果酸	D-苹果酸脱氢酶	NADH	A_{340nm} 在反应终点的降低	测定苹果汁中可作为滴定酸的代替品的苹果酸。偶联反应

26.3.1.1 样品的制备

由于酶具有专一性,因此在酶分析前的样品制备工作往往很简单,可能仅仅包括萃取和通过过滤或离心除去固体物质即可。但不管怎样,由于分析员可能会在各种各样的食物体系中采用酶法进行分析,因此应该将已知含量的标准分析物添加到食物和提取物中,对标准分析物进行提取和酶反应分析,从而计算出标准分析物的回收率。如果标准物质充分回收,这预示着提取过程不会出现损失,样品中不含有在酶分析之前需要除去的对其有干扰的物质,并且所用的试剂是可靠的。有时候,进行分析时可能会有干扰物质存在,但这些物质可以很容易地通过沉淀或吸附方法除去。例如,聚乙烯聚吡咯烷酮(PVPP)粉可以用于橘汁或红葡萄糖酒的脱色。随着注射式微型柱(如 C18,二氧化硅和离子交换柱)的出现,可以相对便捷快速地获得组分分离产物,从样品萃取物中除去干扰物。

26.3.1.2 总变化/终点法

尽管当反应相对于底物浓度来说为一级反应($[S] \ll K_M$),可以在反应速率分析中测定底物浓度,但底物浓度也可以通过总变化或终点法进行测定。在这种方法中,为使测定的产物浓度直接和底物相关,应使酶催化反应进行完全。该方法的一个例子是利用葡萄糖氧化酶和过氧化物酶进行葡萄糖含量的测定,详见 26.3.1.3(2)。

有时,在终点法中,当反应已经达到平衡时,反应体系中还存在大量的底物,与产物保持着动态平衡。在这种情况下,平衡状态是可被改变的。例如,在有质子产生的反应中,可以通过调整反应 pH 为碱性条件(增加 pH),也可以使用捕获剂,有效地将产物从反应中移除,并通过质量作用使反应充分。如通过肼捕获酮和醛。这样,反应体系中产物被不断地移除,从而促使反应进行完全。另外,也可以通过增加辅因子或辅酶的浓度调整反应平衡。

再生系统是另一种驱动反应进行完全的方法[7]。如,在谷氨酸测定中,可以借助谷氨酸脱氢酶进行下列反应:

$$谷氨酸 + NAD^+ + H_2O \xrightleftharpoons{谷氨酸脱氢酶} \alpha-酮戊二酸 + NADH + NH_4^+ \qquad (26.21)$$

$$丙酮酸 + NADH + H^+ \xrightleftharpoons{乳酸脱氢酶} NAD^+ + 乳酸 \qquad (26.22)$$

在这个体系中,NADH通过乳酸脱氢酶再循环生成NAD^+,直到所有被测定的谷氨酸被消耗反应才终止。可以通过加热使酶变性来终止反应,加入等份的谷氨酸脱氢酶和NADH,并通过340nm处吸光度值的降低来测定$\alpha-$酮戊二酸的量(等于原谷氨酸的量)。在谷氨酸测定时,平衡反应也可以通过以下反应而发生变化。

$$谷氨酸 + NAD^+ + H_2O \xrightleftharpoons{谷氨酸脱氢酶} \alpha-酮戊二酸 + NADH + NH_4^+ \qquad (26.23)$$

$$NADH + INT \xrightarrow{硫辛酰胺脱氢酶} NAD^+ + 三苯基甲酯 \qquad (26.24)$$

氯化碘硝基四唑(INT)是谷氨酸脱氢酶催化反应产物NADH的捕获剂,可以在492nm处测定产生的三苯基甲酯的吸光值,从而计算出谷氨酸含量。

26.3.1.3　特殊应用

(1)亚硫酸盐的测定　亚硫酸盐是一种食品添加剂,可以通过滴定法、蒸馏-滴定法、液相色谱法和酶法等多种方法测定(详见33.8.2)。在酶法分析中,亚硫酸盐通过商品酶亚硫酸氧化酶(SO)特异性地氧化成硫酸盐:

$$SO_3^{2-} + O_2 + H_2O \xrightarrow{SO} SO_4^{2-} + H_2O_2 \qquad (26.25)$$

产物H_2O_2可以通过几种方法测定,包括使用NADH过氧化物酶法:

$$H_2O + NADH + H^+ \xrightarrow{NADH 过氧化物酶} 2H_2O + NAD^+ \qquad (26.26)$$

反应体系中亚硫酸盐的量等于被氧化的NADH的量,而NADH可以通过在340nm处的吸光度的降低来测定。另外,抗坏血酸可能干扰测定结果,但可以通过抗坏血酸氧化酶除去[8]。

(2)比色法测定葡萄糖　葡萄糖氧化酶和过氧化酶组合使用可以用于专一性测定食品中的葡萄糖含量[9][详见19.4.2.3(3)]。葡萄糖首先被葡萄糖氧化酶氧化产生葡萄酸内酯和过氧化氢,之后过氧化氢在过氧化物酶的作用下与邻联茴香胺反应产生在420nm处有特异性吸收的黄色物质[式(26.27)和(26.28)]。该测定通常采用终点法进行,形成的黄色产物量与食品提取物中的葡萄糖量之间存在化学计量关系,可以通过建立标准曲线方法测定葡萄糖含量。由于葡萄糖氧化酶对葡萄糖具有高度专一性,因此在体系中存在其他还原糖的情况下,该酶是测定葡萄糖含量的有效工具。

$$\beta-D-葡萄糖 + O_2 \xrightarrow{葡萄糖氧化酶} \alpha-葡萄酸内酯 + H_2O_2 \qquad (26.27)$$

$$H_2O_2 + 邻联茴香胺 \xrightarrow{过氧化物酶} H_2O + 氧化染料(有色) \qquad (26.28)$$

(3)淀粉/糊精含量　淀粉和糊精可以通过淀粉葡萄糖苷酶的酶水解方法来测定,该酶是一类能够水解淀粉、糖原和糊精中的$\alpha-1,4$和$\alpha-1,6$键生成葡萄糖的酶(详见19.5.1.1)。产生的葡萄糖随后可以采用酶法测定。葡萄糖可以通过之前所描述的比色法来测定,另一种可供选择的测定葡萄糖的方式是通过己糖激酶(HK)和葡萄糖-6-磷酸脱氢酶(G6PDH)

的偶联反应进行。

$$\text{葡萄糖} + \text{ATP} \xrightarrow{\text{HK}} 6 - \text{磷酸葡萄糖} + \text{ADP} \tag{26.29}$$

$$6 - \text{磷酸葡萄糖} + \text{NADP}^+ \xrightarrow{\text{G6PDH}} 6 - \text{磷酸葡萄糖酸} + \text{NADPH} + \text{H}^+ \tag{26.30}$$

反应体系中生成的 NADPH 的量可以通过在 340nm 处的吸光值来测定,然后通过化学计量法计算由淀粉葡萄糖苷酶水解糊精或淀粉产生的葡萄糖含量。值得注意的是,虽然 HK 不仅能催化葡萄糖磷酸化也能催化果糖磷酸化,但是由于第二个反应中的 G6PDH 对底物 6 - 磷酸葡萄糖具有特异性,所以本方法对葡萄糖的测定具有专一性。还需要注意的是该方法无法用于测定起始分子的聚合度。

这种偶联方法可以用于测定作为果汁甜味剂的玉米糖浆中的糊精含量。考虑到玉米浆中本身可能含有的葡萄糖,需要测定未经过淀粉葡萄糖苷酶处理的样品中的葡萄糖含量,之后,从采用偶联反应测定的葡萄糖含量中扣除上述中测定的葡萄糖含量即可得到糊精含量。

用于测定葡萄糖含量的 HK – G6PDH 偶联反应法也可用于测定食品中的其他碳水化合物含量。例如,可以通过 β – 半乳糖苷酶和转化酶分别对乳糖和蔗糖进行特异性水解,随后利用前述的 HK – G6PDH 偶联反应法来测定这些双糖的含量。

(4)苹果汁中 D – 苹果酸含量测定　苹果酸有两种立体异构形式。L – 苹果酸是天然中存在的,而 D – 型正常情况下不存在于自然界中。通过化学合成的苹果酸则是这两种同分异构体的混合物。因此,可以通过 D – 苹果酸的测定检测苹果酸是否为合成的。测定苹果酸的一种方法是利用 D – 苹果酸脱氢酶(DMD)使其发生脱羧反应[10]。DMD 催化 D – 苹果酸发生转化反应如下。

$$\text{D} - \text{苹果酸} + \text{NAD}^+ \xrightarrow{\text{DMD}} \text{丙酮酸} + \text{CO}_2 + \text{NADH} + \text{H}^+ \tag{26.31}$$

该反应可以通过光度法测量 NADH 含量进行监测。由于 CO_2 是这个反应的产物,在反应过程中可很快从体系中散出,从而促使反应平衡向右边进行,这个过程是一个不可逆过程。这种分析法可以辨别苹果汁和苹果汁产品中是否非法添加了合成的 D/L 苹果酸,因此该分析方法非常有价值。

26.3.2　酶活性分析

有关于酶测定的这部分不是很详尽,重要的是旨在为食品工业中提供可选择的测定方法。表 26.3 所示为所涵盖的酶活性分析。

表 26.3		酶活性分析案例汇总		
研究的酶	底物	测定的化合物	测定的性质	应用和注释
过氧化物酶	愈创木酚	四聚邻甲氧基苯酚	检测 A_{450nm} 动态的增加	用于评估烫漂效率
脂肪氧合酶	亚油酸	溶解氧	电流检测测定氧气浓度的动态减少	用于评估烫漂效率。可定量且无需透明溶液

续表

研究的酶	底物	测定的化合物	测定的性质	应用和注释
碱性磷酸酶	磷酸苯二钠	靛酚	A_{650nm}的终点测定	用于判断乳制品巴氏杀菌是否充分。要求能够物理分离靛酚的偶联反应
α-淀粉酶	β-极限糊精(在过量的β-淀粉酶情况下产生)	淀粉-碘染色	颜色与标准颜色板上匹配所需的反应时间	用于判断小麦粉中发芽程度及加入面粉中的配方淀粉酶活性测定
	淀粉	—	在加热淀粉-水混合物后柱塞落下的时间(降落值)或在连续改变淀粉和水混合物的温度后对黏度的测定	
凝乳酶	偶氮酪蛋白(与染料共价结合的酪蛋白)	偶氮酪蛋白片段	A_{345nm}的终点测定	通过加入三氯乙酸的加入不发生沉淀的偶氮酪蛋白片段的分离来测定凝乳酶的蛋白水解活性
果胶甲酯酶	高甲氧基果胶	H^+	添加0.1mL 0.05nmol/L的NaOH溶液后体系pH恢复到初始值所需要的时间	检测在巴氏杀菌处理后的橘汁或其他果汁产品中残留的PME活性

26.3.2.1 过氧化物酶

大多数植物原料中都含有过氧化物酶,该酶具有较好的热稳定性。通常认为能破坏植物原料中全部过氧化物酶活性的热处理方法足以破坏其他酶和大多数微生物。因此,在蔬菜加工过程中,可以通过测定过氧化氢酶活性的消失来检验烫漂加工是否充分[11]。在过氧化氢存在条件下,过氧化物酶能够催化愈创木酚(无色)氧化生成四聚邻甲氧基苯酚(黄褐色)和水。四聚邻甲氧基苯酚在450nm处有最大吸收波长,因此可以通过在450nm处吸光值的增加来测定反应混合物中过氧化物酶的活性。

$$H_2O_2 + 愈创木酚 \xrightarrow{\text{过氧化物酶}} 四聚邻甲氧基苯酚(有颜色) + H_2O \qquad (26.32)$$

26.3.2.2 脂肪氧合酶

脂肪氧合酶可能是一个相比过氧化物酶来说更适合衡量蔬菜的烫漂是否充分的酶[12]。脂肪氧合酶是一类催化含有顺式1,4-聚戊二烯结构的脂肪酸和氧气发生氧化反应生成共轭氢过氧化物衍生物的酶。

$$(\ —CH{=}CH{-}CH_2{-}CH{=}CH{-} \ ) + O_2 \xrightarrow{\text{脂肪氧合酶}} (\ —COOH{-}CH{=}CH{-}CH{=}CH{-} \ )（共轭）$$

(26.33)

有多种方法可以用于测定植物提取物中脂肪氧合酶的活性。可以通过测定底物脂肪酸的损失量、消耗的氧气量、在 234nm 处具有吸收峰的共轭二烯烃的产生量或是辅助底物如胡萝卜素酶的氧化来进行其活性测定[13]。目前这些方法都被应用，并且各有其优点。氧电极法被广泛使用，并且取代了繁琐的测压法。电极法快速、灵敏，而且可提供连续的反应记录。通常，对于粗提物来说需要进行方法的选择，而且需要校正或消除由于与氧化有关的次级反应。Zhang 等报道了采用氧电极法测定未经提取的绿豆匀浆中的脂肪氧合酶活性[14]。Clark 电极可用于氧气的电流测定。近来，基于光纤和荧光淬灭的氧气传感器已经在市场上销售，并且拥有无需 Clark 电极维护的优点。由于该方法的快捷性（包括均质不到 3min），使脂肪氧合酶都活性作为青豆烫漂工艺优化的在线控制参数变成了可能。另外，可连续检测在 234nm 处有吸收的共轭二烯脂肪酸的形成。但是，这种方法必须在光学上透明的混合物中进行。类胡萝卜素的漂白也常被作为一种脂肪氧合酶活性的测定方法。然而，这种方法的化学计量是不确定的，并且不是所有的脂肪氧合酶都具有相等的类胡萝卜素漂白活性。Williams 等开发了一种测定脂肪氧合酶的半定量单点测试法，这种方法是在亚油酸过氧化氢产物存在的条件下，将 I^- 氧化成 I_2，然后再通过碘淀粉复合物方法检测生成的 I_2 的方法[12]。

26.3.2.3 磷酸酶测定

碱性磷酸酶是存在于生乳中热稳定性相对较好的酶。在牛乳中它的热稳定性高于不形成孢子的病原体微生物。磷酸酶分析法已应用于乳制品生成中，该方法可以用于确定乳制品是否经过合适的巴氏杀菌处理，同时也可以检测巴氏杀菌牛乳中是否添加了生乳。常见的磷酸酶测定方法是基于其催化水解磷酸苯二钠释放出苯酚的去磷酸化反应[15]。生成的产物苯酚能够与(2,6 - 二氯醌氯酰亚胺 CQC)反应形成蓝色靛酚，利用正丁醇萃取靛酚，然后在 650nm 处通过比色方法测定苯酚的生成量。这是一个通过物理方法分离产物，以便于准确测量酶反应的例子。近年来，一种快速的用于碱性磷酸酶测定的荧光测定法被研发出来并商品化。这种方法可以直接检测生成的荧光物质的产生速率，而不需要以磷酸单苯酯作为底物，再经正丁醇萃取靛酚来测定[16]。与标准的单磷酸苯酯作为底物的测定方法相比，荧光测定法具有更好的重复性，并且灵敏度更高，能够检测出添加了 0.05% 生乳的巴氏杀菌乳样品。类似的化学反应原理已被用于测定肉类中的酸性磷酸酶活性，通过测定终点温度时该酶的活性，从而判断烹饪是否充分[17]。

26.3.2.4 α - 淀粉酶活性

麦芽中的淀粉酶活性是一个关键的质量参数。麦芽中的淀粉酶活性通常被称为糖化能力，也就是 α - 淀粉酶和 β - 淀粉酶水解淀粉产生还原糖的能力。糖化力的测定包括用麦芽浸出物(提取物)消化可溶性淀粉，然后通过费林试剂或铁氰化物测定还原糖的增加量。如果,具体到测定麦芽中的 α - 淀粉酶活性(通常称为糊精活性),则更为复杂。它是使用极限糊精作为底物进行测定的。极限糊精是通过不具有 α - 淀粉酶活性的 β - 淀粉酶酶解可溶性淀粉制备而成的。β - 淀粉酶作用于淀粉分子的非还原末端释放出麦芽糖单元,直到遇到 α - 1,6 - 分支点为止。所得产物 β - 极限糊精是内切型 α - 淀粉酶的作用底物。在预先准备好的极限糊精底物中加入麦芽浸出液,定时取出等分样品加入稀碘溶液。在过量的用于制备极限糊精 β - 淀粉酶存在的条件下,通过淀粉 - 碘复合物颜色的变化来测定 α - 淀粉酶活性。产生的颜色在比较器上与一个色盘进行比较,该过程持续进行,直到产生的颜色有与比较器上的颜色相匹配的为止。达到这个颜色所需要的时间即为糊精化时间,即 α - 淀粉酶的活性大小,时间越短代表 α - 淀粉酶活性越高。

由于 α - 淀粉酶是一种内切酶,当其作用于淀粉糊时,淀粉糊的黏度会显著降低,进而极大地影响了面粉的质量。因此,α - 淀粉酶活性对于全麦品质有非凡的重要性。通常小麦中含有少量的 α - 淀粉酶活性,但当小麦在田地中受潮时,小麦可能会发芽(催芽),从而导致 α - 淀粉酶活性显著增加。收获前小麦是否已开始发芽很难通过肉眼观察到,但是由于 α - 淀粉酶活性在发芽小麦中会有显著变化,因此使用 α - 淀粉酶活性的测定能够灵敏的判断小麦是否已经发芽。小麦粉与水一起加热形成的糊状物的黏度可以采用降落值法计算,黏度大小以柱塞通过糊状物所需要的时间来表示[18-19]。因此,以秒为衡量单位的降落时间(降落值)与 α - 淀粉酶活性以及发芽程度成反比。快速黏度分析仪(RVA)可以看作是降落值法的改进版本。将样品置于温度连续升高的 RVA 中,并检测在测定时间内黏度的降低情况。20min 后测定的黏度可以作为 α - 淀粉酶活性的良好指标。该方法是一个很好的利用底物物理性质变化作为酶活力评估的例子。

26.3.2.5　凝乳酶活性

凝乳酶,牛胃的一种提取物,可作为乳酪生产中的凝固剂。大多数凝乳酶活性测定都是基于其凝固牛乳的能力。例如,将 12% 的脱脂乳粉溶解在 10mmol/L 氯化钙溶液中,并加热至 35℃,然后分别加入等量的凝乳酶制剂,并通过肉眼观察牛乳凝块的时间。通过标准的凝乳酶来计算该制剂的凝乳活性。与凝乳能力相反,凝乳酶制剂还可以通过其水解偶氮酪蛋白(共价连接染料的酪蛋白)释放染料的能力来评估其蛋白酶的水解活性。在该分析中,凝乳酶制剂与 1% 的偶氮酪蛋白一起被温育,反应一定时间后,加入三氯乙酸沉淀未水解的蛋白质和酶制剂从而终止反应。凝乳酶水解产生的彩色偶氮酪蛋白小片段留在溶液中,然后在 345nm 处测定其吸光值[20-21]。这种分析方法是基于酶裂解底物,从而使底物的溶解度增加的原理测定的。

26.3.2.6　果胶甲酯酶活性

果胶甲酯酶(PME)存在于柑橘和其他水果中,因其能够降解果胶的甲氧基产生甲醇和质子,会引起不良的果汁团状沉淀现象,所以其对柑橘果汁有特别的重要性。事实上,柑橘汁的热处理程度不是由微生物的杀灭而是由 PME 的失活界定的。该酶的活性是利用 NaOH 滴定法进行测定的,该方法具体为在初始 pH 为 7.7 的高甲氧基果胶和果胶甲酯酶的混合溶液中添加 0.1mL 0.05nmol/L 的 NaOH 溶液,然后观察溶液 pH 恢复到初始 pH 所需要的时间。由于在反应中释放质子,果胶溶液的 pH 会下降,这是该方法测定的原理,但是在测定过程中由于 pH 会发生变化,酶的活性也受到影响,因此,使用该方法测定时,溶液中 pH 与 pH 为 7.7 的偏差应该很小。酶活力定义为每单位质量的样品中单位时间内相当于 NaOH 的毫克当量[22]。

26.3.3　生物传感器和固定化酶

目前,使用固定化酶作为分析工具受到了越来越多的重视。固定化酶与传感器装置结合是生物传感器的一个例子。生物传感器是耦合生物传感元件(如酶、抗体等)和一个合适的传导元件(如光学的、电化学的等)组成的装置。最为广泛使用的酶电极是葡萄糖电极,该电极耦合了葡萄糖氧化酶与氧电极结合或能够检测过氧化氢的电化学检测器结合,以此来测定葡萄糖浓度[23-26]。当将葡萄糖电极放入到葡萄糖溶液中时,葡萄糖扩散到电极膜中,电极膜上的葡萄糖氧化酶能够将葡萄糖转化生成葡萄糖酸内酯。这个过程需要消耗氧气,同时产生过氧化氢。可以通过消耗的氧气或是生成的过氧化氢的量来计算葡萄糖浓度。用于分析测定乳酸、乙醇、蔗糖、乳糖和谷氨酸盐的类似电极也已经商品化。在这些传感器中,有一些是多酶复合固定化。例如,用于分析蔗糖的电极膜上面同时固定化有转化酶、差向异构酶和葡萄糖氧化酶三种酶。大量其他用途的酶电极也已经被报道,如固定化甘油脱氢酶的甘油传感器已被应用于葡萄酒中甘油的测定[27];用铂电极检测酶产生的 NADH。目前,酶生物传感器最大的不足在于其使用寿命短,这主要是由于大部分电极中固定化的氧化酶稳定性相对差的原因[28]。表 26.3 所示为本节中所涉及的底物分析。

26.4　总结

由于酶的专一性和灵敏性,它们对于定量酶底物、激活剂或抑制剂等化合物是非常有价值的分析工具。在酶催化反应中,酶和底物在特定条件(pH、温度、离子强度、底物浓度和酶浓度)下混合。这些条件的变化可以影响到酶的反应速率,从而会影响到分析的结果。在酶反应中,可通过测量产物的生成量或底物的消耗量来分析酶催化反应情况。随着更多酶被纯化并商品化,关于酶分析的应用也会增多。在某些情况下,基因扩增技术可以使那些无法通过传统手段从自然界中获得充足的酶变得越来越容易获得,从而能更好地应用于分析中。酶活性的测定在评价食品质量以及加热处理如巴氏杀菌和烫漂等过程是否充分程度的指标是非常有效的。在未来,随着在线过程控制(使效益最大化并推动质量发展)在食品工业中变得越发关键,固定化酶传感器和微处理器等技术将可能发挥关键的作用。

26.5　思考题

(1)米氏方程(Michaelis - Menten)从数学层面定义了酶介导反应中有关反应速率于底

物浓度之间的双曲线关系。这个方程的双倒数形式则展示了 Lineweaver – Burk 公式及如下所示的直线关系：

$$\frac{1}{v_0} = \frac{K_M}{V_{max}} \frac{1}{[S]} + \frac{1}{V_{max}}$$ [26.8]

请回答下列问题：

①定义在 Lineweaver – Burk 公式中涉及到的 v_0、K_M、V_{max} 和 [S]：

v_0

K_M

V_{max}

[S]

②根据 Lineweaver – Burk 公式的组成，在图上分别标出 y 轴、x 轴、斜率和 y 轴截距。

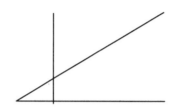

③在控制和影响酶反应速率的因素中，哪个会影响 K_M 和 V_{max}？

K_M

V_{max}

(2)从化学原理角度解释为什么极端的 pH 和温度会使酶催化反应速率降低？

(3)说明竞争性、非竞争性和反竞争性酶抑制剂之间的差异。

(4)如果你研究的食品中含有特定的酶抑制剂，请解释如何定量食物提取物中存在的酶抑制剂(I)的含量。问题中的抑制剂(I)是可以通过商业渠道从化学试剂公司购买到纯品。已知该抑制剂可以与酶 E 特异结合，而该酶则能够使底物 S 反应生产可以通过风光光度计定量的产物 P。

(5)在酶催化反应中可通过哪些方法定量酶活性？

(6)什么是偶联反应，以及使用偶联反应测定酶活性的注意事项是什么？并实例说明通过偶联反应测定酶活力。

(7)请解释为检测苹果酸是否掺假，如何通过酶法来测定 D – 苹果酸？

(8)为什么在蔬菜加工过程中会定量过氧化氢酶？

(9)解释乳制品行业中检测磷酸酶活性的目的，并解释其在乳制品行业中应用原理？

(10)降落法的降落值往往是谷类产品加工中一项质量控制检验。那么请解释一下什么是降落法？它能提供什么信息？还可通过哪些其他方法分析该质量因素？

(11)解释如何通过特定的固定化酶定量测定葡萄糖。

参考文献

1. Cavalieri RP Reyes-De-Corcuera JI (2005) Kinetics of chemical reactions in foods, In Barbosa-Canovas GV (ed) Food Engineering. Encyclopedia of Life Support Systems. UNESCO Publishing, Paris, pp 215 – 239

2. Powers JR, Whitaker JR (1977) Effect of several experimental parameters on combination of red kidney bean (*Phaseolus vulgaris*) α-amylase inhibitor with porcine pancreatic α-amylase. J Food Biochem 1:239

3. Whitaker JR (1985) Analytical uses of enzymes. In: Gruenwedel D, Whitaker JR (eds) Food Analysis. Principles and Techniques, vol 3, Biological Techniques, Marcel Dekker, New York, pp 297 – 377

4. Eisemenger MJ, Reyes-De-Corcuera JI (2009) Enzyme Microb Technol 45:331

5. Bernfeld P (1955) Amylases, α and β. Methods Enzymol 1:149

6. Boehringer-Mannheim (1987) Methods of Biochemical Analysis and Food Analysis. Boehringer Mannheim Gmb H Mannheim, W. Germany

7. Bergmeyer HU (1983) Methods of Enzymatic Analysis. Academic Press, New York

8. Beutler H (1984) A new enzymatic method for determination of sulphite in food. Food Chem 15:157

9. Raabo E, Terkildsen TC (1960) On the enzyme determination of blood glucose. Scand J Clin Lab Inves 12:402

10. Beutler H, Wurst B (1990) A new method for the enzymatic determination of D-malic acid in foodstuffs. Part I: Principles of the Enzymatic Reaction. Deutsche Lebensmittel-Rundschau 86:341

11. USDA (1975) Enzyme inactivation tests (frozen vegetables). Technical inspection procedures for the use of USDA inspectors. Agricultural Marketing Service, U. S. Department of Agriculture, Washington, DC

12. Williams DC, Lim MH, Chen AO, Pangborn RM, Whitaker JR (1986) Blanching of vegetables for freezing—Which indicator enzyme to use. Food Technol 40 (6):130

13. Surrey K (1964) Spectrophotometric method for determination of lipoxidase activity. Plant Physiology 39:65

14. Zhang Q, Cavalieri RP, Powers JR, Wu J (1991) Measurement of lipoxygenase activity in homogenized green bean tissue. J Food Sci 56:719

15. Murthy GK, Kleyn DH, Richardson T, Rocco RM (1992) Phosphatase methods. In: Richardson GH (ed) Standard methods for the examination of dairy products, 16th edn. American Public Health Association, Washington, DC, p 413

16. Rocco R (1990) Fluorometric determination of alkaline phosphatase in fluid dairy products: Collaborative study. J Assoc Off Anal Chem 73:842

17. Davis CE (1998) Fluorometric determination of acid phosphatase in cooked, boneless, nonbreaded broiler breast and thigh meat. J AOAC Int 81:887

18. Delwiche SR, Vinyard BT, Bettge AD (2015) Repeatability precision of the falling number procedure under standard and modified methodologies. Cereal Chem. 92 (2):177

19. AACC International (2010) Approved methods of analysis, 11th edn. (On-line), American Association of Cereal Chemists, St. Paul, MN

20. Christen, GL, and Marshall, R. T. 1984. Selected properties of lipase and protease of pseudomonas fluorescens 27 produced in 4 media. Journal of Dairy Science, 67:1980

21. Kim, SM, Zayas, JF. 1991. Comparative quality characteristics of chymosin extracts obtained by ultrasound treatment. Journal of Food Science 56:406

22. Shimizu Y, Morita K (1990) Microhole assay electrode as a glucose sensor. Anal Chem 62:1498

23. Kimball (1996) Citrus Processing, a Complete Guide. 2nd ed. Aspen Publishers, Inc. Gaithersburg, MD, p 259 – 263

24. Reyes-De-Corcuera JI, Cavalieri RP (2003) Biosensors. In: Encyclopedia of agricultural, food, and biological engineering, p 119 – 123

25. Guilbault GG, Lubrano GJ (1972) Enzyme electrode for glucose. Anal

26. Borisov SM, Wolbeis OS (2009) Optical biosensors. Chem Rev 108:423

27. Matsumoto K (1990) Simultaneous determination of multicomponent in food by amperometric FIA with immobilized enzyme reactions in a parallel configuration. In: Schmid RD (ed) Flow injection analysis (FIA) based on enzymes or antibodies, GBF monographs, vol 14, VCH Publishers, New York, pp 193 – 204

28. Reyes-De-Corcuera JI (2016) Electrochemical Biosensors in In: Encyclopedia of agricultural, food, and biological engineering, 2nd edition. [http. www. Dekker. com] (on-lineversion only)

27 免疫分析学

Y. -H. Peggy Hsieh, Q. Rao

27.1 引言

　　免疫学是近几十年里发展起来的相对新的学科。免疫分析学是与这个新学科有关的最实用的分析方法。免疫分析学最初发展于医学领域,用以促进免疫学的研究,尤其是抗原 – 抗体的相互作用。由于它适用于微生物、微小的有机分子以及蛋白质等分析物,除了医学领域外,免疫分析学已广泛的应用于其他领域。在食品分析领域,免疫分析学广泛应用于化学污染物分析、细菌和病毒的识别以及食品和农产品中蛋白质的检测。蛋白质检测对过敏原和肉类物质含量的检测、海产品种类的鉴定和转基因植物的检测都很重要。然而,免疫分析学的检测方法众多,在本章难以涵盖完全,接下来简单介绍一些常规的检测方法。由于它们专一、灵敏、简便,这几种检测方法已经成为食品分析的标准(图27.1)。

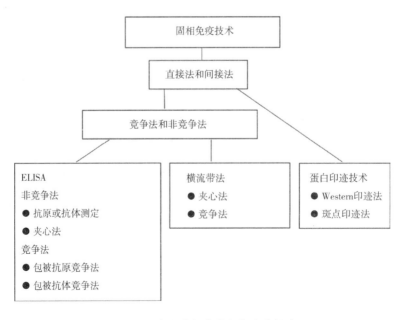

图27.1　食品分析中常用免疫分析法

27.1.1　定义

　　免疫分析学是基于抗体和特定靶抗原的特异性、高亲和力结合的分析技术。为了充分地了解免疫分析学,需要定义一些专业术语。免疫分析学两个重要的部分是抗原和抗体。在免疫分析中,抗原和抗体分别被用做靶分子或捕获分子。换言之,即特定抗原用于捕获其特定的抗体,或者特定抗体用于捕获样品中的靶抗原。抗原就是引起抗体产生并与其结合的微粒。抗体是动物合成的来抵抗抗原的免疫球蛋白(Ig)。受抗原诱发,活化的 B 细胞分泌抗体,并与抗原特异性结合。一般来说,哺乳动物的免疫系统会将大于 5000u 的分子(分子质量的单位缩写为 u)识别为抗原。因此,绝大部分蛋白质大分子物质具有诱导人体及动物体内产生抗体的能力。然而,在食品分析中的许多分子并不会像蛋白质那么大,而是例如毒素、抗生素或农药这样的小分子物质。当免疫动物摄入小分子时,它们并不会产生相应的抗体。为了诱导特定抗体去识别并结合目标小分子,需要将这些小分子或小分子的一些适当衍生物共价连接到较大的载体分子上。半抗原是指一些在被用作免疫原诱导抗体之前必须与载体蛋白连接的小分子。这些载体蛋白连接的半抗原被称为偶联抗原。半抗原会和相应的抗体特异性结合但没有免疫原性。载体蛋白一般为与样品蛋白不同的可溶性蛋白,且不会刺激免疫动物发生免疫反应。典型的载体蛋白包括不同物种的白蛋白,例如,从甲壳类动物获得的牛血清白蛋白和血蓝蛋白。当用偶联抗原刺激免疫动物时,免疫系统产生抗体不仅与外部连接的半抗原结合,而且与半抗原共价连接的载体蛋白暴露部位紧密结合。

　　根据重链结构的不同,抗体主要分为五种类型,分别为 IgA、IgE、IgG、IgM 和 IgD。动物血液中含有微量的 IgA 和 IgD。IgA 主要存在于分泌黏液,是参与黏膜免疫的主要抗体;IgD 的确切功能尚不清楚;IgM 是分子质量最大的抗体,并且被认为是 IgG 的前体物质;IgE 仅与动物和人体体内的免疫反应相关;在上述五种抗体中,IgG 在血液中含量最高,是食品免疫分析中最重要的一种抗体。由于在任何免疫分析中,抗体和抗原都是核心,更好的了解抗体的基础结构和它绑定抗原的方式是非常有用的。图 27.2 所示为抗体 IgG 的模拟图。IgG 是一个由四条二硫键连接的多肽链组成的 Y 型分子。其中两条完全相同的多肽链大约是另两条相同肽链的两倍大。根据他们的相对大小,前者被称为重链,后者称为轻链。IgG 抗体大约是一个 150000u 的超大蛋白质。抗原结合在两个由重链和轻链末端部分(N 末端)结合形成的两个完全相同的抗原结合位点,位于 Y 型顶部。这两个能够与抗原结合的片段被称为 Fab(抗原结合片段)。第三个片段没有与抗原结合的能力,由于它能够形成结晶,被称为 Fc(可结晶片段)不同的抗体产生于不同的 B 细胞,在结合位点附近的重链和轻链具有一些容易变化的氨基酸序列。这导致不同抗体有相当多种类的结合位点。例如,一只老鼠有 $10^7 \sim 10^8$ 个不同的抗体(至少会有这么多种的 B 细胞),每个抗体都有特定的结合位点。剩余的抗体(远离结合位点)都是一致的,而且重链上该区域的微小变化会导致不同的抗体种类。

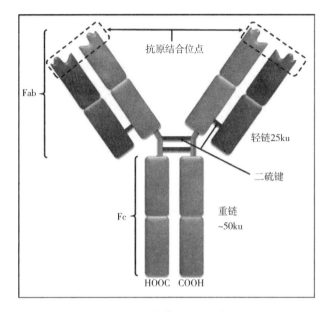

图 27.2　抗体(IgG)结构

27.1.2　抗原抗体反应

　　抗体对其相应的抗原具有非常强的亲和力。这些亲和力是分子之间已知的最强非共价相互作用之一。抗体和抗原之间的结合强度(亲和性)是影响免疫分析灵敏度的重要因素之一。抗体结合在抗原分子表面的特定区域。这个能够结合单个抗体的特定区域被称为表位。一个抗原可以形成两种类型的表位。线性表位由连续的氨基酸残基序列组成,构象表位由不连续的氨基酸序列组成,与抗原表面相邻或重叠的肽链十分接近(图 27.3)。如

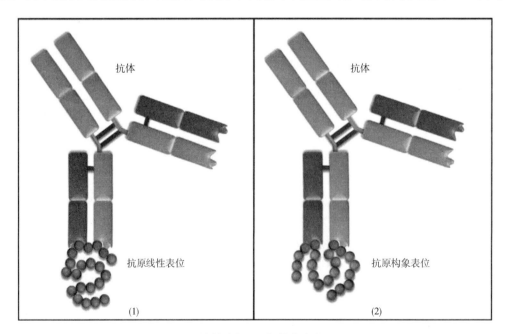

图 27.3　线性表位(1)与构象表位(2)

果抗原的三维构象在一些环境条件下发生变化,例如,加热、pH 的变化,会破坏构象表位,这意味着抗原不能和抗体结合。此外,抗体与抗原的结合并不包括共价结合,而是与促进蛋白质三级结构形成的相互作用相同。这些相互作用包括氢键作用,静电作用、疏水作用和范德华力。尽管范德华力最弱,却通常是最重要的因素,因为当原子之间距离很近的时候(0.3~0.4nm),每个原子都能促进抗原-抗体的结合。这个对近距离的要求也是为什么抗原抗体的结合被认为像锁和钥匙结合的相互关系,抗体结合位点和抗原决定簇互为镜像互补。

27.1.3　抗体的选择

在免疫分析中主要的变量就是使用的抗体类型。当使用动物的血清抗体时,有很多不同的抗体结合在不同的抗原决定簇(表位)上。这些抗体的被称为多克隆抗体。科学家已经知道单个 B 细胞能产生只有一个结合位点的抗体,但是无法在动物体外培养 B 细胞。然而,在 1975 年,Köhler 和 Milstein[1] 成功地用 B 细胞融合癌细胞或骨髓瘤细胞。新的融合细胞或者说杂交瘤细胞保留了两个母体细胞的特性。它能够像癌细胞一样在体外培养,也可以像 B 细胞一样产生抗体。杂交瘤细胞可以克隆和单独培育以产生有不同表位的抗体。由这种方式产生的抗体被称为单克隆抗体。一种杂交瘤细胞产生的单克隆抗体在各方面都是一样的,并且只能在一种结合位点结合抗原,即单个表位结合;因此,它们可以在免疫分析作为标准试剂。此外,通过这种程序,杂交瘤细胞无限增殖,而且在适当的培养下能够产生所需的足够多的抗体。科学界很快就意识到单克隆抗体的巨大优势,因此 Köhler 和 Milstein 在 1984 年被授予诺贝尔奖。然而最初,单克隆抗体的生产非常昂贵,不太可能无限生产相同的抗体,所以通常从非动物资源上获取,例如,在细胞生长室大规模生产杂交瘤细胞。这对免疫分析生产商来说,相比最初的花费已减少很多。有关抗体生产和表征的详细步骤可以参考 Howard 和 Bethell 的著作[2]。

27.2　原理

目前,基于抗原抗体高度特异性亲和的性质,已经建立多种类型的免疫分析法,主要分为两大类:①利用抗体检测样品中的待测抗原;②利用抗原检测样品中的待测抗体。

所有免疫分析法的本质都是检测抗原-抗体反应。最简单的,抗体可以与待测抗原结合形成肉眼可见的沉淀。因为所有抗体都具有至少两个相同的结合位点,可以结合两个相同的抗原决定簇(表位)。如果抗原的其他抗原决定簇与其他抗体结合,则会形成较大的不溶于水的网状结构,即为沉淀。免疫沉淀法包括免疫扩散和凝集两种技术,采用该方法,可利用抗血清对蛋白质和细胞进行检测,免疫沉淀法是早期免疫分析学发展的基础。但是,该方法仅适用于检测具有多个抗原决定簇的抗原。

为了检测样品溶液中抗原-抗体复合物的数量,所有的免疫分析法都需要满足两个要求。第一,必须分离或区分游离抗原和包被抗原。第二,抗原抗体复合物必须在很低浓度就可以检测,以保证最大限度的灵敏度。很低浓度的检测要求非常敏感的标记。首个成功地免疫分析流程是 Yalow 和 Berson[3] 在 1960 年开发的。这个过程使用了放射性元素 I^{131},

一个半衰期仅有 8d 的强烈放射性元素,作为抗原 – 抗体复合物的标记物。这种迅速的放射性衰退满足了免疫分析法的第二个要求,即在低浓度下检测。Yalow 和 Berson 使用纸色谱电泳分离抗原抗体复合物和游离抗原,满足了免疫分析法的第一个要求。虽然免疫分析学的分离检测技术不断发展,但是放射性碘标记技术被保留下来,并且这种分析方法被称作放射免疫分析(RIA) 。

在疏水固相表面结合蛋白质是分离结合分子和游离分子的方法之一。蛋白质有许多大区域,这些区域包括不暴露在水中的疏水群。这些非极性疏水群包含烃和芳香族化合物,这些化合物只和相似的化合物作用,而不和像水一样的极性分子作用。在有水的条件下,这些区域将会在范德华力的作用下结合到除水以外的其他疏水面上。通常在分析中引入木炭、硝酸纤维素和塑料作为固相载体。在免疫分析中最常采用的是由塑料如聚苯乙烯或聚乙烯制成的微孔板。这些微孔板通常被设计分为 96 个独立的孔,每个孔的最大容量为 $300\mu L$,如图 27.4(1)所示。为了区分这些孔,行标记为 A ~ H,列编号为 1 ~ 12。蛋白质通过疏水作用随机地结合到这些孔的底部和侧面。其他常用于免疫分析的其固体载体包括小塑料瓶、磁珠、硝酸纤维素或聚偏二氟乙烯(PVDF)膜或条。

27.3 固相免疫分析技术

27.3.1 概述

每种免疫分析方法的建立都是基于信号的放大,这是提高检测灵敏度的重点。固相分析法利用固相载体对游离物质进行分离,此外,标记抗体或抗原对样品中待测抗原或待测抗体的检测至关重要。例如,标记抗体可用于检测复杂食品样品中的目标抗原。固相免疫分析中,已有多种标记物得以发明和应用,例如,放射性同位素、荧光染料、酶、生物素和纳米金颗粒。标记物的选择对免疫分析方法的研究和不同样品体系中抗体的检测都有很大的帮助,例如,在显微镜下观察组织或在免疫分析中使用电泳技术分离蛋白质。

虽然 RIA 优点众多,但由于考虑到放射性元素的危险,实验室需要专门的设备。直到发现了酶标记物,免疫分析法才得以发展为研究领域的常用方法。所有使用酶标记物检测抗原 – 抗体复合物的免疫分析法统称为酶联免疫法。1971 年,Engvall 和 Perlmann[4]首次建立了一种酶联免疫法,他们称之为酶联免疫吸附测定法(ELISA) 。ELISA 需要将可溶性抗原或抗体结合在固相载体表面,96 孔塑料微孔板是最常用的固相载体。通过简单的洗涤孔板可以对结合的和未结合的物质进行分离。疏水性塑料微孔板常用于固定免疫蛋白和分离游离物质。除了塑料微孔板,已有其他的固相载体广泛应用于类似的免疫分析法。例如斑点印迹法、Western 印迹法和最新的使用硝酸纤维素或聚偏二氟乙烯(PVDF)膜的横流带法。这些研究使免疫分析法广泛应用于许多领域。

27.3.2 ELISA

27.3.2.1 概述

因免疫酶技术,特别是 ELISA 已经成为食品免疫分析中应用最广泛的方法,所以下面将以 ELISA 为例,介绍多种 ELISA 法的原理和步骤。

ELISA 法通过酶催化底物反应产生有颜色的可溶性物质,从而检测产生信号。样品中抗原蛋白的量与免疫分析中产生的有色物质直接相关。用于免疫酶技术测定的酶要求性质稳定、易与抗体或抗原连接,可短时间内作用于简单底物产生明显颜色变化。辣根过氧化物酶和碱性磷酸酶是免疫测定中最常用的两种酶,β – 半乳糖苷酶、葡萄糖氧化酶和葡萄糖 – 6 – 磷酸脱氢酶也常用于 ELISA 检测。单个酶分子可作用于多个底物分子转化为可检测的有色产物,放大了由检测产生的信号,从而提高了检测灵敏度。但是由于酶标记的试剂不均匀、酶反应速率难以测定,免疫酶技术实现定量检测仍存在一定困难。

ELISA 实验只需要极少的实验室设备,主要包括酶标仪。酶标仪指用于定量检测酶作用底物引起颜色变化的分光光度计,如图 27.4(2)所示,用于定性或半定量地检测酶作用底物产生的颜色变化,使得化学信号可视化。虽然市面上已经出现自动微孔板清洗机用于洗板操作,但是为了节省成本大多数实验室仍然选择手动洗板。

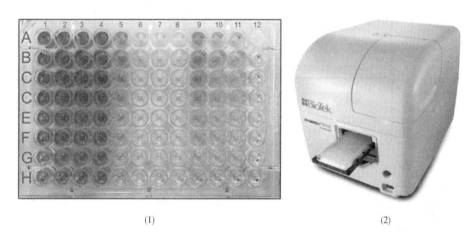

(1)　　　　　　　　　　　　　(2)

图 27.4　用于 ELISA 的 96 孔塑料微孔板(1)与酶标仪(2)

ELISA 主要包括以下步骤:

①将抗原(或抗体)包被在 96 孔板上。

②用封闭缓冲液(如牛血清蛋白溶液)非特异性封闭未包被抗原(或抗体)的位点,从而减少非特异性反应、防止包被抗原(或抗体)表面变性。

③在特定温度下用免疫试剂孵育一定时间使得待测抗原(或抗体)与包被的抗体(或抗原)充分反应。

④洗涤未结合的抗原(或抗体)。

⑤酶标仪检测产生的颜色变化。

具体实验步骤随 ELISA 类型的变化稍有差异。实验应设置相应的阴性对照和阳性对照,食物提取物中的某些成分可能会竞争性地与抗原(或抗体)结合影响实验结果。这样可以排除非特异性显色及假阳性等,从而确保实验的可信度。

27.3.2.2　直接法和间接法

免疫分析信号的检测方法分为直接法和间接法。在直接法中,将纯化的待测抗原(或抗体)与相应的标记抗体(或抗原)连接,然后对抗原－抗体复合物的含量进行测定,如图27.5(1)所示。因此,标记免疫物质的纯度和特异性非常重要。相反,在间接法中,与待测物结合的免疫物质可以购买获得。通过检测标记二抗－抗体的含量,来间接检测抗原－抗体复合物的含量,如图27.5(2)所示。尽管多加了这一步骤,但间接法也有很多优点。间接法需要较少的免疫物质,而且,多种标记分子都适用于间接法,它使得信号增强,灵敏度提高。直接法常用于待测物准确定量分析,而间接法则常用于大多数固相免疫分析。

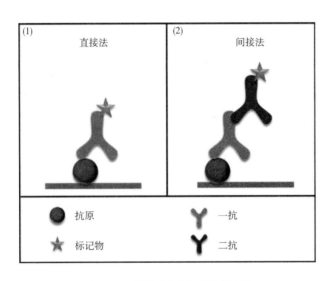

图27.5　直接法(1)与间接法(2)

图27.6描述了一种简单的检测抗体的间接ELISA法。该方法常用在抗体制备的早期阶段,以检测抗血清或筛选杂交瘤细胞上清液,以筛选出目标抗体。一抗是指能够特异性结合抗原的抗体。理论上,直接ELISA和间接ELISA都可以检测抗体,但是由于目标物是一抗,在生物体液中的含量极低,很难获得足够的一抗用于标记酶。因此,抗体检测通常采用间接ELISA。将可溶性抗原吸附(包被)在孔板上进行孵育、封闭,然后将抗血清或杂交瘤细胞上清液的稀释液加入孔中并孵育,使得其中的一抗与包被抗原结合反应。洗涤、去除未结合的一抗后,再加入可与一抗恒定区结合的酶标二抗,以检测抗原－抗体复合物的含量。再一次孵育、洗涤,然后加入底物液进行反应,产生有色物质。其颜色的深浅与样品中目标抗体的量呈正相关。

间接ELISA中使用的二抗只能结合一抗而不具有结合抗原的能力,因此,酶标二抗不会对抗原与一抗的结合反应产生干扰。由于抗体是蛋白质,它们可以作为另一种动物的抗原。例如,注射入山羊的兔抗体可以刺激山羊的免疫系统,产生与兔抗体结合的山羊抗体。以这种方式,可以产生山羊抗兔抗体以结合在兔子中产生的任何抗体。这些二抗有许多优点。例如,当采用间接ELISA检测抗体时(图27.6),不需要用酶标记一抗,避免了一抗因化学修饰而造成的活性损失。洗涤、去除未结合的一抗后,加入酶标记的山羊抗兔抗体,以检测兔血清中产生的,并与孔板上包被抗原结合的一抗。虽然增加了一个步骤,但也有许多

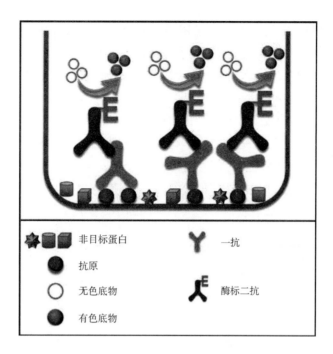

图 27.6 非竞争间接 ELISA

优点。首先,所有类型的二抗已经商业化。另外,这些抗体一般伴随着很多标记,如不同的酶、放射性同位素或荧光物质。由于抗体是非常大的蛋白质,因此它具有许多位点结合标记的二抗。这样增大了每个抗体的标记数量,增强了检测抗体的能力,由于用了更少的一抗,竞争免疫分析法的灵敏性增加了。因此,间接法应用于大多数检测。

27.3.2.3 非竞争和竞争免疫分析法

非竞争免疫分析法常用于食品样品中蛋白质等大分子的检测。竞争免疫分析法具有竞争性,常用于小分子物质的检测。非竞争和竞争免疫分析法均分为直接法和间接法。本章节中将以 ELISA 法举例说明非竞争和竞争免疫分析法的区别。通常情况下,非竞争 ELISA 中,样品的显色程度与其所含抗原数量呈正相关,如图 27.7(1)所示。而所有竞争 ELISA 中,样品的显色程度与其所含抗原数量呈负相关[图 27.7(2)]。

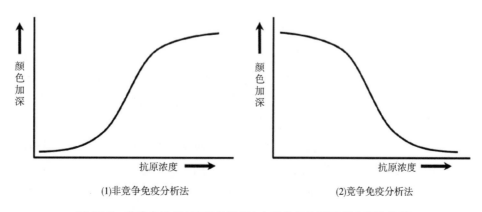

图 27.7 非竞争法(1)和竞争法(2)中发色与抗原浓度之间的关系

食品分析(第五版)

（1）非竞争 ELISA　非竞争 ELISA 是用酶标记目标抗原或抗体作为显色物质,从而对固相载体抗原–抗体复合物的数量进行检测。因此,产物颜色的深浅与目标蛋白质的含量呈正相关,若样品中没有目标蛋白质,则不产生有色物质,若样品中目标蛋白质含量较高,则有色物质颜色很深。这种类型的 ELISA 通常用于检测食品样品中的蛋白质,因为蛋白质分子足够大,其表面能够连接一种或多种抗体或酶。

抗体夹心法("三明治"法)是常用的非竞争免疫分析法中的一种。图 27.8(1)和(2)分别描述了夹心 ELISA 法中的直接法和间接法。夹心法模型中的"夹心"是目标抗原。在食品分析中,此方法可应用于蛋白质掺假的鉴定,例如牛肉制品中添加猪肉蛋白,或者检测花生蛋白中的蛋白质过敏原,或者检测引起人们腹泻的小麦蛋白。

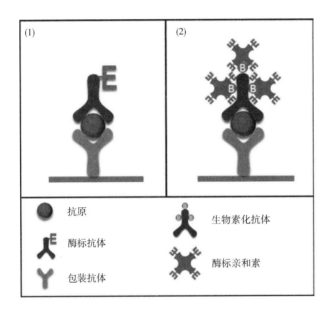

抗原

酶标抗体

包装抗体

生物素化抗体

酶标亲和素

图 27.8　直接(1)与间接(2)夹心 ELISA 法

一般地,抗体与抗原结合后被固定在一个疏水固相载体(塑料)上。用洗涤液洗涤或简单地通过封闭液洗去多余的抗体,可用于食品外源物质的检测。固定的抗体被称为包被抗体。被测食品样品中含有多种化合物可能与抗原作用一样。然而,抗体一般是通过专一的、纯化的蛋白抗原在一种动物体内引起免疫反应而制备得到的,在食物样品中也只有这种抗原会与包被抗体结合。抗原与抗体结合,其他的食品成分会被冲洗掉。在洗涤步骤之后,引入了另外一种酶标抗体,如图 27.8(1)所示。这种抗体被称为检测抗体,也能识别抗原,从而形成抗体–抗原–抗体复合物。洗去多余的检测抗体,然后加入无色的酶底物,如果酶存在,则会产生有色物质。只有检测抗体与抗原结合了,酶才会存在。产生的有色物质越多,颜色越深,抗原含量越高。也就是说,在最后一步产生的有色物质的量与食品样品中抗原的含量呈正相关。为了增强夹心免疫分析法的灵敏性,可以增加更多的抗体以结合抗原,或使用生物素和标记的链霉亲和素将更多的酶连接到检测抗体上。在后一种情况下,在间接夹心法中的检测抗体,如图 27.8(2)所示的连接生物素。抗体的生物素化操作简单而且几乎不影响抗体活性。然后加入酶标亲和素或链霉亲和素。酶标亲和素、链霉亲和素能与生物素特异性高亲和性结合,从而将更多酶标记在免疫物质上[图27.8(2)]。由于此种方法两种抗体检测一种抗原,所以具有灵敏度高、专一性强的特点。

夹心法最简单的方式:将多克隆抗体溶液分为两部分,一部分制成包被抗体,一部分与辣根过氧化酶结合成为检测抗体。也可以使用单克隆抗体,但是要考虑到一种类型的单克隆抗体只有一个识别位点,不能既为包被抗体又为检测抗体。另一方面,抗原必须有至少两个不同的抗原决定簇被不同的单克隆抗体识别。

(2)竞争免疫分析法　将免疫分析法用于小分子物质遇到的问题是,由于两种不同的抗原决定簇需要结合两种不同的抗体,夹心免疫分析法将不起作用,因为小分子物质只有一个抗原决定簇或一个抗原决定簇的一部分。解决这个问题的方法就是用竞争免疫分析法(图27.9)。竞争免疫分析法的第一步是需要固定小分子物质(通常是半抗原)或抗体。然后,样品中的游离抗原与半抗原竞争结合有限的特异性抗体。为了将半抗原结合在硝基纤维素或塑料表面,可先将其与结合在疏水表面的蛋白质交联。然而,将半抗原固定在塑料表面的蛋白质不同于免疫动物中与半抗原结合的载体蛋白,因为动物会产生载体蛋白的抗体,而竞争免疫分析法仅需要半抗原－特异性抗体。在所有竞争免疫分析法中,相对于对照(不包括小分子或分析物),样品的吸光度都会降低,因此通常用样品吸光度和对照吸光度的比值表示检测结果。对于竞争免疫分析法来说,将吸光度降低50%所需要的抑制物(目标抗原)的浓度(定义为IC_{50})很重要,因为这是与浓度变化相比反应变化最大的区域,这时的变异系数最低。

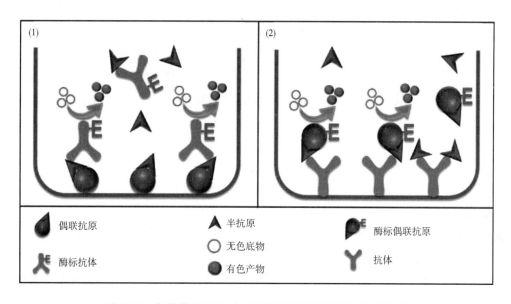

图27.9　包被半抗原(1)与包被抗体(2)直接竞争ELISA法

为了增加竞争性免疫测定的灵敏度,需要减少抗体的数量。这与提高夹心免疫分析法的灵敏度的方法是相反的。理论上,最灵敏的竞争免疫分析法是在包被抗体和包被半抗原之间选择,两者都用酶标记。因此,对于竞争免疫分析法,检测酶尤为重要。检测酶的灵敏度越高,竞争免疫分析法的灵敏度越高。以下介绍了两种竞争 ELISA 法。

①包被半抗原。在检测半抗原的竞争免疫分析法中[图 27.9(1)],首先通过疏水作用将与载体蛋白结合的半抗原(偶联抗原)固定在固相载体上,然后洗去未结合的物质。接下来,食品样品中的游离小分子抗原与包被半抗原竞争结合酶标抗体上的有限结合位点。食品样品中游离小分子与包被半抗原不完全相同,后者共价连结在蛋白质上。然而,如果设计合理,食品样品中的游离分子与包被半抗原具有相似的化学性质,几乎能竞争到相等数量的有限抗体结合位点。在随后的洗涤步骤中,仅保留结合在包被半抗原上抗体。食物样品中的小分子越多,与这些游离小分子结合的抗体就越多,未结合的抗体(及其附着的酶)将在洗涤过程中被洗掉。最后,加入酶底物并观察其显色程度以检测酶标抗体的含量。所以食品样品中的小分子或分析物与颜色深浅程度呈反比。

②包被抗体。竞争免疫分析法的另一种方式是将有限的抗体结合在固相载体上,在食品样品中的游离小分子与酶标抗原竞争包被抗体结合位点,如图 27.9(2)所示。一般认为,与第一种方式相比,第二种方式具有更高的灵敏度,尽管它可能需要更多的抗体。洗涤后加入酶底物显色,观察其显色程度以检测与抗体结合的酶标抗原的含量。在这种方式中,食品样品中的小分子或分析物与颜色深浅程度呈反比。

27.3.3 蛋白质印迹

27.3.3.1 Western 印迹法(Western Blot)

Western 印迹法是一种结合两种分析方法学的建立在实验室基础上的研究方法:聚丙烯酰胺凝胶电泳(PAGE)和免疫分析。Western 印迹法的第一部分是根据分子质量的大小通过聚丙烯酰胺凝胶电泳(PAGE)分离样品中的蛋白质。Western 印迹法的第二部分是通过免疫分析检测相应的抗原蛋白。通过两种技术的结合,不仅可以确定样品中是否存在目标蛋白,而且通过标记分子质量的大小还可以确定蛋白质的特性。典型 Western 印迹法是用酶标抗体作为检测试剂。如果样品中标记了放射性物质,则可以使用放射自显影技术来呈现放射性信号。抗体的使用决定了这种方法的特异性和灵敏度。高灵敏性的 Western 印迹法可以分析特定蛋白质的皮克数量。

在进行 PAGE 之前,通常将样品中加入含有还原剂(通常是巯基乙醇)和去污剂(例如,十二烷基硫酸钠)的缓冲溶液,煮沸,以打开蛋白质肽链。将经过处理的样品注入聚丙烯酰胺凝胶内,根据分子质量的大小通过电泳对样品进行分离。将分离的蛋白条带从聚丙烯酰胺凝胶转移到硝酸纤维素膜或聚偏二氟乙烯(PVDF)膜上,然后进行免疫分析。在封闭非特异性结合位点后,通过直接检测的方式,将该膜在含有酶标抗体的溶液中孵育。洗涤后去除膜表面未结合的酶标抗体,然后加入酶底物。目标蛋白与抗体结合,固定在膜上(图 27.10),在膜上形成一条彩带。为了避免在膜上形成不溶于水的有色物质,Western 印迹法与 ELISA 法使用的酶底物不同。样品中目标蛋白的含量由蛋白条带的宽度和颜色深浅来表示。目标蛋白的分子质量可以通过与已知分子质量的标准蛋白质的相对位置来估算。

鉴于 Western 印迹法步骤复杂,需要由实验室训练有素的实验人员完成。然而,Western

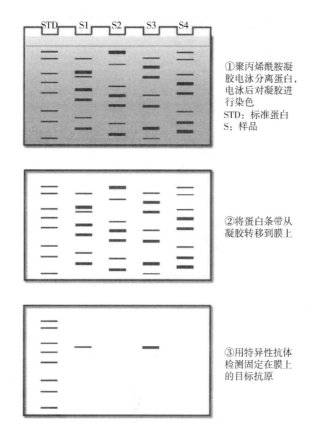

①聚丙烯酰胺凝
胶电泳分离蛋白,
电泳后对凝胶进
行染色
STD：标准蛋白
S：样品

②将蛋白条带从
凝胶转移到膜上

③用特异性抗体
检测固定在膜上
的目标抗原

图 27.10　Western 印迹法

印迹法在加工食品样品的分析中具有特殊的应用。在 Western 印迹过程中需要加入对变性蛋白(在 PAGE 样品制备的变性条件下产生)有活性和能结合目标抗原决定簇的抗体。使用抗体结合失活蛋白质和这种方法的高灵敏度及高特异性使 Western 印迹法成为在深度加工食品中适合检测一种特定的低浓度蛋白质存在的唯一方法。

27.3.3.2　斑点印迹法(Dot Blot)

斑点印迹法是简化的 Western 印迹法。斑点印迹法是将待检测样品直接点样到硝酸纤维素膜或 PVDF 膜上。与 Western 印迹法不同,斑点印迹法不需要电泳分离蛋白样品,目标蛋白能够直接与特异性抗体结合反应。斑点印迹法结合抗原可应用于食品样品中特定蛋白质的检测,步骤如(图 27.11)：

(1)将一滴待测样品直接滴于膜上。

(2)加入非目标蛋白的蛋白作为封闭液,以封闭转印膜上剩余的结合位点,避免非特异性反应。

(3)漂洗,加入一抗(间接法)或酶标一抗(直接法),孵育,使得样品点中的抗原与抗体结合反应。间接法分析中,还需要加入特异性酶标二抗。

(4)洗涤,加入底物液,观察显色结果,或用发光成像仪检测酶标记物和底物的反应强度。反应强度(即颜色)与样品中目标蛋白的含量呈正相关。

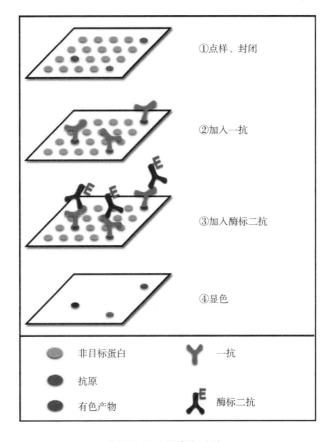

①点样、封闭

②加入一抗

③加入酶标二抗

④显色

非目标蛋白	一抗
抗原	酶标二抗
有色产物	

图 27.11　斑点印迹法

斑点印迹法无法分析抗原的分子质量,但是该方法可用于抗原的定性检测,进行大量样本的快速筛查,以探查食品样品中是否存在抗原。该方法也常用于评估抗体的质量、测试实验设计参数的合理性。

27.3.4　横流带法

27.3.4.1　概述

横流带法(LFS)是用来检测目标蛋白的含量是高于还是低于特定的最低限度的一种非常简单的免疫方法(图 27.12)。妊娠检测盒便是一种最常用的 LFS 方法。LFS 不需要通过洗涤去除未结合物质,因此通常在 10 ~ 20min 就能得到实验结果。LFS 操作简单,成本低,易使用,结果可靠,适合在实验室外,尤其是在供应和设备有限的现场检测中使用。

与其他免疫分析技术相似,LFS 方法通常用竞争法检测小分子物质,如毒素或化学残留物,用夹心法检测大分子物质。与酶免疫技术采用酶和底物反应产生有色物质不同,LFS 法用极小的球状染色部分(胶体金或有色乳胶)与抗体相连,形成阳性彩色信号。目标蛋白质从试样中的分离是通过固定在多空薄膜(通常是硝化纤维素膜)区域中捕获的抗体,之后试样通过毛细管作用通过抗体固定区域,试样中的目标蛋白便会与抗体结合。根据其样品迁移和分离的特点,LFS 也被称为免疫色谱法。

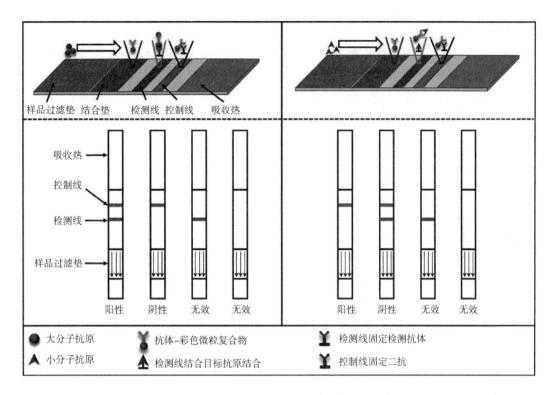

图 27.12　非竞争性横流带法和竞争性横流带法

27.3.4.2　步骤

　　典型的 LFS 夹心免疫分析学法,如图 27.12 所示,图中显示了试纸条的各个区域。将一个目标蛋白质的特异性抗体涂在一个非常小的(通常直径为 20 ~ 40nm)染色点(如胶体金或彩色乳胶)上。然后,将抗体包被的彩色微粒放置在多孔板上干燥。当液体样品经过微粒时,受到毛细管作用,它们能够随着试样的流动而在试纸条上移动。一张过滤纤维被放置在试纸条的前方,用来过滤样品液体中大的特殊物质。将另一个能够与目标蛋白质特异性结合的抗体固定在多孔硝化纤维素膜表面的测试线(区)上。控制区在测试区的下游,固定了一个可以结合多余抗体 – 彩色微粒复合物的二抗,以证明试验是否正常进行。一个吸收垫被放置在试纸条的末端,用以吸收试纸条上的其他试样。

　　LFS 同样适用于固体样品的检测。首先,应当将固体样品溶解或分散在液体溶液以提取目标蛋白质(抗原)。测试时,用测试区下部的试纸条末端接触样品溶液,毛细管作用会将样品溶液吸入试纸条。试样首先通过过滤纤维,目标蛋白会与抗体 – 彩色微粒复合物结合。然后,抗原 – 抗体彩色微粒复合物会被吸入膜中,并被固定在测试区的检测抗体捕获。彩色复合物被捕获后,会呈现一条彩色条带,同时,颜色的深浅通常与样品中抗原的数量有关。如果需要进行定量检测,可以使用其他设备对测试线颜色的深浅进行鉴定。若样品中不含目标蛋白质,则测试线无颜色显示。过量的抗体 – 彩色微粒复合物会在控制区形成彩色条带,证明试验正常进行。如果控制区没有呈现彩色条带,则此次检测无效,需要用新的试纸条重新检测。

　　在竞争性 LFS 中,固定在测试线上的抗原会与样品溶液中的游离抗原竞争抗体 – 彩色微粒复合物。因此,当样品中的抗原浓度高于 LFS 检测限时,不会呈现有色条带(图 27.11)。

27.3.4.3　应用

LFS 方法的基本特征（即快速、简单、成本低）使得其在试验（如现场测试）方面非常实用。LFS 方法可以定性并在一定程度上定量、监测食物过敏原、食源性病原体、毒素、激素和某些蛋白质成分，以确保食品的质量与安全。为了引起消费者的关注，LFS 也应用于检测加工食品中的转基因生物、反刍动物饲料中禁用的动物蛋白质以及监测疯牛病。这些操作简便的快速检测方法只需极少的培训和设备就能进行，这样，食品加工者和监管机构能够遵从有关食品和饲料产品的标准和规定。最新的指南[5]介绍了各种 LFS 的食物过敏原检测设备，此外，在一篇综述中，作者详细讨论了 LFS 方法的优势、劣势、机遇以及挑战[6]。

27.4　免疫亲和纯化

上文介绍了抗体在免疫分析中的一些应用，除此之外，因为其具有某些特异性以及强大的抗原结合能力，所以抗体也常被用作食品分析中其他一些方法的辅助物。最常见的例子就是作为一项抗原捕获技术的免疫亲和纯化。将抗体通过共价键固定在支持物上，从而避免抗体在后续步骤中损坏（图 27.13）。抗体与某些固相结合，如琼脂糖和硅胶等。通过色谱分析法或利用磁铁分离的磁性颗粒表面上的键合相，使这些联抗体固相可在后续试验中用以纯化抗原。一个简单的纯化流程应包括向食品样品暴露抗体结合固相以使其初次结合抗原，然后洗脱固相，以除去未结合的物质，最后获得纯抗原。即使抗体具有极强的结合常数，但因为抗体是蛋白质，pH 或溶剂改变可使其变性，这种变性可改变结合位点的构象，所以通过调节 pH 或改变溶剂之类的简单处理过程，以释放抗原。如果改变 pH 或溶剂的方法选择得当，那么重新设立合适的条件便可复性，于是联抗体固相便可重复使用了。当然，对于一些像酶一样敏感的抗原而言，洗脱条件也是需要重点考虑的。

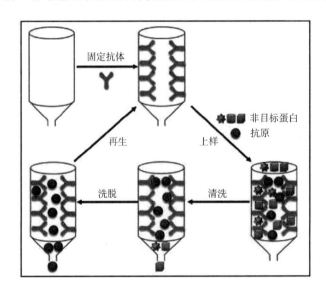

图 27.13　免疫亲和层析法（固定抗体）

这一类的免疫亲和纯化方法已被应用于小分子如毒素(例如,黄曲霉毒素)甚至是与细胞同级大小的物质纯化上。不同的微生物携有独特的细胞表面抗原,在提纯和鉴定这些抗原时,我们可以选择性地使其与不同的辅助物结合。

27.5 应用

免疫分析技术在食品分析领域中发展得很成熟,相关教科书已有好几种问世。在实验室常规技术方面,Harlow 和 Lane[7] 的相关著作当属最优。免疫分析方法论在这些书籍中得到了很好的阐述[8-10]。另外,更有致力于论述食品免疫分析方法的期刊,如《食品与农业免疫学》。

正是因为具有简单、灵敏、特异的优点,免疫分析技术已被广泛应用于对食品中农药残留[12-13]和药物残留[13-14]的筛分试验中(详见第 30 章)。免疫分析技术在微生物学方面也有所应用,例如对食源性病原体[15-16]尤其是细菌和真菌毒素[17-18]的快速检测这一方面。免疫分析技术也常用于肉类和鱼类鉴定[19]。因为具有识别微量特殊蛋白质的特性,所以免疫分析技术也可用于检测食物中潜在过敏原[20-22]和转基因生物[23]。事实上,免疫分析技术可以用以检测食品中几乎所有的有机物质,但是免疫分析的高灵敏度依赖于高纯度和高特异性的抗体。免疫分析正在被推向自动化以实现大批量检测,提高实验结果的准确性和重复性[24]。食品免疫分析方法具有简便、快速的优点,是开发相关试剂盒的理想选择。尽管我们尽力把控相关检测的特异性,但免疫分析检测还是会受到假阳性和假阴性干扰。鉴于此,免疫试剂盒常用作快速过筛检测,而由此被检验显阳性的残留物质需通过更复杂的方法加以确定。虽然免疫分析学理论上适用于常规检测,但是目前不是实际操作不可行,就是价格昂贵,难以实际应用。

未来,免疫分析学主要从以下几个方面进行研究。①特异性抗体,尤其是单克隆抗体的开发,在抗原-抗体互相作用中,单克隆抗体具有极强的特异性。②多种固相载体的研究,以简化免疫分析的检测流程。③免疫分析新方法的发明,以提高灵敏度。④新兴技术与免疫分析法的结合,以补充和完善免疫分析的应用范围,如免疫传感器和免疫阵列芯片,可用于多组分分析和模式识别[16],[25]。

27.6 总结

应用特异性抗体,包括多克隆抗体、单克隆抗体或两者的组合,食品中几乎所有有机分子都能用免疫分析技术进行检测。免疫分析独特的选择性和特异性归结于抗体与抗原之间的强力键和作用。免疫分析的方案很多,但无一不是采用直接检测法或竞争检测法。竞争检测法是唯一可用于小分子质量(大约 1000u 或更少)定量的方法。作为应用最普遍的免疫分析技术,ELISA 最常采用酶作为标记物,通过酶催化显色反应,可以表现抗原-抗体互相作用的强弱。在一种以酶源显色为依据的非竞争性 ELISA 中,抗体键和食品样品中的分子(分析物)数目越多,显现的颜色越深,而竞争性 ELISA 与之相反。酶是食品免疫分析中最常用的标记物,而最常用见的两种酶分别为碱性磷酸酶和辣根过氧化物酶。在免疫分析中,直接标记法和间接标记法都适用于酶反应信号的检测,但是相比直接法,间接法具有更多优势,因此大部分物质的检测通常采用间接法。

另外两种常用的免疫分析技术分别为免疫印迹法和LFS法。在食品免疫分析中,蛋白质印迹和斑点印迹是两种免疫印迹方法。蛋白质印迹是实验室中的免疫分析学,它结合PAGE和免疫分析学测定细胞膜上抗原蛋白是否存在及其分子质量。蛋白质印迹是最常用的表征抗原的方法。阳性结果表明抗体与抗原线性表位进行了结合。斑点印迹是没有蛋白质分离步骤的简化的蛋白质印迹方法,因此不提供抗原的分子质量信息。另一方面,LFS是迄今最简单的免疫测定方法。该测定法容易使用,适合在设备和供应受限的实验室外使用。免疫印迹的一般免疫测定程序与ELISA相似,LFS试验是基于样品溶液中的抗原在不同区域向固定的捕获抗体的单向运动的一步测定法,不需要通过洗涤步骤分离结合和未结合的分子。因为ELISA涉及酶的信号放大活性,一般认为本质上它比LFS试验更敏感。在一个高度敏感的LFS试验中,可以检测到低于十亿分之一单位的蛋白质浓度。

除了用作免疫分析的参与物之外,抗体还可在其他一些分析方法中用来纯化食品中的某些特殊化合物。这一类免疫亲和纯化方法使得我们可以快速纯化食品样品中的待测组分。

27.7 思考题

(1)抗原和抗体之间是什么关系?

(2)什么是表位?两种类型的表位分别是什么?

(3)单克隆抗体和多克隆抗体之间有什么区别?

(4)所用的免疫分析都需要满足两个条件,是什么?

(5)什么是半抗原,什么是偶联抗原?

(6)ELISA法的五个步骤是什么?

(7)免疫分析中封闭的基本原理是什么?

(8)直接法和间接法有什么区别?两种方法各有什么优缺点?

(9)夹心法和竞争法是最常用的两种方法。哪一种方法最适合哪一种分子的检测?为什么?

(10)两种竞争性ELISA方法分别是什么?它们之间有什么区别?

(11)列出食品免疫分析中四种常用的免疫分析技术。

(12)什么是蛋白质印迹法?蛋白质印迹法和ELISA反应信号的主要区别是什么?

(13)比较ELISA和LFS的特点、原理和应用的异同。

(14)简单地描述如何使用免疫亲和纯化来分离已有抗体的蛋白质。

(15)马铃薯含有生物碱α-茄碱和α-卡茄碱。这两种植物碱都含有相同部分的碱,称作茄啶。将茄啶化学结合到一个外源蛋白(非兔子自身蛋白),将与蛋白质结合的半抗原(用琥珀酸衍生物连结茄啶)注射入兔子体内。在兔子体内形成了抵抗两种方法有毒植物碱的碱部分结合半抗原的多克隆抗体。然后采用免疫亲和纯化多克隆抗体,去除有交叉反应的抗体组分,从而得到具有高特异性、与类似分子无交叉反应的兔抗血清。

为了完成合适的竞争性 ELISA 法,再次将茄啶连结另一种蛋白质,用形成的结合物包被在塑料微量滴定孔板上。洗涤、去除未结合的物质,则可用于竞争性 ELISA。

用甲醇将马铃薯中的植物碱提出,用水进一步稀释提取物以用于 ELISA 试验。用相同的甲醇水溶液将 α - 茄啶稀释成低、中、高浓度制定标准曲线。用相同的甲醇水溶液稀释马铃薯提取物和标准品制备阴性对照,但不含有任何植物碱。然后,将不同的提取物、标准物、阴性对照放入含有相同量的含有多克隆抗体的兔血清稀释液中。在室温下孵育 30min,再次洗涤平板上的所有孔。接下来,将结合过氧化物酶的山羊抗 - 兔抗体加入每个孔中。再次孵育 30min 后,再次洗涤平板上的所有孔。

最后,将苯二胺底物溶液和过氧化物一起加入每个孔中,再次孵育 30min。然后,在酶标仪下快速测定。每个孔中都呈现不同程度的黄色:

①番茄中的番茄啶含有部分番茄碱,多克隆抗体能够检测番茄碱吗?

②为什么与半抗原结合的蛋白用于 ELISA 方法的与注射的不同?

③该 ELISA 方法是直接法还是间接法?

④哪一个孔中你认为含有的黄色物质最多,标准样、土豆提取物还是阴性对照?

⑤如果在最后的 ELISA 试验中,马铃薯提取物几乎没有生成黄色物质,你将考虑什么?

致谢

The authors thank the following persons from the Institute of Sciences of Food Production(ISPA), National Research Council of Italy, for their helpful comments in revision of this chapter: Michelangelo Pascale, Veronica Lattanzio, and Annalisa De Girolamo.

参考文献

1. Köhler G, Milstein C(1975) Continuous cultures of fused cells secreting antibody of predefined specificity. Nature 256:495 – 497

2. Howard GC, Bethell DR(2001) Basic methods in antibody production and characterization. CRC, Boca Raton, FL

3. Yalow RS, Berson SA(1960) Immunoassay of endogenous plasma insulin in man. J Clin Inves 39:1157 – 1175

4. Engvall E, Perlmann P (1971) Enzyme-linked immunosorbent assay, ELISA III. Quantitation of specific antibodies by enzyme-labeled anti-immunoglobulin in antigen-coated tubes. J Immunol 109:129 – 135

5. Baumert JL, Tran DH(2015) Lateral flow devices for detecting allergens in food. In: Flanagan S, editor. Handbook of Food Allergen Detection and Control. Cambridge, UK. pp. 2192 – 228

6. Posthuma-Trumpie GA, Korf J, van Amerongen A (2009) Lateral flow (immuno) assay: its strengths,

weaknesses, opportunities and threats. A literature survey. Anal Bioanal Chem 393:569 – 82

7. Harlow E, Lane D (1999) Using antibodies: a laboratory manual. Cold Spring Harbor Laboratory Press, Cold Spring Harbor, New York

8. Crowther JR (2010) The ELISA guidebook. 2nd ed. Humana Press. New York

9. Deshpande SS (1996) Enzyme immunoassays: from concept to product development. Chapman and Hall, New York

10. Wild D(2013) The immunoassay handbook: theory and applications of ligand binding, ELISA, and related techniques. 4th ed. Waltham, MA, USA

11. Gabaldón JA, Maquieriera A, Puchades R (1999) Current trends in immunoassay-based kits for pesticide analysis. Crit Rev Food Sci Nutr 39:519 – 538

12. Morozova VS, Levashova AI, Eremin SA (2005) Determination of pesticides by enzyme immunoassay. J Anal

Chem 60:202 – 217

13. Mitchell JM, Griffiths MW, McEwen SA, McNab WB, Yee AJ(1998) Antimicrobial drug residues in milk and meat: causes, concerns, prevalence, regulations, tests and testperformance. J Food Prot 61:742 – 756

14. Raig M, ToldráF (2008) Veterinary drug residues in meat: concerns and rapid methods for detection. Meat Sci 78:60 – 67

15. Swaminathan B, Feng P (1994) Rapid detection of foodborne pathogenic bacteria. Annu Rev Microbiol 48:401 – 426

16. Banada PP, Bhunia AK(2008) Antibodies and immunoassays for detection of bacterial pathogens. Ch. 21. In: Zourob M, Elwary S, Turner A (eds) Principles of bacterial detection: biosensors, recognition receptors and microsystems, Springer, New York

17. Pimbley DW, Patel PD (1998) A review of analytical methods for the detection of bacterial toxins. J Appl Microbiol 84:98S – 109S

18. Li W, Powers S, Dai SY(2014) Using commercial immunoassay kits for mycotoxins: 'joys and sorrows'? World Mycotoxin Journal, 7:417 – 430

19. Hsieh Y-HP (2005) Meat species identification. In: Hui YH(ed) Handbook: food science, technology and engineering. CRC, Boca Raton, FL, pp 30 – 1 – 30 – 19

20. Immer U, Lacorn M(2015) Enzyme-linked immunosorbent assays (ELISAs) for detecting allergens in food. In: Flanagan S, editor. Handbook of Food Allergen Detection and Control. Cambridge, UK. pp. 199 – 217

21. Owusu-Apenten RK(2002) Determination of trace protein allergens in foods. Ch. 11. In: Food protein analysis. Quantitative effects on processing. Marcel Dekker, New York, pp 297 – 339

22. Poms RE, Klein CL, Anklam E(2004) Methods for allergen analysis in food: a review. Food Addit Contam 21:1 – 31

23. Ahmed FE(2002) Detection of genetically modified organisms in foods. Trends Biotechnol 20:215 – 223

24. Bock JL(2000) The new era of automated immunoassay. Am J Clin Pathol 113:628 – 646

25. Corgier BP, Marquette CA, Blum LJ(2007) Direct electrochemical addressing of immunoglobulins: Immunochip on screen-printed microarray. Biosens Bioelectron 22:1522 – 1526

需氧量的测定

Yong D. Hang

28.1 引言

需氧量是评价有机污染物对废水处理过程或受纳水体潜在影响的常用参数。因为微生物可利用这些有机物,这导致水中溶解氧被大量耗尽。环境中氧的损耗对鱼类和植物可产生有害的影响。

评价水和废水中需氧量的方法主要有生化需氧量(BOD)和化学需氧量(COD)。本章简要介绍了这两种方法的原理、步骤、应用和不足。本章所描述的方法是改编自美国公共卫生协会(APHA)出版的《水和废水检测方法标准》[1]。这本书包括水和废水中生化需氧量(BOD)、化学需氧量(COD)及其他指标的检测步骤方法、所需设备设施。

28.2 方法

28.2.1 生化需氧量(BOD)

28.2.1.1 原理

生化需氧量(BOD)是指微生物氧化水和废水中可生化降解有机物时所消耗的氧。这种方法主要是基于有机物的浓度与氧化污染物生成水、二氧化碳和无机含氮化合物所需氧之间的对应关系。需氧量与水和废水中的有机物的浓度成正比。生化需氧量主要测量生物降解碳(含碳量),在一定条件下也包括生物降解氮(含氮量)。

28.2.1.2 步骤

在生物废物处理厂的出水口,用密封的 BOD 瓶采集一定体积的水或废水样品,并立即测定初始的含氧量,然后将样品在 20℃条件下恒温发酵 5d,再测定一次含氧量(APHA 方法 4500 - 0)。含氧量可通过膜电极法(APHA 方法 4500 - 0G),或叠氮化钠修正法(APHA 方法 4500 - 0C)、高锰酸钾修正法(APHA 方法 4500 - 0D)、明矾絮凝修正法(APHA 方法

4500－0E)，硫酸铜氨基磺酸絮凝法（APHA 方法 4500－0F）修正过的碘量法（APHA 方法 4500－0B)，尽量减少亚硝酸盐、亚铁或三价铁的干扰。碘量法是一种基于溶解氧氧化特性的滴定方法，而膜电极法则是基于氧透过膜的扩散效率。由 Fisher、Orion、YSI 及其他公司生产的带有氧敏感膜电极的溶解氧仪可测定扩散电流，这种扩散电流在一定的稳态条件下与溶解氧的浓度成线性关系。在使用溶解氧仪时，要经常更换膜电极对于消除硫化氢等气体的干扰具有重要的作用。叠氮化钠修正碘量法可去除水和废水中最常见的干扰物质－亚硝酸盐的干扰。明矾絮凝修正法常用来减少悬浮固形物所带来的干扰。生化需氧量通常用毫克/升来表示，通过以下公式来计算初始溶解氧与恒温培养 5d 后溶解氧的差值（APHA 方法 5210B)。

$$生化需氧量\ BOD(mg/L) = 100/P \times (DOB\text{-}DOD) \tag{28.1}$$

式中　DOB——稀释样品中的起始溶氧量，mg/L；

　　　DOD——稀释样品恒温培养 5d 后的溶氧量，mg/L；

　　　P——mL 样品体积 $\times 100$/样品容器体积。

28.2.1.3　应用与局限性

生化需氧量被广泛应用于测定废水处理过程中有机负荷，评价废水处理系统的效率，以及评估废水对受纳水体质量的影响。但是生化需氧量测定还是存在一些不足，主要因为以下几点。

（1）整个测定过程需要至少 5d 的恒温培养时间。

（2）生化需氧量测定方法并不测量所有可生物降解的有机质。

（3）没有合适的接种微生物时，试验的结果可能不准确。

（4）水和废水中的氯等有毒物质可能会抑制微生物的生长。

28.2.2　化学需氧量

28.2.2.1　原理

化学需氧量（COD）是一种快速评价水和废水中有机质氧化所需耗氧量的方法。大多数有机化合物在强酸和重铬酸钾等强氧化剂溶液的回流作用下被消化。再测定有机质消化过后剩余重铬酸钾的量，被化学氧化的有机质的量与重铬酸钾消耗量成正比。

28.2.2.2　步骤

将一定量的水或废水样品，在已知量的重铬酸钾和硫酸溶液中加热回流 2h（APHA 方法 5220B)，封闭回流滴定法（APHA 方法 5220C）或封闭回流比色法（APHA 方法 5220D)。有机质消化后剩余重铬酸钾的量采用硫酸亚铁铵标准溶液进行滴定，利用邻二氮杂菲亚铁盐作为指示剂。氧化有机质的量，可采用氧当量来表示，主要采用参与氧化反应重铬酸钾的量来表示。化学需氧量（COD）的值可利用下列的公式计算得到（APHA 方法 5220B)。

$$COD(mg/L) = (A - B) \times M \times 8000/D \tag{28.2}$$

式中　A——滴定空白时硫酸亚铁铵标准溶液的用量；

　　　B——滴定水样时硫酸亚铁铵标准溶液的用量；

　　　M——硫酸亚铁铵的摩尔浓度；

D——水样体积；

8000——氧的 mg 当量重量 ×1000mL/L。

28.2.2.3 应用与不足

与其他氧化剂相比,重铬酸钾滴定法具有操作简单,适用于多种有机废物样品等优势,因此具有广泛的应用性。重铬酸盐回流法可用于测定 COD 值大于 50g/L 的样品。化学需氧量 COD 测定的是有机成分中的碳和氢,而不是含氮化合物。此外,该方法不能区分水和废水中生物稳定性和不稳定的化合物。化学需氧量 COD 测定是对工业废水排放常规监测和废水处理控制的重要措施。与生化需氧量相比,化学需氧量具有快速和重现性好等优点。化学需氧量 COD 的不足如下所述。

(1)芳香烃、吡啶和直链脂肪族化合物不易被氧化。

(2)该方法容易受到氯的干扰,如果不对方法进行改进,一些食品加工中排放废水不容易被测定,如泡菜和泡菜卤水。可以通过将回流前的样品加入硫酸汞处理来提高检测准确性。当氯化物浓度大于 500～1000mg/L 时,添加硫酸汞也不一定能得到准确的结果,这时可通过采用选择适当的空白校正因子,从而提高特定废物样品的检测准确性。

28.3　生化需氧量与化学需氧量的比较

由于生化需氧量与化学需氧量测定的是不同的物质,因此对水和废水进行测定时,两种测定方法可得到不同的值。一般情况下,废物样品的化学需氧量的值要高于生化需氧量,如表 28.1 所示。

表 28.1　番茄加工废弃物的需氧量

项目	1973 年	1974 年	1975 年
生化需氧量 BOD/(mg/L)	2400	1300	1200
化学需氧量 COD/(mg/L)	5500	3000	2800
总有机碳 TOC/(mg/L)	2000	1100	1000

摘自参考文献[2]。

(1)许多有机物能被化学氧化,而不能被生物氧化,比如纤维素就不能采用生物需氧量的方法测定,而可以用化学需氧量方法进行测定。

(2)一些含有亚铁、亚硝酸盐、硫化物和硫代硫酸盐的无机化合物,很容易被重铬酸钾氧化,这些无机化合物氧化给计算水和废水中化学需氧量带来一定误差。

(3)当没有合适接种物时,生化需氧量的值可能很低,而化学需氧量的测定不需要接种。

(4)化学需氧量测定时,某些芳香族和含有氮(铵)化合物不能被氧化。一些其他有机物,如纤维素或木质素很容易被重铬酸钾氧化,而不能被生物降解。

(5)水和废水中有毒物质不会影响化学需氧量的结果,但能影响生物需氧量的结果。

当有可能获得化学需氧量和生化需氧量的对应关系时,化学需氧量对评价特定的废物样品可能有意义。表28.2所示为果蔬加工企业排放废水的化学需氧量和生化需氧量值,这些加工排放废水的生化需氧量与化学需氧量比值介于0.50~0.72[2]。生化需氧量与化学需氧量比值可作为有用的参数来快速评估废物中有机质的生物降解性。一个较低的生化需氧量与化学需氧量比值,意味着废物样品中存在大量不能被生物降解的有机质,而较高的比值则意味着含有较少量的不能被生物降解的有机质。

表 28.2 一些果蔬加工废水中化学需氧量与生化需氧量值

产品	化学需氧量 COD/(mg/L)	生化需氧量 BOD/(mg/L)	平均比(BOD/COD)
苹果	395~37000	240~19000	0.55
甜菜	445~13240	530~6400	0.57
胡萝卜	1750~2910	817~1927	0.52
樱桃	1200~3795	600~1900	0.53
玉米	3400~10100	1587~5341	0.50
青豆	78~2200	43~1400	0.55
豌豆	723~2284	337~1350	0.61
酸菜	470~65000	300~41000	0.66
番茄	652~2305	454~1575	0.72
蜡豆	193~597	55~323	0.58
葡萄酒	495~12200	363~7645	0.60

摘自参考文献[2]。

28.4 取样和处理要求

进行需氧量测定的水或废水样品必须尽快进行分析,或在适当控制的条件下进行储存,直至进行分析为止。生化需氧量测定的样品在低温(4℃或更低)下存放最多48h,防腐剂会干扰生化需氧量的测定,因此不能添加到水和废水样品中。未经处理的废水样品必须收集在玻璃容器中,并迅速进行分析。如果将化学需氧量测定的样品用浓酸(硫酸)调节pH至2.0或更低,那样品可以在4℃或更低温度下存放28d。

28.5 总结

需氧量被广泛应用于评估水和废水中有机污染物对江河溪流的影响。需氧量测定的两种主要的方法就是生化需氧量和化学需氧量。表28.3所示为生化需氧量和化学需氧量两种方法的原理、优点和不足。生化需氧量主要测定微生物将水和废水中可生物降解有机质氧化所需的氧气量,化学需氧量则是测定重铬酸钾氧化水和废水中有机质所消耗的氧气量。在需氧量测定中,生化需氧量在废物处理效率以及评价对江河溪流等受纳水体的影响方面更接近环境自然条件,因此生化需氧量在评估废物对环境体系的影响方面被广泛的应用。如果化学需氧量与生化需氧量之间的关系能被确定,化学需氧量可用来常规监测水和废水中有机质的生物降解性。

表 28.3 生化需氧量与化学需氧量的比较

	原理	优点	缺点
生化需氧量 BOD	测定微生物氧化水和废水中可生物降解有机质时所需氧气量(即有机物的量与氧化污染物所需氧气量的关系)	• 测定感兴趣的化合物 • 成本低 • 不受化学需氧量中干扰物质的影响(详见本章内容)	• 费时 • 精确性不高 • 如果样品中没有合适的微生物时,BOD 值低 • 需要接种
化学需氧量 COD	将有机物在强酸和已知过量的强氧化剂(重铬酸钾)回流作用下消化(即化学氧化有机质的量与氧化剂使用量之间的关系)	• 快捷 • 精确性高	• 不是直接测定有机物 • 成本高 • 样品中某种化合物含量高,可能有机物测定结果偏高;也可能另外一种化合物含量高,测定结果却偏低(详见本章内容)

28.6 思考题

(1)在一个过去采用生化需氧量方法来测定废水需氧量的实验室,当你开始担任实验室的主管时,你能决定是否改用化学需氧量方法。

①让实验室的技术人员区分生化需氧量与化学需氧量的原理和步骤;

②指导技术人员在何种情况下将硫酸汞使用在化学需氧量测定中?

③您如何证明将生化需氧量改为化学需氧量的方法是正确的?

(2)下列描述的每一种情况,你能否判断化学需氧量的值高于或低于生化需氧量的结果,解释你的答案。

①生化需氧量测定中不合适的接种物;

②样品中含有有毒物质;

③样品中含有高含量的芳烃和含氮化合物;

④样品中含有高含量的亚硝酸盐和铁;

⑤样品中含有高含量的纤维素和木质素;

28.7 应用题

(1)根据下列给出的数据,计算生化需氧量值,式(28.1)

$$DOB = 9.0mg/L$$

$$DOD = 6.6mg/L$$

$$P = 15mL$$

$$样品瓶容积 = 300mL$$

(2)根据下列给出的数据,计算样品的化学需氧量值,式(28.2)

$$滴定空白时硫酸亚铁铵标准溶液的用量 = 37.8mL$$

$$滴定样品时硫酸亚铁铵标准溶液的用量 = 34.4mL$$

$$硫酸亚铁氨的摩尔浓度 = 0.025mol/L$$

$$样品体积 = 5mL$$

答案

1. BOD = 48mg/L

计算:
$$BOD(mg/L) = 100/P \times (9.0 - 6.6)$$
$$= 100/P \times 2.4$$
$$= 240/(15 \times 100 \div 300)$$
$$= 240/5$$
$$= 48$$

2. COD = 136mg/L

计算:
$$COD(mg/L) = (37.8 - 34.4) \times 0.025 \times 8000 \div D$$
$$= 3.4 \times 0.025 \times 8000 \div D$$
$$= 680 \div D$$
$$= 680 \div 5$$
$$= 136$$

参考文献

1. Rice EW, Baird, RB. Eaton AD, Clesceri LS (eds) (2012) Standard methods for the examination of water and wastewater, 22nd edn. American Public Health Association (APHA), Washington, DC

2. Splittstoesser DF, Downing DL (1969) Analysis of effluents from fruit and vegetable processing factories. NY State Agr Exp Sta Res Circ 17. Geneva, New York

第六篇　物理特性分析

食品分析中的流变学原理

Helen S. Joyner
Christopher R. Daubert

29.1　引言

29.1.1　流变学和质构

　　食品科学家经常需要测量食品与感官质构和在加工过程中行为有关的物理特性。这些性能可由流变学方法来测定。流变学是一门致力于研究材料的形变和流动的科学。流变学性质是食品质构性质的一部分,因为食品质构的感官评价包括了流变学不能涵盖的因素。需要特别指出的是,流变学方法能准确地测量作用力、形变和流动的信息,而食品科学家和工程师必须确定如何最好地应用这些信息。例如,瓶子中沙拉酱的流动,糖块的咀嚼,或者通过均质器泵送奶油,都与这些材料的流变特性有关。在本章中,我们将介绍与食品流变学相关的基本概念以及食品流变学测试的典型例子。附用一个词汇表来定义和总结本章使用的流变学术语。

29.1.2　基础方法和经验方法

　　流变学性质是通过测量力和形变随时间的变化来确定的,可以用基础方法和经验方法进行测量。基础方法给出了力和形变的大小和方向,但同时限制了可接受的样品形状和成分。基础方法的优点是基于已知的物理概念和方程进行实验设计。因此,通过基础方法,使用不同仪器设备和不同样品夹具获得的测试结果,具有可比性。当样品的组成或几何形状太过复杂以至于不能给出所有的力和形变时,经常使用经验方法。这些经验方法通常具有描述性,是快速分析的理想选择。然而,经验方法的测试结果取决于仪器设备和样品的夹具,因此难以准确比较不同样品间的数据。当测量结果与感兴趣的性质相关时,经验方法尤其有价值,而基础检验方法则给出了真实的物理特性。

29.1.3 基础流变学方法的基本假设

基础方法的两个重要假设即材料是均一且各向同性的。均一性是指混合良好、组成相似。这个假设通常适用于流体食物样品,但不包括含有大颗粒的悬浮体系(如蔬菜汤)。例如,牛乳、婴儿配方乳粉和苹果汁都被认为是均一和各向同性的。相较于流体食物样品,固体食物的均一性更具争议。例如,去皮的法兰克福香肠可以被认为是均一的。但是,当颗粒尺寸显著时(如萨拉米香肠等加工肉制品中的脂肪颗粒),必须判定均一性假设是否有效。无论施力方向如何,各向同性材料对力的响应是一致的。在牛排等食物中,肌纤维的存在使材料各向异性,因此它们对力或形变的响应因方向而不同。

29.2 流变学基础

流变学关注所有材料对施加的应力和形变如何作出反应,而食品流变学则是关注于食品材料的科学。应力(单位面积上的力)和应变(相对形变)两个基本概念,是所有流变学测量的关键。模量,作为特殊的比例常数,将应力与应变联系起来。理想的固体材料(如明胶凝胶)服从虎克定律,其中应力通过模量与应变直接关联。理想流体(如水、蜂蜜等)材料遵循牛顿原理,其比例常数为黏度,被定义为流动的内部阻力。这些固体和流体行为的原理构成了整个章节的基础,将在本节中进行描述,更多的细节可参考 Steffe 和 Daubert 的著作[1]。

29.2.1 应力的概念

应力(σ)是力的度量。应力定义为力(F/N)除以受力面积(A/m^2),其单位通常用帕斯卡(Pa)表示。为了说明应力的概念,设想将一个水球分别放在桌子上或针的尖端(图29.1)。很明显,针的尖端由于具有相当小的面积,这导致单位面积接触的应力或重量(由重力引起)与放置在桌面上的水球所受到的应力相比大很多。虽然水球受到总的力(即水球的重量),在两种情况下是一个定值,但最终的结果将会非常不同。

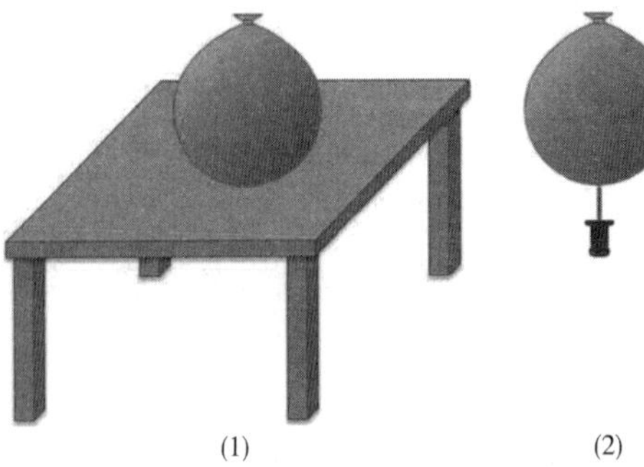

(1)   (2)

图29.1 应力的概念

所施加的力相对于受力面的方向决定了应力的类型。例如,如果力垂直于受力面,就会产生法向应力,法向应力可以在拉伸或压缩的情况下实现。如果力平行于受力面,则会产生剪切应力。例如,常见的法向应力的例子包括将馅饼皮的边缘挤压在一起,或者对固体食物进行咬食。剪切应力的例子包括将黄油涂在烤面包片上,在鸡肉上刷烤肉酱或将牛乳搅入咖啡中等。

29.2.2　应变和(剪切)应变速率的概念

当对食物施加应力时,食物会发生形变或流动。应变是代表材料相对形变的无量纲量,并且所施加的应力相对于材料表面的方向将决定应变的类型。如果应力与样品表面垂直,材料将经受法向应变(ε)。食品在压缩(压缩应力)或拉伸(拉伸应力)时会显示法向应变。

法向应变(ε)可以根据材料形变长度上的积分(图29.2)计算,为真实应变:

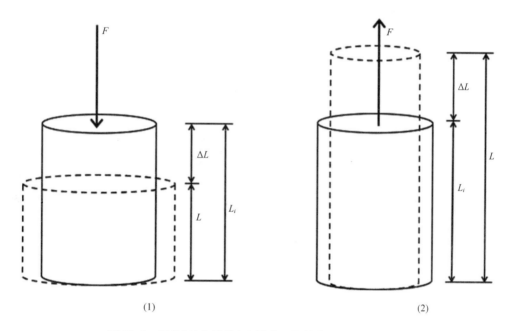

(1)　　　　　(2)

图29.2　压缩(1)和拉伸(2)模式下圆柱状样品的法向应变

$$\varepsilon = \int_{L_i}^{L_i+\Delta L} \frac{\mathrm{d}L}{L} = \ln\left(1 + \frac{\Delta L}{L}\right) \tag{29.1}$$

根据 Steffe[2],真实应变更适用于较大的形变,例如质构分析测试中可能发生的形变[详见29.4.1.1(2)]。压缩测试中应变值为负,拉伸测试中应变值为正。在压缩测试中,人们通常用应变的绝对值来表示,而不是用负值。

$$\varepsilon = -0.05 = 0.05_{压缩} \tag{29.2}$$

另一方面,当样品受到剪切应力时,例如管道泵送番茄酱,就产生了剪切应变(γ)。图29.3是施加剪切应力下样品的形变示意图。剪切应变由几何参数决定,如式(29.3)、式(29.4)所示。

$$\tan(\gamma) = \frac{\Delta L}{h} \tag{29.3}$$

或者

$$\gamma = \tan^{-1}\left(\frac{\Delta L}{h}\right) \tag{29.4}$$

其中 h 是试样的高度。为了简化,当形变较小时,剪切角可以被近似认为是剪切应变:

$$\tan(\gamma) = \gamma \qquad (29.5)$$

当材料是液体时,这种应变量化方法更具挑战性。当搅拌咖啡、泵送水或牛乳巴氏杀菌时,这些流体都在剪切作用下发生不可逆的形变。因此,(剪切)应变速率($\dot{\gamma}$),也可称为剪切速率,通常被用于量化流体流动时的应变,如图29.3所示。剪切速率是单位时间内的形变量(应变),单位为 s^{-1}。

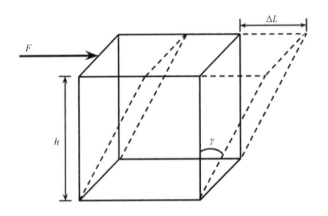

图 29.3 在立方体中的剪切应变

$$\gamma = \frac{\Delta L}{h} \qquad (29.6)$$

$$\frac{d\gamma}{dt} = \frac{d\left(\frac{\Delta L}{h}\right)}{dt} = \dot{\gamma} \qquad (29.7)$$

$$\dot{\gamma} = \frac{1}{h}\frac{d}{dt}(\Delta L) \qquad (29.8)$$

$$\dot{\gamma} = \frac{U}{h} \qquad (29.9)$$

为了描绘剪切速率的概念,设想被填充在已知距离为 h 的两个可移动的平板间的流体,如图29.4所示,让其中一个平板以恒定的水平速度 U 相对于另一平板运动。

该体系的剪切速率可以通过将平板速度除以流体间隙高度来近似,单位为 s^{-1}。这种剪切速率用扑克牌类比会更容易理解。想象一叠扑克牌,每张牌代表一个无限薄的流体层。当顶层的扑克牌被力量推动时,整叠扑克牌的变形程度与力的大小成正比。这种类型的运动通常被称为简单剪切,可定义为平行于施力方向的层状形变。

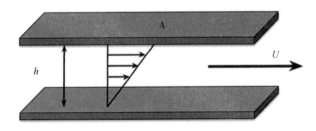

图 29.4 平板间的剪切流动

29.2.3　固体:弹性模量和剪切模量

虎克定律指出,当一个固体材料受一定应力时,它会产生正比于应力大小的形变或应变,将应力与应变的比例常数称为模量,如式(29.10)、式(29.11)所示。

$$应力(\sigma) \propto 应变(\varepsilon \, 或者 \, \gamma) \tag{29.10}$$

$$应力 = 模量 \times 应变 \tag{29.11}$$

如果对样品施加法向应力,比例常数为弹性模量(E),或通常称为杨氏模量,如式(29.12)所示。

$$\sigma = \frac{F}{A} = E\varepsilon \tag{29.12}$$

同样,如果所施加的应力是剪切应力,则比例常数被称为剪切模量(G),如式(29.13)所示。

$$\sigma = G\gamma \tag{29.13}$$

这些模量是材料的固有属性,已被用作质量指标。表 29.1 所示为几种食品和材料的模量。

表 29.1　　　　　　　　　　　　　常见材料的弹性和剪切模量

材料	弹性模量(E)/Pa	剪切模量(G)/Pa
苹果	1.0×10^7	0.38×10^7
土豆	1.0×10^7	0.33×10^7
意大利面(干)	0.27×10^{10}	0.11×10^{10}
玻璃	7.0×10^{10}	2.0×10^{10}
钢	25×10^{10}	8.0×10^{10}

29.2.4　流体黏度

对于最为简单的流体,黏度是定值,与剪切速率和时间都无关。换句话说,是服从牛顿假设,即如果剪切应力加倍,流体内的速度梯度(剪切速率)也随之加倍。对于流体来说,剪切应力表述为剪切速率与黏度的函数,而黏度代表流体内部对抗流动的阻力。对于牛顿流体,黏度是恒定的,称为黏度系数或牛顿黏度(μ):

$$\sigma = \mu\dot{\gamma} \tag{29.14}$$

然而,对于大多数液体来说,黏度不是恒定的,而是随着剪切速率的变化而变化,这样的流体称为非牛顿流体。表观黏度(η)被定义为剪切依赖黏度。在数学上,表观黏度函数是剪切应力与剪切速率的比值:

$$\eta = f(\dot{\gamma}) = \frac{\sigma}{\dot{\gamma}} \tag{29.15}$$

表 29.2 所示为 20℃下一些常见物质的黏度[2-3]。在描述流变性质时,温度是极其重要的参数。黏度一般随着温度的升高而降低。

表 29.2	**20℃下常见材料的牛顿黏度**
材料	牛顿黏度 $\mu/(\mathrm{Pa \cdot s})$
蜂蜜	11.0
菜籽油	0.163
橄榄油	8.4×10^{-2}
棉籽油	7.0×10^{-2}
鲜牛乳	2×10^{-3}
水	1×10^{-3}
空气	1.81×10^{-5}

摘自参考文献[2]和[3]。

29.2.5 流体流变图

食品体系的流动行为可以用流体流变图或适当的流变模型来描述(详见 29.3)。流变图是流动行为的图形表示,它显示了应力与应变或剪切速率之间的关系。从流变图中可以获取很多信息。例如,如果剪切应力对剪切速率作图为通过原点的直线,则该材料为牛顿流体,且直线的斜率代表牛顿黏度(μ),如图 29.5 所示。许多常见的食物表现出这种理想行为,如水、牛乳、植物油和蜂蜜等。

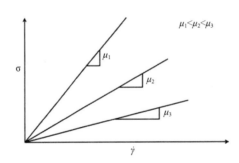

图 29.5 三种不同牛顿流体的流变图

如前所述,大多数流体食品不表现牛顿流动行为。流动行为随剪切速率(如搅拌速度)或在恒定剪切速率下随时间会发生变化。与理想牛顿流体行为的偏差导致剪切应力和剪切速率之间呈现非线性关系。如果黏度随着剪切速率增加而降低,该材料被称为剪切变稀或假塑性流体。假塑性食品有苹果酱和馅饼馅。反之,如果材料的黏度随着剪切速率的增加而增加,则该材料被称为剪切增稠或胀塑性流体。玉米淀粉浆料就是典型的胀塑性流体。

假塑性和胀塑性是与时间无关的物理性质。随着时间的延长而变稀化和增稠的材料分别被称为触变和流凝流体。这些流体可以通过观察恒定剪切速率下黏度随时间的变化而判定。南瓜饼馅如果以恒定的速度搅拌,会随时间逐渐稀化(触变性),这是由于分子间弱的键合作用遭到破坏的缘故。表 29.3 所示为与时间相关和无关的流变响应术语。

表 29.3	剪切相关术语	
	与时间无关	与时间相关
剪切变稀	假塑性流体	触变性流体
剪切增稠	胀塑性流体	流凝性流体(抗触变性流体)

许多流体在低剪切应力下不流动。例如,对于番茄酱,就需要使用额外的力使其更快地从瓶子中流出。事实上,某番茄酱品牌曾多次在销售时声称能够"预先"使番茄在瓶中流动。使样品开始流动所需的最小外力或应力称为屈服应力(σ_0)。由于牛顿流体要求应力-剪切速率关系是通过原点的连续直线,那么任何具有屈服应力的材料都是非牛顿流体。一些常见的食物具有屈服压力,如番茄酱、酸乳、蛋黄酱和沙拉酱等。

许多食品被设计成具有一定屈服应力的状态。例如,如果熔化的乳酪没有屈服应力,乳酪就会从汉堡或披萨中流出。如果沙拉酱在最低的外加应力下流动,重力就会使沙拉酱脱离菜叶。食品有许多有趣的流变学特征,而消费者可能永远不会考虑到。

29.3 流体的流变学模型

一旦得到剪切应力和剪切速率的数据,就可以使用流变学模型来更好地理解流动响应。流变学模型是将剪切应力与剪切速率相关联的数学表达式,为特定食物提供"流动指纹"。另外,这些模型可以在各种加工条件下预测材料的流变行为。图 29.6 和图 29.7 所示为几种应力对剪切速率或黏度对剪切速率的典型流变模型图。

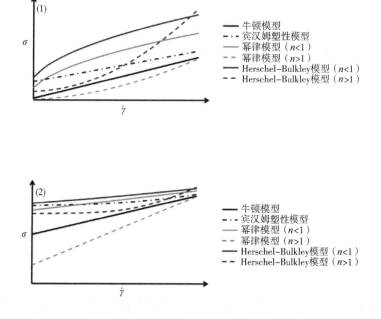

图 29.6　线性(1)和对数(2)标度下各种流变模型中应力对剪切速率的关系

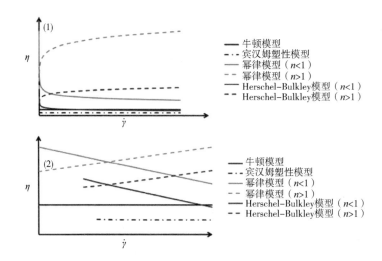

图 29.7 线性(1)和对数(2)标度下各种流变模型中黏度对剪切速率的关系

29.3.1 Herschel-Bulkley 模型

对于大多数实际应用,Herschel-Bulkley 模型可以解释许多流体食品的稳态流变学性能:

$$\sigma = \sigma_e + K\dot{\gamma}^n \tag{29.16}$$

其中 K 和 n 分别代表稠度系数和流动行为指数两个材料常数。如果材料没有屈服应力,流动行为指数可表征牛顿流动或非牛顿流动。表 29.4 所示为如何使用 Herschel-Bulkley 模型来识别流动特性。

表 29.4　利用 Herschel-Bulkley 模型来描述流动行为

流体类型	σ_0	n
牛顿流体	0	0
非牛顿流体		
假塑性流体	0	< 1.0
胀塑性流体	0	> 1.0
屈服应力	> 0	任何数值

注:σ_0 屈服应力;n 流动行为指数

表 29.5 显示了各种食品的 Herschel-Bulkley 模型数据。以花生油的数据为例。表 29.5 报告没有屈服应力,且流动行为指数 1.00(牛顿流体的情况)。因此,此时 Herschel-Bulkley

模型事实上描述的是牛顿流体情况。以下模型被认为是 Herschel-Bulkley 模型的简单修改[2]。

29.3.2 牛顿模型$[n=1;K=\mu;\sigma_0=0]$

对于牛顿流体而言,式(29.17)中的流动行为指数(n)为1,稠度系数(K)等于牛顿黏度(μ):

$$\sigma = 0 + \mu\dot\gamma^1 \tag{29.17}$$

或者

$$\sigma = \mu\dot\gamma \tag{29.18}$$

表 29.5   常见食物的 Herschel-Bulkley 模型数据

产品	$T/℃$	剪切速率/s^{-1}	$K(\mathrm{Pa\cdot s^n})$	$n(-)$	$\sigma_0(\mathrm{Pa\cdot s})$
橙汁(13°Brix)	30	100 ~ 600	3.2	0.79	—
			0.06	0.86	
橙汁(22°Brix)	30	100 ~ 600	3.2	0.79	—
			0.12	0.79	
橙汁(33°Brix)	30	100 ~ 600	0.14	0.78	—
苹果汁(35°Brix)	25	3 ~ 2000	0.001	1.00	—
番茄酱	25	50 ~ 2000	6.1	0.40	—
苹果酱	32	—	200	0.42	240
芥末	25	—	3.4	0.56	20
熔化巧克力	46	—	0.57	1.16	1.16
花生油	21.1	0.32 – 64	0.065	1.00	—

摘自参考文献[2]和[4]。

29.3.3 幂律模型$[\sigma_0=0]$

幂律流体表现为无屈服应力(σ_0)且剪切应力和剪切速率间呈非线性关系。假塑性流体和胀塑性流体可以被认为是幂律流体,但对应的流动行为指数的范围不同,详见 29.4:

$$\sigma = 0 + K\dot\gamma^n \tag{29.19}$$

或者

$$\sigma = K\dot\gamma^n \tag{29.20}$$

29.3.4 宾汉姆塑性模型$[n=1;K=\mu_{pl}]$

宾汉姆塑性材料具有一个显著的特征:存在屈服应力。一旦流动开始,剪切应力和剪切速率之间的关系是线性的,解释了为什么 $n=1.0$。K 是一个常数,被称为塑性黏度 μ_{pl}。注意:塑性黏度值与表观黏度(η)或牛顿黏度(μ)不一致!

$$\sigma = \sigma_e + \mu_{pl}\dot\gamma^1 \tag{29.21}$$

或者

$$\sigma = \sigma_e + \mu_{pl}\dot\gamma \tag{29.22}$$

29.4 流变学测量

流变仪是用来测定材料的黏度和其他流变学性质的装置。剪切应力和剪切速率之间的关系由系统几何构造的物理值、压力、流动速率和其他实验条件导出。

29.4.1 压缩、拉伸和扭转分析

固体食物的流变学特性是通过压缩、拉伸或扭转材料来确定的,一般可以通过小应变和大应变测试两种方法实现。小应变测试的目的是施加最小量的应变或应力测量流变学行为,同时避免(或至少最大限度地降低)对样品产生损伤。大应变和断裂测试的目的则刚好相反。样品形变到食品基质明显变形、损坏或可能断裂的程度。小应变测试用于了解食品网络结构的特性,而大应变测试则可以检测感官质构或产品耐受性。一般来说,压缩和拉伸试验通常采用大应变进行。扭转(剪切)测试可以采用小应变或大应变进行。

29.4.1.1 大应变测试

压缩和张力(如拉伸)试验被用来测定食品的大应变和断裂特性。当样品与测试夹具间不需要紧密连接时,通常选用压缩实验对固体或黏弹性固体食品进行测试,从而简化样品制备。当需要用较高的应变来破坏样品时,拉伸和扭转测试非常适合可高度变形的食品。拉伸和扭转测试的主要缺点是样品必须固定到测试夹具上[5]。Hamann 等[6]给出了大变形流变测试的详细比较和分析。

(1)压缩试验中应力、应变和弹性模量(E)的测定 压缩测试中有几个假设需要考虑。除了前述的关于材料均一性和各向同性的考虑以外,假定食物样品是不可压缩的材料可以大大简化问题。不可压缩的材料是指压缩时形状发生变化而体积不变的材料。如法兰克福香肠、乳酪、煮熟的蛋清和其他高水分、凝胶状食品通常被认为是不可压缩的。应变计算如前面所述[式(29.1)]。

在压缩过程中,初始横截面积(A_i)随着长度的减小而增加。为了考虑这种变化,往往将包含圆柱长度比(L/L_i)的校正项应用于应力计算:

$$\sigma = \frac{F}{A_i}\left(\frac{L}{L_i}\right) \tag{29.23}$$

在压缩测试中,应使用长度(L)与直径之比 >1.0 的圆柱形样品。样品应在两块直径超过压缩样品横向膨胀的平板之间压缩(即在测试过程中整个样品的横截面应与平板接触)。上述方程是基于样品压缩时仍保持圆柱状的假设,如果该假设不成立,则表明平板和样品间的接触面可能需要润滑。可以选择水或油来润滑但前提是这些润滑剂不会对样品产生任何负面影响。

将初始半径(R_i)为 1cm,长(L_i)为 3cm 的切达乳酪圆柱体以恒定速率压缩至 1.8cm(L),并记录所用力为 15N:

$$\varepsilon = \ln[1 + (-0.4)] = -0.5 = 0.5_{压缩} \tag{29.24}$$

598

$$A_i = \pi R_i^2 = 0.000314m^2 \tag{29.25}$$

$$\sigma = \frac{F}{A_i}\left(\frac{L}{L_i}\right) = \frac{15N}{0.000314m^2} \times \left(\frac{1.8}{3.0}\right) = 28700Pa_{压缩} \tag{29.26}$$

$$E = \frac{\sigma}{\varepsilon} = \frac{28700kPa}{0.5} = 57.4kPa \tag{29.27}$$

如果被压缩的材料是纯弹性固体,则压缩速率并不重要。但是,如果材料是黏弹性的(大多数食品如此),则应力、应变和弹性模量的值可能随着压缩速度而变化。全面表征黏弹性材料需要在不同压缩速率下测定这些数值。另一个需要考虑的因素是压缩程度,样品可以被压缩至断裂,或断裂以下的某个水平。如果需将流变学性质与感官性质相关联,则应将样品压缩至断裂。

(2)全质构分析 全质构分析(TPA)是采用二次压缩的经验技术方法,通常在万能试验机[图 29.8(1)]或质构分析仪[图 29.8(2)]上进行。该测试方法是由通用食品公司的食品科学家开发的,在压缩和时间变化过程中测量样品所受的力。数据分析可以将诸多感官参数,包括硬度、内聚性和弹性,与 TPA 曲线确定的质构参数相关联。例如,试样破裂所需的最大力与试样的硬度密切相关。Bourne[7] 提供了 TPA 的更详细的描述。

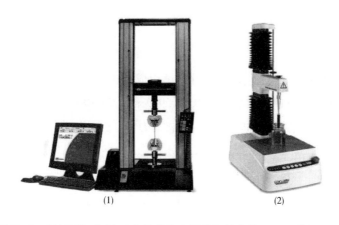

(1)　　　　　　　　　　　　　　　(2)

图 29.8 (1)万能试验机(由马萨诸塞州诺伍德市的 Instron® 提供)和 (2)质构仪(由美国马萨诸塞州汉密尔顿的 Texture Technologies 公司提供)

29.4.1.2 断裂测试

断裂测试是对样品施加大应变直至其破坏的试验。一般来说,破坏点的应力和应变由样品断裂时应力的突然下降来判定,可以在压缩、拉伸或剪切(扭转)模式下进行断裂测试。压缩或剪切模式通常用于食品材料,因为拉伸断裂测试难以夹紧样品同时不使其损坏。

断裂测试试验需注意几点事项。样品的几何形状必须可控,特别是对于基本断裂测试。某些断裂方法需要特定几何形状的样品,例如,圆柱、绞盘或横梁的形状。样品的均一性也必须加以考虑。肉类等各向异性样品根据它们的取向可能具有不同的断裂行为。测试参数如应变速率也会影响断裂行为。Hamann 等[6] 提供了更详细的关于断裂测试的讨论。

29.4.2　旋转黏度测量

对于流体来说,食品工业中采用的最基本的流变学测量模式是旋转黏度测量,它可以快速提供样品的基本信息。旋转黏度测定是通过一些机械的旋转方式,利用与样品接触的已知测试夹具(几何形状)去剪切流体。为构建本构方程(剪切应力与速率之间的关系),进行了如下主要假设。

①层流。层流是流线型流动的代名词。换句话说,如果我们要通过水平管道追踪流体粒子的速度和位置,那么它们的路径只能沿水平方向移动,而不会移向管壁。

②稳态。随着时间的推移,系统没有净变化。

③无滑动边界条件。当测试夹具浸没在流体样本中时,夹具和样本容器壁可视为流体的边界。这种情况假定无论边界以何种速度运动,与边界紧邻的非常薄的流体层均以相同的速度随之运动。

旋转流变仪可以以两种模式工作:稳态剪切模式或振荡模式。接下来的几节将讨论稳态剪切旋转黏度测定法。稳态剪切是指剪切流体速度在任何位置保持一致。此外,流体中不同位置的速度梯度是一个常数。常用于稳态剪切旋转黏度测定的三种夹具是同心圆筒、锥板以及平行板。

29.4.2.1　同心圆筒

这种流变附件是由一个半径为 R_b 的圆柱测锤组成,该圆柱测锤从测量装置上悬挂下来,浸没在半径稍大(R_c)且充满样品流体的杯体中,图 29.9 和图 29.10 所示。围绕轴线产生旋转扭矩(M),是作用于旋转轴线上的力与垂直距离(r)(称为力臂)的乘积。原理可以描述为类似于更换汽车上的轮胎,为了松开螺母,通常需要更大的轮胎棒。从本质上说,这个更长的工具增加了力臂,围绕螺帽产生了更大的扭矩。即使施加的力相同,长的工具会提供更大的扭矩。

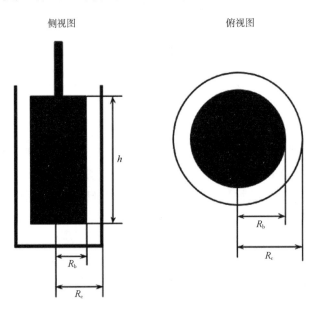

侧视图　　　　　　俯视图

图 29.9　同心圆筒夹具

图 29.10　用于流变学测量的杯体和圆柱测锤(同心圆筒夹具)图

注:由 TA Instruments,New Castle,DE 提供。

为了从实验中获得流变数据,需要测定剪切应力和剪切速率。圆柱测锤表面的剪切应力(σ_b)可由力平衡计算得出:

$$\sigma_b = \frac{M}{2\pi R_b^2} \tag{29.28}$$

因此,为了确定剪应力,我们需要知道测锤的几何形状(h 和 R_b)和测量传感器感知的流体转矩响应(M)。

简单剪切近似通常计算出测锤表面的剪切速率,并假设一个恒定的横跨流体间隙的剪切速率,该近似适用于 $R_c/R_b \leq 1.1$ 的小间隙:

$$\dot{\gamma} = \frac{\Omega R_b}{R_c - R_b} \tag{29.29}$$

上述计算需要测锤的转速或角速度(Ω),通常以 rad/s 表示,可以通过每分钟转数(rpm)乘以 $2\pi/60$ 转换得到。下面的例子将 10rpm 转换为 rad/s:

$$\left(\frac{10\,revolution}{1\,min}\right)\left(\frac{1\,min}{60\,s}\right)\left(\frac{2\pi\,rad}{1\,revolution}\right) = \frac{1.047\,rad}{s} \tag{29.30}$$

食品工业界使用几种流变学装置来测量黏度。这些装置包括 Brookfield 黏度计,如图 29.11 所示、Bostwick 稠度计和 Zahn 杯,如图 29.12、图 29.13 所示。Brookfield 黏度计是食品工业中最常见的流变仪器之一,该装置使用弹簧作为扭矩传感器,操作者选择连接在弹簧上测锤的转速。当测锤在样品流体中旋转时,黏度阻碍自由旋转,导致弹簧卷绕。弹簧卷绕的程度是扭矩大小(M)的直接反映,可用来测定测锤表面的剪切应力。新型的 Brookfield 黏度计使用式(29.28)自动将扭矩转换为黏度,而较老的型号则提供换算因子来计算黏度。

图 29.11　Brookfield 黏度计

注：由 Brookfield AMETEK 提供，Middleboro，MA。

图 29.12　Bostwick 稠度仪的照片

注：由美国伊利诺伊州 Vernon Hills 的 Cole-Parmer 提供。

Bostwick 稠度计是将一定量的样品倒入仪器的一端，计时器在闸门快速抬起时启动，记录样品到达斜坡上某个标记所需的时间，流体行进的距离称为稠度。请注意，稠度和黏度是不可互换的。

Zahn 杯也是使用一定量的样品。将样品放入杯中，使其从杯底部的孔中排出，记录从流动开始到液体流首次断开的时间，可以使用转换因子和流体的相对密度将其转化为黏度。

Brookfield 黏度计、Bostwick 黏度计和 Zahn 杯适用于快速质量控制测量，因为它们测量快速、易于使用和清洁。然而，它们都是经验工具，并不像流变仪那么精确。此外，它们通常用于在单一剪切速率下黏度的测量，这可能导致关于流动行为的错误假设。例如，如果图 29.7 中的牛顿流体和 $n < 1$ 的 Herschel-Bulkley 流体仅在其黏度相等的剪切速率下进行测试，会发生什么情况呢？建议将这些装置应用于牛顿流体或接近牛顿流体的体系，以消除测量中的剪切速率的影响。

图 29.13　Zahn 杯的照片

注：由美国佛罗里达州 Pompano Beach 的 Paul N. Gardner Co.，Inc. 提供。

通过一系列旋转速度的变化，可以建立一个流变图，显示剪切应力(σ)与剪切速率($\dot{\gamma}$)之间的关系。流变图的重要性已经讨论了，主要意义是表观黏度的确定，如式(29.15)所示。表 29.6 中的番茄酱的数据采用标准杯和测锤系统($R_c = 21\text{mm}, R_b = 20\text{mm}, h = 60\text{mm}$)采集。使用式(29.15)、式(29.28)和式(29.29)可验证结果。

表29.6　　　　　　　使用同心圆筒测试夹具测量番茄酱的流变学数据

转速/rpm	扭矩/N·m	剪切速率/(S⁻¹)	剪切应力/Pa	表观黏度/Pa·s
1.0	0.00346	2.09	22.94	10.98
2.0	0.00398	4.19	26.39	6.30
4.0	0.00484	8.38	32.10	3.83
8.0	0.00606	16.76	40.18	2.40
16.0	0.00709	33.51	47.02	1.40
32.0	0.00848	67.02	56.23	0.84
64.0	0.01060	134.04	70.29	0.52
128.0	0.01460	268.08	96.82	0.36
256.0	0.01970	536.16	130.63	0.24

29.4.2.2　锥板和平行板

另一种常见的旋转测量系统是锥板夹具(图29.14和图29.15)。其特殊的设计允许剪切应力和剪切速率在流体间隙的任何位置保持恒定。当锥角(θ)较小时,测试质量最好,当间隙设置不当或维护不当时,可能会引起较大的误差。

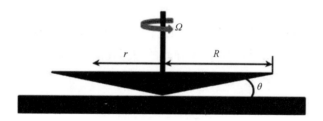

图29.14　锥板夹具

图29.15　用于流变测量的锥板和平板测试夹具的照片

注:由 TA Instruments,New Castle,DE 提供。

对于椎板夹具,剪切应力计算为:

$$\sigma = \frac{3M}{2\pi R^3} \tag{29.31}$$

而剪切速率计算为:

$$\dot{\gamma} = \frac{r\Omega}{r\tan\theta} = \frac{\Omega}{\tan\theta} \tag{29.32}$$

锥板测试夹具的一个主要优点是剪切应力和速率与位置无关,在整个样品中是恒定的。但是,如果样品中有较大的颗粒,它们可能会被截留在锥体的下方,从而导致黏度测量无效。在这种情况下,可以使用平行板测量系统(图 29.16),因为这种夹具的标准间隙是1.0mm,并可调节。

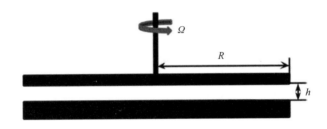

图 29.16 平行板夹具

与锥板不同,剪切应力和应变在平行板之间不是恒定的。为了一致性,平行板的边缘被设定为测量位置。因此,必须注意确保样品的边缘在测试过程中不发生变化。

在平行板边缘处的剪切应力为:

$$\sigma = \frac{M}{2\pi R^3}\left(3 + \frac{\mathrm{d}(\ln M)}{\mathrm{d}(\ln \dot{\gamma}_R)}\right) \tag{29.33}$$

流变仪计算该测定量。对于牛顿流体,式(29.33)则简化为:

$$\sigma = \frac{2M}{\pi R^3} \tag{29.34}$$

平行板边缘的剪切速率计算为:

$$\dot{\gamma} = \frac{R\Omega}{h} \tag{29.35}$$

29.4.2.3 稳态剪切旋转黏度测量的实验步骤

(1)测试夹具选择 流变测试夹具的选择要考虑许多因素。为了简化这个过程,如表29.7 所示[8]。

(2)速度(剪切速率)选择 进行流变测试时,有必要了解进行测量的过程。从前面番茄酱的例子看,随着剪切速率的增加,表观黏度不断下降,表现出剪切变稀行为。如何报告黏度?要回答这个问题,必须考虑测试过程。例如,如果管道设计和泵规格确定要求测量熔融牛乳巧克力的黏度,则应该知道该过程中剪切速率是多少。所有的流体加工过程都会对流体产生一定程度的剪切,优秀的食品科学家会考虑加工中的剪切速率来确定恰当的流变学性质测量。Barnes 等列出了一些典型加工过程中的常见剪切速率,其中大部分见表29.8。

表 29.7   旋转黏度测定附件的优缺点

旋转夹具	优点	缺点
同心圆筒	适用于低黏度流体 适合悬浮液 大的表面积增加了低剪切速率下的灵敏度	潜在的终端效应 样本需要量大
锥板	间隙中的剪切应力和剪切速率恒定 适用于高剪切速率 适用于中等和高黏度的样品 样本需要量小 快速和简单的清理	大颗粒干扰灵敏 潜在的边缘效应 必须保持恒定的间隙高度
平行板	允许测量大颗粒样品 适用于高剪切速率 适用于中等和高黏度的样品 样本需要量小 快速和简单的清理	间隙中剪切应力和应变不是恒定的 潜在的边缘效应 必须保持恒定的间隙高度

表 29.8   典型食品加工过程中预测的剪切速率

加工过程	剪切速率/s^{-1}
粉末在液体中的沉淀	$10^{-6} \sim 10^{-4}$
重力下的排水	$10^{-1} \sim 10^{1}$
挤压	$10^{0} \sim 10^{2}$
咀嚼和吞咽	$10^{1} \sim 10^{2}$
涂层	$10^{1} \sim 10^{2}$
混合	$10^{1} \sim 10^{3}$
管道流动	$10^{0} \sim 10^{3}$
喷涂和刷涂	$10^{3} \sim 10^{4}$

摘自参考文献[9]。

（3）数据采集　一旦选择了测试夹具和剪切速率范围，就可以开始实验。记录每个黏度测量速度下的扭矩值。

（4）剪切计算　根据测试夹具，夹具的几何形状和角速度求解剪切应力和剪切速率。

（5）模型参数的确定　剪切应力和剪切速率可以被代入到前面 29.3 所述的各种流变学模型中。流变学模型参数，例如黏度（μ, η, μ_{pl}）、屈服应力（σ_0）、稠度系数（K）和流动行为指数（n），可以从模型中分析出来，以便更好地理解材料的流动行为。例如，您可能想知道：材料是否具有屈服应力？材料剪切变稀或剪切增稠吗？在特定的处理剪切速率下，黏度如何？回答此类问题，使食品科学家能更好地掌握材料以用于工艺设计或质量控制。

29.4.3 振荡流变测量

振荡流变测量的目的是在小的应力和应变下表征材料的黏弹特性。黏弹性意味着材料同时表现出流体状(黏性)和类固体(弹性)行为。设想一块乳酪:如果你轻轻压缩它,然后放开,它会弹回(弹性行为),但不会完全恢复到原来的高度(黏性行为表现为永久变形)。黏弹性行为通过以下方式来测定:①施加振荡的应力或应变,对应测量响应的应变和应力及它们之间的相位角;②施加恒定的应变,随之测量应力的下降(松弛);或者③施加恒定的应力,随之测量形变速率(蠕变)。这些测试通常被用于评估固体和半固体食物(如乳酪和布丁)的黏弹性行为,尽管也可用于评估流体食物,如沙拉酱等。这些技术的更详细描述可以参考 Steffe[2] 和 Rao[4]。

29.5 摩擦学

摩擦学属于流变学的分支科学,研究材料的摩擦、润滑和磨损行为。摩擦学最初被用于研究发动机的润滑剂等材料,目前在食品工业中引起较大关注,成为研究与摩擦相关的食品质构特性的有效方法。传统的流变学的测量结果与部分感官属性(如口腔覆膜、亚白度或涩味)关联不大。但是,这些属性与摩擦相关,摩擦学有助于理解此类与摩擦相关的质构属性的机制。

摩擦学测试是通过将一个表面相对于另一个固定表面移动来进行的,将测试材料薄层置于两个表面之间并充当润滑剂。不同的摩擦学测试夹具,如图 29.17 所示。滑动表面以不同速度沿着静止表面滑动,测得 Stribeck 曲线,即摩擦系数与滑动速度的关系(图 29.18)。Stribeck 曲线由三个不同的区域组成。①边界区域,滑动面与静止面接触,摩擦力相对恒定。②混合区域,滑动面大部分被润滑材料分开,随着滑动速度的增加,摩擦力降低到最小值。③流体动力学区域,滑动面被润滑材料完全分离。口腔中的摩擦行为通常处于混合区域,口腔滑动速度为 10 ~ 30mm/s。

作为一个系统属性而非物理属性,摩擦受到系统诸多因素的影响。对于食品,摩擦可能受到食品组成和物理化学性质、食品黏度、食品粒度、口腔表面组成和条

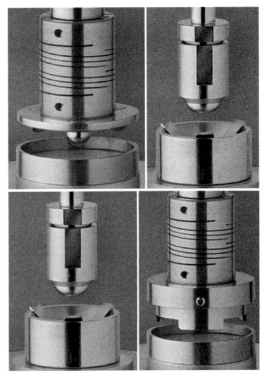

图 29.17 摩擦学测试夹具

注:由 TA Instruments,New Castle,DE 提供。

件以及唾液组成和唾液量的影响。例如,全麦面包比精制面粉制成的面包具有更粗糙的口感(更高的摩擦力),因为大量不规则形状的麸皮颗粒增加了全麦面包在咀嚼时抵靠口腔表面的摩擦。

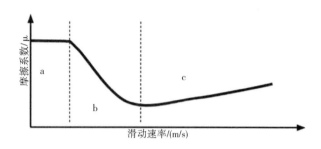

图 29.18　Stribeck 曲线

29.6　总结

流变测试简单,只需要测量力、形变和时间等参数。将这些测量转换为基本的物理流变性能,需要对材料和测试方法有所了解。对于大多数流体和固体食物,流变测试要求较高的均一性和各向同性。基础流变性质是基于对样品施加应力或应变以及夹具的几何尺寸来测定的。一旦确定了流变性能,就可以用物理或数学模型来进行描述,以获得对流变性能更全面的了解。使用基础方法而非经验方法测定流变性质的优点在于测量结果与特定仪器无关,测量结果可以在不同仪器设备和样品材料间进行比较,比如蜂蜜与油漆流动行为的差异。通过流变学方法,食品科学家可以把一系列科学(包括高分子化学和材料科学)的理论和实验信息关联起来,以更好地理解食品材料的质量和行为。

本章所涉及词汇和符号如表 29.9 和表 29.10 所示。

表 29.9	词汇表
Bostwick 稠度计	用于食品工业黏度测量的流变仪
边界区域	表面与表面接触,摩擦系数高且恒定的摩擦行为区间
Brookfield 黏度计	用于食品工业黏度测量的流变仪
压缩	作用力沿垂直方向作用于物体
同心圆筒	用于旋转黏度测量的测试夹具,通常被称为杯和测锤
锥板	用于旋转黏度测量的测试夹具
本构方程	关于应力与应变的方程,有时还包括时间、温度和浓度
胀塑性	剪切增稠
经验测试	简单测量无明确定义的参数,其与质构或其他特性具有相关性
基础测试	测量具有明确定义的物理流变性质
均一性	混合良好、组成相似、与位置无关

续表

流体动力学区域	表面与表面被润滑材料完全分离的摩擦行为区间
不可压缩	密度不会发生变化
各向同性	材料响应不是位置或方向的函数
运动黏度	黏度除以材料的密度
层流	流线流动
混合区域	由于表面 – 表面接触减少,摩擦减少到最小值的摩擦行为区间
模量	应力与应变的比率
牛顿流体	剪切应力与剪切速率为线性关系且无屈服应力的流体
非牛顿流体	任何偏离牛顿行为的流体
无滑移	与边界相邻的流体具有与边界具有相同的速度
振荡流变	使用受控的正弦函数变化的应力或应变进行的动态流变测试
平行板	用于旋转黏度测定的测试夹具
假塑性	剪切变稀
流变图	显示流变性质关系的图表
流变学	研究所有材料如何响应应力或应变的科学
流变仪	测量流变性能的仪器
流凝性	时间依赖的增稠行为
剪切(应变)速率	(剪切)应变相对于时间的变化
简单剪切	一个表面相对于另一个平行表面的相对运动形成一个在表面间的流体剪切场
简单剪切近似	一种预测窄间隙内流体剪切速率的近似
稳态剪切	流动速度在每个位置不随时间变化的流场
稳态	与时间无关
应变	相对变形
应力	单位面积的力
张力	与样品垂直的作用力
测试夹具	一种流变附件,有时被称为夹具,用于剪切样品材料
触变性	材料随时间剪切变稀
扭矩	围绕轴线产生的力矩,是力和垂直于旋转轴的距离的乘积
扭力	施加在样品上的扭转力
摩擦学	流变学的分支科学,涉及摩擦、润滑和磨损
黏弹性	同时呈现流体状(黏性)和类固体(弹性)行为
黏度计	测量黏度的仪器
黏度	流体内部的流动阻力
屈服应力	发生流动所需的最小应力
Zahn 杯	用于食品工业测量黏度的流变仪

表 29.10　　　　　　　　　　　　**专业术语**

符号	名称	单位
A	面积	m^2
A_i	样品初始面积	m^2
E	弹性模量	Pa
F	力	N
G	剪切模量	Pa
h	高度	m
K	稠度系数	$Pa \cdot s^n$
L	长度	m
L_i	初始长度	m
ΔL	长度变化	m
M	力矩	$N \cdot m$
n	流动行为指数	无单位
r	径向距离	m
R	半径	m
R_i	初始半径	m
R_b	测锤半径	m
R_c	杯半径	m
t	时间	s
U	速度	m/s
e	法向应变	无单位
γ	剪切应变	无单位
γ	剪切角	rad 或 °
$\dot{\gamma}$	剪切速率	s^{-1}
η	表观黏度	$Pa \cdot s$
θ	锥角	rad 或 °
μ	牛顿黏度	$Pa \cdot s$
μ_{pl}	塑性黏度	$Pa \cdot s$
σ	应力	Pa
σ_0	剪切应力	Pa
σ_b	屈服应力	Pa
Ω	角速度	rad/s

29.7　思考题

（1）力与应力有何不同？

（2）剪切应力和法向应力有什么区别？

（3）表观粘度的定义是什么？表观黏度与牛顿黏度有什么不同？

（4）纯枫糖浆是牛顿流体，仿枫糖浆是幂律流体。这些流体的流动行为有什么区别，这些差异如何影响它们的加工方式和最终质构？

（5）苹果酱在26℃的应力反应可以用下面的数学公式来描述：

$$\sigma = 5.6\dot{\gamma}^{0.45}$$

蜂蜜在26℃下的应力反应服从牛顿模型：

$$\sigma = 8.9\dot{\gamma}$$

在两个方程中，应力的单位为帕斯卡，剪切速率的单位为 s^{-1}。

①哪个流变模型用于描述苹果酱？稠度系数和流动行为指数是多少？请给出这些变量的单位。

②在0.25、0.43、5.10和60.0 s^{-1}的剪切速率下计算苹果酱和蜂蜜的表观黏度。

③比较两种食品的黏度如何随剪切速率而变化。哪种食物具有较高的黏度？

④在测量黏度时，解释多点测试的重要性。

（6）你正在设计一个新的芯片浸渍，请至少描述三种相关的流变行为。

（7）流变测试可以是经验性的或基础性的。

①经验和基础流变测试之间有什么区别？

②开发两个比较不同番茄酱配方的黏度的实验测试。

③确定至少一个基础流变测试，用来验证经验测试相似的属性。

④解释使用基础流变测试而非经验测试的优点。

（8）在全脂产品和低脂产品之间，你会期望什么样的摩擦学差异？

参考文献

1. Steffe JF, Daubert CR (2006) Bioprocessing pipelines: rheology and analysis. Freeman, East Lansing, MI
2. Steffe JF (1996) Rheological methods in food process engineering, 2nd edn. Freeman, East Lansing, MI
3. Muller HG (1973) An introduction to food rheology. Crane, Russak, Inc., New York
4. Rao MA (1999) Rheology of fluid and semisolid foods: principles and applications. Aspen, Gaithersburg, MD
5. Diehl KC, Hamann DD, Whitfield JK (1979) Structural failure in selected raw fruits and vegetables. J Texture Stud 10:371 - 400
6. Hamann D, Zhang J, Daubert CR, Foegeding EA, Diehl KC (2006) Analysis of compression, tension and torsion for testing food gel fracture properties. J Texture Stud 37:620 - 639
7. Bourne MC (1982) Food texture and viscosity: concept and measurement. Academic, New York
8. Macosko CW (1994) Rheology: principles, measurements, and applications. VCH, New York
9. Barnes HA, Hutton JF, Walters K (1989) An introduction to rheology. Elsevier Science, New York

30 热分析

Leonard C. Thomas
Shelly J. Schmidt

30.1 引言

热分析可以定义为用温度、时间和大气(惰性或氧化性气体,压力和相对湿度)函数来描述物理化学性质的分析技术。根据这项技术,测试温度范围为 −180 ~ 1000℃,甚至更高,可以进行低温稳定性和加工性能(例如,冷冻和冷冻干燥)和高温加工和烹饪(例如,挤压、喷雾干燥和油炸)等一系列的应用研究。

热分析结果可以深入的研究原材料及制成品的结构和质量。材料的物理结构(无定形,晶体,半结晶)决定其物理特性,从而确定最终用途性质,如质地和储存稳定性。应用的领域包括质量保证,产品开发和新材料研究,配方和加工条件[1-4]。

特定的仪器通常用来表征特定的属性。仪器包括一个传感器用来测量所需的特性,一个温度测量装置,如热电偶、热电堆或者铂电阻温度计来记录样品的温度。实验在加热、冷却或者恒温(等温)下进行,测量信号存储后进行分析。

食品研究人员对于热分析技术主要兴趣点和测量性质见表 30.1,前三种被广泛使用,在 30.2 进行详细讨论。

表 30.1　　　　　食品研究人员对于热分析技术主要兴趣点和测量性质

技术	缩略语	测量性质
热重分析	TGA	重量变化
差示扫描量热法	DSC	热流量
调制温度差示扫描量热法	MDSC®	热流量和热容
热机械分析	TMA	空间变化
动态力学分析	DMA	刚度和能量
流变学	Rheometer(流变仪)	黏度耗散/流动行为
水分吸附分析	MSA	吸湿性

热重分析(TGA)是表征新材料时具有代表性的热分析测量方法。TGA 可以检测和量化自由水和/或结合水,确定分子分解(化学变化)开始温度。TGA 可以定量测量重量变化;然而如果化学反应中有气体逸出,此方法并不能对其进行定量分析。如果需要确定逸出气体的化学信息,那么 TGA 可以与质谱仪(MS)(详见第 11 章),或者与傅立叶变换红外(FT-IR)光谱仪相连(详见第 8 章)[5]。

通过 TGA 方法分析得到原材料的组成和热稳定性后,其物理结构或"形态"一般可以由差示扫描量热法(DSC)或调制温度差示扫描量热法(MDSC®)来确定。结构和结构变化(转化)时的温度显著影响材料的物理和化学性质。通过对原材料的结构及其相关物理性质的了解,可以开展一些程序化的工作来得到我们想要的最终使用性能,例如,脆化度、快速溶解率、货架期。

30.2 材料科学

自从 Slade 和 Levine 做了开创性工作以来[6-7],食品科学家们一直在积极应用材料科学的原理来研究食品材料[8-9]。将其应用于食品的主要原因之一是材料的最终使用性能是由特定温度下该材料的结构所决定的。因此在特定的温度下测量结构非常必要。热分析的主要作用是通过测量与结构相关的物理性质(例如,热容、流量、膨胀、刚性)来确定物质结构。

30.2.1 无定形结构

许多食品是无定形或高无定形含量(半结晶)状态的。例如,挤压食品和谷物早餐、低水分曲奇和饼干、硬糖、喷雾干燥的粉状饮料混合物。无定形结构没有规则或系统的分子顺序,与晶体结构相比它有最高的能量和熵值、最高的分子流动性和最快的溶解速度。无定形结构的一个潜在问题是它的物理性质可以在特定的温度下按照数量级变化,这个特定温度称为玻璃化转变温度(T_g)。

在温度低于 T_g 时,无定形物质像玻璃一样,刚性、低分子流动性并具有非常高的黏度(低流动性)。在 T_g 以上,这些材料像橡胶一样,呈黏稠液体状,或具有更大自由体积的凝胶和更高的分子流动性。当一些无定形物质(如脂肪、油和水)冷却到较低温度时具有结晶的能力。然而这些物质可能与配料中的其他物质结合(如氢键),使其在凝固点以下甚至在更低的储存温度条件下也不会结晶。以水为例,众所周知不是所有食品中的水分在极低的储存温度下都结冰[10]。

因在 T_g 温度时食品性质变化非常显著,所以在配方或食谱中选择合适的配料与比例对于测量和控制 T_g 非常重要。在食品中,水分含量的变化可以使 T_g 变化达到 50℃ 或更高。酥脆的零食,如饼干和薯片,可以通过水分含量变化影响其 T_g 和物理性质。例如,新鲜加工薯片的 T_g 大大高于室温,因此薯片酥脆并有愉快的质地。如果薯片暴露于环境温度和高湿度下几个小时,他们就会变得柔软。这是低水分食品在高于 T_g 温度时所显现出的典型质地特征。一旦薯片的包装被打开,含水量较低的薯片就开始吸收空气中的水分,从而降低 T_g 并在消费温度下产生的一系列不同的物理特性。

大多数热分析技术可以通过一些物理性质的显著变化来测量 T_g,如热容(DSC)、热膨胀系数(TMA)和刚度(DMA),这些特性是随着 T_g 的变化而变化的[8]。DSC 是最常用的技术,主要是由于此方法具有样品处理简单,测试时间短,数据解读直接以及使用密封容器防止加热时样品水分流失等特点。样品加热温度达到 T_g 以上,由于分子的流动性和热容量显著增加,DSC 可以测出热流动速率的相应增加。温度和热流量变化与所测样品中无定形材料的数量成正比例关系(图 30.1)。

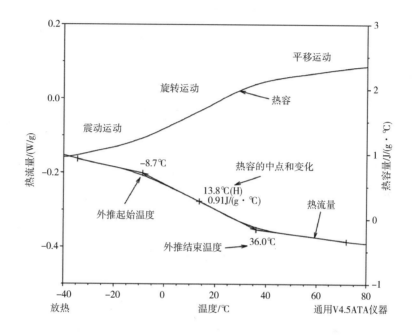

图 30.1 玻璃化转变温度的 DSC 图

注:无定形结构的玻璃化转化温度可以通过 DSC 来测量,当材料加热温度超过玻璃化转化温度(T_g)时,其热容量的显著增加。典型的 T_g 分析包括外推的起始点、中点(热容变化的一半温度)和终点温度,以及热容量的差异(ΔC_p,J/g·℃)。

30.2.2 晶体结构

晶体结构在许多方面不同于无定形结构,分子长链序列分布,具有低能量(焓)和熵,高密度以及不同的物理性质。分子流动性低,这意味着热容较低。结晶物质熔化会形成无定形液体。无定形液体经过冷却后,一些物质(如脂肪)会形成结晶,而另一些物质(如蔗糖和果糖)在低于其 T_g 温度时会转变成玻璃态。

由于晶体内密度增加和分子的有序排列,晶体材料形成氢键的能力降低,从而减少了体相结构从大气中吸收水分的趋势。然而晶体材料可以快速将水分"吸收"到其表面,这可以反映周围环境的相对湿度(%)[11]。晶体材料的熔融温度高于无定形材料的玻璃化转化温度,这点使晶体材料比无定形材料在更大的温度范围内更稳定、更坚硬(通常像蔗糖和盐这样的砂质)。由于晶体结构更稳定,物理性质随时间变化较小。

因晶体材料比无定形材料有较低的热容量,所以晶体材料必须吸收热量(吸热过程)才能变成无定形状态。在 DSC 实验中,吸收热量会形成一个吸热峰,被称为融化峰。数据分析软件可以测量吸热融化峰的开始、峰值和结束温度,并计算在测定区域融化样品所需的热量(J/g)。熔化峰面积(J/g)随着物质结晶度的增加而增加。图 30.2 所示为结晶糖醇(多元醇)甘露醇融化的 DSC 数据,这种糖醇通常用于糖果生产领域,如"清新口气"的薄荷糖和口香糖。

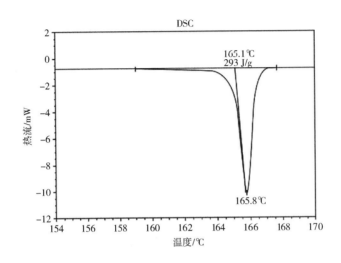

图30.2　结晶甘露醇(多元醇)融化 DSC 图

注:如图数据分析可知外推起始温度,最高融化峰温度和融化结晶结构所需的热量(融化热,J/g)。

通常,晶体结构转化成无定形结构需要加热到足够高的温度(能量级),以克服晶格间能量(称为热动力熔化)。然而,晶体也会在某些过程中失去晶体结构,如溶剂溶解(溶解),水合结晶状态脱水,两种物质在低于其熔点温度以下打破化学键(分解)而发生化学相互作用。由于这些是与时间有关的(动力学)过程,因此 DSC 数据中随着加热速率的增加吸热峰会向高温方向移动。果糖可以更好地解释这种现象,如图 30.3 所示。图 30.3 和本章其他数据结果一样包含多个 y 轴。由于热流率(W/g)与加热速率成正比,因此将热流曲线与不同加热速率在不同灵敏度下进行比较,从而产生多个 y 轴。

30.2.3　半晶体结构

许多食品同时含有无定形和晶体两种结构。在一定情况下,如脂质在某温度范围内融化,一种成分可以分别以两种不同的相态存在。固体脂肪含量(SFC)通常是指脂类各相态的混合物(详见 23.3.11)。在特定温度(通常是室温,22℃),一定比例的脂类物质呈固体(晶体)状态,其余为液体(融化)状态。在室温下显示上述特性的脂质就是可可脂,即巧克力中的常见成分。可可脂有 6 种已知的结晶形态(称为同质多晶体),最低稳定形态(形态Ⅰ)大约在 17℃时融化;最高稳定形态(形态Ⅳ)在大约 35℃时融化。巧克力中的可可脂在形态Ⅴ状态下是最理想的结晶形式、深棕色、表面光滑,折断时产生令人愉悦的嘭啪声,融化温度接近口腔温度。

图 30.4 所示为糖衣巧克力的融化过程。由于样品中存在的不稳定脂质结晶状态,低于

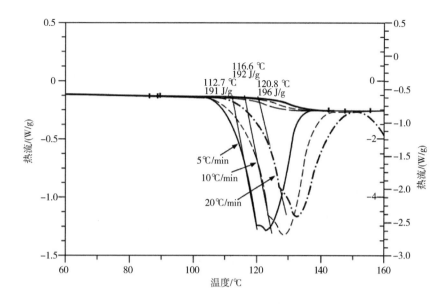

图30.3 不同加热速率果糖融化 DSC 图

注:随加热速率增大,吸热峰随果糖晶体结构变化向高温方向漂移,表明此过程是与时间有关的
动力学过程。

22℃时有几个小的融化重叠峰。通过测量高于和低于 22℃时融化百分比就可以得到室温
下脂质中固相成分的比例。"积分函数"是 DSC 数据分析软件的一个特点,它可以绘制温度
与融化百分比间的函数曲线。结果显示,实验样品中 22.9% 可可脂在室温下呈液体(融化)
状态,而液体状的脂质为巧克力提供了奶油般的质感。

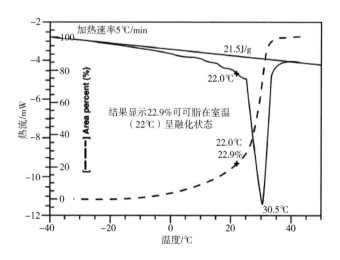

图30.4 糖衣巧克力 DSC 图

注:在低于 22℃时有几个小的重叠融化峰出现,是由于样品中含有的不稳定晶
体脂融化形成的。样品测定结果显示,22℃时 22.9% 的可可脂呈液态(融化状态),
其余为晶体(固态)。

30.2.4 热力学和动力学特性

如30.3.2.1所述,DSC以及其他热分析技术的局限性在于需要对样品进行加热。随着温度增加,分子迁移率增加,物质结构会发生不易观察的变化。由于实验目的是测量物质的结构,因此热分析仪器用户必须能够识别所得到的结果是由于结构变化(例如,相变)还是成分变化(例如,溶剂蒸发)引起的。

热力学性质(例如,热容、焓和密度)是温度的函数,而动力学性质则是时间和温度的函数。食品中动力学过程的常见事例是,低温储藏时水的冻结、脂肪的结晶、水的吸附/解吸、面包的老化,以及油炸等加工过程中的分解/氧化过程。

确定一个过程是热力学还是动力学过程最简单的方法是改变加热速率。因为加热速率单位为℃/min,反过来的单位为min/℃。加热速率越高,样品在每一温度下所经历的时间就越短。因此,高的加热速率降低了物质结构变化的概率,反之低的加热速率则增加了物质结构变化的可能性。如果物质的起始温度保持相对恒定(变化<1℃),加热速率发生十倍的变化,它就是一个典型的热力学过程,然而当物质的温度随加热速率增加而增高就是动力学过程。图30.3所示为果糖在起始温度为112.7℃时以5℃/min的速度增加到20℃/min,温度达到120.8℃的DSC吸热峰。如前所述,果糖的热分解过程是与加热速率高度相关的动力学过程[12]。

30.3 原理和方法

以下主要讲述热技术的工作原理以及常用物质表征的最佳实验条件。

30.3.1 热重分析

30.3.1.1 概述

热重分析(TGA)是最早用于表征新材料的热分析技术。TGA提供的信息包括有关材料的组成(组分数)及其热稳定性或氧化稳定性(分别在惰性气体和氧化气体中分解)。因为有些样品需要从室温加热到1000℃或更高,所以TGA仪器使用了特殊设计和非常灵敏的分析天平来测量重量变化。当样品重量发生变化时,位于样品附近热电偶就会连续记录温度。加热样品的空间通常会充满惰性气体(如氮气或氦气);如果要测量氧化稳定性可以使用空气或氧气。大多数重量变化是由于挥发或分解过程引起的重量减少,但在氧化早期可以观察到重量的增加。专业版TGA包含了湿度控制,使物质的吸湿速率(吸附和解吸)可以通过时间,温度和相对湿度进行测量。

图30.5所示为传统TGA和湿度控制吸附分析TGA的设计示意图。它们的天平上都有样品盘和对照盘。对照盘是空的,因为它的作用就是去除样品盘自身的重量。传统TGA,对照盘通常是不加热的。湿度控制TGA的对照盘需要与样品盘放入相同的温度和湿度中,这能大大提高测量的稳定性。大多数现代仪器可以自动进样,不需要操作人员。

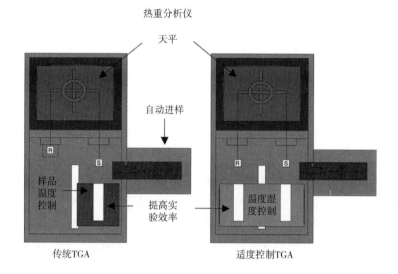

热重分析仪

天平

自动进样

样品温度控制

提高实验效率

温度湿度控制

传统TGA

适度控制TGA

图30.5 热重分析仪结构图

注:热重仪用灵敏的分析天平测量物质的重量变化,样品盘通常需放入能够调控温度
和空气的空间中。由 TA 仪器图改编,纽卡斯尔,特拉华州。

大多数 TGA 仪器有自身的局限性。尽管 TGA 可以对样品重量的变化进行定量,但很难量化样品中某一种特殊成分的重量变化,因为在一定温度下不同成分的重量变化会叠加。可以通过降低加热速度和减少样品重量的途径,来提高这些重量损失的温度分辨率。然而,降低加热速度会增加测试时间(降低工作效率),而较小的样本量会降低重量变化的准确性。TGA 的另一个局限是它不能识别样品中逸出气体的化学成分。对气体成分的分析有助于辨别是水分流失还是小分子添加剂的损失,如香精、香料等,并有助于确定烹调和降解过程中所包含的化学机制。大多数质谱仪和傅立叶变换红外仪器厂商提供的产品可以和 TGA 仪连接,以便于对气体进行化学鉴定。

30.3.1.2 实验条件

尽管 TGA 实验可以在很宽泛的条件下进行,大多数物质可以按如下条件进行操作。

(1)样品重量 10 ~ 20mg(较大的样品量可提高检测微量成分的灵敏度)。

(2)盘的类型 铂。

(3)净化(吹扫)气体 氮气。

(4)启动温度 室温,通常 20℃。

(5)加热速率 10℃/min(低速率会提高重量损失叠加的分辨率)。

(6)最终温度 300℃。

30.3.1.3 常规测量

TGA 实验主要是加热实验;但等温(恒温)条件也可以用来确定加工和烹饪温度下干燥速率或伴随的重量变化。常规的测量包括如下所述。

(1)重量变化时的温度。

(2)自由(或游离)水分含量。

(3)"束缚"或结合水分含量(结构的一部分)。

(4)组成(多个组分)。

(5)分解温度。

需要指出的是,实际上并没有分解温度。分解是一个动力学过程,这意味着它是时间和温度的函数。因此,随着加热速率的增加,分解温度也随之升高。

图30.6显示了糖霜玉米片的TGA数据。由于它含有多种其他组分,所以选择使用相对较大的样本量58.6mg,以提高检测这些组分的灵敏度。y_1轴显示重量流失从90%~100%。此外,y_2和y_3轴显示与重量损失率相关的衍生信号,在两种灵敏度下检测样品中重量损失最多的两种组分的变化。第一组分随着温度升高,样品中游离水或自由水减少,重量迅速发生变化。由于样品中的水扩散需要时间,导数信号的峰值发生在100℃以上(水的沸点)。第二组分的重量变化在178℃,在这个温度下,样品失去了大约2.7%的重量。由于某些成分的分解温度接近178℃,因此在此温度时样品的化学性质发生变化,很难用第30.3.2中所描述的其他技术仪器来测量出任何有意义的结构。

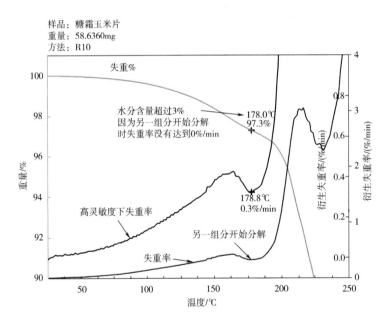

图30.6　糖衣玉米片热重分析(TGA)图

注:58mg糖衣玉米片的热重分析(TGA)结果。衍生信号显示的是在两个不同灵敏度下的失重率,更好地阐述水分损失和第一阶段热分解过程。在分解开始温度(178℃)时,失重(%)曲线显示样品至少含有2.7%的水分。

30.3.2　差示扫描量热法

30.3.2.1　概述

差示扫描量热法(DSC)是最常用的热分析技术,大概占所有热分析测量的70%。由于每一次结构改变包含着吸收或释放热量,DSC 是测量结构的通用型检测器。该技术的主要缺陷就是仪器的灵敏度,当热流量等于或低于仪器的信号噪声时不能检测到很小的跃迁或非常缓慢的动力学过程。

由于使用了差分信号,DSC 测量热量微小变化的能力($\mu J/s$)大大提高。将对照盘与样品盘放入到相同的热环境中,可以保证 DSC 测量的信号是样品和对照本身的差异,有效地减少了与周围环境或周围的气体热交换引起的信号影响。如图 30.6 所示。

DSC 有两种差示测量方法。一种方法是样品和对照均使用普通的熔炉(热流型设计),而另一种方法则分别用独立的熔炉(功率补偿型设计)。每一种设计都有各自的理论优势和局限性,但是无论哪种形式,其测量性能都主要依赖于仪器制造商所建立的完全对称系统似有漏译,这提供了最高的灵敏度(检测微转换的能力)、分辨率(一定温度下分离转换的能力)、准确度和精密度。热通量是 DSC 测量最常用的方法,下面会详细讨论。

图 30.7 是热通量 DSC 的截面图。试样与参比盘用普通的熔炉来加热,并用高纯度、超干氮气来清洗。熔炉和制冷配件可以提供一个较宽的温度范围($-180 \sim 725℃$)。试样和参比样传感器是温度传感器,如热电偶、热电堆或铂电阻温度计。这些传感器可直接进行温度测定,是差示热流测量的基础。

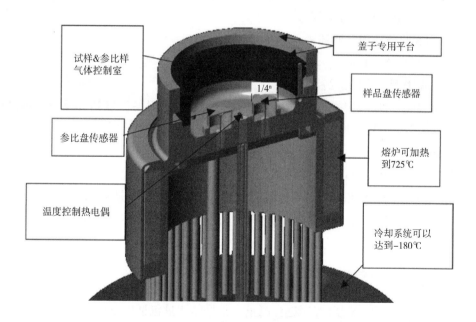

图 30.7　热流型 DSC 截面图

注:样品盘和参比盘放置于一个温度控制在 $-180 \sim 725℃$ 范围的空间中,该空间通常充满高纯度、超干氮气。Cour tesy of TA Znstruments,New Castle,DE

尽管 DSC 是测定物质结构及其变化最有用的热技术,但它仍有很多局限性,包括如下几点。

(1)DSC 测量的是所有热流的总和。由于发生重叠,有时难以解释数据(在相同温度和时间下,多重变会同时发生时)。

(2)大多数测量都是把样品加热到较高的温度。随温度的升高,迁移率增加,结构发生微妙的变化。测量的结构可能并不是实验开始时样品的初始结构。

(3)DSC 采用单一加热速率。较高的加热率能提供较好的灵敏度,而较低的加热率可提供更好的分辨率,因此,在单一 DSC 实验中,不可能同时优化灵敏度和分辨率。

(4)DSC 不能在等温条件下测定热容。因此,在恒定温度下,DSC 不能用热容作为监测样品结构变化的手段。

30.3.2.2　实验条件

测量样本不同会选用不同的测量条件。大样本量和较高的加热速率可以提高灵敏度(检测样品的能力),而小样本量和较低的加热速率会提高分辨率。下面列出的是一般检测时的基本条件,但仍需要优化以获得最佳实验结果。选择实验条件时首先要确定样品盘的类型。如果是干燥的样品(在 TGA 测定中,100℃时挥发组分相对密度小于 0.5%),标准铝样品盘可获得最佳测定结果。铝样品盘质量轻并且可以在样品和传感器之间进行更好的热传导。然而,由于它们不是密封的,在样品加热过程中,会导致挥发性成分的蒸发。对于含挥发性成分的样品则推荐使用密封盘。但是密封盘比铝盘重,通常在样品和传感器之间接触不充分,其灵敏度和分辨率较低。

推荐初始实验条件如下所述:

(1)样品重量　8~12mg。

(2)样品盘类型　铝制密封。

(3)起始温度　低于第一次转变温度 25℃以下,这样可以使温度达到反应温度之前基线达到稳定,从而可以更好地量化由结构变化导致的热含量(焓)的变化。

(4)净化气体　干燥的氮气。

(5)加热速率　10℃/min。

(6)终止温度　TGA 实验中样本分解失重达到5%时的温度是 DSC 实验的最高温度。一般来说,如果在 DSC 在室内发生样品分解,分解产物凝结会影响后续的数据。

30.3.2.3　常用测量

DSC 可用来测量大多数食品成分的结构及特性。通常情况下,会采用加热实验;然而有时会采用冷却或恒温(等温)程序进行测量。常见的测量包括以下内容。

(1)无定形状态玻璃化转变温度。

(2)晶体结构的熔融温度。

(3)半结晶材料的结晶度。

(4)无定形材料的结晶化。

(5)蛋白质变性。

(6)淀粉糊化。

(7)冷冻干燥用的冷冻液分析。

(8)脂肪和油的氧化稳定性。

结构变化(转变)是吸热的[如样品吸收额外的能量(热量)]或放热的(如释放热量)的过程。图 30.8 所示为浓度分别为 1%、10%(w/w)的鸡蛋清水溶液中蛋白变性与吸热之间的关系。蛋白高级结构的展开,导致焓、自由体积和分子流动性的增加,这个过程需要吸收热量。变性和凝胶化是低能量的过程,因此需要较大的样品量来提供足够的灵敏度。在图 30.8 所示的情况下,高容量不锈钢盘中需要大约 80mg 样品。

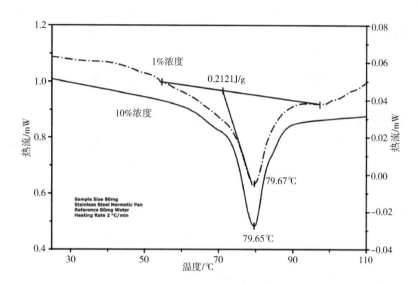

图 30.8　两种不同浓度(1%和 10%w/w 水溶液)蛋清蛋白变性 DSC 图
注:在蛋白质变性和淀粉糊化的试验中推荐使用大样品量(>50mg)以提高检测的灵敏

30.3.3　调制式差示扫描量热仪

30.3.3.1　概述

调制式 DSC®(MDSC®)是一种特殊类型的差示扫描量热仪,同时有两个同步升温程序作用于样品[13]。一个是线性升温程序,得到与传统 DSC 相同的数据,而叠加在线性速率的正弦震荡升温程序可以实现总热流信号的热容分量测量。如上所述,DSC 局限性之一是只能测量所有热流量的总和,而这会使数据的解释比较困难。

DSC 的热流信号可以用式(30.1)进行解读:

$$\frac{\mathrm{d}H}{\mathrm{d}t} = C_p \frac{\mathrm{d}T}{\mathrm{d}t} + f(T,t) \tag{30.1}$$

式中　$\mathrm{d}H/\mathrm{d}t$——测量热流率,$mW = mJ/s$;

　　　C_p——热容,$J/℃$;比热容,$J/g℃$ × 样品重量,g;

　　　$\mathrm{d}T/\mathrm{d}t$——升温速率,$℃/min$;

　　　$f(T,t)$——与时间和动力学成分相关的热流率,mW。

根据式(30.1)所示,传统 DSC 测量的热流信号有两个分量:一个与热容有关,另一个与时间和温度的动力学过程有关。DSC 只测量两个分量的和。MDSC® 通过使用两个同步升温程序,将总信号分离成单独的成分。图 30.9 所示为 MDSC® 实验中温度与时间以及升温速率与时间的关系。如果使用平均温度和线性升温速率来进行实验得到的是典型 DSC 结果,而调制温度和正弦升温速率等过程所得到的是 MDSC®实验结果。

与每一种分析技术一样,MDSC®也有其局限性,包括以下几点。

(1)为了获得良好的分离效果,必须用缓慢的升温速率(通常 1~5℃/min),使 MDSC®与 DSC 相比,降低了工作效率(每日样品测定数量)。

(2)MDSC®更为复杂,因为与 DSC 实验相比需要额外的实验参数并产生更多的信号。

(3)对重叠过程的分离需要在实验中调节样品温度。但是在融化相对纯度较高的材料时,仅仅调节几度是不可能达到的。

(4)由于 MDSC®缓慢的升温速率,增加了样品结构变化的可能性。

30.3.3.2　实验条件

如图 30.9 所示,MDSC®在线性和正弦两种升温程序中都有其适宜温度。因此,有必要为两种变量指定条件。下列的推荐起始条件将适用于大多数样品。

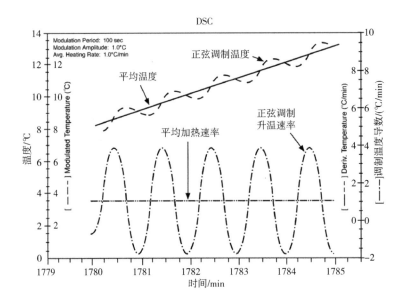

图 30.9　调制温度 DSC 图

注:调制温度 DSC(MDSC®)利用两个同步升温程序(线性和正弦)将总热流量(相当于传统 DSC)信号分离成热容和动力学成分。

(1)平均线性升温速率 =2℃/min。

(2)温度调制周期 =60s(较大样品可以使用较长时间)。

(3)温度调制振幅 = ±1.0℃。

(4)其他条件与 DSC 相同。

30.3.3.3　常见测量

MDSC®应用范围与 DSC 相同,但有其明显的优势:能够分辨出热容和动力学组分形成的热流信号。这个优势可以从图 30.10 中(糖霜玉米片的结构分析)看出。许多谷类产品在高于室温的 DSC 数据中都显示出宽泛的吸热峰值(最可能是弛豫过程,也称为物理老化);然而没有看到所预期的玻璃化转化。图 30.10 中 MDSC® 数据的总热流信号(相当于传统 DSC 的信号)显示出了这样的峰值情况。然而,MDSC® 还显示总热流信号的动力学和热容部分,这样可以在可逆热流信号中对玻璃化转化进行直接分析。一般来说,可逆热流信号包括热容量、热容变化和大多数的熔融过程。所有的动力学过程(如结晶、分解、蒸发和物理老化)都会出现在不可逆热流信号中。

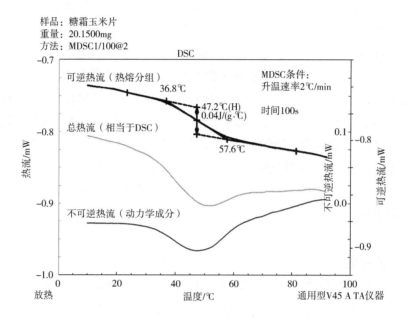

图 30.10　糖衣玉米片温度调制 DSC(MDSC®)图

注:大样本量可以提高灵敏度,使用密封样品盘可以阻止加热过程中的水分损失。总信号流是典型的 DSC 吸热峰,而可逆信号(热容量成分)显示潜在的玻璃化转变。由于玉米片玻璃化转变温度(Tg)高于室温,其室温时呈松脆状态。

30.4　应用

以下将探讨应用热分析技术研究食品产品时所遇到的问题,以及热分析技术测定食品体系组成和结构的其他应用。

30.4.1　样品制备挑战

(1)样品与样品盘接触不良　DSC 实验中必须采用 DSC 样品盘(通常是铝密封)盛放样品。准备样品盘时,请记住样品与 DSC 传感器之间的热传递发生在样品盘的底部。因此,实验过程中样品和 DSC 样品盘之间的传热很重要,这样可以避免实验过程中因样本移动而出现的数据偏差。在用密封盖密封之前,可以在样品盘内轻轻按压样品或使用内部压盖使固体样品置于盘底。

(2)缺乏均一性 大多数食品由不同的成分组成,因此其不同横截面组成和结构有很大的变化。因热分析技术使用的样本量比较小,所以用户必须应用有代表性样本。解决这个问题可以用两个简单方法,一是尽可能使用最大的样本量(在样品盘可容纳情况下),二是对同一样品测量三次。需要注意的是,为了更好地检测糖霜玉米片中微弱的玻璃化转变过程如图30.10所示,使用了20mg的样品量。尽管大样本对分辨率有负面影响,但首先要能够检测到目标物的转变。

(3)水分含量控制 食品通常具有较大的表面积并具有无定形状态。这会导致在样品储藏和准备过程中水分的吸收或损失。水分与空气的交换需要保持在最低限度,因为只要百分之几水含量的变化就可以使玻璃化转变温度变化几十度。此外,密封DSC盘可用于防止加热时水分的损耗,并且开放样品应该不能留在TGA自动进样盘中。

(4)前期热效应 通常在第一次差示扫描量热试验中分析玻璃化转变是困难的。这是由于在玻璃化转变温度范围内,受前期热效应影响引起的动力学过程(时间和温度)导致的,包括焓的释放和恢复,应力松弛和流动性。为了消除这些动力学过程的干扰,通常将样品加热到25℃以上,当玻璃化转变结束后再将其冷却至所需的初始温度。这个试验通常被称为热—冷—热试验。最初的实验需要确定这个温度,确保加热到此温度时不改变晶体结构或破坏其组成成分。

30.4.2 其他应用

图30.11是比较面包的中心和外皮的TGA结果。在导数信号中可以看出,200℃以上时两个样品都显示出类似的分解温度。由于面包中心和外皮物理上的巨大差异,DSC数据中导数信号的第一个峰值和次要成分(第二小峰)可以看出其水分含量的明显差异。

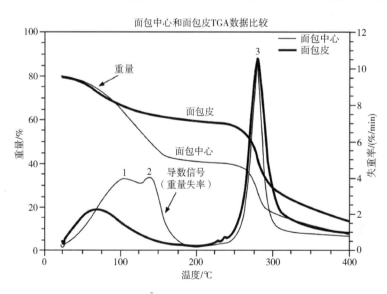

图30.11 190℃焙烤的面包心和面包皮的TGA数据的比较图

注:如图所示温度低于200℃时差异明显。这是因为在焙烤过程中水分蒸发使面包的中心比面包皮温度低。

图 30.12 比较了糖衣巧克力和糖衣之间的 DSC 数据。可以看出由于巧克力的存在,糖衣在巧克力介质中的融化和自身融化是不同的。

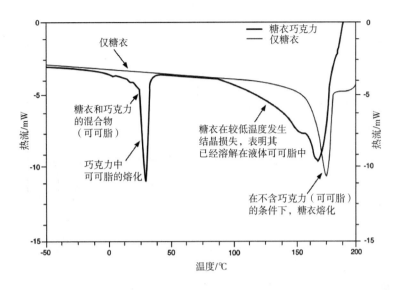

图 30.12　糖衣巧克力与糖衣的 DSC 数据比较图

注:由于巧克力的存在,糖的融化过程发生了变化。

　　许多物质在不同加工方式条件下,会分别以无定形或者晶态的形式存在。由于材料的结构或形态与其前期热过程有关(例如,时间、温度、相对湿度、压力),在 DSC 实验中加热会导致其结构的变化,此现象可以在图 30.13 中看出。图 30.13 所示为用冷冻干燥法制备无定形蔗糖的 DSC 实验结果,首先观察到的是在 53℃ 附近的玻璃化转变。干蔗糖(<0.1% 含水量)的 T_g 约为 68℃,该值随着含水率的增加而减小。53℃ 的 T_g 温度表明该样品含水量为 1.5% ~2%(干重)[14]。第二方面是玻璃化转变的大小,这是热容的阶跃变化的大小,通常用热容单位 J/(g·℃)表示。这个样品的值为 0.75J/(g·℃),表明它非常接近 100% 无定形状态,因为在文献中 100% 的无定形熔化淬灭样品值为 0.78J/(g·℃)[15]。在玻璃化转变结束时会出现吸热峰。这个吸热峰是温度略高于室温时玻璃化转化过程中常出现的,是物理老化过程所导致的。物质应力松弛使能量达到较低的状态,必须再吸收能量(称为焓回收)。在高于 T_g 温度时达到平衡状态,从而产生吸热峰[16]。

　　在 100℃ 附近的第二次转变是由无定形材料的结晶部分(通常称为热诱导结晶或冷结晶)引起的放热峰。峰的大小(J/g)由无定形物质中结晶部分的数量所决定。通过峰面积(88.57J/g)除以 100% 转化的结晶热(约 131J/g,在 10℃/min 条件下对 100% 结晶蔗糖进行单独的 DSC 实验操作所得的结果[15]),结果显示只有约 68% 的无定形蔗糖在加热过程中结晶。

　　最后一个观察到的转变是 150~180℃ 的一个吸热峰,这是由于晶体结构转变为无定形状态引起的,通常称之为熔化。因蔗糖在相同的温度下不仅发生晶型改变而且开始分解(化学转化),所以峰的形状不是很对称[12]。因此,这两个过程的重叠造成了非对称峰。与热诱导结晶一样,峰的大小(J/g)可以定量测量结构变化的量。在这种情况下,熔化峰数值

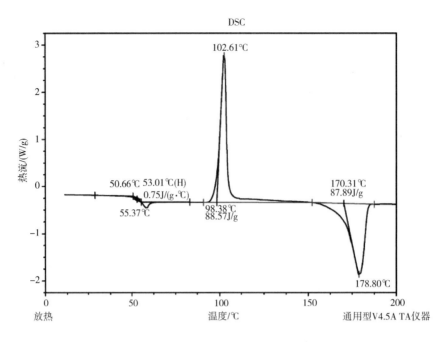

图 30.13　冻干蔗糖 DSC 图

注:以 10℃/min 加热速率所得的 DSC 数据图显示,由玻璃化转化的大小和结晶、融化能量比较可以看出,冻干蔗糖是 100% 无定形状态。

(87.89J/g)与冷结晶峰数值(88.57J/g)在实验误差(通常为 2%)范围内,这表明所有观察到的熔化都是无定形结构加热过程中结晶的结果。

对于热分析技术在食品材料中的其他应用,如淀粉糊化、植物油氧化和肉类蛋白质变性感兴趣的读者,可以在《热分析食品应用手册》[17]中找到。

30.5　总　结

热分析技术是一系列测量材料物理和化学性质的实验室技术,它是关于温度和时间的函数。在热分析实验中,温度或者保持不变(等温),或以线性速率增加或减小。由于在所有食品加工过程中温度和时间都可控,热分析仪器可以在样品量很小(mg)的情况下模拟测量材料的响应值。最常用的技术包括 TGA 和 DSC。

热分析技术被食品科学家使用是由于在特定温度下的食品的最终用途特性(功能)由该温度下组分结构所决定。因此可以用温度作为测量结构的函数。结构包括无定形(分子排列无序),晶体或半晶体,大多数食品中同时具有无定形态和晶体态。

无定形结构可以通过分析玻璃化转化过程来表征,其中包括材料的热容量变化和分子流动性的变化。温度升高晶体结构熔化,形成一个吸热峰,通过吸热峰数值可以提供晶体结构数量和熔化温度的信息。本章阐述了热分析在各种食品材料中的应用。

30.6 思考题

(1)你有两种品牌的蔗糖,一种质地较硬,一种软而黏着(耐嚼)。

①当对这两种蔗糖进行 DSC 实验时,分别会发生怎样的结构变化?

②如何通过 DSC 数据来解释这两种品牌蔗糖的质地?

(2)如果无定形物质在加热时发生晶体化(称为冷结晶),这一过程会在高于玻璃化转化温度还是低于玻璃化转化温度时发生? 解释原因。

(3)用自己的话解释为什么在 DSC 热流信号中冷结晶峰和融化峰呈反向? 具体如图30.13 示例。

(4)在30.3.3.3 中,玻璃化转化被认为"非常重要",为什么?

(5)假设你要开发一种脆饼干的配方,你需要回答下述问题:

①室温时饼干是呈玻璃态还是橡胶态? 解释原因。

②选择 TGA 试验条件时,使用密封或者不密封的样品盘? 为什么?

③选择 DSC 试验条件时,使用密封或者不密封的样品盘? 为什么?

④进行 MDSC®实验时,哪种信号数据包含玻璃化转变? 为什么?

⑤你发现高果玉米糖浆(HFCS)比蔗糖便宜,你可以在饼干的配方中用高果玉米糖浆替代蔗糖吗? 解释原因。

⑥在 DSC 或 MDSC®实验中,样品中无定形状态开始晶体化,这会导致热容的增加还是降低?

⑦如30.3.2 所述,DSC 方法的局限是其不能在等温条件下测量热容,而 MDSC®可以在等温条件下测量热容。使用式(30.1)解释两种方法的不同点。

参考文献

1. Farkas J, Mohácsi-Farkas C (1996) Application of differential scanning calorimetry in food research and food quality assurance. J Therm Anal 47:1787-1803
2. Raemy A (2003) Behavior of foods studied by thermal analysis. J Therm Anal Calorim 71:273-278
3. Ievolella J, Wang M, Slade L, Levine H (2003) Application of thermal analysis to cookie, cracker, and pretzel manufacturing, Ch. 2. In: Kaletunc G, Breslauer KJ (eds) Characterization of cereals and flours: properties, analysis, and applications. CRC Press, Boca Raton, FL, pp 37-63
4. Sahin S, Sumnu SG (2006) Physical properties of foods. Springer, New York, p 257
5. Kamruddin M, Ajikumar PK, Dash S, Tyagi K, BaldevRAJ (2003) Thermogravimetry-evolved gas analysis-mass spectrometry system for materials research. Bull Mater Sci 26(4):449-460
6. Schmidt SJ (2004) Water and solids mobility in foods. Advances in Food and Nutrition Research, vol 48. Academic Press, London, UK, pp 1-101
7. Slade L, Levine H (1988) Non-equilibrium behavior of small carbohydrate-water systems. Pure Appl Chem 60(12):1841-1864
8. Slade L, Levine H (1991) Beyond water activity: recent advances based on an alternative approach to the assessment of food quality and safety. Crit Rev Food Sci Nutr 30(2-3):115-360
9. Aguilera JM, Lillford PJ (2007) Food materials science: principles and practice. Springer, New York, p 622
10. Sun D-W (2005) Handbook of frozen food processing and packaging. CRC Press, Raton, FL, p 760
11. Schmidt SJ (2012) Exploring the sucrose-water state diagram: Applications to hard candy cooking and confection quality and stability. Manufacturing Confectioner, January:79-89

12. Lee JW, Thomas LC and Schmidt SJ (2011) Investigation of the heating rate dependency associated with the loss of crystalline structure in sucrose, glucose, and fructose using a thermal analysis approach (Part I). J Ag FoodChem (59): 684 – 701

13. Thomas L (2006) Modulated DSC technology manual. TA Instruments, New Castle, DE

14. Yu X, Kappes SM, Bello-Perez LA, Schmidt SJ (2008) Investigating the moisture sorption behavior of amorphous sucrose using a dynamic humidity generating instrument. J Food Sci 73(1): E25 – E35

15. Magoń A, Wurm A, Schick C, Pangloli P, Zivanovic S, Skotnicki M, Pyda M (2014) Heat capacity and transition behavior of sucrose by standard, fast scanning and temperature-modulated calorimetry. Thermochim Acta589: 183 – 196

16. Wungtanagorn R and Schmidt SJ (2001) Thermodynamic properties and kinetics of the physical aging of amorphous glucose, fructose, and their mixture. J Therm Anal Calorim 65: 9 – 35

17. Widmann G and Oberholzer T (2014) Thermal Analysis Application Handbook, Food Collected Applications. Mettler Toledo, Columbus, OH, p. 66

颜色分析

R. E. Wrolstad ，D. E. Smith

31.1　引言

　　颜色、风味和质地是评价食品质量的三个主要属性,其中颜色对消费者选择食品起到最直观的影响。例如,根据颜色可以确定香蕉是否达到成熟;肉类颜色可以指示其新鲜度等;加州大学 Davis Scorecard 在评价葡萄酒质量时,颜色和外观得分占总评分的 20%[1]。食品科学家在为产品制定质量控制规范过程中,都将颜色和外观放在重要地位。在食品工业中,在采用主观视觉对食品进行评价的同时,采用仪器对食品颜色进行评价也得到了广泛应用。在科研和产业领域,都需要对颜色进行客观的测定,现代颜色测定仪器具有良好的耐用性、稳定性和方便性,被越来越广泛应用于相关领域。

　　颜色是指可见光范围内(380～770nm)的电磁波辐射能投射到人的视网膜上产生的视觉神经感觉[2],不同波长的电磁波表现为不同的颜色。颜色现象的产生必须具备三个因素:有色物体、可见光区域的光谱、观察者。在评定和测定颜色时,必须考虑上述三个因素。当白光照射到一个物体上时,它可以被吸收、反射或散射。选择性吸收某些波长的光是物体颜色的主要基础。眼睛能看到的颜色,是人脑对于从样品中来的光信号的诠释。比色法是一种科学的测定颜色的方法[3],运用数学单位来定义颜色是可行的,但这些数字单位很难与观察者所看到的颜色直接联系起来。目前已经开发出一些色度体系和颜色空间,可以更好地运用到颜色测定领域。

　　在食品研究和质量控制过程中,需要仪器能够提供可重复的数据,并且与眼睛观察到的颜色一致。本章将简要介绍人类的视觉生理,并概述不同的色度和颜色测定体系的基本原理,以帮助读者了解食品颜色的测定方法和原则。颜色测定是一门非常复杂的学科,若要对其进行更深入的理解,推荐阅读参考文献中的几部参考书[2-7]。

31.2　颜色的生理基础

　　人类有优良的颜色感知能力,可以辨识多达 1000 万种不同的颜色[8]。然而,人类对于颜色的识记能力非常差,不能准确地描述以前观测到的物体颜色[5],[9],因此需要对颜色进行客观测定。虽然颜色感知在人类身上有所不同,但其变化比味觉和嗅觉的变化要小得多。颜色感知对于具有正常色觉的人来说应该是相当一致的,大约有8%的男性和0.5%的女性因生理差异而用不同的方式感知颜色[2],[5]。

图31.1 是人眼的简化示意图。光线通过角膜进入眼睛,通过玻璃体的传输,聚焦于包含受体系统的视网膜上[10]。黄斑是一个视网膜上小(直径约5mm)而高度敏感的区域,是视觉最敏锐的区域,大致位于视网膜中央,因含有高浓度的类胡萝卜素、叶黄素和玉米黄质素而呈橙黄色,膳食中摄入的这些抗氧化剂可以保护视网膜不受光损伤[11]。老年性黄斑病变导致中心视力丧失,是我国老年人口的主要健康问题。视网膜中央的凹斑,直径约2mm,包含高度集中的圆锥体,

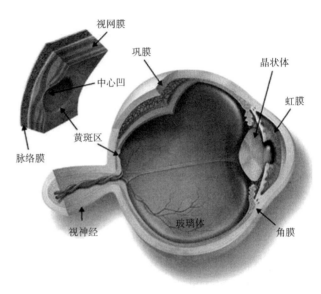

图31.1 人眼的简化示意图

负责日间或亮光的视觉,称为"明视"。视锥体含有对红、绿和蓝光敏感的受体。图31.2是三种类型视锥体对应的光谱灵敏度曲线。视杆细胞更广泛地分布在视网膜上,在低强度光线下比较敏感。它们没有颜色识别能力,而是负责夜晚或暗光下的视觉。图31.3所示为暗视觉(杆状细胞)和明视觉(视锥体)的光谱灵敏度曲线,后者是图31.2所示曲线的积分。应该注意的是敏感度最大位于暗视觉510nm和明视觉580nm左右。这就很好的解释了暗视觉和明视觉都起作用时,在昏暗光线下使蓝色显得更明亮,而红色更暗的现象。

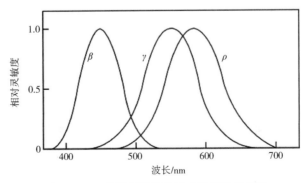

图31.2 三种类型视锥体的光谱灵敏度曲线

摘自参考文献[5]。

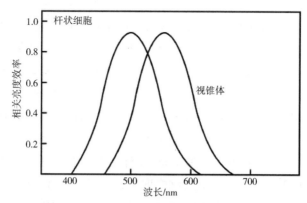

图31.3　杆状体和视锥体的光谱灵敏度曲线

摘自参考文献[5]。

视觉信号通过视神经传输到大脑产生了"视觉"。按照"色彩对立理论"[4]，来自红色、绿色和蓝色受体的信号被转换成一个亮度信号，昏暗和明亮对应两个色彩信号，红色对应绿色而蓝色对应黄色。图31.4所示为颜色对应模型图。大脑对信号的诠释是一个复杂的现象，受到各种心理因素的影响。其中一个方面表现为颜色的一致性，比如一张白纸在明亮的阳光下看上去是白的，且当它在室内昏暗的光线下看也是白色的。每一种情况下的物理刺激显然是不同的，但大脑从经验上知道纸应该是白色的。第二个方面是，大范围的颜色要比小面积的相同颜色看上去更为醒目。你只需要刷房间的一堵墙看它与油漆店里刷在一小片样板上的颜色相比有何不同就能明白这个道理。

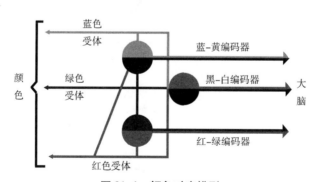

图31.4　颜色对应模型

注：参考HunterLab,Reston,VA。

31.3　颜色的体系

对颜色的描述和定义可以用语言的、视觉和仪器分析等方法。颜色是三维的，任何色序体系都需要相应的色调，也就是我们本能认为的各种颜色（例如，红色、蓝色、绿色等）；而色值，则代表亮度和暗度；色度或饱和度表示强度。当你想要用语言来描述颜色的不足或存在问题时，最好从颜色的三个要素来确切地进行描述。

31.3.1 视觉体系

芒塞尔体系(Munsell System)可能是最著名和广泛使用的视觉色序体系,如图31.5所示。它是1908年由波士顿艺术教师A.H Munsell开发的。在这个系统中,红色、黄色、绿色、蓝色和紫色加上相邻的五对绿黄、黄红、红紫、紫蓝和蓝绿一起被描述为色调。明度是由白色、灰色到黑色的亮度和暗度所描述的,其值被定义为0(绝对黑色)~10(绝对白色)。彩度是描述具有相同灰度下其颜色的差异,反映的是颜色的色调和饱和度。彩度等级由无彩色中轴(彩度等于/0)向周围延伸到/16,甚至超过/16,用来表示更浓的色彩。从粉红到红色的变化是彩度增加的一个例子。在Munsell标记法中色调首先以数字和字母组合列出。数字1~100,字母是从十个主色调名称中取出的,例如10GY。色度值一般表示为前面是0~10的数字,后面跟着一个斜线,之后跟着一个色度值(如5R 5/10)。

Munsell的目标之一就是开发一个基于相同视觉的体系,每个坐标具有相同的感知步骤,例如,2和3之间的差值在视觉上等同于5和6之间的差值。该视觉线性关系也适用于其他坐标。Munsell体系的视觉线性模式毫无疑问地有助于它被成功的普及到其他领域。图31.5所示为Munsell颜色体系图,表示色值为5、色度为6、中性值为0~10,色度值为5的紫色~蓝色(5PB)的圆圈,十个确定的色调之间包含了其他中间色调。从中心到边缘的距离显示出色度的增加,不同的色调差异其色度差也是很大的(例如,R5最大色差值为12,而黄色最大色差值为6)。互动式的成套用品说明Munsell色调和色度变化关系可通过购买某种特定的元件而获得[12],也可以通过具有编号的1605个彩色卡片的Munsell彩色书获得。

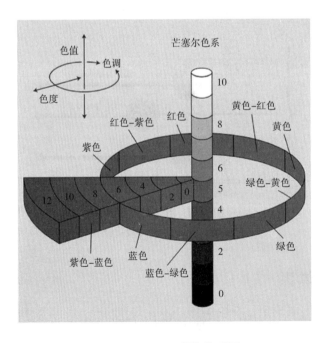

图31.5 Munsell颜色体系图

注:表示色值为5色度6,中性值为0到10,色度值为5的紫色–蓝色(5PB)的圆圈。

通过与颜色标准的比较来评估食物的颜色是普遍的做法。如美国农业部的颜色标准常用于评价蜂蜜、油炸马铃薯条、花生酱和罐装成熟的橄榄等[13]，该方法简单，方便且易于理解，但较为主观。

31.3.2　颜色的仪器分析

31.3.2.1　发展历史

有关颜色分析的历史发展，更详细的论述请参阅本书的第 4 版[14]。国际照明委员会（CIE）是与颜色和色彩测量相关的主要国际组织[3]。用于颜色测量的标准光源于 1931 年由 CIE 首次建立。图 31.6 所示为三种 CIE 标准光源 A,C 和 D65 的光谱功率分布曲线。标准光源 C 于 1931 被采纳，代表阴天；而 1965 年采用的标准光源 D65 代表平均日光且包含紫外波段；1931 年采纳的光源 A 代表白炽灯泡。当在光源 A 和 C 下观察时，物体将看起来具有不同的颜色。由于光源 A 发出的长波的光比短波的光占优势，可以预测，物体在光源 A 下看起来具有比其他光源下更"暖"的色调。当两个物体在某一个光源下显示相同的颜色，而在另一个光源下呈现不同的颜色时，这就是发生了同色异谱。

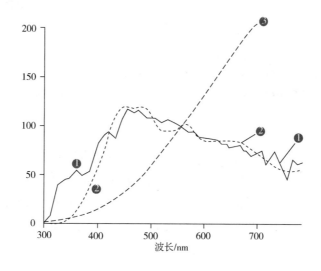

图 31.6　三种 CIE 标准光源的光谱功率分布曲线

注：标准光源 D65，包含紫外波段在内的平均日光[1]；标准光源 C，平均日光（不含紫外波段）[2]；标准光源 A，白炽灯[3]由承蒙美国新泽西州拉姆齐柯尼卡美能达感光公司提供。

科学家们知道，通过混合三种颜色的灯光可以使色彩感觉相匹配[3]。W. D. Wright 在 1928 年和 J. Guild 在 1931 年对具有正常色觉的人进行了独立的实验，用变阻器改变红、绿和蓝光源的每种光的光量，可以与任何光谱的颜色相匹配（图 31.7）。对包含整个可见光谱的颜色测试进行了多次重复，这些实验的视野被描述为 2°，这与在手臂长度处观察一角硬币相似。设置这个观察条件的目的是让视野聚焦于视敏度最好的视网膜中央的黄斑小凹处。红色、绿色和蓝色的响应因子被平均转换为数学意义上的 x,y 和 z 函数曲线，用以量化普通观察者的红色、绿色和蓝色视锥敏感度。1931 年 CIE2° 被采纳为"标准观察者"，并定义了标准观察者曲线,该标准曲线在世界范围被接受并作为人类视觉反应评价因子,如图31.8所示。随后,人们进一步意识到可以从更大的视野中获得更确切的数据,1964年CIE采用10°视野进行重复实验,被定义为10°标准观测者。这两组数据现在都在使用,但10°视野标准观测者更可取,因为它与视觉评估有更好的相关性。

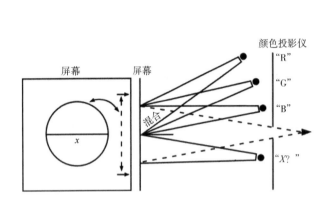

图31.7 颜色匹配实验

注:三台投影仪聚焦于屏幕上的圆的上半部分,待测的颜色投影于圆下半部分,而眼睛可以同时看到这两个半圆。

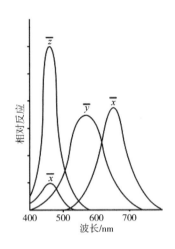

图31.8 标准观察者曲线

注:红色(x)、蓝色(z)和绿色(y)三种视锥体对可见光的灵敏度反应关系。

31.3.2.2 CIE

随着标准观察者函数和标准光源的采用,将任何物体的光谱透射率或反射率曲线转换成三个数值成为可能。这些数字被称为 CIE 三色值,X,Y 和 Z 值分别与所需的红色、绿色和蓝色三原色相匹配。标准光源和标准观察者函数值是物体选定的波长乘以物体的反射率(%)或透射率(%)。对于可见光谱中的波长(基本上积分三条曲线下面的区域)的乘积求和给出所得到的 X,Y 和 Z 三色值。这可以在数学上表示如下:

$$X = \int_{380}^{750} RE\,\bar{x}\mathrm{d}x \tag{31.1}$$

$$Y = \int_{380}^{750} RE\,\bar{y}\mathrm{d}y \tag{31.2}$$

$$Z = \int_{380}^{750} RE\,\bar{z}\mathrm{d}z \tag{31.3}$$

式中 R——样品的光谱;

　　　E——光源的光谱;

$\bar{x},\bar{y},\bar{z}$——标准观察者曲线

为了绘制三维坐标的二维图像,CIE 通过以下数学运算将 X,Y 和 Z 三色值转换为 x,y 和 z 坐标:

$$x = \frac{X}{X+Y+Z} \tag{31.4}$$

$$y = \frac{Y}{X + Y + Z} \tag{31.5}$$

$$z = \frac{Z}{X + Y + Z} \tag{31.6}$$

由于 $x + y + z = 1$,所以只需要两个坐标来描述颜色为 $z = 1 - (x + y)$。

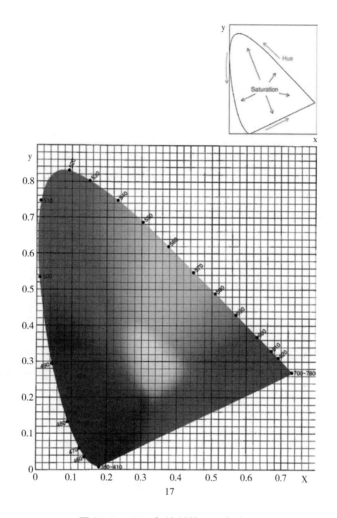

图 31.9　1931 年绘制的 x,y 色度图

注:由美国新泽西州拉姆齐柯尼卡美能达感光公司提供。

　　图 31.9 所示为 1931 年绘制的色度图,其中 x 和 y 被绘制成马蹄形轨迹。光谱散射于白光(光源 D_{65},坐标为 $x = 0.314$, $y = 0.331$)的周围。借助于尺子,可以从白光的坐标通过目标坐标绘制一条到边缘的直线,从而给出主波长 λd,主波长与 Munsell 体系中的色调相类似。将从白光坐标到物体坐标的距离相对于从白光坐标到 λd 的距离描述为纯度(%),类似于 Munsell 体系中的色度。图 31.8 所示的 y(绿色)的标准观察者曲线与图 31.3 所示的人的明亮视觉灵敏度曲线非常相似,正因为如此,三色值 Y 被称为光度,类似于 Munsell 体系的色度值。

　　从反射、透射光谱手动计算 XYZ 三色值是一项繁琐的过程,因此采用现代分光光度计测定从物体反射或透射的光,该数据被发送到处理器,再乘以标准光源和标准观察者函数就可以

给出 XYZ 的三色值。由于具有相同的 XYZ 三色值的物体可以提供相匹配的颜色,因此可用于造纸、涂料和纺织行业。遗憾的是,XYZ 数字不容易与观察到的颜色相关联,并且它们具有不相同视觉空间的局限性。[见图 31.9,绿色区域(500~540nm)的波长间隔远大于红色(600~700nm)或蓝色(380~480nm)区域]。颜色相同的色差值不等同于所有颜色的相同视觉差异,这在食品颜色测定中具有较大的局限性,因为我们感兴趣的是在加工和储存过程中,食品颜色是否变化而偏离标准,统计分析的数字单位与颜色数据不等价是存在一定问题的。

31.3.3 色度计和颜色空间

　　Richard S. Hunter、Deane B. Judd 和 Henry A. Gardner 是在 20 世纪 40 年代开发出可以克服 CIE 三色分光系统缺点的颜色测量仪器的著名科学家[2],[5-6],使用了类似于光源 C 的光源以及接近人眼视锥体灵敏度的滤光系统。采用经验方法得到更为合理的视觉空间。为了获得与观察到的颜色相关性更好的数值,开发了一个应用颜色知觉的色彩对立理论的体系[3]。

　　The Hunter Lab 立体图(图 31.10)首次发表于 1942 年,L 表示亮度;$+a$ 代表红色,$-a$ 代表绿色,$+b$ 代表黄色,$-b$ 代表蓝色。Hunter Lab 颜色空间能够非常有效的测量色差而在食品工业得到广泛应用。随后对 Lab 体系进行了改进,以提供更均匀的色彩间隔。1976 年,CIE 正式采纳了修改后的 CIELAB 体系其参数为 $L*a*b*$。L 表示亮度(0~100),0 表示黑,100 表示白,坐标 $+a*$ 表示红色,$-a*$ 表示绿色,$+b*$ 表示黄色,$-b*$ 表示蓝色。$a*$ 和 $b*$ 的界限大约 ±80。图 31.11 所示为 $a*$,$b*$ 色度图的一部分,其中 $a*$ 和 $b*$ 都是正的,表示从红色到黄色的颜色范围。图 31.11 为当 $a*$,$b*$ 均为正时,

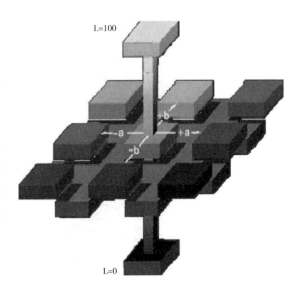

图 31.10　Hunter Lab 色彩立体图

注:参考 HunterLab,Reston,VA。

$a*$,$b*$ 的部分色度图,表示了红色到黄色的变化,点 A 为红色苹果的色度。从 $+a*$ 轴开始到点 A 的夹角可以通过公式 arctg($b*/a*$)计算,被称作色度角。通常用符号 h 或 $H*$ 表示。从坐标轴中心到点 A 的距离色度($C*$),其值可以由原点和坐标 a 和 b 的值形成的直角三角形的斜边计算。即 $(a*^2+b*^2)^{1/2}=C*$。CIE 还推荐了采用 CIELCH 或 $L*C*H*$ 作为色彩的量度,该色彩空间(如图 31.12)指定色调($H*$)为三个维度之一,另两个分别为亮度($L*$)和色度($C*$),与 Munsell 体系中的色调和色度值平行。由于色调对具有正常视觉的人更为关键,因此色彩空间在人的感知和接收性上具有优势,在该体系中,0° 代表红色,90° 代表黄色,180° 代表绿色,270° 代表蓝色。图 31.13 所示为三个假定目标的 $a*$ 和 $b*$ 图像(其中:$a*=+12,b*=+8;a*=+12,b*=+4;a*=+12,b*=-4$)。

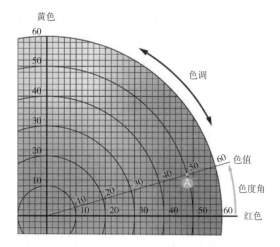

图 31.11 *a* ∗ , *b* ∗ 部分色度图,其中点 **A** 表示红色苹果

注:美国新泽西州拉姆齐柯尼卡美能达感光公司提供。

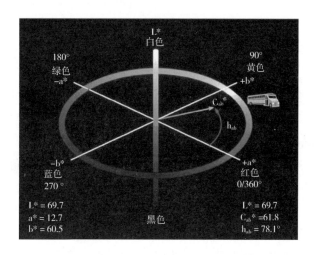

图 31.12 CIE *L* ∗ *C* ∗ *H* ∗ 空间,显示了"黄色校车"的位置

注:参考 Hunter Lab,Reston,VA。

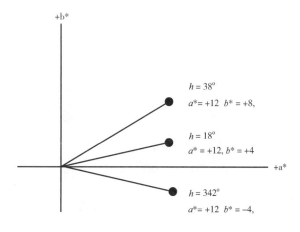

图 31.13 三个假定目标的 *a* ∗ 和 *b* ∗ 图

当所有物体具有相同的 $a*$ 值时,它们的颜色范围从紫红色($H=342°$)到红色($H=18°$)到橙色($H=34°$)。颜色测量中常见的错误解释是仅使用坐标 $a*$ 作为"发红"的度量。如果以测量亮度($L*$)、色彩角 H*($0°~360°$)和色度来表示,则监测颜色变化就更容易理解。色度随着颜料浓度的增加而增加,随样品变暗而降低。因此,一个亮样品和一个暗样品有相同的色彩角和色度是有可能的。然而,由于 L 值不同,它们很容易被辨别开。

目前市场上的色度计在稳定性、耐用性和适用性方面都有很大进步。主要有可用于现场检测便携式色度计、用于过程控制的在线仪器以及适用特定商品的专用色度计。比色计具有高度的精确度,但在识别或颜色匹配方面准确性一般,大多数色度计都是带有衍射光栅的彩色分光光度计,用于扫描可见光谱,数据被发送到微处理器后,微处理器将反射或透射的数据转换为三色值。在仪器操作时,必须选择光源、视角($2°$或$10°$)以及数据,显示为 $XYZ,Lab,CIEL*a*b*$ 或 $L*C*H*$。大多数食品应用应用条件为:D_{65} 光源、$10°$ 视角、$L*C*H*$。很显然,不同的光源,视角和色阶可以得到不同的数值,在技术报告和出版物中应明确表明测试条件。

31.4 测色的实际问题

颜色测定过程中需要考虑的因素主要有:仪器的选择、样品的制备以及数据处理方式。

31.4.1 光与样品的相互作用

当一个样品用光照射时,会产生相应的现象,光的反射角等于入射角称为镜面反射,如图31.14 所示。光滑的抛光表面由于高度的镜面反射而显得光亮。粗糙的表面产生大量的漫反射,而呈现出灰暗无光的外观,对光线的选择性吸收会导致样品出现不同的颜色。不透明的样品会反射光线,透明样品将使光线透过,半透明样品既能反射光线和又能透过光线。用于颜色测量的理想样品应该是平坦、光滑、均匀、不光滑、不透明或透明的,彩色的车达芝士(英国索莫塞特郡车达地方产的一种硬质全脂牛乳乳酪)是少数几个有这些特点的食物例子之一。

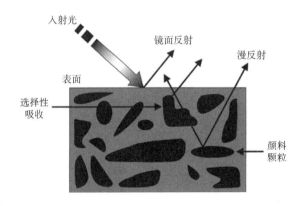

图 31.14 光与物体相互作用

摘自参考文献[4]。

31.4.2 仪器的选择

仪器几何结构是指光源、样品放置和检测器的排列位置。CIE 认可的仪器的几何形状如下：45°/0°，即从 45°角照射，在 0°角测量；反过来，0°/45°，从 0°角照射，在 45°角测量。漫反射率的测量可把镜面反射光被排除，如图 31.15 所示。漫反射球形几何形状是第三种类型，其中白色涂层球体是用来照亮样品的，有一些球面几何测量仪器，可以包括或排除镜面反射，而且这些仪器用途十分广泛，可以用来测量透明或不透明的样品，或者测量液体样品中的光散射、浊度或雾度，以及固体样品中的光泽度，而具有 45°/0°和 0°/45°几何形状的仪器只能测量反射率。

31.4.3 色差方程与色彩公差

在精确控制的条件下用色度计测量时，可以获得高精度的数据。在工业和研究应用方面，重点关注的是色彩值如何偏离标准，或者在批次之间，年份之间或加工和存储过程中如何发生变化。色差可以通过从标准中减去样品的 $L*a*b*$ 和 $L*C*H*$ 值来计算，如图 31.15 所示。

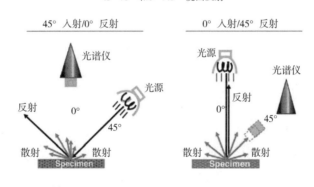

图 31.15 CIE 针对 45°/0°和 0°/45°仪器的标准化几何形状

注：参考 HunterLab,Reston,VA。

$\triangle L^* = L^*_{样品} - L^*_{标准}$。$+\Delta L^*$ 值说明比标准更明亮，$-\Delta L^*$ 值说明比标准灰暗。

$\triangle a^* = a^*_{样品} - a^*_{标准}$。$+\Delta a^*$ 值说明比标准更偏"红色"（或偏离"绿色"），而 $-\Delta a^*$ 值说明比标准更"偏绿"（或偏离"红色"）。

$\triangle b^* = b^*_{样品} - b^*_{标准}$。$+\Delta b^*$ 值说明比标准更偏"黄色"（或偏离"蓝色"），而 $-\Delta b^*$ 值比标准更偏"蓝色"（或偏离"黄色"）。

$\triangle C^* = C^*_{样品} - C^*_{标准}$。$+\Delta C^*$ 值意味着样品具有更大的强度或饱和度，并且 $-\Delta C^*$ 值意味着样品不太饱和。

$\triangle H^* = H^*_{样品} - H^*_{标准}$。$+\Delta H^*$ 值表示色彩角是从标准逆时针方向，$-\Delta H^*$ 值是顺时针方向。如果标准色彩角是 90°，$+\Delta H^*$ 是朝着绿色的方向偏移，而 $-\Delta H^*$ 是朝着红色的方向偏移。

在工业界上，一个单一的数字往往用来建立是否合格的可接受性判断。

总色差（ΔE^*）由式（31.7）计算：

$$\Delta E^* = (\triangle L^{*2} + \triangle a^{*2} + \triangle b^{*2})^{1/2} \tag{31.7}$$

ΔE^* 的局限性在于,单个数值仅能表示色差的大小,而不能表示方向。具有相同 ΔE^* 值的样品不一定具有相同的外观。

在建立色彩公差时,ΔL^*,ΔC^* 和 ΔH^* 值是优先考虑的,因为它们与外观具有很好的相关性。图 31.16 所示为基于 ΔL^*,ΔC^* 和 ΔH^* 值的可接受偏差。因为 ΔH^* 的公差比 ΔC^* 和 ΔL^* 窄得多,所以形成了固体的椭圆形状。

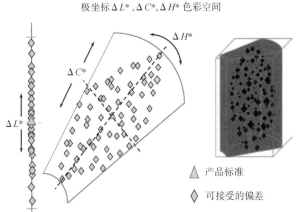

极坐标 ΔL^*、ΔC^*、ΔH^* 色彩空间

△ 产品标准

◇ 可接受的偏差

图 31.16　基于 $\Delta L*$,$\Delta C*$ 和 $\Delta H*$ 值的可接受偏差

注:参考 HunterLab,Reston,VA。

31.4.4　样品制备

对于颜色测量数据来说都是有用的,数字必须是一致的和可重复的。必须对产品进行抽样,且能代表产品的颜色特征。许多食品样品远不是理想的,因为它们可能是部分透射和部分反射的,也可能是斑驳的或颜色变化很大的,样品的性质对测试结果的重现性十分重要。另一个问题是,往往唯一可用的仪器对样品是不够理想的。Gordon Leggett[15] 提供了一些实用的指导和系统的方案,用于不同食品类别的颜色测量。比如透明液体应使用球形仪器和透明玻璃或塑料比色皿,用蒸馏水作空白对照,根据样品颜色强度来选择比色皿的规格。大多数有色液体使用 20mm 的比色皿,强吸收的液体使用 10mm 的比色皿,非常薄的 2mm 的比色皿可能适用于强吸收的透明液体,如酱油。对于几乎无色的液体,用 50mm 的比色皿是比较适宜的。对于清澈透明的液体,用直径 15mm 或以上的比色皿进行测量能足以获得良好的可重复性。对于半透明液体,使用球形仪器和 10mm 比色皿,采用两到四次重复测定,可以得到很好的重现性。

含较多固体的液态样品是半透明的,而不是透明的。它们可以通过使用非常薄的 2mm 比色皿来测透光率,或者测量反射率,在此有必要控制样品的厚度,这样样品实际上是不透明的。固体食物因大小、形状和均匀性而异,有些比色计,可以直接对样品反射率进行测量,理想样品,表面应该是平整的。苹果或橙的读数可能受"枕式"效应影响而被曲解,这是由于不平整的表面反射造成的。非均匀样品,如草莓,制成酱就形成均匀的样品;然而,制酱过程由于样品与空气的结合会使样品的颜色发生变化。不透明的食品,建议使用45°/0°和0°/45°的几何仪器,因为测量结果与用球形仪器获得的测量结果相比可以更好地与视觉评估相关联。具有较大视野的仪器,如25~50mm,对于不均匀的颜色有助于形成平均一致的效果。对于粉末样品,重复测定两次就足够了,而对于薄片、块状和大颗粒样品,建议采用40mm或以上大视野仪器,进行3~6个重复就可以。

在测量颜色和外观的时候,不同的产品会呈现出各自的特点。在美国化学学会会议论文集中[16],不同的作者讨论了关于肉、鱼、酒、啤酒以及几种水果和蔬菜的颜色测量方法。

31.5 总结

颜色是三维的,任何色序和颜色体系都需要面对这个事实。Munsell 体系是一种视觉体系,它以色调、亮度和饱和度来定义颜色。每一个量度都有等效的视觉间距,这是有利的。长期以来,人们对色彩视觉的生理学有了较多的了解,这为 CIE 三色体系的发展提供了必要的背景资料。选择合适的光源和采用正常色觉的人进行标准化实验,开发符合人眼颜色敏感度的颜色匹配函数是十分必要的,该体系通过 XYZ 三色值的计算,可以准确地描述颜色,在颜色匹配上很有用。该体系没有等效的视觉间距,在测量一个样品为何与标准不同或在加工和存储过程中发生了何种变化方面是不足的。现今,人们已经建立了更适合于测量色差的色序体系,包括 Hunter L a b 体系、CIEL $*$ a $*$ b $*$ 体系和 L $*$ C $*$ H $*$ 体系。后两种体系由 CIE(国际光学标准化和测量委员会)推荐,它们在食品工业领域广泛用于颜色测量。有许多色度计坚固耐用,易于标准化,便于使用,在食品工业和研究等领域中被广泛应用,它们随样品、视野、便携性以及通过透光率或反射率测量的不同而各有特点。许多食物样本因为它们可能是部分透射或部分反射,不均匀,大小和形状的不同使颜色的测量不太理想。因此为了获得重现性好及与视觉外观相适应的测量结果,在样品制备方面需要考虑许多因素。

有许多非常好的关于颜色测量的在线指导材料被一些组织和商业公司开发出来推荐使用。如 HunterLab[17],Konica Minolta[18],CIE[19],Munsell[20],彩色模型技术指南[21],RGB色彩空间的综述[22],啤酒颜色实验室[23]。

31.6 思考题

(1)CIE XYZ 系统中的主波长(λd),纯度(%)和光度(Y)对应于 Munsell 系统中的哪些指数? 在 CIE L $*$ C $*$ H $*$ 系统中呢?

(2)使用计算器,计算对应 a^*,b^* 值得的色彩角和色度值,$a^* = +12$,$b^* = +8$;$a^* = +12$,$b^* = +4$;$a^* = 12$,$b^* = -4$。

(3)如果你想用一个比色计来测量枫糖浆中的褐变量,你希望用什么指数来评估与视觉相一致?

(4)与味觉和嗅觉相比,人类的色觉是如何变化的? 人类在色彩感和颜色记忆方面有什么能力?

(5)为什么 CIE 三色值 Y 被用作亮度测量?

(6)举例说明什么情况下适合使用具有漫反射球形的色度计,反之则使用具有 0°/45° 反射形状的色度计。

(7)对于一个给定的样本你如何确定需要多少次重复测定?

致谢

The authors of this chapter wish to acknowledge Dr. Jack Francis, a legend in the area of color analysis and the person who wrote the chapter on this topic in two previous editions of this book. Ideas for the content or organization, along with some of the text, came from his chapter. Dr. Francis offered the use of his chapter contents.

参考文献

1. Amerine MA, Roessler EB (1976) Wines: their sensory evaluation. W. H. Freeman & Co., San Francisco, CA
2. Berns RS (2000) Billmeyer and Saltzman's principles of color technology, 3rd edn. Wiley, NY
3. Loughrey K (2005) Overview of color analysis. Unit F5.1. In: Wrolstad RE, Acree TE, Decker EA, Penner MH, Reid DS, Schwartz SJ, Shoemaker CF, Smith D, Sporns P. (eds) Handbook of food analytical chemistry—pigments, colorants, flavors, texture, and bioactive food components. Wiley, NY
4. Loughry K (2000) The measurement of color, Chap 13. In: Francis FJ, Lauro GJ (eds) Natural food colorants. Marcel Dekker, NY
5. Hutchings JB (1999) Food color and appearance, 2nd edn. Aspen Publishers, Gaithersburg, MD
6. Hunter RS, Harold RW (1987) The measurement of appearance, 2nd edn. Wiley, NY
7. Wright WD (1971) The measurement of color. Van Nostrand Reinhold, NY
8. Francis FJ (1999) Colorants-Eagen Press Handbook Series. Eagan Press, St. Paul, MN
9. Bartleson CJ (1960) Memory colors of familiar objects. J Opt Soc Am 50: 73 – 77
10. Campbell NA, Reece JB, Mitchell LG (1999) Biology, 5th edn. Benjamin/Cummings, Addison Wesley Longman, Menlo Park, CA
11. Krinsky NI, Landrum JT, Bone RA (2003) Biologic mechanisms of the protective role of lutein and zeaxanthin in the eye. Ann. Rev Nutr. 23:171 – 201
12. X-rite (2015) Munsell products. Available from https://www.xrite.com/top_munsell.aspx? action = products Accessed 18 Dec. 2015
13. Yurek J. (2012) Color space confusion. Dot Color. com. Available fromhttp://dot-color.com/tag/chromaticity-diagram/. Accessed 18 December 2015
14. Wrolstad, RE, Smith DE (2010) Color Analysis, chap 32. In: Nielsen SS (ed) Food Analysis (Fourth Edition),Springer, NY.
15. Leggett GJ (2008) Color measurement techniques for food products, chap 2. In: Culver CA, Wrolstad RE (eds) Color quality of fresh and processed foods. ACS Symposium Series No. 983, American Chemical Society,Washington DC
16. Culver CA, Wrolstad RE (2008) Color quality of fresh and processed foods. ACS Symposium Series No. 983, American Chemical Society, Washington DC
17. Hunter Lab (2015) Glossary of terms. Available from http://www.hunterlab.com/glossary.html. Accessed 18 Dec 2015
18. Konica Minolta (2015) Precise color communication. Available from http://www.konicaminolta.com/instruments/ knowledge/color/.. Accessed 18 Dec 2015
19. CIE International Commission on Illumination (2015) Available from http://cie.co.at/. Accessed 18 Dec. 2015
20. Munsell (2015) available from http://munsell.com/. Accessed 18 Dec 2015.
21. Color Models Technical Guides (2000) http://dba. med.sc.edu/price/irf/Adobe_tg/models/main.html. Accessed 18 Dec 2015.
22. A Review of RGB Color Spaces (2003) http://www.babelcolor.com/download/A%20review%20of%20RGB%20color%20spaces.pdf. Accessed 18 Dec. 2015
23. Beer Color Laboratories (nd) http://www.beercolor.com/glossary_of_selected_light_and_c.htm. Accessed 18 Dec. 2015

食品微结构测定技术

32

Jinping Dong,Var L. St. Jeor

32.1 引言

　　食物的主要功能是感官功能(例如,风味、香味、质地)和营养功能(包括提供能量),对于消费者的吸引力而言,其他一些功能(例如,期望的保质期、对健康的有利性、友好的标签等)也是必需的。食品研究的趋势之一是能够设计和生产具有任何所需功能的食品。为了实现这个目标,不同的研究人员和食品生产商正在采取不同的方法,其中一种主要的方法是了解和控制食品结构,特别是从微观尺度上。在相关仪器的辅助下,食品微观结构的研究通常涉及三个方面:可视化、可鉴定化和可定量化。

　　食物系统是一个复杂多样的系统。生鲜(通常以细胞结构为主)和加工(由混合成分形成的微观区域)食物都含有不能用肉眼直接观察到的结构。人的眼睛能够在适当的照明下看到低至约 $1\mu m$ 的东西(人头发的直径为 $20\sim50\mu m$)。由于光线的问题,通常需要利用普通的光学显微镜去观察很多肉眼不能观察到的微米级别的生物。而对于一些粒径小于 $1\mu m$ 的具有水相和油相的沙拉酱乳液,以及仅具有数纳米的基本植物纤维来讲,则需要更高分辨能力的显微镜,如扫描电子显微镜。

　　用显微镜测定食物的形态只是推测微观结构的一部分。从其他角度来讲,则需要借助于一些辅助仪器去观察具有不同化学和物理特征成分的分布情况,通常用于观察化学成像的仪器有:傅立叶变换红外线光谱分析仪、拉曼光谱分析仪和荧光或共焦激光扫描显微镜;用于鉴别分子排列或结晶度物理结构的仪器,例如 X 射线衍射仪。

　　现代显微镜和化学成像仪器不仅可以明确食品的形态和成分分布,还可以量化维度参数、浓度、组分和动力学常数。使用 X 射线计算机断层扫描,无损成像的 3D 技术可以实现量化过程。一些仪器如原子力显微镜可以用于探测食物成分之间微尺度的相互作用关系以及作用力。定量化是解决食物微观结构难题的最后一部分。

　　以上列出的所有微结构技术将在本章中做简要介绍。其中许多技术的初衷并不是为食品应用而发明的,是后来被食品研究者引入的,以理解食品并把食品结构和相应的功能性质相关联。本章的目的并不在于这些技术的广度和深度,仅在提供一个概述,并提供更多细节的参考。请注意,本章不会涵盖微径测量和形状的检测(详见5.5.2.3),颜色的检测(详见第31章),而食物微观结构的表征,则参考了光谱章节(详见第7章和第10章)。在本章中,使用了许多与仪器相关的缩略词,后面会提供首字母缩略词列表。

32.2 显微技术

32.2.1 简介

用于分析食物和食物微观结构的仪器技术中最常用的一种是成像技术。成像技术传统上指的是显微技术,但是显微技术正迅速成为更广泛的成像技术中的一个方面。显微技术是使用显微镜作为科学研究工具的一门艺术和科学。光学显微镜的发明在放大观察和特征对比方面取得了显著的进步[1-2]。样品成像剂包括光(光子)、X射线(高能光子)、电子、超声波、微波、无线电波等。大多数成像剂都是基于电磁频谱或者基于其中的一部分。这些技术中的每一种都被细分成不同成像方法。

发明显微镜是用来观察人眼看不到的物体。仪器的分辨能力指能够清楚地识别微小物体的能力。分辨率是将两个非常接近的小点区分或解析为两个独立实体的能力。影响显微镜分辨率的因素包括成像剂的性质(例如,光的波长)和仪器的聚焦能力(例如,光学显微镜物镜的孔径)。用一个简单的公式就可以计算出给定显微镜主镜或物镜的理论分辨率极限:

$$R = \lambda/2NA \tag{32.1}$$

式中　R——分辨率(理论分辨率极限,两个相邻物体的最小距离);

　　　　λ——待观察因素的波长;

　　　NA——透镜的孔径[正比于折射率和$\sin(\theta)$,其中θ是入射光入射到透镜的半角]。

透镜固有的缺陷称为像差,其可能导致图像出现扭曲、失焦,出现有色条纹等。光学像差的校正包括改进透镜制造和研磨技术、优化玻璃配方、应用抗反射涂层、光学路径的控制以及多个透镜元件的组合。

光学不对准是影响镜头最佳分辨率的另一个因素。光束的完美对准和聚焦需要参照专业步骤以及精心的调校,从而使样品的光照均匀和明亮。这种定位步骤被称为科勒定线(Köhler),以德国物理学家、显微镜科学家奥古斯特·科勒(August Köhler)的名字命名[3]。

32.2.2 光学显微镜
32.2.2.1 概述

光学显微镜(LM),指的是采用作为成像剂的光(或光子)和放大镜以使肉眼看不见的物体可视化。光线既可以从样品上反射回来,也可以通过样品透射,然后通过物镜导向目镜。根据构造的复杂程度,光学显微镜(LM)分为两大类,即体式显微镜和复合显微镜。与体式相关的视差指的是光线到达双眼角度的差异。不同的视角经大脑处理为两个不同的视图[二维(2-D)图像],就像看到一个单一的三维(3-D)图像。体式显微镜通常具有较低的放大倍数(2~100倍),工作距离较长,焦点深度大,便于观察大型和奇形怪状的标品。复合显微镜利用多个透镜组合一起工作,可以获得清晰的聚焦放大的图像。物镜和目镜的透镜组合可以使得其在较高的放大倍数范围(40~1200倍)下工作。

32.2.2.2 对比模式

在光学显微镜(LM)中,有许多方法可以控制光线,无论是到达样品之前的光线还是已经和样品相互作用突出某些特征的光线。在食品工业中常用的模式包括了所谓的光学显微镜的对比模式和成像模式。成像模式的部分类型包括亮场、暗场、相位对比、双折射(或交叉偏振)、差分干涉差(DIC)和倾斜照明。除了亮场模式(最简单的照明模式)之外,这些可交替模式中的每一种都需要附加的特殊配件才能连接到显微镜上,以达到所需的效果。使用时需要进行仪器校准以便达到最佳效果。各种成像模式下产生的图像效果称为特殊效果。这些特殊效果不会增加分辨率,但是可以使用其成像模式来区分不易显现的结构。食品成分中的淀粉则是一个典型例子,其可以使用列出的成像模式进行检测(图32.1)。

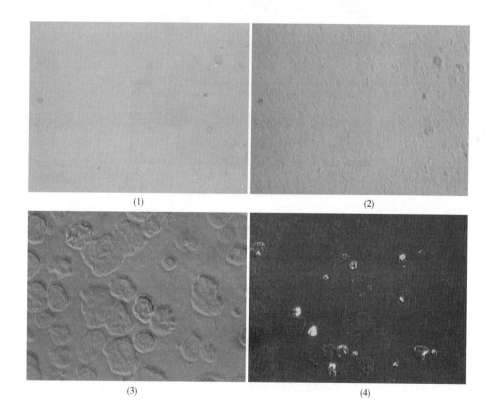

(1)   (2)

(3)   (4)

图 32.1　淀粉在光学显微镜下不同成像模式

(1)煮熟淀粉的明亮过滤图像(全部或大部分结晶度消失);与这种类型的样品相比,低对比度几乎看不到结构;(2)倾斜照明;(3)相差;(4)部分熟化淀粉的交叉偏振图像

注:明亮图像部分代表的是没有煮熟的保持其结晶度(或部分结晶度)的淀粉颗粒。

32.2.2.3 荧光显微镜

荧光是从激发到电子活性状态的原子、分子或物质所发出的光(详见7.3)。激发光的波长或所需能量因分子内的化学键或材料的化学/物理状态而异。通过使用适当的光源和光学滤光片,在光学显微镜下可以获得荧光的独特的对比度。将光学滤光片结合明亮的光源可以筛选出激发的目标波长或激发光谱,在样品之后添加荧光滤光片可以捕获发射光谱。荧光染料(称为荧光色素)含有激发发出荧光的官能团,并且和观察目标具有很好的亲和力,添加到样品中可以使观察目标区别于样品中其他成分。染色可以是正向的(例如,对目标结构染色)或非正向的(例如,染色不含目标结构的物质)。许多食物材料含有天然荧光色素,选择合适的激发波长,在光学显微镜下可以看到发射的明亮颜色的荧光。图32.2所示为小麦籽粒中能自动发出亮蓝色荧光的糊粉层,相比于小麦籽粒内的其他细胞类型,观察者可以明显的识别该细胞层。

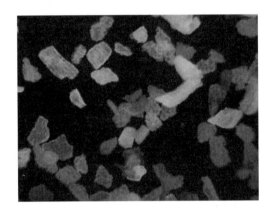

图 32.2 小麦纤维的微粒自发荧光显示出的各种颜色

32.2.2.4 组织学

组织学是一门将染色的样品和光学显微镜相结合的一门科学[4],常用于生物学和医学研究细胞和组织。组织切片技术指的是利用切片机或其他机械切割工具对样品进行切片,以获得相对较薄、均匀厚度的切片的技术[5]。组织学的技术具有独特的对比能力,在食品研究中得以广泛的、长时间的应用。市场上众多的染色剂都是为了区分不同的组织而设计出不同的颜色[6-8]。染色剂主要通过物理方式与食物成分相互作用,使相关成分以染色剂的颜色呈现。然而,染色剂和食品成分之间的相互作用有时会改变色谱。例如,碘可以把普通的玉米淀粉染成蓝色,但糯玉米淀粉却经过染色后呈现红色(图32.3)。原因归结于糯玉米淀粉中存在支链淀粉,而普通玉米物种中则是直链淀粉。碘被称为异染色剂,这意味着一个染色剂可以将不同的组织成分染成不同的颜色。多色染色剂指的是一种特殊的染色剂,是不会相互作用的染色剂的组合,其可以将不同的食物成分染成不同的颜色。

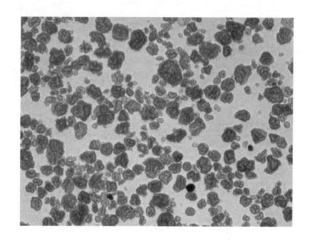

图 32.3　用碘染色部分煮熟的糯玉米淀粉

注:红色代表的是淀粉的支链淀粉含量。少量颜色深的部位代表
的是直链淀粉被染成蓝色。异染色剂的碘可以将不同类型的淀粉染成
不同的颜色,有助于淀粉的鉴定。

32.2.3　电子显微镜

　　电子显微镜(EM)使用电子作为成像剂,有两种常见类型:扫描电子显微镜(SEM)和透射电子显微镜(TEM)。扫描电子显微镜广泛应用于食品工业;尽管透射电子显微镜可以提供更高数量级的分辨率,但不常用于食品研究,主要因其耗时且需要精细的样品制备(例如样品材料要求非常薄,通常为 60～80nm)。

　　电子显微镜主要从以下五个方面区别于光学显微镜:①成像剂的不同,电子显微镜的成像剂为电子,光学显微镜的成像剂为光子;②分辨能力的差别,由于电子的波长比光子短10 万倍以上,其可以能够分辨单个原子;③放大倍数的差别,电子显微镜可以放大到 20～100 万倍;④光学显微镜可以提供可视的图像,电子显微镜则不会在颜色上产生对比,尽管扫描电子显微镜图像采用了伪彩色以区分亮度;⑤工作环境的不同,电子显微镜则需在高真空环境下工作,而光学显微镜则可在室内工作。

　　扫描电子显微镜使用电子束扫描并与样品表面相互作用,导致产生不同形式的电子。扫描电子显微镜的主要成像原理是使用电子束扫描样品表面,探测电子(一次电子)与样品电子的非弹性碰撞产生二次电子,样品电子具有较低的能级,并以低于探测电子的速度溅射,把二次电子用检出器收集起来,再经过视频放大形成图像信号成像。高能探针电子与样品弹性相互作用成像则产生背散射电子(BSE)。背散射电子以几乎与探针电子相同的速度和能量到达探测器,从而产生与样品相关的图像。密度较大的材料,如金属的 BSE-SEM 图像则较亮,而密度较小的材料较暗(例如,碳元素的生物材料)。背散射电子成像相对二次电子成像来说更有价值,其可以提供样品的细节,不受荷电状态的影响(图 32.4)。

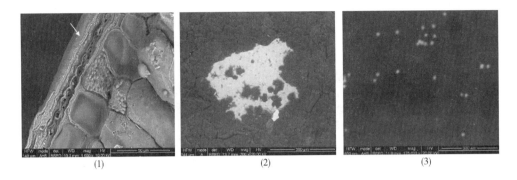

(1) (2) (3)

图 32.4 各种材料的 BSE-SEM 成像

(1)种子的横截面,箭头处可见种皮,细胞结构占了种皮以下大部分,放大 1000 倍;(2)药品中的污染物颗粒(白色),放大 200 倍;(3)用于标记和鉴定生物系统内分子结构的 20nm 金颗粒(白点),放大 175000 倍

在扫描电子显微镜成像过程中,电子在表面积聚(表面充电),特别是在电导率低的地方,将薄金属或导电涂层涂覆在样品表面上即可。环境扫描电子显微镜模式使用样品室内的水蒸气或其他气体来帮助减少样品充电伪影。即使在扫描电子显微镜的高真空条件下,在一定的条件下,水蒸气也有助于保存脆弱的生物样品(包括许多食品和食品添加剂)。

32.2.4 能量色散 X 射线光谱

扫描电子显微镜的扫描电子与样品的原子相互作用,导致电子在电子层之间迁移,引起 X 射线发射。发射 X 射线所需能量因原子结构而异,通过能量色散光谱仪来鉴别元素,这种技术称为能量色散光谱(EDS)。能量色散光谱[X 轴表示 X 射线能量(keV),Y 轴表示 X 射线总数]的峰代表周期表的特定元素,如图 32.5(1)所示。对于样本中存在的任何元素,定性和定量分析都有一定的可能性。

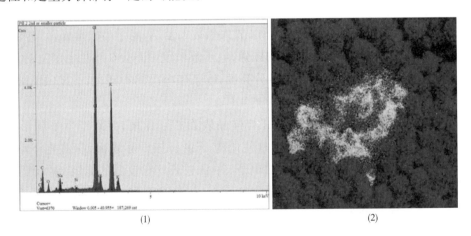

(1) (2)

图 32.5 EDS 光谱和 EDS 映射

(1)EDS 元素光谱,其各个标记峰为它们所代表的元素;(2)带染污材料的有机粉末的 X 射线点图(或基于 X 射线的元素图像)。蓝色表示样品中碳的含量;根据近似的形状,蓝色区域被鉴定为粉末颗粒。黄色部位(代表硫元素)和红色部位(代表氯元素)被鉴定为染污材料;黑色区域代表 X 射线阴影(意味着该部分没有产生任何被探测器检出的 X 射线)。

区别于能量色散光谱的另一种技术称为波长色散 X 射线光谱法(WDS),它基于 X 射线在晶体中衍射形成特定的波长。X 射线光谱法适合于经常需要分析某特定元素并且需要知道该元素的确切浓度的场合。

扫描电子显微镜是以扫描方式工作,以可预测和可重现的方式恢复其电子探针,因此可以从光谱中选择特定元素并记录元素点的二维阵列,生成元素图以显示其组成分布[图 32.5 (2)]。分析能量色散光谱分布图可以知道明确元素种类、含量以及在样品中具体的位置。

32.2.5　原子力显微镜

原子力显微镜(AFM)发明于 1986 年[9],并已经在包括食品科学在内的大多数学科中得到应用[10]。原子力显微镜的基本原理如图 32.6 所示。由一个非常锋利的针尖连接到一个柔软的微悬臂的末端,针尖与样品接触,压电扫描器将微悬臂移动到样品表面上进行光栅扫描。随着样品表面与针尖相互作用力的改变,微悬臂向上或向下倾斜,悬臂梁背面反射的激光束在悬臂梁上的位置敏感光电二极管探测器(PSPD)上下移动(或者如果微悬臂发生侧向变形则左右移动),然后对比微悬臂结构或表面高度变化,将光电信号记录下来并转换成彩色地图。通常,为了避免来自探针的力量过大而损坏样品表面,启用了恒定力模式,以保持恒定的探针与样品的作用力,其反馈信号被发送到压电扫描器以测定样品的高度变化。根据探针的锐度(曲率半径)和微悬臂的弹簧常数(通常在 0.1 至几 nN/nm 的范围内),获得的图像分辨率可以小于 0.1nm,这足以解析样品表面上的原子形态。

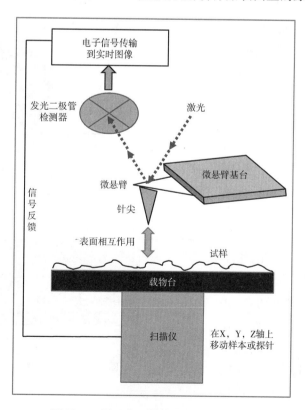

图 32.6　原子力显微镜的结构与原理图

尽管研究已经证明原子力显微镜具有与电子显微镜相似的最小分辨率,但相比于电子显微镜及其他显微镜技术,原子力显微镜具有许多优点。首先,原子力显微镜可以通过生成三维表面特征测量样品表面的真实高度。其次,原子力显微镜不受限于操作环境。在真空、环境空气,不同湿度,升高或降低的温度,甚至在液体介质中,原子力显微镜都能很好地工作。特别是在液体介质中,可以进行许多生物大分子和生物体研究[11]。第三,探针物理性接触样品,可以测量各种相互作用和微力[12]。

当探针靠近样品表面时,探针与样品表面之间的力随着探针靠近(排斥力、远距离静电力等)而不断变化,包括接触其表面(毛细管力、范德瓦尔斯吸引力等)、凹进其表面(各种纳米机械相关的力等)、脱离其表面(黏合力等)。当探针侧向扫描时,通过量化微悬臂的扭力来检测摩擦力。

原子力显微镜于1993年被引入食品科学领域,其研究重点是监测食物中蛋白质的变化。此后,原子力显微镜的应用已经扩展到食品科学和技术的许多领域,如多糖和蛋白质的定性成像,以了解其在某些环境中的构象和组织;复杂食品系统中的定量结构分析(例如食品凝胶的机械强度)关联样品的功能性质,以探测分子间的相互作用(如蛋白质和作为共乳化剂的表面活性剂之间的相互作用),通过分子行为观察食物大分子之间的反应[13]。

32.3 化学成像

32.3.1 简介

化学成像是一组分析技术,可以生成基于对比度的图像,以显示物体(表面或体)的化学或分子组成的分布。化学图像通常由数据立方体创建,如图32.7所示。在单一点处获得包含所有组分的化学特征的全谱(例如,来自FTIR或拉曼)。然后,将样品通过机械或压电部件进行移动,或探测光束(例如,用于傅立叶变换红外(FTIR)的聚焦红外(IR)光,用于拉曼的可见激光或用于SEM的电子)扫描到下一个有意义的点,并在此点收集第二个光谱。许多收集的点在一条线上,并且以光栅扫描的方式获取多行数据。在保存了二维光谱数组之后,将各种

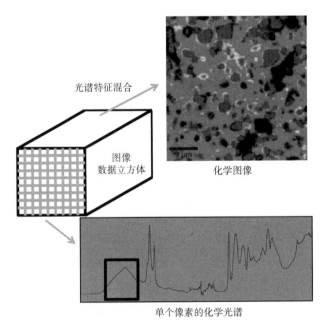

光谱特征混合

图像数据立方体

化学图像

单个像素的化学光谱

图32.7 化学成像示意图

数据处理机制应用于每个单独的光谱。如图32.7所示为典型的拉曼光谱,在某些振动模式下,所有的峰都对应于不同的官能团。蓝色框内的峰在这种情况下来自水的 OH⁻ 伸缩振动,其面积对应于当前测量位置处的水的浓度。对于所有收集的光谱,通过积分该峰来创建彩色图像,其中对比度与积分峰面积成比例。如果其他组分是有意义的,则可以很容易地应用来自光谱的相应功能峰的积分以生成各自对应的化学图像[14]。

32.3.2　傅立叶变换红外显微镜

　　FTIR 显微镜的化学成像采用红外光(中或近红外)作为入射光。由于沿着光束路径的光学元件对 IR 有潜在的吸收,因此在 FTIR 显微镜中不使用透射型透镜(详见32.2.2中所述的普通光学显微镜)。球面或抛物面反射镜用于聚焦光线,同样的光学分辨率极限可用式(32.1)计算。因此,如果在中红外成像(2.5~50μm)中,FTIR 显微镜理论上可以提供分辨率小于1.5μm的化学图像。然而,在实际应用中,从光谱中选择不同波长的功能峰,FTIR 显微镜的分辨率极限地接近于5~10μm。

　　大多数 FTIR 显微镜采用点对点扫描设计,这意味着检测器在光栅扫描时每次只记录一个光谱。根据光谱分辨率和像素设置,扫描完整的化学图(例如,100×100 光谱)可能需要30min~2h(或更长的时间),包括扫描和数据记录的时间。1995年,FTIR 显微镜引入了焦平面阵列探测器(FPA),使红外成像达到了一个全新的水平[15]。FPA 检测器包含光敏元件的二维阵列(例如,碲镉汞,MCT),每个都能够捕获完整且完全分离的 IR 光谱。探测器阵列可以在任何地方从16×16到128×128的元素,使化学图像采集高达16384像素。Digilab Stingray FPA 系统使用36×物镜,理论空间分辨率最好为5.5μm。因为所有光谱都是同时采集的,所以完成一个完整的化学图所花的时间等于一个单一光谱的采集时间,从几秒到几分钟,比传统的红外成像要快得多。FTIR 显微镜已广泛应用于食品科学和技术[14]。例如,图32.8所示为模拟谷物涂层的模型糖膜水分迁移的研究[16]。

32.3.3　共焦拉曼显微镜

　　拉曼散射本质上是十分微弱的。对于拉曼显微镜来说,由于可使用的辐射聚焦在很小的区域,为了避免激光对样品的热损伤,导致有效的拉曼散射更加微弱,使得拉曼显微镜技术不引人注目。最近,随着超高通量光谱仪和高量子效率电荷耦合元件(CCD)检测器的出现,使得拉曼显微镜技术出现了巨大的飞跃。现在要得到高分辨率的拉曼图像(例如200×200 像素扫描或40000个光谱采集)能在几分钟甚至更短的时间内就完成,而老一代拉曼显微镜生成图像却需要几个小时[17]。

　　拉曼散射与激发波长无关,这就意味着可见的激发光可以用于拉曼实验,这使得拉曼显微镜的设计比 FTIR 更容易。普通的光学显微镜配备一个入射激光发射装置和背景散射吸收装置便能够实现拉曼测量。

　　因为可见光(波长比 IR 短得多)可用于拉曼显微镜,使用绿色激光(如532nm)和油镜时(例如,NA=1.3)拉曼图像的分辨率极限可以在200~300nm范围内,即拉曼图像分辨率可以远高于 FTIR。

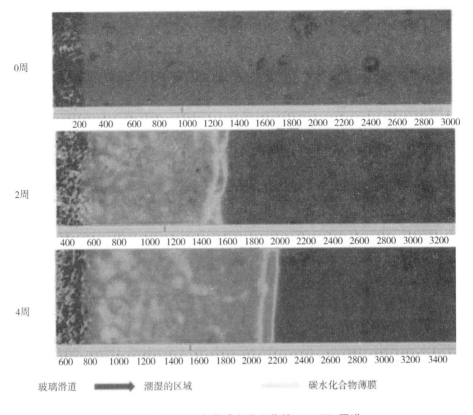

玻璃滑道 ➡ 潮湿的区域　　　　　　　　　碳水化合物薄膜

图 32.8　模拟糖类薄膜水分吸收的 FT-NIR 图谱

共焦拉曼显微镜已被广泛应用在食品研究中[18-20]。荧光对于图像的获得常常会带来一些麻烦,尤其是在食品体系与天然成分方面。使用较长波长的激光(例如,785nm),利用入射光束的散焦,以及应用预成像漂白方式是降低荧光的常用方式,这些方式可能会使得图像分辨率降低。

32.3.4　共聚焦激光扫描显微镜

共聚焦激光扫描显微镜(CLSM)是共焦显微镜技术的四种类型之一(其他三种是自旋盘,加强式微透镜和可编程阵列显微镜),共焦显微镜技术能够根据样品的荧光发射现象得到高分辨率化学图像。

图 32.9 所示为一个典型的共焦显微镜设置。入射光(激光或白光源)通过分色镜进入显微镜物镜,利用物镜将入射光聚焦在样品上。反射光或散射光通过该透镜后返回,汇聚在探测器表面上,由此而记录下辐射信号。利用共聚焦装置(在会聚点处将具有小针孔的遮光板放置在检测器的正前方,使得聚焦后的光线能够到达检测器),经过焦点平面的反射光或者散色光会被检测器检测到,而像图中的绿线,在针孔之前或之后会聚,这将被针孔板阻挡,从而无法到达检测器。

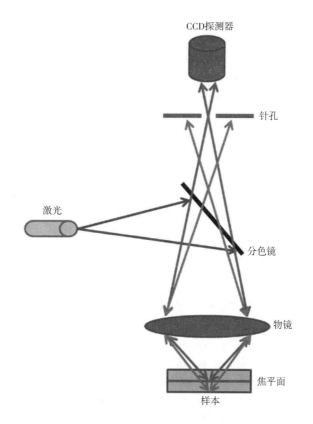

图 32.9 共聚焦显微镜的示意图

采用这种配置,只有来自焦平面的光线才能被探测器记录下来。焦平面下方或上方的背景辐射不会到达探测器上,这使收集的图像更清晰。然而,共焦装置因为针孔的尺寸大小的限制,导致其视野范围显得很小。因此,常常在共聚焦显微镜中,并入一组振动镜的扫描装置以提供大视野的图像。镜子通过压电元件振动,能够提供 1800Hz 或更快的扫描速度。整个聚焦系统(样品上方的任何物体)通常能够在垂直方向上移动,从而可以在不同焦平面上进行图像采集。然后可以通过重叠各个焦平面采集的图像来生成三维图像。

CLSM 的图像是来自激发光照射物质产生荧光。有很多方法可以标记目标物体,使其发荧光(详见 32.2.5)。在复杂系统中样品通常用多种荧光标记的方法进行共定位研究。

CLSM 在生物和医学科学领域有着广泛的应用,在食品领域也有着广泛的应用(例如,成像脂肪晶体结构、乳制品、食物乳剂、食物凝胶和植物材料等)[21]。

32.4 X 射线衍射

分子、原子或粒子在固体材料中排列不同。当它们以有序的方式排列时,排列图中具有对称性和重复性的图案称为晶体。晶体材料是刚性的,具有固定的熔点,可以在一个确定的平面上裂开,并具有各向异性的物理性质,如导电性、折射率和热膨胀性。相反,无定形材料的分子有序排列范围较短或没有有序排列。它们刚性较低,通常没有确定的熔点,具有各向同性的物理性质。

在一个三维晶体结构内,一个体积元素在所有方向上重复其几何形状和取向通常可以被识别为一个单位晶胞,而最小的体积通常被认为是代表单位[图 32.10(1)]。单位单元可以用六个参数定义,其中三个是边缘长度[图 32.10(2)],三个是边缘之间的角度(表示为 α,β 和 γ,未示出)。对于给定的晶体,当这六个参数被测定时,晶胞或晶体结构就可以被阐明[22]。

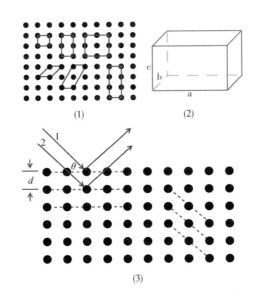

图 32.10　晶体晶胞和 X 射线衍射

(1)重复晶体中的体积单元或晶胞(2)单元晶胞尺寸参
数(3)与晶胞相交的平行平面,以及 X 射线反射离开平面

晶胞中的结构元素(分子,原子或粒子)以不同的方式与单元晶胞相交形成平行平面[图 32.10(3)中的虚线]。当 X 射线的电磁辐射击中晶体时,将会被平面反射。假设入射的 X 射线为平行光束[如图 32.10(3),光束 1 和 2],从晶面反射的光束之间具有相长干涉,光束 2 行进的附加距离($2 \times d \times \sin\theta$,其中 d 是晶面的间距,θ 是入射辐射的入射角)必须等于 $n \times \lambda$(n 是整数,λ 是辐射的波长):

$$n\lambda = 2d\sin\theta \tag{32.2}$$

式(32.2)称为 Bragg 方程。在该原理下,不同的反射光束叠加起来就会产生衍射图案。其中相位反相的相互干扰的反射光会相互削弱,从而在探测器处产生弱辐射。在已知入射的 X 射线波长 λ、入射角 θ;以及由 X 射线/样品几何形状测量得到 θ 后;可以通过 Bragg 方程求某组晶面的 d 值。然而,对于单晶,在 θ 的扫描范围内,并不是所有的晶面都可以产生相长衍射。因此通常使用粉末 X 射线衍射技术:使用多晶样品(粉末晶体)替代单晶以获得所有衍射图案或者峰形,从而解析完整晶体结构。

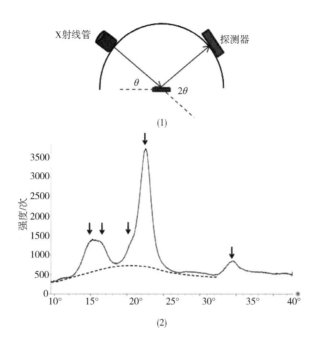

图 32.11   常规粉末衍射示意图

(1) X 射线衍射仪的简单示意图 (2) 结晶纤维素的 XRD 谱

注:虚线显示残留的非晶相。

如图 32.11(1) 所示为 X 射线衍射仪(XRD)示意图。检测器通常沿弧线 2θ 角度扫描,并通过用 X 射线强度与 2θ 的函数关系来绘制 XRD 光谱[23]。X 射线衍射图是晶胞和晶体结构性质(例如,晶格参数,相位一致性,结晶度,组成等)的特征。图 32.11(2)是从植物细胞壁中(来自棉绒)分离得到的结晶纤维素的典型 XRD 谱。X 射线衍射是食品研究的有力工具。在碳水化合物(例如,糖、多糖等)和脂质/脂肪研究领域中存在广泛的应用,因为这些材料在其使用条件下可以容易地形成晶体结构。

32.5   断层扫描

32.5.1   简介

"断层扫描"这个词是基于两个希腊词,tomos(意思是切片或部分)和 graphe(意思是绘制或书写)。断层扫描的过程就是从样本的一系列物理断面或者是一系列"光学"断面(通过切片或从大块中逐渐有序的连续移除)重建原始材料或样本。断层摄影最初是手工完成的,而现在是使用计算机辅助完成的,因此术语为计算机断层扫描。可以使用共焦光显微镜、电子显微镜、射频波(MRI)或 X 射线显微镜等中的任何一种来完成断层扫描。

32.5.2   X 射线计算机断层扫描

X 线计算机断层扫描(CT)[较早的术语是计算机轴向断层扫描(CAT)]使用 X 射线

作为成像剂来生成样本的 3D 数字图像。当 X 射线穿透物体时,在检测器上收集 2 - D 阴影图像,对比度与样品的 X 射线衰减或物理密度成比例。样品单轴旋转,多个图像收集方向。对一系列二维图像应用特殊的计算算法(数字几何处理)来构建显示样本内部的三维图像。

CT 既定性又定量。CT 图像可以在表面和音量模式下呈现。可以将分割应用于图像以呈现具有相似密度的结构。CT 的分辨率主要取决于 X 射线束的大小和检测器的参数。使用显微 CT 系统,可以在几微米范围内实现图像分辨率。

CT 主要用于医学领域,但在食品研究中发现越来越多的应用,例如,可视化巧克力饼干中的填充物,量化无麸质面包的气泡尺寸和细胞壁厚度,监测结冰中的气泡形成,及研究饼干面团中的盐溶解。

32.6 实例探究

32.6.1 脂肪混合

脂肪/油相关食品研究的一个趋向是想要减少饱和脂肪的数量。饱和脂肪在室温下具有独特的晶体结构,不仅可以作为共混物框架来提供所需物理功能,而且可以提供保持液态油的网络。想要在减少或替代饱和脂肪的同时,保持其功能不变,就需要彻底地了解脂肪晶体的结构。除了通过加入配料,还可以调整加工条件来控制脂肪晶体的形成。

在一个脂肪混合案例研究中,高油酸是液体油分,棕榈硬脂酸是饱和脂肪组分。二者比例范围从 90:10 到 80:20,影响晶体形成和生长的结构化试剂(例如,甘油单酯、蜡、卵磷脂等)加入少量(2% ~ 4%)。通过不同的测量方法来评估诸如保油能力、机械强度(例如杨氏模量)和可塑性之类的功能特性。用 DSC 表征结晶,用 XRD 测量结晶多晶型物。共焦拉曼显微镜和 CLSM 用于微观结构成像。图 32.12 所示为具有不同加工条件和组成的脂肪混合物的一些 CLSM 图像。在晶体结构中观察到显著的差异(尼罗红染色的液体油,具有对应于脂肪晶体的黑暗对比度),其与其他功能性参数良好相关。

32.6.2 食品乳化液

为了制备稳定的乳液,添加具有两亲性质的乳化剂可防止乳液中的液滴聚结。常见的食品乳化剂是卵磷脂(来自大豆或蛋黄)、甘油一酯或甘油二酯和蛋白质。当液体中的浓度高于临界胶束浓度(CMC)时,卵磷脂分子开始聚集。当用作乳化剂时,聚集体的尺寸和结构是其在油/水界面处的活化能力的指示。如图 32.13 所示为某研究中乳液的微观结构表征,用以比较两种不同植物来源卵磷脂的性能。TEM 图像显示,一种卵磷脂形成球形胶束(较小的曲率半径),另一种形成蠕虫状胶束。光学显微镜可显示出液滴尺寸和形态上的显著差异。

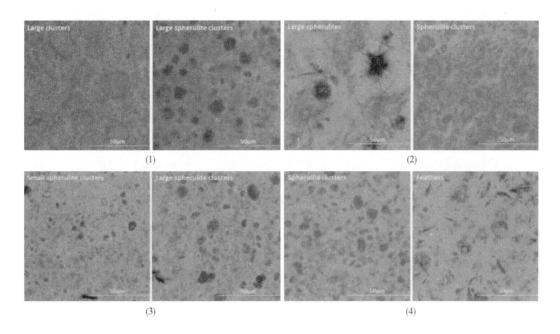

图 32.12 脂肪晶体结构的 CLSM

(1)冷却速度的变化(2)不同的结构剂(3)改变液体/饱和脂肪比例(4)相同的结构剂,但浓度不同

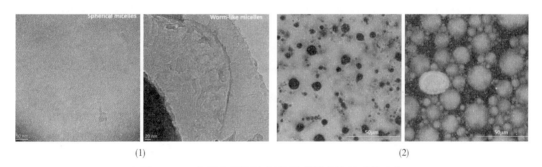

图 32.13 含具有不同比例的卵磷脂乳液的成像表征

(1)TEM(2)CLSM

CLSM 显示:左边乳剂中含有的卵磷脂,在水滴的界面上很好地排列,而右边的乳剂没有形成所期待的油包水乳剂。卵磷脂被保留在油滴中,而不是在界面上稳定存在。乳化稳定性测量(通过离心机)、粒度测量[通过时域核磁共振(TD-NMR)(详见 10.3)和粒径分析仪(详见 5.5.2.3)]和电导率测量都给出了类似的微观结构预测。

32.7 总结

食品研究和食品生产的未来研究在于通过控制和制造食品结构使其提供人类所期望的功能。本章简要介绍了直接和间接表征食品微观结构的技术,这些技术主要是为其他科学学科发明或开发的。食品科学家和制造商多年来一直借助微观结构表征工具来更好地了解食品系统。其中,有些技术已经成为食品科学技术的重要工具。在文中引用的参考文献中可以很容易地找到每种技术的更详细的讨论。如表32.1所示为这些技术的一些关键特征。

必须注意的是,在表32.1中,没有一个技术是万能的。因为食品可以是非常复杂的系统,具有非常广泛的类型和修正方案。很多时候,需要几种科学技术的组合才能把握一种食物结构的全貌。学习食品微观结构的目的是能够控制和设计新的结构。此为发展中的领域,巨大的机遇就在我们的前面。

本章涉及缩略词及其中文全称见表32.2。

表32.1 食品微观结构表征的主要技术手段

显微工具	成像介质	分辨率	提供的重要信息
光学显微镜	可见光	~200nm	物质形态 – 组织
荧光显微镜	可见光	~200nm	物质组成
扫描式电子显微镜	电子	纳米以下	表面形态
能谱仪 + 电子显微镜	X 光线	纳米以下	元素组成及分布
原子力显微镜	尖锐探针	纳米以下	表面形态及张力
傅立叶变换红外光谱显微镜	红外灯	5~10mm	化学分布
共聚焦拉曼显微镜	可见激光	~200nm	化学分布
激光共聚焦扫描显微镜	可见激光	~200nm	化学分布
X 射线衍射	X 光线	20~50μm	结晶度
电子计算机 X 射线断层扫描技术	X 光线	5~10μm	三维形态

表32.2 缩略词

缩写	全称
2 – D	二维结构
3 – D	三维结构
AFM	原子力显微镜
CAT	计算机化的轴向层析扫描成像
CCD	电荷耦合元件
CLSM	激光共聚焦扫描显微镜
CMC	临界胶束浓度
CT	计算机断层扫描
DIC	差分干涉对比
EDS	能量色散光谱
EM	电子显微镜
E – SEM	环境扫描电子显微镜
FPA	焦平面阵列
FTIR	傅立叶变换红外

续表

缩写	全称
IR	红外
LM	光学显微镜
SEM	扫描电子显微镜
TEM	透射电子显微镜
XRD	X – 射线衍射

32.8　思考题

（1）显微镜的"分辨率"的定义是什么？如何确定光学显微镜的分辨率？

（2）电子显微镜比光学显微镜能以更高的放大率（或分辨率）工作的主要原因是什么？

（3）为什么我们在用 SEM 检测的样品上涂覆导电涂层？为什么使用低真空 SEM 或环境 SEM 检查样品时通常不需要导电涂层？

（4）当使用能量色散 X 射线光谱（EDS）时，什么信息可以告诉我们样品的元素含量，它们来自哪里？

（5）样品具有强烈的荧光时，通常选择使用傅立叶变换拉曼光谱（FT-Raman），为什么不用于拉曼显微镜？

（6）什么是"断层扫描"，与其他成像技术相比有什么优势？计算机辅助 X 射线断层扫描如何创建一个三维图像？

（7）如果你正在研究一个减少糖果中糖的含量的项目，通过使用高强度甜味剂代替了一些糖，并添加了一些淀粉以保持弹性。然而，糖果的外观和味道并不像正常的软糖糖果一样。你被要求了解糖果的微观结构。你做表征的实验计划是什么？

参考文献

1. Van Helden A, Dupre S, van Gent R, Zuidervaart H (eds) (2010) The origins of the telescope. KNAW Press (now Aksant Academic Publishers), Amsterdam, Netherland

2. James PJ, Thorpe N (1994) Ancient inventions. Random House Publishing, London, UK

3. Delly JG (1988) Photography through the microscope. Eastman Kodak Co., Rochester, NY

4. Green FJ (1991) The Sigma-Aldrich handbook of stains, dyes & indicators. Aldrich Chemical Co., Inc., St. Louis, MO

5. Peter G (1964) Handbook of basic microtechnique, 3rd edn. McGraw Hill, New York

6. Clark G (1981) Staining procedures. Williams & Wilkins, Essex, UK

7. Lillie RD (1977) H. J. Conn's biological stains, 9th edn. Williams & Wilkins Co., Reprinted by Sigma Chemical Co., St. Louis, MO

8. Hergert W, Wriedt T (2012) The Mie theory basics and applications (Chapter 2 authored by Wriedt T), Springer, New York

9. Binnig G, Quate CF, Gerber CH (1986) Atomic force microscope, Physical Review Letters 56:930

10. Haugstad G (2012) Atomic force microscopy: understanding basic modes and advanced applications. Wiley, New York

11. Baró AM, Reifenberger RG (2012) Atomic force microscopy in liquid: biological applications. Wiley, New York

12. Sarid D (1994) Scanning force microscopy: with applications to electric, magnetic, and atomic forces. Oxford University Press, Oxford, UK

13. Yang H., Wang Y, Lai S, An H, Li Y, Chen F (2007) Application of atomic force microscopy as a

nanotechnology tool in food science. J Food Sci 72:R65

14. Sasic S, Ozaki Y (2011) Raman, infrared, and near-infrared chemical imaging. Wiley, New York

15. Lewis EN, Treado PJ, Reeder RC, Story GM, Dowrey AE, Marcott C, Levin IW (1995) Fourier transform spectroscopic imaging using an infrared focal-plane array detector, Anal Chem 67:3377

16. Nowakowski CM, Aimutis WR, Helstad S, Elmore DL, Muroski A (2015) Mapping moisture sorption through carbohydrate composite glass with Fourier transform near-infrared (FT-NIR) hyperspectral imaging. Food Biophysics 10:207

17. Dieing T, Hollricher O, Toporski J (2011) Confocal Raman microscopy. Springer, New York

18. Thygesen LG, Lokke MM, Micklander E, Engelsen SB (2003) Vibrational microspectroscopy of food. Raman vs. FT-IR. Trends Food Sci & Tech 14:50

19. Roeffaers MBJ, Zhang X, Freudiger CW, Saar BG, van Ruijver M, van Dalen G, Xiao C, Xie XS (2011) Label free imaging of biomolecules in food products using stimulated Raman microscopy. J Biomed Optics 16(2): 021118

20. Gierlinger N, Schwanninger M (2007) The potential of Raman microscopy and Raman imaging in plant research. Spectroscopy 21:69

21. Lagali N (ed) (2013) Confocal laser microscopy: principles and applications in medicine, biology, and sciences. InTech (open access), Rijeka, Croatia

22. Yoshio W, Eiichiro M, Kozo S (2011) X-ray diffraction crystallography. Springer, New York

23. Jenkins R, Snyder R (1996) Introduction to x-ray powder diffractometry. Wiley-Interscience, New York

24. Putaux JL (2005) Morpholody and structure of crystalline polysaccharides: some recent studies. Macromolecular Symposia 229:66

25. Idziak SHJ (2012) Powder x-ray diffraction of triglycerides in the study of polymorphism, ch. 3. In: Marangoni AG (ed) Structure-function analysis of edible fats, AOCS Press, Urbana, IL

第七篇　食品有害物及其成分分析

食品污染物、残留及重要化学成分分析

Baraem P. Ismail

S. Suzanne Nielsen

33.1　引言：当前及新兴的食品危害

从农民到消费者的食物链是非常复杂的（图 33.1[1]）。农药处理、农业生物工程、兽药管理、环境和储藏条件、加工、运输、经济收益措施、食品添加剂的使用和/或包装材料的选择都可能导致污染或引入有害物质（有意或无意地）。为确保食品质量与安全，国家制定了一系列的法律法规并在不断完善，以保护农民、消费者和相关行业的权益。（关于食品污染物和残留物的规定详见参考文献[2]）

污染物/食品危害物通常具有一定的阈值（耐受水平），低于阈值时不会观察到不良影响。美国环境保护局（EPA）制定建立污染物/食品危害物耐受水平，由美国食品和药物管理局（FDA）和美国农业部（USDA）执行。然而，由自然界中微生物、生物和化学物质引起的食品安全事件仍然不断发生。2015 年，食物和饲料快速预警系统（RAS-FF）共发出了 3049 次警报/通知，比 2014 年高出 5%[3]。通知分类如下：化学品（36%），霉菌毒素（16%），微生物（27%）和其他危害（21%）。在化学品类别中，最常报告的危害物包括过敏原（如组胺和亚硫酸盐）、重金属（如汞、铅和镉）、农药（如氧化乐果和甲基异柳磷）和兽药（如 β - 内酰胺和氯霉素）。微生物污染物包括霉菌、病毒和细菌(这一类别的讨论和分析方法超出了本章的范围)。当前及新兴的化学危害物包括食品掺杂掺假(如三聚氰胺)、包装中的化学品(如双酚 A 和 4 - 甲基二苯甲酮)、降解代谢物(如丙烯酰胺,杂环胺和呋喃)、天然存在的危害物(如氰化物和茄碱)和其他化学污染物(如 3 - 氯丙烷 - 1,2 - 二醇、苯和高氯酸盐)。另一个值得关注的类别是转基因生物(GMO)及其制品。食品中转基因成分的引入和使用推动了食品安全和标签相关法律的发展。

随着人们对食品污染物关注度的不断提高,为了确保食品质量安全和公平贸易,人们迫切需要开发大量可靠的检测分析方法。目前已经建立了多种完善、可靠的检测分析方法分析食品危害物,但新兴食品危害物检测分析方法的开发和验证仍是一项持续的工作。本章将介绍一些食品危害物检测、定量的筛查方法和定量分析方法,同时对近期新鉴定的和新兴的食品危害物检测方法也进行了介绍。本章焦点在于化学污染,与第 35 章的"食品法证调查"相关。

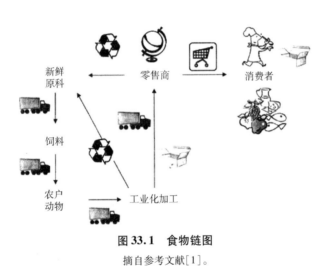

图 33.1 食物链图

摘自参考文献[1]。

33.2 分析方法

和食品成分分析类似,食品危害物分析也有一系列的方法和技术可供选择。影响方法选择的各种因素详见表 1.1、表 1.2、表 1.3、表 1.4 和表 1.5,主要包括食品基质的复杂性、分析物自身特性(如极性,疏水性,挥发性,热稳定性和化学反应活性)以及污染物的可能污染水平。人们对污染物分析的目的差异很大,可能仅仅是检测属于同族的几种可疑污染物,也可能是确定特定污染物的确切污染水平,或者是更复杂的一些情况,如检测未知掺杂物。监管机构和企业通常使用廉价且快速的筛选方法。但是根据分析目的,定量分析需要使用精密的尖端设备。在这种情况下,企业通常会选择将样品送到专业实验室中进行分析。一旦选定了一种分析方法,就需要进行正确的采样和样品制备。

33.2.1 分析方法的选择

食品基质的复杂性(详见 1.4.4)和分析物的特性显著影响了萃取、分离、检测和定量技术的选择,这将在后面的章节中讨论。同时分析方法的准确性、精密度、特异性和灵敏度(详见第 4 章)也是应考虑的重点。目前有很多有效的污染物和残留物官方分析方法,还有一些正在开发和验证的分析方法。食品危害的分析方法包括定性方法、半定量方法或定量方法。如表 33.1 所示为一些主要污染物的分析方法。

表 33.1　食品中污染物、残留物和化合物的分析方法总结

污染物	定量	半定量或定性 (筛选方法)
农药	多残留(MRMs) GC(大多数情况) HPLC 单一残留物(SRMs) GC(大多数情况) HPLC 免疫分析	TLC 酶抑制 免疫分析
霉菌毒素	HPLC(大多数情况) GC 毛细管电泳 免疫分析(大多数情况)	TLC 免疫分析
抗生素	HPLC(大多数情况) GC 免疫分析	微生物生长抑制 受体分析 酶–底物分析 免疫分析
GMOs	PCR(大多数情况) ELISA	LFS
过敏原	ELISA PCR LC-MS	LFS
亚硫酸盐	Monier-Williams 法 离子色谱 酶法 HPLC	"Ripper method" "开膛方法"
亚硝酸盐	比色法 离子色谱	离子选择电极

注:HPLC 为高效液相色谱法,GC 为气相色谱法,TLC 为薄层色谱法,PCR 为聚合酶链式反应,ELISA 为酶联免疫吸附测定法,LFS 为侧流试纸条。

33.2.1.1　定性或半定量法

定性和半定量法(又称筛查方法)通常用于测定大量样品中是否存在属于同一家族的一种或多种污染物(如抗生素残留物,详见33.5.2.1)。该方法速度快,成本低,操作简单;它们往往对实验和/或环境条件的微小变化不太敏感,不需要高度控制的实验室环境。定性法可以检测出含量等于或高于阈值的污染物,半定量法可以获得所检污染物的大致浓度。这些方法包括薄层色谱(TLC)、酶抑制和免疫分析等技术。

33.2.1.2　定量法

用于化学类食品污染物和残留物同时定量分析和结构鉴定的方法主要有气相色谱法(GC,详见第14章所述)和高效液相色谱(HPLC,详见第13章)法。对于多组分污染物和残留物分析,尽管需要衍生成极性分析物的步骤,仍然优先考虑使用气相色谱法与质谱法(MS)联用和相对便宜的台式GC-MS仪器。但对于不易挥发的热不稳定或/和大分子物质,如霉菌毒素、极性杀虫剂和大部分兽药残留物必须使用HPLC进行分析。高效液相色谱-质谱(LC-MS)联用技术主要的优势在于发展了极性分析物高选择性、灵敏的直接分析法。例如,LC-MS在很大程度上取代了用于兽药分析的微生物和免疫化学方法[4-5]。此外,由于农药使用正从稳定的、弱极性农药转变为易降解的、强极性且热稳定性差的农药,LC-MS正被用于多类别农药的多残留分析[6-7]。

免疫分析(详见第27章)是快速、简单且经济有效的分析手段,能够定量检测单一和多种污染物或残留物(如杀虫剂,抗生素和霉菌毒素)。在各种免疫测定技术中,酶联免疫吸附测定(ELISA)(详见27.3.2)和侧流试纸条(LFS)测试(详见27.3.4)可以灵敏地检测出毒性物质,而免疫亲和层析(详见27.4)则用于浓缩和净化目标分析物。但是,免疫测定中使用的抗体可能对相似化学结构具有交叉反应性(亲和力)。

33.2.2　样品的制备

33.2.2.1　概述

对于痕量污染物和残留物的直接分析而言,食品样品太稀(如饮料)或基质太复杂(如肉)不易于分析。因此,通常在食品污染物和残留物分析之前必须进行样品制备,包括均质化、提取、分馏/净化、浓缩或衍生化,如图33.2所示。随着食品污染物和残留物限量标准的不断降低,分析人员需要开发更加灵敏、精确和准确的测量方法。为确保高回收率和可重复性,详见参考文献[8],需要不断改进样品的制备技术。幸运的是,分析方法和设备已经得到了显著的提高。质谱仪的先进技术(详见第11章)特别是当串联使用时,其增强的"识别功能",能够接替传统样品制备方法的"选择性"。然而,为了更准确地定量,应进一步净化提取物。在目标和多残留方法中,同位素稀释和内标的添加提供了最准确的结果,补偿了质谱中的样品基质效应和离子抑制。当然,现在还有更快和更有效的提取方法分析食品污染物和残留物,这将在后面的章节讨论。

分析化学家通常关注完善分析技术(如色谱分析),而忽略了取样、样品储存和样品制

备的重要性。取样和样品制备是劳动密集型和耗
时的工作,但又是获取有意义的分析数据必不可少
的先决条件。取样和样品制备过程中出现误差和
污染的可能性很高,并且无法在分析过程中进行纠
正。因此,应当充分利用统计分析来进行、实施和
验证采样、储存和样品制备的计划(详见第 5 章)。
在非均相混合物中得到代表痕量物质水平的样品
并非易事。本章将简要讨论用于特定污染物或残
留物分析的取样。

图 33.2　污染物和残留物分析的流程图
摘自参考文献[10]。

33.2.2.2　样品均质

在很多情况下,食品污染物和残留物并非均匀
的分散在食品体系中。例如,大多数农药不会在植
物体内按照人们预想的位置迁移而会全位于新鲜
农产品的表面。因此,在可行的情况下,为了得到
可靠和准确的分析,应去除不可食用部分(外皮,根
茎和核),并且将剩余部分进行均质。均质可以通过切碎或研磨,然后混合搅拌来实现。除
了均质外,研磨可以减少样品的结构特征,提高提取效率。处理样品时应避免污染样品或
不必要的样品受热,防止污染物或残留物的挥发或降解。对于质地偏软的样品,优选低温
研磨(详见 5.5.2.1),以避免热降解。

33.2.2.3　提取和净化

(1)简介　除了直接溶于有机溶剂(如植物油)的样品外,几乎所有的食品样品都需要
溶剂提取步骤(详见 12.2 和 14.2.2.4)将目标分析物从基质中分离出来。在提取目标污染
物之前,通常需要使用己烷或异辛烷对高脂食品基质进行脱脂。传统方法是将污染物和残
余物溶解在适当的有机溶剂(通常是乙腈或丙酮)中进行污染物和残留物的提取。可加入
无水盐($NaCl$ 或 Na_2SO_4)脱水。在某些情况下需要加入水分,以便后续步骤中粗提物在与
水不互溶的溶剂中的进一步净化。提取完成时后,将溶剂与不溶性固体过滤分离。

通常,在分离/测定步骤之前将粗提物进行纯化并浓缩。分析方法(如色谱模式和检测
器类型)决定了所需样品的纯化程度。净化的目的是将目标分析物从各种干扰检测的混合
物中分离出来。通常初步净化后是制备色谱分离步骤(关于色谱的基本信息详见第 12
章)。例如,水 - 丙酮或水 - 乙腈提取物可以通过(相对)非极性有机溶剂分离净化。然后
通过柱层析(吸附色谱或尺寸排阻色谱)进一步纯化残余物,分析层析柱洗脱液部分。填料
的选择取决于分析物和基质。在某些情况下,如测定牛乳中的黄曲霉毒素[9],可以使用单
克隆抗体亲和层析技术将牛乳进行进一步柱净化。

为了开发更快、更高效且溶剂使用量少的提取技术,研究人员做出了巨大的努力。基
于目标分析物特征开发的提取和纯化技术主要分为三类:①挥发性化合物(VC)在衍生化

后（如需衍生），通过顶空技术分析；②半挥发性化合物（SVC）（热稳定）可通过气相色谱修正；③难挥发性（热不稳定）化合物（NVC），其主要在提取后通过高效液相色谱分析。一些广泛使用的提取技术将在随后的章节中简要介绍。各种提取技术的更多细节，详见参考文献[10-14]。

（2）固相微萃取　固相微萃取（SPME）属于固相萃取（SPE）（详见 14.2.2.5）的一种，上述列出的三类化合物均可采用 SPME 进行萃取。对于挥发性化合物顶空技术是最好的分析技术（详见 14.2.2.2）。顶空采样应用包括分析农药、呋喃和包装材料的残留物，可以通过将固相微萃取聚合物涂覆的纤维浸入顶部空间来完成。固相微萃取也可以用于半挥发性化合物和难挥发性化合物，将聚合物涂覆的纤维直接浸入含水样品中，或置于中空纤维素膜内进行萃取。

（3）QuEChERS 法　QuEChERS 法[15-16] 代表了快速、简便、廉价、有效、坚固和安全的分散固相萃取（DSPE）技术，这是迄今为止提取多种农药残留的最好方法（详见 33.3.2 和 14.2.2.5）。我们非常期望只用一套样品制备方法和一套液质联用（最好是串联）法能检测尽可能多的农药。与常规固相萃取相比，QuEChERS 法的优点，如图 33.3 所示，包括快速、简便、最小的溶剂使用量以及更低的成本，而且可以根据样品基质和分析物的类型对吸附剂和溶剂的类型以及溶剂的 pH 和极性进行调整。目前 QuEChERS 试剂盒已经实现了商品化（例如，Sigma Aldrich/Supelco，Restek 和 United Chemical Technologies）。

（4）微波辅助溶剂提取　微波辅助溶剂提取（MASE）利用电磁辐射从固体基质当中解吸有机物，能显著降低提取时间和有效提取目标分析物所需的溶剂量（见参考文献[17]）。微波辅助溶剂提取的效率基于升高的温度超过溶剂的沸点以及分析物快速转移到溶剂相。商业系统是可用的、

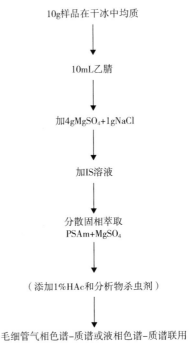

图 33.3　QuEChERS 程序流程图

摘自参考文献[10]。

包括在封闭的、衬里（全氟烷氧基）、加压容器（高达 0.8~1.2MPa）内同时提取多个样品的能力，使用微波吸收溶剂。微波辅助溶剂提取的缺点包括缺乏选择性和热不稳定分析物的损失（热不稳定分析物挥发或降解等造成的分析物损失）。

（5）加速溶剂萃取　加速溶剂萃取（ASE）（详见 17.4.4）利用一定量的有机溶剂在高温（高达 200℃）和压力（1500~2000psi①）下短时（通常 <10min）静态或动态地提取固体样品[18]，如加速溶剂萃取用于杀虫剂和抗生素残留见参考文献[19]。加速溶剂萃取的缺点包

---

①　1psi = 6894.76Pa。

括稀释效应和缺乏选择性,需要进一步被净化和浓缩。

33.2.2.4　衍生化

为了采用特定色谱技术和理想的检测器进行分离和检测,可能需要对分析物的化学结构进行修饰。通过多次化学反应进行结构修饰的过程称为衍生化[详见 12.3.4.2(1)、13.2.4.7 和 14.2.3]。许多类型的衍生化反应已被用于分析污染物和残留物,如参考文献[20]中所讨论的选定的农药残留物以及参考文献[10]中讨论的抗生素硝基呋喃。

33.3　农残分析

33.3.1　简介

杀虫剂是为了破坏或控制包括杂草、微生物(例如真菌或细菌)、昆虫,甚至哺乳动物的"害虫"而配制的任何物质或物质的混合物。目前,注册农药有 1300 多种[21],主要有:①用于控制杂草的除草剂,例如,三嗪阿特拉津;②杀虫剂,例如有机氯化物(OC)[二氯二苯三氯乙烷(DDT)]、有机磷酸酯(OP)(马拉硫磷、乐果、氧乐果)和氨基甲酸甲酯(涕灭威);③杀真菌剂,例如邻苯二甲酰亚胺(克菌丹)。其他类型的杀虫剂可能还包括杀螨剂、杀软体动物剂、杀线虫剂、信息素、植物生长调节剂、驱虫剂和杀鼠剂。参考文献[5]列出了属于不同化学类别的各种农药产品中使用的活性物质,FDA 提供了农药化学品词汇表[22]。因农药直接施用作物或者农场动物或者作为食品的采后处理剂,所以在食品中可能出现农药残留;由于农药处理动物食用的饲料,农药残留也可能发生在肉类、牛乳和蛋类中;另外,由于环境污染和喷洒漂移,食品中可能出现农药残留。

如果不使用杀虫剂,作物将可能减产三分之一。但是,农药可能会对人体健康产生不良影响,这些不良影响包括但不限于癌症、急性神经毒性、慢性神经发育障碍、免疫、生殖和内分泌系统功能障碍。因此,世界各国对农药登记和使用有严格的规定。

EPA 要求进行风险评估研究,通过确定毒性作用的性质和程度,来建立无明显不良作用水平(NOAEL)。根据风险评估研究,食品中农药(有效成分以及有毒代谢产物和转化产物)的容许范围或最大容许残留量(MRL)由政府机构制定并执行,如 33.1 所述保护利益相关者,管理国际贸易。事实上,农药在注册之前必须建立容许范围。一般来说,考虑到商品特性以及所使用的农药种类,食品中所容许的农残含量范围在 0.1 ~ 10mg/kg。在食品中严格控制较低的农残容许范围导致必须开发更精确和敏感的分析方法。

33.3.2　分析方法类型

目前,有几个因素导致食品中的农药残留分析成为一项复杂的工作。这些因素包括食品基质的复杂性,杀虫剂含量可能低于 pg 或 fg 级别以及农药理化性质的显著差异性。

用于农药的分析方法可以分为单一的单残留分析法(SRM)或多残留分析法(MRM)。SRM 用于测量单个分析物和其毒性代谢物。大多数 SRMs 是为了农药登记注册和设定容许范围而开发的,或者用于调查特定农药的代谢和环境来源。SRM 针对目标农药优化了取样、提取、纯化和测定过程。《农药分析手册》第二卷(PAM Ⅱ)中介绍了目前正在使用的SRMs方法,这些方法大多数经过了环保署审查或已在同等水平科学杂志上发表[23]。为了监控农药质量和其安全性,考虑到各种农药及其物理和化学特性(例如,酸性、碱性或中性、极性或非极性以及挥发性或非挥发性)的显著差异,推荐使用MRM,可以在一次运行中确定多种农药的种类。《杀虫剂分析手册》第Ⅰ卷(PAM I)中有许多MRM[24]。国际的美国分析化学家协会(AOAC)[25]也开发了一种农药残留MRM – AOAC农药筛查(AOAC方法970.52)。目前,FDA和USDA使用的MRM方法中的定性和定量分析采用GC和HPLC技术。

MRM色谱分析之前,通常需要对取样、提取和分馏/净化条件进行优化,以确保样品基质中存在的大部分(即使不是全部)农药残留有效地转移至有机相。为了尽可能多地从样品基质中有效地将农药残留物转移到有机相中,可使用与水混溶的溶剂进行分配。随后用可与极性溶剂混溶但与水不混溶的非极性溶剂进行分配。在提取之后,使用吸附柱,特别是硅酸镁、氧化铝和硅胶以及用于洗脱的低极性混合物进行净化。基于固相萃取层析的商业试剂盒可用于农药净化。参考文献[26]详细描述了不同的农药分析MRM提取和净化的步骤。

33.3.3 用于检测,定性和/或定量的分析技术

农药分析存在着广泛的分析技术。本节着重介绍一些用于检测和确定农药残留的分析技术。

33.3.3.1 生物化学技术

生物化学技术被广泛用于检测农药,如酶抑制分析和免疫分析。目前,市场上有很多包括酶抑制分析的市售试剂盒。其测定原理是基于样品中残留农药对昆虫活体内一种特异性酶的抑制作用。如果不存在杀虫剂,则该酶将被活化并作用于底物以引起颜色变化。如果颜色没有发生变化,那么测试结果为阳性,进一步的确认可以在更复杂的分析(如HPLC和GC)下进行,以定性和定量测定存在的特定农药。

虽然酶抑制法大多用作筛选方法,但是灵敏度和选择性有限,免疫测定法可以根据特定目的进行调整,如从简单的筛选测试(现场便携式[27])到定量实验室测试。与其他常规方法相比,免疫分析可以分类分析化合物或特异性分析化合物,方法简单灵敏,可以进行高通量低成本分析。另外,除非存在交叉反应性,否则不需要大量净化提取物。ELISA法的应用(详见27.3.2)几乎占用于农药残留免疫分析法应用的90%。参考文献[26 – 27]包括了关于免疫分析在杀虫剂分析中应用的更多信息。

33.3.3.2 色谱技术

(1)薄层色谱 薄层色谱(TLC)(详见12.3.4.2)可用于农药分析的筛选。但其相对于GC和HPLC,分辨能力、精密度较低,检测限较差,因此不能用作定量方法。然而,在更精确的定性和定量测定之前,薄层色谱法可以作为一个半定量的方法。典型应用是检测和估算

抑制昆虫酶(如胆碱酯酶)的杀虫剂。粗提取物经过 TLC 分离后,用含有酶的溶液对薄板喷雾,再用可释放有色产物的特定底物溶液进行喷雾。存在农药残留物时,酶受到抑制,颜色无变化,酶的抑制作用与农残量成比例。

(2)气相色谱 随着熔融石英毛细管柱的发展(详见 14.3.4.2),可以分离和检测大量具有相似物理和化学性质的农药。一般来说,GC 是测定挥发性和热稳定性农药(如 OC 和 OP 类)的首选方法。根据农药的性质,选择色谱柱和检测器。例如,通在 MRM 中多采用 5% 二苯基,95% 二甲基聚硅氧烷固定相柱。

农药通常含有杂原子,如 O、S、N、Cl、Br 和 F,因此,常使用元素选择性检测器,如火焰光度检测器(FPD),其适用于检测含磷化合物。FPD(详见 14.3.5.4)广泛用于各种农作物中 OP 类农药的检测,并且不需要繁杂的净化步骤。电子捕获检测器(ECD,详见 14.3.5.3)对有机卤素化合物分析具有高度敏感性,在 OC 测定中被广泛使用。当一种 MRM 方法用于多类别农药分析时,使用这些选择性检测器,需要进行多次 GC 进样,这是传统 GC 分析的一大局限。另外,常规 GC 分析中的定性鉴定高度依赖于保留时间,而基质干扰作用导致保留时间不能绝对确证待测物质。熔融毛细管色谱柱与 MS 检测器的耦合不仅增强了确认过程,还增加了定量测定能力(详见 33.3.3.3)。

(3)高效液相色谱 由于挥发性差、极性相对较高和热不稳定性高的杀虫剂数量的增加,使农药分离和检测的高效液相色谱分析的发展成为必然。通常利用 HPLC 分析如 N - 甲基氨基甲酸酯(NMC)、尿素除草剂、苯甲酰脲杀虫剂和苯并咪唑杀真菌剂的类别。这些化合物通常通过反相色谱(详见 13.3.2)用 C18 或 C8 柱和水性流动相进行分析,然后进行 UV 吸收,荧光或 MS 检测(详见第 7 章和第 11 章)。

使用荧光或紫外检测器与常规 HPLC 分析复杂系统中的农药通常是不充分的。即使使用二极管阵列检测器也可能由于光谱差异过小而解析不了。MS 检测技术的应用拓宽了农药 HPLC 分析的范围。LC-MS 正在成为分析极性、离子和热不稳定农药的最有力的技术之一[详见 33.3.3.3(2)]。

33.3.3.3 质谱检测

第 11 章详细介绍了 MS 仪器、电离模式和质量分析仪。随后的部分将提供用于农药残留分析的 GC-MS 和 LC-MS 的样品应用实例。参考文献[6 - 7],[16],[26][,28 - 31]描述了更多的应用实例和方法开发的细节。

(1)气相色谱 - 质谱法 用于分析农药残留物的最常用的 GC-MS 技术涉及具有电子碰撞(EI)电离的单四极杆仪器。选择离子监测器(SIM)可以提高选择性、提高灵敏度,并将共同提取的化合物的干扰降至最低。离子阱检测器(ITD)也用于农药残留分析。使用 ITD,全扫描模式下的分析与单四极杆分析相比具有更高的灵敏度,并可通过库搜索(NIST 谱库搜索)进行确认。另外,ITD 通过碰撞诱导解离(CID)实现串联质谱分析(MS/MS)。串联 MS 的使用提高了选择性,显著降低了基质影响,并不损失鉴别能力,从而能够在存在众多干扰物的情况下对痕量农药进行分析。图 33.4 所示为与仅使用 MS 相比,MS/MS 的使用大大增强了的化合物的鉴别能力。为了满足低样品量的多类别农药残留分析,三重四极杆

(QqQ)质谱正在成为一个权威且快速的分析工具。GC/QqQ-MS/MS 分析时能够同时监测大量的共洗脱化合物,使得色谱分离变得不那么重要。即使在痕量浓度水平下,也可以轻松实现可靠的定量和确认。飞行时间质谱(TOF)MS 仪器在多组分农药同时分析中也越来越受欢迎[16],[30]。

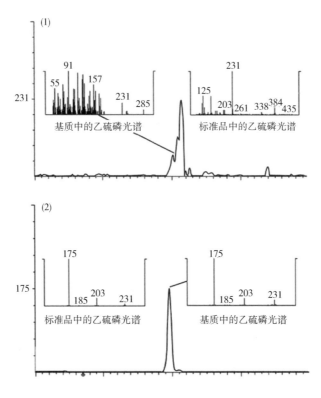

图 33.4　蔬菜提取液中的农药残留分析图
(1)EI 全扫描图(显示出噪声基线和非光谱匹配);(2)电子轰击源(EI)MS/MS
图(显示出干净的基线,对称的峰型和优异的光谱匹配)

(2)高效液相色谱 – 质谱法　与 GC-MS 类似,LC-MS 在农药分析中的应用也有了很大的发展。针对 OP,氨基甲酸酯和磺酰脲类杀虫剂等许多杀虫剂,开发了常压电离(API)、大气压化学电离(APCI)和电喷雾电离(ESI)的串联质谱方法[29]。具体而言,人们发现 ESI 与 MS/MS 联用对于食品中存在的多数农药具有高灵敏度和选择性。由于 HPLC 溶剂的干扰,与 GC-MS 分析农药相比,单四极杆仪器在 LC-MS 中的应用并不广泛。当使用 LC-MS 进行农药残留分析时,QqQ 是使用最广泛的质谱分析设备。LC/TOF-MS 由于其高速、高灵敏度和高选择性越来越流行[31]。

33.4　霉菌毒素分析

33.4.1　简介

霉菌,即丝状真菌,可以在食品中生长并产生各种类型的化学性毒素,这些化学性毒素统称为霉菌毒素。霉菌毒素的主要来源是曲霉属(*Aspergillus*)、镰刀菌属(*Fusarium*)和青霉属(*Penicillium*)的真菌菌属。由于环境因素,如温度、湿度、天气变化、作物的机械损伤和害虫侵袭,农作物可直接被真菌感染并被真菌产生的霉菌毒素污染。另外,过度干燥的土壤和营养失衡等植物胁迫危害均会诱导真菌生长。真菌侵染和霉菌污染可以发生在食物链的任何阶段(详见33.1)。联合国粮食和农业组织(FAO)估计,每年全球有高达25%农作物都受到"不可接受的"霉菌毒素水平的影响[32]。

霉菌毒素污染可能是由于谷物、干果、香料、葡萄、咖啡、可可和果汁(尤其以苹果为主)等植物源性产品直接霉菌感染而引起的。霉菌毒素也可能由于农场动物食用真菌污染的作物制成的饲料而间接污染牛乳、鸡蛋和肉类。另外人类和动物在港口和仓库等地方,也可能高暴露于霉菌毒素污染严重的灰尘中。

目前已知有超过300种霉菌毒素,属于不同化学类别。对人类健康具有毒理学影响的主要霉菌毒素包括黄曲霉毒素(AFB_1,AFB_2,AFM_1,AFM_2,AFG_1 和 AFG_2),赭曲霉毒素(如赭曲霉毒素 A,OTA),单端孢霉烯类[例如脱氧雪腐镰刀菌烯醇(FBs,FB_1,FB_2 和 FB_3),棒曲霉素(主要存在于苹果和苹果产品中的霉菌毒素)和玉米赤霉烯酮(ZEN)]。原料和加工食品中的霉菌毒素(主要和次要毒素)的化学分类和发生情况见参考文献[32]。上述霉菌毒素的毒性作用包括但不限于遗传毒性、致癌性、致突变性和免疫毒性。遗传毒性成分在任何剂量下都有诱发效应的可能性;因此,霉菌毒素不应考虑阈剂量,也不应该存在于食物中。例如,黄曲霉毒素 B_1 没有假定的安全剂量,它具有遗传毒性,是已知最强烈的天然致癌物之一。然而,为了给风险管理部门提供决策所必需的资料,还是设定了其他真菌毒素的阈剂量和"安全的"每日总摄入量或每周总摄入量(TDI 或 TWI),如表33.2所示。根据阈剂量,美国设置了霉菌毒素的耐受水平(例如,黄曲霉毒素 $0\sim35\mu g/kg$、OTA $2.5\sim50\mu g/kg$、DON $300\sim2000\mu g/kg$ 和棒曲霉素 $5\sim50\mu g/kg$)。

霉菌可能由于自然原因或食物加工被破坏,但霉菌毒素往往可以存留下来。限制人类接触霉菌毒素的一个最关键的控制点就是避免原料加工过程中出现不可接受的霉菌毒素水平。因此,必须实施定期测试,包括采用可靠的抽样程序和有效的分析方法。AOAC 国际、美国石油化学家协会(AOCS)、AACC 国际组织和国际纯粹与应用化学联合会(IUPAC)等组织均对霉菌毒素进行了分析方法验证。参考文献[33-37]提供了关于霉菌毒素的产生、健康影响、控制、采样和样品制备以及分析的详细信息。

33.4.2 取样

与其他类型残留物的分析相比,真菌毒素分析中的取样步骤是迄今为止总误差最大的因素。这种变异性与食品中霉菌毒素的含量和分布有关。原料局部部位0.1%(毒素)高污染造成的毒素不均匀分布可以导致原料总体水平高于耐受限度。由于这种不均匀分布,必须采用合适的抽样方案来确保抽样样品中的浓度与整个批次样品的浓度相同。不正确的抽样方案很容易产生错误的结论,尤其是常出现假阴性,这会导致对健康的不良影响,以及对经济和贸易的影响。

表 33.2   主要真菌毒素的总每日摄入量(TDI)或每周总摄入量(TWI)

霉菌毒素	TDI/(ng/kg,d)	组织
OTA	4	加拿大卫生部(1989,1996)
	5	北欧理事会(1991)
	5	欧盟(1998)
	14	JECFA(1996,2001)
	120(TWI)	欧洲海上钓鱼者联盟(2006[81])
FBs	2000	欧盟(2000)
	2000	JECFA(2000)
	400	加拿大卫生部(2001)
DON	3000	加拿大卫生部(1985)
	1000	加拿大卫生部(2001)
	1000	北欧理事会(1998)
	1000	欧盟(1999)
	1000	JECFA(2000)
ZEN	100	加拿大卫生部(1987)
	100	北欧理事会(1998)
	500	JECFA(2000)
	200	欧盟(2000)
棒曲霉素	400	JECFA(1996)
	400	欧盟(2000)
	400	加拿大卫生部(1996)

注:OTA 赭曲霉毒素,FBs 伏马菌素,DON 脱氧雪腐镰刀菌烯醇,ZEN 玉米赤霉烯酮;

  JECFA 粮农组织/世界卫生组织食品添加剂联合专家委员会。

摘自参考文献[32]。

委员会第 401/2006 号公告[36]为各种粮食商品(包括谷类、干果、坚果、香料、牛乳及乳制品、果汁和固体苹果产品)中受管制的真菌毒素的抽样提供了规范。此外,AOAC 国际组织,AOCS 和 FDA 与 USDA 合作,已经制定了针对不同商品的详细抽样计划。目前,制定出一个可接受的计划包方案,包括从整体的多点获取大量样品、创建混合样品、研磨或搅拌混合样品(以减小粒度和/或提高均一性),并进行二次取样用于实验室分析等步骤。收集的样品和实验室样品的数量和大小取决于基质和批次的大小。

这里列举了霉菌毒素分析的一个采样案例:生花生仁的顺序抽样(对黄曲霉毒素的耐受量低于 15μg/kg);随机取得大约 70kg 的大量样品(以每 225kg 批量为一个增量的速率)。使用狄更斯机械旋转分离器将这个大量样品随机分成三个 21.8kg 样品,然后分别研磨。从其中一个样品中取出一个子样品(1100g),形成浆液,分析其中的黄曲霉毒素。如果两次测定的平均值≤8μg/kg,则批次通过,不再进行进一步测试。如果平均值≥45μg/kg,货物将被拒收。对于平均值在 8 ~45μg/kg 的,第二个 21.8kg 的样本将进行一式两份的分析,四项结果的平均值用于决定是否接受(≤12μg/kg)或拒绝(23μg/kg)。如果平均值又在两个测定值之间,第三个 21.8kg 样品继续进行分析,如果六次检测的平均值低于 15μg/kg,则样品可通过检验被接受。

33.4.3 检测和确证

取样后,样品制备通常包括提取、净化和浓缩。目前已经开发了针对霉菌毒素分析的样品制备步骤(如 33.2.2 所述)。振动或混合通常用于霉菌毒素的提取,而 SPE 经常用于清除步骤,特别是在多种霉菌毒素分析时。对于特定的霉菌毒素,免疫亲和层析(IAC)常用于净化步骤。

研究人员在开发和优化霉菌毒素分析的定性和定量方法上做出了巨大的努力。真菌毒素分析的官方方法列表可以查阅参考文献[32]和其他参考文献[33 - 35],[37]。霉菌毒素试剂盒用于净化(用于 GC、HPLC 或 TLC 分析)和检测(例如,ELISA、LFS,用 HPLC 的免疫亲和性),目前已经商品化。下面的部分将简要讨论用于检测和测定食品中真菌毒素的一些主流和新兴分析技术。

33.4.3.1 快速检测技术

(1)TLC 法 AOAC 国际已经接受了大量用于真菌毒素分析的 TLC 方法,包括大麦和小麦中的 DON,花生和玉米中的黄曲霉毒素,牛乳和乳酪中的黄曲霉毒素 M_1,大麦和生咖啡中的 OTA 以及玉米中的 ZEN。常规的 TLC 技术通常用于筛选,检测限为 2ng/g。若检测结果呈阳性,接下来可以做更灵敏的定量分析测定。当与 IAC 联合使用时,用于分析霉菌毒素的 TLC 总体性能可以进一步被改善。另外,荧光密度计和半导体检测器与微型计算机的连接改善了数据处理能力。

(2)免疫测定法 霉菌毒素分析的三种主要的免疫分析方法包括放射免疫分析(RIA)、ELISA 法(详见第 27 章)和荧光偏振免疫分析(FPIA)。放射性元素标记霉菌毒素(如黄曲霉毒素)的 RIA 逐渐被 ELISA 所取代。由于所有的霉菌毒素都是相对较小的分子(MW <1000),通常使用竞争性 ELISA 法(详见 27.3.2)。在 FPIA 中,荧光素标记的霉菌毒素与样品中未标记的霉菌毒素分析物竞争结合抗体。由于与 ELISA 相比,FPIA 不涉及平板涂布和更少的分析时间,FPIA 已经获得了普及。DON、ZEN 和 OTA 分析结果中,FPIA 与 ELISA 相当[32]。

各种基于免疫的测试方法常用于霉菌毒素的在线控制或现场测试,如基于薄膜的免疫测定法,LFS 测定法和生物传感器。基于薄膜的免疫测定法利用了直接竞争 ELISA 的原理,将抗真菌毒素抗体包被在膜表面上(用于测定)。例如,以膜为基础的免疫分析试剂盒已经在小麦、黑麦、玉米中的 OTA 测定中得到了有效应用[38]。LFS 是一种免疫层析试验(详见27.4),它能快速并且同时检测许多霉菌毒素。然而,所有阳性结果需要再通过 HPLC 等参考方法进行确认[详见 33.4.3.2(1)]。另一方面,生物传感器是使用与转导系统相关的生物组分如核酸、酶、抗体或细胞的简易分析装置。由转导系统处理目标分子和生物组分之间的相互作用来产生信号。使用生物传感器检测真菌毒素,如黄曲霉毒素、DON 和 OTA,被广泛应用[32]。

33.4.3.2 定量和确认的化学方法

(1)高效液相色谱法(HPLC) 对于定量测定,HPLC 是大多数真菌毒素,特别是黄曲霉毒素、DON、OTA、ZEN、FBs、T－2 和 HT－2 毒素以及棒曲霉素的分析选择。黄曲霉毒素,OTA 和 ZEN 表现出天然的荧光,并通过荧光检测器直接检测。为了增强某些黄曲霉毒素(即 AFB_1 和 AFG_1)的荧光检测,需要使用柱前或柱后衍生剂(使用三氟乙酸,碘或溴),而 FBs 的荧光测定则需要使用 OPA 试剂进行柱前衍生。直接紫外检测可用于 DON 和棒曲霉素的测定。反相色谱分离通常用于多种霉菌毒素分析。还可以使用由反相、尺寸排阻和离子交换固定相的混合物组成的多功能柱(例如,用于黄曲霉毒素分析的 AOAC 方法 49.2. 19A)。大量的 IAC-HPLC 方法被报道用于测定花生酱、开心果酱、无花果酱和辣椒粉中黄曲霉毒素[39]。在方法委员会报告出版的 *Journal of AOAC International* 上常报道用于分析各种霉菌毒素的确证性的 HPLC 方法。

与农药残留分析的情况一样,高效液相色谱与质谱分析(特别是 LC-MS/MS)联用可提供更高的灵敏度和选择性,并可同时分析多种真菌毒素。另外,LC-MS/MS 的使用可以检测结合态的真菌毒素(即与极性化合物如葡萄糖或另一种糖结合的毒素),这些被称为"隐蔽"或"修饰"的真菌毒素,因为它们可以逃避常规监测。使用 LC-ESI 三联四极杆质谱仪,在小麦和玉米上测定了未净化的 39 种真菌毒素,包括结合态 DON、FBs、ZEN 和黄曲霉毒素[40]。

(2)气相色谱法(GC) 除了单端孢霉烯的情况外,GC 并不广泛用于检测霉菌毒素。单端孢菌素在紫外－可见光范围内没有强烈的吸收,也没有荧光;因此,GC 方法可以对其进行测定。毛细管柱 GC 用于同时检测不同的单端孢菌素,例如 DON、T2 毒素和 HT－2 毒素,通常需要使用三氟乙酰基,七氟丁酰基或三甲基甲硅烷基衍生化与电子捕获检测器相结合。气相色谱通常与 MS 联用进行色谱峰的确证。GC-MS 也可用于确证苹果汁中的棒曲霉素[32]。采用 GC 对单端孢霉毒素进行测定被验证和接收为 AOAC 官方方法和美国酿造化学家协会接受的方法。

(3)毛细管电泳 毛细管电泳(CE;详见 24.2.5.3)通常被作为色谱技术进行使用,主要是利用电势可以将霉菌毒素与基质组分分离。该方法可用于测定苹果汁中的棒曲霉素[41],同时测定赭曲霉毒素(A 和 B)和黄曲霉毒素[42],以及使用环糊精测定 ZEN(用于增强天然荧光)[43]。

33.4.3.3 其他分析方法

目前报道的用于检测霉菌毒素的其他方法,主要包括如近红外(NIR)和中红外(中红外)光谱法,特别是傅立叶变换红外(FTIR)光谱(一种 MIR)(详见 8.3.1.2)。通过收集中红外吸收光谱的信息,将 FTIR 光谱用于感染毒素玉米中的霉菌毒素检测[44]。使用 MIR 和 NIR 光谱学可以快速准确地鉴定产毒真菌及其真菌毒素(如 FB1 和 DON)[45－46]。这些方法的校准基于 HPLC 或 GC 方法。目前用于检测真菌毒素的 IR 方法的测试和有效性验证正在进行中。

33.5 抗生素残留分析

33.5.1 简介

用于人类食用的动物,可以在治疗用量范围内使用一些抗病药物(例如,抗生素、抗真菌剂、镇定剂和抗炎药物),也可以使用一些国家允许使用的在亚治疗水平范围内的药物(主要是抗生素)来减少传染性疾病的发生和增加体重。动物医药中心(CVM)是 FDA 的一个分支机构,它负责规范兽药的生产、分发、管理和停药期(在动物最后一次药物治疗和人类屠宰或使用牛奶或鸡蛋之间的时间),包括用于人类食物的动物。大部分人类食物所关注的药物残留物都是抗生素残留物,这也是本节的重点。后续章节中提到的一些主要的抗生素种类,包括 β-内酰胺、磺胺类药物、头孢菌素、四环素和氯霉素。

用于人类食用的动物所使用的抗生素的残留水平由于各种原因而备受关注,包括消费者对某些抗生素过敏的现象以及一些由于微生物持续暴露而产生的耐药性的情况。有些抗生素可以致癌,如硝基呋喃类化合物[47]。当然,在诸如发酵剂培养的乳酪等乳制品中,抗生素残留的实际水平会减少预期的微生物生长,从而减少酸的产生。出于这些原因,FDA 对人类食品中的抗生素残留有严格的规定。由于这些规定,受到抗生素污染的肉类和牛乳(包括奶制品)被认为是掺假的。FSIS 监测来自牛、猪、羊肉、山羊和家禽的肉类产品中的抗生素残留,违规数量每年都有所不同。例如,2004 年报告了 38 起抗生素违规行为,2011 年报告了 8 起。FDA 的食品安全和营养中心对牛乳及其产品中的抗生素残留进行了监测,包括从皮卡车运送罐中提取的牛乳、巴氏杀菌乳、乳酪等。2014 年,在检测的 400 万个样本中,其中有 703 个被报告含有抗生素残留,其中包括内酰胺和磺胺类药物[49]。

样品中的抗生素残留测试通常使用快速筛选方法,阳性结果表明样品中存在一种或多种类型的抗生素,需要进一步检测来确证鉴定和定量分析抗生素的种类。

33.5.2 检测和确定

通常,提取抗生素残留物之前首先进行相关程序,诸如脱脂、蛋白质水解(肉类或蛋样品)、蛋白质沉淀(如乳制品样本)和水洗(用蜂蜜去除多余的糖)。对于许多抗生素的提取,通常使用的是液-液萃取和 SPE 萃取,接着是利用抗生素的酸/碱特性使用离子交换净化系统来完成部分纯化步骤。参考文献综述了样品的制备步骤,包括对药物残留特异性的萃取和分离(详见 33.2.2)[50]。

有些抗生素是确定了耐受限量水平的,而某些抗生素是属于零容忍的(如硝基呋喃和氯霉素)。例如,氯霉素是美国、欧盟和其他国家当前相当关注的一种抗生素。氯霉素被用于某些地方的虾类生产中,同时在进口海产品(例如虾、小龙虾和螃蟹)中被发现。由于对人体健康的不利影响,FDA 已经禁止在用于食用动物的饲养中使用氯霉素,并在人类食品设定零容忍度[21CFR 522.390(4)]。因此,分析方法需要具有尽可能高的敏感性和选择性。

针对抗生素的分析,已经开发和优化了多种分析方法,主要分为筛查方法或确证方法。参考文献[4]列出了常用的分析几种抗生素的方法,参考文献[51]给出 AOAC 用来验证测试试剂盒的方法和过程。参考文献[52]提出了一个很好的抗生素测试方法,特别是针对牛乳和乳制品的。以下简要地讨论了一些用于易感抗生素食品产品的检测和确证分析技术。

33.5.2.1　筛选方法

筛选方法中有一大部分是进行快速筛选测定的,也有些是定量的,主要有:①微生物生长抑制,②受体测定,③酶底物测定和④免疫测定。有些筛选方法是特异性针对个别抗生素的,有的是针对一类抗生素的,有些则没有特异性。检测样品中抗生素残留的筛选分析最初主要依赖于抑制微生物生长,但是现在许多检测使用其他原理进行了。

在微生物生长抑制测定中,可以测量浊度、抑制区域或产酸。浊度测定中,指示生物在清澈的液体培养基中生长将导致浊度增加;抗生素存在会造成微生物生长受到抑制,继而浊度降低。在抑制区域分析中,测试材料通过一种基于琼脂的营养培养基进行扩散,这种培养基是由一种易受感染的有机体的孢子均匀接种的。在试验材料中出现的任何抗生素都能抑制生物体的萌发和生长,形成清晰的区域。在产酸反应测定中,当微生物生长时产生的酸在介质中引起颜色变化。没有颜色变化意味着测试样品含有抑制物质。尽管微生物生长抑制试验比许多新兴筛选试验耗时长,但它们价格便宜,适用于大量样品的检测,并对多种抗生素类别具有敏感性[52]。AOAC 对于抗生素分析的官方方法中就包括许多非特异性微生物学方法和用于特定抗生素的微生物学方法[25]。

受体测定的一个例子是 Charm II 测试(Charm Science,Lawrence,MA),其具有不同的版本,旨在检测不同种类的抗生素。该测定涉及标记的抗生素(根据 Charm II 测试系统的具体类型使用 ^{14}C 或 ^3H 标记)和乳制品中的抗生素残留物,在测试样本中的细菌表面上添加一些有限的特定的结合位点。样品中抗生素残留物的浓度越高,放射性标记的示踪剂就越少与微生物结合。该方法适用于牛乳、乳制品、蜂蜜和肉类。

由于抗生素存在会引起作用于底物的酶受到抑制,酶-底物测定法测量的就是酶的抑制作用。Penzyme® III 商业试剂盒(Neogen,Lansing,MI)是用于测试鲜乳的一个实例,它是特异性针对 β-内酰胺类抗生素的,并且在等摩尔的基础上抑制 D,D-羧肽酶。当这种酶作用于特定的底物时,会引起 D-丙氨酸的释放,这种酶可以在测定的其他步骤中测量,导致颜色变化[52]。

免疫分析,即 ELISA 和 LFS(详见 27.3.3 和 26.3.4)也可用于筛选抗生素残留。用于牛乳和奶油测试的"Charm ROSA"(一步快速分析)MRL 分析,使用的是侧流试纸条。市场上检测牛乳的免疫测定产品还有 SNAP® 试剂盒(IDEXX Laboratories,Inc.,Westbrook,ME)。该试剂盒分析是基于牛乳样品中残留的抗生素与测试试剂盒中的酶标抗生素之间的竞争作用。该酶作用于底物以引起颜色变化;牛乳中的任何抗生素将导致颜色减弱。竞争性 ELISA 可用于检测特异性抗体,例如用于检测氯霉素的测定(Neogen Corporation,Lansing,MI)。

33.5.2.2　确定性和确认性方法

定量测定食品中的抗生素残留物的步骤与其他痕量分析物一样。在样品制备步骤之后,将部分纯化的提取物进行色谱分离、检测和定量。最常用的色谱系统是高效液相色谱(大多采用反相分离模式),与紫外,荧光,化学发光或柱后反应检测器相结合。为了在痕量水平进行确认和鉴定,LC-MS 和 LC-MS/MS 越来越多地用于抗生素分析[5],[19]。

FDA 提供了 LC-MS/MS 监管方法检测蜂蜜中的氟喹诺酮类药物[53]。对于鲑鱼中的氟喹诺酮类药物,FDA 发布液相色谱荧光检测方法[54],以及用于鲑鱼和虾的确证性 LC-MS 方法[55]。FDA 用于鲶鱼氟喹诺酮类药物的确证方法是电喷雾 LC/MS 方法[56]。另外,LC-MS/MS 已被用于确认牛乳中的 β – 内酰胺残留[57]。使用 LC-MS/MS 也可以检测牛乳[58],炼乳和软干酪[59]中含量低于 10ng/mL 的 14 种不同类型的磺胺类药物,并与 LC-MS/MS 与超高效液相色谱/四极杆飞行时间质谱(UHPLC/Q-Tof MS)法进行了比较,以分析各种食品中的大环内酯类抗生素残留[60]。LC-MS/MS 具有较低的检测限和较高的精密度,但 UPLC/Q-Tof MS 能够更好地证实阳性结果(详见 13.2.3.3)。

33.6　GMOS 分析

33.6.1　简介

农业上重要的植物可以通过来自不同生物体(转基因)的 DNA 插入进行基因修饰,赋予其本身不具有的新特性,例如除草剂耐受性或昆虫抗性。被改造的植物被称为转基因生物,即 GMO。转基因生产涉及到一些粮食作物,包括玉米、大豆、棉花、油菜(一种油菜籽)、大米、甜菜和木瓜。虽然对害虫和除草剂的耐受性是最常见的转基因生物(GMO)特征,但是转基因生物(GMO)还包括那些经过改良以改善采后品质或增强食品营养成分的植物。例如:延长保质期的蔬菜、减少褐变率的苹果(格兰尼史密斯苹果)和产生维生素 A 前体的"金米"。

尽管转基因作物(GMO)目前普遍存在,人们仍然会关注作物的有限变异(即单一作物制)以及对其他植物、昆虫、野生动物和附近种群的意外影响。有关使用转基因作物(GMO)的争论导致了政府对应用和标签的管理。各国政府提出了具体的分析指导原则。因此生产者必须准确地测试配料和其他产品。

许多公司生产高质量,易于使用的检测试剂盒,其中许多是特定的 GMO 蛋白质或基因。这些试剂盒一般分为两类,一类是基于方法学的聚合酶(PCR)试剂盒,其特异性扩增 GMO 基因的 DNA(特异的或被许多 GMO 共享)进行检测,另一类是进行特异性蛋白的免疫测定(ELISA 和 LFS)。为进一步了解,可以阅读转基因生物(GMO)和转基因生物检测章节和参考文献[61-63]。

33.6.2　DNA 方法

转基因 DNA 的检测是样品中转基因材料的有效检测方法。分析涉及三个不同的步骤:①从样品中提取 DNA,②通过 PCR 扩增 DNA 和③扩增的 DNA 的鉴定和定量(注:对于实时定量 PCR 分析,扩增和检测、定量同时发生）。尽管所有三个步骤都很重要,PCR 扩增对于分析的特异性和成功至关重要。

33.6.2.1　DNA 提取

加热等极端条件的使用可以破坏 DNA,使随后的 PCR 和检测无效。因此,从食物基质中提取 DNA 应当在材料的重大处理之前进行,最好在生原料上提取。虽然 DNA 提取方案有所不同,但都包括破坏基质以释放 DNA 的步骤,通常通过将样品研磨成细粉。随后将研磨材料分散到萃取溶液中并除去不需要的组分。例如,可以通过溶剂提取除去脂质,并通过加入蛋白酶除去蛋白质。最后一步可能涉及用冷的醇溶液如乙醇或异丙醇沉淀 DNA。

33.6.2.2　PCR 扩增

PCR 是一种循环方法,通过酶促复制以指数方式增加特定 DNA 序列的拷贝数。它使用热循环交替复制靶序列,然后将 DNA 融化成单链以重复该过程。该方法增加 DNA 拷贝数是基于使用两个与靶序列的相对末端互补的合成 DNA 片段。这些片段被称为引物,其长度一般为 18～35 个碱基,只有在已知靶序列时才能产生。如果需要对任何转基因材料进行一般性鉴定,那么所用的引物就可以与启动子序列互补,这对于正常生长用于工业食品生产的所有转基因作物植物而言是常见的。如果要鉴定特定的 GMO 产物,则引物将由包含转基因 DNA 和植物 DNA 的序列组成。这对于避免检测一些可能源自植物上或植物中的细菌的 DNA 是必要的。

除了特定的引物之外,PCR 混合物还包括热稳定的 DNA 聚合酶,如 Taq 聚合酶［来自水生栖热菌(*Thermus Aquaticus*)］,以脱氧核苷三磷酸(dNTP)的形式包含 DNA 的核苷酸碱基以及一种可以保持反应最佳条件的缓冲溶液。所有这些成分都存在于商业包装中。然后将反应小瓶置于热循环仪中。一旦 PCR 系统启动,首先将混合物通过高温循环以熔化 DNA(将其分离成单链)然后进行较低温度的循环以使引物退火至单链目标 DNA,最后进行中温循环以允许 DNA 聚合酶通过添加 dNTP 合成与目标链互补的新 DNA 链。然后重复该过程,通常进行 30～50 个循环,这足以产生数百万个 DNA。

33.6.2.3　DNA 分析

通过 PCR 产生足够的 DNA 时,样品可以通过琼脂糖凝胶电泳进行分析。样品和标准品通过凝胶迁移、运行后,凝胶被染色,通过与标准品的染色位置和程度相比较,可以确定 DNA 的存在和含量。

一些商业检测试剂盒包含有用标签(如荧光素)特异性标记双链 DNA 的试剂。这些试剂盒旨在与特殊的 PCR 设备一起使用,该设备可将完成的标记混合物沉积在毛细管中,荧光强度与 DNA 的含量量成正比,由高灵敏度荧光光谱确定,从而不需要电泳步骤。在这种情况下,DNA 的特异性取决于引物的序列,这直接决定了双链 DNA 的性质。这些试剂盒还包括准确量化样品中目标 DNA 含量所需的标准品和其他试剂。如果使用实时 PCR,则在每个扩增循环之后,在反应管中读取荧光,产生包含多个数据点的曲线,而不是每个样品的单个数据点。

33.6.3 蛋白质方法

转基因生物(GMO)分析的蛋白质方法是免疫测定法,主要是 ELISA 法(详见 27.3.2)和 LFS 法(详见 27.3.4),通常用于检测未加工的农产品,而不是加工产品。转基因生物的定性和定量 ELISA 检测试剂盒均有商品化产品,后者具有 0.01% ~ 0.1% 的检测限。LFS 通常不太敏感(0.1% ~ 1.0%),但是它们的速度和易操作性使它们成为在田间、储存区域和运输点测试的理想选择。

33.7 过敏原分析

33.7.1 简介

食物过敏原是触发过敏反应的食物蛋白质。过敏反应的症状包括荨麻疹,面部和舌头肿胀,呼吸困难,可能包括严重的、威胁生命的过敏反应,即过敏性休克。引起免疫系统反应的食物过敏不同于人体对食物的其他不良反应,例如,食物不耐受(例如,乳糖不耐症),药物反应(食物添加剂如硫酸盐和苯甲酸盐)和毒素介导的反应(残留物如杀虫剂和霉菌毒素)。

人群中有相当比例的食物过敏者,并且患病率正在增长。超过 160 种食物会引起食物过敏人群的过敏反应,但在美国超过 90% 的食物过敏反应是由八种最常见的过敏性食物引起的,这"八大类"为:牛乳、鸡蛋、鱼、甲壳动物贝类、树坚果、花生、小麦和大豆[64]。2004 年美国针对这 8 种食品过敏原发布了《食品过敏原标签和消费者保护法》[65]。它适用于 FDA(国内和进口)规定的所有食品,要求标签按照其通用名称列出所有成分,并确定源自 8 种最常见食品过敏原的所有成分的来源。食物过敏是一个遍及世界各地的问题;其他许多国家已经或正在考虑标注法规。由于没有食物过敏的治疗方法,严格避免摄入食物过敏原是唯一的有效措施。所有这些事实都显示了筛选和定量分析过敏食物的重要性。

可用于检测食物过敏原的方法主要基于蛋白质或 DNA 检测,在随后的章节中会进行讨论。基于蛋白质或 DNA 检测的市售快速筛选方法是擦拭拭子和三磷酸腺苷(ATP)敏感性的检测方法。该方法基于检测多种多样的引起过敏症的食物(例如、花生酱、全蛋、大豆和牛乳)表面上存在的 ATP。此方法主要用于加工设备清洗过程中防止食品过敏原的交叉接触。食品过敏原分析(基于蛋白质或 DNA 等)的检测试剂盒已有市售商品化产品。食物过敏原分析方法的综述见参考文献[66]。

33.7.2 蛋白质方法

33.7.2.1 一般注意事项

与许多其他食品成分的分析相似,检测成分含量低、抽样的充足性和检测限也是过敏原分析中常被关注的问题。另一个关注点是不同过敏原的适当提取。与目前其他痕量分析物不同,因过敏原分析物是蛋白质,所以提取溶液通常是在各种 pH 和盐浓度下的缓冲液。

缓冲液提取食物过敏原的能力不同,有些溶液在不同浓度条件下可以提取相同的过敏原,而有些则不能提取所有过敏原。例如,磷酸盐缓冲液不能提取主要的花生过敏原(Ara h3);然而,加入盐后,提取这种过敏原的效率大大提高(图33.5)。此外,提取溶液必须与所使用的测定法(例如,免疫测定法)相匹配并且不能改变分析物的化学结构。提取程序的选择还应考虑到所采用的食品加工条件。加工后,由于变性和聚集,蛋白质的溶解度可以降低,这导致蛋白质回收率降低[67]。因此,要获得可靠和准确的结果,为目标分析物选择正确的提取溶液至关重要。

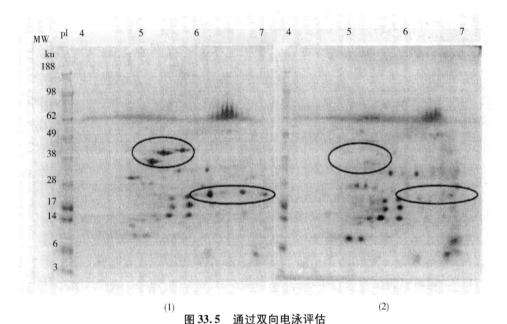

(1)   (2)

图33.5 通过双向电泳评估

(1)高盐缓冲液和(2)磷酸盐缓冲液从生花生中提取花生过敏原 Ara h3 的能力

摘自参考文献[67]。

33.7.2.2 基于蛋白质的分析技术

基于抗体具有的特异性和敏感性优势,用于分析食物过敏原的经典蛋白质方法通常涉及基于抗体的分析(免疫分析)。过敏原的免疫分析主要通过使用单克隆或多克隆抗体或两者的组合。目前大多数商品化的检测试剂盒使用的是多克隆抗体,特异性和所针对的蛋白质数量差异较大。基于免疫分析的食物过敏原分析方法包括 ELISA 法(详见27.3.2)、LFS 法(详见27.3.4)、蛋白质印迹法(详见27.3.3.1)、生物传感器免疫测定法(固定在生物传感器芯片上的抗体)和斑点免疫印迹法(详见27.3.3.2)[68]。

蛋白质印迹和斑点免疫印迹主要用于定性和筛选。食物过敏原定量分析最常用的免疫测定法是 ELISA 方法,采用竞争法或更常见的夹心法形式(详见27.3.2.3)。竞争性ELISA 常用于小分子蛋白质过敏原,分子质量小于5ku。已经开发了多种夹心法和竞争性酶联免疫吸附分析法用于几种食物过敏原[66]。横向流动测试条由于快速、低成本且不需要仪器等特点常用于快速筛查。

免疫测定法存在几个缺陷,包括抗体与其他蛋白质的交叉反应性,食物基质干扰,食品加工引起的结构变化,固体基质吸附时表位的破坏,以及由于使用不同的提取缓冲液和抗体而导致的不同制造商产品之间存在较大差异。通常,使用 1 - D 或 2 - D 电泳来分离靶蛋白以避免交叉反应性。尽管有这些缺点,免疫测定法仍然是最常用于检测过敏原的方法。然而,高级蛋白质组学技术正在高速发展,包括基于质谱的蛋白质组学方法。最值得注意的是与串联质谱联用的 LC,能够同时检测和定量多种过敏原[66]。

33.7.3　DNA 方法

使用基于 DNA 的方法分析食物过敏原的方法有几个优点和缺点。基于 DNA 的方法目标不是样本中的过敏原;因此,过敏原编码 DNA 的检测并不总是与过敏原的存在相关联,特别是当食物已经被纯化的蛋白质强化时。例如,在加工时,可以分离蛋白质分离物,蛋白质和 DNA 的产生,导致关于样品中过敏原存在的错误结论。无论这些缺点如何,基于 DNA 的方法都是非常特殊和敏感的技术,其优点在于与蛋白质相比,靶向 DNA 受几种加工和提取条件的影响较小。使用基于 DNA 的方法的选择取决于被分析样本的类型。

基于 DNA 的方法涉及提取 DNA(详见 33.6.2.1),然后使用热稳定聚合酶通过 PCR 进行扩增(详见 33.6.2.2),然后通过荧光染色或通过琼脂糖凝胶电泳 Southern 印迹法显示扩增的样品。如果使用内部标准,这个程序通常提供定性数据或半定量数据。如果使用实时 PCR(详见 33.6.2.1 和参考文献[66])或 PCR-ELISA 法,则可以进行量化。PCR-ELISA 方法涉及将变应原性食物的扩增的 DNA 片段连接至特定的蛋白质标记的 DNA 探针上,然后将其与特定的酶标记的抗体偶联。DNA 的量化基于酶 - 底物颜色产生反应。参考文献[60]列举了一系列商品化实时 PCR 和 PCR-ELISA 法的测试试剂;关于过敏原分析,读者还可见参考文献[66]。

33.8　其他化学污染物和不良成分的分析

33.8.1　简介

多年来,农药残留物、霉菌毒素、抗生素残留物、食品中的过敏原一直备受关注。然而,在某些特定时间段还存在着一些额外的化学污染物有待解决。这些污染物通常存在于如下几类:①仅在一些国家禁止或允许使用的污染物(如香豆素);②法律允许使用的污染物(如亚硫酸盐,苯);③蓄意添加的污染物(如三聚氰胺);④批准使用但仍需注意的污染物(如味精);⑤天然成分的污染物(如丙烯酰胺,呋喃)。本节将详细介绍许多有关于这方面的化学危害物的筛选和定量方法。我们对目前存在的和正在出现的一些危害物选择性的进行了总结(表 33.3),并提供主要的分析方法[69]。为达到所需的检测限(LOD)并正确鉴定该化合物,主要采用气相色谱或液相色谱与质谱联用的分析方法。下面将详细描述两种常见化合物的分析——亚硫酸盐分析和硝酸盐/亚硝酸盐分析,其分析方法采用色谱法。这两种化合物在食品中都有限量标准,因此为达到质量控制的目的,会定期对特定食品进行监测。

食品分析(第五版)

表 33.3　　　　　　　　　　　　常见化合物及其分析方法

化合物	化合物的性质及食品中的存在形式	受关注的原因	主要存在的食品/原料	主要分析方法
丙烯酰胺	富含碳水化合物的食品在高温下烹调产生	具有神经毒性、致癌性和其他一些健康风险	以碳水化合物为主的油炸和焙烤食品	液相色谱－串联质谱
苯	在一些含抗坏血酸和苯甲酸盐的饮料中产生低水平量	致癌物	软饮料	顶空气相色谱－质谱联用
双酚 A(BPA)	用于制造聚碳酸酯塑料,但可以从塑料中浸出	可以模仿人体自身的激素。与多个健康问题相关联。在一些国家被禁止或者限量使用	食品/聚碳酸酯塑料饮料	气相色谱－质谱联用,液相色谱－串联质谱,液相色谱－质谱联用,液相色谱－串联质谱
氰化的	天然存在于一些种子,果实和木薯根中	许多氰化物对人体毒害性很强	苹果种子,樱桃核,木薯	紫外比色法(经回流蒸馏后)
呋喃	易挥发液体在传统热处理时易形成	致癌物	各种食品	顶空气相色谱－质谱联用
杂环胺	在高温加热的肉制品中产生,由美拉德反应启动后产生的自由基而形成一种前体物－肌酸	神经毒素、诱变剂和致癌物	到完成阶段的烤/炸肉和鱼	反相液相色谱结合荧光检测,液相色谱－质谱联用
三聚氰胺	一种含 66% 氮的三聚氰胺被非法添加到食品中,以增加其蛋白质含量	导致肾衰竭,法律已设定限制	先前添加到牛乳,麦麸和婴儿配方乳粉里	高效液相色谱－串联质谱(气相色谱质谱分析用以筛选)
4－甲基二苯甲酮(4MBP)	用于食品包装的油墨化学成分的代谢物	关注长时间暴露的健康风险	麦片盒	液相色谱－串联质谱,气相色谱－质谱联用
4－甲基咪唑	一些食品在烹饪过程中由美拉德反应形成;生产焦糖色素时产生	是否致癌存在担忧	烤肉和咖啡,焦糖着色,焦糖着色饮料	液相色谱－串联质谱(离子色谱仪),气相色谱分析

续表

化合物	化合物的性质及食品中的存在形式	受关注的原因	主要存在的食品/原料	主要分析方法
3-氯丙醇	蛋白质(大豆)通过加热和食品级酸水解而形成水解植物蛋白时形成	致癌物	汤汁,小吃,肉汤中混合加入酸水解植物蛋白	气相色谱-质谱联用,液相色谱-质谱联用,自治场-串联质谱
亚硝胺	在亚硝酸盐存在的情况下,通过高温加工时产生,如油炸	致癌物	腌肉,主要是熟的培根,啤酒,乳酪,脱脂乳粉,鱼	挥发性亚硝胺采用气相色谱-质谱联用,非挥发性亚硝胺采用液相色谱-质谱联用
高氯酸盐	火箭燃料的组成成分,自燃产生	会干扰甲状腺对碘的吸收,导致甲状腺功能减退	瓶装水,牛乳,生菜	液相色谱-串联质谱(离子色谱仪)
龙葵素	在马铃薯中发现的一种生物碱,有助于保护植物,但在马铃薯块茎中达到一定水平时会引起苦味,削去马铃薯皮可减少含量	对人体有一定的毒性	马铃薯	液相色谱-串联质谱,高效液相色谱分析,气相色谱分析

33.8.2 亚硫酸盐

尽管亚硫酸盐被归类为过敏原,但由于化学成分的性质、症状和分析方法与其他过敏原有很大的不同,因此它们被归入了这个单独的部分。亚硫酸盐和亚硫酸盐是一组化学化合物,包括二氧化硫(SO_2),亚硫酸(HSO_3)和下列可以释放 SO_2 的无机亚硫酸盐:亚硫酸钠和亚硫酸钾,亚硫酸氢钠和亚硫酸钾以及焦亚硫酸钠和焦亚硫酸钾[70]。在一些食物中,它们是天然存在的,但是在其他食物中,它们是由于各种原因而添加的,包括防止微生物生长和褐变。所有的葡萄酒都会在某种程度上天然产生亚硫酸盐,但通常会在适当的时候加入以停止发酵,并防止腐败和氧化。干燥的水果和蔬菜产品有时会使用亚硫酸盐来减少褐变。虾,龙虾和相关的甲壳类动物可以用亚硫酸盐处理以防止产生"黑点"。一些消费者对食物中的亚硫酸盐残留物高度不耐,最常见的是导致哮喘发作。[71]因此,FDA 禁止将亚硫酸盐添加到用于生食的食品中(例如沙拉棒食品),并且对于含有大于 10mg/kg 亚硫酸盐的食品要求使用"含有亚硫酸盐"的标签,无论是天然存在还是在生产过程中添加[21CFR101.100(a)(4)][72]。除美国之外,许多国家对各种食品中亚硫酸盐的残留含量设定了严格的限制。

亚硫酸盐与其他食品成分的反应使得分析比较困难,常导致储存期间水平下降。大多数分析方法检测游离形式的亚硫酸盐外加一些结合形式。然而,没有一种可用的方法单独测量食物中所有形式的亚硫酸盐,包括游离的无机亚硫酸盐和许多亚硫酸盐结合形式。目前尚未清楚哪种亚硫酸盐会在亚硫酸盐敏感的消费者中引起不良反应,所以重点在于尽可能多地测量游离和结合形式的残留亚硫酸盐[63]。

对于食品中亚硫酸盐分析的长期定量方法之一是 Monier-Williams 法(AOAC 方法990.28),其测量"总"SO_2(实际上是游离亚硫酸盐和可重复结合的亚硫酸盐部分,如羰基加成产物)。FDA 在有关含亚硫酸盐食品标签的规定中提及了该种方法。在这种方法中,测试样品用 HCl 加热,将亚硫酸盐转化成 SO_2。吹入样品的氮气通过冷凝器和过氧化氢溶液将 SO_2 吹扫,将 SO_2 氧化成 H_2SO_4。样品中的亚硫酸盐含量直接与产生的 H_2SO_4 量有关,通过重量分析或比浊法进行测定。

亚硫酸盐的其他分析方法如下所述。

(1)与更费时的 Monier-William 法相比,葡萄酒行业常使用"开膛手"法用于快速筛选;亚硫酸盐用碘化碘酸盐溶液滴定,使用淀粉作为终点指示剂;测量"游离"SO_2(APHA 标准方法 $4500-SO_3^{-2}B$)[73]。

(2)酶法;亚硫酸盐被氧化成硫酸盐,产生过氧化氢,进一步与 NADH-过氧化物酶反应,产生的 NAD 在 340nm 吸收测量[详见 26.3.1.3(1)]。

(3)离子色谱法,使用安培检测器(AOAC 方法 990.31)[25]。

(4)高效液相色谱分析,用紫外[74]或荧光[75]检测。

33.8.3 硝酸盐/亚硝酸盐

硝酸钠和亚硝酸钠都是常用于肉制品加工中的防腐剂,但成品中亚硝酸钠的含量有限量标准。硝酸盐(NO_3)和亚硝酸盐(NO_2)的化学性质非常相似,硝酸钠易转化为亚硝酸钠。硝酸钠在一些蔬菜中是天然存在的,当它与唾液接触时它会转化为亚硝酸钠。在芹菜和瑞士甜菜中自然产生的高硝酸盐会使它们成为某些腌肉产品中常见成分的粉末。硝酸钠和亚硝酸钠都能使腌制的肉具有迷人的粉红色,并防止它变成褐色。更重要的是,亚硝酸钠与氯化钠一起可防止肉毒梭状芽孢杆菌(*Clostridium botulinum*)的生长。然而,当在高温下烹制(如煎培根)具有高浓度残余亚硝酸盐的产品时,亚硝酸盐与天然存在于肉中的胺反应形成亚硝胺,其被认为是致癌物质。此外,饮食中高水平的硝酸盐或亚硝酸盐可能会诱发高铁血红蛋白血症,由于血液中的氧气输送能力降低,这可能是致命的。除了加工肉制品中残留的硝酸盐之外,还有人担心饮用水中硝酸盐和亚硝酸盐的含量以及用于种植蔬菜的水和土壤中,特别是婴幼儿食用的食品[76-77]。

健康问题导致了以下 EPA 和 FDA 规定的限制。

(1)饮用水　10mg/kg 硝酸盐,1mg/kg 亚硝酸盐(EPA;40CFR141)[77]

(2)瓶装水　10mg/kg 硝酸盐,1mg/kg 亚硝酸盐和 10mg/kg 总硝酸盐和亚硝酸盐(FDA;21CFR165.110)[78]

(3)成品肉制品　200mg/kg 亚硝酸钠(FDA;21CFR172.175)[79]

对于某些腌制鱼制品,FDA 也对硝酸钠和亚硝酸钠设定了限量标准[79]。

在加工肉制品的熟化期间,加工者通过仔细监测产品配方中使用的硝酸钠的量,确保了成品中亚硝酸钠的法定限量。在整个生产系统中硝酸盐/亚硝酸盐的含量可以用硝酸盐/亚硝酸盐相对快速的检测方法来监测。用于测试加工肉制品和水的标准方法和更快速的分析方法如下所述。

下面是三种 AOAC 国际标准检测[25]硝酸盐/亚硝酸盐的方法。

(1)二甲酚方法(AOAC 方法 935.48,检测肉中的硝酸盐和亚硝酸盐)

在二甲酚方法中,加入硫酸的样品用 2,4 - 二甲苯酚处理以产生 6 - 硝基 - 2,4 - 二甲苯酚,将其蒸馏成水 - 异丙醇 - 氢氧化铵混合物。与硝酸 N 标准曲线相比,6 - 硝基 - 2,4 - 二甲苯酚的氨盐是在 450nm 处测量的黄色。

(2)比色法(AOAC 方法 973.31,检测腌制肉中的亚硝酸盐)

在比色法中,从样品中提取亚硝酸钠,然后与两种试剂磺胺(磺胺类)和萘乙二胺(NE-DA)反应。这些化合物与亚硝酸盐反应生成紫色染料,与亚硝酸根离子浓度成正比。

(3)离子色谱法(AOAC 方法 993.30,检测水中无机阴离子)

该方法用于测量饮用水中的硝酸盐氮,亚硝酸盐氮和其他几种无机阴离子,但也用于肉类工业中以肉类提取物为样品。使用包括保护柱,分离柱和抑制器装置的离子色谱系统分离样品中的阴离子,并使用电导检测器进行定量。

快速的分析方法包括离子选择电极(ISE)和测试条。关于 ISE,硝酸盐和亚硝酸盐 ISE 都可用于检测食品(液体样品)(关于 ISE 的细节,详见 21.3.4)。关于测试条,各公司制造用于检查水中硝酸盐含量的测试条。例如,AquaChek 亚硝酸盐/硝酸盐测试条(Hach,Loveland,CO)能够使用测试条上的两个垫区测试硝酸盐或亚硝酸盐,或者两个区域,一个区域测量硝酸盐,另一个区域测量亚硝酸盐。硝酸盐测试区域包含化学品的组合,以将硝酸盐还原成亚硝酸盐。亚硝酸盐在酸性 pH 下与磺胺酸反应形成重氮化合物,与指示剂偶联产生粉红色。颜色强度与硝酸盐浓度成正比。为硝酸盐 N(0~50mg/kg)和亚硝酸盐 N(0~3mg/kg)提供了用于解释结果的色块。

33.9 总结

消费者关心和政府法规关注食品的安全性,决定了对食品的各种污染物、残留物和相关化学组分进行分析的必要性。这些化合物包括农药残留物、霉菌毒素、抗生素残留物、转基因、过敏原、食品添加剂、包装材料中的有害化学成分、环境污染物和某些其他化学物质。为了确保安全可靠的食品供应,需要快速筛查方法和更耗时的定量方法来满足工业和政府的需求。筛查方法的阳性结果通常导致需要进一步检测以确认和量化相关化合物的存在。由于化学物质的低含量和复杂的食品基质,取样和样品制备可能是一个重大挑战。样品制备通常包括均质化、萃取和净化,有时需要衍生化。筛查方法越来越多地利用到免疫技术,如酶联免疫吸附测定(ELISA)、侧流试纸条检测(LFS)、免疫传感器和免疫亲和层析柱。一些免疫测定可以被认为是定量的,而不仅仅是筛查方法。常用的其他筛查方法包括酶抑制测定法,薄层色谱法和微生物生长抑制分析。尽管气相色谱法(GC)是用于定量分析某些农药的常用色谱技术,但对于本章所涉及的许多其他化合物,主要的色谱方法是高效液相色谱法(HPLC)。气相色谱法(GC)和高效液相色谱法(HPLC)分析现在通常与质谱检测联用,通常使用质谱(MS)串联系统。转基因(GMOs)和过敏原的测试具有代表性的通常包括基于蛋白质的方法(例如免疫测定)或使用聚合酶链式反应(PCR)的DNA方法。将继续改进和发展化学残留物和相关化合物的各种分析方法,主要集中在筛查方法的速度,成本和可靠性以及定量方法的检测限。

33.10　思考题

(1)阐述以下步骤在对污染物和相关残留物分析的样品制备过程中的重要性。

①研磨/均质化

②提取

③洗涤/纯化

④衍生化

(2)在分析污染物和相关残留物时,比较和对比。

①气相色谱/液相色谱分析。

②质谱/串联质谱分析。

③液相荧光(紫外)检测器/液相色谱－质谱联用。

④薄层色谱法/自动化色谱(液相或气相色谱)。

⑤微孔板酶联免疫吸附法/侧流试纸条检测。

(3)玉米粒上农药毒死蜱残留量的"耐受水平"为0.05ppm:

①耐受水平是什么意思?

②哪个联邦机构设立了耐受水平?

③哪个联邦机构执行了耐受水平?

④"ppm"与(a)每单位体积的重量(b)每单位质量的重量这些通常用来表示浓度的单位之间如何换算?

⑤在《农药分析手册》的第一卷和第二卷中,你会发现里面描述了"多残留"和"单残留"方法,你也找到了许多筛查方法。你将使用这三种方法(即多残留,单残留,筛查)中的哪一种来确保其符合这种农药的耐受性水平? 简单地解释这种类型的方法的性质,以及为什么你选择这种方法而舍弃其他两种类型的方法。

(4)霉菌毒素在玉米中是潜在的问题,特别是在某些生长和储藏条件下

①抽样是造成霉菌毒素分析错误的主要原因。为什么抽样对于霉菌毒素分析是一个挑战?

②确定霉菌毒素最常用的是定量色谱的方法,解释这种方法的优越性。

(5)关于抗生素残留,简要说明以下:

①这些是如何进入食物的?

②什么类型的食物最有可能含有抗生素?

③为什么这些抗生素的残留是一个问题。

④对于筛查抗生素残留,为什么免疫分析等技术在很大程度上取代了微生物生长抑制分析?

⑤用来准确定量和定性的最常用方法是什么?

(6)你想在大豆领域识别转基因生物,但是你无法进入一个能进行精密分析的实验室。你会分析哪些食物成分,并且你将使用哪种分析技术? 解释这个技术的原理。

(7)你正在分析下列食品/原材料中不需要的化学成分。确定一种可能与这种特定食品有关的不需要的化学成分,并说明一种适当的定量分析的方法。也给每一个化学成分鉴定一个适当的筛查方法。(注意:对于每一种食物,举出一种不同的定量且可能不需要的化学成分和一个不同的分析方法。)

可能不需要的化学成分	定量分析方法	筛查技术
①燕麦		
②花生		
③牛乳		
④酒		
⑤腌肉		

(8)描述基于 DNA 的方法并鉴定两种基于蛋白质的转基因检测和定量的方法,描述每种方法的优缺点。

(9)对于食物过敏原的分析,通常使用基于蛋白质或 DNA 的方法。

①举例说明什么时候你会选择基于蛋白质的方法而不是基于 DNA 的方法。证明你的选择,并说明选择方法的原则。

②举例说明什么时候你会选择基于 DNA 的方法而不是基于蛋白质的方法。证明你的选择,并说明选择方法的原则。

(10)关于表 33.3 中所描述的化合物

①确定五种与食物烹饪/油炸时的高温相关的化合物。

②确定两种具有代表性的用气相色谱分析的化合物(对比液相色谱),并解释这些化合物使用气相色谱分析的优势。

③确定两种与包装材料相关的化合物。

④确定一个经济掺假的化合物。

⑤确定两种在特定食物中天然存在,但在某些水平上对人体有毒的化合物。

(11)关于亚硫酸盐,请解释这种"过敏原"与 33.7 中所描述的食物过敏原在敏感人群的反应中有何不同,它们在定量方法的性质上有何不同,以及为什么亚硫酸盐的定量测定相对于食物过敏原来说更困难。

致谢

The authors of this chapter wish to acknowledge Bradley L. Ruehs, who contributed some content to this chapter in the 4th edition of the textbook. The content and organization of the current chapter also benefited from two chapters in previous editions: "Analysis of Pesticide, Mycotoxin, and Drug Residues in Foods" by William D. Marshall; and "Agricultural Biotechnology (GMO) Methods of Analysis" by Anne Bridges, Kimberly Magin, and James Stave. The authors also would like to thank the following persons from the Institute of Sciences of Food Production (ISPA), National Research Council of Italy, for their helpful comments in revision of this chapter from the 4th ed.: Michelangelo Pascale, Veronica Lattanzio, Vincenzo Lippolis, and Annalisa De Girolamo.

参考文献

1. Nielen MWF, Marvin HJP (2008) Challenges in chemical food contaminants and residue analysis, ch. 1. In: Pico Y (ed) Food contaminants and residue analysis. Comprehensive analytical chemistry, volume 51. Elsevier, Oxford, UK
2. Arvanitoyannis IS (2008) International regulations on food contaminants and residues, ch. 2. In: Pico Y (ed) Food contaminants and residue analysis. Comprehensive analytical chemistry, volume 51. Elsevier, Oxford, UK
3. European Union (2015) Rapid alert system for food and feed. Preliminary annual report. http://ec. europa. eu/food/safety/docs/rasff_annual_report_2015_preliminary. pdf
4. Turnipseed SB, Andersen WC (2008) Veterinary drug residues, ch. 10. In: Pico Y (ed) Food contaminants and residue analysis. Comprehensive analytical chemistry, volume 51. Elsevier, Oxford, UK
5. Díaz – Bao M, Barreiro R, Miranda JM, Cepeda A, Regal P (2015) Fast HPLC – MS/MS method for determining penicillin antibiotics in infant formulas using molecularly imprinted solid – phase extraction. J Anal Methods Chem 2015: 1 – 8
6. Sannino A (2008) Pesticide Residues, ch. 9. In: Pico Y (ed) Food contaminants and residue analysis. Comprehensive analytical chemistry, volume 51. Elsevier, Oxford, UK
7. Stachniuk A, Fornal E (2016) Liquid chromatographymass spectrometry in the analysis of pesticide residues in food. Food Anal Methods 9: 1654 – 1665
8. Lehotay SJ, Cook JM (2015) Sampling and sample processing in pesticide and residue analysis. J Agric Food Chem 63: 4395 – 4404
9. Hansen TJ (1990) Affinity column cleanup and direct fluorescence measurement of aflatoxin M_1 in raw milk. J Food Prot 53: 75 – 77
10. Sandra P, David F, Vanhoenacker G (2008) Advanced sample preparation techniques for the analysis

of food contaminants and residues, ch. 5. In: Pico Y (ed) Food contaminants and residue analysis. Comprehensive analytical chemistry, volume 51. Elsevier, Oxford, UK
11. Handley A (ed) (1999) Extraction methods in organic analysis, Scheffield Academic, Scheffield, England
12. Mitra S (ed) (2003) Sample preparation techniques in analytical chemistry, Wiley, Hoboken, New Jersey
13. Ramos L, Smith RM (eds) (2007) Advances in sample preparation, part I. J Chromatogr A 1152: 1
14. Ramos L, Smith RM (eds) (2007) Advances in sample preparation, part II J Chromatogr A 1153: 1
15. Anastassiades M, Lehotay SJ, Stajnbaher D, Schenck FJ (2003) Fast and easy multiresidue method employing acetonitrile extraction/partitioning and "dispersive solid – phase extraction" for the determination of pesticide residues in produce. J AOAC Int 86: 412 – 431
16. Niell S, Cesio V, Hepperle J, Doerk D, Kirsch L, Kolberg D, Scherbaum E, Anastassiades M, Heinzen H (2014) QuEChERS – based method for the multiresidue analysis of pesticides in beeswax by LC – MS/MS and GC × GC – TOF. J Agric Food Chem 62: 3675 – 3683
17. Jiao, Z, Guo Z, Zhang S, Chen H (2015) Microwaveassisted micro – solid – phase extraction for analysis of tetracycline antibiotic in environmental samples. Int J Environ An Ch 95: 82 – 91
18. Richer BE, Jones BA, Ezzel JL, Porter NL, Avdalovic N, Pohl C (1996) Accelerated solvent extraction: a technique for sample preparation. Anal Chem 68: 1033 – 1039
19. Tao Y, Yu G, Chen D, Pan Y, Liu Z, Wei H, Peng, D, Huang L, Wang Y, Yuan Z (2012) Determination of 17 macrolide antibiotics and avermectins residues in meat with accelerated solvent extraction by liquid chromatography – tandem mass spectrometry. J Chromatogr B Analyt Technol Biomed Life Sci 897: 64 – 71
20. Cairns T, Sherma J (1992) Emerging strategies for

pesticide analysis. In: Modern methods for pesticide analysis, 9th edn. CRC, Boca Raton, FL

21. EPA (2016) Pesticide Product Information System. https://www.epa.gov/ingredients-used-pesticide-products/pesticide-product-information-system-ppis

22. FDA (2005) FDA Glossary of Pesticide Chemicals. http://www.fda.gov/Food/FoodborneIllnessContaminants/Pesticides/ucm113891.htm

23. FDA (2002) Pesticide analytical manual volume II (updated January, 2002). http://www.fda.gov/food/foodscienceresearch/laboratorymethods/ucm113710.htm

24. FDA (1999) Pesticide analytical manual volume I (PAM), 3rd edn (1994, updated October, 1999). http://www.fda.gov/food/food scienceresearch/laboratorymethods/ucm111455.htm

25. AOAC International (2016) Official methods of analysis, 18th edn. Official methods of analysis, 20th edn. AOAC International, Gaithersburg, MD

26. Tadeo JL (2008) Analysis of pesticides in food and environmental samples. CRC, Taylor and Francis Group, Boca Ranton, FL

27. Lee NA, Kennedy IR (2001) Environmental monitoring of pesticides by immunoanalytical techniques: Validation, current status, and future perspectives. J AOAC Int 84: 1393–1406

28. Soderberg D (2005) Committee on residues and related topics: pesticides and other chemical contaminants. General referee reports. J AOAC Int 88: 331–345

29. Pico Y, Blasco C, Font G (2004) Environmental and food applications of LC tandem mass spectrometry in pesticide-residues analysis: an overview. Mass Spectrom Rev 23: 45–85

30. Patel K, Fussell RJ, Goodall DM, Keelye BJ (2004) Evaluation of large volume-difficult matrix introductiongas chromatography-time of flight-mass spectrometry (LV-DMI-GC-TOF-MS) for the determination of pesticides in fruit-based baby foods. Food Addit Contam 21: 658–669

31. Gilbert-López B, García-Reyes JF, Ortega-Barrales P, Molina-Díaz A, Fernández-Alba AR (2007) Analyses of pesticide residues in fruit-based baby food by liquid chromatography/electrospray ionization time-of-flight mass spectrometry. Rapid Commun Mass Spectrom 21(13): 2059–2071

32. Brera C, De Santis B, Debegnach F, Miraglia M (2008) Mycotoxins, ch. 12. In: Pico Y (ed) Food contaminants and residue analysis. Comprehensive analytical chemistry, volume 51. Elsevier, Oxford, UK

33. Pitt JI, Wild CP, Baan RA, Gelderblom WCA, Miller JD, Riley RT, Wu F (2012) Improving public health through mycotoxin control. International Agency for Research on Cancer Publication No 158, Geneva, Switzerland

34. Miller JD, Schaafsma AW, Bhatnagar D, Bondy G, Carbone I, Harris LJ, Harrison G, Munkvold GP, Oswald IP, Pestka JJ, Sharpe L, Sumarah MW, Tittlemier SA, Zhou T (2014) Mycotoxins that affect the North America agrifood sector: state of the art and directions for the future. World Mycotoxin Journal 7: 63–82

35. Rahmani A, Jinap S, Soleimany F (2009) Qualitative and quantitative analysis of mycotoxins. Comprehensive Reviews in Food Science and Food Safety 8: 202–251

36. Commission Regulation (EC) N 401/2006 of 23 February 2006. Laying down the methods of sampling and analysis for the official control of the levels of mycotoxins in food stuff

37. Siantar DP, Trucksess MW, Scott PM, Herman EM (eds) (2008) Food contaminants: mycotoxins and food allergens. ACS symposium series 1001. American Chemical Society, Washington, DC

38. De Saeger S, Sibanda L, Desmet A, Van Peteghem C (2002) A collaborative study to validate novel field immunoassay kits for rapid mycotoxin detection. Int J Food Microbiol 75: 135–142

39. Garner RG, Whattam MM, Taylor PJ, Stow MW (1993) Analysis of United Kingdom purchased spices for aflatoxin s using an immunoaffinity column clean-up procedure followed by high performance liquid chromatography, J Chromatogr A 648: 485–490

40. Sulyok M, Berthiller F, Krska R, Schuhmacher R (2006) Development and validation of a liquid chromatography/tandem mass spectrometric method for the determination of 39 mycotoxins in wheat and maize. Rapid Commun Mass Spectrom 20: 2649–2659

41. Tsao R, Zhou T (2000) Micellar electrokinetic capillary electrophoresis for rapid analysis of patulin in apple cider. J Agric Food Chem 48: 5231–5235

42. Peñ R, Alcaraz MC, Arce L, Rís A, Valcácel M (2002) Screening of aflatoxins in feed samples using a flow system coupled to capillary electrophoresis. J Chromatogr A 967: 303–314

43. Maragos CM, Appell M (2007) Capillary electrophoresis of the mycotoxin zearalenone using cyclodextrinenhanced fluorescence. J Chromatogr A 1143: 252–257

44. Greene RV, Gordon SH, Jackson MA, Bennett GA (1992) Detection of fungal contamination in corn: potential of FTIR-PAS and DRS. J Agric Food Chem 40: 1144–1149

45. Berardo N, Pisacane V, Battilani P, Scandolara A, Pietri A, Marocco A (2005) Rapid detection of kernel rots and mycotoxin in maize by near-infrared reflectance spectroscopy. J Agric Food Chem 53: 8128–8134

46. Pettersson H, Åberg L (2003) Near infrared spectroscopy for determination of mycotoxin in cereals. Food Control 14: 229–232

47. De la Calle MB, Anklam E (2005) Semicarbazide: oc-

currence in food products and state – of – the – art in analytical methods used for its determination. Anal Bioanaly Chem 382：968 – 977

48. United States Department of Agriculture Red book archives. USDA Food Safety Inspection Service. http://www. fsis. usda. gov/wps/portal/fsis/topics/data – collection – and – reports/chemistry/red – books/archive

49. FDA（2014）National milk drug residue database. Food and Drug Administration, Center for Food Safety and Nutrition. http://www. fda. gov/downloads/Food/GuidanceRegu lation/GuidanceDocumentsRegulatoryInformation/Milk/ UCM434757. pdf

50. Fedeniuk RW, Shand P（1998）Theory and methodology of antibiotic extraction from biomatrices. J Chromatogr A 812：3 – 15

51. AOAC（2016）The AOAC International rapid methods validation process. http://jornades. uab. cat/workshopmrama/ sites/jornades. uab. cat. workshopmrama/files/ AOAC_RI. pdf

52. Bulthaus M（2004）Detection of Antibiotic/Drug Residues in Milk and Dairy Products, ch. 12. In：Wehr HM, Frank JF（eds）Standard methods for the examination of dairy products, 17th edn. American Public Health Association, Washington, DC

53. FDA（2006）Preparation and LC/MS/MS analysis of honey for fluoroquinolone residues. 29 Sept, 2006（last updated 8/11/2015）. http://www. fda. gov/Food/FoodScienceResearch/LaboratoryMethods/ucm071495. htm

54. FDA（2003）Concurrent determination of four fluoroquinolones；ciprofloxacin, enrofloxacin, sarafloxacin and difloxacin in Atlantic salmon tissue by LC with fluorescence detection（Oct. 24, 2003）. http://www. fda. gov/ downloads/Food/FoodScienceResearch/ucm071499. pdf

55. FDA（2003）Confirmation of fluoroquinolone residues in salmon and shrimp tissue by LC/MS：evaluation of single quadrupole and ion trap instruments. Laboratory Information Bulletin 4298. http://www. fda. gov/downloads/ Food/FoodScienceResearch/ucm071504. pdf

56. FDA（1997）Confirmation of fluoroquinolones in catfish tissue by electrospray LC/MS：Laboratory Information Bulletin 4108. http://www. fda. gov/downloads/Food/ FoodScienceResearch/ucm071507. pdf

57. Holstege DM, Puschner B, Whitehead G, Galey FD（2002）Screening and mass spectral confirmation of B – lactam antibiotic residues in milk using LC-MS/MS. J Agric Food Chem 50（2）：406 – 411

58. Cavalier C, Curini R, Di Corcia A, Nazzari M, Samperi R（2003）A simple and sensitive liquid chromatography mass spectrometry confirmatory method for analyzing sulfonamide antibacterials in milk and egg. J Agric Food Chem 51：558 – 566

59. Clark SB, Turnipseed SB, Madson MR（2005）Confirmation of sulfamethazine, sulfathiazole, and sulfadi-

methoxine residues in condensed milk and soft-cheese products by liquid chromatography/tandem mass spectrometry. J AOAC Int 88：736 – 743

60. Wang J, Leung D（2007）Analyses of macrolide antibiotic residues I eggs, raw milk, and honey using both ultra-performance liquid chromatography/quadrupole timeof- flight mass spectrometry and high-performance liquid chromatography/tandem mass spectrometry. Rapid Commun Mass Spectrom 21（19）：3213 – 3122

61. Ahmed FE（2004）Testing of genetically modified organisms in foods. CRC, Boca Raton, FL

62. Heller KJ（2003）Genetically engineered food：methods and detection. Wiley-VCH, Weinheim, Germany

63. Jackson JF, Linskens HF（2009）Testing for genetic manipulation in plants（molecular methods of plant analysis）. Springer, New York

64. FDA（2007）Food allergies：What you need to know. February 2007（last updated 6/30/2009）. http://www. fda. gov/Food/ResourcesForYou/Consumers/ucm079311. htm

65. FDA（2004）Food allergen labeling and consumer protection act of 2004（Public Law 108 – 282, Title II）. 2 Aug, 2004 http://www. fda. gov/Food/GuidanceRegulation/GuidanceDocumentsRegulatoryInformation/Allergens/ ucm 106187. htm

66. Prado M, Ortea I, Vial S, Rivas J, Calo – Mata P, Veláquez J（2015）Advanced DNA-and protein – based methods for the detection and investigation of food allergens. Crit Rev Food Sci Nutr. doi：10. 1080/10408398. 2013. 873767

67. Westphal CD（2008）Improvement of immunoassays for the detection of food allergens, ch. 29. In：Siantar DP, Trucksess MW, Scott PM, Herman EM（eds）Food contaminants：mycotoxins and food allergens. ACS symposium series 1001, American Chemical Society, Washington, DC

68. Yman IM, Eriksson A, Johansson MA, Hellenas K – E（2006）Food allergen detection with biosensor immunoassays. J AOAC Int 89（3）：856 – 861

69. FDA（2015）Drug and chemical residue methods.（last undated 06/29/2015）http://www. fda. gov/Food/ FoodScienceResearch/LaboratoryMethods/ucm 2006950. htm

70. Taylor SL, Bush RK, Nordlee JA（2003）Sulfites, ch. 24. In：Metcalfe DD, Simon RA（eds）Food allergy：adverse reactions to foods and food additives, 3rd edn. Blackwell, Malden, MA, p 324 – 341

71. Bush RK, Montalbano MM,（2014）Asthma and Food Additives, ch. 27. In：Metcalfe DD, Sampson HA, Simon RA, Lack G（eds）Food allergy：adverse reactions to foods and food additives, 5th edn. Wiley-Blackwell, Hoboken, NJ, p 361 – 374

72. Anonymous （2016） Code of federal regulations.

Food; exemptions from labeling. 21 CFR 101. 100 (a) (4). US Government Printing Office, Washington, DC

73. Eaton AD, Clesceri LS, Rice EW, Greenberg AE, (eds) (2005) Standard methods for the examination of water and wastewater, 21st edn. , Method 4500 – SO_3^{-2} B. American Public Health Association, Washington, DC

74. McFeeters RF, Barish AO (2003) Sulfite analysis of fruits and vegetables by high-performance liquid chromatography (HPLC) with ultraviolet spectrophotometric detection. J Agric Food Chem 51: 1513 – 1517

75. Chung SWC, Chan BTP, Chan ACM (2008) Determination of free and reversibly – bound sulfite in selected foods by high – performance liquid chromatography

with fluorometric detection. J AOAC Int 91(1): 98 – 102

76. Sindelar JJ, Miklowski AL (2011) Sodium nitrite in processed meat and poultry meats: a review of curing and examining the risk/benefit of its use. American Meat Science Association 3:1 – 14

77. Katan MB (2009) Nitrate in foods: harmful or healthy? Amer J Clin Nutr 90(1):11 – 12

78. Anonymous (2016) Code of federal regulations. Maximum contaminant levels for inorganic chemicals. 40 CRF 141. 11. US Government Printing Office, Washington, DC

79. Anonymous (2016) Code of federal regulations. Bottled water. 21 CFR 165. 110. US Government Printing Office, Washington, DC

异物分析

Hulya Dogan, Bhadriraju Subramanyam

34.1 引言

在食品生产原料的选择和加工食品质量的监控中,异物分析都是一个重要部分。异物的存在会使食品缺乏吸引力,会对消费者产生严重的健康威胁,同时也意味着缺乏良好的操作规范,以及在生产、储藏和流通过程中缺乏良好的卫生条件。食品组分中异物的存在可能会导致最终的产品劣变且不适合人食用。

34.1.1 联邦食品、药品和化妆品法案

1938 年由美国食品和药物监督管理局(FDA)[1]修订后管理和执行的联邦食品、药品和化妆品法案(FD&C 法案)将劣变食品定义为"它包含有全部或部分污染、腐败或分解的物质,或其他对食品不适合的物质[第 402 节 (21USC342)(a)(3)];或者它在不卫生的条件下制备、包装或储藏,因此可能已经被污染或可能会对健康造成损害[第 402 节 (21USC342)(a)(4)]"。法律中提到的被污染、腐败或腐烂的物质包括本章所述的异物。另外,异物也包括可能会在加工系统中掺入的物质,包括润滑剂、金属颗粒,以及有意引入的或由于在食品加工过程中的不良操作引入的其他污染物(生物性的活或非生物性的)。本章未涉及这些方面。

34.1.2 良好操作规范

美国食品和药物管理局(FDA)(21CFR Part110)于 1969 年发布了"加工、包装或储存人类食品的现行良好操作规范"(cGMPs),为 FD&C 法案[2]的遵守提供了准则(详见第 2 章)。该法规遵照第 402 节(a)(4)为操作食品加工设备提供了准则,这些准则从 1986 年来还未被修改。目前,cGMPs 正在被修改,使遵守指南更具风险基础。遵守 FD&C 法案和 cGMPs 最重要的是对食品原料进行全面检查和对食品加工操作进行日常监测,以确保消费者免受有害或被污染食品的危害。

34.1.3 缺陷行动水平

我们大部分食品的原料都是从动植物中获取的,是经过大规模机械储藏、处理和运输的,实际上不可能使这些材料完全不含任何形式的污染物。认识到了这一点,FDA[3]建立了能反映当前人类食用的食品中天然或不可避免存在且对健康没有损害的最高水平的缺陷水平(DALs),其反映了良好操作规范下不可避免的最高水平,主要适用于从原始农产品进入食品加工过程中不可避免地携带的污染物。如果不对食品加工保持严格的控制,这种食品生产方式就可能导致食品被污染。后一种类型的污染会导致食品安全问题且 DALs 并不用于确定其是否符合要求。FDA《执行政策指南(CPG)手册》[4]中可以找到其他允许的污染物程度。

DALs 公布在 FDA 手册中,代表着食品被视为"掺杂"的限度并被强制执行。如果产品没有公布的 DAL,FDA 会根据具体情况进行评估和决定。FDA 在污染物和异物方面的技术监管专家使用各种标准来确定调查结果的重要性和监管影响。与异物相关的 FDA 法规(包括 cGMPs、DALs 和 CPGs)的最新信息可以在互联网上找到,如表 34.1 所示。

表 34.1	相关法案、规范、指南
联邦食品、药品和化妆品法案 (FD&C 法案)	http://www. fda. gov/RegulatoryInformation/Legislation/FederalFoodDrugandCosmeticActFDCAct/ default. htm
现行良好生产规范 (cGMPs)	http://www. fda. gov/food/guidanceregulation/cgmp/
食品缺陷行动水平 (DALs)	http://www. fda. gov/food/guidanceregulation/ guidancedocumentsregulatoryinformation/sanitationtransportation/ucm056174. htm
执行政策指南 (CPG)	http://www. fda. gov/ICECI/ ComplianceManuals/CompliancePolicyGuidanceManual/

34.1.4 分析目的

对食品中异物进行分析的主要目的是确保消费者免受有害或被污染食品的威胁,以满足 FD&C 法案第 402 节(a)(3)和第 402 节(a)(4)条的监管要求,且遵守 DALs。

34.2 总则

34.2.1 术语定义

AOAC 国际(AOAC 方法 970.66)用于分类和表征各种异物而使用的术语如下所述。

异物——在与生产、储藏或分配过程中令人反感的条件或做法有关的产品中任何外来物质,包括各种类型的污染物、分解物(由寄生或非寄生原因引起的腐烂组织)以及如沙土、玻璃、铁锈或其他外来物质的杂质,不包括细菌。

污染物——由动物污染如啮齿动物、昆虫及鸟类物质或由不卫生条件引起的任何其他令人反感的物质。

重型污染物——基于污染物、食物颗粒和浸渍液的不同密度通过沉降分离出的较重的物质。例如,沙子、土壤、昆虫和啮齿动物的排泄物颗粒和碎片以及一些动物的排泄物颗粒。

轻型污染物——通过在油－水混合物中进行漂浮从而与产物分离出的亲油性的污染物颗粒。例如,昆虫碎片、整个昆虫、啮齿动物的毛发和碎片以及羽毛枝。

过筛污染物——通过选定的筛目尺寸的使用从产品中定量分离出特定尺寸范围的污染物颗粒。

34.2.2　污染物诊断特征

根据异物的某些特征可以证明食品中含有外来的或令人反感的物质,如霉菌的诊断特征(比如平行的菌丝壁、隔膜、细胞内含物的颗粒状外观、菌丝的分支、菌丝的钝端、菌丝的非折射外观);昆虫碎片的诊断特征(如可辨别的形状、形式、表面轮廓、关节、刚毛或缝合);啮齿动物的毛发(如色素图案和结构特征)和羽毛枝(如结构特征);虫害粒(IDK)和包装材料的诊断特征;还有动物尿液和粪便的化学鉴定。AOAC 国际(前身为官方分析化学家协会)概述了这些诊断特征,以确定异物或污染物[5]。

AACC 国际(AACCI)(前美国谷物化学家协会,AACC)公布了一本方法手册,里面有一章涉及到异物,包含有助于识别昆虫和啮齿动物污染物的描述性材料[6]。AACCI 提供了一些显微和射线插图,作为可靠的参考资料,以帮助分析人员识别污染物。AACCI 方法 28－95.01"昆虫、啮齿动物头发和射线插图"提供了一系列代表谷物产品中常见昆虫碎片的彩色图片以及啮齿动物毛发结构图示的例子。

Kurtz 和 Harris[7] 利用一系列显微镜照片提供了昆虫碎片的实际碎片样本。Gentry 等[8] 把常见昆虫碎片的彩色显微照片列入 Kurtz 和 Harris 出版物的最新版本中。AACCI 方法 28－95.01 中也包括了含有内部虫害的谷粒放射照片。AACCI 方法 28－21.02"内部虫害的 X－射线检查"提供了用于谷物内部虫害的 X－射线检查的设备和程序的概述[9]。

34.3　官方批准的方法

从食物中分离并鉴定和列举异物的实验室方法有很多种。FDA 和 AOAC 国际已经发布了有关异物分析的参考文献、书籍和方法,被 FDA 认为是官方的、最权威的来源是《AOAC 国际分析的官方方法》第 16 章"异物:分离"[5]。本章包括各种食品中异物分离的方法(表 34.2)。AOAC 国际"异物:分离"一章包含了处理霉菌的内容,包括果蔬及果蔬制品中霉菌的鉴定和分离方法。

表 34.2   **用于异物分析的 AOAC 国际官方方法**

编号	标题
16	异物:隔离
16.1	一般原则
16.2	饮料及饮料原料
16.3	乳制品
16.4	坚果及坚果制品
16.5	谷物及其制品
16.6	焙烤食品
16.7	早餐谷物
16.8	蛋及蛋制品
16.9	家禽、肉类、鱼类及其他海产产品
16.10	水果及水果制品
16.11	快餐食品
16.12	糖及糖制品
16.13	蔬菜及蔬菜制品
16.14	香料及其他调味品
16.15	其他
16.16	动物排泄物
16.17	霉菌
16.18	水果及其制品
16.19	蔬菜及其制品

　　AACCI[6]已经建立了分离和鉴定谷物及其制品中异物的方法(AACCI 方法 28,见表 34.2)。在大多数情况下,AACCI 方法基于 FDA 或 AOAC 方法,但形式略有不同。AACCI 方法以概要的形式列出每个程序,包括所要求的范围、仪器和试剂以及分步骤的程序,而 AOAC 方法使用叙述性的段落形式,如表 34.3 所示。

表 34.3   **AACC 国际认可的异物分析方法**

编号	标题
28	异物
28 – 01.01	用于异物方法的设备和材料
28 – 02.01	用于异物方法的试剂
28 – 03.02	用于异物方法的特殊技术
28 – 06.01	粉末中的粉尘和沙粒——计数法
28 – 7.01	粉末中的粉尘和沙粒——重力法
28 – 10.02	全谷物外部污染的宏观检查

续表

编号	标题
28 – 19.01	全玉米的外部污染物和内部虫害
28 – 20.02	全谷物外部污染的显微镜检查
28 – 21.02	内部虫害的 X – 射线检查
28 – 22.02	全谷物内部昆虫的裂解 – 浮选试验
28 – 30.02	对难以水合的物质进行宏观检查
28 – 31.02	用于昆虫和啮齿动物粪便中难溶于水的物质的胰酶筛分法
28 – 32.02	用于难溶于水的物质的筛分法
28 – 33.02	用于昆虫和啮齿动物污染物中易溶于水的物质的胰酶非筛分法
28 – 40.01	昆虫碎片和啮齿动物毛发的酸水解方法——小麦 – 大豆混合物
28 – 41.03	提取昆虫碎片和啮齿动物毛发的酸水解法 – 白面粉中的轻型污染物
28 – 43.01	用于昆虫排泄物玻璃板法
28 – 44.01	用于面粉中昆虫卵的碘法
28 – 50.01	用于啮齿动物排泄物的倾析法
28 – 51.01	用于昆虫和啮齿动物污染物的浮选法
28 – 60.02	用于黑麦面粉中的昆虫碎片和啮齿动物毛发的吐温 – 乙二胺四乙酸法
28 – 70.01	用于昆虫碎片和啮齿动物毛发的脱脂消化法
28 – 75.02	用于淀粉中轻型污染物的筛分法
28 – 80.01	爆米花中昆虫和啮齿动物污染物的浮选法
28 – 85.01	用于啮齿动物尿液的紫外检测
28 – 86.01	用于尿素的占吨醇测试
28 – 87.01	用于尿素的尿素 – 溴百里酚蓝检测试纸
28 – 93.01	昆虫侵入食品包装的方向
28 – 96.01	昆虫、啮齿动物的毛发和射线插图

有关异物分析的一个有价值的资源是《污染物、分解物和杂质的食品分析原理》(FDA 技术公告 1)[10]。FDA《食品工业分析昆虫学培训手册》[11]是为食品分析人员分析污染物所需的基本技术的确定提供便利而准备的。最近更先进的资源是《微观昆虫学分析基础:食物污染物的检测和识别实用指南》[12],其大多数章节的作者都是或曾经是"参与将昆虫如何进入加工食品的病因之谜拼凑在一起的法医学方面工作"的 FDA 人员[12],分享了他们在收集和发现用来记录 FDA 强制执行的违法行为的证据时所获得的经验。

34.4　基本分析

在34.3 中介绍了各种分离异物的方法,定义了不同类型的污染物:基于密度、对亲油性溶剂的亲和力、粒度上差异的分离;污染物识别的诊断特征;污染物的化学鉴定。由于本章无法讨论所有种类的食品异物分析方法,因此下面仅概述方法的基本原则。读者可能需要参考引用的特定 AOAC 方法,以获得详细的程序说明。

用于分析异物的 AOAC 和 AACCI 方法包括使用以下一种或多种基本方法:过滤,筛分,湿式筛分,重力分离,沉降/浮选,裂解浮选,热、酸或酶消解,宏观和微观法以及霉菌计数。

34.4.1 筛分法

筛分法是使用标准筛(图 34.1)基于产品和污染物之间粒径差异进行分离的方法。例如,使用 20 目筛将昆虫(较大的)与香料(较小的)分离,并用 10 或 12 目的筛子将小麦粒(较大的)与昆虫(较小的)分离,然后使用广视野立体显微镜识别污染物。

图 34.1 费希尔(Fisher)美国标准筛

注:网目尺寸的范围可用于各种粒度的分离。

34.4.2 沉降法

沉降法是基于产品、污染物和浸渍液的密度差异进行分离的方法。浸渍液(四氯化碳/氯仿)的相对密度使较重的壳、沙子、玻璃、金属或排泄污染物下沉,密度较小的产品漂浮。例如,内部被虫侵害的小麦籽粒明显较低的相对密度从而使它们漂浮,而完善的小麦籽粒在相对密度为 1.27 的溶液中沉降,然后使用显微镜识别污染物。

像坚果这种高脂肪的样品在分析污染物前时,需要使用石油醚脱脂(AOAC 方法968.33A)。氯仿和氯仿、四氯化碳溶剂使壳、沙子和土壤根据相对密度沉降在烧杯底部,并使脱脂的坚果肉漂浮并倒出。AOAC 方法 941.16A 中介绍的从玉米渣、黑麦和小麦粉、全麦粉、粉末和粗粉中分离出啮齿动物排泄物的方法基本上和上述方法一样。应该注意的是,在大多数现代分析方法中要避免使用毒性较大的溶剂如四氯化碳、氯仿和石油醚。

34.4.3 浮选法

浮选法旨在通过向上漂浮来分离微观污染物,典型地适用于油/水相系统中。昆虫碎片、螨虫和毛发是亲脂性的,喜欢处于油相,因此浮在油面上。植物组织和大多数相关组织都是亲水性的,倾向于处在水相。因此,分离基于对亲油溶剂的亲和力原理,重力进一步促进这个过程,使较大的粒子下沉。为了完成食品中污染物的分离,采用了大量溶液系统,以确保大部分的产品下沉,而捕获污染物的油浮起。油相被 Wildman 捕获器烧瓶,如图 34.2

所示,捕获、过滤、收集在滤纸上,在显微镜下观察以确定当前污物的种类和数量[13]。

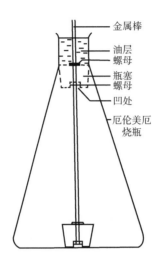

图34.2 Wildman 捕获器烧瓶

轴上的瓶塞被提升到烧瓶颈部以捕获浮层

改编自参考文献[5],AOAC 方法 945.75,产品的异物。

浮选是用于测定小麦粉中昆虫碎片、啮齿动物毛发和其他形式的轻型污染物的一种常见方法(AOAC 方法 972.32)。酸消解用于分解面粉中的淀粉,并使其他面粉成分更加彻底地从稀酸溶液中分离。虽然 AOAC 方法需要用高压灭菌来消解,但 AACCI 方法 28 – 41.03 提供了一种替代的热板消解方法,对于一些实验室来说可能更方便。昆虫碎片、啮齿动物毛发和羽毛枝的亲油性使它们被矿物油包裹,在油层中被捕获并在一定规格的滤纸上分离收集。消解物中的较重沉积物被洗净并从漏斗中排出。以50g面粉为基础记录碎片和啮齿动物毛发。

34.4.3.1 裂解–浮选法

侵害内部的昆虫(如在谷物中)可以使用一种亲油性方法来确定。首先,所有外来的昆虫都通过筛分去除,谷物样本被粗裂以释放昆虫,在3% ~5% HCl 溶液中消解,并用水筛分去除水解的淀粉和酸。将样品转移到 Wildman 捕获器烧瓶中,用40%乙醇溶液煮沸脱气。添加吐温80(聚氧乙烯山梨糖醇酐单油酸酯)和 Na_4EDTA(乙二胺四乙酸四钠盐)溶液,使昆虫物质油提取过程中轻的麸皮颗粒留在溶液中。在溶液中加入轻质矿物油,形成一种使昆虫物质因其亲油性而被吸附的浮层。通过一定规格的滤纸过滤油层以收集污染的昆虫,在显微镜下进行观察。

34.4.3.2 轻型污染物浮选法

亲油性污染物被定义为轻型污染物,例子包括昆虫、昆虫碎片、毛发和羽毛枝,可以从在油水混合物油相的食品中分离而被检测。轻型污染物的分析是通过一系列步骤来完成的,首先是去除脂肪、油、可溶性固体和细颗粒物质的预处理,以提高食物的润湿性。第二步需要将食物与油水混合物混合,食物将保留在水相中,而轻型污染物将会随油相上升至顶部。第三步,将含有污染物成分的提取物倾倒在使用过滤器和漏斗的一定规格滤纸上(图34.3),并在立体显微镜(图34.4)下逐行进行检查。经识别和点查后,报告的结果提供以下信息:①全部或等同的昆虫(成虫、蛹、蛆、幼虫、蜕皮);②昆虫碎片,经鉴定后的;③昆虫碎片,未鉴定的;④蚜虫、鳞虫、螨虫、蜘蛛等及其碎片;⑤啮齿动物毛发(说明头发的长度)。

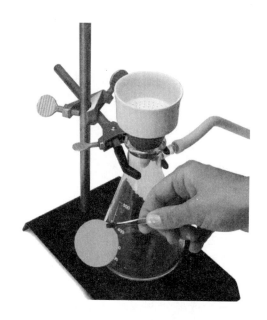

图34.3 过滤烧瓶和漏斗

漏斗有一个圈(部分凸起),用于拖住漏斗底座上正中间的滤纸来捕获污染物用于检查,采用吸水器抽吸。(www.whatman.com)

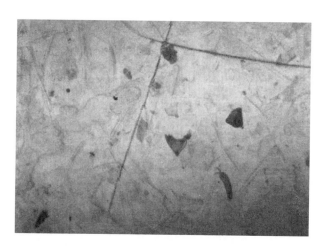

图34.4 滤纸上昆虫碎片和啮齿动物毛发的显微镜视图

通过酸水解法将昆虫碎片、啮齿动物毛发和其他轻型污染物从面粉样品中分离出来。消解物中的沉淀物可以在分液漏斗中沉淀,然后排出。剩下的油层通过一定规格的滤纸过滤,并在显微镜下对污染物进行识别。然而,某些谷物制品如全麦面粉中,含有大量的麸皮颗粒,可能导致过多物质被捕获在油层中,使污物颗粒难以辨别。"用于黑麦面粉中的昆虫碎片和啮齿动物毛发的吐温 - 乙二胺四乙酸法"(AACCI 方法 28 - 60.02)利用两种化学试剂来抑制庚烷回收层中麸皮的积累。吐温 80(聚氧乙烯山梨糖醇酐单油酸酯)是一种非离子剂,具有一定的表面活性,使其成为 Na_4EDTA(乙二胺四乙酸四钠盐)的一种有用辅助物。吐温 80 存在下,Na_4EDTA 似乎是食品物质的一种抑制剂(如麸皮和其他轻型植物物质),否则这些物质会漂浮。已经表明,Na_4EDTA 的螯合特性可能导致其与表面活性剂吐温 80 一起被吸附在食品颗粒表面,从而防止食物颗粒被吸附到用于分离轻型污染物的油中。通过防止植物物质在被截留的庚烷层中被收集,包含在分离油中的污染物比如亲油性昆虫碎片(外骨骼)会更容易区分和识别。AACCI 方法 28 - 95.01 提供了一种关于昆虫碎片和啮齿动物毛发特征的描述[6]。

34.4.4 方法的客观性/主观性

食品中的昆虫碎片、啮齿动物毛发和羽毛枝,通常报告称之为每个样品单位所遇到的每种被计数污染物成分的总数,基于客观标准识别。然而,识别昆虫碎片不是一个简单的任务,需要训练和指导实践才能达到所需能力和一致性。基于其结构形状和形式的一些碎片很容易被识别。例如,下颌骨在其形状和构造上相当独特;某些种类的昆虫可以基于这个结构来确定。在其他情况下,碎片可能只是昆虫表皮的碎片,既没有独特的形状,也没有独特的形式,但如果它们具有一个或多个 34.2.2 中给出的特征,就可以鉴定昆虫的来源。经验丰富的分析人员应该很少错误地解释碎片。

从食品中分离异物使其能识别和点查,是一个简单的过程,但也涉及相当多的步骤。例如,使用酸水解法从面粉中分离碎片过程中,将样品从消解容器转移到分离容器,然后转移至滤纸上进行识别和点查,每次转移都有可能会丢失碎片。尽管分析人员会尽可能保持分离"定量",但也有可能有错误。通过标准方法和程序的常规使用以及正确的培训和指导实践,碎片丢失和分析人员变化被最小化。

另一问题涉及昆虫碎片数(以及沙粒、啮齿动物排泄物和毛发等)与碎片或颗粒大小有关。碎片计数以数字为基础进行报告,未反映目前全部存在的污染物的生物量,小片段和大片段一样被计数。但碎片的大小可能反映普通原材料(如小麦)所经过的过程,一个更有力的过程比一个缺乏力度的过程产生更多更小的碎片。昆虫的状态也是一个影响因素,死(干)昆虫比活昆虫产生的碎片更多。这些因素已经受到了食品加工者相当一段时间的关注,且促使寻找更客观的方法检测昆虫污染物。

34.5 其他技术

34.5.1 概述

在 34.3 中描述的方法主要针对常规的质量控制工作,以确定自然或不可避免的污染程度是否低于缺陷行动水平。在一定程度上,这些常规方法可用于识别加工食品中污染物的来源。例如,可以通过某些昆虫碎片的识别来表明原料而不是加工过程的侵害。但是其他更加先进的方法会鉴别出不可避免存在的或由于错误、意外、原料、设备故障或者恶意掺入的其他污染物性质及来源。

储藏的谷物中昆虫的检测及昆虫碎片的定量是谷物行业面临的严峻且持续的问题。检测的方法主要包括视野检查、显微镜检测和 X – 射线分析,需要经过培训的人员,耗时,难以标准化且昂贵。昆虫污染的检测方法更应该高专业化、高灵敏度、快速及廉价。此外,理想状况下,在非实验室环境中(如谷物升降机、处理场所)我们可以聘用一些受到较少培训的人员来进行检测。

我们正在尝试开发几种快速有效的方法,包括使用核磁共振、声音放大和红外光谱法,替代前面提到的目前使用的化学技术。这些技术大多由于难于定量和识别特殊虫害而昂贵且具有挑战性的。免疫学分析在临床诊断环境和家庭中已经被广泛使用,现已被探索用于检测昆虫污染,在下文进行描述与检测虫害有关的方法。

34.5.2　X – 射线摄影技术

X – 射线摄影技术作为一种测试参考方法已被广泛应用[14]。谷物加工者使用它作为检测小麦内部虫害的一种方法,虫害是谷物加工产品中昆虫碎片的主要来源(图 34.5)。现有的 X – 射线技术可以通过测量昆虫占据的区域来对昆虫发育的至少四个阶段进行分类,也可根据可见的昆虫形态进行精确的分类[15]。但是,使用实时数字成像代替 X – 射线摄影技术来区分受虫害的谷物颗粒可明显缩短 X – 射线程序。但是,传统的胶片观察结果比数字成像技术在第三阶段幼虫侵害的鉴定上,具有更高的准确度,误差在 3%,而数字成像技术误差为 11.7%,然而在幼虫发展的更高阶段鉴别上二者误差均不到 1%[16]。

(1)　　　　　　　　　　　　　　　　　　(2)

图 34.5　被侵害的小麦的 X – 射线照片

(1)较小的谷物虫蛹;(2)米象虫蛹

注:由 Moses Khamis 提供。

34.5.3　X－射线显微层析成像技术

　　X－射线显微层析成像技术（XMT）是一种新兴的三维成像技术,其工作原理与医用电子计算机断层扫描技术(CT)相同,但具有更高的分辨率。它能够非常有效地表征不同物质的内部结构特征,用传统的二维成像技术(详见32.5.2)是不可能的。此外,如光学显微镜、扫描电子显微镜(SEM)和数字视频成像的传统成像技术有一些局限性:它们本质上具有破坏性,因为样品制备涉及切割以露出横切面进行观察。高分辨率的XMT对物体内部的精确三维成像至关重要,在科学与工程领域有着广泛应用,能捕捉谷物颗粒内部结构的几个特征,这通过传统成像技术是不可能实现的[17]。如图34.6所示为扫描过程中不同阶段角度下的投影图像。通常,一次扫描可以生成200～400个图像来表示样品的轴向、矢向及冠面视图,如图34.7所示。

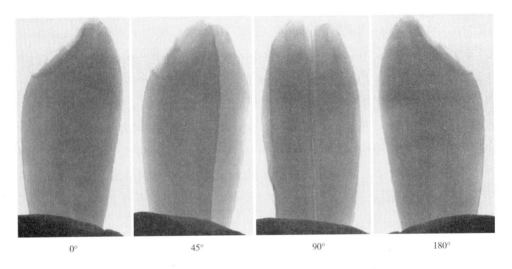

0°　　　　　45°　　　　　90°　　　　　180°

图34.6　小麦颗粒在不同旋转角度下的投影图像

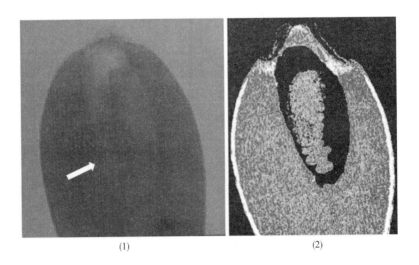

(1)　　　　　　　　　　(2)

图34.7

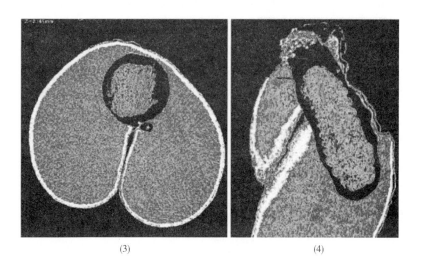

(3)   (4)

图 34.7　小麦粒谷蠹的 X – 射线显微层析成像（XMT）图

（1）投影图（2）矢向图（3）轴向图（4）冠状图

34.5.4　电导法

电导法是基于常用于小麦硬度测定的单粒谷物特性测定仪（SKCS）的研磨过程中每个单籽粒的电导信号检测[15]。该方法对于检测昆虫较早的发育阶段有较高的灵敏性：对小、中、大型幼虫和蛹准确分类的比例分别为 24.5% 、62.2% 、87.5% 和 88.6%。该方法的准确性还取决于昆虫种类（大米象鼻虫及谷蠹）和小麦种类（软或硬红冬小麦）。

34.5.5　撞击声发射

声学检测在谷物颗粒的昆虫检测应用中具有广阔前景，是基于昆虫进食、飞行、产卵或运动所发出的声音进行识别[18]。尽管长期以来它一直是储藏设备中害虫检测的常用方法，但由于改善的声学装置和信号处理方法的发展，声学害虫检测的可靠性和有效性仅在最近才得到改善[18]。

撞击声发射是一种针对受损谷物和带壳坚果的非破坏性实时检测方法[19]。籽粒撞击到钢板上，产生的声学信号通过不同的方法来检测损伤程度：在时域中对信号建模、在短时窗中计算时域信号变化和极值、分析频谱幅度和衍生谱。所获得的特征数据输入至逐步判别分析的程序中，其选择了一小部分特征通过神经网络进行精确分类。Pearson 等[19] 报道，撞击声发射在用于检测 IDK、发芽损伤和结痂破坏等方面是一种可行并有前景的方法。更多研究被需要来改善受昆虫（未从籽粒中露出来）侵害的籽粒分析的准确性。使用这种方法对谷物颗粒进行分类的计算成本低，允许非常快速地检测大量的小麦颗粒，可达 40 粒/s。谷物检查人员通常使用 100g（3000 粒）来检测一个样品的 IDK，需要花费大约 20min，而使用声学系统则可在约 75s 内完成样品分析。

根据小麦籽粒的官方标准，当样品中有 2 只及以上的活象鼻虫，或 1 只活象鼻虫和 1 只及以上其他对储藏的谷物有害的活昆虫时,该样品整体被认定为受昆虫侵害[20]。Eliopoulos 等[18]使用压电传感器和声发射放大器评估了生物声学在检测谷物内部成虫存在的有效性,报道显示,该方法在检测每千克硬质小麦中 1 ~ 2 只昆虫时的精确度为 72% ~ 100%,是判别谷物堆"清洁"或"受虫害"的标准临界值。此外,该方法的检测限非常低,可达 0.1 ~ 0.5 只昆虫/kg 谷物颗粒,这是其他检测方法所达不到的[18]。

34.5.6 显微镜技术

显微镜技术,包括光学显微镜、荧光显微镜和扫描电子显微镜(SEM),用于研究食品的功能/结构关系,但也可应用于异物问题。例如,SEM 与能量色散谱仪(EDS)一起可用于测定样品中可能由于设备故障或由于篡改有意掺入的金属的性质[21];偏光模式下的光学显微镜可以用来辨别塑料、玻璃和其他纤维或结晶污染物[22]。

34.5.7 近红外光谱技术

近红外光谱技术(NIRS)是一种相对快速、准确和经济的检测方法,适用于谷物行业成分分析,如谷物和种子中的水分、脂肪、纤维、淀粉和蛋白质,在分析异物方面也有相对较新的应用。NIRS 已被用来鉴定几种鞘翅目物种[23]、寄生于小麦籽粒中的象鼻虫[24]和其他小麦内外部的昆虫侵害[25-27]。Berardo 等[28]利用 NIRS 分析玉米籽粒中轮枝镰刀菌感染的比例和麦角甾醇与烟曲霉毒素 B$_1$ 的含量。以同样方式,用 NIRS 检测结痂受损的颗粒[29],以及小麦[23]和玉米[30]中的脱氧雪腐镰刀菌烯醇、麦角甾醇和烟曲霉毒素获得良好的结果。

近红外光谱技术和单粒谷物特性测定仪一起使用能够以 95% 的置信度检测小麦内部虫害的后期阶段[27]。与其他系统相比,这种系统能自动化并被纳入当前的谷物检验过程。NIRS 与目前标准的昆虫碎片浮选法相比,也能检测出面粉中的昆虫碎片[31]。这两种技术的碎片计数具有相关性,但浮选法更灵敏,在 FDA DAL 下可检测 75 个昆虫碎片/50g 小麦面粉,近红外光谱能准确预测是否少于或超过 130 个昆虫碎片/50g 小麦面粉。

高光谱成像被证明是一种谷物质量检验的有效方法,最近被发展起来。它将传统成像技术与光谱技术相结合,可在电磁波频谱内采集 20 多个波长下的图像[32-33]。由于该方法的复杂及间接性,在利用像 Ravikanth 等[32]详细描述的各种预处理技术进行建模之前,高光谱数据应经过同质性确认。在谷物质量领域,高光谱成像已成功用于鉴定真菌感染颗粒[33-35]、虫害粒[36-37]、损伤小麦[29],[38]和小麦类粮食[39-40];检测谷物中不同来源(动物、其他谷物、植物杂质及其他污染物)的污染物[41];量化谷物中的麦角类化合物[42]。

34.5.8 酶联免疫吸附测定

为了开发用于食品昆虫污染的最佳免疫测定法,针对昆虫特异性抗原(最好是蛋白质)的抗体被需要。抗原可能存在于污染昆虫的任何生命阶段和残留物中。抗原和抗体是免疫测定的关键要素(详见第 27 章)。

对于具有广泛特异性的免疫测定,需要使用昆虫特异性蛋白,如肌球蛋白。肌球蛋白在昆虫中无处不在,在成年昆虫组织中大量分布且在其他生命阶段也广泛存在[43]。酶联免疫吸附(ELISA)已被开发用于定量测量样品中昆虫物质的数量[43],也可以利用物种特异性抗体来开发针对特定种类昆虫污染物的免疫特性。该技术由 Kitto 等[44]研发(1992 年专利),用于测定食品中昆虫污染物的数量。其方法包括以下步骤。

(1)制备均质颗粒样品的水溶液或悬浮液。

(2)将少量溶液或悬浮液滴于固体表面。

(3)添加特异性结合的昆虫抗原(或抗体),与酶形成抗体 - 酶复合物,从而使酶与底物反应时可以生成有色产物。

(4)洗脱固体表面的未结合组分。

(5)在酶存在时能形成有色产物的条件下保温含有酶底物的固体表面。

(6)将有色产物的生成量与昆虫污染量相关联。

近来有研究[45]表明,当用磷化氢(常作为谷物储藏时防止昆虫污染的熏蒸剂)处理昆虫幼虫时,发育在小麦籽粒内较小的谷蠹第 4 龄期的肌球蛋白会在前 2 周内降解,而肌球蛋白的降解导致样品中昆虫碎片被低估了约 58%。

34.6 方法比较

商品样品中检测昆虫的一些方法(表 34.3)在这里用一般术语来描述:

(1)基于受侵害颗粒重量较轻并且在液体中漂浮的密度分离。

(2)通过籽粒染色检测象鼻虫卵。

(3)通过检测内部摄食昆虫产生的二氧化碳或尿酸。

(4)使用近红外光谱(NIRS)检测隐藏在籽粒内的昆虫。

(5)通过核磁共振(NMR)检测。

(6)通过 X - 射线成像和数字成像分析技术进行检测。

(7)通过声学传感器听取从籽粒里传来的昆虫声音检测。

(8)通过酶联免疫吸附测定(ELISA)检测昆虫肌肉中的肌球蛋白。

表 34.4   **用于商品样品的昆虫检测方法**

试验方法	适用范围	注释
视野检查	全部谷物、磨碎产品	定性,只适用于高水平的虫害检测
取样和筛分	全部谷物、磨碎产品	普通实践,隐藏虫害不能检测
加热提取	全部谷物	成年和幼虫检测
声学	全部谷物	供给声音:活跃阶段检测
		撞击声发射:无损、实时、测昆虫、发芽和结痂损害
繁殖出来	全部谷物	耗时
成像技术		

续表

试验方法	适用范围	注释
X - 射线方法	全部谷物	无损,高度精确,能够检测谷物籽粒中活昆虫和死昆虫,不能检测昆虫卵,过高的资金消费
近红外光谱技术	全部谷物、磨碎产品	快速,灵敏,可自动化,无需样品预处理,不能检测低水平虫害,对水分含量敏感,仪器校准复杂而频繁
核磁共振	全部谷物	较低的灵敏度
血清学技术	全部谷物、磨碎产品	高灵敏度,物种精确,显示从未知过去到检测日期显的虫害
尿酸测定	全部谷物、磨碎产品	从未知过去到检测日期显示侵染
CO_2分析	全部谷物	简单,耗时,显示虫害当前水平,不适用于水分含量 >15% 的谷物
相对密度法	全部谷物	简单迅速,不适用于燕麦和玉米
开裂和浮选法	全部谷物	记录变量的结果
碎片计数	全部谷物、磨碎产品	记录高度可变的结果,显示从未知过去到检测日期显的虫害
染色技术		
虫卵	全部谷物	特别适用于玉米属
茚三酮法	全部谷物	虫卵和早期幼虫不能检测

改编自参考文献[48]。

最近一些检测方法通过单粒谷物特性测定仪(SKCS)、电子计算机断层扫描技术(CT)、声学影响排放以及导电辊的使用被开发出来[15],[46-47]。

方法的选择取决于以下几个因素:①侵害的类型(谷物的内部或外部、周围场所或散装谷物内);②所需的检查水平(宏观与微观、定性与定量);③设备和设施的可用性;④对灵敏度的要求[48]。大多数方法旨在直接或间接检测活昆虫的存在。一般通过视野检查、采样、筛选和热提取方法检测外部昆虫,而通过放射线成像技术、用于识别虫卵的染色技术、近红外线和碎片计数方法来检测内部(隐藏的)昆虫。测定尿酸或 CO_2 水平作为检测和估计内部摄食昆虫的一种间接检测方法,如果侵害限于一种昆虫种类,这些方法也可能是合适的。根据一些储藏条件,谷物可能含有霉菌和昆虫,在这种情况下,霉菌产生的 CO_2 可能干扰对昆虫的精确检测和估计。碎片技术和 ELISA 方法可用于检测活昆虫和死昆虫。一般来说,这些检测方法都会遇到一些问题,最准确的方法如 X - 射线和电子计算机断层扫描技术(CT),是费力和昂贵的,快速、自动化的方法可能不适合检测虫卵和幼虫[45]。

34.7　应用于食品加工的分离原则

储藏产品中昆虫的检查往往需要从商品中提取昆虫。关于昆虫提取和检测方法的深入的文献调查总结可以在参考文献[49]中查阅。分离原则,例如,前面部分讨论的颗粒大小和密度,旨在识别最终食品中的异物,监测质量以及遵守 DALs。另外,这些分离原则中的一部分被积极地用于食品的加工过程,以防止异物被掺入到食品中。

含有隐藏的内部虫害的小麦是加工谷物产品中昆虫碎片的主要来源。小麦内部虫害当前的 DAL 是 32IDK/100g 小麦[3]。IDK 是那些视野确定有昆虫隧道或有孔出现的颗粒。大多数加工人员依靠较低水平的 IDK(≤6IDK/100g)来生产满足客户容忍度和面粉中昆虫碎片 FDA 的 DAL 要求的面粉。此外,为了防止污染物掺入面粉中,在研磨过程中碎虫卵器和昆虫侵害破坏器破坏昆虫损坏的籽粒,这些破碎的颗粒和昆虫碎片一起将从研磨流中被吸出。如前所述,一些人将 X-射线摄影技术作为选择谷物用于加工或研究的手段,以便对贮藏在谷物中昆虫的内部发育阶段进行年龄分级。近来,近红外光谱作为一种新的工具来评估小麦内部虫害。谷物加工者通过有选择性地磨碎只有极少或没有内部受昆虫侵害迹象的小麦,可以有效限制产品中的昆虫碎片。以类似的方式,面包师和其他加工谷物产品的使用人员可以使用已批准的碎片提取和点查方法之一或者通过将样品送到私人实验室进行碎片分析,有选择性地监测原料中的昆虫碎片。

大多数处理农产品的食品加工系统通常将某种类型的清洁操作作为加工的初始步骤。例如,在面粉碾磨中,小麦通过称为"清洁室"的系统,该系统由采用颗粒大小和密度分离原理的一系列机器组成。筛分去除比小麦粒更大的污染物和和更细的污染物,如沙子。此外,空气(抽吸)用于去除比谷物轻的植物物质。目前用于去除与谷粒大小相同的大块石头和其他密度材料的设备通过倾斜的桌子使用向上空气的原理,导致谷物从桌子的侧面"浮"出来,较重的材料继续在桌子末端的"尾巴"处。在早期的系统中,谷物通过清洗机,在这些清洗机中水和较重的物质(如石头)分开,就像马铃薯或水果的流动一样。在研磨以破开含有内部虫害的小麦之前使用旋转圆盘和钢钉(碎虫卵器和昆虫侵害破坏器)冲击或磨碎操作。此过程之后还需要抽吸(减少成品中昆虫碎片的方法)来除去在操作中释放的任何轻微昆虫污染物。

通常使用足够精细的筛子去除昆虫卵和其他可能存在的污染物,作为小麦研磨的最后一步,以确保小麦粉离开磨机时,不存在任何形式的昆虫污染[50]。在大量使用小麦粉的地方,如商业面包店,在使用之前需要再次进行过筛,以确保面粉在运输和储藏时没有发生污染。

金属污染已经成为所有食品加工人员的关注。虽然金属检测方法在 AOAC 国际或 AACCI 方法手册的分离技术中不明确的,但它们也起到从食品中分离出污染物的作用。各种类型的磁铁已用于原材料和加工系统中,以防止金属进入处理和加工设备造成设备损坏和产品污染。为检测黑色和有色金属碎片和防止污染产品进入消费者食物渠道,金属探测器已被用于许多食品加工操作和成品包装线中。

最近关于 X-射线技术的研究表明 X-射线可能比其他检测金属的方法具有优势,它也可用于检测食品中的玻璃、木材、塑料和骨头碎片。另外,包装线上的剔除系统也可以自动检测这些异物[51]。

34.8　总结

原材料和加工食品中的异物在储藏、处理、加工和运输的各种食品中是不可避免的。

DALs 的建立是为了确定不可避免的和没有健康危害的数量。分离食物中异物的方法多种多样,AOAC 国际规定的一些方法采用一系列物理和化学手段来分离异物以进行识别和点查。食品中异物分析的主要问题是方法的客观性和经过充分培训的分析人员的可用性。一些分离"原则"被积极地应用在食品加工操作中。

目前可用于分析食物中异物和污染物的方法(宏观和微观)具有不同的效率。有些技术比较耗时,需要进行人员培训,而且难以实时实施。考虑到成本、可靠性以及在检测虫害方面获得效果的程度,有些技术在食品检测系统中被认为是不可行的。用于表征食品缺陷的宏观和微观程序往往相互补充,共同提供产品缺陷的综合评估。一些分析人员意识到互补方法间的紧密联系在解决分析问题的联合方法的使用中是非常重要的。

对产品异物进行检测完全不同于化学和微生物污染物的产品评估。通常,异物被引入该过程之后检测变得更加困难,因此,实施全面的预防措施是最具成本效益的安全措施。

34.9 思考题

(1)表明 FDA 为什么建立了 DALs?
(2)解释为什么执行 cGMPs 对 DALs 没有影响?
(3)列出 3 种进行分析食物中异物的主要原因。
(4)哪两种资源提供了从谷物及其制品中分离异物的方法?
(5)从食物中分离异物有几个基本原则。列举这些原则中的 5 个,并每个原则举一个例子说明。
(6)简述了目前接受的食品中异物分析方法的主要制约因素。
(7)解释一些最近的分析技术如何能够帮助识别食物中异物的来源。
(8)各种分析方法有哪些可能的误差来源?

致谢

The authors of this chapter wishes to acknowledge Dr. John R. Pedersen, who was an author of this chapter for the first to fourth editions of this textbook.

This contribution is paper number 17 – 101 – B of the Kansas Agricultural Experiment Station, Kansas State University, Manhattan, KS 66506.

参考文献

1. FDLI (1993) Federal food drug and cosmetic act, as amended. In: Compilation of food and drug laws. The Food and Drug Law Institute, Washington, DC
2. FDA (2009) Current good manufacturing practice in manufacturing, packing, or holding human food. Part 110, Title 21: food and drugs. In: Code of federal regulations. Office of the Federal Register National Archives and Records Administration, Washington, DC
3. FDA (1995) The food defect action levels -current levels for natural or unavoidable defects for human use that present no health hazard (revised 1998). Department of Health and Human Services, Food and Drug Administration. Washington, DC
4. FDA (2000) Compliance policy guide manual. Food and Drug Administration, Office of Regulatory Affairs, Washington, DC

5. AOAC International (2016) Extraneous Materials: isolation. In: Official methods of analysis, 20th edn., 2016 (online). AOAC International, Rockville, MD

6. AACC International (2010) AACCI method 28 extraneous matter. In: Approved methods of the American association of cereal chemists, 11th edn. AACC International, St. Paul, MN

7. Kurtz OL, Harris KL (1962) Micro-Analytical entomology for food sanitation control. Association of Official Analytical Chemists, Washington, DC

8. Gentry JW, Harris KL (1991) Microanalytical entomology for food sanitation control, vols 1 and 2. Association of Official Analytical Chemists, Melbourne, FL

9. AACC International (2010) X-ray examination for internal insect infestation, AACCI method 28 – 21. 02. In: Approved methods of the American association of cereal chemists, 11th edn. AACC International, St. Paul, MN

10. FDA (1981) Principles of food analysis for filth, decomposition, and foreign matter. FDA technical bulletin no. 1, Gorham JR (ed), Association of Official Analytical Chemists, Arlington, VA

11. FDA (1978) Training manual for analytical entomology in the food industry. FDA technical bulletin no. 2, Gorham JR (ed), Association of Official Analytical Chemists, Arlington, VA

12. Olsen AR (ed) (1995) Fundamentals of microanalytical entomology-a practical guide to detecting and identifying filth in foods. CRC, Boca Raton, FL

13. FDA (1998) Introduction and apparatus for macroanalytical methods. In: FDA technical bulletin number 5, macroanalytical procedures manual (MPM), FDA, Washington, DC

14. Pedersen JR (1992) Insects: identification, damage, and detection, ch. 12. In: Sauer DB (ed) Storage of cereal grains and their products. American Association of Cereal Chemists, St. Paul, MN, pp 635 – 689

15. Pearson TC, Brabec DL, Schwartz CR (2003) Automated detection of internal insect infestations in whole wheat kernels using a Perten SKCS 4100. Appl Eng Agric 19: 727 – 733

16. Haff RP, Slaughter DC (2004) Real-time X-ray inspection of wheat for infestation by the granary weevil, *Sitophilus granarius* (L.). Trans ASAE 47: 531 – 537

17. Dogan H (2007) Non-destructive Imaging of agricultural products using X-ray microtomography. Proc Microsc Microanal Conf, 13(2): 512 – 513

18. Eliopoulos PA, Potamitis I, Kontodimas DC, Givropoulou EG (2015) Detection of adult beetles inside the stored wheat mass based on their acoustic emissions, J Econ Entomol 108(6): 1 – 7

19. Pearson TC, Cetin AE, Tewfik AH, Haff RP (2007) Feasibility of impact-acoustic emissions for detection of damaged wheat kernels. Digital Signal Process 17: 617 – 633

20. FGIS (2015) Official United States standards for grain, 7 CFR Part 810. Federal Grain Inspection Service. USDA, Washington, DC.

21. Goldstein JI, Newbury DE, Echlin P, Joy DC, Romig AD Jr, Lyman CE, Fiori C, Lifshin E (1992) Scanning electron microscopy and X-ray microanalysis. A text for biologists, materials scientists, and geologists, 2nd edn. Plenum, New York

22. McCrone WC, Delly JG (1973) The particle atlas, 2nd edn. Ann Arbor Science, Ann Arbor, MI

23. Dowell FE, Ram MS, Seitz LM (1999) Predicting scab, vomitoxin, and ergosterol in single wheat kernels using near-infrared spectroscopy. Cereal Chem 76(4): 573 – 576

24. Baker JE, Dowell FE, Throne JE (1999) Detection of parasitized rice weevils in wheat kernels with near-infrared spectroscopy. Biol Control 16: 88 – 90

25. Ridgway C, Chambers J (1996) Detection of external and internal insect infestation in wheat by near-infrared reflectance spectroscopy. J Sci Food and Agric 71: 251 – 264

26. Ghaedian AR, Wehling RL (1997) Discrimination of sound and granary-weevil-larva-infested wheat kernels by near-infrared diffuse reflectance spectroscopy. J AOAC Int 80: 997 – 1005

27. Dowell FD, Throne JE, Baker JE (1998) Automated nonde structive detection of internal insect infestation of wheat kernels by using near-infrared reflectance spectroscopy. J Econ Entomol 91: 899 – 904

28. Berardo N, Pisacane V, Battilani P, Scandolara A, Pietro A, Marocco A (2005) Rapid detection of kernel rots and mycotoxins in maize by near-infrared reflectance spectroscopy. J Agric Food Chem 53: 8128 – 8134

29. Delwiche SR, Hareland GA (2004) Detection of scab-damaged hard red spring wheat kernels by near-infrared reflectance. Cereal Chem 81(5): 643 – 649

30. Dowell FE, Pearson TC, Maghirang EB, Xie F, Wicklow DT (2002) Reflectance and transmittance spectroscopy applied to detecting fumonisin in single corn kernels infected with *Fusarium verticillioides*. Cereal Chem 79(2): 222 – 226

31. Perez-Mendoza P, Throne JE, Dowell FE, Baker JE (2003) Detection of insect fragments in wheat flour by nearinfrared spectroscopy. J Stored Prod Res 39: 305 – 312

32. Ravikanth L, Singh CB, Jayas, DS, White NDG (2015) Classification of contaminants from wheat using near-infrared hyperspectral imaging, Biosystems Engineering 135: 73 – 86

33. Bauriegel E, Giebel A, Geyer M, Schmidt U, Herppich WB (2011) Early detection of Fusarium infection in wheat using hyperspectral imaging. Computers and

Electronics in Agriculture 75(2): 304 – 312

34. Choudhary R, Mahesh S, Paliwal J, Jayas DS (2009) Identification of wheat classes using wavelet features from near infrared hyperspectral images of bulk samples. Biosystems Engineering 102(2): 115 – 127

35. Singh CB, Jayas DS, Paliwal J, White NDG (2007) Fungal detection in wheat using near-infrared hyperspectral imaging. Trans ASABE 50(6): 2171 – 2176

36. Kaliramesh S, Chelladurai V, Jayas DS, Alagusundaram K, White N, Fields P (2013) Detection of infestation by *Callosobruchus maculatus* in mungbean using near-infrared hyperspectral imaging. Journal of Stored Product Research 52: 107 –111

37. Singh CB, Jayas, DS, Paliwal, J, White, NDG (2009) Detection of insect-damaged wheat kernels using nearinfrared hyperspectral imaging. Journal of Stored Product Research 45(3): 151 –158

38. Singh CB, Jayas DS, Paliwal J, White NDG (2010) Detection of midge-damaged wheat kernels using short-wave near-infrared hyperspectral and digital color imaging. Biosystems Engineering 105(3): 380 –387

39. Mahesh S, Manickavasagan A, Jayas DS, Paliwal J, White NDG (2008) Feasibility of near-infrared hyperspectral imaging to differentiate Canadian wheat classes. Biosystems Engineering 101(1): 50 –57

40. Mahesh S, Jayas DS, Paliwal J, White NDG (2011) Identification of wheat classes at different moisture levels using near-infrared hyperspectral images of bulk samples. Sensing and Instrumentation for Food Quality and Safety 5(1): 1 –9

41. Pierna JAF, Vermeulen P, Amand O, Tossens A, Dardenne P, Baeten V (2012) NIR hyperspectral imaging spectroscopy and chemometrics for the detection of undesirable substances in food and feed. Chemometrics and Intelligent Laboratory Systems 117: 233 –239

42. Vermeulen P, Pierna JAF, Van Egmond HP, Dard-

enne P, Baeten V (2011) Online detection and quantification of ergot bodies in cereals using infrared hyperspectral imaging. Food Additives and Contaminants. Part A, Chemistry, Analysis, Control, Exposure and Risk Assessment 29(2): 232 –240

43. Quinn FA, Burkholder WE, Kitto GB (1992) Immunological technique for measuring insect contamination of grain. J Econ Entomol 85: 1463 –1470

44. Kitto GB, Quinn FA, Burkholder W (1992) Techniques for detecting insect contamination of foodstuffs, US Patent 5118610

45. Atui MB, Flin PW, Lazzari SMN, Lazzari FA (2007) Detection of *Rhyzopertha dominica* larvae in stored wheat using ELISA: the impact of myosin degradation following fumigation. J Stored Prod Res, 43: 156 –159

46. Toews MD, Pearson TC, Campbell JF (2006) Imaging and automated detection of *Sitophilus oryzae* (Coleoptera: Curculionidae) pupae in hard red winter wheat. J Econ Entomol 99(2): 583 –592

47. Pearson TC, Brabec DL (2007) Detection of wheat kernels with hidden insect infestations with an electrically conductive roller mill. Appl Eng Agric 23(5): 639 –645

48. Rajendran S (2005) Detection of insect infestation in stored foods. In: Taylor SL (ed) Advances in food and nutrition research, volume 49. Elsevier Academic, UK, pp 163 –232

49. Hagstrum DW, Subramanyam Bh (2006) Fundamentals of stored product entomology. AACC International, St. Paul, MN

50. Mills R, Pedersen J (1990) A flour mill sanitation manual. Eagan, St. Paul, MN

51. FMC FoodTech (2001) X-ray technology. Solutions 2: 20, 21

食品法医学调查

William R. Aimutis
Michael A. Mortenson

35.1　引言

　　现代食品制造业已经能够为消费者持续提供安全的食品,避免食品中出现微生物及外来物污染,为消费者提供令人愉悦的气味及风味的食品了。然而,现代食品制造主要依赖快速运行的机械设备,机械设备的物理磨损或者破损导致食品中混入异常外来物的情况也时有发生。此外,来自外界环境的气味也可能造成食品原材料或者加工中的食品的污染,这些污染最终转移至食品终产品中从而造成产品的异味或污染。同时也存在某些人为了破坏企业的信誉或伤害消费者身体而刻意或假意在食品加工的混合器或者包装中加入一些物质的行为,这一类型的罪行被定义为"食品篡改"。以上涉及的相关事故需要通过食品法医学调查,对受影响的食品进行特殊的处理及测试。一旦混入食品的中的污染物被食品企业自有的实验室或食品企业以外的具有检测资质的第三方实验室确认,接下来就需要对食品污染发生的时间、地点及发生的过程进行进一步的调查了。

　　食品法医学调查是针对具有物理缺陷的食品进行的逻辑调查的过程以找到造成缺陷的根本原因。对于消费者或客户而言,缺陷食品可能是具有异味或污染,也可能是在食品加工过程中被外来物污染,或者是在食品加工后期被食品企业以外的其他人刻意篡改过的。针对在上述情况下生产的食品产品,我们需要从区别于常规的仅仅了解其质量及组成的另外一个角度对其进行分析。消费者往往依据具有异味或者污染的,或者被外来物污染的食品原料或终产品对供应商发起诉讼。由于供应商没能严格遵守相关规章制度将会面临政府部门的巨额处罚。以往的食品企业往往不能严格的遵守关于食品外来污染物的相关规定,因此,当这些规章制度被立法以后,有些食品供应商则显得准备不足。

　　传统上食品企业往往通过对其生产的产品进行整体测试,获得测试证明或报告,以保证产品符合质量标准的要求(详见1.2.4.3)。然而,在对食品产品进行整体测试的过程中往往会忽略掉食品外来污染物的性质、发生污染的时间、地点及发生过程等信息。因此,当接到关于食品产品被外来物污染,或者是具有异味或污染的相关投诉后,食品企业必须立即依照适当的程序进行处理。

对食品外来污染物的性质、发生污染的时间、地点以及发生过程进行确证的工作可以由被投诉的食品企业完成,或者由具有资质的第三方机构来进行。当选择由第三方机构从事相关检测时,被投诉的食品企业仍需要按照相应标准对食品产品的获得方式、文件编制及物流至第三方检测机构进行相应操作。本章将对食品法医学调查的流程进行介绍。

35.2 需要法医调查的典型/非典型事件

在食品生产商、零售商及管理机构所收到的投诉中,关于食品外来物污染的投诉占据很大比重。外来物的定义是任何被消费者认为是食品异物的物质。消费者的认知对于食品外来物的界定至关重要,因为并不是所有外来物对于消费者而言都是有害的。这些外来物可能来源于食品原料本身,比如说骨头碎片、盐、糖、或者是矿物质的结晶等。这些外来物往往被消费者错误地判断为玻璃碎片,从而导致消费者的负面反应及消费者投诉。针对特定食品,绝大部分的食品外来物可以被概括地划分为内源性及外源性的外来物。内源性外来物来源于原材料,通常是植物源或动物源的食品原料及加工食品的起始原材料,他们对食品终产品造成的污染是难以察觉的。例如,在对消费者投诉的食品中通常能够发现植物秸秆、叶子、果核、种子,动物的皮毛,玉米芯,然而这些物质对被分析的食品而言并不属于外来污染物。这些物质常被归类为 34 章所列的外来杂质。大部分关于内源性外来物污染投诉的食品都是固态食品。这些外来物通常是在主要的初始原料生产阶段(比如果蔬处理器、屠宰场、或者是食品原料制造商处)或者是在消费者制备食品的过程中引入食品产品中的。外来物污染投诉最多的食品类型主要是果蔬及其制品、接着是谷物及其制品。

外源性外来物相比于内源性外来物种类繁多,通常从田间到包装加工过程中甚至食品开封之后不经意间出现在食品中。常见的外源性外来物的例子包括石头、碎玻璃、金属碎片和碎屑、螺丝类、牙科材料、人类头发、塑料、绳、包装材料、昆虫尸体、润滑油油滴、木屑和锯末、垫圈材料或者过滤纤维。本章关于食品法医学调查的对象将超越食品杂质分析的范畴,但仍限制在对于消费者身体有害的食品产品范围内。化学污染物不在此章讨论,详见第 33 章。

对于食品企业而言,如果怀疑其生产的产品有被外部人员出于败坏企业名誉或伤害消费者的目的进行篡改的可能,食品企业也可能需要对其生产的产品进行法医学分析。这时,需要对收到的食品样品进行小心的处理,确认外来物的属性并搞清楚它是通过何种方式进入食品中的。当接到有关食品企业具有严重违规嫌疑的消费者投诉时,食品企业需要按照标准操作规程联系当地或者国家执法机构协助进行食品外来污染物的分析。在外来污染物分析的整个过程中,必须对样品进行小心处理并详细记录备案,因为所呈送的食品样品极有可能成为诉讼或者刑事侦查的一部分。起诉经常发生在常规的法医学调查结束数月之后。

食品掺假是为了经济利益而故意的有目的替换、歪曲、添加或者篡改食品、食品原料或包装的行为。在过去的几十年里,由于农作物及食品组分的价格的提高,食品掺假的发生也变得越来越普遍。对于一些没有道德底线的食品企业而言,它们往往为了应付初步鉴定及生产效率而使用合格的食品原料进行食品生产。当取得食品合格证明之后,他们会使用掺假的食品原料进行食品的生产及销售。例如,由于橄榄油价格的上涨,一些全球供货商开始蓄意添加价格较低及无味的菜籽油以保证他们在市场上的价格竞争力。不幸的是,这些添加了菜籽油的橄榄油仍被声称为100%纯度的橄榄油。这种橄榄油稀释的行为也就是典型的食品掺假行为。近期的调查表明,在美国市场上销售的橄榄油产品有超过70%被蓄意添加了其他油脂[2]。以下列举的是一些经常被掺假的食品,包括牛乳、蜂蜜、藏红花、果汁、咖啡、苹果汁、茶、鱼以及黑胡椒[2]。幸运的是,本章以及本书中其他部分涉及的分析方法对于鉴别食品掺假非常有效。美国药典维护着一个在线数据库,此数据库是食品原料掺假报告的资源库并附有相应的分析检测方法[3]。美国药典也收录了食品化学品法典附录及食品掺假缓解指导[4]。

至本章写作时,尽管国际上已有要求食品企业进行法医学分析及溯源的相关规定的颁布,国际上仍没有关于食品样品处理及分析的标准化的法医学调查方法。例如,美国食品药品管理局颁布了食品安全现代化法案[5],加拿大食品监督局也颁布了一个相似的法案,称为加拿大食品安全法案[6]。目前关于食品法医学调查所使用的分析方法的相应科学依据是被广泛接受的,然而,随着科学需求范围的不断扩大,法医学调查领域的发展需求也在不断扩大。此外,食品法医学调查仍有一些额外的特殊需求以满足在法律诉讼及执法阶段提供相应的"证据"或"罪证"。这些需求与法医学调查过程中执行"操作"的质量关系密切,然而这些"操作",包括材料的收集和分析等,与现行的科学技术往往相违背。

35.3　食品法医团队的基本组成

35.3.1　食品法医团队本质

食品法医学调查是一个多学科综合的调查方法,其中涉及到包括生物学、冶金学、晶体学及法医学等多学科领域的相关知识。任何负者法医学分析的个人都必须具备一定的分析调查经验,尤其是在外来污染物或者是异味/风味确证方面的相关经验。同时要求法医学分析人员具有较丰富的食品工业从业经验,包括食品采收、供应链管理、农产品采收以及食品加工设备操作等方面,并且在侦查工作上具有较强的直觉。尽管目前出现了较多的可用于食品分析及法医学调查的相关科学工具及技术,但是对于调查人员来说,最为有力的工具仍然是他们的观察力以及通过合理的质疑将食品中存在的问题有效串联起来的能力。

很多食品企业已经着手成立自己的食品法医调查团队。这些成立的团队更像是企业的产品召回团队,以处理类似产品召回事件。如上所述,在执行食品法医学调查时,许多公司内部人员(包括企业法定代表人)及责任方也需要参与到调查环节中。备案及相关调查人员的培训工作对于接下来的食品法医学调查过程是否能够保持一个持续的就绪状态至关重要[7]。庆幸的是,食品法医学调查对于食品企业并不是日常工作,但是对于监管部门来说仍希望看到食品企业当中有专业人员能够从事食品污染物的确证及检测的相关工作。这需要从事调查的相关人员具备一定的基本的教育背景、从业经验及相关技能。对于表现积极的食品企业,一般是安排企业从事食品法医学调查的相关人员在没有法医学调查任务时仍然练习调查的相关操作技能,这样当实际的调查任务来临时,调查人员能够很从容地按照标准程序对食品样品开展调查工作。此外,对于调查人员的继续教育是整个食品法医学调查项目的重要方面。对于相关调查人员的技能测试也应该纳入到食品企业质量保证操作程序的一部分[8]。

食品企业需要对其食品法医学调查团队及项目在其标准操作规程(SOPs)中进行备案,备案包括以下几个方面:①规划与设计,②文件编制,③质量保证及质量控制的方法,以及④取样与物流(表35.1)。

表 35.1 成文的食品法医学调查计划中取样、采样及分析过程中需要着重考虑的关键点

- 建立应对单一样品或多样本的"一致的"分析计划的快速开发机制
- 保存并更新一套标准操作程序和验证数据,以分析案例样本
- 维护一套成文的各分析步骤的指导方针,要求和样品准备程序
- 维护已批准的处理和储存样品的程序
- 制定数据分析,报告和陈述的标准化方法
- 维护可靠的样品发送和接收物流计划
- 确保有关数据交流,信息和讨论的清晰和安全
- 建立一套为新程序建立联机验证计划的机制

35.3.2　规划与设计

规划与设计意味着当食品企业发现或被警告有问题发生,且问题的严重程度有必要启动食品法医学调查团队时,企业需要认真考虑并对接下来需要执行的法医学调查程序进行备案。对于规划与设计而言,建立一个高标准的操作流程示意图是一个良好的开端(图35.1)。一旦成文后,接下来的工作就是对于操作流程中的每一步进行深入的探究并详细回答关于食品外来物污染的事件、发生时间、地点及过程等问题。文件中应包含一系列在推进标准调查工作之前需要回答的问题。如图35.2所示为对启动法医学调查的初始步骤及相关问题进行了举例说明。

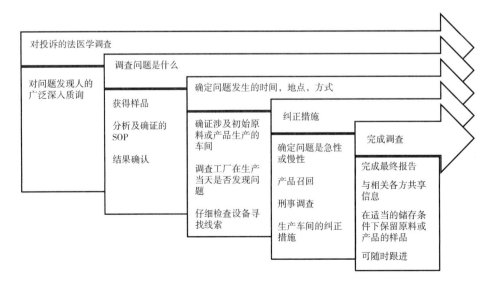

图 35.1　食品法医学调查的一般操作流程

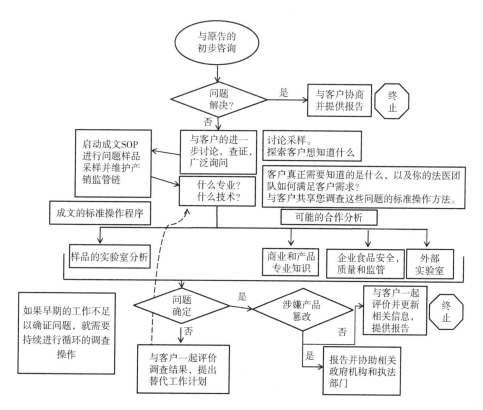

图35.2　食品法医学调查的决定树

35.3.3　文件编制

　　文件编制包括对文件的收集以及记录[9]。食品法医学实验室需要积极以成文的形式书写标准操作规程、政策及说明并满足质量管理指南的要求[10]。文件中需要以文字或者图片的形式对食品法医学实验室的计划以及完成这个计划的方式进行说明,同时需要指导科学家们开展相关工作。成文的规程需经过食品企业管理团队的审阅及认可。一个好的食品法医学实验室应该在其实际开展食品法医学调查之前尽可能的完善其相关文件编制工作。一旦法医学调查启动,相关的文件就能对如何开展法医学调查工作起到指导、解释及说明的作用。档案指的是行为有关的信息的记录,因此在行为实施之前档案不会存在。当执法机构在执行审查时,法医学调查过程中所有环节的档案的保存,包括档案记录人,对于一次成功的法医学调查非常重要。

35.3.4　质量保证与质量控制

　　标准操作规程中的质量保证及质量控制对于诉讼案件中被指控的食品企业的辩护也非常重要。然而,这一方面经常被理所当然的处理或者忽略掉。质量保证不同于质量控制。在一个食品法医学调查项目中,质量保证指在法医学调查过程中实验室所开展的所有活动以确保实验室自身及其客户能够自始至终按照成文的标准操作规程实施调查以确保测试的可信性及准确性[7]。而法医学调查中的质量控制是指实验室所采取的确保实验结果准确可信的相关活动[7]。

对于实验室消耗品及实验室中其他可能会影响实验结果的物品同样需要制定质量保证程序，例如储备液、实验室标准品以及载气等。因此，食品法医学调查团队需要根据一系列不同的情况制定相应的方案，提前思考需要什么以及从哪可以获得这些材料。相关的具有很好信誉度的材料供应商也会出现在核准的清单中并且可以为所购买的实验材料提供认证。科学家们在实施法医学调查时也必须保证每次调查都严格遵守同样的操作程序，包括只使用提前配制好的消耗品。

质量保证程序的关键组成，如表35.1所示。食品法医学调查人员在实施调查的过程中会碰到异常情况并需要对标准操作规程进行修改。成文的标准操作规程并不意味着它能囊括每一种可能的情形，因此，在一些少见的情况发生时，就地程序的制定对于调查的调整也非常重要。

35.3.5 取样与物流

在几乎所有的法医学调查中，第一步就是采样及样品保藏，以防止或降低样品降解或遭受其他污染的风险。样品采集与保藏对于食品法医学调查而言，调查过程中所使用的科学方法具有相同的重要性。食品法医学调查过程中样品采集与保藏是保证调查及确证有效及成功的关键，同时可作为诉讼案件中潜在的证据。此外，法医学调查可能基于相对较小的样品量，然而这个相对较小的样品量可能对于污染物的属性及来源的确证具有较高的显著性。

食品本质是生物学样品，如果在其保存及运输到食品法医学实验室的过程中不能适当的处理，食品将会降解。在此阶段的任何不当的处理对于最终食品中存在的问题及其发生途径的确证的影响高居榜首。取样与物流涉及到待测样品的获得及其运输到食品法医学实验室的过程。在污染样品的处理过程中，接触样品的人越少，某种程度上样品被损坏或破坏的可能性越小。这里涉及到刑事司法调查案件中的监管链的概念，此概念对于食品法医学调查同样适用。监管链是一个对于样品完整控制的系统。系统中包含样品的分离及安全包装并且对操作过程进行仔细备案。从事监管工作的相关人员需严格进行样品控制并且对样品保存负者，直至样品被转移至监管链中的下一个监管人并签收。

取样与物流对于整个食品法医学调查过程其实是相当小的一部分并且不受食品企业的控制，但是它对监管链的维护却至关重要。期望食品企业派遣食品法医学调查人员去受侵犯的消费者一方进行样品准备并将样品返送至法医学调查实验室是不切实际的。但是在某些情况下，比如食品掺假情况，可能需要食品企业派遣法医学调查人员去检测。对于返送的问题产品，其包装材料中至少得包含运送方式记录的表格。此表格需由问题产品返送人员负者完成，表格中涉及的相关信息需与以下所列的电话采访的内容相似。此外，对于接触过问题产品的相关人员的信息也要包含在表格中。

35.4 分析前的询问

　　任何食品法医学调查都是由问题的提出开始的,这个过程中会提出很多问题。根据问题发现的地点的不同,比如是在食品企业一方发现的还是被消费者一方发现的,相应的问题的类型也会不同(表35.2)。如果发现问题的是消费者一方,那么需要趁消费者记忆仍清晰的情况下及时的记录下问题的相关细节。此外,处理的速度对于区分问题是否是偶然还是普遍存在也非常重要。如果是一个普遍性的问题,可能需要食品企业召回相应的产品以保护消费群体。对于消费者一方发现的问题,可以从与原告直接交流开始并询问消费者发现并察觉到了哪些具体问题。这种询问的方式需要由相关人员,最好是负责法医学调查的科学家进行。许多外来物污染的案例可以追溯到消费者自身,因此必须询问消费者从其购买到其发现问题(通常是在消费者食用过程中)的过程中所做的所有处理。调查员在对原告进行询问时无需回避一些比较难的问题并且避免想当然的下结论。往往在调查初期所收集到的相关细节对于寻找问题的答案相对重要,如污染物的原始来源以及污染物如何进入食品原料或加工食品中等问题。最后,对于所有问题的答案必须如实地进行收集并以书面形式进行详细记录。这些答案接下来很可能对于食品企业至关重要,尤其是当企业在诉讼中需要进行辩护或者当企业面临食品掺假的刑事检控时。

表35.2　　　　　　　　对于问题产品发现人员询问的相关问题举例

针对食品制造商的相关问题	针对食品消费者的相关问题
问题描述? 细节	你认为什么问题?
关于这个问题我们知道什么?	你家里有多少人觉得有问题?
慢性,不定时,急性吗?	问题产品是在哪里购买的?
紧急情况—是否怀疑这对公众是危险的	产品的批次代码?
还是被篡改的产品	产品准备的相关细节?
是否涉及到客户(消费者)?	有人因为问题产品受伤了吗?
对样品的描述要进行分析吗? 得到更多细节	你们还有剩余的问题产品吗?
可能涉及到的成食品原料的批号是多少?	你能否严格按照相关要求将问题样品返送至调查团队?
问题的涉及的范围或广度有多大?	样品量?
有样品了吗? 谁收集了样品,如何收集样品?	谁收集了品本,如何收集的样品?
收集的样品放在哪里?	收集的样品在哪里?
样品量?	
有对照吗?	
能否拿到问题产品制造相应时间段内的生产记录?	

35.5 "问题样品"分析

当食品法医学调查实验室收到样品后,需要对样品的详细情况进行记录。从样品包装开封之前到样品内部成分都需要进行拍照及文字描述。接下来法医学调查实验室将依照事先建立的决策树(图35.3和图35.4)展开分析并通过适当的方法做出决定(表35.3)。许多食品原料加工及生产企业对于每一批次的产品都会保存一小部分样品以便在需要时进行后续分析。在食品法医学调查过程中,这些保存的样品也应该进行调查分析并与嫌疑产品进行比较。

表35.3   **食品司法分析常用设备及相关技术**

项目	分析的重点
脂质分析	萃取,成分,挥发物,保持期,抗氧化剂,未知物确证,质谱
光谱学	FITR,拉曼,EDS,XRF,μ-XRF,荧光,化学和元素成像,ICP
热力和机械	DSC,温度等温线,质构分析,DMA,RVA,流变仪
液相色谱	HPLC,UHPLC,离子色谱(IC),质谱,质量分析,分离
气相色谱法(GC)	ID和2D,火焰离子化,嗅变,质谱
显微镜	光学显微镜,SEM,共聚焦,X射线显微镜,组织染色,荧光,免疫染色,切片,TEM
X射线断层扫描	三维成像,表面分析,无损分割,成分确证以及本地化

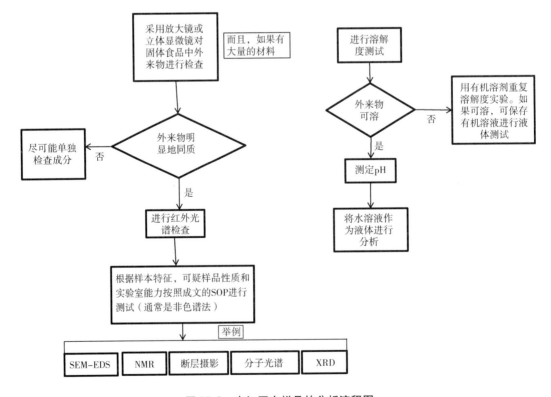

图35.3   **未知固态样品的分析流程图**

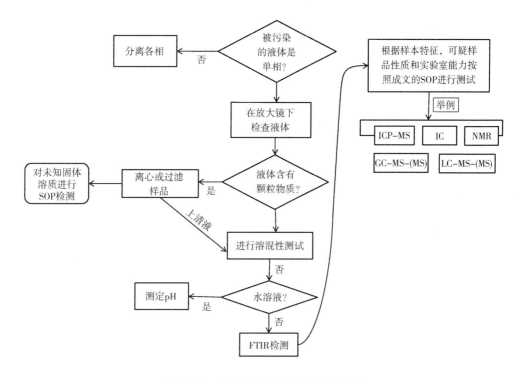

图35.4 未知液态样品的分析流程图

35.5.1 外来物污染

35.5.1.1 概述

调查过程中涉及的大部分问题都可以由从事日常外来物分析的人员进行处理。但是由于污染物的属性或者是分析方法及仪器的需要,不可避免地在调查过程中需要一些内部或外部的专家的参与。对于法医学分析人员来说,必须熟悉常见外来物的确认工作(表35.4)。

表 35.4 食品原料,原始食品及加工食品中常见外来物

玻璃

塑料

动物来源(通常是骨头或头发)

金属

外来植物性物质(包括木材)

矿物质(通常是晶体)

节肢动物(昆虫部分)

化学物质(通常是清洁材料)

食物材料(烤焦颗粒,不溶解的原料团块、小颗粒等)。

酵母絮凝(特别是碳酸饮料)

牙科材料(牙、填充物、牙冠等)

纤维(通常来自过滤器)

注:按照出现频率排序。

摘自参考文献[1]。

在调查开始阶段,通过对被污染食品的肉眼观察以及与参照样品的比较往往可以反映一些信息。一些小的颗粒或残渣是肉眼可见的。例如,金属物在食品基质中往往呈现灰、棕、桔或绿色斑点。由于玻璃是透明的,其往往比较难发现,但有时通过间接灯光照射也能发现玻璃。目视分析后,下一步需考虑采用无损技术进行分析以保持颗粒的物理完整性。尤其是当污染样品的数量有限时,无损检测就显得非常重要。无损检测(显微镜检查、化学光谱法、X 射线显微技术及 X 射线衍射)全部排除之后则考虑进行生物、化学及一些物理测试。接下来几个小节将深入介绍一些在其他章节中介绍过的可用于食品法医学调查所用的方法及一些其他的方法。

35.5.1.2　显微技术

光学显微技术可以通过光学立体显微镜的放大对样品中细小颗粒进行检出。该方法操作简便且无需样品制备(详见 32.2.2)。对于样品中的结晶颗粒可以采用极化显微镜测定折射率、双折射率、光性及干涉图案进行检测。然而,对于一些纳米级别大小的外源物,则需要借助更为先进的分析设备去发现及确证。

扫描电子显微镜(SEM)(详见 32.2.3)当与能量色散 X – 射线光谱法(EDS)结合使用时,可以对试样放大超过 60000 倍(详见 32.2.4)。可以对样品中未知无机物,尤其是金属物,进行定性及定量的元素分析。EDS 可以区别金属氧化程度并辨别合金类型[11]。食品法医学鉴定实验室需要对生产车间中所有的金属建立数据库,通过运用数据库作为指纹图谱判断金属物污染是否有可能并非来其生产车间。EDS 可以根据对于不同玻璃中的硼、钠、铝、镁、铅、钾及钙元素含量建立指纹图谱并进行甄别。

一些新的显微技术也开始应用于食品中较难检出的外来物的检测。例如,共聚焦 3D 微 X 射线散射成像技术(详见 32.2.4)结合 X 光透镜已用于低密度软外来物的检出,比如说塑料的点对点成像分析[12]。具备太赫兹波或亚太赫兹波的设备能用于样品中低密度外来物的确证。众所周知,干燥食品中低密度有机污染物非常难成像,然而通过运用光栅扫描成像设备及高斯光束聚焦技术可以轻松对其进行检出[13]。该方法的另外一个优势即使用的是非电离辐射,因此在调查过程中保证了安全性。

35.5.1.3　化学光谱法及质谱法

傅立叶变换红外显微分光光度计(FTIR)(详见 32.3.2)可用于未知样品中每一个细小颗粒的化学组成分析。这种仪器分析方法也用于食品原料的检验,如小麦。当怀疑食品中的外来物可能来自于食品原料本身时,可以通过运用 FTIR 对小麦中蛋白质、淀粉颗粒及细胞壁的分布情况进行分析。通过检索 FTIR 数据库中的参考光谱,能帮助大部分的纯的有机物的检出。FTIR 可以对多层包装材料进行区分。拉曼显微镜/分光光度计是对 FTIR 的补充,能够帮助检出那些对红外光不敏感的未知物。例如,如果一种有机成分被怀疑为污染物,可对污染颗粒或材料进行分离并按压在溴化钾晶体上,然后利用拉曼分析对未知物进行检测。例如,拉曼分光光度计可以对食品包装上的红斑进行快速分析,并鉴别红斑是血液还是用于包装标签印刷用的墨水。

气象色谱串联质谱(GC-MS)及液相色谱串联质谱(LC-MS)(详见第 11 章、第 13 章及第 14 章)能够有效对少量未知混合物/样品进行准确的分离及鉴定。这些方法可能更适于对异味及污染物质的检测。此外,由于上述方法的样品准备具有一定的破坏性,需要对污染原料进行溶剂提取,因此这些方法比较适用于污染原料的量比较可观的情况。

35.5.1.4　X 射线显微技术

大多数食品都呈现多孔的结构,可以运用 X 射线显微技术(XMT)(详见 32.5 和 34.5.3)轻松实现检测并给出 3D 图像。人们发现,XMT 在食品司法调查中可以检测高电子密度的外来污染物,并且可以实现无损检测。因此,如果样品量有限,XMT 是一个理想的选择。不幸的是,XMT 对于大多数的食品质量与研究实验室而言并不常见,因此有必要通过第三方机构进行相应实验分析。XMT 能够很轻松的区分金属碎片、玻璃片及骨头块。

35.5.1.5　X 射线衍射

X 射线衍射(XRD)(详见 32.4)可检出存在于混合物中的结晶物质。训练有素的食品法医学调查人员通常能够通过简单的显微镜观察鉴别结晶物质。然而,通过显微 XRD 获得的衍射图需要在 XRD 粉末数据库中进行检索,以判断特定晶相可能是组成未知结晶颗粒的晶相或者确认分析人员的推断是否正确。关于乳酪的一个典型的投诉就是在咀嚼过程中发现玻璃碎片。通过使用 XRD 可以确认是否有乳酸钙晶体的存在。

35.5.1.6　其他新兴的无损仪器分析方法

在医学、药学及农业领域出现了好几种新兴的无损成像技术,这些技术也可以用于食品研究及法医学调查实验室。例如,超光谱成像结合传统显微成像分光光度计可以给出 3D 数据集,也叫超集,同时包含了样品的空间及光谱信息[15]。在食品法医学调查中,HIS 可以用于粪便污染[16]及农药残留[17]的检测。

软 X 射线成像(SXI)(详见 32.5.2)与传统的 X 射线设备的工作原理相似,区别在于其运用的是较低的光子能,不像硬 X 射线对于食品存在污染。SXI 与机场使用的安检仪的技术相同。当软 X 射线渗透入食品基质,X 射线丧失能量,传感器记录 X 射线的消失并绘制食品内部图像。食品中的外来物可以通过 SXI 检出,外来物在 SXI 图像上反映的是暗的灰影。SXI 已经在海产品中用于鱼骨污染物的检出[18]。

现在仍在开展关于运用超声、热以及荧光成像技术作为工具在食品质量及法医学调查实验室中应用的相关研究。但是如今这些设备更多的是用于一些研究实验室。他们当中的一些技术具有加工过程中的应用潜力以实现对产品的连续监测。制约这些技术的另一因素就是预算,但是需要评估相对于风险的收益系数。如果这些技术能够持续的提升产品的质量,那相关技术的投入也是具有成本收益的。

35.5.1.7　微量化学分析

本书的前几章已经介绍了食品分析(详见第 26 章)、免疫分析(详见第 27 章)及食品污染物分析(详见第33章)中酶的应用。当中的许多方法已被小型化,只需要很少量的待测样品即可完成分析。微量化学分析变得越来越常用,他们是对仪器分析的补充并且可以澄清一些模棱两可的图谱数据。微量化学实验的缺陷在于实验过程中必须牺牲部分污染样品,这是由于大多数微量化学实验对样品而言都是具有破坏性的,涉及到对于某种污染物的提取。微量化学分析通过电子半导体工业获得了变革,可以将实验室集成在一个微流控芯片上。芯片上分布有少量的抗体、酶、荧光探针以及其他可对未知物进行确证或判断其存在的化学物质。对于鉴定诸如血液和唾液、面筋蛋白及木质素来说,微量化学分析在某种程度上是最好的方法。由于组学技术的进一步发展,微量化学分析方法将占据更为重要的地位。

对食品中提取的核酸进行分析可以判断食品的真伪。然而这种方法并不是食品法医学调查中所使用的常规方法,但是如果法医学调查人员认为可能需要对食品掺假进行分析,最有效的方案就是将样品送至能够进行核算分析等实验的专业实验室进行相应的分析。

35.5.2　异味与污染

从事用于食品相关行业时,所有的食品专业人士都会经历到一些有异味或变质的食品原料或产品。异味是由于食物内部降解或者原料及产品内部发生反应而产生的不良气味,而污染则是由外部引起的。异味和污染的鉴定与修复是科学(如感官评价、分析化学、食品化学、食品加工、包装、运输等)和艺术(例如,机智的交流、创造性的提取和隔离技术,经验运用等)的结合。考虑到众多的方面,本节的其余部分将集中讨论食品科学家在实际面对异味或污染时可能采取的策略,其中涉及的技术细节或具体方法等信息,读者可以参考前面的章节。

35.5.2.1　策略及支持案例

正如本章前面所提到的,法医团队通常会遵循一个高级示意图来指导工序流程。流程图35.5从初步咨询到严谨的仪器分析,对异味和污染的处理进行说明,引用了相关的示例技术,以感官评价为基础来指导整个过程。采用传统的感官评价的原因有很多(例如,确定问题的性质、阈值、诊断、质量控制、保质期等)。然而,采取这一策略的前提是假设问题已建立起来,并通过感官(视觉和气味)评价在整个取证过程(从协商,通过分析,最终与原因联系起来)确认因果刺激。如果法医学家没有体验到异味或污染,就没有机会找出问题的原因。下面的例子说明了法医科学家的嗅觉和味觉系统是该策略中最重要的工具。

在初步的电话咨询中,客户报告食品中有"烟熏"的气味。对于科学家而言,"烟熏"的描述意味着"火",并且依照逻辑思维过程指向污染问题。但是,科学家知道"烟熏"描述的复杂性,因此需要一个样本进行简单的感官评价。闻完样品气味后,科学家对气味的描述是"烤面包",而不是最初客户报告的"火"。而科学家闻到受影响的产品样品后,关于受污染产品气味的分歧就被排除了,并最终指导对异味的(来自美拉德褐变反应的挥发物)的调查,而并非污染(从热解中吸收的挥发物)。在这个例子中,直到科学家应用经验处理样本时,问题才得到适当的定义。

现在,考虑图 35.5 的分析部分。在选择的分析方法中,必须考虑到异味或污染的感官特性。例如,科学家可能清楚地了解一种化合物具有"霉变"的气味特征(例如,在土豆产品中),还需要通过仪器进行确认(例如,气象色谱分析保留指数或质谱)。科学家还应针对问题样品使用 GC-O 技术(装配有嗅觉探测器出口的气相色谱)(详见 14.3.5),并将采集得到的数据与包含色谱及气味特征信息的化合物数据库(如 Flavornet 数据库[26]),或者是尽可能与化学标准品进行比对。在其他的异味或污染情况下,感官可以指导法医科学家可进行具有挑战性的气味鉴定实验。科学家可能会通过简单的顶空分析实验开始气味鉴定过程。在采用 GC-MS 进行不愉快的气味分析时,往往通过 GC-O 嗅变仪能够检测到的不愉快气味,但相应的 GC-MS 缺没能检测到质谱峰。这种现象并不罕见,因为人类的鼻子对某些化合物比质谱更敏感。从上述经验看,科学家基本是采用顶空技术捕捉目标化合物并深入分析了解这些化合物,但这可能需要更大的样品量以增强质谱信号,也可能会因采用更严格的方法捕捉目标化合物(例如,溶剂提取和/或蒸馏)而放弃顶空技术。感官评价会贯穿整个目标化合物的分析过程中。可用于气味提取溶剂有多种,但不同的溶剂对气味成分具有偏向性[20]。通过闻嗅条上的几滴提取物的气味可以对气味成分的提取溶剂的选择提供早期指导;如果异味存在,则说明溶剂选择基本是合适的。此外,如果科学家决定使用溶剂萃取法,然后用高真空蒸馏来去除一些非挥发性成分,在蒸馏和随后的溶剂浓缩之前,有必要采用嗅条来确保有气味的存在。

35.5.2.2 异味和污染测定

确定问题分子(或一些分子)是测定异味或污染来源的第一步。与异味分子的确定工作的挑战性相比,将这些异味分子与其异味形成机制或污染点相关联比识别这些异味分子更困难。在食品生产过程的任何一点上都可能出现异味或污染。大量例子说明了这些可能性,原料可能会从供应链的开始就出现问题(例如,牛乳中的饲料味、畜棚味、牛膻味、杂草味)。在原料进入生产设施之前对原料的不当处理可能会加速有害反应(例如,热轨车里的玉米胚芽脂质氧化加速)。在食品加工之前、加工过程中或加工后,食品基质中组成成分可能会使食品更容易受到有害反应的影响(例如,脂质氧化或美拉德褐变)。加工环境(如残留清洁剂)或操作单元(如管道中生长的微生物)也可能污染产品。包装材料的油墨可能会渗入产品中。运输过程中的环境暴露可能会污染产品[例如,柴油/排气污染,在货盘上防腐的卤代苯甲醚,新喷漆的集装箱的挥发性有机化合物(VOCs)]。问题的关键在于有许多可能性导致异味形成或暴露于污染中,而法医科学家则必须广泛地思考以解决这些问题。他们必须挖掘在这一鉴定过程中(从农田到餐桌)所涉及同行及相关领域专家的知识及经验[20],[22-25],如图 35.5 所示。

在第 14 章和其他参考文献中已经介绍了关于现有的挥发成分的提取、分离和鉴定技术[20],[24-25],[27]。为了提高效率和节约成本,异味和污染鉴定策略是首先使用的最简单的方法,然后在必要时逐步使用更严密的、时间及劳动力消耗大的技术。在这个策略中,可能

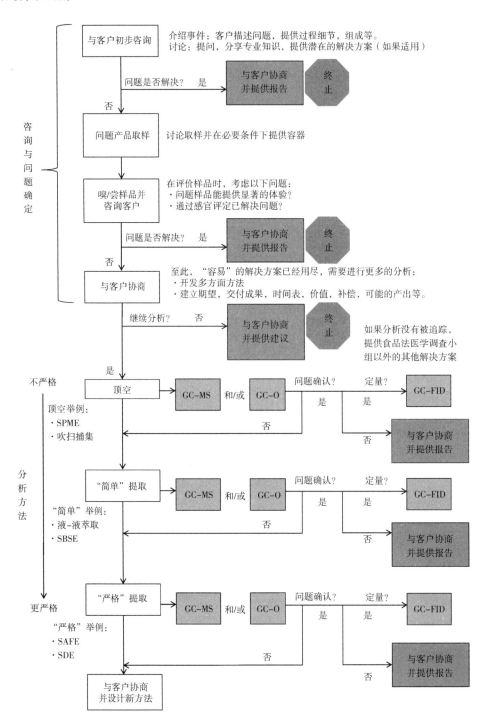

图 35.5　异味/污染的法医学调查决策树

需要对现有的提取技术进行创造性的修改,以便捕捉在使用色谱技术之前捕捉到异味或污染的问题。例如,在生产设备中可能检测到一种异味,但在食品中却没有发现。客户想要积极主动地解决问题以防止产品遭到污染。这时食品法医科学家开始考虑用最佳方法来从整个生产车间捕捉问题异味。在这一过程中采用的是相同的策略,但方法进行了适当改进。科学家并不是仅仅收集一个样本进行评估,而是考察相关设施,并闻空气中的味道。科学家可能会使用气体取样泵和一些吸附器对设备中的气体进行取样,而不是在一个20mL的GC瓶子里准备一种食品原料或产品进行顶空实验。此外,法医学家可能需要创造性地再现一种异味在顾客面前出现的情境(例如,在烹饪过程中)。

在某些情况下,科学家需要对异味物质进行定量。科学家必须仔细考虑这些定量数据的用途(例如,一般的好奇心、监管问题、安全、法律程序等)。然后,科学家将需要确定是否在食品企业进行定量分析,还是将样品提交给第三方实验室。无论哪种方式,定量分析将分析的严谨性提高到了一个新层次(方法开发和验证、化学标准品的采购或合成、严格的备案操作等)。

35.6 事件四要素确认:事件、发生时间、地点及过程

一旦未知的外来物或异味被确定,第二阶段就开始调查食品原料或加工食品是在何时、何地以及被何种方式污染。这一步很重要,因为它将帮助企业决定这是否是一个孤立的突发事件;如果污染范围广,企业可能会发起大规模的召回。如果公共安全受到危害,则必须发起召回。要想找到哪里出现了问题,可能需要对食品制造过程中的每一步进行仔细的检查,但是根据调查者的经验,他们往往知道从哪里开始寻找问题的根源[28](表35.5)。

表 35.5　食品法医学调查中其他需要关注的方面:测定并发现问题的根源

黑色小颗粒

破裂的乳液

迟滞的诱因

结晶

降解产物和副产物

聚集问题

冻结/解冻损伤

原料 – 原料相互作用

缺失的成分

色泽不佳

低劣的产品功能

低劣的产品性能

加工损伤

加工设备清洗的问题

烹调品质

沉积物

淀粉分析(烹饪、应用)

替代成分

未煮熟或烹调过度

黏度问题

水分迁移问题

水活度

错误的成分标识

在绝大多数的法医学调查中,外来物污染的来源常来自消费者对食物的处理,而罪魁祸首通常是玻璃颗粒[1][图35.6(1)]。第34章对外来杂质的分析进行了详细介绍,而本章讲述与法医学调查相关的更多细节。对于消费者来说,玻璃尤其令人讨厌,因为它会给消费者带来巨大的伤害。基于这一点,在调查过程中,尤其在调查的初始阶段,需要仔细地记录与消费者的对话,包括他们是如何准备食物的。大多数玻璃碎片都来自于在食品准备中使用的玻璃杯或砂锅。偶尔在零售商店的玻璃货架上,比如在熟食店里,玻璃偶尔会产生碎片进而对加工中的食品或食品终产品造成污染。也有可能消费者将食品中的其他物质误认为是玻璃碎片,其中包括乳酪中的乳酸钙,金枪鱼、鲑鱼中的磷酸铵(通常称为鸟粪石的无色结晶材料),以及岩石盐(有时来自消费者自己的盐研磨机)。另一个常见的消费者投诉领域是消费者在咀嚼坚硬或非常耐嚼的食物时发现的金属物。通常,法医实验室通过鉴定发现这些金属物具有牙科用材料的特性,包括汞合金填充物和根管桩。偶尔也会有牙齿碎片被发现。这些几乎总是来自于消费者的口腔(通常是先前有牙科问题的消费者)[1]。然而,有时也会有动物牙齿污染的例子,它们或来自肉类或来自家庭宠物,如宠物狗的牙科修复材料。

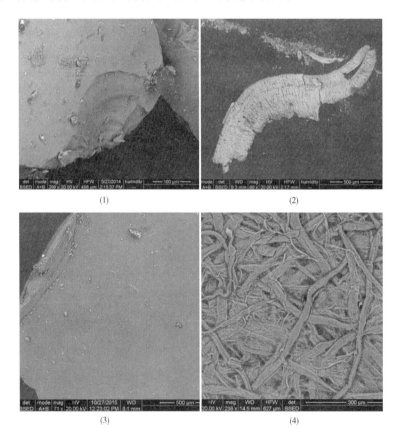

(1)　　　　　　　　　　　(2)

(3)　　　　　　　　　　　(4)

图35.6　食品中常见的外源污染物的扫描电镜图

(1)加工食品中发现的玻璃碎片(放大倍数299×)(2)过筛处理的面粉中发现的不锈钢金属碎片(放大倍数69×)(3)一种加工食品中发现的聚合物垫圈材料(放大倍数71×)(4)玉米糖浆中发现的来自于加工中使用的过滤器的纤维素纤维(放大倍数238×)

食品中的一些污染物的来源能够很容易被确定,这些污染物可能是食品原料加工或食品加工中使用的内部材料的一部分。外界物质污染将需要展开更多的调查工作,通常是在生产相关成分或加工食品的工厂。

食品法医学调查人员将需要与生产车间中各操作单元里负责监督运营、卫生、工程和维护的负责人密切合作。对未知污染物的初步调查可能会为寻找它的起源提供线索,例如,金属刨花[图35.6(2)]表明不锈钢污染(图35.7),建议先查看加工设备本身的金属腐蚀情况或者是加工设备的破损处。污染食品的电线通常可以追溯到研磨和筛分设备。垫圈材料可以很容易地追溯到加工过程中的每一个垫圈[图35.6(3)]。润滑液球或油点的污染物将指示调查者检查所有润滑处理过的每一个连接处和密封部分。细纤维,如图35.6(4)所示通常可以追溯到加工过程中使用的过滤器。在被污染的产品中,塑料或绳子通常可以追溯到加工前的预混合阶段,应在原料从麻袋被倒入混合容器这一过程进行调查。在一些灌装操作中,灌装前在现场制造包装时,塑料也会污染产品。

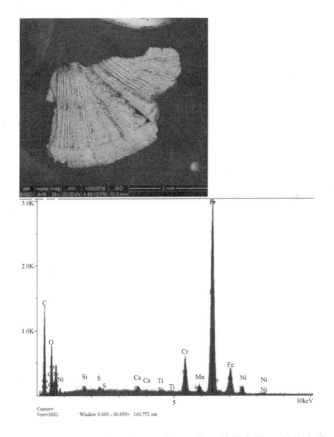

图35.7　金属外源污染物的扫面电镜图像及能量色散 X 射线光谱图

在确认了污染物之后,法医学调查人员需要确定污染物从收获到离开食品制造机械的过程中的某一环节进入食品中是否合理。如果不合理,则怀疑产品是否被篡改,并与包括监管机构和执法部门在内的相关机构接触。例如,如果在一个产品中发现有玻璃碴儿,而在这个产品生产过程中没有接触玻璃,这时则应该推测食品篡改的可能性。然而,也不要忽视任何这样一个事实,即玻璃可以来自于灯泡、灯具或在加工设备附近的测量镜头。如果发现的污染物是一种与食品加工没有任何关系的外来物质,同样需要怀疑食品篡改的可能性。产品篡改通常与心怀不满的员工或因各种原因对公司不满的个人有关。幸运的是,由于产品篡改而导致的广泛的消费者疾病或伤害的案例是很罕见的。

35.7 数据解释与报告

法医学调查的目的是利用认可的科学方法解释食物材料是如何被外来物或未知来源的气味污染或产生异味的,以及其相应的发生过程。最终,调查过程中的相关可以确立处理步骤,以使这种情况在未来再次发生的可能性最小化。共享数据和结果的过程需要建立在对整个法医学调查过程进行详细记录的基础上,以便在他人审阅时可以复制和验证。

报告的数据必须严格限定在已知的情况下,并且调查人员不应在报告的结果中有推测或猜测的情况。这一点在潜在产品召回或是产品篡改事件的快节奏下尤为重要,因为在这种情况下,调查人员将会承受巨大的压力以交付调查结果,而这个结果可能不准确或不完整。错误的报告数据可能会误导公众或造成不必要的恐慌[10]。食品法医小组应与客户、监管部门或执法部门接触,讨论结果以避免误导或不当的信息发布。

法医学调查人员的任务并没有在报告数据后结束。样品需要适当储存并遵循监管链方法。分析人员可能需要在诉讼或刑事诉讼中作证,提供对结果的解释,包括那些没有结论性的结果,并对 SOPs 的修改提出建议[10]。

35.8 总 结

我们每天所吃的大部分食物都来自农作物和牲畜,这些食物都是由食品企业使用各种加工方法和生产系统加工而成的。直到消费者咬到一块食物并注意到问题时,才会发现一些似乎无法解释的情况确已发生在制造环境中了。鉴于全球新监管规定对问题情况进行全面调查的要求以及问题情况对于企业声誉所造成的损害,食品法医学调查的重要性正逐渐增强。

食品法医学调查需要有经验的个人对问题样品进行分析,这些问题要么是由于处理不当形成的,要么是个人的刻意行为以试图诋毁一家公司或给消费者造成身体伤害。当一个产品被举报有问题时,需要遵循已构建的 SOPs 来分析产品,以确定问题是什么,在供应链中何时发生,以及它是如何发生的,根据这些信息进而采取适当的纠正措施。各种特殊的无损和破坏性技术是研究这些外界物质污染问题的关键。灵敏的仪器分析技术和简单的感官评价是识别污染物引起的异味/气味和污染的关键。食物法医学工具和经验丰富的从业人员是确定产品故障和食物篡改发生根源的关键。

35.9　思考题

(1)法医学质量控制与法医学质量保证的区别是什么?

(2)解释食品法医学调查中事件、发生时间、地点及过程分别指什么。

(3)解释需要法医学调查人员熟悉生产车间中的各个操作单元的原因。

(4)在未使用玻璃包装的食品公共车间中发现的玻璃污染的潜在来源有哪些?

(5)食品法医学调查中的监管链指的是什么?

(6)本章中常出现的短语"编纂的标准操作规程"指的是什么?

(7)当你收到装有可疑产品样品的包裹时,你进行的第一个观察将是什么? 你将如何进行记录?

(8)"污染"是什么?

(9)如果消费者对你车间中生产的乳酪发起投诉,请绘制确证该消费者实际发现的问题的决策树,并指出开展食品法医学调查所应采取的相关步骤。

致谢

The authors and editor wish to thank the following persons who reviewed this new chapter in the *Food Analysis* textbook and provided very helpful comments:Baraem Ismail (Univ. Minnesota), Patricia Murphy (Iowa State Univ.), Oscar Pike (Brigham Young Univ.), Tom Vennard (Covance), and Jill Webb (Cairngorm Scientific Services), and all students in the Spring 2016 Food Analysis class at Purdue University. We also want to thank Var St. Jeor for the photomicrographs.

参考文献

1. Edwards MC, Stringer MF (2007) The breakdowns in food group. Observations on patterns in foreign material investigations. Food Control 18:773 – 82

2. Hsieh D (2015) Food fraud: a criminal activity implementing preventative measures that increase difficulty in carrying out the crime. Food Qual Safety 2 (2):18 – 23

3. U.S. Pharmacopeia: USP's Food Fraud Database Available from: http://www.usp.org/food – ingredients/ food – fraud – database

4. USP – Food Chemicals Codex, Appendix XVII; Food Fraud Mitigation Guidance. Available from: http:// www. usp. org/sites/default/files/usp _ pdf/EN/fcc/ food – fraud – mitigation – guidance. pdf

5. United States Food and Drug Administration (Internet). Washington D. C.: Food Safety Modernization Act. Available from: http://www. fda. gov/Food/Guidance Regulation/FSMA/

6. Canadian Food Agency (Internet). Quebec: Safe Food for Canadians Act. Available from: http://www. inspection. gc. ca/food/

7. Levy S, Bergman P, Frank A (1999) Quality assurance in forensic evidence. Accredited Quality Assurance 4:253 – 55

8. Meek T (2015) Engineering defensibility in food labs. Food Quality and Safety 21 (4):35 – 37

9. Pyzdek T, Keller, P. (2013) The Handbook for Quality Management: A Complete Guide to Operational Excellence, 2nd edn, McGraw – Hill Publishers, London, UK

10. Magnusun ML, Satzger RD, Alcarez A, Brewer J, Fetterolf D, Harper M, Hrynchuk R, McNally MF, Montgomery M. , Nottingham E, Peterson J, Rickenbach M, Seidel JL, Wolnik K (2012) Guidelines for the identification of unknown samples for laboratories performing forensic analysis for chemical terrorism. J Forensic Sci 57:636 – 642

11. Schwandt CS (2016) Forensic analysis: strategy for i-dentifying contaminants while complying with FSMA. Food Quality and Safety 21 (6):14 – 5

12. Li F, Liu Z, Sun T, Ma Y, Ding X (2015) Confocal three – dimensional micro X – ray scatter imaging for non – destructive detecting foreign bodies with low density and low – Z materials in food products. Food Control 54:120 – 125

13. Ok G, Kim HJ, Chun HS, Choi SW (2014) Foreign – body detection in dry food using continuous sub – terahertz wave imaging. Food Control 42:284 – 289

14. Maire E (2012) X – ray tomography applied to the characterization of highly porous materials. Ann Rev Material Sci 42:163 – 78

15. Chen Q, Zhang, C, Zhao J, Ouyang Q (2013) Recent advances in emerging imaging techniques for non-destructive detection of food quality and safety. Trends Anal Chem 52:261 – 74

16. Yoon SC, Park B, Lawrence, KC, Windham WR, Heitschmidt GW (2011) Line – scan hyperspectral imaging system for real – time inspection of poultry carcasses with fecal material and ingesta. Comput Electron Agric 79:159 – 68

17. Hu S, Liu M, Lin H (2006) A study on detecting pesticide residuals on fruit surface using laser imaging. Acta Agri Univ Jiangxi, Manuscript 013

18. Mery D, Lillo I, Loebel H, Riffo V, Soto A, Cipriano A, Aguilera JM (2011) Automated fish bone detection using x – ray imaging. J Food Eng 105:485 – 92

19. Kilcast D (1996) Sensory evaluation of taints and off – flavours. In: Saxby MJ (Ed) Food Taints and Off – flavors. Chapman and Hall, London, UK, p. 1 – 40

20. Reineccius G. (2006) Flavor chemistry and technology. Taylor & Francis, Boca Raton, FL, p. 161 – 200

21. Baigrie B (2003) Introduction. In: Baigrie B (Ed) Taints and off – flavours in food, Woodhead, Boca Raton, FL, p. 1 – 4

22. Saxby MJ (Ed) (1996) Food taints and off – flavors. Chapman and Hall, London, UK

23. Baigrie B (Ed) (2003) Taints and off – flavours in food. Woodhead, Boca Raton, FL

24. Marsili R (Ed) (2007) Sensory – directed flavor analysis. Taylor & Francis, Boca Raton, FL

25. Marsili R (Ed) (1997) Techniques for analyzing food aroma. Marcel Dekker, New York

26. Acree T, Arn H (2004) Flavornet. Available from: http:// www. flavornet. org/flavornet. html

27. Maarse H, Grosch W (1996) Analysis of taints and off – flavours. In: Saxby MJ (Ed) Food taints and off – flavors. Chapman and Hall, London, UK, p. 72 – 106

28. Stringer MF, Hall MN (2007) The breakdowns in food group. A generic model of the integrated food supply chain to aid the investigation of food safety breakdowns. Food Control 18:755 – 65

附录 缩略词表

英文缩写	英文全称	中文全称
2-D	Two-Dimensional	二维
3-D	Three-Dimensional	三维
3-MCPD	3-Monochloropropane1,2-diol	3-氯 – 1,2 – 丙二醇
AACC	American Association of Cereal Chemists	美国谷物化学家协会
AACCI	AACI International	国际谷物化学家协会
AAS	Atomic Absorption Spectroscopy	原子吸收光谱
AAPH	2,2′ – Azobis – (2 – amidinopropane) dihydrochloride	2,2′ – 偶氮二异丁基脒二盐酸盐
ABTS	2,2′ – Azino-bis (3-ethylbenzenothazoline – 6 – sulfonic acid)	2,2′ – 联氮基 – 双 – 3 – 乙基苯并噻唑啉 – 6 – 磺酸
ADI	Acceptable Daily Intake	每日容许摄入量
ADP	Adenosine – 5′ – Diphosphate	5′ – 二磷酸腺苷
AE-HPLC	Anion Exchange High-Performance Liquid Chromatography	阴离子交换高效液相色谱
AES	Atomic Emission Spectroscopy	原子发射光谱
AFM	Atomic Force Microscopy	原子力显微镜
AMS	Accelerator Mass Spectrometer	加速器质谱仪
AMS	Agricultural Marketing Service	农业市场服务部
AOAC	Association of Official Analytical Chemists	美国分析化学家协会
AOCS	American Oil Chemists' Society	美国油脂化学家协会
AOM	Active Oxygen Method	活性氧法
APCI	Atmospheric Pressure Chemical Ionization	大气压化学电离
APHA	American Public Health Association	美国公共卫生协会
API	Atmospheric Pressure Ionization	大气压离子化

续表

英文缩写	英文全称	中文全称
APPI	Atmospheric Pressure Photoionization	大气压光电离
AQC	6 – Aminoquinolyl – N – Hydroxysuccinimidyl Carbamate	6 – 氨基喹啉基 – N – 羟基 – 琥珀酰亚氨基氨基甲酸酯
ASE	Accelerated Solvent Extraction	加速溶剂萃取法
ASTM	American Society for Testing Materials	美国材料试验协会
ATCC	American Type Culture Collection	美国标准菌种保藏中心
ATP	Adenosine – $5'$ – Triphosphate	$5'$ – 三磷酸腺苷
ATR	Attenuated Total Reflectance	衰减全反射
AUC	Area Under the Curve	曲线下积分面积
A_W	Water Activity	水分活度
B_0	External Magnetic Field	外部磁场
BAW	Base and Acid Washed	酸碱洗涤
BCA	Bicinchoninic Acid	二喹啉甲酸
BCR	Belgium Community Bureau of Reference	比利时标准管理局
Bé	Baumé Modulus	波美系数
BHA	Butylated Hydroxyanisole	叔丁基羟基茴香醚
BHT	Butylated Hydroxytoluene	2,6 – 二叔丁基 – 4 – 甲基苯酚
BOD	Biochemical Oxygen Demand	生化需氧量
BPA	Bisphenol A	双酚 A
BSA	Bovine Serum Albumin	牛血清白蛋白
BSDA	Bacillus Stearothermophilus Disk Assay	嗜热脂肪芽孢杆菌圆盘检验
BSE	Backscattered Electrons	背散射电子
BSTFA	N,O-Bis(trimethylsilyl) Trifluoroacetamide	双(三甲基硅烷基)三氟乙酰胺
CAD	Collision-Activated Dissociation	碰撞活化解离
CAST	Calf Antibiotic and Sulfa Test	兽仔抗生素和磺胺制剂试验
CAT	Computerized Axial Tomography	计算机轴向断层扫描
CCD	Charge-Coupled Device	电荷耦合元件
CDC	Centers for Disease Control	疾病控制中心
CFR	Code of Federal Regulations	美国联邦法规
CFSAN	Center for Food Safety and Applied Nutrition	食品安全与应用营养中心
cGMP	Current Good Manufacturing Practices	现行良好操作规范
CI	Confidence Interval	置信区间
CI	Chemical Ionization	化学电离
CID	Collision-Induced Dissociation	碰撞诱导解离

续表

英文缩写	英文全称	中文全称
CID	Commercial Item Description	商业项目说明
CID	Charge Injection Device	电荷注入器件
CIE	Commission International ed L'Eclairage	国际照明委员会
CLA	Conjugated Linoleic Acid	共轭亚油酸
CLND	Chemiluminescent Nitrogen Detector	化学发光氮检测器
CLSM	Confocal Laser Scanning Microscopy	激光扫描共聚焦显微镜
CMC	Critical Micelle Concentration	临界胶束浓度
COA	Certificate of Analysis	品质分析证书
COD	Chemical Oxygen Demand	化学需氧量
C-PER	Protein Efficiency Ratio Calculation Method	蛋白质效率比计算法
CPG	Compliance Policy Guidance	执行政策指南
CP-MAS	Cross-Polarization Magic Angle Spinning	交叉极化魔角旋转
CQC	2,6 - Dichloroquinonechloroimide	2,6 - 二氯醌氯二酰基亚胺
CRC	Collision Reaction Cells	碰撞反应池
CT	Computed Technology	计算机技术
CT	Computed Tomography	计算机断层成像技术
CV	Cofficient of Variation	方差系数
CVM	Center for Veterinary Medicine	动物医药中心
DAL	Defect Action Level	缺陷水平
DART	Direct Analysis in Real Time	实时在线分析
DDT	Dichlorodiphenyltrichloroethane	二氯二苯三氯乙烷
DE	Degree of Esterification	酯化率
dE *	Total Color Difference	总色差
DF	Dilution Factor	稀释因子
DFE	Dietary Folate Equivalent	膳食叶酸当量
DHHS	Department of Health and Human Services	美国卫生及公共服务部
DIAAS	Digestible Indispensable Amino Acid Score	必需氨基酸评分
DIC	Differential Interferential Contrast	微分干涉差
DMA	Dynamic Mechanical Analysis	动态力学分析
DMF	Dimethylformamide	二甲基甲酰胺
DMD	D-Malate Dehydrogenase	D - 苹果酸脱氢酶
DMSO	Dimethyl Sulfoxide	二甲基亚砜

续表

英文缩写	英文全称	中文全称
DNA	Deoxyribonucleic Acid	脱氧核糖核酸
DNFB	1 – Fluoro – 2,4 – dinitrobenzene	1 – 氟 – 2,4 – 二硝基苯
dNTPs	Deoxynucleoside Triphosphates	脱氧核苷三磷酸
DON	Deoxynivalenol	脱氧雪腐镰刀菌烯醇
DRI	Dietary References Intake	膳食营养素参考摄入量
DRIFTS	Diffuse Reflectance Infrared Fourier Transform Spectroscopy	漫反射红外傅立叶变换光谱
DRV	Daily Reference Value	每日营养参考值
DSC	Differential Scanning Calorimetry	差示扫描量热法
DSHEA	Dietary Supplement Health and Education Act	膳食补充品健康与教育法案
DSPE	Dispersive Solid-Phase Extraction	分散固相萃取
DTGS	Deuterated Triglycine Sulfate	氘代硫酸三甘肽
DV	Daily Value	每日摄入量
DVB	Divinylbenzene	二乙烯基苯
DVS	Dynamic Vapor Sorption	动态湿汽吸附
dwb	Dry Weight Basis	干(基)重
E_a	Activation Energy	活化能
EAAI	Essential Amino Acid Index	必需氨基酸指数
EBT	Eriochrome Black T	铬黑T
ECD	Electron Capture Dissociation	电子捕获解离
ECD	Electron Capture Detector	电子捕获检测器
ECD	(Pulsed) electro-Chemical Detector	(脉冲)电化学检测器
EDL	Electrodeless Discharge Lamp	无极放电灯
EDS	Energy Dispersive Spectroscopy	能量色散光谱
EDTA	Ethylenediaminetetraacetic Acid	乙二胺四乙酸
EEC	European Economic Community	欧洲经济共同体
EFSA	European Food Safety Authority	欧洲食品安全局
EI	Electron Impact Ionization	电子轰击电离
EIE	Easily Ionized Elements	易电离元素
ELCD	Electrolytic Conductivity Detector	电解电导检测器
ELISA	Enzyme-linked Immunosorbent Assay	酶联免疫吸附法
EM	Electron Microscopy	电子显微镜
EPA	Environmental Protection Agency	美国环境保护局
EPSPS	5 – Enolpyruvylshikimate – 3 – Phosphate Synthase	5 – 烯醇丙酮基莽草酸 – 3 – 磷酸合酶

续表

英文缩写	英文全称	中文全称
Eq	Equivalents	当量
ERH	Equilibrium Relative Humidity	平衡相对湿度
ES	Electrospray	电喷雾
E-SEM	Environmental Scanning Electron Microscopy	环境扫描电子电镜
ESI	Electrospray Ionization	电喷射离子化
ESI	Electrospray Interface	电喷雾接口
ETD	Electron Transfer Dissociation	电子转移裂解
ETO	Ethylene Oxide	环氧乙烷
EU	European Union	欧洲联盟
Fab	Fragment Antigen-Binding	抗原结合片段
FAIMS	Field-Asymmetric Ion Mobility	非对称场离子迁移率
FAME	Fatty Acid Methyl Esters	脂肪酸甲酯
FAO/WHO	Food and Agricultural Organization/ World Health Organization	联合国粮农组织/世界卫生组织
FAS	Ferrous Ammonium Sulfate	硫酸亚铁铵
FBs	Fumonisins	伏马菌素
Fc	Fragment Crystallizable	可结晶的片段
FCC	Food Chemicals Codex	食品化学法典
FD&C	Food, Drug and Cosmetic	食品、药品和化妆品法案
FDA	Food and Drug Administration	食品与药物管理局
FDAMA	Food and Drug Administration Modernization Act	美国食品和药物管理局现代化法案
FDNB	1 – Fluoro – 2,4 – Dinitrobenzene	1 – 氟 – 2,4 二硝基苯
FFA	Free Fatty Acid	游离脂肪酸
FID	Free Induction Decay	自由感应衰减
FID	Flame Ionization Detector	氢火焰离子化检测器
FIFRA	Federal Insecticide, Fungicide and Rodenticide Act	联邦杀虫剂、杀菌剂和灭鼠法案
FNB/NAS	Food and Nutrition Board of the National Academy of Sciences	国家科学技术学会食品营养委员会
FOS	Fructooligosaccharide	低聚果糖
FPA	Focal Plane Array	焦平面阵列
FPD	Flame Photometric Detector	火焰光度检测器
FPIA	Fluorescence Polarization Immunoassay	荧光偏振免疫分析
FPLC	Fast Protein Liquid Chromatography	快速蛋白质液相色谱法

续表

英文缩写	英文全称	中文全称
FRAP	Ferric Reducing Antioxidant Power	铁离子还原力法
FSIS	Food Safety and Inspection Service	食品安全检验局
FT	Fourier Transform	傅立叶变换
FTC	Federal Trade Commission	联邦贸易委员会
FT-ICR	Fourier Transform Ion Cyclotron Resonance	傅立叶变换离子回旋共振质谱仪
FTIR	Fourier Transform Infrared	傅立叶变换红外光谱
FTMS	Fourier Transform Mass Spectrometry	傅立叶变换质谱
G6PDH	Glucose – 6 – phosphate dehydrogenase	葡萄糖 – 6 – 磷酸脱氢酶
GATT	General Agreement on Tariffs and Trade	关税与贸易总协定
GC	Gas Chromatography	气相色谱
GC-AED	Gas Chromatography-Atomic Emission Detector	气相色谱 – 原子发射检测器
GC-FTIR	Gas Chromatography-Fourier Transform Infrared	气相色谱 – 傅立叶变换红外光谱
GC × GC	Comprehensive Two-Dimensional Gas Chromatography	全二维气相色谱
GC-MS	Gas Chromatography-Mass Spectrometry	气相色谱 – 质谱法
GC-O	Gas Chromatography-Olfactory	气相色谱 – 嗅闻法
GFC	Gel-Filtration Chromatography	凝胶过滤色谱
GIPSA	Grain Inspection, Packers and Stockyards Administration	美国谷物检验、批发及储存管理局
GLC	Gas-Liquid Chromatography	气 – 液色谱法
GMA	Grocery Manufacturers of America	美国食品加工产业协会
GMO	Genetically Modified Organism	转基因生物
GMP	Good Manufacturing Practices	良好生产操作规范
GOPOD	Glucose Oxidase/Peroxidase	葡萄糖氧化酶/过氧化物酶
GPC	Gel-Permeation Chromatography	凝胶渗透色谱
GRAS	Generally Recognized As Safe	认为是通常安全的食品
HACCP	Hazard Analysis Critical Control Point	危害分析与关键控制点
HAT	Hydrogen Atom Transfer	氢原子转移
HCL	Hollow Cathode Lamp	空心阴极灯
HETP	Height Equivalent to a Theoretical Plate	等板高度
HFS	High Fructose Syrup	高果糖浆
HIC	Hydrophobic Interaction Chromatography	疏水作用色谱
HILIC	Hydrophilic Interaction Liquid Chromatography	亲水相互作用色谱法
HIS	Hyperspectral Imaging	高光谱成像

续表

英文缩写	英文全称	中文全称
HK	Hexokinase	己糖激酶
H-MAS	High-Resolution Magic Angle Spinning	高分辨率魔角旋转
HMDS	Hexamethyldisilazane	六甲基二硅氮烷
HPLC	High Performance Liquid Chromatography	高效液相色谱法
HPTLC	High Performance Thin-Layer Chromatography	高效薄层色谱法
HQI	Hit Quality Index	命中质量指数
HRGC	High Resolution Gas Chromatography	高分辨率气相色谱
HRMS	High-Resolution Accurate Mass Spectrometry	高分辨质谱
HS	Headspace	顶空
HVP	Hydrolyzed Vegetable Protein	水解植物蛋白
IC	Ion Chromatography	离子色谱法
IC_{50}	Median Inhibition Concentration	半数抑制浓度
ICP	Inductively Coupled Plasma	电感耦合等离子体
ICP-AES	Inductively Coupled Plasma-Atomic Emission Spectroscopy	电感耦合等离子体 – 原子发射光谱
ICP-MS	Inductively Coupled Plasma-Mass Spectrometer	电感耦合等离子体质谱
ICP-OES	Inductively Coupled Plasma-Optical Emission Spectroscopy	电感耦合等离子体 – 发射光谱
ID	Inner Diameter	内径
IDF	Insoluble Dietary Fiber	不溶性膳食纤维
IDK	Insect Damaged Kernels	虫害粒
IEC	Inter-Element Correction	元素间校正
Ig	Immunoglobulin	免疫球蛋白
IgE	Immunoglobulin E	免疫球蛋白 E
IgG	Immunoglobulin G	免疫球蛋白 G
IMS	Ion Mobility Mass Spectrometry	离子淌度质谱
IMS	Interstate Milk Shippers	州际牛乳承运商
InGaAs	Indium-Gallium-Arsenide	铟镓砷化物
IR	Infrared	红外光谱
IRMM	Institute for Reference Materials and Measurements	欧共体参考物质与测量研究所
ISA	Ionic Strength Adjustor	离子强度校正溶液
ISE	Ion-Selective Electrode	离子选择性电极
ISFET	Ion Sensitive Field Effect Transistor	离子敏感场效应晶体管
ISO	International Organization for Standardization	国际标准化组织

续表

英文缩写	英文全称	中文全称
IT	Ion Trap	离子阱
ITD	Ion Trap Detector	离子阱检测器
IT-MS	Ion Trap Mass Spectrometry	离子阱质谱仪
IU	International Unit	国际单位
IUPAC	International Union of Pure and Applied Chemistry	国际纯粹与应用化学联合会
JECFA	Joint FAO/WHO Expert Committee on Food Additives	食品添加剂 FAO/WHO 联合专家委员会
kcal	Kilo-calorie	千卡
ku	Kilodalton	千道尔顿
KFR	Karl Fischer Reagent	卡尔费休试剂
KFReq	Karl Fischer Reagent Water Equivalence	卡尔·费休试剂水分效价
KHP	Potassium Acid Phthalate	邻苯二甲酸氢钾
LALLS	Low-Angle Laser Light Scattering	低角度激光散射
LC	Liquid Chromatography	液相色谱
LC-MS	Liquid Chromatography-Mass Spectroscopy	液相色谱 – 质谱联用
LFS	Lateral Flow Strip	横流带法
LIMS	Laboratory Information Management System	实验室信息管理系统
LM	Light Microscopy	光学显微镜
LOD	Limit of Detection	检出限
LOQ	Limit of Quantitation	定量限
LTM	Low Thermal Mass	低热质量
LTP	Low-Temperature Plasma probe	低温等离子体探针
m/z	Mass-to-charge ratio	质荷比
MALDI	Matrix-Assisted Laser Desorption Ionization	基质辅助激光解吸电离
MALDI-TOF	Matrix-Assisted Laser Desorption Time-of-Flight	基质辅助激光解吸电离飞行时间质谱
MALLS	Multi-Angle Laser Light Scattering	多角度激光散射
MAS	Magic Angle Spinning	魔角旋转
MASE	Microwave-Assisted Solvent Extraction	微波辅助溶剂萃取
MCL	Maximum Contaminant Level	最高污染水平
MCT	Mercury:Cadmium:Telluride	碲镉汞
MDGC	Multidimensional Gas Chromatography	多维气相色谱法
MDL	Method Detection Limit	方法检出限
MDSC™	Modulated Differential Scanning Calorimeter™	差示扫描量热仪

续表

英文缩写	英文全称	中文全称
mEq	Milliequivalents	毫克当量
MES-TRIS	2 – (N – Morpholino) ethanesulfonic acidtris (hydroxy-methyl) aminomethane	2 – (N – 吗啡啉) 乙磺酸 – 三羟甲基氨基甲烷缓冲液
MLR	Multiple Linear Regression	多元线性回归
MRI	Magnetic Resonance Imaging	核磁共振成像
MRL	Maximum Residue Level	最大容许残留量
MRM	Multiple-Reaction Monitoring	多反应监测
MRMs	Multiresidue Methods	多残留分析
MS	Mass Spectrometry	质谱法
MS/MS	Tandem MS	串联质谱
Ms^n	Multipe Stages of Mass Spectrometry	多级质谱
MW	Molecular Weight	相对分子质量
NAD	Nicotinamide-Adenine Dinucleotide	尼克酰胺腺嘌呤二核苷酸
NADP	Nicotinamide-Adenine Dinucleotide Phosphate	烟酰胺腺嘌呤二核苷酸磷酸
NADPH	Reduced NADP	还原性烟酰胺腺嘌呤二核苷酸磷酸
NCM	N-Methyl Carbamate	N – 甲基氨基甲酸酯
NCWM	National Conference on Weights and Measures	美国国家度量衡组织
NDL	Nutrient Data Laboratory	营养数据实验室
NFDM	Non Fat Dry Milk	脱脂牛乳
NIR	Near-Infrared	近红外
NIRS	Near-Infrared Spectroscopy	近红外光谱
NIST	National Institute of Standards and Technology	美国国家标准和技术研究院
NLEA	Nutrition Institute of Standards and Technology	美国营养标准与技术研究所
NMFS	National Marine Fisheries Service	国家海洋渔业局
NMR	Nuclear Magnetic Resonance	核磁共振（仪）
NOAA	National Oceanic and Atmospheric Administration	国家海洋和大气管理局
NOAEL	No Observed Adverse Effect Level	无明显不良作用水平
NPD	Nitrogen Phosphorus Detector or Thermionic Detector	氮磷检测器或热离子检测器
NSSP	National Shellfish Sanitation Program	国家贝类卫生纲要
NVC	Nonvolatile Compounds	非挥发性化合物
NVOC	Nonvolatile Organic Compounds	非挥发性有机物
OC	Organochlorine	有机氯
OD	Outer Diameter	外径
ODS	Octadecylsily	十八烷基硅烷

续表

英文缩写	英文全称	中文全称
OES	Optical Emission Spectroscopy	发射光谱学
OMA	Offcial Methods of Analysis	官方分析方法
OP	Organophosphate/Organophosphorus	有机磷
OPA	O-Phthalaldehyde	邻苯二醛
ORAC	Oxygen Radical Absorbance Capacity	氧自由基吸收能力
ORCA	Optimized Rowland Circle Alignment	最佳罗兰圈光栅
OSI	Oil Stability Index	油脂稳定性指数
OT	Orbitrap	静电场轨道离子阱
OTA	Ochratoxin A	赭曲霉毒素 A
PAD	Pulsed-Amperometric Detector	脉冲电流检测器
PAGE	Polyacrylamide Gel Electrophoresis	聚丙烯酰胺凝胶电泳
PAM I	*Pesticide Analytical Manual, Volume* I	农药分析手册(卷 I)
PAM II	*Pesticide Analytical Manual, Volume* II	农药分析手册(卷 II)
P_c	Critical Pressure	临界压力
PCBs	Polychlorinated Biphenyls	多氯联苯
PCR	Principal Components Regression	主成分回归
PCR	Polymerase Chain Reaction	聚合酶链式反应
PDA	Photodiode Array	光电二极管阵列
PDCAAS	Protein Digestibility-Corrected Amino Acid Score	蛋白质消化率校正氨基酸评分
PDMS	Polydimethylsiloxane	聚二甲硅氧烷
PEEK	Polyether Ether Ketone	聚醚醚酮
PER	Protein Efficiency Ratio	蛋白质功效比值
PFPD	Pulsed Flame Photometric Detector	脉冲火焰光度检测器
pI	Isoelectric Point	等电点
PID	Photoionization Detector	光离子化检测器
PLE	Pressurized Liquid Extraction	加压溶剂提取
PLOT	Porous-Layer Open Tabular	多孔层壁涂柱
PLS	Partial Least Squares	偏最小二乘回归法
PME	Pectin Methylesterase	果胶甲基酯酶
PMO	Pasteurized Milk Ordinance	巴氏灭菌牛乳法规
PMT	Photomultiplier Tube	光电倍增管
ppb	Parts Per Billion	十亿分之一级

续表

英文缩写	英文全称	中文全称
PPD	Purchase Product Description	产品说明
ppm	Parts Per Million	百万分之一级
ppt	Parts Per Trillion	万亿分之一级
PSPD	Position-Sensitive Photodiode Detector	位敏光电二极管检测器
PTV	Programmed Temperature Vaporization	程序升温汽化
PUFA	Polyunsaturated Fatty Acids	多不饱和脂肪酸
PVDF	Polyvinylidine Difluoride	聚偏二氟乙烯
PVPP	Polyvinylpolypyrrolidone	聚乙烯吡咯烷酮
Q	Quadrupole Mass Filter	四极杆质量过滤器
QA	Quality Assurance	质量保证
QC	Quality Control	质量控制
qMS	Quadruple Mass Spectrometry	四极杆质谱
QqQ	Triple Quadrupole	三重四极杆
Q-TOF	Quadrupole-Time-Of-Flight	四极杆飞行时间
Q-trap	Quadruple-Ion Trap	四级杆离子阱
QuEChERS	Quick，easy，cheap，effective，rugged and safe	快速,简单,经济,有效,坚固,安全
RAC	Raw Agricultural Commodity	初级农产品
RAE	Retinol Activity Equivalents	视黄醇活性当量
RASFF	Rapid Alert System For Food and Feed	食品和饲料快速预警系统
RDA	Recommended Daily Allowance	每日供给量
RDI	Reference Daily Intake	每日参考摄入量
RE	Retinol Equivalent	视黄醇当量
R_f	Relative Mobility	相对迁移率
RF	Radiofrequency	无线电频率
RF	Response Factor	响应因子
RI	Refractive Index	折射率
RIA	Radioimmunoassay	放射免疫分析法
R_m	Relative Mobility	相对迁移率
RMCD	Randomly Methylated $-\beta-$ Cyclodextrin	甲基 $-\beta-$ 环糊精
ROSA	Rapid One Step Assay	一步快速鉴定
RPAR	Rebuttable Presumption Against Registration	记录相反的可反驳假定
RS	Resistant Starch	抗性淀粉

续表

英文缩写	英文全称	中文全称
RVA	Rapid Visco Analyser	快速黏度测定仪
SAFE	Solvent-Assisted Flavor Evaporation	溶剂辅助风味物质发
SASO	Saudi Arabian Standards Organization	沙特阿拉伯标准组织
SBSE	Stir-Bar Sorptive Extraction	搅拌吸附萃取
SD	Standard Deviation	标准偏差
SDF	Soluble Dietary Fiber	可溶性膳食纤维
SDS	Sodium Dodecyl Sulfate	十二烷基硫酸钠
SDS-PAGE	Sodium Dodecyl Sulfate-polyacrylamide Gel Electrophoresis	十二烷基硫酸钠 - 聚丙烯酰胺凝胶电泳
SEC	Size-Exclusion	排阻色谱
SEM	Scanning Electron Microscopy	扫描电子显微镜
SERS	Surface-Enhanced Raman scattering	表面增强拉曼散射
SET	Single Electron Transfer	单电子转移
SFC	Solid Fat Content	固体脂肪含量
SFC	Supercritical Fluid Extration	超临界流体色谱
SFC-MS	Supercritical Fluid Chromatographymass Spectrometry	超临界流体色谱 - 质谱
SFE	Supercritical Fluid Extraction	超临界流体萃取
SFE-GC	Supercritical Fluid extraction-Gas Chromatography	超临界流体萃取 - 气相色谱
SFI	Solid Fat Index	固体脂肪指数
SI	Scientific International	国际单位制
SKCS	Single Kernel Characteristics System	单粒谷物特性测定仪
SMEDP	Standard Methods for the Examination of Dairy Products	乳制品检验标准方法
SO	Sulfite Oxidase	亚硫酸盐氧化酶
SOP	Standard Operating Procedures	标准操作程序
SPDE	Solid-Phase Dynamic Extraction	固相动态萃取
SPE	Solid-Phase Extraction	固相萃取
SPME	Solid-Phase Microextraction	固相微萃取
SRF	Sample Response Factor	样本响应因子
SRM	Standard Reference Materials	标准参考物
SRM	Selected-Reaction Monitoring	选择反应监测
SRM	Single-Residue Method	单残留分析法
SSD	Solid State Detector	固态探测器
STOP	Swab Test on Premises	棉签法

续表

英文缩写	英文全称	中文全称
SVC	Semi-Volatile Compounds	半挥发性化合物
SVOC	Semi-Volatile Organic Compounds	半挥发性有机化合物
SXI	Soft X-ray Imaging	软 X 射线成像
TBA	Thiobarbituric Acid	硫代巴比妥酸
TBARS	TBA Reactive Substances	TBA 反应物
TCA	Trichloroacetic Acid	三氯乙酸
TCD	Thermal Conductivity Detector	热导检测器
TCP	Tocopherols	生育酚
TDA	Total Daily Intake	每日总摄入量
TDF	Total Dietary Fiber	总膳食纤维
TDU	Thermal Desorption Unit	热吸附单元
T-DNA	Transfer DNA	转移 DNA
TD-NMR	Time Domain Nuclear Magnetic Resonance	时域核磁共振
TEAC	Trolox Equivalent Antioxidant Capacity	当量抗氧化容量分析
TEM	Transmission Electron Microscopies	透射电镜术
TEMED	Tetramethylethylenediamine	四甲基乙二胺
Tg	Glass Transition Temperature	玻璃态转变温度
TGA	Thermogravimetric Analysis	热重分析
Ti	Tumor-Inducing	诱导瘤细胞
TIC	Total Ion Current	总离子流
TLC	Thin-Layer Chromatography	薄层色谱
TMA	Thermomechanical Analysis	热力分析
TMCS	Trimethylchlorosilane	三甲基氯硅烷
TMS	Trimethylsilyl	三甲基硅醚
TOF	Time-Of-Flight	飞行时间
TOF-MS	Time-Of-Flight Mass Spectrometry	飞行时间质谱
TPA	Texture Profile Analysis	质构分析
TPTZ	2,4,6 - Tripiyridyl-s-triazine	2,4,6 - 三吡啶基三嗪
TQ	Triple Quadrupole	三重四极杆
TS	Total Solids	总固形物
TSQ	Triple Stage Quadrupole	三重四极杆
TSS	Total Soluble Solids	总溶解固体
TSUSA	Tariff Schedules of the United States of America	美国海关税则

续表

英文缩写	英文全称	中文全称
TTB	Alcohol and Tobacco Tax and Trade Bureau	酒精和烟草税和贸易局
TWI	Total Weekly Intake	每周总摄入量
TWIM	Traveling Wave	行波
UHPC	Ultra-High Pressure Chromatography	超高压色谱法
UHPLC	Ultra-High Performance Liquid Chromatography	超高效液相色谱法
UPLC	Ultra-Performance Liquid Chromatography	超高效液相色谱
US	United States	美国
USA	United States of America	美国
USCS	United States Customs Service	美国海关
USDA	United States Department of Agriculture	美国农业部
USDC	United States Department of Commerce	美国商务部
USP	United States Pharmacopeia	美国药典
UV	Ultraviolet	紫外光
UV-Vis	Ultraviolet-Visible	紫外-可见光
Vis	Visible	可见光
VC	Volatile Compounds	挥发性化合物
VOC	Volatile Organic Compounds	挥发性有机化合物
WDS	Wavelength Dispersive x-ray	波长色散型 X 射线
wt	Weight	重量
wwb	Wet Weight Basis	湿基重
XMT	X-ray Microtomography	X 射线显微层析成像技术
XRD	X-ray Diffractometer	X 射线衍射仪
ZEA	Zearalenone	玉米赤霉烯酮

索　引

W

X

Z